AF412744

MANUEL DE COMUNICACIONES POR SATELITE

Tercera Edición

MANUEL DE COMUNICACIONES POR SATELITE

Tercera Edición

A JOHN WILEY & SONS, INC.
PUBLICATION

Union Internacional de
Telecomunicaciones

ÍNDICE

Página

Página

Página

Página

PRÓLOGO A LA TERCERA EDICIÓN

El origen del "Manual sobre comunicaciones por satélite (SFS)" se remonta a 1980, cuando la Comisión de Estudio 4 (CE 4) del CCIR (actualmente UIT-R) decidió la elaboración de este Manual, que tenía como finalidad principal llevar a los países en desarrollo las ventajas de un conocimiento idóneo de la que era, en ese momento, una nueva técnica de telecomunicaciones sumamente prometedora. Más en general, en el espíritu de los objetivos de cooperación técnica de la UIT, el Manual iba a ofrecer a las administraciones y organizaciones un documento didáctico que facilitara la preparación de sus programas y la instrucción de su personal.

El Grupo ad hoc de la CE 4 preparó la primera edición, que se publicó en 1985. Tras el éxito alcanzado por este Manual, y en virtud de una decisión de la XVI Asamblea Plenaria del CCIR, se estableció un nuevo "Grupo del Manual" de la CE 4 que contó con la participación de un amplio grupo de expertos. El propósito de este Grupo era preparar una segunda edición actualizada del Manual que tuviera en cuenta la rápida evolución tecnológica como, por ejemplo, la importancia creciente de las transmisiones digitales y la aparición de la RDSI, las nuevas redes de satélite basadas en estaciones terrenas de bajo costo y pequeñas dimensiones, etc., y, además, la evolución general del entorno de las telecomunicaciones y, en particular, la competencia con el cable de fibras ópticas.

La segunda edición se publicó en 1988. Con esta nueva edición se logró una vez más dar respuesta a las necesidades de ingenieros, planificadores y operadores, y se obtuvo una repercusión mucho más amplia que no se limitó a los países en desarrollo, a los que estaba originalmente destinada.

Tras esta segunda edición, el Grupo del Manual, en respuesta a un nuevo encargo de la CE 4 del UIT-R, publicó tres Suplementos sobre temas seleccionados. En especial, el Suplemento 3 (1995) es por sí mismo un Manual sobre "Sistemas VSAT y estaciones terrenas" (la sigla VSAT, terminales de muy pequeña abertura (Very Small Aperture Terminals) designa las estaciones terrenas de satélite muy pequeñas, previstas generalmente para las redes de comunicación de las empresas).

La decisión de preparar esta 3ª Edición se adoptó durante las reuniones de la Comisión de Estudio 4 y del Grupo del Manual en Berna (enero de 1995), para no perder de vista la evolución de las comunicaciones por satélite. No obstante, convendría indicar que no se trata de una revisión de la segunda edición de menor importancia, sino de un documento actualizado enteramente nuevo. Aunque, como es natural, se han conservado ciertas partes de la segunda edición, es una versión notablemente aumentada y muchos textos se han redactado nuevamente por completo.

La razón de ser de esta revisión y actualización sustanciales es que las comunicaciones por satélite hacen frente actualmente a los rápidos cambios de perspectivas que se suceden en el entorno técnico y en el entorno del mercado, y que es necesario tener en cuenta en una publicación de esta naturaleza:

- Entorno del mercado: Tendencias hacia una mayor desreglamentación y hacia la integración en la Infraestructura Mundial de la Información (GII), una mayor demanda de la difusión de televisión por satélite, nuevas oportunidades para la transmisión directa de datos (por ejemplo, a través de Internet) y para satisfacer las necesidades de telecomunicación de los países en desarrollo, una mayor competencia con el cable de fibras ópticas, etc.;

- Entorno técnico: Crecimiento generalizado de la transmisión digital con un alto grado de integración de los equipos y con procesamiento y control de la señal mediante programas electrónicos, compatibilidad con la RDSI de banda ancha (RDSI-BA) y funcionamiento en modo de transferencia asíncrono (ATM), aparición de sistemas y redes de satélite de órbita no geoestacionaria (no OSG) y necesidades posteriores de adjudicaciones de nuevas órbitas/espectro de frecuencias y de utilización de bandas de frecuencias más altas, difusión de TV digital comprimida, etc.

El "Grupo del Manual" ha realizado la preparación de esta 3ª Edición siguiendo los mismos principios que inspiraron el trabajo de las ediciones anteriores, a saber: reuniones (anuales) periódicas, coordinación con otros grupos de la UIT pertinentes y autonomía de decisiones bajo el control de la Comisión de Estudio 4. No obstante, tras la celebración de dos reuniones (Ginebra, marzo de 1996 y enero de 1997), se decidió que la elaboración y aprobación definitivas del Manual se efectuarían por correspondencia, lo cual, debido al amplio campo de aplicación del Manual, resultó ser un proceso muy largo. También convendría señalar que, a consecuencia de su autonomía, el Grupo del Manual ha asumido la responsabilidad del texto del Manual y que, por consiguiente, no será necesaria una revisión oficial por parte de la Comisión de Estudio 4.

En representación del UIT-R, desearía expresar mi reconocimiento a los esfuerzos desplegados por los miembros del Grupo del Manual y, en especial, al Sr. J. Salomon (Francia), que dirigió ininterrumpidamente el Grupo desde su creación en 1980. Como se indica más adelante, en el Panorama general de la 3ª Edición y agradecimientos, este reconocimiento debe hacerse extensivo a todos los coordinadores, colaboradores y autores, a las organizaciones que tan amablemente han prestado su apoyo a los miembros y a los colaboradores, a la Comisión de Estudio 4 y a su Presidente, el Dr. Ito, a los Grupos de Trabajo de la CE 4 y a sus Presidentes por su activa cooperación y, por último, a la Secretaría de la Oficina de Radiocomunicaciones, especialmente, en primer lugar, al Sr. Deyan Wu, y, en segundo lugar, el Sr. Jinxing Li, quienes, mediante su eficaz colaboración, han facilitado esta publicación.

Tengo la impresión de que esta 3ª Edición tendrá un número aún mayor de lectores que las ediciones anteriores y que contribuirá a un mejor conocimiento técnico de todos los aspectos de las comunicaciones por satélite y, por lo tanto, a su avance y desarrollo.

Robert W. Jones
Director de la Oficina
de Radiocomunicaciones

CONSIDERACIONES GENERALES SOBRE
LA TERCERA EDICIÓN Y AGRADECIMIENTOS

Esta tercera edición del "Manual sobre Telecomunicaciones por Satélite (SFS)" es una versión completamente revisada y actualizada de la edición 2 (Ginebra, 1988). Si bien mantiene el carácter didáctico de la edición anterior, tiene en cuenta la evolución de las técnicas y tecnologías, en particular por lo que se refiere al actual predominio de las comunicaciones digitales (incluidos los últimos desarrollos en la RDSI-BA, jerarquía digital síncrona, ATM, etc.) y la aparición de nuevos sistemas basados en satélites situados en la órbita de los satélites no geoestacionarios. Desde este punto de vista, muchos textos de la edición 2 han sido completamente reformados.

El Manual se divide en capítulos, apéndices y anexos. Los apéndices se incluyen al final de los capítulos para dar más explicaciones sobre temas especializados. Los anexos, que aparecen al final del Manual, se refieren a asuntos de interés general.

El Manual es un documento autocontenido que proporciona una descripción completa de todos los temas relativos a los sistemas de comunicaciones por satélite del servicio fijo por satélite (SFS). Sin embargo, si se desean más detalles sobre un tema especializado tales como los sistemas y las estaciones terrenas de pequeño tamaño, conocidas con el nombre de terminales de apertura muy pequeña (*very small aperture terminals* – VSAT), se remite al lector al suplemento 3 de la edición 2 ("Sistemas y Estaciones Terrenas VSAT", Ginebra, 1995).

El **capítulo 1** ("Consideraciones generales", Coordinadora: Sra. I. Sanz Rodríguez, Hispasat, España) proporciona un resumen del contenido del Manual ofreciendo una visión general de las actuales características de explotación, técnicas y reglamentarias de las comunicaciones por satélite.

El **capítulo 2** ("Algunos temas técnicos básicos", Coordinador: Presidente, Sr. J. Salomon, Francia) proporciona al lector las bases para la comprensión técnica del Manual, incluyendo datos sobre calidad, disponibilidad y balances del enlace.

El **capítulo 3** ("Procesamiento y multiplexión de señales en banda base", Coordinadores: Sra. A. Grannec, Sr. Chaumet y Sr. Duponteil, France Telecom) presenta algunos datos sobre señales analógicas pero se centra fundamentalmente en el procesamiento y multiplexión de la señal digital, incluyendo las técnicas modernas tales como codificación a baja velocidad binaria (*low bit rate encoding* – LRE), compresión de la señal de vídeo (por ejemplo, MPEG), modo de transferencia asíncrono (*asynchronous transfer mode* – ATM, véase también el capítulo 8) y Jerarquía Digital Síncrona (*synchronous digital hierarchy* – SDH). También introduce detalladamente el tema de la corrección de errores en recepción (*forward error correction* – FEC).

El **capítulo 4** ("Técnicas de modulación de portadora", Coordinador: Dr. L. Kantor, Federación de Rusia), presenta también alguna información sobre modulación analógica pero hace hincapié fundamentalmente en las técnicas digitales, incluyendo la descripción de los filtros y los módems digitales (para señal continua y para AMDT). Como complemento al tema de la FEC considerado en el capítulo 3, introduce la nueva técnica de modulación codificada en celosía (*trellis coded modulation* – TCM), que combina la modulación y la corrección de errores.

El **capítulo 5** ("Acceso múltiple, asignación y arquitecturas de red", Coordinador: Sr. R. Zbinden ✝, Swiss Telecom) describe los diversos modos de acceso múltiple (realmente una característica específica y muy útil de las comunicaciones por satélite): acceso múltiple por división de frecuencia (AMDF) por división en el tiempo (AMDT) incluyendo las diversas modalidades (AMDF-AMDT, acceso aleatorio, etc.) y por división de código (AMDC). También se tratan otros temas tales como asignación por demanda (AMAD), las arquitecturas de las redes de satélites y los problemas de intermodulación en los amplificadores no lineales (en el apéndice 5.2).

El **capítulo 6** ("Segmento espacial", Coordinador: Sr. W. Mitchell, NTIA, EE.UU.) comienza con una descripción de las diversas posibles órbitas de los satélites y del diseño de la constelación de los satélites no geoestacionarios. A continuación se da una detallada descripción de los satélites de comunicaciones y de su carga útil de comunicaciones (incluyendo el caso de transpondedores con procesamiento a bordo); también se consideran otros temas tales como lanzamiento, posicionamiento, mantenimiento en posición de la estación espacial, gestión del funcionamiento del satélite y lanzadores. En el apéndice 6.1 se describen dos ejemplos de sistemas de satélites no geoestacionarios proyectados.

El **capítulo 7** ("Segmento terreno", Coordinador: Sr. M. Sakai, NEC, Japón) proporciona una descripción técnica muy completa de las estaciones terrenas y de sus equipos (sistema de antenas, amplificadores de bajo nivel de ruido, amplificadores de alta potencia, equipos de comunicaciones). En particular, los tipos más avanzados de equipos de comunicaciones (AMDT, AMDF-MDT, etc.) son objeto de un tratamiento detallado. Algunos puntos se dedican específicamente a las estaciones terrenas de periodismo electrónico por satélite (*satellite news gathering* – SNG) y de radiodifusión en exteriores (*outside broadcasting* – OB) y también a las estaciones terrenas para la recepción directa de televisión (incluyendo múltiples programas digitales) y de programas de audio. Las principales características de las estaciones terrenas normalizadas por Intelsat y Eutelsat se resumen en el apéndice 7.1.

El **capítulo 8** ("Interconexión de las redes de satélites con las redes terrenales y los terminales de usuario", Coordinadores: Sr. J. Albuquerque, posteriormente Sr. Young Kim, Intelsat). Tras recapitular los problemas de interconexión con las redes terrenales convencionales, fundamentalmente con las redes internacionales digitales públicas (red telefónica y fax), realiza consideraciones generales sobre protocolos (normalmente basados en el protocolo OSI, véase el apéndice 8.2) para la interconexión con VSAT y otras redes de datos, con equipos terminales de datos de usuario y, finalmente con la RDSI y las redes ATM (suplemento al capítulo 3). Otros temas considerados en este capítulo son los siguientes: equipo de multiplicación de circuitos digitales (EMCD), compensación del eco, señalización (aparecen más detalles en el apéndice 8.1), interconexión con las redes de televisión y distribución de televisión y radiodifusión directa (analógica y digital).

Capítulo 9 ("Compartición de frecuencias, interferencia y coordinación", Coordinadora: Sra. A. Grannec, France Telecom). En este capítulo de gran importancia se tratan todas las cuestiones relativas a la compartición de frecuencias y de la órbita por los operadores de comunicaciones por satélite existentes y futuros. Evidentemente, este capítulo se ha redactado únicamente a efectos informativos y didácticos. Cuando se planifiquen o implanten nuevos sistemas o nuevas estaciones del SFS, el lector debe consultar las Recomendaciones y reglamentación pertinente de la UIT (y en particular el Reglamento de Radiocomunicaciones, RR) y otra documentación. El capítulo se ha elaborado teniendo en cuenta los temas tratados en las últimas reuniones de la UIT, fundamentalmente la última Conferencia Mundial de Radiocomunicaciones (CMR-97). Sin embargo, debe señalarse al lector que muchos textos analizados en este capítulo podrían ser revisados por la próxima CMR-2000.

Los aspectos principales tratados por estas conferencias se derivan de la aparición de los sistemas de satélites no geoestacionarios y de la necesidad de adjudicarles bandas de frecuencias, teniendo en cuenta su posible interferencia con otros sistemas de radiocomunicaciones de diversos servicios, por satélite (OSG o no OSG) o terrenales. El capítulo se complementa con un cuadro muy completo de atribuciones de frecuencias a los diversos servicios de satélite (apéndice 9.1)

Anexo 1 – ("Efectos del medio de propagación", Coordinador: Sr. K. Masrani, Radio Agency, Reino Unido). En este anexo se resumen los distintos efectos que contribuyen a las pérdidas totales a lo largo de los trayectos Tierra-espacio. Se indican métodos simplificados para estimar la atenuación de la señal (teniendo en cuenta los cálculos de balance del enlace) y también se describen los efectos de la atmósfera sobre la polarización.

Anexo 2 – ("Ejemplos típicos de cálculos de balance del enlace", Coordinador: Sr. J. Salomon, Presidente). En este anexo se presentan algunos ejemplos típicos de cálculos de balance de enlace descritos en el capítulo 2.

Anexo 3 – ("Consideraciones generales sobre los sistemas existentes", Coordinador: Sr. J. Salomon, Presidente). En este anexo se proporciona información sobre las características principales de los sistemas de comunicaciones por satélite actualmente explotados en todo el mundo. Sin embargo, como la información incluida se limita a las administraciones y organizaciones que han suministrado información actualizada real en respuesta a un cuestionario enviado por la UIT, debe considerarse que el anexo ofrece ejemplos típicos e importantes pero no pretende ser exhaustivo sobre este tema.

Por último, en el **Anexo 4** – ("Referencias de la UIT pertinentes", elaborado por el Sr. J. Li, Consejero, Secretaría del UIT-R) se ofrece una lista de las principales publicaciones de la UIT pertinentes (Reglamento de Radiocomunicaciones, Recomendaciones del UIT-R y del UIT-T, etc.) referentes al tema del Manual.

En el marco de la Comisión de Estudio 4 del UIT-R, esta nueva edición es el resultado del trabajo colectivo del "Grupo del Manual". Deben agradecerse sinceramente los esfuerzos hechos por todos los participantes activos y, principalmente, por los coordinadores de las diversas partes del Manual. También ha habido muchos colaboradores invitados cuya experiencia ha sido de gran utilidad y a los que debe agradecerse igualmente su participación. Estos reconocimientos deben hacerse extensivos a las administraciones, organizaciones y empresas que mediante su apoyo desinteresado y eficaz, han permitido la realización de los trabajos y actividades de estos participantes, coordinadores y colaboradores.

A continuación aparece una lista de estas administraciones, organizaciones y empresas. El reconocimiento y agradecimiento a cada una de ellas no se limita a las partes del Manual que han preparado o coordinado directamente sino a su participación general en los trabajos del Grupo mediante sus delegados.

- France Telecom (CNET), capítulos 3 y 9;
- Hispasat (España), capítulo 1;
- Intelsat, capítulo 8;

- JFC Informcosmos (Federación de Rusia), capítulo 4;

- NEC (Japón), capítulo 7;

- NTIA (Estados Unidos de América), capítulo 6;

- Radio Agency (Reino Unido), anexo 1;

- Swiss Telecom, capítulo 5;

- Teledesic para AP6.1-1;

- y Alcatel por el apoyo al Presidente y por las contribuciones de sus expertos ampliamente utilizadas en la elaboración de muchas partes del Manual: Técnicas de modulación digital (Sr. C. Bertrand y Sr. Ch. Bergogne), Componentes de antena de la estación terrena (Sr. A. Bourgeois), equipo SCPC e IDR digital (Sr. J. Bousquet y Sr. C. Bareyt), ATM (Sr. D. Cochet), Calidad y disponibilidad (Sr. J.P. Dehaene), Equipos de AMDT y asignación por demanda (Sr. E. Denoyer), Corrección de errores: FEC y TCM (Sr. J. Fang), Módems digitales (Sr. M. Isard), Orbitas de los satélites (Sr. E. Lansard), Ejemplos de balances del enlace (Sr. T. Ménigand y Sr. T. Gervaz), Estaciones terrenas para recepción directa de televisión digital (Sr. M. Part), SkyBridge (Sr. Rouffet).

Además, se agradece la colaboración prestada por:

- el Grupo de Trabajo 4A de la CE 4 y su Presidente por su constante y activo apoyo mediante la elaboración de declaraciones de coordinación y el envío de los documentos pertinentes así como por los comentarios directos y los consejos ofrecidos por su Presidente, Sr. A. Reed;

- el Grupo de Trabajo 4B de la CE 4 por el envío de muchos documentos de gran utilidad;

- el Grupo de Trabajo 4SNG de la CE 4 por la elaboración directa del punto 7.9 sobre Periodismo Electrónico por Satélite;

- y las administraciones u organizaciones pertinentes que han aportado información actualizada sobre sus sistemas de satélites en el marco del anexo 3.

CAPÍTULO 1

Consideraciones generales

1.1 Introducción

Las comunicaciones por satélite son hoy parte integrante de nuestro nuevo mundo "interconectado". Desde su inicio, en 1965 aproximadamente, las comunicaciones por satélite han generado una multiplicidad de nuevos servicios de telecomunicación o radiodifusión de ámbito global o regional. En particular, han permitido crear una red telefónica global con conmutación automática. Aunque ya desde 1956 los cables telefónicos submarinos (TAT1) comenzaron a conectar operacionalmente los continentes mediante circuitos telefónicos de fácil obtención, sólo las comunicaciones por satélite han permitido superar todos los obstáculos terrenales y establecer enlaces de comunicación totalmente fiables para telefonía, televisión y transmisión de datos, cualquiera que sea la distancia y la inaccesibilidad de los lugares que han de conectarse.

Actualmente, hay cerca de 140 000 canales equivalentes[1] en funcionamiento (en junio de 1998), contando sólo el sistema INTELSAT. Aunque el desarrollo de la parte de satélite en las grandes vías telefónicas intercontinentales haya sido algo más lento debido a la instalación de nuevos y avanzados cables submarinos de fibras ópticas, los satélites siguen cursando la mayoría del tráfico telefónico público con conmutación entre el mundo desarrollado y el mundo en desarrollo, así como entre las regiones en desarrollo. Esta situación se mantendrá gracias a las ventajas de los sistemas de satélite y, sobre todo, a la sencillez y flexibilidad de la infraestructura requerida.

Puede preverse que el futuro de las comunicaciones por satélite dependerá cada vez más de la utilización eficaz de sus características específicas:

- capacidad de acceso múltiple, es decir, conectividad punto a punto, punto a multipunto o multipunto a multipunto, en particular para tráfico disperso de densidad media o pequeña o tráfico de voz/datos cursado entre estaciones terrenas pequeñas, de bajo coste (redes de comunicaciones de empresa o privadas, comunicaciones rurales, etcétera);

- capacidad de distribución (caso particular de transmisión punto a multipunto), a saber:

  - radiodifusión de programas de televisión y otras aplicaciones de vídeo y multimedios (servicios que están actualmente en plena expansión);

  - distribución de datos, por ejemplo, para servicios de empresa o servicios de Internet en banda ampliada;

---

[1] El término "canal equivalente" se utiliza en lugar de "circuito telefónico" para indicar que este canal puede transportar cualquier tipo de tráfico multimedios (voz, datos, vídeo).

- flexibilidad para cambios del tráfico y de la arquitectura de red y también facilidad de explotación y de puesta en servicio.

Un factor importante en la reciente evolución de las comunicaciones por satélite es la sustitución casi total de la anterior técnica analógica convencional por la modulación y la transmisión digitales, que aportan todas las ventajas de las técnicas digitales en cuanto a tratamiento de la señal, realización del soporte físico y soporte lógico, y otros muchos aspectos.

Debe también ponerse de relieve que las comunicaciones por satélite ya no estarán basadas únicamente en los satélites de la órbita geoestacionaria (GSO), como ocurría hasta ahora, sino que también utilizarán sistemas de satélites no geoestacionarios, con satélites de menor altitud (de órbita baja (LEO) u órbita mediana (MEO)). Estos nuevos sistemas abren el camino hacia nuevas aplicaciones, como son las comunicaciones personales, fijas o móviles, los innovadores servicios de datos en banda ampliada, etcétera.

El presente Manual trata de reunir los hechos fundamentales en el sector de las comunicaciones por satélite en relación con el servicio fijo por satélite (SFS). Abarca las principales normas, tecnologías y funcionamiento de equipos de una manera didáctica con el propósito de ayudar a las administraciones y organizaciones a preparar sus programas de satélite y a capacitar al personal que asume responsabilidades técnicas o generales relacionadas con las comunicaciones por satélite.

En el Anexo 3 de este Manual se resumen las características técnicas de los satélites y las estaciones terrenas actualmente existentes en la mayoría de los sistemas de comunicación por satélite internacionales, regionales y nacionales.

1.2 Reseña histórica

En el siguiente **cuadro 1.1** se resumen algunos de los principales acontecimientos que han contribuido a crear una nueva era en las telecomunicaciones mundiales. Interesa señalar que sólo transcurrieron 11 años entre el lanzamiento del primer satélite artificial (Sputnik de la URSS) y la realización efectiva de un sistema global de comunicaciones por satélite plenamente operacional (INTELSAT-III) en 1968. Adviértase que el cuadro 1.1 anticipa, con carácter de previsión, algunas operaciones futuras.

1.3 Definición de los servicios por satélite

Esta sección trata de las definiciones oficiales de la UIT relativas a los diversos servicios por satélite que actualmente funcionan.

1.3.1 Servicio fijo por satélite (SFS)

De conformidad con el Reglamento de Radiocomunicaciones (número 22 del RR), el servicio fijo por satélite (SFS, *fixed-satellite service*) es un servicio de radiocomunicación entre posiciones determinadas en la superficie de la Tierra cuando se utilizan uno o más satélites. Las estaciones situadas en posiciones determinadas sobre la superficie de la Tierra se denominan **estaciones terrenas** del SFS. La posición puede ser un punto fijo especificado o cualquier punto fijo dentro de zonas especificadas. Las estaciones situadas a bordo de satélites, compuestas principalmente de los transpondedores de satélite y antenas asociadas, se denominan **estaciones espaciales** del SFS (véase la figura 1.1).

Actualmente, con muy raras excepciones, todos los enlaces entre una estación terrena transmisora y una estación terrena receptora se efectúan a través de un solo satélite. Estos enlaces comprenden dos partes, un enlace ascendente entre la estación transmisora y el satélite y un enlace descendente entre el satélite y la estación receptora. En el futuro, se prevé que los enlaces entre dos estaciones terrenas puedan utilizar dos o más satélites interconectados directamente sin estación terrena intermedia. Este enlace entre dos estaciones terrenas que utiliza enlaces de satélite a satélite se denomina enlace multisatélite. Los enlaces de satélite a satélite forman parte del **servicio entre satélites** (SES).

CUADRO 1.1

Reseña histórica de las comunicaciones por satélite

1929:	*The Problem of Space Flight, The Rocket Engine*, de Hermann Noordnung, describe el concepto de órbita geoestacionaria.
1945 (mayo):	En un documento profético, Arthur C. Clarke, conocido físico y escritor, describe un sistema mundial de comunicaciones y radiodifusión basado en estaciones espaciales geosíncronas.
1957 (4 oct.):	Lanzamiento del satélite artificial Sputnik-1 (URSS) y detección de las primeras señales radioeléctricas transmitidas por satélite.
1959 (marzo)	Documento básico de Pierce sobre las posibilidades de las comunicaciones por satélite.
1960 (agosto):	Lanzamiento del satélite globo ECHO-1 (EE.UU./NASA). Retransmisión pasiva de estación terrena a estación terrena de señales telefónicas y de televisión en 1 y 2,5 GHz mediante reflexión en la superficie metalizada de ese globo de 30 m colocado en una órbita circular a 1 600 km de altitud.
1960 (oct.):	Primer experimento de comunicaciones de retransmisión activa utilizando un amplificador a bordo de un vehículo espacial en 2 GHz (comunicaciones de retransmisión retardada) por el satélite Courier-1B (EE.UU.) a unos 1 000 km de altitud.
1962:	Fundación de COMSAT Corporation (EE.UU.), la primera compañía dedicada específicamente a telecomunicaciones nacionales e internacionales por satélite.
1962:	Lanzamiento del satélite TELSTAR-1 (EE.UU./AT&T) (julio) y del satélite Relay-1 (EE.UU./NASA) (diciembre). Ambos eran satélites no geoestacionarios, de baja altitud y funcionaban en las bandas de 6/4 GHz.
1962:	Primeras telecomunicaciones transatláticas experimentales (televisión y telefonía multiplexada) entre las primeras estaciones terrenas preoperacionales de gran capacidad, Andover (Maine, EE.UU.), Pleumeur-Bodou (Francia) y Goonhilly (Reino Unido).
1963:	Primeras reglamentaciones internacionales para las telecomunicaciones por satélite (Conferencia Extraordinaria de Radiocomunicaciones de la UIT). Comienzo de la compartición entre servicios espaciales y terrenales.
1963 (julio):	Lanzamiento del satélite SYNCOM-2 (EE.UU./NASA), primer satélite geoestacionario (300 circuitos telefónicos o un canal de televisión).
1964 (agosto):	Creación de la organización INTELSAT (19 Administraciones nacionales como primeras signatarias).
1965 (abril):	Lanzamiento del satélite EARLY BIRD (INTELSAT-I), primer satélite geoestacionario comercial de comunicaciones (240 circuitos telefónicos o 1 canal de televisión). Primeras telecomunicaciones operacionales (EE.UU., Francia, República Federal de Alemania, Reino Unido).

1965:	Lanzamiento del satélite MOLNYA-l (URSS), un satélite no geoestacionario (órbita elíptica, periodo de revolución de 12 horas). Comienza la transmisión de televisión a estaciones terrenas receptoras de pequeño tamaño en la URSS (entre 1965 y 1975 se lanzaron 29 satélites Molnya).
1967:	Satélites INTELSAT-II (240 circuitos telefónicos en modo de acceso múltiple o 1 canal de televisión) sobre las regiones de los Océanos Atlántico y Pacífico.
1968-1970:	Satélites INTELSAT-III (1 500 circuitos telefónicos, 4 canales de televisión o combinaciones de los mismos). Explotación de INTELSAT con cobertura mundial.
1969:	Lanzamiento del ATS-5 (EE:UU/NASA). Primer satélite geosincrónico que experimentó la propagación en la banda K (15,3 y 3,6 GHz).
1971 (enero):	Primer satélite INTELSAT-IV (4 000 circuitos + 2 canales de televisión).
1971 (nov.):	Creación de la Organización INTERSPUTNIK (URSS y 9 signatarios iniciales).
1972 (nov.):	Lanzamiento del satélite ANIK-1 y primera realización de un sistema nacional de telecomunicaciones por satélite fuera de la URSS (Canadá/TELESAT).
1974 (abril):	Satélite WESTAR 1. Comienzo en Estados Unidos de América de las telecomunicaciones nacionales por satélite.
1974 (dic.)	Lanzamiento del satélite SYMPHONIE-1 (Francia, República Federal de Alemania)., primer satélite geoestacionario de comunicaciones estabilizado por tres ejes.
1975 (enero):	Sistema de telecomunicaciones por satélite argelino: primer sistema operacional nacional (14 estaciones terrenas) que utiliza un transpondedor arrendado de un satélite INTELSAT.
1975 (sept.)	Primer satélite INTELSAT IVA (20 transpondedores: más de 6 000 circuitos + dos canales de televisión. Reutilización de frecuencia por separación de haces).
1975 (dic.):	Lanzamiento del primer satélite geoestacionario Statsionar de la URSS.
1976 (enero)	Lanzamiento del satélite CTS (o Hermes) (Canadá), primer satélite experimental de radiodifusión de alta potencia (14/12 GHz).
1976 (feb.):	Lanzamiento del satélite MARISAT (EE.UU.), primer satélite para telecomunicaciones marítimas.
1976 (julio):	Lanzamiento del satélite PALAPA-1- Primer sistema nacional (40 estaciones terrenas) que funciona con un satélite especializado en un país en desarrollo (Indonesia).
1976 (oct.):	Lanzamiento del primer satélite EKRAN (URSS). Comienzo de la realización del primer sistema operacional de radiodifusión por satélite (6,2/0,7 GHz).
1977 (junio):	Creación de la Organización EUTELSAT, con 17 administraciones como signatarios iniciales.
1977 (agosto):	Lanzamiento del satélite SIRIO (Italia), primer satélite experimental de comunicaciones que utiliza frecuencias superiores a 15 GHz (17/11 GHz).
1977:	Conferencia Administrativa Mundial de Radiocomunicaciones de la UIT (Ginebra) (CAMR SAT-77).
1978 (feb.):	Lanzamiento del BSE, satélite experimental de radiodifusión del Japón.
1978 (mayo):	Lanzamiento del satélite OTS, primer satélite de comunicaciones en la banda 14/11 GHz y primer satélite experimental de telecomunicaciones regionales para Europa (ESA: Agencia Europea del Espacio).
1979 (junio):	Creación de la Organización INMARSAT para telecomunicaciones marítimas por satélite con cobertura global (26 signatarios iniciales).
1980 (dic.):	Primer satélite INTELSAT-V (12 000 circuitos, funcionamiento AMDF + AMDT, transpondedores de banda ampliada en 6/4 GHz y 14/11 GHz, reutilización de frecuencias por separación de haces + polarización ortogonal).
1981:	Comienzo del funcionamiento en los Estados Unidos de América de sistemas de comunicaciones comerciales por satélite basados en estaciones terrenas receptoras de datos muy pequeñas (que utilizan

	comerciales por satélite basados en estaciones terrenas receptoras de datos muy pequeñas (que utilizan VSAT).
1983:	Conferencia Administrativa Regional de la UIT para la planificación del servicio de radiodifusión por satélite en la Región 2.
1983 (feb.):	Lanzamiento del satélite CS-2 (Japón). Primer satélite nacional de telecomunicaciones que ha funcionado en la banda 30/20 GHz.
1983 (junio):	Lanzamiento del primer satélite ECS (EUTELSAT) con 9 transpondedores de banda ampliada en 14/11 GHz, 12 000 circuitos telefónicos con funcionamiento pleno en AMDT + televisión, reutilización de frecuencias mediante separación de haces y polarización ortogonal.
1984:	Comienzo de la explotación de sistemas de comunicaciones comerciales por satélite (que utilizan VSAT) con pleno funcionamiento en transmisión/recepción.
1984 (abril):	Lanzamiento del STW-1, primer satélite de comunicaciones de China, que proporciona servicios de televisión, telefonía y transmisión de datos.
1984 (agosto):	Lanzamiento del primer satélite nacional francés TELECOM 1, con múltiples cometidos: telefonía y distribución de televisión en 6/4 GHz; comunicaciones militares en 8/7 GHz; recepción de televisión únicamente (TVRO) y comunicaciones comerciales en AMDT/AD, en 14/12 GHz.
1984 (nov.):	Primera recuperación de satélites de comunicaciones del espacio, por medio del transbordador espacial de Estados Unidos.
1985 (agosto):	Conferencia Administrativa Mundial de Radiocomunicaciones de la UIT (CAMR Orb-85) (primera sesión sobre la utilización de la órbita geoestacionaria).
1988 (oct.):	Conferencia Administrativa Mundial de Radiocomunicaciones de la UIT (CAMR Orb-88) (segunda sesión sobre la utilización de la órbita geoestacionaria).
1989:	Satélite INTELSAT-VI (AMDT conmutada por satélite, hasta 120 000 circuitos con DCME, etcétera).
1992 (feb.):	Conferencia Administrativa Mundial de Radiocomunicaciones de la UIT.
1992 (feb.):	Lanzamiento del primer satélite español HISPASAT-1, con múltiples cometidos: en 14/11-12 GHz, distribución, contribución, SNG, TVRO, servicios de empresa, televisión para América, etcétera; en 17/12 GHz, televisión analógica y digital por radiodifusión directa (DBS); en 8/7 GHz comunicaciones oficiales.
Hasta 1996:	9 satélites INTELSAT VII-VIIA.
1997-1998:	Satélites INTELSAT VIII.
1998 en adelante:	Lanzamiento de diversos satélites no geoestacionarios y realización de los correspondientes sistemas SMS (Iridium, Globalstar, etc.) y SFS (Teledesic, Skybridge, etc.).
1999:	Primer satélite INTELSAT K-TV (30 transpondedores en 14/11-12 GHz para un máximo de 210 programas de televisión con posibles servicios de radiodifusión directa a los hogares (DTH) y VSAT).
2000:	Satélites INTELSAT IX (hasta 160 000 circuitos (con DCME)).

Los enlaces entre satélites (EES) del SES pueden utilizarse para proporcionar conexiones entre las estaciones terrenas de la zona de servicio de un satélite y las estaciones terrenas de la zona de servicio de otro satélite, en el caso de que ni uno ni otro satélite cubran ambos conjuntos de estaciones terrenas.

Un conjunto de estaciones espaciales y estaciones terrenas que funcionan juntas para proporcionar radiocomunicaciones se denomina un **sistema de satélite**. Por motivos de conveniencia, se establece una distinción para el caso particular de un sistema de satélite, o una parte de un sistema de satélite, que consiste solamente en un satélite y las estaciones terrenas asociadas, que se denomina entonces una **red de satélite**.

El SFS comprende también los **enlaces de conexión**, es decir, enlaces entre una estación terrena situada en un punto fijo determinado y una estación espacial, o viceversa, que transmiten información para un servicio de radiocomunicaciones espaciales distinto del SFS. Esta categoría comprende, en particular, los enlaces ascendentes a los satélites del **servicio de radiodifusión por satélite (SRS)** y los enlaces ascendentes y descendentes entre estaciones terrenas fijas y los satélites del **servicio móvil por satélite (SMS)**. En el punto 1.3.2 siguiente se dan las definiciones del SRS y del SMS.

Todos los tipos de señales de telecomunicación pueden transmitirse por los enlaces del SFS: telefonía, facsímil (fax), datos, vídeo (o una combinación de estas señales dentro del marco de las **redes digitales de servicios integrados (RDSI)**), programas radiofónicos o de televisión, etcétera.

Las generaciones más recientes de satélites de comunicaciones, que funcionan en las bandas del SFS están equipadas con transpondedores de alta potencia, lo que hace posible establecer servicios de radiodifusión destinados al público general para la recepción directa individual (aplicaciones directas a los hogares, DTH) por antenas receptoras muy pequeñas (recepción de televisión únicamente, TVRO), y para la recepción colectiva (aplicaciones profesionales y domésticas).

1.3.2   Otros servicios de satélite

Los servicios de satélite que seguidamente se enumeran utilizan diferentes atribuciones de banda de frecuencias que el SFS. Estos servicios no están tratados directamente en el presente Manual, si bien se aplican en ellos técnicas similares y presentan muchas características comunes con los servicios del SFS.

Servicio móvil por satélite (SMS): De conformidad con el Reglamento de Radiocomunicaciones (número S1.25 del RR), es un servicio de radiocomunicación entre estaciones terrenas móviles y una o más estaciones espaciales, o bien entre estaciones terrenas móviles por medio de una o más estaciones espaciales (véase la figura 1.2). Comprende los **SMS marítimos, aeronáuticos y terrestres**. Adviértase que en ciertos sistemas modernos las estaciones terrenas pueden consistir en terminales muy pequeños, incluso de mano.

Servicio de radiodifusión por satélite (SRS): Es un servicio de radiocomunicación en el cual las señales transmitidas o retransmitidas por las estaciones espaciales se destinan a la recepción directa por el público general que utilice antenas de recepción muy pequeñas (TVRO). Los satélites en los que se realiza el SRS suelen denominarse **satélites de radiodifusión directa** (DBS, *direct broadcast satellites*). Las TVRO necesarias para la recepción del SRS deberán ser más pequeñas que las requeridas para el funcionamiento en el SFS. La recepción directa englobará tanto la recepción individual (DTH) como la recepción colectiva (CATV y SMATV) (véase la figura 1.3).

Entre otros servicios de satélite principalmente orientados a aplicaciones muy específicas figuran: el servicio de radiodeterminación por satélite, el servicio de radionavegación por satélite, el servicio meteorológico por satélite, etcétera.

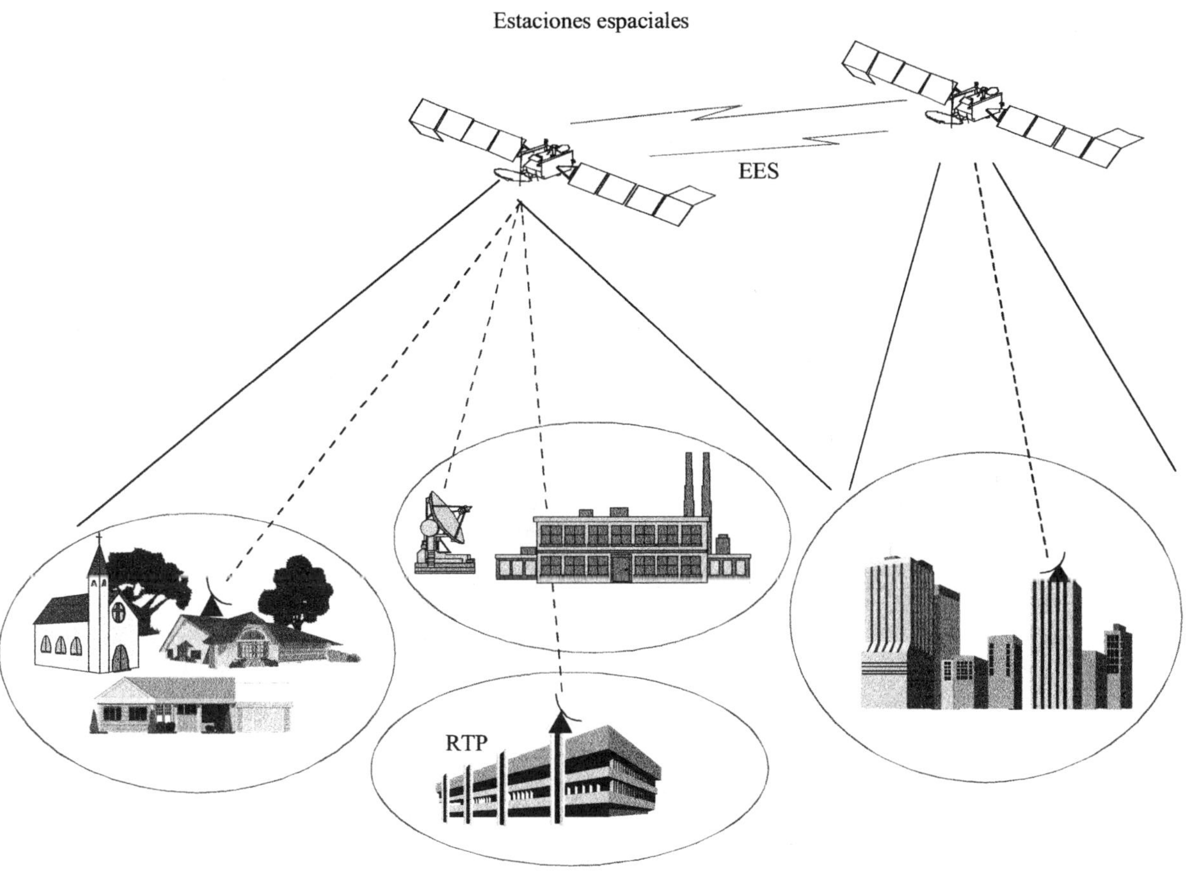

(Se representa un posible enlace (EES) con otro satélite)

RTP: red telefónica pública

Sat/C1-01

FIGURA 1.1

Ilustración genérica de los servicios del SFS

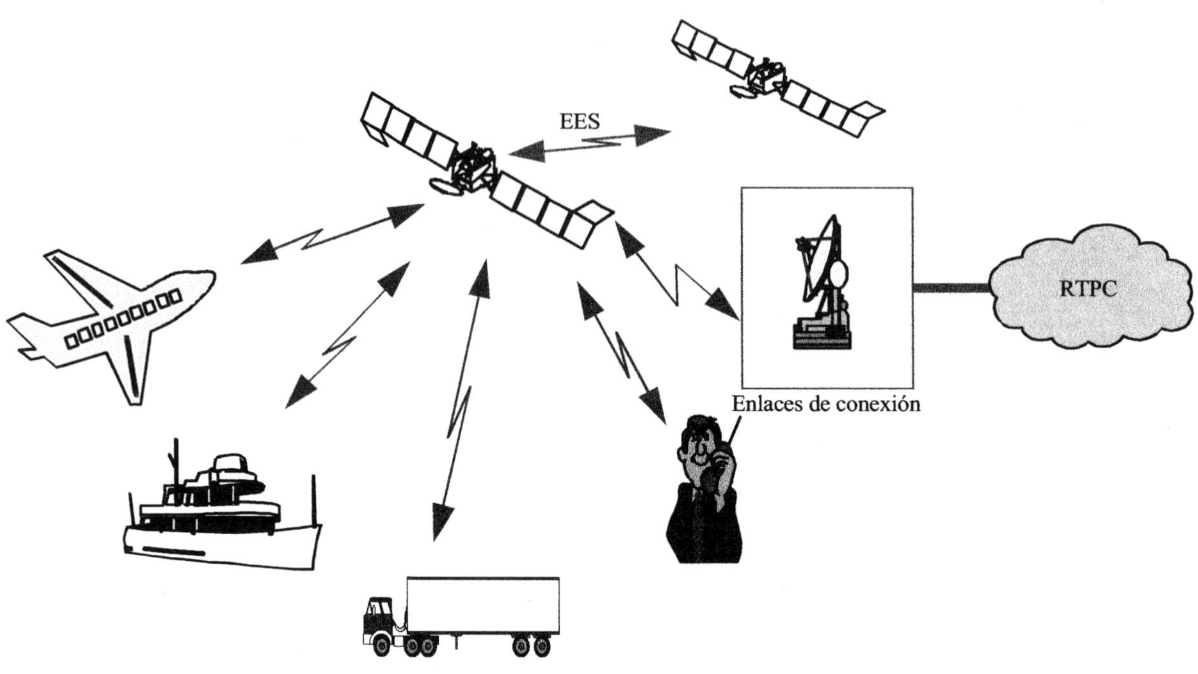

(Se representa un posible enlace (EES) con otro satélite)

RTPC: red telefónica pública conmutada

Sat/C1-02

FIGURA 1.2

Ilustración genérica de los servicios móviles por satélite

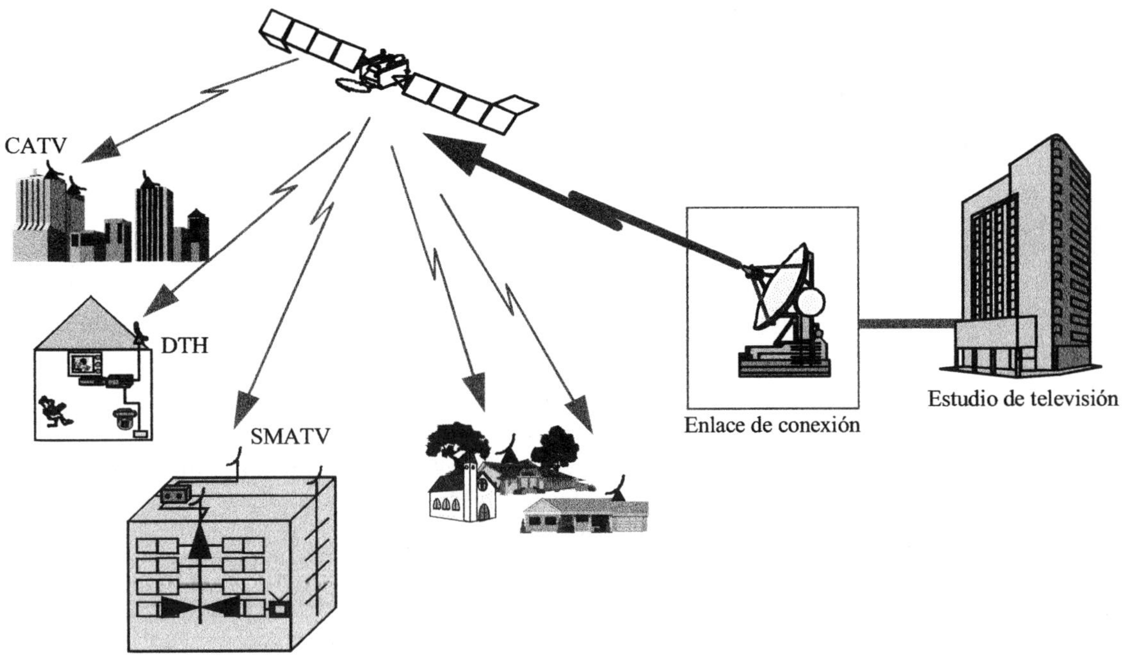

CATV: red de televisión por cable
SMATV: sistema de televisión de antena principal por satélite
DTH: televisión directa al hogar

Sat/C1-03

FIGURA 1.3

Ilustración genérica de los servicios de radiodifusión por satélite

1.4 Características y servicios

1.4.1   Principales componentes de un sistema de telecomunicaciones por satélite

1.4.1.1   El segmento espacial

El segmento espacial de un sistema de telecomunicaciones por satélite consiste en los satélites y en las facilidades ubicadas en tierra que efectúan las funciones de seguimiento, telemedida y telemando, y el apoyo logístico para los satélites.

i)   El satélite

El satélite es el núcleo de la red y realiza todas las funciones de comunicación en el cielo utilizando elementos activos. Comprende un conjunto de diversos subsistemas de telecomunicación y antenas. El satélite está también provisto de equipos de servicio para realizar las siguientes funciones:

- estructura soporte de bus,

- alimentación de energía,

- control de actitud,

- control orbital,

- control térmico,

- telemedida, telemando y medición de distancia.

El equipo de telecomunicación se compone de **transpondedores**. Hay dos clases de transpondedores: **transpondedores transparentes** y **transpondedores de tratamiento a bordo (OBP)**. Los que más se utilizan son los transpondedores transparentes. Estos transpondedores realizan las mismas funciones que los repetidores de un radioenlace; reciben transmisiones de la Tierra y, tras efectuar la amplificación y conversión de frecuencia, las retransmiten a la Tierra. Las antenas asociadas con estos transpondedores están especialmente diseñadas para proporcionar cobertura a las regiones de la Tierra comprendidas dentro de la red del satélite.

Los **transpondedores de tratamiento a bordo** tienen la capacidad de realizar una o más de las tres funciones siguientes: conmutación (en frecuencia y/o espacio, y/o tiempo), regeneración y tratamiento en banda de base. Actualmente no está extendida la utilización de los transpondedores OBP, pero en el futuro habrá servicios que aprovecharán esta tecnología.

Los satélites de telecomunicación se basan en las tecnologías y técnicas utilizadas por la mayoría de los demás satélites artificiales. La tecnología de repetidores (transpondedores) es específica de este tipo de satélite y deriva de la utilizada por los equipos de telecomunicación terrenales. Algunos componentes, tales como las células solares y los tubos de ondas progresivas, se adaptan bien a las aplicaciones de satélite. Otros componentes derivan de dispositivos de producción normalizada, pero que han sido seleccionados especialmente y están sujetos a verificaciones de fabricación y pruebas finales de control de calidad espacial. La capacidad de una línea de producción para fabricar componentes de calidad espacial se verifica mediante un proceso conocido como "calificación espacial".

Por el momento, la mayoría de los satélites de telecomunicación, con algunas excepciones, describen una órbita circular en el plano ecuatorial a una altitud de unos 36 000 km, de la que resulta un periodo de revolución de 24 horas alrededor del centro de la Tierra. Están, pues, sincronizados con la rotación de la Tierra y parecen inmóviles en relación con un punto de referencia situado en la superficie de la misma. Tal característica permite que el satélite proporcione cobertura permanente a una zona determinada, lo cual simplifica el diseño de las estaciones terrenas, que ya no tienen que efectuar el seguimiento de los satélites en movimiento a velocidades angulares considerables, y además consigue una utilización más eficaz de los recursos de la órbita y el espectro radioeléctrico. Los satélites están por consiguiente situados en la **órbita de los satélites geoestacionarios (GSO)** y reciben el nombre de **satélites geoestacionarios**.

Por lo general, los satélites geoestacionarios se colocan en órbita en dos etapas:

a) en primer lugar, un dispositivo de lanzamiento coloca el satélite en una órbita de transferencia elíptica (típicamente el perigeo es de unos 200 km, el apogeo de unos 36 000 km y el periodo de revolución de 10,5 horas);

b) en segundo lugar, para alcanzar la órbita de los satélites geoestacionarios, el satélite utiliza un motor auxiliar que se enciende aproximadamente en el apogeo de la órbita de transferencia para hacer que sea circular. Además, la impulsión del motor de apogeo está dirigida de manera que en el momento en que cesa la ignición el plano orbital coincide con el plano ecuatorial.

Después de esta operación en el apogeo, se deja derivar lentamente el satélite hasta quedar situado en la proximidad de la posición longitudinal deseada. Por último, se efectúan correcciones para colocar el satélite exactamente en la longitud estipulada.

Aunque este Manual está orientado principalmente a los satélites geoestacionarios, hay otros sistemas que utilizan **satélites no geoestacionarios (no-GSO)**. Hasta ahora, tales sistemas estaban en su mayoría dedicados a aplicaciones militares o gubernamentales. En este momento, sin embargo, están en fabricación o en proyecto varios sistemas no-GSO destinados a funcionar en el SMS para servicios móviles con terminales de mano (Iridium, Globalstar, Odyssey, ICO, etcétera) y también en el SFS, por ejemplo, para redes de datos de empresa (Teledesic, Skybridge u otras).

La mayoría de estos sistemas no-GSO proyectados utilizan **satélites de órbita terrestre baja (LEO)**, concebidos para funcionar en altitudes de 400 a 1 500 km, pero hay unos pocos que utilizan **satélites de órbita terrestre media (MEO)** que orbitan a una altitud comprendida entre 7 000 y 12 000 km. Por descontado que estos satélites ya no los ve fijos un observador terrestre; una red determinada necesita múltiples satélites, cuyo número varía inversamente con la altitud. El diseño de tales sistemas se inspira claramente en las arquitecturas de las redes celulares de comunicaciones móviles terrenales. El principio del funcionamiento es que un abonado colocado en una zona de servicio debe poder comunicarse mediante su terminal personal con un abonado situado en cualquier otra zona de servicio del mundo, a través de los respectivos satélites que en ese momento dan cobertura a cada interlocutor y del enlace que une ambos satélites.

Entre las ventajas de estos sistemas figuran el menor retardo de propagación, deseable especialmente para servicios telefónicos, el mayor ángulo de elevación, característica muy útil para el funcionamiento en zonas urbanas, etcétera. Hay, desde luego, que pagar un precio: las órbitas de menor altitud conllevan un número (mucho) mayor de satélites en el sistema y pueden dificultar la compatibilidad con otros servicios geoestacionarios. Los sistemas LEO y MEO entrañan complejidad en su explotación y en la gestión de la red, sobre todo cuando se persigue una capacidad a escala mundial. No obstante, los satélites deberían ser de menor tamaño y abaratarse su lanzamiento.

ii)   Seguimiento, telemedida y telemando

Estos subsistemas se emplean para realizar desde Tierra, en apoyo logístico de los satélites, las siguientes operaciones:

- seguimiento de la posición del satélite (posición angular, distancia) y determinación de la actitud cuando la estación espacial se coloca en órbita y en posición, y después durante su vida útil para supervisar el funcionamiento y transmitir instrucciones de corrección;

- telemedida de diversas funciones a bordo;

- telemando de diversas funciones a bordo;

- supervisión de las funciones de telecomunicación, en especial de las portadoras en los diversos transpondedores.

Esta última operación se utiliza para verificar el funcionamiento de la red y garantizar que las emisiones procedentes de diferentes estaciones terrenas cumplan las especificaciones (potencia, frecuencia, etcétera).

Estas operaciones se realizan por medio de una estación terrena especial y generalmente están centralizadas en un Centro de control de la red. Para algunos modos de telecomunicación, este Centro y otras estaciones especializadas controlan también la sincronización, la asignación por demanda, u otras funciones.

1.4.1.2   El segmento terreno

El segmento terreno es el término con que se denomina la parte de un sistema de telecomunicaciones por satélite constituida por las estaciones terrenas, que transmiten a los satélites y reciben de éstos señales de tráfico de todas clases, y que forman la interfaz con las redes terrenales.

Una estación terrena comprende todo el equipo terminal de un enlace por satélite. Su función equivale a la de una estación terminal de un radioenlace. Las estaciones terrenas consisten, por lo general, en los seis dispositivos principales siguientes:

- la antena transmisora y receptora, con un diámetro que varía de 50 cm (o todavía menos en algunos nuevos sistemas proyectados) a más de 16 m. Por lo general, las antenas grandes están equipadas con un dispositivo de seguimiento automático que las mantiene apuntadas constantemente hacia el satélite; las antenas de tamaño mediano pueden tener dispositivos de seguimiento sencillos (por ejemplo, seguimiento por pasos), mientras que las antenas pequeñas no suelen tener un dispositivo de seguimiento y, aunque suelen estar fijas, generalmente se las puede orientar por medios manuales;

- el sistema receptor, con una unidad de acceso con amplificador de bajo nivel de ruido, sensible, cuya temperatura de ruido varía desde alrededor de 30 K, o incluso menos, hasta varios cientos de K;

- el transmisor, con una potencia que varía desde unos pocos vatios a varios kilovatios, dependiendo del tipo de señales que han de transmitirse y del tráfico;

- las unidades de modulación, demodulación y conversión de frecuencias;

- las unidades de tratamiento de señal;

- las unidades de interfaz para la interconexión con las redes terrenales (con equipo terrenal o directamente con el equipo y/o terminal del usuario).

El tamaño de estos equipos varía considerablemente de acuerdo con la capacidad de la estación.

1.4.2   Bandas de frecuencias

La mayoría de los enlaces del SFS se utilizan para la transmisión desde una estación terrena a una estación espacial (**enlace ascendente**) y la retransmisión desde la estación espacial a una o a varias estaciones terrenas (**enlace descendente**). Como se requieren grandes capacidades de canales y, en consecuencia, grandes anchuras de banda, se eligen frecuencias muy altas. Estas frecuencias han de ser adjudicadas por la UIT.

Históricamente, ha sido corriente emparejar las bandas centradas en 6 GHz (enlace ascendente) y en 4 GHz (enlace descendente), y muchos sistemas del SFS todavía utilizan estas bandas (a menudo denominadas "bandas C"). Los sistemas militares y gubernamentales utilizan tradicionalmente las bandas de 8 y 7 GHz ("bandas X"). También hay sistemas que funcionan en torno de 14 GHz (enlace ascendente) y de 11-12 GHz (enlace descendente) ("bandas Ku"). En el futuro, debido a la saturación de estas bandas, se utilizarán cada vez más las bandas de 30 GHz y 20 GHz ("bandas Ka") pese a estar sujetas a una fuerte atenuación meteorológica.

También se han atribuido a los enlaces de conexión otras bandas de frecuencias.

Todos estos sistemas son capaces de utilizar una antena común para la transmisión y la recepción, puesto que la relación de las frecuencias del enlace ascendente a las del enlace descendente no es mayor de 1,5. Otra ventaja de esta disposición es que las condiciones de propagación son relativamente similares y que las polarizaciones probablemente estarán correlacionadas en ambos enlaces.

El **cuadro 1.2** resume las principales bandas de frecuencias utilizadas en el servicio fijo por satélite, junto con sus aplicaciones típicas.

En el apéndice 9.1 al capítulo 9 de este Manual se incluye un cuadro detallado de atribuciones de frecuencias al servicio fijo por satélite (SFS), servicio de radiodifusión por satélite (SRS), servicio móvil por satélite (SMS) y servicio entre satélites (SES).

CUADRO 1.2

**Resumen de las bandas de frecuencia utilizadas en el servicio fijo por satélite
para satélites geoestacionarios**

Bandas de frecuencias (GHz)			Utilización típica
Denominación actual	Trayecto ascendente (anchura de banda)	Trayecto descendente (anchura de banda)	
6/4 (Banda C)	5,725-6,275 (550 MHz)	3,4-3,95 (550 MHz)	Satélites nacionales:[Rusia: Statsionar y Express International (Intersputnik)]
	5,850-6,425 (575 MHz)	3,625-4,2 (575 MHz)	Satélites internacionales y nacionales. Actualmente las bandas más utilizadas: Intelsat. Satélites nacionales: Westar, Satcom y Comstar (EE.UU.), Anik (Canadá), Stw y Chinasat (China), Palapa (Indonesia), Telecom (Francia), N-Star (Japón)
	6,725-7,025 (300 MHz)	4,5-4,8 (300 MHz)	Satélites nacionales (Plan SFS, Apéndice S30B del RR)
8/7 (Banda X)	7,925-8,425 (500 MHz)	7,25-7,75 (500 MHz)	Satélites gubernamentales y militares
13/11 (Banda Ku)	12,75-13,25 (500 MHz)	10,7-10,95 11,2-11,45 (500 MHz)	Satélites nacionales (Plan SFS, Apéndice S30B del RR)
13-14/11-12 (Banda Ku)	13,75-14,5 (750 MHz)	10,95-11,2 11,45-11,7 12,5-12,75 (1 000 MHz)	Satélites internacionales y nacionales en las Regiones 1 y 3. Intelsat, Eutelsat, Rusia (Loutch), Eutelsat Telecom 2 (Francia), DFS Kopernikus (Alemania), Hispasat-1 (España)
		10,95-11,2 11,45-11,7 12,5-12,75 (750 MHz)	Satélites internacionales y nacionales en la Región 2. Intelsat, Anik B y C (Canadá), G-Star (EE.UU.), Hispasat-1 (España)
18/12	17,3-18,1 (800 MHz)	Bandas SRS	Enlaces de conexión para el Plan SRS
30/20 (Banda Ka)	27,5-30,0 (2 500 MHz)	17,7-20,2 (2 500 MHz)	Satélites internacionales y nacionales: diversos proyectos en estudio (Europa, Estados Unidos, Japón), N.Star (Japón), Italsat (Italia)
40/20 (Banda Ka)	42,5-45,5 (3 000 MHz)	18,2-21,2 (3 000 MHz)	Satélites gubernamentales y militares

1.4.3   Diferentes tipos de sistema

En el anexo 3 a este Manual se expone una panorámica de los sistemas de satélite actualmente en funcionamiento. Los satélites de telecomunicaciones se utilizaron primeramente para establecer enlaces en distancias muy largas, debido a que las desventajas financieras que presentaban en relación con los medios convencionales para distancias cortas eran demasiado grandes. Por tanto, los primeros enlaces fueron intercontinentales.

Desde entonces, la tecnología espacial ha conseguido avances considerables, que han dado lugar a una reducción importante de los costes. Al mismo tiempo, se han ofrecido facilidades de financiación a los posibles operadores, que ahora pueden arrendar la totalidad o una parte de la capacidad de un satélite en vez de comprarla, con la consiguiente reducción del riesgo financiero. Además, actualmente puede hacerse un seguro para el lanzamiento, lo que significa la compartición de los riesgos financieros entre varios usuarios. Todos estos factores han fomentado el desarrollo de aplicaciones regionales e incluso nacionales. Numerosos países de extenso territorio que carecían de redes de telecomunicaciones han podido establecer rápidamente redes completas gracias a los satélites. Por su parte, los países que ya contaban con redes han aprovechado las características favorables de los sistemas de satélites para complementarlas y desarrollar nuevos servicios.

Desde el punto de vista de la cobertura, los sistemas del servicio fijo por satélite pueden dividirse en dos grandes categorías:

1.4.3.1   Sistemas de cobertura mundial

Los sistemas de cobertura mundial son sistemas de comunicaciones por satélite diseñados para funcionar en cualquier lugar del mundo. Con carácter primordial cursan tráfico internacional, aunque pueden también utilizarse para proporcionar servicios regionales y nacionales. El principal operador de sistemas de cobertura mundial es la organización internacional INTELSAT.

Aparte de INTELSAT, otros sistemas de cobertura mundial en funcionamiento actual son el INTERSPUTNIK, asimismo una organización internacional, y los PANAMSAT y ORION, que son compañías privadas.

Desde 1965, la complejidad de los satélites y las funciones que han de realizar van en aumento. La mayoría de las estaciones terrenas están equipadas con antenas de diámetro relativamente grande (más de 12 m en la banda 6/4 GHz) y equipos perfeccionados (dispositivos de seguimiento automático, receptores de nivel de ruido muy bajo, transmisores de alta potencia). Aunque se admiten estaciones terrenas más sencillas con antenas de menor diámetro (3,5 a 12 m) para capacidades de tráfico pequeñas y medianas, y generalmente éstas son necesarias para instalaciones en las dependencias del usuario final, el número de antenas de gran diámetro debe continuar aumentando para satisfacer la demanda de tráfico mundial y las normas de calidad exigidas a la televisión. Los adelantos en la tecnología de los satélites han hecho –y seguirán haciendo– descender el tamaño de las estaciones terrenas, al tiempo que se continúa funcionando en un modo limitado en anchura de banda en los satélites, utilizando así el segmento espacial con la máxima eficacia. Debe asimismo señalarse que las tasas por circuito en el segmento espacial de INTELSAT no han cesado de disminuir a medida que crece constantemente el número de usuarios del sistema.

Los sistemas de cobertura mundial también se utilizan para proporcionar sistemas regionales y nacionales, como se explica seguidamente.

1.4.3.2   Sistemas regionales y nacionales

Un sistema regional de telecomunicaciones por satélite es el que proporciona comunicaciones internacionales entre un grupo de países que están geográficamente próximos o que constituyen una comunidad administrativa o cultural. Ejemplos de sistemas regionales por satélite son los ARABSAT (Liga de Estados Árabes), EUTELSAT (Organización Europea de Telecomunicaciones por Satélite), TELEX-X (Suecia, Noruega y Finlandia), PALAPA (Asociación de Naciones del Sudeste Asiático) e HISPASAT-1 (España, Europa y zonas de habla hispana en América). En el anexo 3 se expone una visión de conjunto de algunos sistemas regionales existentes.

Un sistema nacional de telecomunicaciones por satélite es el que proporciona telecomunicaciones dentro de un solo país. Este tipo de sistema es utilizado por un gran número de países en los que los sistemas de satélite resultan económicamente competitivos con los sistemas terrenales.

En realidad, los sistemas de satélite son especialmente adecuados para proporcionar servicios de telecomunicación a zonas de servicio vastas o aisladas. En países que cubren grandes extensiones con enormes obstáculos naturales (densos bosques, cadenas montañosas, amplias franjas de desierto, archipiélagos), una población dispersa y una infraestructura rudimentaria, los satélites ofrecen la posibilidad de disponer rápidamente una red de telecomunicaciones que satisfaga las siguientes necesidades específicas:

- enlaces de alta calidad y bajo coste, especialmente con las zonas rurales,

- extensión de los servicios de televisión a todas las comunidades en el interior del país.

Los sistemas de este tipo suelen establecerse arrendando o comprando uno o más transpondedores disponibles en un satélite existente. No obstante, cuando el tráfico aumenta, puede resultar rentable la utilización de un satélite especialmente dedicado. De hecho, en el momento actual hay un gran número de sistemas nacionales de este género en funcionamiento (véase el anexo 3). Estos sistemas comprenden a menudo un gran número de estaciones terrenas (entre varias decenas y varios millares), de modo que el segmento terreno consume la mayor parte del coste total del sistema. Por consiguiente, el objetivo es simplificar las estaciones terrenas lo más posible, a fin de reducir sus costes de adquisición y explotación. Se tiende, cada vez más, a utilizar estaciones locales simplificadas que puedan producirse en gran escala a bajo coste (especialmente para los servicios telefónicos con poco tráfico y para la recepción de programas de televisión). Tales estaciones tienen antenas de puntería fija de pequeño diámetro (por ejemplo, 3 a 5 m), transmisores de baja potencia (algunos vatios) y equipos compactos para telecomunicaciones y conexión directa con la red terrenal. La construcción de estas estaciones debe ser particularmente resistente y fiable, su explotación no deberá necesitar personal local permanente y su diseño, similar al de un sistema de radioenlace, deberá tener en cuenta en la mayor medida posible las condiciones locales (entorno general, disponibilidad de fuentes de energía primaria, etcétera). A este respecto, ya empieza a haber estaciones terrenas de coste muy bajo para telefonía rural.

La utilización de estaciones de un diseño similar también está aumentando en los nuevos servicios de telecomunicaciones, *en particular*, para empresas y administraciones (telefonía, datos, videoconferencia, etcétera, véase el punto 1.4.5.3 más adelante). Estas estaciones pueden instalarse directamente en las dependencias del usuario o en la proximidad inmediata de un grupo de usuarios, con miras a reducir al máximo la longitud de los enlaces de conexión terrenales. En este contexto, hay servicios de gran popularidad, especialmente en la banda de 14/12 GHz, que utilizan "microestaciones" o "terminales de abertura muy pequeña" denominados VSAT[2].

---

[2] Para más detalles, véase "Sistemas VSAT y estaciones terrenas", Suplemento N° 3 a la 2ª edición del Manual sobre comunicaciones por satélite, Oficina de Radiocomunicaciones de la UIT.

Debe, no obstante señalarse, que estas estaciones terrenas simplificadas solamente pueden introducirse en redes que utilicen transpondedores de satélite de potencia relativamente alta.

1.4.4   Características básicas de las telecomunicaciones por satélite

Este Manual está dedicado con carácter primordial al servicio fijo por satélite. Existe, sin embargo, una clara tendencia hacia la convergencia entre las tecnologías utilizadas, e incluso las aplicaciones atendidas, en los servicios SFS y en los SMS y SRS (los enlaces de conexión para el SMS y el SRS están definitivamente incluidos en los servicios SFS). En consecuencia, este Manual incluye varios *aspectos* relacionados con el SMS y el SRS.

Las características más específicas de las comunicaciones por satélite se describen a continuación.

1.4.4.1   Cobertura

Los enlaces por satélite permiten la comunicación entre cualesquiera puntos en la superficie de la Tierra, sin ninguna infraestructura intermedia y en condiciones (técnicas, económicas, etcétera) que son independientes de la distancia geográfica entre esos puntos, con tal de que estén situados dentro de la zona de cobertura del satélite[3].

En el caso de un satélite geoestacionario, los puntos a los que ha de darse servicio deben estar situados, no sólo en la región de la Tierra visible desde el satélite[4], sino también dentro de las zonas geográficas cubiertas por los haces de las antenas del satélite: estas zonas se denominan zonas de cobertura del sistema de telecomunicaciones por satélite[5] (véase la figura 1.4). Los haces de la antena del satélite pueden ser "conformados" para adaptarse a zonas de cobertura específicas ajustadas a la región a la que ha de darse servicio.

Como el satélite está situado a una distancia muy grande de la Tierra (35 786 km verticalmente por encima del denominado punto "subsatelital"), la enorme pérdida de propagación en el espacio libre (por ejemplo, unos 200 dB a 6 GHz) debe compensarse en las estaciones terrenas mediante:

- antenas de alta ganancia (esto es, de gran diámetro, alta calidad de funcionamiento) con baja sensibilidad al ruido y a la interferencia (la antena se utiliza tanto para recepción como para transmisión);

---

[3] En el futuro, es posible que los enlaces del servicio entre satélites permitan la conexión de puntos que no están cubiertos por el mismo satélite.

[4] Situada alrededor de un eje de revolución que pasa a través del centro de la Tierra y del satélite, esta zona se halla comprendida en un cono con el satélite en su vértice y un ángulo en el vértice de 17,3°, que corresponde también a un cono con vértice en el centro de la Tierra y un ángulo en el vértice de 152,7°. Estas condiciones definen una zona desde la cual es visible el satélite desde las estaciones terrenas con un ángulo de 5° como mínimo por encima de la dirección horizontal.

[5] Debe señalarse que el satélite no está colocado necesariamente en la vertical de los puntos comprendidos dentro de estas zonas de cobertura: se ha demostrado que a menudo conviene cubrir una zona limitada de la Tierra (en el caso de sistemas de telecomunicaciones regionales o nacionales) mediante un haz oblicuo a la vertical del satélite.

- receptores de alta sensibilidad (con un nivel de ruido interno muy bajo);

- transmisores potentes.

Por otra parte, los requisitos que tiene que cumplir la estación terrena dependen directamente del funcionamiento del transpondedor del satélite. En particular, cuanto menor es la zona que ha de servirse (y por ende la zona de cobertura terrestre), mayor puede ser la directividad del haz de la antena conectada al transpondedor y la potencia radiada aparente[6] del satélite, lo cual da lugar a menores requisitos de calidad de funcionamiento de la estación terrena (y a un coste de la misma considerablemente más bajo). Por tanto, es conveniente que la zona de cobertura sólo tenga la extensión suficiente para la región que ha de servirse.

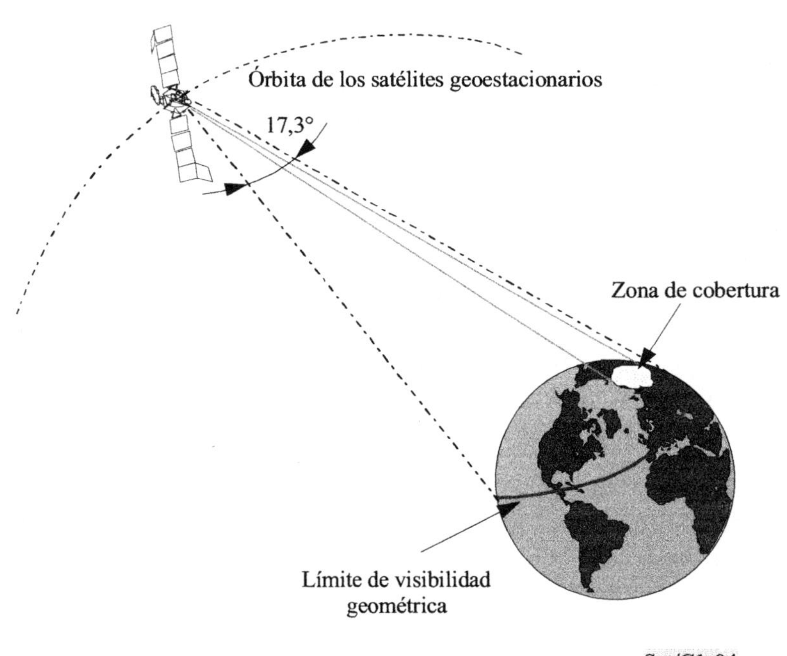

FIGURA 1.4

Cobertura de un satélite geoestacionario

---

[6] Esta potencia se denomina p.i.r.e. (potencia isótropa radiada equivalente).

1.4.4.2   Acceso múltiple

Una característica operacional importante utilizada en las telecomunicaciones del SFS es el acceso múltiple, que consiste en la capacidad de que varias estaciones terrenas transmitan sus respectivas portadoras simultáneamente hacia el mismo transpondedor de satélite.

Esta peculiaridad permite que toda estación terrena situada en la zona de cobertura correspondiente reciba las portadoras procedentes de varias estaciones terrenas a través de un solo transpondedor de satélite.

A la inversa, una portadora transmitida por una estación hacia un transpondedor dado puede ser recibida por cualquier estación terrena situada en la zona de cobertura correspondiente. Esto permite que una estación terrena transmisora agrupe varias portadoras en una sola portadora de destino único.

El tipo de acceso múltiple más corrientemente utilizado es el **acceso múltiple por división de frecuencia (AMDF)** y el **acceso múltiple por división en el tiempo (AMDT)**.

En el AMDF se atribuye a cada estación terrena una frecuencia específica (con la anchura de banda necesaria) para la emisión de una portadora que forme parte de un múltiplex con varios canales multidestino. Cada una de las estaciones interlocutoras tiene que recibir esta portadora y extraer los canales destinados a ella en la banda de base.

La técnica AMDF está a menudo asociada con la multiplexación por división de frecuencia (MDF).

No obstante, la AMDF puede también combinarse con otros tipos de multiplexación y modulación, especialmente la multiplexación por división en el tiempo (MDT) con modulación digital, que generalmente utiliza modulación por desplazamiento de fase (MDP). Ejemplos de este tipo de modulación son el servicio internacional de comunicación de empresas (IBS) de INTELSAT, el servicio empresarial de EUTELSAT (SMS) y las portadoras de velocidades de datos intermedias (IDR) de INTELSAT.

Para los enlaces que transmiten tráfico esporádico, de baja densidad, puede utilizarse la técnica AMDF sin multiplexación, es decir, cada portadora será modulada por un solo canal telefónico. Esta técnica se designa con el acrónimo inglés SCPC (*single channel per carrier*, un solo canal por portadora). La modulación generalmente empleada es la MF analógica o bien la modulación por desplazamiento de fase digital.

Otro tipo muy importante de acceso múltiple es el acceso múltiple por división en el tiempo (AMDT). El sistema INTELSAT incluye varias redes con técnica AMDT que funcionan a una velocidad de transmisión de 120 Mbit/s. Los sistemas de satélite EUTELSAT (regional) y Telecom-1 (Francia) fueron concebidos para utilizar la técnica AMDT.

En el AMDT, se atribuye periódicamente a cada estación, en la misma portadora y dentro de una "trama", un periodo de tiempo (una "ráfaga"), durante el cual emite una señal digital que forma parte de un múltiplex multidestino. Cada estación interlocutora recibe esta ráfaga y extrae de ella los canales digitales que le están destinados. La multiplexación asociada con el AMDT se efectúa por división en el tiempo (MDT), codificándose digitalmente (por ejemplo, en MIC) los propios canales telefónicos (o de transmisión de datos). Generalmente, la portadora es modulada por desplazamiento de fase por la señal digital.

El AMDT fue el primer sistema de modulación digital importante aplicado en el sistema INTELSAT, en el que la capacidad del segmento espacial se atribuye sobre la base de una utilización secuencial, compartida en el tiempo, de la anchura de banda total del transpondedor. Cada red AMDT de INTELSAT comprende sus cuatro estaciones de referencia propias, incluyendo las de reserva, cierto número de terminales de tráfico y un satélite. Estos terminales de tráfico funcionan bajo el control de una estación de referencia, y transmiten y reciben ráfagas que contienen tráfico e información de gestión del sistema. Las estaciones de referencia y los terminales de tráfico están interconectados a través del satélite.

Hay otros tipos de acceso múltiple, tales como el **acceso múltiple por ensanchamiento del espectro (AMEE)**, y más en particular, el **acceso múltiple por división de código (AMDC)**.

En el AMDC, las señales transmitidas no están discriminadas por la frecuencia que se les ha asignado (como en el AMDF), y tampoco por el intervalo de tiempo asignado (como en el AMDT), sino por un código característico que se superpone a la señal de información. Por el momento, el AMDC se reserva generalmente para aplicaciones específicas, por ejemplo, algunos sistemas de comunicación personal.

El acceso múltiple puede también ser resultado de diversas combinaciones de AMDF y/o AMDT y/o AMDC, y puede realizarse o modificarse en el satélite mediante el tratamiento a bordo (OBP).

En cualquier caso, los procesos de acceso múltiple pueden dividirse en dos categorías, que se refieren a su **modo de asignación**:

- **acceso múltiple con asignación previa (AMAP)**, en el cual los diversos canales están asignados permanentemente a los usuarios;

- **acceso múltiple con asignación por demanda (AMAD)**, en el cual un canal de transmisión se asigna solamente durante el periodo de una comunicación (llamada telefónica, paquete de datos, etcétera). La gran mayoría de los sistemas de telecomunicaciones por satélite utilizan el AMAP, aunque, en el caso de tráfico esporádico que varía en el tiempo, las propiedades de concentración del proceso AMAD mejoran considerablemente la eficacia del sistema de comunicación por satélite.

Las cuestiones relativas al acceso múltiple se examinan detalladamente en el capítulo 5 de este Manual.

1.4.4.3   Distribución

El acceso múltiple, tal como se ha descrito anteriormente, se relaciona en general con enlaces bidireccionales, y en especial con enlaces telefónicos dúplex. Cuando los enlaces son unidireccionales y, más precisamente, cuando la señal de información es emitida por una estación terrena específica hacia estaciones que a menudo están asignadas para recepción solamente (generalmente numerosas y dispersas por toda la zona de cobertura), se utiliza la capacidad de distribución del satélite. Esta capacidad es particularmente útil para los servicios de televisión (transmisión de programas de televisión) y para ciertos servicios de transmisiones de datos (por ejemplo, bancos de datos). En algunos casos, puede convenir que las estaciones *receptoras* tengan capacidad para transmitir canales de servicio, canales de reserva o canales de petición de selección, u otros posibles.

1.4.4.4   Reutilización de frecuencias y utilización de la anchura de banda

Un satélite de telecomunicación constituye un relevador de banda muy ancha, con alta capacidad de tráfico: las fuentes de energía primaria del satélite pueden alimentar un gran número de transpondedores [por ejemplo, 50 transpondedores con una potencia de 5 a 10 w en el satélite INTELSAT-V]. Estos transpondedores comparten la anchura de banda efectiva total: en las bandas de frecuencias más utilizadas actualmente (6/4 GHz y 14/11 GHz), la anchura de banda disponible es de 500 MHz y la anchura de banda de cada repetidor suele ser aproximadamente de 40 u 80 MHz. Se ha hecho habitual la práctica de reutilizar varias veces la anchura de banda disponible, aumentando así considerablemente la anchura de banda efectiva total. Esta reutilización de frecuencias puede efectuarse mediante dos procedimientos, compatibles entre sí:

- **reutilización de frecuencias por separación de haces**: las mismas bandas de frecuencias son transmitidas por las antenas del satélite utilizando diferentes transpondedores, por medio de haces radiados bidireccionales y con separación espacial;

- **reutilización de frecuencias mediante discriminación por polarización** (también denominada **reutilización de frecuencias por polarización doble**): las mismas bandas de frecuencias son transmitidas por las antenas del satélite a través de diferentes transpondedores, utilizando dos polarizaciones ortogonales de la onda de radiofrecuencia;

En la figura 1.5 se muestra un ejemplo de la manera en que la banda de frecuencias de 500 MHz (en 6/4 GHz) se reutiliza cuatro veces en el sistema INTELSAT-V. De este modo, la anchura de banda efectiva total del satélite INTELSAT-V, 2 590 MHz, se distribuye como sigue:

- banda de 6/4 GHz: la anchura de banda de 375 MHz se reutiliza cuatro veces y la de 125 MHz, dos veces (para el haz de cobertura global);

- banda de 14/11 GHz: la anchura de banda de 420 MHz se reutiliza dos veces (por separación de haces).

En el futuro, las anchuras de banda efectivas totales *podrán* aumentar todavía más mediante:

- una mayor reutilización de las frecuencias;

- la utilización de las bandas ampliadas atribuidas por la CAMR-79;

- o la utilización de frecuencias más altas, en particular las bandas 30/20 GHz (que proporcionan una anchura de banda disponible de 3,5 GHz).

Por ejemplo , el satélite INTELSAT-VI reutiliza seis veces partes de las bandas 6/4 GHz (CAMR-79), mientras que el satélite japonés CS-2 utiliza las bandas 30/20 GHz.

La alta capacidad de tráfico de un sistema de telecomunicaciones por satélite puede utilizarse flexiblemente, para transmitir desde servicios de muy alta capacidad (por ejemplo, 960 o más canales telefónicos)[7], punto a punto o punto a multipunto, hasta servicios con tráfico de baja densidad y muy esporádico. Sólo hay unas pocas restricciones concretas, relacionadas con la jerarquía de las redes de transmisión terrenal (para multiplexores tanto analógicos como digitales).

Algunos sistemas han sido diseñados específicamente para incorporar transpondedores correspondientes a servicios de comunicación diferentes ("carga útil de misión múltiple"). Tal es el caso, por ejemplo, de los satélites HISPASAT 1A y 1B, que contienen la siguiente carga útil: 18 transpondedores del SFS para servicios de telecomunicación en España, Europa y América del Norte, Central y del Sur (14/11-12 GHz, doble polarización lineal con reutilización de frecuencias), cinco transpondedores del SRS para distribución y radiodifusión de televisión (17/12 GHz, polarización circular) y dos transpondedores en la banda de 8/7 GHz para servicios gubernamentales.

1.4.4.5   Retardo de propagación

El retardo de propagación es una característica importante de los enlaces por satélite. En el caso de los sistemas geoestacionarios, debido a la distancia de la Tierra al satélite, el tiempo de propagación entre dos estaciones a través del satélite puede alcanzar unos 275 ms.

En las comunicaciones telefónicas, el tiempo de propagación de ida y retorno es aproximadamente de 550 ms y resulta esencial la utilización de dispositivos de control del eco, tales como supresores de eco o los más eficientes compensadores de eco, para evitar una degradación inadmisible de la calidad de transmisión subjetiva. Además, como el límite actual recomendado por el UIT-T para el retardo unidireccional es de 400 ms, no deberían utilizarse conexiones "de doble salto", es decir, las que comprenden dos enlaces por satélite, salvo en circunstancias muy excepcionales (Recomendación G.114 del UIT-T). Sin embargo, pruebas recientes realizadas en circuitos de doble salto han mostrado notables mejoras en la calidad subjetiva cuando los circuitos están equipados con compensadores de eco (frente a la conseguida con los supresores de eco anteriormente utilizados).

Adviértase que las conexiones de doble salto pueden producirse especialmente en las telecomunicaciones internacionales de un país cuyo propio tráfico nacional se encamine (al menos en parte) por un sistema de satélite[8].

La Recomendación E.171 del UIT-T – El Plan de Encaminamiento Telefónico Internacional – establece los principios de encaminamiento que atañen a la utilización de los satélites en conexiones internacionales. Esta Recomendación expresa que es deseable, en cualquier conexión, limitar el número de circuitos internacionales (por satélite o terrenales) dispuestos en cascada por motivos de calidad de la transmisión. No obstante, en la práctica, la gran mayoría del tráfico telefónico

---

[7] Un circuito es un enlace vocal bidireccional que proporciona conexión telefónica entre dos usuarios. Un canal telefónico de satélite es la parte de la anchura de banda y potencia del transpondedor de satélite utilizada para un enlace telefónico unidireccional. Por tanto, se necesitan dos canales telefónicos por satélite para establecer un circuito. Un canal telefónico por satélite a menudo se denomina semicircuito.

[8] Puede haber incluso saltos triples, si dos países en comunicación internacional encaminan sus respectivos tráficos nacionales a través de satélites.

internacional va encaminado por circuitos directos, es decir, circuitos internacionales únicos entre centros internacionales de conmutación.

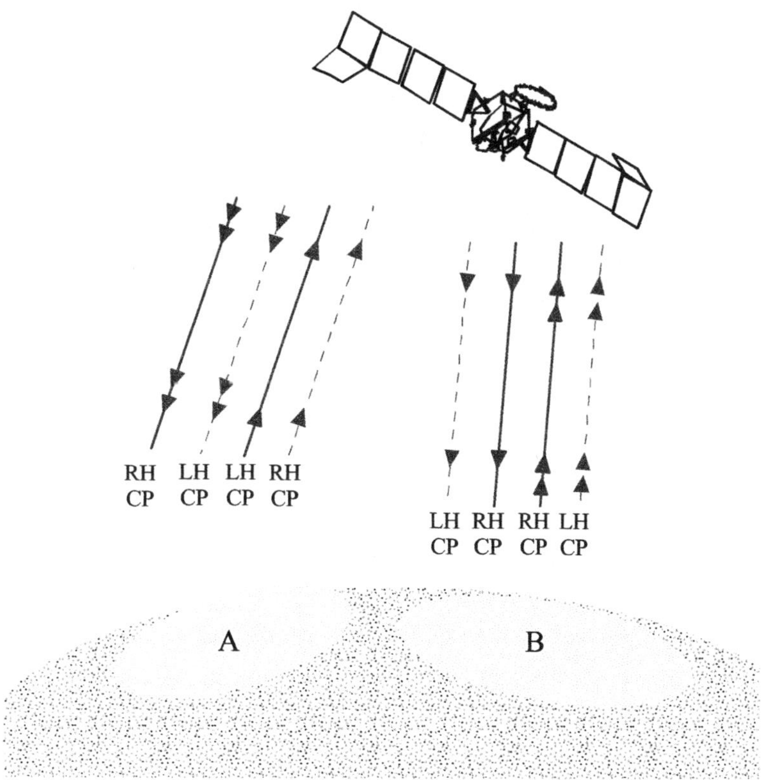

Entre líneas con una flecha y líneas con dos flechas:
Doble reutilización de frecuencias por separación de haces. Se utilizan las mismas bandas de frecuencias, la primera vez para transmisión desde la zona terrestre A y recepción en la zona terrestre B (líneas con una flecha), y la segunda vez para transmisión desde la zona terrestre B y recepción en la zona terrestre A (líneas con dos flechas).

Entre líneas de trazo continuo y líneas de trazo interrumpido:
Doble reutilización de frecuencias por polarization ortogonal. Se utilizan las mismas bandas de frecuencias, la primera vez para transmisión por polarización circular levógira (LHCP) y recepción por polarización circular dextrógira (RHCP) (líneas de trazo continuo), y la segunda vez para transmisión por polarización circular dextrógira (RHCP) y recepción por polarización circular levógira (LHCP) (líneas de trazo interrumpido).

Sat/C1-05

FIGURA 1.5

**Diagrama ilustrativo de la reutilización cuádruple
de frecuencias en el sistema INTELSAT-V**

NOTAS

- El valor de 400 ms para el retardo unidireccional está actualmente sujeto a revisión en el UIT-T. Se está considerando la adopción del valor de 500 ms para la telefonía como resultado de unas pruebas subjetivas recientes en los Estados Unidos de América. Algunos servicios de telecomunicaciones no son afectados por el retardo de propagación, aun en el caso de múltiples saltos; como ejemplo cabe citar los servicios de televisión o de radiodifusión y ciertos tipos de transmisiones de datos.

- Los enlaces entre satélites deberían contribuir a evitar los saltos dobles, pero ésta no es una práctica normal en los sistemas geoestacionarios.

- El retardo de propagación puede causar problemas e incluso incompatibilidades en la elección de los métodos de señalización, especialmente cuando se trata de métodos de señalización de secuencia obligada. A este respecto hay que remitirse a la Recomendación Q.7 del UIT-T. De modo similar, el retardo de la propagación por satélite en todos los medios crea restricciones en los procedimientos de señalización y encaminamiento para ciertas redes de transmisiones de datos, en especial en sistemas de transmisión con conmutación de paquetes, si no se adoptan las medidas compensatorias correctas.

- Desde luego, los retardos experimentan una gran reducción en los nuevos sistemas no geoestacionarios, sobre todo los que utilizan órbitas terrestres bajas (LEO). Como ejemplo, el tiempo de propagación entre dos estaciones terrenas a través de un satélite en órbita de 1 000 km de altitud no suele pasar de 10 ms.

1.4.4.6 Flexibilidad y disponibilidad

Las telecomunicaciones por satélite poseen otras características operacionales interesantes:

- disponibilidad constante durante los 365 días del año, con una continuidad del servicio que generalmente excede del 99,99%;

- instalación y puesta en servicio rápidas de las estaciones terrenas, independientemente de la distancia y accesibilidad de la zona a la que ha de darse servicio;

- gran flexibilidad para cambios de servicios y de los planes de tráfico, y para todas las modificaciones en el segmento terreno (introducción de nuevas estaciones, mayor capacidad de tráfico, etcétera).

Para empezar, la realización del segmento terreno de una red de satélite es relativamente sencilla porque el número de instalaciones físicas es mínimo. Para instalar una red de satélite, el planificador sólo necesita considerar los lugares en que se requiere el servicio. Comparativamente, la instalación de un sistema basado en cables de fibra óptica o en enlaces de microondas exige ante todo asegurarse el derecho de paso por parte de organizaciones gubernamentales, compañías de servicios y ferrocarriles. También hay que preparar locales y energía en centenares o incluso millares de emplazamientos (además de carreteras de acceso en el caso de microondas terrenales). Una vez instalados y probados, todos los equipos han de ser mantenidos para garantizar un servicio continuo. Aun entonces, cualquier interrupción en la ruta podría poner fuera de servicio la cadena entera hasta que acuda el personal técnico con el equipo necesario para efectuar reparaciones.

Por último, el tiempo necesario para establecer redes de satélite y añadir estaciones se ha reducido desde uno a dos años hasta uno a dos meses. Por el contrario, una red terrenal cableada con fibra se asemeja a un gran proyecto de autopistas, que tarda años en diseñarse y ejecutarse.

1.4.5 Gama de servicios proporcionados

Casi todo lo que puede clasificarse como telecomunicaciones es susceptible de transmisión por satélite. Una posible clasificación de los servicios de telecomunicaciones por satélite, independiente de las designaciones internacionales, regionales o nacionales, es la siguiente:

- telefonía/facsímil (fax), etc.;

- televisión, vídeo y audio;

- transmisión de datos y servicios de empresa;

- red digital de servicios integrados (RDSI);

- comunicaciones de emergencia;

- servicios de restablecimiento de cables.

Los satélites de comunicaciones han servido continuamente como complemento de los medios de telecomunicación más antiguos hasta el punto de constituir actualmente una técnica madura. Al mismo tiempo, los satélites, en gran parte debido a sus singulares características, han abierto numerosas oportunidades de nuevos servicios que antes no tenían atractivo económico, eran muy difíciles de realizar o rozaban los límites de la tecnología. Los satélites pueden adaptarse para satisfacer necesidades específicas (por ejemplo, telefonía, datos, televisión o combinaciones de ellos) utilizando tanto técnicas analógicas como digitales, sobre zonas geográficas extensas o relativamente pequeñas. Las técnicas digitales ofrecen la posibilidad de un tratamiento de señales perfeccionado así como de la eficaz combinación de servicios diversos o de la prestación de servicios enteramente nuevos, tales como las comunicaciones de empresa.

1.4.5.1 Servicios de telefonía, facsímil y otros

i)   Establecimiento del servicio

La telefonía, el fax y otros servicios diversos de transmisión de datos a baja velocidad binaria, que anteriormente se basaban en la transmisión analógica, se están ahora realizando sistemáticamente en tecnologías digitales. La utilización de portadoras digitales multiplexadas por división en el tiempo, especialmente cuando se combinan con técnicas como la modulación por impulsos codificados diferencial adaptativa (MICDA), la codificación a baja velocidad (LRE) y la interpolación digital de conversación (DSI) (por ejemplo, con equipo de multiplicación de circuitos digitales (DCME)), puede proporcionar una mayor capacidad de tráfico, es decir, transmitir un mayor número de canales en esas portadoras.

La introducción de redes digitales de servicios integrados de banda ancha (RDSI-BA) que incorporen los conceptos del modo de transferencia asíncrono (ATM) y la jerarquía digital síncrona (SDH) aumentará todavía más la flexibilidad y la capacidad de los enlaces por satélite y permitirá combinar la transmisión de telefonía y facsímil con otros servicios (datos, vídeo, etcétera, véase el punto 1.4.5.5 más adelante).

En la esfera internacional, los sistemas mundiales como INTELSAT funcionan como empresas internacionales de telecomunicaciones para el tráfico entre importantes regiones terrestres y/o países individuales. Esto hace posible la interconexión de diversas redes terrenales nacionales y permite un flujo ordenado y sistemático del tráfico telefónico normal a través de las fronteras nacionales.

Encaminamiento directo, encaminamiento por otra vía y diversidad:

El plan de encaminamiento mundial "jerárquico", originalmente concebido por la Unión Internacional de Telecomunicaciones (UIT), ha sido totalmente revisado desde la introducción de los sistemas por satélite. Los sistemas internacionales por satélite permiten la interconexión "directa" de los centros internacionales de conmutación telefónica situados en países diversos en lugar de utilizar una estructura de red jerárquica (concebida para sistemas enteramente terrenales) para avanzar desde el origen al destino a través de la red internacional. Este efecto "cortocircuitador" de los sistemas por satélite redujo asimismo al mínimo la necesidad de "encaminamiento por otra vía"[9], al obtener cada país estaciones terrenas que le permitían conexión directa a países alejados a distancias del orden de 1/3 del globo terráqueo.

Los proyectistas de sistemas mundiales siempre han considerado que los sistemas terrenales (incluidos los cables submarinos) y los sistemas por satélite son complementarios, y han establecido un gran número de trayectos terrenales o por satélite como medio para conseguir circuitos de acceso directo. En unos pocos casos, cuando esto parecía impracticable, se han establecido circuitos por satélite de dos saltos.

Otra característica de los sistemas por satélite es la capacidad de ofrecer encaminamiento por diversidad con el fin de proteger el servicio. La diversidad puede conseguirse mediante el acceso a múltiples estaciones terrenas en diferentes países desde un punto único (proporcionando capacidad de encaminamiento por otra vía a través de un tercer país, en caso de surgir algún problema de encaminamiento en la red nacional local o en la estación terrena), así como mediante segundos o terceros satélites que funcionen en la misma zona de cobertura. La red INTELSAT ofrece frecuentemente diversidad de dos o más trayectos, bien mediante la utilización de satélites que funcionan en la misma región, o mediante la utilización de satélites que funcionan en dos regiones con zonas de cobertura comunes. Esta capacidad de diversidad del sistema se utiliza también para restablecer el tráfico encaminado por otros medios que periódicamente quedan fuera de servicio, como por ejemplo los sistemas de cable submarino.

Los servicios telefónicos regionales pueden ser proporcionados por un sistema de satélite internacional, así como por un sistema de satélite regional especializado. El servicio que se presta es similar al servicio internacional en cuanto a que pueden existir enlaces de comunicación entre las Administraciones de Correos, Teléfonos y Telégrafos (PTT) y/o empresas internacionales de telecomunicaciones, pero no suele existir un vínculo directo con una red internacional.

Los servicios telefónicos nacionales pueden proporcionarse por un sistema de satélite internacional, por sistemas de satélite regionales o por un sistema de satélite nacional especializado. Los servicios telefónicos nacionales pueden abarcar desde enlaces multicanal entre centros de telecomunicaciones

---

[9] El término "encaminamiento por otra vía" significa que el país de origen utiliza un país o un conmutador intermedio o de tránsito para alcanzar el país de destino.

importantes que interconectan con las redes terrenales, redes privadas entre grupos industriales o gubernamentales, hasta enlaces en rutas rurales de poco tráfico entre localidades aisladas. La naturaleza del servicio puede variar desde servicios telefónicos convencionales proporcionados en regiones en las que no existe una infraestructura terrenal de telecomunicaciones, hasta servicios especializados que complementan a una extensa red terrenal o son paralelos a ésta y que satisfacen las necesidades específicas de las empresas comerciales, del gobierno o del sector privado.

ii)   Facsímil, datos, y otros

Las condiciones generales para establecer facsímil (fax), telegrafía, télex y otros servicios de transmisión de datos a velocidad binaria baja o media en el marco de los sistemas de telecomunicación por satélite internacionales, regionales y nacionales, son muy similares a las indicadas anteriormente para la telefonía.

El facsímil es actualmente el mayor servicio no telefónico explotado en la red telefónica pública conmutada (RTPC) mundial. El facsímil es un sistema de transferencia de imagen por barrido de alta resolución que utiliza RTPC con tecnología de módem para sus comunicaciones. El UIT-T ha normalizado equipos terminales de facsímil de los Grupos 1 y 2 (para RTPC en analógico), del Grupo 3 (RTPC digital) y del Grupo 4 (RDSI digital).

Hasta este momento, debido a la relativamente escasa penetración de la RDSI, el principal mercado para máquinas de facsímil sigue estando en el Grupo 3.

Otro servicio que actualmente despierta sumo interés es el servicio Internet. Como el facsímil, Internet aplica para sus comunicaciones la tecnología de módem en la RTPC. Internet es una red de extensión mundial que interconecta computadores personales (PC). En este momento hay millones de PC conectados. Se basa en el protocolo TCP/IP e incluye servicios como el correo electrónico (e-mail), transferencia de noticias, terminales remotos, transferencia de ficheros, etcétera.

1.4.5.2   Servicios de televisión/vídeo y audio

i)   Distribución de televisión, vídeo y audio

La distribución de televisión es un servicio importante proporcionado por el SFS y el SRS. Abarca desde programas de televisión convencionales (recreativos, noticias, eventos especiales) y programas de educación/instrucción hasta aplicaciones de teleconferencia. La disponibilidad de enlaces por satélite para la distribución de televisión elimina la relación distancia/coste asociada con la distribución terrenal de las señales. En algunos casos, los satélites constituyen el único medio posible, o económico, de distribución de señales. Las aplicaciones comprenden el tratamiento del periodismo electrónico por satélite (SNG, véase más adelante), la distribución de programas de televisión o información de vídeo entre diversas ubicaciones para su retransmisión subsiguiente por estaciones terrenales o para redistribución a través de redes de cable (CATV), etcétera.

Además, pueden utilizarse señales de televisión de exploración lenta o de banda ancha para actividades de teleconferencia o educativas cuando se requiere información sonora o visual para mejorar la comunicación efectiva. Las aplicaciones educativas pueden variar desde situaciones de enseñanza en aula tradicionales, atención sanitaria y capacitación agrícola, hasta información didáctica especializada para los minusválidos, entre otros ejemplos.

Análogamente, el SFS y el SRS pueden también proporcionar distribución de programas radiofónicos (por ejemplo, sonido de alta fidelidad y estereofonía).

Asimismo es posible establecer servicios de radiodifusión directa al público general para recepción individual (aplicaciones DTH) a través de antenas de recepción muy pequeñas (recepción de televisión únicamente, TVRO) y para recepción colectiva (aplicación profesional, CATV, SMATV, aplicaciones domésticas directas DTH). En esta esfera, la transmisión digital de televisión ofrece posibilidades nuevas, como se explica a continuación.

ii)   Radiodifusión de televisión digital

Las técnicas digitales avanzadas para la codificación de imágenes y sonido, codificación de canal y modulación, han demostrado su eficacia y fiabilidad. Ya se están haciendo realidad las aplicaciones y las comunicaciones multimedios que utilizan tecnología de vídeo digital. La disponibilidad de técnicas digitales, a bajo coste, es por tanto la clave para la presente introducción de servicios de televisión multiprograma por satélite.

Durante 1990 ciertos proyectos experimentales demostraron que el sistema digital de compresión de vídeo denominado "codificación híbrida por transformada en coseno discreta con compensación de movimiento" conseguía reducir muy eficazmente la capacidad de transmisión necesaria para la televisión digital. Antes de ello, no se creía posible llevar a la práctica la radiodifusión de televisión digital.

La televisión digital es hoy una realidad y descubre vastas posibilidades de ofrecer a los usuarios nuevos servicios que se añadan a los convencionales de televisión.

La mayoría de los sistemas aplican la norma MPEG-2 de ISO/CEI para codificación de sonido e imágenes. El vídeo MPEG-2 es una familia de sistemas, cada uno con un grado preestablecido de compatibilidad y comunidad de características. Admite cuatro formatos fuente, o niveles, para su codificación; éstos van desde la definición limitada (de calidad parecida a los magnetoscopios actuales) hasta la alta definición de la TVAD, cada uno con una gama de velocidades binarias. Además de esta flexibilidad en formatos fuente, el sistema MPEG-2 admite diferentes perfiles. Cada perfil ofrece una colección de instrumentos de compresión que en su conjunto constituyen el sistema de codificación. Un perfil diferente se caracteriza por disponer de un conjunto diferente de instrumentos de compresión.

Los satélites de comunicación tienen y tendrán un papel destacado en la prestación de estos nuevos servicios. Ya existen sistemas que funcionan con televisión digital (tales como DVB), todos ellos muy parecidos por su arquitectura de red y codificación de la fuente (MPEG-2). Algunos de ellos son sistemas flexibles que están concebidos para admitir toda una gama de anchuras de banda del transpondedor del satélite (26 a 72 MHz para el sistema DVB-S).

Los satélites de mediana y alta potencia que funcionan en las bandas del SFS/SRS son el instrumento ideal para la introducción rápida de estos nuevos servicios, permitiendo el máximo aprovechamiento de la capacidad del transpondedor. El final del siglo nos permite asistir a una notable evolución desde el mundo analógico al digital, con la integración progresiva de los servicios que proporcionan los canales de satélite y las redes digitales terrenales. El factor esencial para culminar esa evolución es la necesidad de armonizar y compartir las técnicas de codificación de la fuente y multiplexación que han de utilizarse en los diversos medios de distribución.

Sin lugar a dudas, puede pronosticarse que las oportunidades de nuevos servicios, el comienzo de la era de los multimedios y la creciente demanda de radiodifusión multiprograma provocarán en los próximos años una fuerte demanda de capacidad de los satélites.

iii)   Periodismo electrónico por satélite

El periodismo electrónico por satélite (SNG, *satellite news gathering*) permite que las organizaciones y los medios de difusión recojan noticias allá donde se produzcan y entreguen sus imágenes y sonidos a los estudios para redacción y/o radiodifusión. Los sistemas SNG varían notablemente en capacidad, peso y coste dependiendo de las características del servicio que han de prestar. La proximidad, la existencia de infraestructuras y la calidad son factores a tener en cuenta cuando se determina la clase de sistema SNG que ha de utilizarse.

En términos generales pueden distinguirse dos grupos:

*   SNG en camiones y remolques: son estaciones terrenas transportables montadas en un camión, remolque o furgoneta. Pueden desplegar antenas del orden de 3 m (banda C) y 2 m (banda Ku);

*   SNG en aeronaves: son estaciones transportables autónomas, aptas para llevar en vuelos regulares. Las antenas suelen ser plegables para facilitar el transporte y miden de 1,2 m a 1,8 m (banda Ku).

Las nuevas técnicas digitales de compresión de vídeo aportarán más ventajas para los servicios SNG digitales. Con la velocidad de datos de 8 Mbit/s para la codificación digital de vídeo es posible utilizar terminales SNG de 0,75 m a 1,2 m.

Las estaciones terrenas SNG se describen con algún detalle en el capítulo 7 (punto 7.9).

1.4.5.3   Transmisión de datos y servicios de empresa

A partir de la década de 1970, los importantes avances de la tecnología han dado lugar a computadores que son más rápidos, más sencillos y menos costosos. En consecuencia, ahora son capaces de proporcionar acceso en tiempo real a datos relativos a la producción y la economía que son importantes para la toma de decisiones. La disponibilidad de la nueva tecnología digital y el interés en mejorar la productividad han dado como resultado una creciente demanda, suscitada por las organizaciones industriales, financieras y administrativas, de una serie de nuevos servicios que hasta ahora eran impracticables o excesivamente costosos. La distribución (dispersión) geográfica de los equipos informáticos de una misma organización o administración que necesitan "dialogar" entre sí, puede solucionarse mediante la utilización de enlaces por satélite de alta velocidad.

Además, en el marco del reciente y explosivo desarrollo de Internet, las comunicaciones por satélite podrían ofrecer a este nuevo medio las ventajas de unos enlaces de banda ancha directos de usuario a usuario.

Cabe esperar, por consiguiente, que la transmisión de datos ofrezca nuevas oportunidades comerciales a las comunicaciones por satélite.

El retardo de propagación característico de los satélites podía plantear un problema para los protocolos primitivos. Algunos de los controles de error del protocolo requieren una respuesta del extremo distante a cada evento transmitido, lo cual, con un salto de satélite en cada sentido, da lugar a un retardo total de unos 500 ms. En los circuitos terrenales, el mismo recorrido de ida y retorno invierte sólo unas decenas de milisegundos.

Aunque el retardo de propagación puede compensarse fácilmente, y los protocolos que cumplen las normas internacionales más recientes son muy adecuados para satélites, el empleo por descuido de un protocolo incorrecto puede deteriorar la capacidad de tráfico. Las futuras tendencias hacia redes de satélites no geoestacionarios deberán mejorar la situación mediante la reducción del retardo.

El progreso y la convergencia de las tecnologías de telecomunicaciones y de procesamiento de datos suele designarse con el término de "servicios telemáticos", y comprende los siguientes servicios:

- compartición de capacidad informática entre facilidades (por ejemplo, uno o varios computadores centralizados y/o distribuidos);

- asistencia en tiempo real y recuperación/continuación del procesamiento durante periodos de fallo en los sistemas informáticos;

- establecimiento de enlaces de comunicaciones de alta velocidad para proporcionar intercambio y conmutación rápidos de información entre nodos principales de redes de procesamiento de datos (con aplicación particular a comunicaciones de datos en el modo de conmutación de paquetes);

- actualización simultánea de varios centros de procesamiento distribuido y ubicaciones externas;

- transferencia de bancos de datos;

- difusión de información y distribución de datos (con o sin canales de retorno para procesos de conversación/interactivos);

- transmisión de facsímil, desde un servicio sencillo a baja velocidad binaria hasta transmisión de alta definición de material impreso, manuscritos, fotografías, dibujos, etc. para aplicaciones tales como Internet, correo electrónico, teleimpresión u otras;

- facilidades de teleconferencia, desde las más sencillas conferencias de audio con ayudas visuales y las conferencias más perfeccionadas con transferencia de imágenes hasta las videoconferencias en toda su integridad entre múltiples usuarios. Hay que señalar que las facilidades de teleconferencia pueden incluir estaciones terrenas transportables.

En la planificación de la mayoría de los sistemas de satélites se prevé un desarrollo en gran escala de las comunicaciones de datos por satélite. Los sistemas de satélite nacionales o domésticos de los Estados Unidos de América fueron los primeros que proporcionaron estos servicios empresariales en la segunda mitad de la década de 1970. Los servicios de empresa han internacionalizado su ámbito con la aparición del servicio empresarial de INTELSAT (IBS). Además, el servicio empresarial de EUTELSAT (SMS) y los de TELECOM 2, HISPASAT (DVI), etc. para usuarios europeos, se han diseñado con características plenamente compatibles con el INTELSAT IBS con el fin de permitir el interfuncionamiento de estos sistemas (véanse más detalles en el anexo 3).

Además, como se explica más adelante, las redes privadas especializadas tienen un cometido importante en el campo de las comunicaciones de datos por satélite.

Redes privadas y VSAT

Con el bien reconocido y popular término VSAT (*very small aperture terminal*, terminal de muy pequeña abertura), se designan estaciones terrenas de bajo coste y muy pequeño tamaño que están directamente conectadas a los usuarios.

La mayoría de las aplicaciones importantes de sistemas VSAT adoptan la forma de redes de comunicación privadas, de grupo cerrado de usuarios, en las que los VSAT se instalan directamente en las dependencias de cada usuario remoto. Casi todas las redes VSAT operan con una estación terrena central ("núcleo"), más grande, la cual distribuye, controla y/o intercambia información hacia los VSAT remotos o entre dichos VSAT.

La gama de aplicaciones de los VSAT no cesa de extenderse. Seguidamente se citan algunos ejemplos:

* **Aplicaciones unidireccionales: distribución de datos.** La distribución de información, en forma de señales digitales desde el Núcleo a todos los abonados (difusión de datos) o a un número limitado de abonados en la red (reparto limitado de datos), por ejemplo, para noticias, comunicados de prensa, boletines de información meteorológica a aeropuertos, pantallas de avisos, carga de programas a distancia, distribución de audio, distribución de vídeo, etcétera.

* **Aplicaciones unidireccionales: recopilación de datos.** Esta arquitectura se utiliza en la dirección inversa, es decir, de los VSAT hacia el Núcleo, con el propósito de recopilar datos. Hay aplicaciones destinadas a la observación de datos meteorológicos o ambientales, a la vigilancia de conducciones o redes de energía eléctrica desde estaciones desatendidas, etcétera. Sin embargo, en la mayoría de los casos, esta clase de servicio requiere algún tipo de control y gestión desde la estación central, lo que significa que el VSAT debe incorporar una función receptora y no considerarse como unidireccional auténtico.

* **Aplicaciones bidireccionales.** Las redes de VSAT se utilizan hoy en día corrientemente para diversos tipos de transmisión bidireccional de datos, en particular para la transferencia de ficheros y todo género de intercambio de datos interactivo o de pregunta/respuesta. Son ejemplos de aplicaciones las financieras, bancarias, de aseguradoras (para transacciones de ficheros y transferencias en bloque desde oficinas locales al equipo de procesamiento central), las operaciones de punto de venta, la verificación de tarjetas de crédito, la gestión y asistencia técnica, las operaciones de reserva para aerolíneas, operadores de viaje y hoteles, los servicios de correo electrónico, etcétera.

Se hallarán más detalles sobre la tecnología, aplicaciones y servicios de VSAT en: "Sistemas VSAT y estaciones terrenas", Suplemento N° 3 al Manual (UIT, 1995).

1.4.5.4   Red digital de servicios integrados (RDSI)

El concepto de red digital de servicios integrados (RDSI) se introdujo en el UIT-T en la década de 1970 sobre la base de que "... la RDSI pudiera ser la red mundial de telecomunicaciones ideal para el futuro". La RDSI mejorará la red de telecomunicaciones existente y proporcionará servicios enteramente digitales (hasta el abonado). Asimismo permitirá la introducción de una señalización fuera de banda normalizada, de manera que puedan integrarse en la misma red los servicios de voz y de datos.

La RDSI se está proyectando y realizando internacionalmente como una red de conmutación mundial única que proporcione todos los servicios a través de interfaces de usuario normalizadas. La RDSI de banda estrecha (RDSI-BE) se basa en el modo de transferencia síncrono (STM) y en un acceso de 64 kbit/s normalizado para todos los servicios con velocidades de datos desde 64 kbit/s hasta 2 Mbit/s.

El principal distintivo del concepto de RDSI es el soporte de una amplia gama de aplicaciones vocales y no vocales en la misma red digital. Un elemento clave de la integración de servicios en una RDSI-BE es la prestación de una gama de servicios que utilizan un conjunto limitado de tipos de conexión y de disposiciones de interfaz usuario-red de finalidad múltiple. Las RDSI-BE sustentan una diversidad de aplicaciones que incluyen tanto conexiones con conmutación como sin conmutación. Las conexiones conmutadas en una RDSI-BE abarcan las de conmutación de circuitos y conmutación de paquetes.

Aunque hubo que superar ciertos obstáculos para asegurar la compatibilidad y el interfuncionamiento de los enlaces por satélite con los procedimientos y protocolos de la RDSI y con las Recomendaciones del UIT-T (especialmente en lo que atañe a la proporción de bits erróneos y al retardo), los satélites han demostrado su capacidad para facilitar el establecimiento rápido de servicios RDSI a escala internacional. Por ejemplo, las facilidades de satélite INTELSAT proporcionan servicios RDSI de tres maneras: servicios de acceso múltiple por división en el tiempo (AMDT), portadores de velocidad de datos intermedia (IDR), y super IBS. Todos estos servicios de satélites tienen la capacidad de ofrecer una proporción de bits erróneos mejor que 1×10^{-7} y una disponibilidad del sistema superior al 99,96% del año.

La RDSI de banda ancha (RDSI-BA) fue promovida por el UIT-T desde 1988 mediante la aprobación de la primera Recomendación I.121 con el objetivo de integrar todos los servicios de voz, datos y vídeo.

Se basa en los conceptos siguientes:

*   la jerarquía digital síncrona (SDH, *synchronous digital hierarchy*), que sustituye a la anterior jerarquía digital plesiócrona (PDH, *plesiochronous digital hierarchy*), con mayor flexibilidad y velocidades binarias mucho más elevadas[10];

*   el modo de transferencia asíncrono (ATM) como mecanismo de transporte[11].

Entre los numerosos elementos de la RDSI que ya han sido normalizados por el UIT-T, afectan primordialmente a los sistemas de satélites la proporción de bits erróneos (BER) y la característica de disponibilidad necesaria para lograr cumplir su contribución a la BER global que imponen los requisitos del usuario. No obstante, gracias a las recomendaciones preparadas por el UIT-R, puede

---

[10] En particular, la SDH permite un proceso de multiplexación transparente. Por ejemplo, se puede acceder directamente a un canal de 64 kbit/s desde la jerarquía más alta del múltiplex SDH. Las velocidades binarias del múltiplex de transmisión SDH abarcan desde 255 Mbit/s (trama básica o STM1) hasta 2,4 Gbit/s (STM16). Véase el capítulo 3, punto 3.5.3.

[11] El ATM es una técnica de transmisión algo parecida a los sistemas de conmutación de paquetes, pero con paquetes de datos de longitud fija (llamados células). Véase el capítulo 3 (punto 3.5.4).

obtenerse en los enlaces por satélite una calidad de transmisión comparable a la de la fibra óptica (véase el capítulo 2, punto 2.2) siempre que sea necesario para utilizarse en redes RDSI-BA.

1.4.5.5   Servicios de comunicación de emergencia

En situaciones de catástrofes naturales, alteraciones civiles o accidentes graves, las facilidades de telecomunicación normales basadas en instalaciones terrenales quedan frecuentemente sobrecargadas, temporalmente interrumpidas o destruidas. La disponibilidad de facilidades de comunicación por satélite garantiza que un elemento del sistema permanezca aislado de las interrupciones terrenales: esto es, el segmento de satélite o espacial. Desplazando pequeños terminales terrenos transportables al lugar donde se produce la emergencia, se pueden establecer comunicaciones y cooperar a la reposición de los servicios necesarios (comunicaciones, ayuda, distribución de alimentos y agua, etcétera).

Por ejemplo, desde 1984 INTELSAT ha proporcionado, cada vez más a menudo, comunicaciones de corta duración con lugares alejados en situaciones de emergencia o medios para facilitar información sobre acontecimientos especiales. En tales casos se han utilizado terminales terrenos muy pequeños, fácilmente transportables, para proporcionar comunicaciones temporales de televisión (en banda de 14/11-12 GHz) y/o de audio solamente.

En condiciones similares, aunque en circunstancias menos dramáticas, las comunicaciones del SFS son especialmente adecuadas para establecer enlaces temporales para el periodismo electrónico por satélite (SNG) (véase el punto anterior 1.4.5.2 iii)) y enlaces con lugares en los que se celebran acontecimientos especiales que requieren facilidades de comunicación no habituales y una elevada capacidad de tráfico instantánea, como por ejemplo las reuniones internacionales, acontecimientos deportivos, etcétera.

1.4.5.6   Servicios de restablecimiento de cables

El servicio de restablecimiento de cables tradicional está concebido para restablecer a través de satélites los servicios durante las interrupciones sufridas por los cables. Estos servicios de restablecimiento los proporciona INTELSAT, bien en un modo de utilización ocasional o bien planificada a largo plazo cuando se prevé la interrupción.

Actualmente INTELSAT ofrece tres diferentes servicios de restablecimiento de cables, cada uno dirigido a un tipo o tamaño diferente del cable:

*   restablecimiento de cable submarino de banda ampliada, para cables de fibra óptica digitales;

*   servicio de reparación de cables, para el restablecimiento proyectado de sistemas de cable de mediana capacidad (hasta 4 000 circuitos) cuando se necesita una reparación extensa;

*   restablecimiento de circuitos de cable para restaurar cables analógicos o digitales sobre la base de una utilización ocasional.

1.5 Consideraciones sobre la reglamentación y la planificación de sistemas

1.5.1 Introducción

En esta sección se resumen los diversos problemas que han de resolverse antes de establecer y explotar enlaces de telecomunicaciones por satélite.

Debe ponerse de relieve que esta sección tratará primordialmente de las diversas reglamentaciones establecidas por la UIT, y no describirá las reglamentaciones particulares de cada país (o grupo de países). Desde luego, cualquier operador que desee establecer un sistema o una red de satélites debe cumplir con las reglamentaciones y normas vigentes que le sean aplicables y acudir al organismo regulador de ese país (por ejemplo, la FCC en los Estados Unidos de América) para obtener las autorizaciones que le permitan el lanzamiento, la realización y la explotación de su sistema o red. Hay que señalar, no obstante, que, al compás de la tendencia mundial hacia la "desreglamentación", se han suavizado considerablemente, o incluso suprimido, las anteriores restricciones sobre explotación de sistemas de satélites en numerosos países (por ejemplo, en Europa, bajo los auspicios de la CEPT, la ESRO, etc.)[12].

Tampoco se tratará en esta sección de las normas que son aplicables al equipo y a los modos de funcionamiento con los cuales debe cumplir un satélite. Con carácter global, estas normas adoptan la forma de Recomendaciones de la UIT (-R y –T) (véase el anexo 4 a este Manual), pero otras son establecidas por organismos de normalización en diversos países o grupos de países (por ejemplo, por la FCC y otras organizaciones en los Estados Unidos de América, por el ETSI en Europa), y a menudo también por diversos grupos técnicos o industriales (como ejemplo, la MPEG para televisión digital). Por último, otras normas han sido establecidas por los propios operadores de satélites, como INTELSAT y EUTELSAT.

Los diferentes casos a considerar son:

- enlaces internacionales o nacionales;

- utilización de un sistema de satélite operacional existente (segmento espacial) o establecimiento de un nuevo sistema de satélite especializado.

En el punto 1.5.2 se abordan los problemas generales, principalmente de índole reglamentaria, que han de tratarse en cada caso.

Establecer un nuevo sistema de satélites, que puede ser un sistema regional con la participación de un grupo de países, o un sistema meramente nacional, es evidentemente mucho más difícil que utilizar un sistema existente; de hecho, la decisión de realizar un nuevo sistema de satélites suele ser fruto de un proceso a largo plazo, que puede estar precedido por las fases descritas a continuación:

- utilización del segmento espacial de un sistema de satélites existente, usualmente mediante arriendo de capacidad del segmento espacial;

---

[12] Los problemas concretos de reglamentación y también de normalización relativos a los VSAT se abordan en "Sistemas VSAT y estaciones terrenas" (Suplemento 3 al Manual, capítulo 5).

- estudios preliminares económicos y técnicos de la validez y rentabilidad de un nuevo sistema, considerando el crecimiento del tráfico y la posible necesidad de nuevos servicios de telecomunicaciones;
- experimentos preliminares técnicos y operacionales, por ejemplo, utilizando un satélite existente, si estuviera disponible, o incluso lanzando un satélite experimental o preoperacional.

Dentro de este contexto, debe considerarse la evolución progresiva del segmento terreno. Por ejemplo, las estaciones terrenas establecidas en la primera fase deben seguir siendo utilizables en el segmento terreno del nuevo sistema.

También es posible que se den casos en los que, desde el principio, pueda necesitarse un sistema de satélites enteramente nuevo, por ejemplo:

- si los satélites existentes no pueden transmitir los servicios previstos;
- si hay nuevas tecnologías que se adapten mejor a las necesidades específicas, etcétera.

El punto 1.5.3 está dedicado a los problemas de planificación de los nuevos sistemas de satélites.

1.5.2 Consideraciones globales en el aspecto reglamentario

En este punto se tratan las diversas consideraciones, particularmente en el terreno reglamentario, que puede encontrar una organización cuando pone en servicio y explota enlaces de telecomunicación del SFS.

Estas consideraciones son de dos clases:

a) Consideraciones relativas a las reglas para el funcionamiento interno de un sistema de satélites: reglamentación interna del sistema (administrativa y técnica), tipos de tráfico, capacidad de tráfico, características técnicas de las estaciones espaciales y terrenas, etcétera. Otros problemas se relacionan con la protección interna contra la interferencia mutua entre estaciones espaciales, estaciones terrenas y estaciones radioeléctricas terrenales en la zona de servicio del sistema de satélites en cuestión.

b) Consideraciones relativas a la protección contra la interferencia externa, es decir, la protección del sistema contra la interferencia procedente de estaciones espaciales y terrenas pertenecientes a otros sistemas de satélites, así como la procedente de otros sistemas de radiocomunicaciones terrenales, y, a la inversa, la protección de estos otros sistemas con respecto a la interferencia producida por el propio sistema.

Los cuatro casos básicos de enlaces de telecomunicación por satélite que pueden producirse son los siguientes:

- sistema de satélites existente[13] que utiliza enlaces internacionales (incluidos los regionales);
- sistema de satélites existente que utiliza enlaces nacionales;

---

[13] Sistema de satélites existente: sistema que ya ha sido coordinado de conformidad con el procedimiento de la UIT y que ya ha sido registrado por la Oficina de Radiocomunicaciones (BR) (como se explica en los puntos siguientes).

- sistema de satélites nuevo[14] que utiliza enlaces internacionales (incluidos los regionales);
- sistema de satélites nuevo que utiliza enlaces nacionales.

Debe señalarse que, cuando los parámetros técnicos de un sistema de satélites existente se modifican sustancialmente, el sistema existente se clasificará como un sistema de satélites nuevo.

1.5.2.1 Sistemas de satélites existentes

En el caso de un sistema existente, el nuevo usuario establece sus enlaces de telecomunicación instalando sus propias estaciones de acuerdo con las reglas de explotación internas del sistema en cuestión. Por lo general, se habrán resuelto ya los problemas del tipo b) mencionados anteriormente y el nuevo usuario sólo deberá tener en cuenta las consideraciones del tipo a).

1.5.2.1.1 Enlaces internacionales (incluidos los regionales)

En el anexo 3 se presenta un resumen de los principales sistemas de satélites internacionales y regionales actualmente en servicio (o que se están poniendo en servicio).

Para cada uno de estos sistemas hay una organización internacional, compuesta por los países signatarios de los acuerdos constitutivos, que es responsable de administrar el sistema o, más frecuentemente, su segmento espacial.

Para establecer enlaces de telecomunicación directos dentro de sistemas de este género, el gobierno del país afectado tiene que ponerse en contacto, bien directamente o a través de su administración de telecomunicaciones, o de una organización de telecomunicaciones bajo su jurisdicción, con la organización internacional interesada, que le informará sobre:

- los servicios de telecomunicaciones ofrecidos y las condiciones técnicas que han de cumplirse;
- las condiciones financieras y los métodos de tasación;
- los procedimientos reglamentarios requeridos para incluir las estaciones terrenas como parte del sistema espacial establecido. Estos procedimientos son necesarios para:
  - evitar interferencias inaceptables a otros usuarios;
  - insertar los enlaces requeridos en el plan de tráfico general y en las previsiones relativas a la capacidad de trafico.

Debe señalarse que, en todo caso, el procedimiento antes mencionado con la organización internacional considerada no sustituye a los procedimientos de la UIT para la inscripción en la Oficina de Radiocomunicaciones (BR) de nuevas facilidades de telecomunicación, como se indica en el punto 1.5.2.2.

---

[14] Sistema de satélites nuevo: sistema que está en fase de planificación y/o cuya coordinación todavía no se ha completado de acuerdo con el procedimiento de la UIT.

1.5.2.1.2   Enlaces nacionales

Existen dos posibilidades de establecer enlaces nacionales en el marco de los sistemas de satélites existentes:

a) Si el país en cuyo territorio el usuario desea establecer enlaces ya está servido por un sistema de satélites autónomo adaptado a estos enlaces, el nuevo usuario deberá hacer la solicitud a la administración o a la entidad que sea propietaria del sistema o lo administre. Seguidamente se enumeran países importantes que explotan sistemas de satélites (véase el anexo 3):

- Australia/Nueva Zelanda (Optus Communications/AUSSAT);
- Argentina (NAHUELSAT);
- Brasil (SBTS);
- Canadá (TELESAT);
- China (STW, CHINASAT 1, ASIASAT);
- Francia (TELECOM);
- Alemania (KOPERNIKUS);
- India (INSAT);
- Indonesia (PALAPA);
- Italia (Telecom Italia, ITALSAT);
- Japón (N-STAR);
- Corea (KOREASAT);
- España (HISPASAT);
- Estados Unidos de América (SATCOM de RCA, COMSTAR de AT&T, WESTAR de Western Union, SBS, GSTAR de GTE, etc.);
- Rusia (Molnya-3, Statsionar, Loutch).

b) Por otra parte, si no hay un sistema nacional autónomo, debe considerarse el arriendo (o incluso la compra) de parte del segmento espacial (es decir, una determinada capacidad de transmisión) de un sistema de satélites existente con una zona de cobertura que comprenda el territorio en cuestión.

En particular, INTELSAT ofrece la posibilidad de arrendar o comprar capacidad de segmento espacial para una amplia gama de servicios, que comprende:

- telefonía pública conmutada;
- radiodifusión sonora y de televisión;
- redes públicas de datos con conmutación;
- redes privadas de empresa.

Debe hacerse hincapié en que el método de arrendar una capacidad de transmisión determinada en el segmento espacial de un sistema de satélites existente permite que el país, administración o entidad usuario se aproveche libremente de esta capacidad (aunque con algunas restricciones mencionadas más adelante) para diseñar, ejecutar y explotar un sistema nacional completo de telecomunicaciones por satélite, que consiste en la parte arrendada del segmento espacial y en su propio segmento terreno. Sin embargo, debe señalarse lo siguiente:

i)   la organización propietaria o administradora del segmento espacial es quien fija las características técnicas de la parte arrendada y las reglas para su utilización. Estas reglas garantizan la compatibilidad de la parte arrendada con todo el sistema de satélites y protegen al sistema contra la interferencia, la sobrecarga, etcétera;

ii) también en el caso de enlaces nacionales, tienen que aplicarse los procedimientos del UIT-R para la inscripción en la BR de nuevas facilidades de telecomunicaciones, según se indica en el punto 1.5.2.2, una vez establecidas las características técnicas de la red nacional.

Estas características y reglas deben ser tenidas en cuenta por el usuario al elegir los parámetros de las estaciones de su segmento terreno y las características de transmisión de sus portadoras radioeléctricas.

El coste total del sistema estará constituido, naturalmente, por los costes de inversión (suministro e instalación de las estaciones) y los costes recurrentes, por ejemplo, los costes operacionales y el coste del arriendo del segmento espacial. Como en general los últimos costes mencionados dependen directamente de la capacidad arrendada, la optimización del coste total es un problema difícil y tiene que examinarse junto con las consideraciones técnicas antes señaladas (parámetros de las estaciones, características de transmisión). Para solucionar este problema de optimización, debe atenderse no sólo a la situación existente en la red nacional y a las necesidades del tráfico, sino también a su desarrollo futuro[15].

1.5.2.2   Nuevos sistemas de satélites

Cuando se proyecte un nuevo sistema, no sólo es necesario establecer las reglas para el funcionamiento interno y examinar la protección interna del sistema contra la interferencia (problemas del tipo a), punto 1.5.2), sino también considerar desde el principio las cuestiones relativas a la interferencia mutua entre sistemas existentes y el nuevo sistema proyectado (consideraciones del tipo b), punto 1.5.2).

El Reglamento de Radiocomunicaciones de la UIT establece procedimientos y límites con miras a evitar interferencias perjudiciales para el funcionamiento eficaz de todos los servicios de telecomunicaciones, incluidos los SFS, SRS, SMS, y SES. Estos procedimientos y límites se abordan en el capítulo 6 de este Manual, por lo que aquí sólo se hacen algunas indicaciones generales.

---

[15] El siguiente caso se cita solamente como ejemplo:
Una red nacional de telecomunicaciones para tráfico esporádico de baja densidad puede establecerse utilizando pequeñas estaciones locales que comunican entre sí en el modo AMDF-SCPC mediante portadoras con asignación previa. Cuando crece la demanda de tráfico (debido a un aumento de la densidad de tráfico y/o del número de estaciones), puede considerarse la transferencia de la asignación previa a la asignación por demanda. Este método podría servir para satisfacer una mayor demanda, que implicaría ciertos gastos para renovar el equipo de las estaciones pero sin necesitar aumento alguno de la capacidad arrendada (y por ende sin aumentar el coste del arriendo del segmento espacial).

Los Estados Miembros de la UIT han establecido un régimen legal recogido en las disposiciones de la Constitución/Convenio, que incluyen el Reglamento de Radiocomunicaciones (RR). Estos instrumentos contienen los principios esenciales y establecen las reglamentaciones específicas que rigen los siguientes elementos principales:

- atribución de bandas de frecuencias del espectro a las diferentes categorías de servicios de radiocomunicaciones (artículo S9 del Reglamento de Radiocomunicaciones);

- reconocimiento internacional de estos derechos mediante la inscripción en el Registro Internacional de Frecuencias de las asignaciones de frecuencia y, cuando sea oportuno, las posiciones orbitales utilizadas o que se pretende utilizar (artículo S11 del Reglamento de Radiocomunicaciones).

En términos generales, el Reglamento de Radiocomunicaciones distingue entre redes de satélites geoestacionarios y no geoestacionarios, que están sujetas a distintos regímenes reglamentarios. Cualquier red de satélites geoestacionarios, en cualquier banda de frecuencias, tiene que coordinar su utilización prevista de la órbita y del espectro de frecuencias con cualquier otro sistema geoestacionario que probablemente vaya a ser afectado cuya notificación hubiera recibido la Oficina de Radiocomunicaciones (BR) de la UIT en una fecha anterior. Las redes no geoestacionarias están sujetas a coordinación sólo en lo que atañe a determinados servicios espaciales en ciertas bandas de frecuencias identificadas por notas al Cuadro de atribuciones de bandas de frecuencias (nota con una referencia a la aplicación del N° S9.11A del RR).

Los principales procedimientos reglamentarios aplicables a los sistemas espaciales están contenidos en el artículo S9 y en el apéndice S5 del Reglamento de Radiocomunicaciones, donde se señalan criterios para la identificación de las administraciones con las que se ha de efectuar la coordinación. En línea con la práctica normal relativa a los servicios espaciales, el artículo S9 contiene un procedimiento en dos etapas que consiste en la publicación de información anticipada simplificada sobre la red en proyecto, seguida por la coordinación con los sistemas que probablemente se vean afectados, observando un orden de prioridad determinado por la fecha de presentación a la UIT de los datos relativos a la coordinación. Este mismo artículo plantea la necesidad de coordinación de un sistema espacial en proyecto (estación espacial y terrena) frente a otros sistemas geoestacionarios o no, así como con los servicios terrenales que compartan la misma banda de frecuencias. El procedimiento para notificación e inscripción de las asignaciones de frecuencia de la red espacial en el Registro Internacional de Frecuencias se describe en el artículo S11 del Reglamento de Radiocomunicaciones.

El Reglamento de Radiocomunicaciones contiene asimismo disposiciones para la compartición entre servicios espaciales y terrenales. Por encima de 1 GHz, el artículo S21, secciones I-III, tiene por objetivo proteger los servicios espaciales geoestacionarios de las emisiones terrenales de los servicios fijos y móviles, cuyas estaciones transmisoras deben estar apuntadas a 2° fuera de la órbita geoestacionaria y observar los límites de nivel de potencia. Con respecto a la protección de las estaciones receptoras terrenales frente a estaciones espaciales, las secciones IV y V respectivamente proporcionan el ángulo de elevación mínimo de las estaciones terrenas y los límites de la dfp procedente de las estaciones espaciales. El artículo S22 detalla más las reglas que conciernen a los servicios de radiocomunicaciones espaciales (mantenimiento en posición, precisión de puntería de las antenas en satélites geoestacionarios, limitaciones de potencia fuera del eje de las estaciones terrenas ...).

1.5.3   Establecimiento de nuevos sistemas

Este punto pretende proporcionar información general, a modo de recordatorio, sobre las diversas etapas que comprende la instalación y puesta en servicio de un proyecto importante para un nuevo sistema de satélite completo. El proceso se simplificaría grandemente en el caso de una nueva red de estaciones terrenas que funcionaran con un satélite existente (por ejemplo, un VSAT o una red rural).

1.5.3.1   Estudios tecnoeconómicos preliminares

El primer paso consiste en evaluar las necesidades de servicio que ha de satisfacer el sistema de satélites tomando en consideración la perspectiva global del desarrollo de la red de telecomunicaciones y los factores económicos, industriales, sociales y políticos.

La introducción de un sistema de satélites para complementar y expandir telecomunicaciones de larga distancia suele proyectarse con miras a las siguientes ventajas, bien conocidas:

i)   cobertura de una zona extensa;

ii)   costes independientes de la distancia y del terreno intermedio, facilidad de conexión de las ubicaciones en regiones montañosas, islas, desiertos, selvas y pantanos;

iii) rapidez de instalación y capacidad de proporcionar servicios a corto plazo y de emergencia utilizando terminales transportables;

iv)   carácter de difusión de las transmisiones por satélite y facilidad para proporcionar servicios de televisión, radiofónicos, de teleconferencia, noticias, datos y facsímil;

v)   flexibilidad para adoptar demandas de tráfico y tipos de servicios variables;

vi)   capacidad para proporcionar diversidad de medios a los enlaces terrenales por cable o radioeléctricos.

El plan de transmisión de un sistema de satélites debe tener en cuenta estas ventajas y debe ser compatible con el plan nacional de conmutación y transmisión. Para los detalles relativos a las características del sistema de conmutación debe consultarse el Manual del UIT-T titulado "Aspectos económicos y técnicos de la elección de sistemas de conmutación telefónica". Después de evaluar las necesidades totales de servicio, habrá que proceder a la atribución a los diversos medios de transmisión: cable, radiocomunicación, fibra óptica y satélite. A este propósito, será de utilidad el Manual sobre sistemas de transmisión del GAS 3 del UIT-T, "Aspectos económicos y técnicos de la elección de sistemas de transmisión" (Vols. 1 y 2).

Puede efectuarse un análisis de coste/beneficios para comparar la red por satélite con una red terrenal equivalente. Los sistemas de satélites pueden resultar económicos cuando se rebasa una distancia crítica de varios centenares de kilómetros, aunque esta distancia puede ser menor si se consideran las ventajas citadas anteriormente. Los costes de los sistemas se evalúan y comparan sobre la base del precio actualizado del sistema.

1.5.3.2   Planificación inicial

a)   Proyecciones de tráfico

La vida útil nominal de un satélite varía de 10 a 14 años. Antes del lanzamiento del satélite se necesita un periodo de tres a cuatro años como mínimo para preparar las especificaciones del vehículo espacial, elaborar los pliegos de condiciones, evaluar las ofertas, y pedir y fabricar el vehículo espacial. Esto significa que durante la planificación inicial de un sistema de satélites especializado, se han de hacer proyecciones de tráfico para unos 10 a 15 años. Por tanto estas proyecciones deben incluir las aplicaciones futuras (datos, multimedios, etcétera).

b)   Ingeniería preliminar del sistema

A partir de las proyecciones del tráfico que ha de transportar una red de satélites, se prepara una matriz de tráfico que indique el numero de portadoras, la capacidad de canales y las interconexiones necesarias. La evaluación del número de transpondedores de satélite requeridos es un proceso iterativo que entraña unas hipótesis provisionales sobre los parámetros iniciales de la estación terrena y del satélite, y después la optimización de estos parámetros en relación con los costes globales del sistema, la capacidad de canales y la calidad de funcionamiento. Los principales parámetros del vehículo espacial son la anchura de banda del transpondedor, la p.i.r.e. y la relación ganancia/temperatura de ruido (G/T); para las estaciones terrenas, esos parámetros son la relación G/T, la ganancia de la antena en transmisión y recepción, la temperatura de ruido del sistema y la potencia transmitida. Para el sistema, los factores importantes son la elección de las bandas de frecuencias, el método de modulación y los parámetros de acceso múltiple.

1.5.3.3   Planificación detallada

Tras los estudios preliminares y la elaboración de las proposiciones relativas al sistema de satélites, es preciso establecer una organización de planificación en la sede de la administración interesada que se haga cargo con carácter centralizado de la planificación y la realización detalladas del sistema.

El grupo de planificación es responsable de obtener la aprobación administrativa, técnica y financiera del plan, así como de su ejecución, supervisión y control. La planificación sistemática es esencial para que la realización del sistema de satélites sea eficaz en términos de coste. El análisis de redes, el método del camino crítico, las técnicas de revisión y evaluación de programas (PERT) son instrumentos para realizar un proyecto complejo. En estas técnicas, el trabajo del proyecto se divide lógicamente en sus partes componentes, y éstas se registran en un modelo o diagrama de red que se utiliza luego para planificar y controlar las actividades interrelacionadas necesarias para completar el proyecto.

La planificación de un sistema de satélites puede desglosarse en dos partes: a) segmento espacial y b) segmento terreno. Estos dos segmentos pueden ser tratados por organizaciones diferentes en algunos países, y deben establecerse procedimientos de coordinación entre los grupos de planificación de estas organizaciones.

a)   Planificación del segmento espacial

El establecimiento del segmento espacial requiere un esfuerzo importante de análisis, planificación y ejecución del trabajo en un campo de tecnología sumamente refinada, y entraña los siguientes pasos:

- recopilación de las necesidades de los clientes y de los requisitos de los servicios y de las misiones;
- estudios preliminares relativos a las diversas opciones para el vehículo espacial, criterios relativos a repuestos, calendarios y costes de sistema;
- necesidades del recurso órbita/espectro, selección del segmento de arco orbital y seguimiento de los procedimientos de coordinación;
- selección del vehículo de lanzamiento;
- preparación del pliego de condiciones para los satélites y las facilidades de control asociadas;
- evaluación de las ofertas y concesión del contrato;
- ultimación del acuerdo sobre el vehículo de lanzamiento;
- establecimiento del método de supervisión para el contrato relativo al satélite y al vehículo de lanzamiento.

b)   Planificación del segmento terreno

La planificación del segmento terreno comprendería los siguientes pasos principales:

- recopilación de necesidades de servicio y matriz de tráfico, ultimación del plan de transmisión tomando en consideración las características especificadas del segmento espacial;
- preparación de la definición global para el segmento terreno;
- ultimación de las especificaciones de los equipos de estación terrena, preparación del pliego de condiciones para el segmento terreno, evaluación de las ofertas y pedido de los equipos;
- selección de los emplazamientos de las estaciones terrenas y estudios de la compatibilidad electromagnética;
- notificación y autorización de frecuencias para los emplazamientos seleccionados;
- preparación de los planos de los edificios y concesión del contrato para su construcción;
- solicitud de suministro de agua y energía eléctrica y de la estación generadora de energía.

1.5.3.4   Instalación

La fabricación del vehículo espacial, el suministro de los equipos de estación terrena, la selección del emplazamiento y la construcción de caminos de acceso y edificios son actividades que requieren largo tiempo y por eso se realizan concurrentemente.

Al mismo tiempo, deben adoptarse disposiciones para la contratación y capacitación del personal destinado a instalación, explotación y mantenimiento. La capacitación que han de proporcionar los fabricantes puede comenzar a impartirse cuando se encargan los equipos.

La construcción de edificios y la instalación de equipo podría ser una tarea complicada, particularmente en países en desarrollo, debido a la falta de infraestructura, recursos y mano de obra experimentada. El Manual del GAS 7 del UIT-T, "Telecomunicaciones rurales", aporta una orientación valiosa para los que realizan este trabajo en zonas rurales y aisladas.

El grupo encargado de la instalación tiene que realizar las siguientes actividades:

* construcción de edificios, trabajos de ingeniería civil y provisión de infraestructura;

* ingeniería detallada, incluido el trazado de la disposición de los equipos y la definición de las interfaces entre los diferentes elementos del equipo;

* pedidos de suministro de equipos de supervisión y pedidos de cualesquiera materiales pendientes para la instalación;

* transporte de los equipos y materiales al emplazamiento, inspección física de los elementos suministrados y despacho de informes a los fabricantes, según sea necesario, por avería y escasez;

* concesión del contrato para la instalación de la antena y las torres, y supervisión de los trabajos;

* instalación y prueba de aceptación de los equipos y de la planta de energía;

* puesta en servicio de los equipos, ajuste local;

* asistencia en la evaluación de las estaciones terrenas por el centro de operaciones y control de la red de acuerdo con los procedimientos de aceptación. Las pruebas de aceptación comprenden los parámetros de los diagramas de radiación de las antenas, la relación G/T y la p.i.r.e.;

* ajuste de los enlaces operacionales;

* integración de circuitos en la red terrenal de telecomunicaciones, centrales interurbanas automáticas y manuales, etcétera, y coordinación con otras organizaciones para la prolongación de los circuitos a los usuarios.

1.5.3.5 Explotación y mantenimiento

El grupo encargado de la explotación y mantenimiento asume las siguientes responsabilidades:

* establecimiento de procedimientos para la coordinación entre las instituciones interesadas en las operaciones de los vehículos espaciales, las operaciones de las estaciones terrenas y la red de telecomunicaciones;

* establecimiento de los horarios para la atención de la estación terrena y definición de las tareas;

* preparación de procedimientos de ajuste, procedimientos operacionales y preparación de calendarios de prueba para los equipos según la recomendación del fabricante;

* establecimiento de un centro de operaciones y control de la red (NOCC, *Network Operations Control Centre*) para la supervisión y el control;

* preparación de horarios de explotación diarios, semanales y mensuales según el plan de transmisión y las necesidades de servicio, y notificación de éstos al centro de control del vehículo espacial y al NOCC;

establecimiento de centros de reparación centrales y regionales, facilidades de calibración y procedimientos de control de averías.

CAPÍTULO 2

Algunas cuestiones técnicas fundamentales

2.1 Características de un enlace por satélite

2.1.1 El enlace por satélite fundamental

La figura 2.1 presenta, en su forma más sencilla, un enlace por satélite que transporta un circuito de comunicación dúplex (en los dos sentidos): la estación terrena A transmite hacia el satélite una onda portadora por el enlace ascendente (modulada por la señal de banda de base, esto es, por la señal procedente de la fuente del mensaje transmitido por el terminal del usuario) en una radiofrecuencia (RF) F_{u1} (ejemplo, 5 980 MHz). El sistema de antena y transpondedor del satélite recibe esta portadora y, tras la conversión de frecuencia de F_{u1} a F_{d1} (5 980 MHz – 2 225 MHz = 3 755 MHz), la amplifica y retransmite como onda portadora por el enlace descendente, la cual es recibida por la estación terrena B. Para establecer el enlace de retorno, B transmite una portadora por el enlace ascendente en otra RF, F_{u2} (ejemplo, 6 020 MHz), la cual es recibida por A en la frecuencia convertida de enlace descendente F_{d2} (6 020 MHz – 2 225 MHz = 3 795 MHz).

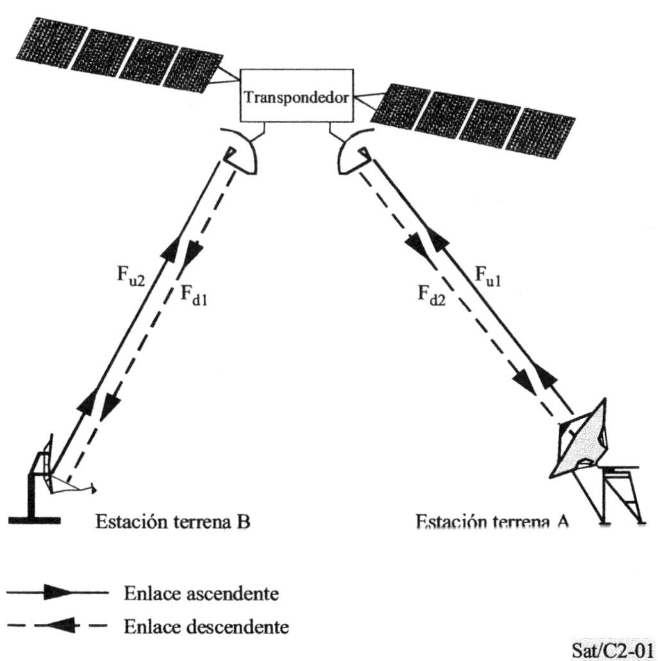

FIGURA 2.1

El enlace por satélite fundamental

Ha de advertirse que:

- en el caso más general, el satélite está equipado con varios transpondedores (los dos enlaces F_{u1}/F_{d1} y F_{u2}/F_{d2} que transportan las dos mitades del circuito, pueden ser transmitidos por transpondedores diferentes);

- en los tipos de satélite más avanzados, la señal no sólo sufre una simple conversión de frecuencia en un transpondedor sino que se somete a operaciones más complejas, que incluyen demodulación/remodulación, tratamiento en banda de base, etc. Tales operaciones (denominadas tratamiento a bordo, OBP) se describen en diversas partes de este Manual (por ejemplo en el punto 6.3.4);

- la figura es, por supuesto, independiente de la distancia del satélite y del tipo de órbita.

El enlace debe diseñarse de manera que proporcione comunicaciones fiables y de buena calidad, lo que implica que la señal transmitida por la estación terrena emisora debe llegar a la estación terrena receptora con un nivel de portadora suficientemente superior a las señales no deseadas que generan las diversas e inevitables fuentes de ruido e interferencia.

La calidad de la comunicación, es decir, de la señal del mensaje en banda de base que recibe el terminal del usuario, se deduce de la relación de potencia recibida a ruido, la cual recoge el efecto de los procesos de modulación/demodulación y posiblemente de codificación/decodificación:

- En el caso de comunicaciones analógicas, se utiliza generalmente la modulación de frecuencia y la calidad de la comunicación viene medida por la relación señal/ruido (S/N), la cual se deduce de la relación portadora/ruido (C/N) en la entrada del receptor y de los parámetros de modulación de frecuencia (véase el punto 4.1).

- En el caso de comunicaciones digitales, la calidad de la comunicación viene medida por la proporción de bits erróneos (BER).

- La BER se deduce de la relación portadora/densidad de ruido (C/N_0) (o de la relación (E_b/N_0)) en la entrada del receptor y de los parámetros de codificación y de modulación. E_b es la energía por bit de información, y N_0 es la densidad espectral de potencia de ruido (potencia de ruido por Hz, o sea, $N_0 = N/B$, siendo B la anchura de banda del ruido en radiofrecuencia).

Tomando como base (C/N), (C/N_0), (E_b/N_0), (S/N) o BER, y en función de la disponibilidad del enlace, el nivel de calidad del enlace de comunicación o del mensaje recibido, en los diversos tipos de sistemas analógicos o digitales, es objeto de varias Recomendaciones de la UIT (UIT-R y UIT-T), como se explica detalladamente más adelante (punto 2.2).

El factor fundamental para el diseño de un enlace por satélite es el cálculo del balance del enlace, es decir, el cálculo de las (C/N), (C/N_0) o (E_b/N_0) en función de las características del satélite, de las estaciones terrenas y de las condiciones locales del entorno y la interferencia.

Antes de proceder al análisis y cálculo del balance del enlace (sección 2.3), es preciso revisar ciertas nociones básicas acerca de las antenas (dado que constituyen la interfaz tierra-espacio), el ruido del enlace y la influencia del medio de propagación.

2.1.2   Características fundamentales de una antena

En esta subsección se definen solamente los parámetros de la antena necesarios para los cálculos del balance del enlace. Otras características esenciales de la antena, tales como los diagramas de radiación, aberturas angulares y polarización, se describen en el Apéndice 2.1.

2.1.2.1   Definición de ganancia de la antena

Una antena transmisora isótropa radia una onda esférica con una potencia uniforme $\rho_o/4\pi$ en cualquier dirección (θ, φ) del espacio que la rodea (ρ_o es la potencia disponible a la entrada de la antena).

Una antena direccional radiará una potencia $\rho(\theta, \varphi)$ en la dirección (θ, φ)(véase la figura. 2.2).

La definición de la ganancia de una antena es:

$$g(\theta, \varphi) = \frac{\rho(\theta, \varphi)}{\rho_o / 4\pi} \tag{1}$$

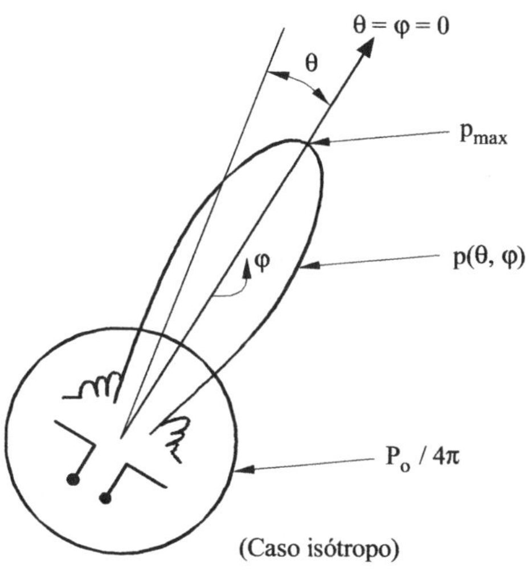

FIGURA 2.2

Potencia radiada de una antena transmisora

ρ_o es también la potencia radiada total (en todas las direcciones) y, por lo tanto, puede expresarse:

$$\rho_o = \int_0^{2\pi} \int_0^{\pi} \rho\,(\theta,\varphi)\,\mathrm{sen}\,\theta\,\mathrm{d}\theta\,\mathrm{d}\varphi \qquad (2)$$

El valor máximo de la función de ganancia viene dado por:

$$g_{max} = \frac{\rho_{max}}{\rho_o / 4\pi} \qquad (3)$$

La ganancia máxima, g_{max}, se denomina habitualmente "ganancia de la antena", g, y suele expresarse en decibelios del modo siguiente, y con mayor precisión, en decibelios sobre la ganancia de una antena isótropa (dBi):

$$G = 10 \log g \text{ (dBi)}$$

La definición de la ganancia de una antena es más directa si se considera que la antena está en transmisión, como aquí se ha supuesto. Sin embargo, en virtud del teorema de reciprocidad, las propiedades de una antena son idénticas para la transmisión y la recepción. Por ejemplo, en el caso de recepción el principio de este punto podría ser el siguiente: "Una antena receptora isótropa es capaz de recibir uniformemente desde el mismo transmisor situado en cualquier dirección (θ, φ) una potencia $\rho_o/4\pi$. Una antena direccional recibirá una potencia $\rho(\theta, \varphi)$ del mismo transmisor situado en la dirección (θ, φ) ...".

El teorema de reciprocidad es aplicable a todas las características de la antena definidas en este punto. El siguiente punto se explica más fácilmente si se considera que la antena está en recepción.

2.1.2.2   Abertura efectiva y ganancia de una antena

Si una onda radioeléctrica, que llega de una fuente distante (en este caso, del satélite, véase la figura 2.3) incide sobre la antena, la antena capta la potencia contenida en su "área de abertura efectiva" A_e. Si la antena fuera perfecta y sin pérdidas, tal área de abertura efectiva A_e sería igual al área real proyectada A (por ejemplo, para una abertura circular $A = \pi D^2/4$). En la práctica, teniendo en cuenta las pérdidas y también la no uniformidad de la "ley de iluminación" de la abertura:

$$A_e = \eta \cdot A$$

donde:

η = eficacia de la antena ($\eta < 1$)

($\eta = 1$ para una "ley de iluminación" uniforme y pérdidas nulas, los valores típicos oscilan entre 0,6 y 0,8).

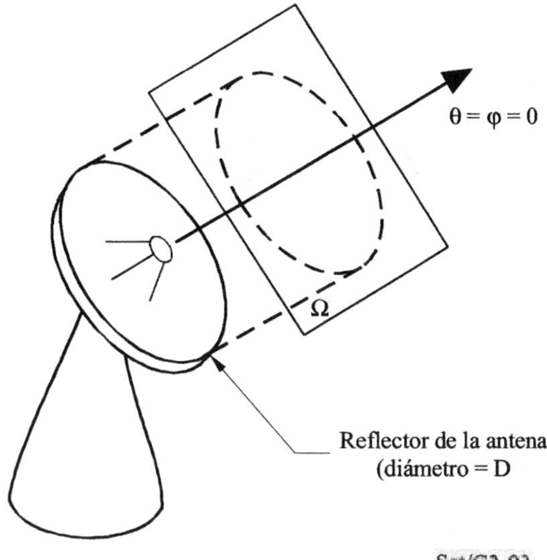

FIGURA 2.3

Abertura efectiva de una antena receptora

Una relación muy importante entre g_{max} y A_e (en metros cuadrados) es:

$$g_{max} = \frac{4\pi A_e}{\lambda^2} \tag{4}$$

donde λ es la longitud de onda (m):

$$\lambda = \frac{c}{f}$$

siendo:

    c: velocidad de las ondas radioeléctricas = 3×10^8 (m/s)

    f: frecuencia radioeléctrica (Hz)

$$g_{max} = \frac{4\pi\eta A}{\lambda^2} \tag{5}$$

Para una abertura circular (diámetro = D, en metros),

$$g_{max} = \eta\left(\frac{\pi D}{\lambda}\right)^2 \tag{6}$$

o bien , en decibelios:

$$G = 10\log g_{max} = 9{,}94 + 10\log\eta + 20\log\left(\frac{D}{\lambda}\right) \text{dBi} \tag{7}$$

La ecuación (4) viene dada para la dirección de ganancia máxima de la antena (es decir, para $\theta = \varphi = 0$). No obstante, puede generalizarse:

$$g(\theta, \varphi) = \frac{4\pi A_e(\theta, \varphi)}{\lambda^2} \tag{8}$$

siendo $A_e(\theta, \varphi)$ la superficie de abertura efectiva en la dirección (θ, φ).

Para una antena isótropa ($g_{max} = g(\theta, \varphi) = 1$), la abertura efectiva A_{iso} es:

$$A_{iso} = \frac{\lambda^2}{4\pi} \tag{9}$$

Por lo tanto, las ecuaciones anteriores pueden expresarse también como:

$$g(\theta, \varphi) = \frac{A_e(\theta, \varphi)}{A_{iso}} \tag{10}$$

$$A_{e\,max} = A_e(\theta = \varphi = 0)$$

$$g_{max} = \frac{A_{e\,max}}{A_{iso}} \tag{11}$$

2.1.3   Potencia radiada y recibida por una antena

2.1.3.1   Densidad de flujo de potencia, potencia isótropa radiada equivalente y atenuación en el espacio libre

La densidad de flujo de potencia (dfp) es la potencia radiada por una antena a una distancia suficientemente grande, d, en una dirección dada.

Para una antena isótropa en condiciones de espacio libre, la potencia p_e en la entrada de la antena se radia uniformemente en todas las direcciones a través de una esfera cuyo centro es la antena, y la (dfp) (en w/m^2) está dada por:

$$(dfp)_i = p_e/(4\pi d^2) \tag{12}$$

La densidad de flujo de potencia (dfp) radiada en una dirección dada por una antena que tiene una ganancia g_e en esa dirección es, por tanto:

$$(dfp) = p_e \cdot g_e/(4\pi d^2) \tag{13}$$

El producto $p_e \cdot g_e$ se denomina potencia isótropa radiada equivalente, p.i.r.e. Es un factor esencial en la evaluación del balance del enlace. Tiene la dimensión de una potencia y, por tanto, cuando se expresa en unidades logarítmicas, está dado por $(P_e + G_e)$ en dBW.

Para una antena receptora que tenga una superficie efectiva A_e, la potencia que llega a esa antena será igual a:

$$p_r = p_e \cdot g_e \cdot A_e/(4\pi d^2) \tag{14}$$

o, utilizando la ecuación general (4),

$$p_r = p_e \cdot g_e \cdot g_r \cdot (\lambda/4\pi d)^2 \qquad (15)$$

donde:

      g_r: ganancia de la antena receptora

      λ: longitud de onda

El valor:

$$l = [4\pi d/\lambda]^2 \qquad (16)$$

o, expresado en decibelios,

$$L = 20 \log [4\pi d/\lambda] \qquad (17)$$

representa la atenuación en el espacio libre entre antenas isótropas.

El valor de esta atenuación en el espacio libre se representa en la figura 2.4 en función de la frecuencia, con algunas distancias (d) como parámetros. Las distancias indicadas son típicas de las órbitas de sistemas de satélites actualmente en servicio, o en proyecto, como ya se explicaba en el Capítulo 1. Para una descripción más detallada de las órbitas de satélites, el lector deberá consultar el Capítulo 6, punto 6.1:

- d = 36 000 km es la distancia, sobradamente conocida, de la órbita de los satélites geoestacionarios (GSO) (adviértase que la altitud es, más exactamente, 35 786,1 km). Debido a la posición aproximadamente fija del satélite (visto desde la estación terrena), ésta era hasta ahora la única distancia utilizada prácticamente para los satélites de comunicación civiles, tanto en tráfico internacional como nacional.

  NOTA – d = 36 000 km es (aproximadamente) la altitud de la órbita geoestacionaria. En realidad, para el cálculo de la atenuación en el espacio libre, la distancia debe tener en cuenta la oblicuidad de la estación terrena con respecto a la trayectoria del satélite. Por ejemplo, con una elevación de 30° la distancia real es d = 38 607 km.

- d = 10 000 km es típica de los satélites de órbita terrestre media (MEO), también llamada a menudo órbita circular intermedia (ICO): es la órbita elegida por algunas organizaciones para sistemas que utilizan estaciones terrenas muy pequeñas, transportables (incluso de tamaño de bolsillo), que suelen llamarse "terminales", dentro de redes de telecomunicaciones personales (PT). Tal es concretamente el caso del proyecto P de Inmarsat (que opera en el servicio móvil por satélite, SMS).

- d =1 000 km es un valor típico de los satélites de órbita terrestre baja (LEO). Existen actualmente numerosos proyectos de sistemas "análogos a los PT", basados en la utilización de satélites que funcionen en el SMS o en el SFS.

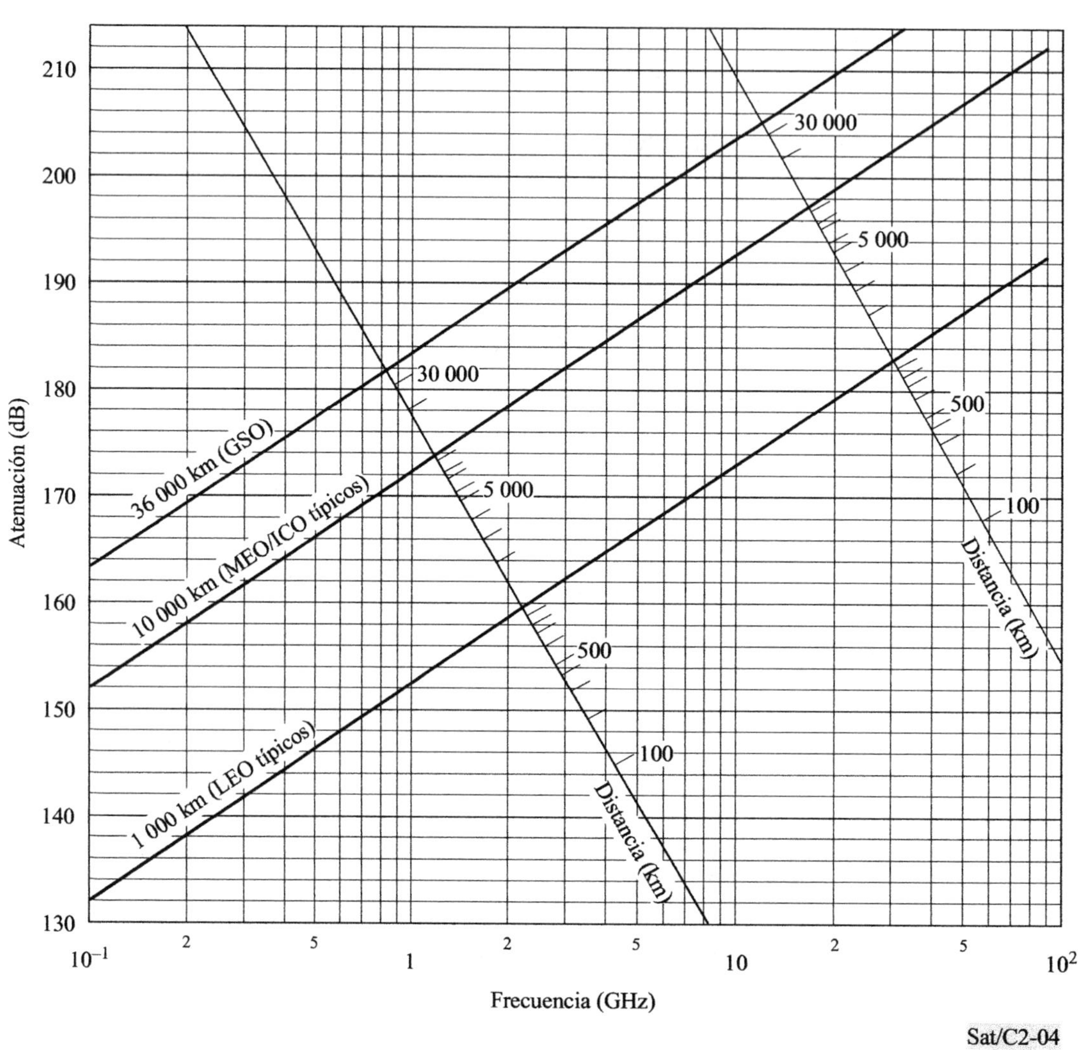

FIGURA 2.4

Atenuación en el espacio libre, λ

En esta figura se aprecia claramente una de las principales razones de la tendencia a utilizar satélites MEO o LEO para sistemas del "tipo PT": a 6 GHz, la atenuación se reduce desde unos 200 dB para funcionamiento en GSO a menos de 190 dB para los MEO/ICO, y a menos de 170 dB para los LEO. La reducción es todavía mayor en la banda de 1,5 GHz atribuida al SMS (por ejemplo, 156 dB para los LEO). Incluso en la banda de 30 GHz, la atenuación en el espacio libre, conjugada con antenas de alta ganancia en el satélite, puede ser compatible con la utilización de terminales de bolsillo (por ejemplo, valores nominales menores de 182 dB para los LEO; sin embargo, hay que contar con la atenuación adicional debida a la lluvia).

2.1.3.2 Pérdidas adicionales

Además de las pérdidas debidas a la propagación en el espacio libre, los cálculos de la potencia recibida deben tener también en cuenta, tanto en el enlace ascendente como en el descendente, las siguientes pérdidas diversas:

- las pérdidas atmosféricas que representan la atenuación debida a la propagación en la atmósfera y la ionosfera (véase el anexo I al Manual). Éstas pueden variar desde unas pocas décimas de decibelio en 4 GHz hasta varias decenas de decibelios en 30 GHz, de acuerdo con las condiciones de la precipitación local y el ángulo de elevación del satélite;

- las pérdidas debidas a desadaptación de la polarización en la interfaz de las antenas y a la contrapolarización causada por la propagación;

- las pérdidas debidas al desplazamiento de la antena con respecto a la dirección nominal, habitualmente denominadas pérdidas por error de puntería. Éstas pueden generalmente expresarse como un cambio de la ganancia de la antena en función del ángulo fuera del eje θ:

$$\Delta G \approx 12 \ (\theta/\theta_0)^2 \ \ (dB) \tag{18}$$

en la que

$$\theta_0 \approx 65 \ (\lambda/d) \tag{19}$$

θ_0: abertura angular del haz a potencia mitad (-3 dB) (en grados)

d: diámetro de la antena (circular).

G también puede leerse en el nomograma de A.2.1.2 del Apéndice 2.1;

- las pérdidas en alimentadores, que representan las pérdidas en el alimentador de la antena transmisora y entre la antena receptora y la entrada del receptor. Estas pérdidas suelen incluirse en la p.i.r.e. en emisión y en la sensibilidad de la estación en recepción.

2.1.4 Potencia de ruido recibida en el enlace

La potencia de ruido a la entrada del receptor se debe tanto a una fuente interna (típica del receptor) como a una fuente externa (contribución de la antena).

2.1.4.1 Temperatura de ruido

Al calcular los balances de enlace, el término N_0 (densidad espectral de ruido en W/Hz) o el término T (temperatura de ruido) se utilizan con preferencia a la potencia de ruido N, de modo que no es necesario especificar la anchura de banda B en la cual se mide el ruido. La relación entre estos términos es:

$$N = k \, T \, B \ \ y \ \ N_0 = N/B \tag{20}$$

donde k es la constante de Boltzmann ($1,38 \times 10^{-23}$ julios/kelvin). T debe expresarse en grados absolutos, es decir, Kelvin (K). (Temperatura expresada en Kelvin = temperatura expresada en grados Celsius + 273.)

N_0 y N se expresan algunas veces en decibelios, como sigue:

$$N = 10 \log k + 10 \log T + 10 \log B \qquad \text{dB(W)}$$

$$N_0 = 10 \log k + 10 \log T \qquad \text{dB(W/Hz)}$$

siendo:

$$10 \log k = -228,6 \text{ dB (julios/kelvin)} \tag{21}$$

2.1.4.2   Temperatura de ruido de un receptor

Un amplificador receptor ideal, exento de ruido, no amplificaría cualquier ruido presente en la entrada más que la propia señal de entrada (le aplicaría la misma ganancia). Debido al ruido interno, un amplificador receptor real introducirá potencia de ruido adicional.

El ruido causado por un receptor suele expresarse por la temperatura equivalente de ruido del amplificador, T_R, definida como la temperatura de una fuente de ruido (resistencia) que, cuando está conectada a la entrada de un receptor exento de ruido, da el mismo ruido a la salida que el receptor en cuestión.

El receptor se compone en realidad de circuitos conectados en cascada y, más exactamente, de unas pocas etapas de amplificación u otras redes (por ejemplo, un conversor-reductor), cada cual con su propia ganancia, g, y su temperatura de ruido, T_R. Es fácil demostrar que, en estas condiciones, la temperatura de ruido del receptor es:

$$T_R = T_{R1} + (T_{R2}/g_1) + (T_{R3}/g_1g_2) + ...$$

Esta fórmula es importante porque demuestra que las contribuciones de ruido de las sucesivas etapas van siendo disminuidas por la ganancia total de las etapas anteriores. En consecuencia, el amplificador de RF denominado amplificador de bajo nivel de ruido (LNA, *low noise amplifier*) debe tener una T_{R1} baja y una g_1 elevada.

Los valores corrientes de T_R para los LNA utilizados en los receptores modernos están entre 30 K y 150 K, dependiendo de la banda de frecuencias y del diseño del LNA.

Adviértase que, en estaciones terrenas pequeñas (estaciones pequeñas, solamente receptoras, para comunicaciones de empresa, las VSAT, etc.) el LNA suele estar incorporado junto con el conversor-reductor en una sola unidad llamada conversor de bajo ruido (LNC, *low noise converter*) o bloque de bajo ruido (LNB, *low noise block*).

Obsérvese asimismo que el ruido causado por el receptor se expresa a veces por su factor de ruido F (o por $F_{dB} = 10 \log F$), siendo la relación entre F y T_R: $T_R = (F-1) T_0$, y por convenio T_0 igual a 290 K, un valor normal de temperatura ambiente. De hecho, dado que T_R suele ser mucho menor que 290 K, es más práctico utilizar T_R que el factor de ruido en las comunicaciones por satélite.

2.1.4.3   Temperatura de ruido de una antena

La temperatura de ruido de una antena evalúa, en términos de temperatura de ruido (con arreglo a la fórmula (20)), la totalidad de ruido externo captado por la antena. Por lo tanto puede expresarse por la siguiente integral:

$$T_A = \tfrac{1}{4}\pi \iint g(\Omega)\cdot T(\Omega)\, d(\Omega) \tag{22}$$

donde:

$d(\Omega)$:   ángulo sólido elemental en la dirección Ω;

$g(\Omega)$ y $T(\Omega)$:   ganancia de antena y temperatura equivalente de ruido de la fuente de ruido en la dirección Ω.

Debe advertirse que las contribuciones de ruido pueden provenir, bien de fuentes de ruido reales (como el sol o las estrellas con actividad radioeléctrica), o bien de material absorbente (como el vapor de agua). El segundo caso es consecuencia de la teoría del cuerpo negro. De hecho, cualquier material radia la energía que absorbe y puede considerarse como un cuerpo negro del mismo tamaño con una temperatura tal que radiase con la misma densidad espectral a la frecuencia de que se trate.

Las contribuciones de ruido externas pueden dividirse en dos categorías:

a)   Ruido procedente del entorno terrenal, debido a:

- a1) la atenuación atmosférica celeste (vapor de agua, niebla, nubes, lluvia, oxígeno):

- a2) el terreno.

En las aplicaciones prácticas, ésta es, con gran diferencia, la contribución dominante.

b)   Ruido extraterrestre, procedente de estrellas radioeléctricas, el Sol, la Luna, etc. y del ruido cósmico de fondo (2,7 K). Por lo general, esta contribución es muy pequeña (unos pocos K), excepto en ciertas situaciones como aquélla –no operacional– en que la antena de la estación terrena intercepta el Sol ($T_{SOL} \approx 10^4$ K; la interferencia del Sol se aborda en la Recomendación UIT-R S.733, Apéndice 2 al Anexo 1, y el punto 7.2.1.2 del presente Manual).

El resultado de (22) es muy diferente si la antena apunta hacia tierra (antena de satélite) o hacia el cielo (antena de estación terrena).

En el primer caso, generalmente puede tomarse T_A como igual a la temperatura de absorción del terreno, aproximadamente 290 K, puesto que el lóbulo principal de su diagrama de radiación necesariamente cruza la atmósfera e incide en la superficie terrestre.

En el segundo caso, y debido a las contribuciones de categoría a), T_A depende acusadamente del ángulo de elevación del haz de la antena. Si la elevación es pequeña, la antena recogerá contribuciones de ruido del tipo atmosférico a1) bastante elevadas (cuanto menor sea la elevación, más largo será el trayecto de los rayos en la atmósfera), y también del tipo a2) producidas por la parte del diagrama de radiación que toca la superficie terrestre (lóbulos laterales, incluyendo lóbulos posteriores, y quizás hasta una parte del lóbulo principal en el caso de lóbulos amplios radiados por antenas pequeñas).

A modo de ilustración, la figura 2.5 da un ejemplo (tomado de la Recomendación UIT-R PI.372.6) de la temperatura de ruido celeste en una antena de estación terrena (a frecuencias comprendidas entre 1 y 55 GHz, con el ángulo de elevación como parámetro). El diagrama es resultado de un cálculo efectuado sobre un modelo de la atmósfera. Solamente se tiene en cuenta las contribuciones a1), en el caso de "cielo despejado", adoptando las diversas hipótesis señaladas. En esas condiciones, la temperatura de ruido celeste se llama "temperatura de brillo" en la Recomendación PI.372.6. La figura sólo pretende mostrar las tendencias generales y, en particular, el importante aumento que existe en torno de 23 GHz (debido a la resonancia en la absorción de vapor de agua). En la práctica, y pese a las contribuciones de los tipos a2) y b), es preciso añadir la temperatura de ruido debida a la lluvia, la niebla y otros factores. Para más datos sobre el tema, véase el Capítulo 7, subsección 7.2.1.

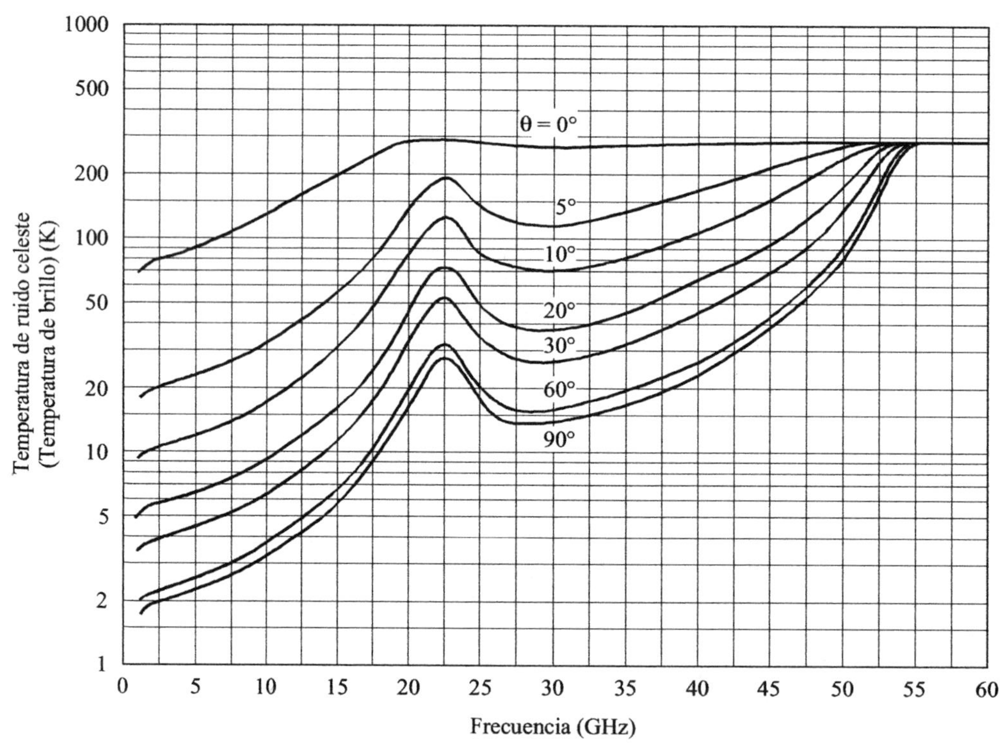

(Atmósfera clara, 7,5 g/m^3 de vapor de agua) θ: ángulo de elevación

(Fuente: Recomendación UIT-R PI.372-6)

Sat/C2-05

FIGURA 2.5

Temperatura de ruido debida a la atenuación atmosférica celeste

2.1.4.4   Temperatura de ruido de un sistema receptor

La figura 2.6 muestra un sistema receptor práctico, formado por una antena cuya temperatura de ruido es T_A y un receptor con temperatura de ruido T_R.

Entre las dos partes se inserta una sección de atenuación, que representa las pérdidas (generalmente pérdidas óhmicas) en la antena y el alimentador (es decir, el enlace de RF, el guiaondas, el coaxial o cualquier otro elemento).

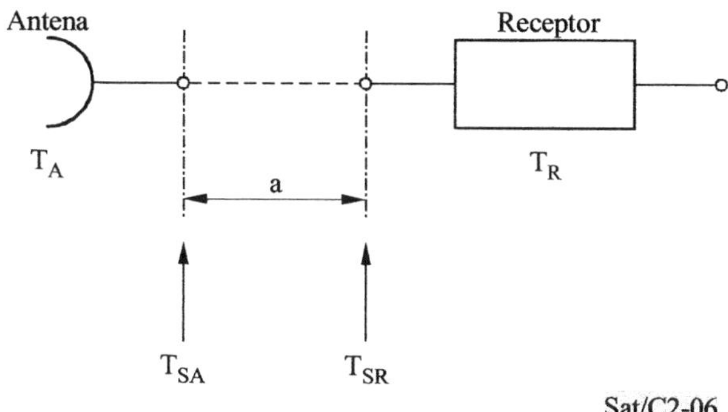

FIGURA 2.6

Temperatura de ruido de un sistema receptor

En estas condiciones, la temperatura de ruido total del sistema es:

$$T_{SR} = T_R + T_a\,(1 - 1/a) + T_A/a \tag{23}$$

o:

$$T_{SA} = T_A + T_a\,(a - 1) + aT_A \tag{24}$$

siendo:

      a: la atenuación, expresada como relación de potencia ($a \geq 1$, en decibelios, $a_{dB} = 10\log a$)

      T_a: la temperatura física de la sección de atenuación (generalmente se toma $= 290$ K)

      T_{SR}: referida a la entrada del receptor, lo que significa que en los cálculos siguientes puede suponerse que el receptor está exento de ruido

      T_{SA}: referida a la salida de la antena, lo que significa que en los cálculos siguientes puede suponerse que la sección atenuadora y el receptor están exentos de ruido.

Las fórmulas demuestran que la contribución de la sección de atenuación puede ser bastante apreciable (≈ 7 K por 0,1 dB de pérdida). No obstante, en el caso habitual de mantenerse baja la atenuación ($a \approx 1$) e incluirse la contribución de la sección atenuadora en T_A, la temperatura de ruido se expresará entonces simplemente por:

$$T_S \approx T_{SR} \approx T_{SA} \approx T_A + T_R \tag{25}$$

2.1.4.5   Factor de calidad de una estación receptora

En los cálculos del balance del enlace (sección 2.3), se verá que la relación señal/ruido en recepción para un enlace por satélite depende de las características de las estaciones espaciales (satélites) y terrenas, indicadas por sus respectivos factores de calidad.

El factor de calidad de una estación receptora se define por la relación entre la ganancia de la antena en la dirección de la señal recibida y la temperatura de ruido del sistema receptor. Esta relación de ganancia a temperatura de ruido (G/T) se da generalmente para la ganancia máxima (g_{max}, véase la fórmula (2) en el punto 2.1.2.1) y se expresa en decibelios por Kelvin ($dB(K^{-1})$):

$$(G/T) = 10 \log g - 10 \log T_{SA} \ \ (dB(K^{-1}))$$

$$\approx 10 \log g - 10 \log T_S \ \ (dB(K^{-1}))$$

Los valores típicos de G/T para estaciones terrenas varían desde 35 $dB(K^{-1})$ (para estaciones principales en 4 GHz con antenas de 15 a 18 m de diámetro) hasta unos 15,5 $dB(K^{-1})$ (para microestaciones de transmisión de datos "VSAT" en 12 GHz con antena de 1,2 m). El G/T típico de las estaciones espaciales en 6 GHz varía desde -19 $dB(K^{-1})$ para una antena de haz global hasta -3 $dB(K^{-1})$ para una antena de haz puntual.

El G/T es un parámetro muy importante de la estación terrena. Los métodos utilizados para su medición y las contribuciones a su temperatura de ruido son objeto de la Recomendación UIT-R 733 y se describen en el capítulo 7 (subsección 7.2.6).

2.1.5   Efectos de alinealidad en los amplificadores de potencia

2.1.5.1   Aspectos generales

El equipo de transmisión de los transpondedores del satélite y de la estación terrena incluye habitualmente etapas que presentan características entrada-salida no lineales. Esto sucede de modo particular en las etapas de salida, es decir, los amplificadores de potencia que pueden utilizar tubos de microondas (generalmente tubos de onda progresiva (TOP) o también klistrones) o bien amplificadores de potencia de estado sólido. La figura 2.7 presenta un ejemplo típico del comportamiento de un TOP de satélite cerca del punto de saturación, es decir, funcionando a la potencia de salida máxima.

Cuando se transmiten simultáneamente múltiples portadoras a diferentes frecuencias dentro de la anchura de banda del amplificador de potencia, las alinealidades producen intermodulación, es decir dan origen a señales no deseadas, llamadas productos de intermodulación.

Incluso al amplificar una sola señal, aparecen efectos no deseados:

- conversión MA-MA, es decir, distorsión de la amplitud de la salida con respecto a la entrada;

- conversión MA-MP, esto es, desfasaje no constante entre las señales de entrada y de salida, en función de la potencia de entrada. Este efecto es particularmente perjudicial en el caso de transmisiones digitales en las que la información se transmite generalmente por medio de la modulación de fase.

En consecuencia, la alinealidad de los amplificadores de potencia (en las estaciones de satélite y terrenas) provoca tres tipos de efectos no deseables:

i)   La generación de señales no deseadas que interfieren con las señales deseadas. Las señales no deseadas pueden a menudo asimilarse al ruido blanco (ruido de interferencia), y en los cálculos del balance del enlace están representadas por un término $(C/N_0)_I$.

ii) Una degradación de la característica general de BER en el caso de transmisión digital.

iii) Una reducción de la potencia de salida, debido a la necesidad de que el amplificador funcione en una región suficientemente lineal (es decir, con una "reducción de potencia" (*back-off*) por debajo de la saturación[1]) con el fin de disminuir los efectos anteriormente mencionados.

Estos efectos pueden reducirse mediante el empleo de linealizadores, que son circuitos de predistorsión de banda ancha situados en la entrada del amplificador. Se han desarrollado varios tipos de linealizadores, ahora en uso real (véase el Capítulo 7, punto 7.4.5.2 (c)).

Los efectos señalados en i) y ii) se analizarán brevemente a continuación, y con mucho más detalle en el Apéndice 5.2 y el Capítulo 7 (subsección 7.4.5).

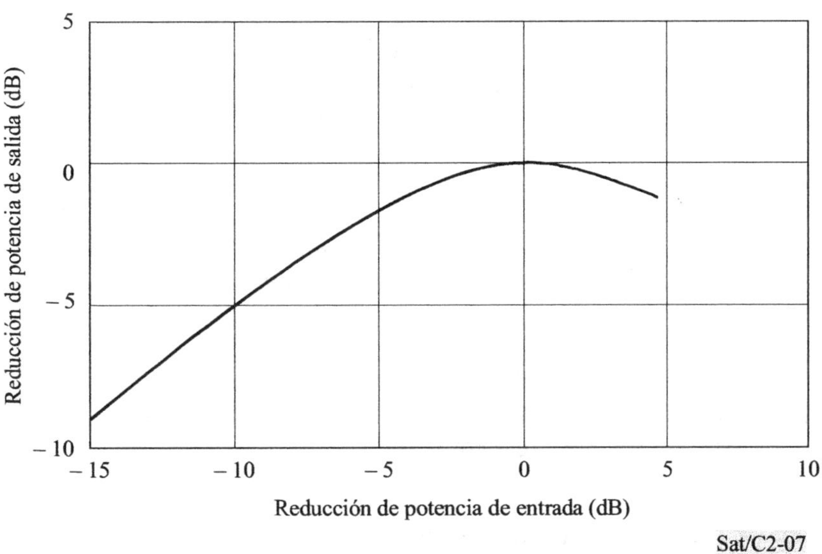

FIGURA 2.7

Ejemplo de la característica entrada-salida de un TOP de satélite

---

[1] La reducción de la potencia (*back-off*) de entrada se define como la relación entre la potencia de entrada en la saturación y la potencia de entrada en funcionamiento real. La definición de la reducción de la potencia de salida es la misma (sustituyendo entrada por salida). En estas definiciones pueden también utilizarse las relaciones inversas de las anteriores y, de todos modos, se convierten siempre a decibelios.

2.1.5.2 Intermodulación

Cuando se amplifican simultáneamente varias portadoras (de frecuencias f_1, f_2, etc.) en un amplificador no lineal, cual es el caso del acceso múltiple por división de frecuencia (AMDF), se generan productos de intermodulación en las frecuencias $f = m_1 f_1 + m_2 f_2 + ... + m_N f_N$ (siendo m_1, m_2, ..., m_N enteros positivos o negativos). El número entero $m = |m_1| + |m_2| + ... + |m_N|$ se denomina orden del producto de intermodulación. En el caso normal de anchura de banda de funcionamiento pequeña en comparación con la frecuencia radioeléctrica, solamente caen dentro de la anchura de banda los productos de orden impar, que por ello han de ser considerados.

La potencia del producto de intermodulación disminuye con el orden, de modo que sólo han de tomarse en cuenta los productos de tercer orden, y algunas veces los de quinto orden.

El número de productos de intermodulación crece muy rápidamente con el número de portadoras de entrada (por ejemplo, para 3 portadoras hay 9 productos, y para 5 portadoras hay 50).

La figura 2.8 (a) muestra los productos de tercer orden de un primer tipo generados en las frecuencias $2f_1 - f_2$ y $2f_2 - f_1$ por dos portadoras de entrada f_1 y f_2 de igual nivel. Cuando se amplifican simultáneamente N portadoras, todos los productos posibles de este tipo aparecen en las frecuencias $2f_i - f_j$ (con i, j = 1, 2, ... N).

Además, cuando $N \geq 3$, aparecen productos de un segundo tipo en las frecuencias $\pm f_i \pm f_j \pm f_k$ (sólo es posible un signo menos) y se hacen predominantes. La figura 2.8 (b) muestra los productos de tercer orden de este segundo tipo generados en las frecuencias $f_1 + f_2 - f_3$, $f_1 - f_2 + f_3$, $f_2 + f_3 - f_1$ por tres portadoras de entrada de igual nivel, f_1, f_2 y f_3.

Existen $N(N-1)$ productos del primer tipo y $(1/2)N(N-1)(N-2)$ productos del segundo tipo (por ejemplo, para N = 10 son 90 y 360, respectivamente).

Debe observarse que si una de las portadoras tiene un nivel de entrada mayor que las demás, se produce un "efecto de captura" por el cual ésta es amplificada con mayor ganancia.

En el Capítulo 7 (punto 7.4.5.2 (a)) se incluyen otros datos relativos a la intermodulación en amplificadores de potencia, y en el Apéndice 5.2 se detallan métodos para el cálculo del nivel de los productos de intermodulación.

En los casos reales, los productos de intermodulación están modulados como lo están las portadoras de entrada (por ejemplo, portadoras moduladas en MDF analógico, en MF). Esto reduce su densidad de potencia y, como anteriormente se ha explicado, la densidad espectral de la intermodulación producida por múltiples portadoras moduladas suele considerarse como ruido y se recoge en un término $(C/N_0)_{IM}$ en los cálculos del balance del enlace.

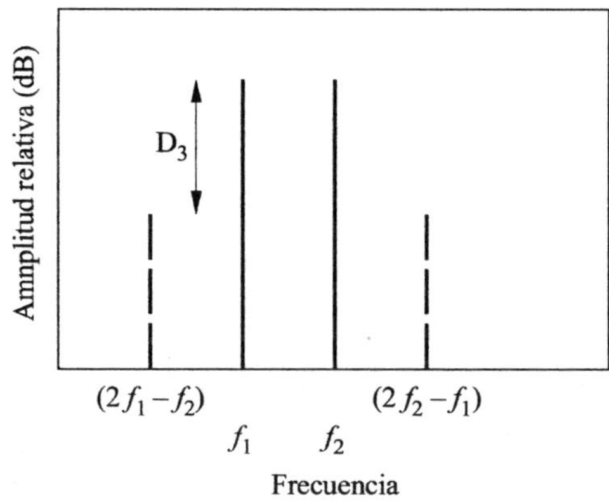

(a) Primer tipo: dos portadoras de igual nivel

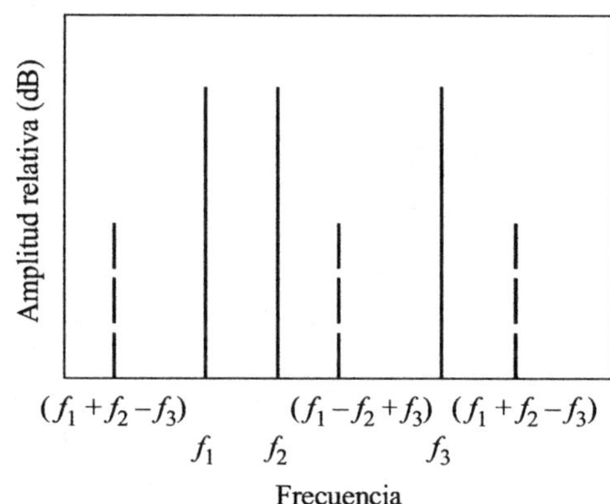

(b) Segundo tipo: tres portadoras de igual nivel

Sat/C2-08

FIGURA 2.8

Productos de intermodulación de tercer orden

Debido a sus efectos de interferencia, debe limitarse la intermodulación causada por los amplificadores de potencia del satélite y de las estaciones terrenas, tanto en la anchura de banda de funcionamiento del sistema que se considera como fuera de esa banda (para proteger otros sistemas). En particular, los operadores de satélites (por ejemplo , INTELSAT) suelen especificar un límite para los productos de intermodulación fuera de banda causados por una estación terrena determinada (ejemplo, 20 dBW/4 kHz).

Para reducir la intermodulación en el funcionamiento con múltiples portadoras, el amplificador ha de ser excitado con una reducción de potencia (*back-off*) suficiente: en amplificadores de potencia es típica una reducción de potencia de salida de 3,5 dB (correspondiente a una reducción de potencia de entrada de unos 8 dB) a 10 dB. En el caso de los amplificadores de potencia de estaciones terrenas, suele necesitarse una reducción de potencia mayor, entre 5 y 10 dB (salida). No obstante, la situación puede mejorar si se utilizan linealizadores (véase el Capítulo 6, punto 6.3.3.3, y el Capítulo 7, punto 7.4.5.2 (c)).

2.1.5.3   Efectos de alinealidad en la transmisión digital

Si se transmiten simultáneamente múltiples portadoras digitales a través de los amplificadores de potencia de un satélite (y posiblemente de una estación terrena) común, sufrirán los mismos problemas de intermodulación ya descritos.

Así sucede, por ejemplo, con las portadoras moduladas en múltiplex por división en el tiempo (MDT), y en modulación por desplazamiento de fase (MDP) con velocidades binarias medianas (por ejemplo, de 64 kbit/s a 8 Mbit/s o más), que son transmitidas en AMDF a través de un transpondedor común (ejemplo, las portadoras normalizadas IDR e IBS de INTELSAT y SMS de EUTELSAT).

Éste es también el caso, por ejemplo, de las portadoras AMDF-AMDT de velocidad binaria mediana.

Sin embargo, una portadora de RF modulada en fase y codificada digitalmente, que tenga una envolvente de amplitud constante, no deberá sufrir los efectos de MA-MA y MA-MP.

Además, la alinealidad del amplificador no debe, en principio, producir efecto de ningún género en el caso de una sola portadora AMDT de alta velocidad binaria (por ejemplo, la clásica portadora de INTELSAT modulada en MDP-4 a 120 Mbit/s) que se transmite generalmente a través de un transpondedor de satélite de banda ancha completo y una estación terrena con amplificador de potencia especialmente asignada.

Aun en este caso, no obstante, es preciso tener en cuenta las alinealidades en el enlace de transmisión (el cual comprende al menos dos circuitos no lineales: los amplificadores del satélite y de la estación terrena). Esto se debe a la conversión de la modulación de amplitud en modulación de fase (MA/MP) que resulta de los efectos de alinealidad en las señales distorsionadas por el filtrado de frecuencia en la entrada del amplificador. Para más detalles sobre los efectos de alinealidad y los niveles de reducción de potencia utilizables en la práctica, véase el Capítulo 7, punto 7.4.5.2 (b).

Adviértase que las mismas consideraciones son aplicables a las portadoras AMDC (véase el Capítulo 5, punto 5.4.7.1).

2.2 Calidad y disponibilidad

2.2.1   Introducción

La calidad de la transmisión y la disponibilidad son aspectos esenciales de la calidad de funcionamiento en todos los sistemas de comunicación. Debido a los efectos aleatorios del entorno de propagación (interferencia, atenuación por lluvia, etc.) o a los fallos del equipo, no es posible garantizar una transmisión perfecta. Por consiguiente, el comportamiento de cualquier sistema sólo puede ser expresado por la probabilidad de conseguir un determinado nivel de calidad o de disponibilidad (o, lo que es equivalente, por el porcentaje de tiempo durante el cual puede alcanzarse ese nivel). Con mayor precisión:

- La calidad de transmisión, como se explicaba al principio de este capítulo (punto 2.1.1), se expresa convencionalmente por una relación señal/ruido (S/N) en el caso de transmisión analógica, o por una proporción de bits erróneos (BER) en el caso de transmisión digital. Normalmente existe una especificación que exige que la (S/N) en funcionamiento se mantenga mayor (o al menos igual) que un determinado límite, o que la BER en servicio permanezca más baja (o a lo sumo igual) que un límite dado durante cierto porcentaje de tiempo especificado. Es muy importante señalar que la calidad se define únicamente durante el tiempo en que el enlace se considera disponible;

- La disponibilidad del enlace de transmisión está normalmente relacionada con una calidad de funcionamiento límite, denominada umbral y caracterizada, en transmisión analógica, por un brusco aumento del ruido (disminución de la (S/N)) o, en transmisión digital, por una BER límite. Cuando la degradación de la calidad sobrepasa este límite durante un tiempo dado, se considera que el enlace ya no está disponible. El umbral viene determinado por la capacidad de los equipos para trabajar correctamente en condiciones extremas (por ejemplo, limitaciones de sincronización del equipo a un nivel de recepción bajo).

Como preparación para la próxima sección (2.3), dedicada a balances de enlace, se examinan aquí los objetivos de calidad y disponibilidad alcanzados en un enlace por satélite.

En la realidad, se necesitan unos márgenes de transmisión en el balance del enlace para poder cumplir las especificaciones de calidad y disponibilidad, teniendo en cuenta las leyes estadísticas utilizadas para caracterizar los eventos aleatorios que deterioran la transmisión, entre los que destacan por su importancia los debidos a efectos atmosféricos.

Debe advertirse que la calidad y la disponibilidad no son enteramente independientes, puesto que la una o la otra pueden determinar el comportamiento del enlace y, por lo tanto, la potencia (o la C/N_0) recibida mínima necesaria que ha de obtenerse del balance del enlace.

Esto se representa esquemáticamente (para transmisiones digitales) en la siguiente figura 2.9. De hecho, como regla general, la calidad de funcionamiento suele estar restringida por la disponibilidad en la banda 14/11 – 12 GHz, mientras que en la banda 6/4 GHz la restricción proviene de la calidad, debido al efecto mucho más acusado de la atenuación por lluvia en el primer caso.

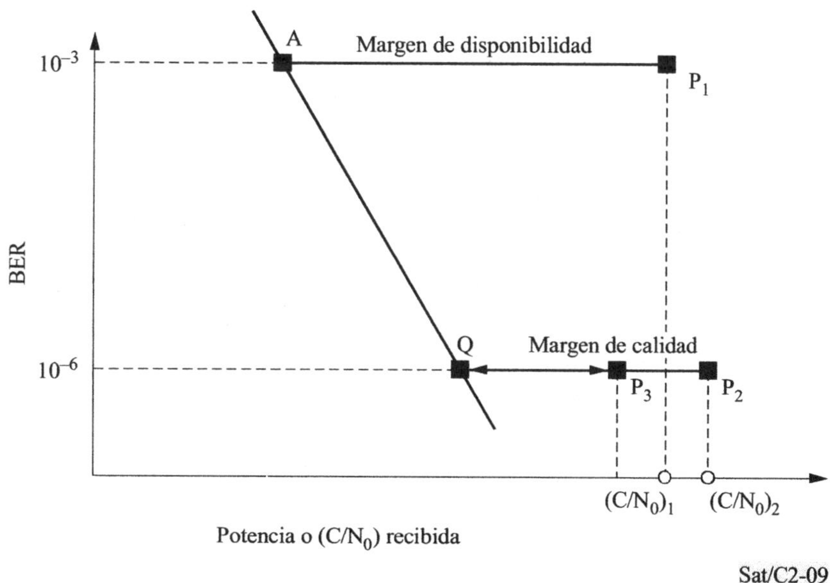

FIGURA 2.9

**Ejemplos de las limitaciones de potencia (o C/N_0) recibida por restricciones
de la disponibilidad o la calidad de funcionamiento**

El diagrama es una representación típica de la curva de calidad funcional de un receptor de comunicaciones digitales de satélite, esto es la BER en función de C/N_0 para un módem provisto de códec con corrección de errores en la recepción (FEC, *forward error correction*) y teniendo en cuenta las diversas pérdidas de la realización práctica.

Tomando como ejemplos las especificaciones de la Recomendación UIT-R S.579 (véase el siguiente punto 2.2.3.1) y de la UIT-R S.614 (véase el punto 2.2.3.3):

- el punto A representa el umbral de disponibilidad (10^{-3}). Ha de añadirse un margen de disponibilidad que corresponde a los efectos de propagación atmosférica estadísticamente posibles (durante no más del 0,2% del mes más desfavorable), lo cual da el punto P_1;

- el punto Q representa el umbral de calidad (10^{-6}). Ha de añadirse un margen de calidad que corresponde a los efectos de propagación (durante no más del 0,2% del mes más desfavorable), lo cual da el punto P_2 o el P_3 (dependiendo de las estadísticas locales).

En el primer caso, $(C/N_0)_1$, la C/N_0 que corresponde a P_1 es mayor que la C/N_0 correspondiente a P_3, y el comportamiento del enlace está determinado por la restricción de disponibilidad. En el segundo caso, $(C/N_0)_2$, la C/N_0 que corresponde a P_2 es mayor que la C/N_0 correspondiente a P_1, y el comportamiento del enlace viene entonces determinado por la restricción de calidad.

Desde luego, las conclusiones dependen de la pendiente de la curva de calidad funcional, es decir, de las características del módem y de la FEC.

2.2.2 Calidad de servicio (QoS)

Es muy importante señalar que el término calidad se utiliza a lo largo de todo este capítulo en un sentido más bien restringido, y no debe confundirse con el concepto más general de calidad de servicio (QoS, *quality of service*), convertido en un aspecto todavía más importante en telecomunicaciones y comunicaciones por computador[2].

En realidad, la QoS cubre una amplia variedad de conceptos dependiendo de la aplicación, del servicio o del interés del usuario. Aunque su definición general sea un tanto vaga, el UIT-T ha emitido muchas recomendaciones específicas sobre este tema. En estas recomendaciones el conjunto de parámetros se comparte entre una sucesión de capas que describen las funciones implicadas en el proceso general de comunicación de usuario a usuario, de modo análogo al modelo de referencia de interconexión de sistemas abiertos (OSI, *open systems interconnection*)[3].

La Recomendación UIT-T E.800 define la QoS y también otro parámetro de calidad representativo, la calidad de funcionamiento de la red (NP, *network performance*), de este modo: "La QoS es el efecto global de la calidad de funcionamiento de un servicio que determina el grado de satisfacción

---

[2] La calidad de servicio está tratada en numerosas publicaciones. Véase, por ejemplo: "Quality of service in telecommunications. Part I: Proposition of a QoS framework and its application to B-ISDN, and Part II: Translation of QoS into ATM performance parameters in B-ISDN", Jae-Il Jung, IEEE Communications Magazine, agosto de 1996, págs. 104-117).

[3] Desde las tres capas inferiores (física, enlace de datos, red) a las cuatro capas superiores (hasta la capa de aplicación). Para una exposición general del modelo OSI, véase el Apéndice 8.2 de este Manual.

de un usuario de un servicio. La NP es la aptitud de la red o parte de la red para ofrecer las funciones correspondientes a las comunicaciones entre usuarios. La NP contribuye a la continuidad de la calidad de funcionamiento y a la integridad del servicio".

Esta definición de QoS se basa en el grado de satisfacción (GoS: grado de servicio) que sigue siendo un concepto bastante impreciso.

La Recomendación UIT-T E.430 identifica una relación entre los parámetros QoS y NP. Proporciona una lista de las recomendaciones del UIT-T relacionadas con la QoS y la NP y que cubren todos los aspectos de telecomunicaciones en el caso de una conexión (acceso, transferencia de información y liberación).

Hay que señalar, ante todo, que el concepto de QoS no es de gran interés a los clientes en una situación tradicional de monopolio de los servicios de telecomunicación por el sector público. Sin embargo, una vez establecido un mercado competitivo, la QoS podría adquirir mucha importancia, aunque no resulte familiar para el cliente.

Al aplicar los conceptos de QoS (y de NP) a las capas inferiores (y a las partes de la red) que caen bajo la cobertura de las comunicaciones por satélite, pueden incluirse parámetros de calidad de funcionamiento muy diversos, pero concretos, como son: la calidad de la transmisión y la disponibilidad del enlace (definida anteriormente en el punto 2.1.1) y además el tiempo de propagación, la capacidad y el caudal del sistema, la seguridad y protección de los datos, la nota media de opinión (MOS, *mean opinion score*), la evaluación de la calidad de la voz (especialmente en el caso de codificación de la voz en baja velocidad binaria por un codificador de señales vocales) o de la calidad de señales de video, etc. Sin embargo, los últimos parámetros, que no dependen directamente de los balances de enlace, no se consideran en el resto de este capítulo.

De hecho, la integración sin discontinuidades de una parte de transmisión por satélite en una red (en particular, en redes RDSI-BA modernas) deberá evaluarse sobre la base de la QoS que esperan los usuarios finales. Esta QoS no deberá resultar excesivamente afectada ni degradada por los posibles retardos o la distribución específica de errores binarios que introduzca el enlace por satélite. Una parte de la degradación admisible se atribuirá a la parte del enlace que corresponde al satélite.

En el caso de transporte por ATM (tomado como ejemplo importante), las funciones de control del tráfico y de la congestión deberán ser suficientes para satisfacer los requisitos de QoS en todos los servicios previsibles. Los parámetros fundamentales de QoS que corresponden a un objetivo de calidad de funcionamiento de la red en redes ATM pueden incluir la proporción de células perdidas (CLR, *cell loss ratio*), el retardo de transferencia de células (CTD, *cell transfer delay*) máximo y medio (especialmente en aplicaciones en tiempo real) y las variaciones del retardo de células (CDV, *cell delay variations*)[4].

---

[4] Para más detalles, véase por ejemplo "Satellite ATM networks: A Survey", I.F. Akyldiz y Seong-Ho Jeong, IEEE Communications Magazine, julio de 1997, págs. 30-43.

2.2.3   Recomendaciones del UIT-R y el UIT-T

Las principales especificaciones relativas a calidad y disponibilidad pueden hallarse en las recomendaciones del UIT-R y el UIT-T. El UIT-T establece las recomendaciones fundamentales en materia de comunicaciones. El UIT-R convierte las partes relativas a enlaces radioeléctricos (y, en particular, a enlaces por satélite) en recomendaciones aplicables a dichos enlaces.

Como observaciones generales al respecto de tales recomendaciones, debe advertirse que:

- primordialmente se refieren a enlaces internacionales y públicos;

- toman como base de referencia enlaces de larga distancia, lo que asigna una contribución limitada a los trayectos por satélite;

- en su mayor parte, están orientadas a circuitos;

- la mayoría de ellas están adaptadas a transmisiones transparentes y permanentes (por ejemplo, un enlace de RDSI).

NOTA IMPORTANTE – Debe advertirse que todas las recomendaciones citadas a continuación están sujetas a revisiones ocasionales: ello se indica por un número de revisión suplementario, por ejemplo, 353-7. Este número de revisión no se menciona aquí. Además, el texto de las recomendaciones contiene muchos más detalles y notas importantes. De hecho, para abordar cualquier cálculo de ingeniería preciso hay que referirse a la edición más reciente de la recomendación UIT pertinente.

2.2.3.1   Objetivos de disponibilidad

La indisponibilidad de un enlace continuo viene definida por la relación, expresada en porcentaje, del tiempo indisponible al tiempo total. La disponibilidad de un enlace se define como: $100 -$ indisponibilidad (%).

En virtud de la Recomendación UIT-R S.579, un enlace del SFS establecido entre los extremos del circuito ficticio de referencia o del trayecto digital ficticio de referencia al que se refieren las Recomendaciones S.352 y 521 del UIT-R, deberá considerarse como indisponible si se producen una o más de las siguientes condiciones en cualquiera de los dos extremos receptores del enlace durante más de 10 s consecutivos[5]:

- en transmisiones analógicas, la señal deseada que entra en el circuito se recibe en el otro extremo con un nivel de al menos 10 dB por debajo del previsto;

- en transmisiones digitales, hay una interrupción del circuito digital (es decir, hay una pérdida de alineación de trama o de temporización);

- en transmisiones analógicas de un canal telefónico, la potencia de ruido no ponderada en el punto de nivel relativo cero con un tiempo de integración de 5 ms, excede de 10^6 pW0;

---

[5] Estos 10 s se consideran como tiempo indisponible. El periodo de tiempo indisponible termina cuando cesa la misma condición durante un periodo de 10 segundos consecutivos: estos últimos 10 s se consideran como tiempo disponible.

- en transmisiones digitales, la proporción de bits erróneos (BER), tomado el valor medio durante 1 s, excede de 10^{-3}. Sin embargo, en la nueva Recomendación UIT-R S.1062, la condición de indisponibilidad queda definida por la aparición de 10 segundos con muchos errores consecutivos (SME, véase el siguiente punto 2.2.3.3. (ii)).

La Recomendación UIT-R S.579 estipula provisionalmente que, en el SFS,:

- la indisponibilidad de un circuito o trayecto digital ficticio de referencia no rebasará el 0,2% de un año;

- la indisponibilidad debida a la propagación no deberá rebasar:

  - el 0,2% de cualquier mes para un trayecto digital ficticio de referencia;

  - el X% de cualquier mes para un circuito ficticio de referencia (X está todavía en estudio, y se sugiere X = 0,1).

2.2.3.2   Objetivos de calidad en transmisión analógica

El siguiente cuadro 2.1 resume los objetivos de calidad para la telefonía analógica, de acuerdo con la Recomendación 353 del UIT-R.

Debe señalarse que las recomendaciones de la UIT generalmente se refieren a los porcentajes para "cualquier mes" o "el mes más desfavorable" (lo cual es equivalente), que pueden ser convertidos a porcentajes anuales. Por ejemplo, se supone habitualmente que:

- 10% del mes más desfavorable corresponde al 4% del año;

- 2% del mes más desfavorable corresponde al 0,6% del año;

- 0,2% del mes más desfavorable corresponde al 0,04% del año.

CUADRO 2.1

Objetivos de calidad para telefonía analógica (Recomendación UIT-R 353)

Condiciones de medición	Potencia de ruido al nivel de referencia
• 20% de cualquier mes (valor medio durante 1 min.)	10 000 pW0p
• 0,3% de cualquier mes (valor medio durante 1 min.)	50 000 pW0p
• 0,05% de cualquier mes (valor integrado en 5 ms)	1 000 000 pW0p (no ponderado)
NOTA: "Potencia de ruido al nivel de referencia" es el medio usual de expresar la relación señal/ruido (S/N) para telefonía analógica. Se expresa en pW (10–12 W) para una señal de referencia de 0 dBmW. 10 000 pW0p es pues equivalente a una S/N = 50 dB (la "p" final significa: ponderada por filtro psofométrico).	

Televisión analógica: los objetivos de calidad para todas las transmisiones de televisión a larga distancia (terrenales y/o por satélite) figuran en las Recomendaciones 567 y 568 del UIT-R.

En ellas se indica que la relación señal/ruido (S/N, ponderada) debe ser igual o mayor que 53 dB durante el 99% del tiempo, o que 45 dB durante el 99,9% del tiempo. Sin embargo, estos objetivos de calidad se hallan generalmente asociados a los requisitos de los sistemas utilizados para las redes de radiodifusión y no reflejan las prácticas de diseño actuales de los sistemas de satélite que se emplean para una distribución más general, en particular a estaciones terrenas pequeñas de recepción de televisión solamente (TVRO, *television receive only*).

De hecho, existen actualmente cuatro modos de distribución de programas de televisión por satélite de uso muy corriente, aunque no siempre se definen por separado en las recomendaciones UIT-R:

- Distribución primaria: distribución de programas de televisión por un satélite del SFS desde una estación terrena principal a estaciones terrenas medianas o pequeñas que a su vez abastecen a estaciones locales de radiodifusión terrenal. En este modo, la (S/N) no suele ser menor de 48 dB.

- Periodismo electrónico por satélite (SNG, *satellite news gathering*): transmisiones temporales y ocasionales, con corto plazo de aviso, de televisión o sonido para radiodifusión, en las que se utilizan para el enlace ascendente estaciones terrenas muy portátiles o transportables que operan en el SFS. En tal servicio, la (S/N) no suele ser menor de 48 dB. Este modo y el equipo utilizado se detalla en el Capítulo 7 (sección 7.9).

- Recepción directa desde un satélite del SFS por estaciones TVRO pequeñas o muy pequeñas, ya sea para utilización colectiva (CATV: televisión por cable, SMATV: sistema de televisión de antena principal por satélite) o para utilización individual (DTH, terminal de radiodifusión directa a los hogares). En este modo se considera plenamente aceptable la calidad subjetiva para la mayoría de los espectadores cuando (S/N) = 40 dB.

- Recepción directa desde un satélite del SRS (DBS: satélite de radiodifusión directa) por estaciones TVRO individuales muy pequeñas (adviértase que este modo cae fuera del alcance del presente Manual).

2.2.3.3   Objetivos de calidad en transmisión digital

Las recomendaciones de la UIT en materia de transmisiones digitales están actualmente en evolución:

i)   Telefonía digital (MIC) y RDSI a 64 kbit/s

Los cuadros 2.2 y 2.3 siguientes resumen los objetivos de calidad con arreglo a las recomendaciones del UIT-R sobre esta materia, es decir, la Recomendación 522 para la telefonía digital (MIC) y la Recomendación 614 para un "trayecto digital ficticio de referencia (TDFR) en el servicio fijo por satélite (SFS) cuando forma parte de una conexión internacional a 64 kbit/s en la red digital de servicios integrados (RDSI)". La definición de TDFR se especifica en la Recomendación 521 del UIT-R[6].

Los objetivos señalados en la tercera columna del cuadro 2.2 son el resultado de trasladar a la Recomendación 614 del UIT-R, lo prescrito por la Recomendación UIT-T G.821 en la parte de

---

[6]   Sobre el tema del TDFR y, más en general, de la transmisión por satélite en la RDSI, véase el punto 3.5.5.

satélite de la conexión TDFR RDSI. La Recomendación UIT-T G.821 expresa los objetivos en términos de "intervalos con error" y, con mayor precisión, de "minutos degradados, "segundos con muchos errores" y "segundos con error". El cuadro 2.3 recapitula los objetivos del UIT-T con relación a la conexión RDSI a 64 kbit/s, para el tramo total de extremo a extremo y para el TDFR del satélite.

CUADRO 2.2

**Objetivos de calidad para telefonía digital y RDSI a 64 kbit/s
(Recomendaciones 522 y 614 del UIT-R)**

Condiciones de medición	Telefonía digital (MIC) (Rec. 522) BER	RDSI a 64 kbit/s (Rec. 614) BER
• 20% de cualquier mes (valor medio durante 10 min.)	10–6	
• 10% de cualquier mes		10–7
• 2% de cualquier mes		10–6
• 0,3% de cualquier mes (valor medio durante 1 min.)	10–4	
• 0,05% de cualquier mes (valor medio durante 1 s)	10–3	
• 0,03% de cualquier mes		10–3

Este traslado a la Recomendación 614 del UIT-R se realiza por medio de modelos estadísticos de la distribución de errores con arreglo a los cálculos que se detallan en el Anexo 1 a la Recomendación. Sin embargo, los objetivos que resultan de los cálculos no son exclusivos; el diseñador podría utilizar otras "máscaras de la proporción de bits erróneos" (diagramas que dan una BER aceptable en función del porcentaje del tiempo total), siempre que estas máscaras satisfagan la Recomendación UIT-T G.821.

CUADRO 2.3

**Objetivos de característica de error en el tramo total de extremo a extremo y
en el TDFR del satélite para conexiones RDSI internacionales**

Clasificación de la calidad de funcionamiento	Definición	Objetivos de extremo a extremo	Objetivos de TDFR del satélite
Minutos degradados	intervalos de minuto con BER > 10^{-6} (más de 4 errores/minuto)	< 10%	< 2%
Segundos con muchos errores	Intervalos de segundo con BER > 10^{-3}	< 0,2%	< 0,03%
Segundos con error	Intervalos de segundo con uno o más errores	< 8%	< 1,6%

ii)   Transmisión digital a la velocidad primaria o a velocidades superiores

Tras la emisión por el UIT-T de una nueva Recomendación (G.826) titulada "Parámetros y objetivos de las características de error para trayectos digitales internacionales de velocidad binaria constante que funcionan a la velocidad primaria o a velocidades superiores" (es decir, 1,5 Mbit/s), el UIT-R preparó la Recomendación S.1062 ("Característica de error admisible para el trayecto digital ficticio de referencia a la velocidad primaria o a velocidades superiores").

Esta Recomendación traslada la G.826 a un conjunto de especificaciones utilizable para el diseño de sistemas de satélite, separando la parte de la característica que corresponde al satélite.

CUADRO 2.4

Objetivos de característica de error en el tramo total de extremo a extremo y en el TDFR del satélite para conexiones digitales a la velocidad primaria, o velocidades superiores

Clasificación de la calidad de funcionamiento	Definición	Objetivos de extremo a extremo		Objetivos de TDFR del satélite	
Velocidad binaria		>1,5 a 5 Mbit/s	>15 a 55 Mbit/s	>1,5 a 5 Mbit/s	>15 a 55 Mbit/s
Bits por bloque		2 000 – 8 000	4 000 - 20 000	2 000 - 8 000	4 000 - 20 000
Proporción de segundos con error (SE)	SE/t: • SE: 1 s con uno o más bloques con error • t: tiempo disponible durante el intervalo de medición fijo	0,04	0,0075	0,014	0,0262
Proporción de segundos con muchos errores (SME)	SME/t: • SME: 1 s con 30% de bloques con error o 1 SDP • SDP: periodo muy alterado (4 bloques contiguos o 1 ms con BER de 10^{-2})	0,002	0,002	0,0007	0,0007
Proporción de errores en los bloques de fondo(BBE)	BBE/b: • BBE: bloque con error que no forma parte de un SME • b: número total de bloques durante el intervalo de medición fijo (excluidos bloques durante SME y el tiempo indisponible)	$3 \cdot 10^{-4}$	$2 \cdot 10^{-4}$	$1,05 \cdot 10^{-4}$	$0,7 \cdot 10^{-4}$
NOTA – Sólo se muestran en este cuadro dos velocidades binarias (>1,5 a 5, >15 a 55 Mbit/s) como ejemplos típicos. Para otras velocidades binarias posibles (>5 a 15, >55 a 160, >160 a 3 500 Mbit/s), véase la Recomendación UIT-R S.1062.					

Ha de advertirse que la finalidad general de estas Recomendaciones 614 y S.1062 del UIT-R es que los enlaces por satélite del SFS mantengan un papel destacado en el suministro de comunicaciones digitales internacionales fiables.

En consonancia con la Recomendación G.821, los requisitos de la Recomendación G.826 se expresan en términos de intervalos con error (EI, *errored intervals*). Sin embargo, las definiciones de los parámetros son diferentes. En la G.826, los EI vienen definidos por bloques de error (EB, *error blocks*) en vez de errores de bit individuales, con el fin de comprobar la conformidad con los requisitos de calidad de funcionamiento con el sistema en servicio. Esto tiene consecuencias importantes para las transmisiones del satélite cuando los errores tienden a aparecer en grupos (como es el caso cuando se emplea la corrección de errores en recepción, FEC). El siguiente cuadro 2.4 recapitula los objetivos del UIT-T para el tramo total de extremo a extremo y el TDFR del satélite[7].

Con el fin de lograr la conformidad con los requisitos de la Recomendación UIT-T G.826, el Anexo 1 a la Recomendación UIT-R S.1062 establece una metodología para la generación de "máscaras de probabilidad de bits erróneos (BEP, *bit error probability*)[8] ", es decir, diagramas que dan una BEP/α aceptable como función del porcentaje del tiempo total (α es el número medio de errores por bloque). La conversión se realiza aplicando modelos estadísticos de la distribución de errores. Pese a todo:

• la máscara depende de la velocidad binaria;

• el cálculo depende de diversas hipótesis y no da lugar a una máscara única.

En la Recomendación S.1062 se da una máscara para velocidades binarias típicas (véase la figura 2.10, a continuación). Sin embargo, se debe insistir una vez más en que, antes de cualquier cálculo preciso, se ha de consultar la recomendación de la UIT, en su última edición.

iii)   Transmisión por satélite en SDH

Tras la publicación de la nueva Recomendación G.828 del UIT-T sobre la característica de error para trayectos digitales síncronos internacionales a velocidad binaria constante, el UIT-R prepara actualmente una nueva Recomendación sobre la "característica de error admisible para un trayecto digital ficticio de referencia basado en las jerarquías digitales síncronas (SDH)".

Los principios y métodos seguidos para trasladar los parámetros de la Recomendación G.828 a proporciones de bits erróneos (BER) o, con más precisión, a probabilidades de bits erróneos (BEP) en el canal de satélite, son los mismos utilizados para trasladar la Recomendación UIT-T G.826 a la Recomendación UIT-R S.1062, como antes se ha explicado. Se aplicará esta metodología para generar las máscaras de probabilidad de bits erróneos (BEP) necesarias para el diseño. Con el fin de

---

[7] Esto corresponde a una atribución a cualquier tramo de satélite del 35% de los objetivos de extremo a extremo, con independencia de la distancia real cubierta.

[8] Los cálculos del Anexo 1 a la Recomendación UIT-R S.1062 (y también a la UIT-R 614) se refieren a la probabilidad de bits erróneos (BEP). Sin embargo, las mediciones se realizan con referencia a la proporción de bits erróneos (BER). En la práctica, se obtiene la BEP con un número suficiente de mediciones de la BER.

satisfacer plenamente los requisitos de la Recomendación UIT-T G.828, la BEP dividida por el número medio de errores por ráfaga (BEP/α) en la salida (es decir, en uno y otro extremo de una conexión bidireccional) de un trayecto digital ficticio de referencia (TDFR) de satélite que forme parte de una conexión internacional basada en la SDH, no deberá rebasar estas máscaras de diseño durante el tiempo total (en el mes más desfavorable).

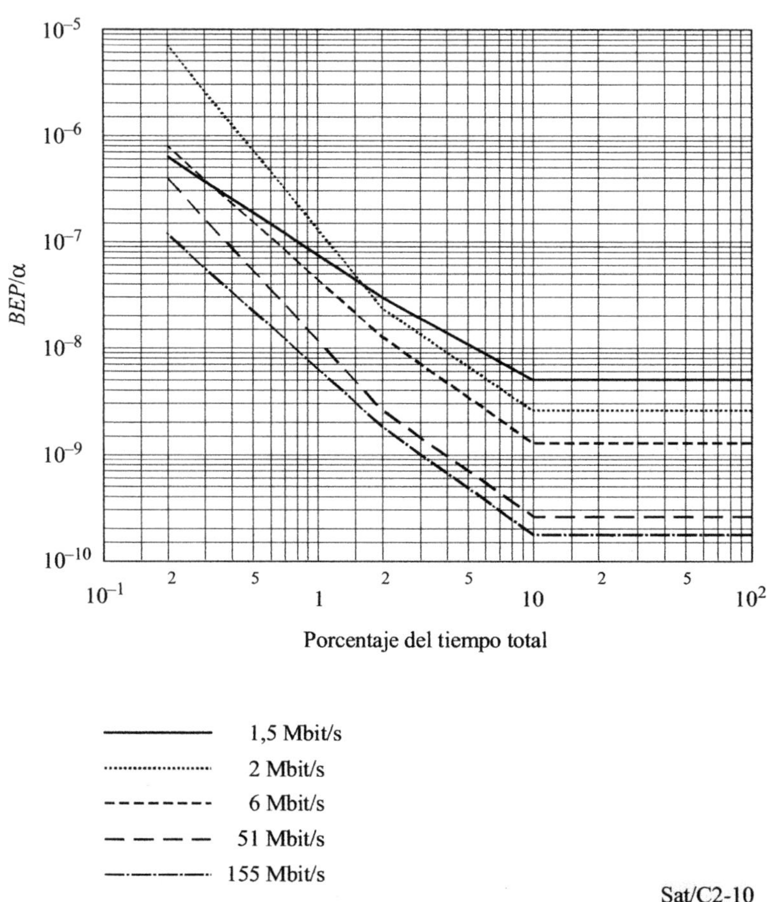

FIGURA 2.10

**Máscaras generadas para un tramo de satélite
según la Recomendación UIT-R S.1062**

iv)   Transmisión por satélite en ATM

Como se explica en el Capítulo 3 (punto 3.5.4) y en el Apéndice 3.4, el modo de transferencia asíncrono (ATM) es un modo específico orientado a paquetes que utiliza la transmisión y conmutación por división asíncrona del tiempo de bloques de tamaño fijo (53 bytes de longitud), denominados células.

Siguiendo las recomendaciones del UIT-T sobre ATM, y, en especial, la Recomendación I.356 (sobre la característica de transferencia de células en la capa ATM de la RDSI-BA) y la Recomendación I.357 (sobre la característica de disponibilidad para conexiones semipermanentes en la RDSI-BA), el UIT-R trabaja actualmente en la conversión de los objetivos de calidad de funcionamiento a expresiones aplicables a las partes de la conexión que incluyen enlaces de satélite, con miras a preparar Recomendaciones sobre estas materias. Este tema se aborda en el Capítulo 8, sección 8.6, al que se remite al lector.

Televisión digital

Para la distribución de programas de televisión son asimismo aplicables consideraciones similares al caso de la televisión analógica. Sin embargo, por el momento no existen recomendaciones específicas sobre los requisitos de calidad de funcionamiento de los servicios de distribución primaria digital y periodismo electrónico por satélite. Los objetivos de calidad de funcionamiento adoptados por los operadores se extraen generalmente de las recomendaciones que atañen a las transmisiones digitales a la velocidad primaria o velocidades superiores (G.826 y S.1062).

El único requisito de calidad de funcionamiento disponible lo ha proporcionado la norma europea ETS 300 421 de la ETSI. Es de interés para la especificación de sistemas de radiodifusión digital (DVB-S) destinados a servicios de televisión, sonido y datos difundidos por satélites en 11-12 GHz. El objetivo señalado de calidad de funcionamiento del sistema es una operación "casi exenta de errores", lo que corresponde a menos de un evento de error no corregido por hora de transmisión, es decir, BER $\leq 10^{-10}$ o 10^{-11}, dependiendo de la velocidad binaria del usuario.

Parece haberse aceptado generalmente que la norma DVB extenderá su aplicabilidad a otros servicios de distribución de televisión digital, cubriendo así los aspectos relativos a QoS que faltaban en las aplicaciones de transmisión de televisión digital.

2.2.4   Normas de los operadores de satélites

Además de las Recomendaciones del UIT-R, los operadores de satélites como INTELSAT o EUTELSAT han generado normas de calidad para sus servicios empresariales, recogidas en el siguiente cuadro 2.5:

CUADRO 2.5

**Normas INTELSAT y EUTELSAT para los servicios IBS y SMS
de telecomunicaciones empresariales**

BER	Porcentaje máximo del tiempo total durante el cual se rebasa la BER			
	INTELSAT (super IBS) EUTELSAT (SMS de alto grado)		INTELSAT (IBS básico) EUTELSAT (SMS estándar)	
	Mes más desfavor.	Promedio anual	Mes más desfavor.	Promedio anual
10^{-3}	0,2%	0,04%	-	-
10^{-6}	2%	0,64%	3%	1%
10^{-7}	10%	4%	-	-
10^{-8}	Cielo despejado (INTELSAT solamente)		-	

NOTAS

Las columnas "super IBS/SMS de alto grado" dan características casi idénticas a la Recomendación UIT-R 614 para enlaces RDSI a 64 kbit/s (con una condición suplementaria ligeramente más exigente fijada por INTELSAT para cielo despejado).

Las columnas "IBS básico/SMS estándar" fijan un objetivo de calidad (con un umbral de BER = 10^{-6} pero sin ninguna restricción en la disponibilidad

2.2.5 Requisitos de calidad de funcionamiento para operadores de redes institucionales privadas

Las especificaciones existentes que acaban de enumerarse no pueden adaptarse bien a las redes institucionales privadas (tales como las redes VSAT) debido a tres factores concretos:

- estas redes comprenden conexiones directas al usuario final, lo que implica que en absoluto hay necesidad de prever ningún otro deterioro de la calidad de funcionamiento "en el último tramo";

- sus requisitos de calidad/disponibilidad pueden depender marcadamente de los servicios ofrecidos (tales como voz o datos). De hecho, la consideración directa, por el usuario y el suministrador, de las necesidades reales del servicio y del modo de transmisión (por ejemplo, paquete) y los protocolos (como el ATM) podría muchas veces conseguir una definición mejor de las especificaciones que se necesiten;

- en general, se proponen dentro de un entorno de mercado fuertemente competitivo (entre las compañías de satélite y/o incluso entre las comunicaciones por satélite y otros medios de comunicación terrenales).

Seguidamente se presentan los dos casos extremos de sólo voz y sólo datos, como ejemplo de las consecuencias del servicio ofrecido sobre los requisitos de calidad de funcionamiento:

- Los servicios de voz (telefonía) son generalmente de codificación a baja velocidad (LRE, *low bit rate encoding*), con velocidades binarias que van de 2 a 8 kbit/s. Estos codificadores de señales vocales suelen incorporar codificadores de fuente FEC, específicos y potentes, para proteger los bits más sensibles. En realidad, por encima de una BER umbral que puede llegar a 10^{-3}, o incluso a 10^{-2}, la calidad subjetiva viene definida por el algoritmo de compresión más que por la calidad del enlace. Estas aplicaciones se caracterizan pues por el criterio de considerar aceptable cualquier BER que supere el umbral de disponibilidad.

- Los servicios de transmisión de datos requieren en general una característica de BER mucho mejor (10^{-6} o incluso 10^{-10} para aplicaciones financieras, por ejemplo), que se puede conseguir:

  - proporcionando un margen suficiente en el balance del enlace:

  - aumentando la p.i.r.e. disponible del satélite;

  - instaurando un sistema de control de potencia en el enlace ascendente, es decir, aumentando la potencia transmitida por la estación terrena en relación con las condiciones de atenuación atmosférica;

  - utilizando sistemas FEC potentes, por ejemplo, códigos Reed-Solomon concatenados;

  - aplicando un protocolo conveniente para la corrección de errores en el proceso de transmisión (capas OSI inferiores), tal como el ARQ (*automatic repeat request*, petición automática de repetición). Esta técnica se aplica normalmente en una técnica de acceso aleatorio como Aloha (véase el Capítulo 5, punto 5.3.6), en la que no pueden evitarse las colisiones ni por lo tanto los paquetes con errores. El empleo de ARQ reduce el caudal de información e introduce retardos de transmisión suplementarios, que pueden repercutir en la calidad percibida por el usuario pero que son aceptables en aplicaciones en las que no se necesita operar en verdadero tiempo real. El ARQ, que también puede introducirse en la capa OSI superior (la de aplicación), podría aplicarse señaladamente cuando se requiere una transmisión exenta de errores (en servicios financieros, por ejemplo).

Definir las especificaciones de calidad y disponibilidad para todos los tipos de servicios cae fuera del alcance de esta sección; sin embargo se enumeran seguidamente, desde la perspectiva del usuario, ciertas características que podrían utilizarse para establecer tales especificaciones. Cabe señalar la posibilidad de referirse al concepto de "calidad de servicio (QoS)" y a las recomendaciones UIT-T conexas (véase el punto 2.2.2 anterior):

Transmisión de telefonía

- La calidad se ve influida, cuando se utiliza LRE, tanto por la degradación de la señal vocal causada por el propio codificador (aun habiendo logrado avances espectaculares en este terreno en los últimos años) como por los errores en la transmisión que degradan el proceso de decodificación en el codificador de señal vocal. De hecho, por debajo de un umbral muy acusado, aparecen "chasquidos" en el transcurso de la conversación. Estos chasquidos y otros criterios subjetivos de calidad de la voz (tales como la inteligibilidad y el reconocimiento del hablante) pueden utilizarse para establecer especificaciones de errores en la transmisión de bit o paquete.

- La disponibilidad requerida podría basarse en un periodo (por ejemplo, 10 segundos) con más de un número determinado de segundos con chasquidos. La probabilidad de bloqueo debido a la posible sobrecarga de tráfico ha de tenerse asimismo en cuenta cuando se dimensiona la capacidad de la red.

Transmisión de datos

- Las especificaciones de calidad y disponibilidad se basan generalmente en la detección durante el servicio de bloques con error (los bloques se podrían relacionar con el propio sistema de transmisión o, si fuera posible, con bloques o mensajes del usuario).

- Debería además especificarse el retardo de transmisión, debido no sólo a la propagación sino también a los protocolos implicados.

- Con mayor generalidad, la probabilidad de bloqueo y el caudal de información disponible debería también formar parte de la especificación de calidad. Esta especificación podría, por ejemplo, basarse en la máxima duración de la transmisión de un mensaje dado (ésta incluye, en particular, los procesos ARQ).

2.3 Cálculo del enlace

2.3.1 Introducción

Con referencia a la figura 2.1, la calidad de funcionamiento global de un enlace unidireccional entre dos estaciones terrenas A y B depende de las características de tres elementos: el enlace ascendente (de A al satélite), el transpondedor del satélite y el enlace descendente (del satélite a B). En la presente sección se detalla el cálculo del balance de enlace global para este tipo de enlace por satélite unidireccional. Este cálculo puede, desde luego, extenderse directamente al caso de enlaces de acceso múltiple.

Como se indicaba anteriormente en el punto 2.1.1, la finalidad del balance del enlace es el cálculo de la calidad de una comunicación por satélite:

- en el caso de transmisiones análogas, en modulación de frecuencia, la calidad se evalúa por la relación señal/ruido (S/N);

- en el caso de comunicaciones digitales, la calidad viene medida por la proporción de bits erróneos (BER) de la señal de información.

Hay que resaltar, sin embargo, que en las aplicaciones prácticas generalmente se sigue un proceso inverso: para la transmisión de una señal dada entre dos estaciones terrenas (o incluso entre dos terminales de usuario) con determinados requisitos de disponibilidad y calidad[9], el balance del enlace tiene como objetivo final el cálculo de los parámetros técnicos de diseño necesarios para la señal (tipo de modulación, codificación con corrección de errores, etc.) y para la estación terrena y, posiblemente, para la estación espacial del satélite (G/T, p.i.r.e., etc.). Dichos parámetros técnicos determinan la clase de equipo que se necesita (tipo y tamaño de las antenas, potencia de los amplificadores, módems, códecs, etc.).

Esta Sección 2.3 se limita al cálculo de los factores (C/N_0), lo cual no presupone la elección de la anchura de banda de transmisión (B) ni de los procesos de modulación y de codificación. Sólo tras haber introducido en los Capítulos 3 y 4 las diversas técnicas de codificación y modulación, la conversión de la (C/N_0) en (S/N) o en BER permitirá evaluar la calidad de funcionamiento final de la transmisión. Al final de la sección se darán algunas indicaciones al respecto.

---

[9] Como ya se ha explicado en la Sección 2.2, la disponibilidad y calidad requeridas se expresan generalmente en porcentajes de tiempo y son resultado del comportamiento estadístico de las pérdidas de propagación en los trayectos tierra-espacio.

Adviértase asimismo que esta sección se dedica únicamente a las fórmulas fundamentales. En el Anexo 2 al Manual se presentarán ejemplos prácticos del cálculo de balances de enlace.

En el siguiente cuadro 2.6 se recuerdan ciertas relaciones fundamentales entre (C/N), (C/N_0), (C/T) y (E_b/N_0).

<u>Observación importante</u>: En todas las fórmulas y cálculos que siguen se utilizan letras minúsculas cuando denotan unidades numéricas (con las siguientes excepciones: T para la temperatura de ruido, B para la anchura de banda de la señal, R para la velocidad binaria de la señal digital de información). Se utilizan letras mayúsculas cuando se trata de decibelios.

CUADRO 2.6

Relaciones entre (C/N), (C/N_0), /C/T) y (E_b/N_0)

<table>
<tr><td>

- $\quad (c/n) = (c/n_0) \cdot B^{-1}$ o, en dB: $(C/N) = (C/N_0) - 10 \log B$

- $\quad (c/n_0) = (c/T) \cdot k^{-1}$ o, en dB: $(C/N_0) = (C/T) - 10 \log k$

En el caso de transmisiones digitales:

- $\quad (c/n_0) = (e_b/n_0) \cdot R$ o, en dB: $(C/N_0) = (E_b/N_0) + 10 \log R$

Por consiguiente:

- $\quad (c/n) = (e_b/n_0) \cdot (R/B)$ o, en dB: $(C/N) = (E_b/N_0) + 10 \log (R/B)$

siendo:

     c: potencia de la portadora (w)

     e_b: energía por bit de información (J)

     n: potencia de ruido (w)

     n_0:   densidad espectral de potencia de ruido (w/Hz)
            (potencia de ruido por Hz, $n_0 = n/B$)

     k: constante de Boltzmann ($k = 1{,}38 \cdot 10^{-23}$ julios/Kelvin o, en dB,
            $10 \log k = -228.6$ dB/$(J \cdot K^{-1})$)

</td></tr>
<tr><td>

NOTA – La relación (R/B) depende de la velocidad de símbolos o binaria en la modulación (p. ej.,: 1 para modulación por desplazamiento de fase bifásica (MDPB), 2 para MDP cuadrivalente (MDP4)), del índice de (FEC) y de un factor de filtrado de anchura de banda.

Por ejemplo, para modulación MDP4 con índice de FEC = ½, (R/B) ~ 2·(1/2)·(1/1,2) ~ 0.8.

En el Apéndice 3.2 y el Capítulo 4 tendrán estos temas ulterior desarrollo.

</td></tr>
</table>

2.3.2   Enlace ascendente $(C/N_0)_u$

De acuerdo con las fórmulas que figuran en el punto 2.1.3.1, el nivel de potencia recibida en la entrada del receptor del satélite viene dado por:

$$c_u = p_e \cdot g_{et} \cdot g_{sr}/l_u \quad \text{(w)} \tag{26}$$

siendo:

p_e: potencia de salida del amplificador de potencia de la estación terrena

g_{et}: ganancia de transmisión de la antena de la estación terrena en la dirección del satélite, por lo que:

$p_e \cdot g_{et}$: potencia isótropa radiada equivalente de la estación terrena (A) en la dirección del satélite, es decir, la $(p.i.r.e.)_e$

l_u: atenuación en el espacio libre para el enlace ascendente (punto 2.1.3.1 y Figura 2.4)

g_{sr}: ganancia de la antena receptora del satélite en la dirección de la estación terrena transmisora A, incluidas las pérdidas en el alimentador entre la salida de la antena y el receptor.

La relación portadora/densidad de ruido en el enlace ascendente viene dada entonces por:

$$(c/n_0)_u = (p.i.r.e.)_e \cdot g_{sr} / (l_u \cdot kT_u)$$
$$= (g/T)_s \cdot (p.i.r.e.)_e / l_u \cdot k^{-1} \tag{27}$$

siendo:

T_u: temperatura de ruido equivalente del enlace ascendente en la entrada del receptor del satélite (K) (véase el punto 2.1.4.4)

(g/T_s): factor de calidad de la estación espacial (K^{-1}).

La fórmula (27) puede escribirse de nuevo como sigue:

$$(c/n_0)_u = (g/T)_s \cdot (\lambda^2 / 4\pi) \cdot (p.i.r.e.)_e / (4\pi d^2) \cdot k^{-1}$$

Aquí $(\lambda^2 / 4\pi)$ es la superficie de abertura efectiva de una antena isótropa (véase el punto 2.1.2.2, fórmula (9)).

Dado que $(p.i.r.e.)_e / (4\pi d^2) = (dfp)_u$, densidad de flujo de potencia transmitida por la antena de la estación terrena a la distancia real del satélite (d) (véase el punto 2.1.3.1, fórmula (12)), este valor se incluye a menudo en las especificaciones del satélite como la densidad de flujo operativa a la entrada del transpondedor.

En consecuencia, otro método útil para expresar la fórmula (27) es:

$$(c/n_0)_u = (g/T)_s \cdot (\lambda^2 / 4\pi) \cdot (dfp)_u \cdot k^{-1} \tag{28}$$

Las fórmulas (27) y (28) se expresan a menudo en decibelios, es decir, $(C/N_0)_u = 10 \log_{10} (c/n_0)_u$, como sigue:

$$(C/N_0)_u = (G/T)_s + (P.I.R.E.)_e - L_u + 228{,}6 \tag{29}$$

$$(C/N_0)_u = (G/T)_s + 10 \log (\lambda^2 / 4\pi) + (DFP)_u + 228{,}6 \ \ (dB{\cdot}Hz) \tag{30}$$

Ejemplos típicos de L_u son: 199,75 dB a 6 GHz y 207,1 dB a 14 GHz (para una distancia d = 38 607 km que corresponde a un ángulo de elevación de 30º del satélite GSO). La superficie de abertura efectiva de una antena isótropa en dB (es decir, $10 \log (\lambda^2 / 4\pi)$) puede, también como ejemplo, tomar valores de $- 37$ dB(m^2) a 6 GHz y $- 44{,}37$ dB(m^2) a 14 GHz.

2.3.3   Enlace descendente $(C/N_0)_d$

El nivel de la portadora recibida en la entrada del receptor de la estación terrena viene dado por:

$$c_d = p_s \cdot g_{st} \cdot g_{er}/l_d \ (w) \tag{31}$$

siendo:

p_s: potencia de salida del amplificador del transpondedor del satélite

g_{st}: ganancia de transmisión de la antena del satélite en la dirección de la estación terrena, por lo que:

$p_s \cdot g_{st}$: potencia isótropa radiada equivalente del satélite en la dirección de la estación terrena receptora, es decir, la $(p.i.r.e.)_s$

l_d: atenuación en el espacio libre para el enlace descendente (punto 2.1.3.1 y Figura 2.4)

g_{er}: ganancia de la antena de la estación terrena receptora, incluidas las pérdidas en el alimentador entre la salida de la antena y el receptor.

Por tanto, la relación portadora/densidad de ruido para el enlace descendente viene dada por:

$$\begin{aligned}(c/n_0)_d &= (p.i.r.e.)_s \cdot g_{er} /(l_d \cdot kT_d) \\ &= (g/T)_e \cdot (p.i.r.e.)_s /l_d \cdot k^{-1}\end{aligned} \tag{32}$$

donde:

T_d: temperatura de ruido equivalente del enlace descendente en la entrada del receptor de la estación terrena (K) (véase el punto 2.1.4.4)

$(g/T)_e$: factor de calidad de la estación terrena (K^{-1}).

La fórmula (32) se expresa a menudo en decibelios como sigue:

$$(C/N_0)_d = (G/T)_e + (P.I.R.E.)_s - L_d + 228{,}6 \tag{33}$$

Ejemplos típicos de L_d son: 196,20 dB a 4 GHz y 205 dB a 11 GHz.

2.3.4   Balance del enlace para un transpondedor transparente

El cálculo del balance del enlace global depende de que el satélite esté equipado con un transpondedor convencional o con un transpondedor regenerativo. En el primer caso, el transpondedor se limita simplemente a amplificar la señal del enlace ascendente (con distorsión y ruido mínimos). Por esta razón, a menudo se le denomina transpondedor transparente[10].

En el último caso, la señal del enlace ascendente (generalmente digital) que procede de la estación terrena A se demodula en el transpondedor, luego se regenera (a menudo tras ejecutar alguna decodificación y tratamiento de banda de base), se remodula y se amplifica antes de ser transmitida por el enlace descendente a la estación terrena B.

---

[10] Llamado también a veces transpondedor de guiaondas acodado ("*bent pipe*").

Esta subsección trata de los transpondedores transparentes, mientras que los transpondedores regenerativos serán objeto de la subsección 2.3.5.

2.3.4.1   Enlaces ascendente y descendente combinados $(C/N_0)_{ud}$

La $(c/n_0)_{ud}$ total del enlace entre las estaciones terrenas A y B, incluidas las contribuciones de ruido térmico, es la relación de la potencia de la señal a la potencia de ruido térmico total, en la entrada del receptor de B.

La potencia de la señal es: $c_{ud} = c_u \cdot g \cdot g_{st} \cdot g_{er} / l_d$, en la que c_u, g_{st} y g_{er} ya han sido definidas en los puntos 2.3.1 y 2.3.2, y g es la ganancia del transpondedor.

La densidad de ruido espectral es la suma de las contribuciones de los enlaces ascendente y descendente, esto es: $n_0 \cdot n_{0u} \cdot g \cdot g_{st} \cdot g_{er} / l_d + n_{0d}$

Por tanto:

$$(c/n_o)_{ud} = \frac{c_u}{n_{ou} + n_{od} \cdot l_d/(g \cdot g_{st} \cdot g_{er})}$$

Ahora bien, puesto que: $g = p_s/c_u$ y $c_d = p_s \cdot g_{st} \cdot g_{er}/l_d$,

resulta que: $g = (c_d/c_u) \cdot l_d /(g_{st} \cdot g_{er})$

y, después de simplificar:

$$(c / n_0)_{ud} = \frac{c_u}{n_{0u} + n_{0d} \cdot (c_u / c_d)}$$

o bien: $$(c/n_0)_{ud}^{-1} = (c/n_0)_u^{-1} + (c/n_0)_d^{-1} \tag{34}$$

Ésta es una relación esencial. Sin embargo, como se ha supuesto que la ganancia del satélite (g) es la misma para la potencia de la señal y para el ruido en el enlace ascendente, la anterior relación sólo es estrictamente válida para un transpondedor que funcione linealmente (incluido su amplificador de potencia). Puede, no obstante, demostrarse que, aunque el funcionamiento sea alineal (próximo a la saturación el amplificador de potencia), sigue siendo válida con una aproximación suficientemente buena.

Adviértase que la relación se expresa en valores numéricos, no en decibelios. En el transcurso de los cálculos, las expresiones (c/n_0) generalmente se convierten a decibelios (dB), y, recíprocamente, de decibelios a (c/n_0), por medio de $(C/N_0) = 10 \log (c/n_0)$.

Naturalmente, la relación (34) y su equivalente en dB pueden también escribirse en la misma forma sustituyendo los factores (C/N_0) por factores (E_b/N_0), (C/T) o (C/N).

La importancia de la relación (34) proviene de que resulta ser la forma general de añadir otros factores (C/N_0), o bien (E_b/N_0), (C/T) y (C/N). Esto se demostrará seguidamente.

2.3.4.2 Otras contribuciones de ruido al balance del enlace

Como se indicaba anteriormente en el punto 2.1.4.6, en los cálculos del balance del enlace deben incluirse otras contribuciones de ruido:

- productos de intermodulación y otros efectos debidos a las alinealidades del equipo producidas por el funcionamiento con múltiples portadoras en el transpondedor del satélite (incluidos, posiblemente, los trayectos múltiples) y en la estación terrena. Como se señalaba en los puntos 2.1.5.1 y 2.1.5.2, este ruido de intermodulación se asimila generalmente a un ruido blanco (ruido de intermodulación) y su efecto se expresa por un término $(C/N_0)_i$;

- interferencia generada por el mismo sistema de satélite o por otros sistemas. De nuevo, este tipo de interferencia puede generalmente tratarse como un ruido no coherente, casi blanco (ruido de interferencia).

Seguidamente se enumeran de modo indicativo estas fuentes de interferencia.

Las emisiones interferentes pueden proceder del mismo sistema de satélite en forma de:

- transmisiones en canales adyacentes;

- transmisiones polarizadas ortogonalmente.

Las emisiones interferentes pueden asimismo provenir de otros sistemas de satélite y de sistemas radioeléctricos terrenales, en particular de:

- emisiones recibidas de un satélite adyacente por los lóbulos laterales de las estaciones terrenas del sistema afectado (enlace descendente);

- recepción, por el satélite afectado, de las emisiones fuera del eje procedentes de estaciones terrenas que transmiten hacia un satélite adyacente (enlace ascendente);

- emisiones terrenales, señaladamente enlaces radioeléctricos que operan en la misma banda de frecuencias (compartida).

  Sin embargo, el nivel de esas emisiones procedentes de otros sistemas (interferencia entre sistemas) puede reducirse por medio de un diseño cuidadoso del sistema, y está sujeto a:

  - los límites impuestos por el Reglamento de Radiocomunicaciones;

  - los límites impuestos por diversas recomendaciones del UIT-R, tales como la Recomendación S.524 (en el caso particular de las VSAT, las Recomendaciones S.726, 727 y 728);

  - los diversos procedimientos de compartición y coordinación de frecuencias (véase el Capítulo 9).

- el método más común para tratar la interferencia consiste en incluir una contribución de ruido adicional $(C/N_0)_p$ en el balance del enlace. Es el método más sencillo para proporcionar unos márgenes suficientes en el balance del enlace. Puede aplicarse cuando la interferencia procedente de otros sistemas sea suficientemente baja, por ejemplo, cuando el "aumento aparente de la temperatura de ruido equivalente del enlace por satélite" debido a interferencia sea menor de $\Delta T/T = 6\%$ (con un sistema interferente) o 20% (con varios sistemas interferentes). Para más detalles sobre tales situaciones, véase el Capítulo 9.

Debe advertirse que pueden aparecer situaciones en las que la contribución del ruido de interferencia sea predominante en el balance del enlace. Este puede ser, por ejemplo, el caso en los sistemas de comunicaciones rurales, cuando se utilizan antenas de estaciones terrenas muy pequeñas. Se hallarán ejemplos de ello en el Anexo 2 ("Ejemplos típicos de balances de enlaces").

2.3.4.3   Balance total del enlace $(C/N_0)_{total}$

La fórmula (34) anterior puede extenderse y generalizarse como a continuación se indica para englobar todas las demás contribuciones de ruido y obtener el resultado final de la (C/N_0) total para el balance del enlace completo, desde la estación terrena A hasta la estación terrena B:

$$(c/n_0)_{total}^{-1} = (c/n_0)_u^{-1} + (c/n_0)_d^{-1} + (c/n_0)_i^{-1} + (c/n_0)_p^{-1} \qquad (35)$$

Si resulta más práctico, el término $(c/n_0)_p$ puede a su vez dividirse en las diversas contribuciones de ruido adicionales, con arreglo al mismo tipo general de relación:

$$(c/n_0)_p^{-1} = (c/n_0)_{p1}^{-1} + (c/n_0)_{p2}^{-1} + (c/n_0)_{p3}^{-1} + ...$$

Una vez más, las (c/n_0) suelen convertirse a (C/N_0) (en dB), y recíprocamente.

De la expresión (35) puede deducirse un caso interesante de optimización del balance del enlace: es posible calcular el nivel del ruido de intermodulación (véase el Apéndice 5.2) como función del número de portadoras, de su nivel relativo, su distribución de frecuencias y de la característica y el punto de funcionamiento del amplificador del satélite (TOP) (véase la figura 2.7 en el punto 2.1.5.1). Dos factores entran en conflicto: al aumentar la reducción de potencia del TOP (rebajando el punto de funcionamiento y mejorando la linealidad) se reduce el ruido de intermodulación (se aumenta el término $(C/N_0)_i$)). Pero, al mismo tiempo, disminuye la potencia utilizable para el enlace descendente y por tanto la relación $(C/N_0)_d$. En consecuencia, al variar el punto de funcionamiento del TOP se encuentra un máximo en $(C/N_0)_{total}$, que optimiza el balance del enlace.

Esto se refleja en el ejemplo típico de la figura 2.11 (en esta figura, se utilizan valores de (C/T) en vez de (C/N_0), pero ello no altera las conclusiones).

Parámetros de transmisión

- Banda de 6/4 GHz, anchura de banda del transpondedor 90 MHz

- AMDF

- 20 portadoras de igual nivel

- Por cada portadora: 30 canales telefónicos, múltiplex MDF-MF (4,05 MHz de anchura de banda)

- Calidad requerida: $(C/T)_{total} = -157,4$ dB(W/K), que corresponde a $(S/N) = 51,4$ dB (véase el punto 4.1).

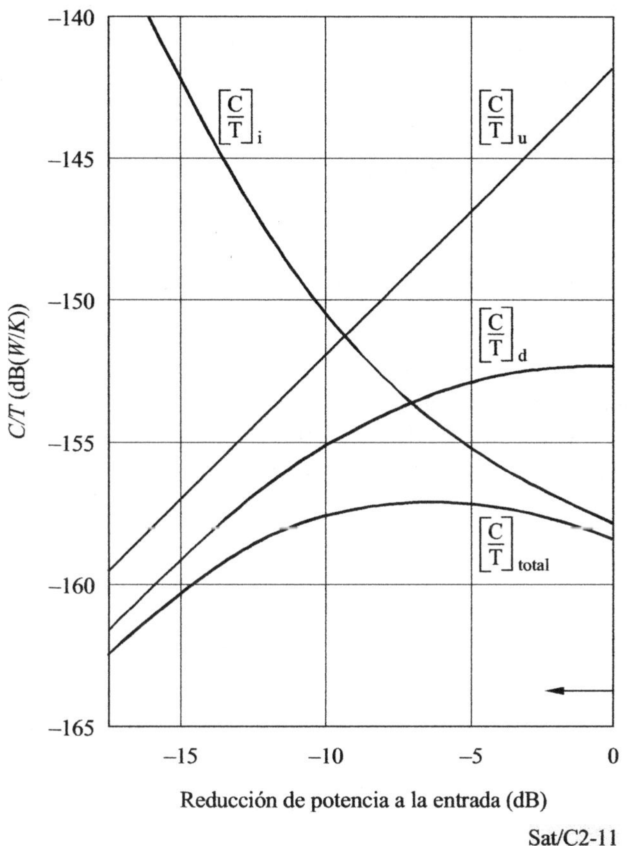

FIGURA 2.11

Ejemplo ilustrativo de optimización del balance de un enlace AMDF

NOTA – La $(C/T)_{total}$ representada en la figura corresponde al caso más desfavorable (la portadora más afectada por los productos de intermodulación).

2.3.4.4   Pérdidas atmosféricas

Además de la atenuación en el espacio libre, hay que tener en cuenta las pérdidas atmosféricas al realizar los cálculos del balance del enlace.

Estas pérdidas atmosféricas, que son particularmente apreciables en las frecuencias más altas (por encima de 10 GHz) se deben principalmente a las precipitaciones y dependen, por lo tanto, de:

•   las condiciones meteorológicas locales;

- los requisitos relativos a disponibilidad del enlace y calidad de transmisión. Como anteriormente se ha señalado en el punto 2.2, estos requisitos se expresan como porcentajes de tiempo. Pueden considerarse como los márgenes admisibles de funcionamiento para un nivel determinado de condiciones meteorológicas.

El cálculo de las pérdidas atmosféricas se presenta en el Anexo 1.

En consecuencia:

- en relación con el enlace ascendente, es posible que haya que incluir un término $-(A_p)_u$ en las fórmulas (29) o (30);

- en relación con el enlace descendente, es posible que haya que incluir un término $-(A_p)_d$ en la fórmula (33). Además, como se explicó anteriormente en el punto 2.1.4.3, la atenuación atmosférica del enlace descendente da lugar a un aumento de la temperatura de ruido de la antena, que a su vez provoca una disminución del factor de calidad real $(G/T)_e$ de la estación terrena.

Obsérvese que, para un porcentaje de tiempo dado y un entorno meteorológico determinado, el término $-(A_p)_u$ es generalmente mayor que $-(A_p)_d$, debido a utilizarse una banda de frecuencias más elevada en el enlace ascendente.

Para una determinada exigencia de disponibilidad del enlace total, existe una partición óptima de los porcentajes parciales de tiempo de disponibilidad para los enlaces ascendente y descendente (dentro de un entorno meteorológico local dado). El cálculo de esta partición óptima proporciona los términos $-(A_p)_u$ y $-(A_p)_d$ que han de añadirse al balance del enlace.

Dependiendo principalmente de la característica del demodulador, hay otras circunstancias en las que la condición limitativa proviene de la calidad del enlace total exigida (de la que se obtiene automáticamente la disponibilidad requerida para el enlace total). En este caso, los términos $-(A_p)_u$ y $-(A_p)_d$ han de deducirse de la optimización de los porcentajes parciales de tiempo en el umbral de calidad para los enlaces ascendente y descendente.

2.3.4.5 Observaciones

i) Densidad de flujo de potencia en la operación con múltiples portadoras

En las fórmulas (28) o (30), la densidad de flujo de potencia $(dfp)_u$ transmitida por la estación terrena para la portadora particular considerada se calcula a menudo por referencia a la densidad de flujo de potencia máxima $(dfp)_{s\ max}$, que corresponde a la saturación del transpondedor del satélite y que está incluida en las características de funcionamiento de la carga útil de comunicaciones del satélite. En el caso de operación con múltiples portadoras, esta $(dfp)_{s\ max}$ utilizable se comparte entre todas las portadoras que se transmiten simultáneamente a través del transpondedor. No obstante, se necesita cierta reducción de la potencia (especialmente en el caso de operación con múltiples portadoras) con el fin de que el transpondedor opere con la linealidad adecuada. Por consiguiente, una expresión general de la $(dfp)_u$ en la fórmula (28) para la portadora considerada es:

$$(dfp)_u = \frac{(dfp)_{s\,max}}{(bo)_{si}} - \sum_i (dfp)_{ui} \quad W/m^2 \tag{36}$$

En esta expresión, Σ (dfp)$_{ui}$ es la suma de las densidades de flujo de potencia de las demás portadoras que comparten el mismo transpondedor, y (BO)$_{si}$ = 10 log (bo)$_{si}$ es la reducción de la potencia a la entrada del transpondedor en decibelios.

En el caso particular de n portadoras iguales, esta expresión puede simplificarse y escribirse directamente en dB(W/m^2) como sigue:

$$(DFP)_u = (DFP)_{s\,max} - 10 \log n - (BO)_{si} \qquad dB(W/m^2) \qquad (37)$$

ii)   p.i.r.e. de la estación terrena

Teniendo en cuenta la relación entre las reducciones de potencia a la entrada y a la salida del transpondedor (como se muestra, por ejemplo, en la figura 2.7), pueden utilizarse expresiones similares en las fórmulas (32) o (33) para calcular la (p.i.r.e.)$_s$ o (P.I.R.E.)$_s$ de la portadora considerada, a saber:

$$(p.i.r.e.)_s = \frac{(p.i.r.e.)_{smax}}{(bo)_{so}} - \sum_i (p.i.r.e.)_{si} \qquad (38)$$

$$(P.I.R.E.)_s = (P.I.R.E.)_{s\,max} - 10 \log n - (BO)_{so} \qquad dBW \qquad (39)$$

donde (p.i.r.e.)$_{s\,max}$ es la p.i.r.e. del satélite cuando el transpondedor está saturado por una sola portadora (su valor forma parte de las características de funcionamiento del satélite), Σ (p.i.r.e.)$_{si}$ es la suma de las (p.i.r.e.)$_s$ de las otras portadoras y (BO)$_{so}$ = 10 log (bo)$_{so}$ es la reducción de potencia a la salida del transpondedor, en decibelios.

Obsérvese que pueden utilizarse expresiones similares para calcular la (p.i.r.e.)$_e$ de la estación terrena en las fórmulas (27) y (29) por referencia a la potencia de salida saturada del amplificador de potencia de la estación terrena.

2.3.4.6   Conclusiones

Como ya se ha explicado, la conversión de la (C/N$_0$) en (S/N) o en BER depende de las técnicas de modulación (Capítulo 4) y codificación (Capítulo 3) aplicadas en el enlace:

Si se utiliza modulación de frecuencia analógica (MF), las fórmulas de los puntos 4.1.1.1 (MDF-MF), 4.1.1.2 (SCPC-MF), 4.1.1.4 (TV-MF), permiten convertir (C/N$_0$) en (S/N), o recíprocamente.

Si se utiliza modulación digital, la conversión de (C/N$_0$) en BER (o la recíproca) se analiza en el punto 4.2.2 (modulación por desplazamiento de fase, MDP, en particular la figura 4.2.1) y en el punto 3.3.5 y el Apéndice 3 2 en lo que atañe a la codificación con corrección de errores en recepción (FEC).

Debe asimismo señalarse que los cálculos del balance del enlace se realizan ahora, con carácter general, por medio de computadores. Se enumeran varios programas informáticos disponibles en el "Suplemento Nº 2 al Manual del CCIR sobre las comunicaciones por satélite (SFS)" (Manual UIT-R M1, Ginebra 1993). No obstante, la mayoría de los programas actualmente utilizados siguen siendo de propiedad exclusiva.

2.3.5   Balance del enlace para un transpondedor regenerativo

La regeneración a bordo generalmente va asociada con la modulación digital. Como se explicó anteriormente en el punto 2.3.3, la señal del enlace ascendente que procede de la estación terrena A se demodula en el transpondedor, se regenera después, y se transmite a la estación terrena B.

Por consiguiente, el enlace ascendente queda separado del enlace descendente. Las particularidades de la regeneración a bordo se tratan en el Capítulo 6. Sin embargo, se enumeran a continuación ciertas características y ventajas que son de interés para el cálculo del balance del enlace:

i)   La fórmula (34) no es válida en este caso. Puesto que en el transpondedor se aplica una demodulación, es necesario convertir directamente $(C/N_0)_u$ a proporción de bits erróneos (BER).

Por lo tanto, sea cual fuere el tipo de modulación/demodulación realizada a bordo y anticipando los resultados del Capítulo 4, se utilizarán aquí las (BER) del enlace ascendente y el enlace descendente. En realidad, la fórmula (34) que expresa la suma de las contribuciones de ruido del enlace ascendente y el enlace descendente tiene que cambiarse por la suma de $(BER)_u$ y $(BER)_d$:

$$(BER)_{ud} = (BER)_u + (BER)_d \quad ^{11} \tag{40}$$

Por supuesto, el cálculo de $(BER)_{total}$ puede requerir la adición de otros términos (BER) (precisamente como en la fórmula (40)). Sin embargo, estas contribuciones de ruido de diversa índole se reducen generalmente al mínimo, como se examina seguidamente en ii) a v).

Empero debe aquí advertirse que la fórmula (40) (transpondedor regenerativo) puede aportar una clara ventaja en el balance del enlace, comparada con la fórmula (34) (transpondedor transparente), como lo demuestran los dos ejemplos que se exponen a continuación, utilizando ambos modulación/demodulación MDP coherente con una $(BER)_{ud}$ exigida de 10^{-4} (que corresponde a $(E_b/N_0)_{ud} = 8{,}4$ dB[12]):

•   Supongamos primero que $(E_b/N_0)_u = (E_b/N_0)_d$. Para un transpondedor transparente, $(E_b/N_0)_{ud} = (E_b/N_0)_u - 3$ dB, lo que implica que se requiere $(E_b/N_0)_u = 11{,}4$ dB (lo mismo para $(E_b/N_0)_d$).

En el caso de un transpondedor regenerativo, $(BER)_{ud} = 2 \cdot (BER)_u$, y la (E_b/N_0) requerida, tanto para $(E_b/N_0)_u$ como para $(E_b/N_0)_d$, es 8,8 dB solamente[12], lo que ofrece una ventaja de 2,6 dB.

•   En el ejemplo del segundo caso, se supone que con el transpondedor regenerativo $(E_b/N_0)_u > (E_b/N_0)_d$, por ejemplo en ~ 1,5 dB. Debido a la gran inclinación de la función característica de MDP, $(BER)_u$ se hace mucho menor que $(BER)_d$ y $(BER)_{ud} \sim (BER)_d$.

---

[11] De hecho, dado que los bits erróneos del enlace ascendente se transmiten por el enlace descendente, sería más exacta la relación:

$$(BER)_{total} = (BER)_u \bullet [1 - (BER)_d] + (BER)_d \bullet [1 - (BER)_u]$$

Sin embargo, los productos (BER) son despreciables.

[12] Véase más adelante el punto 4.2.2 (modulación MDP, Fig. 4.2-1) para la característica de MDP (BER en función de (E_b/N_0)). Por supuesto, todos los valores aquí indicados son teóricos y no consideran los diversos márgenes de degradación y realización práctica.

Por ejemplo, si $(E_b/N_0)_u = 10$ dB, $(BER)_u = 4 \cdot 10^{-6}$, y $(E_b/N_0)_d = 8,5$ dB será suficiente para conseguir la característica funcional requerida una $(BER)_{ud} \sim 10^{-4}$. En el caso del transpondedor transparente, se necesitaría $(E_b/N_0)_d = 13,5$ dB.

Naturalmente, si $(E_b/N_0)_d > (E_b/N_0)_u$, esa misma ventaja correspondería al enlace ascendente y no al descendente.

Estas ventajas relativas al balance del enlace pueden utilizarse, sea en el segmento espacial para reducir las dimensiones del amplificador de a bordo, sea en el segmento terrenal para conseguir estaciones terrenas más pequeñas en cuanto al tamaño de la antena o del amplificador de potencia.

ii) La mayoría de los transpondedores regenerativos están asociados con algún tipo de tratamiento a bordo (OBP, *on-board processing*) y/o conmutación a bordo del satélite (SS, *satellite switching*). El formato de la señal del enlace descendente (acceso múltiple, multiplexación, modulación) puede ser diferente de la del enlace ascendente[13]. En tales condiciones, la intermodulación apenas crea problemas.

iii) Los efectos de las distorsiones no lineales (véase el anterior punto 2.1.5.3) en los dos enlaces no se acumulan. Los amplificadores de RF a bordo se excitan por señales prácticamente exentas de modulación de amplitud, y por tanto pueden funcionar muy cerca de la saturación.

iv) Cualquier interferencia por trayectos múltiples a bordo producida por acoplamiento en RF entre los diferentes canales queda generalmente eliminada.

v) No obstante, tal vez sea necesario tener en cuenta la interferencia procedente de otro satélite (o sistema radioeléctrico terrenal).

2.4 Cobertura de la Tierra y reutilización de frecuencias

2.4.1 Cobertura de la Tierra por un satélite geoestacionario

2.4.1.1 Angulo de elevación con respecto a la Tierra

Para la mayoría de las regiones del mundo, la órbita de los satélites geoestacionarios (GSO) ofrece una posición singularmente favorable para los satélites de comunicaciones. Un vehículo espacial en esta órbita parece estar fijo con respecto a la superficie de la Tierra, con lo cual los problemas de seguimiento de la antena de estación terrena se eliminan o se reducen al mínimo. Asimismo, la altitud de la GSO, cercana a los 36 000 km, proporciona la cobertura global de la superficie de la Tierra. La limitación principal en cuanto a cobertura afecta a la zona situada a latitud superior a unos 75° Norte o Sur. En la figura 2.12 se muestra la superficie de la Tierra vista desde un satélite de la GSO, con un diagrama que indica los ángulos de elevación de la línea de visibilidad directa.

---

[13] Por ejemplo, puede aplicarse AMDF en el enlace ascendente con MDT en el descendente. O bien puede reconfigurarse la AMDT en el enlace ascendente mediante la llamada conmutación a bordo TST (tiempo-espacio-tiempo). Estos diversos procesos y arquitecturas de red se describen en el Capítulo 6 (punto 6.3.3) y el Capítulo 5 (punto 5.6) (véase además: Suplemento N° 3, "Sistemas VSAT y estaciones terrenas", UIT, Ginebra 1994, punto 6.3, págs. 185-188).

En la figura 2.13 se representa el ángulo de elevación y la distancia del satélite en función de la latitud y la longitud de la estación terrena (con respecto a la longitud del punto subsatelital).

El cálculo preciso del ángulo acimutal, α (medido en sentido dextrógiro a partir del Norte), y del ángulo de elevación, ε, de un satélite en órbita ecuatorial circular puede expresarse por:

$$A = \text{arc tan } (\tan \theta / \text{sen} \varphi)$$

$$\varepsilon = \text{arc sen } \frac{K \cos \varphi \cos \theta - 1}{\sqrt{K^2 + 1 - 2K \cos \varphi \cos \theta}}$$

Eliminando θ entre estas dos ecuaciones, resulta:

$$A = \text{arc cos} \left\{ \left[\frac{\tan \varepsilon + K^{-1}\sqrt{\tan^2 \varepsilon + (1 - K^{-2})}}{1 - K^{-2}} \right] \tan \varphi \right\}$$

o

$$A = \text{arc cos } \frac{\tan \varphi}{\tan [\text{arc cos}(K^{-1}\cos \varepsilon) - \varepsilon]}$$

El ángulo de azimut provisional A se modificará de la siguiente manera, conforme a la situación de la estación terrena en la superficie de la Tierra:

$\alpha = A + 180°$ para las estaciones terrenas situadas en el hemisferio Norte y los satélites situados al Norte de la estación terrena;

$\alpha = 180° - A$ para las estaciones terrenas situadas en el hemisferio Norte y los satélites situados al Este de la estación terrena;

$\alpha = 360° - A$ para las estaciones terrenas situadas en el hemisferio Sur y los satélites situados al Oeste de la estación terrena;

$\alpha = A$ para las estaciones terrenas situadas en el hemisferio Sur y los satélites situados al Este de la estación terrena;

siendo:

α: ángulo acimutal (medido en sentido dextrógiro a partir del Norte)

K: relación "radio de la órbita/radio de la Tierra", que se supone es 6,63

ε: ángulo geométrico de elevación de un punto en la órbita de los satélites geoestacionarios

φ: latitud de la estación terrena

θ: diferencia en longitud entre la estación terrena y el satélite.

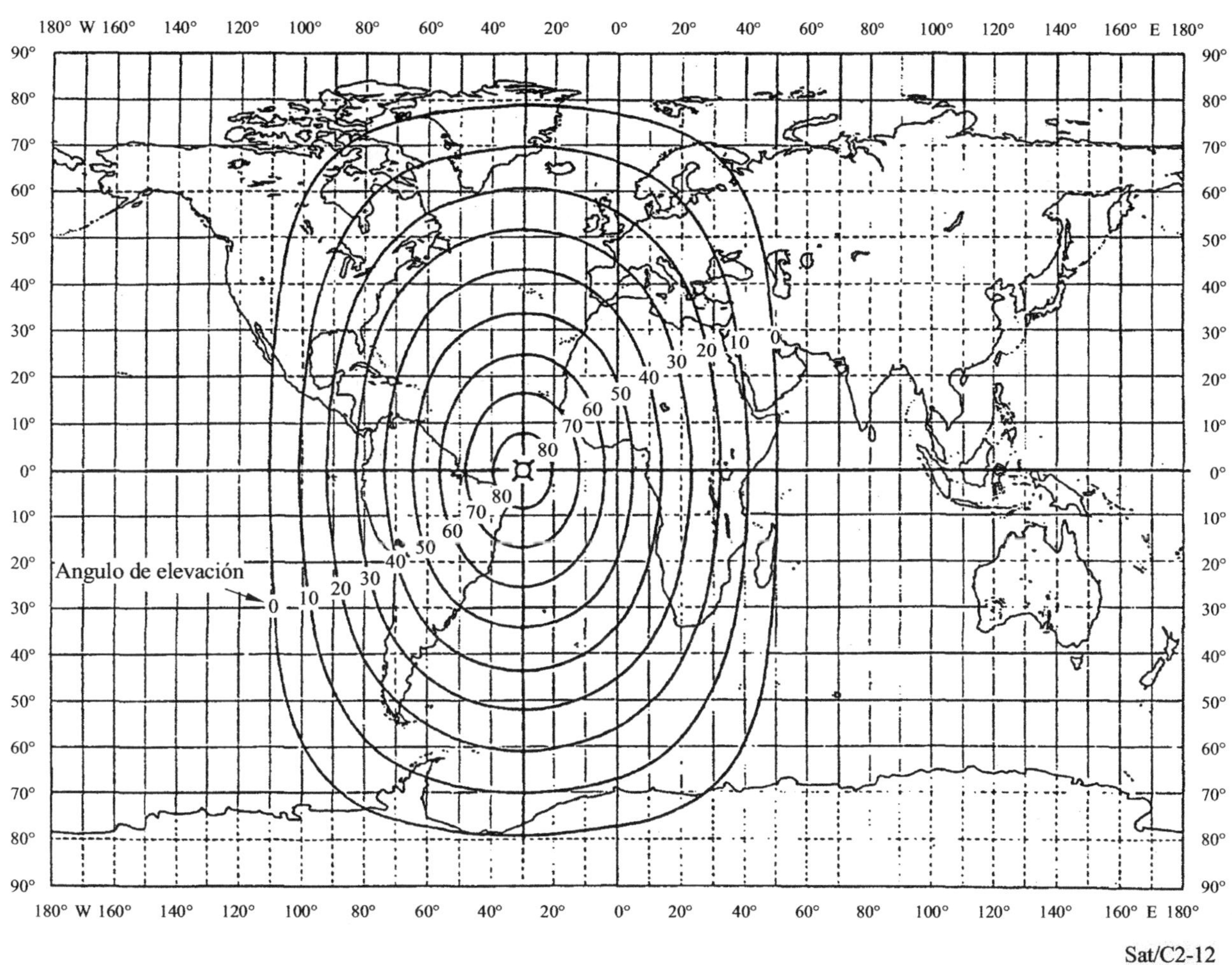

FIGURA 2.12

**Planisferio del mundo con un diagrama típico que muestra el ángulo
de elevación de la línea de visibilidad directa desde un punto en
la superficie de la Tierra hacia un satélite geoestacionario**

NOTA – En esta figura, el satélite está situado, a título de ilustración, a 30° W (punto subsatelital).
Si el diagrama se copia en una transparencia, puede centrarse en cualquier punto subsatelital sobre el
ecuador. La proyección utilizada en esta figura (las líneas de igual longitud son paralelas)
distorsiona la geometría real de la Tierra, pero ofrece un método adecuado para determinar la
cobertura de la superficie de la Tierra proporcionada por un satélite geoestacionario con un mapa
bidimensional.

En la práctica, hay limitaciones impuestas al ángulo de elevación mínimo utilizable. Estas dependen
de las condiciones locales: campo visual despejado, propagación atmosférica y, posiblemente, los
efectos de trayectos múltiples.

En cuanto a las condiciones de propagación, no debe olvidarse que pueden degradarse gravemente para ángulos de elevación bajos (véase el punto 2.3.4.4 y el Anexo 1), especialmente a frecuencias superiores a 10 GHz.

Los efectos de los trayectos múltiples apenas son apreciables en el funcionamiento de un enlace por satélite (en lo cual se diferencian de los enlaces terrenales por microondas), puesto que la semiabertura angular de la antena de la estación terrena es generalmente menor que el ángulo de elevación de la dirección del satélite (es decir, el ángulo del eje del haz principal).

En resumen, los sistemas de 6/4 GHz pueden a menudo utilizarse con ángulos de elevación de sólo 5°[14], mientras que los sistemas de 14/12 GHz pueden exigir un ángulo de elevación mínimo de 10°.

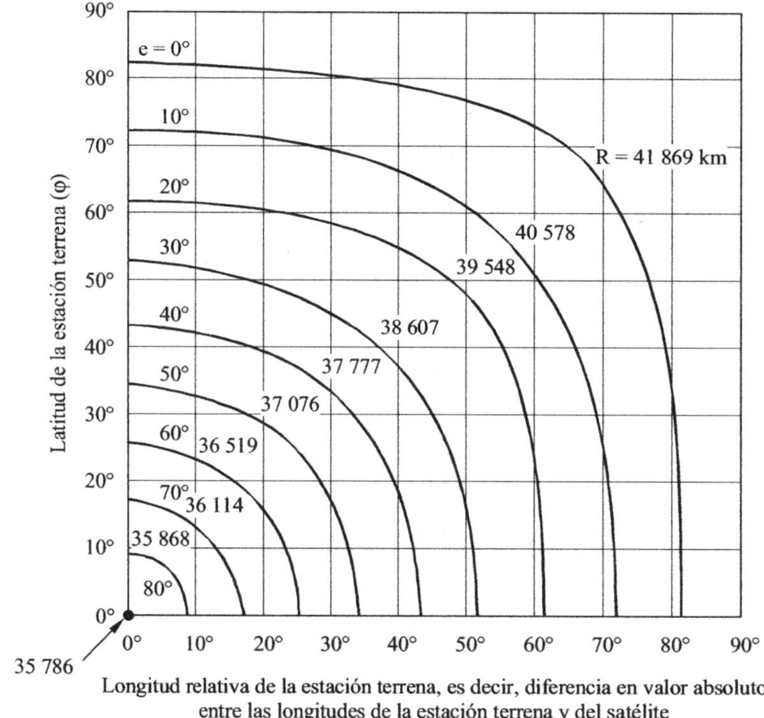

Longitud relativa de la estación terrena, es decir, diferencia en valor absoluto
entre las longitudes de la estación terrena y del satélite

Sat/C2-13

FIGURA 2.13

**Angulo de elevación (e) y distancia (R) de un satélite
GSO, visto desde una estación terrena**

---

[14] Sin embargo, hay estaciones terrenas que han funcionado satisfactoriamente con ángulos de elevación menores de 5°. Por ejemplo, las que ha instalado Noruega en las islas Spitzbergen (a 78° N) con un ángulo de elevación de 1,7°.

2.4.1.2   Tipos de zonas de cobertura de la Tierra y de haces de antenas de satélite

La figura 2.12 muestra un diagrama de cobertura típica para una antena de satélite de haz circular global centrada directamente sobre el punto subsatelital (abertura del haz de 17,4° para un ángulo de elevación de 5°). En la práctica, esta cobertura máxima de la Tierra se utiliza solamente para los sistemas que requieren una cobertura global. Por ejemplo, la figura 2.14 muestra cómo puede cubrirse la superficie entera de la Tierra por medio de tres transpondedores de haz global.

En la mayoría de los casos, las antenas de satélite están diseñadas para radiar haces con una abertura angular efectiva mucho menor con el fin de aumentar la p.i.r.e. del satélite en la zona de servicio, cualquiera que sea la forma de dicha zona. Estas antenas de haz estrecho deben diseñarse de manera que la energía se concentre hacia esa zona y fuera de ella se reduzca al nivel más bajo posible. Por lo tanto, para mejorar la utilización de la órbita, las antenas de satélite han de tener como objetivo de diseño el logro de las siguientes características (que pueden ser mutuamente conflictivas):

- el diagrama de radiación del haz principal debe ajustarse tanto como sea posible a la zona de servicio (también llamada zona de cobertura). Esto implica que no debe ser un simple haz circular o elíptico, sino que ha de tener una forma compleja especial, por lo que se le denomina "haz conformado"[15];

- debe reducirse al mínimo la radiación fuera de la zona de servicio (en particular, los lóbulos laterales) con miras a reducir la interferencia y facilitar los problemas de coordinación con otras redes. La Recomendación UIT-R S.672-2 especifica en detalle los objetivos de diseño para la ganancia de la antena (es decir, el nivel de radiación) fuera de la zona de cobertura. Los anexos a esta Recomendación dan descripciones precisas de los contornos de ganancia del haz en la zona de cobertura;

- la antena debe diseñarse, mientras sea posible, de modo que pueda colocarse en otras posiciones de la órbita GSO, manteniendo la calidad de funcionamiento requerida.

Observación sobre los contornos de p.i.r.e. y de G/T

Los factores de calidad del satélite para la transmisión (enlace descendente), es decir, la p.i.r.e., y para la recepción (enlace ascendente), o sea, la G/T, se representan en mapas de la Tierra como curvas de "iso-p.i.r.e." o de "iso-G/T" para facilitar los cálculos del balance del enlace. En algunos casos, solamente se representan los contornos que rodean la zona de servicio (bordes del haz), mostrando así la calidad de funcionamiento mínima disponible dentro de esa zona. Desde luego, en el interior de la zona de servicio, se dispone de mayores valores de p.i.r.e. y de G/T, y esto suele representarse en los diagramas de cobertura de la Tierra por medio de las curvas escalonadas de "iso-p.i.r.e." o de "iso-G/T". Las siguientes figuras 2.15, 2.16, 2.18, 2.19 (iso-p.i.r.e.) y 2.17, 2.20 (iso-G/T) ilustran lo antes expuesto.

Se utilizan más corrientemente los siguientes tipos de cobertura y de antena de satélite:

i)   Cobertura global, descrita anteriormente (Figuras 2.12 y 2.14). La antena del satélite puede entonces ser una simple antena de bocina circular para microondas.

---

[15] Los términos "circular", "elíptico" o "conformado" califican el contorno del diagrama de radiación en un plano normal al eje de radiación principal (si bien deba reconocerse que la definición de este eje puede ser ambigua en el caso de los haces conformados).

ii) Cobertura circular o elíptica, con aberturas de haz de 5° a 10°, aproximadamente. A menudo se utiliza un reflector parabólico alimentado en el foco, pero la utilización de reflectores con alimentación excéntrica mejora considerablemente la característica relativa a los lóbulos laterales.

iii) Cobertura estrecha simple (circular o elíptica), llamada cobertura de haz puntual. En la figura 2.15 se da un ejemplo (haces puntuales de INTELSAT VIIA).

Los haces puntuales con abertura angular de sólo 0,5°, e incluso menos, son factibles en la banda 14/11-12 GHz (o en bandas de frecuencias más elevadas), pero su utilización puede verse limitada por la precisión de puntería necesaria.

Los haces puntuales suelen estar dotados de capacidad de orientación (controlada desde tierra). Los diseños de satélite avanzados pueden incorporar haces puntuales múltiples o haces puntuales con exploración, generalmente acompañados por una matriz de conmutación a bordo con el fin de cubrir la zona de servicio mediante un proceso dinámico (véase el Capítulo 6, punto 6.3.4).

Otra posible utilización de los haces puntuales múltiples consiste en proporcionar enlaces a estaciones terrenas muy pequeñas ("terminales"), incluso de bolsillo, a través de una cobertura celular de la Tierra. Sin embargo, la mayoría de los sistemas propuestos para este tipo de servicio (por ejemplo, Teledesic y Skybridge) se basan en satélites no geoestacionarios (NGSO) (véase el punto 2.4.2, más adelante). Esto suele ocurrir también con muchos sistemas explotados en el SMS (Iridium, Globalstar, ICO, etc.).

iv) Cobertura conformada, que se ajusta a una zona de servicio específica (un país o un territorio concreto) sea cual fuere su contorno. Estas antenas de haz conformado suelen estar constituidas por un reflector iluminado por alimentadores múltiples que se conectan a los transpondedores (en el lado de recepción o en el de transmisión) a través de una "red conformadora de haz". La conformación del haz es resultado de la composición (es decir, de la adición de los campos de RF en fase) de los diagramas de radiación elementales, separados en el espacio, producidos por cada alimentador.

La mayoría de los satélites modernos disponen de cobertura conformada, y la antena puede ser muy compleja cuando el propio contorno de la zona de servicio es irregular. Por ejemplo, la antena del satélite Eutelsat II comprende 17 alimentadores de bocina elementales, el satélite INTELSAT V, 88 y el INTELSAT VI, 147. Obsérvese que, cuanto menor sea la abertura del haz elemental, con más exactitud se ajustará el haz conformado a la zona de servicio (véanse más detalles en el Capítulo 6). Las figuras siguientes ilustran diversos ejemplos típicos de coberturas conformadas que se consiguen en la realidad con los satélites Arabsat II (Figuras 2.16 y 2.17), con los satélites INTELSAT VIIA ("haces hemisféricos", Figura 2.18, y "haces de zona", Figura 2.19) y con los satélites Eutelsat II (Figura 2.20).

El tipo particular de antena que ha de utilizarse depende de la frecuencia y del tamaño físico y la masa disponibles en la carga útil del vehículo de lanzamiento. Dichos tamaño y masa determinan la dimensión máxima de la antena (D) y de la unidad alimentadora (posiblemente múltiple). Las aberturas de haz mínimas (haces elementales) que pueden conseguirse dependen de l/D (siendo l la longitud de onda). Por otra parte, también dependen de la precisión con que pueda estabilizarse y controlarse la actitud del satélite (véase la Recomendación UIT-R S.1064).

Debe advertirse que el punto subsatelital puede caer fuera de la zona de servicio. Para una abertura angular determinada, es posible aprovechar la mayor cobertura que ofrece una puntería oblicua de la antena del satélite. Sin embargo, esta ventaja ha de contraponerse a la necesidad de una mayor precisión en la puntería y al menor ángulo de elevación de la estación terrena.

También han de tenerse en cuenta otros aspectos, tales como la posible necesidad de introducir la reutilización de frecuencias (véase el siguiente punto 2.4.3).

Observación sobre la p.i.r.e. del satélite

Cuanto más estrecha sea la cobertura, mayor será la ganancia de la antena del satélite y, por consiguiente, la p.i.r.e. (para una potencia de amplificador dada).

Así, por ejemplo, en los transpondedores de 6/4 GHz de los satélites INTELSAT VIIA, el haz global tiene una p.i.r.e. de 29 dBW, mientras que la p.i.r.e. del haz de zona es de 36,5 dBW (valores mínimos en el borde del haz). No son infrecuentes las p.i.r.e. de 47 dBW o superiores en los satélites nacionales de 14/11 GHz (Australia, Canadá, Eutelsat, Hispasat, etc.).

Una p.i.r.e. elevada en el satélite permite instalar estaciones terrenas sencillas y económicas, con antenas pequeñas.

En el caso de haces simples (circulares o elípticos), la ganancia de la antena puede expresarse aproximadamente por las fórmulas (3) y (3*bis*) del Apéndice 2.1. Obsérvese que, en consecuencia, la ganancia y la p.i.r.e. de la antena (para una determinada potencia del amplificador del satélite) no dependen de la frecuencia, sino únicamente de la amplitud de la cobertura. Por medio de este sencillo caso, puede demostrarse que la ganancia de la antena debería ser unos 4 dB menor en el borde que en el centro del haz[16]. Como ya se ha explicado, la utilización de antenas de haz conformado puede mejorar esta situación, optimizando la ganancia dentro de la zona de servicio (haciendo que sea más uniforme) y reduciéndola al mínimo en el exterior.

---

[16] El valor de − 4 dB corresponde a un óptimo teórico, resultado de la forma natural de un haz de antena simple, que puede ser ilustrado por el ejemplo siguiente: para una zona de servicio circular de 5° (vista desde el satélite) y para un haz de antena de 5° de abertura (medida al nivel de − 4 dB), la máxima ganancia en el centro del haz ronda los 30 dBi y la ganancia en el límite de la cobertura (±2,5°) es, desde luego, 26 dBi. Si la misma zona de servicio fuera iluminada por un haz más estrecho (4°, por ejemplo), la ganancia en el centro del haz sería superior (31,9 dBi, en este ejemplo) pero la ganancia en el límite de la cobertura sería más reducida (25,3 dBi). Por el contrario, con un haz más ancho (6°), estas ganancias serían de 28,4 dBi y 25,7 dBi, respectivamente.

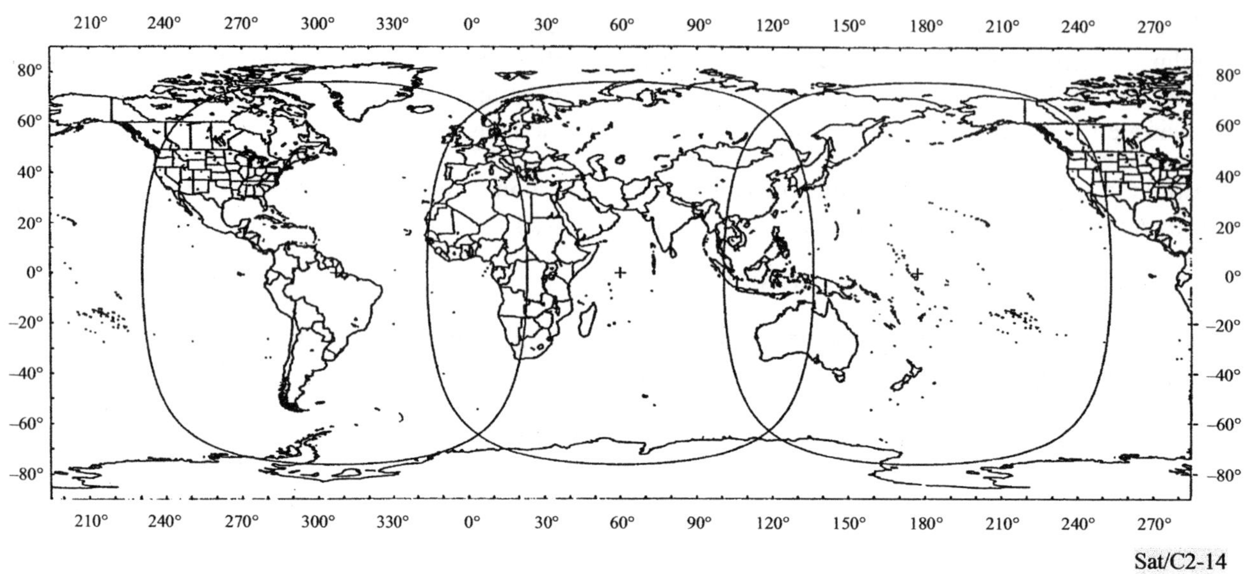

FIGURA 2.14

Cobertura global proporcionada por los satélites geoestacionarios
(Sistema INTELSAT con 3 haces globales en las regiones de los
Océanos Atlántico, Indico y Pacífico.)

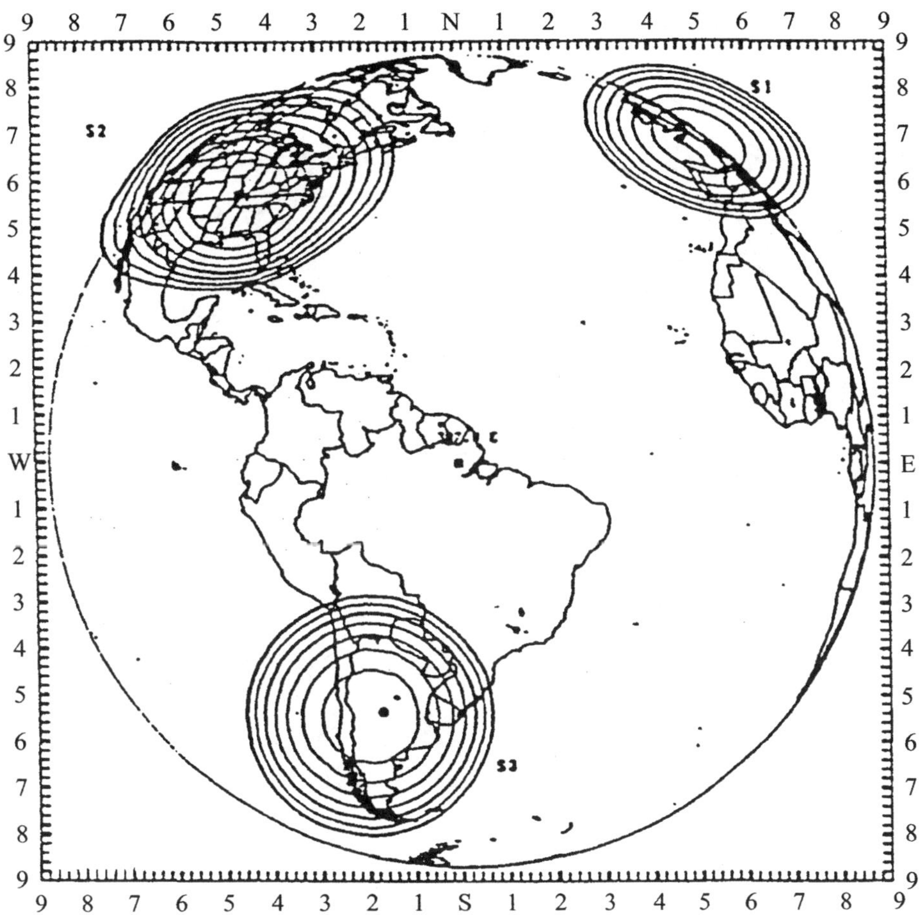

NOTAS – (Posición del satélite: 307° E). Cobertura de transmisión de los haces puntuales de 6/4 GHz. Las p.i.r.e.$_s$ nominales en el borde del haz (dBW) son 45,0 (S1), 43,5 (S2) y 41 (S3). Los contornos de «iso-p.i.r.e.» se representan por escalones de 1 dB a partir del borde exterior del haz.

Sat/C2-15

FIGURA 2.15

Cobertura típica del satélite INTELSAT VIIA

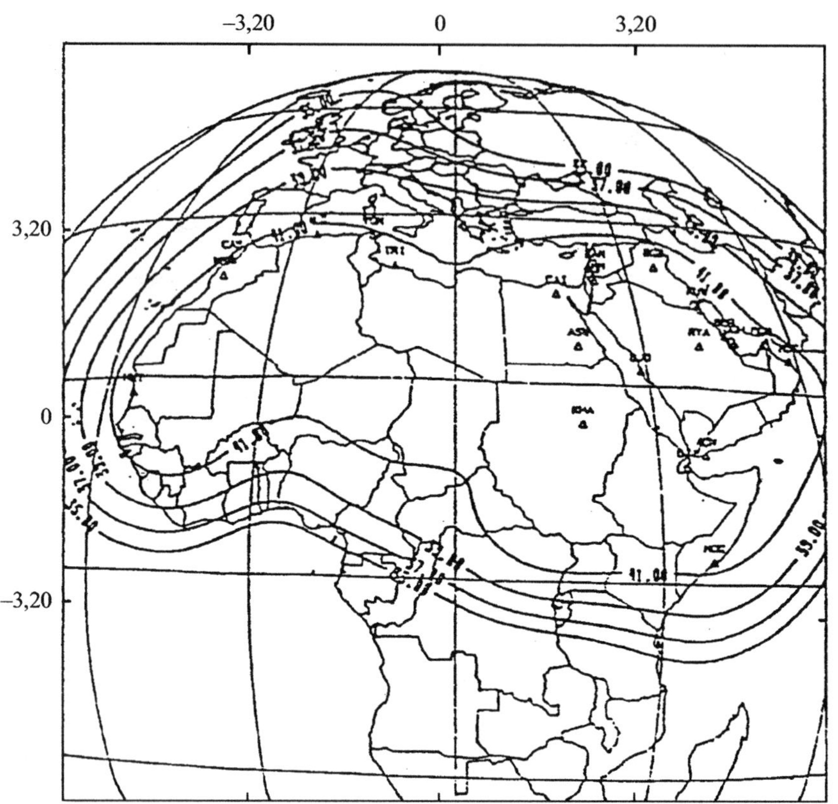

NOTAS – Cobertura del transpondedor de 6/4 GHz (banda de transmisión, 4 GHz: contornos de
iso-p.i.r.e.. Polarización circular dextrógira (reutilización de frecuencias).

Sat/C2-16

FIGURA 2.16

Cobertura típica del satélite Arabsat II

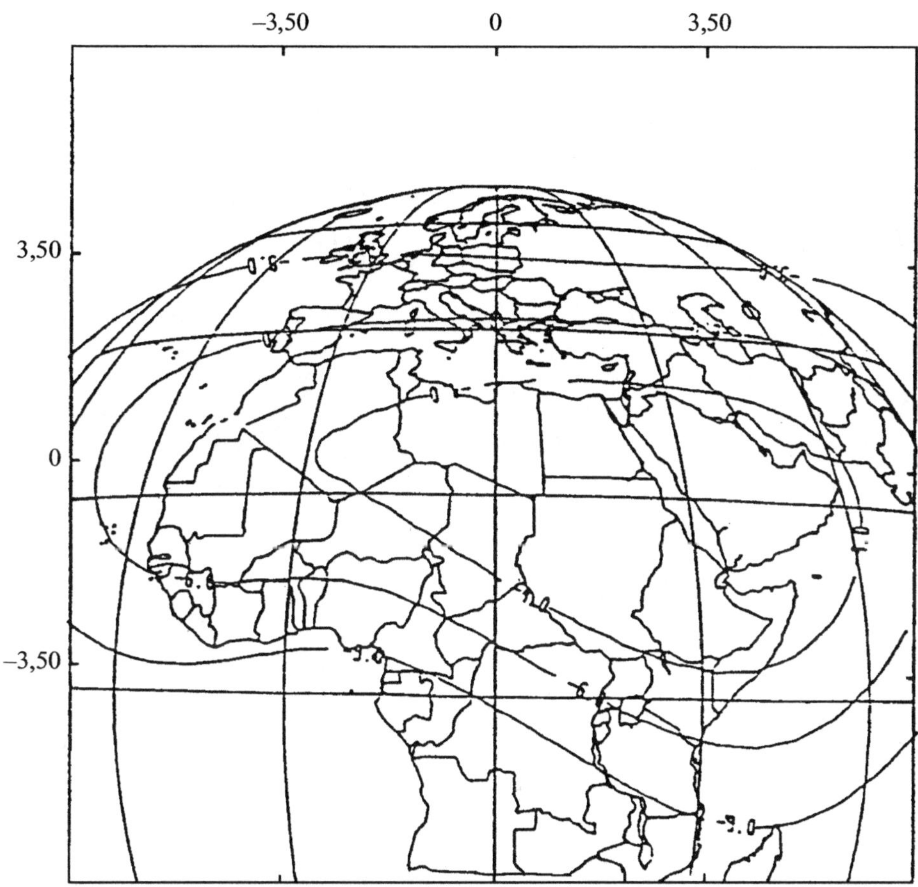

NOTAS – Cobertura del transpondedor de 6/4 GHz (banda de recepción, 6 GHz: contornos de iso-G/T. Polarización circular levógira (reutilización de frecuencias).

Sat/C2-17

FIGURA 2.17

Cobertura típica del satélite Arabsat II

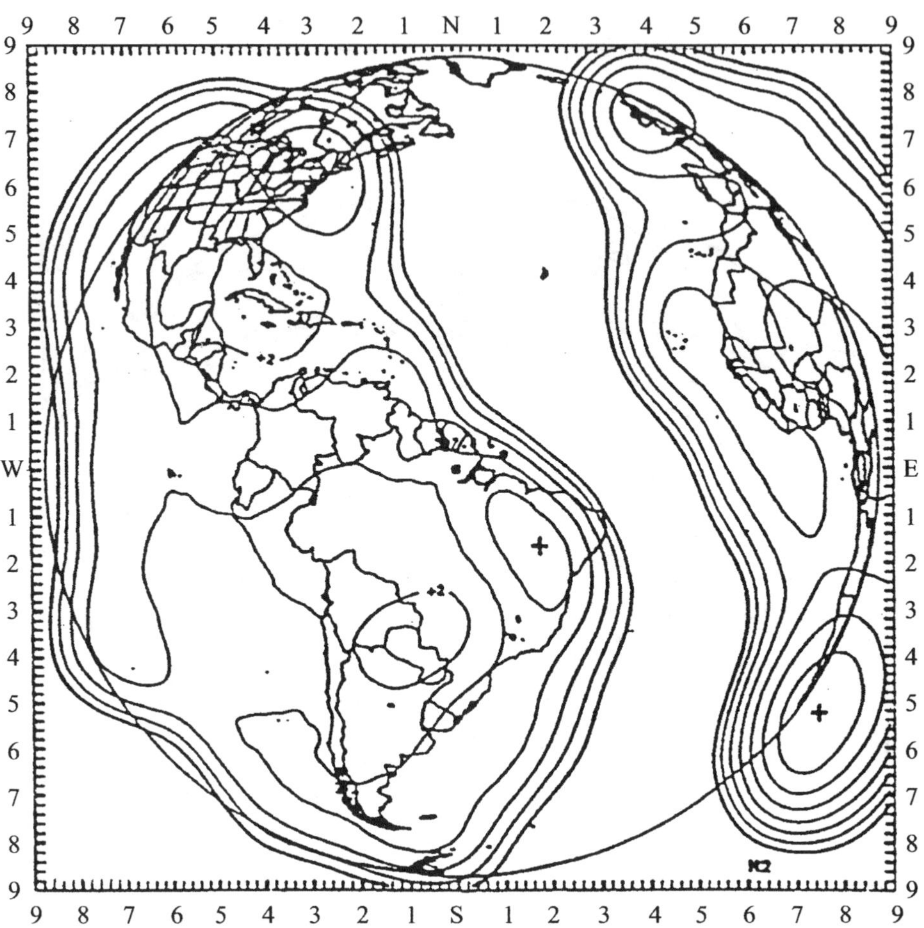

NOTAS – (Posición del satélite: 307° E). Haces «hemisféricos» en 6/4 GHz: cobertura de transmisión en banda de 4 GHz. Las p.i.r.e.$_s$ nominales en el borde del haz (dBW) son 32,5 (H1 y H2). Los contornos de «iso-p.i.r.e.» se representan por escalones de 1 dB a partir del borde exterior del haz.

Sat/C2-18

FIGURA 2.18

Cobertura típica del satélite INTELSAT VIIA

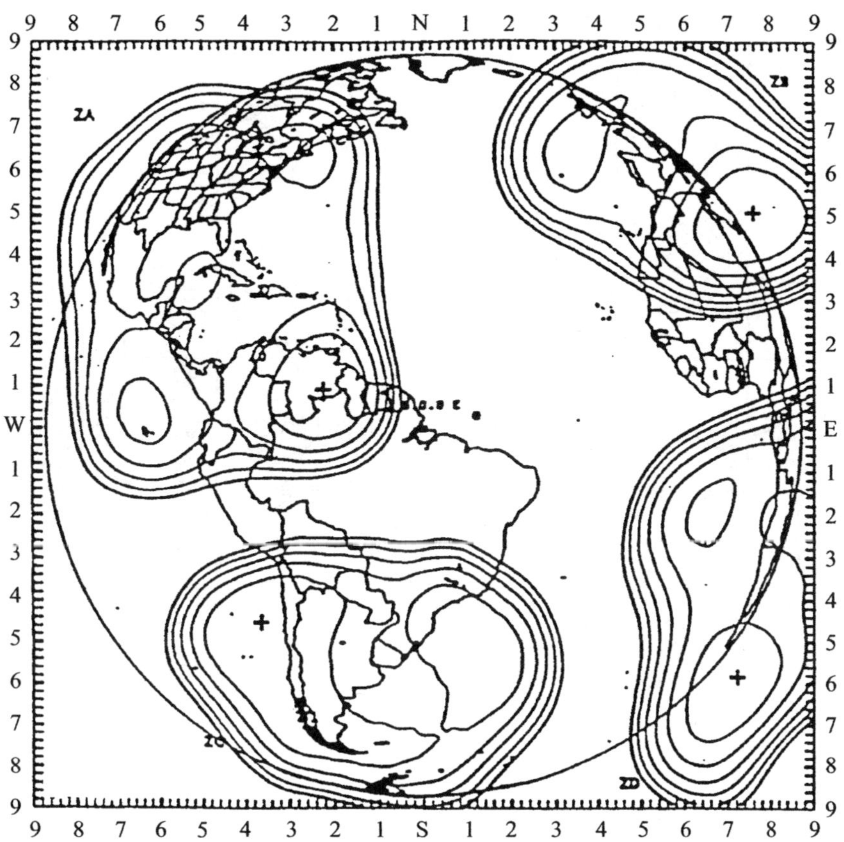

NOTAS – (Posición del satélite: 310° E). Haces «de zona» en 6/4 GHz: cobertura de transmisión en banda de 4 GHz. Las p.i.r.e.$_s$ nominales en el borde del haz (dBW) son 33 (ZA, ZB, ZD) y 32,5 (ZC). Los contornos de «iso-p.i.r.e.» se representan por escalones de 1 dB a partir del borde exterior del haz.

Sat/C2-19

FIGURA 2.19

Cobertura típica del satélite INTELSAT VIIA

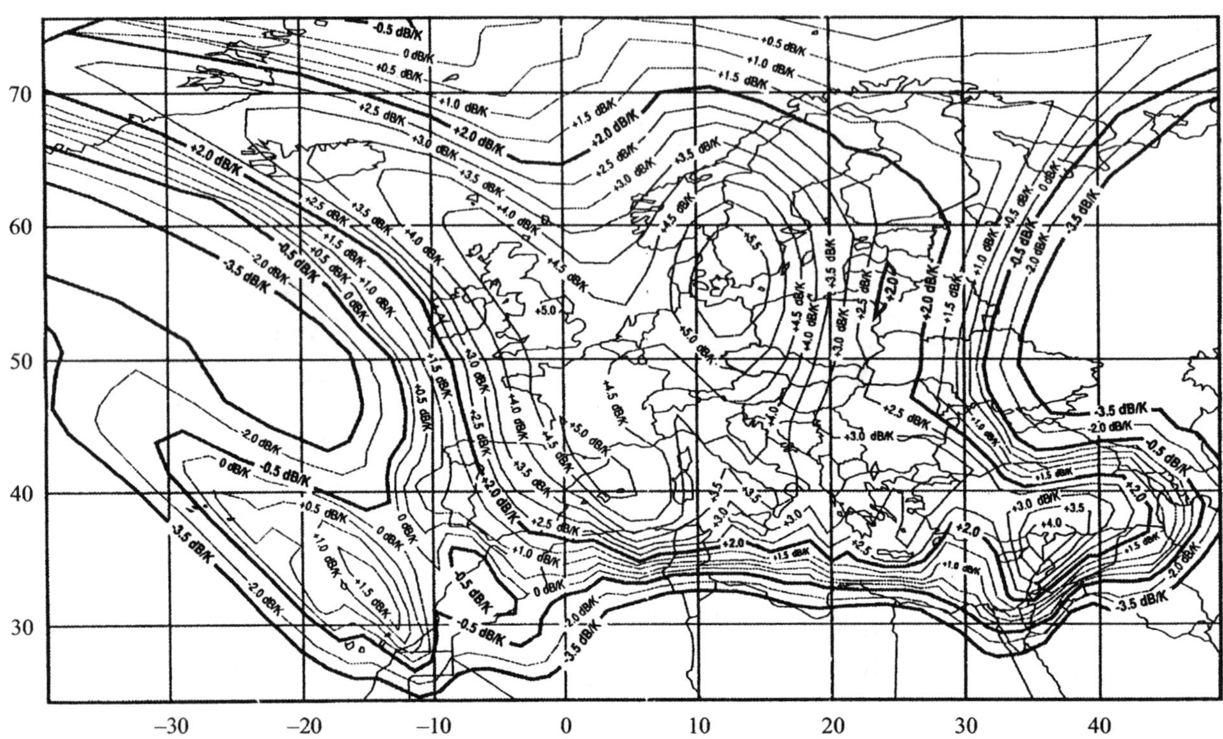

NOTAS – (Posición del satélite: 16° E). 14/11-12 GHz: cobertura de recepción en banda de 14 GHz, contornos de «iso-G/T».

Sat/C2-20

FIGURA 2.20

Cobertura típica del satélite EUTELSAT II

2.4.2   Cobertura de la Tierra por un satélite no geoestacionario

En este punto se trata de los nuevos sistemas basados en satélites no geoestacionarios (NGSO). Con la finalidad general de llegar a enormes cantidades –tal vez millones– de usuarios que estén equipados con pequeñas estaciones terrenas (terminales), incluso de tamaño de bolsillo, estos sistemas y conceptos son actualmente objeto de estudios y desarrollos muy activos y de programas consolidados. Muchos sistemas de este tipo están basados en satélites de órbita terrestre baja (LEO), pero se han propuesto y se proponen para los mismos servicios otros sistemas no geoestacionarios, tales como los de órbita terrestre media (MEO) y de órbita elíptica muy inclinada (HEO), e incluso los sistemas de satélite GSO (véase el punto anterior 2.1.3.1).

Las consideraciones siguientes son generales y válidas para muchos proyectos actuales, ya correspondan al servicio fijo por satélite (SFS) o al servicio móvil por satélite (SMS). En general, el servicio a los pequeños terminales móviles y de bolsillo se presta a través de satélites del SMS, mientras que los satélites del SFS son los que prestan servicio a las estaciones terrenas pequeñas y, a veces, transportables.

Naturalmente, los satélites NGSO no se ven desde la estación terrena en posiciones fijas del cielo. Por ejemplo, los LEO se mueven generalmente en órbitas circulares, de baja altitud, a velocidades relativamente elevadas (cerca de 7 km/s para una altitud de 700 km). Con el fin de mantener un servicio permanente, se distribuyen regularmente múltiples satélites en torno de planos orbitales. Además, para permitir las comunicaciones con diversas regiones, se han establecido múltiples planos orbitales. El conjunto completo de los satélites de todas las órbitas forma la constelación que constituye el sistema.

Estos sistemas suelen estar basados en arquitecturas similares a las redes de telefonía móvil terrenales, lo cual implica que la zona de servicio (que puede extenderse hasta cubrir toda la superficie de la Tierra) está dividida en células. Una estación terrena determinada se comunica con un satélite a través de un haz puntual de satélite que cubra la célula donde está situada la estación.

No obstante, en el caso de los LEO hay una diferencia notable con los sistemas terrenales: una determinada célula[17] no está atendida por un haz puntual de satélite fijo, sino que es explorada de modo regular y permanente por diferentes haces puntuales de transmisión y recepción que corresponden a satélites distintos. En ciertos sistemas, cuando el satélite pasa sobre una célula dada, orienta su haz de antena con el fin de mantenerlo durante más tiempo sobre esa célula y de compensar los efectos del movimiento del satélite y la rotación terrestre. De todos modos, y especialmente en las células pequeñas, la continuidad de las comunicaciones debe apoyarse en las técnicas de traspaso de llamadas gradual[18] que se aplican corrientemente en los sistemas celulares terrenales.

La proyección instantánea del haz del satélite puede cubrir una superficie relativamente grande (por ejemplo, de 1 000 km de diámetro), pero ahí caben muchas posibilidades: la célula puede ir asociada a un solo haz puntual que cubra la zona de proyección entera. En otros sistemas propuestos, la zona de proyección se divide en células muy pequeñas o microcélulas (de 200 km, por ejemplo, véanse más adelante el punto 2.4.3.4 y la figura 2.22), que corresponden a múltiples haces puntuales estrechos.

El sistema puede generalmente conectarse a otras redes (señaladamente a las redes públicas) a través de estaciones terrenas de cabecera. Por lo que se refiere al establecimiento de una comunicación en uno u otro sentido entre un terminal determinado y otro terminal que puede estar ubicado en otra célula lejana (es decir, atendido por otro satélite), existen actualmente dos filosofías: la más directa sería atravesar en tránsito una cabecera, y posiblemente dos cabeceras conectadas por un enlace terrenal. Otro proceso más avanzado sería la conexión de los satélites implicados a través de enlaces entre satélites (ISL, *inter-satellite links*).

---

[17] En esta sección, el término "célula" se asocia con una zona terrestre determinada y fija. Sin embargo, en algunas descripciones de sistema, la célula va asociada a un haz puntual móvil.

[18] Se entiende por traspaso de llamadas la transferencia de una comunicación cuando está cambiando la célula, o el haz de satélite, que da servicio a un terminal determinado. El traspaso gradual queda asegurado cuando hay una completa continuidad en la transferencia, sin interrumpirse la comunicación en ningún momento.

De modo análogo a los sistemas móviles terrenales, la mayoría de los sistemas de satélite anteriormente descritos se apoyan en gran medida en la reutilización de frecuencias en los diferentes haces y/o células, como se explica más adelante (punto 2.4.3.4). Se hallarán más detalles sobre los sistemas NGSO en el Capítulo 6 (punto 6.5).

2.4.3   Reutilización de frecuencias

En el Capítulo 1 (punto 1.3.3 y Figura 1.3) se ha dado una definición del concepto de reutilización de frecuencias.

El espectro disponible en cualquier banda es finito, y de conformidad con el mismo se determina la capacidad de comunicación de un satélite. Para aumentar la capacidad de los sistemas de satélite, se han desarrollado, y se emplean ya en la realidad, métodos de reutilización del espectro de frecuencias. Como ya se ha explicado, los dos métodos comunes son el aislamiento espacial (también llamado separación de haces) y la discriminación por polarización (conocido también por polarización doble).

2.4.3.1   Reutilización de frecuencias por aislamiento espacial

La reutilización de frecuencias por aislamiento espacial en un satélite determinado se realiza mediante el empleo de la misma banda de frecuencias en distintos transpondedores y haces de antena dirigidos a diferentes zonas de cobertura. La separación de los haces de antena debe ser suficiente para proporcionar un aislamiento que evite la interferencia perjudicial, siendo un aislamiento de 27 dB el requisito típico. Como se ilustra en la figura 2.21, esto implica que si una estación terrena de la zona de servicio A recibe una portadora destinada a las zonas de servicio B o C, esta portadora debe estar a un nivel al menos 27 dB inferior al de la portadora destinada a la propia zona A (en la misma frecuencia).

El aislamiento puede verse limitado por el nivel relativo de ganancia de transición entre dos haces (entre los de A y B en la figura 2.21) o por el nivel de los lóbulos laterales (entre A y C, por ejemplo). Si el aislamiento no fuera suficiente, cabría la solución de introducir un aislamiento suplementario mediante el establecimiento de portadoras de polarización cruzada entre los haces que estén demasiado próximos (en transmisión y en recepción).

Como ejemplo sencillo, casi todos los satélites INTELSAT actuales utilizan haces separados llamados "hemisféricos" (Figura 2.18) y "de zona" (Figura 2.19), en los que se aplica la reutilización de frecuencias por aislamiento espacial. Sin embargo, en estas figuras se aprecia claramente que hay una gran separación angular entre los diversos haces.

2.4.3.2   Reutilización de frecuencias por discriminación de polarización

La reutilización de frecuencias por polarización doble en un satélite determinado se realiza utilizando la misma banda de frecuencias en dos transpondedores diferentes que dan servicio a la misma zona de cobertura, pero con transmisiones polarizadas ortogonalmente. Las dos polarizaciones pueden ser lineales (por ejemplo, horizontal y vertical) o circulares (polarización circular dextrógira (RHCP) y polarización circular levógira (LHCP)). En el satélite puede haber dos antenas diferentes, una para cada polarización, o bien utilizarse una antena común. En este último caso, la antena (transmisora o receptora) se conecta al transpondedor a través de un acoplador de microondas con dos puertos polarizados ortogonalmente, denominado transductor ortomodal (OMT, *ortho-mode transducer*). En las estaciones terrenas siempre hay una antena común equipada con un OMT transmisor/receptor. Los valores típicos de discriminación entre ambas polarizaciones están comprendidos entre 30 y 35 dB.

Las técnicas de reutilización de frecuencias mediante polarización doble, que emplean transmisiones con polarización circular o lineal, pueden verse degradadas por el trayecto de propagación a través de la atmósfera de la Tierra, lo que da lugar a la interferencia entre las dos transmisiones de polarización ortogonal. Este fenómeno, denominado despolarización o transpolarización, está inducido por dos causas: el efecto de Faraday, producido por el campo magnético terrestre en la ionosfera, y las precipitaciones, sobre todo la lluvia y los cristales de hielo.

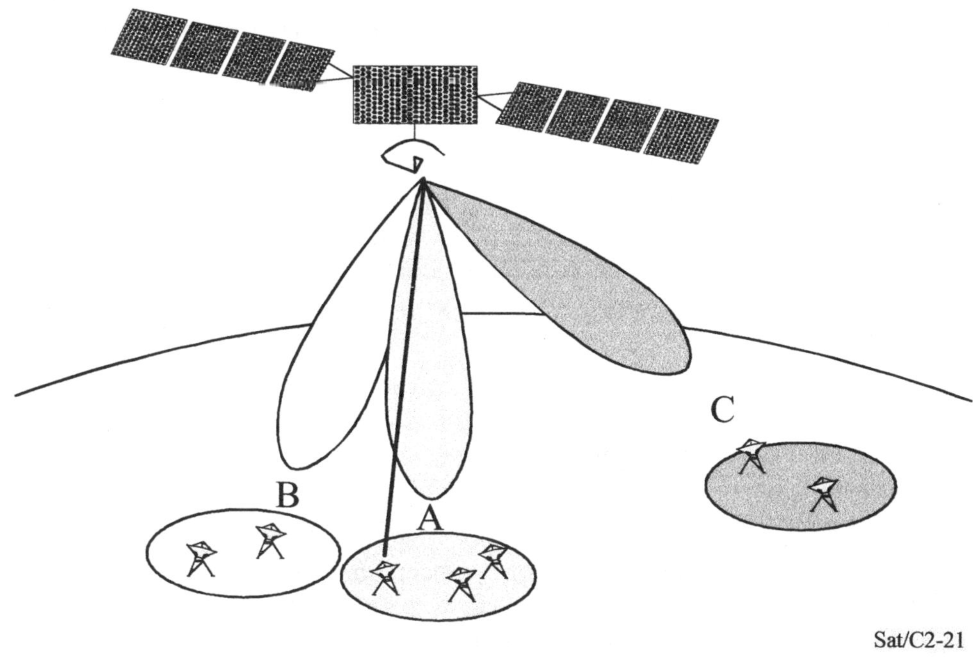

FIGURA 2.21

Reutilización de frecuencias por aislamiento espacial

El efecto de Faraday produce una rotación de la polarización (no una despolarización) que depende de la frecuencia y varía con el tiempo, en la orientación del plano de polarización. Los valores de cresta de la rotación de Faraday pueden ser de hasta 9° a 4 GHz y 4° a 6 GHz. Si en la frecuencia de trabajo hay una rotación de Faraday considerable, habrá que proporcionar una rotación diferencial de los planos de polarización en la antena de la estación terrena. Esto se debe a que la rotación, vista en la dirección de la propagación, se verifica en sentidos opuestos para la transmisión y para la recepción. La rotación de Faraday tiene un efecto despreciable sobre la polarización circular, y en muchos casos también sobre la polarización lineal en frecuencias superiores a 10 GHz.

La despolarización inducida por la lluvia está creada por las gotas de lluvia no esféricas, que producen diferencias de atenuación y de desplazamiento de fase entre las componentes lineales ortogonales de la señal, lo que empeora la discriminación entre señales con polarización circular o lineal. Aunque el desplazamiento de fase diferencial es la causa primaria de la despolarización, la atenuación diferencial también adquiere importancia por encima de 10 GHz.

Se han elaborado modelos de propagación para predecir las degradaciones por polarización debidas a la lluvia y otros factores meteorológicos. En regiones con un índice de precipitaciones muy elevado (como América Central y las zonas tropicales), el funcionamiento con reutilización de frecuencias por polarización doble podría verse afectado por problemas de implantación. Para más detalles, véase el Anexo 1 (punto 3).

Para poder aplicar la reutilización de frecuencias por polarización doble, las antenas del satélite y de la estación terrena han de cumplir otros requisitos suplementarios:

a)   Como se ha explicado anteriormente, cada parte de la antena tiene que transmitir (o recibir) solamente campos de RF de acuerdo con su propia polarización (por ejemplo, circular levógira) y estar aislada de la otra polarización (en el ejemplo, circular dextrógira): este requisito se denomina discriminación por polarización (o aislamiento por polarización). Si el aislamiento por polarización no es suficiente (por ejemplo, si está por debajo de 24 a 28 dB dependiendo de otras fuentes de interferencia posibles y teniendo en cuenta las imperfecciones de las antenas de satélite y estación terrena, así como los efectos del medio de propagación), aparecerá una señal en la misma frecuencia procedente de la polarización ortogonal (también llamada contrapolar), la cual producirá una interferencia perjudicial en el puerto de acceso de la polarización normal (que también se llama copolar).

b)   Este requisito de discriminación por polarización puede imponer condiciones al diseño general de una antena de estación terrena, incluidos los componentes del alimentador: duplexor y transductor ortomodal (OMT)[19], polarizadores (en el caso de polarización circular), sistema de seguimiento angular, fuente primaria (bobina de radiación), e incluso el sistema de reflectores (en particular la simetría mecánica de sus tirantes de apoyo), etc.

Los diagramas de radiación en transmisión y recepción de las antenas de estación terrena correctamente diseñadas deben presentar una elevada pureza de polarización en el eje del haz y en la parte principal de la abertura, e incluso una pureza suficiente (bajos componentes contrapolares) en los lóbulos laterales con miras a evitar interferencias en la órbita geoestacionaria.

Por último, podrán introducirse en la estación terrena y en los equipos de comunicaciones dispositivos y sistemas para compensación de la polarización. Estos dispositivos y sistemas ya están desarrollados, pero su aplicación práctica resulta complicada.

Pese a todos estos problemas de realización, debidos a la escasez del recurso órbita/espectro, numerosos sistemas de satélite utilizan ampliamente la reutilización de frecuencias por discriminación de polarización.

---

[19] Las estaciones terrenas cuyos planes de tráfico prevén la comunicación simultánea en ambas polarizaciones han de estar equipadas con un duplexor/OMT de cuatro puertos (dos de transmisión y dos de recepción).

Adviértase que, aunque la estación terrena no necesite al comenzar su funcionamiento la reutilización de frecuencias por polarización doble, sería prudente prever, en la fase de planificación del programa, su futura introducción. Debe recordarse también que la polarización doble ha de tenerse en cuenta para los cálculos de interferencia entre redes y de coordinación.

En el Capítulo 7, punto 7.2.2, se dan más detalles sobre el diseño de una antena de estación terrena con polarización doble.

2.4.3.3 Aplicación común de ambos métodos de reutilización de frecuencias

Los dos métodos de reutilización de frecuencias anteriormente descritos son, en general, compatibles y a menudo se aplican simultáneamente. De hecho, esta aplicación común resulta ser un poderoso instrumento para incrementar la capacidad de tráfico de los sistemas de satélites y para mejorar la eficacia de utilización de la órbita y el espectro. Permite proporcionar una anchura de banda equivalente de 2M x B en un satélite al que se le atribuye una anchura de banda real B (M es el número de haces que utilizan la misma banda de frecuencias mediante reutilización de frecuencias por aislamiento espacial).

Como ejemplo, en el sistema INTELSAT VI se aplica una reutilización de frecuencias séxtuple.

No obstante, un alto grado de reutilización de frecuencias tiene su precio: puede aparecer finalmente ruido de interferencia como factor dominante en los balances de enlace y como principal limitación en la capacidad de tráfico del satélite.

2.4.3.4 Aplicación de la reutilización de frecuencias en sistemas de satélite no geoestacionarios

La reutilización de frecuencias por aislamiento espacial se aplica rutinariamente en la mayoría de los sistemas NGSO que dan servicio a terminales muy pequeños del SFS o el SMS. Pueden cubrirse de este modo extensas zonas de servicio con una anchura de banda mínima.

En realidad, como ya se indicaba en el punto 2.4.2, la zona de servicio suele estar cubierta por una multiplicidad de haces puntuales de satélite, muy cercanos y que incluso se cortan, que pueden corresponder a las células que cubren la superficie terrestre. Por lo general, los diversos haces correspondientes a las células o microcélulas que rodean un determinado punto de la Tierra utilizan bandas de frecuencias diferentes para evitar la interferencia mutua. Igual que en los sistemas celulares terrenales, el mosaico de frecuencias, es decir, la distribución de las bandas de frecuencias entre los haces de la zona de servicio debe estar determinada por la distancia angular mínima requerida para garantizar un aislamiento suficiente entre los haces que utilicen la misma banda de frecuencias. Puede asimismo considerarse el empleo de contrapolarización, es decir, reutilización de frecuencias por polarización doble, para reforzar el aislamiento. En la figura 2.22 se representa un ejemplo típico de esta disposición.

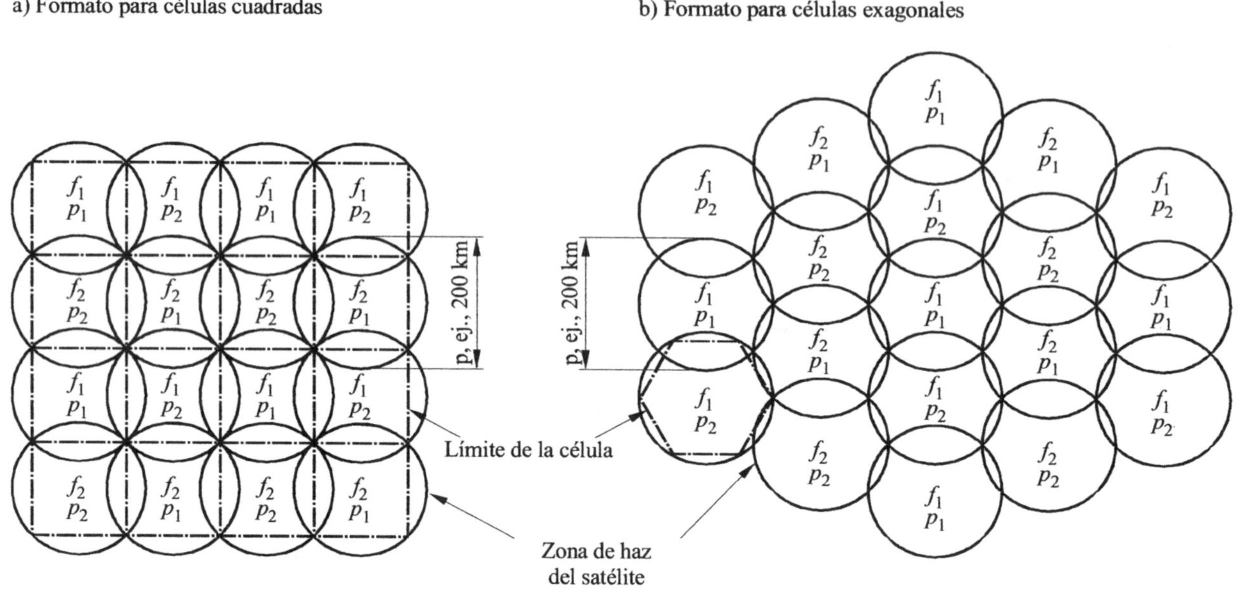

FIGURA 2.22

**Ilustración típica de la reutilización por frecuencias y polarización
doble en sistemas de satélites NGSO**

2.5 Otros aspectos de la utilización de órbita-espectro

2.5.1 Introducción

Es bien conocido que existe una demanda creciente de los recursos naturales de la órbita geoestacionaria y el espectro de frecuencias (combinación denominada recurso órbita-espectro). En consecuencia, a la hora de proyectar nuevos servicios de comunicaciones por satélite o aumentar la capacidad de tráfico de los sistemas actuales, debe efectuarse una cuidadosa evaluación para optimizar la utilización de órbita-espectro, a fin de evitar la interferencia a otros sistemas y, en un ámbito más general, conservar tanto como sea posible estos recursos mundiales limitados. Han dedicado gran atención a este tema las autoridades internacionales y nacionales responsables de las telecomunicaciones, así como los organismos internacionales y en especial el UIT-R.

NOTA – Aunque no forme parte de las cuestiones debatidas en esta sección, la necesidad de economía de utilización del espectro también se aplica al caso de sistemas de satélites no geoestacionarios (NGSO).

Las futuras utilizaciones de las órbitas de satélites y las bandas de frecuencias atribuidas a los servicios espaciales se consideran dentro del marco de las Conferencias Mundiales de Radiocomunicaciones (CMR) organizadas por la UIT.

Suponiendo una separación media entre satélites de 3° (para el funcionamiento en una determinada banda), sólo quedan disponibles unas pocas posiciones orbitales en la GSO.

Los problemas se agudizan en las bandas 6/4 GHz y 14/10-12 GHz para las porciones de la órbita GSO que dan servicio a regiones con el mayor volumen de comunicaciones, por ejemplo, los arcos orbitales de 49° E a 90° E (sobre el Océano Indico), de 135° W a 87° W (que sirven a América del Norte) y de 1° W a 35° W (sobre el Océano Atlántico).

Para poder admitir cualquier aumento del tráfico en esas zonas habría que atribuir nuevas bandas de frecuencias (o ampliar las bandas ya atribuidas), o bien utilizar bandas de frecuencias más elevadas (por ejemplo, 30/20 GHz) con reducción de la separación entre satélites y utilización más eficaz de la anchura de banda.

Debe, sin embargo, reconocerse que la optimización de la eficacia de órbita-espectro puede repercutir en un incremento de los costes del sistema.

En esta sección se presenta un breve resumen de los siguientes temas, que son importantes para la utilización eficaz del recurso órbita-espectro:

- técnicas de modulación y codificación,
- interferencia entre sistemas y utilización de la órbita,
- tratamiento de la señal a bordo,
- homogeneidad entre redes.

2.5.2 Técnicas de modulación y codificación

Los métodos de codificación y modulación se tratan en los capítulos 3 y 4. Seguidamente se hace un breve examen preliminar de la eficacia de la modulación analógica y digital en cuanto a la capacidad del satélite y la inmunidad contra la interferencia.

En los sistemas analógicos que utilizan la modulación de frecuencia (MF), a medida que aumenta el índice de modulación se reduce la capacidad por satélite, pero también disminuye la densidad de ruido en la banda de base debida a interferencia para una relación portadora/interferencia determinada. Esto permite separaciones menores entre satélites y hasta cierto punto da lugar a un aumento en la eficacia de utilización de la órbita de los satélites geoestacionarios.

Para las transmisiones digitales que utilizan la modulación por desplazamiento de fase (MDP), la inmunidad contra la interferencia de una señal aumenta a medida que se reduce el número de condiciones de fase, lo que permite también una menor separación entre satélites, si bien entonces se reduce la capacidad de tráfico por satélite. De hecho, la utilización de la órbita de los satélites geoestacionarios tiende a optimizarse cuando el número de fases es cuatro u ocho.

En las transmisiones digitales, la eficacia de utilización del espectro aumenta también mediante el empleo de técnicas de tratamiento de señales, tales como:

- Codificación a baja velocidad (LRE, *low bit rate encoding*) y multiplicación digital de circuitos (MDC) en la telefonía.

- Técnicas de reducción de velocidad binaria para video y televisión (por ejemplo, normas MPEG) y para transmisiones de datos.

La codificación con corrección de errores en recepción (FEC), generalmente necesaria para mejorar la eficacia de la potencia, tiende sin embargo a reducir la eficacia del espectro. Los procesos FEC modernos pueden incluir tanto la codificación en la fuente (por ejemplo, códigos Reed Solomon (RS)) como la codificación del canal (por ejemplo, con decodificación Viterbi), e incluso procesos combinados de corrección de errores y modulación (los denominados modulación de codificación reticular (TCM, *trellis coded modulation*), véase el Capítulo 4, punto 4.2.3.2).

2.5.3   Interferencia entre sistemas y utilización de la órbita

La interferencia y la coordinación entre sistemas es el tema del Capítulo 9 de este Manual.

Los elementos del sistema que probablemente tengan el mayor efecto sobre la eficacia de utilización del espacio para las redes GSO que comparten el mismo arco orbital y banda de frecuencias son:

- características de lóbulos laterales de las antenas de estación terrena;

- características de las antenas de estación espacial (satélite);

- precisión del mantenimiento en posición del satélite y de la puntería de la antena (véase el Capítulo 6, punto 6.3.1);

- discriminación por contrapolarización;

- sensibilidad a la interferencia entre redes.

Teniendo en cuenta estos elementos, la separación geocéntrica entre dos satélites GSO con la misma zona de cobertura puede reducirse a 3° o incluso menos.

i)   Características de lóbulos laterales de las antenas de estación terrena

El diagrama de radiación de las antenas de estación terrena, particularmente en los primeros 10° con respecto al eje de máxima ganancia y en la dirección de la GSO, es uno de los factores más importantes para determinar la interferencia entre sistemas que utilizan satélites geoestacionarios. Una reducción de los niveles de los lóbulos laterales aumentaría considerablemente la eficacia de utilización de la órbita.

Actualmente, la mayoría de las especificaciones de sistemas de satélites exigen el cumplimiento de las Recomendaciones del UIT-R S.465 y 731 (diagramas de radiación de referencia, copolares y contrapolares, para utilizar en la coordinación y evaluación de las interferencias), y de la S.580 (objetivos de diseño para las antenas de las estaciones terrenas que funcionan con satélites geoestacionarios).

Los problemas de diseño relativos a las antenas de estación terrena de lóbulos laterales bajos se tratan en el Capítulo 7 de este Manual (puntos 7.2.1.1 y 7.2.2).

ii) Características de las antenas de estación espacial (satélite)

Las antenas de satélite deben satisfacer dos condiciones para optimizar la utilización órbita-espectro:

- con el fin de utilizar de modo óptimo la posición orbital atribuida, el diagrama de radiación deberá proporcionar la cobertura que mejor se ajuste a la zona de servicio. Esta condición se aplica sobre todo a los satélites geoestacionarios y puede conducir al diseño de antenas complejas, con múltiples haces conformados;

- fuera de la zona de servicio, el nivel de los lóbulos laterales, y en términos generales el nivel de radiación, deberá reducirse al mínimo para que sea mínima la interferencia entre sistemas.

Aunque actualmente no esté completado el trabajo para adoptar un diagrama de radiación de referencia para fines de coordinación, el UIT-R ha emitido una Recomendación (S.672) que proporciona los diagramas de radiación a utilizar como objetivo de diseño en el servicio fijo por satélite (SFS) que emplea satélites geoestacionarios.

Los problemas de diseño relativos a las antenas de satélite de alto rendimiento se abordan en el Capítulo 6 de este Manual.

iii) Discriminación por contrapolarización

La utilización de polarización ortogonal, lineal o circular, permite obtener la discriminación entre dos emisiones o recepciones en la misma banda de frecuencias, desde el mismo satélite. Los valores típicos de discriminación por polarización están comprendidos entre 30 y 35 dB con un adecuado diseño del alimentador de antena. Esto aumenta la discriminación que proporcionan las propiedades direccionales de la antena,

Hay varios medios de aprovechar la discriminación por polarización con miras a optimizar la utilización órbita-espectro:

- El método más común consiste en aplicar sistemáticamente la reutilización de frecuencias por discriminación de polarización. Como ya se ha señalado (Capítulo 1, punto 1.3.4.3), puede así multiplicarse por dos la capacidad de tráfico, y si se combina con la reutilización de frecuencias por separación de haces, esa capacidad podrá aumentar todavía más.

- Otro método en el que puede aprovecharse las características de bajos lóbulos laterales y buena discriminación por polarización para aumentar la capacidad de tráfico, consiste en utilizar antenas de múltiples haces con reutilización de frecuencias, o agrupaciones de satélites colocados en la misma posición, que proyecten múltiples haces puntuales sobre la zona de servicio en vez de un solo haz. En condiciones típicas, los haces adyacentes utilizarían diferentes porciones de la banda de frecuencias para evitar la interferencia, pero los haces no adyacentes podrían reutilizar las mismas frecuencias siempre que la interferencia entre haces fuera aceptable.

Estos sistemas pueden asimismo adaptarse muy bien a las redes de satélites NGSO de órbita baja (LEO) (véase el punto 2.4.3.4).

2.5.4   Tratamiento de la señal a bordo

Mediante el tratamiento de la señal a bordo y el uso de transpondedores regenerativos es posible mejorar los parámetros del balance del enlace, y por tanto transmitir a una potencia más baja. Esto reduciría la interferencia con los satélites adyacentes y en consecuencia aumentaría la eficacia de utilización de la órbita.

2.5.5   Homogeneidad entre redes

La utilización más eficaz de la órbita se obtendría si todos los satélites que usan la órbita de los satélites geoestacionarios, que iluminan la misma zona geográfica y que utilizan las mismas bandas de frecuencias, tuviesen las mismas características, es decir, si formasen un conjunto homogéneo. Sin embargo, en la práctica, no habrá sistemas perfectamente homogéneos debido a diferencias en los sistemas individuales.

Considérense dos sistemas de satélite, A y B, con satélites que ocupan posiciones orbitales adyacentes. Si A y B tienen características muy diferentes en cuanto a la sensibilidad del receptor de satélite, la p.i.r.e. del enlace descendente o las estaciones terrenas asociadas, entonces la separación angular necesaria para proteger a A contra la interferencia procedente de B puede diferir de la que se necesita para proteger a B frente a A. En la práctica, debe seleccionarse el mayor de estos dos ángulos. El grado en que esto puede representar una utilización ineficaz de la GSO depende de muchos factores del diseño de los sistemas de satélites que utilizan posiciones orbitales próximas a las de A y B.

APÉNDICE 2.1

Diagramas de radiación de la antena y polarización

En la subsección 2.1.2 se han definido algunas características esenciales de las antenas, tales como la ganancia y la abertura de la antena. En este apéndice se describen otras características importantes como los diagramas de radiación, las aberturas angulares del haz y la polarización.

AP.2.1-1 Diagramas de radiación y aberturas de haz

Las propiedades direccionales de una antena pueden representarse por su "diagrama de radiación". Este diagrama se muestra en coordenadas rectangulares en la figura A.2.1.1, en un plano particular (un plano vertical a través del eje de máxima ganancia de la antena).

La "abertura del haz a potencia mitad (–3 dB)" viene dada por la importante fórmula:

$$\theta_0 = k \cdot \frac{\lambda}{D} \tag{1}$$

en donde D es el diámetro de la abertura (circular) de la antena, λ es la longitud de onda y k depende de la "ley de iluminación" de la abertura. Para las antenas de estación terrena de eficacia elevada, $k = 65°$.

La fórmula (1) puede generalizarse para cualquier nivel relativo de potencia (nivel en dB). Por ejemplo, la "abertura de haz de 10 dB", es decir, el ángulo que forman las direcciones en las que el nivel de potencia (recibida o transmitida) se reduce a la décima parte, viene dada por:

$$\theta_{10dB} = k' \cdot \frac{\lambda}{D} \; (k' \approx 112°) \tag{2}$$

Se recuerda aquí la relación (6) del punto 2.1.2.2:

$$g_{max} = \eta \left| \frac{\pi \cdot D}{\lambda} \right|^2$$

en la que η es la eficacia de la antena. Utilizando esta relación y la fórmula (1) anterior, y en el supuesto de una eficacia típica de $\eta = 0,65$, la ganancia máxima puede expresarse de una forma muy útil como sigue:

$$g_{max} = \frac{27000}{\theta_0^{\,2}} \tag{3}$$

111

La fórmula (3) puede generalizarse a antenas no circulares, de conformación casi elíptica, con una abertura de dimensiones axiales D1 y D2 (correspondientes a las aberturas a potencia mitad θ_{01} y θ_{02} en los dos planos principales). En ese caso:

$$g_{max} = \frac{27000}{\theta_{01} \cdot \theta_{02}} \qquad (3bis)$$

La figura A.2.1.2 presenta algunos valores comunes de la ganancia y la abertura de haz de la antena. Seguidamente se incluye un nomograma para su cálculo en el punto A.2.1.2.

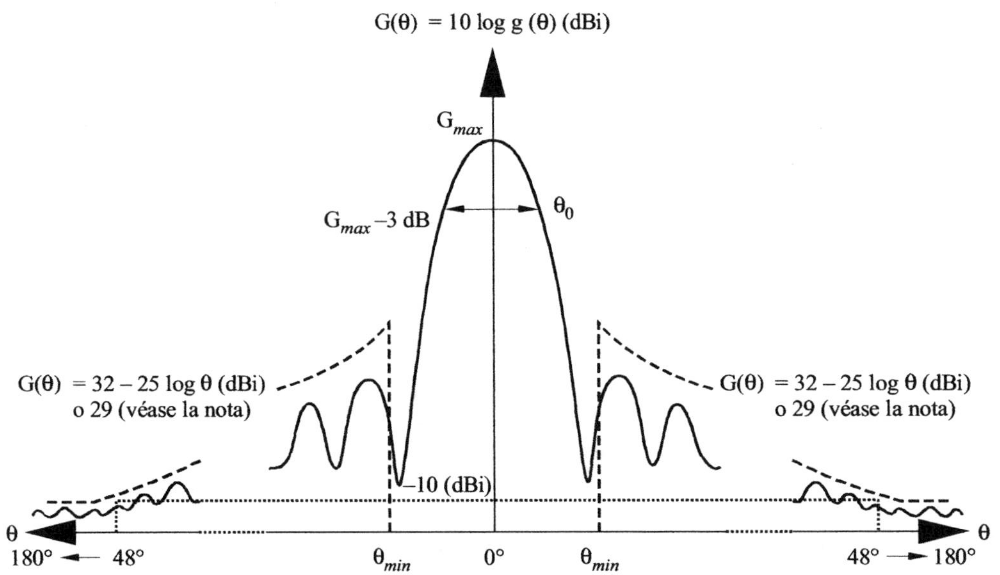

-------- : Diagrama de referencia (Recomendación ITU-R S.465-5)

$\theta_{min} = 1°$ o 100 λ/D (el que sea mayor de los dos)

NOTA – En la Recomendación UIT-R S.580-4, el valor 29 se convierte en objetivo de diseño (con una formulación diferente).

Sat/AP2-011

FIGURA AP2.1-1

Perfil típico del diagrama de radiación de una antena de estación terrena

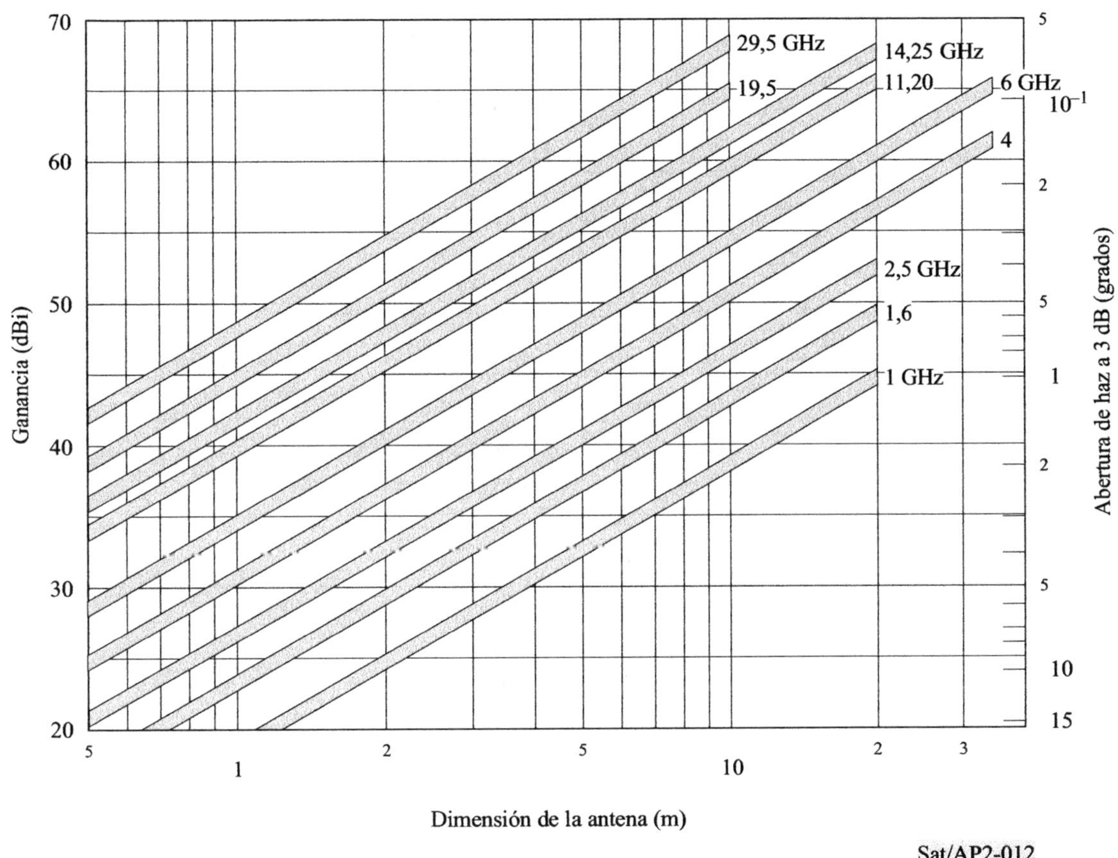

FIGURA AP2.1-2

Ganancia y abertura a 3 dB de la antena
(para eficacias de antena entre 0,6 y 0,8)

AP.2.1-2 Nomograma para antenas con abertura circular

AP.2.1-2.1 Generalidades

El nomograma de antena, representado en la figura A.2.1.3, permite la estimación sencilla de los siguientes parámetros de la antena:

- ganancia, en función de la frecuencia y del diámetro;

- error de puntería admisible, en función de la reducción de la ganancia y de la ganancia nominal;

- reducción de la ganancia, en función del error de puntería y de la ganancia nominal.

El rendimiento de la abertura viene dado por la relación entre la superficie efectiva de la antena y la superficie física de la antena. Este concepto está referido al cuello de la bocina de alimentación de la antena, por lo que no incluye las pérdidas del sistema de alimentación, como son transductor ortomodal, diplexor, filtros y conexiones de guiaondas.

Los errores típicos de la fórmula aproximada que se utiliza para calcular la abertura de haz están comprendidos dentro de un margen estimado del ±15%.

AP.2.1-2.2 Aplicaciones típicas

i)   Ganancia en función de la frecuencia y del diámetro

- Únanse, mediante una línea, los valores de la frecuencia, en la escala f, y del diámetro, en la escala d.

- La intersección de esta línea con la escala G_o, proporciona la ganancia de la antena.

Puede corregirse luego esta ganancia para rendimientos de abertura distintos de 0,7.

Ej.:	Frequencia f:	14 GHz
	Diámetro d:	18 m
	Ganancia G_o:	66,9 dB para $\eta = 0,7$
	Ganancia G_o:	66,9 dB − 1 dB = 65,9 dB para $\eta = 0,55$

ii)   Diámetro de la antena en función de la ganancia y de la frecuencia

- Únanse, mediante una línea, los puntos correspondientes a la ganancia, en la escala G_o, y la frecuencia, en la escala f.

- La intersección de esta línea con la escala d indica el diámetro de la antena.

Ej.:	Ganancia G_o:	60 dB
	Frecuencia f:	4 GHz
	Diámetro d:	28,5 m

NOTA – La ganancia está normalizada para $\eta = 0,7$.

iii) Abertura de haz a 3 dB en función de la ganancia nominal de la antena

- Únanse, mediante una línea, los puntos correspondientes a la ganancia, en la escala G_o, y el punto de 3 dB, en la escala ΔG.

- La intersección de la línea con la escala $\pm\theta$, indica la semiabertura del haz a 3 dB.

Ej.:   Ganancia nominal G_o: 55 dB

Reducción de ganancia ΔG: 3 dB

$\pm\theta$ $\pm0,14°$

Abertura de haz a 3 dB: $2 \bullet 0,14° = 0,28°$

iv) Error de puntería máximo, en función de la reducción de ganancia y la ganancia nominal

- Únanse, mediante una línea, los puntos correspondientes a la ganancia nominal, en la escala G_o, y la reducción de ganancia máxima en la escala ΔG.

- La intersección de la línea con la escala $\pm\theta$ indica el error de puntería.

Ej.:   Ganancia nominal G_o: 55 dB

Máxima   reducción   de
ganancia ΔG: 0,5 dB

Error de puntería máximo
$\pm\theta$: $\pm0,058$

v) Reducción de la ganancia en función del error de puntería y de la ganancia nominal

- Únanse, mediante una línea, los puntos correspondientes a la ganancia nominal, en la escala G_o, y el error de puntería, en la escala $\pm\theta$.

- La intersección de esta línea con la escala ΔG indica la reducción de ganancia.

Ej.:   Ganancia nominal G_o: 60 dB

Error de puntería $\pm\theta$: $\pm0,1°$

Reducción de ganancia ΔG: 4,6 dB

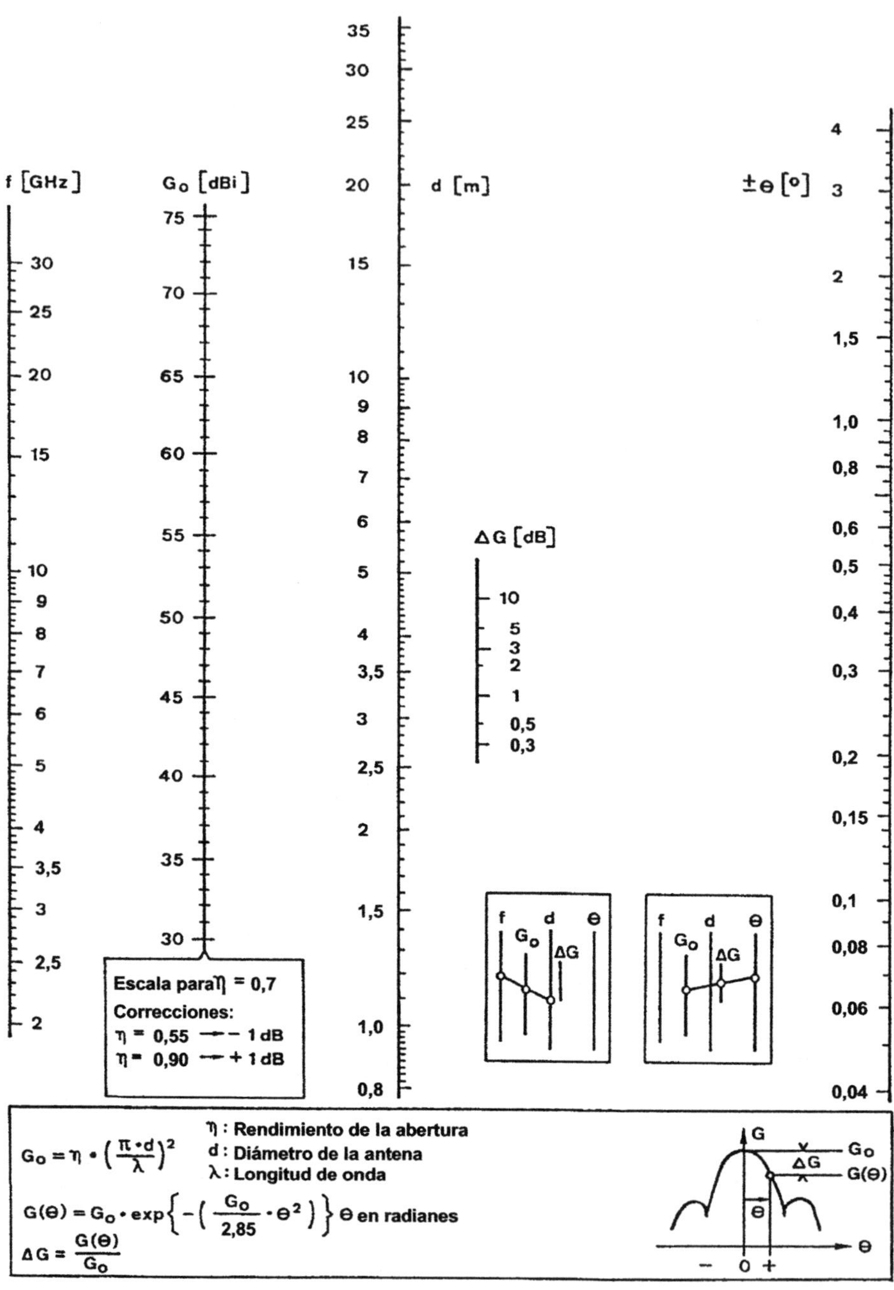

$$G_0 = \eta \cdot \left(\frac{\pi \cdot d}{\lambda} \right)^2$$

$$G(\Theta) = G_0 \cdot \exp\left\{ -\left(\frac{G_0}{2,85} \cdot \Theta^2 \right) \right\}$$

$$\Delta G = \frac{G(\Theta)}{G_0}$$

FIGURA AP.1-3

Nomograma representativo de las relaciones entre frecuencia, ganancia máxima, diámetro de la antena, abertura del haz y reducción de la ganancia debida al error de puntería

AP.2.1-3 Lóbulos laterales de la antena

La mayor parte de la potencia radiada por una antena está contenida en el denominado "lóbulo principal" del diagrama de radiación, pero una parte de la potencia residual se radia por los "lóbulos laterales".

A la inversa, debido al teorema de reciprocidad, las ganancias y los diagramas de radiación de la antena receptora son idénticos a las ganancias y a los diagramas de radiación de la antena transmisora (a la misma frecuencia). Por lo tanto, la potencia no deseada puede captarse también en la recepción por los lóbulos laterales de la antena.

Los lóbulos laterales son una propiedad intrínseca de la radiación de la antena y la teoría de difracción demuestra que no pueden suprimirse por completo. No obstante, los lóbulos laterales en parte se deben también a defectos de la antena, que pueden reducirse al mínimo mediante un diseño adecuado.

Como se explica más detalladamente en la Sección 7.2, en las Recomendaciones S.465-5 y S.580-5 del UIT-R se definen las características recomendadas de los lóbulos laterales de antenas para las estaciones terrenas del SFS (véase Figura A.2.1.1).

Además, la potencia residual radiada por los lóbulos laterales induce emisiones no deseadas procedentes de las estaciones terrenas. Estas emisiones no esenciales están sujetas a las limitaciones especificadas en la Recomendación UIT-R S.524-5 y, para el caso particular de terminales de muy pequeña abertura (VSAT), en la Recomendación UIT-R S.728. En lo que respecta a las antenas de satélite (véase la subsección 6.3.1), sus características de lóbulos laterales se definen en la Recomendación UIT-R S.672.

AP.2.1-4 Polarización

La polarización de una onda de RF radiada (o recibida) por una antena se define por la orientación del vector campo eléctrico, E, de la onda (Figura A.2.1.4).

Este vector –perpendicular a la dirección de la propagación– puede variar en dirección y en intensidad durante un periodo T de la onda de RF (T = 1/f, siendo f la frecuencia).

Esto significa que, al desplazarse una longitud de onda durante el periodo T, el vector E no sólo oscila en intensidad sino que puede también girar.

En el caso más general, la proyección del extremo del vector E sobre un plano (P) perpendicular a la dirección de propagación describe una elipse durante un periodo de la onda de RF: ésta es la llamada polarización elíptica.

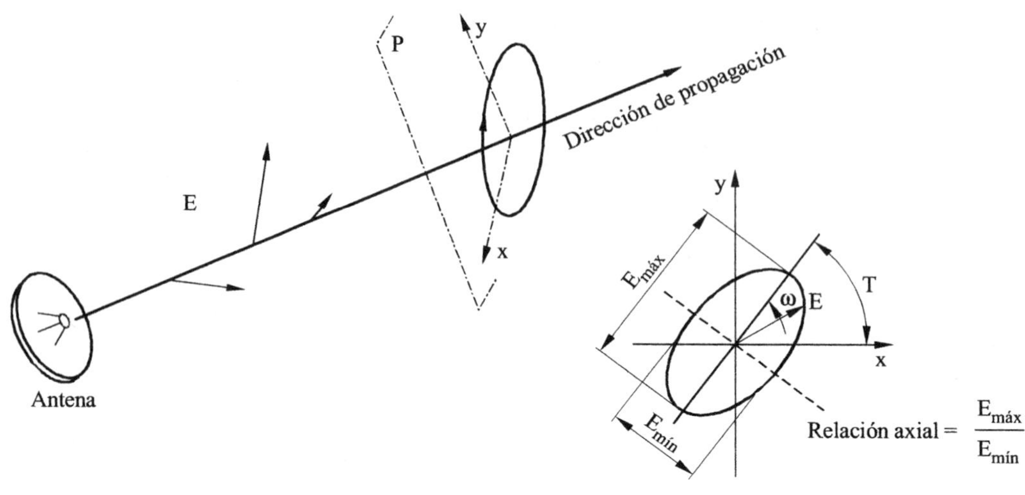

FIGURA AP2.1-4

Definición de la polarización de la onda de RF

La polarización elíptica se caracteriza por tres parámetros:

- el sentido de rotación, visto desde la antena (y mirando en la dirección de propagación): dextrógira (en el sentido de las agujas del reloj) o levógira (en el sentido contrario al de las agujas del reloj);

- la relación axial (RA) de la elipse (relación axial de tensión);

- el ángulo de inclinación (τ) de la elipse.

La mayoría de las antenas prácticas radian con polarización lineal (PL) o con polarización circular (PC), que son casos particulares de polarización elíptica.

La polarización lineal se obtiene cuando la relación axial es infinita (la elipse es completamente plana, es decir, el vector E oscila únicamente en intensidad). La polarización circular se obtiene cuando RA = 1.

Para cualquier polarización elíptica puede definirse una polarización ortogonal que tiene sentido de rotación inverso.

Puede demostrarse que dos ondas polarizadas ortogonalmente están (en teoría) perfectamente aisladas, Esto significa que una antena puede estar equipada con dos puertos de acceso de recepción (o de transmisión), cada uno perfectamente adaptado a una sola polarización.

Si, por ejemplo, incide sobre la antena una onda con una determinada polarización, se recibirá toda la potencia en el puerto adaptado y ninguna potencia en el otro puerto. Por lo tanto, la misma antena puede recibir (transmitir) simultáneamente dos portadoras con dos polarizaciones ortogonales en la misma frecuencia: ésta es la base de los sistemas de reutilización de frecuencias por polarización doble (véanse los puntos 1.3.4 (vi) y 2.4.3). La reutilización de frecuencias por polarización doble suele realizarse con dos polarizaciones lineales ortogonales (por ejemplo, horizontal y vertical) o circulares ortogonales (levógira (LHCP) y dextrógira (RHCP)).

Cabe observar que una onda de RF polarizada elípticamente puede considerarse como la suma (vectorial) de dos componentes ortogonales, por ejemplo de dos ondas con polarizaciones lineales (horizontal y vertical, por ejemplo) o de dos ondas con polarizaciones circulares ortogonales (LHCP y RHCP).

Una característica importante de una antena es la pureza de polarización. La onda de RF radiada por una antena imperfecta contiene una componente que se denomina copolar (polarización deseada) y una componente de polarización cruzada o contrapolar (polarización no deseada). Por lo tanto, la pureza de polarización de una antena puede describirse por sus diagramas de radiación y de ganancia en polarización contrapolar. Esto se aprecia en la figura A.2.1.5, que compara los diagramas de antena en polarización copolar y contrapolar, tomando como referencia común la máxima ganancia de la antena en polarización copolar.

Los diagramas expuestos son teóricos. Obsérvese que, en la práctica, los diagramas de antena son menos regulares y no presentan nulos, sino únicamente mínimos, pero lo importante es que el diagrama contrapolar tiene generalmente un mínimo en el eje de la antena y muestran sus primeros lóbulos con ganancias máximas a un nivel relativo del orden de −20 dB.

La pureza de polarización de una antena, tanto en transmisión como en recepción, se define generalmente por sus diagramas reales de polarización copolar y contrapolar. La relación de aislamiento por polarización cruzada (XPI, *cross-polarization isolation*) expresa, para una determinada dirección, la relación de las amplitudes del campo de RF en las componentes copolar y contrapolar. Generalmente se evalúa en dB:

$$(XPI)_{dB} = 20 \log (XPI)$$

En la figura A.2.1.5: $\quad (XPI)_{dB} = 10 \left[\log g_{co} (\theta) - \log g_x (\theta) \right]$

Los límites más exigentes de (XPI) suelen ser los especificados en la proximidad del eje de la antena (con referencia a la figura A.2.1.5, recuérdese que en las antenas reales no hay un nulo sino solamente un mínimo de la radiación contrapolar en el eje de la antena).

Por ejemplo, podría especificarse: $(XPI)_{dB} \geq 30$ dB dentro del "contorno" (es decir, abertura del haz) de 1 dB del haz principal de la antena (es decir, el copolar). Mediante un diseño correcto puede elevarse la pureza de polarización de la antena, es decir conseguir una XPI máxima. Esto puede resultar más difícil en el caso de antenas con alimentación excéntrica[20].

---

[20] Las antenas excéntricas utilizan un reflector parabólico asimétrico. Se evita así que el alimentador de la antena obstruya la radiación, y se mejoran casi todas las características, en especial el nivel de lóbulos laterales contrapolares.

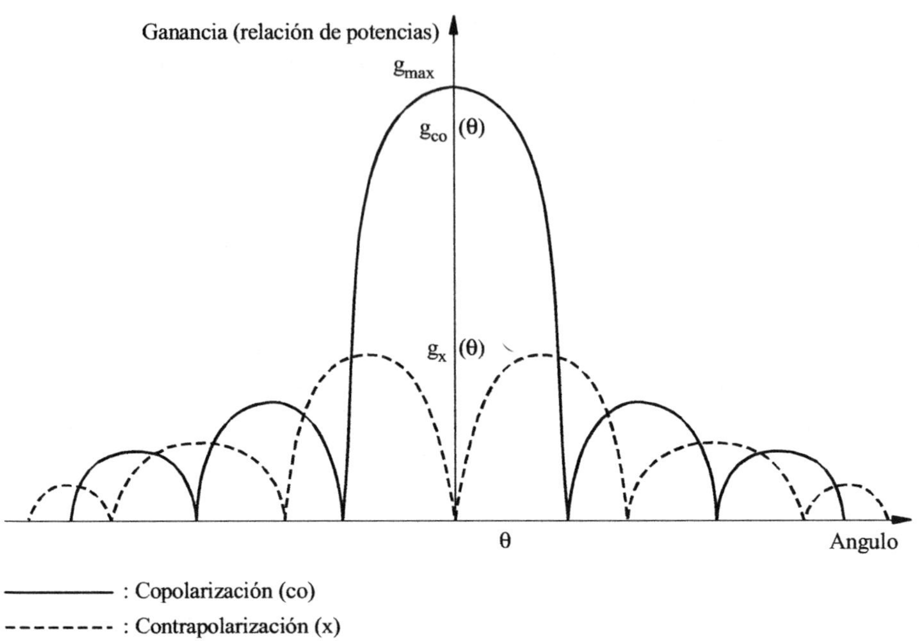

NOTA – El diagrama presenta valores absolutos: las discontinuidades en los nulos se deben a cambios de amplitud (de + a –, es decir, inversiones de fase (de 0 a π)). En la prática, la mayoría de las antenas no presentan nulos, sino únicamente mínimos.

Sat/AP2-015

FIGURA AP2.1-5

Diagramas de antena (teóricos) en polarización copolar y contrapolar

La importancia de la pureza de polarización de una antena estriba en que las emisiones contrapolares, no deseadas, pueden producir interferencia en otros sistemas y en que, en la recepción, las componentes no deseadas procedentes de sistemas ajenos pueden crear interferencia en el propio sistema (determinado). Pero tienen más importancia todavía las interferencias internas en los sistemas de reutilización de frecuencias por polarización doble.

La figura A.2.1.6 ilustra al respecto.

En esta figura, muy simplificada (en la que, en particular, no se representa el satélite), las estaciones terrenas transmisoras y receptoras vienen representadas únicamente por la "fuente primaria" de sus antenas (una simple bocina en este caso), un polarizador (si la polarización es circular) y un transductor ortomodal (OMT).

La función del OMT es servir de interfaz con las dos polarizaciones ortogonales (LHCP y RHCP) del sistema de reutilización de frecuencias, es decir, conectar dos transmisores separados (a través de dos puertos de transmisión, 1 y 2) con dos receptores separados (a través de dos puertos de recepción, 1 y 2), formando de este modo dos enlaces capaces de funcionar en la misma banda de frecuencias, uno en LHCP y el otro en RHCP, sin ningún acoplamiento teórico entre esos dos enlaces (véanse más detalles sobre fuentes primarias, polarizadores y OMT en el Capítulo 7, subsección 7.2.2, por ejemplo). Sin embargo, en sistemas prácticos en los que no es perfecta la pureza de polarización de cualquier antena, existe cierto acoplamiento recíproco (contrapolar), como indican en la figura las componentes $(LHCP)_x$, en relación con $(RHCP)_{co}$, y $(RHCP)_x$ con respecto a $(LHCP)_{co}$.

Obsérvese que en la figura A.2.1.6 la situación es bastante compleja, porque las componentes contrapolares (X) recibidas pueden ser debidas tanto a la antena transmisora como a la antena receptora (y tal vez incluso a ciertos efectos de contrapolarización en el medio de propagación).

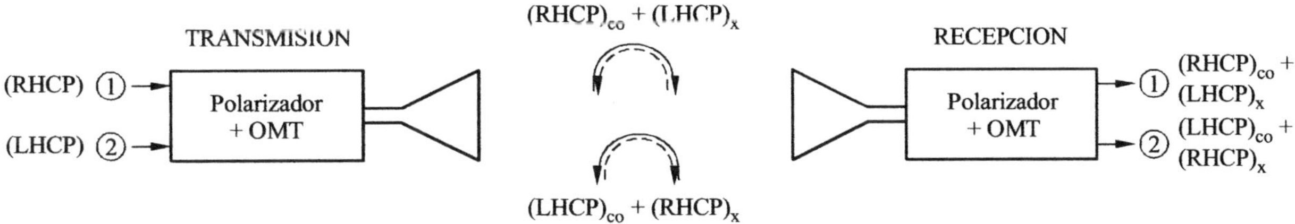

OMT: Transductor ortomodal
(RHCP):   Polarización circular dextrógira
(LHCP):   Polarización circular levógira
co: Copolarización
x: Contrapolarización

NOTA – Es válida la misma figura para un sistema de reutilización de frecuencias por polarización doble (lineal) cambiando, por ejemplo, (LHCP) por vertical y (RHCP) por horizontal.

Sat/AP2-016

FIGURA AP2.1-6

Transmisión y recepción de las componentes copolares ((LHCP)co y (RHCP)co) y contrapolares ((RHCP)x y (LHCP)x) de dos enlaces en RF de un sistema de reutilización de frecuencias por polarización doble (circular)

Con el fin de introducir la relación de discriminación por polarización cruzada (XPD, *cross polarization discrimination*), se supondrá que la antena transmisora tiene una pureza de polarización perfecta, así como también el medio de propagación (es decir, no existen las componentes contrapolares representadas en el centro de la figura A.2.1.6), y que las dos ondas de RF (LHCP/RHCP o vertical/horizontal) se transmiten con igual amplitud (los dos transmisores tienen la misma potencia); en tal caso, el aislamiento por polarización cruzada de la antena receptora puede definirse de nuevo como:

$$(XPI) = (RHCP)_{CO}/(LHCP)_X \quad \text{(en el puerto de recepción 1), o:}$$
$$(XPI) = (LHCP)_{CO}/(RHCP)_X \quad \text{(en el puerto de recepción 2)} \ [21]$$

Observaciones

- Una vez más, son válidas las mismas relaciones para un sistema de reutilización de frecuencias por polarización doble (lineal), cambiando, por ejemplo, (LHCP) por vertical y (RHCP) por horizontal.

- Por supuesto, puede invertirse la situación para definir el (XPI) de la antena transmisora (con una antena receptora perfecta, etc.).

Ahora bien, si se transmite una sola polarización (sin reutilización de frecuencias) por una antena perfecta (por ejemplo, en LHCP), a través de un medio perfecto, la discriminación por polarización cruzada de la antena receptora se definirá entonces así:

$$(XPD) = (LHCP)_{co} \text{ (en el puerto de recepción 1)}/(RHCP)_x \text{ (en el puerto de recepción 2)}$$

En la práctica, (XPI) y (XPD) a menudo se confunden, y se las llama simplemente aislamiento. En el caso de polarizaciones casi circulares, pueden utilizarse las fórmulas siguientes:

$$\text{Aislamiento} = 20log\frac{(RA)+1}{(RA)-1} \text{ dB}$$

donde (RA) es la relación axial de la polarización elíptica (transmitida por la antena desde un puerto único). Para $(RA) \leq \sqrt{2}$ (3 dB), una buena aproximación es:

$$(\text{Aislamiento})_{dB} = 24{,}8 - 20 \log (RA)$$

$$(RA)_{dB} = 17{,}37 \times 10^{-(\text{Aislamiento})dB/20}$$

Las características de polarización cruzada de las antenas del SFS se especifican en la Recomendación UIT-R S.731, y para los VSAT, en la S.727.

---

[21] Obsérvese que, en estas fórmulas, al suponerse que las dos transmisiones en RF están perfectamente polarizadas, las componentes contrapolares $(LHCP)_x$ y $(RHCP)_x$ se deben únicamente a imperfecciones de la antena receptora. Puesto que las componentes copolares y contrapolares aparecen en el mismo puerto de recepción, deberán ser medidas transmitiendo las dos señales de prueba a frecuencias ligeramente diferentes, o bien sucesivamente.

CAPÍTULO 3

Tratamiento de la señal y multiplexación en banda de base

3.1 Conceptos generales

Los sistemas de transmisión por satélite se caracterizan por una combinación particular de técnicas de tratamiento de banda de base, modulación de portadora y acceso múltiple. Aunque las dos últimas cuestiones se desarrollan en los siguientes Capítulos 4 y 5, las técnicas correspondientes están relacionadas como se explica más adelante.

Las señales de banda de base utilizadas en el servicio fijo por satélite suelen estar sujetas a diferentes tipos de tratamiento. El tratamiento puede ser inherente a los métodos de transmisión empleados en los enlaces de interconexión terrenales o bien realizarse únicamente en las transmisiones que utilizan el enlace por satélite. En uno y otro caso, el sistema de tratamiento en banda de base afecta sustancialmente a la calidad de funcionamiento de la red de satélites.

Las técnicas de acceso múltiple se refieren a los métodos mediante los cuales un elevado número de estaciones terrenas interconectan simultáneamente sus enlaces de transmisión respectivos a través de un transpondedor de satélite común.

Aunque los métodos de acceso múltiple utilicen diferentes conceptos de tratamiento de banda de base, multiplexación y modulación de portadora, existe una estrecha relación entre esas técnicas, y a menudo se supone que una cierta combinación de estos últimos métodos es inherente a una determinada técnica de acceso múltiple.

En el cuadro 3.1 se resumen los tipos de sistemas de transmisión que utilizan distintas combinaciones de métodos de tratamiento de banda de base, multiplexación y modulación, y además se indica su adaptabilidad a los cuatro diferentes modos de acceso múltiple. Al seleccionar estos sistemas de transmisión, es necesario ponderar sus ventajas e inconvenientes con respecto a parámetros tales como los límites fijados de la potencia del satélite, la anchura de banda disponible y los productos de intermodulación.

CUADRO 3-1

Adaptabilidad de los métodos de tratamiento de banda de base, multiplexación y modulación de portadora a los modos de acceso múltiple

Sistema	Tratamiento de banda de base	Multiplexación	Modulación de portadora	Adaptabilidad a los modos de acceso múltiple y de asignación			
				AMDF	AMDT	PAMA	DAMA
MDF-MF **MDFC-MF**	Ninguno Compansión	MDF	MF	X		X	
SCPC-MFC	Compansión	Ninguna (canal único)	MF	X		X	X
SCPC-MIC-MDP	MIC	Ninguna (canal único)	MDP	X		X	X
MDT-MIC-MDP	MIC	MDT	MDP	X	X		
					X	X	X
AMDC	MIC	Ninguna (canal único: AMDC asíncrono)	MDP	X		X	X
		MDC (AMDC síncrono)	MDP	X		X	

AMDF:	Acceso múltiple por división de frecuencia	MIC:	Modulación por impulsos codificados
AMDT:	Acceso múltiple por división en el tiempo	MF:	Modulación de frecuencia
AMDC:	Acceso múltiple por división de código (espectro ensanchado)	MFC:	MF con compansión silábica (canal único)
MDF:	Múltiplex por división de frecuencia	MDP:	Modulación por desplazamiento de fase
MDFC:	MDF con compansión de canal (SSBC)	SCPC:	Un solo canal por portadora
MDT:	Múltiplex por división en el tiempo	PAMA:	Acceso múltiple preasignado
MDC:	Múltiplex por distribución de código	DAMA:	Acceso múltiple asignado por demanda

3.2 Tratamiento de la señal en banda de base: analógico

3.2.1 Voz y audio

El tratamiento analógico de las señales vocales puede referirse a la compansión silábica o a la activación de la portadora por la voz.

3.2.1.1 Compansión silábica canal por canal

El principio de la compansión consiste en reducir la gama dinámica de la señal vocal para su transmisión y efectuar a la recepción la operación inversa (es decir, la señal se comprime antes de la transmisión y se expande después). Se utiliza el término "silábica" porque las constantes en tiempo de funcionamiento del compansor son tales que pueden adaptarse a la variación silábica de la señal vocal.

La relación de compresión del compansor viene definida por la siguiente expresión:

$$R_c = \frac{n_e - n_{e0}}{n_s - n_{s0}}$$

donde:

> n_e: nivel de entrada de la señal vocal,
>
> n_{e0}: nivel no afectado,
>
> n_s: nivel de salida
>
> n_{s0}: nivel de salida correspondiente a un nivel de entrada de n_{e0}.

El valor preferido de R_c es 2, como indica la Recomendación UIT-T G.162. En este caso, una variación de nivel de 2 dB se reduce a 1 dB para la transmisión. La relación de expansión del compansor se define también de una manera similar.

Se recomienda además que el nivel no afectado del compansor sea de 0 dB, lo que proporciona una ganancia de calidad superior aunque aumenta la potencia media del canal (y del múltiplex). No obstante, dado que en las transmisiones por satélite el rendimiento de potencia tiene gran importancia, a veces se adoptan valores más bajos. Por ejemplo, un dispositivo típico con un nivel no afectado de -11 dBm0 todavía proporciona una mejora de calidad subjetiva de unos 10 dB (S/N), sin modificar la carga (potencia media) del canal. Las dos operaciones de compresión y expansión se efectúan para cada canal telefónico, antes de la multiplexación y después de la demultiplexación, respectivamente.

La operación de compansión mejora la calidad de los canales telefónicos por dos razones:

* Razón objetiva

  La potencia de ruido del canal telefónico sólo se añade después de la compresión y a un nivel considerablemente inferior al nivel de referencia no modificado. Se obtiene así, en la expansión, una reducción relativa de la potencia de ruido con respecto a la potencia media de la señal vocal (véase la figura 3.1).

* Razón subjetiva

  El ruido aditivo presente en el canal telefónico, siempre relativamente bajo, sólo se oye durante las pausas de la conversación. Dado que el efecto de la expansión es reducir la potencia de ruido, que se halla muy por debajo del nivel de referencia no modificado, las pausas de la conversación se hacen aún más "silenciosas", con lo cual la comunicación es mucho más aceptable para el usuario. No obstante, contrarresta el efecto indicado el "silbido" que acompaña al aumento y disminución del nivel de ruido en las transiciones entre periodos de presencia y ausencia de la señal vocal.

La razón subjetiva es, con mucho, la más importante, pero las cifras correspondientes sólo pueden darse sobre una base experimental. Se ha estimado prudente limitar esa ganancia a un valor aproximado de 13 dB, lo que significa que, para la misma calidad subjetiva del canal telefónico, la relación señal/ruido medida después de la demodulación (y antes de la expansión) puede reducirse en 13 dB.

La capacidad de las portadoras MDF-MF puede así multiplicarse por un factor de 2 a 2,5.

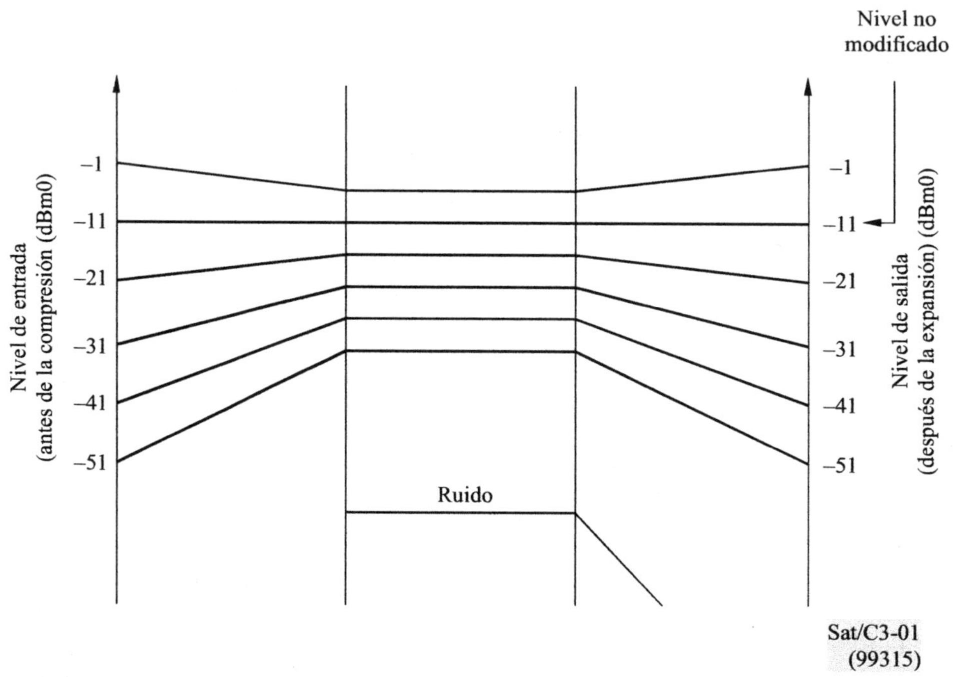

FIGURA 3.1

Efecto de la compansión sobre el nivel de ruido

3.2.1.2   Activación de la portadora por la voz

La activación por la voz es un método destinado a obtener una explotación más ventajosa en términos de "anchura de banda/potencia" por medio de un dispositivo que suprime el canal de transmisión de la red de satélite durante las pausas de la conversación.

Los parámetros básicos del conmutador accionado por la voz son los siguientes:

a)   el nivel umbral por encima del cual se supone que la señal vocal está presente (típicamente −30 a −40 dBm0 para un conmutador de nivel umbral fijo);

b)   el tiempo que requiere el conmutador activado por la voz para funcionar después de detectar la señal vocal (típicamente 6 a 10 ms);

c)   el tiempo durante el cual se mantiene en posición activa el conmutador tras haber cesado una ráfaga de conversación (típicamente 150 a 200 ms).

Debe adoptarse para el nivel umbral un valor suficientemente bajo para evitar la pérdida de grandes porciones del comienzo de una ráfaga de conversación o cuando la señal de conversación es débil.

Por tal razón, el conmutador accionado por la voz es afectado por los niveles de ruido elevados, lo que reduce las ventajas ofrecidas por el sistema.

La activación por la voz encuentra aplicación práctica en los sistemas SCPC, en los que permite una economía de potencia de unos 4 dB.

3.2.2 Vídeo y televisión

3.2.2.1 Señal analógica compuesta de televisión

Una imagen analógica de televisión puede ser reproducida a partir de cuatro señales que habitualmente se combinan para formar una señal compuesta: éstas son los niveles de las tres componentes fundamentales del espectro para cada punto de la imagen (rojo, verde, azul), E_R, E_G, E_B, y una señal de sincronización que transporta los impulsos de línea y los impulsos de trama. Las señales compuestas de vídeo en color se han definido sobre la base de la necesaria compatibilidad entre la señal de color y la señal monocroma; esto significa que los circuitos de los receptores de televisión en blanco y negro tienen que reconstruir correctamente (en blanco y negro) las imágenes transmitidas por el sistema de televisión en color, mientras que los receptores de este último sistema tienen que funcionar correctamente (en blanco y negro) cuando reciban señales de televisión monocromas. Como resultado de estas condiciones, la señal de vídeo en color se ha constituido a partir de una señal de luminancia a la que se le añade el elemento requerido para transmitir la información de crominancia.

La señal de luminancia se forma por combinación lineal de E_R, E_G y E_B. La amplitud de esta señal varía entre 0,3 V (negro) y 1 V (blanco). A esta señal se superponen las señales de sincronización rectangulares con niveles de amplitud comprendidos entre 0 y 0,3 V.

Las dos componentes de crominancia son también combinaciones lineales de E_R, E_G y E_B. Estas dos componentes modulan una subportadora de color cuyas componentes espectrales están entrelazadas con las componentes espectrales de la señal de luminancia. En los sistemas NTSC y PAL, las dos componentes de crominancia modulan en cuadratura la amplitud de esa subportadora. En el sistema SECAM, las dos componentes modulan la frecuencia de la subportadora de forma secuencial.

En las Recomendaciones 567 y 568 se definen los criterios de calidad aplicables a la transmisión de televisión a larga distancia.

3.2.2.2 Señal de televisión MAC

El método de modulación por componentes analógicas multiplexadas, conocido por su acrónimo MAC (*multiplexed analogue components*), ha sido desarrollado para transmisiones de televisión por satélite, tanto en el servicio de radiodifusión por satélite (SRS) como en el servicio fijo por satélite (SFS) en el que el satélite se utiliza como un enlace fijo entre un estudio de televisión, por ejemplo, y un punto de cabecera de distribución por cable.

Al igual que en los sistemas PAL y SECAM, el barrido electrónico de una línea de la imagen a través de la pantalla de televisión dura 64 μs. Las componentes de vídeo y de audio de la señal de televisión forzosamente han de comprimirse en el tiempo para que pueda efectuarse una multiplexación temporal en un periodo de línea (véase la figura 3.2). El sistema MAC mantiene la estructura actual de 625 líneas, con entrelazado 2:1, por lo que es compatible (con un decodificador adecuado) con los receptores de televisión existentes.

Sin embargo, a diferencia de los formatos tradicionales de señales analógicas compuestas de televisión (PAL, SECAM, etc.), el sistema MAC se basa en la multiplexación en el tiempo de las componentes de luminancia, crominancia y sonido/datos. La señal de vídeo (luminancia y crominancia) es analógica y la señal de audio es digital.

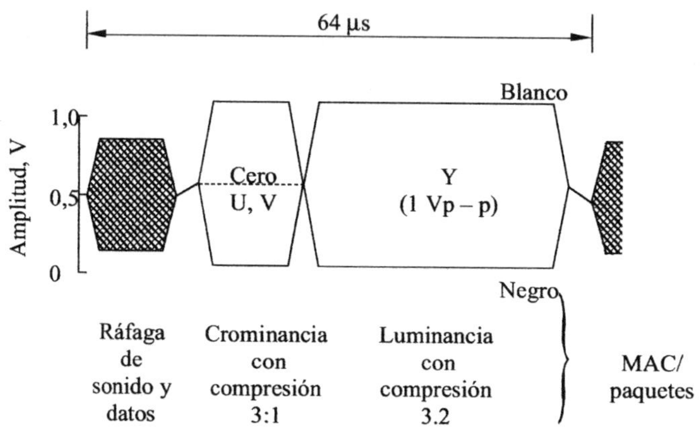

FIGURA 3.2

Una línea MAC individual

En la actualidad, no hay una norma única MAC convenida internacionalmente. En Europa, la UER y la Comisión Europea han adoptado tres tipos distintos, a saber, C-MAC, D-MAC y D2-MAC. El prefijo (C, D o D2) indica el tipo de modulación de sonido/datos utilizado. En el siguiente cuadro 3.2 se ofrecen detalles de cada tipo de MAC. En Australia se utiliza el sistema B-MAC para la distribución de programas de televisión.

CUADRO 3-2

Tipos de familia MAC

Tipo MAC	Velocidad de la ráfaga de datos (kbit/s)	Tipo de la ráfaga de datos	Número máximo de canales de audio	Destino
C-MAC	20-25	MDP 2-4	8	SRD
D-MAC	20-25	Duobinaria	8	TV colectiva
D2-MAC	10-125	Duobinaria	6	SRD y TV colectiva

Comparado con los formatos de televisión actuales, el sistema MAC presenta las ventajas siguientes:

- una calidad subjetiva de la imagen mejor que la de los actuales formatos de televisión para todas las relaciones C/N;

- no sufre degradaciones de transcoloración o transluminancia, ya que las señales de crominancia y luminancia están separadas en el tiempo;

- no utiliza subportadoras, lo que permite aumentar la anchura de banda de las señales componentes para lograr una mayor capacidad de definición en las presentaciones futuras en pantalla grande;

- los datos pueden servir para múltiples canales de audio de gran calidad;

- es más eficaz en la transmisión de señales de supresión y de sincronismo;

- puede cifrarse fácilmente.

Pese a las ventajas señaladas, los sistemas MAC no encontraron muchas aplicaciones debido a la aparición de los sistemas de televisión digitales.

3.2.3 Dispersión de energía

3.2.3.1 Introducción

La dispersión de energía es una técnica mediante la cual se puede reducir la densidad espectral de energía de la portadora modulada durante periodos de poca carga en la banda de base.

La dispersión de energía se consigue combinando una señal de dispersión de energía con la señal de banda de base antes de la modulación de la portadora. El empleo de la dispersión de energía se considera esencial en el servicio fijo por satélite debido a las razones siguientes:

- se necesita extender la distribución de la energía para mantener el nivel de interferencia producida sobre un sistema terrenal o de satélite que funcione en la misma banda de frecuencias;

- conviene asimismo reducir la densidad de ruido de intermodulación producido en amplificadores de alta potencia de una estación terrena o en un transpondedor de satélite que funcione en un modo de portadora múltiple.

Las técnicas de dispersión de la energía difieren en la práctica, dependiendo de la naturaleza de la señal de banda de base y de la técnica utilizada en la modulación de la portadora.

3.2.3.2 Dispersión de la energía para sistemas analógicos

a)   Sistemas de telefonía multicanal

El modo más fácil de aplicar la dispersión de la energía a este tipo de sistema consiste en agregar una onda de dispersión cuya frecuencia sea inferior a la frecuencia más baja de la señal de banda de base que ha de transmitirse. Dicha onda puede ser sinusoidal o triangular, o bien una banda de ruido de baja frecuencia. De todas ellas, se considera la onda triangular como la más práctica desde los puntos de vista de la facilidad de realización y del efecto dispersor, el cual demuestra mantenerse dentro de un margen de 2 dB respecto a la dispersión obtenida en condiciones de plena carga.

La figura 3.3 presenta un ejemplo de onda triangular utilizada como señal de dispersión, que suele denominarse "triangular simétrica" por tener iguales el tiempo de establecimiento y el de caída. Se ha de extremar el cuidado en mantener la linealidad de la onda, pues la falta de linealidad, manifestada por ejemplo en el redondeo de las crestas, producirá una degradación de la eficacia de dispersión.

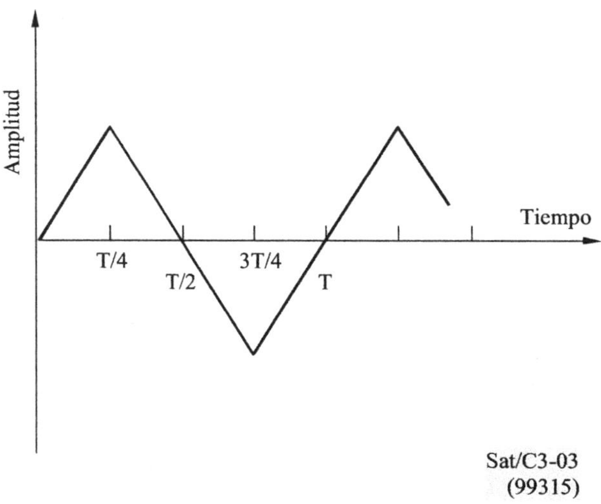

FIGURA 3.3

Onda triangular simétrica que se utiliza como señal de dispersión

b)   Sistemas de televisión

Para la dispersión de energía en los sistemas de televisión se utiliza convencionalmente una onda triangular simétrica de frecuencia igual a la mitad de la frecuencia de trama, a saber: 30 Hz para NTSC que sigue la norma 525/60, y 25 Hz para PAL/SECAM con la norma 625/50.

3.3 Tratamiento de la señal en banda de base: digital

3.3.1 MIC, MICDA

3.3.1.1 Modulación por impulsos codificados (MIC)

El primer objetivo de la codificación es la representación digital de las señales analógicas destinadas a transmitirse con técnicas digitales.

En los sistemas MIC, se obtienen muestras periódicas de la señal analógica a una velocidad por lo menos igual a la velocidad de muestreo de Nyquist (el doble de la frecuencia más alta de la banda de base) y se efectúa una cuantificación de un modo preestablecido. A fin de reducir el error inherente al proceso de cuantificación (ruido de cuantificación) la señal puede ser objeto de un tratamiento previo de compansión o compansión casi instantánea.

En la Recomendación G.711 del UIT-T se especifica el formato MIC que ha de utilizarse en las conexiones internacionales destinadas a señales vocales. La velocidad de muestreo de un canal es de 8 000 muestras por segundo, y cada muestra se codifica con 8 bits, lo que arroja una velocidad binaria total de 64 kbit/s por cada canal de conversación (figura 3.4). No obstante, en algunos sistemas (por ejemplo, en el sistema SCPC de INTELSAT) puede emplearse una norma de codificación de 7 bits por muestra, lo que da una velocidad binaria de 56 kbit/s.

Seguidamente se resumen algunas de las ventajas del método MIC:

i)   cuando la relación señal/ruido es baja, la MIC ofrece una ventaja pequeña pero clara sobre la MF;

ii) los sistemas MIC destinados a la transmisión de mensajes analógicos se adaptan fácilmente a otras señales de entrada;

iii) la MIC permite la regeneración de la señal, por lo que presenta gran interés para los sistemas de comunicación con gran número de estaciones repetidoras.

La MIC suele aplicarse en el nivel de canal vocal unida a la multiplexación por división en el tiempo (MDT). Otro empleo de la MIC es la codificación/decodificación directa de una señal multiplexada por división de frecuencia (MDF) por medio de un transmultiplexor.

Con el fin de obtener una mejor calidad de funcionamiento en la transmisión de señales vocales, las etapas de cuantificación no están espaciadas de manera uniforme: se aplica una compresión y una expansión logarítmica en los terminales de transmisión y recepción, respectivamente. Esto se denomina compansión instantánea. Las llamadas ley A y ley μ, que se reproducen seguidamente, son funciones que definen esta operación de compansión para la aplicación de la MIC a las señales vocales:

$$|V2| = \frac{\log(1 + \mu|V1|)}{\log(1 + \mu)} \qquad \text{(ley } \mu\text{)}$$

y:

$$|V2| = \frac{A|V1|}{1 + \log A} \qquad 0 \leq |V1| \leq \frac{1}{A} \qquad \text{(ley A)}$$

$$|V2| = \frac{1 + \log(A|V1|)}{1 + \log A} \qquad \frac{1}{A} \leq |V1| \leq 1$$

donde V1 y V2 son las tensiones normalizadas de entrada y de salida. Los parámetros μ y A asumen normalmente los valores $\mu = 255$ y $A = 87{,}6$. La figura 3.5 representa las dos leyes de compansión referidas para estos valores específicos de μ y A.

La compansión casi instantánea (NIC, *nearly instantaneous companding*) es una técnica de codificación de la fuente destinada a reducir la velocidad binaria en la MIC. Ello se logra mediante el ajuste de la gama de cuantificación de un bloque de muestras MIC de acuerdo con la magnitud de la mayor muestra del bloque. Se transmite una palabra de control, que el receptor utiliza para convertir el tren de bits recibido al formato MIC normal. Se espera que la NIC haga posible la transmisión de señales vocales de buena calidad a velocidades binarias de 34 a 42 kbit/s.

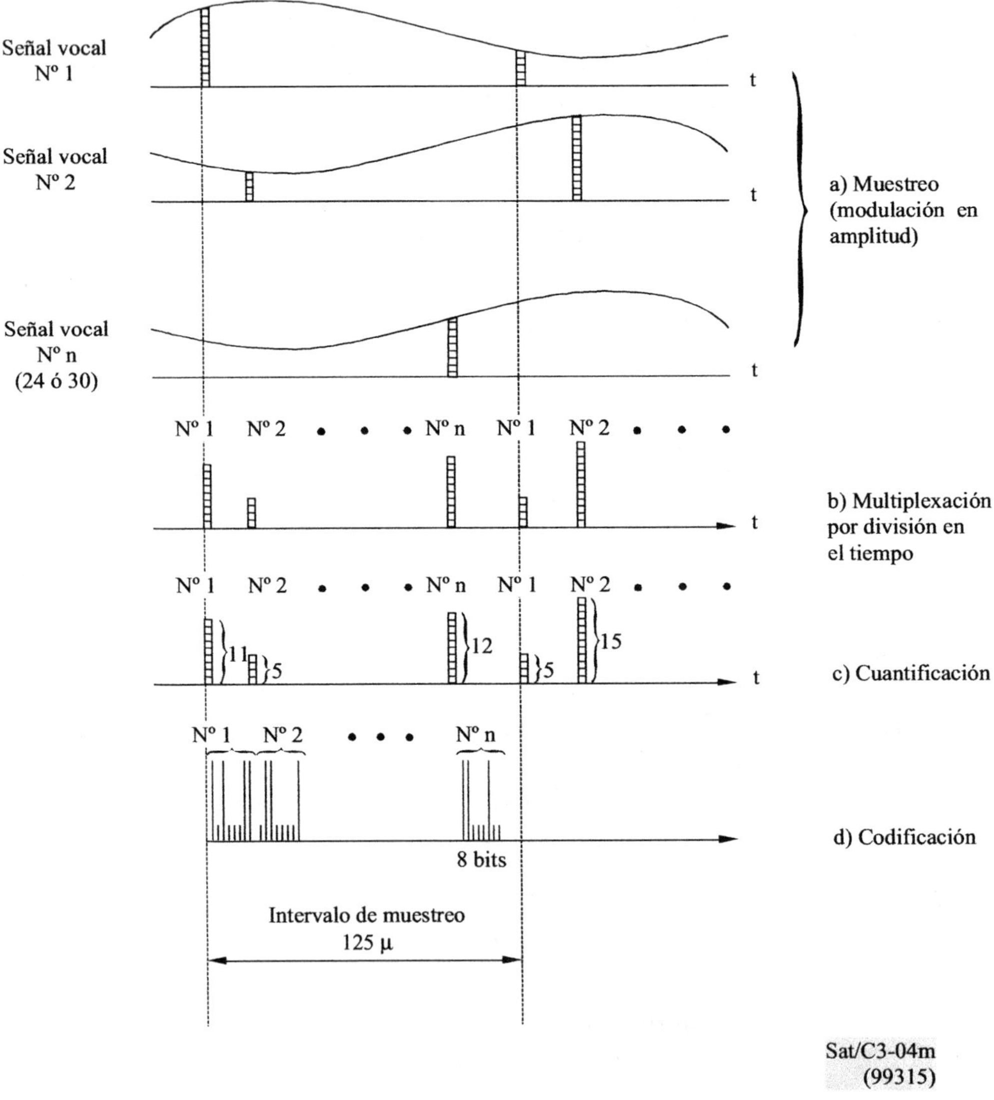

FIGURA 3.4

Transformación de la señal analógica en una señal MIC

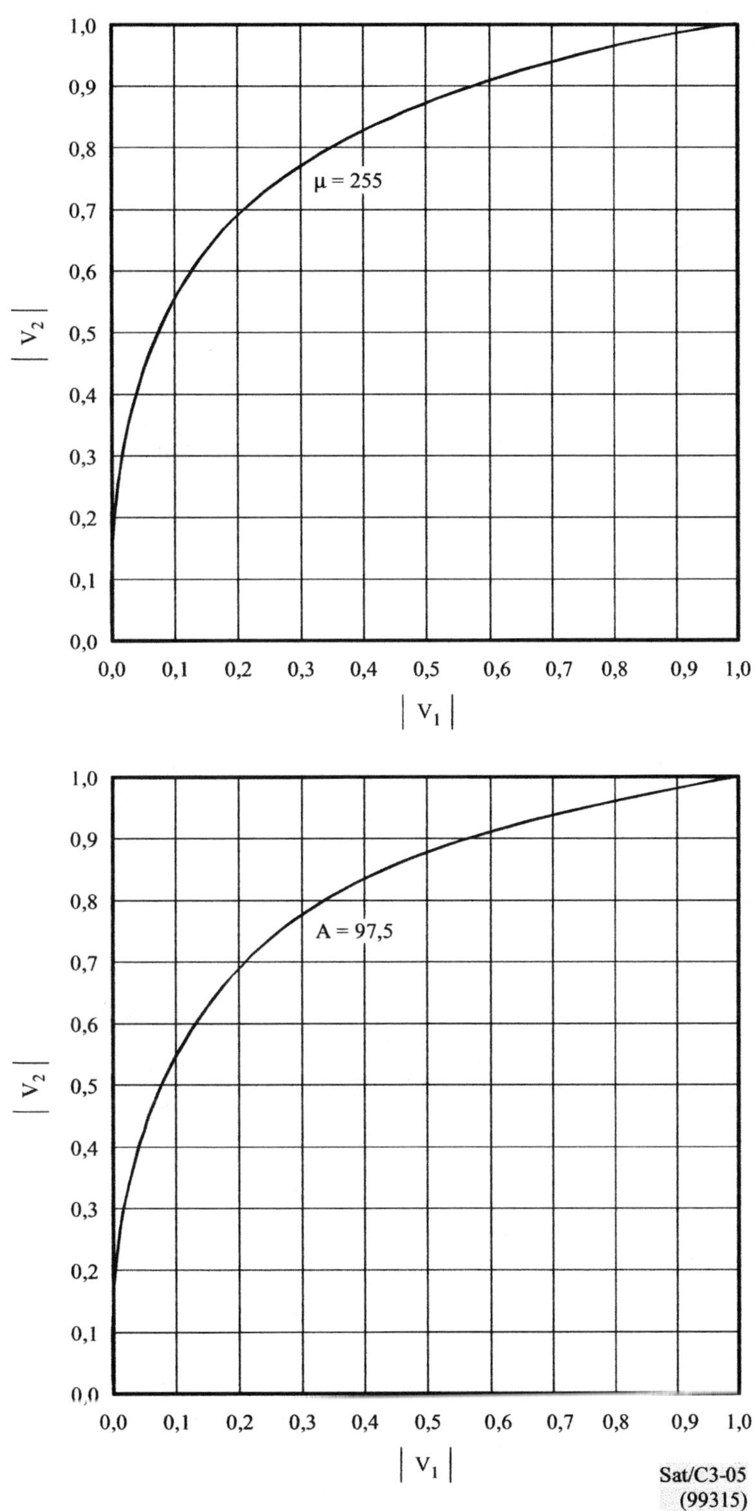

FIGURA 3.5

Leyes de compansión μ y A para la codificación MIC

3.3.1.2 Modulación delta (MD)

En la modulación delta, la señal analógica se muestrea a una velocidad superior a la empleada en la MIC (típicamente de 24 a 40 kHz para la obtención de señales vocales de buena calidad). Seguidamente, se utiliza un código de un bit para transmitir el cambio del nivel de entrada entre muestras sucesivas. La MD es de realización muy simple, y es apropiada para las comunicaciones de calidad mediana (por ejemplo, en rutas de baja densidad de tráfico).

El efecto de los errores de transmisión en la MD no es tan grave como en los sistemas MIC. Ello se debe a que todos los bits transmitidos tienen igual peso y son equivalentes al bit menos significativo de un sistema MIC.

El principal inconveniente de los sistemas MD es la dificultad de interconectarlos de un modo general en una red internacional que utilice enlaces analógicos y digitales.

Es posible mejorar la gama dinámica del codificador a costa de una mayor complejidad de los circuitos, empleando un cuantificador adaptativo en el cual el tamaño del paso varíe automáticamente de acuerdo con las características de variación en el tiempo de la señal de entrada. En la modulación delta adaptativa (MDA) se utilizan pasos de tamaño variable, que aumenta durante los segmentos en que la señal de entrada presenta una pendiente pronunciada y disminuye en los segmentos de variación lenta de dicha señal.

3.3.1.3 Modulación por impulsos codificados diferencial (MICD)

En la MICD, la diferencia entre la muestra real y una estimación de la misma basada en muestras anteriores, se cuantifica y codifica como en la MIC ordinaria, y a continuación se transmite. A fin de reconstruir la señal original, el receptor debe hacer la misma predicción que ha hecho el transmisor y añadirle luego la misma corrección. De este modo, la MICD aprovecha la correlación entre las muestras para proporcionar un rendimiento mejor que la MIC ordinaria. En el caso de señales vocales, se ha comprobado que la MICD puede proporcionar un ahorro de 8 a 16 kbit/s (1 a 2 bits por muestra) con respecto a la MIC normal. Para la televisión en blanco y negro, el ahorro obtenido puede rondar los 18 Mbit/s (2 bits por muestra).

3.3.1.4 Modulación por impulsos codificados y codificación diferencial adaptativa a 32 kbit/s (MICDA)

El principio de codificación de la MICDA combina dos técnicas: la cuantificación adaptativa y la predicción lineal.

3.3.1.4.1 Cuantificación adaptativa

En la codificación MIC, la señal se comprime logarítmicamente a fin de obtener una relación señal/ruido de cuantificación que sea constante en una amplia gama de niveles y que sea poco sensible a las características estadísticas de la señal.

Para una señal de características estadísticas conocidas, es posible definir un cuantificador óptimo cuyo comportamiento con respecto a la relación señal/ruido de cuantificación sea apreciablemente superior al de los que utilizan la compresión logarítmica (hasta 10 dB de mejora en la relación S/N). Por desgracia, el comportamiento del cuantificador óptimo se degrada muy rápidamente, tan pronto como las características estadísticas de la señal que ha de cuantificarse se apartan de las previstas en el cálculo.

Ello condujo a la idea de la cuantificación adaptativa, en la cual el paso de cuantificación es variable en el tiempo en función de las características estadísticas de la señal que ha de cuantificarse. La adaptación del paso se elige luego de tal manera que en todo momento se obtenga un comportamiento próximo al de un cuantificador óptimo. Tal adaptación es el resultado de un análisis estadístico de la señal cuantificada, que se lleva a cabo mediante la digitalización del ruido de cuantificación.

La figura 3.6 explica el principio de un cuantificador de este tipo, que se denomina cuantificador realimentado.

En la figura 3.7 se ha representado un ejemplo de cuantificador adaptativo de 3 bits. En estas figuras Δ_n es el valor instantáneo del paso de cuantificación en el instante n. Este valor se adapta en función de la amplitud instantánea de la señal. Para efectuar la variación del paso se utilizan los coeficientes multiplicativos de la figura 3.7 con $\Delta_{n+1} = \Delta_n \cdot M_n$. Por ejemplo, si se transmite una señal del tipo 111 (señal intensa), el paso de cuantificación se multiplicará por M_4 (>1) en el instante siguiente. Este proceso aumenta la gama dinámica de la señal cuantificada.

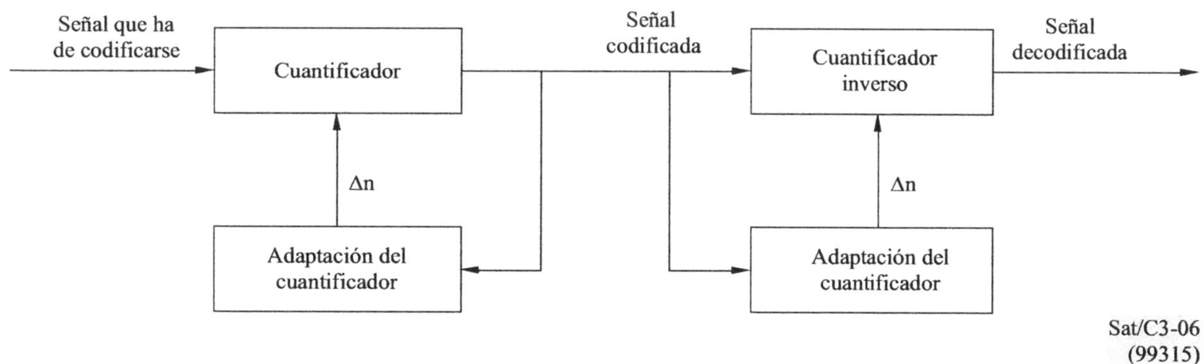

FIGURA 3.6

Cuantificador adaptativo con realimentación

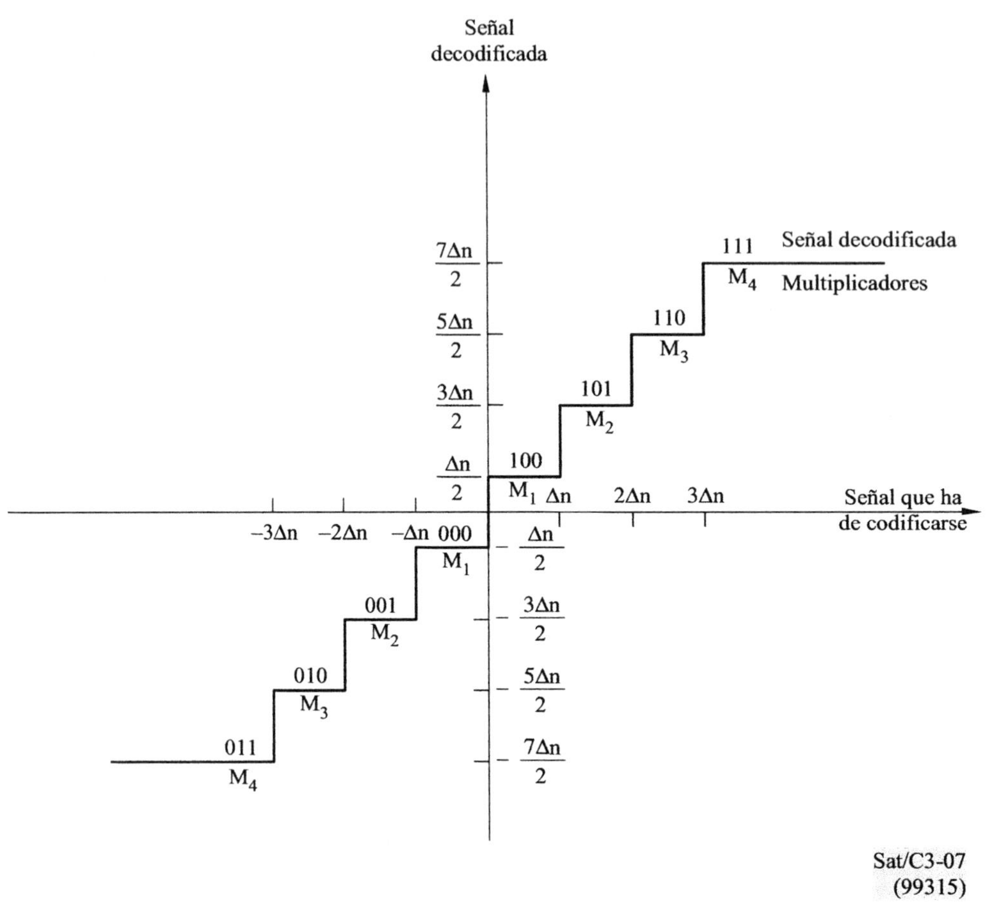

FIGURA 3.7

Curva característica de un cuantificador adaptativo

3.3.1.4.2   Predicción lineal

Las muestras sucesivas de una señal vocal (y más generalmente de una señal de espectro no plano) presentan cierto grado de correlación. En gran número de sonidos vocales, esta correlación es muy marcada. No obstante, los sistemas de codificación del tipo MIC efectúan el tratamiento de las muestras en forma sucesiva, sin tener en cuenta ninguna posible correlación. Podría decirse que la predicción lineal consiste en extraer la redundancia asociada con la correlación entre muestras consecutivas.

Cuando existe un alto grado de correlación entre dos muestras sucesivas, una aplicación inicial de este principio consiste en transmitir la diferencia entre ellas, en lugar de las propias muestras. De ahí el término "diferencial" que se emplea para designar la codificación MICDA. En términos más generales, la predicción lineal consiste en calcular una aproximación (o predicción) de una muestra x_n de la señal a partir de un corto número de muestras que preceden a x_n. Sólo se transmitirá, por tanto, la diferencia entre la señal x_n y la señal prevista. En los modelos autorregresivos, la señal prevista es una combinación lineal de las muestras precedentes.

El mejor modo de obtener una predicción correcta es adaptar los coeficientes de esta combinación lineal a la distribución estadística de la señal durante un corto periodo, lo que también ofrece la ventaja de asegurar la compatibilidad con la transmisión de datos. En las aplicaciones de la MICDA, la señal prevista, así como la adaptación del predictor, se derivan únicamente de la señal codificada y no de la señal misma, de modo que la operación puede efectuarse en ambos extremos del enlace.

3.3.1.4.3   Codificación MICDA a 32 kbit/s

En la figura 3.8 se expone el modo en que se combinan la cuantificación adaptativa y la predicción lineal adaptativa para constituir un codificador y un decodificador MICDA. Para la codificación a 32 kbit/s, el cuantificador es de 16 niveles (4 bits).

Durante el Periodo de Estudios 1981-1984, el UIT-T (anteriormente CCITT) definió un algoritmo de codificación MICDA a 32 kbit/s basado en los principios descritos. El predictor es un filtro adaptativo de 2 polos y 6 ceros. El cuantificador está equipado con un detector simplificado de señales de voz-datos, lo que permite reducir la velocidad de adaptación para las señales en régimen permanente: se obtiene así un mejor comportamiento del cuantificador para este tipo de señal. El algoritmo se define a partir de señales codificadas en MIC a 64 kbit/s (ley A o ley μ), y se describe en la Recomendación G.721 del UIT-T "Codificación MICDA a 32 kbit/s", revisada en 1986 para mejorar sus resultados en cuanto a señales de banda vocal con MDP en módems de datos a 1 200 baudios.

La codificación MICDA a 32 kbit/s da como resultado una relación de concentración de 2. Por ejemplo, esto permite concentrar dos enlaces MIC de 2,048 Mbit/s del tipo definido por la CEPT (véase el punto 3.5.2) en uno solo de 2,048 Mbit/s. El empleo de estas técnicas de codificación podría, por tanto, duplicar la capacidad de los enlaces digitales por satélite y por cable submarino.

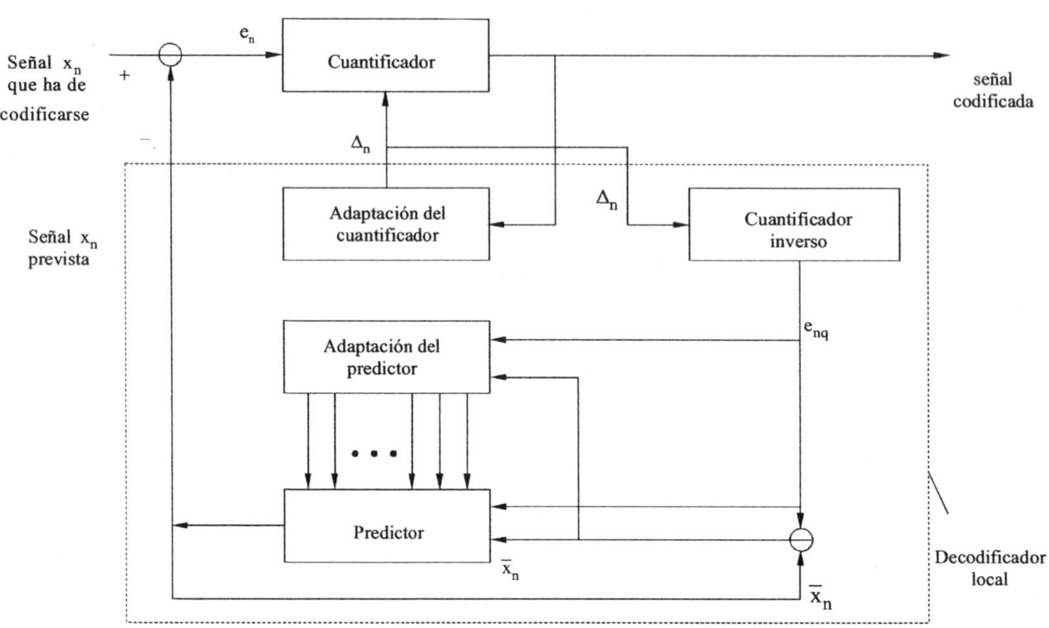

a) Codificador MICDA

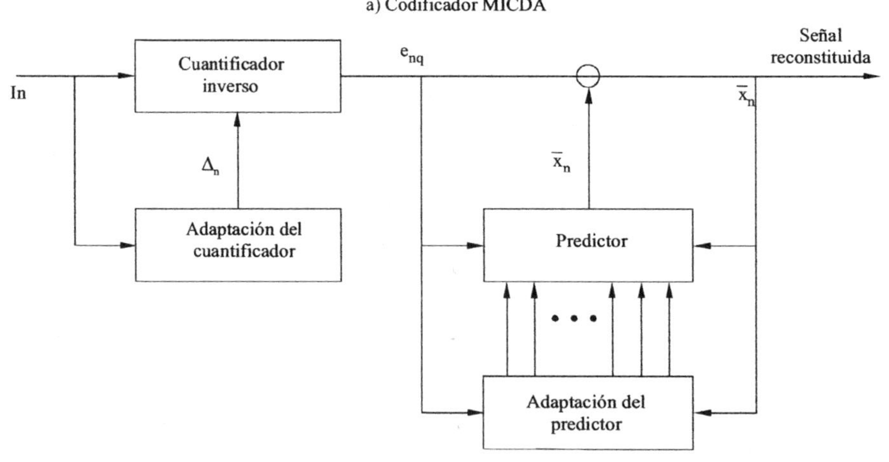

b) Decodificador MICDA

e_n: Señal diferencia
e_{nq}: Señal diferencia cuantificada

Sat/C3-08
(99315)

NOTA – Puede verificarse que: $\overline{x}_n = x_n + (e_{nq} - e_n)$.
El ruido de cuantificación está incluido en $\overline{x}_n$ sin amplificación.

FIGURA 3.8

Principio de un codificador y decodificador MICDA

3.3.1.4.4   Degradación causada por la codificación a baja velocidad binaria

Esta técnica de concentración acarrea una degradación de la señal debido a la incorporación de ruido de cuantificación. La calidad conseguida con el algoritmo establecido por el UIT-T equivale aproximadamente a la que se obtiene con la codificación MIC a 56 kbit/s. Así, por ejemplo, una pareja codificador-decodificador MICDA que restituya la señal analógica equivale a tres y medio parejas codificador-decodificador MIC a 64 kbit/s, colocadas en sucesión.

Además, la resistencia a los errores de transmisión es mayor que con la codificación MIC clásica. No obstante, el algoritmo en cuestión solamente permite la transmisión de datos hasta una velocidad de 4 800 bit/s.

3.3.1.4.5   Codificación de señales vocales en banda ampliada dentro de 64 kbit/s [Ref. 3-3][1]

La codificación de señales vocales en la anchura de banda de 300-3 400 Hz requiere una frecuencia de muestreo de 8 kHz, y proporciona una calidad de conversación de nivel llamado interurbano. Éste es suficiente para comunicaciones telefónicas, pero las aplicaciones de nueva aparición como la teleconferencia, los servicios multimedios y la televisión de alta definición exigen mejorar la calidad. Si la velocidad de muestreo se aumenta hasta 16 kHz, puede admitirse una anchura de banda mayor, que va desde 50 Hz hasta unos 7 000 Hz.

En 1986, el UIT-T definió un nuevo algoritmo para un canal de señales vocales en banda ampliada (50 Hz a 7 kHz) dentro de 64 kbit/s. Se aplica en él una técnica que agrupa las señales resultantes de la división de la banda vocal ampliada en dos subbandas (de 0 a 4 kHz y de 4 a 7 kHz) y utiliza filtros especulares en cuadratura que eliminan los efectos de imitación, con la codificación MICDA en cada subbanda. El algoritmo de MICDA aplicado en cada sub-banda es semejante al algoritmo de 32 kbit/s definido en la Recomendación G.721 del UIT-T.

La velocidad binaria atribuida a la sub-banda inferior puede hacerse variar entre 32 y 48 kbit/s, correspondiendo a una velocidad binaria total de 48 a 64 kbit/s. Para aplicaciones que trabajen a velocidades de 48 ó 56 kbit/s, el canal de conversación puede ser complementado por un canal de datos auxiliar, de 16 u 8 kbit/s, multiplexado con el canal de conversación para constituir el canal completo de 64 kbit/s.

El codificador puede funcionar en tres modos diferentes:

i)   transmisión de audio a 64 kbit/s sin transmisión de datos;

ii) transmisión de audio a 56 kbit/s con transmisión de datos a 8 kbit/s;

iii) transmisión de audio a 48 kbit/s con transmisión de datos a 16 kbit/s.

La descripción de este algoritmo se encuentra en la Recomendación UIT-T G. 722 "Codificación de audio de 7 kHz comprendida dentro de 64 kbit/s" (1986).

Las principales aplicaciones previstas para este tipo de circuitos de codificación son la audioconferencia y los canales de comentario digitales para radiodifusión. En el futuro, se podría

---

[1] Indica referencias a la bibliografía que figura al final del capítulo.

aplicar al circuito de teléfono de altavoz de banda ampliada en la RDSI. Aunque el algoritmo se haya concebido originalmente y optimizado para tratamiento de señales vocales a 7 kHz, puede proporcionar también buenos resultados para señales musicales de esa misma frecuencia. En aplicaciones de conversación, el nivel de calidad es tal que, en los ensayos formales limitados a la escucha, difícilmente puede distinguirse la señal de voz codificada a 64 kbit/s de la señal de voz original de 7 kHz sin reducción de la velocidad binaria.

Los trabajos recientes sobre codificación de señales vocales en banda ampliada se han centrado en algoritmos de codificación a velocidades inferiores a 64 kbit/s, como por ejemplo:

- el algoritmo de codificación de audio en la capa III MPEG-AUDIO, el cual da lugar a un codificador con 22 subbandas que funciona a velocidad comprendida entre 16 y 32 kbit/s;

- el algoritmo de codificación CELP, descrito en el punto 3.3.2 y el apéndice 3.1.

3.3.2 Codificación de señales vocales a baja velocidad [Ref. 3-4]

En numerosos países se están realizando estudios encaminados a reducir la velocidad binaria para las señales telefónicas.

En esencia, esto implica recurrir a técnicas de codificación más artificiosas que la MICDA a 32 kbit/s; se están desarrollando algoritmos de codificación de señales vocales con dos objetivos principales e interdependientes:

- reducción de la velocidad binaria asignada a un canal de conversación sin degradar su calidad. Este objetivo es de particular importancia para los sistemas radioeléctricos que tienen una capacidad limitada (dada por el número de canales o, de otro modo, por la anchura de banda utilizada);

- mejora de la calidad de la señal transmitida sin aumentar más allá de lo razonable la velocidad binaria; este enfoque es un factor esencial para el desarrollo de servicios como la teleconferencia, audioconferencia y videoconferencia, y en general los nuevos servicios multimedios (véase el punto 3.3.1.4.5 anterior).

Las tecnologías de codificación de señales vocales se agrupan en dos categorías:

- técnicas de codificación de la forma de onda, que intentan conseguir una forma de onda aproximada a la señal vocal. Estas técnicas fueron las primeras que se investigaron y en su mayoría están incorporadas en normas; por ejemplo, la codificación MIC diferencial adaptativa (MICDA) fue normalizada en 1984 (Recomendación UIT-T G.721) para velocidades binarias en torno a 32 kbit/s, y utiliza dos técnicas de tratamiento de señal: la predicción y la cuantificación adaptativa (véase el anterior punto 3.3.1.2);

- los vocodificadores paramétricos, que intentan formar un modelo de la fuente para extraer de él los parámetros pertinentes y transmitirlos al decodificador, en el cual se utilizarán para reconstruir una forma de onda con el fin de producir un sonido similar o muy próximo al original. El inconveniente de utilizar técnicas puramente paramétricas consiste en su sensibilidad al entorno ruidoso (especialmente al ruido de fondo) y en el deterioro de las cualidades naturales de la voz.

A velocidades binarias inferiores a 16 kbit/s, y específicamente en el margen de velocidades de 9,6 a 4,8 kbit/s, el método de codificación de la forma de onda puede proporcionar una reproducción de la conversación que es altamente inteligible. A velocidades binarias del orden de 4,8 kbit/s e inferiores, los métodos de codificación de la fuente (vocodificador) pueden ofrecer una calidad aceptable.

La única manera de lograr una reducción apreciable de la velocidad binaria consiste actualmente en utilizar técnicas híbridas que combinan los principios de codificación paramétrica y codificación de la forma de onda.

La calidad de las diferentes técnicas de codificación viene medida subjetivamente por medio de la escala MOS (nota media de opinión, *mean opinion score*). Esta escala comprende cinco puntos asignados a categorías, a saber: 1 (malo), 2 (deficiente), 3 (aceptable), 4 (buena) y 5 (excelente). A velocidades binarias más elevadas puede también utilizarse la relación S/N (relación señal/ruido). Hoy día, las técnicas CELP (predicción lineal con excitación por código, *code excited linear prediction*), introducidas por primera vez en 1985, sacan el máximo partido de la introducción de equipos perfeccionados para el tratamiento de la señal y ofrecen mejores niveles de prestaciones, tanto en términos de calidad como de reducción del caudal (velocidad binaria).

La mayoría de los procedimientos de codificación a baja velocidad binaria son de propiedad exclusiva de su diseñador. No obstante, algunos están ya normalizados, especialmente para comunicaciones móviles, como los siguientes:

- IMBE (excitación multibanda mejorada, *improved multi-band excitation*) para los servicios móviles por satélite INMARSAT-M y Optus (Australia): 4,8 kbit/s (6,4 kbit/s con FEC).

- VSELP (predicción lineal con excitación por vector suma, *vector sum excited linear prediction*) para radiocomunicaciones móviles digitales en los Estados Unidos: 7,95 kbit/s (13,0 kbit/s con FEC).

- VSELP (predicción lineal con excitación por vector suma, *vector sum excited linear prediction*) para radiocomunicaciones móviles digitales en Japón: 6,7 kbit/s (11,2 kbit/s con FEC).

- La codificación RPE-LTP (excitada por impulso regular con predicción a largo plazo, *regular pulse excited with long term prediction*), técnica de codificación híbrida −"análisis-por-síntesis−, fue normalizada en 1988 por el ETSI (Instituto Europeo de Normas de Telecomunicación) para el sistema de radiocomunicaciones móviles digitales paneuropeo (GSM). A sólo 13 kbit/s (22,8 kbit/s con FEC) proporciona una calidad ligeramente inferior a la de la telefonía normal, siendo además insensible a los errores de transmisión, siempre muy numerosos en las comunicaciones móviles.

- La Recomendación UIT-T G.728 contiene la descripción de un algoritmo para la codificación de señales vocales a 16 kbit/s mediante predicción lineal con excitación por código de bajo retardo (LD-CELP, *low-delay code excited linear prediction*).

- La Recomendación UIT-T G.729 contiene la descripción de un algoritmo para la codificación de señales vocales a 8 kbit/s mediante predicción lineal con excitación por código algebraico de estructura conjugada (CS-CELP, *conjugate-structure algebraic-code-excited linear prediction*).

3.3.3   Transmisión de datos [Ref. 3-1 y 3-2]

Las redes de transmisión de datos se clasifican con arreglo a la técnica de conmutación que utilizan:

Conmutación de circuitos

En una red de conmutación de circuitos, cada circuito dispone de sus propios recursos de multiplexación y conmutación, que le han sido atribuidos para la duración total de la comunicación. Aparte de las llamadas vocales, las llamadas de facsímil (fax) son la aplicación dominante, con transferencia de ficheros y acceso a redes informáticas. Corrientemente se dispone de velocidades de datos fijas comprendidas entre 2,4 kbit/s y 9,6 kbit/s para una transmisión razonablemente rápida del facsímil.

Conmutación de paquetes

En una red de conmutación de paquetes, los datos a transmitir están estructurados en paquetes, y los recursos de multiplexación y conmutación se afectan a cada circuito de comunicación, pero sólo para la duración del paquete. Esta técnica es particularmente apropiada para las aplicaciones interactivas; los protocolos típicos utilizados son el X.25, el SNA/SDLC o el TCP/IP.

La red basada en conmutación de paquetes garantiza tres funciones diferentes:

i)   encaminamiento de los paquetes;

ii) integridad de la información contenida en los paquetes, asegurada por la detección de errores en dichos paquetes y su retransmisión llegado el caso;

iii) control permanente de los flujos de información mediante un mecanismo de ventanas para evitar la congestión de la red.

El mecanismo de ventanas especifica el número de paquetes que el transmisor puede enviar al receptor antes de solicitar la devolución de acuse de recibo alguno.

Conmutación de mensajes

Esta técnica se basa en la recepción, almacenamiento y retransmisión de mensajes por la red; no se requiere por lo tanto una conexión entre el expedidor y el destinatario. El tiempo necesario para enviar un mensaje dependerá de la cantidad de mensajes que se traten simultáneamente y de la velocidad de transferencia de datos a lo largo del trayecto de la información.

La aparición de nuevas necesidades como, por ejemplo, la transferencia de datos a largas distancias a velocidad binaria elevada, ha provocado la introducción de técnicas mejoradas de transmisión de datos en paquetes, a saber:

- **Retransmisión de trama**, que sustenta la transmisión de datos por un trayecto con conexión, permitiendo la transmisión de unidades de datos de longitud variable a través de una conexión virtual asignada. En la actualidad, las redes de retransmisión de trama autorizan una longitud de hasta 4 096 bytes, frente a los 128 bytes que habitualmente se transmiten en las versiones actuales de la conmutación de paquetes.

- **Retransmisión de células**, vinculada a la tecnología del modo de transferencia asíncrono (ATM, *asynchronous transfer mode*) utilizada en la RDSI-BA y a la técnica de bus doble con cola de espera distribuida (DQDB, *distributed queued dual bus*) aplicada al acceso y transferencia de información en redes de área metropolitana (MAN, *metropolitan area networks*); en el punto 3.5.4 y el apéndice 3.IV se describe la técnica ATM.

- **Tecnología de paquetes en banda ampliada** (WPT, *wide-band packet technology*), que proporciona un transporte eficaz de la información estructurada en paquetes a velocidades de transmisión de hasta 150 Mbit/s y utiliza avanzadas técnicas digitales de tratamiento de señales para comprimir las señales de voz, datos en banda vocal, facsímil y datos digitales a fin de que su transporte se efectúe con eficacia, aumentando por lo tanto notablemente la capacidad de los medios de transmisión digital.

Esta tecnología ha sido aprobada por el UIT-T y está documentada en las Recomendaciones G.764 y G.765. La WPT utiliza protocolos de emulación de circuitos en virtud de los cuales el equipo de compresión aparece transparente para el usuario. Con la aparición de la WPT pueden integrarse diversos tipos de señales en el mismo enlace o medio de transmisión digital de paquetes (cables de fibra óptica y metálicos –submarinos o terrestres–, radiocomunicación digital y satélite).

Se denomina equipo de multiplicación de circuitos de paquetes (PCME, *packet circuit multiplication equipment*) al equipo que emplea la WPT, en contraposición con el equipo de multiplicación de circuitos digitales (DCME, *digital circuit multiplication equipment*, véase el punto 3.3.7.2 más adelante), que utiliza la tecnología de circuitos.

El protocolo del nivel de enlace al que ha de conformarse el paquete se especifica en las Recomendaciones Q.921 y Q.922 del UIT-T. Estos procedimientos definen cómo deben interpretarse los bits de una trama. El tipo de paquete (conversación, datos en banda vocal, facsímil, datos digitales, señalización o datos de control) viene señalado por el identificador de protocolo en el encabezamiento del paquete, según se define en las Recomendaciones G.764 y G.765 del UIT-T. Las Recomendaciones del UIT-T aplicables son:

- G.764: Paquetización de voz – Protocolos de voz paquetizada

- G.765: Equipo de multiplicación de circuitos de paquetes

- Q.921: Interfaz usuario-red de la RDSI – Especificación de la capa de enlace de datos

- Q.922: Especificación de la capa de enlace de datos de la RDSI para servicios portadores en modo trama.

El equipo de multiplicación de circuitos de paquetes (PCME), es decir, el equipo terminal, deberá ser capaz de clasificar correctamente la señal de entrada en una de las siguientes categorías para la aplicación de la técnica de tratamiento de señal más adecuada:

- señal de voz;

- datos en banda vocal a menos de 1 200 bit/s;

- datos en banda vocal a 1 200 bit/s en MDP y hasta 2 400 bit/s;

- datos en banda vocal a 4 800 bit/s y menos de 7 200 bit/s;

- datos en banda vocal a 7 200 bit/s o velocidades superiores.

Mediante una clasificación correcta de las señales, se utiliza eficazmente la anchura de banda dedicada a la transmisión, lo que da lugar a un promedio mayor de bits por muestra para las señales de voz y a una mejor calidad de funcionamiento subjetiva, especialmente en condiciones de carga relativamente elevada.

Para los datos en banda vocal a velocidades de hasta 144 kbit/s, el PCME utiliza el algoritmo MICDA de la Recomendación UIT-T G.726 fijado a 40, 32 y 24 kbit/s. La elección del algoritmo depende del tipo de codificación asignado a las diferentes categorías señaladas.

El PCME utiliza un algoritmo de demodulación/remodulación de facsímil que cumple con la Recomendación G.765 para la compresión del facsímil del grupo 3, dando lugar a relaciones de compresión de hasta 9:1. El PCME transmisor demodula la señal V.29 o V.27 para restituirla a la señal de banda de base de 9,6, 7,2 ó 4,8 kbit/s correspondiente, la paquetiza y transmite cada paquete al PCME receptor.

Para comprimir los datos digitales transportados en un canal de 64 kbit/s, el PCME utiliza dos protocolos de emulación de circuitos, el DICE (emulación de circuitos digitales, *digital circuit emulation*), y el VDLC (capacidad de enlace virtual de datos, *virtual data link capability*), descritos ambos en la Recomendación G.765.

Mediante el servicio DICE, el PCME puede acoplarse a canales de datos digitales a 64 kbit/s o a otros canales de formato específico. Puede eliminar determinadas configuraciones de bits (por ejemplo, códigos no significativos), lo que reduce el coste de la transmisión.

3.3.4   Señales de vídeo y de televisión

El rápido desarrollo de las técnicas de codificación de la fuente y su realización práctica con ayuda de los circuitos integrados conduce a la existencia de numerosos servicios nuevos que están basados en las técnicas de codificación de la imagen. Las aplicaciones no sólo pertenecen al campo de la radiodifusión sino también al de las comunicaciones audiovisuales interactivas. Con las técnicas hoy disponibles, puede lograrse un elevado factor de reducción de la velocidad de datos, compatible con una alta calidad de la imagen decodificada. Por consiguiente, es posible el uso eficaz de las redes existentes y se reducen notablemente los costes de la transmisión de imágenes.

La señal puede ser digitalizada por medio de un sistema de codificación MIC, el cual muestrea la señal y cuantifica cada muestra tomada.

La posibilidad de reducción de la velocidad binaria, y por tanto de conseguir las velocidades binarias deseadas, depende en gran medida del servicio al que se destinan: para el videoteléfono y la videoconferencia, la cámara está fija y apunta a una o más personas que se mantienen relativamente inmóviles; por otro lado, las imágenes de televisión que se difunden son de carácter muy diferente: hay movimientos de cámara, ajustes de enfoque, cambios de perspectiva, etc.

Por ejemplo, en el caso de circuitos de distribución para radiodifusión de televisión, se ha fijado como objetivo el tercer nivel de las jerarquías de transmisión del UIT-T. Éste corresponde a 34 Mbit/s en Europa, 32 Mbit/s en el Japón y 44 Mbit/s en los Estados Unidos de América. En el caso de la videoconferencia, la gama más restringida de señales a transmitir y el diferente concepto de calidad de la imagen determina que pueda utilizarse el primer nivel de las jerarquías de transmisión mencionadas, a saber, 2,048 Mbit/s en Europa y 1,544 Mbit/s en el Japón y los Estados Unidos de América. Para el servicio de videoteléfono pueden contemplarse velocidades binarias aún más bajas.

Para la transmisión de un servicio completo, las señales de imagen pueden ir acompañadas por otras señales. En la radiodifusión de televisión estas señales pueden ir asociadas al programa (como van los canales de sonido de alta calidad), además de las señales de control, de servicios suplementarios, u otras. Todas estas señales han de multiplexarse para que constituyan un solo tren binario.

La presencia de errores de transmisión exige habitualmente utilizar un código de detección y corrección de errores con el fin de proteger la señal transmitida. Mediante este sistema, la proporción de bits erróneos transmitida puede reducirse desde $1,0 \cdot 10^{-6}$ a valores comprendidos entre $1,0 \cdot 10^{-8}$ y $1,0 \cdot 10^{-9}$. Esta mejora es aún más necesaria porque los sistemas de reducción de la velocidad binaria hacen más sensible la señal a los errores de transmisión. Por consiguiente, cuando se diseña el sistema de transmisión, no pueden escogerse el método de protección y la estructura de multiplexación independientemente del método de reducción de la velocidad binaria.

Por la razón anteriormente mencionada, la calidad de imagen requerida puede variar de conformidad con el servicio implicado. La exigencia de calidad es más estricta para la radiodifusión de televisión que para videotelefonía o videoconferencia. Para evaluar la calidad funcional relativa de los diferentes sistemas de codificación destinados a una aplicación determinada, se precisan unos criterios claros de comparación:

El primer punto a considerar es la tasa de compresión de información, la cual se define como la relación de la velocidad de transmisión en MIC a la velocidad binaria media de transmisión después de la compresión.

El segundo factor a tener en cuenta, en el caso de radiodifusión de televisión igualmente importante, es la calidad de la imagen tras su paso por la cadena de transmisión. El objetivo del UIT-R es evitar que el espectador reciba una imagen de calidad más baja que la producida por una cadena de transmisión analógica. La evaluación de la calidad se realiza mediante pruebas subjetivas.

Debe asimismo limitarse la complejidad de los procesos en todo lo posible, puesto que la complejidad provoca problemas de viabilidad y de costes de los equipos de codificación y decodificación. Además, al existir un canal entre el transmisor y el receptor que introduce errores de transmisión, surge el problema de la sensibilidad del sistema decodificador a estos errores y su repercusión en la calidad de la señal que recibe el observador final. Esta importante cuestión se está tratando en estudios específicos.

El apéndice 3.3 proporciona la descripción de técnicas digitales escogidas de compresión de vídeo. En el siguiente cuadro 3-3 se indican, a efectos ilustrativos, las tasas de compresión correspondientes.

CUADRO 3-3

Ejemplos escogidos de compresión de vídeo

	Caudal de tráfico (Mbit/s)	Tasa de compresión
Teórica	216	-
Conseguida	165	1
MIC diferencial	140	1, 2
Profesional	34	5
MPEG 1	115	140
MPEG 2	4 a 10	15 a 40

Se remite al lector al apéndice 3.III para una descripción de las técnicas digitales de compresión de vídeo escogidas, tales como las normas MPEG 2 (Grupo de Expertos en imágenes en movimiento 2, *Moving Picture Experts Group 2*) y la DVB (radiodifusión digital de señales de vídeo, *digital video broadcasting*):

El sistema MPEG 2 y las especificaciones de vídeo son el tema de las siguientes Recomendaciones:

- Recomendación UIT-T H.222 "Tecnología de la información – Codificación genérica de imágenes en movimiento e información de audio asociada: sistemas";

- Recomendación UIT-T H.262 "Tecnología de la información – Codificación genérica de imágenes en movimiento e información de audio asociada: vídeo".

La norma MPEG puede utilizarse para la transmisión de señales de vídeo por sistemas VSAT.

Basada en el nivel superior de la norma MPEG 2, la norma DVB puede esencialmente considerarse como un paquete completo para radiodifusión digital de televisión y datos. En particular, se ha adaptado este concepto para la transmisión por satélite de televisión digital (DVB-S).

3.3.5   Codificación con control de errores

3.3.5.1   Introducción a la codificación del canal

Los dos problemas fundamentales relacionados con la transmisión fiable de información [Ref. 3-8] fueron identificados por C.E. Shannon:

- la utilización de un número de bits mínimo para representar la información suministrada por una fuente de acuerdo con un criterio de fidelidad;

- la recuperación con la mayor exactitud posible de la información tras haber sido transmitida por un canal de comunicación en presencia de ruido y de otras interferencias.

El primer problema suele identificarse como problema de ***comunicación eficiente***, cuyas soluciones más prácticas vienen dadas por la ***codificación de la fuente***. El segundo es un problema de ***comunicación fiable***, y la técnica esencial para su tratamiento consiste en la ***codificación del canal***, también llamada ***codificación con control de errores***.

Shannon demostró que mediante una codificación adecuada pueden alcanzarse estos dos objetivos, siempre que la velocidad de transmisión R_b verifique la expresión fundamental $H < R_b < C_{cap}$, en la que H es la ***entropía de la fuente*** y C_{cap} la ***capacidad del canal***.

La entropía de la fuente, H, es la medida de la cantidad real de información emitida por la fuente. La capacidad del canal, C_{cap}, es la medida de la cantidad máxima de información que pueden intercambiarse dos usuarios a través de un modelo probabilístico de canal. Por ejemplo, la capacidad del canal de ruido gaussiano blanco aditivo (AGWN) puede expresarse como $C_{cap} = W\log(1+C/N)$ (bit/s), siendo W la anchura de banda de transmisión de la información y C/N la relación portadora/ruido de la señal recibida.

La capacidad del canal es independiente del sistema de codificación/modulación utilizado. El teorema de codificación del canal de Shannon establece exactamente que, para una relación señal/ruido determinada, la probabilidad de error puede hacerse todo lo pequeña que se desee, siempre que la velocidad de información R_b sea menor que la capacidad C, y que se utilice una codificación adecuada.

Como indica la figura 3-9, la capacidad de la codificación del canal para disminuir la probabilidad de error está relacionada con la introducción de bits suplementarios en el tren binario de información generado por la codificación de la fuente, y el consiguiente aumento de la velocidad binaria de transmisión. La inversa de este aumento en porcentaje es la ***relación de código*** r_c (<1), que puede considerarse como la cantidad media de información que transporta un símbolo binario de canal. La relación de código es alta cuando es muy superior a 1/2, y baja cuando es pequeña. La ***velocidad de símbolos*** (o ***velocidad de modulación***), R_s, está relacionada con la modulación y se expresa en baudios o símbolos/segundo. La velocidad de transmisión de información, R_b, mide la cantidad de información en bits transmitida por unidad de tiempo, y a veces se llama simplemente ***velocidad binaria***. Si se trata de modulación M-valente, todas estas cantidades están relacionadas por $R_b = r_c\, R_s\, \log_2 M$. El producto de r_c por $\log_2 M$ es el número de bits por símbolo de modulación, llamado ***velocidad efectiva***, R_{eff}, en bits/símbolo, a veces de utilidad en los estudios de sistemas.

La anchura de banda, W, que ocupa un sistema de codificación y modulación viene determinada por la velocidad de símbolos, R_s. La relación de código influye, si bien en combinación con la modulación. Según el criterio de Nyquist, $W = R_s$ es la anchura de banda mínima necesaria para transmitir R_s símbolos por segundo, la llamada ***anchura de banda Nyquist***. En la práctica, la anchura de banda ocupada será ligeramente mayor, siendo aplicable como regla empírica $W = 1{,}2 R_s$, o lo que es lo mismo $W = 1{,}2 R_b / R_{eff}$.

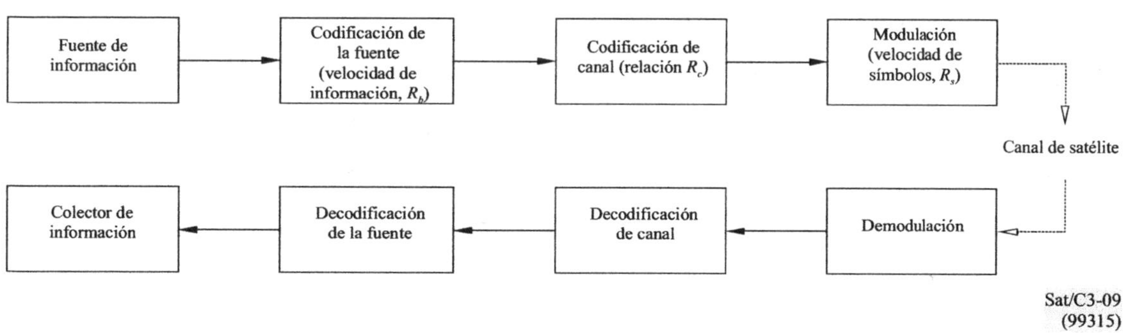

FIGURA 3.9

Tratamiento de la información en un sistema de comunicación digital

En las comunicaciones por satélite, la codificación del canal es especialmente interesante a causa de las estrictas limitaciones de potencia y de anchura de banda. Esta doble restricción se está acentuando debido a las nuevas exigencias que plantean los servicios avanzados. Además del progreso que experimentan los sistemas de acceso múltiple, los algoritmos de asignación de recursos, las técnicas de tratamiento de señales y la avanzada codificación con control de errores proporcionan medios sumamente eficaces para realizar la transmisión de información de elevada fiabilidad.

3.3.5.2   Las dos técnicas básicas para la codificación con control de errores

Existen dos procedimientos de codificación para el control de errores: la corrección de errores en recepción sin canal de retorno (FEC, *forward error correction*) y la petición automática de repetición en caso de error (ARQ, *automatic repeat request*).

La FEC corrige los errores en la recepción sin necesidad de realimentar información alguna al extremo transmisor. No se introduce ningún retardo adicional salvo el tiempo de tratamiento. Un sistema FEC efectivo puede requerir una realización muy artificiosa. La técnica ARQ puede ser mucho más sencilla en cuanto al equipo físico, consiguiendo además una calidad de funcionamiento muy buena. Sus inconvenientes son la necesidad de un canal de retorno y el retardo variable de la transmisión.

El siguiente cuadro 3-4 resume las tres principales técnicas de codificación con control de errores.

CUADRO 3-4

Comparación de las técnicas de codificación con control de errores

Técnica de codificación	Caudal de tráfico	Memoria de paquetes	Calidad funcional	Retardo	Canal de retorno	Decodifica-ción	Velocidad binaria
FEC	Alto	No	Mediana/Alta	Corto	No	Compleja	Alta/Muy alta
ARQ	Bajo	Sí	Muy alta	Largo	Sí	Sencilla	Baja/Mediana
Híbrida (HEC)	Mediano	Sí	Alta	Mediano	Sí	Mediana	Alta

La técnica ARQ, basada en la codificación con detección de errores y un protocolo de retransmisión, se adapta bien a las situaciones en las que existe un canal bidireccional. Se encuentran ejemplos típicos de tales sistemas en las redes de datos por computadores a través de enlaces de satélite. Sin embargo, merece destacarse que la ARQ y su versión mejorada, así como las técnicas HEC, se utilizan ampliamente en los sistemas modernos de comunicación y almacenamiento.

En un entorno de red, estas dos estrategias son de especial interés. El ingeniero diseñador ha de elegir con sensatez una de ellas o bien combinar ambas en un sistema complejo para encontrar la mejor solución. Mientras que la codificación con control de errores asociada a la técnica ARQ podría generalmente considerarse como parte integrante de los protocolos de capa superior (capas de enlace y de presentación), la FEC es esencialmente una técnica de capa física, utilizada principalmente en las transmisiones por canal unidireccional. Por tal motivo la ARQ no se analizará con más detalle en este capítulo, y se remite a los lectores interesados a la referencia [Ref. 3-9].

3.3.5.3   FEC (corrección de errores en recepción sin canal de retorno)

Las técnicas FEC fundamentales utilizadas en los sistemas de comunicación por satélite pueden clasificarse en dos categorías:

- Códigos convolucionales, y por extensión la modulación con código reticular, presentados en el punto 4.2.3. Los códigos convolucionales pueden a su vez subdividirse en tres clases:

  - códigos ortogonales de alta relación (o decodificables por mayoría) con decodificación por umbral;

  - códigos de memoria corta y mediana y sus códigos perforados asociados, con decodificación Viterbi, que utilizan decisión flexible;

  - códigos de memoria larga con decodificación secuencial.

- Códigos bloque, que comprenden los binarios y los no binarios, con decodificación algebraica. En esta categoría, los códigos que han dado mejor resultado son los Reed-Solomon (RS). Las modulaciones codificadas por bloques son otra generalización de esta segunda categoría, en la que los códigos se optimizan conjuntamente con los sistemas de modulación. Los códigos bloque pueden clasificarse en los siguientes grupos:

  - códigos BCH (Bose-Chauduri-Hocquenghem), decodificables mediante decodificación algebraica, en los cuales se incluyen los códigos Reed-Solomon como una subclase no binaria;

  - códigos cíclicos utilizados para la detección de errores;

  - códigos sencillos, como los códigos Hamming, Reed-Muller y algunos particularmente buenos: Golay, QR (residual cuadrático, *quadratic residual*), y otros.

Algunos códigos bloque binarios como los BCH se han utilizado en sistemas AMDT. Los códigos bloque se adaptan bien a las estructuras de intervalos de tiempo, y los enlaces AMDT no se ven afectados por graves limitaciones de potencia, de modo que los decodificadores bloque por decisión firme proporcionan una calidad funcional bastante satisfactoria. El inconveniente principal de los códigos bloque es que la decisión flexible no es tan fácil de aplicar como en el caso de los códigos convolucionales. Sin embargo, la decodificación flexible de los códigos bloque quizás sería interesante para las transmisiones por satélite si se pudiera realizar un algoritmo de decodificación de buena calidad. Este sigue siendo un tema importante a investigar dentro de la FEC.

Por otro lado, la codificación convolucional con decodificación Viterbi por decisión flexible es hoy una técnica normalizada para las comunicaciones por satélite. A ello contribuye principalmente el empleo de la decisión flexible, que aprovecha plenamente la información del canal para mejorar la calidad funcional en unos 2 dB con respecto al uso de la decisión firme. Puede hacerse una definición muy sencilla de la decisión flexible referida al nivel de cuantificación a la salida del filtro adaptado del demodulador. Si esta cuantificación es de 1 bit, de ella no puede obtenerse ninguna medida de la fiabilidad y hay que adoptar una decisión firme. Una decisión flexible debe contar con un nivel de cuantificación superior a 1 bit, desde 2 bits hasta el infinito (no cuantificado). De la decisión flexible puede obtenerse una medida de la fiabilidad, útil para mejorar la calidad de funcionamiento. Este asunto se ha tratado en el punto 4.2.3; ciertos problemas prácticos relacionados con la decisión flexible se analizarán con más detalle en el apéndice 3.2.

La asociación de ambas técnicas da lugar a una FEC aún más efectiva: el sistema de codificación concatenada. Este eficaz método se ha introducido en los sistemas de transmisión por satélite en los últimos años para conseguir una mejora considerable de la calidad del servicio sin aumentar sensiblemente la anchura de banda. Mientras que el código interno puede, con la decodificación Viterbi, corregir una gran parte de los errores aleatorios y ráfagas de errores muy breves, los errores residuales en las salidas del decodificador Viterbi tienden a agruparse en ráfagas. Mediante un entrelazado escogido adecuadamente que fraccione las ráfagas de errores en otras más breves, puede utilizarse un código Reed-Solomon de alta relación como código externo con el fin de corregir la mayor parte de esas ráfagas de errores dispersas y así conseguir una tasa de errores en los bits muy baja. La introducción de la codificación concatenada y la modulación con codificación reticular en las comunicaciones por satélite son los sucesos más notables en este campo.

3.3.5.4   Características de las técnicas de codificación con corrección de errores

El sistema FEC es capaz de mejorar la calidad de un enlace de transmisión digital, y la mejora puede apreciarse en los aspectos siguientes:

- una reducción de la tasa de errores en los bits, estrechamente relacionada con el criterio de calidad del servicio;

- una economía en la E_b/N_o (o en la C/N_o) que han de considerarse en el balance de enlace.

El ahorro en la E_b/N_o o en la C/N_o suele llamarse ganancia de codificación, y se expresa en dB. Puede cuantificarse como la diferencia en E_b/N_o o en C/N_o, para un cierto valor de la BER, entre el sistema codificado y el sistema no codificado de referencia. En la comparación entre planes de transmisión diferentes, se utiliza habitualmente E_b/N_o por ser independiente del sistema de codificación,

$$\Delta G = (E_b/N_o)ref - (E_b/N_o)cod \quad [dB]$$

La calidad de un sistema de codificación puede también venir expresada por las economías conseguidas en C/N_o y C/N, la relación portadora/densidad de ruido y la relación portadora/ruido, siendo sus respectivas relaciones con E_b/N_o las siguientes:

$$[C/N_o] = [E_b/N_o] + 10 \log R_b \ [dB] \qquad\qquad [C/N] = [E_b/N_o] + 10 \log R_b - 10 \log W \ [dB]$$

Una ganancia en E_b/N_o entraña, en general, una ganancia en C/N_o, pero la ganancia de codificación en C/N depende de la expansión de la anchura de banda con respecto al sistema de referencia. Es posible, no obstante, conseguir una ganancia de codificación que no comporte expansión de la anchura de banda utilizando la modulación con codificación reticular (TCM), según se indica en el punto 4.2.3.

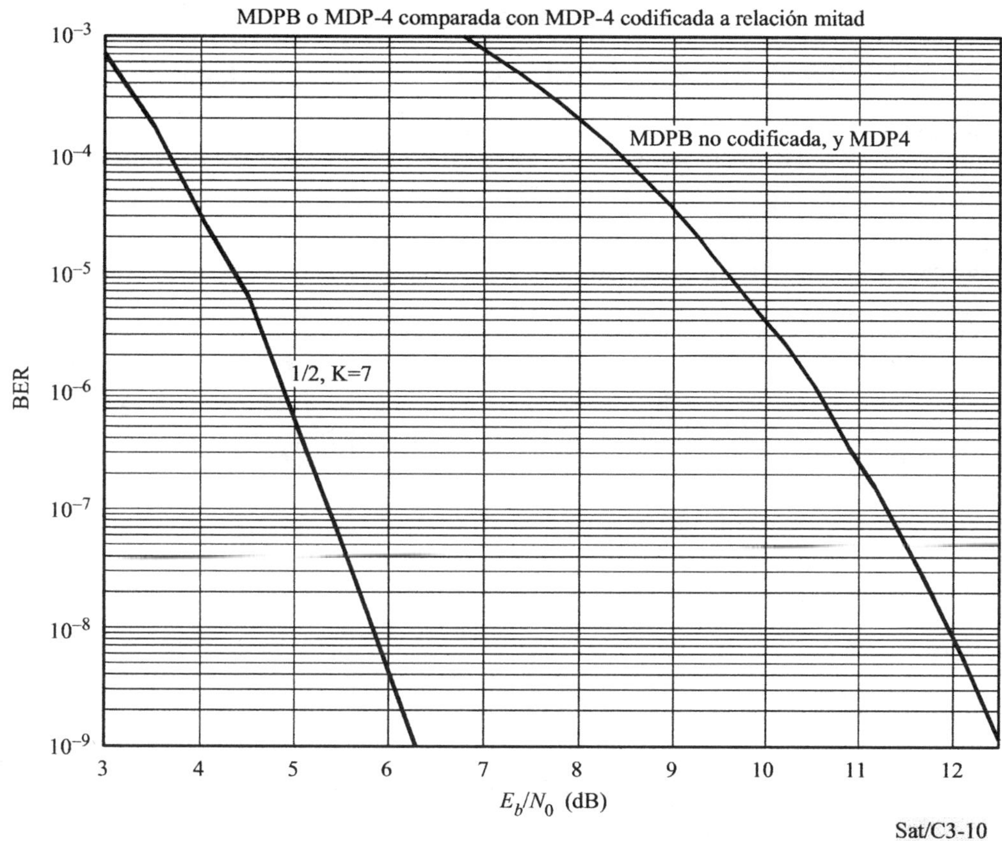

FIGURA 3.10

Ventaja de la codificación de canal en un sistema de transmisión digital

Las ganancias de codificación en E_b/N_o tienen valores de casi 5,2 dB y al menos 6 dB para las proporciones de bits erróneos (BER) de 10^{-5} y 10^{-7}, respectivamente. Cuando se compara con la MDPB no codificada, no hay expansión de la anchura de banda, y las ganancias de codificación en C/N también son cercanas a 5,2 dB y superan los 6 dB, en las mismas condiciones. Si se toma como referencia la MDP-4 no codificada, hay un factor de expansión de 2, y las respectivas ganancias en C/N se convierten en 8,2 dB y 9 dB.

La codificación del canal es una técnica muy eficaz para mejorar la calidad de la transmisión. Permite disminuir la E_b/N_o (y por consiguiente la potencia de transmisión) necesaria para alcanzar un determinado objetivo en cuanto a BER, reduciendo el coste de otros componentes del sistema, como los elementos de radiofrecuencia y las antenas.

3.3.5.5   Parámetros típicos de las técnicas de corrección de errores

El siguiente cuadro 3-5 presenta una breve lista de técnicas FEC junto con los resultados que proporcionan:

CUADRO 3-5

Técnicas típicas de FEC y su complejidad funcional

Código	Técnica de decodificación	Ganancia $(BER = 10^{-5})$	Ganancia $(BER = 10^{-8})$	Velocidad binaria	Complejidad
Códigos convolucionales	Decodificación por umbral	1,5-3,0	2,5-4,0	Muy alta	Baja
Códigos convolucionales	Decodificación Viterbi (decisión flexible)	4,0-5,0	5,0-6,5	Alta	Alta
Códigos convolucionales	Decodificación secuencial (decisión firme)	4,0-5,0	6,0-7,0	Alta	Baja
Códigos convolucionales	Decodificación secuencial (decisión flexible)	6,0-7,0	8,0-9,0	Mediana	Baja
Códigos concatenados (Convolucional y RS)	Viterbi interno y algebraico externo	6,5-7,5	8,5-9,5	Alta	Mediana
Códigos concatenados (Bloque corto y RS)	Flexible interno y algebraico externo	4,5-5,5	6,5-7,5	Mediana	Alta
Códigos lineales de bloque corto	Decisión flexible	5,0-6,0	6,5-7,5	Mediana	Alta
Códigos bloque (BCH y RS)	Decodificación algebraica (decisión firme)	3,0-4,0	4,5-5,5	Alta	Mediana

Observaciones:

- Con las técnicas clásicas anteriormente mencionadas, se obtiene una ganancia de codificación generalmente más elevada que con un código de relación menor, y por lo tanto con más expansión de la anchura de banda.

- La *complejidad* puede ser evaluada por el número de cálculos comprendidos en el algoritmo de decodificación, pero ha de tener en cuenta consideraciones comerciales, tales como el coste del desarrollo. Un microcircuito decodificador VLSI puede considerarse barato cuando se desarrolla en grandes cantidades (por ejemplo, los decodificadores Viterbi y RS).

- Un código específico debe ser evaluado en asociación con un sistema de modulación. Por ejemplo, un código convolucional binario 1/2 y sus códigos perforados de relación más alta deben ir asociados con una modulación MDP-4. (Véase la definición de los códigos perforados en el apéndice 3-2.) Un código RS se concatena mejor con un código interno que esté bien adaptado a un sistema de modulación adecuado. Véanse también en el apéndice 3-2 generalidades sobre los códigos Reed-Solomon.

- Un código RS simple no se adapta bien directamente a la modulación digital. Véase en el punto 4.2.3 un análisis más detallado de la optimización conjunta de la codificación del canal y la modulación digital.

- Ciertas innovaciones recientes como los turbocódigos [Ref. 3-22] parecen muy atractivas para las comunicaciones por satélite. Estos códigos nuevos se construyen por medio de una concatenación en paralelo de códigos convolucionales cortos. Los turbocódigos se decodifican mediante decodificadores Viterbi en cascada de salidas flexibles. Las simulaciones han demostrado unas excelentes calidades de funcionamiento, y se han probado ya los primeros microcircuitos decodificadores VLSI. No se analizarán aquí, dado que las técnicas todavía no han madurado suficientemente y se requieren buenas dosis de I + D para su aplicación práctica.

3.3.6.6 Codificación con corrección de errores en sistemas de transmisión por satélite existentes

El cuadro 3-6 presenta algunas aplicaciones típicas de la FEC en sistemas de comunicación por satélite anteriores y actuales. En el apéndice 3-2 se dan más detalles al respecto.

CUADRO 3-6

Ejemplos de utilización de FEC en enlaces de satélite digitales

Sistema de satélite	Modo de acceso	Velocidad binaria de información	Tipo	R	Longitud	Distancia	Algoritmo de decodificación	Ganancia o mejora en BER
Intelsat	AMDF/ SCPC	48 kbit/s 56 kbit/s	auto-ortogonal convolucional	3/4 7/8	80 384	5 5	umbral	10^{-4} a $5 \cdot 10^{-9}$ 10^{-4} a $5 \cdot 10^{-8}$
		$\geq$ 4,8 kbit/s	Hamming acortado	14/15	120	4		
Intelsat	AMDT	105 Mbit/s	BCH (128, 112)	7/8	128	6	examen de tabla	2,5 dB para 10^{-5}
		canal de asignación	Golay ampliado (24, 12)	1/2	24	8		
Telecom 1	AMDT	n x 64 kbit/s	Hamming	4/5	40	4	examen de tabla	10^{-6} a 10^{-10}
Telecom 1	AMDF	8 Mbit/s 34 Mbit/s	convolucional	2/3	5	5	Viterbi	4,5 dB para 10^{-5}
		datos a 48 kbit/s	convolucional (Idaware)	3/4	3	3	umbral	10^{-4} a 10^{-11} ráfagas de errores
Eutelsat SMS Intelsat IBS	AMDF	n x 64 kbit/s	convolucional	1/2	7	10	Viterbi	
Intelsat IDR	AMDF/ SCPC	n x 64 kbit/s 1,5/2-8 Mbit/s hasta 45 Mbit/s	convolucional y perforado	1/2 3/4 7/8	7	10 5 3	Viterbi	
Intelsat IDR NG	AMDF/ SCPC	n x 64 kbit/s 1,5/2-8 Mbit/s	RS (219, 201) + convolucional y perforado	1/2 3/4 7/8	7	19 (RS)	Viterbi algebraico	
		hasta 45 Mbit/s	RS (219, 201) + 2/3 PTCM MDP-8		7	19 (RS)	Viterbi algebraico	
SBS	AMDT	48 Mbit/s	Reed-Solomon acortado (204, 192)	16/17	204	13	algebraico	10^{-4} a 10^{-11}
TVSAT	MDT	900 kbit/s	BCH (63, 44)	44/63	63	8	algebraico	
Inmarsat Std B	SCPC	300/600 Bit/s	convolucional	1/2	7	10	Viterbi	+ entrelazado
Inmarsat Std C	SCPC	9,6/16 kbit/s	perforado	3/4	7	5	Viterbi	Calidad de audio para 10^{-3}

Observaciones

- Se entiende por "longitud" la longitud de bloque en los códigos bloque, pero en el caso de códigos convolucionales será la longitud de limitación. En los códigos auto-ortogonales, "longitud" será la longitud de limitación del código, también denominada "longitud de limitación de la decodificación", designada $K = m+1$, siendo m el número de elementos de memoria en el codificador. Véase en la [Ref. 3-9] y el apéndice 3-2 la decodificación por umbral de los códigos auto-ortogonales.

- Se entiende por "distancia" la distancia de Hamming mínima para los códigos bloque, pero la distancia libre en el caso de códigos convolucionales. En particular, $d_{min} = N-K+1$ para los códigos Reed-Solomon $\cdot$ "Viterbi" denota la decodificación por decisión flexible de 3 bits mediante el algoritmo de Viterbi.

- "Algebraica" expresa la decodificación algebraica por decisión firme basada en la iteración de Berkelamp-Massey o en los procedimientos ampliados de iteración euclidiana [Ref. 3-9].

- "Ganancia" es la ganancia de codificación E_b/N_o medida con una determinada BER.

- En sistemas de codificación concatenados, a menudo se aplica un entrelazado entre los códigos interno y externo. Por ejemplo, utilizando un entrelazado escogido adecuadamente puede obtenerse una ganancia suplementaria de hasta 2 dB sobre un sistema que carece de entrelazado.

- "Intelsat IDR" designa la Norma IESS-308 Intelsat IDR. El uso del código externo Reed-Solomon es optativo, siempre que el equipo existente sea compatible. Además, se introduce la modulación pragmática MDP-8 con codificación reticular (véase el punto 4.2.3).

- Este cuadro dista mucho de ser exhaustivo, y tal vez se haya quedado parcialmente anticuado. Los sistemas de codificación concatenada con códigos Reed-Solomon y la modulación con codificación reticular están penetrando en el dominio de la transmisión por satélite. La modulación con codificación reticular (TCM, *trellis-coded modulation*) se examina detalladamente en el Capítulo 4 (punto 4.2.3). Además, los "turbocódigos" pueden despertar gran interés en los futuros sistemas de satélite.

3.3.5.7 Diseño de sistemas de codificación con corrección de errores

El diseño de un sistema FEC puede ser un proceso iterativo debido al gran número de factores interactivos que han de tratarse. Éstos son los siguientes:

- el valor E_b/N_o (C/N_o) y el margen necesario utilizado para el análisis del balance de enlace;

- la expansión de la anchura de banda;

- la tasa de error en los bits fijada como objetivo;

- el retardo del tratamiento;

- el sistema de acceso múltiple, en especial las limitaciones de formato de los datos y el análisis de interferencia del acceso múltiple;

- los sistemas de modulación y demodulación, en particular el umbral de sincronización;

- la posibilidad de resolución de ambigüedades de fase con la transparencia del código;

- la existencia de dispositivos decodificadores;

- la complejidad de la realización práctica, el costo y los retrasos y esfuerzos económicos del desarrollo, amén de otros factores.

El umbral de sincronización o demodulación es la relación señal/ruido mínima por encima de la cual el algoritmo de recuperación de la portadora puede trabajar normalmente. Por debajo de dicho umbral no puede ya recuperarse la portadora y aparecen deslizamientos de ciclo. No sirve de nada utilizar un tipo de FEC sobredimensionado, de excesiva eficacia, si hace que la E_b/N_o se sitúe por debajo del umbral de demodulación. En un sistema FEC puede tomarse este umbral como un límite inferior del valor E_b/N_o. Existen límites superiores para esquemas generales de codificación y modulación que utilizan la técnica de Chernoff, y se han deducido límites de unión, límites de calidad funcional explícita para ciertos códigos comunes, tales como los códigos convolucionales binarios que utilizan su función de transferencia. Véanse más detalles en la [Ref. 3-10] y el apéndice 3-2.

En cuanto a los sistemas de codificación, el criterio más útil consiste en evaluar la proporción de bits erróneos (BER). A veces, dependiendo de las aplicaciones, podrían ser más apropiadas la tasa de errores de símbolos (SER) y la tasa de errores de trama (FER). Para los problemas de detección son de especial importancia la probabilidad de pérdida de detección y la probabilidad de falsa alarma.

El diseño de un sistema de comunicación fiable guarda estrecha relación con el uso de un balance de enlace preciso y realista. Cuando se necesite evaluar la calidad de funcionamiento con tal propósito, la simulación por computador puede ser el método más práctico. Los paquetes de simulación informática reales permiten evaluar con rapidez el comportamiento de un sistema bastante complicado, que incluya filtrado de canal, amplificación no lineal, interferencia en canal adyacente e interferencia cocanal, ruido de fase, imperfecciones del módem, y otras funciones.

La evaluación de la calidad funcional debe llevarse a cabo en varias etapas. La primera, y también la más importante, consiste en establecer un modelo matemático correcto del sistema. El modelo debe ser lo más sencillo posible, pero debe representar con la máxima fidelidad alcanzable las principales características del sistema. Se ha de llegar a un compromiso entre un modelo completo y complejo del enlace de transmisión y otro modelo que sea sencillo pero inexacto. La segunda etapa comprende el cálculo por el método más apropiado para el modelo: analítico, semianalítico o por simulación.

Por último, es razonable afirmar que una técnica FEC bien concebida logra un compromiso en cuanto a complejidad de sistema entre el tratamiento digital en banda de base y el equipo físico de radiofrecuencia. Un ahorro en la C/N_o puede simplificar considerablemente la parte de radiofrecuencia, reduciendo entre otros factores el diámetro de la antena, la densidad de flujo de potencia, a expensas del tratamiento digital con FEC (esencialmente en el decodificador) y del aumento de la velocidad binaria.

Cabe prever que en los futuros sistemas de comunicación por satélite se utilizarán sistemas de FEC cada vez más refinados. En la Bibliografía que cierra este capítulo figura una lista parcial de referencias acerca de la teoría y las técnicas de codificación.

3.3.6   Cifrado

El cifrado es un medio por el cual se protegen los datos durante la transmisión contra su decodificación por usuarios no autorizados. El cifrado suele aplicarse a trenes de impulsos de información pura, canal por canal, antes de someterlos a multiplexación o codificación correctora de errores.

Existen en la actualidad numerosos métodos para realizar la función de cifrado. A título de ejemplo, se describe seguidamente el método de cifrado aditivo recomendado para utilización en el servicio de comunicaciones de empresa (IBS) de INTELSAT. En este método, el cifrado y el descifrado se consiguen mediante la adición en módulo 2, bit a bit, de secuencias seudoaleatorias idénticas (denominadas tren de claves) al tren de impulsos de datos en los extremos de transmisión y recepción del enlace. La sincronización de la secuencia de cifrado en ambos extremos del enlace se logra mediante la inicialización de la secuencia de tren de claves en cada multitrama, lo cual se señaliza al extremo receptor utilizando el canal de control de cifrado incluido en los bits de alineación de trama.

La secuencia de tren de claves que se está utilizando viene identificada por una clave cuyo número está comprendido entre 0 y 255. Esta clave se renueva al cabo de cierto periodo de tiempo (por ejemplo, 24 horas) para mantener la eficacia del cifrado. El cambio de clave se señaliza por un nuevo número de identificación enviado a través del canal de control de cifrado y se efectúa sin ninguna interrupción en la transmisión.

3.3.7 Otras técnicas de tratamiento de señal

3.3.7.1 Interpolación de conversaciones

Las técnicas de interpolación digital de conversaciones (DSI, *digital speech interpolation*) se basan en el hecho de que, en una conversación normal, cada uno de los interlocutores sólo utiliza el circuito telefónico alrededor de la mitad del tiempo total empleado en la comunicación. Además, hay que añadir a ese tiempo de inactividad las pausas entre las sílabas, palabras y frases, de modo que normalmente un canal telefónico unidireccional está activo, por término medio, sólo durante el 35 al 40% del tiempo que permanece conectado el circuito.

Por consiguiente, si un mismo canal de transmisión pudiera asignarse a diferentes usuarios mediante un sistema de activación por la voz, dicho canal se aprovecharía mejor. Ello permite aumentar considerablemente el número de conversaciones que pueden encaminarse por el mismo canal durante un periodo determinado y obtener una mayor capacidad de tráfico (por ejemplo, 2,5 veces mayor para una actividad del 40%). La ventaja teórica que aporta la interpolación de conversaciones se define por la relación entre el número de usuarios (circuitos de entrada) y el número de canales de transmisión (portadores) necesarios para prestarles el servicio.

Dada la elevada proporción de canales telefónicos utilizados alternativamente para las transmisiones telefónicas y para la transmisión de datos con un factor de actividad superior al de la conversación, la ganancia que en general se obtiene en la práctica es aproximadamente de 2.

3.3.7.2 Equipo de multiplicación de circuitos digitales (DCME)

La función del equipo de multiplicación de circuitos digitales es la de concentrar una serie de líneas digitales de entrada (troncales) en un número más reducido de canales de salida (portadores), logrando con ello una mayor eficacia de utilización del enlace. Se cuantifica mediante la "ganancia de multiplicación de circuitos", que se define como la relación entre el número de canales de entrada y el número de canales de salida del DCME.

El equipo de multiplicación de circuitos digitales se relaciona generalmente con las funciones de codificación a baja velocidad (LRE, *low rate encoding*) y de interpolación digital de conversaciones (DSI) (véase el punto 3.3.7.1), y la utilización combinada de ambas por la MICDA (véase el punto 3.3.1.4) da una ganancia de multiplicación de circuitos de aproximadamente 5. La ganancia real depende de la carga de tráfico y, en particular, del porcentaje de llamadas de transmisión de datos en banda vocal cursadas por el enlace. Físicamente, un DCME puede tener interfaz en el lado troncal con varios trenes binarios de múltiplex primario a 2,048 Mbit/s o 1,544 Mbit/s, y en el lado portador con un tren binario a 2,048 Mbit/s o uno a 1,544 Mbit/s (para señales de múltiplex digital, véase el punto 3.5.2).

La MICDA contribuye a la ganancia reduciendo la velocidad binaria del canal MIC de llegada a 64 kbit/s. Aunque es posible utilizar diversos algoritmos y velocidades de codificación, el UIT-T recomienda el algoritmo MICDA siguiente, definido para utilizarse con el DCME:

	Velocidad de la MICDA	**Bits por muestra**
a) Señal de conversación	32 ó 24 kbit/s	4 ó 3 bits (UIT-T G.721 y G.723)
b) Datos en banda vocal	40 kbit/s	5 bits (UIT-T G.723)

a)   Transmisión de conversación

La señal de conversación va normalmente codificada a 32 kbit/s utilizando el algoritmo de la G.721 antes de conectarla a un canal portador de 4 bits disponible. Si durante una cresta de carga se pone activo un canal de conversación de entrada y no hay ningún canal portador de 4 bits disponible, se crea un canal de sobrecarga de 3 bits sustrayendo los bits menos significativos (LSB, *least significant bits*) de tres canales portadores de 4 bits que estén cursando señales vocales. A estos canales de 3 bits (los que se han creado y los que se les han sustraído bits) se les somete a una codificación de 24 kbit/s utilizando un algoritmo optimizado para las señales vocales. Este algoritmo (denominado G.723) se obtiene de la Recomendación G.721 del UIT-T modificando los umbrales de cuantificación y sus tablas correspondientes.

Durante esta operación se degrada la calidad de la conversación debido a una reducción de unos 4 dB en la relación señal/ruido con respecto a la de la codificación a 32 kbit/s definida en la Recomendación G.721. No obstante, se considera que este aumento del ruido de cuantificación es, subjetivamente, menos molesto que el efecto de recorte de la señal vocal, más evidente cuando no se utilizan canales de sobrecarga. La experiencia demuestra que cuando la ganancia de multiplicación de circuitos es mayor de cinco, la calidad subjetiva de la conversación es considerablemente mejor que la obtenida mediante la codificación a velocidad binaria fija. La modificación de la velocidad binaria no afecta al funcionamiento del sistema, siempre que los cambios en el cuantificador se sincronicen en ambos extremos del enlace.

b)   Transmisión de datos: véase el punto 3.3.3

c)   Control de carga

La creación de canales de sobrecarga permite una mayor ganancia de multiplicación de circuitos pero introduce una cierta degradación de la calidad de la conversación. Para cumplir los requisitos de calidad de la transmisión de la conversación, debe controlarse la carga de tráfico del DCME de tal manera que la relación de codificación media de la palabra no caiga por debajo de un valor predeterminado (típicamente 3,6 a 3,7 bits/muestra) durante un periodo de tiempo prolongado. Cuando se alcance este límite, una función de control dinámico de carga (DLC, *dynamic load control*) incorporada en el DCME señalará al conmutador que no deben asignarse nuevas llamadas a los enlaces troncales servidos por el DCME. Si no está incorporada la función DLC, habrá que administrar el tráfico teniendo en cuenta la aparición muy ocasional de grandes crestas de carga, que a su vez se traducen en una menor ganancia de multiplicación de circuitos obtenible.

3.3.7.3   Dispersión de energía para sistemas digitales (seudoaleatorización)

La dispersión de energía que se aplica a las señales digitales suele denominarse seudoaleatorización. Su principio básico es aleatorizar el tren de impulsos de transmisión con entera independencia del tren de impulsos de información entrante, con lo que se reducen las crestas de la densidad espectral de la portadora. Para conseguir esto existen dos métodos: el seudoaleatorizador y el autoseudoaleatorizador.

a)   Seudoaleatorizador

Este método consiste en sumar en módulo 2 la salida de un generador de códigos seudoaleatorios al tren de impulsos de información con el fin de generar una secuencia seudoaleatoria de impulsos de transmisión. En el extremo receptor, se suma en módulo 2 al tren de impulsos recibidos la misma secuencia de códigos seudoaleatorios para recuperar el tren de impulsos de información original. La figura 3.11 presenta un ejemplo de este tipo de seudaleatorizador/deseudoaleatorizador.

El generador de códigos seudoaleatorios de la unidad de recepción ha de sincronizarse con el de la unidad de transmisión; por este motivo se utiliza normalmente este tipo de aleatorizador con los sistemas que incluyen una señal de alineación de trama para que pueda producirse dicho sincronismo (por ejemplo, AMDT, servicio de empresas INTELSAT).

b)   Autoseudoaleatorizador

En este método se utiliza en el extremo transmisor un registro de desplazamiento provisto de un bucle de realimentación de la salida a la entrada para aleatorizar el tren de impulsos de transmisión. En el extremo receptor, un registro de desplazamiento con bucle de realimentación de la entrada a la salida permite recuperar el tren de impulsos de información original. Una disposición de circuito típica para este seudoaleatorizador/deseudoaleatorizador es la representada en la figura 3.12.

Este tipo de seudoaleatorizador no requiere sincronización entre las unidades transmisora y receptora, y por ello es adecuado para utilizarse con el modo continuo de transmisión de datos, en el que no se supone conocimiento alguno de la señal de alineación de trama, por ejemplo. No obstante tiene la desventaja de que, si r es el número de pasos del registro de desplazamiento, un solo error en el tren de impulsos de transmisión ocasionará r bits erróneos. En consecuencia, el seudoaleatorizador suele colocarse antes del codificador corrector de errores en el extremo transmisor, y el deseudoaleatorizador antes del decodificador corrector de errores en el extremo receptor.

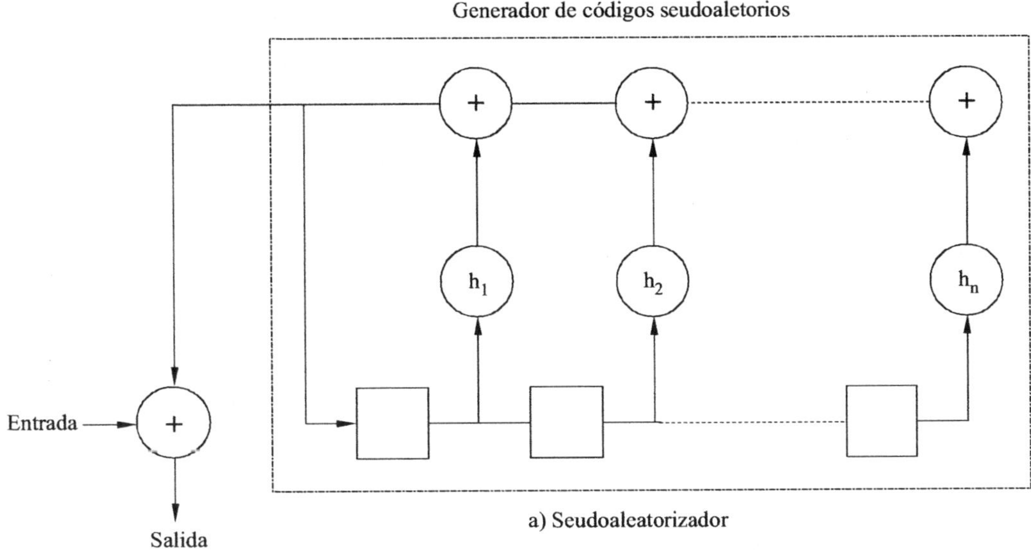

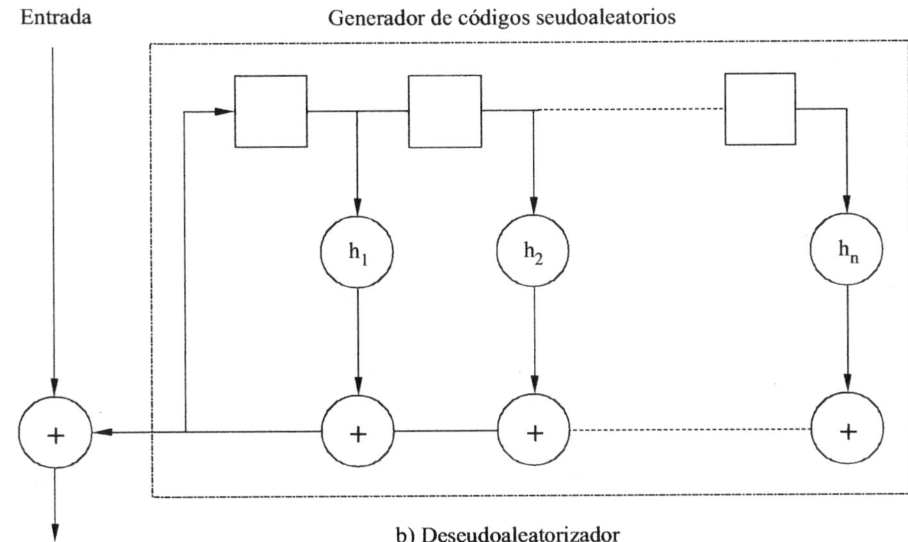

Nota: h_1, h_2 ... h_n representan las conexiones internas de registros de desplazamiento que determinan la secuencia de código.

Sat/C3-11
(99315)

FIGURA 3.11

Seudoaleatorizador

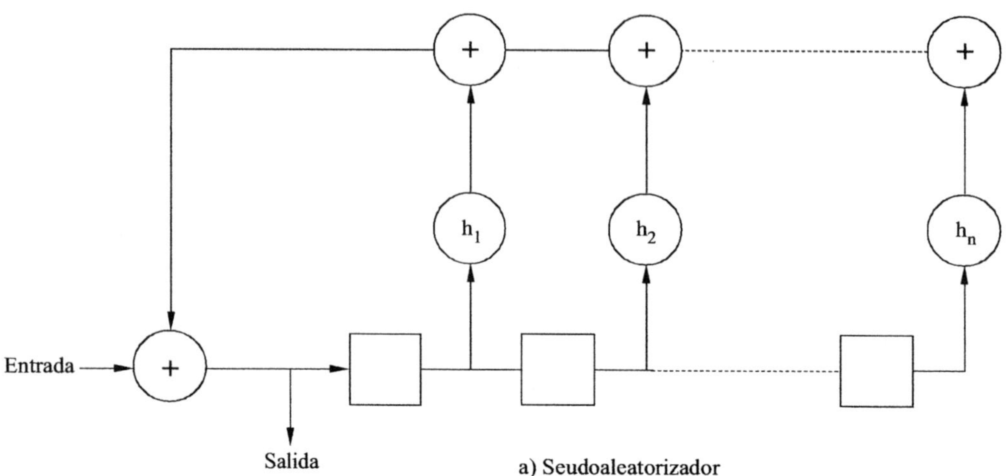

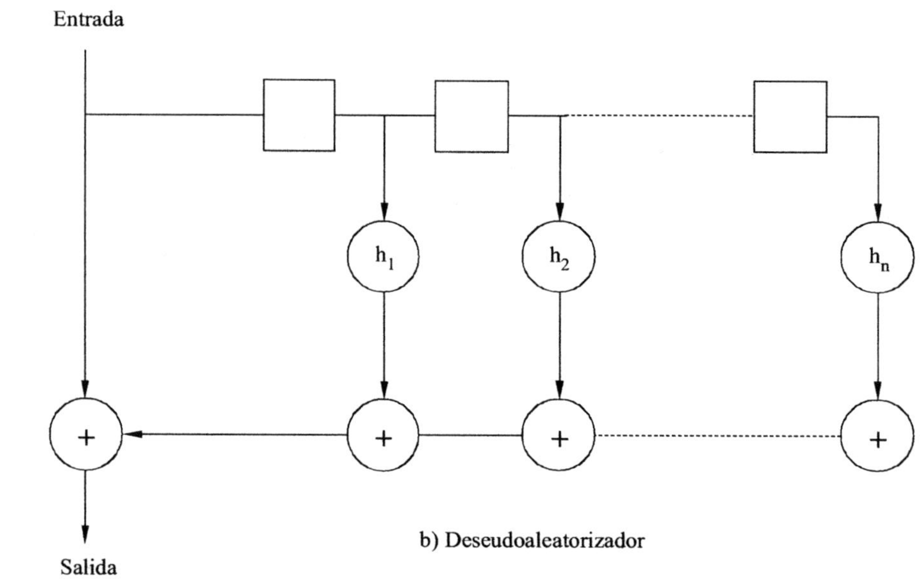

Nota: h_1, h_2 ... h_n representan las conexiones internas de registros de desplazamiento que determinan
secuencia de código.

Sat/C3-12
(99315)

FIGURA 3.12

Autoseudoaleatorizador

3.4 Multiplexación: analógico

La multiplexación es la operación reversible consistente en combinar varias señales portadoras de información para formar una señal única, más compleja. Las señales que se combinan en un multiplexor proceden usualmente de fuentes independientes, tales como distintos abonados de una red telefónica. Antes de la multiplexación, cada señal recorre un trayecto eléctrico separado, como un par de hilos o un cable, mientras que la señal multiplexada puede transmitirse por un medio de comunicación único de capacidad suficiente. La reversibilidad de la operación de multiplexación permite recuperar las señales originales, que a menudo tienen destinos finales diferentes, en el extremo receptor del enlace de transmisión. Esta operación inversa, por la cual se recuperan las señales originales, se denomina demultiplexación.

El acceso múltiple puede considerarse como un tipo especial de multiplexación en el cual dos o más señales, procedentes de lugares diferentes, se envían, por transmisión radioeléctrica, a un mismo transpondedor. No obstante, el término "multiplexación" se reserva usualmente para describir aquellas otras situaciones en que las señales que han de combinarse se reciben por circuitos eléctricos. Las técnicas más comúnmente empleadas tanto para la multiplexación como para el acceso múltiple analógico se basan en los principios comunes de la división de frecuencia.

En un sistema múltiplex por división de frecuencia (MDF), se disponen en la banda de base una serie de canales adyacentes, que por lo tanto pueden incorporarse en un sistema de transmisión único de banda ancha. El proceso de multiplexación (figura 3.13) es, en la práctica, el siguiente:

a) cada canal telefónico transmite audiofrecuencias de 0,3 a 3,4 kHz, y las señales de banda de base son señales de banda lateral única (BLU) con portadora suprimida, espaciadas 4 kHz;

b) doce canales telefónicos son objeto de conversiones de frecuencia a fin de componer un grupo primario básico en la gama de frecuencias de 60 a 108 kHz;

c) cinco grupos primarios básicos se someten a una nueva conversión de frecuencia a fin de componer un grupo secundario básico en la gama de frecuencias de 312 a 552 kHz;

d) todavía puede efectuarse una conversión de frecuencia de este grupo secundario a fin de multiplexar un número mucho mayor de canales telefónicos.

El MDF se utiliza para las comunicaciones terrenales, y tradicionalmente los canales telefónicos multiplexados se disponen en frecuencias de banda de base por encima de 60 kHz. No obstante, en las comunicaciones por satélite, un grupo primario básico emplea la banda de frecuencias de 12 a 60 kHz a fin de aprovechar mejor la anchura de la banda de base.

En la estación terrena receptora, la señal MDF se demultiplexa mediante una secuencia de etapas de filtrado y de demodulación BLU. Es posible separar con filtros los grupos secundarios y los canales individuales con una degradación mínima, gracias a las bandas de guarda que se dejan en la señal MDF. Ha de recordarse que la señal vocal ocupa sólo 3 100 Hz del canal de 4 kHz. Un requisito técnico importante del sistema MDF se refiere a la exactitud y coherencia de las frecuencias portadoras BLU, que usualmente se obtienen de osciladores maestros estables.

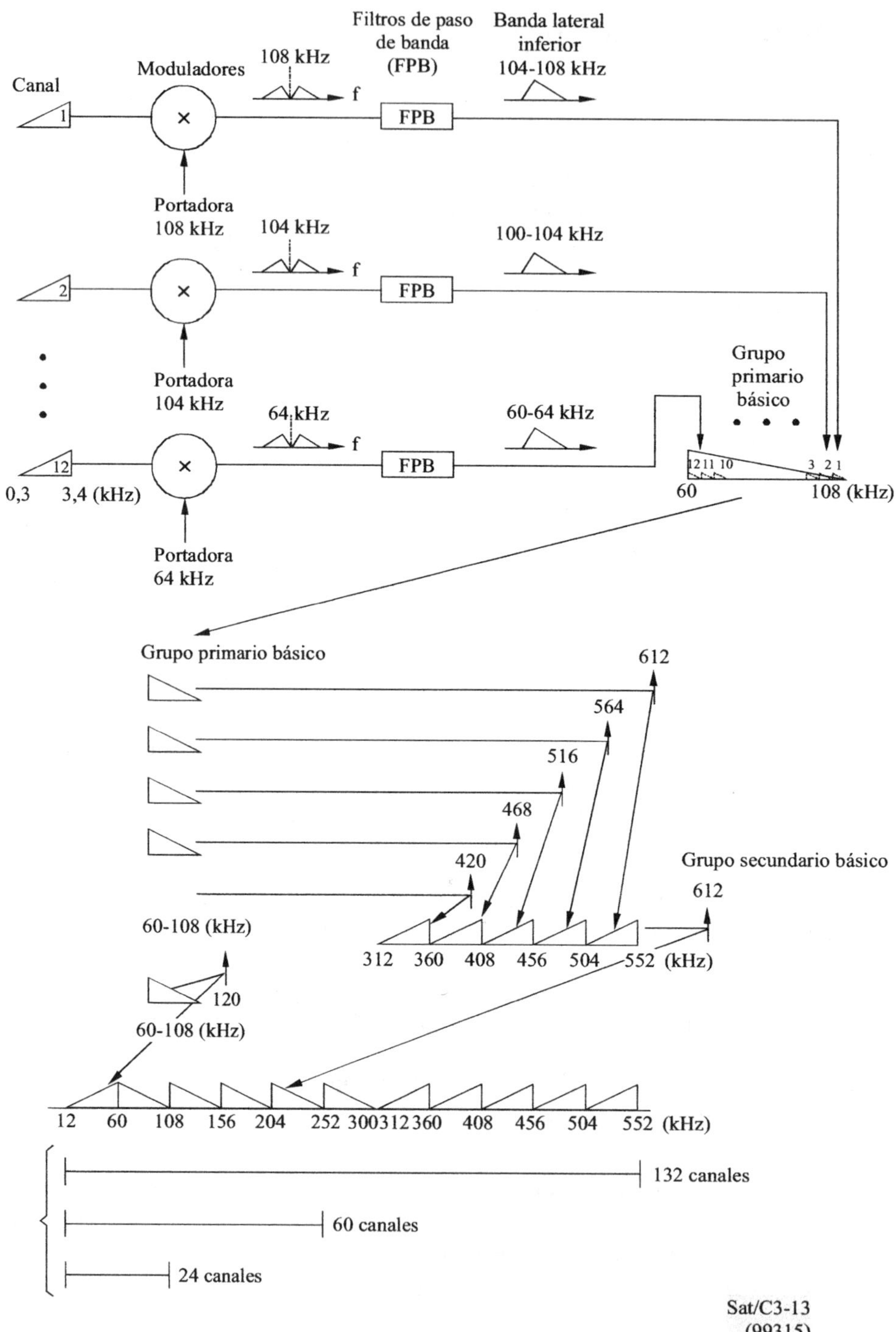

FIGURA 3.13

**Disposición de las frecuencias en la telefonía con multiplexación
por división de frecuencia (MDF)**

3.5 Multiplexación: digital

3.5.1   Generalidades

Las transmisiones digitales aprovechan las ventajas de otra técnica, denominada multiplexación por división en el tiempo (MDT), en la cual los trenes binarios que llegan en paralelo a un nodo de la red (por ejemplo, un terminal de comunicaciones por satélite o un centro de conmutación intermedio) y que tienen el mismo destino se multiplexan por división en el tiempo (es decir, se entrelazan en el tiempo) para formar un solo tren de bits en serie que se transmite en una portadora RF única.

Igual que en un sistema MDF, la señal MDT se forma a través de una serie de etapas de multiplexación. La disposición múltiplex resultante se denomina jerarquía.

3.5.2   Jerarquía digital plesiócrona (PDH) [Ref. 3-1]

Los sistemas de transmisión con jerarquía digital plesiócrona (PDH, *plesiochronous digital hierarchy*) proporcionan un método de buen rendimiento económico para el transporte de un número elevado de circuitos telefónicos, debido a las reducciones en el coste de los circuitos integrados y a los adelantos en tecnología óptica.

La PDH actual se desarrolló principalmente en respuesta a la demanda de telefonía vocal clásica. La disponibilidad de anchura de banda de transmisión de bajo coste condujo a la proliferación de servicios de telecomunicación nuevos, no vocales, en su mayoría orientados al usuario empresarial. Las ofertas de nuevos servicios dieron lugar a la imposición de nuevos requisitos a la red, tales como la flexibilidad en el suministro de nuevas conexiones o en la distribución dinámica de la capacidad.

Como se representa en la figura 3.14, existen tres tipos de jerarquía digital recomendados por el UIT-T. En la figura se muestran también otras velocidades binarias, no normalizadas en el sentido de la Recomendación, pero que realmente se emplean por llevar dos décadas en uso: éstas son la de 274 Mbit/s en Norteamérica, las de 97 y 400 Mbit/s todavía utilizadas en Japón, y la de 560 Mbit/s, correspondiente a una señal multiplexada 4 · 140 Mbit/s que se utiliza extensamente en las redes de larga distancia en Europa.

El primer orden de la jerarquía digital, que suele llamarse grupo primario, corresponde a 1,544 Mbit/s o a 2,048 Mbit/s. El tren digital de 1,544 Mbit/s (utilizado en Norteamérica y Japón) contiene 24 canales de 64 kbit/s y 8 kbit/s adicionales para alineación de trama y señalización. Por su parte, el tren de 2,048 Mbit/s (utilizado en el resto del mundo) está compuesto por 30 canales de 64 kbit/s que cursan tráfico y dos canales adicionales de 64 kbit/s (los intervalos de tiempo respectivos son los números 0 y 16) que transmiten información de alineación de trama y señalización. Para el funcionamiento en régimen internacional, se requiere una precisión de sincronismo de $1,0 \cdot 10^{-11}$ como mínimo en estos trenes digitales primarios.

Los trenes de bits de órdenes segundo y superiores se forman multiplexando varios trenes de bits de orden más bajo (denominados afluentes). No obstante, los trenes de bits que han de multiplexarse pueden tener velocidades binarias ligeramente diferentes. Incluso si las velocidades binarias son nominalmente iguales, la imperfecta estabilidad de los relojes hace que estos trenes no sean exactamente síncronos entre sí, ni con el reloj de la estación terrena terminal. Además, algunos de estos trenes binarios pueden haber llegado por un enlace de satélite en una transmisión de varios tramos, en la cual el tiempo de propagación satélite-estación terrena varía como consecuencia del movimiento del satélite. Por consiguiente, aunque muchos de estos trenes de bits pueden tener la misma frecuencia nominal de reloj, no son necesariamente síncronos. A fin de multiplexarlos en el tiempo, uno o todos ellos han de pasar por un almacenamiento intermedio donde se les añadan bits de "relleno" para sincronizarlos (justificación).

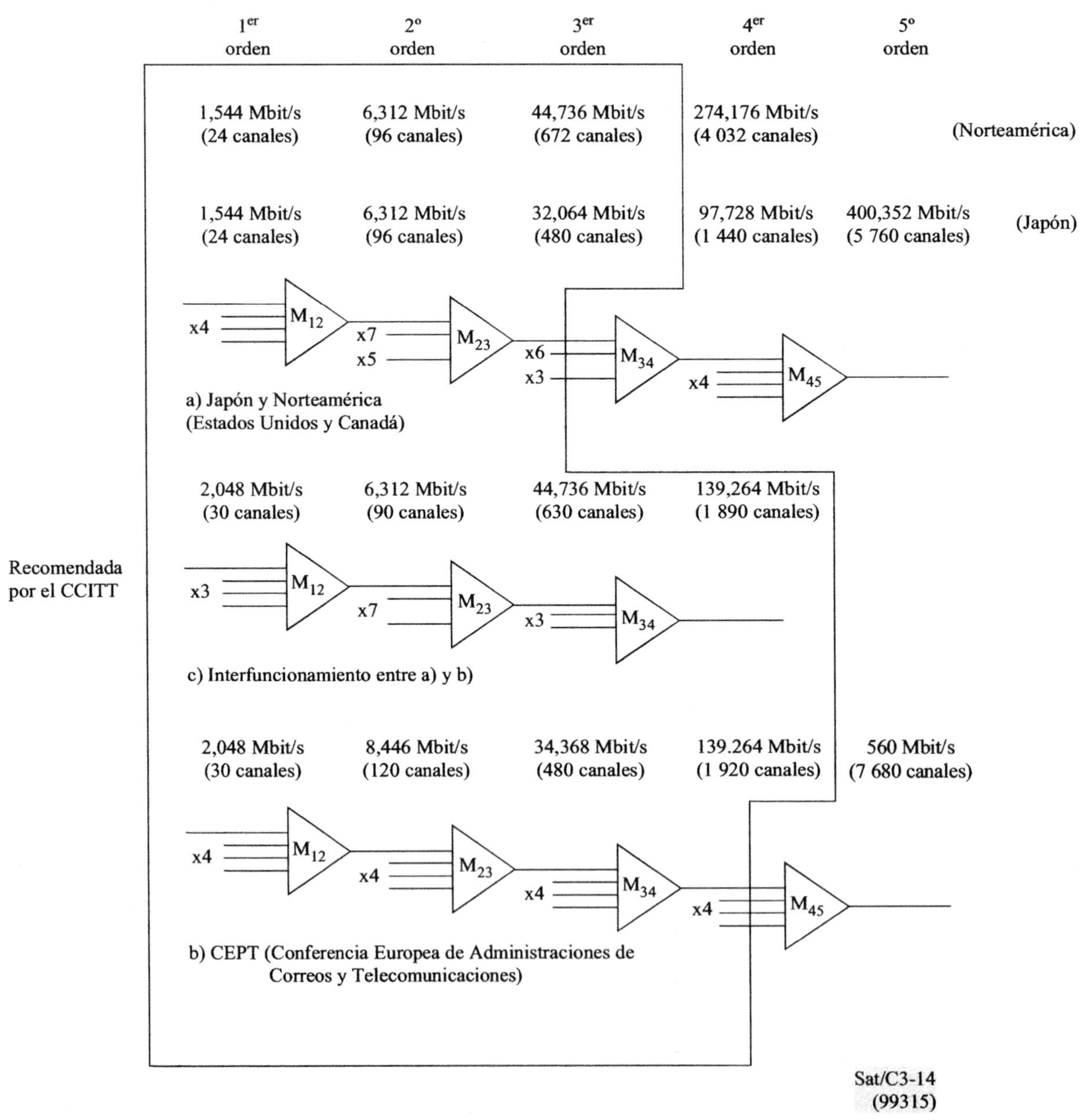

FIGURA 3.14

Velocidades binarias de la jerarquía digital

Para el interfuncionamiento entre los países que utilizan el sistema de 1,544 Mbit/s y los que utilizan el sistema de 2,048 Mbit/s se recomienda una jerarquía diferente, llamada jerarquía de interfuncionamiento.

Aunque sea capaz de multiplexar y transportar seguidamente, a velocidades superiores, muchos tipos diferentes de señales de baja velocidad, la estructura PDH no proporciona un medio para acceder a estos afluentes originales sin demultiplexar por completo la trama de alta velocidad. Esto puede reflejarse en el suministro de una línea arrendada de 2 Mbit/s: se necesitan varias operaciones de multiplexación y demultiplexación para obtener esa línea a partir de un canal de alta velocidad, por ejemplo, de 140 Mbit/s (en términos coloquiales "las montañas Mux"). La figura 3.15 muestra un proceso de inserción/extracción de afluentes de baja velocidad en/de una señal de alta velocidad binaria, cuyo esquema, para mayor claridad, se ha simplificado extremadamente, omitiendo todas las tramas digitales, los accesos al sistema de detección de alarmas y supervisión y las conexiones a los circuitos de servicio de ingeniería necesarios entre las posiciones distantes y los centros de operación.

La inserción y extracción de canales, de modificación nada fácil y bajo rendimiento, es un obstáculo para obtener conexiones flexibles o suministrar servicios con presteza. También resulta complicado el control de los trayectos que recorren los circuitos en el interior de estas operaciones de multiplexación (de multiplexación) e interconexiones de equipos.

La incapacidad de identificar los canales individuales dentro de un tren binario de alta velocidad, la ausencia de medios eficaces para observar la calidad de la transmisión (por ejemplo, los errores en los bits) y una estructura de trama que no prevé en grado suficiente el transporte de información relativa a la gestión de equipos y redes, son las principales limitaciones de la jerarquía digital plesiócrona, que pueden ser aceptables en telefonía pero se tornan peligrosas en una red que ha de proporcionar muchos otros servicios.

Además de las Recomendaciones G.730, G.740 y G.750 sobre equipo multiplexor de la jerarquía digital plesiócrona, se enumeran a continuación, con carácter no exhaustivo, las Recomendaciones del UIT-T sobre este respecto:

G.702   Velocidades binarias de la jerarquía digital

G.703   Características físicas y eléctricas de las interfaces digitales jerárquicas

G.704   Estructuras de trama síncrona utilizadas en los niveles primario y secundario

G.706   Procedimientos de alineación de trama y de verificación por redundancia cíclica relativos a las estructuras de trama básica definidas en la Recomendación G.704

G.797   Características de un multiplexor flexible en un entorno de la jerarquía digital plesiócrona

G.802   Interfuncionamiento de redes basadas en diferentes jerarquías digitales y leyes de codificación de las señales vocales

G.821   Característica de error de una conexión digital internacional que forma parte de una red digital de servicios integrados

G.823   Control de la fluctuación de fase y de la fluctuación lenta de fase en las redes digitales basadas en la jerarquía de 2 048 kbit/s

G.824   Control de la fluctuación de fase y de la fluctuación lenta de fase en las redes digitales basadas en la jerarquía de 1 544 kbit/s

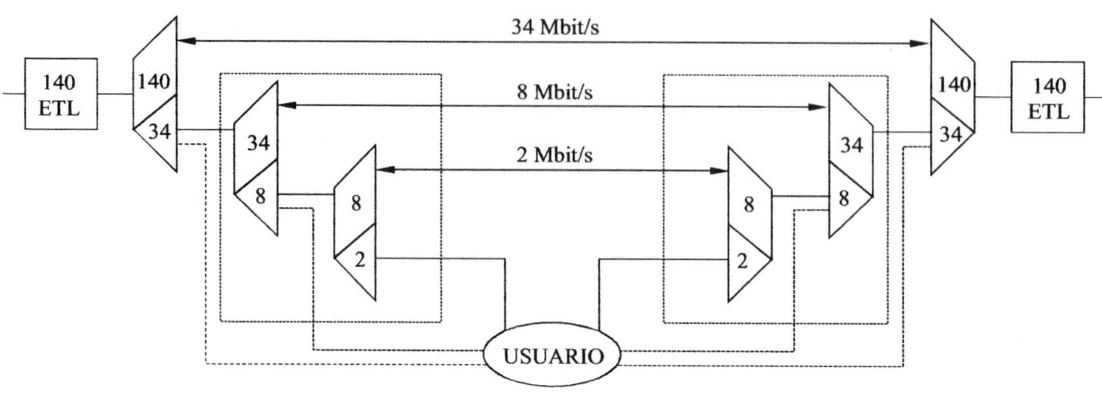

LTE: ETL equipo de terminación de línea
---------   Si ha de extraerse 8 Mbit/s o 34 Mbit/s

Sat/C3-15
(99315)

FIGURA 3.15

**Proceso de inserción/extracción de afluentes de baja velocidad en/de
una señal de alta velocidad binaria**

3.5.3   La jerarquía digital síncrona (SDH) [Ref. 3-1 y 3-7]

3.5.3.1   Consideraciones generales

La consideración de una nueva estructura jerárquica que supere las limitaciones de la jerarquía digital plesiócrona (PDH) se debe, entre otros factores, a los avances de la electrónica que han permitido incorporar a los equipos capacidades de tratamiento a un coste asequible, a la existencia de *medios de transmisión de gran anchura de banda y alta calidad de funcionamiento*, a la necesidad de vigilar y gestionar los equipos y las redes, así como de construir con rapidez redes flexibles, fiables y altamente protegidas que sean capaces de atender la petición de servicios nuevos de banda ancha y elevada calidad.

Las primeras iniciativas en este sentido se tomaron en los Estados Unidos de América con el título de red óptica síncrona (SONET, *synchronous optical network*). *Su nombre procede de que esta técnica se destinaba principalmente a enlaces de fibra óptica.* La versión normalizada por el UIT-T se denomina jerarquía digital síncrona (SDH), y se define fundamentalmente en la Recomendación G.707 del UIT-T. *A través de una correcta coordinación del UIT-T y el UIT-R, la UIT se preocupa constantemente de que las Recomendaciones sobre la SDH sean aplicables, en la mayor medida posible, a todo tipo de medios de transmisión en banda ampliada, incluyendo desde luego los enlaces por satélite. Con esta misma finalidad, la Comisión de Estudio 4 del UIT-R está preparando nuevas recomendaciones sobre la aplicabilidad de las Recomendaciones del UIT-T a las comunicaciones por satélite.*

La jerarquía digital síncrona es un conjunto jerarquizado de estructuras de transporte digital, normalizadas para el transporte de cabidas (contenidos) útiles adecuadamente adaptadas a través de redes físicas de transmisión.

El equipo en el que se incorporan facilidades basadas en la SDH no solamente ofrece las funciones tradicionales que exigen las redes de transmisión, sino además otras funciones nuevas. Con esto se aprovechan todas las posibilidades de la SDH y se avanza hacia nuevas estructuras de red.

Las facilidades basadas en la SDH ofrecen notables ventajas sobre los anteriores sistemas de jerarquía digital plesiócrona (PDH), a saber:

- acceso directo a los afluentes, es decir, la capacidad de insertar/extraer tráfico de manera eficaz sin tener que multiplexar y demultiplexar la señal de alta velocidad entera;

- mejora de las capacidades de operaciones, administración y mantenimiento;

- fácil evolución hacia velocidades binarias superiores al compás de los desarrollos en la tecnología de la transmisión.

Las especificaciones de la interfaz de nodo de red (NNI, *network node interface*), necesaria para permitir la interconexión de elementos digitales síncronos para el transporte de cabidas útiles (incluyendo las señales digitales de la PDH) se definen en la Recomendación G.707 (véase la figura 3.16).

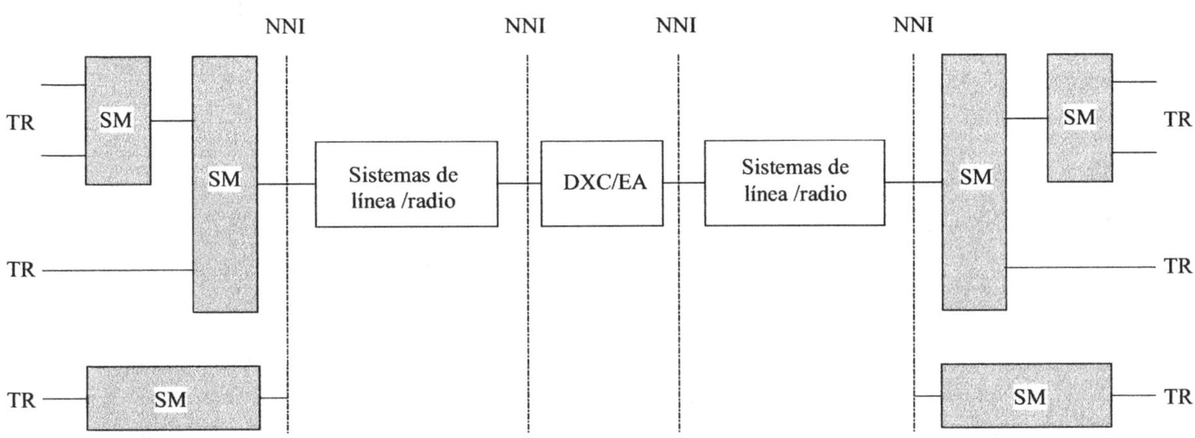

DXC: Sistema de transconexión digital (digital cross-connect equipment)
EA: Equipo de acceso externo (external access equipment)
SM: Multiplexor síncrono (synchronous multiplexer)
TR: Afluentes (tributary)

Sat/C3-16
(99315)

FIGURA 3.16

Localización de las interfaces de nodos de red

3.5.3.2   Niveles de velocidad de transmisión

Las velocidades binarias de la jerarquía digital síncrona están definidas en la Recomendación G.707. Los niveles de velocidades de transmisión se definen de tal manera que los niveles superiores resultan ser múltiplos enteros de la velocidad binaria de primer nivel (155 520 kbit/s) y están señalados por el factor de multiplicación correspondiente.

Cuando hay necesidad de transportar señales SDH en sistemas de radio y de satélite, no diseñados para la transmisión de señales a velocidad básica, los elementos SDH pertinentes pueden funcionar a una velocidad binaria de 51 840 kbit/s a través de secciones digitales. Sin embargo, esta velocidad binaria no constituye un nivel de la SDH ni tampoco una velocidad binaria de interfaz de nodo de red.

3.5.3.3   Definiciones de la estructura de trama y elementos conexos

La estructura de información utilizada para sustentar las conexiones de capa de sección en la SDH se denomina módulo de transporte síncrono (STM, *synchronous transport module*). Comprende campos de información de cabida útil y de tara de sección organizados en una estructura de trama de bloque que se repite cada 125 microsegundos. La información está adecuadamente preparada para ser transmitida en serie por los medios escogidos a una velocidad que se sincroniza con la red.

La trama básica es el STM de nivel 1 (STM-1). Para los STM de mayor capacidad se verifica que la velocidad binaria de un STM-N es exactamente N veces la de un STM-1, y su trama se obtiene por el entrelazado de octetos de N tramas STM-1. Seguidamente se enumeran las STM-N ya normalizadas, pero se están examinando otras STM de mayor capacidad.

* la STM-1 a 155 520 kbit/s;

* la STM-4 a 622 080 kbit/s;

* la STM-16 a 2 488 320 kbit/s.

Una vez formada el área de cabida útil de la trama STM-1 (por los octetos de señal y/o los de justificación), se añaden a la trama algunos octetos de información de control para formar la tara de sección (SOH, *section overhead*). Su finalidad es la proporcionar funciones tales como los canales de comunicación para las actividades de operación, administración y mantenimiento, la conmutación a un canal de reserva, la funcionalidad de la sección, la alineación de tramas y aplicaciones específicas del operador.

La trama STM-1 se considera como una estructura matricial de 270 columnas de octetos y nueve filas. La estructura de trama STM-N se representa en la figura 3.17. En ella se indican las tres zonas principales de la trama STM-N:

* tara de sección;

* puntero(s) de unidad administrativa;

* cabida útil de información.

Con el fin de acomodar las señales generadas por equipos procedentes de diversos niveles de la PDH, las recomendaciones de la jerarquía digital síncrona definen métodos para subdividir de diversas maneras la zona de cabida útil de una trama STM-1, de modo que pueda transportar diferentes combinaciones de afluentes (véase el apéndice 3-5).

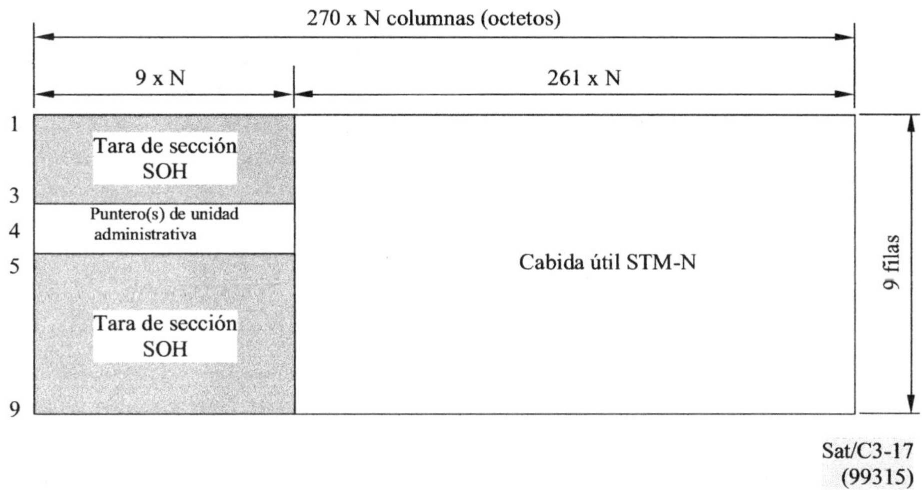

FIGURA 3.17

Estructura de trama STM-N

3.5.3.4   Resumen de las características SDH

Las principales características de la jerarquía digital síncrona pueden resumirse del siguiente modo:

a) Flexibilidad de la estructura de trama. Se utiliza la multiplexación síncrona para establecer las correspondencias de los diversos afluentes dentro de la STM-1 y para obtener los niveles de orden superior (STM-4 y STM-16). Con ello se consigue una visibilidad directa de la estructura de la trama así como la inserción y/o extracción directa de los afluentes de orden inferior de las señales de línea de alta velocidad binaria, además de facilitar la evolución hacia velocidades binarias superiores y la realización de sistemas multiplexores de inserción/extracción y de transconexión digital. La SDH permite un tratamiento no costoso del tráfico, junto con el establecimiento de estructuras de anillo autorregenerables que ofrecen capacidades de supervivencia del servicio, en caso de fallos de cable, por ejemplo.

b) Capacidad acrecentada de operaciones, administración, mantenimiento y aprovisionamiento, que permite la evolución de las redes de transmisión hacia redes verdaderamente gestionadas. La estructura de trama básica incluye funciones para la operación y el mantenimiento de equipos y redes de transmisión. Los canales de datos integrados pueden transmitir los datos relativos a informaciones de operación y mantenimiento, recogidos en cada elemento de red de la subred SDH, a una unidad de gestión de cabecera, y seguidamente, a través de una red de comunicación de datos (DCN, *data communication network*) como la X.25, por ejemplo, a un centro de gestión. Esta capacidad permite llevar a la práctica el concepto de red de gestión de las telecomunicaciones (TMN, *telecommunication management network*).

c) Interfaces normalizadas para las aplicaciones más clásicas, tales como las comunicaciones privadas, tanto las interiores a un edificio como las que unen dependencias a corta o larga distancia (Recomendación UIT-T G.957). La especificación detallada de todos los parámetros que caracterizan a los cables, transmisores y receptores permite la compatibilidad (el encuentro en un punto intermedio) entre equipos (también llamada transversal) en la misma sección óptica; por ejemplo, pueden conectarse transmisores y receptores de distintos fabricantes. Análogamente, la interfaz eléctrica para STM-1 está normalizada (Recomendación UIT-T G.703) para interconectar equipos en la misma localización. La simultánea disponibilidad de interfaces SDH y PDH permite el paso gradual de la red existente a una red enteramente SDH.

Aplicando métodos esencialmente idénticos a los de la tecnología PDH, una red síncrona es capaz de aumentar notablemente la anchura de banda y al mismo tiempo reducir la cantidad de equipo necesario en la red. Por añadidura, la gestión de red refinada que incorpora la SDH aporta mayor flexibilidad a la red.

La SDH define una estructura que permite combinar entre sí las señales PDH y encerrarlas dentro de una señal SDH normal. El interfuncionamiento entre equipos PDH y SDH es sencillo, por lo cual podrá utilizarse equipo SDH para satisfacer necesidades particulares si hubiera limitaciones que impidan su rápida introducción en toda la red.

El equipo basado en la SDH presenta características especialmente atractivas. Su cualidad más destacada es la total compatibilidad con las redes plesiócronas, para lo cual solamente necesita interfaces plesiócronas convencionales. Ello permite una paulatina introducción de la jerarquía digital síncrona en las redes plesiócronas, dado que, por ejemplo, asegura el transporte transparente de las tramas PDH en las islas SDH durante la fase de transición. Además, este equipo se inscribe en el movimiento de normalización mundial que promueve la convergencia de las jerarquías europea, japonesa y norteamericana.

Como ya se ha explicado, la SDH se concibió y desarrolló inicialmente en tecnología de fibra óptica, si bien la tecnología de microondas se está ya adaptando para cumplir los requisitos de la SDH, considerando fundamentalmente los niveles de velocidad binaria STM-1 e inferiores (por ejemplo, los afluentes).

Las siguientes Recomendaciones del UIT-T definen los principios, equipos y redes de la SDH:

G.703   Características físicas y eléctricas de las interfaces digitales jerárquicas

G.707   Interfaz de nodo de red para la jerarquía digital síncrona

G.774   Modelo de información de gestión de la jerarquía digital síncrona desde el punto de vista de los elementos de red

G.781   Estructura de las Recomendaciones del equipo multiplexor de la jerarquía digital síncrona

G.782   Tipos y características generales del equipo de la jerarquía digital síncrona

G.783   Características de los bloques funcionales del equipo de la jerarquía digital síncrona

G.784   Gestión de la jerarquía digital síncrona

G.825   Control de fluctuación de fase y fluctuación lenta de fase en redes digitales basadas en la jerarquía digital síncrona

G.831   Capacidades de gestión de las redes de transporte basadas en la jerarquía digital síncrona

G.957   Interfaces ópticas para equipos y sistemas basados en la jerarquía digital síncrona

G.958   Sistemas de línea digitales basados en la jerarquía digital síncrona para utilización en cables de fibra óptica.

En el apéndice 3-5 se dan más detalles sobre la jerarquía digital síncrona.

3.5.4   Modo de transferencia asíncrono [Ref. 3-1, 3-6]

3.5.4.1   Introducción y visión de conjunto

El modo de transferencia asíncrono (ATM, *asynchronous transfer mode*) fue concebido para satisfacer las refinadas exigencias de las técnicas y tecnologías de transporte de la información.

El ATM es un modo de transferencia específico orientado a paquetes que utiliza técnicas de multiplexación por división en el tiempo asíncrona. Combina en sí la flexibilidad de la conmutación de paquetes y la sencillez de la conmutación de circuitos. El flujo de información multiplexada se organiza en células de longitud fija. Una célula consta de un campo de información de 48 octetos y un encabezamiento de 5 octetos (véase la figura 3.18). La red utiliza el encabezamiento para transportar los datos desde la fuente al destino. La capacidad de transferencia se asigna por negociación y se basa en las necesidades de la fuente y la capacidad disponible. En general, la señalización y la información del usuario se cursan por conexiones ATM separadas.

El ATM es la solución elegida para establecer una RDSI de banda ancha (RDSI-BA), y por ello influye sobre la normalización de las jerarquías digitales, las estructuras de multiplexación, la conmutación y las interfaces para las señales de banda ancha. Es una tecnología prometedora por cuanto ofrece transmisión a velocidades binarias elevadas, flexibilidad para multimedios y capacidad de conexiones multipunto. Su introducción puede dar lugar a estructuras internas de red más sencillas y más flexibles. Por otra parte, las funciones de control y explotación de servicios se verán realizadas al aprovecharse de una red de señalización avanzada y de alta velocidad. El ATM está concebido para admitir la gama entera de servicios de telecomunicación, y en consecuencia está sustentado por mecanismos muy sencillos y de elevada eficacia.

El ATM aplica una técnica de transferencia única, al contrario que la RDSI de banda estrecha, por ejemplo, que ofrece diferentes variantes de dos modos de transferencia básicos (el modo circuito a 64 kbit/s y el modo paquete con protocolo D, tratados por subredes separadas en el interior de la red).

El modo de transferencia es asíncrono porque las células de una misma conexión no están sujetas a mantener una relación en tiempo, por ejemplo, la periodicidad. La velocidad de transmisión de las células dentro de un determinado canal virtual puede variar, y depende de la fuente más que de cualquier reloj de referencia de la red. Por consiguiente, una red basada en ATM es transparente en la anchura de banda. Este es un factor esencial, ya que pueden tratarse de un modo dinámico tanto servicios de velocidad binaria constante como de velocidad variable, es posible introducir gradualmente nuevos servicios, y no causan perjuicios los errores de predicción sobre la composición de la demanda de servicios. Además, pueden aprovecharse las propiedades estadísticas de los servicios de velocidad binaria variable para realizar la multiplexación estadística de las células, con lo que se aumentará la eficacia de la red.

Entre las ventajosas facilidades específicas de una RDSI-BA basada en ATM destacan las siguientes:

- alta flexibilidad de acceso a la red debido al concepto de transporte de células y a los principios específicos de la transferencia de células;

- atribución dinámica de la anchura de banda con un grado fino de granulosidad;

- atribución flexible de capacidad de portadores y fácil disposición de conexiones semipermanentes debido al concepto de trayecto virtual;

- independencia del medio de transporte en la capa física.

Las cuestiones relativas a los trabajos emprendidos por el UIT-R sobre el ATM y, en términos más generales, a los problemas que plantea la introducción del ATM en los enlaces por satélite y su interconexión con las redes ATM, se tratan con algún detenimiento en el Capítulo 8, sección 8.6.

3.5.4.2   Entidades ATM y sus relaciones

En el ATM la información está organizada en células de tamaño fijo, que son las entidades transportadas por la red. La célula se compone de un campo de información, que contiene los datos del usuario, y un encabezamiento (figura 3.18).

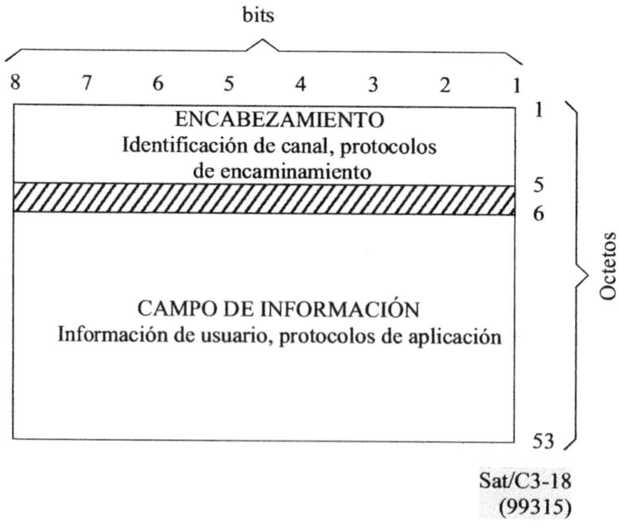

FIGURA 3.18

Estructura de la célula ATM

El tamaño del encabezamiento (5 bytes u octetos, uno de los cuales protege a los otros cuatro) y el tamaño del campo de información (48 octetos) permanecen constantes en todos los puntos de referencia., incluyendo la interfaz usuario-red (UNI, *user network interface*) y la interfaz de nodo de red (NNI), en las que se aplica la técnica ATM.

La célula ATM es a la vez una unidad de multiplexación y una unidad de encaminamiento. Las células sucesivas de una señal múltiplex son identificadas y encaminadas individualmente con base en la información contenida en el encabezamiento; éste comprende dos identificadores para permitir un encaminamiento doble en el que intervienen las nociones de canal (concepto de conmutación) y de trayecto (concepto de transmisión).

Las funciones de transporte de la capa ATM se subdividen en dos niveles: el nivel de canal virtual (VC, *virtual channel*) y el nivel de trayecto virtual (VP, *virtual path*). Ambos son independientes de la realización en la capa física. Los canales virtuales se agrupan en conexiones de trayecto virtual (VPC, *virtual path connections*) que pueden encaminarse como tales a través de multiplexores o demultiplexores de VP y conmutadores y transconcctorcs de VP.

Las funciones del encabezamiento de la célula vienen definidas por su propia estructura, ilustrada en la figura AP 3.4-5 (véase el apéndice 3.4). El identificador de trayecto virtual (VPI) y el identificador de canal virtual (VCI) permiten encaminar la célula. También se identifican la prioridad de pérdida de células y el tipo de cabida útil. Actualmente hay un bit de reserva.

En el formato de la célula ATM, en la UNI, el campo de control genérico de flujo contiene 4 bits para transportar la información de control de flujo utilizada para aliviar las situaciones de sobrecarga que puedan producirse a corto plazo. El campo de encaminamiento (VPI/VCI) consta de 24 bits, 8 para el VPI y 16 para el VCI, a efectos de identificación de la conexión. Los 3 bits disponibles para identificación del tipo de cabida útil (PT, *payload type*) indican si la cabida útil de la célula contiene información de usuario (e información sobre la función de adaptación al servicio) o información de red; de las ocho posibilidades, queda una en reserva. Dependiendo de las condiciones de la red, el bit de prioridad de pérdida de células (CLP, *cell loss priority*) se pone a 1 (descartar) o a 0. Los ocho bits restantes forman el campo de control de errores de encabezamiento (HEC, *header error control*), utilizado para la gestión de errores del encabezamiento.

3.5.4.3   Sistemas de transmisión para células ATM

Las células ATM pueden transmitirse por diferentes procedimientos. Pueden ir insertadas en la cabida útil de la SDH, en las tramas de una PDH existente, o bien ser transmitidas como secuencia continua de células. La Recomendación UIT-T I.432 define dos correspondencias de la interfaz usuario-red (UNI): 1) Opción basada en la SDH, en la que las células van incluidas en la cabida útil SDH, y 2) Opción basada en las células. Las células ATM pueden también ubicarse en la cabida útil de las señales PDH.

Las opciones basadas en SDH y PDH tienen la ventaja de que es posible aprovechar los sistemas y redes de una u otra jerarquía digital para el transporte de las células ATM. Ello implica que pueda utilizarse la red de transporte para los servicios ATM y las aplicaciones tradicionales, como las de conmutación de circuitos.

Otra ventaja importante es la posibilidad de utilizar las mismas funciones de operación y mantenimiento (OAM) ya definidas en la SDH, tales como las de observación de errores, canales de servicio, canales para aplicaciones TMN, en las que se utilizan las taras de la jerarquía digital síncrona.

Con el fin de hacer corresponder los trenes de células ATM con los contenedores virtuales (VC, *virtual container*) de la SDH, las células ATM se presentan al contenedor virtual por medio de una función de adaptación que inserta células en reposo si la velocidad ofrecida no es suficiente para cargar por completo el canal SDH y limita la fuente cuando la velocidad ofrecida ha crecido demasiado. El tren de células realmente transmitido tiene exactamente la misma capacidad que el contenedor virtual de SDH en el cual se transporta y que por lo tanto limita la velocidad de información máxima, aunque venga definida por la fuente.

Se han definido correspondencias de ATM en el VC-4 y el VC-4-4c (cuatro VC-4 concatenados) de la SDH. Ninguna de estas cabidas útiles transporta un número entero de células ATM. Los límites de la célula no estarán en la misma posición relativa en las sucesivas tramas SDH. Pero esto es irrelevante, dado que los trenes de células llevan su propio mecanismo de delimitación de células insertado en el control de errores del encabezamiento.

La capacidad de transferencia en la interfaz usuario-red (UNI) es de 155 520 kbit/s, con una cabida útil de 149 760 kbit/s (debido al encabezamiento SDH). Con el formato de célula ATM, 5 octetos de encabezamiento y 48 octetos de campo de información, la máxima velocidad que puede obtenerse de la interfaz para todos los campos de información de células es de 135 631 kbit/s.

Se define una segunda interfaz UNI a 622 080 kbit/s, con velocidad binaria de servicio de aproximadamente 600 Mbit/s.

3.5.4.4   El ATM por enlaces de satélites

Se han realizado estudios y experimentos significativos sobre la transmisión ATM a través de enlaces por satélites, en particular en Europa y por INTELSAT, incluida la posibilidad de conmutación ATM a bordo. De hecho, los enlaces por satélite han demostrado ser el medio preferido para la transmisión basada en ATM (por ejemplo, para enlaces Internet). Por esa razón, mediante la adecuada coordinación entre el UIT-T y el UIT-R, hay un constante interés por parte de la UIT en el sentido de que las Recomendaciones sobre ATM puedan ser aplicables a los enlaces por satélites. La CE 4 del UIT-R está elaborando nuevas Recomendaciones sobre la aplicación del ATM a las comunicaciones por satélites.

3.5.5   Generalidades sobre conceptos de RDSI: banda estrecha y banda ancha [Ref. 3-1]

3.5.5.1   El concepto de red digital de servicios integrados y sus exigencias

La red digital de servicios integrados (RDSI) se concibe como una red digital universalmente accesible, capaz de proporcionar una gama muy amplia de servicios de telecomunicaciones que utilizan capacidades muy eficaces que posee la red en número limitado.

El concepto de RDSI aparece como solución para prestar todos los servicios de un modo más integrado. Cada una de las actuales redes de telecomunicación proporciona un conjunto específico de servicios especializados (voz, datos con conmutación de circuitos, datos con conmutación de paquetes, vídeo). Muchas de estas redes se apoyan en equipos analógicos y digitales para el acceso de abonados, la conmutación y la transmisión entre centrales. Sin un entorno RDSI, el usuario de varios servicios de telecomunicación tendrá líneas de acceso separadas para cada servicio, con distintos requisitos de interfaz usuario-red y distintos terminales (véase la figura 3.19).

La RDSI establece las capacidades del portador en el acceso digital de abonados para acomodar en una conexión enteramente digital los servicios de voz, datos y vídeo nuevos y existentes.

Los requisitos técnicos básicos para la realización de la RDSI son:

1) conmutación, transmisión y línea de usuario digitales;

2) sincronización de centrales, líneas de transmisión y terminales para preservar la integridad de la información digital transmitida;

3) sistema de señalización N° 7 por canal común (CCSS) del UIT-T entre entidades funcionales internas a la red;

4) sistema de señalización digital de abonado N° 1 (DSS 1/ISUP) que implica una señalización usuario-red en modo mensaje basada en el protocolo D.

Los mensajes de señalización son transportados por el canal D; de este modo es posible realizar un tratamiento separado del establecimiento o liberación de la llamada. Los sistemas CCSS N° 7 y DSS 1 del UIT-T permiten la introducción de nuevas facilidades.

La evolución hacia la RDSI implica que la digitalización de la red debe abarcar: 1) centrales de abonados con capacidades de encaminamiento y sus unidades de conexión (dentro de una red de área local); 2) redes de transferencia y distribución para permitir la conexión de equipo de usuario RDSI, por ejemplo, centrales privadas automáticas con conexión a la red pública (PABX) e instalaciones privadas; 3) todas las centrales troncales de mayor y menor rango involucradas en el plan de encaminamiento RDSI.

El UIT-T ha emitido Recomendaciones que abarcan los siguientes aspectos de la RDSI:

*   introducción general y principios básicos (serie I.100);

*   servicios (serie I.200)

*   arquitectura y capacidades de red (serie I.300)

*   interfaces usuario-red (serie I.400)

*   interfuncionamiento (serie I.500)

*   principios de mantenimiento (serie I.600).

Se espera que la introducción de la RDSI pase por las siguientes etapas: 1) Conversión de la red telefónica pública conmutada a conmutación digital y transmisión digital entre centrales (red digital integrada); 2) Introducción de transmisión digital por los pares de hilo de cobre existentes para la conexión de los abonados a la red (acceso digital integrado); 3) Conexiones digitales extremo a extremo a 64 kbit/s (RDSI a 64 kbit/s); 4) Mejora del acceso de usuario hasta la capacidad de banda ancha utilizando fibras ópticas (acceso en banda ancha); 5) Servicios extremo a extremo de banda ancha conmutados (RDSI de banda ancha).

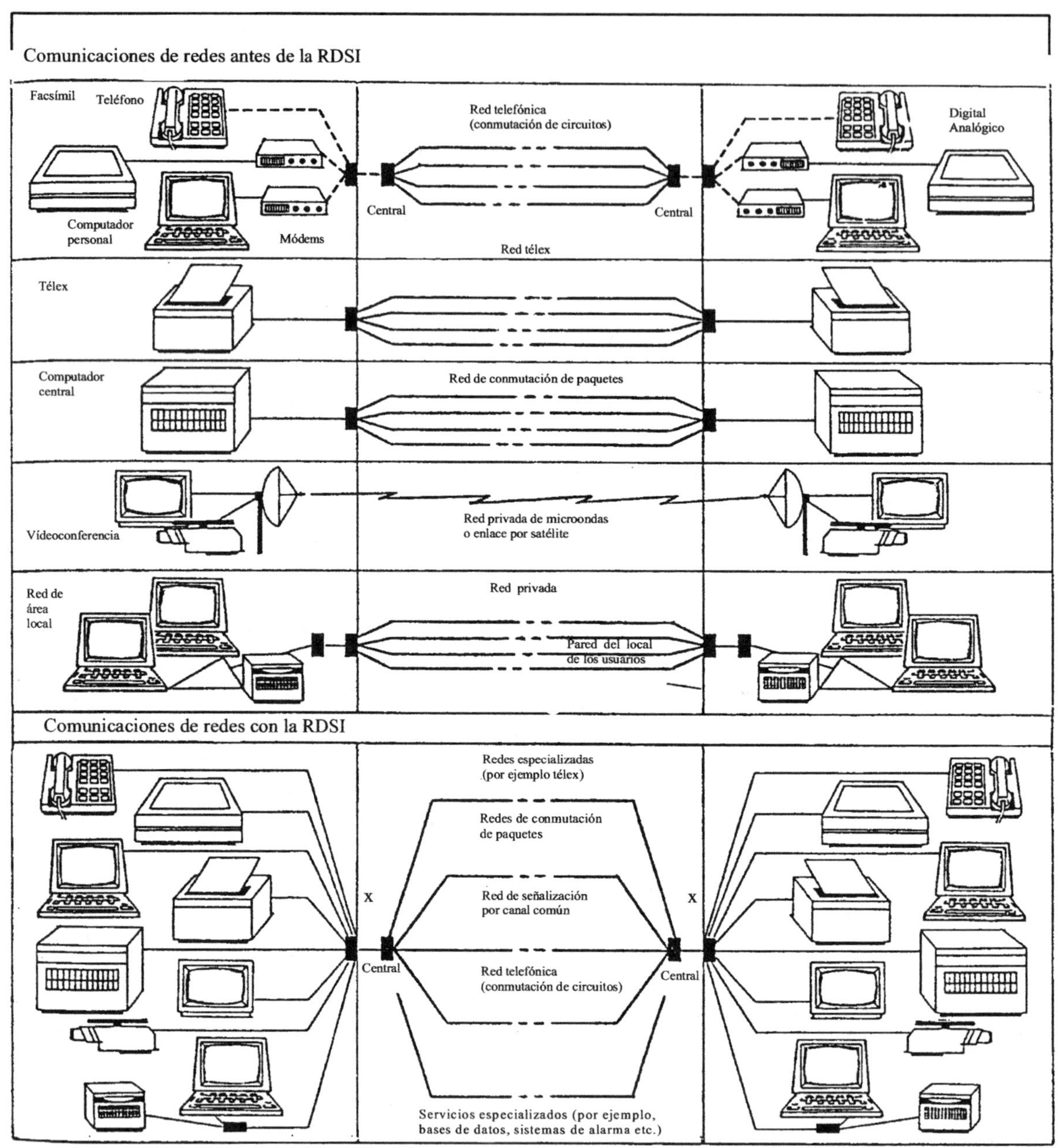

Reproducción autorizada por cortesía de Pandhi [1987], 1987 IEEE.

Sat/C3-19
(99315)

FIGURA 3.19

Aplicaciones de las Redes Convencionales y de la RDSI

3.5.5.1.1 Modelo de arquitectura

Los modelos de arquitectura de red proporcionan un marco para la definición de sus partes componentes, las interfaces entre dichas partes y las interfaces para el acceso de los usuarios. Las interfaces se especifican por medio de protocolos estructurados por capas según el modelo de referencia para la interconexión de sistemas abiertos (OSI, *open systems interconnection*), que es el tema de las Recomendaciones de la serie X.200.

El modelo de arquitectura para la RDSI, ilustrado en la figura 3-20, expone la división de la red en sus bloques principales y la ubicación de los puntos de referencia esenciales (S y T). En estos puntos de referencia se sitúan las interfaces usuario-red. La interfaz S se destina a la conexión del terminal, y la interfaz T a la conexión del equipo de las instalaciones del cliente (CPE, *customer premises equipment*), tales como las centralitas automáticas privadas conectadas a la red (PABX). Los terminales pueden también conectarse directamente a las redes públicas a través de una interfaz combinada S/T.

Las redes públicas comprenden las terminaciones de la red en las instalaciones del abonado además de las capacidades de transporte y señalización que incorpora la red. Las capacidades de transporte se subdividen en las de 64 kbit/s y las de banda ancha, estas últimas consideradas como una red superpuesta. La red de señalización se comporta como red de transporte de ambos tipos y también proporciona la señalización de usuario a usuario como servicio especial.

Se proporcionan "servicios portadores" de telecomunicación entre las interfaces usuario-red de los puntos de referencia S/T. Tales servicios están limitados a las tres capas inferiores del modelo OSI: en concreto, la capa de transmisión física de los canales B y D, las capas de enlace de datos y de protocolo de red del canal D (véase la figura 3-21 y también los apéndices 8-1 "Introducción a los sistemas de señalización" y 8-2 "Introducción al modelo OSI").

Los teleservicios utilizan las capas 2 y 3 del canal B, así como las capacidades de nivel más elevado de las capas 4 a 7 (transporte, sesión, presentación y aplicación). Estas funciones están realizadas en los terminales o bien en facilidades especiales de servicio ubicadas en la periferia de la red. La separación funcional es compatible con el logro de un elevado grado de transparencia en la red que otorga la flexibilidad necesaria para admitir una amplia gama de servicios.

3.5.5.1.2 Canales normalizados

Los servicios portadores están sustentados por conexiones de red de tipos caracterizados por sus atributos. Puede utilizarse un tipo de conexión determinado para dar soporte a todos los servicios portadores cuyos atributos sean en conjunto compatibles. Uno de los atributos esenciales es el de capacidad/tipo de canal. Se han normalizado los siguientes tipos de canal:

*   canales B   a 64 kbit/s;
*   canales D   D(16) a 16 kbit/s
                         D(64) a 64 kbit/s;
*   canales H   H0 a 384 kbit/s
                         H11 a 1 536 kbit/s (Norteamérica y Japón)
                         H12 a 2 920 kbit/s (Europa).

Los canales B, conmutados de extremo a extremo en modo circuito, pueden transmitir señales vocales codificadas digitalmente o datos del usuario. Los canales B pueden utilizarse para la señalización entre nodos de la red, pero no se utilizan para la señalización de acceso del usuario. Los canales D son canales de acceso que transportan información de control o de señalización y, facultativamente, información de usuario paquetizada cuando se utilizan para acceder a las capacidades de la red de conmutación de paquetes X.25.

Los canales H pueden utilizarse para conexiones en modo reservado. Las conexiones por canales H en modo de conmutación de circuitos no tienen soporte directo en los tipos de conexión RDSI, sino que se realizan en la RDSI de 64 kbit/s por canales B múltiples, siendo los sistemas terminales responsables de la sincronización de los intervalos de tiempo individuales.

A medida que evolucione la RDSI, podrá haber otros canales H que ofrezcan capacidades más elevadas. Se ha propuesto el uso de los canales H21 (34 Mbit/s), H22 (45 Mbit/s) y H4 (140 Mbit/s), en modo circuito o en modo paquete rápido, para aplicaciones como interconexión de LAN, transmisión de datos a alta velocidad, teleconferencia, formación de imágenes, u otras.

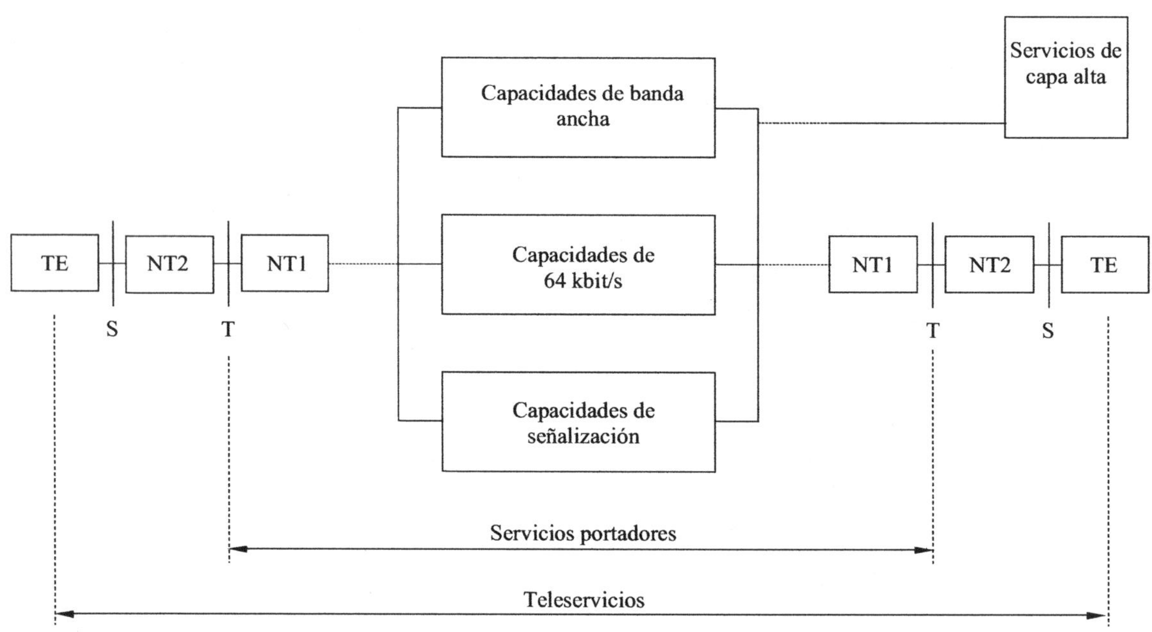

TE: Equipo terminal
NT2: Terminación de red 2
NT1: Terminación de red 1
S, T: Puntos de referencia

Sat/C3-20
(99315)

FIGURA 3-20

Arquitectura de la red digital de servicios integrados

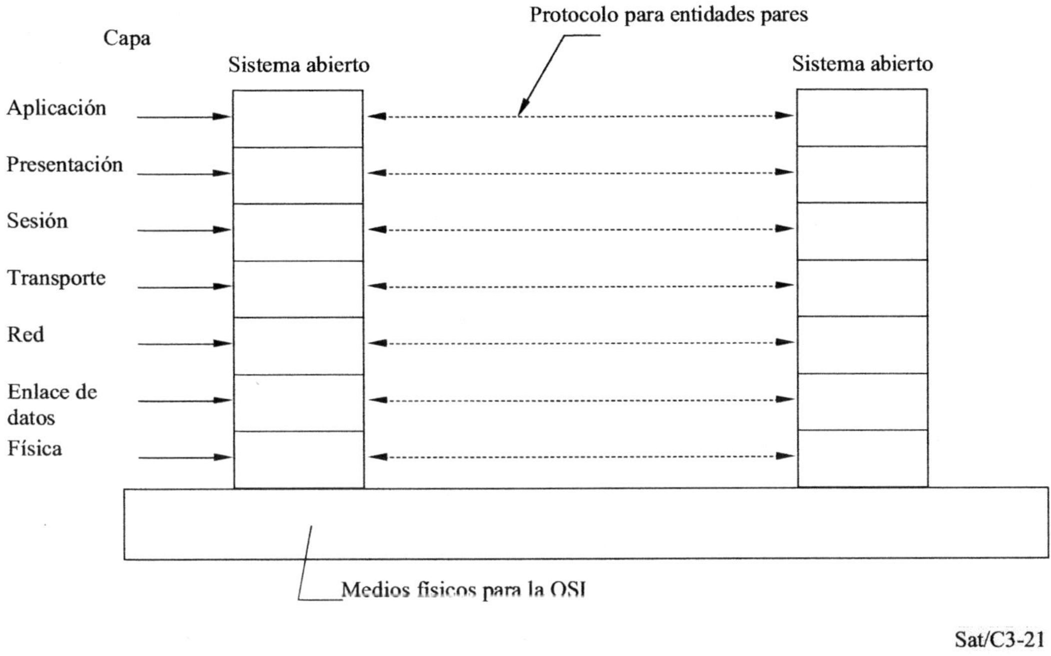

FIGURA 3.21

Modelo de referencia de siete capas y protocolos para entidades pares

3.5.5.1.3   Provisión de servicios

La serie I.200 de Recomendaciones UIT-T cubre las definiciones de servicios de la RDSI. Los teleservicios y los servicios portadores se definen por medio de sus atributos.

Los servicios portadores se agrupan con arreglo al modo de transferencia. En las Recomendaciones del Libro Azul, se han definido 8 servicios portadores en modo circuito y 3 servicios portadores en modo paquete, a saber:

Modo circuito	Modo paquete
− 64 kbit/s sin restricciones − 64 kbit/s para conversación − 64 kbit/s a 3,1 kHz − 2*64 kbit/s para transmisión alternada de conversación/sin restricciones − 384 kbit/s sin restricciones − 1 536 kbit/s sin restricciones − 1 920 kbit/s sin restricciones	− Llamada virtual con circuito virtual permanente − Sin conexión − Señalización de usuario

Se requiere una diversidad de servicios portadores a 64 kbit/s por la necesidad de un tratamiento especial para el interfuncionamiento de la conversación o los datos transmitidos por circuitos de tipo telefónico de 3,1 kHz mediante módems.

La RDSI, junto con funciones terminales, proporciona una gama de teleservicios. Varios de ellos están normalizados para permitir el interfuncionamiento público. Los incluidos en las Recomendaciones del Libro Azul son: telefonía, teletex, telefax (fax grupo 4), modo mixto, videotex, télex.

Todas las especificaciones de servicios portadores y teleservicios se limitan a las características esenciales, pero pueden complementarse por una serie de servicios suplementarios. Se han preparado definiciones de servicios suplementarios de las categorías siguientes:

- identificación de números;

- ofrecimiento de llamadas;

- compleción de llamadas;

- pluripartitos;

- comunidad de intereses;

- tarificación;

- información adicional.

Las Recomendaciones del UIT-T que tratan de aspectos básicos de la RDSI incluyen, además de las ya mencionadas, las siguientes:

I.112	Vocabulario de términos relativos a las redes digitales de servicios integrados
I.411	Configuraciones de referencia de las interfaces usuario-red de la red digital de servicios integrados
I.414	Visión de conjunto de las Recomendaciones relativas a la capa 1 para accesos de cliente a la RDSI y a la RDSI-BA
I.430	Especificación de la capa 1 de la interfaz usuario-red básica
I.431	Especificación de la capa 1 de la interfaz usuario-red a velocidad primaria
I.500	Estructura general de las Recomendaciones relativas al interfuncionamiento de la red digital de servicios integrados
I.501	Interfuncionamiento de servicios
I.510	Definiciones y principios generales del interfuncionamiento de la red digital de servicios integrados
I.515	Intercambio de parámetros para el interfuncionamiento de la red digital de servicios integrados
I.520	Disposiciones generales para el interfuncionamiento entre redes digitales de servicios integrados
I.525	Interfuncionamiento de redes que funcionan a velocidades binarias inferiores a 64 kbit/s con redes digitales de servicios integrados

I.530   Interfuncionamiento entre una red digital de servicios integrados y una red telefónica
            pública conmutada

I.570   Interfuncionamiento de redes digitales de servicios integrados públicas y privadas

I.580   Disposiciones generales para el interfuncionamiento entre la red digital de servicios
            integrados de banda ancha y la red digital de servicios integrados basada en la velocidad
            de 64 kbit/s

X.200   Information Technology – Reference model of open systems Interconection – Basic
            reference model: The basic model.

3.5.5.2   Aspectos de banda ancha de la red digital de servicios integrados

La red digital de servicios integrados de banda ancha (RDSI-BA) combina los servicios de banda
estrecha y de banda ancha en una sola interfaz usuario-red normalizada. Esta red necesitará una
importante infraestructura de telecomunicaciones con miras a cursar comunicaciones de datos a gran
velocidad como son las de interconexión de LAN, y comunicaciones de datos voluminosos como en
la transferencia de ficheros y la televisión por cable, aunque sin estar limitada a estos servicios.

Las comunicaciones de abonados residenciales o de empresa podrían cursarse a velocidades binarias
desde 64 kbit/s hasta 10 ó 20 Mbit/s, de modo permanente o esporádico, con conexión establecida
por demanda (por ejemplo, una teleconferencia o la consulta de una base de datos). La transferencia
de datos para abonados de empresa podría hacerse a una velocidad binaria de 10 a 100 Mbit/s, con
carácter esporádico, exigiendo conexiones permanentes o semipermanentes, o bien conexiones por
demanda. Las comunicaciones para servicios de televisión y radiodifusión podrían utilizar
velocidades binarias de hasta 100 Mbit/s, con carácter continuo, de punto a punto y de punto a
multipunto.

Puesto que la RDSI-BA está concebida para transportar tipos de tráfico de velocidad binaria
constante y de velocidad binaria variable, admitiendo diferentes combinaciones de la demanda de
anchura de banda y los tipos de servicio, la flexibilidad se destaca como una de sus características
fundamentales. Debido a la transparencia de los sistemas de línea a la información transportada,
cumplen este requisito las redes de transmisión óptica digital, incluyendo la parte de acceso a las
mismas. Otras porciones de la red tal vez no posean la flexibilidad requerida. A este respecto, la
tecnología permite el diseño y la producción de equipos, tales como terminales, multiplexores y
conmutadores con gran capacidad de tratamiento de señales, que pueden allanar el camino hacia la
flexibilidad deseada.

3.5.5.2.1   Principios básicos

La red digital de servicios integrados de banda ancha sustenta conexiones conmutadas,
semipermanentes y permanentes de punto a punto y de punto a multipunto. Proporciona servicios
por demanda reservados y permanentes.

Las conexiones en la RDSI-BA sustentan tanto servicios en modo circuito como en modo paquete,
de un solo medio o multimedios, con conexión o sin conexión, de configuración unidireccional o
bidireccional.

La arquitectura RDSI-BA se describe en términos funcionales. En consecuencia, es independiente de la tecnología y de la realización práctica, que puede llevarse a cabo de muy diversas maneras dependiendo de las condiciones concretas de cada país.

La RDSI-BA (y sus elementos de red o terminales) contendrán capacidades inteligentes con el fin de proporcionar servicios de características avanzadas y dar soporte a eficaces instrumentos de operación y mantenimiento, control y gestión de la red.

En la era de la banda ancha destacan dos importantes aspectos nuevos: la inclusión de servicios de distribución (por ejemplo, la televisión por cable) y la posibilidad de videocomunicaciones interactivas (como la videoconferencia). Los servicios se clasifican del modo siguiente:

Servicios interactivos	Servicios de distribución
• Servicios de conversación • Servicios de mensajería • Servicios de consulta	• Servicios de radiodifusión • Servicios de distribución con control de presentación individual del usuario

Ejemplos de nuevos servicios en banda ancha son los siguientes:

• videotelefonía en banda ancha de alta calidad;

• videoconferencia en banda ancha de alta calidad;

• distribución de televisión de la calidad existente y de alta definición;

• videotex en banda ancha.

3.5.5.2.1 Aspectos de normalización

La red digital de servicios integrados de banda ancha (RDSI-BA) se basará en el modo de transferencia asíncrono (ATM), que es independiente del medio de transporte en la capa física.

El UIT-T y otros organismos, como el ETSI, han emitido normas sobre la RDSI-BA y prosiguen la labor de desarrollo y compleción de las mismas, para abarcar:

• aspectos generales de la RDSI-BA;

• temas específicos orientados al servicio y a la red;

• características fundamentales del procedimiento ATM;

• parámetros ATM pertinentes y su aplicación a la interfaz usuario-red (UNI);

• repercusión del acceso a la RDSI-BA sobre la operación y el mantenimiento.

En una lista no exhaustiva de las Recomendaciones UIT-T sobre la RDSI-BA, figuran las siguientes:

I.113   Vocabulario de términos relativos a los aspectos de banda ancha de las redes digitales de servicios integrados

I.121   Aspectos de banda ancha de la RDSI

I.150   Características funcionales del modo de transferencia asíncrono de la RDSI-BA

I.211   Aspectos de servicio de la red digital de servicios integrados de banda ancha

APÉNDICE 3.1

Codificación de señales vocales a baja velocidad binaria
[Ref. 3-3, 3-4]

El presente Apéndice proporciona información sobre normas relativas a codificadores de señales vocales existentes o en proyecto, y sobre las características de dos de las más recientes técnicas de codificación de la voz, basadas ambas en el método de predicción lineal con excitación por código (CELP, *code excited linear prediction*), a saber:

- codificación de señales vocales a 16 kbit/s utilizando predicción lineal con excitación por código de bajo retardo (LD-CELP, *low-delay code excited linear prediction*);

- codificación de señales vocales a 8 kbit/s utilizando predicción lineal con excitación por código algebraico de estructura conjugada (CS-CELP, *conjugate structure algebraic code excited linear prediction*).

Estas técnicas han encontrado aplicación en las comunicaciones móviles: sistemas de radiocomunicaciones móviles terrenales (como los que propone el GSM de la CEPT en Europa) y marítimos (como los propuestos por Inmarsat).

AP3.1-1 Aspectos de normalización de los codificadores de señales vocales

Las aplicaciones de gran repercusión económica, como es el caso de las comunicaciones móviles, crean un fuerte incentivo para aumentar la eficacia de los codificadores de la voz.

Los codificadores de señales vocales suelen estar diseñados para una aplicación particular. Los atributos del codificador susceptibles de optimización para esa finalidad son los siguientes:

- velocidad binaria;

- calidad subjetiva de la palabra;

- complejidad computacional y requisitos de memoria;

- retardo;

- sensibilidad a los errores del canal;

- anchura de banda de la señal.

Existen otros atributos que pueden tener importancia en determinadas aplicaciones de la codificación vocal. Entre ellos figuran la capacidad de un codificador vocal para transmitir señales no vocales como son las de datos, señalización y tonos de marcar, así como para sustentar el reconocimiento de la voz y del locutor.

A continuación se enumera una selección de normas vigentes y en proyecto aplicables a los codificadores de señales vocales:

Codificadores de voz en banda telefónica del UIT-T actuales

G.711   MIC 64 kbit/s   64 kbit/s

G.721   MICDA   32 kbit/s

G.726   MICDA   16, 24, 32, 40 kbit/s

G.727   MICDA   16, 24, 32, 40 kbit/s

G.728   LD-CELP 16 kbit/s   16 kbit/s

Codificadores de voz en banda telefónica del UIT-T en proyecto

UIT-T   codificador de voz a 8 kbit/s (G.729)

UIT-T   codificador de videotelefonía a baja velocidad binaria

UIT-T   codificador 4

Codificadores de voz en banda ampliada de 7 kHz del UIT-T

G.722   codificador de audio de 7 kHz

UIT-T   codificador de voz de 7 kHz

Codificadores de voz para telefonía celular digital europea

GSM   codificador RPE-LTP a 13 kbit/s

GSM   codificador de voz a relación mitad

Codificadores de voz para telefonía celular digital en Norteamérica

IS54   VSELP a 7,95 kbit/s

IS96   QCELP a 8,5 kbit/s y el EVRC

Codificadores de voz para telefonía celular digital en Japón

JDC   VSELP celular digital japonesa

JDC   PSI-CELP a 3,45 kbit/s a relación mitad

Inmarsat

Inmarsat   codificador con IMBE 4,15 kbit/s

Normas de seguridad de la voz

FS1015   vocodificador con LPC a 2,4 kbit/s

FS1016   nuevo codificador seguro a 2,4 kbit/s con CELP de 4,8 kbit/s

AP3.1-2 El concepto de predicción lineal con excitación por código (CELP)

AP3.1-2.1 Técnica de codificación predictiva lineal (LPC)

Basada en un modelo paramétrico de la señal de voz, la técnica LPC ofrece una baja velocidad binaria, habitualmente en la gama de 8 a 16 kbit/s.

Para conseguir velocidades tan bajas, la señal vocal S(x) se representa por la salida de un filtro autorregresivo H(x) que varía en el tiempo, y que está excitado por una fuente idealizada de tipo impulsivo E(x):

$$S(x) = H(x)E(x)$$

S(x) es la transformada-x de la serie de señales en el tiempo:

$$S(x) = \sum_{k=0}^{\infty} s(k)x^{-k}$$

H(x) es la transformada-x de la respuesta de impulsos:

$$H(x) = \sum_{k=0}^{\infty} h(k)x^{-k}$$

E(x) es la transformada-x de la serie de excitaciones en el tiempo:

$$E(x) = \sum_{k=0}^{\infty} e(k)x^{-k}$$

H(x) puede ahora desarrollarse en los términos de un predictor no recursivo de orden p, P(x):

$$P(x) = \sum_{n=1}^{q} a_n , x^{-n}$$

y:

$$H(x) = (1 - P(x))^{-1}$$

de manera que:

$$S(x) = H(x)E(x) = E(x)(1 - P(x))^{-1}$$

o:

$$S(x) = P(x)S(x) + E(x)$$

La señal S(x) está representada por un término de predicción, P(x)S(x), más un término de error E(x), que es la función de excitación.

Los coeficientes del predictor, a_n, se ajustan mejor al modelo de producción de voz cuando el valor de la esperanza matemática para el error cuadrático medio $\langle E(k)^2 \rangle$ se reduce al mínimo, tendiendo a dar una fuente de impulso más idealizada.

De las ecuaciones anteriores se obtiene:

$$\langle E(k)^2 \rangle = \sum_{k=1}^{\infty} (S(k) - \sum_{n-1}^{q} a_n s(k-n))^2$$

Se puede hallar el mínimo de esta función igualando a cero las derivadas parciales.

AP3.1-2.2 El concepto CELP

La innovación aportada por el codificador CELP es que, para la selección de la señal de excitación, toma la réplica del modelo de síntesis del decodificador en el proceso de análisis y síntesis, es decir, elige la señal que más se aproxima a la señal S que ha de codificarse según un criterio de error perceptual. El criterio de reducir al mínimo la CELP es equivalente a la cuantificación vectorial con un criterio de error ponderado.

El códec GSM es un ejemplo de los códecs que utilizan codificación predictiva lineal (LPC).

AP3.1-3 Codificación de la voz a 16 kbit/s utilizando predicción lineal con excitación por código de bajo retardo (LD-CELP) (Recomendación UIT-T G.728)

El codificador LD-CELP mantiene el enfoque de análisis por síntesis en la búsqueda en la tabla de códigos que constituye la esencia de las técnicas CELP; no obstante, utiliza adaptación hacia atrás de los predictores y la ganancia para conseguir un retardo algorítmico de 0,625 ms. Únicamente se transmite el índice de la tabla de códigos de excitación. Los coeficientes del predictor se actualizan mediante análisis de codificación predictiva lineal de las señales vocales previamente cuantificadas. La ganancia de excitación se actualiza utilizando la información de ganancia incluida en la excitación cuantificada previamente. El tamaño del bloque correspondiente al vector de excitación y la adaptación de la ganancia es de cinco muestras solamente. Se actualiza un filtro de ponderación perceptual mediante el análisis LPC de las señales vocales no cuantificadas.

AP3.1-3.1 Codificador LD-CELP

Tras la conversión de la codificación MIC de ley A o de ley μ a una codificación MIC uniforme, la señal de entrada se subdivide en bloques de cinco muestras consecutivas. Para cada bloque de entrada, el codificador hace pasar cada uno de los 1 024 vectores posibles (almacenados en una tabla de códigos de excitación) a través de una unidad de escalamiento de ganancia y un filtro de síntesis. Entre los 1 024 vectores de señal cuantificada resultantes, el codificador identifica aquél que haga mínima la medida del error cuadrático medio ponderado en frecuencia con respecto al vector de señal de entrada. A este mejor vector de código cifrado (o "vector de código"), que da origen al vector de señal cuantificado óptimo, le corresponde un índice de 10 bits en la tabla de códigos, y dicho índice se transmite al decodificador. El vector de código óptimo pasa luego a través de la unidad de escalamiento de ganancia y del filtro de síntesis para establecer la memoria correcta del filtro como preparación para la codificación del siguiente vector de señal. Los coeficientes del filtro de síntesis y la ganancia se actualizan periódicamente de un modo adaptativo hacia atrás que se basa en la señal previamente cuantificada y en la excitación con escalamiento de ganancia (véase la figura AP3.1-1 a)).

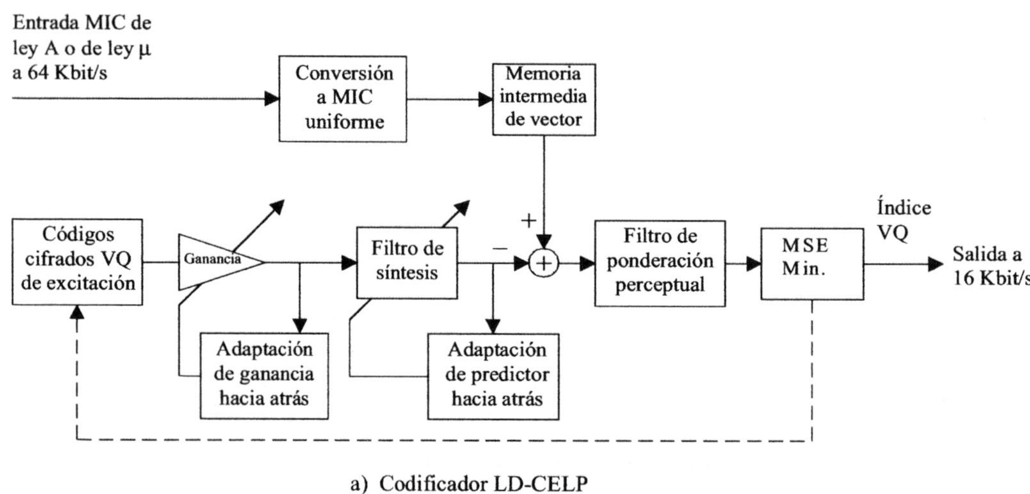

a) Codificador LD-CELP

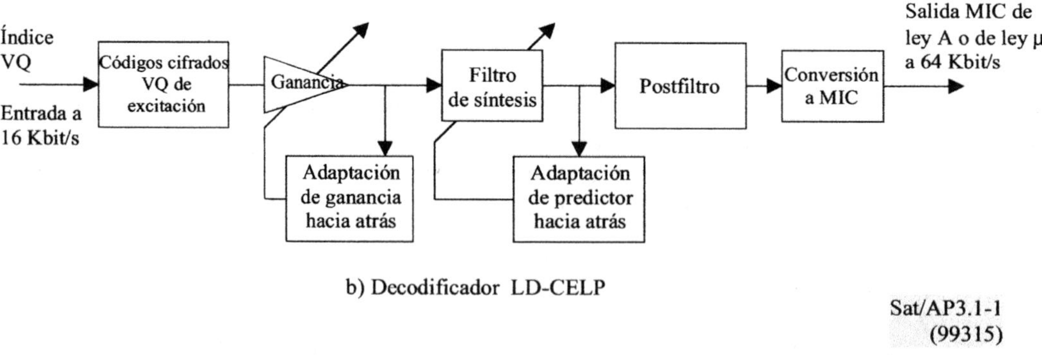

b) Decodificador LD-CELP

Sat/AP3.1-1
(99315)

FIGURA AP3.1-1

G.728 Diagrama de bloques simplificado del codificador LD-CELP

AP3.1-3.2 Decodificador LD-CELP

La operación de decodificación se realiza también bloque a bloque. Al recibir cada índice de 10 bits, el decodificador consulta una tabla para extraer el vector de código correspondiente de la tabla de códigos cifrados de excitación. El vector de código extraído se pasa luego a través de una unidad de escalamiento de ganancia y un filtro de síntesis a fin de producir el vector de señal decodificada actual. Los coeficientes del filtro de síntesis y la ganancia se actualizan seguidamente del mismo modo que en el codificador. A continuación el vector de señal decodificada se pasa a través de un postfiltro adaptativo a fin de mejorar la calidad perceptual. Los coeficientes de este postfiltro se actualizan periódicamente utilizando la información disponible en el decodificador. Las cinco muestras del vector de la señal del postfiltro se convierten entonces en cinco muestras de salida MIC de ley A o ley μ (véase la figura AP 3.1-1.b)).

AP3.1-3.3 Calidad de la señal vocal

El apéndice II a la Recomendación G.728 ofrece una amplia exposición de la calidad de conversación lograda con el algoritmo LD-CELP a 16 kbit/s cuando interactúa con otras partes de la red. Se dan asimismo orientaciones generales sobre las señales similares a la voz y las que no lo son.

i)   Codificación simple

En condiciones de transmisión sin errores la calidad percibida de un códec LD-CELP de 16 kbit/s es inferior a la de un códec MIC de 64 kbit/s, pero equivale a la de un códec que guarde conformidad con el MICDA de 32 kbit/s. Se ha comprobado que el comportamiento del códec LD-CELP de 16 kbit/s no se ve esencialmente afectado por el ruido (distribución gaussiana) con una proporción de bits erróneos (BER) de hasta $1,0 \cdot 10^{-3}$, y su calidad de funcionamiento es equivalente a la de un códec que se adapte al MICDA de 32 kbit/s con una BER de $1,0 \cdot 10^{-2}$.

ii) Calidad de la señal vocal cuando se interconecta con sistemas de codificación basados en el análisis

Códecs LD-CELP de 16 kbit/s en cascada múltiple (tándem asíncrono)

Cuando se conecta un códec LD-CELP de 16 kbit/s en cascada con múltiples dispositivos de codificación de la voz, su calidad de funcionamiento resulta ser equivalente a la un códec MICDA de 32 kbit/s con hasta tres dispositivos en cascada. En la Recomendación G.113 se dan reglas precisas para conectar en cascada los códecs LD-CELP de 16 kbit/s.

iii) Calidad de la señal vocal del códec LD-CELP de 16 kbit/s para tándem síncrono

Mediante pruebas subjetivas se ha comprobado que la calidad de la voz en tándem síncrono (esto es, la interconexión de dos o más códecs LD-CELP a través de interfaces MIC de 64 kbit/s) es equivalente a la calidad de la voz en el tándem asíncrono.

iv) Calidad de voz con codificaciones distintas de la LD-CELP de 16 kbit/s y la MICDA de 32 kbit/s

En general, la interconexión de un códec LD-CELP de 16 kbit/s con no más de dos dispositivos distintos resulta equivalente a la interconexión de un códec MICDA de 32 kbit/s con los mismos dispositivos. No obstante, esta conclusión podría alterarse cuando se disponga de más resultados. Hay que proceder con cautela en este contexto.

AP3.1-3.4 Calidad de funcionamiento con datos en la banda vocal

En general, se ha comprobado que la calidad funcional de un códec LD-CELP de 16 kbit/s es sensiblemente inferior a la de los MICDA de 32 kbit/s y MIC de 64 kbit/s. Sin embargo, debe señalarse que el LD-CELP de 16 kbit/s es capaz de admitir la mayoría (pero no la totalidad) de los módems de datos en banda vocal que trabajan a no más de 2 400 bit/s, en condiciones de canal realistas, siempre que su filtro de ponderación perceptual y postfiltro estén ambos desactivados.

AP3.1-4 Codificación de la voz a 8 kbit/s mediante predicción lineal con excitación por código algebraico de estructura conjugada (CS-CELP) (Recomendación UIT-T G.729)

Este codificador está diseñado para funcionar con una señal digital obtenida tras efectuar, primero, un filtrado de la señal analógica de entrada en la anchura de banda telefónica (Recomendación UIT-T G.712), seguido por su muestreo a 8 000 Hz y su conversión a modulación por impulsos codificados (MIC) lineal de 16 bits para entrar en el codificador (en el extremo distante la señal de salida del decodificador debe convertirse inversamente a señal analógica por medios similares).

Otras características de entrada/salida, como las que especifica la Recomendación G.711 para los datos en MIC de 64 kbit/s, deberán convertirse a MIC lineal de 16 bits antes de codificar, o de MIC lineal de 16 bits al formato apropiado después de decodificar.

AP3.1-4.1 Descripción general del codificador

El codificador CS-CELP se basa en el modelo de codificación que utiliza predicción lineal con excitación por código (CELP). Opera con tramas vocales de 10 ms, que corresponden a 80 muestras a la velocidad de muestreo de 8 000 muestras por segundo. En cada trama de 10 ms, se analiza la señal vocal para extraer los parámetros del modelo CELP (coeficientes de filtros de predicción lineal, ganancias e índices de la tabla de códigos adaptativos y fijos), los cuales se codifican y transmiten. En el decodificador se utilizan tales parámetros para recuperar los parámetros de excitación y del filtro de síntesis. La señal de voz se reconstruye filtrando esta excitación a través del filtro de síntesis de corto plazo, como ilustra la figura AP3.1-2. El filtro de síntesis de corto plazo se basa en un filtro de predicción lineal (LP, *linear prediction*) de décimo orden. El filtro de síntesis de largo plazo o de tono se realiza por el método de la llamada tabla de códigos adaptativos. Tras calcular la señal vocal reconstruida, ésta se mejora mediante un postfiltro.

AP3.1-4.2 Codificador

El principio de codificación se representa en la figura AP3.1-3. La señal de entrada se filtra en paso alto y se ajusta a escala en el bloque de preprocesamiento. La señal preprocesada actúa como señal de entrada para todo el análisis ulterior. Se efectúa un análisis de predicción lineal para cada trama de 10 ms con el fin de calcular los coeficientes del filtro LP. Estos coeficientes se convierten en pares del espectro lineal (LSP, *line spectrum pairs*) y se cuantifican mediante una cuantificación vectorial (VQ) predictiva en dos etapas de 18 bits. La señal de excitación se elige siguiendo un procedimiento de búsqueda basado en el análisis por síntesis, según el cual se reduce al mínimo la diferencia entre la señal original y la reconstruida con arreglo a una medida de la distorsión ponderada perceptualmente. Esto se logra filtrando la señal de error con un filtro de ponderación perceptual, cuyos coeficientes se derivan del filtro LP no cuantificado. El valor de la ponderación perceptual se hace adaptativo con el fin de mejorar la calidad para señales de entrada con una respuesta de frecuencia plana.

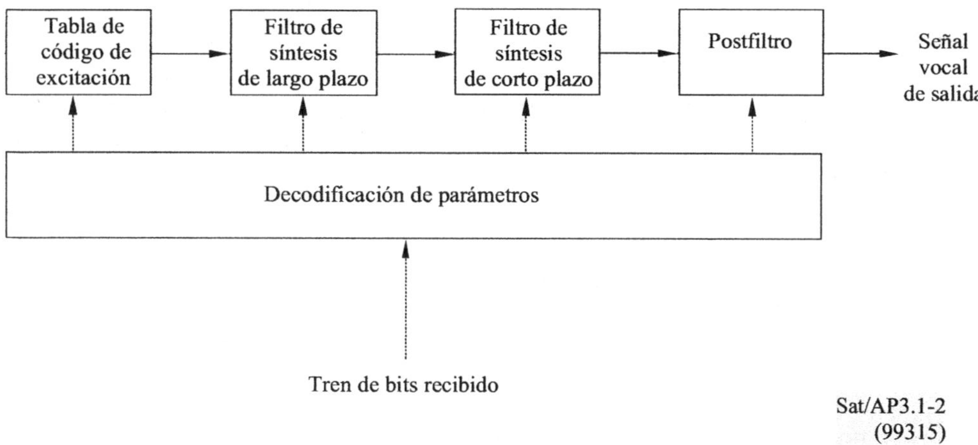

FIGURA AP3.1-2

G.729 Diagrama de bloques del modelo conceptual de síntesis CELP

Los parámetros de excitación (parámetros de la tabla de códigos fijos y adaptativos) se determinan para cada subtrama de 5 ms (40 muestras). Para la segunda subtrama se aplican los coeficientes cuantificados y no cuantificados del filtro LP, mientras que para la primera se utilizan coeficientes del filtro LP interpolados (sean o no cuantificados). Se estima un retardo de tono en bucle abierto una vez por trama de 10 ms en base a señal vocal ponderada perceptualmente. Después se repiten para cada subtrama las operaciones siguientes. Se calcula la señal objetivo x(n) pasando el LP residual por el filtro de síntesis ponderado $W(z)/\hat{A}(z)$. Los estados iniciales de estos filtros se actualizan filtrando la diferencia que se produce entre el residuo LP y la excitación. Ello equivale al método común consistente en sustraer de la señal vocal ponderada la respuesta de entrada cero del filtro de síntesis ponderado. Se calcula la respuesta de impulso h(n) del filtro de síntesis ponderado. A continuación se analiza el tono en bucle cerrado (para determinar el retardo y la ganancia en la tabla de códigos adaptativos) utilizando la respuesta objetivo x(n), y la respuesta a los impulsos h(n), indagando en torno al valor del retardo de tono en bucle abierto. Se utiliza un retardo de tono fraccionario con resolución 1/3. El retardo de tono se codifica con 8 bits para la primera subtrama y diferencialmente con 5 bits para la segunda. La señal objetivo x(n) se actualiza sustrayéndole la contribución (filtrada) de la tabla de códigos adaptativos, y se aplica este nuevo objetivo, x'(n), para la búsqueda de la tabla de códigos fijos, con el fin de obtener la excitación óptima. Para la excitación de la tabla de códigos fijos se aplica una tabla de códigos algebraicos de 17 bits. Las ganancias de las contribuciones de las tablas de códigos fijos y adaptativos se cuantifican vectorialmente con 7 bits, aplicando una predicción de media móvil (MA, *moving average*) a la ganancia de la tabla de códigos fijos. Por último, se actualizan las memorias de los filtros mediante la señal de excitación así determinada.

AP3.1-4.3 Decodificador

El principio del decodificador se representa en la figura AP3.1-4. En primer lugar, se extraen los índices de los parámetros a partir del tren de bits recibido. Dichos índices se decodifican para obtenerlos parámetros del codificador correspondientes a una trama vocal de 10 ms. Estos parámetros son los coeficientes LSP, los dos retardos de tono fraccionarios, los dos vectores de la tabla de códigos fijos y ambos conjuntos de ganancias de las tablas de códigos adaptativos y fijos. Los coeficientes LSP se interpolan y convierten en coeficientes del filtro LP de cada subtrama. A continuación, se realizan para cada subtrama de 5 ms las etapas siguientes:

- se construye la excitación sumando los vectores de las tablas de los códigos adaptativos y fijos, ajustados a escala por sus respectivas ganancias;

- se reconstruye la señal vocal filtrando la excitación a través del filtro de síntesis LP;

- la señal vocal reconstruida se hace pasar a través de una etapa de postprocesamiento, que comprende un postfiltro adaptativo basado en el filtro de síntesis de largo y de corto plazo, seguido de un filtro de paso alto y una operación de escalamiento.

AP3.1-4-4 Retardo

Este codificador codifica la señal de voz y otras señales de audio con tramas de 10 ms. Se produce, además, un preanálisis de 5 ms, lo que eleva a 15 ms el retardo algorítmico total. Los demás retardos producidos por la aplicación práctica de este codificador se deben a:

- el tiempo de procesamiento necesario para las operaciones de codificación y decodificación;

- el tiempo de transmisión por el enlace de comunicación;

- el retardo de multiplexación por la combinación de datos de señales vocales y otros.

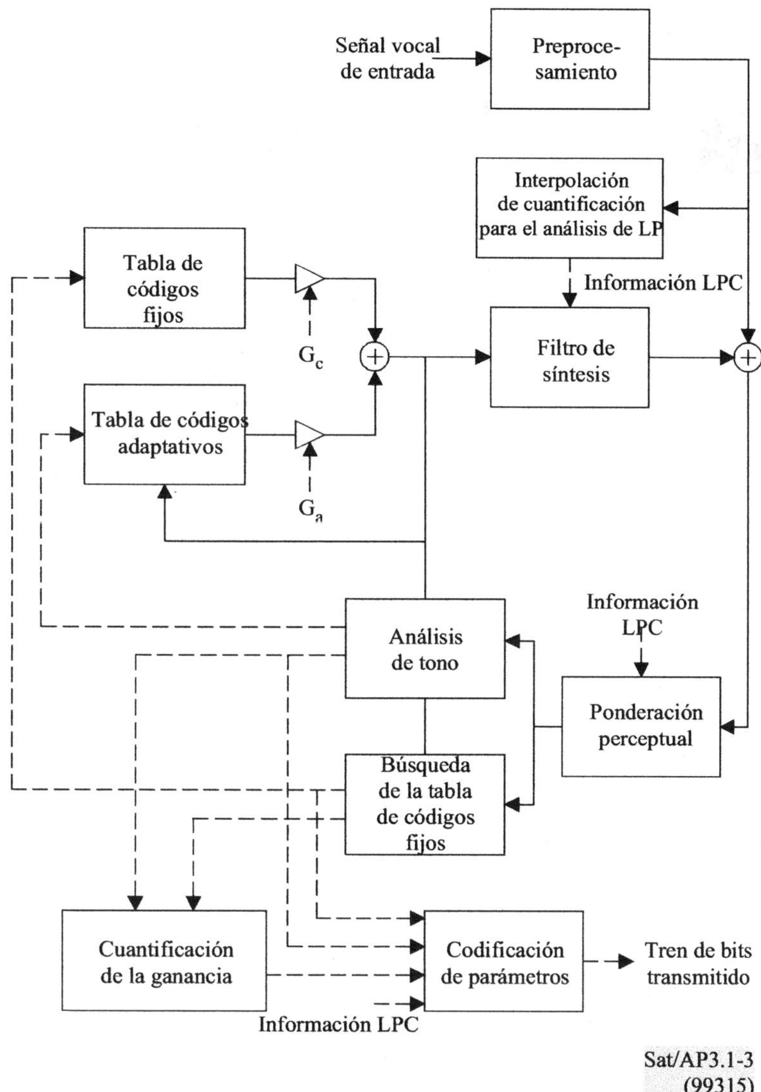

FIGURA AP3.1-3

G. 729 Principio de codificación del codificador CS-ACELP

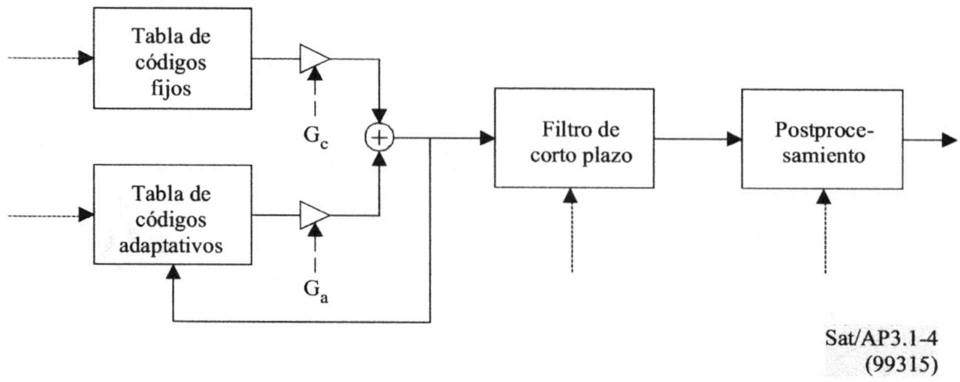

FIGURA AP3.1-4

G.729 Principio del decodificador CS-ACELP

APÉNDICE 3.2

Codificación con corrección de errores

AP3.2-1 Introducción

La codificación con corrección de errores consiste esencialmente en la introducción de una redundancia en la señal transmitida. Pueden utilizarse varios tipos de redundancia: en el tiempo, en el espectro, o en el espacio.

Por ejemplo, se introduce una redundancia en tiempo si se transmite el mismo mensaje dos veces por lo menos. A igual velocidad, se tardará más tiempo en transmitir la misma cantidad de información. En realidad, esta estrategia es una codificación repetitiva que puede considerarse como una forma muy simple de codificación con control de errores.

En una codificación por bloques (n,k) (n > k), se añaden n–k símbolos de control de paridad a los k símbolos de información, formando así un bloque de n símbolos denominado palabra de código. Las palabras de código de un codificador bloque son independientes entre sí.

En la codificación convolucional, un grupo de k bits de información da lugar cada vez a un grupo de n símbolos binarios. Se diferencia de la codificación bloque en que cada grupo de n símbolos binarios procedentes del codificador convolucional es función no sólo de los k bits de entrada, sino también de los K–1 grupos de k bits de entrada precedentes, llamando K a la longitud de limitación del código. Otra diferencia con los códigos bloque es que la codificación y la decodificación de un código convolucional se está realizando continuamente.

En ambos casos, la relación $r_c = k/n$ se denomina relación de código. La anchura de banda W es inversamente proporcional a la duración del símbolo T_s en un sistema de transmisión digital. En ausencia de codificación, si un símbolo transporta un bit, $T_s = T_b$ (con $T_b = 1/R_b$, siendo R_b la velocidad binaria de transmisión de información) y $W = W_b = T_s^{-1}$. Si existe codificación se necesita una menor duración del símbolo, $T_s = r_c T_b$, por lo que se ocupará una anchura de banda mayor, $W = r_c^{-1} W_b$. Se introduce así una redundancia en espectro que da lugar a una expansión de la anchura de banda.

La redundancia en espacio se utiliza para mejorar el plan de transmisión si el sistema de modulación utiliza una constelación de señales ampliada. Éste es, por ejemplo, el caso cuando se asocia una modulación MDP-8 con un codificación 2/3 que proporciona el mismo rendimiento en anchura de banda que una MDP-4 sin codificar. Si, además, la codificación del canal va asociada con la modulación digital para una optimización conjunta de la modulación y la codificación, podrán obtenerse mejores rendimientos de la potencia y la anchura de banda. Este caso corresponde a los planes de modulación codificada tratados en el punto 4.2.3, donde puede apreciarse que la velocidad de transmisión de información será la misma y la anchura de banda se extenderá ligeramente, o nada en absoluto, pero se conseguirá mejorar la calidad de funcionamiento a expensas de un aumento en el coste del procesamiento.

En los puntos siguientes se realiza una clasificación de las técnicas de codificación con control de errores. Estas técnicas se encuentran todavía en evolución, algunas de ellas ya anticuadas mientras que otras adquieren predominio en las comunicaciones por satélite. En este apéndice sólo se presentan técnicas de uso generalizado. No se incluyen, por tanto, ni las técnicas ya en desuso ni las muy recientes pero no consolidadas.

Las técnicas de corrección de errores sin canal de retorno (FEC, *forward error correction*) utilizadas en los sistemas de comunicaciones por satélite pueden clasificarse en dos categorías:

a)   Códigos convolucionales, y por extensión la modulación con codificación reticular, presentados en el Capítulo 4, punto 4.2.3.

  Los códigos convolucionales pueden a su vez subdividirse en tres clases:

  - códigos ortogonales de alta relación (o decodificables por mayoría) asociados con decodificación por umbral;

  - códigos de memoria corta y mediana y sus códigos perforados asociados, con decodificación Viterbi, que utilizan decisión flexible;

  - códigos de memoria larga con decodificación secuencial.

b)   Códigos bloque, que comprenden los binarios y los no binarios, con decodificación algebraica. En esta categoría, los códigos que han dado mejor resultado son los Reed-Solomon (RS). Las modulaciones codificadas por bloques son otra generalización de esta segunda categoría, en la que los códigos se optimizan conjuntamente con los sistemas de modulación. Los códigos bloque pueden clasificarse en los siguientes grupos:

  - códigos BCH (Bose-Chauduri-Hocqeghem), decodificables mediante decodificación algebraica, en los cuales se incluyen los códigos Reed-Solomon como una subclase no binaria;

  - códigos cíclicos utilizados para la detección de errores;

  - códigos sencillos, como los códigos Hamming, Reed-Muller y algunos particularmente eficaces: Golay, QR (residual cuadrático, *quadratic residual)*, y otros.

Un excelente libro de texto para códigos bloque se encuentra en [Ref. 3-9]. En este Manual no se analizan temas interesantes tales como los códigos bloque, la construcción algebraica de códigos y los turbocódigos. En los sistemas AMDT se han utilizado ciertos códigos BCH y, en otros sistemas de los comienzos, códigos convolucionales auto-ortogonales. Estas dos técnicas no se estudian aquí en detalle, y los lectores interesados deberán acudir a [Ref. 3-11] y [Ref. 3-12], respectivamente.

Como aplicaciones importantes de la FEC en las comunicaciones por satélite, se presentan y destacan en esta sección las dos técnicas siguientes:

i)   codificación convolucional asociada con decodificación Viterbi por decisión flexible;

ii) codificación concatenada utilizando un código externo Reed-Solomon.

AP3.2-2 Códigos convolucionales con decodificación Viterbi por decisión flexible

La codificación convolucional con decodificación Viterbi por decisión flexible es una técnica normalizada para las comunicaciones por satélite de hoy día.

AP3.2-2.1 Codificadores convolucionales

AP3.2-2.1.1 Codificador convolucional y matriz generadora

Para hallar un tratamiento normalizado y completo de este tema, los lectores han de acudir a [Ref. 3-9]. La presente sección adopta un enfoque sencillo y práctico, tendente a una rápida introducción de los códigos convolucionales.

Tomemos como ejemplo el código más utilizado (1/2, K=7) con la matriz generadora G=[171, 133], que se aplica extensamente en los sistemas de comunicación por satélite.

La matriz generadora G=[171, 133]=[g1(D), g2(D)] se representa en octal, siendo los polinomios correspondientes g1(D)=1+D+D2+D3+D6 y g2(D)=1+D2+D3+D5+D6, con el convenio de que 171 = 001 111 001 = 1+D+D2+D3+D6.

El codificador no sistemático de corrección previa (1/2, K=7) puede obtenerse inmediatamente de la matriz generadora (figura AP3.2-1), en la que $\oplus$ es el sumador en módulo 2 y "D" es un retardo, una báscula D, o un elemento de memoria.

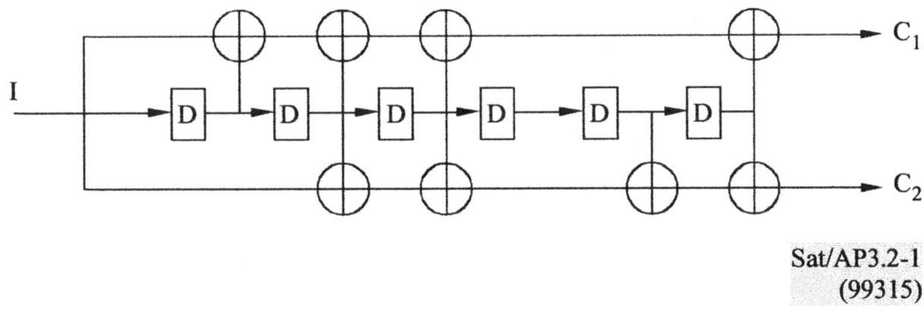

FIGURA AP3.2-1

Codificador de corrección previa no sistemático con matriz G=[171, 133]

En términos más generales, puede construirse un codificador (k/n, K) no sistemático de corrección previa a partir de su matriz generadora G(D)=[gij(D)], donde i=1, 2, ..., k; j=1, 2, ..., n. K es la longitud de limitación del código. K−1=m, es el número de los elementos de memoria del codificador.

La codificación se efectúa realizando la multiplicación de matrices en el dominio D: $\underline{C(D)} = \underline{I(D)}*\underline{G(D)}$, siendo $\underline{I(D)}$ el vector portador de la información, de dimensión k y longitud semiinfinita, que representa las secuencias de información a la entrada del codificador, y $\underline{C(D)}$ el vector de señal codificada, de dimensión n y longitud semiinfinita, que representa el tren codificado a la salida del codificador.

AP3.2-2.1.2 Diagrama de estados, árbol y retícula

Todo codificador convolucional puede considerarse como una máquina de estados finitos (FSM, *finite state machine*). Es natural utilizar un diagrama de estados para describir el código y estudiar sus propiedades. El árbol de códigos y la retícula son los dos tipos de desarrollos en el tiempo del diagrama de estados, respectivamente útiles en la decodificación secuencial y la decodificación Viterbi.

Consideremos el código (1/2, K=3) con G=[7, 5]=[1+D+D2, 1+D2] (figura AP3.2-2).

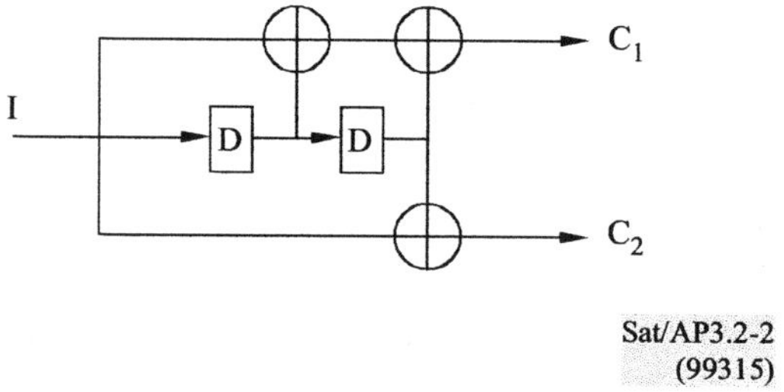

FIGURA AP3.2-2

Codificador de corrección previa no sistemático con matriz G=[7, 5]

Si los contenidos de los elementos de memoria se denominan S1 y S2, el estado del codificador en el instante t será S_1^t, S_2^t. Las ecuaciones de estado en el espacio del codificador pueden expresarse así:

$$S_2^t = S_1^{t-1}$$ (ecuación de transición de estado)
$$S_1^t = I^t.$$

$$c_1^t = I^t \oplus S_2^{t-1} \oplus S_1^{t-1},$$ (ecuación de salida)
$$c_2^t = I^t \oplus S_2^{t-1}.$$

$S_1^{t-1}S_2^{t-1} \setminus I^t$	0	1
00	00/00	10/11
01	00/11	10/00
11	01/01	11/10
10	01/10	11/01

El diagrama de estados correspondiente, en la figura AP3.2-3(a), describe las relaciones entre los posibles estados del codificador.

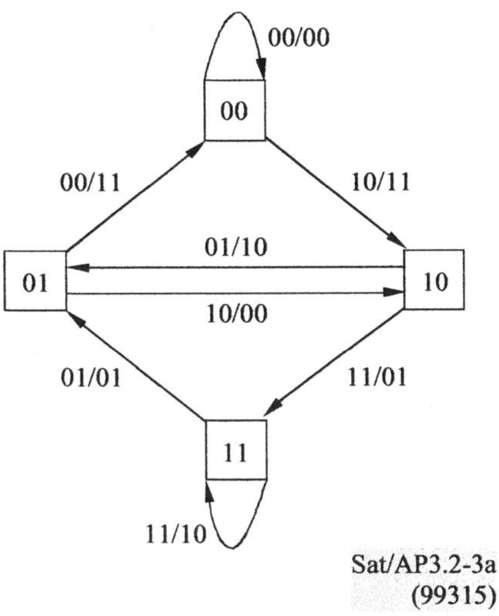

FIGURA AP3.2-3(a)

Diagrama de estados del codificador de corrección previa no sistemático con matriz G=[7, 5]

El árbol de códigos, figura AP3.2-3(b), es un desarrollo semiinfinito en el tiempo del diagrama de estados. La raíz (o nodo de arranque) es el estado "00". Con una entrada "1" se produce una rama hacia abajo, y con un "0", una rama hacia arriba. Después de la raíz, cada nodo representa una secuencia de código.

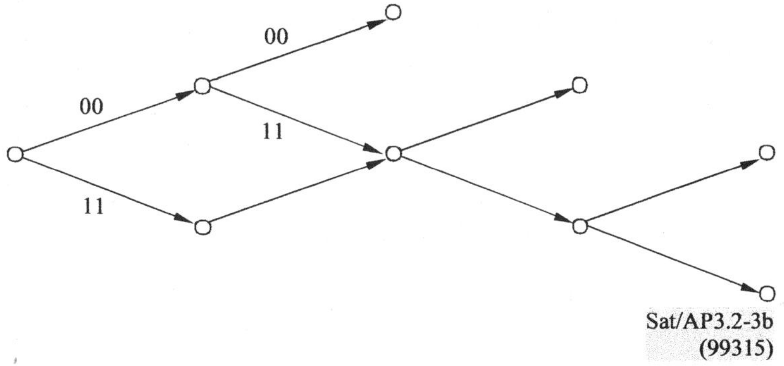

FIGURA AP3.2-3(b)

Árbol de códigos del codificador de corrección previa no sistemático con matriz G=[7, 5]

La retícula es asimismo una representación gráfica del diagrama de estados. Cada nodo representa un estado, y cada rama es una transición de estado. Se llama trayecto a una sucesión de ramas de la retícula, que representan una secuencia de código (figura AP3.2-3(c)). Se diferencia del árbol de códigos en que los trayectos confluyen en todos los estados. Esta propiedad es muy importante para comprender el algoritmo de Viterbi.

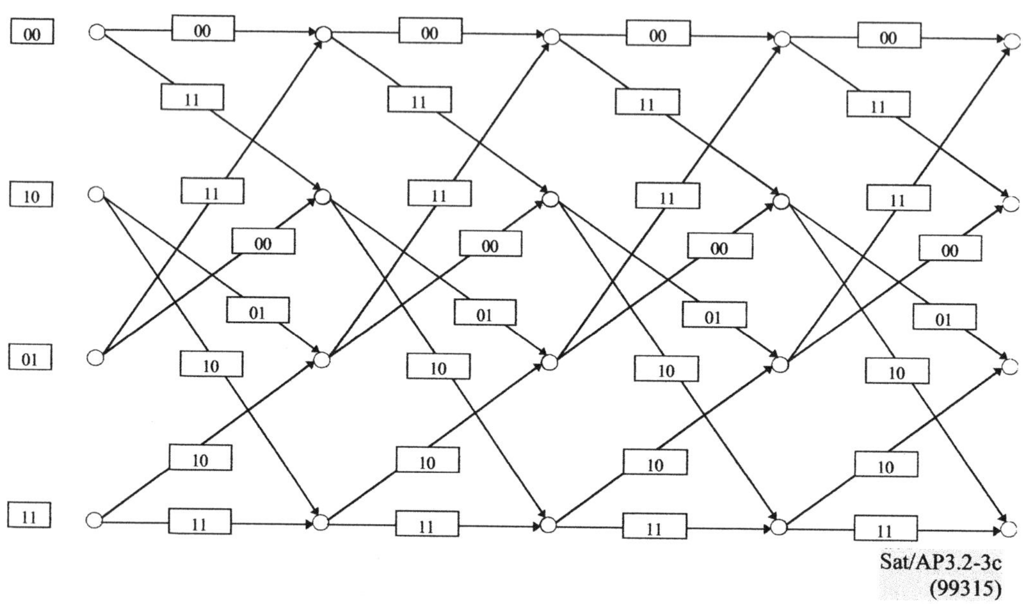

FIGURA AP3.2-3(c)

Retícula del codificador de corrección previa no sistemático con matriz G=[7, 5]

Los codificadores, las matrices generadoras, son representaciones lógicas del código. El diagrama de estados, el árbol de códigos y la retícula son representaciones gráficas de la señal codificada. Un código convolucional viene especificado completamente por su diagrama de estados, a partir del cual pueden definirse con facilidad el árbol de códigos y la retícula que le corresponden. A la inversa, el diagrama de estados puede determinarse a partir del árbol de códigos o de la retícula.

AP3.2-2.2 Propiedades de los códigos convolucionales relativas a la distancia

En un código bloque sólo interesa una distancia, la distancia mínima de Hamming. En estos códigos, la distancia de Hamming entre dos palabras de código es el número de posiciones en las que los símbolos difieren.

En los códigos convolucionales, hay varias definiciones útiles de distancia estrechamente relacionadas, dependiendo de las técnicas aplicadas para la decodificación. La distancia mínima está relacionada con la decodificación por síndrome, la distancia libre tiene sentido para la decodificación Viterbi, y para la decodificación secuencial tiene interés el perfil de distancias.

- la distancia mínima se define igual que para un código bloque, pero con secuencias de código truncadas que pueden considerarse como un código bloque. Su valor depende de la longitud truncada. Si ésta aumenta, aumenta también la distancia mínima. Se llama perfil de distancias al conjunto de distancias mínimas indexadas por la longitud truncada en aumento;

- la distancia libre se define como la distancia entre secuencias de longitud semiinfinita. Si el código es lineal, será libre la distancia entre la secuencia codificada generada por una secuencia de "0" de información pero iniciada por un "1", y todas las demás secuencias codificadas. En un perfil de distancias, el término mayor es la distancia libre. Para la decodificación secuencial, se prefieren los códigos con un perfil de distancias óptimo. Se han encontrado códigos con ese perfil óptimo y se enumeran en [Ref.3-9]. Como ejemplo, referido a la figura AP3.2-3(b), el perfil de distancia puede hallarse por inspección de la misma. El resultado es {2, 3, 4, 5, 5, ...}: la distancia libre es 5;

- el espectro de pesos de un código convolucional es útil para determinar su comportamiento sobre el canal AWGN. Se define como la secuencia del número de secuencias {ai} de peso i del código; i=df, df+1, df+2, ...; la distancia libre es df.

En general, para el cálculo de estas distancias se necesitan algoritmos especiales. La distancia libre puede obtenerse en el cálculo del perfil de distancias. También es posible obtenerla utilizando otros procedimientos concebidos para el análisis del espectro de pesos de los códigos convolucionales. Dicho espectro de pesos determina plenamente el comportamiento de un código convolucional sobre el canal AWGN. Se ha investigado intensamente sobre este asunto [Ref. 3-16].

AP3.2-2.3 Algoritmo Viterbi de decodificación flexible

La principal ventaja de la codificación convolucional proviene del empleo de la decisión flexible, que utiliza plenamente la información del canal para mejorar el comportamiento en alrededor de 2 dB con respecto al uso de decisión firme. En la práctica, se ha de utilizar una longitud de palabra finita en los sistemas digitales. Las muestras analógicas de salida del filtro de recepción del demodulador suelen cuantificarse en 3 bits en los decodificadores Viterbi, como ilustra la figura AP3.2-4:

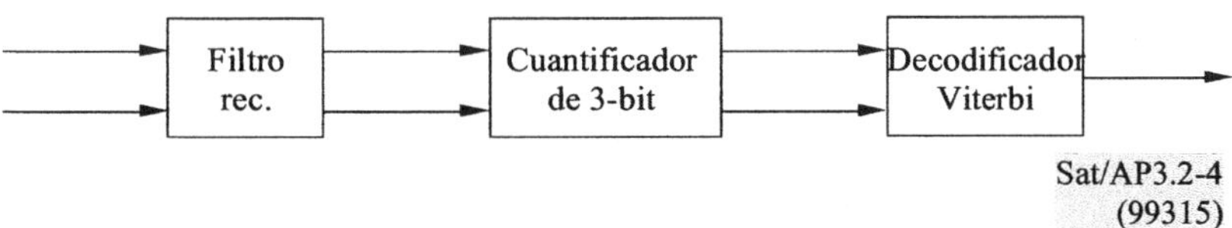

FIGURA AP3.2-4

Decisión flexible en la decodificación Viterbi

Con los datos cuantificados en 3 bits procedentes del canal, el algoritmo Viterbi efectúa la decodificación óptima del código convolucional. Los aspectos prácticos de la decodificación Viterbi pueden hallarse en [Ref. 3-10] y [Ref. 3-17]. Para ilustrar el principio, conviene utilizar la retícula del código. Recuérdese que el algoritmo Viterbi es una aplicación de la programación dinámica a la decodificación. El problema del cálculo consiste en encontrar el trayecto mejor, o más corto, en un gráfico orientado. Para que esto tenga sentido, se ha de definir la longitud del trayecto.

Cada trayecto de la retícula representa una secuencia de código $\underline{c}$, que corresponde a una secuencia de información $\underline{I}$ según la relación $\underline{c} = \underline{I}*G(D)$. Adviértase que esta relación puede memorizarse implícitamente en la retícula, y que no se necesita codificación en la decodificación Viterbi. Existe una correspondencia "1-a-1" entre $\underline{I}$, $\underline{c}$ y el trayecto de la retícula.

La secuencia recibida $\underline{r}$ se cuantifica y se introduce en el decodificador. La decodificación óptima se realiza siguiendo el criterio de máxima probabilidad:

$$\text{Hallar } \underline{I}^* \text{ de manera que } Pr\{\underline{r}/\underline{I}^*\} = Max\ Pr\{\underline{r}/\underline{I}\}$$

Siempre se verifica que $Pr\{\underline{r}/\underline{I}\} < 1$. Sobre un canal AWGN, la cantidad positiva $-\log Pr\{\underline{r}/\underline{I}\}$ se define como longitud del trayecto. Puesto que el canal carece de memoria, $-\log Pr\{\underline{r}/\underline{I}\} = -\Sigma \log Pr(rj/Ij)$, y el criterio adopta ahora la siguiente forma equivalente:

$$\text{hallar } \underline{I}^* \text{ de manera que } -\log Pr\{\underline{r}/\underline{I}^*\} = -Min\ Pr\ \{\underline{r}/\underline{I}\}$$

o bien,

$$\text{hallar } \underline{I}^* \text{ de manera que } -\log Pr\{\underline{r}/\underline{I}^*\} = -Min\ \Sigma \log Pr\ \{rj/Ij\}$$

que es equivalente a:

$$\text{hallar } \underline{c}^* \text{ de manera que } -\log Pr\{\underline{r}/\underline{c}^*\} = -Min\ \Sigma \log Pr\ \{rj/cj\}$$

A partir de la secuencia recibida $\underline{r}$ y de cada secuencia de código $\underline{c}$, puede definirse aún más la métrica del trayecto para un canal AWGN. Adviértase que $\log Pr\{rj/cj\} = \frac{1}{2}\log (2\pi\sigma) - \|rj - cj\|2$, y la longitud del trayecto es ahora $\Sigma \|rj - cj\|2$, que es precisamente la distancia euclidiana entre $\underline{r}$ y $\underline{c}$. Por esta razón la decodificación de probabilidad máxima consiste en hallar la secuencia de código, o el trayecto correspondiente en la retícula, que esté más cercano en distancia euclidiana a la secuencia recibida. El criterio se expresa una vez más así:

$$\text{hallar } \underline{c}^* \text{ de manera que } -\log Pr\{\underline{r}/\underline{c}^*\} = Min\ \Sigma \|rj - cj\|2$$

El algoritmo Viterbi resuelve este problema aplicando el principio de la programación dinámica que asegura el mejor comportamiento global a base de decisiones locales óptimas. Las decisiones locales abrevian los cálculos a realizar en la retícula. En la práctica, se utiliza una métrica mucho más sencilla de números enteros, cuantificados a 3 bits; véanse [Ref. 3-10] y [Ref. 3-17].

En pocas palabras, hallar del modo más simple el trayecto más corto entre los 2rL posibles, siendo r la relación de código y L la longitud de la secuencia, exige evaluar y comparar las métricas de 2rL trayectos. En el algoritmo de Viterbi (VA) el trabajo de cálculo necesario es mucho menor. Desde la primera sección de la retícula hasta la L-ésima, el VA progresa sección por sección. En cada nodo, toma una decisión local al eliminar uno de los dos caminos que confluyen en él y adoptar el que presenta la menor longitud de trayecto. Cada vez que se efectúa una comparación binaria, se eliminan la mitad de los futuros trayectos.

Una vez alcanzada la sección L-ésima, el decodificador VA comienza a entregar decisiones sobre los bits. En dicha sección L-ésima, decide sobre el primer bit, y después avanza una sección en la retícula, tomando en el instante t la decisión que afecta al (t–L)-ésimo bit. En la memoria de trayectos del decodificador sólo se almacenan L secciones, y se desecha toda la información almacenada de las t–L secciones anteriores. Este tipo de decodificación, realizable en la práctica, se denomina decodificación Viterbi de memoria truncada.

El siguiente ejemplo (figura AP3.2-5) sirve para mostrar cómo actúa el algoritmo VA en una retícula de código.

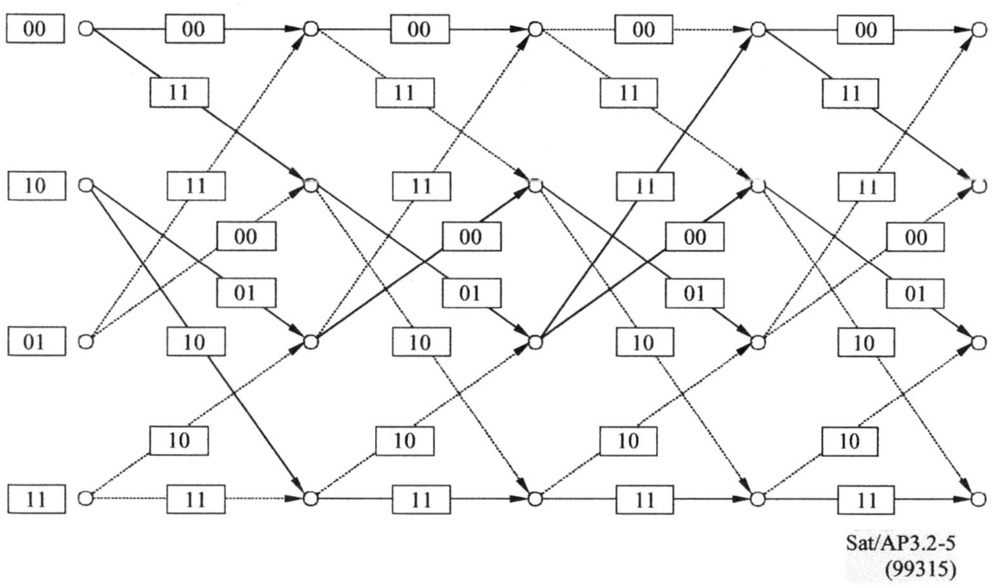

FIGURA AP3.2-5

Retícula para ilustrar la decodificación Viterbi

Las ramas de trazo continuo representan los trayectos sobrevivientes, y las punteadas son los trayectos eliminados por decisiones locales. El trayecto "11 01 11 00 ..." es el óptimo, y quedan eliminados todos los trayectos "00 00 00 ...", "01 11 ..." y "10 00 10 ...". Si, por ejemplo, hubiese sobrevivido el trayecto "10 10 10" todos sus trayectos derivados habrían sido evaluados. El algoritmo de Viterbi permite eliminar estos cálculos, innecesarios para llegar a una decisión global óptima.

La arquitectura del soporte físico de un decodificador Viterbi se compone de cuatro partes principales: un calculador de métricas de rama con capacidad de almacenamiento, una unidad "ACS", una memoria de trayectos con lógica de decisión, y un bus de datos con su controlador. La unidad "ACS" realiza la operación denominada "acumulación-comparación-selección". La memoria de trayectos adopta una estructura de datos especial y es voluminosa, ocupando habitualmente una gran parte de la superficie de silicio de los microcircuitos del decodificador. Un ASIC (circuito integrado específico de la aplicación) decodificador Viterbi es realmente un computador especializado. La unidad ACS actúa como unidad procesadora, la memoria de trayectos almacena los datos y el bus, y todos los demás elementos se comportan como periféricos. La arquitectura puede variar bastante, dependiendo de la velocidad binaria de las aplicaciones. A menos de 1 Mbit/s sería adecuada una arquitectura de tipo DSP, pero si las velocidades están comprendidas entre 10 y 60 Mbit/s se requiere una realización en ASIC. Véanse más detalles en [Ref. 3-17] y la literatura técnica reciente.

AP3.2-2.4 Códigos convolucionales perforados y su decodificación

Un código convolucional k/n con k>1 es de retícula más complicada que la de un código de relación mitad. A cada nodo llegan 2k trayectos, y de él salen 2k trayectos. Para k=2, se ha de realizar una decisión local cuádruple, mucho más difícil de ejecutar por medios electrónicos que una decisión binaria. Por otra parte, para ciertas aplicaciones se necesitan códigos de relación más elevada. Se ha encontrado que los códigos perforados satisfacen estos requisitos. Para construir un código de relación superior, se perforan periódicamente parte de los símbolos de código a partir de la salida del codificador. Por ejemplo, el código perforado 3/4 se construye perforando periódicamente 2 de los 6 símbolos contenidos en cada 3 secciones de la retícula, lo que da 3 bits, según muestra la figura AP3.2-6, en la que "x" denota una posición de perforación. La matriz de perforación se define, pues, como sigue:

$$P = \begin{vmatrix} 1 & 1 & 0 \\ 1 & 0 & 1 \end{vmatrix}$$

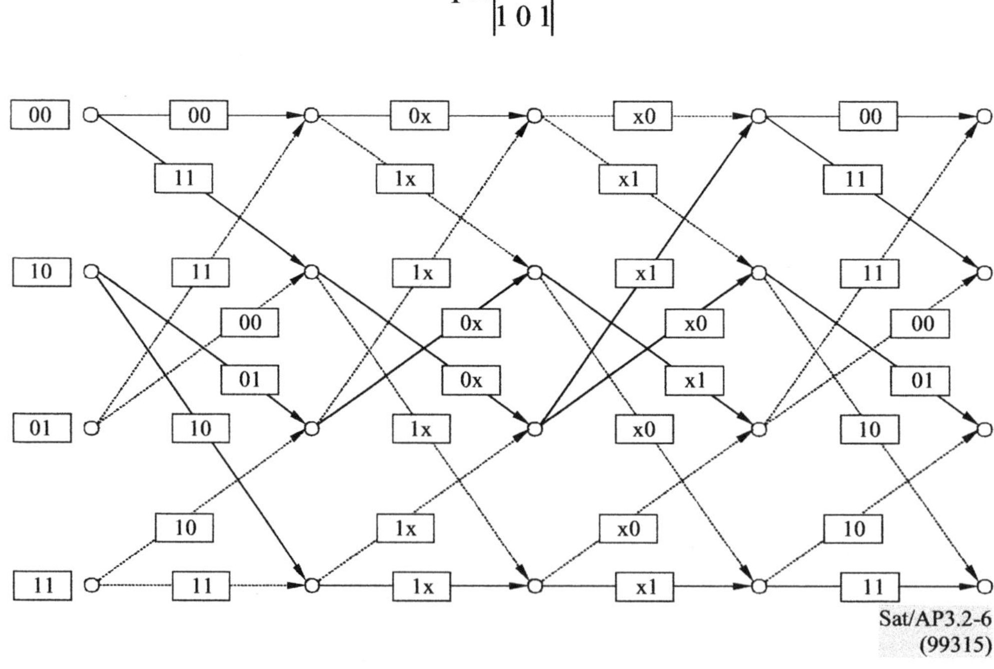

FIGURA AP3.2-6

Retícula para ilustrar el código perforado 3/4

En la decodificación Viterbi (figura AP3.2-7) hay que insertar una métrica nula por cada símbolo perforado para completar el cálculo de la métrica de la rama. Esto se consigue insertando muestras nulas en la señal recibida que se ha muestreado. De esta manera, un decodificador Viterbi puede tratar fácilmente códigos perforados sin grandes modificaciones en su soporte físico. La inserción de métricas nulas es transparente para el algoritmo VA.

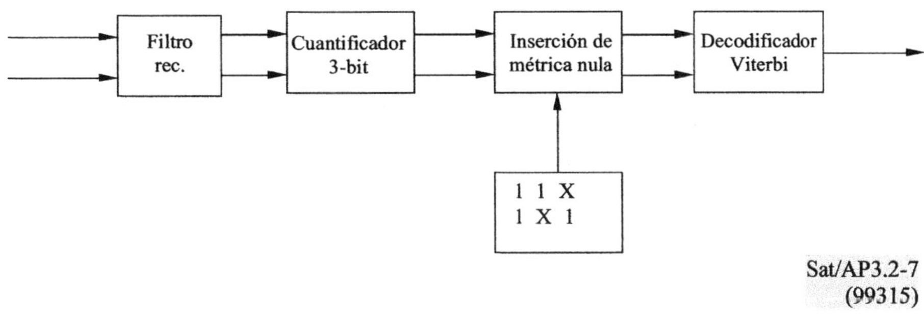

FIGURA AP3.2-7

Inserción de métricas de símbolo nulas en la decodificación Viterbi de código perforado

La sincronización de los nodos de una decodificación Viterbi para un código perforado es más complicada, dado que el decodificador ha de identificar correctamente las posiciones perforadas. El siguiente cuadro proporciona un ejemplo de códigos perforados útiles, con la matriz de perforación K=9 y la distancia libre. Se encontrarán listas más completas en la [Ref. 3-16].

CUADRO AP3.2-1

Códigos perforados, matriz de perforación y distancia libre

K=9	1/2	2/3	3/4	4/5	5/6	6/7	7/8
G1=561	1	11	111	1101	10110	110110	1101011
G2=753	1	10	100	1010	11001	101001	1010100
Df	10	7	6	5	5	4	4

AP3.2-2.5 Asociación de un código convolucional binario con modulación MDP-4

La configuración más utilizada se muestra en la siguiente figura AP3.2-8:

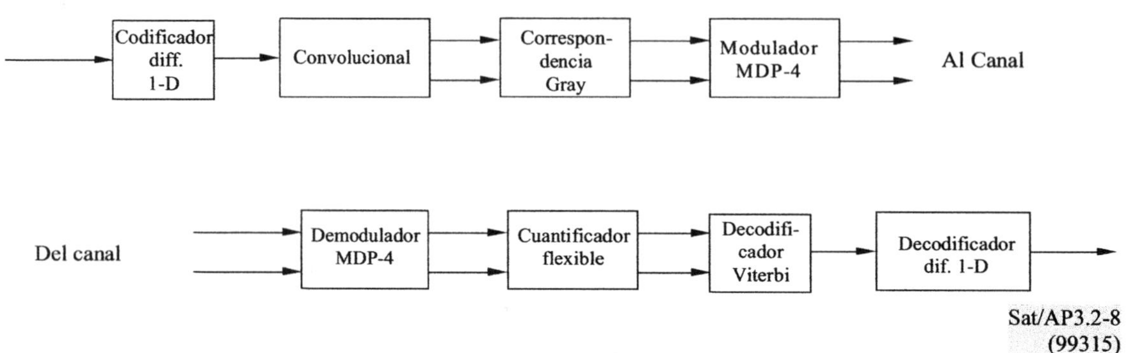

FIGURA AP3.2-8

Sistema básico de modulación MDP-4 y codificación convolucional de relación mitad

Existen dos correspondencias para una agrupación MDP-4: la natural y la de Gray, como se muestra en la figura AP3.2-9.

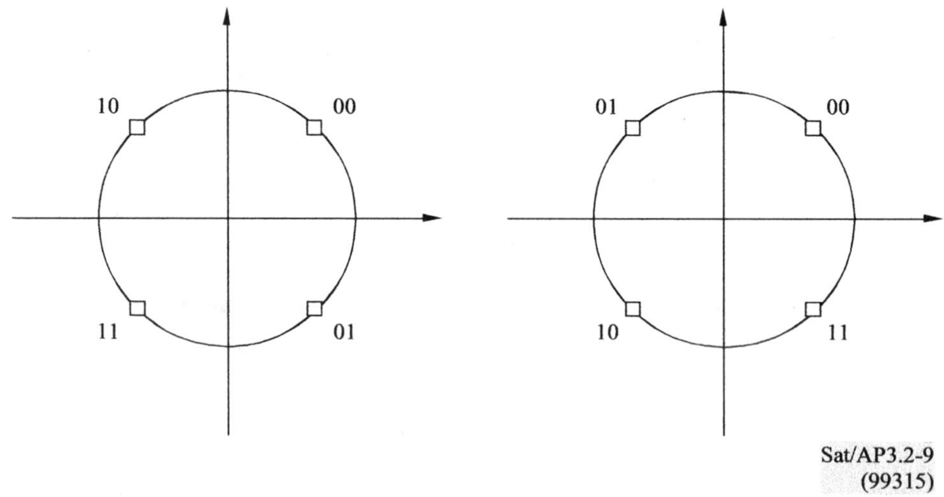

FIGURA AP3.2-9

Correspondencias Gray (izquierda) y natural (derecha)

La recuperación de la portadora del demodulador MDP-4 comporta una ambigüedad de fase. Si se establecen como referencia de fase los tres puntos situados a 90°, 180° y –90°, el demodulador no podrá trabajar correctamente con el decodificador a menos que haya un dispositivo que suprima la ambigüedad de fase. Sólo podrá entregar los bits correctamente si se toma 0° como referencia de fase.

La ambigüedad de fase puede eliminarse parcialmente mediante la codificación diferencial unidimensional (1-D). En la correspondencia de Gray, al producirse una ambigüedad de fase de 180°, se invierten los 2 símbolos de código y también se invierte la polarización de los símbolos MDP-4. Si el código es transparente, la codificación diferencial puede resolver esta ambigüedad de fase. Un código convolucional es transparente cuando sigue siendo válida cualquier secuencia codificada que esté invertida con respecto a una secuencia de código válida, y cuando dicha secuencia de código invertida corresponde a una secuencia de información que esté invertida con respecto a la información contenida en la secuencia de código no invertida. Esto significa que el decodificador es capaz de decodificar una secuencia de símbolos MDP-4 invertida, entregando una secuencia de información asimismo invertida. La inversión de la secuencia de información viene corregida por la codificación/decodificación diferencial insertada antes del codificador convolucional y después del decodificador Viterbi.

La codificación/decodificación diferencial puede situarse en el interior del códec convolucional. En este caso, se pueden resolver las tres ambigüedades de fase, como muestra la figura AP3.2-10. Dos problemas se plantean, sin embargo, en esta configuración. El primero se refiere a las posiciones del código convolucional y el decodificador Viterbi dentro del sistema, puesto que la entrada al decodificador Viterbi deben ser datos cuantificados en decisión flexible, a los que es difícil aplicar la decodificación diferencial. El segundo problema es la duplicación de errores debido a la memoria de 1 bit del decodificador diferencial.

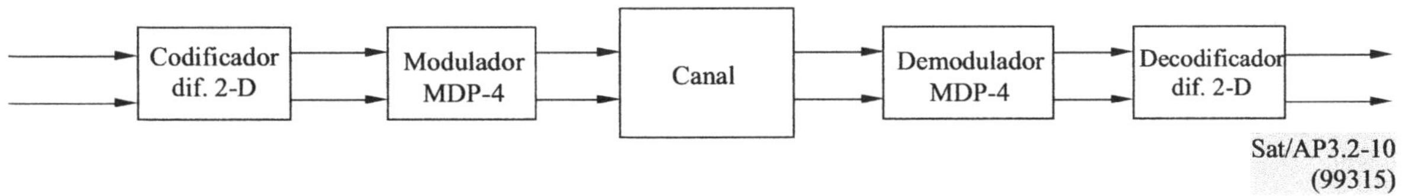

FIGURA AP3.2-10

Modulación MDP-4 con codificación diferencial 2-D

En un sistema dotado de codificación convolucional, se logra la resolución de las ambigüedades de fase de ±90° mediante el decodificador Viterbi, dependiendo de la propiedad de convergencia de trayectos. Las métricas de trayecto son funciones no decrecientes del tiempo. En los decodificadores Viterbi, suele equiparse un circuito de normalización de métricas de trayecto para evitar que estas métricas sobrepasen sus límites. En condiciones normales, este circuito actúa con regularidad. Si aparece una ambigüedad de ±90°, el decodificador Viterbi acepta señales de entrada de alto nivel de ruido, no hay ningún trayecto de buena calidad en la retícula, y las métricas de trayecto aumentan rápidamente, provocando la frecuente intervención del circuito normalizador de métricas antes referido. Esta condición se detecta con presteza y se activa una alarma. El microcircuito decodificador ordena entonces una rotación de 90° de los símbolos MDP-4 de la entrada, la fase se convierte en 0° ó 180°, y la ambigüedad desaparece. Este método debe, sin embargo, ser estable a efectos estadísticos, y el periodo de observación ha de ser relativamente largo para evitar falsas alarmas debidas al ruido impulsivo del canal. El número de normalizaciones de métricas de trayecto observadas durante ese periodo se contrasta con un valor umbral, pues lo que tiene sentido es la proporción de normalizaciones.

La sincronización de nodos en un decodificador Viterbi puede también conseguirse con el mismo procedimiento. En la figura AP3.2-11 se representa finalmente un sistema enteramente transparente con dos parejas de codificador/decodificador.

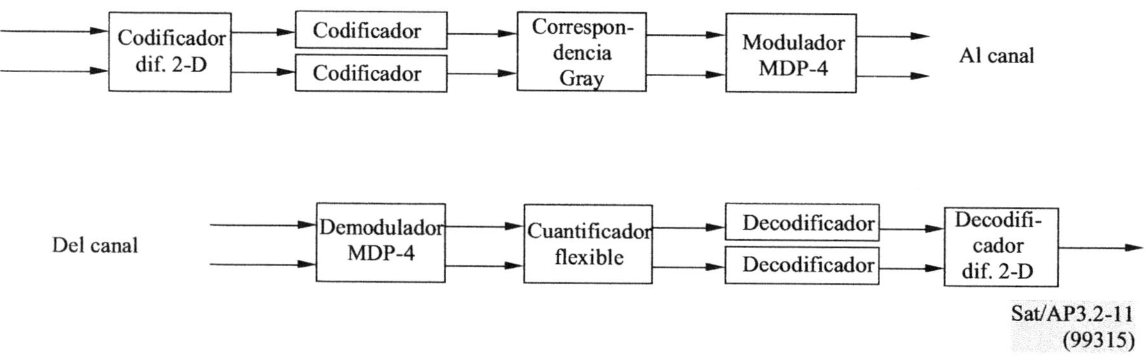

FIGURA AP3.2-11

Sistema plenamente transparente de modulación MDP-4 con dos códigos 1-D transparentes

La utilización de los códigos perforados facilita llegar a un compromiso entre potencia y anchura de banda. Estos códigos pueden, con pequeñas modificaciones, ser decodificados por el mismo microcircuito decodificador Viterbi que los originales de relación mitad (figura AP3.2-12).

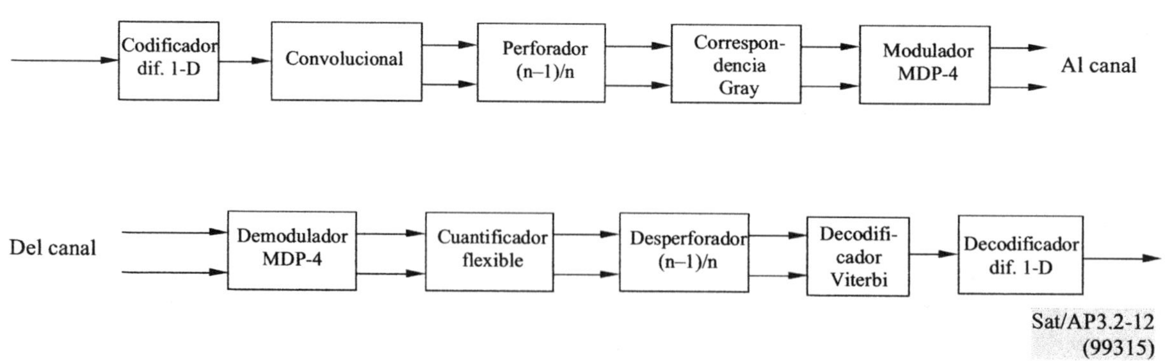

FIGURA AP3.2-12

Códigos perforados y decodificación de Viterbi con desperforación

En la emisión, el perforador suprime periódicamente los símbolos que ocupan las posiciones de perforación en el tren de símbolos codificados que sale del codificador de relación mitad. En la recepción, el desperforador inserta el símbolo nulo en las posiciones perforadas del tren de datos cuantificados, que utiliza el decodificador Viterbi. En estas operaciones podría necesitarse una sincronización múltiple. La sincronización de los nodos de un decodificador perforado es más compleja, puesto que ha de sincronizarse el desperforador con los datos recibidos. Como se ha señalado anteriormente, tanto los sincronizadores internos como los externos pueden ampliarse para desempeñar esta función.

AP3.2-2.6 Características de un sistema MDP-4 con codificación convolucional

Para códigos convolucionales determinados, pueden aplicarse límites asintóticos a sus características en materia de tasa de errores. Estos límites se basan en la técnica de limitación de las uniones combinada con la función de transferencia del código. En [Ref. 3-10] puede hallarse el tratamiento teórico detallado. Dichas transferencias no son fáciles de calcular para códigos de longitud de limitación larga. Se han desarrollado métodos numéricos para el cálculo parcial de estas funciones en casi todos los códigos de interés práctico, y se han publicado listas completas del espectro de los pesos [Ref. 3-16]. En realidad, basta con los primeros términos del desarrollo de la función de transferencia para evaluar con bastante precisión el comportamiento en cuanto a tasa de errores. Los resultados se acomodan muy bien a los sistemas de la práctica para valores grandes de E_b/N_o, es decir, para tasas de errores de bit muy bajas. Cuando los valores de E_b/N_o son pequeños, estos límites no son estrictos. En tal caso, no obstante, es fácil evaluar por simulación la tasa de errores.

A continuación, se presentan dos figuras que ilustran las características en cuanto a proporción de bits erróneos (BER) en el canal AWGN de algunos códigos convolucionales bien conocidos. La figura AP3.2-13 presenta las características de códigos convolucionales perforados para K=7, y en la figura AP3.2-14 se comparan los códigos de relación mitad con diferente longitud restringida.

La figura AP3.2-14 presenta la característica en el canal AWGN de códigos convolucionales de diferente longitud de limitación. Se aprecia que los códigos largos se comportan mejor que los cortos. Dentro de las posibilidades tecnológicas, dependiendo de la aplicación, es natural elegir un código de memoria largo. En general, podrían utilizarse dos arquitecturas esenciales para realizar un decodificador Viterbi. Con velocidades binarias elevadas, entre 10 y 70 Mbit/s, o en aplicaciones de gran volumen, es apropiada una arquitectura ASIC en la que se ejecuten en gran medida computaciones paralelas. Para velocidades binarias inferiores, por debajo de 10 Mbit/s, suele adoptarse una arquitectura basada en DSP si las aplicaciones son de pequeño volumen. Se advierte que la divisoria de 10 Mbit/s no puede ser muy precisa. A medida que la tecnología del DSP evoluciona, esta frontera tiende a elevarse. Al mismo tiempo, crecerá también el límite superior de la capacidad de los ASIC, hoy en torno a los 70 Mbit/s.

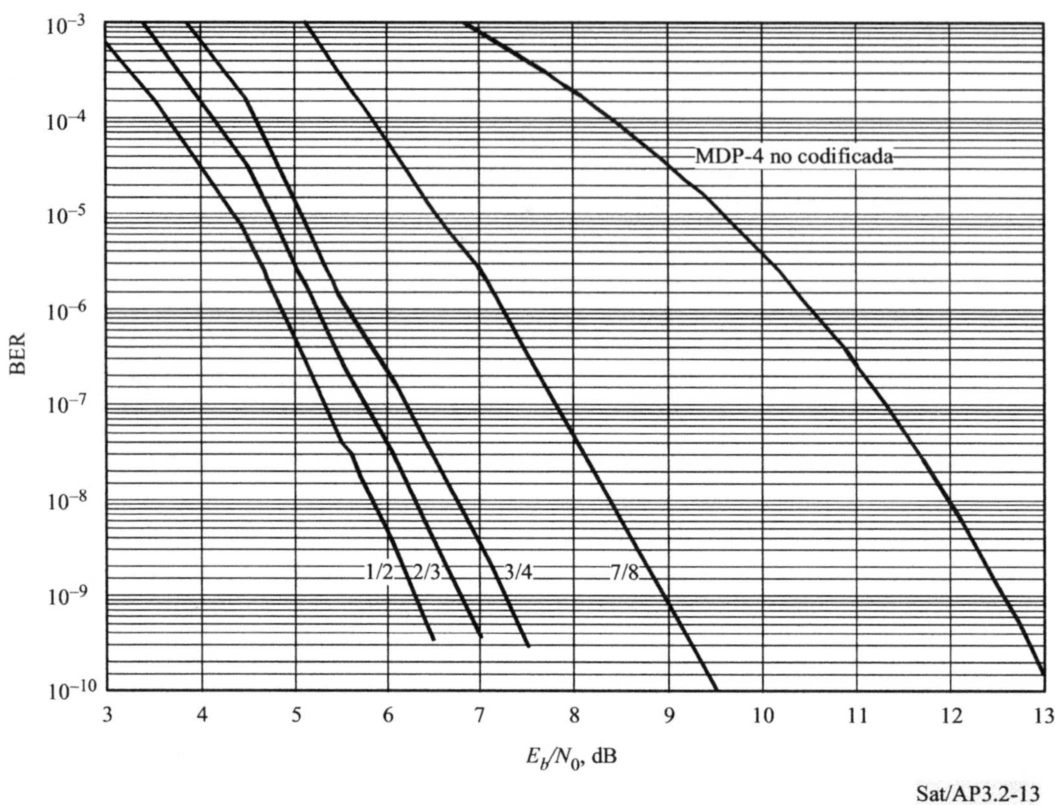

FIGURA AP3.2-13

Característica de códigos convolucionales perforados en el canal AWGN

AP3.2-3 Sistema de codificación concatenada con código externo Reed-Solomon

La asociación de un código interno decodificado por decisión flexible y un código externo Reed-Solomon de decodificación algebraica rápida da origen a una eficaz configuración de corrección de errores sin canal de retorno (FEC): el sistema de codificación concatenada (en cascada). El código interno con decodificación Viterbi es capaz de corregir una gran parte de los errores aleatorios y de las ráfagas de error muy breves presentes en la señal recibida. No será fácil corregir los errores residuales en las salidas del decodificador Viterbi, agrupados en ráfagas, dado que la capacidad de corrección de errores del código externo está limitada. Sin embargo, mediante un entrelazado adecuadamente elegido que fragmente las ráfagas de errores en otras más cortas, el código Reed-Solomon podrá corregir la mayoría de las ráfagas de error dispersas para conseguir una tasa de errores binarios muy baja.

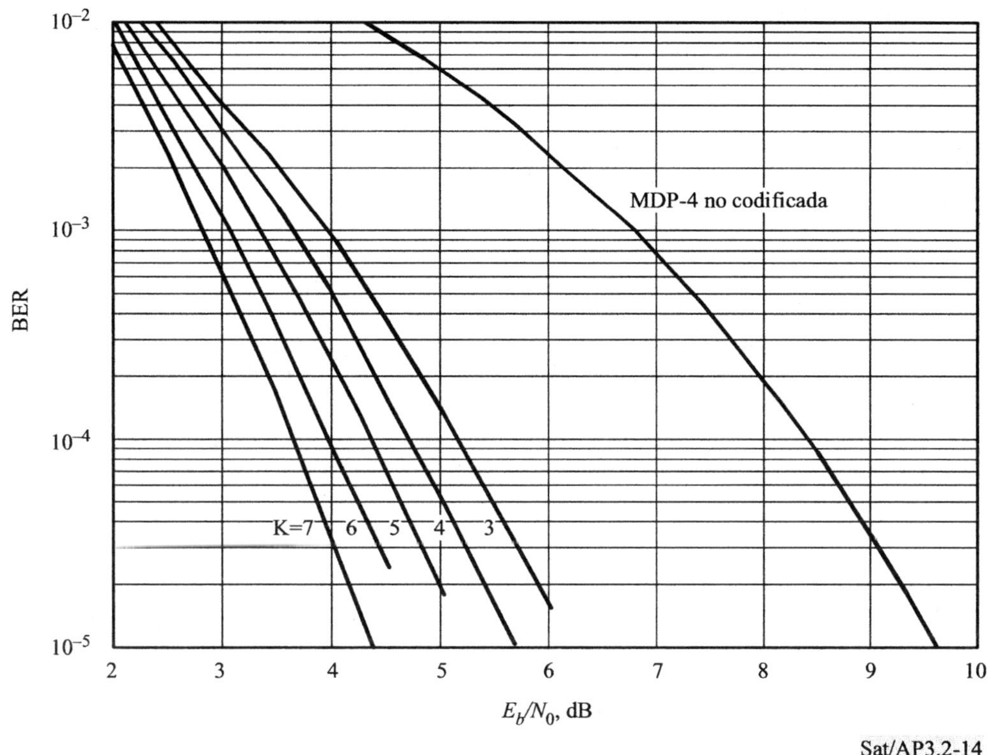

FIGURA AP3.2-14

Característica de códigos convolucionales de relación mitad en el canal AWGN

El código Reed-Solomon tiene una relación elevada e introduce una ampliación muy pequeña de la anchura de banda. Como se demostrará, el diseño de un buen sistema de codificación concatenada se consigue armonizando juiciosamente los códigos elegidos, el entrelazado (en función de las demás características y requisitos como el retardo de procesamiento), la proporción de bits erróneos (BER), la ganancia E_b/N_0, la ampliación de anchura de banda, y otros factores. Estos sistemas suelen destinarse a conseguir una calidad de funcionamiento muy elevada, por ejemplo, una BER del orden de 10^{-10}. La alta calidad de la codificación concatenada satisface muy bien las necesidades de la transmisión por satélite de televisión digital y de televisión de alta definición. En las normas internacionales se han adoptado varios de estos sistemas de codificación concatenada para la transmisión de imágenes y vídeo a través de redes de satélites.

AP3.2-3.1 Configuraciones básicas del sistema de codificación concatenada

En la figura AP3.2-15 se presenta un sistema general de codificación concatenada para transmisión por satélite. La figura se ha simplificado omitiendo todas las partes de FI y RF. Tampoco se ha incluido el control del enlace ni los métodos de señalización y tratamiento en banda de base, tales como las unidades de conformación de impulsos y de aleatorización, si bien se presentarán en otros apartados.

Los bloques de trazo punteado son opcionales. Los de trazo continuo son los bloques constructivos básicos de un sistema de codificación concatenada.

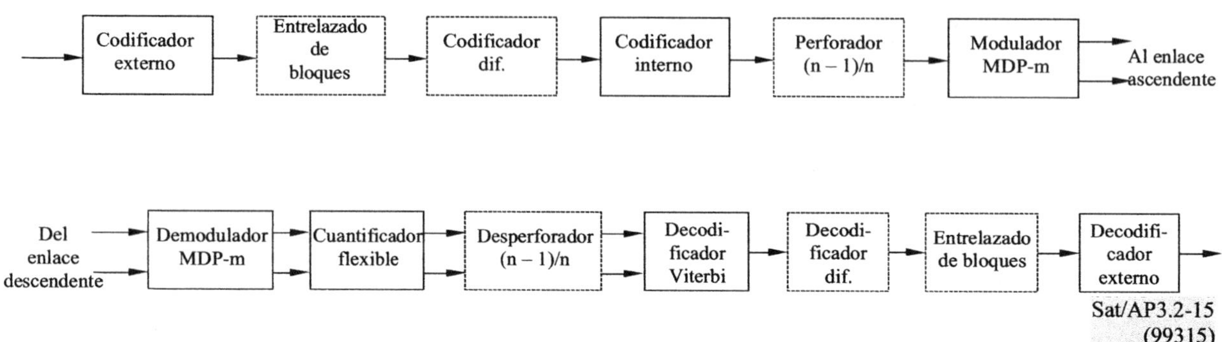

FIGURA AP3.2-15

Sistema general de codificación concatenada para transmisión por satélite

El codificador y el decodificador externos realizan en general una codificación/decodificación Reed-Solomon que ejecuta cálculos de campos finitos. Las funciones de entrelazado/desentrelazado de bloques son sumamente útiles por mejorar en gran medida el comportamiento total del sistema. El entrelazado será estudiado en un apartado especial. Se supone que la codificación/decodificación diferencial es facultativa, dependiendo de las aplicaciones. Su cometido consiste en eliminar automáticamente las ambigüedades de fase asociadas a la recuperación de la portadora en el demodulador.

La pareja de codificador/decodificador internos puede comprender un sistema decodificador convolucional/Viterbi correspondiente a una modulación MDP-4, o también un sistema TCM (modulación por codificación reticular) o BCM (modulación por código bloque) asociado con una modulación MDP-8 o MAQ-16. En la figura, se ha supuesto una modulación MDP-m (modulación por desplazamiento de fase m-valente). Otra función importante no representada en la figura es la aleatorización, que será tratada posteriormente en otro apartado especial.

En comparación con el sistema de codificación clásico de código único, se ha introducido en el decodificador Reed-Solomon otra función adicional, la sincronización de palabras (entrelazado), que será objeto de otro nuevo apartado.

AP3.2-3.2 Códigos Reed-Solomon y decodificación algebraica

El código interno podría ser convolucional o modulado por codificación reticular. El código externo más utilizado es generalmente el Reed-Solomon basado en un campo finito, o un campo Galois. Véase en [Ref. 3-9] una introducción al cálculo de campos finitos y a los códigos BCH y Reed-Solomon, y una explicación más completa en [Ref. 3-17 a 20].

Los códigos BCH, cuyo nombre proviene de sus descubridores, Bose-Chaudhuri-Hocquenghem, forman una clase de códigos bloque capaces de corregir múltiples errores de símbolo. Son códigos cíclicos en un campo de símbolos, que tienen sus raíces en otro campo llamado de localización. Por ejemplo, los códigos BCH binarios de longitud 2m−1 se construyen sobre su campo de símbolos GF(2), pero las operaciones de su decodificación algebraica se realizan en su campo de localización $GF(2^m)$. Cuando estos dos campos son uno mismo, el código resultante es Reed-Solomon.

En general, los códigos BCH suelen describirse en lenguaje de código cíclico, es decir, utilizando polinomios generadores. Sin embargo, para demostrar su capacidad de corrección de errores es más útil el lenguaje de código bloque, aplicando las propiedades de matrices y determinantes como puede verse en [Ref. 3-9].

Los parámetros adicionales que definen un código BCH de longitud n y dimensión k, concebido para corregir t errores, son el campo de símbolos KS y su campo de localización KL. La distancia Hamming mínima no está dada explícitamente. El límite BCH siempre cumple d ≥ 2t+1, donde d recibe el nombre de distancia verdadera. Siendo t el parámetro que define los códigos BCH, se llama distancia proyectada la expresada por d*=2t+1.

Los códigos Reed-Solomon son una clase especial de códigos BCH definidos sobre el campo finito $GF(q^m)$, donde q es un número primo. Se supone aquí q = 2 para simplificar la explicación. Su dimensión exacta viene expresada por k=n−2t, y el límite Singleton se mantiene en la igualdad: d=n−k+1=2t+1. La distancia proyectada coincide con la distancia verdadera para los códigos Reed-Solomon. Esta es una propiedad importante, pues se ha demostrado que, para una longitud y dimensión dadas, d=n−k+1 es la máxima distancia que puede obtenerse de cualquier código bloque. Los códigos que satisfacen el límite Singleton en igualdad se denominan códigos MDS (*maximum distance separable*, separables de distancia máxima), y en ellos se incluyen los códigos Reed-Solomon, que son los más adecuados para sistemas de codificación concatenada. Habitualmente los códigos Reed-Solomon se construyen sobre $GF(2^m)$. En este caso, puesto que un símbolo equivale a m bits, la corrección de t errores de símbolos implica que, como máximo, pueden corregirse mt bits. Esto indica la capacidad de corrección de errores en ráfagas de los códigos Reed-Solomon.

La codificación y decodificación de los códigos Reed-Solomon se representan en la siguiente figura AP3.2-16:

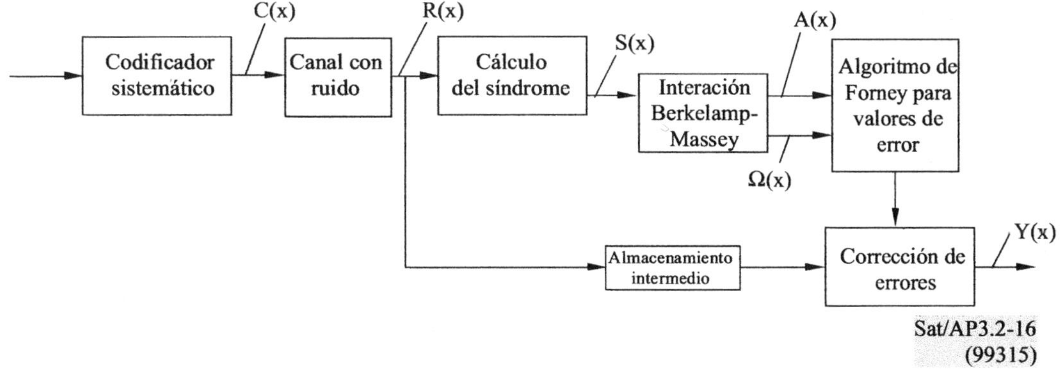

FIGURA AP3.2-16

Arquitectura de codificación/decodificación (códec) para un código BCH (Reed-Solomon)

La codificación puede realizarse igual que en los códigos cíclicos. La decodificación pasa por varias etapas:

- cálculo de los síndromes [Ref. 3-17 a 19];

- formación de la ecuación esencial calculando el polinomio localizador de errores [Ref 3-17 a 19];

- cálculo de las localizaciones de errores por la iteración de Berkelamp-Massey [Ref. 3-17 a 19];

- cálculo de los valores de errores por la fórmula de Forney [Ref. 3-17 a 19];

- corrección de los errores.

Un estudio detallado de la decodificación algebraica excede el alcance de esta sección. Para más detalles, véanse [Ref. 3-9], [Ref.3-17 a 20]. La decodificación algebraica tiene numerosas variantes y ampliaciones. En lugar de la iteración Berlekamp-Massey puede utilizarse la iteración euclidiana ampliada.

Finalmente, para estimar la característica de errores de bit de un sistema de codificación concatenada por código Reed-Solomon resulta útil la expresión siguiente, si bien da por supuesto que se conoce (en la práctica, por simulación) la probabilidad de errores de símbolos, P_s, procedentes del decodificador interno, y además que los errores de símbolos están uniformemente distribuidos, y por último que la probabilidad de error de los bits dentro de un símbolo erróneo es de 1/2. Admitidas estas hipótesis, la tasa de errores de bit, P_b, puede expresarse por:

$$P_b = \sum_{j=t+1}^{n} \frac{j}{2n} \binom{n}{j} P_s^j (1 - P_s)^{n-j}$$

En la práctica, si el entrelazado es eficaz, estas hipótesis se cumplen en gran medida y la fórmula anterior ofrece suficiente precisión.

En resumen, la especificación de un código Reed-Solomon consiste en especificar un polinomio p(x), habitualmente un polinomio primitivo de grado m que define el campo finito $GF(2^m)$, y en generar un polinomio g(x). Para establecer el código, en primer lugar hay que deducir los métodos para realizar todas las operaciones en $GF(2^m)$, y luego los algoritmos de codificación y decodificación que han de incorporarse en las arquitecturas adecuadas. La aritmética de campos finitos, los algoritmos de codificación/decodificación y las arquitectura de códecs Reed-Solomon son temas de investigación específicos, intensamente estudiados para diferentes aplicaciones prácticas.

AP3.2-3.3 Entrelazado

El entrelazado que se utiliza en el sistema de codificación concatenada es una función muy importante (figura AP3.2-17). Los errores a la salida del decodificador Viterbi están agrupados en ráfagas. Estas ráfagas pueden ser de longitudes diferentes, siguiendo una distribución experimental de tipo exponencial. El entrelazado fracciona estas largas ráfagas en errores de símbolos uniformemente distribuidos que luego son corregidos por el decodificador Reed-Solomon. Suele utilizarse un entrelazador de bloques con los códigos Reed-Solomon. El entrelazador es un almacenamiento intermedio de datos organizado en matriz, siendo cada elemento de la misma un símbolo de código Reed-Solomon, es decir, un elemento en $GF(2^m)$, o m bits.

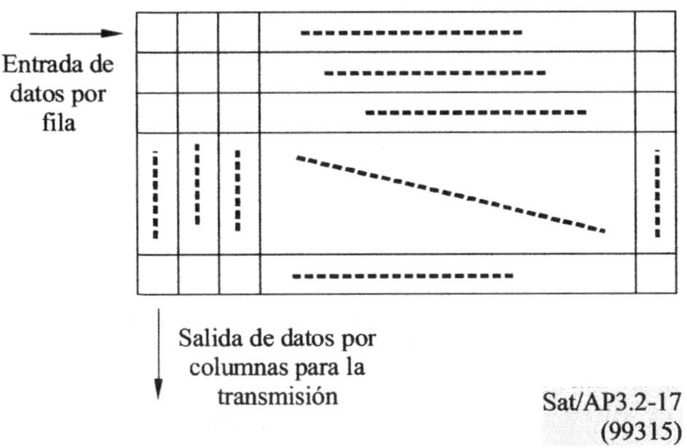

FIGURA AP3.2-17

Entrelazador y desentrelazador de bloques

En la emisión, los símbolos de m bits se escriben fila por fila en la matriz. Una vez llena ésta, los elementos se leen columna por columna. El margen del entrelazador es la longitud de la fila, n, igual a la longitud de la palabra de código Reed-Solomon. Se llama profundidad del entrelazador, M, al número de filas de la matriz.

A la salida del canal, las ráfagas de errores se habrán distribuido en columnas. En la recepción, se vuelve a escribir fila por fila y a leer columna por columna en otra matriz, que es el desentrelazador de bloques. El resultado es que una ráfaga de errores se divide en M palabras de código. Una ráfaga de longitud L se convertirá en M ráfagas de longitud L/M. Recuérdese que el código Reed-Solomon es capaz de corregir t errores. Por lo tanto, si se verifica $L_{max}/M \leq t$, esta larga ráfaga de errores será corregida.

Para diseñar un sistema de codificación concatenada, es interesante evaluar el valor de L_{max} o la distribución en longitud de las ráfagas de errores cuando el sistema funciona normalmente.. Es importante, pues, que el entrelazador esté diseñado con una profundidad M grande pero no excesiva, porque el entrelazador introduce un retardo y presenta un soporte físico complejo que se refleja en el coste. *Una tosca evaluación del retardo en tiempo podría ser nMm/R_b (segundos)*, siendo n el margen y M la profundidad de la matriz del entrelazador, m el número de bits de los elementos o símbolos de código, y R_b la velocidad binaria (bits por segundo) en el entrelazador.

En resumen, las limitaciones prácticas impuestas al diseño del entrelazado en un sistema de codificación concatenada pueden expresarse por:

$$L_{max}/t \leq M \leq \tau_{max}\, R_b/nm$$

siendo τ_{max} el máximo retardo en tiempo que puede tolerar el sistema. En las aplicaciones de velocidad binaria elevada, podría adoptarse un valor grande de M. Pero se necesitarían memorias muy rápidas para construir entrelazadores con esas altas velocidades. M se limita a un valor pequeño cuando R_b es baja y las aplicaciones se refieren a comunicaciones interactivas.

AP3.2-3.4 Sincronización de palabras (entrelazado)

Para decodificar las palabras de código Reed-Solomon en un sistema de codificación concatenada, hay que sincronizar el desentrelazador y el decodificador externo con el tren de datos a fin de asegurar que dichos desentrelazador y decodificador identifican las palabras correctas. Ese es el problema específico de la sincronización de palabras (del entrelazado).

La solución puede alcanzarse por varios métodos:

- inserción de una palabra especial;

- inserción de una palabra especial que sustituya a uno o dos símbolos de código Reed-Solomon en su parte de control de paridad;

- incorporación de un dispositivo de sincronización de trama en el decodificador.

La detección de una palabra especial generalmente realiza una sincronización de trama. Si esa palabra especial se coloca al principio o al final de una palabra de código, esta palabra de código será identificada por la detección. Sin embargo, la inserción de una palabra especial puede provocar una pérdida de inserción, al tener que transmitir esa palabra especial y utilizar para ello parte de un recurso de comunicación. Para evitar esta pérdida, es posible sustituir uno o dos símbolos de control de paridad de la palabra de código Reed-Solomon por una palabra especial. En la decodificación, estos símbolos se destinan a la supresión. Este método no produce un deterioro apreciable del comportamiento siempre que la palabra especial no aparezca muy a menudo en el tren de datos.

Es claro que puede utilizarse cualquier sincronizador de trama para establecer la sincronización de palabras (de entrelazado).

AP3.2-3.5 Aleatorización de bloques

En los sistemas clásicos se utiliza un aleatorizador secuencial para dispersar el tren de datos, con el fin de evitar largas sucesiones de "0" ó "1" en dicho tren de datos y garantizar así un satisfactorio espectro de potencia de las señales.

Los aleatorizadores de bloques son adecuados para sistemas que utilicen codificación concatenada con código externo Reed-Solomon, la cual exige la sincronización de palabras antes comentada. Para conseguirlo, se utiliza un generador de secuencias PN de muy largo periodo y además el tren de bits de la secuencia binaria generada. Debe utilizarse la misma secuencia en los lados de emisión y de recepción que se sincronizan.

AP3.2-4 Conclusión

El diseño de ingeniería de un sistema de corrección de errores sin canal de retorno (FEC) debe tener en cuenta varios factores:

- el valor de E_b/N_o utilizado en el análisis del balance de enlace;

- la expansión de la anchura de banda;

- el objetivo de tasa de errores de bit;

- el retardo de tratamiento;

- el esquema de acceso múltiple, en particular las restricciones de formato de los datos y el análisis de interferencia en el acceso múltiple;

- los planes de modulación y demodulación, en especial el umbral de sincronización;

- la posibilidad de resolver ambigüedades de fase con la transparencia del código;

- la disponibilidad de dispositivos decodificadores;

- la complejidad y el coste de la realización, los plazos de desarrollo y las cargas económicas, y otros factores diversos.

Entre las técnicas de codificación de canal, se han estudiado en detalle las dos más importantes y generalmente utilizadas: la codificación convolucional con decodificación Viterbi por decisión flexible, y los sistemas de codificación concatenada mediante códigos Reed-Solomon. Se han omitido las demás técnicas como las de códigos convolucionales auto-ortogonales, los códigos bloque binarios del tipo de Hamming, Golay y algunos códigos BCH de relación elevada. Los lectores interesados encontrarán una descripción detallada en [Ref. 3-9] y [Ref. 3-17 a 20].

La codificación con control de errores es un campo de I+D muy activo, de gran importancia para futuros sistemas de comunicación por satélite. Cabe destacar la reciente introducción de la modulación con codificación reticular y la codificación concatenada en la transmisión por satélite.

No es fácil pronosticar cómo evolucionará la codificación con control de errores en su aplicación a sistemas de comunicación por satélite. El desarrollo de técnicas de codificación de canal se unirá al de sistemas avanzados. Por ejemplo, en el tratamiento a bordo del satélite, la función decodificadora será muy ventajosa para la regeneración de la banda de base, proporcionando un notable ahorro en el rendimiento energético de la carga útil. Otros dominios importantes que posiblemente exijan técnicas de codificación de canal muy avanzadas serán los sistemas AMDC por satélite y otros sistemas personales de comunicación por satélite basados en constelaciones globales de satélites en órbita baja, así como los sistemas multimedios por satélite con nuevas aplicaciones, en los cuales la codificación habrá de afrontar nuevos y estimulantes requisitos.

APÉNDICE 3.3

Técnicas de compresión de las señales de vídeo [Ref. 3-2, 3-5]

AP3.3-1 Principales métodos de reducción de la velocidad binaria

AP3.3-1.1 Método de la primera generación

AP3.3-1.1.1 Codificación de transformación (compresión espacial)

En la codificación de transformación (figura AP3.3-1) se aplica una transformación lineal unitaria a una zona de la imagen, convirtiéndola en un nuevo conjunto con propiedades estadísticas y psicovisuales diferentes. En las transformaciones unitarias, la energía se conserva. No obstante, se aprovecha el hecho de que, en el dominio transformado, la energía se concentra en un número reducido de coeficientes. Debe señalarse que la transformación no produce una reducción de la velocidad binaria sino únicamente la modificación de la representación de la imagen. La transformación utilizada más frecuentemente es la transformada discreta en coseno (TDC). La TDC se aplica generalmente en bloques rectangulares o cuadrados de la imagen con un tamaño óptimo de 8 x 8 o de 8 x 16 elementos de imagen (píxels).

Los elementos transformados de los bloques (denominados generalmente coeficientes) pueden codificarse de distintas maneras. Pueden citarse dos métodos:

- en el primero, la codificación por umbral consiste en la transmisión de los coeficientes que están por encima de un umbral predeterminado (este umbral puede variar dependiendo del orden del coeficiente). Se explora el bloque en un cierto orden (exploración en zig zag) hasta que se transmita la amplitud del último coeficiente significativo. Si se encuentra un coeficiente sub-umbral, se transmite una señal especial para indicarlo;

- en el segundo, se efectúa una codificación por zonas en la que existe un diccionario de clases en el transmisor (codificador) y en el receptor (decodificador). Una clase constituye un indicador de los coeficientes que se transmiten. Se elige la clase óptima para el bloque actual a codificar y se transmite su número así como la amplitud de sus coeficientes.

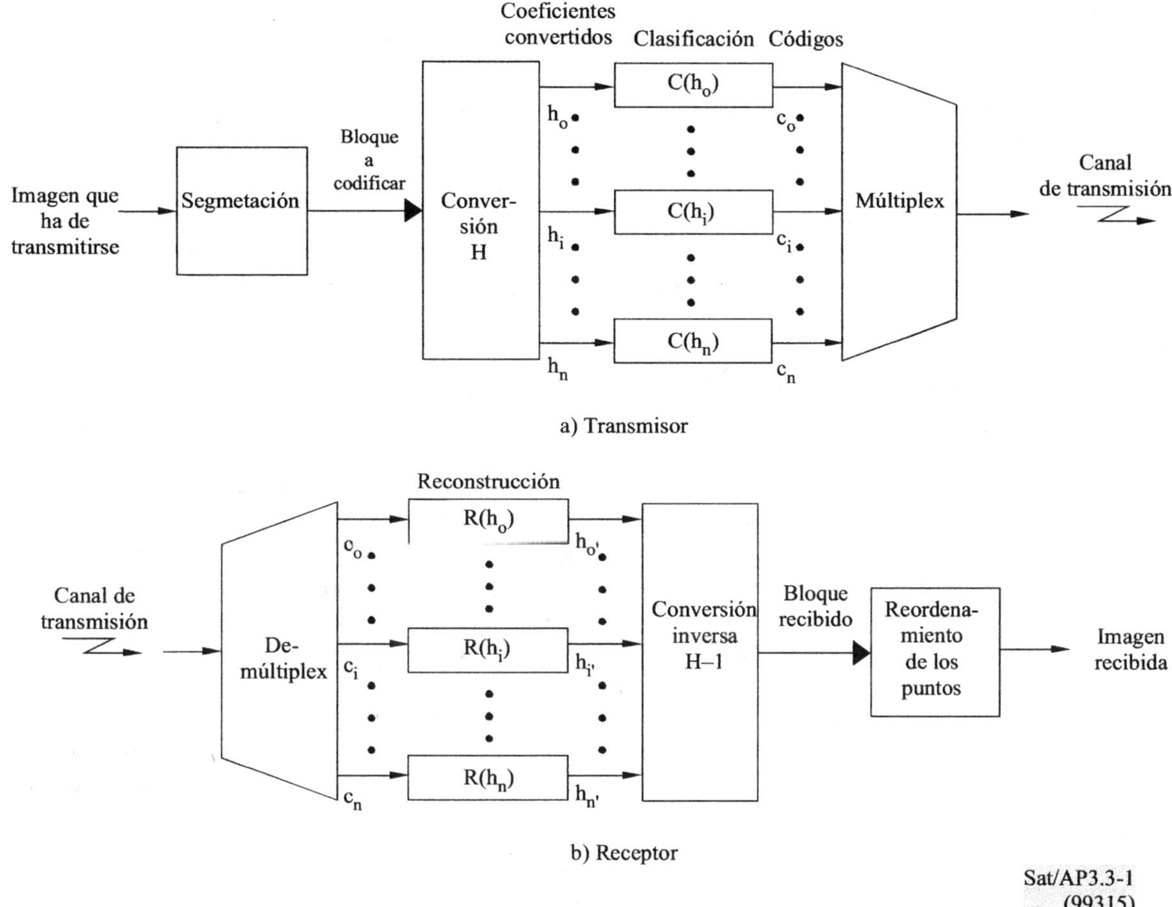

FIGURA AP3.3-1

Diagrama de bloques de la codificación de transformación

AP3.3-1.1.2 Modulación por impulsos codificados diferencial (compresión temporal)

En el caso de la codificación MIC diferencial, como se ha explicado en el punto 3.3.1, el sistema de transmisión utiliza la parte de la imagen ya transmitida para formular una predicción $P(L(i,j))$ del valor de la muestra de la señal de luminancia, $L(i,j)$, que ha de transmitirse. La diferencia entre el valor real y el valor previsto, $E(i,j)$, se cuantifica y codifica para enviarla por el canal de transmisión. Tras la decodificación, el valor recibido se añade a la predicción efectuada por el receptor, lo que permite evaluar $L(i,j)$.

La compresión de la velocidad binaria se logra cuantificando el error de predicción con menor precisión que la señal original. Para una reconstrucción de buena calidad, la velocidad binaria necesaria es del orden de 4 a 5 bits por muestra. La ventaja de este sistema reside en la simplicidad de su aplicación. Además, la separación en dos funciones –predicción y cuantificación– permite una buena adaptación del sistema a las características de la señal (predicción) y del observador (cuantificación).

El cuantificador se apoya en que la señal que indica el error de predicción tiene propiedades más estables que la señal de luminancia, y en que la visibilidad de los defectos depende del contraste local. El clasificador divide el margen dinámico de la señal de error, $E(i,j)$, en N zonas, con un código correspondiente a cada zona. El reconstructor asigna a cada código un valor de reconstrucción de la señal codificada que suministra el valor cuantificado del error de predicción $E_q(i,j)$. La formulación de una ley de cuantificación consiste, por consiguiente, en elegir los límites de N zonas o umbrales de decisión y los valores de reconstrucción. El cuantificador aplica una ley no lineal para aprovechar el hecho de que el ojo es menos sensible a los errores de restitución en las zonas de contrastes con grandes errores de predicción que en las zonas cuasiuniformes con errores de predicción pequeños.

Cualquiera que sea el sistema utilizado, los símbolos transmitidos por el codificador pueden ser de longitud fija o de longitud variable. En este último caso, se emplea una codificación estadística que, para cada mensaje elemental que haya de transmitirse, transmite un código cuya longitud depende de la probabilidad de esta información. No obstante, debe tenerse presente que, si bien este sistema reduce la velocidad binaria media, introduce todos los problemas que entraña el empleo de una velocidad binaria variable en canales de transmisión de velocidad binaria constante.

Los sistemas de codificación descritos pueden utilizarse para transmitir una señal de televisión por un canal de 30 a 50 Mbit/s, aunque a 30 Mbit/s es difícil cumplir el objetivo de calidad. En términos prácticos, todo aumento de la tasa de compresión exige que el sistema de codificación sea adaptable, lo que implica un tratamiento más complejo.

AP3.3-1.1.3 Compensación del movimiento

La compensación del movimiento es la técnica utilizada para reducir la información redundante entre las tramas, la cual se basa en estimar el movimiento entre una trama y la siguiente merced a un número limitado de parámetros del movimiento (vectores).

Sólo es preciso codificar los bloques (generalmente de 16 x 16 píxeles) que difieren de una imagen a la siguiente, lo que conduce a una notable reducción de la información que ha de transmitirse. La codificación de los bloques se realiza mediante las técnicas anteriormente descritas. El error se reduce al mínimo transmitiendo al extremo receptor tanto el vector de movimiento como el vector de predicción.

El desarrollo reciente de aplicaciones de soporte físico en VLSI redujo los inconvenientes de la técnica de compensación del movimiento (por ejemplo, su complejidad y el intenso tratamiento informático) y permitió incorporarla en normas y sistemas comerciales de compresión de vídeo (como la norma MPEG 2, tratada después en el punto AP3.3-2.3).

AP3.3-1.1.4 Codificación híbrida

El principio de la codificación híbrida consiste en combinar dos o más técnicas de codificación para sacar más partido de la compresión sin sacrificar demasiado la calidad.

Las dos clases de métodos mencionados en los puntos AP3.3-1.1.1 y AP3.3-1.1.2, susceptibles de aplicarse a bloques intracampo (codificación espacial) así como a diferenciales temporales de bloques (codificación intertrama), pueden también combinarse para formar un esquema de codificación híbrida.

Otra técnica aplicada corrientemente consiste en combinar el método espacial de la TDC con la MICD trama a trama (temporal). Para ello primeramente se reduce la correlación temporal por medio de la predicción, y luego se aplica la TDC a la predicción. Este método es fundamental para la norma MPEG que se analiza más adelante en el punto AP3.3-2.3.

La codificación híbrida abre la posibilidad de ofrecer un nivel de calidad superior (mejor resolución y característica de movilidad), acomodada a las necesidades del usuario. Mientras que el servicio básico que utiliza la TDC puede transmitirse con la máxima compresión y un coste de transmisión mínimo, la mejora conseguida por un segundo canal (que añada la propiedad de codificación híbrida) exigiría una mayor capacidad unida a cierta complejidad en el tratamiento.

AP3.3-1.2 Método de la segunda generación

La codificación de imágenes y vídeo se realiza esencialmente en las dos etapas siguientes: primero, se convierten los datos de imagen en una secuencia de mensajes y, después, se asignan palabras de código a los mensajes. En contraposición a los métodos de la primera generación, que hacen hincapié en la última etapa, los métodos de la segunda generación dan mayor importancia a la primera etapa (codificación orientada a objeto y reconocimiento de la imagen), y utilizan las salidas de ella para ejecutar la segunda etapa. En lugar de explotar la redundancia espacial y temporal de los datos, la reducción se logra aprovechando propiedades específicas del sistema visual humano, es decir, asignando más bits a las zonas más importantes para la visión y menos bits a las demás.

Hay tres maneras de representar estas técnicas de la segunda generación: 1) esquemas basados en la segmentación, 2) esquemas basados en modelos, y 3) esquemas con base fractal. Las aplicaciones previstas se refieren a las telecomunicaciones y al almacenamiento/recuperación de información.

En particular, se espera que la compresión fractal proporcione una reducción de mayor orden de magnitud que la conseguida por la TDC, en cuanto al número de bits transmitidos por segundo. En busca de un grado de compresión todavía mayor, se investiga también una posible combinación de las técnicas estadísticas y fractales.

AP3.3-2 Normas seleccionadas para aplicaciones de vídeo y televisión digitales: técnicas de reducción de la velocidad binaria

AP3.3-2.1 Videoconferencia: Recomendación H.261 del UIT-T

La Recomendación UIT-T H.261 proporciona un algoritmo de codificación normal para la reducción de la velocidad binaria de las señales de vídeo.

El algoritmo de codificación transforma la señal de vídeo entrante por medio, principalmente, de la transformada discreta en coseno (TDC) y un cuantificador. El proceso de codificación se aplica a bloques de la imagen de vídeo (conjuntos de 8 x 8 píxels). Los procesos de codificación son de dos tipos. El proceso llamado "Intra" solamente actúa sobre la imagen o el bloque en curso. En cambio, el proceso "Inter" compara el bloque actual con el que le antecede y transmite únicamente la señal de diferencia entre ambos. Si ha habido algún movimiento en la imagen, ciertos píxels o bloques habrán cambiado de posición. Cuando la información de la imagen no varía, puede así conseguirse una sustancial reducción de la velocidad binaria.

Al compás de los desarrollos en las técnicas digitales de compresión de vídeo, la existencia de códecs de vídeo de velocidad binaria reducida permite hoy aplicar la videoconferencia en el ámbito empresarial de un modo económico. Las velocidades actualmente utilizadas para videoconferencia son: 56/64 kbit/s, 112/128 kbit/s, 384 kbit/s, 738 kbit/s hasta 1,544/2,048 Mbit/s, siendo la de 384 kbit/s la que suele ofrecer un mejor compromiso entre calidad de la imagen y coste de la transmisión. Además, existen códecs ajustables a múltiples velocidades, con lo que puede optimizarse la anchura de banda del canal en función de la calidad requerida para la aplicación inmediata. Por ejemplo, un códec para videoconferencia basado en la H.261 proporciona un servicio audiovisual de p x 64 kbit/s (p = 1 ~ 32). Corrientemente se utiliza una velocidad de 384 kbit/s (p = 6).

Los VSAT pueden realmente ofrecer un medio de comunicación apropiado para tales aplicaciones. Desde luego, en este caso, la red VSAT es la que ha de proporcionar los medios adecuados para conmutar y atender la conferencia, especialmente cuando se trata de conferencias de N vías.

AP3.3-2.2 Norma del grupo mixto de expertos en fotografía (JPEG)

La norma JPEG se describe en la Recomendación UIT-T T.81 ("Tecnología de la información – compresión digital y codificación de imágenes fijas de tonos continuos – requisitos y directrices"). Esta especificación se compone de dos partes: en la primera se establecen los requisitos y las directrices de realización para los procesos de codificación y decodificación de imagen fija de tono continuo, y para la representación codificada de los datos de imágenes comprimidas destinados al intercambio entre aplicaciones. Estos procesos y representaciones pretenden ser genéricos y adecuados para una extensa gama de aplicaciones con imágenes fijas en color y blanco y negro dentro de sistemas de comunicaciones e informática (por ejemplo, almacenamiento en disco duro de fotografías y CD-ROM, edición electrónica, formación de imágenes médicas o científicas).

En la segunda parte, se establecen pruebas para determinar si las aplicaciones cumplen los requisitos de los diversos procesos de codificación y decodificación especificados en la primera parte.

La JPEG se basa en el método de compresión espacial TDC, que permite al usuario elegir el grado de compresión que corresponda a sus necesidades ("compresión con pérdidas"). Según este modo, se procesan al mismo tiempo bloques de 8 x 8 píxels siguiendo las etapas principales: 1) transformación de la imagen digitalizada mediante la TDC, 2) cuantificación (uniforme para cada uno de los 64 coeficientes TDC), 3) codificación de los coeficientes mediante un código de longitud variable ("codificación de entropía"). También es posible efectuar una compresión sin pérdidas utilizando la MICD.

La JPEG puede realizarse en configuraciones de equipo físico o soporte lógico. Véase en el siguiente cuadro AP3.3-1 un resumen de las características esenciales de los procesos de codificación JPEG.

CUADRO AP3.3-1

Caracterización esencial de los procesos de codificación (Recomendación UIT-T T.81, 1992)

Proceso de línea base (requerido en todos los decodificadores basados en la TDC)

- Proceso basado en la TDC
- Imagen fuente: muestras de 8 bits en cada componente
- Secuencial
- Codificación Huffman: 2 tablas de AC y 2 tablas de DC
- Los decodificadores procesarán exploraciones con 1, 2, 3 y 4 componentes
- Exploraciones con y sin intercalado

Procesos basados en la TDC ampliada

- Proceso basado en la TDC
- Imagen fuente: muestras de 8 bits o de 12 bits
- Secuencial o progresivo
- Codificación Huffman o aritmética: 4 tablas de AC y 4 tablas de DC
- Los decodificadores procesarán exploraciones con 1, 2, 3 y 4 componentes
- Exploraciones con y sin intercalado

Procesos sin pérdidas

- Proceso predictivo (no basado en la TDC)
- Imagen fuente: muestras de P bits $(2 \leq P \leq 16)$
- Secuencial
- Codificación Huffman o aritmética: 4 tablas de DC
- Los decodificadores procesarán exploraciones con 1, 2, 3 y 4 componentes
- Exploraciones con y sin intercalado

Procesos jerárquicos

- Tramas múltiples (no diferenciales y diferenciales)
- Utiliza procesos basados en la TDC ampliada o procesos sin pérdidas
- Los decodificadores procesarán exploraciones con 1, 2, 3 y 4 componentes
- Exploraciones con y sin intercalado

AP3.3-2.3 Normas del grupo de expertos en imágenes en movimiento (MPEG)

Se reúnen dentro del MPEG una serie de normas para imágenes en movimiento y vídeo que admiten diversos formatos de imagen al tiempo que proporcionan unas estructuras flexibles de codificación y transmisión. Sus algoritmos pueden realizarse en el soporte físico, lo cual reduce los retardos asociados con las etapas de codificación y decodificación. Además, el esquema de compresión utilizado es compatible con una amplia variedad de métodos de transporte y almacenamiento (véase el punto AP3.3-2.4 que trata de la norma de radiodifusión digital de señales de vídeo, DVB).

Se ha establecido la norma MPEG 1 para medios de almacenamiento digitales con aplicaciones de mínimo error, tales como las aplicaciones de CD-ROM (almacenamiento/recuperación).

Al contrario que la MPEG 1, elaborada exclusivamente por la ISO/CEI, la MPEG 2 ha sido fruto de un trabajo conjunto con la UIT (UIT-T) con la debida atención a las señales de vídeo intercaladas (por ejemplo, aplicaciones de radiodifusión). Las especificaciones del sistema MPEG 2 y de vídeo son objeto de las Recomendaciones siguientes:

*   Recomendación UIT-T H.222, "Tecnología de la información – codificación genérica de imágenes en movimiento e información de audio asociada: sistemas".

*   Recomendación UIT-T H.262, "Tecnología de la información – codificación genérica de imágenes en movimiento e información de audio asociada: vídeo".

La norma MPEG puede aplicarse a la transmisión de señales de vídeo por sistemas VSAT.

AP3.3-2.4 Norma de radiodifusión digital de señales de vídeo (DVB)

La DVB tuvo su origen en 1990 como una iniciativa europea para la cooperación entre gobiernos e industrias, la cual dio lugar a un memorándum de entendimiento que hoy agrupa a unos 200 signatarios, muchos de ellos de Europa y los Estados Unidos de América.

Basada en los niveles superiores de la norma MPEG 2, la norma DVB puede esencialmente considerarse como un paquete completo destinado a la radiodifusión digital de televisión y datos.

En particular, se ha adaptado este concepto a la transmisión digital de televisión por satélite (DVB-S). La norma DVB-S se dirige a cubrir el campo de los sistemas de satélite BSS y FSS, en proyecto o en servicio (con transpondedores de anchura de banda en la gama de 26 MHz a 72 MHz), y describe una arquitectura de transmisión estratificada (véase más información en la Norma Europea ETS 300421, "Sistemas de radiodifusión digital para servicios de televisión, sonido y datos; estructura de tramas, codificación de canales y modulación para los servicios de satélite en 11/12 GHz").

La lista siguiente ilustra posibles aplicaciones de la radiodifusión digital de señales de vídeo:

*   Televisión genérica de programa único:

    1 señal de vídeo MPEG 2 (5 Mbit/s) y 5 canales de sonido estereofónicos (256 kbit/s).

*   Televisión de empresa con canal de radiodifusión de datos de alta velocidad:

    1 señal de vídeo MPEG 2 (4 Mbit/s) y 1 canal de sonido estereofónico (256 kbit/s), más un tren binario de 2 Mbit/s (G.703).

*   Telecompra:

    2 señales de vídeo MPEG 2 (3 Mbit/s) y 2 canales de sonido monofónicos (128 kbit/s).

APÉNDICE 3.4

Modo de transferencia asíncrono (ATM)
[Ref. 3-1]

Como se indicaba en el punto 3.5.4, el ATM es un modo de transferencia específico orientado a paquetes que utiliza técnicas de multiplexación por división en el tiempo asíncrona. Combina en sí la flexibilidad de la conmutación de paquetes y la sencillez de la conmutación de circuitos. El flujo de información multiplexada se organiza en células de longitud fija. Una célula consta de un campo de información de 48 octetos y un encabezamiento de 5 octetos (véase la figura 3.18). La red utiliza el encabezamiento para transportar los datos desde la fuente al destino. La capacidad de transferencia se asigna por negociación y se basa en las necesidades de la fuente y la capacidad disponible. En general, la señalización y la información del usuario se cursan por conexiones ATM separadas.

AP3.4-1 Modelo de referencia de protocolo ATM/RDSI-BA

El modelo de referencia de protocolo ATM/RDSI-BA se compone de un plano de usuario, un plano de control y un plano de gestión (véase la figura AP3.4-1; véanse además las Recomendaciones I.320 e I.321 del UIT-T).

El plano de usuario está estructurado en capas y proporciona la transferencia del flujo de información del usuario junto con los controles asociados. El plano de control también se estructura en capas y realiza las funciones de control de llamada y control de conexión; se ocupa de la señalización necesaria para establecer, supervisar y liberar llamadas y conexiones. El plano de gestión proporciona la supervisión de la red, organizada en dos tipos de funciones:

- gestión de plano, que desempeña las funciones de gestión relacionadas con el sistema en su conjunto y efectúa la coordinación entre todos los planos;

- gestión de capa, que desempeña las funciones de gestión relativas a los recursos y parámetros que residen en sus entidades de protocolo y trata los flujos de información OAM que son específicos de una determinada capa.

Las capas en las que se estructuran el plano de usuario y el plano de control son:

- la capa de adaptación de ATM (AAL, *ATM adaptation layer*), que adapta la información de servicio al tren de bits ATM: para cada conexión la información se acomoda en la cabida útil de la célula siguiendo diferentes reglas que dependen del tipo de servicio que ha de admitirse;

- la capa de ATM, que principalmente realiza la conmutación, el encaminamiento y la multiplexación de células: para cada conexión se añade el encabezamiento correcto. En el caso de transmitirse muchas conexiones por el mismo enlace físico, se multiplexan estadísticamente las células procedentes de cada una de las conexiones;

- la capa física (PL) que garantiza fundamentalmente el transporte fiable de las células ATM.

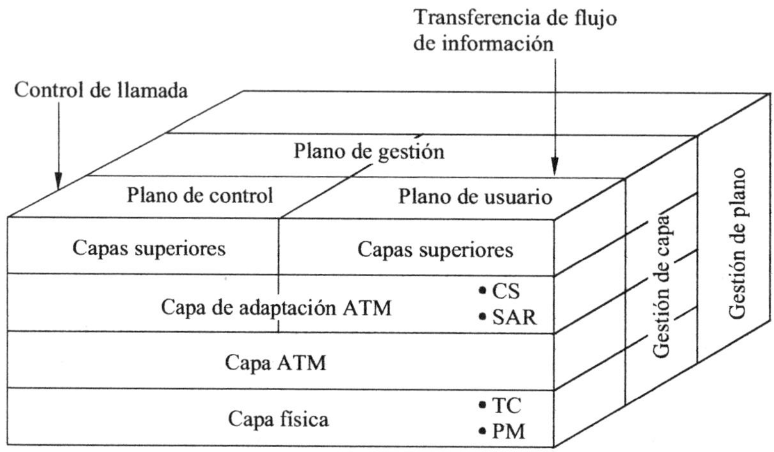

CS: Subcapa de convergencia
SAR: Segmentación y reensamblado
TC: Convergencia de transmisión
PM: Medio físico

Sat/AP3.4-1
(99315)

FIGURA AP3.4-1

Modelo de referencia de protocolo para ATM

Estas capas estarán presentes en el equipo cuando así convenga. Por ejemplo, en los terminales o adaptadores de terminal ATM, en los que se generan y terminan las células, está presente la AAL. En los conmutadores y transconectores ATM no está presente la AAL porque su información no se utiliza; en cambio sí está presente la capa ATM, puesto que se utiliza la información de encaminamiento contenida en el encabezamiento de la célula. La PL está presente en cada extremo del sistema de transmisión.

Una red ATM se compone de nodos ATM interconectados. Cada uno de estos nodos desempeñará las funciones de las dos capas inferiores, como mínimo. Las capas superiores del modelo de referencia de protocolo dependen de la aplicación y residen en el equipo local del usuario, o en nodos especializados proveedores de servicio.

Por encima de la capa física, la capa ATM proporciona la transferencia de células para todos los servicios, y la AAL proporciona funciones dependientes del servicio a las capas situadas encima.

Las capas situadas sobre la AAL en el plano de control proporcionan las funciones de control de llamada y control de conexión. El plano de gestión proporciona las funciones de supervisión.

AP3.4-2 Características principales de las capas del modelo de referencia de protocolo ATM/RDSI-BA

La capa física se compone de dos subcapas: la subcapa del medio físico (PM, *physical medium*) y la subcapa de convergencia de transmisión (TC, *transmission convergence*).

La subcapa PM incluye únicamente funciones dependientes del medio físico (como la codificación de línea y la operación inversa), y proporciona capacidad de transmisión de bits incluyendo la transferencia y la alineación de bits.

La subcapa TC transforma un flujo de células en un flujo de unidades de datos (bits) susceptibles de ser transmitidas o recibidas por un medio físico. El desacoplamiento de la velocidad de célula comprende la inserción y la supresión de células en reposo con el fin de adaptar la velocidad de las células ATM válidas a la capacidad de cabida útil que tenga el sistema de transmisión realmente utilizado. La función de adaptación de tramas de transmisión realiza las acciones necesarias para estructurar el flujo de células con arreglo a la cabida útil de la trama transmitida (sentido de transmisión) y para extraer ese flujo de células de la trama recibida (sentido de recepción). La trama de transmisión puede ser un equivalente de la célula (no se añade ninguna envoltura externa al flujo celular), una envoltura SDH, una envoltura PDH, u otras.

Para resumir, las funciones de la TC son las siguientes:
- desacoplamiento de la velocidad de célula;
- generación/verificación de secuencias de control de errores en encabezamiento (HEC);
- delimitación de las células;
- adaptación de las tramas de transmisión;
- generación/recuperación de las tramas de transmisión.

Las características de la capa ATM no dependen del medio físico. Sus funciones son:
- control genérico de flujo;
- generación/extracción del encabezamiento de la célula;
- traducción del identificador de trayecto virtual y el identificador de canal virtual de la célula (correspondencia de sus valores con nuevos valores cuando sea necesario);
- multiplexación/demultiplexación de células.

El campo de información es transportado transparentemente por la capa ATM, que no le somete a procesamiento alguno (tal como un control de flujos o de errores).

La capa de adaptación ATM potencia el servicio prestado por la capa ATM para sustentar las funciones que requiere la capa superior inmediata. La AAL realiza funciones requeridas por los planos de usuario, de control y de gestión, y establece la correspondencia entre la capa ATM y la capa superior inmediata. Las funciones que realiza la AAL dependen de las necesidades de la capa superior. La AAL admite múltiples protocolos para ajustarse a los requisitos de los diferentes usuarios de la AAL. La AAL recibe de la capa ATM, y transfiere a la capa ATM, la información con el formato de una unidad de datos del servicio ATM, de 48 octetos. Se han definido diferentes tipos de AAL según los servicios que se proporcionan.

Las funciones de la AAL se organizan en dos subcapas lógicas: la subcapa de convergencia (CS, *convergence sublayer*) y la subcapa de segmentación y reensamblado (SAR, *segmentation and reassembly*). La CS proporciona el servicio AAL y el punto de acceso al servicio AAL. Las funciones SAR son la segmentación de la información de la capa superior en tamaños adecuados al campo de información de la célula ATM, y el reensamblado de los contenidos de los campos de información de las células ATM en la información de la capa superior.

Se define una clasificación de servicios (Cuadro AP3.4-1), destinada a AAL y por tanto no general, basada en los parámetros siguientes:

- relación de tiempos entre fuente y destino (necesaria o no necesaria);

- velocidad binaria (constante o variable);

- modo de conexión (con conexión o sin conexión).

Otros parámetros se consideran como propios de la calidad del servicio y no conducen a diferenciar clases de servicio de la AAL:

- la proporción de pérdida de células (CLR, *cell loss ratio*) es la relación del número de células perdidas al número total de células esperadas (células perdidas son las que se han rechazado o encaminado erróneamente). Debido a la producción de errores en ráfagas, típica de los enlaces por satélite, los encabezamientos incorrectos contendrán habitualmente varios errores que no podrá corregir el mecanismo HEC. Probablemente la CLR es el parámetro más crítico para las transmisiones por satélite; el objetivo de diseño de un sistema ATM es el logro de una calidad, medida por la pérdida de células, que se mantenga excelente en todos los casos, con defectos debidos a fenómenos de congestión de nivel comparable a los generados por los sistemas de transmisión ($1,0 \cdot 10^{-10}$, por ejemplo);

- la proporción de errores de célula (CER, *cell error ratio*) es la relación del número de células que tienen uno o varios errores en su cabida útil al número total de células;

- el retardo de transferencia de la célula es el tiempo de propagación inherente a un satélite geoestacionario (de un tramo). Es del orden de 240 ms y constituye la contribución dominante al retardo total de transferencia de la célula. Este retardo ha de tenerse en cuenta en los protocolos de comunicaciones de datos a alta velocidad;

- la variación del retardo de la célula (CDV, *cell delay variation*) se debe principalmente a la formación de colas de espera en los nodos de la red. La repercusión del enlace de satélite suele ser despreciable, salvo tal vez en algunas aplicaciones de velocidad binaria constante (CBR, *constant bit rate*) con requisitos muy estrictos en cuanto a estabilidad de la frecuencia de sincronismo: el movimiento residual de los satélites geoestacionarios en torno de su posición nominal produce una variación de retardo de aproximadamente 1 ms por cada periodo de un día, y un desplazamiento Doppler en la frecuencia de sincronismo cercano a $1,0 \cdot 10^{-8}$.

CUADRO AP3.4-1

Clases de servicio para definición de protocolos AAL

Clase de servicio	A	B	C	D
Relación de tiempos entre fuente y destino	Exigida	Exigida	No exigida	No exigida
Velocidad binaria	Constante	Variable	Variable	Variable
Modo de conexión	Con conexión (CO)	CO	CO	Sin conexión (CL)

Ejemplos de servicios en las clases A, B, C y D son los siguientes:

- Clase A: Emulación de circuitos, voz, vídeo de velocidad binaria constante

- Clase B: Vídeo y audio de velocidad binaria variable (VBR)

- Clase C: Transferencia de datos VBR con conexión y señalización

- Clase D: Mensajes, transferencia de datos VBR sin conexión.

Una clase de aplicaciones recientemente definida es la llamada clase X, en la cual se supone que no se requiere temporización, la velocidad binaria es variable y el modo de conexión puede ser con o sin conexión (para algunos tipos de transferencia de datos).

En correspondencia con estas clases, el UIT-T ha recomendado cuatro tipos de capas AAL. Debe advertirse que la asociación de clases de servicio a tipos de AAL es un tanto artificial. Además, hay otros protocolos AAL en estudio (tipo 5 de AAL) o pendientes de normalización. La frontera entre la capa ATM y la AAL se corresponde con la frontera entre las funciones sustentadas por el contenido del encabezamiento de la célula (véase la figura AP3.4-5) y las funciones soportadas por la información específica de la AAL, contenida en el campo de información de la célula ATM.

AP3.4-3 Entidades ATM y sus relaciones (figura AP3.4-2)

Los canales se establecen bajo el control de los mecanismos de tratamiento de llamadas y conexiones, y los trayectos son establecidos y gestionados de manera semipermanente, como los recursos de transmisión, bajo el control de los mecanismos de gestión de la red. Sin embargo, estos conceptos evolucionan hacia un acceso automático por parte de los usuarios para la gestión de sus trayectos (como en el caso de las líneas en alquiler).

El ATM es una técnica con conexión. Se asignan identificadores de conexión a cada enlace de una conexión cuando se necesitan, y se liberan cuando ya no son necesarios. El ATM ofrece una capacidad de transferencia común a todos los servicios, incluyendo los servicios sin conexión.

Una conexión ATM consiste en la concatenación de enlaces de capa ATM para proporcionar una capacidad de transferencia de extremo a extremo a los puntos de acceso (figura AP3.4-3)

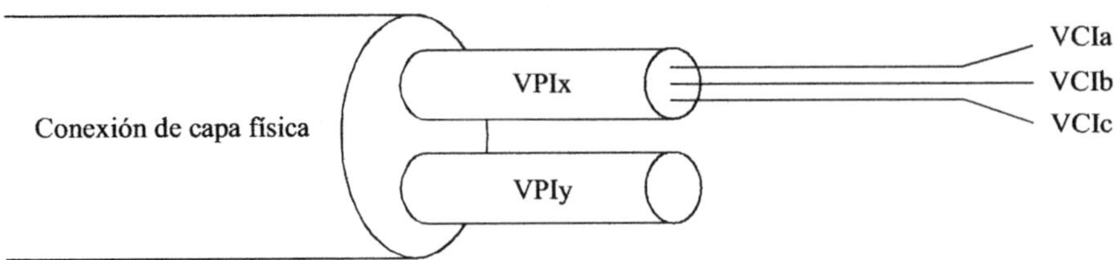

VCI: Indicador de canal virtual
VPI: Identificador de trayecto virtual
VCIa, VCIb, VCIc: Posibles valores del VCI dentro del enlace VP de valor VPx
VPIx, VPIy :   Posibles valores de VPI dentro de la conexión de la capa física

Sat/AP3.4-2
(99315)

FIGURA AP3.4-2

Identificador de conexión de capa ATM

La entidad básica de encaminamiento ATM para los servicios conmutados es el canal virtual (VC), sobre el que actúan multiplexores/demultiplexores y conmutadores de VC (figuras AP3.4-3 y AP3.4-4).

Una conexión de canal virtual (VCC, *virtual channel connection*) es una concatenación de enlaces de VC entre dos puntos en los que se accede a la capa de adaptación ATM. Las VCC se pueden proporcionar de manera conmutada o (semi)permanente.

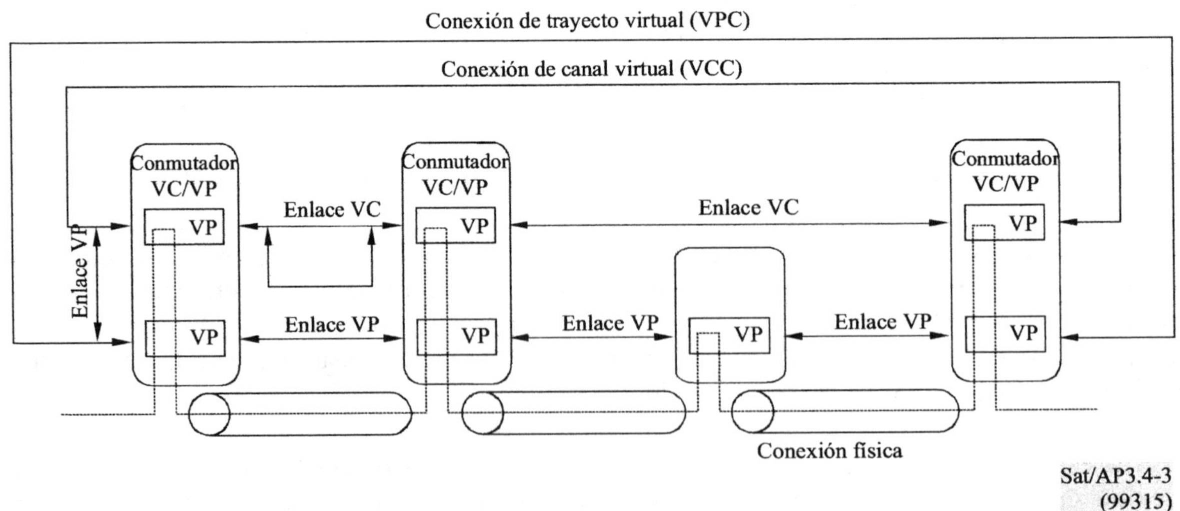

Sat/AP3.4-3
(99315)

FIGURA AP3.4-3

Conexiones en ATM

Se utiliza la etiqueta de cada célula ATM para identificar explícitamente el canal virtual al que pertenece la célula. La etiqueta consta de dos partes: el identificador de canal virtual (VCI, *virtual channel identifier*) y el identificador de trayecto virtual (VPI, *virtual path identifier*). Se asigna un valor específico de VCI cada vez que un VC es conmutado en la red. El VPI identifica un grupo de enlaces de VC, en un punto de referencia determinado, que comparten la misma VPC. Se asigna un valor específico de VPI cada vez que un VP es conmutado en la red. De este modo, los canales ATM están identificados por su VCI/VPI asociado.

Un enlace de VC es un medio de transporte unidireccional de células ATM entre un punto en el que se asigna un valor de VCI y un punto en el que dicho valor se traduce o se suprime.

Trayecto virtual es un término genérico que designa un haz de enlaces de VC que tienen los mismos puntos extremos.

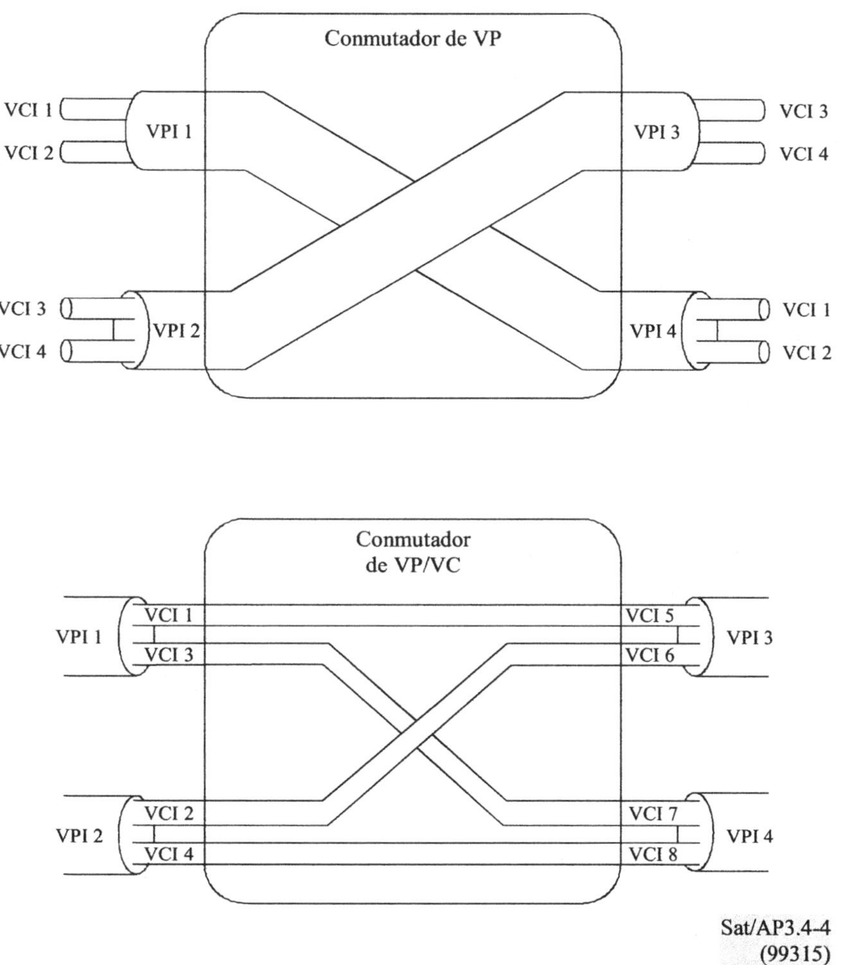

FIGURA AP3.4-4

Conmutación de VP y VC

El enlace de VP es un medio de transporte unidireccional de células ATM entre dos entidades ATM consecutivas en las que se traduce el valor de VPI. La asignación o la supresión de un valor de VPI origina o termina un enlace de VP.

En una interfaz determinada, en una dirección dada, los diferentes enlaces de trayecto virtual multiplexados dentro de la capa ATM en una misma conexión de capa física se distinguen por su VPI. Los diferentes enlaces de canal virtual de una conexión de trayecto virtual vienen distinguidos por su VCI. Dos VC diferentes que pertenecen a dos VP diferentes en una interfaz dada pueden tener el mismo valor de VCI. Por tanto, un canal virtual sólo está completamente identificado en una interfaz por ambos valores de VPI y de VCI.

A) Estructura del encabezamiento en la UNI

8	7	6	5	4	3	2	1	Bit / Octeto
GFC				VPI				1
VPI				VCI				2
VCI								3
VCI				PT			CLP	4
HEC								5

B) Estructura del encabezamiento en la NNI

8	7	6	5	4	3	2	1	Bit / Octeto
VPI								1
VPI				VCI				2
VCI								3
VCI				PT			CLP	4
HEC								5

CLP	Prioridad de pérdida de célula
GFC	Control de flujo genérico
HEC	Control de errores de encabezamiento
PT	Tipo de cabida útil (8 posibilidades, una reservada)
VPI	Identificador de trayecto virtual
VCI	Identificador de canal virtual

Sat/AP3.4-5
(99315)

FIGURA AP3.4-5

Estructura del encabezamiento de la célula ATM

Un valor específico de VCI no tiene ningún significado de extremo a extremo cuando se ha conmutado la conexión de canal virtual (VCC). Los VPI pueden cambiarse siempre que los enlaces de trayecto virtual estén terminados (por ejemplo, en transconectores, concentradores y conmutadores). Los VCI pueden cambiarse siempre que los enlaces VP estén terminados. En consecuencia, los valores de VCI están protegidos dentro de una conexión de trayecto virtual (VPC).

Una VCC puede establecerse o liberarse en la interfaz de usuario de red (UNI, *user network interface*) o en la interfaz de nodo de red (NNI, *network node interface*). La célula NNI es idéntica a la UNI salvo en que carece de campo GFC y que por tanto el VPI ocupa 12 bits.

En la UNI se asigna al VCI un valor específico, independiente del servicio proporcionado a través del VC, por uno de los siguientes medios: la red, el usuario, la negociación entre el usuario y la red o un procedimiento normalizado.

Los elementos de red ATM (conmutadores, transconectores y concentradores) procesan el encabezamiento de la célula ATM (figura AP3.4-5) y pueden proporcionar traducción de VCI y/o VPI. Por eso, siempre que se establezca o libere una VCC a través de la red ATM, puede ser necesario establecer o liberar enlaces de VC en una o más NNI. Para establecer o liberar enlaces de VC entre los elementos de red ATM se utilizan procedimientos de señalización entre redes e internos de la red; también hay otros métodos posibles.

Una VPC puede establecerse o liberarse entre puntos de extremo de VPC mediante suscripción o por demanda (controlada por el usuario o por la red).

A las VCC y VPC se les proporciona unos parámetros de "calidad de servicio", tales como la proporción de pérdida de células o la variación del retardo de célula. Las células que contienen el conjunto de bits CLP están sujetas a ser desechadas, dependiendo de la condición de la red.

Por último, la siguiente figura AP3.4-6 resume las aspectos de conexión y transconexiones de las redes ATM.

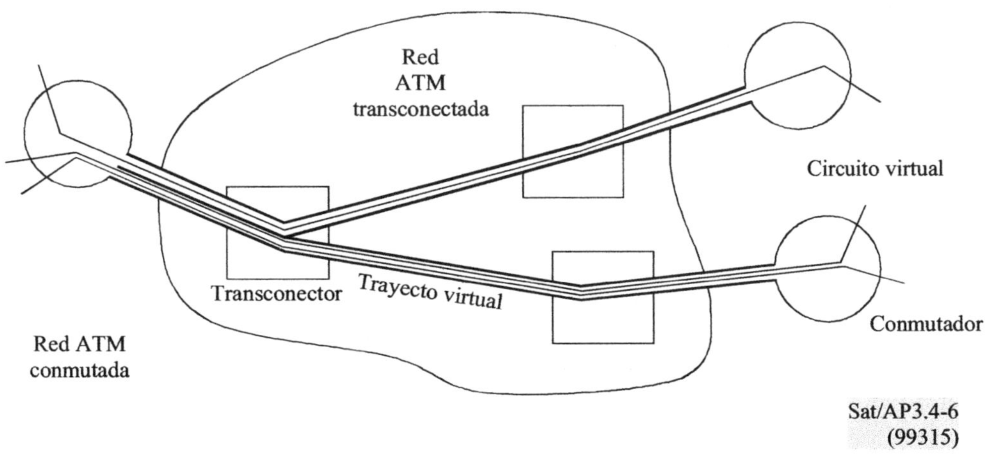

FIGURA AP3.4-6

Red ATM conmutada y transconectada

AP3.4-4 Aspectos de control de recursos en ATM

En contraposición con las redes de conmutación en las que se reserva un recurso de velocidad binaria fija a lo largo de la conexión entera y mientras dure la llamada, el ATM utiliza una técnica de conmutación de paquetes basada en colas de espera, lo que implica que la asignación de un recurso a un canal virtual es una operación puramente lógica, y que probablemente se producirán fenómenos de congestión que pondrán en peligro la provisión de ese recurso.

Tampoco hay una confianza absoluta en que el usuario no intente sobrepasar el recurso que se le ha asignado.

Se han identificado diferentes técnicas que proporcionan una respuesta aceptable a este difícil problema del control de acceso.

APÉNDICE 3.5

La jerarquía digital síncrona (SDH) [Ref. 3-1]

AP3.5-1 Estructura de multiplexación SDH

Con el fin de acomodar las señales generadas por equipos procedentes de los diversos niveles de la jerarquía digital plesiócrona (PDH), las recomendaciones relativas a la SDH definen métodos para subdividir la zona de cabida (contenido) útil de una trama STM-1 de diversas maneras a fin de que pueda transportar diferentes combinaciones de afluentes (véase en el punto 3.5.3 una definición de la trama STM-1).

En la SDH se definen unas estructuras de información, denominadas "contenedores", cada una de las cuales corresponde a una señal PDH de distinta velocidad, excepto la de 8 Mbit/s. La señal que ha de transportarse por la red digital síncrona se hace corresponder de antemano con un contenedor apropiado de la estructura de tramas síncronas. Cada contenedor lleva asociada cierta información de control denominada tara de trayecto (POH, *path overhead*).

Un trayecto es una conexión lógica entre el punto donde se ensambla un contenedor para una señal de velocidad determinada (la fuente) y el punto en el cual dicho contenedor se desensambla (el sumidero), es decir, los puntos de origen y de terminación.

Las taras de trayecto y de sección asociadas con las entidades individuales SDH en los niveles de multiplexación apropiados tienen como finalidad la observación de la calidad y la supervisión de extremo a extremo, además de ofrecer canales de comunicación y otras facilidades. Por ejemplo, en las funciones de la tara de trayecto (POH) se incluyen la identificación de trayecto, la detección de tasa de errores, transmisión de alarmas, composición de la cabida útil, señalización de mantenimiento, y otras varias.

La unión de un contenedor de nivel n (C-n) y su POH asociada constituye un contenedor virtual de nivel n (VC-n), que es la entidad gestionada por la SDH y la entidad que se mantiene íntegra durante todo su recorrido a través de la red SDH.

El cuadro AP3.5-1 enumera los contenedores definidos para las velocidades básicas respectivas de la PDH, en los que los dígitos representan el nivel de la jerarquía de transmisión (Recomendación G.702) y, si es el caso, la velocidad menor (1) o la mayor (2).

CUADRO AP3.5-1

Contenedores SDH adaptados para velocidades binarias de la PDH

Contenedor	Velocidad binaria PDH
C-11	1 544 kbit/s
C-12	2 048 kbit/s
C-2	6 312 kbit/s
C-3	34 368 y 44 736 kbit/s
C-4	139 264 kbit/s

Un contenedor virtual es, por tanto, la estructura de información utilizada para soportar conexiones de capa de trayecto en la SDH. Consta de campos de información de cabida útil de información (el contenedor) y de la tara de trayecto, organizados en una estructura de trama de bloque que se repite cada 125 ó 500 microsegundos. La capa de red servidora proporciona la información de alineación para identificar el comienzo de la trama de VC-n.

La Recomendación G.707 del UIT-T define diferentes combinaciones de VC susceptibles de utilizarse para llenar la zona de cabida útil de una trama STM-1. El proceso de cargar los contenedores y adjuntarles tara se repite en varios niveles de la SDH, encajando los VC más pequeños dentro de los mayores hasta que se llena el VC de mayor tamaño y se carga luego en la STM-1.

El proceso de ensamblado permite extraer o insertar contenedores virtuales. Ello otorga flexibilidad, por ejemplo, para poder utilizar un *medio único de gran anchura de banda* (como la fibra óptica) que pueda dar servicio a múltiples ubicaciones separadas físicamente en una estructura de anillo. Una función conexa es la multiplexación de contenedores en unidades administrativas que pueden ser tratadas como unidades individuales por el equipo transconector digital (DXC) de la SDH.

El puntero es un indicador cuyo valor define el desplazamiento de la trama de un contenedor virtual con respecto a la referencia de trama de la entidad de transporte sobre la que está soportado. Se utilizan punteros de cabida útil para conseguir la alineación de fase entre las señales SDH; además de facilitar la alineación de trama, los punteros permiten:

- resolver los efectos de fluctuación de fase (diferencia entre la posición de un impulso y la posición que debería ocupar) y fluctuación lenta de fase, producidos por la acumulación de ruido en las señales de sincronismo de la red, aun cuando se haya sincronizado ésta, y que deterioran la calidad de la transmisión;

- evitar largos almacenamientos intermedios en las situaciones en que se multiplexan VC de diferentes fuentes en la misma STM-N, tal como sucede en las transconexiones.

Se identifican dos tipos de contenedores virtuales:

- VC-n de orden inferior (n = 1, 2 ó 3). Este elemento comprende un solo contenedor-n (n = 1 ó 2) más la POH de contenedor virtual de orden inferior adecuada a ese nivel;

- VC-n de orden superior (n = 3 ó 4). Este elemento comprende un solo contenedor-n (n = 3 ó 4) o un conjunto de grupos de unidades afluentes (TUG-2 ó TUG-3), junto con la POH de contenedor virtual adecuada a ese nivel.

La unidad afluente (TU, *tributary unit*) es una estructura de información que proporciona la adaptación entre la capa de trayecto de orden inferior y la capa de trayecto de orden superior. Consta de una cabida útil de información (el VC de orden inferior) y un puntero de unidad afluente que señala el desplazamiento del comienzo de la trama de cabida útil con relación al comienzo de la trama del VC de orden superior.

La TU-n (n = 1, 2 ó 3) consta de un VC-n junto con un puntero de TU.

En algunas aplicaciones, el VC-3 definido anteriormente se considera de orden inferior, porque puede ser transportado en un VC-4. En este caso, se alinea con la TU-3.

El concepto de grupo de unidades afluentes (TUG, *tributary unit group*) se utiliza para definir señales transportadas en un VC de orden superior, que pueden formarse de diferentes maneras para transportar diversos servicios a distintas velocidades. Pueden así construirse cabidas útiles de capacidad mixta para aumentar la flexibilidad de la red de transporte.

Un TUG-2 consta de un conjunto homogéneo de TU-1 idénticas o de una TU-2.

Un TUG-3 consta de un conjunto homogéneo de TU-2 idénticas o de una TU-3.

Una unidad administrativa (AU, *administrative unit*) es la estructura de información que proporciona la adaptación entre la capa de trayecto de orden superior y la capa sección de multiplexación. Consta de una cabida útil de información (el VC de orden superior) y un puntero de AU que señala el desplazamiento del comienzo de la trama de cabida útil con relación al comienzo de la trama de la sección de multiplexación.

Se definen dos unidades administrativas: la AU-3, que consta de un VC-3 más un puntero de AU, y la AU-4, que consta de un VC-4 más un puntero de AU.

Un grupo de unidades administrativas (AUG, *administrative unit group*) es un conjunto homogéneo de unidades administrativas, que puede estar compuesto por tres AU-3 o una AU-4. La cabida útil de la STM-N admite N grupos de unidades administrativas.

Se han definido los siguientes procedimientos de la SDH:

- correspondencia, mediante el cual se adaptan afluentes a contenedores virtuales en los límites de una red SDH;

- multiplexación, mediante el cual múltiples señales de capa de trayecto de orden inferior se adaptan a un trayecto de orden superior, o por el cual señales de capa de trayecto de orden superior se adaptan a una sección de multiplexación;

- alineación, por la cual la información de desplazamiento de trama se incorpora a la unidad afluente o a la unidad administrativa cuando se adapta a la referencia de trama de la capa soporte;

- concatenación, en la cual una multiplicidad de contenedores virtuales idénticos se asocian unos a otros de tal modo que su capacidad combinada puede utilizarse como un contenedor sencillo en el que se mantiene la integridad de la secuencia de bits.

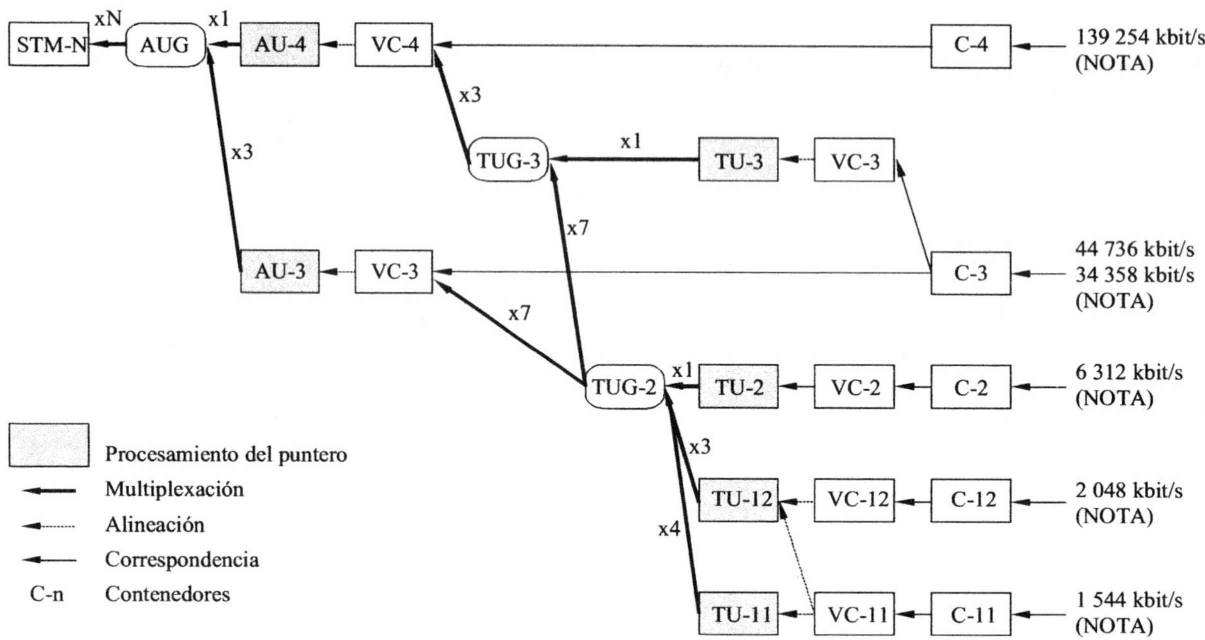

NOTA - Se muestran las afluentes descritas en la Recomendación G.702 asociadas con contenedores C-x. También pueden incluirse otras señales por ejemplo ATM

Sat/AP3.5-1m
(99315)

FIGURA AP3.5-1

Estructura de multiplexación SDH

La Recomendación G.707 describe las relaciones entre los diversos elementos de la multiplexación (representados en la figura AP3.5-1), el conjunto de reglas para la construcción de tramas STM-N, las disposiciones para interconexión internacional de las STM-N, las funciones, descripciones y utilización de las taras, y la correspondencia de las señales PDH.

El plan de multiplexación europeo excluye los trayectos VC-11/TU-11/TUG-2/VC-3/AU-3/AUG y C-3/VC-3/AU-3. Por otra parte, los esquemas de Norteamérica y de Japón excluyen los trayectos VC-11/TU-12, TUG-2/TUG-3/VC-4/AU-4/AUG, C-3/VC-3/TU-3/TUG-3 y C-4/VC-4.

La elección del VC-4 en Europa como contenedor virtual de orden superior corresponde a los 140 Mbit/s actuales, así como la elección norteamericana y japonesa del VC-3 corresponde al nivel de 45 Mbit/s. No obstante, la interconexión internacional entre países con diferentes opciones se basa en el VC-4, lo que exige disponer para este fin de equipos que puedan tratar ese nivel en ambos lados.

La segunda opción europea es utilizar la TU-12 para el transporte de las señales de 1 544 kbit/s, simplificando su gestión al tratarlas de la misma manera que las señales de 2 048 kbit/s. Sin embargo, en este nivel, la interconexión internacional se basa en la utilización de la TU-11, que requiere realizar la función de adaptación TU-11/TU-12 en el lado europeo para interconexión con países que utilicen la TU-11.

Cuando se requiere una velocidad de transmisión superior a 155 Mbit/s en una red síncrona, pueden conseguirse velocidades de 622 Mbit/s y 2,4 Gbit/s mediante un esquema de multiplexación entrelazada de octetos relativamente sencillo. De este modo, las STM-4 y STM-16 pueden considerarse como una combinación de señales STM de nivel inferior. De hecho, los afluentes de orden inferior únicamente tienen acceso directo a la señal STM-1; una señal STM-N necesita por tanto una demultiplexación previa al nivel STM-1, pero este proceso es individual y de realización económica.

Sin embargo, debe señalarse que las STM-4 y STM-16 que terminan en un nodo de red se desensamblan para recuperar sus taras de sección y los VC que éstas contienen. Las STM-N salientes se reconstruyen con nuevas taras de sección y nuevos VC de capa de trayecto multiplexados. Hay que distinguir además entre las taras de sección de regeneración (RSOH, *regenerator section overhead*) y las taras de sección de multiplexación (MSOH, *multiplexer section overhead*), ambas utilizadas para "renovar" las taras de la señal.

En consecuencia, puede considerarse que la multiplexación en SDH se verifica en dos etapas:

- una multiplexación de nivel inferior de señales (de origen PDH en AU-4) (AU-3 en Norteamérica);

- una multiplexación de nivel superior, desde AU-4 (AU-3), para formar la señal de alta velocidad.

AP3.5-2 Provisión de anchura de banda

Ciertos servicios pueden necesitar transporte a una velocidad que no corresponde a las tramas definidas, y por tanto deben construirse señales de capacidad variable.

La concatenación de M contenedores virtuales de nivel n (denominada VC-n-Mc) puede utilizarse para el transporte de señales cuando sus velocidades binarias no se ajustan a ninguna capacidad C-n definida. En la Recomendación G.707 se definen los mecanismos de concatenación.

La concatenación de varias unidades afluentes (TU) dentro de una señal STM-1 permite disponer de una mayor granulosidad en las velocidades de transmisión. También se define la concatenación de las AU-4. La concatenación permite además una mejora del rendimiento. A modo de ilustración, la concatenación de cinco señales TU-2 puede transportar una señal vídeo de 32 Mbit/s; de este modo, un VC-4 puede transportar cuatro señales de vídeo mientras que en los contenedores C-3 sólo pueden ubicarse tres.

En la SDH será posible la atribución dinámica por demanda de capacidad de la red, o de anchura de banda. Los servicios que requieren gran anchura de banda podrán entonces prestarse en un plazo muy corto, lo que favorece al usuario e incrementa los ingresos de la compañía explotadora.

La SDH ofrece una solución de red adaptable con miras al futuro. Se ha concebido para dar soporte a servicios futuros, como la televisión de alta definición (TVAD), la RDSI de banda ancha, las redes de área metropolitana y las redes de comunicación personal.

AP3.5-3 Equipo de red

Las funciones de red que necesita la SDH son esencialmente las mismas ya realizadas en las redes PDH, es decir, la transmisión por línea, la transconexión y la multiplexación.

El método de especificación adoptado para la SDH se aprovecha, no obstante, de los principios siguientes:

* niveles más elevados y mayor flexibilidad de integración funcional (esto es, reunión de diversas capacidades funcionales en un solo equipo);

* independencia entre las funciones y su ejecución física, expresada como soporte físico y soporte lógico.

El equipo SDH aporta una simplificación de la red, traducida en bajos costes de explotación, mantenimiento más sencillo, y reducción del espacio ocupado en planta y del consumo de energía. La eficaz extracción e inserción de canales que ofrece la SDH y la gran capacidad de gestión de la red facilitan la provisión de líneas de anchura de banda elevada para los nuevos servicios multimedios, así como el acceso ubicuo a tales servicios.

A fin de garantizar la compatibilidad de equipos de diferentes suministradores, se están especificando las interfaces entre el equipo y la red de gestión. Actualmente la compatibilidad de múltiples suministradores se consigue en la interfaz de línea óptica (véase la Recomendación UIT-T G.957).

Se ha establecido un modelo de referencia funcional, descomponiendo la función de red de un equipo en un conjunto de funciones básicas y describiendo cada una de ellas con riguroso detalle en cuanto a sus procesos internos y a los flujos de información primitivos en los puntos de referencia situados en la entrada y la salida de los elementos básicos.

Los equipos vienen especificados por la disposición de las funciones básicas cuya agregación constituye la función de red requerida; existe analogía con la selección de circuitos integrados y su encapsulado para formar un microcircuito que realice la función compuesta.

Además, esta especificación simplifica y sistematiza el tratamiento de condiciones de fallo y las actuaciones que seguidamente han de emprenderse.

Una clasificación muy general del equipo de red distingue entre equipos destinados al transporte y encaminamiento de señales VC-4 en la red, y equipos que procesan el contenido del VC-4 (para insertar/extraer señales PDH en/de un VC-4 o para alterar el contenido de un VC-4).

Sistemas de línea SDH

La existencia simultánea de interfaces síncronas y plesiócronas permite una acomodación inmediata de las redes PDH existentes y una progresiva migración hacia redes totalmente síncronas. En términos funcionales, los sistemas de línea permiten la instalación de:

* enlaces punto a punto comparables a los establecidos en la red plesiócrona;

* enlaces de línea de inserción y extracción, que utilizan los medios de acceso de señales afluentes ofrecidos por la trama síncrona;

- enlaces en bucle para proteger las transmisiones de los fallos de equipo y de cables.

Las interfaces han sido normalizadas por el UIT-T.

Multiplexores SDH (Recomendaciones G.781, G.782 y G.783)

Se han definido varios multiplexores SDH diferentes:

- el tipo I ("multiplexor de acceso"), un sencillo multiplexor terminal que multiplexa cierto número de afluentes G.703 en una señal STM-N;
- el tipo II, que toma cierto número de señales STM-N y multiplexa los VC de orden superior constitutivos (VC-3 o VC-4) en una señal compuesta STM-M;
- el tipo III, que constituye un multiplexor de inserción-extracción con puertos compuestos de STM-N e interfaces G.703 para insertar/extraer afluentes.

Transconectores SDH

Estos equipos realizan la transconexión de contenedores virtuales. Debido a la característica síncrona de la trama, esta operación, semejante en principio a la función de distribución del tráfico plesiócrono, no requiere ya las anteriores etapas obligatorias de multiplexación y demultiplexación.

AP3.5-4 Gestión, disponibilidad y protección de la red

Una parte importante de las funciones de la SDH se destinan a fines de gestión:

- inclusión de controles de paridad en cada capa de la red para la observación de la calidad de funcionamiento y la supervisión de extremo a extremo;
- existencia de canales de comunicaciones de datos de alta velocidad binaria en las taras de sección para la transmisión de mensajes de gestión entre nodos; los organismos de normalización internacionales y regionales han abordado las pilas de protocolos, el modelo de información y las definiciones de objetos susceptibles de utilizarse entre tales nodos.

El establecimiento de canales para gestión de la red dentro de la estructura de trama SDH implica que una red síncrona será enteramente controlable por soporte lógico.

La gestión de red en la SDH sigue los principios de normalización de la TMN, en particular la modelización de objetos en la que la información de gestión se ha estructurado de manera que permita:

- el empleo de protocolos OSI adaptados en esa capa de aplicación (CMISE y ROSE);
- el tratamiento de las aplicaciones de gestión distribuida;
- la simplificación final de los aspectos difíciles de interfuncionamiento.

Las capacidades como red de transporte (interfaces Q) de la red de gestión de las telecomunicaciones (TMN, *telecommunication management network*) se ofrecen a través del empleo de canales de control (ECC) integrados en la trama SDH. A nivel de la capa física, los ECC utilizan los canales de comunicación de datos formados por los octetos D1 a D3 [resp. D4 a D12] accesibles [resp. no accesibles] en la estación regeneradora (RSOH).

Los sistemas de gestión de la red realizan las funciones tradicionales, así como la observación de calidad de funcionamiento y la gestión de configuraciones y recursos.

Merced a las capacidades de gestión automática, puede identificarse inmediatamente el fallo de enlaces o de nodos. Utilizando arquitecturas de anillo autorregenerables la red se reconfigura automáticamente, y el tráfico se reencamina de manera instantánea hasta que se haya reparado el equipo defectuoso. De este modo, los fallos del mecanismo de transporte de la red serán invisibles de un extremo a otro. Dichos fallos no interrumpirán los servicios, permitiendo una disponibilidad del servicio extremadamente elevada y garantizando altos niveles de calidad funcional en la red.

La seguridad y la disponibilidad figuran entre las capacidades funcionales más vitales que es preciso introducir en las redes SDH. La topología de la red debe disponerse de tal manera que resista a los fallos de enlaces y de nodos.

El nivel superior de la red puede estructurarse en malla para obtener reserva recíproca por reencaminamiento mediante el transconector digital. En la parte inferior de la red, se adopta una topología de bucles físicos que suelen utilizar la arquitectura de anillo SDH.

BIBLIOGRAFÍA PARA EL CAPITULO 3 Y SUS APÉNDICES

[1]   Sector de normalización de las Telecomunicaciones de la UIT – 1993 – Introducción de nuevas tecnologías en redes locales.

[2]   Bruce, R. Elbert – 1997 – The Satellite Communication Applications Handbook, Ed. Artech House.

[3]   W.B. Kleijn and K.K. Paliwal – 1995 – Speech coding and synthesis, Ed. Elsevier.

[4]   Walter H.W. Tuttlebee – 1997 – Cordless Telecommunications Worldwide, Springer.

[5]   Joan L. Mitchell, William B. Pennebaker, Chad E. Fogg, Didier J. LeGall – 1997 – MPEG video compression standard, Chapman & Hall, International Thomson Publishing (ITP).

[6]   Wireless ATM – agosto de 1996 – IEEE Personal Communications, Vol. 3, No. 4.

[7]   B. Cornaglia and M. Spini, SDH in digital systems, ICDSC-10 Proceedings, págs.. 213-219.

[8]   C.E. Shannon – July 1948 – A mathematical theory of communications, Bell system Technical Journal, 27, págs. 379-423 (Part I).

[9]   S. Lin, D.J. Costello, Jr. – 1983 – Error Control Coding: Fundamentals and Applications, Prentice-Hall.

[10]   A.J. Viterbi, J.K. Omura – 1979 – Principles of Digital Communication and Coding, McGraw-Hill.

[11]   K. Feher – 1983 – Digital Communications: Satellite/Earth Station Engineering, Prentice-Hall Inc., Englewood Cliffs.

[12]   W.W. Wu – 1985 – Elements of digital satellite communications, Vol-II, Rockville, MD: Computer science.

[13]   Forney – November 1969 – Convolutional codes I: algebraic structures, IEEE Transactions on Information theory, Vol. IT-37, No. 11.

[14]   G.C. Clark, J.B. Cain, J. Geist – January 1979 – Punctured convolutional codes of rate n-1/n and simplified maximum likelihood decoding, IEEE Transactions on Information theory, Vol. IT-25.

[15]   Y. Yasuda *et al.* – octubre de 1984 – High rate punctured convolutional codes for soft decision decoding, IEEE Trans. Comm., Vol. COM-32.

[16]   D. Haccoun, G. Begin – November 1989 – High-rate punctured convolutional codes for Viterbi and sequential decoding, IEEE Transactions on Communications, Vol. COM-37, No. 11.

[17]   G.C. Clark, J.B. Cain – 1981 – Error-correcting coding for digital communications, Plenum Press, New York.

[18]   E.R. Berlekamp – 1968 – Algebraic coding theory, McGraw-Hill, New York.

[19]   A. Michelson, A. Levesque – 1985 – Error-control techniques for digital communications, NY: Wiley.

[20]   R.E. Blahut – 1983 – Theory and practice of error control codes, Addison-Wesley, Reading, MA.

[21]   S.B. Wicker, V.K. Bhargava – 1994 – Reed-Solomon Codes and Their Applications, IEEE Press.

[22]   C. Berrou, A. Glavieux – October 1996 – Near optimum error correcting coding and decoding: Turbo-codes, IEEE Transaction on Communications, Vol.-44, No. 10.

[23]   S.B. Wicker – 1995 – Error control systems for digital communication and storage, Prentice-Hall.

CAPÍTULO 4

Técnicas de modulación de la portadora

El problema que plantea la utilización eficaz del espectro suele nacer de la escasez de frecuencias en dicho espectro, y su importancia se agranda cada vez más por la tendencia hacia estaciones terrenas con antenas de pequeño diámetro y satélites más complicados, con antenas de haces múltiples. En particular, se originan problemas de interferencia debidos a la reutilización de frecuencias en satélites con múltiples haces de antena.

Una de las técnicas para resolver este problema consiste en la aplicación de sistemas de modulación eficaces en cuanto a la potencia y a la anchura de banda.

En las comunicaciones por satélite, igual que en otros sistemas de comunicaciones, puede contemplarse una transferencia a técnicas de transmisión digital en el tratamiento de las señales así como en la modulación. Por lo general, se utiliza modulación analógica para la transmisión de televisión y de telefonía en MDF.

Los métodos de modulación más comunes en el servicio fijo por satélite son la modulación de frecuencia (MF) para las señales analógicas y la modulación por desplazamiento de fase (MDP) para las señales digitales. Se analizan asimismo otros métodos de modulación, como los de la modulación combinada de amplitud y de fase.

4.1 Modulación analógica

4.1.1 Modulación de frecuencia (MF)

La modulación de frecuencia se viene utilizando ampliamente en las comunicaciones por satélite. Resulta particularmente conveniente cuando se utiliza una sola portadora por transpondedor, y la envolvente constante de la señal MF permite que los amplificadores de potencia funcionen a saturación, aprovechando así al máximo la potencia disponible. La modulación de frecuencia se utiliza generalmente en los dos bien conocidos sistemas MDF-MF y SCPC-MF[*].

---

[*] Puede aplicarse la transmisión en BLU-MA de una señal modulada en amplitud por un enlace de satélite. Esta técnica de modulación permite conseguir una alta capacidad del transpondedor mediante la compansión silábica. Sin embargo, se requiere contar con un transpondedor de elevada p.i.r.e. y buena linealidad de respuesta, dispositivos de adaptación automática de frecuencia y de ganancia, márgenes de tolerancia más amplios en el balance de enlace y una situación de baja interferencia.

4.1.1.1 MDF-MF

La relación básica existente entre las relaciones portadora/ruido (C/N) y señal/ruido (S/N) de un sistema MDF-MF clásico puede expresarse del modo siguiente:

$$s/n = (c/n) \cdot \frac{3(f_{tt})^2}{f_2^3 - f_1^3} \cdot B_{RF} \cdot p \cdot w \tag{1}$$

o:

$$s/n = (c/n) \cdot \frac{(f_{tt})^2}{(f_m)^2 + \dfrac{b^2}{12}} \cdot (B_{RF}/b) \cdot p \cdot w \tag{2}$$

Cuando el valor de f_m es más de unas cuatro veces superior al valor de b, la relación indicada puede reemplazarse, con un error despreciable, por la relación aproximada siguiente:

$$s/n = (c/n) \cdot (f_{tt}/f_m)^2 \cdot (B_{RF}/b) \cdot p \cdot w \tag{3}$$

o, en dB:

$$S/N = C/N + 20 \log (f_{tt}/f_m) + 10 \log (B_{RF}/b) + P + W \tag{3'}$$

donde:

- S/N: relación entre el tono de prueba (es decir, 1 mW en el punto de nivel relativo cero) y la potencia de ruido ponderado sofométricamente en el canal telefónico superior,

- C/N: relación portadora/ruido en la anchura de banda de radiofrecuencia,

- N: $kT B_{RF}$,

- k: constante de Boltzmann ($k = 1{,}38 \cdot 10^{-23}$ J/K),

- T: temperatura de ruido del sistema (K),

- B_{RF}: anchura de banda de radiofrecuencia (Hz) definida en la ecuación (4),

- f_2: límite superior de frecuencia de la banda de paso del canal superior de la banda de base (Hz)

- f_1: límite inferior de frecuencia de la banda de paso del canal superior de la banda de base (Hz),

- f_m: frecuencia central (media aritmética) del canal superior de la banda de base (Hz), $f_m = (f_2 + f_1)/2$,

- b: anchura de banda del canal telefónico (Hz), $b = f_2 - f_1$,

- f_{tt}: excursión cuadrática media (r.m.s.) del tono de prueba por canal (Hz),

- p: factor de mejora debido a la preacentuación,

- w: factor de ponderación sofométrica.

Típicamente, el valor de b es 3 100 Hz y puede suponerse que p tiene los valores numéricos de 2,5 (4 dB) para el canal de banda de base superior.

En la expresión anterior las únicas incógnitas son B_{RF} y f_{tt}. Para hallar f_{tt} y, por consiguiente, B_{RF}, es necesario encontrar una relación adicional entre estas dos variables. Se supone que la anchura de banda B_{RF} viene dada por:

$$B_{RF} = 2(\Delta f + f_m) \tag{4}$$

Es decir, la anchura de banda de Carson, donde Δf es la excursión de cresta multicanal.

A fin de limitar el ruido de distorsión debido a la sobreexcursión fuera de la anchura de banda disponible ("ruido de truncamiento") a un nivel tolerable, es menester definir una relación apropiada entre Δf y f_{tt}. Una fórmula de uso corriente para las bandas de base de los múltiplex por división de frecuencias es la siguiente:

$$\Delta f = f_{tt} \cdot g \cdot \ell \tag{5}$$

en la cual:

> g: factor "valor de cresta/valor r.m.s." expresado como relación numérica. Así, para una relación valor de cresta/valor r.m.s. de:

$$13 \text{ dB}, \, g = 10^{13/20} = 4,47$$

$$10 \text{ dB}, \, g = 10^{10/20} = 3,16$$

> ℓ : factor de carga del múltiplex telefónico (para n canales)

$$\ell = 10^{(-15 + 10 \log n)/20} \qquad \text{para n} \geq 240 \text{ canales} \tag{6}$$

$$\ell = 10^{(-1 + 4 \log n)/20} \qquad \text{para n} < 240 \text{ canales} \tag{7}$$

En diseños de sistemas anteriores se utilizaba un factor valor de cresta/valor r.m.s. de 13 dB, pero en diseños de sistemas ulteriores se ha aplicado un factor de 10 dB con resultados satisfactorios. En general, cabe prever que cuando la capacidad de la portadora es inferior a unos 120 canales la cifra de 13 dB será más apropiada, mientras que para las portadoras de mayor capacidad será preferible la de 10 dB.

Los sistemas de modulación de frecuencia tienen un umbral característico de funcionamiento, que para los demoduladores convencionales se sitúa en una relación portadora/ruido de 10 dB. Este umbral puede reducirse mediante técnicas tales como el empleo de demoduladores de realimentación de frecuencia, con lo que se obtiene un umbral alrededor de 3 dB más bajo que con los demoduladores corrientes.

El uso de estos demoduladores, denominados "de extensión de umbral", en los sistemas de modulación de frecuencia no modifica la relación básica entre las relaciones señal/ruido (S/N) y portadora/ruido (C/N); tan sólo permite el uso de valores C/N inferiores a los que hubieran sido posibles de otro modo.

La técnica MDF-MF ha sido la técnica de acceso múltiple más utilizada en el sistema INTELSAT. En el anexo II se inserta un cuadro de las portadoras utilizadas en el sistema INTELSAT (cuadro AN2-1).

4.1.1.2 SCPC-MF

Para un demodulador SCPC-MF, la relación entre las relaciones portadora/ruido y señal/ruido viene también dada por la ecuación (1) anterior, en la que ahora:

S/N: relación de potencias "tono de prueba/ruido ponderado sofométricamente" en el canal de banda de base SCPC,

f_2: límite superior de frecuencia del canal de banda de base SCPC (Hz)

f_1: límite inferior de frecuencia del canal de banda de base SCPC (Hz)

f_{tt}: excursión cuadrática media (r.m.s.) del tono de prueba (Hz).

Los demás parámetros se definen del modo indicado anteriormente.

Debe señalarse que B_{RF} viene dado ahora por:

$$B_{RF} = 2\,(\Delta f + f_2) \tag{8}$$

donde Δf es la excursión de cresta en Hz. El parámetro Δf viene dado también por la expresión $\Delta f = f_{tt} \cdot g \cdot \ell$, pero ahora:

$$\ell = 10^{(m + 0.115\beta^2)/20} \tag{9}$$

donde m y β son las desviaciones media (dBm0) y típica (dB) de la distribución estadística del nivel vocal en dBm0. Adoptando los valores usuales, $m = -16$ dBm0 y $\beta = 5,8$ dB, se obtiene:

$$\ell = 0,248$$

El factor g (valor de cresta/valor r.m.s.) depende del modo en que se defina la mutilación de la palabra y de cuál sea el porcentaje aceptado de usuarios afectados por ésta. En este contexto se define la mutilación de la palabra como el fenómeno que se registra cuando la excursión cuadrática media de frecuencia producida por una señal vocal activa rebasa un nivel situado 15 dB por debajo de la excursión de frecuencia de cresta. Cuando la proporción de usuarios afectados por la mutilación de la palabra es del 10%, el valor de g es 8,4; cuando el porcentaje de usuarios afectados es del 3%, g tiene un valor de 12,6.

4.1.1.3 Diseño de los sistemas (telefonía)

El ruido de canal en el circuito telefónico multiplexado es uno de los parámetros más fundamentales en el diseño de los enlaces por satélite. El UIT-R recomienda que la potencia de ruido media en periodos de un minuto, en el circuito ficticio de referencia para un teléfono que emplea el servicio fijo por satélite, sea igual o inferior a 10 000 pW0p durante el 80% del tiempo, en el estado normal del circuito (Recomendación 353). Por consiguiente, en el diseño de un enlace de satélite, los parámetros de transmisión se fijan habitualmente de modo que se satisfaga este criterio. El ruido generado en el enlace de satélite puede clasificarse del modo siguiente:

- ruido del enlace (ruido térmico del enlace ascendente, ruido térmico del enlace descendente, ruido de intermodulación, ruido de interferencia intrasistema);

- ruido generado en los equipos de estación terrena (con exclusión del ruido térmico generado en el receptor)[*];

- ruido de interferencia procedente de otros sistemas (ruido de interferencia originado en los sistemas de radioenlaces terrenales y en otros sistemas de satélite).

En el sistema de satélites INTELSAT, la potencia total de ruido en un canal, de 10 000 pW0p se reparte del modo siguiente: se asignan 8 000 pW0p para el ruido del enlace (incluido un margen de 500 pW0p para las emisiones no deseadas causadas por la intermodulación multiportadora procedente de otras estaciones terrenas del sistema), 1 000 pW0p para el ruido originado en los equipos de estación terrena y 1 000 pW0p para el ruido procedente de la interferencia terrenal. La asignación de estos valores es típica de la mayoría de los sistemas existentes. No obstante, con el aumento de la demanda de servicios de satélite y la subsiguiente presión para reducir la separación entre los satélites, se tiende actualmente a admitir márgenes mayores para la interferencia, susceptibles de compensarse mediante el uso de satélites de mayor potencia y otras nuevas tecnologías.

4.1.1.4   TV-MF

Partiendo de la ecuación (1) con $f_2 \gg f_1$, la relación S/N para TV-MF viene dada, en dB, por las expresiones siguientes:

$$(S/N)_w = C/N_o + 10 \log\left(\frac{3(r_1 \cdot \overline{\Delta F}_{p-p})^2}{f_m^{\,3}}\right) + P + W \tag{10}$$

o bien:

$$(S/N)_{w\square} = C/N_o + 20 \log\left(\frac{r_1 \cdot \overline{\Delta f}_{p-p}}{f_m}\right) - 10 \log\frac{f_m}{3} + P + W \tag{11}$$

donde:

$(S/N)_w$: relación entre la amplitud nominal cresta a cresta de la señal de luminancia y la amplitud cuadrática media del ruido medido después de la limitación de banda, la acentuación y la ponderación con una red especificada (dB),

C/N_o: relación portadora/densidad de ruido (dB (Hz)) con:

$N_o = N/B_{RF}$,

N: potencia de ruido en la anchura de banda de radiofrecuencia (W),

r_1: relación entre la amplitud cresta a cresta nominal de la señal de luminancia a la amplitud cresta a cresta de una señal vídeo compuesta en blanco y negro (0,714 para los sistemas de 525/60, y 0,7 para los de 625/50),

$\overline{\Delta F}_{p-p}$: excursión cresta a cresta de la frecuencia debida al tono de 1 V_{p-p} cresta a cresta en la frecuencia de cruce de la preacentuación,

---

[*]   Se refiere al ruido debido a la distorsión de amplitud y retardo de grupo, etcétera.

f_m: frecuencia superior de la banda de base (Hz),

B_{RF}: anchura de banda en radiofrecuencia (Hz)

P: mejora por acentuación (dB),

W: factor de ponderación (dB).

Para la medición de $(S/N)_w$, la anchura de banda se ha unificado para todos los sistemas de televisión en 5 MHz. Por consiguiente, la ecuación (10) puede simplificarse del modo siguiente:

$$(S/N)_w = -196{,}2 + C/N_o + 20 \log (r_1 \cdot \overline{\Delta F}_{p\text{-}p}) + P + W \qquad (12)$$

El factor de ponderación, que tiene en cuenta la sensibilidad del telespectador medio a las distintas frecuencias del espectro de ruido, ha sido unificado por el UIT-R. La figura 4.1-1 representa las características de esta red de ponderación unificada, y la figura 4.1-2 las características de las redes de preacentuación.

En el siguiente cuadro 4.1-1 se indican los valores de P y W para la curva de ponderación unificada y la anchura de banda en la que se mide (5,0 MHz). Puede obtenerse información acerca de otras curvas de ponderación y anchuras de banda en el cuadro II del Informe 637 (CMTT, Vol. XII).

Los programas de audio que se acompañen pueden transmitirse por una subportadora de MF (véase el capítulo 7, punto 7.5.5.2).

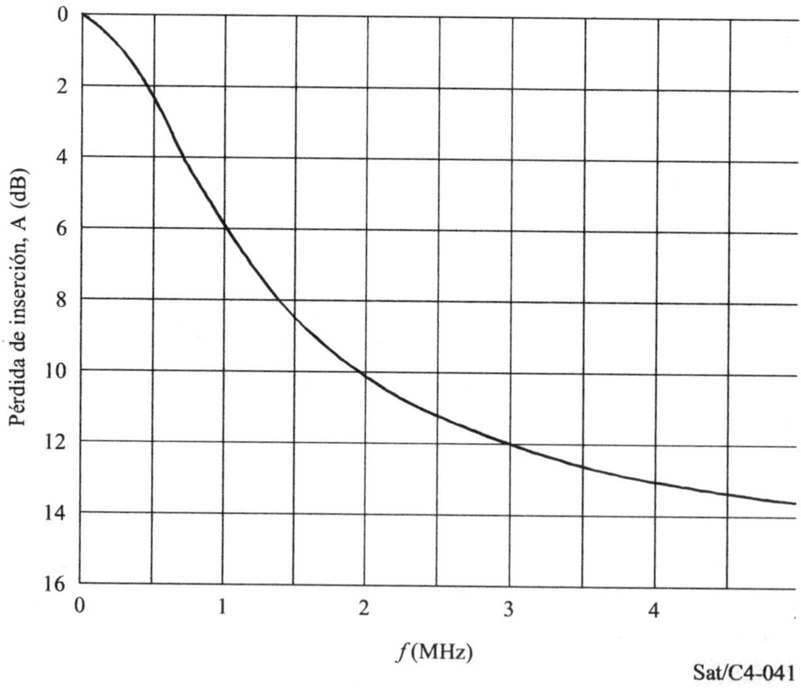

FIGURA 4.1-1

Característica de ponderación unificada

CUADRO 4.1-1

Factores de mejora con empleo de curvas de ponderación unificadas

Número de líneas	Nombre del sistema	Mejora por acentuación P (dB) [1]	Factor de ponderación W (dB) [2]	Mejora por acentuación y factor de ponderación P + W (dB)
525	M	3,1	11,7	14,8
625	B, C, G, H, I, D, K, L	2,0	11,2	13,2

Para ruido triangular, el volumen de mejora se refiere a la frecuencia de cruce en la característica de preacentuación.

Para ruido triangular sin acentuación.

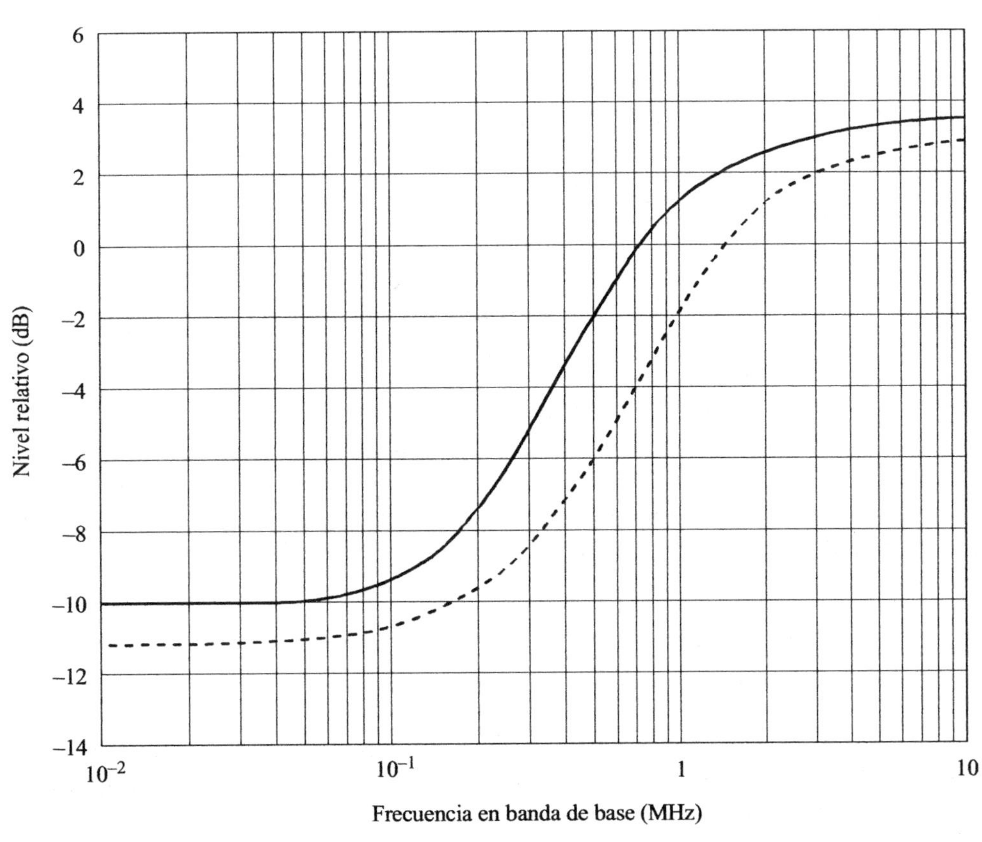

FIGURA 4.1-2

Características de preacentuación para sistemas de 525/60 y 625/50
(Recomendación UIT-R F.405)

4.1.2   Modulación

Las telecomunicaciones por satélite utilizan una excursión de frecuencia mayor que los sistemas terrenales de microondas. Además, el modulador suele diseñarse para permitir el ajuste de cualesquiera parámetros de modulación que puedan preverse en la planificación del sistema de comunicaciones. En consecuencia, los moduladores MF (y también los demoduladores) necesitan presentar buenas características de linealidad y retardo de grupo en una gran anchura de banda (normalmente unos 36 MHz).

La mayoría de los moduladores MF son osciladores Hartley (LC) que utilizan un diodo de capacidad variable (C) controlada por tensión (diodo varactor) con unión hiperabrupta. Tal diodo presenta una característica cuadrática inversa (capacidad versus tensión: $C = kV^{-2}$) que, a su vez, da una característica lineal (frecuencia versus tensión) al modulador.

4.1.3   Demodulación

La finalidad básica del demodulador es recuperar la modulación de amplitud de la señal de banda de base, que es proporcional a la excursión de frecuencia instantánea de la portadora recibida.

Los demoduladores MF convencionales consisten en un limitador de diodos en serie seguido de un discriminador de triple circuito sintonizado.

Sin embargo, cuando la relación portadora/ruido (C/N) de la portadora recibida es demasiado baja, se hace necesario utilizar un "demodulador de extensión del umbral" (TED, *threshold extension demodulator*).

Por ejemplo, en el sistema INTELSAT, la relación C/N de las portadoras con una banda de base de $n \leq 252$ (siendo n el número de canales telefónicos) puede estar solamente unos decibelios por encima del umbral de un demodulador convencional. En consecuencia, INTELSAT recomienda utilizar, en este caso, un TED para aumentar el margen operacional y además reducir la interferencia de las portadoras adyacentes. El fenómeno de umbral puede describirse como se indica seguidamente.

Para cada tipo de demodulador, puede definirse un valor umbral de la relación C/N, en la gama de 6 a 12 dB (10 a 12 dB para los demoduladores convencionales).

Por encima del umbral, la relación señal/ruido (S/N) es proporcional a la relación C/N, con una correspondencia de 1 a 1 (en dB) (véase el punto 4.1.1.1): en este caso, el ruido en banda de base a la salida es puramente triangular, como indica la teoría de MF.

Por debajo del umbral, la relación S/N se aparta de esta correspondencia 1 a 1 con C/N y se deteriora muy rápidamente, como se muestra en la figura 4.1-3. Esto se debe a que se produce un ruido impulsivo adicional. La figura 4.1-4 muestra la representación clásica de la adición de un vector de ruido al vector de señal. Este vector de ruido varía aleatoriamente tanto en amplitud como en fase. Si la amplitud de la tensión de ruido, en valor r.m.s., es suficientemente grande (por ejemplo, más de 1/3 de la amplitud de tensión de la señal, es decir, C/N < 10 dB), la tensión de ruido instantánea tomará ocasionalmente valores de cresta mayores que la tensión de la señal, como se representa en la figura 4.1-4a, y se producirán saltos de $\pm 2\pi$ del vector total (señal + ruido) (Fig. 4.1-4). En este caso, la señal demodulada de salida, que es proporcional al valor instantáneo de dφ/dt, toma la forma de un impulso, denominado "chasquido", con un área igual a 2π (Fig. 4.1-4c).

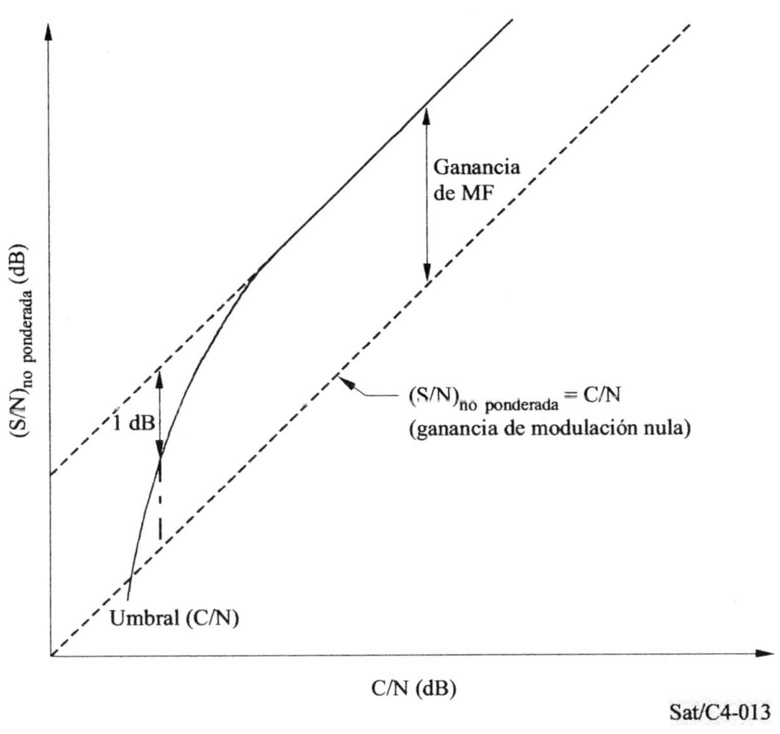

FIGURA 4.1-3

Definición del umbral del demodulador

La probabilidad de esta cresta de ruido se multiplica aproximadamente por 10 si el ruido de FI aumenta en un decibelio; por este motivo, la degradación de la relación señal/ruido en banda de base desciende muy rápidamente por debajo del umbral.

Como un espectro de ruido normal en MF es triangular y el espectro de ruido impulsivo es plano, el efecto de umbral es más importante en la parte más baja del espectro de banda de base.

Cabe señalar que el hecho de aparecer un umbral es un fenómeno general en todos los procesos que comprenden una denominada ganancia de modulación (es decir, la diferencia positiva, en decibelios, entre las relaciones S/N y C/N). Los "chasquidos" de ruido impulsivo pueden ser causados también por:

- la interferencia de una portadora adyacente: en este caso, los chasquidos aparecen cuando los vectores combinados de ruido e interferencia producen un rápido cambio de fase del vector total;

- la limitación de banda por el filtro de paso banda. Sucede esto cuando la banda de paso del filtro es relativamente estrecha. Se produce entonces ruido impulsivo cuando la excursión de frecuencia instantánea es tal que el nivel de la portadora viene reducido por el funcionamiento en la región atenuada del filtro.

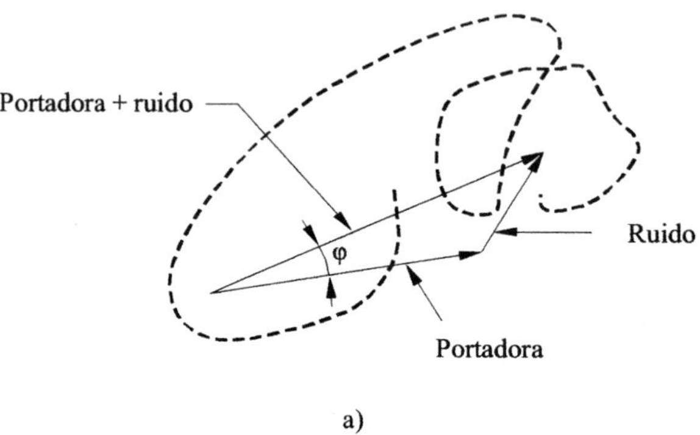

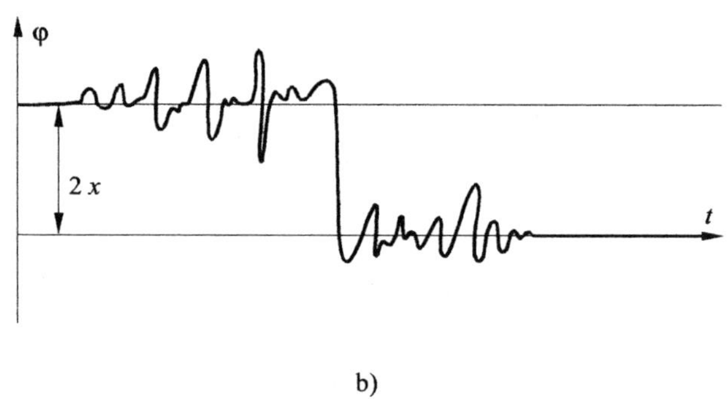

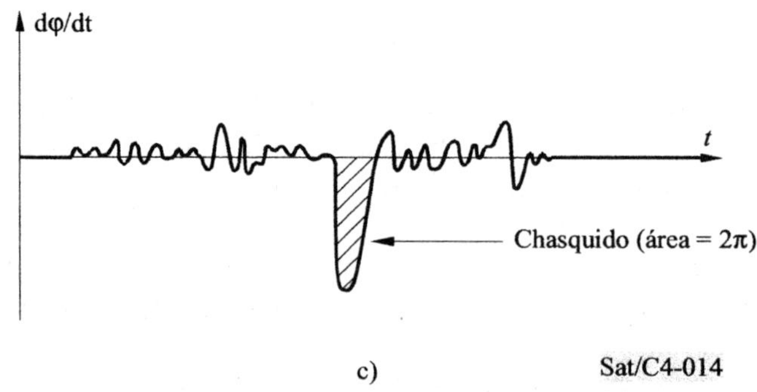

FIGURA 4.1-4

Generación de un «chasquido»

En la figura 4.1-4*bis* se muestra el diagrama de bloques de los tres principales tipos de demoduladores de extensión de umbral. Para estos tres demoduladores, la extensión de umbral se obtiene disminuyendo las componentes de baja frecuencia de la señal moduladora, lo que permite una disminución correspondiente de la anchura de banda FI, o su equivalente, por debajo de la anchura de banda normal de Carson. Estos tipos son:

i)   TED con realimentación de modulación de frecuencia (FMFB, *frequency modulation feedback*): en el demodulador FMFB, la excursión de frecuencia se disminuye (a bajas frecuencias) mediante el bucle de realimentación, y el filtro FI se sintoniza a una frecuencia fija.

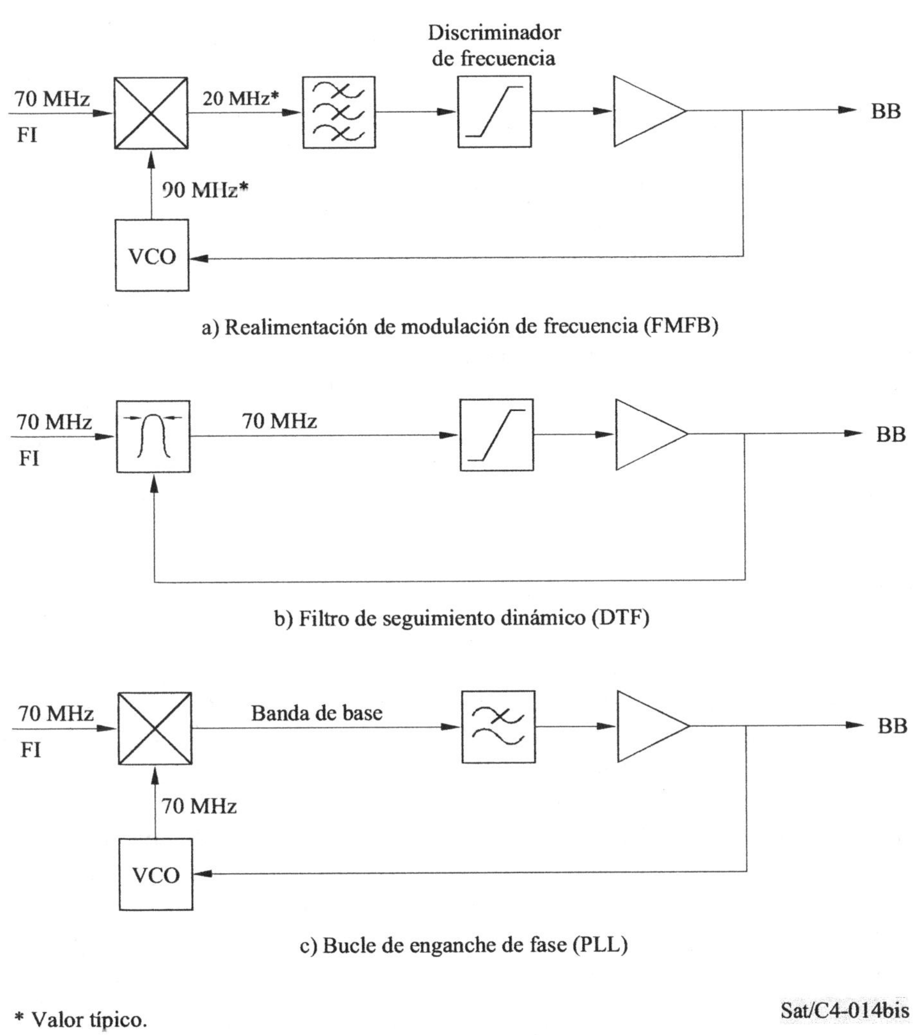

FIGURA 4.1-4 bis

Tres tipos principales de demoduladores de extensión de umbral (TED)

ii) TED con filtro de seguimiento dinámico (DTF, *dynamic tracking filter*): en el demodulador DTF, el filtro de FI sólo tiene un polo y está controlado por varactor; sigue las componentes de baja frecuencia de la modulación;

iii) TED con bucle de enganche de fase (PLL, *phase-locked loop*): en el PLL, el filtro de FI equivalente se aplica en la banda de base; su anchura de banda es controlada por componentes R-C y por la ganancia del bucle.

Pueden también utilizarse tipos más complejos de TED, como el demodulador con realimentación múltiple (doble).

4.2 Modulación digital

4.2.1   Sistemas de modulación para las comunicaciones por satélite

Se revisan aquí los sistemas de modulación digital para las comunicaciones por satélite [4.1]. En primer lugar, se definen las dos mediciones más importantes de la calidad de funcionamiento: la eficacia de potencia y la eficacia de anchura de banda, así como algunos otros términos. En segundo lugar, se presenta una visión general de los sistemas de modulación.

Los sistemas de modulación individuales se examinan en detalle en los puntos 4.2.2 y 4.2.3.

Eficacia de potencia y eficacia de anchura de banda

La eficacia de potencia de un sistema de modulación se define directamente como la relación necesaria entre la energía por bit y la densidad espectral de ruido (E_b/N_o) para una determinada probabilidad de error en los bits (P_b) de una comunicación digital establecida por un canal AWGN (ruido gaussiano blanco aditivo). Suele tomarse $P_b = 10^{-5}$ como probabilidad de error en los bits de referencia.

La determinación de la eficacia de anchura de banda es algo más compleja. La eficacia de anchura de banda se define como el número de bits por segundo que es posible transmitir por cada Hertz de la anchura de banda del sistema. Obviamente depende de la definición de anchura de banda del sistema. En la literatura técnica se utilizan tres diferentes eficacias de anchura de banda, a saber:

Eficacia de anchura de banda Nyquist – En el supuesto de que el sistema utilice un filtrado Nyquist (rectangular ideal) en la banda de base [4.2], que tenga la anchura de banda mínima (velocidad de símbolos, $0,5\,R_s$) requerida para la transmisión de señales digitales exentas de interferencia entre símbolos, entonces la anchura de banda $W = R_s$. Puesto que $R_s = R_b/\log_2 M$, siendo R_b la velocidad binaria para modulación m-valente, la eficacia de anchura de banda es:

$$R_b / W = \log_2 M$$

Aunque en la práctica los filtros tengan siempre anchuras de banda superiores a las de los filtros Nyquist, lo que hace que la eficacia de anchura de banda real sea menor que $\log_2 M$, esta definición todavía proporciona una buena comparación relativa entre los sistemas de modulación que emplean impulsos de banda de base rectangulares, dado que todos ellos experimentarían el mismo nivel de degradación en la banda de base (y por ende en la característica de error) si se utilizara un filtro Nyquist. Sin embargo, si en el sistema se utiliza la conformación de impulsos en la banda de base, como en la MDM, la suposición de un filtrado Nyquist no es adecuada, y resulta más apropiada la anchura de banda de nulo a nulo a efectos de comparación de la eficacia de anchura de banda [4.3].

Eficacia de anchura de banda de nulo a nulo – Para los sistemas de modulación que presentan nulos en la densidad espectral de potencia, es conveniente definir la anchura de banda como la anchura del lóbulo espectral principal.

Eficacia de anchura de banda al 99 por ciento – Si el espectro de la señal modulada no presenta nulos, como sucede en la modulación de fase continua (CPM, *continuous phase modulation*), la anchura de banda de nulo a nulo ya no existe. Habitualmente se aplica el 99%, aunque también se utilizan otros porcentajes (por ejemplo, 90%, 95%).

Pueden aplicarse dos métodos para codificar las señales desde la fuente:

- en la codificación directa, la señal de entrada se transmite directamente como bits de información;

- en la codificación diferencial, la información se transmite en forma de diferencia entre dos bits adyacentes. Adviértase que, con el fin de evitar una posible inversión de los bits de información recibidos, puede necesitarse un sistema de supresión de ambigüedad (decodificador diferencial).

Existen dos tipos de demodulación, coherente y diferencial:

- En la demodulación coherente (por ejemplo, la MDP coherente), la señal recibida es demodulada por una señal de referencia generada localmente, la cual se obtiene mediante un esquema de recuperación de la portadora como se explica más adelante. La demodulación coherente va generalmente asociada a la codificación directa, pero también puede estar asociada con la codificación diferencial (codificación diferencial en MDP-4, véase también más adelante).

- En la demodulación (o detección) diferencial, por ejemplo, MDP-4 diferencial, la señal recibida se multiplica por su copia retrasada en un bit. La demodulación diferencial debe ir asociada con una señal transmitida codificada diferencialmente. La demodulación diferencial es más sencilla de realizar que la demodulación coherente. Sin embargo, la proporción de bits erróneos (BER) se degrada en un factor próximo a dos para una relación E_b/N_o dada (por el ruido que acompaña a los bits en la diferencia).

Recuperación de la portadora y de reloj

- Para conseguir la recuperación de la portadora necesaria en la demodulación coherente, la señal de referencia suele regenerarse mediante un funcionamiento no lineal del demodulador. Esto se debe a que, en el proceso de modulación (MDP, por ejemplo), se suprime la componente de frecuencia portadora. Por ejemplo, en MDP-4, la señal recibida se multiplica por cuatro para suprimir la modulación de fase, y el resultado se divide por cuatro (en la MDPB, se multiplica por dos en vez de por cuatro). Esto entraña una ambigüedad de fase (un múltiplo entero de $\pi/2$) en la portadora recobrada, que ha de suprimirse mediante diversos procesos. Si se emplea codificación diferencial, no hay necesidad de suprimir la ambigüedad de fase, si bien a costa de una degradación en la BER.

- La recuperación de reloj es necesaria, tanto con la demodulación coherente como con la diferencial, para restablecer los bits de información a través de una referencia local sincronizada (lo que también se denomina recuperación de la temporización de símbolos). La recuperación de reloj exige además un funcionamiento no lineal, que puede realizarse simultáneamente con la recuperación de la portadora (en la demodulación coherente).

Tipos de modulación digital

Las señales de la banda de base pueden modular una portadora sinusoidal mediante la modulación de uno o varios de sus tres parámetros básicos: amplitud, frecuencia y fase. Según esto, tres son los sistemas de modulación básicos en las comunicaciones digitales: la modulación por desplazamiento de amplitud (MDA), la modulación por desplazamiento de frecuencia (MDF) y la modulación por desplazamiento de fase (MDP). Existen numerosas variaciones y combinaciones de estas técnicas. El siguiente cuadro 4.2-1 contiene una lista de las siglas y definiciones descriptivas de los sistemas de modulación digital. Algunos de ellos pueden derivarse de más de un sistema "matriz".

CUADRO 4.2-1

Sigla	Sigla alternativa	Nombre descriptivo
MDA		Modulación por desplazamiento de amplitud
MDF	MDF	Modulación por desplazamiento de frecuencia (nombre genérico)
MDFB		Modulación por desplazamiento de frecuencia bivalente
MDF-m		Modulación por desplazamiento de frecuencia m-valente
MDP		Modulación por desplazamiento de fase (nombre genérico)
MDPB	MDP-2	Modulación por desplazamiento de fase bivalente
MDPD		MDPB diferencial
MDP-4	QPSK	Modulación por desplazamiento de fase en cuadratura
MDP-4D		MDP-4 diferencial (con demodulación diferencial)
MDP-4DE		MDP-4 diferencial (con demodulación coherente)
O-QPSK	S-QPSK	MDP-4 descentrada, MDP-4 escalonada
$\pi/4$-MDP-4		Modulación por desplazamiento de fase en cuadratura, en $\pi/4$
$\pi/4$-MDP-4D		MDP-4 diferencial, en $\pi/4$
MDP-TC		MDP de transición controlada en $\pi/4$
MDP-m		Modulación por desplazamiento de fase m-valente
CPM		Modulación de fase continua
SHPM		Modulación de fase de un solo h (índice de modulación)
MHPM		Modulación de fase multi-h
LREC		Impulso rectangular de longitud L
CPFSK		Modulación por desplazamiento de frecuencia en fase continua
MDM	FFSK	Modulación por desplazamiento mínimo, modulación por desplazamiento de frecuencia rápido
MDMD		MDM diferencial
MDMG		MDM gaussiano
MDMS		MDM en serie
MFM		Modulación por desplazamiento de frecuencia moderada
MDP-COR		MDP correlativa
MAQ		Modulación de amplitud en cuadratura
MAQ-S		MAQ superpuesta
Q^2PSK		Modulación por desplazamiento de fase en cuadratura
DQ^2PSK		Q^2PSK diferencial
IJF OQPSK		OQPSK exenta de fluctuación de fase por interferencia entre símbolos
SQORC		Modulación escalonada en coseno alzado superpuesta en cuadratura

Los sistemas de modulación digital pueden clasificarse en dos grandes categorías: de envolvente constante y de envolvente no constante. Los de envolvente constante se consideran generalmente los más adecuados para las comunicaciones por satélite porque reducen al mínimo los efectos de la amplificación no lineal en los amplificadores de alta potencia. Sin embargo, dentro de esta categoría los sistemas genéricos MDF no son apropiados para aplicación a los satélites puesto que su eficacia de anchura de banda es muy baja en comparación con los sistemas MDP.

Los sistemas MDP tienen envolvente constante pero transiciones de fase de símbolo a símbolo discontinuas. Las técnicas MDP clásicas, es decir, la MDPB y la MDP-4, se consideran en el siguiente punto 4.2.2. En términos más generales, pueden utilizarse sistemas de modulación con señales m-valentes. La MDP-m (MDP m-valente) tiene mejor eficacia Nyquist de potencia que la MDF-m. Y la MDF-m (MDF m-valente) tiene mejor eficacia Nyquist de potencia, pero peor eficacia de anchura de banda, que los sistemas de modulación clásicos.

Los sistemas CPM no sólo tienen envolvente constante sino también transiciones de fase continuas de símbolo a símbolo. Por tanto, comparados con los sistemas MDP, presentan menos energía en los lóbulos laterales de su espectro. Algunos tipos de modulación CPM (O-QPSK, MDP-m y π/4-MDP-4) se tratan en el punto 4.2.3.1.

Dentro de la clase CPM, el MHPM merece una atención especial porque ofrece una característica de error mejor que la CPM de un solo h mediante la variación cíclica del índice h para los intervalos de símbolo sucesivos. La CPFSK multi-h bivalente es un caso particular de MHPM aplicable a un impulso rectangular de longitud L (LREC); proporciona eficacias de potencia y de anchura de banda satisfactorias.

Eligiendo impulsos de diferentes frecuencias y variando el índice de modulación y el volumen del alfabeto de símbolos puede obtenerse una gran variedad de sistemas CPM. Algunas formas de impulso populares son las de coseno alzado (LRC) (utilizada para MFM, por ejemplo) y las de impulso gaussiano suavizado que, por ejemplo, se utilizan para la MDM gaussiana (MDMG).

Un caso especial de impulso rectangular de longitud L = 1 es 1REC, que habitualmente se denomina CPFSK (véase lo anterior). Además, si M = 2 y h = 1/2, 1REC se convierte en MDM (véase el punto 4.2.1.2). La modulación por desplazamiento de fase correlativa (MDP-COR) presenta una codificación por correlación de los bits de datos previa a la modulación, lo que proporciona una disminución de los lóbulos espectrales.

En cuanto al espectro de potencia media de algunos sistemas bivalentes, el MDM presenta cambios de fase lineales con ángulos pronunciados cuando cambian los datos, mientras que el MDMG y el MFM muestran cambios de fase progresivos y, por tanto, menores lóbulos laterales en el espectro. Y su probabilidad de error es inferior cuando se les aplica una detección con secuencia de máxima probabilidad, realizable mediante los algoritmos de Viterbi.

Como se ha mencionado anteriormente, la demodulación puede ser coherente o no coherente para las técnicas de modulación indicadas.

La demodulación coherente se comporta bien en presencia del ruido gaussiano, pero tiene escasa tolerancia frente a otras perturbaciones del enlace, tales como el desvanecimiento multitrayecto, ensombrecimiento, desplazamiento Doppler o ruido de fase. Estos efectos han adquirido mayor importancia en los últimos años por el rápido desarrollo de las comunicaciones móviles digitales (incluidas las comunicaciones móviles por satélite), en las que tales perturbaciones son más graves que el ruido gaussiano. La solución consiste en utilizar demodulación diferencial, que evita la recuperación de la portadora y consigue una rápida sincronización y resincronización. Por consiguiente se ve menos afectada por estas perturbaciones en los sistemas de comunicaciones móviles, si bien a costa de cierta pérdida de calidad funcional con respecto a la detección coherente con ruido gaussiano.

Entre los sistemas de modulación descritos, el MDM y el $\pi/4$-MDP-4 admiten demodulación no coherente, y puede añadirse decodificación diferencial a los MDPB, MDP-4, MDM, Q^2PSK, y $\pi/4$-MDP-4 para obtener, respectivamente, los MDPD, MDP-4D, MDMD, DQ^2PSK y $\pi/4$-MDP-4D.

Todas las técnicas de modulación señaladas son de envolvente constante.

En cuanto a los sistemas de modulación de envolvente no constante (o de conformación de impulsos en amplitud), las nuevas tendencias consisten en aprovechar la forma del impulso de los símbolos transmitidos.

Los sistemas genéricos de envolvente no constante, como los MDA y MAQ, no suelen ser adecuados para aplicaciones de satélites. No obstante, hay ciertos sistemas de envolvente constante de diseño muy cuidadoso, tales como los Q^2PSK, MAQ-S, etcétera, que son aplicables a las comunicaciones por satélite debido a su excelente eficacia de anchura de banda. Incluso el MAQ, con una gran agrupación de señales, podría ser tenido en cuenta para aplicaciones de satélites en las que se requiere un eficacia de anchura de banda extremadamente alta. En este caso, sin embargo, debe preverse una reducción de potencia a la entrada y a la salida del tubo de ondas progresivas para asegurar la linealidad del amplificador de potencia. Puede hallarse más información sobre nuevos sistemas de modulación digital en [4.1].

Los sistemas de modulación de envolvente no constante pueden ser atractivos si presentan un espectro compacto con bajo ensanchamiento debido a la amplificación no lineal, una satisfactoria característica de error y un soporte físico de sencilla realización.

Hay ciertas técnicas adecuadas para canales de satélite con amplificación no lineal en un entorno donde la interferencia del canal adyacente sea muy densa.

Esta familia de sistemas de modulación incluye la OQPSK exenta de fluctuación de fase por interferencia entre símbolos (IJF), la muy limitada OQPSK con intervalo de dos símbolos (TSI, *two-symbol-interval*), la MAQ superpuesta (MAQ-S) y la MDP-4 de correlación cruzada (XPSK). Las tres primeras tienen una característica común, a saber, la conformación de impulsos se realiza siempre independientemente en los canales I y Q de la banda de base, y por lo tanto no existe correlación alguna entre estas señales de entrada de la banda de base. La XPSK presenta una correlación controlada entre las señales de entrada I y Q de la banda de base, lo que reduce la fluctuación de la envolvente de la IJF-OQPSK y reduce todavía más los lóbulos laterales del espectro. La SQORC (modulación escalonada en coseno alzado superpuesta en cuadratura) es, en realidad, un caso especial de la IJF-OQPSK según [4.1].

Los moduladores para esta familia de sistemas son esencialmente los mismos que los de la MDP-4, salvo en que se inserta un codificador/procesador de banda de base especial en los canales I y Q antes del multiplicador de portadoras [4.1].

Debe asimismo señalarse que la característica de BER en las nuevas técnicas es 2 a 3 dB inferior a la de MDP-4 o MDM en un entorno exento de interferencia de canal adyacente.

Las técnicas más corrientemente utilizadas, las clásicas, son la MDPB y la MDP-4, que son objeto del siguiente punto (4.2.2). Después, en el punto 4.2.3, se examinan otras técnicas alternativas.

4.2.2   MDP-2 y MDP-4

Las técnicas de modulación MDP comprenden la modulación bifásica (MDP-2 o MDPB) básica, que representa un código binario mediante las dos fases 0 y π, y la modulación cuadrifásica (MDP-4), que representa dos códigos binarios mediante las fases cuadráticas 0, $\pi/2$, π, $3\pi/2$. En general, la modulación multifásica (MDP-m) representa n códigos binarios mediante 2^n fases. No obstante, dado que los márgenes que deben preverse para el ruido o la interferencia se tornan mayores con cada aumento del número de fases, los sistemas MDP de orden superior (de más de 4 fases) exigen potencias mucho mayores que los sistemas de 2 ó 4 fases para obtener la misma calidad de funcionamiento. Por ello, con las técnicas actuales se utilizan de manera generalizada los métodos de modulación bifásica y cuadrifásica. En la mayoría de las aplicaciones, la modulación cuadrifásica constituye la mejor solución de transacción entre la potencia y la anchura de banda. Mediante una elección apropiada de los filtros de los módems, las señales MDP pueden transmitirse con muy poca degradación, incluso en un canal de satélite no lineal.

La calidad de transmisión de un sistema MDP se evalúa por la proporción de bits erróneos (BER). En el sistema MDP estos errores son causados por el ruido térmico, la interferencia entre símbolos y la fluctuación de fase de la portadora recuperada y de la temporización de los bits, etcétera. La BER producida por el ruido térmico se describe en primer término por ser éste la causa principal de errores.

Cuando se añade ruido gaussiano a una señal MDP-2, la proporción de bits erróneos, P_e de la señal viene dada por:

$$P_e \quad = \quad \frac{1}{\sqrt{2\pi N}} \int_A^\infty \exp\left(-\frac{x^2}{2N}\right) dx = \frac{1}{2} \, \text{erfc} \sqrt{\frac{A^2}{2N}} \qquad (13)$$

en la cual A es la amplitud de la envolvente de la señal MDP a la salida del filtro de recepción en el instante de decisión, y:

$$\text{erfc}\ (x) \quad = \quad \frac{2}{\sqrt{\pi}} \int_x^\infty \exp\left(-t^2\right) dt \qquad (14)$$

Cuando se emplea como filtro de recepción un filtro adaptado, $A^2/2N$ alcanza el valor máximo, que es igual a E_b/N_o, siendo E_b es la energía por bit de información de la señal MDP de entrada y N_o la potencia de ruido por hertz a la entrada del filtro de recepción.

En el caso de la MDP-4 coherente, el proceso de demodulación equivale a la detección coherente de una señal MDP-2 con un nivel 3 dB inferior al de la señal MDP-4 de entrada, si la señal MDP de entrada se detecta en forma coherente mediante un par de portadoras de referencia ortogonales entre sí y cuya fase esté desplazada 45° con respecto a la fase de la señal de entrada.

En tal caso, la proporción de bits erróneos, P_e, de la MDP-4 viene dada por:

$$P_e = \frac{1}{2} \ \text{erfc} \ \sqrt{\frac{A^2}{4N}} \tag{15}$$

Si se utiliza un filtro adaptado como filtro de recepción, $A^2/4N$ es igual a $E/2N_o$, donde E es la energía por símbolo de la señal MDP-2 a la entrada del filtro de recepción, y $E = 2E_b$, dado que un símbolo de la señal MDP-4 consiste en un par de bits. Por consiguiente, la proporción de bits erróneos de la MDP coherente cuadrifásica en función de E_b/N_o es idéntica a la de la MDP coherente bifásica. En la figura 4.2-1 está representada la proporción de bits erróneos en función de E_b/N_o para la detección coherente de la MDP-2 o MDP-4.

Adviértase que al comparar la C/N necesaria en la modulación cuadrifásica con la necesaria en la modulación bifásica para la misma proporción de errores en la detección coherente, se comprueba que la primera requiere una relación C/N 3 dB superior a la segunda.

Ha de señalarse también que la proporción de bits erróneos del sistema de modulación de fase diferencial es el doble de la correspondiente al sistema de modulación de fase no diferencial.

Al calcular la relación C/N necesaria, deben añadirse márgenes a los valores teóricos para tener en cuenta las degradaciones originadas en causas distintas del ruido térmico. Mientras estas otras degradaciones sean pequeñas comparadas con la producida por el ruido térmico, suele considerarse que tienen distribuciones gaussianas, y su potencia puede sumarse a la del ruido térmico. No obstante, muy a menudo las degradaciones adicionales no serán pequeñas, en cuyo caso será menester recurrir a análisis más detallados, incluyendo simulaciones por computador y mediciones.

Otra importante causa de errores es la interferencia entre símbolos. Esta es causada por las características del filtro FI del módem MDP, la respuesta de frecuencia del transpondedor del satélite, y especialmente las limitaciones de banda y las alinealidades de los tubos de ondas progresivas. Cuando se aumenta la anchura de banda del filtro, la interferencia entre símbolos disminuye pero aumenta el ruido térmico. Por consiguiente, se utiliza habitualmente una anchura de banda igual a la velocidad de símbolos multiplicada por un factor de 1,05 a 1,2, con lo que se estima que la degradación de la relación C/N debida a la interferencia entre símbolos es de alrededor de 1,5 a 2,0 dB.

La limitación de la anchura de banda en la portadora MDP conduce a la pérdida de las componentes más elevadas del espectro y produce componentes con modulación de amplitud. Estas últimas incrementan la distorsión de fase de la portadora MDP a causa de la conversión de modulación de amplitud a modulación de fase que tiene lugar en el transpondedor del satélite.

La densidad espectral de potencia normalizada de las señales MDP-2 y MDP-4 se expresa por:

$$p(f) = \frac{7}{\beta R} \left(\frac{\beta \ln (\pi f / \beta R)}{\pi f / \beta R} \right)^2 \tag{16}$$

donde R es la velocidad binaria, f es la frecuencia y β tiene el valor de 1 para MDP-2 y el valor 1/2 para MDP-4.

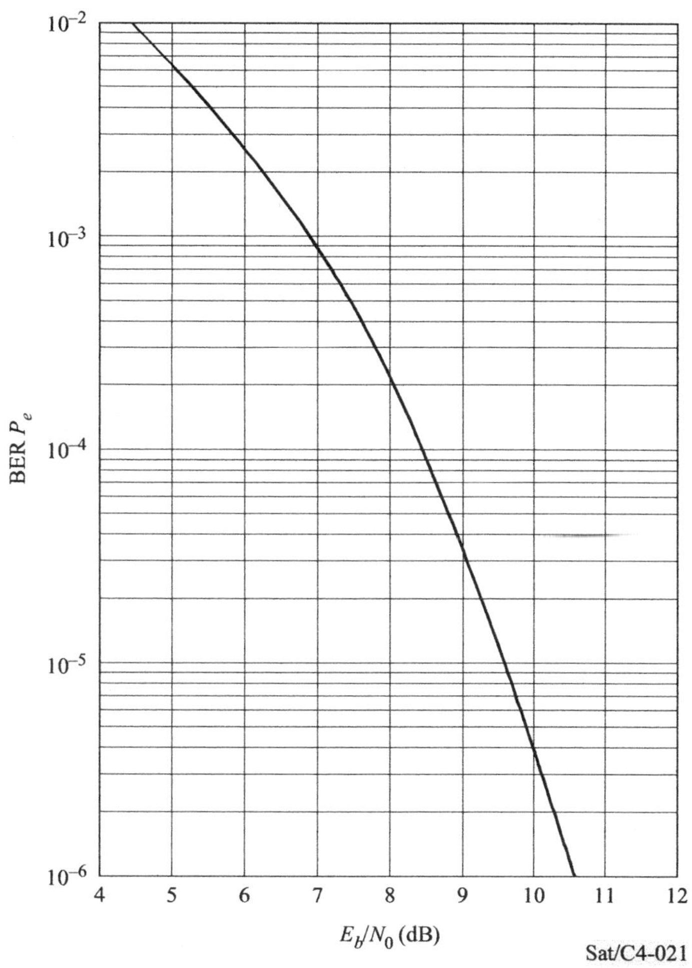

FIGURA 4.2-1

Característica teórica de la proporción de bits erróneos
para la MDP coherente

Si se supone que los trenes de bits en fase y en cuadratura son independientes, la anchura de banda en que se distribuye la densidad de potencia en la MDP-4 es exactamente la mitad de la correspondiente a la MDP-2 para la misma velocidad binaria.

Por consiguiente, a fin de transmitir datos a R bit/s, las anchuras de banda necesarias en las situaciones ideales serían R Hz para MDP-2 y R/2 Hz para MDP-4. No obstante, debido a las características reales de los filtros, las anchuras de banda de transmisión empleadas en las comunicaciones por satélite son 1,2 veces superiores a los valores ideales indicados.

4.2.3   Otras técnicas de modulación digital

4.2.3.1   Sistemas en cuadratura

Las modulaciones más importantes en las comunicaciones por satélite son los sistemas en cuadratura en los que la señal modulada se expresa en dos canales, denominados I y Q. En esta sección van a examinarse más particularmente tres sistemas: OQPSK, MDM y $\pi/4$-MDP-4 [véase 4.5]. En la figura 4.2-2 se representa un modulador en cuadratura genérico. Este mismo esquema puede abarcar las modulaciones MDP-4, OQPSK y MDM.

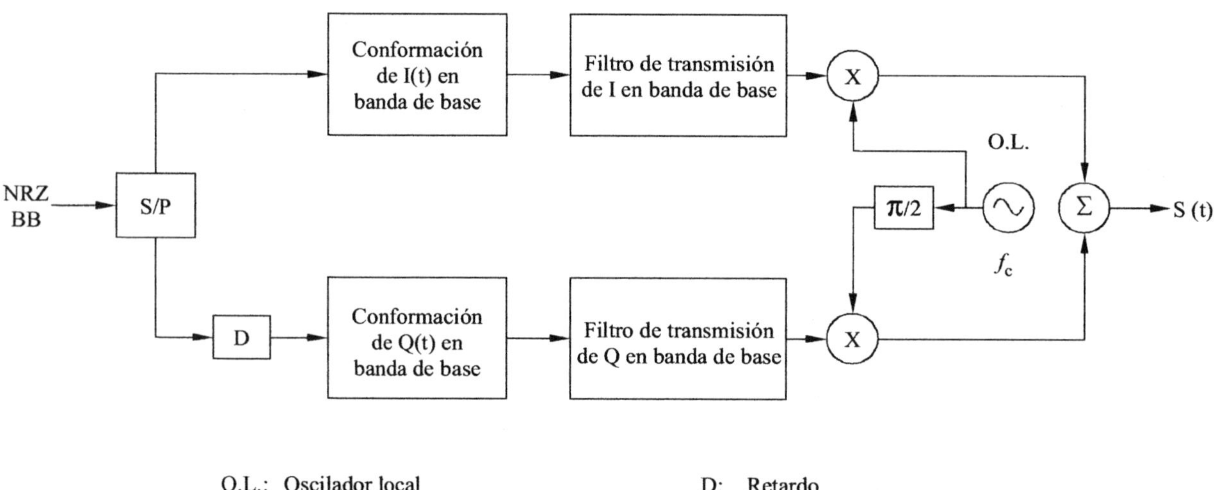

FIGURA 4.2-2

Modulador en cuadratura genérico

La señal modulada en cuadratura puede expresarse por:

$$S(t) = \sqrt{\frac{2E_s}{T_s}} \left[a(t)\, I(t) \cos\left(2\pi(f_c t)\right) - b\,(t - D)\, Q(t) \operatorname{sen}\left(2\pi(f_c t)\right) \right] \qquad (17)$$

donde E_s, T_s son la energía y la duración del símbolo, $T_s = 2\,T_b$, T_b es la duración del bit, f_c es la frecuencia de la portadora, $a(t)$, $b(t) \in \{\pm 1\}$, son las formas de onda NRZ que transportan información en los dos canales I y Q. El retardo D es el desplazamiento de tiempo introducido en el canal Q. $D = 0$ en el caso de MDP-4. Para MDP-2, $I(t)$ o $Q(t)$ es igual a cero. En las modulaciones OQPSK y MDM, $D = T_b = T_s/2$, y T_s es la duración del símbolo. Los filtros de conformación de banda de base $I(t)$ y $Q(t)$ son funciones rectangulares en el caso de MDP-4 y de OQPSK. Para MDM, $I(t) = \cos(\pi t/2T_b)$, y $Q(t) = \mathrm{sen}\,(\pi t/2T_b)$.

La correspondiente estructura del demodulador se muestra en la figura 4.2-3.

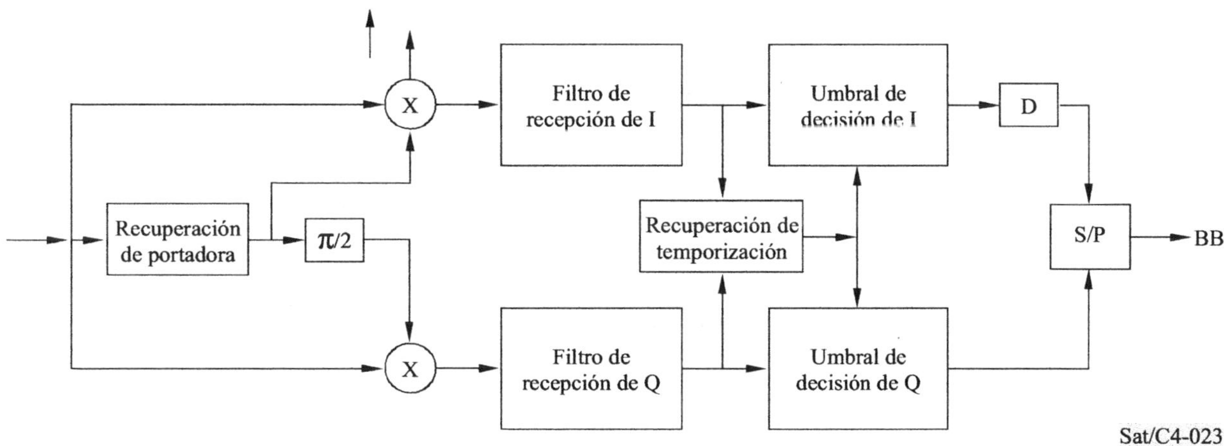

FIGURA 4.2-3

Demodulador en cuadratura genérico

El desplazamiento de tiempos se introduce en el canal I, si en el lado de transmisión se ha aplicado al canal Q.

MDP-4 descentrada

La MDP-4 descentrada, conocida por las siglas O-QPSK, OKQPSK (MDP-4 con modulación descentrada) y también S-QPSK (modulación escalonada), es una forma modificada de MDP-4 (modulación por desplazamiento de fase en cuadratura, en inglés, QPSK). La forma de onda en banda de base de la O-QPSK se obtiene de la misma manera que la MDP-4 (QPSK), salvo en que se aplica un retardo en tiempo de $T_s/2$ al canal Q, suponiendo que tanto $a(t)$ como $b(t)$ son trenes de impulsos NRZ que transportan información en banda de base:

$$S_{OQPSK}(t) = \sqrt{\frac{2E_s}{T_s}}\left[a(t)\cos(2\pi(f_c t)) - b(t - \frac{T_s}{2})\,sen\,(2\pi(f_c t))\right] \tag{18}$$

donde T_s es la duración del símbolo. El sistema O-QPSK tiene el mismo comportamiento en cuanto a tasa de errores y por tanto la misma eficacia de anchura de banda. La fase no experimenta transiciones de π en este sistema. Únicamente se produce una transición de π en el supuesto de que las señales I y Q cambien de valor en el mismo instante de tiempo, suponiendo que exista una correspondencia Gray. (En la correspondencia Gray, cada punto de la constelación en el plano complejo I, Q está asociado con los bits de los canales I, Q, de modo que sólo se diferencia en un bit de sus puntos adyacentes.) En el sistema O-QPSK, la señal de banda de base del canal Q se ha retrasado en $T_s/2$, con lo cual los cambios de valor de los canales I y Q no pueden ocurrir en el mismo instante. Esta propiedad conduce a una reducción de su distorsión no lineal cuando pasa por un elemento no lineal. Comparada con la señal MDP-4, cabe esperar que la O-QPSK ofrezca una mejor calidad de funcionamiento en un canal de satélite no lineal.

MDM

MDM, la modulación por desplazamiento mínimo, es una forma especial de modulación coherente por desplazamiento de frecuencia con el índice de modulación 1/2. Se la denomina también FFSK (modulación por desplazamiento de frecuencia rápido, o MDF rápido). Puede igualmente considerarse como una modulación de fase continua (CPM): 1REC (h = 1/2). Existen abundantes referencias sobre el sistema MDM y sus aplicaciones, debido a su especial cometido en la teoría de la modulación digital. Por sus peculiares propiedades, la señal MDM es atractiva para las transmisiones por satélite. En esta descripción, sin embargo, se presenta la MDM como miembro de la familia de modulación en cuadratura. De hecho, si en el sistema O-QPSK se aplican a los canales I y Q conformaciones de impulsos en banda de base con las ponderaciones "cos" y "sen", se obtiene la señal MDM:

$$S_{MDM}(t) = \sqrt{\frac{2E_s}{T_s}} \left[a(t)\cos\left(\frac{\pi t}{T_s}\right)\cos\left(2\pi(f_c t)\right) - b\left(t - \frac{T_s}{2}\right)\sin\left(2\pi(f_c t)\right) \right]$$

$$= \sqrt{\frac{E_s}{T_b}} \left[a(t)\cos\left(\frac{\pi t}{2T_b}\right)\cos\left(2\pi(f_c t)\right) - b\left(t - T_b\right)\sin\left(\frac{\pi t}{2T_b}\right)\sin\left(2\pi(f_c t)\right) \right] \qquad (19)$$

donde T_s es la duración del símbolo y $T_s = 2T_b$, siendo T_b la duración del bit. La señal MDM tiene una fase continua que cambia linealmente con pendientes de $\pm\pi/2T_b$ debido a la conformación de los impulsos en banda de base. No existen transiciones bruscas de fase. En consecuencia, la señal MDM sufre menos distorsión no lineal en un canal de satélite no lineal. Puesto que $a(t), b(t) \in \{\pm 1\}$, y $\cos^2 x + \sin^2 x = 1$, la señal MDM tiene una envolvente constante.

El sistema MDM puede realizarse en una estructura en serie en vez de las estructuras en paralelo de las figuras 4.2-1 y 4.2-2. La MDM en serie (S-MDM) puede ser más ventajosa; por ejemplo, no se necesita equilibrar los canales I-Q [4.6], [4.7], [4.8], [4.5].

MDMG

La señal MDM posee todas las propiedades deseables, excepto cuando el espectro de densidad de potencia es compacto. Esto puede remediarse filtrando la señal moduladora con un filtro de paso bajo anterior a la modulación. La respuesta a los impulsos de un filtro de paso bajo tiene forma gaussiana:

$$h(t) = \sqrt{(2\pi / \ln 2)} \; B \; \exp\{(2\pi^2 B^2 / \ln 2)\, t^2\}$$

donde B es la anchura de banda a 3 dB del filtro. Al disminuir B, se suaviza la forma del impulso de frecuencia y disminuye la ocupación del espectro de la señal modulada.

π/4-MDP-4

El sistema de modulación π/4-MDP-4 se adapta particularmente bien a los canales de comunicaciones móviles debido a su escasa complejidad de realización por utilizar detección diferencial. Se evita la recuperación de la portadora y puede conseguirse una rápida adquisición de la señal. No hay transiciones de fase en π, de manera que la reducida fluctuación de su envolvente da lugar a una distorsión no lineal menor. Estas propiedades hacen atractivo el sistema, ya no sólo para los enlaces de radiocomunicaciones móviles, sino además para las transmisiones en ráfaga del AMDT [4.9].

Los símbolos de banda de base se expresan por: $S_k = \exp\{j\theta_k\}$, $k = 0, 1, \ldots$, donde la fase del símbolo de canal $\theta_k = \psi_k + \theta_{k-1}$ (mod 2π), $\theta_0 = 0$, ψ_k es la transición de fase. Por consiguiente, $\theta_k \in \{0, \pi/4, \pi/2, 3\pi/4, \pi, -3\pi/4, -\pi/2, -\pi/4\}$, y S_k ocupa los 8 puntos de señal en la constelación representada en la figura 4.2-4. Los datos relativos a la regla de correspondencia de transiciones de fase se muestran en el cuadro adjunto.

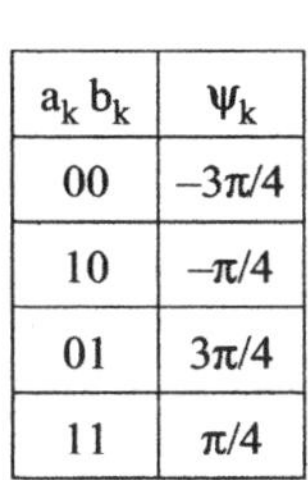

$a_k\, b_k$	ψ_k
00	$-3\pi/4$
10	$-\pi/4$
01	$3\pi/4$
11	$\pi/4$

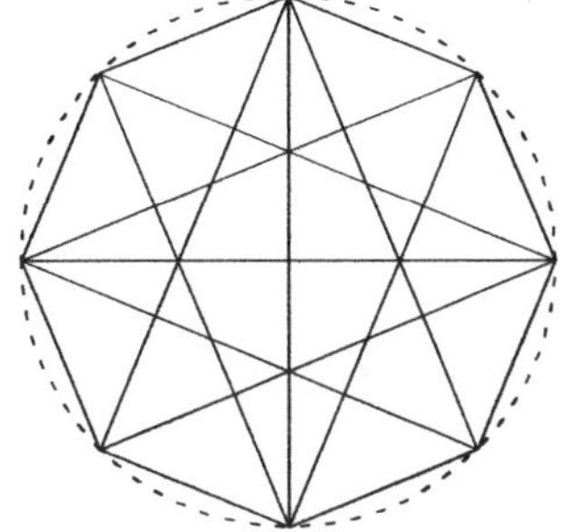

Sat/C4-024

FIGURA 4.2-4

Constelación π/4-MDP-4 y trayectorias de transición de fase

La π/4-MDP-4 tiene la misma densidad espectral de potencia que la MDP-4.

Sin embargo, las mediciones experimentales realizadas en laboratorios de investigación indican que en sistemas de amplificación no lineal, plenamente saturados, la π/4-MDP-4 todavía presenta una recuperación espectral apreciable. Se ha conseguido reducir todavía más la recuperación espectral mediante la conformación sinusoidal y el desplazamiento de las transiciones de impulso en los canales I y Q. Tal operación recibe el nombre de MDP de transición controlada en π/4 (MDP-TC).

Puede utilizarse tanto la demodulación coherente como la no coherente. Cuando la demodulación es no coherente con la ventaja de evitar la recuperación de la portadora, se pierden 3 dB con respecto a la demodulación coherente.

Densidad espectral de potencia

Densidad espectral de potencia de algunos tipos de modulación en cuadratura

(i) $\text{MDP-4, O-QPSK y } \pi/4\text{-MDP-4}: S_{\text{MDP4}}(f) = 2T_b \left(\dfrac{\text{sen } 2\pi f T_b}{2\pi f T_b} \right)^2$ (20)

(ii) $\text{MDM}: S_{\text{MDM}}(f) = T_b \left(\dfrac{16}{\pi^2} \right) \left(\dfrac{\cos 2\pi f T_b}{1 - 16 f^2 T_b^2} \right)^2 .$ (21)

T_b es la duración del bit, y f puede considerarse como $f - f_c$, siendo f_c la frecuencia de la portadora.

La figura 4.2-5 presenta las curvas de densidad espectral de potencia de las MDP-4, O-QPSK, $\pi/4$-MDP-4 y MDM.

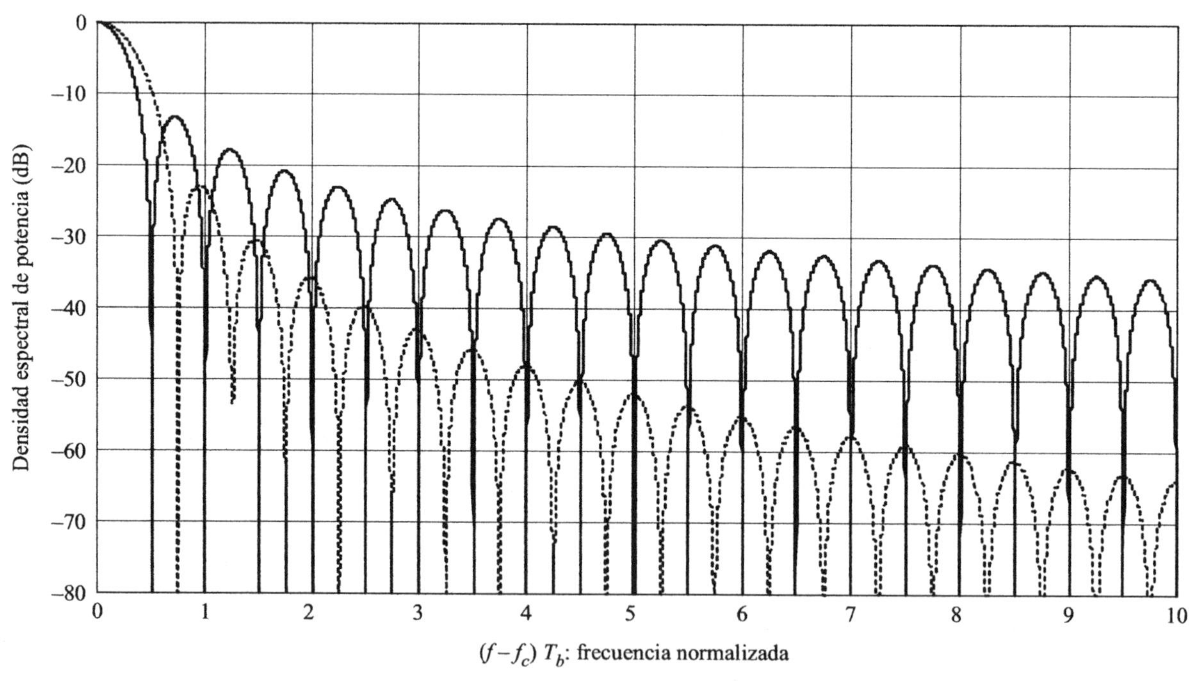

FIGURA 4.2-5

Densidades espectrales de potencia de
MDP-4, O-QPSK, π/4-MDP-4 y MDM

Las densidades espectrales de potencia de las MDP-4, O-QPSK, y π/4-MDP-4 tienen el primer nulo en $(f-f_c){\cdot}T_b = 0{,}75$. Puede considerarse que la eficacia de anchura de banda del MDM es de 1,333 bits/Hz si se aplica una técnica especial de conformación de impulsos en banda de base. Se ha demostrado que esta eficacia de anchura de banda puede elevarse hasta 2 bits/Hz; véanse más detalles en [4.10]. La envolvente de la densidad espectral de potencia de la MDM disminuye según f^{-4}, mientras que las de MDP-4, O-QPSK, π/4-MDP-4 lo hacen según f^{-2}. Además, la MDM presenta un lóbulo lateral mucho más reducido.

Probabilidad de bits erróneos

Probabilidad de bits erróneos en un canal AWGN [4.10], [4.11]

Se recopilan aquí a efectos de referencia las expresiones de la tasa de bits erróneos en algunas modulaciones en cuadratura. Estos resultados son analíticos, y se aplican a un canal AWGN ideal. En la práctica, con canales limitados en anchura de banda por el filtrado, los elementos no lineales y la codificación del canal, la calidad de funcionamiento puede evaluarse mediante simulaciones informáticas.

$$\text{(i)}\qquad \text{MDP-4, O-QPSK y MDM}: P_b = Q\left(\sqrt{\frac{2E_b}{N_o}}\right),\ \text{y}\ \ Q(x) = \frac{1}{\sqrt{2\pi}}\int_x^{\infty} e^{-\frac{y^2}{2}}\,dt$$

siendo E_b la energía por bit y N_o la densidad espectral de potencia de ruido. Otra expresión frecuentemente utilizada es:

$$P_b = \frac{1}{2}\,\text{erfc}\,(\sqrt{\frac{E_b}{N_o}}),\quad \text{con erfc}(x) = \frac{2}{\sqrt{\pi}}\int_x^{\infty} e^{-z^2}\,dz = 2Q\,(\sqrt{2x}\,) \qquad (22)$$

(ii)   Para la MDP-2 coherente, con codificación diferencial, y la MDP-4 con la correspondencia de bits Gray, se aplica la siguiente expresión aproximada:

$$P_b = \text{erfc}\ (\sqrt{\frac{E_b}{N_o}}) = 2Q\left(\sqrt{\frac{2E_b}{N_o}}\right) \qquad (23)$$

(iii)   Para la MDP-2 de modulación de fase diferencial, denominada MDPD o MDP-2D, con detección diferencial de 2 símbolos no coherente, la tasa de bits erróneos es:

$$P_b = \frac{1}{2}\,e^{-\frac{E_b}{N_o}} \qquad (24)$$

Para la MDP-4 con codificación diferencial (MDP-4D) [4.11]:

$$P_b = Q\,(a, b) - \frac{1}{2}\,I_o\,(ab)\exp\,(-\frac{1}{2}\,(a^2 + b^2))$$

en la que Q(x,y) es la función Q de Marcum [4.12], con

$$a = \sqrt{2\,(1-\frac{1}{\sqrt{2}})\frac{E_b}{N_o}}\,, \quad b = \sqrt{2\,(1+\frac{1}{\sqrt{2}})\frac{E_b}{N_o}}$$

e $I_o(x)$ es la función de Bessel modificada de orden cero.

Esta expresión puede también presentarse así:

$$P_b = e^{-2\gamma_b}\left[\ \sum_{k=0}^{\infty}(\sqrt{2}-1)^k\,I_k\,(\sqrt{2\gamma_b})-\frac{1}{2}\,I_o\,(\sqrt{2\gamma_b})\right] \tag{25}$$

donde $I_k(x)$ es la función de Bessel modificada de primer género de orden k-ésimo, y $\gamma_b = E_b/N_o$.

(iv)   La detección coherente de $\pi/4$-MDP-4 tiene un comportamiento idéntico al de la MDP-4 coherente. La detección diferencial de $\pi/4$-MDP-4 presenta la misma característica de errores que la MDP-4D, la cual sufre una pérdida de 2,3 dB con respecto a la MDP-4 coherente.

En la figura 4.2-6 se representa la característica de tasa de errores de la modulación MDP-4 coherente, la MDP-4 con codificación diferencial, y la MDP-2 con modulación de fase diferencial y detección no coherente.

La presente exposición de técnicas de modulación digital dista mucho de ser completa, y para encontrar análisis detallados de las modulaciones digitales ha de acudirse a las referencias [4.10], [4.11], [4.13], [4.6].

A modo de resumen, en el cuadro 4.2-2 se comparan algunos miembros de la familia de modulación en cuadratura.

CUADRO 4.2-2

Comparación entre distintos tipos de modulación en cuadratura

Sistema	Eficacia de anchura de banda(bit/s/Hz)	Eficacia de potencia (E_b/N_o para 10^{-5} en AWGN)	Complejidad	Transiciones de fase	Fluctuación dinámica de la envolvente	Otras observaciones
MDP-4	2	9,6 dB (C)	Moderada	0°, $\pm\pi/2$, π	Grande	C
O-QPSK	2	9,6 dB (C)	Moderada	0°, $\pm\pi/2$	Menor	C
MDM	NB	9,6 dB (C)	Alta	0° (CPM)	Escasa	C y D
MDP-4D y $\pi/4$-MDP4	2	12,6 (D)	Baja	0°, $\pm\pi/2$	Menor	C y D

"NB" depende del método de realización, véase [4.10]
"C" significa demodulación coherente
"D" significa demodulación diferencial
"C y D" expresa que la demodulación del sistema puede ser coherente o diferencial.

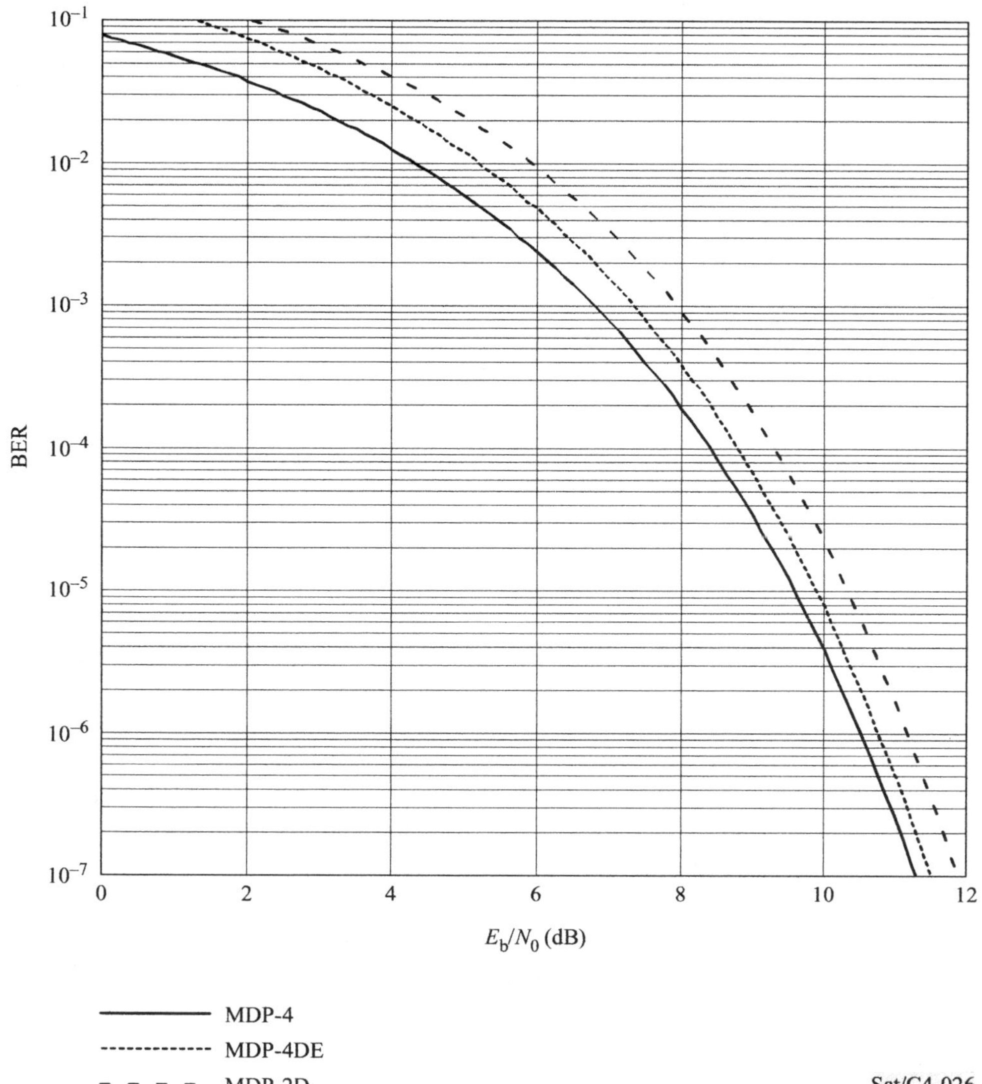

FIGURA 4.2-6

Características de BER en MDP-4, MDP-4DE y MDP-2D

4.2.3.2 Modulación con codificación reticular

En la modulación con codificación reticular (TCM, *trellis coded modulation*) se combinan la codificación con corrección de errores y la modulación. Como esta técnica es relativamente nueva, al menos en cuanto a su aplicación a las comunicaciones por satélite, se expone aquí con algún detalle este tema.

Terminología

Ante todo, se recuerdan seguidamente algunos términos:

Constelación de señales es un conjunto de puntos de señal entre los cuales el modulador de banda de base selecciona uno de acuerdo con las entradas binarias. Una **constelación 2D** se compone de puntos de señal bidimensionales, por ejemplo, MDP-4, MDP-m y MAQ. Una **constelación MD**, multidimensional, suele ser una concatenación de constelaciones 2D. También puede ser un conjunto ortogonal de señales, un conjunto bi-ortogonal, etcétera.

Partición de conjunto es la partición de una constelación de señales en subconjuntos con sujeción a una determinada regla.

Distancia libre de un código convolucional es la distancia mínima de Hamming entre todos los pares de secuencias codificadas de infinita longitud que genera el codificador. Determina de modo aproximado el comportamiento del código cuando es decodificado por el algoritmo Viterbi en un canal AWGN.

Codificador sistemático con realimentación es una realización de código convolucional en la que parte de la salida se realimenta a la entrada del codificador. Se contrapone al codificador no sistemático de decisión previa, en el cual los bits de información de entrada no se modifican y están presentes a la salida del codificador. El decodificador con realimentación está especificado por polinomios de control de paridad. En cambio, el codificador no sistemático de decisión previa está definido por polinomios generadores y carece de realimentación. Los dos codificadores presentan comportamientos equivalentes. Para más detalles, véase [4.8).

Distancia euclidiana cuadrática libre de un código reticular es la distancia euclidiana cuadrática mínima entre todos los pares de secuencias codificadas de infinita longitud de puntos de la constelación de señales generados por el codificador o el sistema de correspondencias. De modo aproximado, determina el comportamiento del código reticular cuando es decodificado por el algoritmo Viterbi en un canal AWGN.

Distancia interior al subconjunto es la distancia euclidiana cuadrática mínima dentro de un subconjunto, es decir la distancia entre los dos puntos más próximos de todos los pares de puntos posibles del subconjunto.

Distancia entre subconjuntos, para dos subconjuntos dados, expresa la distancia mínima entre todos los pares de puntos de señal, formados por un punto de cada subconjunto. Puede también definirse para varios subconjuntos.

Correspondencia en un código reticular es una regla que asigna un grupo de símbolos binarios al punto de la constelación de señales, para utilización en el transmisor. En el receptor se utiliza la operación inversa, la **descorrespondencia**.

Para otras terminologías relacionadas con la codificación convolucional y reticular, véanse [4.14], [4.8] y [4.15].

Principio de la modulación con codificación reticular

La modulación con codificación reticular (TCM) es una técnica para la optimización conjunta de la modulación y la codificación de canal. Con la capacidad del canal como factor básico, se han obtenido los resultados siguientes [4.16]:

- Para transmitir eficazmente información por un canal limitado en potencia y en anchura de banda, tienen que optimizarse conjuntamente la modulación y la codificación del canal.

- Para transmitir m bits por símbolo bidimensional en un canal AWGN, son suficientes una constelación de señales expandida de 2^{m+1} puntos y una relación de código de m/(m + 1).

Por ejemplo, una señal codificada con una relación de código R = 2/3 y modulada después con MDP-8, tiene la misma ocupación de espectro que una señal modulada en MDP-4, pero su calidad de funcionamiento será superior debido a utilizar el algoritmo Viterbi para la decodificación (véase el apéndice 3-2).

Siguiendo un enfoque basado en la teoría de la información, se han confirmado estas dos conclusiones mediante la aplicación del criterio de la velocidad de corte, que impone una limitación práctica sobre la velocidad de transmisión de la información en el caso de un canal de satélite no lineal [4.17]. En los últimos años, se ha demostrado en general que una TCM con constelación de señales expandida puede lograr una ganancia de codificación considerable con una expansión ligera o nula de la anchura de banda.

El sistema TCM se caracteriza por cuatro partes funcionales:

- una constelación de señales de dos o más dimensiones, expandida desde 2^m puntos a 2^{m+1} puntos;

- un codificador convolucional de relación k/k + 1, con k ≤ m, y v memorias;

- una partición del conjunto que subdivide la constelación original en 2^{k+1} subconjuntos;

- una regla de correspondencia que define la relación entre los m símbolos binarios, los codificados y los no codificados, y los puntos de señal de la constelación, que son de dos o múltiples dimensiones.

Puede utilizarse un codificador diferencial en los bits afectados por las rotaciones de fase antes del codificador convolucional. Entre los m bits entrantes de la fuente binaria, puede que no todos estén codificados. En realidad, si hay k bits codificados, con k ≤ m, los restantes m − k no estarán codificados, y la relación total siempre es m/(m + 1). Los k + 1 símbolos binarios codificados se utilizan para seleccionar el subconjunto, y los m − k símbolos restantes sirven luego para seleccionar el punto de señal en el interior del subconjunto escogido con arreglo a la regla de correspondencia. Si k = m, los subconjuntos se convierten en puntos de señal individuales, y se mantiene la validez de lo anteriormente indicado.

En la siguiente figura 4.2-7 se representa un codificador/modulador TCM genérico.

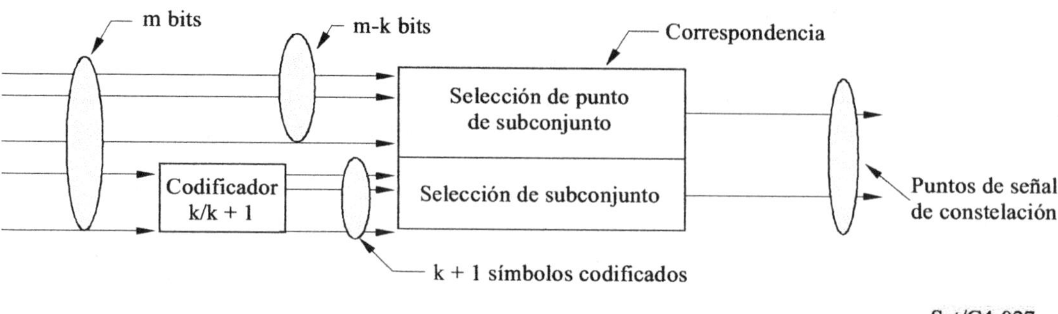

FIGURA 4.2-7

Codificador/modulador TCM genérico

En la figura 4.2-8 se presenta un ejemplo de partición de conjunto con modulación MDP-8. La figura 4.2-8 (a) presenta una correspondencia en MDP-8 desde $(b_2b_1b_0)$ hasta puntos de señal bidimensionales. La figura 4.2-8 (b) muestra luego el proceso de selección de puntos de señal. Por ejemplo, si $b_0 = 0$, se selecciona el subconjunto {000, 100, 010, 110}. Después, $b_1 = 1$ selecciona {010, 110}, y $b_2 = 0$ selecciona por fin {010}. Esto significa que $(b_2b_1b_0) = (010)$ se hace corresponder con el punto de señal {010}, caracterizado por la fase $5\pi/8$.

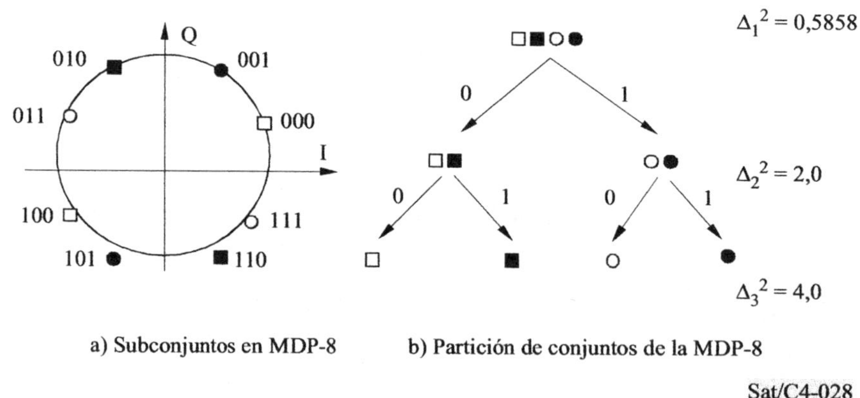

FIGURA 4.2-8

Subconjuntos en MDP-8 y partición de conjuntos

Las distancias en el interior del conjunto en el primer, segundo y tercer nivel son: $\Delta 12 = 0,5858$, $\Delta 22 = 2,0$ y $\Delta 32 = 4,0$. Supóngase que los subconjuntos del primer nivel están indexados por $z0$, los del segundo nivel por $z1$, y así sucesivamente.

Para comprender de qué manera los diseños de modulación con codificación reticular mejoran en general la calidad de funcionamiento de un sistema de modulación codificado en un canal AWGN, hay que señalar dos observaciones importantes:

- la partición del conjunto se realiza de modo que se amplía la distancia euclidiana interior al conjunto;

- las distancias euclidianas entre subconjuntos se amplían en el sentido de la secuencia por la codificación.

El efecto combinado es un aumento de la distancia euclidiana de la secuencia dentro del total de secuencias de señales generadas, lo que da lugar a una mejora de la calidad de funcionamiento. La TCM puede considerarse como una técnica de codificación con control de errores que utiliza redundancia espacial en lugar de redundancia temporal. El código reticular viene a ser una generalización del código convolucional, puesto que los símbolos binarios codificados de éste se han reemplazado por subconjuntos codificados en el sistema TCM. El diseño del código es, sin embargo, diferente al de los códigos convolucionales basados en la distancia de Hamming. En los sistemas TCM, las distancias euclidianas entre subconjuntos en el nivel k-ésimo pueden no ser las mismas; los códigos óptimos en cuanto a distancia de Hamming no son óptimos para el diseño de TCM. Por consiguiente, deben optimizarse a la vez el código y los subconjuntos. Ungerboeck ha obtenido varios sistemas bidimensionales óptimos tras exhaustivas investigaciones por computador [4.16], [4.18]. Como ejemplos con $k = m$, para una eficacia espectral de 2 bit/s/Hz puede construirse, en lugar de una MDP-4 no codificada, una modulación con código reticular con modulación MDP-8 y código convolucional de relación 2/3. Para 3 bit/s/Hz, es posible utilizar una modulación MAQ-16 asociada con un código 3/4 para construir una TCM que mejora la MDP-8 no codificada. Teóricamente se pueden obtener ganancias de codificación de hasta 6 dB para el caso de MDP-8 y MAQ. En la práctica, pueden conseguirse de 4 a 5 dB sin expansión de anchura de banda.

El código convolucional se expresa mediante el codificador sistemático con realimentación, aunque también puede utilizarse el codificador de decisión previa no sistemático mínimo que sea equivalente (véanse detalles en [4.8]. La estructura del codificador se deduce de la relación de control de paridad $\underline{z}H^T = \underline{0}$. Como ejemplo, en la figura 4.2-9 se muestra el codificador correspondiente a $k = 2$, $v = 5$, $H = [h_0, h_1, h_2] = [45, 10, 20] = [1 + D^2 + D^5, D^3, D^4]$.

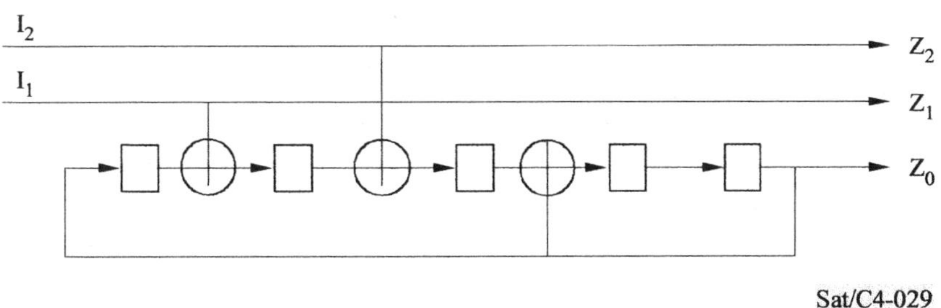

FIGURA 4.2-9

Ejemplo de código reticular óptimo para MDP-8 2D con $v = 5$

(I1, I2) son los dos bits de información en la entrada (k = 2), (z2, z1, z0) los tres símbolos binarios codificados, y se define una correspondencia como la indicada en la figura 4.2-8 (a).

Demodulación y decodificación de los sistemas TCM

Un receptor óptimo MLSE (estimación de la secuencia de máxima probabilidad) basado en el algoritmo Viterbi [4.15] conseguirá la mejor tasa de errores posible. El receptor TCM se distingue de la decodificación convolucional por incluir, tras el decodificador Viterbi, una unidad que deshace la correspondencia. En otras palabras, el decodificador Viterbi toma la decisión sobre el subconjunto mejor decodificado, que es el más próximo al punto de señal recibido; la unidad que deshace la correspondencia determinará el punto de señal o los bits decodificados como el punto de señal más próximo al punto de señal recibido. Podría aplicarse un decodificador diferencial a los bits de salida afectados por las rotaciones de fase.

La figura 4.2-10 muestra la arquitectura general de un decodificador reticular, en la que se omite el decodificador diferencial último.

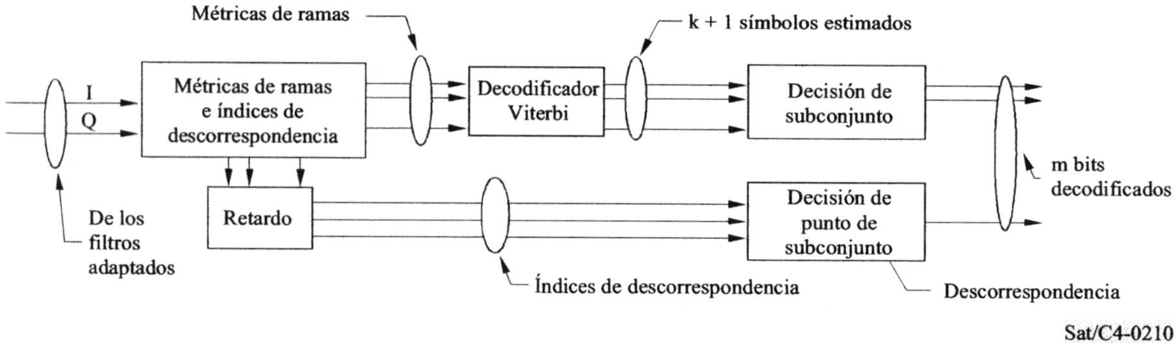

FIGURA 4.2-10

Demodulador/decodificador TCM genérico

TCM con modulación de fase octal (OPSK) o MDP-8

La modulación de fase octal (OPSK), también denominada MDP-8, es un sistema de amplitud constante con una elevada eficacia de anchura de banda (3 bit/s/Hz). Las primeras aplicaciones de la TCM a las transmisiones por satélite utilizaron códigos reticulares MDP-8. Se han realizado transmisiones a velocidades de hasta 155,52 Mbit/s utilizando un transpondedor de anchura de banda 72 MHz.

Una característica importante de la transmisión por satélite a elevada velocidad binaria es la demanda de una alta calidad de funcionamiento, ya que las aplicaciones de velocidades altas están relacionadas con las imágenes y los servicios de televisión (normal y de alta definición) que exigen una BER del orden de 10^{-9} a 10^{-11}. Es preciso utilizar un sistema de codificación concatenada. Los códigos reticulares MDP-8 de alta relación, como 5/6 y 8/9, son interesantes como códigos internos de un sistema de codificación concatenada RS/TCM, sumamente adecuado para transmisiones por satélite de alta velocidad.

Mediante análisis por computador se han identificado los códigos reticulares óptimos para la MDP-8 2D, que a continuación se enumeran en el cuadro 4.2-3.

CUADRO 4.2-3

Códigos 2-D 1 x MDP8 codificados en retícula con relación 2/3

$v2_v$ = nº estado	k	h_2	h_1	h_0	inv de fase	d^2_{libre}	N_{libre}	G_{asint} (dB)
1	1		1	3	180°	2,586	2	1,12
2	1		2	5	180°	4,0	1	3,01
3	2	04	02	11	360°	4,586	2	3,60
4	2	14	06	23	180°	5,172	4	4,13
4	2	16	04	23	360°	5,172	2,25	4,13
5	2	14	26	53	180°	5,172	0,25	4,13
5	2	20	10	45	360°	5,757	2	4,59
6	2	074	012	147	180°	6,343	3,25	5,01
6	2	066	030	103	360°	6,343		5,01
7	2	146	052	225	180°	6,343	0,125	5,01
7	2	122	054	277	360°	6,586	0,5	5,18
8	2	146	210	573	180°	7,515	3,35	5,75
8	2	130	072	435	360°	7,515	1,5	5,75

En la primera fila del cuadro anterior, v indica la cantidad de memoria del codificador, de modo que k = v + 1 es su longitud de limitación, y k es el número de bits que se codifican entre los m bits de información. El elemento "inv de fase" expresa el grado máximo hasta el cual es transparente el código. Por ejemplo, "180°" significa que el código es transparente hasta 180°, pero no a 45° y 90° donde el código tiene una transparencia parcial; en cambio "360°" significa que el código no es transparente en absoluto. Los codificadores se dan en una forma de realimentación sistemática definida por los polinomios de control de paridad, como muestra el ejemplo representado en la figura 4.2-9. El término "d^2_{libre}" es la distancia libre euclidiana cuadrática del código, "N_{libre}" es el primer coeficiente de error, "G_{asint}" es la ganancia de codificación asintótica, cantidad que es el límite inferior de la ganancia de codificación práctica.

Códigos reticulares pragmáticos con modulación MDP-8

Los inconvenientes de los códigos reticulares óptimos son:

- espectro de distancias euclidianas relativamente pequeño y denso, con grandes coeficientes de error;

- retícula muy densa para k > 1, y decodificador Viterbi especializado de alta complejidad.

El primero de ellos afecta a la calidad de funcionamiento, mientras que el segundo está relacionado con el tema de la complejidad. Estos problemas limitan la aplicación de los códigos reticulares óptimos.

Se ha introducido una clase de códigos reticulares que utilizan el mismo código convolucional óptimo para la MDP-4, asociado con una constelación MDP-8, y reciben el nombre de "códigos reticulares pragmáticos" (PTCM, *pragmatic trellis codes*) [4.20]. Los códigos PTCM salvan los inconvenientes antes señalados mediante el empleo del código normal $(k = 7, \ r = 1/2)$ con $G = (171, 133)$ y sus microcircuitos decodificadores de uso generalizado. Además, la principal ventaja de este diseño es la posibilidad de un desarrollo rápido de sistemas TCM casi óptimos a un coste reducido, sin tener que desarrollar dispositivos especializados, en particular el decodificador.

En la figura 4.2-11 se ilustran los subconjuntos, la partición de conjuntos y las correspondencias de un código reticular pragmático con modulación MDP-8.

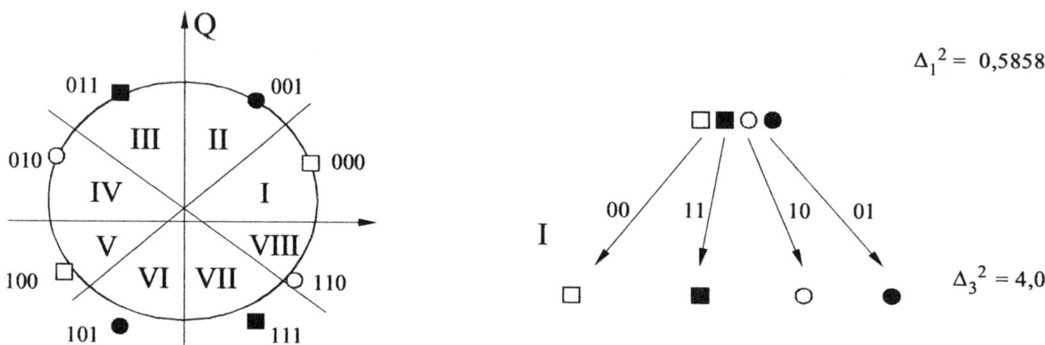

ı) Subconjuntos y correspondencias en PTCM-MDP-8   b) Partición de conjuntos en PTCM-MDP-8

Sat/C4-0211

FIGURA 4.2-11

Subconjuntos, partición de conjuntos y correspondencias en PTCM-MDP-8

Dentro de cada subconjunto, la distancia euclidiana cuadrática interior es 4,0. Los errores entre subconjuntos están protegidos contra el ruido de canal por medio de la codificación (S, K = 7). La partición de conjuntos empleada es especial, pues se trata de una partición entre cuatro a un solo nivel. Los dos símbolos codificados seleccionan uno de estos cuatro subconjuntos, y el bit no codificado selecciona un punto de señal dentro de cada subconjunto. El sistema PTCM-MDP-8 se representa en la figura 4.2-12.

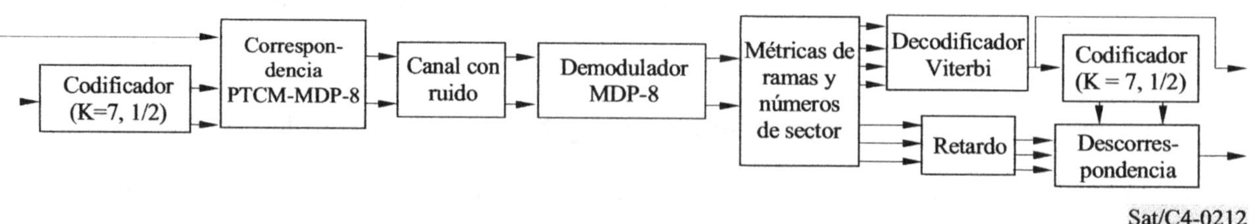

Sat/C4-0212

FIGURA 4.2-12

Sistema codificador/decodificador PTCM-MDP-8

Sean B_0 y B_1 los trenes de bits de entrada. B_1 está codificado por el codificador ($K = 7$, $1/2$) para entregar los dos símbolos codificados C_0 y C_1, que seleccionan uno de los cuatro subconjuntos mostrados en la figura 4.2-11 (b). Cada subconjunto, que es en sí mismo una constelación MDP-2 con distancia aumentada 4,0, contiene dos puntos de señal, y B_0 selecciona uno de esos dos puntos. La correspondencia expresada en la figura 4.2-11 (a) define la señal MDP-8 (I, Q) que ha de enviarse al canal afectado por ruido. La regla de correspondencia se ilustra en el cuadro siguiente:

$B_0\,C_0\,C_1$	000	001	011	010	100	101	111	110
ϕ	$\pi/8$	$3\pi/8$	$5\pi/8$	$7\pi/8$	$9\pi/8$	$11\pi/8$	$13\pi/8$	$15\pi/8$

B_0 y B_1 especifican los tres símbolos binarios que corresponden a un símbolo MDP-8, con relación de codificación 2/3. La eficacia de anchura de banda del PTCM-MDP-8 es de 2 bit/s/Hz.

A la salida de un demodulador MDP-8, las señales (I, Q) se cuantifican en n bits cada una. En la práctica n puede valer de 6 a 8. El calculador de métricas de rama realiza dos operaciones: (i) calcula las métricas de rama, definidas como las distancias angulares del punto de señal recibida a los cuatro subconjuntos, y las envía al decodificador Viterbi que toma la decisión sobre B_0; (ii) determina la localización geométrica de la señal recibida, llamada número de sector en la figura 4.2-12. El número de sector es sometido a un retardo y enviado a la unidad que deshace la correspondencia para ayudar a la decisión sobre B_0. La descorrespondencia actúa con el siguiente principio: el subconjunto óptimo está determinado por el bit B_1 resultado de la decisión óptima, y, dentro del subconjunto optimo, el punto de señal determinado por el valor de B_1 se decide utilizando el número de sector. Para la decisión óptima se toma el punto de señal que está más próximo al recibido. El subconjunto óptimo se selecciona eficazmente por medio de los dos símbolos codificados procedentes del codificador, razón por la cual hay que utilizar un codificador adicional que regenere estos dos símbolos codificados para la descorrespondencia. Se aplica un retardo a la señal de número de sector para compensar el retardo de decisión del decodificador Viterbi.

El sistema PTCM-MDP-8 tiene una distancia libre euclidiana cuadrática de 4,0 y una ganancia asintótica de 3 dB con respecto a la MDP-4 no codificada [4.20].

A la entrada del codificador PTCM podría aplicarse un codificador diferencial, y otro codificador diferencial a la salida del decodificador PTCM. El sistema PTCM-MDP-8 es parcialmente transparente a las fases de $\pm\pi/2$ y π, pero no a las cuatro fases restantes: $\pm\pi/4$, $\pm 3\pi/4$. Para eliminar las ambigüedades de $\pm\pi/2$ y de π puede utilizarse una pareja codificador/decodificador diferencial especial de dos dimensiones, y las restantes pueden suprimirse después mediante el circuito de observación de métricas de trayecto del decodificador Viterbi.

TCM pragmático perforado (PPTCM)

Otra ventaja del enfoque pragmático de la modulación con codificación reticular (TCM) es la utilización de códigos perforados para obtener sistemas con relaciones más elevadas. Se presentan aquí brevemente los sistemas 5/6, 8/9, construidos mediante los códigos perforados 3/4 y 5/6. En la figura 4.2-13 se representa un diagrama general del sistema PPTCM (*punctured pragmatic TCM*).

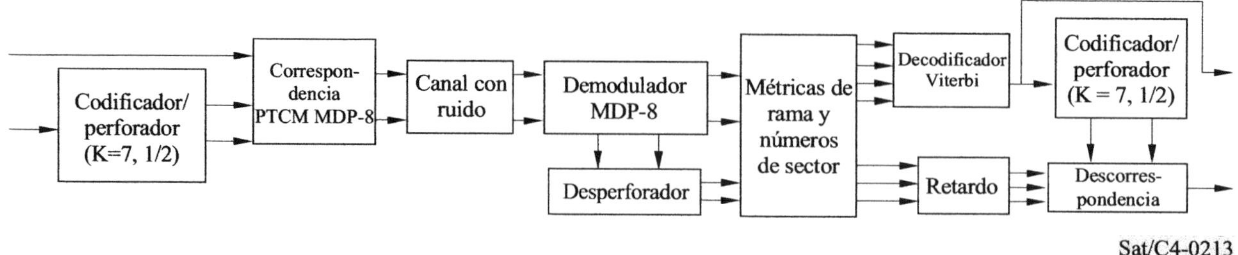

FIGURA 4.2-13

Sistema codificador/decodificador PPTCM MDP-8

Con el fin de construir un sistema PPTCM de relación 5/6, se utiliza el codificador perforado 3/4 para generar cuatro símbolos codificados a partir de 3 bits de B_1. Estos cuatro símbolos, combinados con 2 bits del tren B_0 (cada dos símbolos codificados se combinan con un bit no codificado), generan dos símbolos MDP-8, lo que da lugar a una relación de codificación 5/6. Su eficacia de anchura de banda es de 2,5 bit/s/Hz.

Análogamente, el codificador perforado 5/6 se utiliza para construir un sistema PPTCM de relación 8/9. Cinco bits de información tomados del tren B_1 generan seis símbolos codificados. Combinados con 3 bits procedentes del tren B_0, estos seis símbolos generan tres símbolos MDP-8, con lo que se obtiene una relación de codificación 8/9. La eficacia de anchura de banda es de 2,667 bit/s/Hz.

Aplicaciones de TCM a las comunicaciones por satélite

Los códigos PTCM-MDP-8 tienen interés para las transmisiones por satélite. Por ejemplo, en el servicio IDR de INTELSAT, se espera mejorar sus capacidades hasta un 25% mediante un nuevo sistema de codificación que utiliza el código PTCM 2/3 en MDP-8 concatenado con un código Reed-Solomon, basado en las estaciones terrenas de Norma A y en las condiciones del segmento espacial del INTELSAT-VII. Mediante concatenación con un código Reed-Solomon externo, la calidad de funcionamiento mejorará también mucho con respecto al MDP-4 de código perforado de relación 3/4.

Una aplicación clásica es la transmisión a 139,236/155,52 Mbit/s por equipos PDH/SDH de interfaz de satélite, siendo 72 MHz la anchura de banda del transpondedor. Puede utilizarse un código reticular MDP-8 de seis dimensiones con relación 8/9 como código interno en un sistema de codificación concatenada cuyo código externo sea Reed-Solomon RS (255,239). Se han estudiado y probado varios sistemas de este tipo; véanse [4.21], [4.22] y las referencias allí citadas.

También se han utilizado sistemas RS/PPTCM en MDP-8 concatenados para transmisiones a velocidad binaria elevada y variable de señales de televisión de alta definición por canal de satélite [4.23].

En general, para una eficacia espectral comprendida entre 2 y 3 bit/s/Hz, pueden utilizarse los sistemas TCM-MDP-8. Para superar los 3 bit/s/Hz, hay que considerar los sistemas de modulación con código reticular con constelaciones de MAQ. Ante la creciente demanda de mayor eficacia de anchura de banda, los códigos reticulares MAQ podrían encontrar aplicación futura en las transmisiones de televisión de alta definición por satélite. La dificultad de aplicar los códigos reticulares con constelaciones MAQ a las comunicaciones por satélite estriba en que su amplitud no es constante. Se produce más distorsión no lineal cuando se atraviesa un amplificador no lineal, como los de alta potencia (HPA). Debe utilizarse en el receptor un control de amplitud preciso (CAG: control automático de ganancia). En el HPA hay que introducir una fuerte reducción de potencia en la entrada. Sin embargo, los códigos reticulares MAQ parecen ser la única solución en el caso de que la anchura de banda sea la principal limitación del sistema para la transmisión a velocidad binaria muy elevada.

Aplicaciones de velocidad binaria variable

La transmisión a velocidad binaria variable es una característica nueva de las comunicaciones por satélite actuales en las bandas de frecuencias por encima de 10 GHz, por ejemplo, la banda Ku (12/14 GHz) y la banda Ka (20/30 GHz), muy afectadas por el desvanecimiento debido a la lluvia [4.23].

Una solución eficaz para compensar este desvanecimiento es la codificación flexible del canal con velocidad binaria variable. La relación de código se modifica para adaptarse a la variación del canal, manteniendo invariable la ocupación de anchura de banda. Merced a unas avanzadas técnicas de compresión de datos a velocidad binaria variable, la velocidad de la fuente se hace variar de modo adaptativo para acomodarse a la variable relación de codificación del canal [4.23]. En condiciones de intensa lluvia, se utiliza una codificación de canal de relación menor, más potente, con una codificación de la fuente de alta proporción de compresión, a fin de compensar la atenuación de la propagación, mientras que, en situación normal del canal, la codificación de alta relación del canal va asociada con una codificación de la fuente a velocidad binaria más elevada para obtener una calidad superior. Todas las unidades de radiofrecuencia y el segmento espacial permanecen invariables.

Para ejecutar una codificación del canal con velocidad binaria variable, son apropiados los códigos convolucionales perforados MDP-4. Por añadidura, los códigos reticulares pragmáticos con MDP-8 pueden ofrecer distintas relaciones de codificación para atender diferentes necesidades de anchura de banda mediante el empleo de códigos perforados, como ya se ha señalado anteriormente. Un mismo decodificador Viterbi puede prepararse para varias constelaciones y relaciones de código.

Los códigos Reed Solomon acortados, así como los códigos reticulares óptimos, pueden todos utilizarse para admitir de diferentes maneras velocidades binarias variables.

4.2.4   Módems para comunicaciones digitales

En este punto se describe brevemente el cometido y las funciones de un módem [4.24].

4.2.4.1   Transmisiones digitales

Como se ilustra en la figura 4.2-14, para construir una transmisión *digital* completa se han de realizar correctamente un número apreciable de etapas de tratamiento. Debe precisarse a este respecto que el término *digital* se aplica exclusivamente a la *clase* de transmisión utilizada. Puede decirse que una transmisión es *digital* aunque el módem siga siendo *analógico*: esto simplemente significa que la señal transmitida transporta *símbolos* elegidos entre un determinado alfabeto, los cuales son procesados por circuitos y componentes analógicos.

Solamente la transmisión digital se examinará en este punto. No obstante, se describirán ambos módems analógicos y digitales, si bien se hará un mayor hincapié en las técnicas digitales para reflejar el estado actual de la tecnología y las principales transformaciones esperadas en el dominio de las comunicaciones digitales.

En cuanto al propio módem, algunos bloques de la figura 4.2-14 requieren una breve explicación:

- Codificación/decodificación de la fuente

Esta operación tiene como entrada una señal analógica que transporta la información de interés y la procesa de manera que a la salida se convierte en un tren de bits. Una codificación eficaz de la fuente debe producir a la salida el *mínimo* número de bits necesario para transmitir correctamente un mensaje determinado. La decodificación de la fuente es un proceso de síntesis, destinado a reconstruir con la mayor exactitud posible la señal original.

- Cifrado/descifrado

Los bits se "cifran" o bien se codifican por medio de una secuencia secreta –la "clave"–, conocida exclusivamente por un reducido número de usuarios. ¡Para descifrar una clave de 200 bits por un método sistemático se necesitarían del orden de 10^{20} años con los más potentes procesadores de hoy!

- Alineación/desalineación de trama

Bajo este título genérico se agrupan diferentes funciones:

- codificación y decodificación específicas, junto con las importantes funciones de aleatorización y desaleatorización que son de gran ayuda para la transmisión de mensajes por canales muy afectados por el desvanecimiento;

- inserción de preámbulos/epílogos en los módems de ráfaga: esto tiene gran interés en el caso de sistema de multiplexación por división en el tiempo (MDT) (véanse los puntos posteriores 4.2.5.2 y 4.2.5.4 sobre "módems de ráfagas" para más detalles). En el caso de sistemas de acceso múltiple por división en el tiempo (AMDT), la recuperación del preámbulo o la palabra única es necesaria para localizar el comienzo de cada ráfaga y poder por tanto identificar las ráfagas de interés.

- Multiplexación/demultiplexación y el acceso múltiple

Supóngase, por ejemplo, que un usuario desea transmitir cuatro canales de 72 kbit/s: una solución sería multiplexar estos cuatro canales en una sola señal de 288 kbit/s y transmitirla por la apropiada sub-banda del satélite. Dentro de esta sub-banda, la atribución es meramente estática y totalmente controlada por el usuario. Las cuestiones de sincronización deben ser resueltas por el propio usuario y no aparecen a nivel del sistema. No debe confundirse esta función multiplexora/demultiplexora (*no se encuentra la referencia*) con la función de *acceso múltiple* que permite a diferentes usuarios establecer dinámicamente una comunicación a través del mismo satélite. Tal acceso múltiple proporciona a los usuarios una configuración completa y eficaz, que evita que las comunicaciones se interfieran mutuamente.

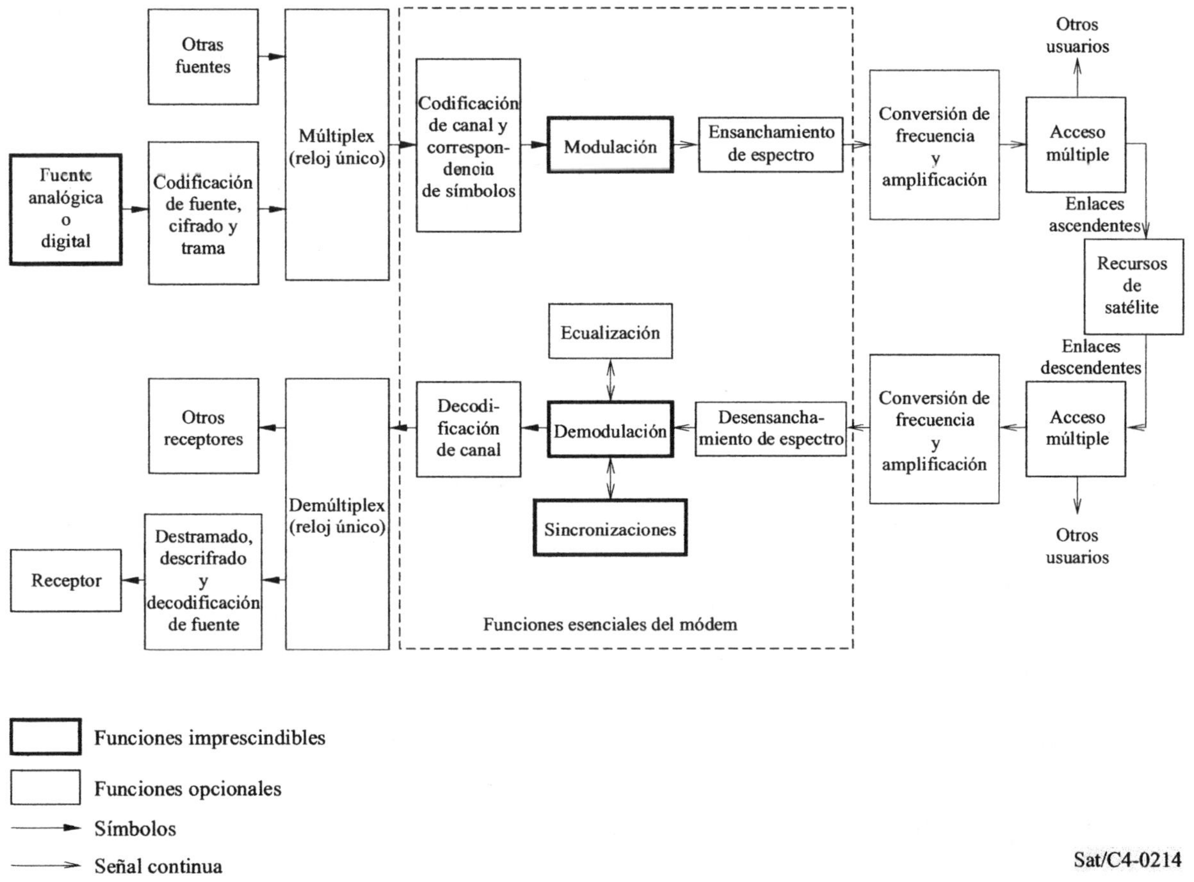

FIGURA 4.2-14

Esquema general de la transmisión digital

- Conversiones de frecuencia y amplificación

Estas operaciones son necesarias para transmitir la señal a través de la anchura de banda asignada y predefinida.

4.2.4.2   Revisión de los módulos esenciales del demodulador

A continuación se enumeran los principales módulos del demodulador, que más adelante se describirán en detalle:

- Sincronización

- Recuperación del reloj (corrección de la sincronización): en realidad, la información es transportada por símbolos discretos, transmitidos a intervalos de tiempo regulares. El papel del receptor consiste en llegar a una decisión acerca de qué símbolo se está transmitiendo en ese instante. Pero estas decisiones no pueden tomarse en cualquier momento; por supuesto, tienen que respetar la velocidad de símbolos, pero además han de producirse en el corto periodo de tiempo en que un determinado símbolo no esté perturbado por los símbolos contiguos. Por esto la sincronización resulta obligatoria.

- Recuperación de frecuencia: quedan siempre incertidumbres sobre las frecuencias del oscilador, que conllevan desviaciones en las múltiples etapas de conversión de frecuencia de un demodulador. Esto suele tenerse en cuenta al final, aplicando un estimador de frecuencia adecuado.

- Estimador de fase: siempre que la información esté contenida en la fase de la señal transmitida, puede ser útil conseguir una estimación eficaz de la fase, que podría considerarse como una precisión añadida a la estimación de frecuencia. En este caso, la demodulación se denomina *coherente*.

- Filtrado

El objetivo a alcanzar es doble:

- Hacer que el canal de transmisión en su conjunto respete el criterio de Nyquist: mediante un filtro correctamente *adaptado*, la interferencia entre símbolos (ISI) queda casi totalmente cancelada. Véanse en el punto 4.2.6 (filtrado) detalles acerca de las técnicas de filtrado y de cancelación de la ISI.

- Rechazar eficazmente los posibles elementos perturbadores, como los canales adyacentes o las fuentes de interferencias deliberadas.

4.2.5   Arquitecturas de módems convencionales

4.2.5.1   Descripción de módems convencionales

(i)   Ejemplo: módems MDP-4

La descripción que se da a continuación se limita a los módems MDP-4 con demodulación coherente, porque este tipo de modulación es la más ampliamente utilizada para las telecomunicaciones por satélite. En la figura 4.2-15 se muestran los principios básicos de la modulación y demodulación MDP-4: la modulación se realiza combinando dos trenes de bits MDP-2 en cuadratura; la demodulación se realiza de la misma manera, utilizando la portadora recuperada para demodular coherentemente los dos trenes de bits recibidos por dos demoduladores en cuadratura.

- El tren de bits de entrada se divide en dos trenes de bits A y B (por ejemplo, bits pares en A y bits impares en B). La velocidad en baudios (o velocidad de símbolos), es decir, la rapidez de modulación, es igual a la velocidad binaria de A o de B, que es la mitad de la velocidad binaria real (de entrada) de los datos. En el demodulador, se recuperan y combinan los mismos trenes de bits para construir los datos de salida.

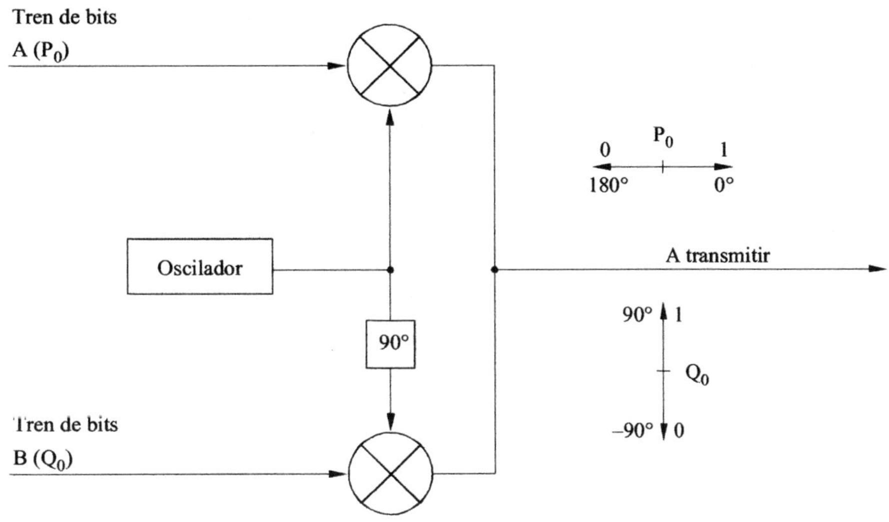

a) Modulación MDP-4

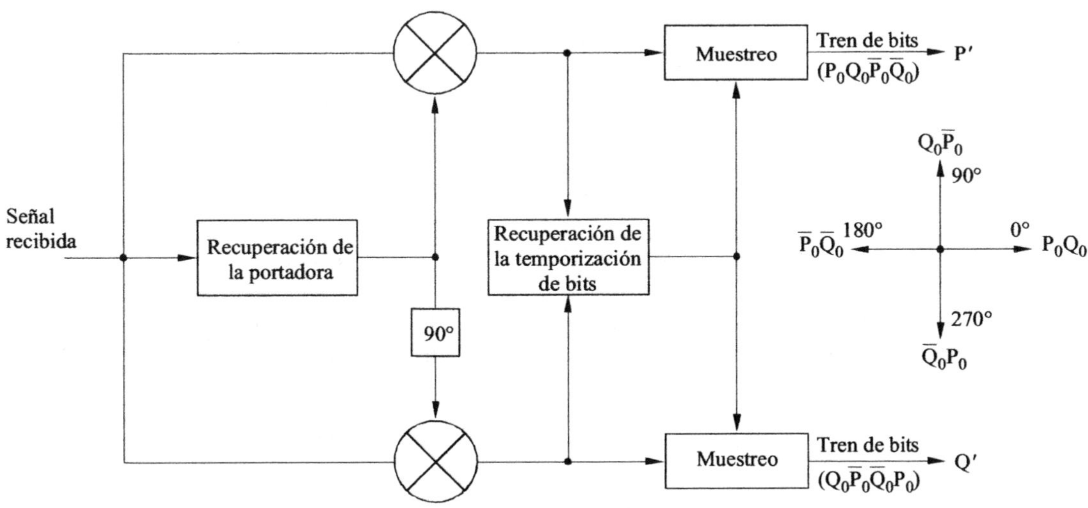

b) Demodulación coherente MDP-4 y regeneración de impulsos

Sat/C4-0215

FIGURA 4.2-15

Principios básicos de la modulación y demodulación MDP-4

- Si la velocidad binaria de entrada de datos es R, la velocidad de símbolos es R/2, el periodo de símbolos $T_s = 2/R$, y la anchura de banda ocupada aproximadamente $B = 1,2/T_s = 0,6\,R$. Por ejemplo, en el sistema MDP-4-AMDT de INTELSAT/EUTELSAT la velocidad binaria nominal es $R = 120,832$ Mbit/s, la velocidad de símbolos 60,416 Mbaudios y la anchura de banda aproximadamente 72 MHz.

- El filtrado puede hacerse de manera equivalente en FI mediante filtros de paso banda, o en banda de base mediante filtros de paso bajo; en el último caso, el filtrado y la modulación/demodulación son funciones estrechamente relacionadas, como se explica en el punto 4.2.6.

En realidad, los filtros del demodulador introducidos después de la etapa de muestreo se encargan de dos funciones diferentes. Primeramente deben demodular la señal, tarea que corresponde al comportamiento de un filtro de paso bajo: esto cancela la componente de señal de frecuencia negativa remanente. Pero al mismo tiempo, tienen que realizar un filtrado "adaptado" eficaz (véase el punto 4.2.6), en el cual los símbolos adyacentes estén de tal manera conformados que no se interfieran entre sí.

(ii) Supresión de la ambigüedad de fase

En un módem MDP-4 que aplique una demodulación coherente (como la que antes se ha descrito), es obligatorio recuperar la fase de la señal transmitida, puesto que es la propia fase la que transporta la información. La estimación de la fase primeramente suprime la modulación multiplicando la fase de la señal por cuatro en el caso de una MDP-4, y por dos si se trata una MDP-2 (26):

$$4 \cdot \text{Fase}\,(a_k) = 4 \cdot (n_k \cdot \pi/2 + \Phi)\,[2\pi] = (2n_k \cdot \pi + 4\Phi)\,[2\pi] = 4\Phi\,[2\pi] \qquad (26)$$

donde Φ expresa la fase desconocida de la señal transmitida, a_k el símbolo que actualmente se transmite, n_k es un entero, y $[2\pi]$ el módulo 2π.

Este resultado se divide por cuatro para obtener la fase estimada que se desea:

$$\text{Fase}\,(a_k) = \Phi\,[\pi/2]$$

Resulta evidente que no puede evitarse una ambigüedad en $\pi/2$ de la fase.

Debido a la ambigüedad de fase en $\pi/2$ de la portadora recuperada del demodulador, los datos de salida del demodulador/regenerador, I' y Q', no siempre son idénticos a los datos de entrada I y Q del modulador.

Las cuatro configuraciones posibles son:

$$\text{I}' = \text{I} \qquad \text{Q}' = \text{Q}$$
$$\text{I}' = \text{Q} \qquad \text{Q}' = \overline{\text{I}}$$
$$\text{I}' = \overline{\text{I}} \qquad \text{Q}' = \overline{\text{Q}}$$
$$\text{I}' = \overline{\text{Q}} \qquad \text{Q}' = \text{I}$$

La misma configuración se mantendrá durante un periodo largo (minutos/horas) hasta que un salto de $\pi/2$ de la portadora recuperada, debido al ruido, conduzca a otra configuración.

Una manera sencilla de superar esta dificultad es utilizar codificador y decodificador diferenciales. En este caso, la fase del símbolo transmitido no la transporta el símbolo codificado individual que le corresponda, sino que viene expresada por *la diferencia entre las fases de dos símbolos codificados consecutivos*. El decodificador diferencial solamente ha de realizar una sustracción de fases para recuperar la información.

De esta manera se suprime la ambigüedad, aunque con la penalización siguiente: un error de transmisión corresponde ahora a dos errores consecutivos de la variación de fase decidida, lo que da como resultado (con el algoritmo de modulación conveniente, por ejemplo, la codificación Gray) dos errores de bit, y por lo tanto una BER mayor para una C/N dada.

Es interesante señalar que una ráfaga de N errores debida a un salto de $\pi/2$ no da lugar a 2N errores sino sólo a dos errores, uno al comienzo de la ráfaga y otro al final. En otras palabras, dos errores consecutivos no dan origen a un error si son "coherentes", es decir, si están desfasados en el mismo valor. No obstante, este caso de dos errores consecutivos coherentes tiene pocas probabilidades de producirse. La probabilidad de error global queda, pues, aproximadamente duplicada por un sistema de codificación/decodificación diferencial.

(iii)   Recuperación de la portadora

En la figura 4.2-16 se dan dos ejemplos de circuitos de recuperación de la portadora:

a)   El primer circuito utiliza una multiplicación de frecuencia por cuatro. A la salida del multiplicador, se genera una portadora no modulada de cuatro veces la FI nominal, puesto que las fases moduladas, que son múltiplos enteros de $\pi/2$, se cambian a múltiplos de 2π. Esta portadora es luego filtrada y la frecuencia de la señal filtrada se divide de nuevo por cuatro (mediante circuitos lógicos). El filtrado de la frecuencia puede efectuarse sea mediante un filtro LC pasivo o un bucle con enganche de fase (PLL, *phase locked loop*).

Para portadoras en modo continuo se prefiere el bucle con enganche de fase porque no hay desplazamiento de fase de la señal de salida debido a derivas de frecuencia. Los filtros pasivos suelen ser preferidos para la modulación de ráfagas (véase el punto 4.2.5.2).

b)   El segundo circuito (que se utiliza principalmente para portadoras en modo continuo), denominado bucle Costas, incorpora un oscilador controlado por tensión (VCO) en la FI nominal y un algoritmo de control apropiado.

Si θ es una rotación de fase aplicada en la entrada del demodulador (o, lo que es equivalente, entre el oscilador controlado por tensión y el demodulador), se demuestra fácilmente que la salida en bucle abierto del circuito que da el algoritmo siguiente es periódica con respecto a θ, con un periodo de $\pi/2$: $X \cdot \text{signo}(Y) - Y \cdot \text{signo}(X)$; "signo" es el signo algebraico que hace conveniente este algoritmo para el MDP-4. A menudo se prefiere este otro algoritmo: $\text{signo}(X) \cdot \text{signo}(Y) \cdot \text{signo}(X + Y) \cdot \text{signo}(X - Y)$, porque puede aplicarse utilizando sólo circuitos lógicos.

Una anchura de banda de filtrado de 2/100 de la velocidad en baudios es suficientemente baja para evitar cualquier degradación perceptible de la BER debido a la fluctuación de fase de la portadora recuperada. Cuando los saltos de ciclo en la portadora recuperada son críticos (suprimida la ambigüedad utilizando palabras conocidas como se explica anteriormente), la anchura de banda de filtrado relativa de la portadora recuperada debe mantenerse al 0,5/100 solamente.

Se deberá incorporar el seguimiento automático de la frecuencia en los circuitos de recuperación de la portadora, con el fin de compensar las derivas de frecuencia en los equipos de transmisión y recepción de la estación terrena (en particular, debido a los osciladores locales), así como las derivas de frecuencia en el transpondedor del satélite (incluido el efecto Doppler).

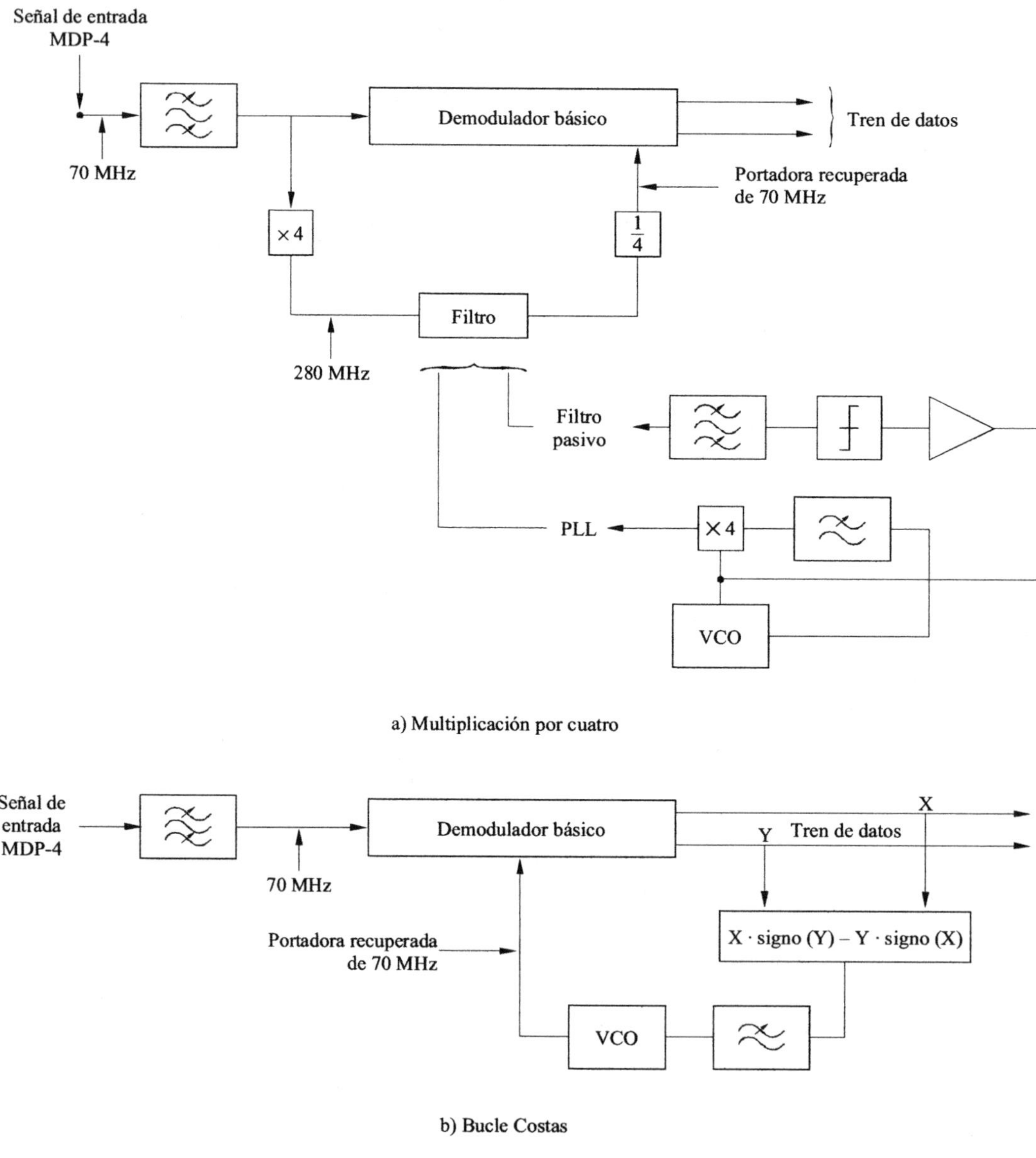

FIGURA 4.2-16

Recuperación de la portadora en el caso de MDP-4

Recuperación de reloj

Puede obtenerse una frecuencia (línea espectral) correspondiente a la frecuencia de reloj por medio de cualquier proceso no lineal, sea de la señal de entrada del demodulador (FI) o de la señal de salida (banda de base). Esta frecuencia es filtrada por un filtro pasivo o un filtro PLL.

El orden de magnitud de la anchura de banda necesaria es el mismo que para la recuperación de la portadora.

Los problemas debidos a derivas de frecuencia son menos críticos que en el caso de recuperación de portadora, puesto que las derivas de frecuencia no afectan a la velocidad binaria.

4.2.5.2   Requisitos específicos de los módems de ráfaga

En el caso de comunicaciones digitales no continuas, es decir, cuando la señal es transmitida solamente durante un periodo de tiempo limitado (transmisión en el modo ráfagas), las frecuencias de la portadora y del reloj deben recuperarse muy rápidamente, utilizando bits especializados que se incluyen en el preámbulo al comienzo de cada ráfaga. Naturalmente, como el preámbulo no transporta datos de información real, debe mantenerse lo más corto posible para obtener una eficacia de transmisión adecuada.

En este punto se examinarán dos características especiales de los módems de ráfaga, prestando una atención especial a la transmisión MDP-4-AMDT:

i)   circuito de interrupción de la portadora en el modulador;

ii), iii)   circuitos del demodulador para recuperación rápida de la portadora y del reloj.

i)   Circuito de interrupción de portadora en el modulador

Este circuito consiste en un sencillo conmutador electrónico FI, con un aislamiento de 40 a 50 dB, conectado, por ejemplo, a la salida del oscilador de cristal del modulador. El filtrado de FI se efectúa mediante filtros de paso bajo (es decir, antes del proceso de modulación básico). Debe insertarse a la entrada de control del conmutador un retardo fijo, que compense el retardo de grupo de los filtros.

ii)   Circuitos de demodulador (recuperación de portadora)

La mayoría de los demoduladores AMDT utilizan la técnica de multiplicación de frecuencia (x 4) para la recuperación de la portadora, como se describe en el punto 4.2.5.1 (ii). Para el filtrado de la portadora recuperada suele preferirse un filtro pasivo en vez de un bucle de enganche de fase, como se explica a continuación.

Si se utiliza un bucle de enganche de fase para filtrar la portadora recuperada, el tiempo de adquisición depende en gran medida del desplazamiento de fase inicial entre el oscilador controlado por tensión y la frecuencia de entrada del bucle de enganche de fase, al comienzo de la ráfaga.

Como los osciladores locales de las diferentes estaciones terrenas transmisoras no están correlacionados, este desplazamiento de fase es puramente aleatorio.

El caso más desfavorable se presenta en el punto A de la figura 4.2-17, porque la tensión de error que permite desplazar el bucle hacia el punto de funcionamiento estable más bajo o hacia el más alto, es muy baja. En este caso, el tiempo de adquisición se va al infinito.

La solución más directa, en AMDT, consiste en utilizar un filtro pasivo, cuyo tiempo de adquisición es limitado.

En la figura 4.2-18 se muestra un diagrama de bloques típico de los circuitos del demodulador y de recuperación de la portadora. Esta realización particular se refiere al sistema MDP-4-AMDT a 120 Mbit/s de INTELSAT/EUTELSAT. La FI está en 140 MHz..

- El filtrado principal es efectuado por un filtro pasivo, una vez que se ha cuadruplicado la frecuencia, y reducido ésta a 20 MHz. La anchura de banda de este filtro es 0,5/100 veces la velocidad en baudios (60 Mbaudios), o sea, 300 kHz.

- Una anchura de banda tan pequeña no puede utilizarse en 560 MHz. Por ese motivo, se reduce la frecuencia de la señal.

A fin de evitar el desplazamiento de fase introducido por el filtro y las derivas lentas de frecuencia (debidas al envejecimiento, la temperatura y el efecto Doppler), el oscilador local del conversor-reductor es controlado por la salida de un discriminador de fase. El circuito descrito anteriormente es un CAF, que mantiene la frecuencia de entrada exactamente igual a la frecuencia central del filtro. La constante de tiempo del CAF es elevada ($\approx$ 1 ms).

Con miras a compensar los desplazamientos de fase rápidos, de una ráfaga a otra, se utiliza un "circuito de control de fase" (a la derecha de la figura 4.2-18). Este circuito utiliza el algoritmo: signo (X) $\cdot$ signo (Y) $\cdot$ signo (X + Y) $\cdot$ signo (X $-$ Y) para entregar el signo de sen 4φ utilizado para controlar el desplazador de fase (siendo φ el error de fase instantáneo entre la señal de referencia y la señal recibida). La constante de tiempo de este control de fase es pequeña ($\approx$ 1 μs).

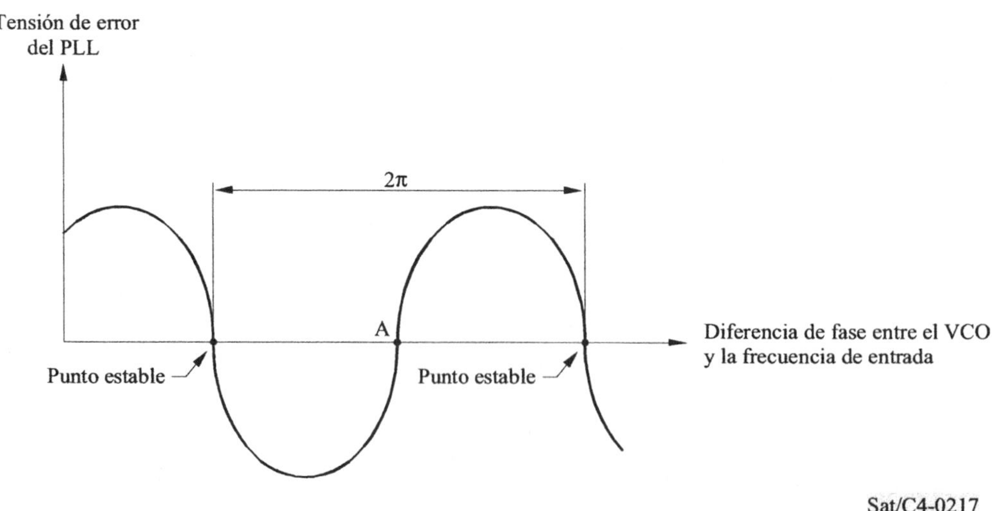

FIGURA 4.2-17

Adquisición de un bucle de enganche de fase

4.2 Modulación digital

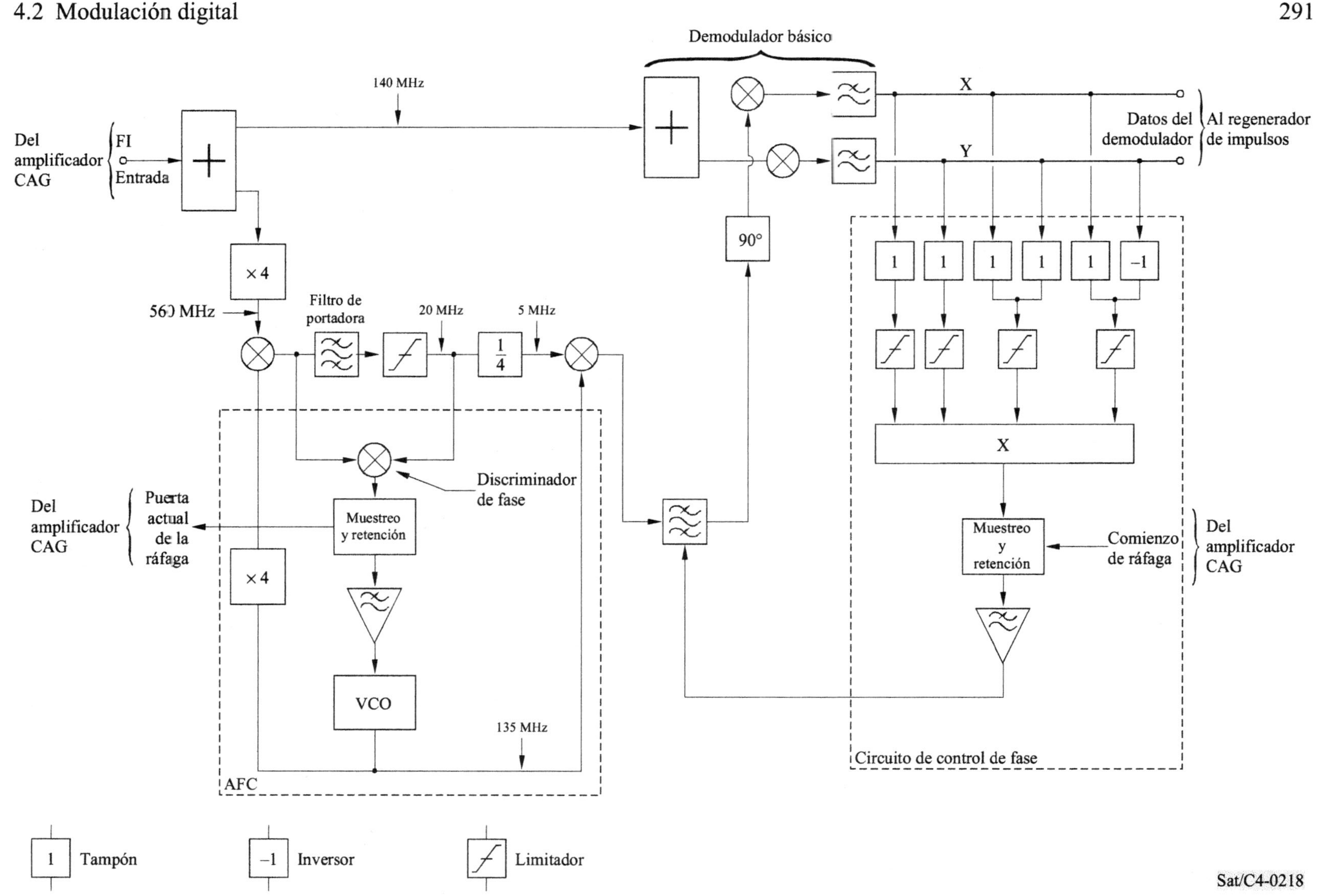

FIGURA 4.2-18

Recuperación de la portadora (módem AMDT a 120 Mbit/s)

Como puede observarse en la figura 4.2-18, el CAF y el circuito de control de fase se activan solamente durante las ráfagas.

NOTA – El demodulador debería también incluir un control automático de ganancia (CAG) con circuitos de muestreo y retención a fin de compensar las posibles variaciones de:

* la potencia media de todas las ráfagas en la trama AMDT (esto es particularmente útil en el caso de ciclos de trabajo muy bajos y evita la amplificación del ruido entre ráfagas);

* las variaciones de amplitud de ráfaga a ráfaga (tomándose la referencia de CAG durante el preámbulo de cada ráfaga).

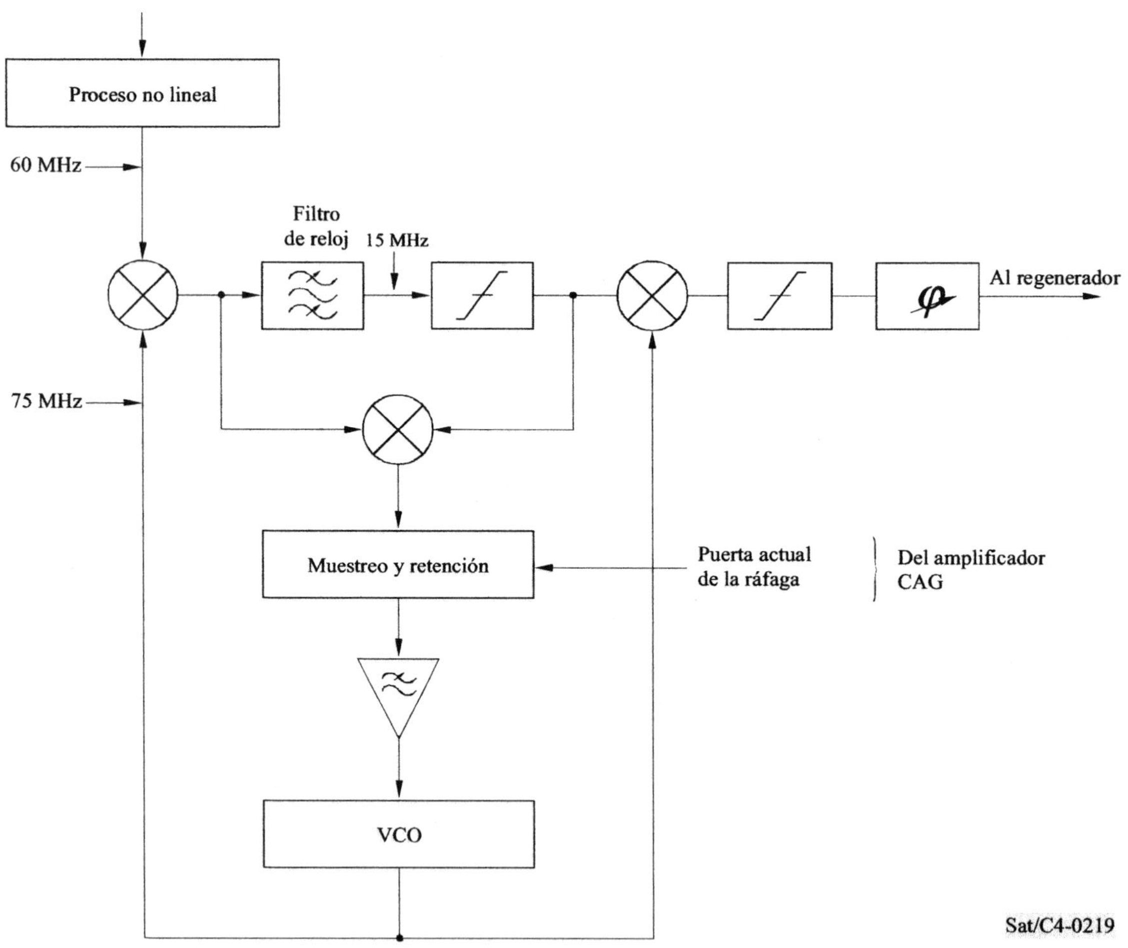

FIGURA 4.2-19

Recuperación de reloj (módem AMDT a 120 Mbit/s)

iii)   Recuperación de reloj

Por el mismo motivo aducido para la recuperación de portadora, en general se utiliza un filtro pasivo.

A 60 Mbaudios, la anchura de banda de este filtro es aproximadamente de 300 kHz (0,5/100).

Para compensar las derivas en los componentes L/C o en los filtros, puede utilizarse un CAF, como muestra la figura 4.2-19, que es similar al CAF utilizado para la recuperación de la portadora.

4.2.5.3   Consideraciones sobre el muestreo

Los demoduladores convencionales (es decir, comerciales) a menudo aplican arquitecturas en las que el proceso de muestreo, comprendido en las funciones del conversor analógico a digital (A/D), está gobernado por un oscilador controlado por tensión (VCO) que utiliza como entradas tanto la velocidad de símbolos como la estimación de tiempos. Estas entradas permiten realizar con precisión la conversión A/D, en los intervalos de tiempo que corresponden a la apertura óptima del diagrama de ojo demodulado.

El principio del módem MDP-4 se ha descrito anteriormente en el punto 4.2.5.1 (i). En esta arquitectura, el filtro adaptado suele realizarse en FI, antes de la conversión en banda de base conseguida por los mezcladores equilibrados dobles y los filtros de paso bajo. Pero es cada vez más corriente realizar la conformación de impulsos (es decir, el filtro adaptado) por medio de filtros digitales colocados después del conversor AD. Este tipo de demodulador será entonces como el representado en la figura 4.2-20.

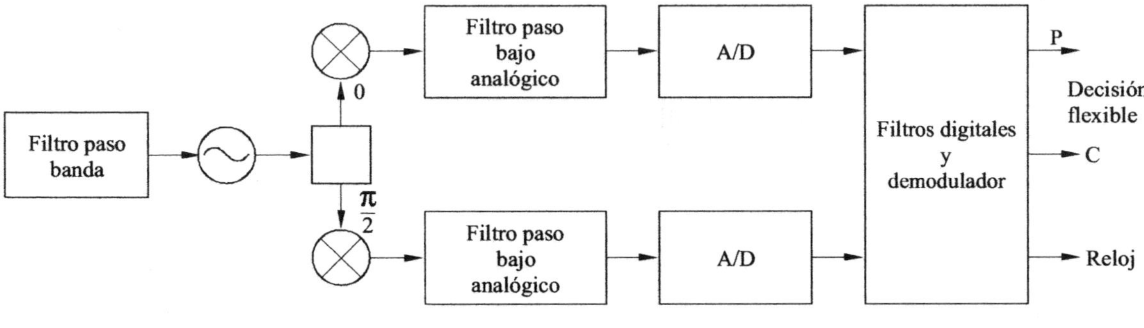

FIGURA 4.2-20

Diagrama de bloques típico de un demodulador digital

4.2.5.4   Nuevas técnicas para la transmisión en modo AMDT

Las transmisiones en modo ráfagas se caracterizan por limitaciones específicas y rigurosas. Por supuesto, como las ráfagas se transmiten en instantes diferentes desde distintas estaciones, habrá una incertidumbre en cuanto a los parámetros que caracterizan al transmisor, al receptor y por tanto a la forma de onda recibida (posición exacta del comienzo del intervalo, desfasaje y desplazamiento de frecuencia entre los osciladores de transmisión y recepción). Estos parámetros sólo pueden extraerse de los símbolos recibidos en la ráfaga actual, aunque la ráfaga sea muy breve. Esta operación tiene que repetirse en cada ráfaga. Además, la utilización del canal de satélite implica unos puntos de funcionamiento de relación señal/ruido muy baja.

Con unas limitaciones tan particulares, las estructuras digitales con decisión previa son muy adecuadas para esta clase de receptores. La figura 4.2-21 presenta un ejemplo de realización de una estructura de sincronización para receptor AMDT.

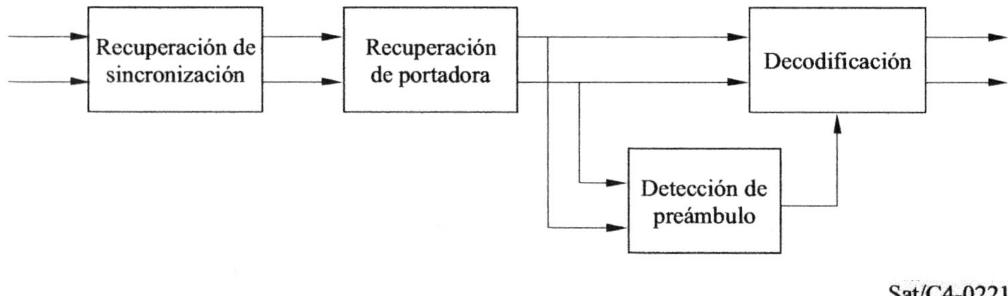

FIGURA 4.2-21

Ejemplo de realización para un módem AMDT

En un módem de este tipo, concebido para funcionar con una baja relación señal/ruido (alrededor de $(E_b/N_o)_{min} = 2$ dB) en modo ráfagas, el desplazamiento de frecuencia normalizado máximo $(\Delta fT_s)_{max}$ es uno de los parámetros importantes, siendo Δf el propio desplazamiento de la frecuencia y T_s el periodo del símbolo. Por supuesto, la velocidad de datos mínima (512 kbit/s, por ejemplo) y el máximo desplazamiento de frecuencia entre los osciladores de transmisión y de recepción (por ejemplo, 2 kHz) determinan $(\Delta fT_s)_{max}$. Esta especificación de entrada permite determinar una configuración óptima para la unidad de recuperación de portadora. Con una estructura de sincronización como la descrita, utilizando algoritmos de decisión previa, la longitud de ráfaga podría ser de 200 a 10 000 símbolos. El valor mínimo viene definido por el comportamiento de la unidad de recuperación de portadora en lo que atañe a la extracción de información de la fase de los símbolos y de la portadora, a partir de un reducido número de símbolos.

4.2.6   Técnicas de filtrado

4.2.6.1   Teoría simplificada

Cuando un impulso Dirac (impulso de ciclo de trabajo muy pequeño), indicado en la figura 4.2-22, se aplica a un filtro de paso bajo, la señal de salida en los tiempos de muestreo de los impulsos siguiente y precedente se denomina distorsión entre símbolos y actúa como un ruido perturbador.

De la figura 4.2-22 se desprende que un filtro determinado no introducirá interferencia entre símbolos (ISI) si se cumple la siguiente condición:

$$h\,(kT_s) = 0,\ \text{si } k \neq 0$$

donde h(t) representa la respuesta impulsiva del filtro, $1/T_s$ es la velocidad de símbolos y k es un número entero.

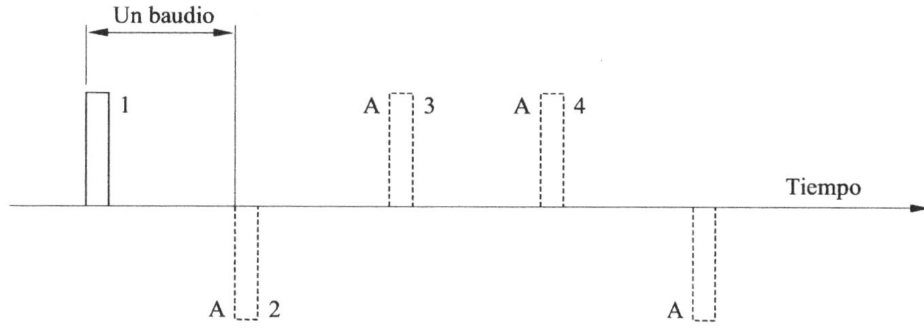

a) Entrada del filtro paso bajo

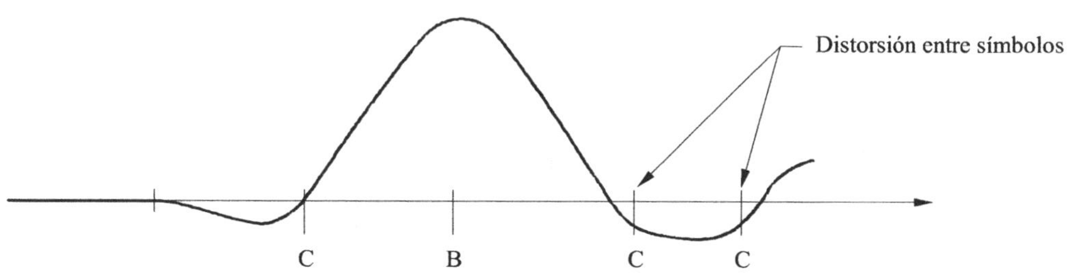

b) Salida del filtro paso bajo para el impulso N.°1

A: Impulsos siguientes
B: Tiempo de muestreo para el impulso N.°1
C: Tiempo de muestreo para los impulsos siguiente y precedente

Sat/C4-0222

FIGURA 4.2-22

Ejemplo de respuesta impulsiva

Así, pues, para obtener una señal demodulada exenta de ISI, la respuesta impulsiva del canal de transmisión debe respetar la condición anteriormente señalada. Bajo la denominación "canal de transmisión" se agrupan todas las etapas del tratamiento en las que se modifica la señal que transmite la información: los filtros digitales y analógicos, los conversores D/A y A/D con respuestas impulsivas, etcétera.

La condición para no sufrir interferencia entre símbolos puede expresarse también de una forma equivalente, a saber: la respuesta en frecuencia global del canal debe ser constante. Esto significa sencillamente que el canal se hace transparente, o, de otro modo, que la información no se ve afectada por la transmisión. Si, como es habitual, la atenuación global es suficientemente elevada para las frecuencias superiores a $1/T_s$, puede deducirse una condición explícita aplicable a la respuesta en frecuencia del filtro, que corrientemente se denomina "primer criterio de Nyquist": la respuesta en frecuencia del canal de transmisión global debe presentar una simetría hermítica en torno del punto $(1/2T_s, 1/2)$ (véase la figura 4.2-23).

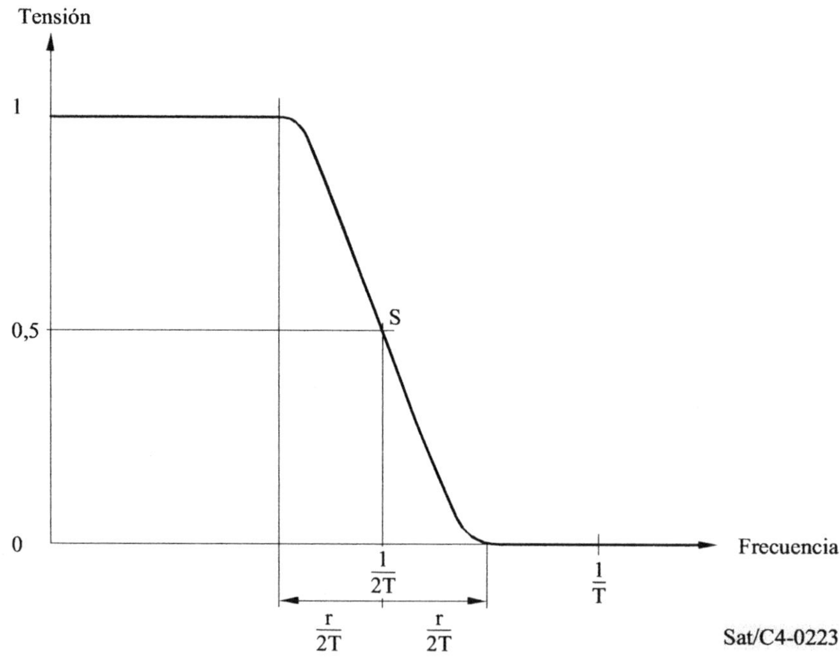

FIGURA 4.2-23

Características de la distorsión entre símbolos
y del filtro de corte progresivo

La práctica corriente es utilizar una característica de filtrado nominal de uno de los tipos siguientes:

- respuesta constante para: $0 < f < (1 - r)/2T$;

- respuesta sinusoidal para: $(1 - r)/2T < f < (1 + r)/2T$;

- respuesta nula para $f > (1 + r)/2T$.

El coeficiente r $(0 < r < 1)$ se denomina "corte decreciente progresivo" (*roll-off*).

En las transmisiones por satélite, los valores nominales del coeficiente están comprendidos entre $r = 0$ y $r = 0,5$.

Estas consideraciones conducen al diseño del filtro de canal global; todavía queda por describir cómo se reparte el filtrado. Dado que al menos se necesita un filtro en la parte del modulador para dar a la señal transmitida una forma apropiada, y que es obligatorio insertar otro filtro en el demodulador para rechazar la interferencia por ruido y perturbaciones, el filtrado global se divide en dos partes. Puede además demostrarse que el reparto óptimo consiste en dos filtros iguales, si el canal no hace más que añadir ruido blanco a la señal. De este modo, la respuesta en frecuencia del filtro de transmisión y la del filtro de recepción son ambas iguales a la raíz cuadrada de la respuesta en frecuencia del filtro global.

La misma teoría se aplica para filtros de paso banda perfectamente simétricos con respecto a la FI central. Si se utilizan filtros de paso banda imperfectamente simétricos, aparece otro tipo de distorsión entre símbolos, de una portadora a la otra (de I a Q y de Q a I, véase la figura 4.2-15).

4.2.6.2 Presentación básica de los filtros FIR

Un filtro de respuesta impulsiva finita (FIR, *finite impulse response*) actúa sobre una señal digital.

Cuando se muestrean estas señales, la señal de datos muestreada se denomina señal discreta en el tiempo. Aplicando el teorema de muestreo de Shannon (1949), es posible considerar una señal discreta en el tiempo como una imagen real de la señal original continua en el tiempo*. Cuando la señal discreta en el tiempo tiene un número finito de valores de amplitud distintos, se la denomina señal digital. Este proceso se llama cuantificación: cada muestra se convierte en un número representado por un grupo (palabra) de unos y ceros (bits), susceptible de tratamiento por métodos de cálculo digital (véase la figura 4.2-24).

Cuando se cumple el teorema de muestreo, el espectro de la señal discreta en el tiempo es una réplica periódica de la señal continua en el tiempo.

Se necesita un filtro de paso bajo (a menudo denominado filtro antisolape) para evitar la superposición debida a las frecuencias superiores a la mitad de la frecuencia de muestreo.

---

* Toda señal continua en el tiempo limitada en frecuencia puede representarse sin pérdida de información como una serie de muestras de la señal original cuando la frecuencia de muestreo es superior a la velocidad de Nyquist, es decir, el doble de la frecuencia máxima de la señal continua en el tiempo.

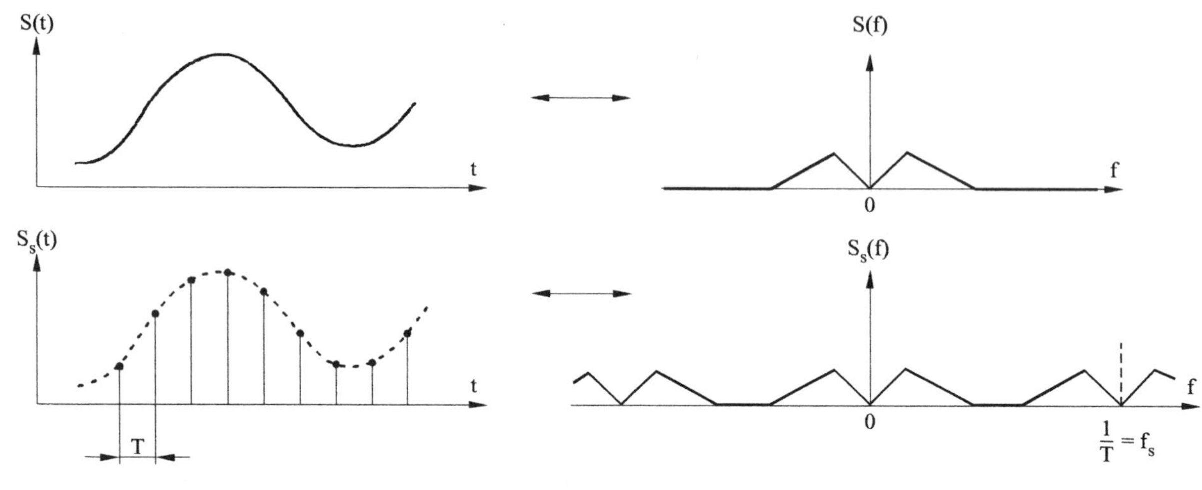

FIGURA 4.2-24

Relación espectral entre la señal continua y la muestreada

La definición de un filtro FIR puede entenderse fácilmente, si bien no de un modo estricto, por medio de una fórmula para filtrado analógico:

$$y\,(u) = \int_{-\infty}^{\infty} h\,(t)\cdot x\,(t-u) \quad dt \tag{27}$$

En su forma discreta puede expresarse del modo siguiente:

$$y\,(t) = \sum x\,(k\cdot T_e)\cdot h\,(t-k\cdot T_e) \tag{28}$$

donde T_e corresponde al periodo de muestreo. Puesto que la respuesta impulsiva del filtro puede despreciarse fuera de un segmento de tiempo determinado $[-M\cdot T_e,\ M\cdot T_e]$, esta convolución se convierte en:

$$y\,(t) = \sum_{k\,-M}^{M} (k\cdot T_e)\cdot h\,(t-k\cdot T_e) \tag{29}$$

Esta es exactamente la forma de la convolución FIR de longitud 2M + 1 (Figura 4.2-25).

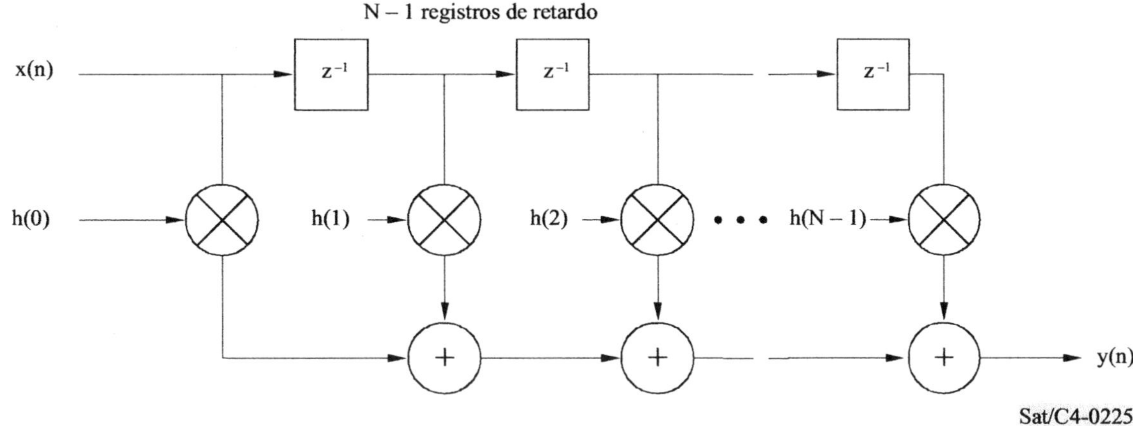

FIGURA 4.2-25

Estructura típica de un filtro FIR

REFERENCIAS

[4.1]   FUQIN, XIONG, [agosto, 1994] "Modem techniques in satellite communications", IEEE Communications Magazine, págs. 84 – 98.

[4.2]   SKLAR, B., "Digital Communications: Fundamentals and Applications".

[4.3]   HAYKIN, S., [1988] "G. D. Digital Communications", (Wiley).

[4.4]   SUNDBERG, C.-E., [abril, 1988] "Continuous Phase Modulation: A Class of Jointly Power and Bandwidth Efficient Digital Modulation Schemes with Constant Amplitude", IEEE Communication Magazine, vol. 24, N° 4, págs. 25 – 38.

[4.5]   JUING, FANG, [marzo, 1996] "The other digital modulation techniques". UIT-R, doc. 4HB/14, 25-28 de marzo de 1996.

[4.6]   ANDERSON, J.B., AULIN, T., SUNDBERG, C.-E., [1986] "Digital Phase Modulations", Plunum Press.

[4.7]   ZIMER, R.E., RYAN, C.R., [1983] "Minimum-shift-keyed Modem Implementation", IEEE Communications Magazine, vol. 21, N° 7, 1983.

[4.8]   FORNEY JR, G.D., [noviembre, 1970] "Convolutional codes-I: algebraic structure", IEEE Trans. on IT-16, N° 6.

[4.9]   LJU, C.L., FEHER, K., [marzo, 1991] "π/4-QPSK Modems for Satellite Sound/Data Broadcast Systems", IEEE Trans. on Broadcasting.

[4.10] FEHER, K., [1983] "Digital Communications: Satellite/Earth Station Engineering", Prentice-Hall Inc., Englewood Cliffs.

[4.11] PROAKIS, J.G., [1983] ·Digital Communications", McGraw-Hill, Nueva York.

[4-12] MARCUM, J., [1950] "Tables of Q-functions", RAND Corp., Rep. M-339, enero.

[4.13] BIC, J.C., DUPONTEL, D., IMBEAUX, J.C., [1986] "Elements of digital communications I, II", Dunod. París.

[4.14] BIGLIERI, E., DIVSALAR, D. *et al.* [1991] "Introduction to Trellis-Coded Modulations", Nueva York: MacMillan.

[4.15] VITERBI, A.J., OMURA, J.K. [1979] "Principles of Digital Communication and Coding", McGraw-Hill.

[4.16] UNGERBOECK, G., [enero, 1982] "Channel coding with multilevel/phase signals", IEEE Trans. on IT-28.

[4.17] BIGLIERY, E., [mayo, 1984] High-level modulation and coding for non-linear satellite channels", IEEE Trans.on Communications, vol. COM-32.

[4.18] UNGERBOECK, G., [febrero, 1987] "Trellis-Coded Modulation with Redundant Signal Sets, Part-1: Introduction, Part II: State of the Art", IEEE Communications Magazine, vol. 25, Nº 2.

[4.19] PIETROBON, S.S. *et al.* [enero, 1990] "Trellis-coded multidimensional phase modulation", IEEE Trans. on IT-36, Nº 1.

[4.20] VITERBI, A,J., WOLF, J.K. *et al.* [julio, 1989] "A pragmatic approach to trellis-coded modulation", IEEE Communications Magazine.

[4.21] PIETROBON, S.S., KASPARIAN, *et al.* [1994] "A multi-D trellis decoder for a 155 Mb/s concatenated codec", International journal of satellite communications, Vol. 12.

[4.22] DELARULLE, D., [1995] "A pragmatic coding scheme for transmission of 155 Mb/s SDH and 140 Mb/s PDH signals over 72 MHz transponders", Proc. ICDSC-10, págs. 319-324.

[4.23] [Flash-TV] "Flash-TV: Flexible and Advanced Satellite Systems for High Quality Television, with Interconnection with IBCNs", Race-II Project R2064.

[4.24] BERTRAND, D., "Modems for Digital Communications", [1996] Doc. 4HB/21.

CAPÍTULO 5

Acceso múltiple, asignación y arquitecturas de red

5.1 Introducción

El acceso múltiple es la posibilidad proporcionada a varias estaciones terrenas de transmitir simultáneamente sus portadoras respectivas a través del mismo transpondedor de satélite. Esta técnica permite que cualquier estación terrena situada en la zona de cobertura correspondiente reciba portadoras originadas en varias estaciones terrenas. Inversamente, una portadora transmitida por una estación a un transpondedor determinado puede ser recibida por cualquier estación terrena situada en la zona de cobertura correspondiente. Ello permite que una estación terrena transmisora pueda agrupar varias señales en una portadora multidestino única.

Un satélite de comunicaciones actúa como una estación relevadora y constituye un punto nodal de los circuitos que conectan las estaciones terrenas participantes. Dispone de una o más cadenas transpondedoras capaces de efectuar la transposición de frecuencia, amplificación y retransmisión de las señales recibidas de las estaciones terrenas del sistema. Pueden existir ciertas posibilidades de conmutación controlada entre algunas de las cadenas transpondedoras. Además, en algunos sistemas avanzados, se ha implementado el procesamiento a bordo (OBP, *on board processing*) para permitir una o más de las funciones siguientes: conmutación (en frecuencia, en el tiempo o en espacio, es decir, entre haces de antena), regeneración y procesamiento de la señal (principalmente procesamiento en banda de base). De hecho, la capacidad de transmisión de información de una cadena transpondedora (capacidad de cursar tráfico) es mayor que la que necesitan la mayoría de las estaciones terrenas transmisoras. Por consiguiente, y a fin de aprovechar plenamente la capacidad del transpondedor, se permite el acceso de más de una estación terrena a una cadena transpondedora, con transmisiones de destino único o múltiple. Ello constituye la función de acceso múltiple.

Pueden implementarse tres modos principales de acceso múltiple:

- acceso múltiple por distribución de frecuencia (AMDF), en el cual cada estación tiene asignada una frecuencia portadora en la anchura de banda del transpondedor (véase 5.2)

- acceso múltiple por distribución en el tiempo (AMDT), en el cual todas las estaciones utilizan la misma frecuencia portadora y anchura de banda, con distribución en el tiempo (es decir, no transmiten sus señales simultáneamente) (véase 5.3).

- acceso múltiple por diferenciación de código (AMDC), en el cual todas las estaciones comparten simultáneamente la misma anchura de banda y reconocen las señales por distintos procedimientos, tales como la identificación de los códigos.

Nótese además que:

- El AMDF puede estar asociado con una modulación analógica o digital. Por el contrario, AMDT y AMDC deben estar asociadas con una modulación digital.

- Al contrario que en AMDF o AMDC en los que se transmiten señales de forma continua, en AMDT las señales comparten el tiempo disponible, es decir, se transportan en forma de ráfagas discontinuas.

- Las tres categorías de acceso múltiple pueden combinarse. Por ejemplo, varias portadoras AMDT de mediana o baja velocidad binaria pueden compartir mediante AMDF el mismo transpondedor (véase 5.3.3), cosa que ocurre igualmente en el caso de portadoras AMDC.

Asimismo, existen dos formas de asignar canales de comunicación en las portadoras transmitidas:

- acceso múltiple con asignación previa (AMAP), en el cual los canales necesarios para las comunicaciones entre dos estaciones terrenas están asignados en forma permanente para su uso exclusivo;

- acceso múltiple con asignación por demanda (AMAD), en el cual la atribución de canales se modifica de conformidad con las llamadas que se efectúan (véase 5.5). El canal se selecciona automáticamente y sólo permanece conectado mientras se mantiene la comunicación. Este sistema aumenta considerablemente la eficiencia de la utilización de los transpondedores de satélite y, en general, de todo el sistema de comunicaciones, con respecto a la que se obtiene con el acceso múltiple con asignación previa.

Nótese que el AMAD puede estar asociado con AMDF o AMDT (con modulación analógica o digital).

5.2 Acceso múltiple por distribución de frecuencia

El acceso múltiple por distribución de frecuencia (AMDF) fue la primera técnica de acceso múltiple utilizada en las comunicaciones por satélite. Debido a su simplicidad y flexibilidad, sigue siendo muy utilizada. En el AMDF, se asignan frecuencias diferentes de un transpondedor a cada una de las portadoras (posiblemente multidestino) transmitidas por una estación terrena, asignándose una determinada anchura de banda proporcionalmente a la capacidad de las portadoras. Por lo tanto, los recursos del satélite se encuentran compartidos (véase la figura 5.1).

Un efecto desventajoso de este tipo de acceso múltiple es que debido a las no linealidades de la cadena del transpondedor y principalmente del amplificador de potencia, la transmisión simultánea de varias portadoras en el mismo transpondedor produce intermodulación entre dichas portadoras, generándose emisiones espurias o no deseadas (productos de intermodulación).

A fin de reducir el nivel de dicha interferencia, la potencia de salida de transmisión debe mantenerse considerablemente por debajo del punto de potencia de salida máxima (saturación). Esto se denomina "reducción de potencia" (*"back-off"*). Además, debe controlarse la potencia transmitida por cada estación terrena.

En el Capítulo 2 (véase 2.1.5) y en el Apéndice 5.2 se analizan en detalle los efectos de la intermodulación, así como en el Capítulo 7 (7.4.5.2) en lo que concierne al efecto sobre los amplificadores de potencia de las estaciones terrenas.

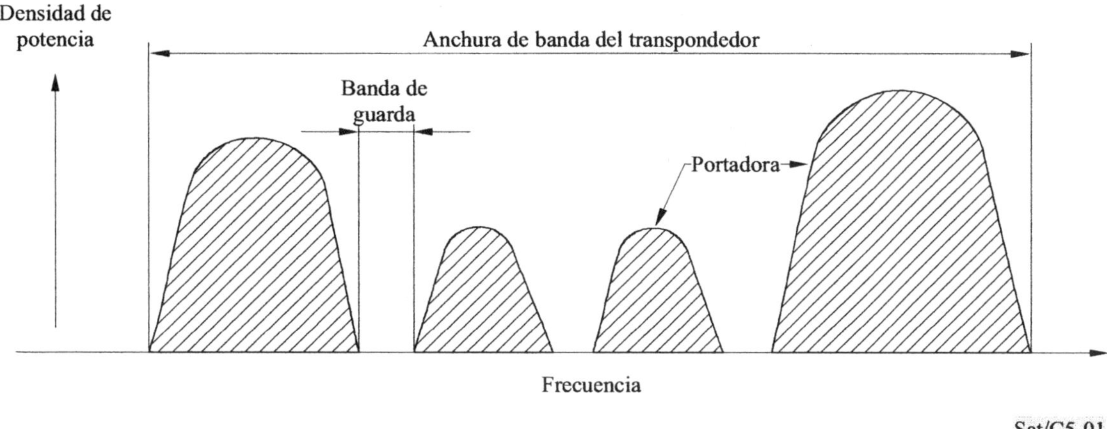

FIGURA 5.1

Plan de frecuencias de un transpondedor de satélite para una transmisión AMDF

El AMDF puede emplearse con distintos métodos de modulación – multiplexación, siendo los más comunes los siguientes:

- MDF-MF (analógico), en el cual las portadoras son moduladas en frecuencia por una señal de banda de base multiplexada por distribución de frecuencia.

- MDT-MDP (digital), en el cual las portadoras se modulan en modulación diferencial de fase (MDP) por una señal de banda de base multiplexada por distribución en el tiempo.

- SCPC (para estaciones terrenas con poco tráfico), en el cual cada canal telefónico (o de datos) modula la portadora, ya sea con modulación MDP (digital) o MF (analógica).

5.2.1   AMDF multiplexado

En el método AMDF multiplexado (MDF o MDT), a cada portadora se le asigna un canal de frecuencia separado que no se solapa con ningún otro, tal como puede verse en la figura 5.1. Los productos de intermodulación del amplificador de potencia se mantienen en niveles aceptables mediante una selección apropiada de las frecuencias o la reducción de los niveles de potencia de entrada, o ambos procedimientos, a fin de permitir un funcionamiento cuasilineal. Aunque este control puede ser asimismo necesario en estaciones terrenas[1] de tráfico medio y alto, este aspecto es crítico en el transpondedor del satélite, ya que la potencia de salida de éste es un parámetro muy importante y costoso. Típicamente, puede ser necesario reducir la potencia de salida en hasta 3 dB (reducción del 50%).

---

[1] En el caso de estaciones terrenas equipadas para la transmisión de varias portadoras a través del mismo amplificador de potencia, también es necesario reducir los productos de intermodulación haciendo funcionar al amplificador con una cierta reducción de potencia.

También deben tenerse en cuenta las distorsiones de la señal y la interferencia de los canales adyacentes.

La anchura de las bandas de guarda entre portadoras depende en parte de las bandas laterales residuales de las señales transmitidas. Para las mismas también deben tenerse en cuenta las derivas de frecuencia de los osciladores locales del satélite y de la estación terrena. En las transmisiones de muy baja velocidad binaria también pueden ser significativos los desplazamientos Doppler causados por los movimientos de los satélites.

En el cálculo de los efectos de los productos de intermodulación creados por los amplificadores del satélite y de la estación terrena deben tenerse en cuenta las variaciones de la intensidad relativa de la señal recibida en el satélite a causa de las fluctuaciones de la p.i.r.e. del transmisor de la estación terrena, las atenuaciones debidas a la lluvia, las pérdidas por errores de puntería de las antenas, etc.

La multiplexación y la modulación MDF-MF se tratan en el Capítulo 3 (3.4), el Capítulo 4 (4.1.1.1), el Capítulo 7 (7.5.2) y también en el Capítulo 8 (8.1.3), en lo que concierne al equipamiento múltiplex y los formatos de la banda de base.

En línea con la tendencia actual hacia una digitalización generalizada de las telecomunicaciones e igualmente hacia la implantación cada vez mayor de la RDSI, la técnica inicialmente establecida y dominante en la fase inicial de las comunicaciones por satélite (especialmente en las comunicaciones internacionales), es decir, MDF-MF-AMDF, ha sido ya con frecuencia sustituida por MDT-MDP-AMDF.

De hecho, la utilización de técnicas digitales permite un aumento significativo de la capacidad. MDT-MDP-AMDF puede ser extremadamente eficiente para enlaces punto a punto y punto a multipunto y para permitir ulteriores aumentos de la capacidad de tráfico mediante técnicas tales como la telefonía con codificación a baja velocidad (LRE, *low rate encoding*) y técnicas de procesado digital tales como la interpolación digital de la voz (DSI, *digital speech interpolation*) y los equipos multiplicadores de circuitos digitales (DCME, *digital circuit multiplication equipment*) (véase 3.3.7 del Capítulo 3).

La multiplexación[2] y modulación MDT-MDP se tratan en el Capítulo 3 (3.5), Capítulo 4 (4.2), Capítulo 7 (7.6.2.2), y lo relativo a los equipos múltiplex, los DCME, etc., se trata en el Capítulo 8 (8.1.4, etc.)

A fin de optimizar el balance del enlace y aumentar la eficiencia de la anchura de banda y la potencia disponibles, se aplican en general técnicas de corrección de errores sin canal de retorno (FEC, *forward error correction*) (véase 3.3.5 del Capítulo 3 y el Apéndice 3.2). Dado que existen diversos métodos de codificación y relaciones de código utilizables, la corrección de errores en recepción (FEC) permite adaptar de un modo flexible el diseño del balance de enlace, mediante soluciones de transacción entre las consideraciones de calidad (BER, probabilidad de errores en los bits) y las relativas a la anchura de banda ocupada. La codificación FEC puede emplearse para reducir las exigencias relativas a los parámetros del balance de enlace (por ejemplo, admitiendo

---

[2] Debido a que en el caso de multiplexación MDT-MDP-AMDF, al contrario de lo que ocurre en SCPC, pueden multiplexarse varios canales de comunicación en una sola portadora (posiblemente hacia varios destinos). Este tipo de transmisión se denomina a menudo de múltiples anales por portadora (MCPC, *multiple channels per carrier*).

estaciones terrenas más pequeñas) o para reducir la probabilidad de errores en los bits de un enlace determinado.

En conclusión, las posibilidades de MDT-MDP-AMDF son intermedias entre las del AMDF analógico y el AMDT. Como consecuencia del procesamiento digital (LRE, DSI, etc.), las capacidades de un transpondedor pueden aumentar significativamente (por ejemplo, en un factor de 2) en comparación con MDF-MF-AMDF. Aunque la capacidad potencial de un transpondedor enteramente AMDT (véase 5.3) es aún mayor, MDT-MDP-AMDF permite una transición más sencilla para la digitalización de los equipos en las estaciones terrenas existentes (puede ser suficiente cambiar los módems MDF-MF y, por supuesto, la interfaz terrestre, incluido el equipo múltiplex).

5.2.2 Sistema de un solo canal por portadora (SCPC – "Single-channel-per-carrier")

En un sistema SCPC, cada portadora es modulada por un solo canal vocal (o de datos a media o baja velocidad). En el caso de telefonía, este canal puede ser objeto de diversas formas de tratamiento.

Algunos sistemas analógicos (más antiguos) utilizan modulación de frecuencia compandida (MFC, véase 3.2.1 del Capítulo 3), pero la mayoría son digitales (con modulación MDP). Aunque algunos sistemas siguen utilizando modulación por impulsos codificados (MIC) con modulación de portadora[3] MDP-4 (MDPQ), actualmente se prefieren en general sistemas MICDA de 32 kbit/s con codificación a baja velocidad (LRE), combinados con potentes esquemas FEC y modulación MDP-4 (MDPQ) o MDP-2 (MDPB), especialmente para sistemas nacionales y sistemas de terminales de apertura muy reducida (VSAT, *very small aperture terminals*).

En la transmisión de voz, la portadora es activada por la voz, lo que permite un ahorro de energía de hasta el 60% en el transpondedor del satélite (las portadoras sólo están en actividad, como promedio, el 40% del tiempo).

Los sistemas SCPC-MFC (compandida) tienen una anchura de banda de radiofrecuencia de 22,5 kHz, 30 kHz o 45 kHz por portadora, mientras que los sistemas SCPC digitales (SCPC-MDP) utilizan desde 45 kHz (64 kbit/s) hasta 22,5 kHz (32 kbit/s) o incluso menos (LRE). Un transpondedor de 36 MHz podrá, por tanto, establecer de 800 a 1 600 canales SCPC simultáneos (véase la figura 5.2). En los sistemas AMDF es asimismo posible que el transpondedor sea compartido por portadoras SCPC y por portadoras MDT.

En el Capítulo 7 (véase 7.6.2.1) puede encontrarse información mucho más detallada sobre el funcionamiento y el equipamiento de las estaciones terrenas de los sistemas SCPC.

La asignación de canales de transpondedores a estaciones terrenas puede ser fija (AMAP) o variable. En este último caso (AMAD), los intervalos de canal de transpondedor se asignan a las distintas estaciones terrenas de acuerdo con sus necesidades en cada momento (véase 5.5).

---

[3] Históricamente este fue el primer sistema SCPC utilizado en comunicaciones internacionales (Especificación IESS-303 de INTELSAT).

Los sistemas SCPC son eficientes en costes en el caso de redes con un número significativo de estaciones terrenas, cada una de las cuales necesita está equipada con número reducido de canales (por ejemplo, rutas pequeñas para telefonía rural). En el caso de un tráfico relativamente intenso, los sistemas MDT-MDP-AMDF suelen ser más económicos.

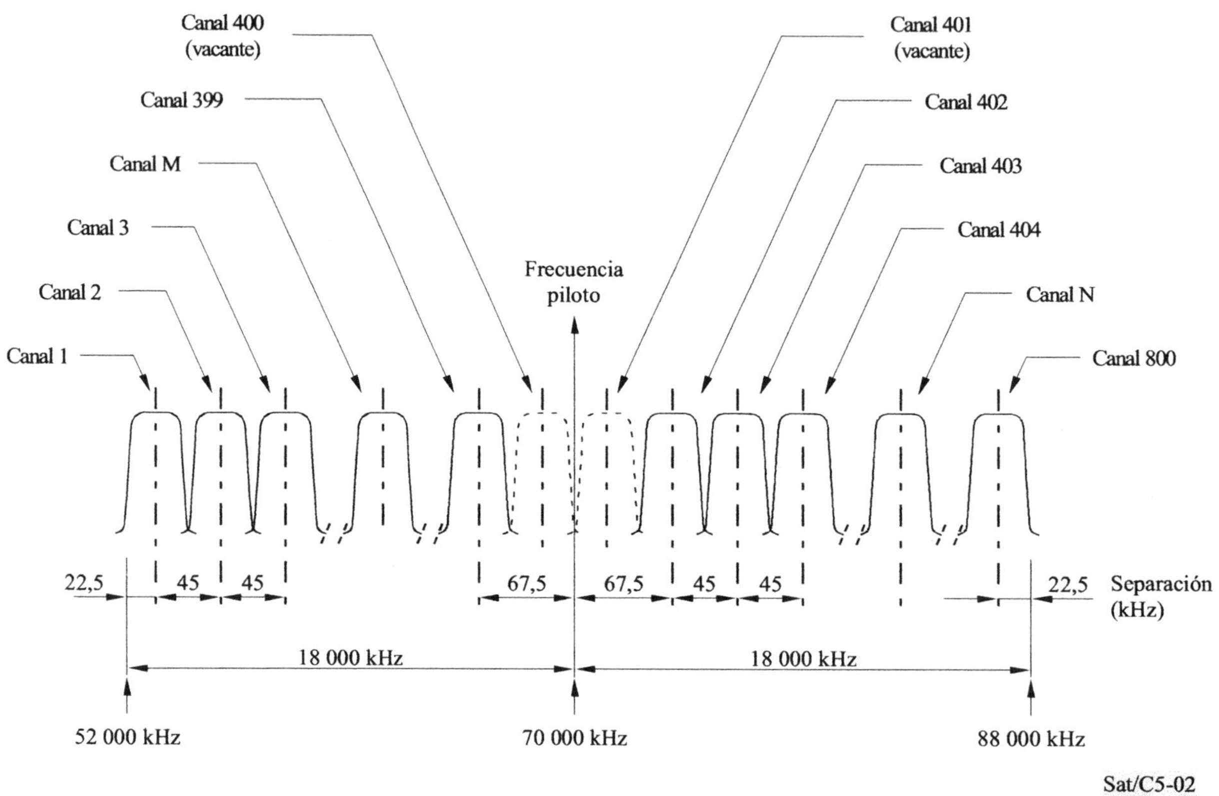

FIGURA 5.2

Plan de frecuencias típico de un transpondedor de satélite para canales SCPC de 45 kHz

5.3 Acceso múltiple por distribución en el tiempo

El acceso múltiple por distribución en el tiempo (AMDT) es una técnica digital de acceso múltiple que permite al satélite recibir las transmisiones de distintos terminales terrenos en intervalos de tiempo separados, que se denominan ráfagas, entre los que no hay superposición y en los que se almacena temporalmente la información (por ejemplo, la telefonía digital). Cada estación terrena debe determinar la temporización y la distancia del sistema de satélite, a fin de que las señales transmitidas, generalmente con modulación MDP cuadrifásica (MDPQ), lleguen a éste en los intervalos de tiempo apropiados, tal como se muestra en la figura 5.3. La temporización de las señales y los detalles de los formatos de éstas se examinarán más adelante. Debe señalarse que la velocidad binaria de las ráfagas transmitidas es en general muchas veces mayor que la de los trenes binarios continuos que llegan a la entrada del terminal de la estación terrena.

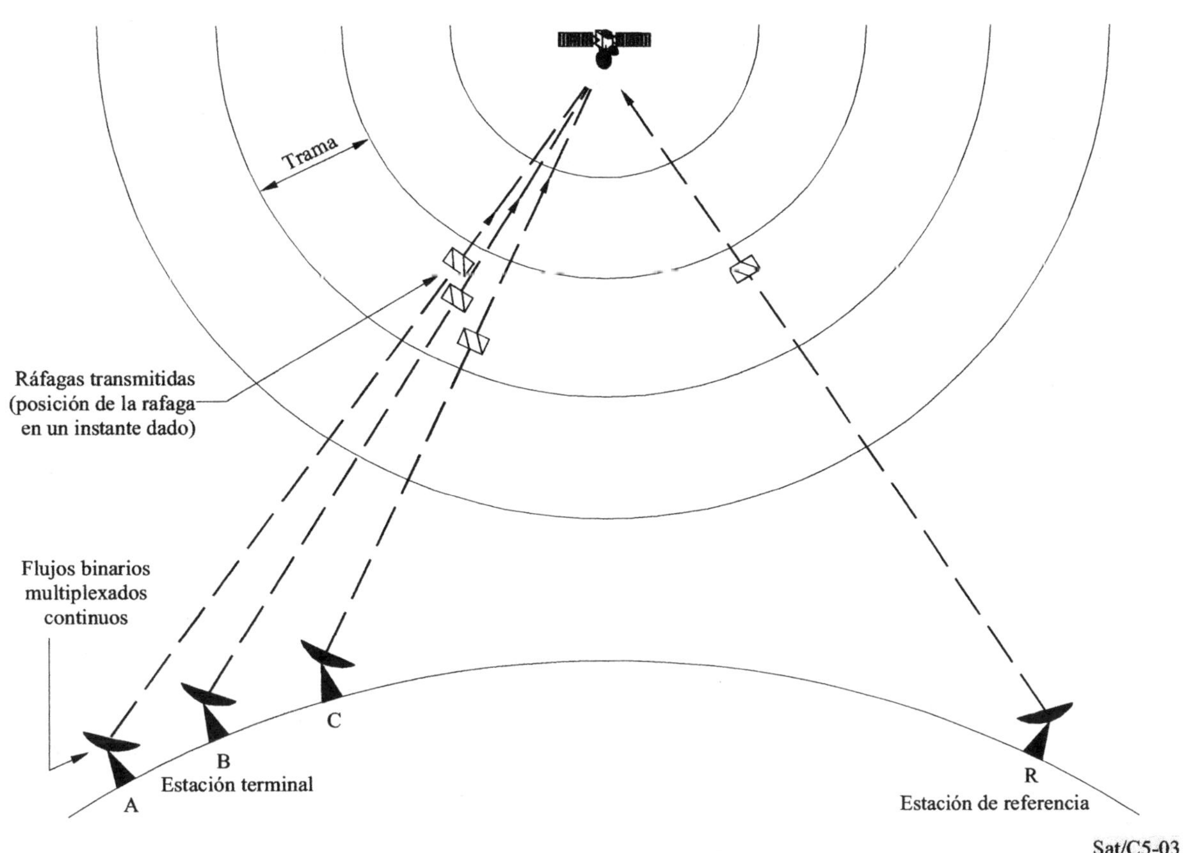

FIGURA 5.3

Configuración de un sistema AMDT

El sistema AMDT tiene las siguientes características que lo diferencian del AMDF:

i) El transpondedor del satélite sólo transporta una radiofrecuencia portadora (que incluye el tráfico procedente de varias estaciones terrenas). En consecuencia, no existe intermodulación causada por alinealidades y el transpondedor del satélite puede funcionar próximo al nivel de saturación[4], lo que permite aprovechar de modo eficiente la energía de que dispone el satélite.

ii) En el sistema AMDT, la capacidad no disminuye muy marcadamente con el aumento del número de las estaciones que tienen acceso. Generalmente, un transpondedor de 80 MHz (satélite de INTELSAT) que cursa una portadora AMDT admite aproximadamente 1600 canales telefónicos con una velocidad binaria de 64 kbit/s por canal. Nótese que la aplicación de las técnicas de interpolación digital de la voz (DSI) y de equipos multiplicadores de circuitos digitales (DCME) permiten multiplicar la capacidad de transmisión en un facto comprendido ente dos y cinco, no siendo ello una característica exclusiva de los sistemas AMDT y, tal como se ha señalado anteriormente (véase 5.2.1), son técnicas que pueden implementarse en cualquier portadora MDT.

iii) El establecimiento de nuevos requisitos de tráfico y las modificaciones de éstos pueden atenderse fácilmente mediante cambios en la duración y posición de las ráfagas.

Tal como se ha explicado en el punto 5.1, AMDT puede combinarse con AMDF compartiendo así un transpondedor entre una portadora AMDT y otras, por ejemplo, portadoras multiplexadas. Este proceso combinado AMDF – AMDT se analiza en detalle en 5.3.3. Sin embargo, solamente cuando la técnica AMDT se utiliza en solitario en un transpondedor, se obtiene enteramente la eficiencia señalada en el apartado i) anterior.

5.3.1   Configuración de los sistemas

Tal como se muestra en la figura 5.4, a cada estación terrena de un sistema AMDT, acceden en paralelo a través de los módulos de la interfaz terrenal (TIM, *terrestrial interfaces modules*) trenes binarios (o señales analógicas que se digitalizan) y destinados a distintas estaciones terrenas receptoras. A continuación, los trenes binarios se agrupan en los módulos de interfaz terrenal para constituir conjuntos de bits denominados subrráfagas. Cada subrráfaga contiene información, procedente de un módulo de interfaz terrenal y destinada a una estación terrena receptora (o a un determinado número de estaciones terrenas receptoras). Las memorias intermedias del sistema AMDT convierten estos trenes binarios serie en una ráfaga de bits de datos. En esta ráfaga, las subrráfagas se asignan a distintas partes de la ráfaga AMDT de transmisión a continuación de un grupo de bits denominados preámbulo. El modulador convierte entonces la ráfaga en señales en frecuencia intermedia (en general señales MDPQ).

En una estación terrena receptora (figura 5.5), el receptor AMDT demodula cada una de las ráfagas procedentes de los distintos terminales AMDT de las estaciones terrenas y extrae exclusivamente las partes necesarias (subrráfagas) a fin de recuperar, mediante los TIM, los distintos trenes binarios serie.

---

4 Sin embargo, debido al efecto del filtrado sobre las señales digitales, las no linealidades pueden obligar a una pequeña reducción de potencia de los amplificadores (satélites y estaciones terrenas). Véase 2.1.5.3 del Capítulo 2.

Como puede verse en la figura 5.6, la señal de entrada a un transpondedor de satélite que transporta una señal AMDT consiste en una serie de ráfagas originadas en cierto número de estaciones terrenas. A esta serie de ráfagas se denomina trama AMDT. Tal como se indica en la figura, entre las ráfagas se deja un pequeño lapso, denominado tiempo de guarda, a fin de asegurar que no se producen superposiciones.

La primera ráfaga de la trama no contiene tráfico y se emplea para la sincronización y para el control de la red. Esta ráfaga se denomina ráfaga de referencia y es transmitida por una estación terrena especial denominada estación de referencia que se encarga de proporcionar la sincronización, la supervisión y la gestión del tráfico de todo el sistema.

Cada ráfaga se transmite periódicamente, a intervalos que corresponden a la frecuencia de trama AMDT y que son múltiplos de 125 µs (correspondientes a la frecuencia de muestreo convencional de 8 kHz de los sistemas MIC). En cada ráfaga de tráfico, el preámbulo se utiliza para sincronizar esa ráfaga y para funciones de control de red. La ráfaga de referencia sólo contiene el preámbulo. En general, el preámbulo de la ráfaga está constituido por las siguientes partes:

- una secuencia de recuperación de la portadora y temporización de los bits, cuya función es proporcionar la referencia de portadora y la temporización de bits, necesarios para la demodulación en los terminales receptores;
- una configuración de bits denominada "palabra única", que se utiliza para identificar la posición inicial de la ráfaga en la trama, y la posición de los bits en la ráfaga, así como para resolver ambigüedades en los bits de la portadora MDP recibida;

Nótese que la temporización de la trama de transmisión se obtiene en general a partir de la temporización de trama recibida a la que se añade un retardo (Dn) que puede proporcionar la estación de referencia a través de la ráfaga de referencia:

- bits de servicio, que permiten las comunicaciones telefónicas y de otro tipo entre estaciones;
- bits de control, con información para la gestión de la red. Esta parte del preámbulo se denomina "canal de control".

En los sistemas AMDT puede implementarse una característica suplementaria, a saber, la ampliación del funcionamiento de AMDT a varios transpondedores de satélite.

En este caso (que es el que se utiliza en la norma AMDT de INTELSAT), una trama única puede corresponder a distintas frecuencias portadoras y/o polarizaciones gracias a la técnica de "salto de transpondedor" ("*transponder hopping*"), es decir, la conmutación rápida en los terminales AMDT de las estaciones terrenas entre las frecuencias y polarizaciones de los transpondedores relevantes.

5.3.2 Sincronización en los sistemas AMDT

El funcionamiento de un sistema AMDT presenta varios problemas diferentes de sincronización.

Para demodular las portadoras recibidas en modo de ráfaga moduladas con MDP, es necesario recuperar la portadora y la temporización de los bits dentro de la secuencia de recuperación incluida al comienzo de cada ráfaga. Así, el demodulador AMDT dispone usualmente de circuitos de muy alta velocidad para la recuperación de la portadora y de la sincronización del reloj.

Otro problema crítico de sincronización es el relativo a la temporización de la transmisión de las ráfagas desde cada una de las estaciones de acceso a fin de evitar la superposición de las mismas en el transpondedor del satélite. Este control se denomina sincronización de ráfagas. La sincronización de ráfagas permite que cada ráfaga mantenga una diferencia de tiempo preestablecida con respecto a la posición de la ráfaga de referencia (recibida de la estación de referencia) en el transpondedor del satélite. Para lograr esta sincronización se han estudiado los siguientes métodos:

- sincronización "de haz global": el error de temporización de transmisión se detecta en cada estación transmisora mediante el examen de la secuencia de la señal recibida, que incluye su propia transmisión y la de una estación de referencia;

- sincronización por realimentación: la detección del error de temporización se efectúa en la estación receptora o la estación de referencia, y la información sobre el error de posición de la ráfaga se envía a la estación transmisora por el canal de control;

- sincronización de bucle abierto: la temporización de transmisión se determina conociendo (por cálculo o medición) la distancia desde cada estación terrena al satélite.

Hay que señalar que en los dos primeros métodos, la sincronización de ráfagas se basa en métodos de bucle cerrado. El método final exige que la estación esté en condiciones de recibir del satélite las propias ráfagas transmitidas.

En el caso del AMDT con conmutación a bordo del satélite (AMDT-CS) en el que para la transmisión de los enlaces descendentes se emplean varios haces de cobertura no global (haces estrechos), se necesita un tipo adicional de sincronización. Dado que es necesario encaminar las ráfagas por los diferentes haces estrechos, de acuerdo con su destino, empleando una matriz de conmutación a bordo del satélite, la trama AMDT ha de estructurarse con una secuencia síncrona de conmutación en la cual se asignen a cada zona de cobertura uno o varios intervalos de tiempo de la trama completa.

5.3.3   Un ejemplo típico: el sistema AMDT de INTELSAT Y EUTELSAT

En el cuadro 5.1 se muestran los principales parámetros de transmisión de los sistemas AMDT más importantes en explotación actualmente, es decir, los que han sido normalizados e implementados en los sistemas de satélites de INTELSAT y EUTELSAT.

Estos sistemas están diseñados para funcionar con transpondedores de 72 MHz u 80 MHz en las bandas de 6/4 GHz y 14/11 GHz, siendo también compatibles con transpondedores con conmutación a bordo (AMDT-CS). Las interfaces terrestres pueden ser equipadas para el funcionamiento con interfaces digitales directas (DDI, *direct digital interface*) a 2 Mbit/s o con módulos de interpolación digital de la voz (DSI, *digital speech interpolation*).

Los sistemas utilizan estaciones de referencia para la adquisición y sincronización de las ráfagas de tráfico. Cada estación de referencia está dotada de redundancia suficiente para proporcionar un alto grado de fiabilidad y, con el fin de satisfacer los requisitos de continuidad del servicio de INTELSAT y EUTELSAT, por cada estación de referencia que funciona en una zona de cobertura dada, existe una estación de referencia secundaria. No obstante, en el AMDT-CS se necesitan sólo dos estaciones de referencia por sistema para conseguir la misma continuidad del servicio. Las estaciones de referencia están asimismo encargadas de supervisar el sistema AMDT.

Gracias a la utilización de la tecnología más moderna (circuitos VLSI, módems digitales avanzados, códecs con FEC, sistemas de control y supervisión computerizados, etc.), existen actualmente nuevos terminales AMDT compactos. En el Capítulo 7 se presenta información adicional relacionada con los sistemas AMDT y con los terminales de las estaciones terrenas (véase 7.6.3).

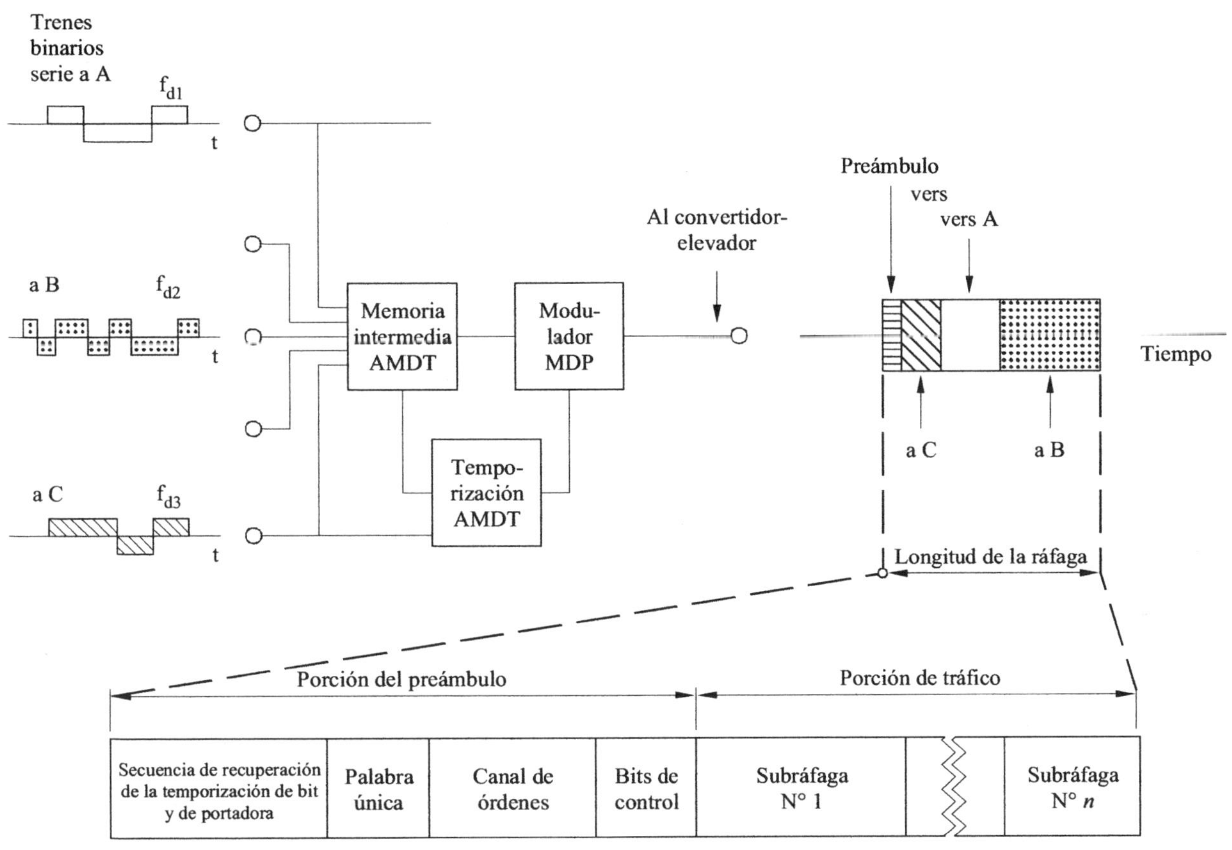

FIGURA 5.4

Funcionamiento y formato de datos simplificados de un terminal AMDT en transmisión

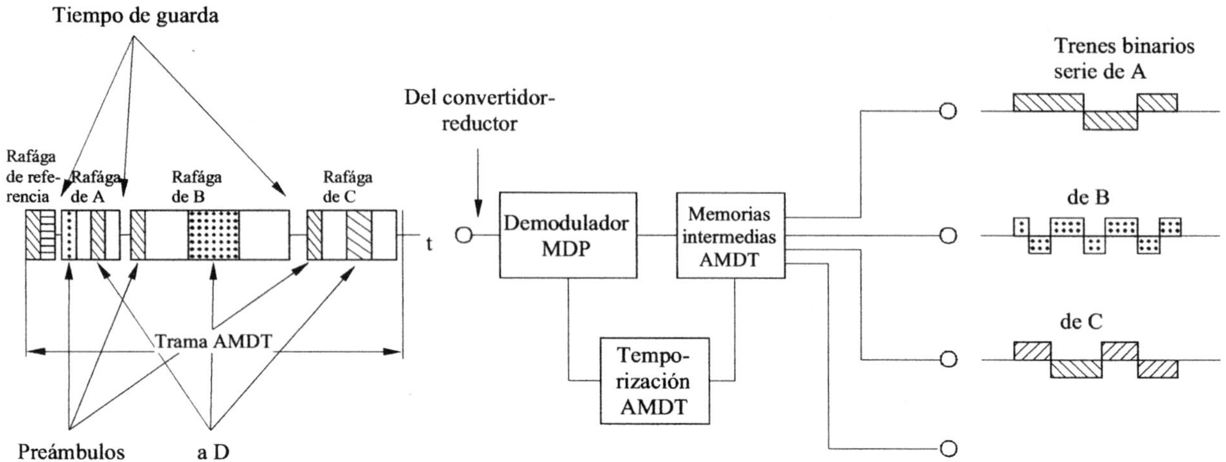

FIGURA 5.5

Funcionamiento y formato de datos simplificados de un terminal AMDT en recepción

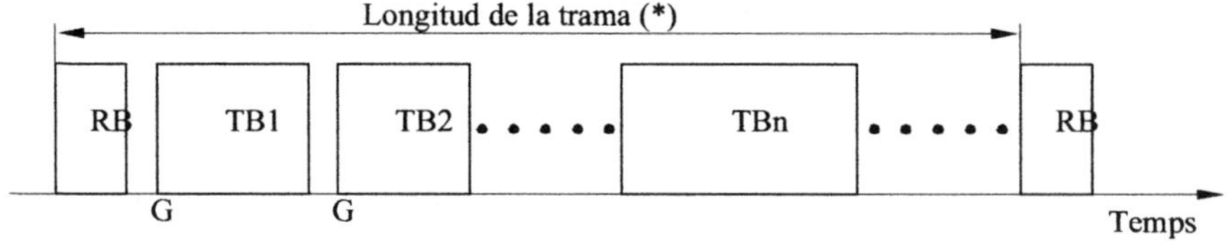

RB: ráfaga de referencia
    (puede haber una ráfaga de referencia secundaria, como por ejemplo ocurre en los AMDT de INTELSAT y EUTELSAT).
TB: ráfaga de tráfico
G: tiempo de guarda
(*): Por ejemplo, 2 ms o 120 832 símbolos (MDP-4 en los sistemas AMDT de INTELSAT y EUTELSAT)   Sat/C5-06

FIGURA 5.6

Estructura de trama simplificada de un sistema AMDT

CUADRO 5.1

**Principales parámetros de transmisión del
sistema AMDT de INTELSAT/EUTELSAT**

Velocidad binaria de transmisión
Bandas de frecuencia
	120,832 Mbit/s
	Transmisión: 6 GHz (INTELSAT)
	                14 GHz (EUTELSAT)
	Recepción 4 GHz (INTELSAT)
	                11 GHz (EUTELSAT)

Modulación Velocidad binaria de símbolos Demodulación Codificación Codificación de corrección de errores (FEC)	MDP-4 (MDPQ) 60,431 Msímbolos/s Coherente Absoluta (no diferencial) Relación 7/8, BCH (facultativa)
Anchura de banda nominal de en FI/RF	72 MHz
p.i.r.c. máxima de la estación terrena	81,5 dBW (6 GHz, INTELSAT) NOTA – p.i.r.e. para el satélite INTELSAT VII, ángulo de elevación mínimo, es decir, 10° y centro del haz (se deben aplicar factores de corrección para otros ángulos y ubicaciones) 83 dBW (14 GHz, EUTELSAT) NOTA – p.i.r.e. para 14 GHz y ubicación en el caso peor (se deben aplicar factores de corrección para otras frecuencias y ubicaciones).
Proporción máxima de bits erróneos prevista	Conforme a las Recomendaciones UIT sobre la RDSI.
Interfaces terrestres	Con interpolación digital de la voz (DSI) o sin interpolación digital (DNI)

5.3.4 Acceso múltiple por distribución de frecuencia y distribución en el tiempo (AMDF-AMDT)

Tal como se ha explicado, el AMDT puede combinarse con el AMDF transmitiendo una portadora AMDT que sólo utilice una porción de un transpondedor de satélite, es decir, compartiendo mediante AMDF el transpondedor entre la portadora AMDT y otras portadoras (AMDT o continuas). Mientras las transmisiones AMDT a transpondedor completo utilizan normalmente velocidades binarias elevadas (por ejemplo, de 60 a 120 Mbit/s) y ocupan toda la anchura de banda del transpondedor, las transmisiones AMDF/AMDT emplean velocidades binarias inferiores (por ejemplo de 30 a 10 Mbit/s o incluso menos).

Este tipo de método de acceso múltiple también exige una reducción de la potencia de salida significativa de los amplificadores de potencia, por lo cual la eficiencia del transpondedor es inferior que en caso de AMDT puro.

Sin embargo, esta técnica se adapta bien a ciertas configuraciones de tráfico, manteniendo algunas de las ventajas del AMDT puro, especialmente para la transmisión de datos[5] . También resulta de interés la posibilidad de proporcionar asignación por demanda de los canales dentro de cada trama AMDT. En AMDT con asignación bajo demanda (AMDT-AD), una estación central o de control asigna intervalos de tiempo a las estaciones terrenas.

5.3.5   Transmisión en modo paquete

En las comunicaciones de datos en modo paquete, la información se transmite agrupando los datos en paquetes. Cada paquete incluye normalmente una cabecera y una carga útil. Esta última contiene la información propiamente dicha, mientras que la primera contiene todos los datos de servicio necesarios para la identificación y encaminamiento del paquete. Las comunicaciones en modo paquete se implementan a menudo en las redes VSAT, con una arquitectura en estrella y una estación central, denominada "principal", que actúa como conmutador de paquetes.

En 5.3.6 se trata un caso particular de comunicación en modo paquete realizada directamente a través de satélites.

En el Suplemento UIT-R sobre "Sistemas y estaciones terrenas VSAT" puede encontrarse información adicional sobre la transmisión y conmutación de paquetes en redes VSAT.

La forma más moderna de comunicaciones en modo paquete es el modo de transferencia asíncrono (ATM, *asynchronous transfer mode*) normalizado por el UIT-T, especialmente para la RDSI de banda ancha (RDSI-BA). En ATM, los paquetes son pequeños, de tamaño fijo, constituyendo bloques de datos llamados células (de 53 bytes de longitud, incluyendo una cabecera de 5 bytes).

Sin embargo, debe señalarse que en el caso de comunicaciones ATM (por ejemplo, en la RDSI-BA), cuando en la red se implementa un enlace por satélite, éste se utiliza simplemente como medio de transmisión para el cual la técnica AMDT de acceso aleatorio constituye un modo de transmisión espacialmente bien adaptado. Solamente en el caso de satélites con procesamiento a bordo, el satélite se puede utilizar como un conmutador ATM. En el Capítulo 3 (punto 3.5.4 y apéndice 3.4) se presenta una descripción más detallada de la técnica ATM y de su compatibilidad con las comunicaciones por satélite.

5.3.6   AMDT con acceso aleatorio (AMDT-AA)

El AMDT con acceso aleatorio, el modo de acceso y asignación utilizado en los denominados sistemas ALOHA, constituye un tipo particular de AMDT de baja velocidad, en virtud del cual un gran número de usuarios comparte asíncronamente la capacidad del transpondedor del satélite mediante la transmisión aleatoria de paquetes o ráfagas de corta duración.

Existen varios tipos de sistemas ALOHA; los principales son el ALOHA puro y el ALOHA ajustado a intervalos de tiempo.

---

[5] El AMDT de baja velocidad puede ser ventajoso, por ejemplo, en redes de comunicaciones corporativas compuestas de estaciones terrenas de apertura muy pequeña (VSAT).

En el método ALOHA puro, la transmisión de paquetes se produce en momentos totalmente aleatorios. Cada terminal de usuario puede transmitir un paquete en cualquier momento que lo necesite. Los paquetes así transmitidos por diferentes terminales de usuario pueden superponerse en el transpondedor del satélite. Dicha superposición o colisión es supervisada por los propios terminales o por una estación de control y un proceso de acuse de recibo. Los paquetes que no llegan con éxito, se vuelven a transmitir hasta su correcta recepción por parte del usuario.

Cuando el volumen de tráfico es pequeño, la probabilidad de la transmisión exitosa en un único salto satelital, es decir, con un retardo reducido, es alta. Sin embargo, la probabilidad de colisión aumenta con el volumen de tráfico hasta alcanzar un límite en el que el sistema es inestable, lo cual significa que debe implementarse un mecanismo de control.

En el método ALOHA ajustado a intervalos de tiempo, se introduce un mecanismo de sincronización en el AMDT: una estación de control transmite a los terminales información de temporización que define intervalos de tiempo cuya duración es aproximadamente igual a la longitud del paquete. A cada terminal de usuario se le permite entonces transmitir un paquete solamente al comienzo de un intervalo. Dos o más paquetes transmitidos en el mismo intervalo producirán una colisión en el transpondedor del satélite y será necesaria la retransmisión, pero dado que no se producirán colisiones parciales la probabilidad global de colisión de paquetes es menor.

Además del elevado retardo de transmisión medio (debido a las retransmisiones), el parámetro operacional más significativo de los sistemas ALOHA es su caudal, es decir, la relación entre el tráfico realmente transmitido y la capacidad total de la portadora AMDT. Puede demostrarse que el caudal máximo de un sistema ALOHA puro es del 18,4, que aumenta hasta el 34,8 % para el ALOHA ajustado a intervalos de tiempo.

Debido a la simplicidad de su implementación, los sistemas ALOHA por satélite se utilizan ampliamente en transmisiones de datos a velocidades más bajas (en las que el retardo no es un problema principal), especialmente en redes de empresas empleando microestaciones (VSAT). Otra aplicación muy habitual es para canales de señalización común, por ejemplo, para sistemas de reserva de sistemas de acceso múltiple con asignación por demanda (AMAD).

En Suplemento N°. 3 al «Manual de Telecomunicaciones por satélite (Servicio fijo por satélite)», Ginebra, 1988 del UIT-R sobre "Sistemas y estaciones terrenas VSAT" puede encontrarse información adicional sobre los sistemas AMDT con acceso aleatorio.

5.4 Acceso múltiple por diferenciación de código (AMDC)

5.4.1 Conceptos básicos de técnicas de AMDC y de ensanchamiento de espectro

Existe una tercera categoría de sistemas de acceso múltiple que se denomina acceso múltiple por diferenciación de código (AMDC). Los sistemas AMDC fueron diseñados originalmente para sistemas militares, pero actualmente se utilizan en sistemas comerciales.

En el AMDF, el transpondedor del satélite amplifica simultáneamente las señales de varios usuarios en una anchura de banda dada, pero a frecuencias diferentes. En el AMDT, se amplifican en instantes diferentes pero a la misma frecuencia nominal (que se extiende en una anchura de banda por el proceso de modulación). En la tercera categoría de acceso múltiple, denominado acceso múltiple por diferenciación de código (AMDC), las señales utilizan simultáneamente la misma frecuencia nominal, pero se extienden en la anchura de banda dada (asignada) gracias a un proceso de codificación específico. La anchura de banda ocupada puede ser toda la anchura de banda del transpondedor, pero a menudo ésta se restringe a parte del transpondedor (de hecho, el AMCD puede combinarse, si es necesario, con AMDF y/o AMDT).

En lo que se refiere al proceso de codificación, a cada usuario se le asigna específicamente una "secuencia signatura", es decir, con su propio código característico elegido de entre un conjunto de códigos asignados individualmente a cada usuario del sistema. Este código se mezcla, como una modulación suplementaria, con la señal de información útil. En la recepción, la estación es capaz de reconocer por su código la señal que le está destinada, entre todas las señales que recibe, y extrae la información correspondiente. Nótese que las restantes señales recibidas pueden estar destinadas a otros usuarios, pero pueden asimismo proceder de emisiones indeseadas, lo cual otorga al AMCD ciertas características de protección contra interferencias. Para esta operación, en la que es necesario identificar una señal entre varias otras que comparten la misma banda al mismo tiempo, se utilizan generalmente técnicas de correlación.

Las dos técnicas AMDC más habituales son:

*   Secuencia directa (SD), también denominadas de modulación por seudorruido, y que es la técnica más utilizada;

*   Modulación por salto en frecuencia (SF).

Aunque los sistemas SF tienen aplicaciones en las comunicaciones por satélite y se han propuesto otras técnicas, tales como el salto en el tiempo, en este apartado se tratará esencialmente de los sistemas de secuencia directa (SD).

Como consecuencia de la utilización de estas técnicas, la anchura de banda transmitida (la anchura de banda asignada a la que se ha hecho referencia anteriormente) es mucho más grande (por ejemplo, en un factor de 10^3 o más) que la anchura de banda de base de la señal de información. Por esa razón, estos procesos se denominan de ensanchamiento de espectro o de acceso múltiple por ensanchamiento de espectro (AMEE).

A continuación se resumen algunas de las características técnicas de los sistemas AMDC:

*   A diferencia de los sistemas AMDF y AMDT, sólo es necesaria una coordinación dinámica mínima entre los diversos transmisores (en frecuencia o en el tiempo).

- El sistema se adapta intrínsecamente a múltiples usuarios (cada uno con su propio código), pudiendo añadirse fácilmente nuevos usuarios. En principio, no se necesita ningún sistema de control de asignación de canales[6]. Solamente la calidad de la transmisión (relación señal a ruido) se ve sometida a una cierta degradación no perjudicial cuando aumenta la carga del transpondedor del satélite. Esto se debe a que en cada estación terrena se reciben todas las restantes señales (no destinadas a dicha estación terrena) en forma de señal adicional que se asemeja a ruido (es decir, debido a la transmisión por parte de los restantes usuarios de sus señales en la misma anchura de banda ampliada).

De hecho, la capacidad del sistema está limitada por la calidad de la transmisión que es aceptable en presencia de este "auto-ruido" o "auto-interferencia" (también denominada interferencia por acceso múltiple, MAI: *multiple access interference*) que causan los restantes usuarios del sistema:

- la densidad de flujo de potencia (dfp) de las señales AMDC, recibidas en la zona de servicio, se limita de forma automática sin que sea necesario utilizar otros procesos de dispersión de energía.

- Tal como se ha explicado, el AMDC aporta una significativa capacidad de rechazo de interferencias.

- También hace que la probabilidad de interceptación por parte de otros usuarios sea baja, otorgando así como un cierto grado de privacidad, debido a las características individuales de los códigos.

Como consecuencia de estas características, el AMDC permite una buena dosis de flexibilidad en la gestión del tráfico y en la utilización de los recursos órbita – espectro.

Actualmente, estas ventajas resultan ser particularmente efectivas para los nuevos sistemas de comunicaciones que utilizan terminales muy pequeños (posiblemente portátiles), ya sea en aplicaciones del servicio móvil por satélite[7] (por ejemplo, Globalstar) o del servicio fijo por satélite (por ejemplo, Skybridge).

5.4.2 Sistemas de secuencia directa

En la figura 5.7 se resume el funcionamiento típico de un sistema de secuencia directa, SD (lógicamente pueden existir variaciones respecto a este diagrama de bloques, por ejemplo, el ensanchamiento puede realizarse después de la modulación).

---

[6] En CDMA no es necesario, en principio, asignar frecuencias o intervalos de tiempo a los usuarios, como es el caso en los sistemas con control mediante AMAD (por ejemplo, la asignación de frecuencia instantánea que se produce en los sistemas SCPC con AMAD).

[7] Nótese que en sistemas AMDC del SFS, también se implementa AMCD para la conexión de las estaciones terrenas cabecera con los satélites. Estos enlaces de conexión se consideran del SFS.

El generador de código de seudorruido (SR) genera una secuencia binaria seudo aleatoria de longitud N con una velocidad R_c, donde $R_c = N.R_b$, siendo R_b la velocidad binaria de la información. Esta señal se combina, es decir, se suma en módulo 2, con la señal de información: ello significa que cada bit de la señal de información se corta en N pequeños "chips" (de ahí el nombre de "velocidad de chip " para R_c), por lo tanto, la señal combinada se ensancha en una anchura de banda mucho mayor $W_{ss} \sim R_c$. Esta señal modula a la portadora, normalmente en MDP (MDPB o MDPQ [8]), antes de su transmisión. En recepción, se genera una réplica de la secuencia de seudo ruido (SR) que se combina, mediante un proceso de correlación, de forma síncrona con la secuencia transmitida. Ello produce el "desensanchamiento " de la señal recibida que se restaura mediante una demodulación coherente o no coherente (véase 5.4.5.2).

5.4.3   Sistemas de salto de frecuencia

En la figura 5.8 se resume el funcionamiento típico de un sistema de salto de frecuencia, SF (también en este caso pueden existir variaciones respecto al diagrama de bloques representado). El sistema trabaja de forma similar al sistema SD, dado que también se realiza un proceso de correlación inverso en el receptor. La diferencia radica en que, en este caso, la secuencia seudoaleatoria se utiliza para controlar un sintetizador de frecuencia que hace que cada bit se transmita en forma de múltiples impulsos (N) a frecuencias distintas en una anchura de banda ampliada $W_{ss} = N._f$ (donde _f es el salto del sintetizador de frecuencia). Nótese que:

* la demodulación coherente es difícil de implementar en los receptores de SF debido a la dificultad en mantener la relación de fase entre los pasos de frecuencia;

* debido al funcionamiento relativamente lento de los sintetizadores de frecuencia, los sistemas SD permiten velocidades más elevadas que los sistemas de SF. De hecho, se han propuesto sistemas combinados SF/SD.

5.4.4   Parámetros y calidad de funcionamiento de un sistema CDMA

Además del factor de ensanchamiento $M = R_c/R_s$ (donde R_s es la velocidad de símbolos), los dos parámetros básicos que definen la calidad de funcionamiento de un sistema AMDC son la ganancia de procesamiento y el margen contra la interferencia:

* la denominada ganancia de procesamiento g_p (G_p si se expresa en dB) es la relación entre la anchura de banda transmitida (expandida) y la anchura de banda de la información (o velocidad binaria)[9]:

$$gp = Wss/Rb \sim Rc/Rb$$

o, en dB:

$$G_p = 10 \log (W_{ss}/R_b) \sim 10 \log (R_c/R_b).$$

---

[8] Nótese que en el caso de MDPQ, pueden utilizarse dos secuencias de ensanchamiento independientes para las dos componentes en cuadratura (I y Q).

[9] $g_p = M$ para la modulación MDPB y $g_p = M/2$ para MDPQ ($R_s = 1/2\ R_b$).

Con ello se expresa la relación que existe entre la relación señal a ruido (o e_b/n_0) de la señal de salida (después del desensanchamiento) y la relación señal a ruido a la entrada del receptor[10].

La ganancia del proceso, G_p, oscila normalmente entre 20 dB y 60 dB.

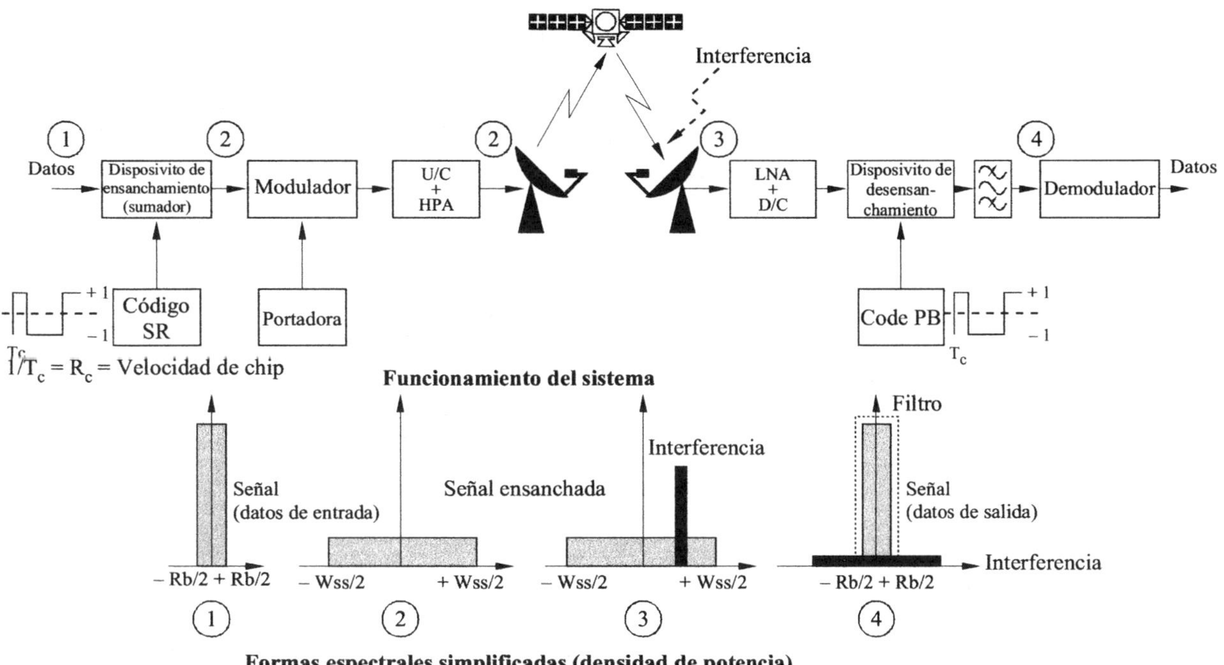

FIGURA 5.7

AMDC de secuencia directa (SR: pseudorruido)

---

[10] De hecho, en ausencia de interferencia, G_p no es realmente una ganancia del sistema, dado que el desencanchamiento en recepción sólo compensa un ensanchamiento previo en transmisión. Tal como se muestra en la figura 5.7, G_p es realmente una ganancia contra las interferencia intencionadas dentro de banda.

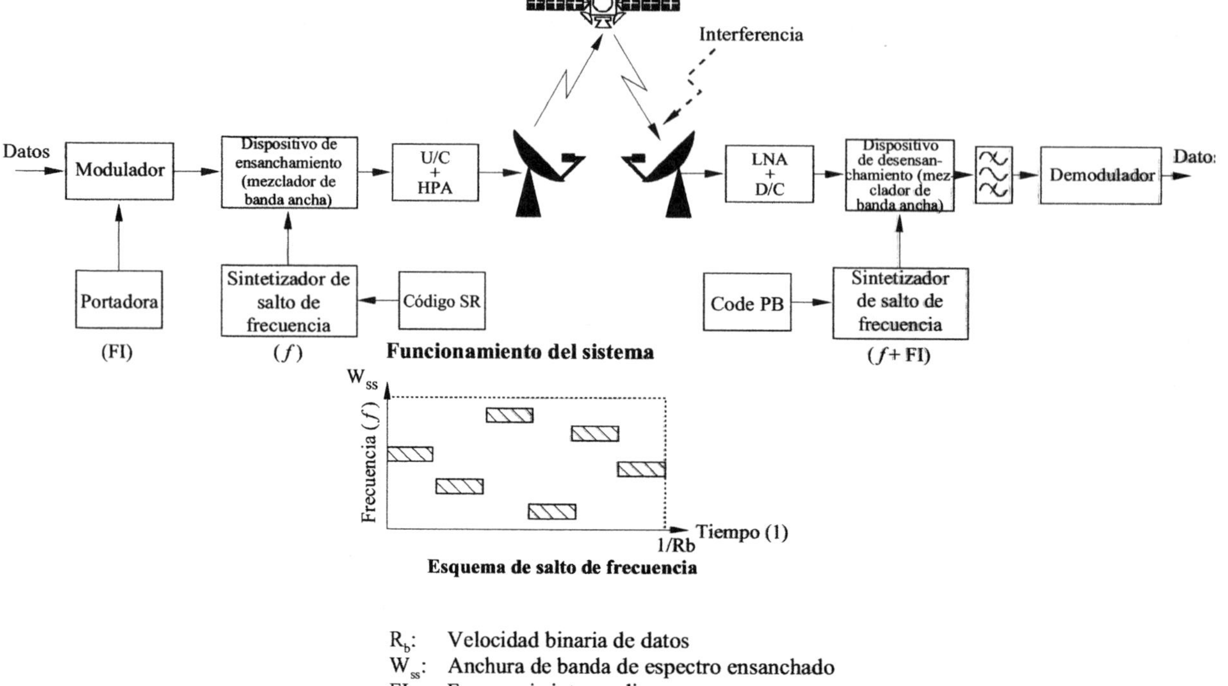

FIGURA 5.8

AMDC de salto de frecuencia (SF)

- el margen frente a la interferencia m_j (M_j cuando se expresa en dB) es la máxima relación tolerable entre la potencia interferente y la potencia de señal, es decir, el grado de interferencia que puede aceptar un sistema AMCD para una calidad de transmisión especificada dada (E_b/N_0 y BER). Se entiende por interferencia cualquier tipo de señal no deseada, ya sea "ruido propio" debido a otros usuarios del sistema y/o señales interferentes externas (que se producen en la misma anchura de banda ampliada).

Si j es la potencia de señal no deseada, su densidad espectral es j/W_{ss} y la densidad de ruido total es $n_0 = n_{0Th} + j/W_{ss}$. Suponiendo que j/W_{ss} es el factor dominante frente al rudo térmico n_{0Th} y $s = e_b.R_b$ es la potencia de señal deseada, el margen de interferencia teórico es:

$$m_j = j/s = (W_{ss}.n_0)/(e_b.R_b) = g_p/(e_b/n_0)$$

o, expresado en dB:

$$M_j = G_p - (E_b/N_0) - L$$

En la última expresión, el término L se introduce como un margen de implementación (entre 1 y 3 dB) que representa diversas pérdidas (ensanchamiento y desensanchamiento, demodulación, etc.).

Esta expresión puede también considerarse una forma aproximada de estimar la capacidad del sistema, es decir, el número de usuarios que éste puede acomodar (asumiendo que cada usuario se recibe con el mismo nivel y que no existe interferencia externa). Por ejemplo, si el valor especificado de E_b/N_0 es 8 dB y L = 2 dB, la capacidad es aproximadamente un décimo de la ganancia de procesamiento.

5.4.5   AMCD[11] síncrono y asíncrono

5.4.5.1   Generalidades

La descripción que se hace en 5.4.2 de los sistemas de secuencia directa (SD), se aplica a los enlaces AMCD asíncronos (AMCD-A). Dichos enlaces son particularmente adecuados cuando no puede conseguirse el sincronismo entre las señales generadas por varios usuarios. Este es específicamente el caso de los enlaces de retorno desde las estaciones terrenas pequeñas hasta estaciones base (por ejemplo, en sistemas móviles por satélite)[12].

Por el contrario, cuando todas las señales de usuario son generadas o pueden ser coordinadas desde una única estación, puede ser más adecuado sincronizar las diversas señales. A este modo de funcionamiento se le denomina AMCD síncrono (AMCD-S), aunque puede considerarse que este proceso es más relevante para la multiplexación que para el acceso múltiple.

La ventaja del AMCD-S es que puede evitarse la interferencia de acceso múltiple, y por lo tanto, mejorar la capacidad del sistema [13]. Esto es especialmente adecuado apara enlaces de satélite en los que los trayectos múltiples no deterioran la ortogonalidad de las señales (que podría ser el caso en sistemas móviles terrestres).

En consecuencia, en los proyectos de sistemas móviles actuales AMCD (por satélite y terrestres celulares), se ha adoptado la técnica AMCD-S en los enlaces de ida y la técnica AMCD-A en los enlaces de retorno.

5.4.5.2   AMCD-A

Puede considerarse que la técnica AMCD-A constituye hoy en día la "verdadera" técnica AMCD. Las señales AMCD-A pueden recibirse mediante detección coherente o no coherente.

---

[11] En los puntos siguientes (5.4.5 a 5.4.7) se ha utilizado ampliamente la [Referencia 4]. Esta referencia también incluye una abundante bibliografia sobre este tema.

[12] En dichos sistemas, el enlace de ida conecta la estación base (cabecera) con los terminales de usuario a través del satélite, y el enlace de retorno conecta el terminal de usuario con la estación base (cabecera). Nótese que esto es comparable con la terminología utilizada en las redes VSAT, en las que el tráfico desde la estación base (Principal) a las estaciones distantes pequeñas (VSAT) se transmite en canales "de salida" , mientras que en el sentido contrario se utilizan canales "de entrada" (véase el Suplemento 3 a la Edición 2 del Manual de "Sistemas y estaciones terrenas VSAT").

[13] Sin embargo, la capacidad del AMCD-S está limitada por el número de posibles códigos ortogonales de una secuencia dada, pudiendo ser necesario utilizar asignación por demanda si el número de posibles usuarios supera dicha capacidad.

AMCD-A con detección coherente

Como es habitual en comunicaciones, la detección coherente es la que proporciona la mejor calidad de funcionamiento en términos de BER en función de la relación E_b/N_o. Además, la calidad puede verse mejorada, al igual que en el caso de modulación MDP convencional, combinando la codificación con corrección de errores sin canal de retorno (FEC) con la codificación por ensanchamiento de signatura.

Así, por ejemplo, se utilizan los códigos convolucionales o incluso se utiliza la modulación con códigos de Trellis (TCM, *Trellis coded modulation*), véase 4.2.3.2 del Capítulo 4, dependiendo de las características del sistema. Debe señalarse que la utilización de un código de relación r no significa que la anchura de banda transmitida se aumente en un factor de "1/r".

De hecho, la codificación FEC puede considerarse una primera etapa de aumento de la anchura de banda que se consigue mediante la codificación AMCD, manteniendo así en principio M y G_p a sus valores previamente especificados[14].

La BER que se obtiene mediante detección coherente de señales AMCD-A moduladas con MDP es la misma que en el caso de MDP convencional, excepto en que a las fórmulas del ruido térmico (fórmulas (13) y (14) de 4.2.1 del Capítulo 4) debe añadirse un término relativo al ruido MAI causado por otros usuarios del sistema.

AMCD-A con detección no coherente

A pesar de sus ventajas en términos de calidad de funcionamiento, el AMCD-A con detección coherente es poco realizable en sistemas de comunicaciones de velocidad binaria media o baja que utilicen terminales pequeños (incluso portables o portátiles) de bajo coste. Ese es especialmente el caso en las bandas de frecuencia superiores (14 y 11-12, 30 y 20 GHz) en las que se puede producir un ruido de fase significativo en los convertidores elevadores y reductores.

Se han propuesto sistemas que implementan demoduladores robustos y eficientes con detección diferencial o no coherente y que actualmente se encuentran implementados en varios sistemas móviles terrestres y por satélite. En un sistema en concreto, la codificación convolucional con FEC se combina con una codificación interna Walsh-Hadamard (WH) y con una secuencia de seudorruido (SR) exterior muy larga. El periodo de esta secuencia es mucho mayor que la velocidad chip y que es común a todos los usuarios (asignando a cada usuario un momento de inicio específico).

El diseño del demodulador y del decodificador utilizado (incluyendo un estimador de la función WH más transmitida con mayor probabilidad) da a este sistema una calidad de funcionamiento casi óptima, especialmente en el caso de enlaces por satélite (en los que los trayectos múltiples y el desvanecimiento profundo son mucho menos intensos que en los sistemas terrestres).

---

[14] Nótese que, tal como ocurre en las técnicas FEC convencionales, la implementación del muestreo mediante "detección ligera" (por ejemplo, con dos o tres bits por muestra") puede mejorarse en unos 2 dB (E_b/N_o para una BER dada) en comparación con la "detección dura" que emplea un único bit por muestra.

5.4.5.3 AMDC-S

Los códigos más comúnmente utilizados para AMCD-S son los denominados códigos ortogonales, tales como las funciones binarias de Walsh-Hadamard (WH) o los códigos cuasiortogonales (AMCD-CO), como por ejemplo los códigos de oro "preferentemente en fase". Tal como se ha indicado anteriormente, la utilización de dichos códigos permite obtener un aislamiento muy bueno entre los canales multiplexados, al tiempo que se evita la interferencia por acceso múltiple.

Ello es particularmente cierto en las aplicaciones por satélite, en las que pueden utilizarse velocidades de chip de hasta 5 Mbit/s sin que se produzca un deterioro significativo de la ortogonalidad de los canales (debido a los trayectos múltiples, la situación es mucho menos favorable en los sistemas terrestres).

La sincronización del reloj de la portadora y de chip se consigue normalmente en los enlaces AMDC-S mediante la transmisión de un piloto de referencia transportado en el múltiplex AMCD-S (ensanchado) y que es común a los demoduladores coherentes de todos los terminales de usuario.

También en este caso se han propuesto diversos procesos de implementación y esquemas de demodulación que se encuentran actualmente implementados en sistemas móviles terrestres y por satélite. Por ejemplo y tal como ocurre en el caso de AMCD-A, puede utilizarse un sistema basado en la combinación de una codificación WH interna y una secuencia de SR externa más larga. También se han propuesto sistemas AMCD cuasi síncronos con una calidad de funcionamiento ligeramente inferior.

5.4.6 Técnicas de control de potencia en sistemas AMCD

Tal como se ha señalado anteriormente, los sistemas AMCD están sujetos a la interferencia mutua causada por los múltiples usuarios del sistema (MAI). Además, este efecto depende notablemente de los niveles de señal relativos recibidos del usuario deseado y de los interferentes (no deseados). Los cálculos básicos de la capacidad del sistema hacen el supuesto de que todos los usuarios se reciben con el mismo nivel de señal. Sin embargo, las situaciones reales pueden ser bien distintas y los enlaces de retorno AMCD-A pueden estar sujetos a los llamados efectos "cerca – lejos". Mediante este término se hace referencia a que el nivel de la señal deseada puede aparecer como más distante (es decir, posiblemente más débil) que la señal[15] interferente ("más cercana").

En el caso de los enlaces por satélite, el desequilibrio entre las señales recibidas depende sobre todo de las variaciones de la pérdida del trayecto debidas a la ubicación del usuario en relación con el centro de la haz de la antena del satélite.

---

[15] Se ha propuesto la utilización de detectores multiusuario (MUD, *multiuser detectors*) como forma de contrarrestar los efectos de la interferencia, en particular la MAI. Un MUD está diseñado para recibir no sólo la señal del usuario designada, sino también otras señales (supuesto que se conocen tanto la temporización como los códigos), los cuales se cancelan para obtener la señal útil. Existen diversos procesos de cancelación, pero todos ellos son, en general, complejos.

En el caso de sistemas de satélite no geoestacionarios (no OSG), que a menudo utilizan constelaciones de satélite de baja órbita (LEO, *low earth orbiting*), dicha ubicación y por tanto la pérdida del trayecto es función del tiempo y las señales interferentes pueden asimismo ser originadas por otros satélites de la constelación. Además, en el caso de sistemas móviles, el trayecto puede verse obstruido de forma aleatoria por la vegetación, los edificios, etc., y también, debido a la escasa directividad de la antena de la estación terrena (terminal de usuario), pueden ocurrir efectos de trayectos múltiples. En consecuencia, dichos sistemas suelen necesitar técnicas de control de potencia[16].

El control de potencia puede implementarse mediante una técnica de bucle abierto sencilla (basada generalmente en la corrección de la potencia del enlace ascendente mediante la estimación del nivel de una señal piloto), mediante técnicas de bucle cerrado (por ejemplo, mediante la recepción de una señal en el otro extremo del enlace y la transmisión de datos de corrección mediante paquetes de señalización de retorno) o utilizando ambas técnicas.

5.4.7 Otras consideraciones sobre los sistemas AMCD

5.4.7.1 Funcionamiento del transpondedor del satélite

En el Capítulo 2 (véase 2.1.5.3) se han analizado los efectos no lineales en la transmisión digital. De hecho, incluso en el caso de una única portadora AMDC, las no linealidades del transpondedor del satélite pueden modificar las propiedades de correlación cruzada de las secuencias de código, produciendo un aumento de la BER (para una E_b/N_o dada).

Esto es particularmente significativo en los sistemas AMDC-S.

Para tener en cuenta todos estos problemas, el transpondedor del satélite debe funcionar en una región suficientemente lineal, es decir, con un nivel de reducción de potencia (BO, *back-off*) con respecto al nivel de saturación.

Ello a su vez, reduce la potencia de señal transmitida por el transpondedor. Por lo tanto, y como es habitual, debe determinarse el nivel de reducción de potencia operacional óptima.

5.4.7.2 Implementación de la diversidad

En los sistemas AMDC se puede implementar la diversidad temporal a fin de mejorar la señal en recepción.

Si la misma señal de usuario se recibe por varios trayectos, es decir, con distintos retardos (siendo el desplazamiento temporal superior a un chip), el receptor puede diseñarse para demodular de forma separada y recombinar dichos "ecos" (denominado receptor RAKE). Se trata de una práctica

---

[16] Por supuesto que la situación es mucho más favorable en sistemas por satélite que en sistemas terrestres (celulares). Mientras que en este segundo caso los trayectos múltiples pueden producir intensas fluctuaciones que pueden dar lugar a una variación dinámica de la potencia de las señales recibidas de unos 80 dB, en el primer caso, esta variación puede ser del orden de 15 dB, al menos para usuarios en el exterior.

común en sistemas móviles terrestres (celulares) AMDC (por ejemplo, en la norma US IS-95) debido al entorno de trayectos múltiples propio de las áreas urbanas. Además, en dichos sistemas se puede implementar la diversidad espacial recibiendo la misma señal de usuario procedente de las células vecinas.

En el caso de los sistemas por satélite, los trayectos múltiples no son en general significativos dentro de un haz estrecho del satélite. No obstante, en los sistemas multisatélite LEO puede encontrarse una aplicación importante de la diversidad en sistemas AMCD. En este caso, cada satélite que se desplaza sobre una zona de servicio dada puede reutilizar la misma frecuencia portadora (ensanchada, con el mismo código o con código distinto), permitiendo un "traspaso suave" en el cambio del satélite a través del que se comunica un usuario dado. Además, el efecto de la diversidad temporal completa puede utilizarse si el terminal de usuario incluye un receptor RAKE.

5.4.7.3   Capacidad de los sistemas AMCD

La estimación de la capacidad de los sistemas AMCD (o la estimación de su eficiencia espectral en bit/s/Hz) es una tarea ardua y controvertida. Intrínsecamente, debe de ser la misma (en el caso de AMCD-S) o generalmente inferior (en AMCD-A debido al MAI) que la capacidad de otros métodos de acceso (AMCD/SCPC, AMDT). Sin embargo, los factores siguientes pueden contribuir a mejorar esta situación:

*   El factor de actividad: tal como se explica en el Capítulo 3, en telefonía la señal de RF sólo se activa y se transmite durante los periodos activos de la conversación, es decir, (estadísticamente) durante el 40 % del tiempo, obteniéndose así una mejora de la capacidad de 2,5 dB (factor de actividad).

*   En AMDT y AMDF es difícil tener en cuenta el factor de actividad, salvo que se utilicen técnicas especiales (detector de voz en sistemas SCPC, interpolación digital de la voz -DSI- en sistemas de transmisión múltiplex digital). En AMDC, el factor de actividad se tiene en cuenta de forma automática para la carga del transpondedor (al menos en AMDC-A), ya que la carga del transpondedor y la MAI dependen del número de canales activos.

*   La implementación de la diversidad, tal como se ha expuesto anteriormente.

*   La reutilización de frecuencia: en satélites con haces estrechos, puede utilizarse la misma banda de frecuencias en los distintos haces estrechos, con el mismo código o con códigos distintos. También puede recurrirse a la reutilización de frecuencia por discriminación de polarización, aunque el aislamiento a la polarización cruzada de las antenas de las estaciones terrenas (terminales) puede ser insuficiente en algunas aplicaciones.

5.4.7.4   Aspectos tecnológicos

Tal como se ha indicado anteriormente, el principal "nicho" de mercado para los sistemas de satélite AMCD son hoy en día las comunicaciones con terminales muy pequeños (posiblemente portátiles), para aplicaciones del SMS o del SFS. El éxito de estos sistemas radica en el desarrollo de terminales de usuario de muy bajo coste. El diseño de dichos terminales y en particular de los módems asociados deberá utilizar intensivamente técnicas de procesado digital de la señal (DSP, *digital signal processing*). Debido al progreso realizado en el campo de los microprocesadores y de los circuitos integrados para aplicaciones específicas (ASIC, *application specific integrated circuit*), es previsible que se consiga la integración de un módem completo en un solo circuito integrado VLSI.

5.5 Acceso múltiple con asignación por demanda (AMAD)

5.5.1   Definiciones generales

En la mayoría de las redes por satélite, varias estaciones terrenas comparten un transpondedor que de esta forma se convierte en un recurso de transmisión de acceso múltiple. Además de los sistemas de acceso aleatorio (por ejemplo del tipo Aloha), los métodos para la utilización compartida de este recurso consisten en asignar a cada estación terrena (o canal):

- una banda de frecuencias disponible y su correspondiente potencia (para el acceso múltiple por distribución de frecuencia); o

- un intervalo de tiempo en una trama (para el acceso múltiple por distribución en el tiempo); o

- un código de ensanchamiento (para el acceso múltiple por diferenciación de código).

La atribución de una frecuencia, un intervalo de tiempo o un código para la transmisión y recepción de una señal por parte de una estación terrena dada, establece las características de cada enlace de la red en lo que se refiere a capacidad y destino.

Esta atribución puede definirse sólo una vez y permanece inalterada durante el resto del periodo operacional de la red: a este sistema se denomina sistema de acceso múltiple con asignación previa (AMAP).

Por el contrario, la atribución puede establecerse de forma instantánea durante cada transmisión o sesión: a ello se denomina esquema de acceso múltiple de asignación por demanda (AMAD).

El segundo tipo de sistema es más complejo pero en muchas ocasiones presenta las ventajas siguientes:

- Una utilización económica de los recursos de transmisión

  En el modo AMAD los enlaces no utilizados no consumen recursos satelitales. Por lo tanto, la reserva de capacidad del satélite no es función del número de estaciones y de canales, como ocurre en el AMAP, sino que lo es del volumen total de tráfico en la red. Cuando los circuitos transportan poco tráfico se produce una ganancia (véase 5.5.7).

- Economías en el dimensionado de las estaciones

  Este es especialmente el caso en las redes que utilizan el acceso mediante SCPC, en las que cada canal dispone de un módem en la estación terrena. Cuando se dispone de un sistema AMAD más desarrollado, es posible asignar un equipo de canal SCPC a un circuito solamente cuando se establece el enlace. Si la actividad de los circuitos es baja, se produce un ahorro en el número de canales SCPC que son necesarios en una estación de un tamaño dado (véase 5.5.7).

- Mejora en la conectividad de la red

  Salvo que todas las estaciones se hayan sobredimensionado, no es normal que en una red que funcione en el modo AMAP esté completamente mallada (es decir, que existan enlaces directos ente todas las estaciones de la red). Por lo tanto, en algunas comunicaciones puede ser necesario un doble salto. En el modo AMAD, por su parte, es posible establecer enlaces directos entre dos estaciones cualesquiera cuando el dimensionado radioeléctrico lo permite.

5.5.2 Descripción funcional de un sistema AMAD

En un sistema AMAD se implementan las funciones siguientes:

- Control de señalización

  Esta función consiste en la detección de una petición de comunicación (llamada telefónica o petición de una conexión para transmisión de datos), el registro del número de destino y de la información adicional necesaria para establecer el enlace (por ejemplo, la calidad necesaria), así como la detección ulterior de la señal de liberación del enlace. La realiza normalmente el propio terminal de tráfico, que ejecuta el soporte lógico adecuado.

- Encaminamiento de la comunicación

  Esta función consiste en determinar el acceso de destino de la comunicación, de conformidad con la información de señalización recibida. Esta operación se basa en la disponibilidad de un plan de marcación o una lista de todos los números que se manejan en el sistema, de forma muy similar a como funciona una central de conmutación. Puede realizarse en cada estación de tráfico o de forma centralizada.

- Gestión de recursos

  Esta función consiste en determinar los recursos de transmisión que se deben utilizar para una nueva comunicación en el segmento espacial (frecuencias o intervalos de tiempo) o en el segmento terreno (elección de los módems). Esta operación tiene una complejidad que varía en función del nivel de optimización de recursos requerida. Si el sistema lo permite, durante la operación normal puede tomarse la decisión de disponer de forma diferente los recursos utilizados por otros enlaces (lo cual a menudo es el caso en sistemas AMDT/AMAD).

- Asignación de recursos

  Esta función consiste en la configuración de diversas estaciones de tráfico y la supervisión del establecimiento y liberación del enlace después de la configuración.

En la figura 5.9 se ilustran las relaciones entre estas partes funcionales principales en el contexto del establecimiento de un enlace.

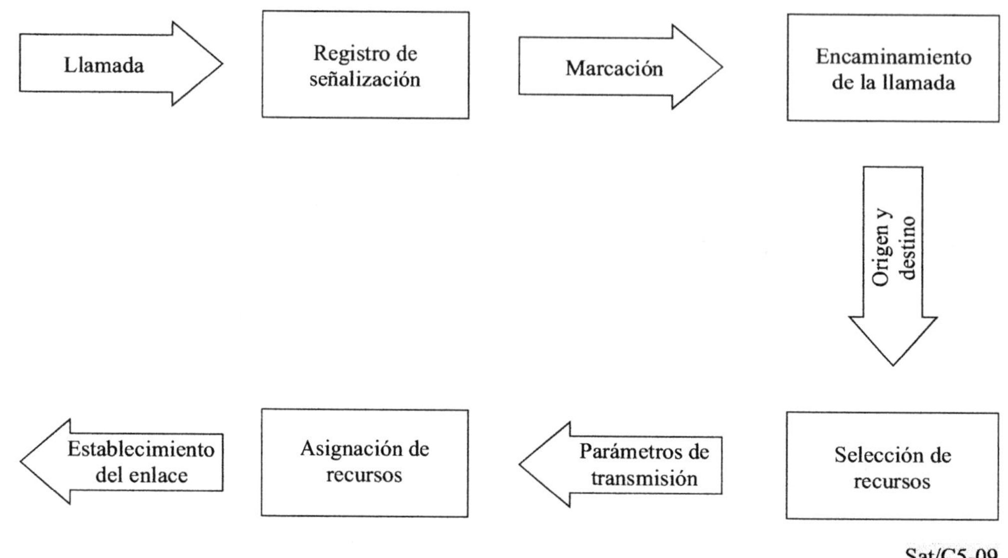

FIGURA 5.9

Principales bloques funcionales de un sistema AMAD (establecimiento del enlace)

5.5.3   Servicios disponibles en el modo AMAD

La mayoría de los servicios que funcionan en modo circuito no permanente pueden conectarse a un sistema de asignación por demanda. Los más frecuentes son los siguientes:

- el servicio telefónico de abonado (AMAD "de larga distancia");
- los enlaces telefónicos entre centrales de conmutación (públicas o privadas);
- la transmisión de datos orientados a la conexión;
- la videoconferencia.

En el caso de la transmisión de datos, muchos sistemas ofrecen la emulación del módem telefónico (normalmente con procesamiento de señal de tipo Hayes). También existen sistemas AMAD que utilizan el protocolo X.25 (los enlaces se establecen cuando se activa el primer circuito virtual con el llamante).

5.5.4   Sistemas SCPC/AMAD

Los sistemas de un solo canal por portadora (SCPC) están especialmente adaptados al funcionamiento con AMAD para aplicaciones telefónicas. La transmisión o recepción de cualquier canal en las estaciones de una red SCPC puede configurarse con total independencia de los restantes. Por lo tanto, es posible modificar las atribuciones de frecuencia para cada nueva comunicación entrante en la red.

5.5.4.1 Principios de funcionamiento de un sistema SCPC/AMAD para telefonía

Cuando se detecta una llamada, y después de que la señalización se ha registrado y se ha determinado el destino de la misma, el sistema selecciona un canal de transmisión y de recepción (el módem y la interfaz terrestre) en las dos estaciones terrenas involucradas, así como una banda de frecuencias para cada sentido de la comunicación. Si todos estos recursos están disponibles, y si la potencia necesaria para el nuevo enlace bidireccional no supera la potencia máxima asignada para este servicio en el transpondedor, el sistema asigna las frecuencias elegidas para los canales de transmisión y de recepción, supervisando el establecimiento de ambos enlaces en la red. Estos enlaces permanecerán activos hasta que el sistema detecte una señal de liberación (por ejemplo, cuando una de los llamantes cuelga), que detiene la transmisión en las dos frecuencias utilizadas y vuelve a poner los recursos utilizados (frecuencias, potencia del repetidor y canales de transmisión y recepción en las estaciones terrenas) en el estado de "disponibles".

5.5.4.2 El sistema SPADE

En el contexto de las comunicaciones internacionales el sistema SPADE de INTELSAT fue el primer ejemplo de una red global funcionando bajo los principios arriba descritos.

Desde 1973, la organización INTELSAT puso en funcionamiento un grupo de canales SCPC con modulación MDP-4 en el modo AMAD, con el fin de proporcionar a operadores con estaciones terrenas de Norma A un sistema económico de comunicación con múltiples destinos, siempre que el tráfico con los mismos no justificase el establecimiento de una portadora MDF/MF. La red que se desarrolló se denominó SPADE (por "*SCPC PCM multiple Access Demand assignement Equipment*", o equipo MIC de asignación por demanda y acceso SCPC).

El sistema se caracterizaba por el control distribuido de las atribuciones de frecuencia, a diferencia de la mayoría de los restantes sistemas AMAD en funcionamiento en redes domésticas, que se basaban en un control centralizado. En el sistema SPADE, las estaciones podían configurar sus propios canales con independencia unas de otras. Con fines de control de red, cada estación podía transmitir en un intervalo de tiempo de un sistema AMDT destinado a ser canal común de señalización a 128 kbit/s.

Las estaciones SPADE estaban constituidas por un conjunto de sistemas SCPC controlados por un subconjunto de control y de conmutación. Este último actualizaba constantemente una tabla con las frecuencias activas del sistema. Si se detectaba una comunicación local, se elegía una nueva pareja de frecuencias de la lista disponible en la tabla e inmediatamente notificaba a la estación de destino la asignación realizada utilizando el canal común de señalización. Después de esto, se elegía un canal SCPC libre y el enlace terrestre se conmutaba a este canal para establecer la comunicación. La liberación de la comunicación y el establecimiento de un enlace para una comunicación iniciada por un distante se realizaban de la misma forma.

Hoy en día este sistema se ha abandonado y va a ser sustituido en breve por el sistema TDRS (*Thin Route DAMA System*, o sistema de AMAD para rutas pequeñas), que está inspirado en los sistemas AMAD/SCPC utilizados en redes domésticas, el diseño de cuyos parámetros está en su fase final.

5.5.4.3   Sistemas SCPC/AMAD para redes reducidas

Dos factores importantes han acelerado considerablemente el desarrollo de sistemas SCPC/AMAD: el desarrollo de equipos de canales SCPC con modulación digital y el aumento significativo de estaciones para aplicaciones de datos del tipo VSAT que pueden utilizarse como canales de señalización de sistemas AMAD.

En la figura 5.10 se muestra un ejemplo de una red pequeña en estrella con un sistema SCPC/AMAD para aplicaciones de telefonía. Todas las estaciones de tráfico están equipadas con canales SCPC y con un enlace de señalización para recibir la información de señalización difundida mediante una portadora MDT de un terminal de señalización central (TSC) situado en la estación central. Las estaciones transmiten la señalización en modo paquete al TSC en una portadora común AMDT. Este canal de comunicación bidireccional se utiliza para funciones de asignación por demanda y para la gestión distante del tráfico desde el centro de control de la red (CCR) de la estación central.

Cuando en una estación de tráfico se detecta una comunicación, el terminal SCPC registra el número de la llamada y envía una petición al CCR a través del canal de señalización y del terminal de señalización centralizada, que actúa como un multiplexor para la señalización. El CCR analiza la petición y elige nuevas frecuencias para el establecimiento de la comunicación. Esta asignación se envía a las estaciones de tráfico para que tomen las actuaciones pertinentes (a título de ejemplo, véanse la figura 5.11 los intercambios de mensajes necesarios para establecer una llamada telefónica utilizando la señalización QSIG del ETSI).

Se trata, pues, de un sistema centralizado en el que el análisis de señalización y todas las decisiones de asignación se realizan en un lugar centralizado (en este caso, en la pareja TSC/CCR). La arquitectura seleccionada permite la mayor simplificación posible de las estaciones de tráfico, esencial en sistemas de redes pequeñas y permite obtener una utilización óptima de los recursos satelitales. Por su parte, el tráfico de señalización es mayor y la ubicación central puede constituir un punto nodal relativamente débil.

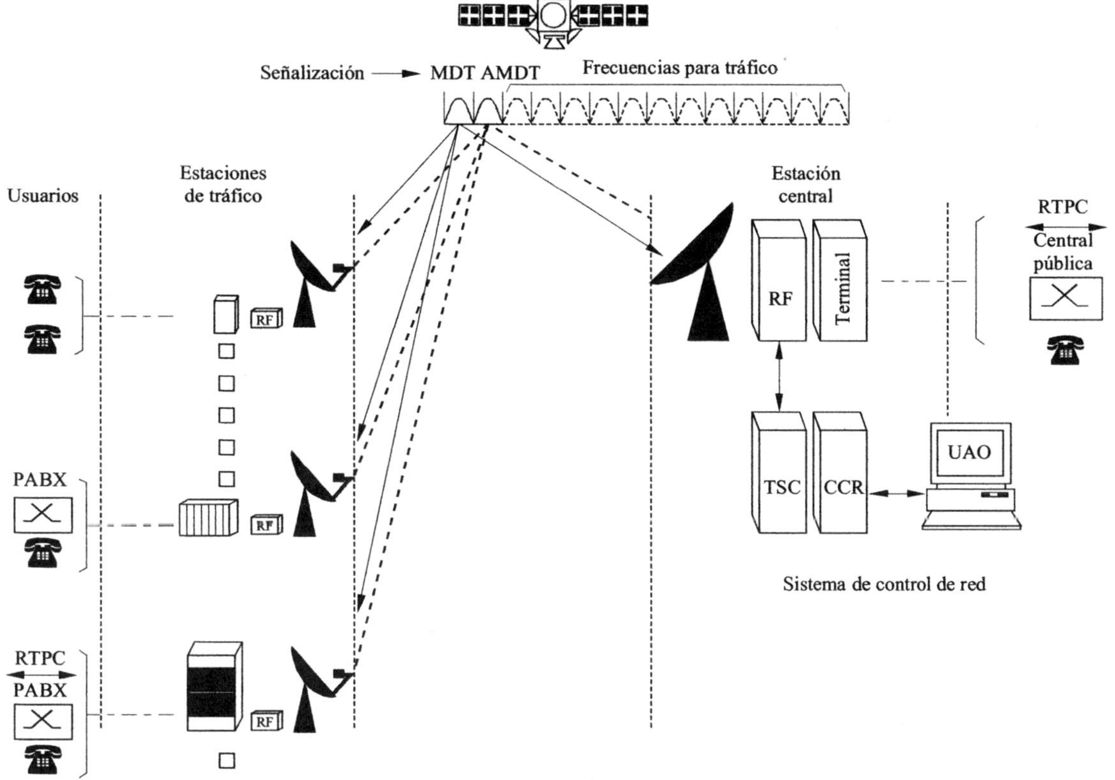

TSC: Terminal de señalización central
CCR: Centro de control de red
RTPC: Red telefónica pública con conmutación
PABX: Conmutador privado
OAU: Unidad de acceso del operador

FIGURA 5.10

**Ejemplo de un sistema SCPC/AMAD para una sistema telefónico
de dimensiones reducidas con configuración en estrella**

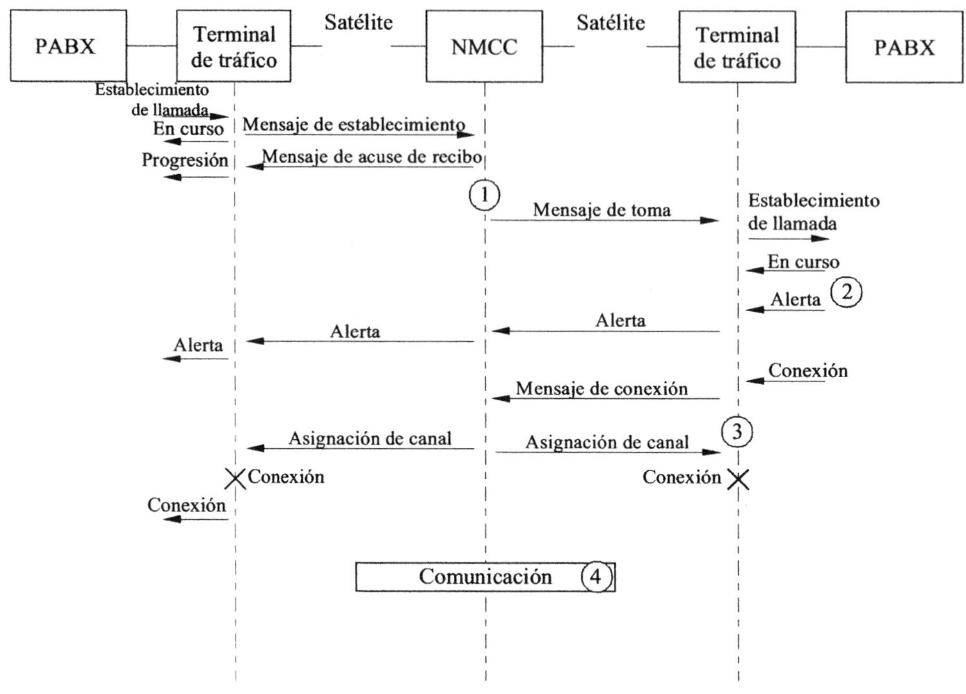

1 El CCGR identifica al terminal de destino y toma un circuito
2 La PABX envía tono de llamada al usuario final
3 La indicación de conexión produce la conexión del satélite.
4 La comunicación se activa
   CCGR: Centro de control de gestión de la red

Sat/C5-11

FIGURA 5.11

**Ejemplo de mensajes de señalización internos en un
sistema AMAD centralizado (señalización QSIG)**

5.5.5   Sistemas AMDT/AMAD

Los terminales AMDT de velocidad intermedia proporcionan una gran flexibilidad para poder reconfigurar el tráfico cursado. Incluso permiten que los recursos por distribución en el tiempo se reorganicen completamente sin que se produzca interrupción alguna en el tráfico (ello no es en general posible en el caso de terminales SCPC tradicionales). Por este motivo, dichos sistemas AMDT de velocidad intermedia están muy a menudo asociados al modo AMAD para aplicaciones que incluyen múltiples servicios (telefonía, vídeo, transmisión de datos).

Algunos fabricantes realizan sistemas con arquitectura centralizada, tal como ocurre por ejemplo en la red telefónica SCPC descrita en el capítulo anterior, en los que cada terminal registra la señalización y realiza las instrucciones de asignación de recursos, al tiempo que el análisis y las decisiones relativas a las asignaciones se toman en una ubicación central. Debe notarse que los canales de señalización internos se transmiten y se reciben en este caso a través de los propios terminales de tráfico, a diferencia de la mayoría de los sistemas SCPC, en los que se añade un módem específico para la señalización, que transmite en el modo MDT/AMDT.

También existen sistemas de arquitectura distribuida, en los cuales cada estación de tráfico dispone de un intervalo de tiempo de transmisión por defecto, que organiza con independencia del resto de las estaciones en función de sus propios requisitos de tráfico. En este caso, cada estación terrena envía un paquete de encabezamiento al comienzo del intervalo de tiempo que tiene reservado, proporcionando a los llamantes información en tiempo real sobre el destino de cada ráfaga ulteriormente transmitida.

5.5.6   Sistemas MCPC/AMAD ("Anchura de banda bajo demanda")

Los sistemas de canales multiplexados de múltiples canales por portadora (MCPC), de los cuales los más conocidos son los que cumplen las especificaciones IDR e IBS de INTELSAT, se han definido, en general, utilizando AMAP. Estos sistemas no proporcionan el mismo grado de flexibilidad de reconfiguración que los terminales SCPC o AMDT. En particular, no es posible modificar las asignaciones de un único canal sin que ello afecte a la transmisión de otros canales situados en el mismo multiplexor.

Sin embargo, cada vez existen más redes del tipo MCPC en las que se añade un canal de señalización MDT/AMDT a cada estación de tráfico, permitiendo que todos los terminales sean controlados desde una ubicación central utilizando el mismo principio básico que en los sistemas con arquitectura centralizada SCPC/AMAD (véase 5.5.5.3). Los operadores pueden reconfigurar las estaciones distantes utilizando una computadora de control conectada a los canales de señalización, a fin de establecer o liberar los enlaces. La computadora es responsable de establecer las frecuencias, las velocidades y los niveles de transmisión, de acuerdo con la demanda del operador. En algunos sistemas, en cada estación existe un terminal del operador cuya misión es recopilar la demanda de los usuarios y transmitir ésta a la ubicación central a través de los canales de señalización. Por lo tanto, es posible solicitar el establecimiento de un enlace, suprimirlo o modificarlo, directamente desde el terminal de usuario.

Esta forma de funcionamiento está bien adaptada a transmisiones ocasionales de datos, o a sesiones de videoconferencia, para las que no es adecuada o no hay disponible señalización más sofisticada (por ejemplo, RDSI). Permite una compartición menos eficiente de los recursos satelitales que en el caso de SCPC/AMAD, pero es extremadamente simple y permite utilizar estaciones de tráfico de bajo coste. Este tipo de funcionamiento se ha denominado a menudo de anchura de banda por demanda[17] (BOD, *bandwidth on demand*).

---

[17] Este término también se utiliza para hacer referencia a un sistema AMDT/AMAD.

5.5.7   Dimensionado de sistemas AMAD

Un sistema AMAD asigna automáticamente circuitos por satélite, por ejemplo, canales SCPC, entre cualquier estación terrena de acuerdo con la demanda real de tráfico, tal como se describe en 5.5.1. A continuación se describe como se determina el número de canales AMAD necesario para un número dado de canales de usuario y un factor de bloqueo dado.

Tal como se describe en 5.5.4.1, las unidades de canal de la estación terrena pueden transmitir y recibir a distintas frecuencias gracias a los osciladores locales de frecuencia ágil (sintetizadores). Existe una señal de control AMAD para que los osciladores locales puedan realizar la selección de la frecuencia del canal.

La asignación de capacidad del satélite al usuario que la demanda se realiza de forma dinámica. Por lo tanto, el sistema AMAD consigue una utilización de la capacidad del satélite que supone una mejora en comparación con el modo AMAP.

Los principales parámetros del sistema de AMAD es la capacidad del transpondedor del satélite (intervalos de frecuencia), el número de circuitos y de estaciones terrenas, así como el número de unidades de canal.

Cuando se establece una red de satélite doméstica, la operación puede comenzar con unos pocos canales en el modo preasignado (AMAP). En una etapa posterior y cuando aumenta el tráfico, puede implementarse el AMAD tal como se analiza a continuación.

Para la conexión de las líneas telefónicas a una estación terrena local (o distante), es posible utilizar dos métodos (véase la figura 5.12):

Método (a) (figura 5.12 a))

Cada abonado accede a la red satelital a través de su estación terrena local. Cada canal telefónico terrestre se conecta a su correspondiente canal por satélite. Por lo tanto, cada canal por satélite puede ser considerado como una "línea larga" conectada a la central telefónica (conmutador) de su corresponsal (de hecho, en el caso de una red en estrella, se trata normalmente de la central situada en la estación terrena central). Estas líneas largas, que normalmente son líneas con poco tráfico (por ejemplo, con 0,1 Erlang), se adaptan bien a la implementación AMAD, calculándose el número de unidades de canal de la estación terrena central mediante las tablas de Erlang (véase el Apéndice 5.3).

Método (b) (figura 5.12 b))

Se conecta una central local entre los abonados y la estación terrena. Gracias a la conmutación, se reduce el número de líneas de acceso con las estaciones terrenas y el número de canales por satélite. Sólo los canales de acceso activos se conmutan en dirección a la estación terrena. El número necesario de canales concentrados se puede calcular empleando las Tablas de Erlang (véase el Apéndice 5.3). En este caso, es evidente que los canales por satélite se encuentran muy cargados.

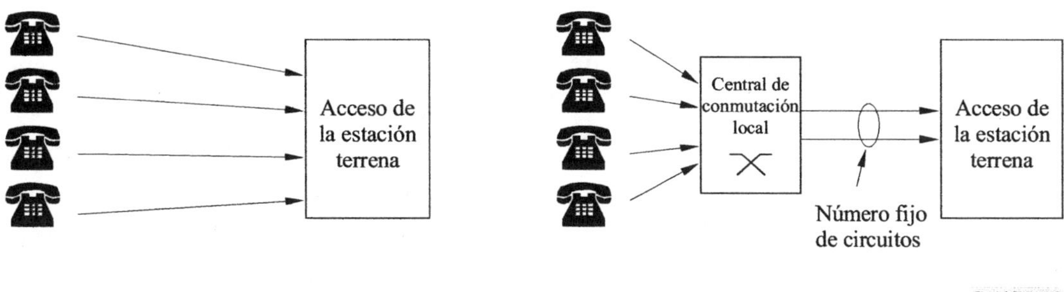

FIGURA 5.12 A)

Acceso directo al satélite

FIGURA 5.12 B)

Acceso al satélite a través de una central local

En la figura 5.13 se muestran los dos niveles de bloqueo correspondientes en la red por satélite

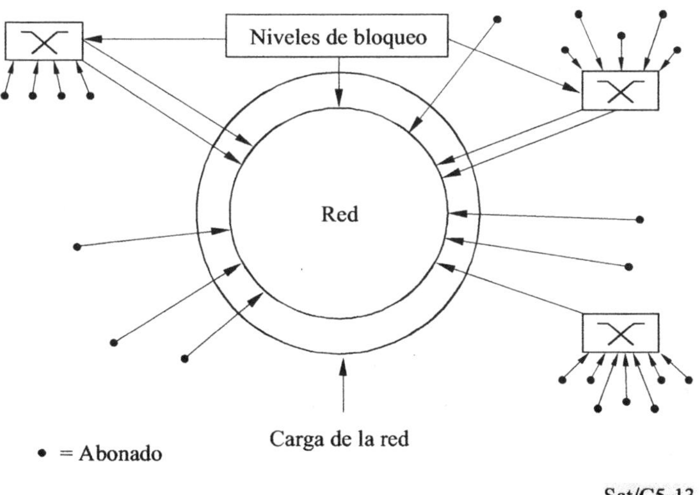

FIGURA 5.13

Dos posibles niveles de bloqueo en la red

A continuación se presenta un ejemplo que es ilustrativo del método b):

- Supuestos:

  - Número medio de abonados conectados a la central local: 24

  - Carga de tráfico desde/hacia el satélite (no se hace distinción entre los circuitos entrantes y salientes).

  - Factor de bloqueo o probabilidad de pérdida (es decir, probabilidad de sobrecarga de circuitos entrantes): 5% (0,05).

- Resultado: 24 circuitos de abonado con 0,1 Erlang generan un tráfico medio local total de 2,4 Erlangs. De las tablas de Erlang (Apéndice 5.3), se desprende que 6 canales SCPC pueden soportar 2,96 Erlangs y, por tanto, son suficientes. La carga de tráfico por canal es aproximadamente del 40%.

En estas condiciones, deben de considerarse las dos configuraciones de red. Nótese que la definición de dichas configuraciones (en estrella y en malla) se analiza con más detalle en 5.6.

- **Configuración 1: red en estrella con una estación terrena central ("principal") con canales SCPC totalmente preasignados (AMAP):**

El tráfico se conmuta en la estación principal, que actúa como nodo de conmutación. No es necesario un esquema de AMAD. Otras ventajas de esta arquitectura en estrella, especialmente en lo que concierne a la posible utilización de pequeñas estaciones remotas, se analiza en 5.6. De hecho, esta sencilla configuración debe considerarse siempre que la mayoría del tráfico sea intercambiado entre las estaciones distantes y la estación central, lo cual es a menudo el caso en las redes rurales. Sin embargo, una desventaja obvia de la misma es que el tráfico entre estaciones distantes requiere un doble salto con el consiguiente doble tiempo de retardo.

- **Configuración 2: red en malla con AMAD**

Si una parte significativa del tráfico se intercambia entre las estaciones distantes, una red controlada por un sistema AMAD constituye la mejor solución. Sin embargo, al inicio de las operaciones, suele ser generalmente suficiente adoptar una configuración con asignación previa y compatible con el AMAD.

Más tarde, la implementación de un control de AMAD debe permitir el crecimiento del tráfico al tiempo que mantiene aproximadamente la misma ocupación del transpondedor y el mismo número de unidades de canal. Este aumento en la eficiencia de la red debido al funcionamiento del AMAD se ilustra en el ejemplo siguiente.

En este ejemplo se muestra como para una red SCPC completamente mallada, puede calcularse el número de portadoras RF de satélite (es decir, el número de medios circuitos SCPC) y el número de unidades de canal que debe equipar cada estación terrena. La red incluye cinco estaciones terrenas (A, B, C, D y E) con el tráfico que se presenta en el cuadro 5.2. Utilizando una probabilidad de pérdida del 2% (grado de servicio de 1 entre 50), el equipo de red necesario y calculado con las tablas de Erlang es el que se muestra en el cuadro 5.3. La suma de los elementos de la matriz es 98 (98 medios circuitos). Por lo tanto, para una red de AMAP deben instalarse 49 canales SCPC preasignados.

Si en una etapa ulterior se implementa un sistema AMAD, las tablas de Erlang muestran que la capacidad de tráfico de esos 49 circuitos bidireccionales es de 39,4 Erlang, mientras que la red AMAP permite un tráfico de 15 Erlang (suma de los elementos del cuadro 5.2). Por lo tanto, la implementación subsiguiente del AMAD:

- incrementa la capacidad de tráfico en un factor mayor de dos, con el mismo equipo;

- permite una total flexibilidad para la distribución del tráfico.

CUADRO 5.2

Ejemplo de matriz de tráfico

Estación	hacia/desde la estación				
	A	**B**	**C**	**D**	**E**
A		3,5	2	1,5	1
B			1,5	1	1
C				1,5	1,5
D					0,5

CUADRO 5.3

Equipo de red (sin implementación de AMAD)

	Número necesario de unidades de canal SCPC					
Estación	Pre-asignado al tráfico hacia/desde:					**Total**
	A	**B**	**C**	**D**	**E**	
A		8	6	5	4	23
B	8		5	4	4	21
C	6	5		5	5	21
D	5	4	5		3	17
E	4	4	5	3		16

- Número total de portadoras de RF preasignadas: 98
- Número total de circuitos SCPC preasignados: 49

El cuadro 5.4 es otro ejemplo[18] típico de comparación entre AMAP y AMAD. Muestra que cuando se implementa una función de conmutación de AMAD, se produce un factor de ahorro en equipo de unidades de canal (u.c.) que es función del número de destinos y del nivel de tráfico de cada estación para una probabilidad de pérdida dada (por ejemplo, del 5%).

CUADRO 5.4

**Comparación entre un ejemplo típico de preasignación (AMAP) y
de asignación bajo demanda (AMAD)**

(u.c.: número de unidades de canal; S: factor de ahorro en unidades de canal)

Número de destinos	Densidad de tráfico								
	0.1 Erlang/estación			0.5 Erlang/ estación			1 Erlang/ estación		
	u.c. con AMAP	u.c. con AMAD	S	u.c. con AMAP	u.c. con AMAD	S	u.c. con AMAP	u.c. con AMAD	S
1	1	1	1	2	2	1	3	3	1
2	2	2	1	4	3	1,3	6	5	1,2
4	4	2	2	8	5	1,6	12	7	1,7
8	8	3	2,7	16	7	2,3	24	12	2
10	10	3	3,3	22	9	2,4	30	14	2,1
20	20	5	4	40	14	2,9	60	25	2,4
40	40	7	5,7	80	25	3,2	120	45	2,7

5.6 Arquitecturas de red

En ese punto se clasifican las redes de comunicaciones por satélite en función de la configuración de los enlaces entre las estaciones terrenas de la red. Ello se denomina arquitectura, configuración o topología de la red. En el apéndice 5.1 (AP5.1-2) se analiza la selección del acceso múltiple, la multiplexación y la modulación en función de las diversas arquitecturas de la red.

NOTA – En relación con el modelo de interconexión de sistemas abiertos (ISA) de la ISO (véase el apéndice 8-2), se incluyen en este punto únicamente arquitecturas en la capa 1, denominada capa física (por contraposición a posibles interconexiones en la capa 3 o capa de red).

5.6.1   Redes unidireccionales

En las redes unidireccionales la información se transmite en un solo sentido, utilizando generalmente el satélite para retransmitir, distribuir (redes de distribución) o recopilar (redes de recolección) esta información desde o hacia una estación terrena central hacia o desde una serie de estaciones terrenas distantes de sólo recepción o sólo transmisión. Así pues, estas redes constituyen el primer ejemplo de arquitectura en estrella (véase la figura 5.14 a)).

---

[18] Este ejemplo está tomado de "The INTELSAT DAMA system", Focina, G., Oei, S., Simha, S.. Conference publication No. 403 of IEE, Vol II, IDCSC-10, 1995.

i)   Redes de distribución

En las redes de distribución la estación terrena central, denominada a veces "principal", es en principio una estación de transmisión únicamente (aunque normalmente disponga de facilidades de recepción para supervisión de la red) y las estaciones distantes son estaciones de recepción únicamente (estaciones RO), a menudo llamadas terminales. La distribución puede ser selectiva, es decir, dirigida a un grupo de terminales (o incluso a uno solo), o bien la llamada puede ser recibida por cualquier terminal en la zona de cobertura. El satélite constituye realmente un medio de transmisión exclusivo para dichos tipos de servicios de radiodifusión. En particular, las redes terrestres en modo paquete no pueden actualmente ser configuradas para la difusión de datos utilizando protocolos normalizados.

Existen muchas aplicaciones de distribución de información por satélite a terminales de solo recepción. Por ejemplo, el funcionamiento del sistema de posicionamiento global (GPS, *global positioning system*) se basa en la recepción en terminales pequeños y portátiles de señales de referencia difundidas por varios satélites en órbita. Otro ejemplo es el de los sistemas de radiobúsqueda, en los que los usuarios reciben señales específicas.

Otra aplicación importante es la distribución de datos a microestaciones de solo recepción o VSAT (terminales de apertura muy pequeña). Ello se realiza en general en el marco de las redes de comunicaciones de empresa y la distribución puede ser general o restringida a un grupo cerrado de usuarios (subredes)[19]. No obstante, la principal y más conocida aplicación de distribución por satélite es la difusión de programas de televisión (o de radio) dirigido a estaciones TVRO (de TV de solo recepción) pequeñas y baratas, ya sea para distribución individual directa al hogar (DTH, *direct to home*) o para la recepción colectiva. Actualmente existen decenas de millones de dichas TVRO en todo el mundo y la importancia de este tipo de aplicación está creciendo muy rápidamente debido a la aparición de "bouquets" de televisión, es decir, la transmisión digital simultánea de gran número de programas (por ejemplo, utilizando ocho transpondedores de satélite, véase el punto 7.10 del Capítulo 7).

El diseño de los sistemas de difusión de TV por satélite ofrecer un primer y muy sencillo ejemplo de optimización del coste del servicio. Por un lado, el coste del componente central del sistema, es decir, la inversión en la estación terrena central y en las facilidades de procesamiento y difusión, así como los costes operacionales recurrentes (alquiler de segmento espacial, personal, repuestos, etc.) son compartidos entre un gran número de usuarios.

Por otro lado, la implementación de satélites con una elevada p.i.r.e. (haces estrechos, con el transpondedor funcionando casi en saturación) permite que las estaciones TVRO utilicen antenas pequeñas que pueden producirse en grandes volúmenes y con unos costes muy bajos. Por ejemplo, normalmente se utilizan antenas de 0,6 á 0,8 m de diámetro para la recepción de los paquetes de programas de TV digitales en la banda de 11 GHz desde transpondedores de alta potencia del SFS (por ejemplo, p.i.r.e. de 49 dBW). Nótese que la reducción en el tamaño de la antena puede estar limitado por la necesidad de evitar interferencias de satélites adyacentes. Ese no es el caso del SRS, en el que los satélites se encuentran suficientemente separados entre sí.

---

[19] En la cláusula 5.6.2 se describe el caso de VSAT bidireccionales (transmisión y recepción). Las VSAT son objeto del Suplemento no. 3 ("Sistemas y estaciones terrenas VSAT", Ginebra 1995)

En el caso de la distribución de datos a las VSAT, el coste y la disponibilidad limitada del segmento espacial continúan siendo a menudo factores importantes; el diseño del sistema se basa generalmente en la utilización de una parte de un transpondedor y la optimización constituye un compromiso entre el coste de la VSAT y la ocupación del segmento espacial.

ii)   Redes de recolección

Las redes de recolección funcionan de manera inversa a las de distribución, es decir, se utilizan para transferir unidireccionalmente datos recopilados desde las estaciones terrenas distantes a una estación terrena central. Dado que la mayoría de dichas redes funcionan actualmente fuera del SFS, especialmente para la teledetección desde estaciones no atendidas, no parecen haber encontrado muchas aplicaciones hasta la fecha en el marco del SFS.

5.6.2   Redes bidireccionales

Las redes bidireccionales constituyen la aplicación más general de las comunicaciones por satélite. Se examinan los tipos siguientes de arquitectura: enlaces punto a punto y enlaces punto a multipunto, configuraciones en malla, en estrella y mixtas.

i)   Enlaces punto a punto y punto a multipunto (figura 5.14 b))

Los enlaces punto a punto son elementales y constituyen conexiones bidireccionales entre dos estaciones terrenas. La expresión enlace punto a multipunto describe una red que conecta recíprocamente un número limitado de estaciones terrenas (por ejemplo, hasta 5), todas preferentemente del mismo tipo. Las redes punto a punto y punto a multipunto constituyen los tipos más comunes y convencionales de redes. Sus aplicaciones más habituales son la interconexión de los centros principales de comunicación para telefonía en rutas de tráfico intenso, la transferencia de datos a alta velocidad, el intercambio de programas de televisión, etc.

ii)   Redes en malla (figura 5.14 c))

La expresión red en malla describe una red capaz de interconectar totalmente un número considerable de estaciones terrenas que, preferentemente, son todas del mismo tipo (los enlaces punto a multipunto pueden considerarse como una forma simplificada de red en malla). Las redes en malla permiten la interconexión entre centros no jerárquicos. Cuando están conectadas localmente a las redes terrenales, las estaciones terrenas funcionan como nodos del sistema completo de comunicaciones y no es necesario disponer de una central de tránsito en la propia red de satélite en malla. No obstante, si la red se explota en AMDT, la estación de referencia AMDT puede incluir una facilidad de gestión del tráfico (incluida la asignación por demanda) que desempeñe el papel de una central de tránsito. Asimismo, en el caso de sistemas por satélite rurales avanzados, las interconexiones en malla pueden implementarse de forma que permitan la comunicación directa (con simple salto) entre estaciones terrenas locales (distantes), normalmente bajo un control centralizado de AMAD.

iii)   Redes en estrella (figura 5.14 a))

La arquitectura en estrella, que ya se ha analizado en el caso de redes unidireccionales, encuentra ahora numerosas aplicaciones en la interconexión de redes bidireccionales entre centros jerarquizados, es decir, un centro principal en el que se instala la estación terrena central o "principal" y una serie de emplazamientos distantes con demanda de tráfico relativamente reducida en los que se instalan estaciones pequeñas o microestaciones (VSAT). Las dos aplicaciones más comunes de esta arquitectura son:

- Telecomunicaciones rurales (conforme a la definición del UIT-T), es decir, comunicaciones con viviendas dispersas, pueblos o pequeñas poblaciones en zonas que tienen una o más de las características siguientes: dificultad para disponer de electricidad, falta de personal local técnicamente preparado, zona aislada, condiciones ambientales adversas, o restricciones derivadas del coste y en las que la telefonía con poco tráfico es normalmente el servicio que fundamentalmente se requiere.

- Comunicaciones de empresa entre una facilidad central de tratamiento de datos, por ejemplo el computador "central" y los ETD (equipo de terminación de datos) distantes. El computador central se conecta a la estación "principal " (estación terrena central) y los ETD se conectan directamente a las VSAT.

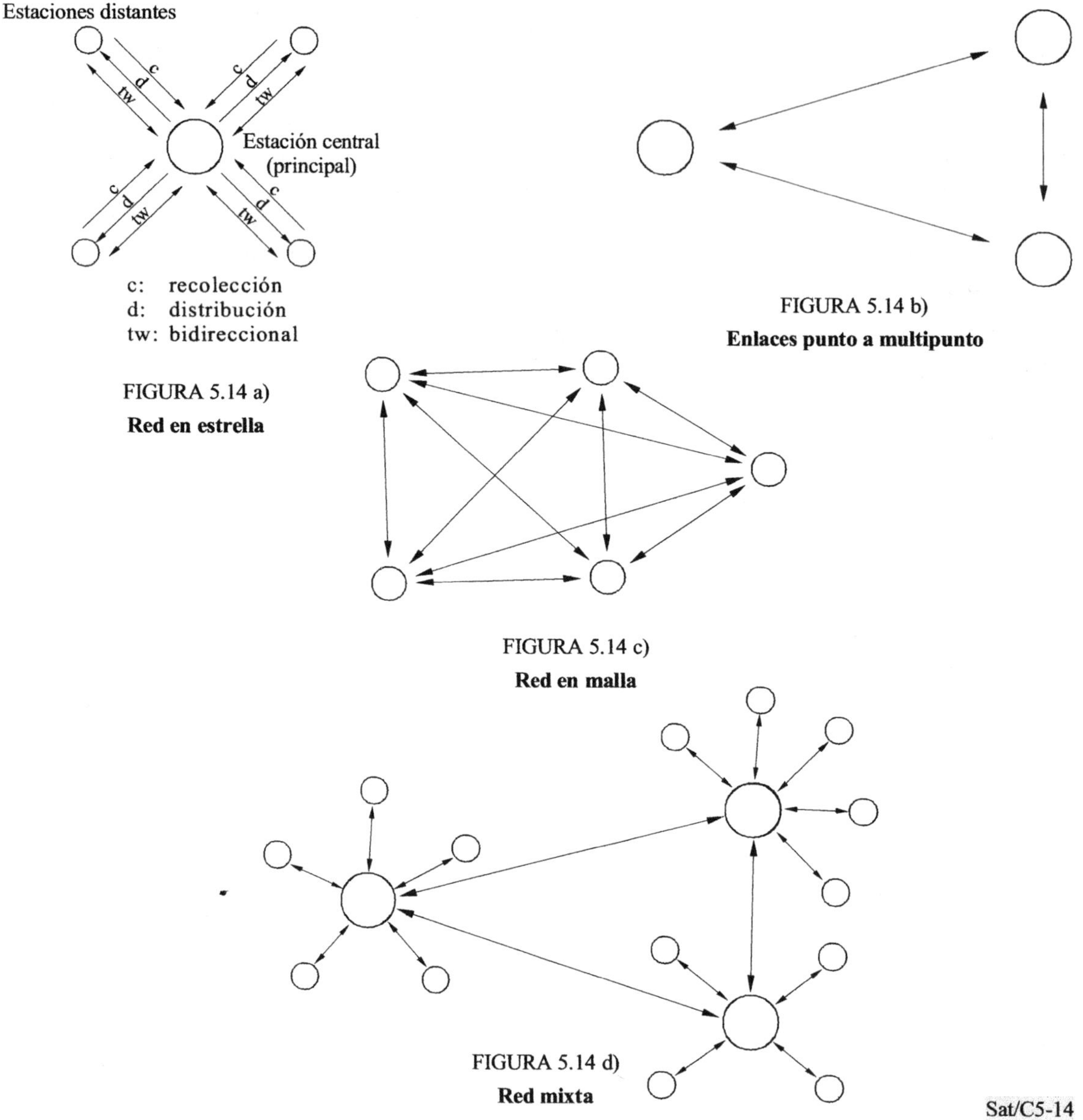

Nota 1 – En todas estas figuras no se representa el satélite y las estaciones terrenas que funcionan como nodos de comunicación se representan mediante un círculo

Las redes en estrella bidireccionales por satélite implementadas en base de una gran estación central y estaciones pequeñas distantes tienen características muy especiales que pueden resumirse de la siguiente manera:

- Como en el caso de las redes en estrella unidireccionales, el coste global del sistema se minimiza debido a que el elevado coste de la facilidad central, en la que necesariamente se instala una antena relativamente grande y equipo radioeléctrico y de control, se comparte entre múltiples usuarios.

- El factor de calidad (G/T) relativamente elevado de la estación terrena central permite a los usuarios distantes equiparse con estaciones de bajo costo porque sólo se necesita una pequeña ganancia de antena y un amplificador en transmisión de baja potencia.

- Las portadoras de salida (de la estación central hacia las estaciones distantes) requieren una potencia elevada de RF del transpondedor del satélite. Sin embargo, las portadoras de llegada (de las estaciones distantes a la estación central) requieren mucha menor potencia[20]. En este caso, la potencia total requerida del transpondedor del satélite se controla principalmente mediante las portadoras de salida.

- Puede imponerse un límite máximo a la potencia del amplificador de las estaciones distantes (y un límite mínimo a su diámetro de antena) mediante la p.i.r.e. máxima admisible fuera del eje (interferencia del enlace ascendente hacia los satélites adyacentes). Por ejemplo, suponiendo una antena de 1 m para la estación distante en las bandas 6/4 GHz, la potencia máxima de transmisión sería de aproximadamente 0,5 W/4 kHz (3 dBW/4 kHz) para ser conforme con la Recomendación S.524 del UIT-R. En consecuencia, debe utilizarse una antena en la estación principal suficientemente grande y también puede ser necesaria una considerable dispersión de energía.

- En principio, las comunicaciones entre dos estaciones distantes no pueden establecerse directamente y requieren un doble salto a través de la estación principal (a diferencia de lo que ocurre con las redes en malla). Por lo general, ello no es problema en las redes de datos, pero puede ser un inconveniente en el caso de la telefonía (por ejemplo, en la telefonía rural). Este es el motivo por el que el servicio VISTA de INTELSAT, que utiliza redes en estrella, prevé la posibilidad de enlaces directos entre estaciones pequeñas distantes (de norma D1). No obstante, esto implica unos costes suplementarios, ya que el precio del correspondiente segmento espacial es superior y ha de aumentarse la p.i.r.e. de las pequeñas estaciones terrenas para los canales transmitidos hacia otra estación de norma D1. Ello puede impedir la utilización de amplificadores de estado sólido.

- En el caso de las telecomunicaciones rurales, la estación central, es decir, la principal, está generalmente provista de un equipo de conmutación y actúa a menudo directamente como central telefónica (o de datos) "remota" para las estaciones distantes. Si así se prevé en la red, la estación central puede también controlar el proceso de conexión y desconexión de los enlaces directos entre estaciones distantes lo que permite que dicha estación central pueda funcionar en modo de AMAD. Nótese que en este caso la red tiene una estructura de malla.

---

[20] Como primera aproximación, la relación entre la potencia de salida y de llegada en el transpondedor es igual a la relación entre la aperturas de la antena de la estación principal y de la distante.

- Si se acepta el retardo del doble salto[21] , la arquitectura en estrella puede utilizarse para disponer de una estructura de enlaces totalmente interconectados entre las estaciones distantes pequeñas de bajo costo (equipadas con antenas pequeñas y amplificadores de baja potencia totalmente transistorizados). Evidentemente, eso implica la utilización de una p.i.r.e. elevada en el satélite para cada portadora de salida. En dicha configuración, la estación principal funciona como relevador entre las estaciones distantes. Además, puede utilizarse para realizar más funciones que la simple demodulación/remodulación y para optimizar por separado los enlaces de salida y de llegada. Algunas de las operaciones que pueden realizarse en la estación principal son la demultiplexación de portadoras de llegada, la conmutación de las señales hacia sus destinos y la multiplexación con una disposición distinta, caso de ser necesario. En el caso más sencillo de portadoras de llegada y salida en SCPC, sólo se requiere la conmutación (ésta es una función AMAD simplificada). En el caso de redes totalmente digitales, otras posibles operaciones de la estación principal son: regeneración de la señal, establecimiento de la trama y el formato, inserción y segregación de señales auxiliares (tales como los canales de control y servicio), corrección de errores, etc. De hecho, estas operaciones de la estación principal son muy similares a las de un satélite activo, es decir, un satélite con una carga útil con procesamiento y conmutación de la señal.

iv)   Redes mixtas

En la figura 5.14 d) se ofrece un ejemplo de red mixta. En este caso hay tres estaciones de tráfico elevado situado en capitales de provincia en una configuración multipunto y en la que cada una de ellas constituye la estación central de una subred en estrella.

En la figura 5.14 e) se representa otro ejemplo en el que la estación principal está equipada con dos antenas que apuntan a dos satélites, (D) e (I). Se supone que (D) es un satélite nacional con una p.i.r.e. elevada y que (I) es un satélite internacional. En este caso la estación principal sirve como relevador permitiendo a las VSAT del país A acceder al gran "computador central", en el que se realiza el proceso de datos (por ejemplo, de una gran base de datos) y que se encuentra situado en el país B. Un esquema simplificado consistiría en un solo satélite utilizado tanto para enlazar las VSAT con la estación principal (por ejemplo, mediante un transpondedor de p.i.r.e. elevada arrendado en un satélite internacional) y para enlazar la estación principal con el computador central; en este caso, la estación principal estaría equipada con una sola antena. Nótese que este tipo de configuración es aplicable únicamente en los casos en que el retardo del doble salto no da lugar a problemas.

Los casos anteriores son únicamente ejemplos típicos de entre las muy diversas configuraciones posibles de redes mixtas.

---

[21] En general, en las aplicaciones de telefonía debe evitarse el doble salto. No obstante, éste puede ser aceptable en determinadas situaciones, en particular en redes de comunicaciones rurales con baja densidad de tráfico entre estaciones distantes cuando el coste de implementar una comunicación directa (simple salto) sea demasiado alto y no se justifique en función del volumen de tráfico (véase las redes en malla en el punto 5.6.2.ii)). En ese caso, se utilizan compensadores de eco de gran calidad.

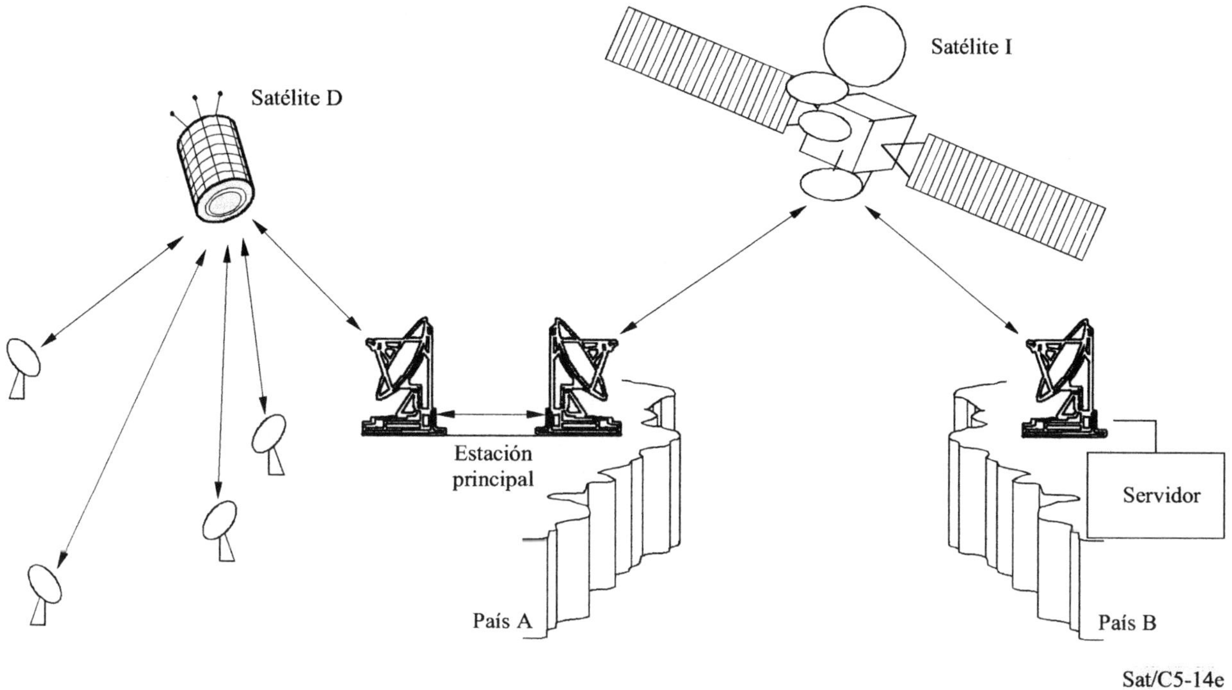

FIGURA 5.14 E)

Red de datos mixta con tranmisión internacional

5.6.3   Arquitecturas de redes de satélites LEO

Actualmente están en fase de desarrollo y construcción sistemas de satélites no geoestacionarios (no OSG), alguno de los cuales está previsto que entre en servicio antes de finales de siglo, tanto para servicios móviles (SMS) como para servicios fijos (SFS). Muchos (pero no todos) de dichos sistemas se basan en constelaciones de satélites de órbita baja (con una altitud de unos 1000 km).

La arquitectura de estos sistemas se deriva básicamente de los conceptos desarrollados para los sistemas celulares terrestres, es decir, están construidos sobre la base de "células". Ello significa que un terminal de usuario dado (una estación terrena distante) en una célula se comunica con el satélite más cercano a dicho terminal. Desde dicho satélite, la comunicación se transfiere bien directamente mediante enlaces entre satélites (ISL, *intersatellite links*), o a través de una estación terrena de cabecera, hasta su destino que puede ser otro terminal de usuario o un nodo de comunicaciones terrestre. Existen procedimientos de traspaso para evitar la interrupción de las comunicaciones cuando un satélite se pierde de vista, transfiriéndose la comunicación al siguiente satélite de la constelación que queda disponible (traspaso de célula). El proceso de transferencia de la comunicación se gestiona y encamina a través de puntos de acceso al servicio y de conmutadores situados en centros de control, en las cabeceras o en ambos.

En el Capítulo 6 se incluye información adicional sobre sistemas LEO del SFS.

REFERENCIAS

[1]   BEDFORD, R., CHAUDHRY, K., SMITH, S. – Improvement and application of the INTELSAT (SS) TDMA system. Conference publication No. 403 of IEE, Vol. II, IDCSC-10, 1995.

[2]   LUNSDORF, J., et al – INTELSAT second-generation TDMA terminal. Conference publication No. 403 of IEE, Vol. II, IDCSC-10, 1995.

[3]   FORCINA, G., OEI, S., SIMHA, S. – The INTELSAT DAMA system. Conference publication No. 403 of IEE, Vol. II, ICDSC-10, 1995.

[4]   De GAUDENZI, R., GIANNETTI, F., LUISE, M.L. – Advances in satellite CDMA transmission for mobile and personal communications. Proceedings of the IEEE, January 1996, p. 18.

[5]   RAPPAPORT, Th.S. – Wireless communications. Prentice Hall, New Jersey, 1996.

APÉNDICE 5.1

Consideraciones adicionales sobre codificación, modulación y acceso múltiple

En este apéndice se presentan consideraciones adicionales sobre codificación, modulación y acceso múltiple. Estas consideraciones se aplican a sistemas basados en satélites geoestacionarios con transpondedores transparentes.

AP5.1-1 Funcionamiento limitado en ancho de banda y funcionamiento limitado en potencia

Resulta significativo realizar una comparación entre el funcionamiento de sistemas limitados en ancho de banda y el de sistemas limitados en potencia. Ello queda ilustrado en la figura AP5.1-1, que muestra en términos relativos la capacidad de tráfico de un transpondedor, es decir, el número de canales disponibles en el transpondedor en función de dos parámetros de éste, la p.i.r.e. del transpondedor y la relación G/T de la estación terrena. Ambos parámetros sólo pueden sumarse en sentido estricto (en dB) cuando la relación entre la portadora y el ruido térmico en el enlace descendente limita de manera muy importante el balance del enlace. Sin embargo, pueden realizarse representaciones gráficas semejantes pero más realistas si los cálculos tienen en cuenta las restantes fuentes de ruido, es decir, el ruido térmico del enlace ascendente, el ruido de intermodulación y ruido de interferencia, así como los puntos de trabajo del transpondedor, es decir, la reducción real de potencia a la entrada y a la salida.

Para cada tipo de modulación (MDPB o MDPQ) y para cada posible tipo de esquema de corrección de errores (FEC con relación ½ o ¾), la figura muestra dos regiones correspondientes a dos tipos de funcionamiento:

- La región de funcionamiento limitado en anchura de banda (línea horizontal) – en esta parte del gráfico, se maximiza la capacidad de tráfico, y la suma de las anchuras de banda de los canales, incluyendo las bandas de guarda, es igual a la anchura de banda disponible del transpondedor. El borde la región corresponde al valor máximo de p.i.r.e. + (G/T) para este tipo de funcionamiento, es decir, la G/T mínima de la estación terrena para una p.i.r.e. del satélite dada (o inversamente, la mínima p.i.r.e. del satélite necesaria para trabajar con una G/T dada de la estación terrena).

- La región de funcionamiento limitado en potencia – esta parte del gráfico se corresponde con una menor capacidad de tráfico, debido a que la anchura de banda disponible no está completamente ocupada por las señales. Ello es consecuencia de la implementación del sistema con estaciones terrenas con (G/T) reducidas, es decir, equipada con antenas más pequeñas (y/o con amplificadores de bajo nivel de ruido (ABR) más ruidosos).

Debe señalarse que en la figura AP5.1-1 sólo se presentan casos típicos de transmisión digital. De hecho, la figura debería dibujarse para cada caso de aplicación real, teniendo debidamente en cuenta los factores siguientes:

- Tipo de acceso múltiple – el tipo óptimo es el AMDT que utiliza el transpondedor completo, debido a que ello permite que éste trabaje en saturación (o muy cerca de saturación). En todos los restantes tipos de funcionamiento (AMDF), la capacidad de tráfico del transpondedor disminuye debido a los requisitos adicionales de reducción de potencia con respecto al nivel de saturación y al ruido de los productos de intermodulación.

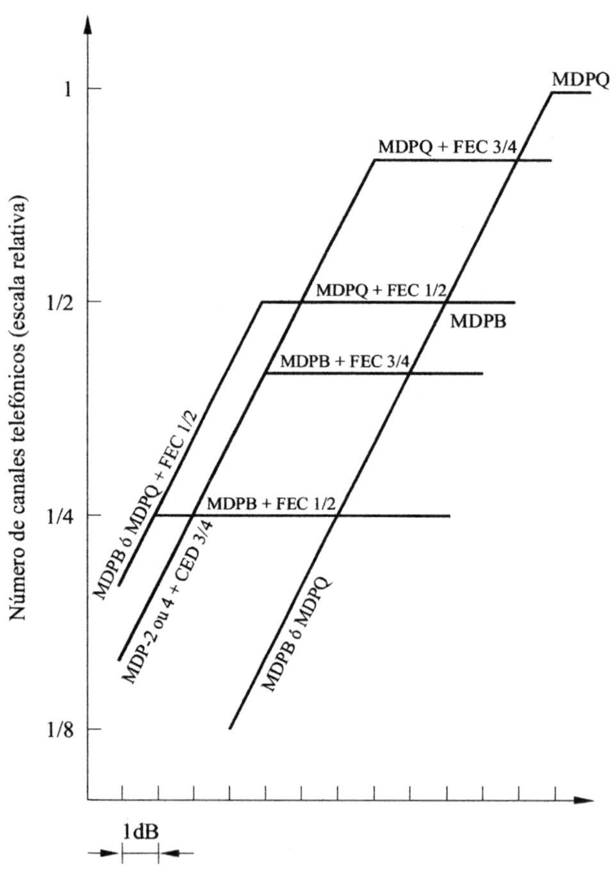

(p.i.r.e)$_{SAT}$ (dBW) + figura de mérito de la estación de terrena (dB(K^{-1})) (escala relativa)

Sat/C5-AP5-11

FIGURA AP5.1-1

Capacidades relativas de tráfico (transmisión digital)

- Tipo de modulación – para una señal dada, la anchura de banda ocupada y la potencia necesaria dependen directamente del tipo de modulación. Por ejemplo, la anchura de banda ocupada se reduce a R/N cuando se utiliza una modulación digital M-aria (MDP-M) (donde R=velocidad binaria de la información en bit/s, y $N=\log_2 M$). Ello significa que la máxima capacidad de la región limitada en anchura de banda aumenta en un factor N (comparado con MDP-2, es decir MDPB), pero simultáneamente, para M>4, la región de limitación en potencia se amplía debido a que aumenta la potencia necesaria por cada símbolo transmitido. El Informe 708 el CCIR (Ginebra, 1982) presenta ejemplos típicos de capacidades de tráfico de transpondedores con modulación MDP-M (M=2, 4, 8 y 16, según el número de fases Φ). En la práctica, en los sistemas actuales del SFS sólo se utilizan las modulaciones del tipo MDPB (M=2) y MDPQ (M=4).

- Codificación y decodificación de corrección de errores – tal como se explica en el Capítulo 3, en el apéndice 3-2 y en el Capítulo 4, la utilización de códigos de corrección de errores está ganando importancia y popularidad en la transmisión digital por satélite. Ello es debido a que actualmente los códecs FEC, a menudo con decodificadores programables de gran rendimiento, están disponibles en circuitos integrados VLSI de bajo coste. Por ejemplo, si en las estaciones terrenas de un sistema con limitación de potencia se instala un códec FEC de índice 1/2 con decodificación de Viterbi, para unas características determinadas de la estación terrena (diámetro de la antena y G/T, etc.), la capacidad de tráfico del sistema aumentará en un factor de 3 (debido a la ganancia de decodificación de 5 dB). Es evidente que simultáneamente se reduce la capacidad máxima de tráfico de la zona de anchura de banda limitada en un factor de 2 (debido a que la anchura de banda necesaria para transmitir la información es el doble). Eso significa que la corrección de errores no se debe utilizar en el caso de satélites con una p.i.r.e. muy elevada, salvo que sea necesario por tratarse de un entorno con interferencia. En las aplicaciones reales, los esquemas e índices asociados de los códigos de corrección de errores deben evaluarse cuidadosamente debido a las limitaciones en anchura de banda. De hecho, una combinación de codificación FEC y de modulación M-aria más elevada (por ejemplo, M=8), puede ser un compromiso adecuado entre limitaciones de potencia y de anchura de banda.

- Tratamiento de la banda de base – en la figura AP5.1-1, no se han considerado los diversos esquemas de tratamiento de la banda de base y hay que interpretar los gráficos en el sentido de que dan la capacidad básica de tráfico para un tipo determinado de canal de datos, por ejemplo, los canales de 64 kbit/s. Sin embargo, han de mencionarse dos esquemas de tratamiento de la banda de base pues tienen una repercusión directa en la capacidad real de tráfico telefónico de un transpondedor. En lo que concierne a la telefonía, la activación por la voz, que es especialmente importante en los enlaces SCPC y la interpolación digital de la palabra (DSI) pueden multiplicar cada uno la capacidad básica de tráfico por un factor de 2,5 aproximadamente. Cuando se combina con la telefonía de velocidad binaria más reducida, el factor de multiplicación puede ser mayor, por ejemplo, de 5 en el caso de telefonía MICDA a 32 kbit/s (y más aún con códecs de baja velocidad binaria –LRE-, por ejemplo, de 4,8 kbit/s que actualmente son bastante comunes, al menos para telefonía móvil). Nótese que la combinación de DSI con telefonía de baja velocidad puede implementarse en la mayoría de los enlaces MDT y AMDT mediante la utilización de equipos de multiplicación de circuitos digitales (véase 3.3.7 del Capítulo 3).

AP5.1-2 Selección del acceso múltiple, la multiplexación y la demodulación

i) Redes punto a punto, punto a multipunto y en malla

En el cuadro AP5.1-1 se comparan los diversos métodos de acceso múltiple aplicables a las redes digitales de comunicaciones por satélite punto a punto, punto a multipunto y en malla del SFS. También se indican los métodos de multiplexación correspondientes. Normalmente se utiliza modulación MDP (MDPB o MDPQ), con corrección de errores sin canal de retorno (FEC) y codificación convolucional junto a decodificación Viterbi con decisión programable y, posiblemente, la concatenación de un código Reed – Solomon externo (véase 7.6.2.2 del Capítulo 7). Nótese que dicho cuadro sólo resume ejemplos típicos y no debe considerarse una referencia completa en sí mismo. Recientemente se han desarrollado nuevos conceptos, principalmente para sistemas no geoestacionarios (no OSG).

Las conclusiones preliminares son las siguientes:

- El AMDF continúa siendo el método de acceso múltiple más sencillo para los enlaces de capacidad de tráfico baja o mediana y pocos destinos. Aunque no se mencione en el cuadro, la multiplexación (MDF) y modulación (MF) analógicas han sido hasta ahora los procesos más habituales. En el contexto de la tendencia hacia la digitalización completa, actualmente dichos esquemas se sustituyen en condiciones muy favorables por módems y multiplexores MDP y MDT respectivamente (por ejemplo, conforme a las normas IDR e IBS de INTELSAT).

- Para los enlaces de gran capacidad de tráfico con múltiples destinos, debe considerarse que el modo más efectivo es el AMDT a transpondedor completo, lo cual se muestra también en la figura AP5.1-2. Esta figura ilustra que el coste del equipo en el funcionamiento del AMDF aumenta rápidamente con el número de módems (es decir, con el número de destinos). Sin embargo, con AMDT el coste del equipo es casi independiente del número de destinos. En esta figura, el punto de cruce puede variar típicamente desde cinco, para equipos de velocidad binaria mediana y AMDT simplificado, hasta diez para equipos AMDT de velocidad binaria superior.

- Es por este motivo que, aun para las capacidades de tráfico menores, el AMDT en forma AMDF/AMDT (o AMDT con transpondedor compartido) parece muy atractivo en las redes en malla con un número medio o grande de nodos (por ejemplo, más de cinco) en una posible utilización en las redes de comunicaciones de empresas de servicios integrados.

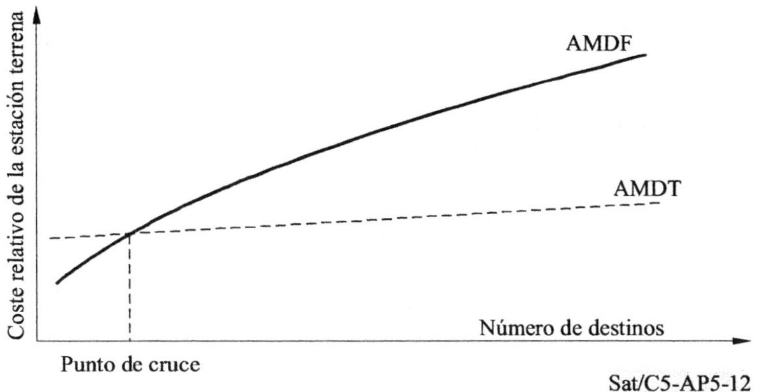

FIGURA AP5.1-2

AMDT y AMDF – comparación de costes

CUADRO AP5.1-1

Comparación entre los métodos de acceso múltiple de aplicación en redes de comunicaciones por satélite punto a punto, punto a multipunto y en malla

Caso Nº	Acceso múltiple	Multiplexación/ modulación	Ventajas	Inconvenientes	Aplicaciones preferidas
1	AMDF	Sin multiplexación (SCPC) + (posiblemente) AMAD	- Potencia del amplificador de potencia (HPA) de la E/T (estación terrena) proporcional al tráfico. - Realización sencilla, sin problemas de sincronización, etc.	- Reducción de potencia del transpondedor del satélite y HPA de la E/T. - En la E/T hay tantos módems (unidades de canal) como enlaces punto a punto (sin AMAD) o según requiera la capacidad de tráfico (Erlangs) (con AMAD)	- Estaciones terrenas con poco tráfico y/o con destinos múltiples (rutas "reducidas", telefonía rural, etc.).
2	AMDF	Múltiples canales por portadora (MCPC) mediante MDT + (posiblemente) DSI y DCME.	- Potencia del amplificador de potencia (HPA) de la E/T (estación terrena) proporcional al tráfico. - Realización sencilla, sin problemas de sincronización, etc. - Coste bajo para pocos destinos	- Reducción de potencia del transpondedor del satélite y HPA de la E/T. - Equipo módem y mux/demux complejo para múltiples destinos: - Flexibilidad reducida en la configuración de tráfico	- Tráfico punto a punto y punto a multipunto para pocos destinos: probablemente la solución más atractiva en dichos casos.
3	AMDT (transpondedor completo) (típicamente 40 a 120 Mbit/s)	MDT + (posiblemente) DSI y DCME	• Muy bien adaptado a muchos destinos y a gran capacidad de tráfico • Se requiere únicamente una pequeña reducción de potencia en el transpondedor del satélite y en el HPA de la E/T. • Facilidad de reconfi - guración del tráfico y asignación por demanda (AMAD).	• Necesita sincronización de la red y adquisición de la portadora mediante una E/T de referencia. • Problemas operacio- nales relativamente complejos. • La misma potencia del HPA en todas las E/T con independen- cia de su tráfico	• Redes punto a multipunto y en malla con gran capacidad de tráfico.
4	AMDF-AMDT (AMDT con transpondedor compartido) (típicamente < 40 Mbit/s)	MDT + (posiblemente) DSI y DCME	• Muy bien adaptado a muchos destinos y a capacidad de tráfico mediana/baja. • Facilidad de reconfi- guración del tráfico y asignación por demanda (AMAD).	• Necesita sincronización de la red por una E/T de referencia. • Se requiere reducción de potencia en el transpondedor del satélite y en el HPA de la E/T	• Redes en malla con capacidad media de tráfico.

ii) Redes en estrella

El cuadro AP5.1-2 compara los diversos métodos de acceso múltiple y de multiplexación de aplicación a las redes de comunicaciones por satélite en estrella del SFS. Al igual que en i), generalmente se utiliza la modulación MDP (MDPQ o MDPB), junto con la corrección de errores sin canal de retorno (FEC). También en este caso, el cuadro resume sólo ejemplos típicos y no debe considerarse una referencia completa. Sin embargo, el cuadro sí recoge la mayor parte de los tipos de redes en estrella que se encuentran actualmente en funcionamiento, con dos aplicaciones principales: la telefonía en rutas de bajo tráfico (aplicaciones rurales) y las redes de datos compuestas de microestaciones (VSAT) para aplicaciones de empresas.

CUADRO AP5.1-2

Redes en estrella- Comparación entre los diversos métodos de acceso múltiple

Caso Nº	Acceso múltiple y multiplexación		Ventajas	Inconvenientes	Aplicaciones preferidas
	Enlace de salida	Enlaces de llegada			
1	AMDF Sin múltiplex (SCPC) o MDT (MCPC)	AMDF (SCPC) + (posiblemente) AMAD	• Amplia gama de aplicaciones. • Aplica lo mismo que en el caso 1 del cuadro AP5.1-1.	• En la E/T tantos módems (unidades de canal) como enlaces punto a punto (sin AMAD) o según requiera la capacidad de tráfico (Erlangs) (con AMAD). • Aplica lo mismo que en el caso 1 del cuadro AP5.1-1.	• Telefonía rural. • Redes de datos para las comunicaciones de empresas (sistemas VSAT).
2	AMDF – AMCD (por ejemplo, AMCD-S)	AMDF – AMCD (por ejemplo, AMCD-A con asignación aleatoria)	• Implementación muy sencilla. • Se tiene en cuenta directamente el factor de actividad. • La dispersión de energía intrínseca permite la transmisión con antenas muy pequeñas	• Tráfico de llegada limitado por la interferencia de acceso múltiple (MAI). • Es necesario aplicar reducción de potencia del transpondedor para conseguir una linealidad suficiente.	• Redes de datos para comunicaciones de empresas (sistemas VSAT)
3	AMDF-MDT	AMDF-AMDT con asignación aleatoria (Aloha o Aloha ajustado a intervalos de tiempo) o asignación por demanda	• Amplia gama de posibles velocidades binarias. • Flexibilidad en la reconfiguración del tráfico. • Elevada eficiencia de la anchura de banda y potencia del transpondedor. • Compatibilidad intrínseca con muchas portadoras de llegada simultáneas.	• Implementación relativamente compleja.	

En relación con este cuadro cabe hacer los comentarios siguientes:

- Hasta hace poco tiempo, la mayoría de las redes de comunicaciones rurales utilizaba enlaces SCPC/MFC (con compansión). Sin embargo, cada vez es más habitual que se utilicen enlaces digitales SCPC para telefonía con codificación de baja velocidad binaria (MICDA) a 32 kbit/s, 16 kbit/s o menos (por ejemplo, 4,8 kbit/s), gracias a la disponibilidad de códecs LRE que utilizan la tecnología VLSI[22], lo cual hace posible la fabricación de microestaciones muy compactas y de bajo costo para telefonía rural.

- El caso 2 del cuadro AP5.1-2 se refiere a los sistemas de acceso múltiple por diferenciación de código (AMDC). La disponibilidad de circuitos VLSI ha permitido construir sistemas económicos basados en la técnica AMCD. Ésta ofrece ventajas, sobre todo frente a la interferencia. Su principal inconveniente radica en la utilización poco eficiente que hace del transpondedor debido a su "propio ruido" (interferencia de acceso múltiple, MAI, *multiple access interference*, véase el punto 5.4 anterior)

- El caso 3 del cuadro AP5.1-2 se refiere a los sistemas MDT/AMDT frecuentemente utilizados en redes de comunicaciones de empresa (redes VSAT). La estación terrena central de esta red en estrella se denomina "Principal" y según esta técnica:

  - la estación Principal transmite a las estaciones distantes (VSAT) una portadora de salida en onda continua (por ejemplo, a 512 kbit/s) en la que los diversos mensajes de datos se multiplexan por distribución en el tiempo;

  - cada estación distante (VSAT) transmite hacia la Principal su propio mensaje (de llegada) con acceso múltiple por distribución en el tiempo (AMDT de baja velocidad binaria, por ejemplo, a 64 kbit/s), es decir, enviando una "ráfaga de señal" únicamente durante la duración del mensaje, estando éste debidamente adaptado.

A continuación se ofrece un ejemplo representativo de las características del sistema:

- la portadora de salida MDT se modula en MDP-2 con velocidad binaria global de información de 256 kbit/s (incluyendo la información de configuración de trama). Después de realizar la codificación con un código de corrección de errores (FEC de índice ½), la velocidad binaria real transmitida es de 512 kbit/s;

- las VSAT distantes comparten N portadoras AMDT de llegada entre que se transmiten a la Principal a 64 kbit/s. Cada portadora accede al satélite utilizando un modo de asignación aleatoria (AMDT/AA) también llamado "modo de acceso Alhoa", según el cual cada VSAT distante envía de forma independiente su paquete de datos como una ráfaga en la trama AMDT (en el caso de colisión con una ráfaga enviada por otra estación distante, el mensaje se repite automáticamente hasta que llegue el acuse de recibo. Véase 3.4.2.5). En la práctica, el rendimiento de trama en este proceso es aproximadamente del 12%, lo que permite disponer de una velocidad de información de unos 8 kbit/s por portadora. Teniendo en cuenta la codificación con corrección de errores (FEC de índice 1/2), la velocidad binaria transmitida en este ejemplo es de 128 kbit/s.

---

[22] Estos códecs LRE se derivan frecuentemente de los desarrollados y producidos en masa para las redes móviles terrestres celulares.

El modo de acceso AMDT presenta la ventaja específica de ofrecer una elevada flexibilidad para la reconfiguración de la trama. Por ejemplo, es posible, la conmutación desde un modo de acceso aleatorio (AMDT /AA) a un modo de asignación por demanda (AMDT /AD). En el modo AMDT/AD pueden transferirse grandes ficheros de datos rápidamente a velocidades binarias elevadas (de hasta 64 kbit/s con ocupación total de una portadora AMDT). Los canales telefónicos (por ejemplo, los canales de servicio) pueden también implantarse, con carácter facultativo, en algunos sistemas. Hay que señalar que este tipo de gestión de la asignación, así como el control general de la red se efectúa completamente desde la estación Principal.

Para más información sobre sistemas VSAT, véase el Suplemento No. 3 "Sistemas y estaciones terrenas VSAT" (UIT-R, Ginebra, 1995).

APÉNDICE 5.2

Interferencia por intermodulación en los tubos de ondas progresivas para satélites de comunicaciones de acceso múltiple

APÉNDICE 5.2 Interferencia por intermodulación en los tubos de ondas progresivas

AP5.2-1 Introducción

Los amplificadores de tubos de ondas progresivas se utilizan actualmente en los transpondedores de los satélites de comunicaciones y presentan dos tipos de características no lineales:

- de amplitud: no linealidad de la amplitud de salida en función de la amplitud de entrada de la señal (conversión MA – MA);

- de fase: desplazamiento de fase no constante entre las señales de entrada y de salida, en función de la potencia de entrada (conversión MA-MP).

En el acceso múltiple por distribución de frecuencia (AMDF), varias portadoras son amplificadas simultáneamente en el mismo tubo de ondas progresivas (TOP). La amplificación no lineal produce distorsiones e interferencia de intermodulación. La señal amplificada contiene productos de intermodulación a las frecuencias de:

$$f_x = k_1 \, f_1 + k_2 \, f_2 + \ldots + k_N \, f_N \tag{40}$$

donde:

$f_1, f_2 \ldots f_N =$ frecuencias de las portadoras de entrada;

$k_1, k_2 \ldots k_N =$ números enteros.

El orden del producto de intermodulación x se define como:

$$|k_1| + |k_2| + \ldots + |k_N| \tag{41}$$

Por ejemplo, $2f_1 - f_2$ es uno de los productos de tercer orden. Cuando la frecuencia central del transpondedor es grande comparada con la anchura de banda del mismo, los productos de intermodulación de orden impar son los únicos que caen dentro de la banda de frecuencias útil. Ese es el caso en las comunicaciones por satélite.

La potencia de los productos de intermodulación disminuye con la potencia de entrada y con el orden de los productos. Por lo tanto, los cálculos numéricos se restringen en general a los productos de intermodulación de tercer orden (o algunas veces a los de quinto orden).

El número de productos de intermodulación aumenta muy rápidamente con el número N de portadoras de entrada   (véase el cuadro AP5.2-1). Los cálculos numéricos son normalmente realizables cuando N es un número pequeño. Cuando N es demasiado grande, el tiempo de cálculo se hace prohibitivo y se utilizan fórmulas aproximadas para estimar la interferencia por intermodulación (varios cientos de portadoras).

CUADRO AP5.2-1

Número de productos de intermodulación

Tipo de producto	Orden	Número de productos de este tipo	N-5	N-10
$2f_1 - f_2$ $f_1 + f_2 - f_3$	3	$N(N-1)$ $1/2N(N-1)(N-2)$	20 30	90 360
$3f_1 - 2f_2$ $2f_1 + f_2 - 2f_3$ $3f_1 - f_2 - f_3$ $2f_1 + f_2 - f_3 - f_4$ $f_1 + f_2 + f_3 - 2f_4$ $f_1 + f_2 + f_3 - f_4 - f_5$	5	$N(N-1)$ $N(N-1)(N-2)$ $1/2N(N-1)(N-2)$ $1/2N(N-1)(N-2)(N-3)$ $1/2N(N-1)(N-2)(N-3)$ $1/12N(N-1)(N-2)(N-3)(N-4)$	20 60 30 60 60 10	90 720 360 2 520 2 520 2 520
		Total	290	9 180

AP5.2-2   Modelo de representación de un transpondedor de satélite no lineal

El modelo más frecuentemente utilizado para representar los amplificadores de TOP no lineales es el llamado modelo de la envolvente.

Si una señal de entrada sencilla no modulada se representa mediante:

$$S_i(t) = A \cos (2\pi f_o t + \varphi) \tag{42}$$

donde A, f_o y φ son la amplitud, frecuencia y fase, respectivamente, la señal de salida en la primera zona (alrededor de la frecuencia f_o) puede expresarse como:

$$S_o(t) = g(A) \cos [2\pi f_o + \varphi + f(A)] \tag{43}$$

En la ecuación anterior, g(A) y f(A) son, respectivamente, las características de amplitud y de fase del amplificador a las que normalmente se hace referencia como características MA/MA y MA/MP. Son características de una única portadora y pueden medirse fácilmente.

Asumiendo que un TOP es un dispositivo sin memoria, puede considerarse que g(A) y f(A) no son función de la frecuencia. Esta condición se satisface en la práctica cuando la relación entre la anchura de banda del transpondedor y su frecuencia central es mucho menor que la unidad. Las ecuaciones (42) y (43) también se aplican en caso de que la envolvente y la fase de la señal de entrada son funciones del tiempo. Por lo tanto, puede escribirse:

$$S_i(t) = A(t) \cos [2\pi f_o t + \varphi(t)] \tag{44}$$

y

$$S_o(t) = g[A(t)] \cos \{2\pi f_o t + \varphi(t) + f[A(t)]\} \tag{45}$$

Tanto g[A(t)] como f[A(t)] son las mismas características de la portadora que las representadas en (43). Dado que se trata de funciones de la envolvente de la señal de entrada, el modelo se denomina modelo de la envolvente.

AP5.2-3 Nivel de los productos de intermodulación

Cuando la señal de entrada consta de N portadoras moduladas,

$$S_i(t) = \mathrm{Re}\left\{ \sum_{\ell-1}^{N} A_\ell(t) \exp\left[j2\pi(f_o + f_\ell)t + j\varphi_\ell(t) \right] \right\} \tag{46}$$

y $A_\ell, f_o + f_\ell$ y $\varphi_\ell(t)$ representan la modulación de amplitud, de frecuencia y de fase de la portadora $\ell - \acute{e}sima$.

Las característica medidas del transpondedor g(A) y f(A) pueden aproximarse adecuadamente mediante el desarrollo de una función de Bessel:

$$g(A)\exp\left[jf(A) \right] \approx \sum_{p=1}^{P} b_p \, J_1\left(\alpha p A\right) \tag{47}$$

En la aproximación anterior, J_1 representa la función de Bessel de primer orden del primer tipo, b_p representa los coeficientes complejos y α es un número real. Dichos coeficientes y el valor de α se determinan para que los cuadrados mínimos de b se adapten a las características medidas.

Utilizando la anterior aproximación, la señal de salida del transpondedor, suponiendo que la señal de entrada es la dada en (46), puede escribirse como:

$$s_o(f) = R_o\left\{ \sum_{k_1=-\infty}^{\infty} \sum_{k_2=-\infty}^{\infty} \sum_{k_N=-\infty}^{\infty} M(k_1,k_2,k_3...k_N) \bullet \exp \sum_{\ell=1}^{N} \left[j2\pi(f_o + k_\ell f_\ell)t + jk_\ell \varphi_\ell(t) \right] \right\} \tag{48}$$

$$(k_1 + k_2 + .. \, k_N = 1)$$

donde la amplitud compleja M(k₁, k₂ ... k_N) viene dada por:

$$M(k_1,k_2...k_N) = \sum_{p=1}^{P} b_p \prod_{\ell=1}^{N} j_{k\ell}\left(\alpha p A_\ell\right) \tag{49}$$

La señal de salida (48) contiene N componentes fundamentales y productos de intermodulación cuyas frecuencias son las siguientes:

$$f_o + k_1 f_1 + k_2 f_2 \ldots k_N f_N = f_o + \sum_{\ell=1}^{N} k_\ell f_\ell \tag{50}$$

Dado que sólo son de interés los componentes alrededor de f_o, existe la limitación de que:

$$\sum_{\ell=1}^{N} k_\ell = 1 \tag{51}$$

El conjunto $\left(k_\ell\right)$ define las componentes en la señal de salida. Por lo tanto, el conjunto $k_1 = 1$; k_2, $k_3 \ldots k_N = 0$ da la componente fundamental a la frecuencia $f_o + f_1$; el conjunto $k_2 = 1$; $k_1, k_3, k_4 \ldots k_N = 0$ la componente fundamental a la frecuencia $f_o + f_2$.

La suma:

$$O = |k_1| + |k_2| + \ldots |k_N| = \sum_{\ell=1}^{N} |k_\ell| \tag{52}$$

define el orden del producto de intermodulación en la señal de salida. En lo que respecta a los productos de intermodulación de tercer orden $O = 3$ y, por ejemplo, el conjunto $k_1 = 2$; $k_2 = -1$; $k_3, k_4 \ldots k_N = 0$ constituye el producto de intermodulación a la frecuencia $f_o = 2f_1 - f_2$. Los productos de intermodulación de quinto orden se obtienen para $O = 5$. Por ejemplo, el conjunto $k_1 = 3$; $k_2 = -2$, k_3, $k_4 \ldots k_N = 0$ define el producto de intermodulación a la frecuencia $f_o + 3f_1 - 2f_2$.

La amplitud compleja de estos productos puede obtenerse mediante (49).

Los cálculos realizados muestran que diez términos ($P = 10$) de la función de Bessel (47) proporcionan una aproximación muy buena de las características del transpondedor medido. A continuación se presentan un conjunto de coeficientes para un TOP típico:

Coeficientes b_p

	Parte real	Parte imaginaria
b_1	1.465	1.593
b_2	0.8983	0.1681
b_3	0.07757	-0.4212
b_4	0.466	0.6159
b_5	-0.4006	-0.9712
b_6	0.4711	0.9114
b_7	-0.2911	-1.011
b_8	0.04761	0.7479
b_9	0.07479	-0.4785
b_{10}	-0.079	0.1657

$$\alpha = 0.8$$

La figura AP5.2-1 presenta un ejemplo de la potencia de salida por portadora en función de la potencia total de entrada para una serie de números de portadoras de entrada idénticas no moduladas ($N = 1, 2, 3, 5, 10$ y 20) para un TOP típico.

El fenómeno de la saturación se hace obvio en dichas curvas y el punto de saturación para una portadora se utiliza como referencia para las potencias de entrada y de salida (punto a 0 dB). Las reducciones de potencia se expresan en decibelios relativos a dicho punto de saturación.

La figura AP5.2-2 muestra la potencia de salida de cada portadora y los productos de intermodulación de tercer orden para tres portadoras de entrada no moduladas idénticas. Una regla genérica es que los productos del tipo $2f_1 - f_2$ son 6 dB inferiores a los productos del tipo $f_1 + f_2 - f_3$ cuando la señal de entrada no es demasiado grande.

La figura AP5.2-3 muestra los mismos resultados para los productos de intermodulación de quinto orden para cinco portadoras no moduladas idénticas. Tal como se ha mencionado en la introducción, los productos de intermodulación de quinto orden tienen normalmente menos potencia que los productos de intermodulación de tercer orden para valores bajos de la potencia de entrada. Las componentes de quinto orden pueden despreciase en un cálculo aproximado.

Con portadoras moduladas, los productos de intermodulación tienen un espectro que depende de la modulación de las portadoras de entrada. La obtención de este tipo de espectro sólo es fácil en ciertos casos particulares.

361

Una fórmula general para la modulación angular (de fase o de frecuencia) es la siguiente:

$$\gamma_x(f) = \gamma_1, k_1(f) * \ldots * \gamma_N, k_N(f) \tag{53}$$

donde:

$*$: símbolo de la operación de convolución;

$\gamma x(f)$: densidad espectral de potencia del producto de intermodulación x cuya frecuencia central es:

$$fx = k1\, f1 + \ldots + kN\, fN \tag{54}$$

y

$\gamma_i k_i(f)$: densidad espectral de potencia de una portadora modulada angularmente, siendo $k_i \cdot \varphi_i(t)$ la señal moduladora (donde $\varphi_i(t)$ es la señal moduladora de la portadora de entrada i-ésima).

Si $k_i = 1$, $\gamma_i\, 1(f)$ es el espectro de la portadora de entrada modulada i-ésima. Si $k_i \geq 2$ el cálculo de $\gamma_i\, k_i(f)$ no es directo, excepto para una aproximación gausiana.

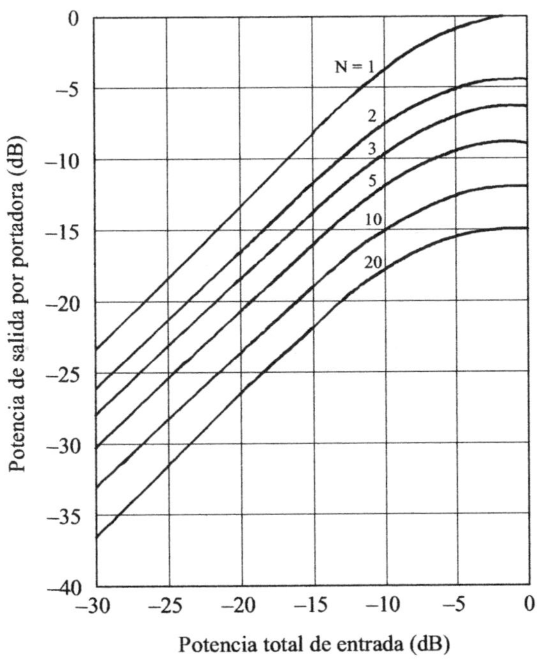

FIGURA AP5.2-1

Potencia de salida y de entrada

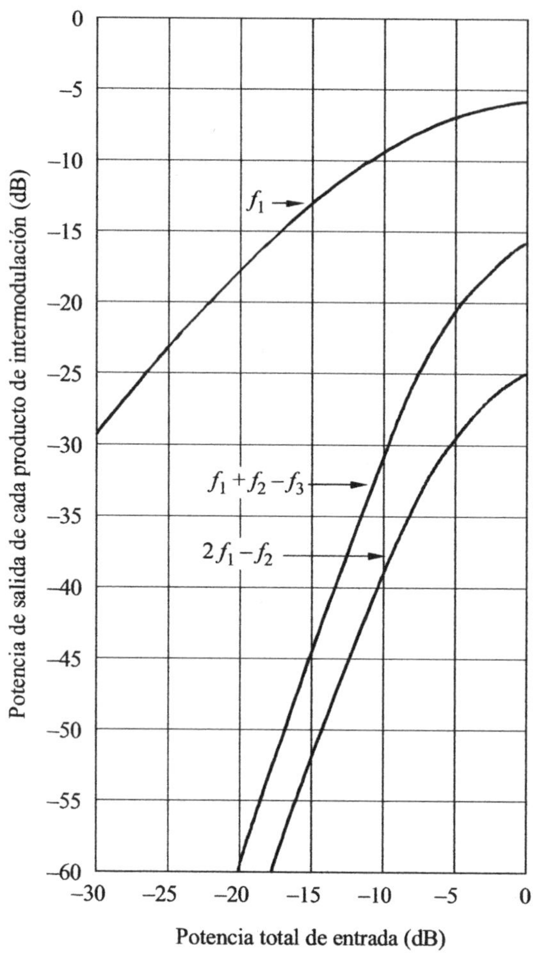

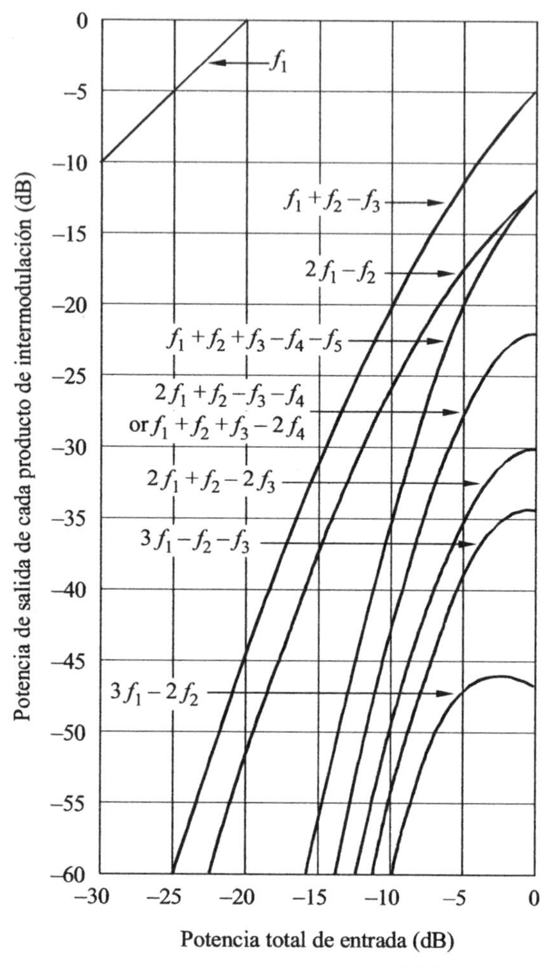

FIGURA AP5.2-2

FIGURA AP5.2-3

Intermodulación – tres portadoras

Intermodulación – cinco portadoras

En el caso de modulación de frecuencia con un índice de modulación elevado y una señal moduladora de tipo gaussiano (que constituye una buena aproximación de una señal telefónica múltiplex), el espectro de la portadora modulada i-ésima es gaussiano con una varianza σ_i^2. En este caso, el espectro $\gamma_x(f)$ también es gaussiano y su varianza es:

$$\sigma_x^2 = \sum_{i=1}^{N} \left(k_i \cdot \alpha_i \right)^2$$

$$(55)$$

363

Cuando se calculan por separado la potencia y el espectro de cada producto de intermodulación, la adición de todos los espectros elementales produce el espectro total de salida. La suma total de los productos de intermodulación equivale a un producto de ruido denominado ruido de intermodulación.

En la figura AP5.2-4 se presenta el espectro del ruido de intermodulación para un TOP típico con diez portadoras. Las flechas indican la frecuencia y el nivel relativo de cada portadora de entrada. Las seis portadoras centrales tienen niveles reducidos (24 canales telefónicos), las dos portadoras siguientes tienen valores medios (60 canales telefónicos) y las otras dos portadoras tienen valores elevados (132 canales telefónicos). La reducción de potencia de entrada es de 8 dB y la reducción de potencia de salida es de 3,45 dB. En la figura AP5.2-4 se muestra el espectro de potencia del ruido de intermodulación expresado en dB(W/kHz). A partir de dicho espectro, es conveniente definir una densidad espectral de potencia N_o (función de la frecuencia) y una temperatura de ruido de intermodulación T, utilizando la relación $N_o = k\,T$ (k: constante de Boltzmann).

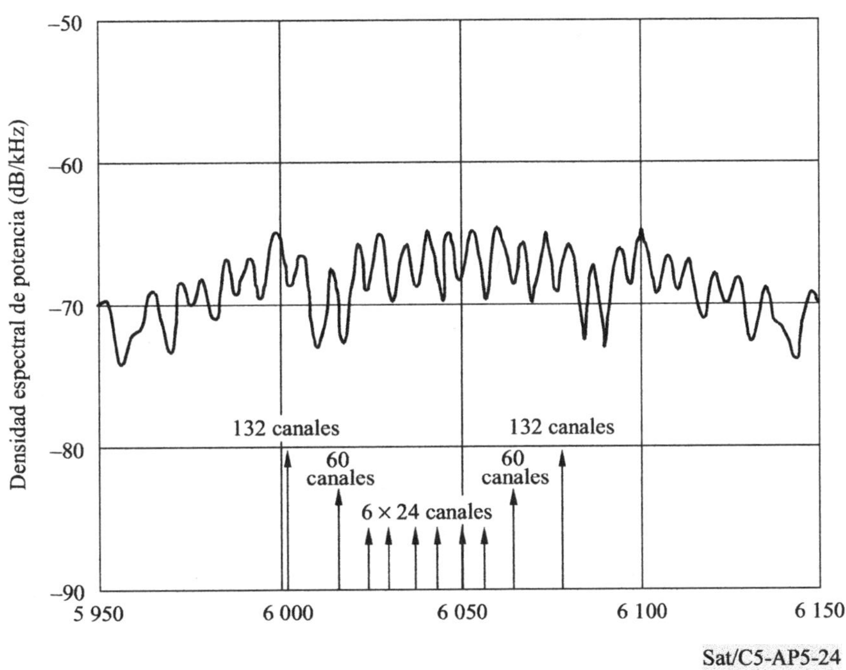

FIGURA AP5.2-4

Ruido de intermodulación

La potencia de salida de cada portadora dividida por la temperatura del ruido de intermodulación en la anchura de banda de frecuencias de la portadora, constituye la relación de intermodulación , C/T, utilizada en los cálculos de balances de enlaces.

La figura AP5.2-5 muestra la relación de intermodulación C/T con la misma disposición de frecuencias que el de la figura AP5.2-4. Una curva de trazo continuo corresponde a las portadoras de 132 canales y la otra a portadoras de 24 canales. Las curvas a trazos discontinuos corresponden a las mismas portadoras, pero sin tener en cuenta la conversión MA/MP. La comparación entre las curvas de trazo continuo y discontinuo muestra que la degradación aditiva que produce la conversión MA/MP varia de 3 a 6 dB (el valor aumenta para una reducción de potencia baja) en comparación con los resultados que sólo tienen en cuenta la no linealidad de amplitud.

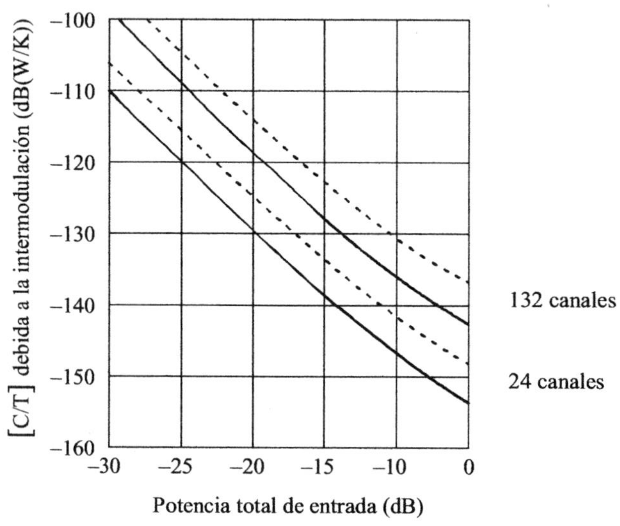

FIGURA AP5.2-5

Intermodulación – diez portadoras

(con la misma disposición de frecuencias que la de la Figura AP5.2-4)

AP5.2-4 Selección del plan de frecuencias

Para que los productos de intermodulación no coincidan con frecuencias de trabajo, se puede utilizar un método basado en varios conjuntos de triángulos [Fang y Sandrin, 1977]. El inconveniente de este método radica en que se supone que todas las portadoras son idénticas y que no se tiene en cuenta el espectro de los productos de intermodulación, sino sólo sus frecuencias. Además, el método ofrece un número más reducido de portadoras utilizables comparado con el número total de intervalos de frecuencia disponibles en el repetidor.

El número de portadoras utilizables puede aumentarse mediante un plan que acepte una cierta interferencia debida a la intermodulación, pero que se optimiza a fin de reducirla a un valor mínimo [Hirata, 1978]. Sin embargo, los inconvenientes de este método son los mismos que los antes referidos (portadoras idénticas y no tener en cuenta el espectro).

Las reglas básicas para obtener un buen plan de asignación de frecuencias son evitar una separación constante de frecuencia entre portadoras (debido a que en ese caso, los productos de intermodulación siempre coinciden con portadoras) y poner las portadoras de gran tamaño en los extremos de la banda de frecuencia del repetidor (de forma que los productos de intermodulación significativos caigan fuera de la anchura de banda útil).

AP5.2-5 Fórmulas para el SCPC

En el caso de sistemas de acceso múltiple con un único canal por portadora (SCPC), el número de portadoras simultáneas en el mismo repetidor es muy grande (varios cientos). La extrapolación de los resultados obtenidos mediante cálculos de computadora con hasta cien portadoras y un TOP típico conduce a las fórmulas siguientes:

$$BO = 0.82 \, (BI - 4.5) \tag{56}$$

donde:

> BI: reducción de potencia de entrada (input back-off) (dB);
>
> BO: reducción de potencia de salida (output back-off) (dB);

$$C/T = -150 - 10 \log n + 2 \, BO \tag{57}$$

donde:

> n: número de portadoras activas;
>
> C/T: relación entre la potencia de la portadora y la temperatura de ruido de intermodulación (por portadora).

El valor exacto de C/T depende ligeramente de la asignación de frecuencia y puede variar con un margen de $\pm 1{,}5$ dB en comparación con el valor aproximado. La anchura de banda en frecuencia de las portadoras influye poco en los resultados.

Referencias del apéndice 5.2

FANG, R.J.F. and SANDRIN, W.A. [Spring, 1977] – Carrier frequency assignment for non-linear repeaters. COMSAT Tech. Rev., Vol. 7, 1, 227-244.

HIRATA, Y. [Spring, 1978] – A bound on the relationship between intermodulation noise and carrier frequency assignment. COMSAT Tech. Rev., Vol. 8, 1, 141-154.

Bibliografía del apéndice 5.2

FUENZALIDA, J.C., SHIMBO, O. and COOK, W.L. [Spring, 1973] – Time domain analysis of intermodulation effects caused by non-linear amplifiers. COMSAT Tech. Rev., Vol. 3, 1, 89-141.

SHIMBO, O. [February, 1971] – Effects of intermodulation, AM/PM conversion and additive noise in multicarrier TWT systems. Proc. IEEE, Vol. 59.

SHIMBO, O., NGUYEN, L. and ALBUQUERQUE, J.P. [April, 1986] – Modulation transfer effects among FM and digital signals in memoryless non-linear devices. Proc. IEEE, Vol. 74.

APÉNDICE 5.3

Tablas de Erlang

Las fórmulas y tablas de Erlang, publicadas por vez primera en 1917 por A.K. Erlang, permiten calcular la probabilidad de que se pierda una llamada telefónica debido a la sobrecarga de la red telefónica.

Varios usuarios pueden ofrecer tráfico a un sistema con n trayectos de tráfico o líneas. Para calcular la probabilidad de bloqueo o pérdida de las llamadas entrantes o tráfico ofrecido, se utiliza la fórmula Erlang B. La fórmula Erlang B se basa en el supuesto de que el régimen de llegada y la duración de las nuevas llamadas es independiente del numero de llamadas que estén siendo atendidas (condición de "fuente infinita") y que si se bloquea una llamada nueva, ésta se considera perdida.

La fórmula Erlang B es la siguiente:

$$p = \left(y^{n} / n!\right) / \left(\sum_{x=o}^{x=n} \left(y^{x} / x!\right) \right)$$

donde:

> p: probabilidad de pérdida o bloqueo;
>
> n: número de trayectos de tráfico (o de circuitos, dispositivos, etc.);
>
> y: tráfico ofrecido (Erlangs).

El "volumen de tráfico " es una medida que representa la duración total de la ocupación de un trayecto de tráfico o circuito. Esta medida no sólo se aplica a trayectos de tráfico, sino también a grupos de trayectos, grupos de circuitos y otros equipos o dispositivos que cursan las comunicaciones.

Otra medida utilizada es la "intensidad de tráfico". Se define como el cociente entre el volumen de tráfico y el tiempo, o volumen de tráfico por unidad de tiempo. La unidad de intensidad de tráfico es el Erlang o Unidad de Tráfico (UT). A veces esta medida se realiza para la denominada "hora cargada" de la red. Un Erlang significa que el trayecto de tráfico considerado ha sido ocupado de manera continua durante el periodo de observación. El Erlang es una unidad sin dimensiones que ha sido adoptada por la UIT.

El "tráfico ofrecido" es el producto entre el número de llamadas por unidad de tiempo y la duración de las llamadas, expresado en unidades de tiempo. El "tráfico ofrecido " se mide en Erlangs (sin dimensiones).

El "grado de servicio" es la relación entre las llamadas perdidas en el primer intento y el número total de intentos de llamadas entrantes. También se denomina "probabilidad de bloqueo" o "de pérdida".

El "grado de servicio" depende de la distribución temporal de las llamadas entrantes (por ejemplo, si son procesos de Poisson), de la duración de las llamadas y del número de fuentes de tráfico, es decir, las condiciones bajo las cuales las llamadas se pierden o bloquean.

Cuando no puede asignarse un canal a una llamada ofrecida y la llamada se sitúa en una cola de espera de longitud infinita, se aplica la fórmula Erlang C. Las llamadas de la cola se atienden en el orden de llegada.

Ejemplo – De acuerdo con el cuadro AP5.3-1, un sistema de transmisión con $n = 50$ líneas, tiene una probabilidad de pérdida de $p = 0.05$ (5%) para un tráfico (ofrecido) de 44,53 Erlangs

Ello debe permitir, por ejemplo, establecer una conexión fiable a través de una central para más de 200 abonados, cada uno con un tráfico medio de 0,2 Erlang.

CUADRO AP5.3-1

Tablas de Erlang

Probabilidad de pérdida en función del número de líneas de enlace y del tráfico ofrecido

n	P					
	0.001	0.002	0.005	0.01	0.02	0.05
1	0.001	0.002	0.005	0.01	0.02	0.05
2	0.05	0.07	0.11	0.15	0.22	0.38
3	0.19	0.25	0.35	0.46	0.60	0.90
4	0.44	0.53	0.70	0.87	1.09	1.52
5	0.76	0.90	1.13	1.36	1.66	2.22
6	1.15	1.33	1.62	1.91	2.28	2.96
7	1.58	1.80	2.16	2.50	2.94	3.74
8	2.05	2.31	2.73	3.13	3.63	4.54
9	2.56	2.85	3.33	3.78	4.34	5.37
10	3.09	3.43	3.96	4.46	5.08	6.22
11	3.65	4.02	4.61	5.16	5.84	7.08
12	4.23	4.64	5.28	5.88	6.62	7.95
13	4.83	5.27	5.96	6.61	7.41	8.83
14	5.45	5.92	6.66	7.35	8.20	9.73
15	6.08	6.58	7.38	8.11	9.01	10.63
16	6.72	7.26	8.10	8.87	9.83	11.54
17	7.38	7.95	8.83	9.65	10.66	12.46
18	8.05	8.64	9.58	10.44	11.49	13.38
19	8.72	9.35	10.33	11.23	12.33	14.31
20	9.41	10.07	11.09	12.03	13.18	15.25
21	10.11	10.79	11.86	12.84	14.04	16.19
22	10.81	11.53	12.63	13.65	14.90	17.13
23	11.52	12.27	13.42	14.47	15.76	18.08
24	12.24	13.01	14.20	15.29	16.63	19.03
25	12.97	13.76	15.00	16.12	17.50	19.99
26	13.70	14.52	15.80	16.96	18.38	20.94
27	14.44	15.28	16.60	17.80	19.26	21.90
28	15.18	16.05	17.41	18.64	20.15	22.87
29	15.93	16.83	18.22	19.49	21.04	23.83
30	16.68	17.61	19.03	20.34	21.93	24.80
31	17.44	18.39	19.85	21.19	22.83	25.77
32	18.20	19.18	20.68	22.05	23.73	26.75
33	18.97	19.97	21.51	22.91	24.63	27.72
34	19.74	20.76	22.34	23.77	25.53	28.70
35	20.52	21.56	23.17	24.64	26.43	29.68
36	21.30	22.36	24.01	25.51	27.34	30.66
37	22.03	23.17	24.85	26.38	28.25	31.64
38	22.86	23.97	25.69	27.25	29.17	32.63
39	23.65	24.78	26.53	28.13	30.08	33.61
40	24.44	25.60	27.38	29.01	31.00	34.60
41	25.24	26.42	28.23	29.89	31.92	35.59
42	26.04	27.24	29.08	30.77	32.84	36.58
43	26.84	28.06	29.94	31.66	33.76	37.57
44	27.64	28.88	30.80	32.54	34.68	38.56
45	28.45	29.71	31.66	33.43	35.61	39.55
46	29.26	30.54	32.52	34.32	36.53	40.54
47	30.07	31.37	33.38	35.21	37.46	41.54
48	30.88	32.20	34.25	36.11	38.39	42.54
49	31.69	33.04	35.11	37.00	39.32	43.54
50	32.51	33.88	35.98	37.90	40.25	44.53

CAPÍTULO 6

Segmento espacial

6.1 Órbitas de los satélites

6.1.1 Introducción

Este punto describe la mecánica de las órbitas de los satélites y su significado en relación con los satélites de comunicaciones. Se ofrece al lector una introducción sobre las leyes fundamentales que rigen las órbitas de los satélites y los parámetros principales que describen el movimiento de los satélites artificiales de la Tierra. También se clasifican las órbitas de los satélites y se comparan desde un punto de vista de un sistema de comunicación, en términos de las características de cobertura de la Tierra y de las restricciones ambientales y del enlace.

Durante los dos últimos decenios, las redes de comunicación por satélite comerciales han utilizado ampliamente satélites geoestacionarios, hasta el punto de que algunos tramos de la órbita geoestacionaria están congestionados y la coordinación entre satélites empieza a encontrar dificultades. No obstante, los sistemas de satélite no geoestacionario han ganado en importancia recientemente, debido a sus características orbitales y a su capacidad de cobertura de la Tierra en altas latitudes. En este punto se describen algunas de sus facetas especiales.

6.1.2 Antecedentes

El problema de la determinación de la posición y del trayecto de un satélite en el espacio en función del tiempo ha dado que pensar a los científicos y a los filósofos durante miles de años. Al final, Kepler, en el Siglo XVII llegó a descubrir las propiedades del movimiento planetario a partir de las observaciones de nuestro Sol y de sus planetas. Las leyes de Kepler establecen que:

1) El planeta Tierra se mueve alrededor del Sol en una elipse que tiene en su foco al Sol (el movimiento se efectúa en un plano).

2) La línea que une el Sol y el planeta, o vector radial (r) barre superficies iguales a intervalos iguales de tiempo.

3) La relación entre el cuadrado del periodo (T) y el cubo del semieje mayor (a) es la misma para todos los planetas de nuestro sistema solar.

Con el descubrimiento por Newton de la Ley Universal de la Gravedad, se identifican las fuerzas asociadas a las Leyes de Kepler. Especialmente, se determina que toda masa (M_1) atrae a otra masa (M_2) con una fuerza dirigida a lo largo de la línea que une a ambas y que tiene una magnitud (F) de $G\,M_1\,M_2/r^2$, en la que G es la constante universal gravitatoria.

6.1.3   Dinámica orbital

6.1.3.1   Órbita de Kepler

La "hipótesis de Kepler" que subyace a las órbitas de Kepler es una aproximación de primer orden de las fuerzas que se aplican a todo satélite que gira alrededor de un cuerpo central (por ejemplo, un satélite artificial de comunicaciones alrededor de la Tierra o un planeta alrededor del Sol). Dicha hipótesis es muy útil y eficaz para describir las leyes fundamentales de las órbitas de los satélites. Según ella, la atracción mutua entre cuerpos que se atraen se limita a un problema de dos elementos (por ejemplo, el satélite y la Tierra, sin atracción de la Luna o el Sol), en el que la única fuerza que actúa es la de Newton (o fuerza central) μ/r^2.

Cuando la masa, m, del satélite puede despreciarse respecto a la masa, M, del cuerpo central:

- $\mu = GM$, donde G es la constante gravitatoria ($\mu \approx 398\ 600\ \text{km}^3/\text{s}^2$ para la Tierra).

- r = distancia entre el centro de la Tierra y el satélite.

En el caso de un satélite de la Tierra, la primera ley de Kepler dice que la trayectoria de todo satélite sometido a una fuerza central de este tipo, μ/r^2, es una sección cónica cuyo foco coincide con el centro de la Tierra. En lo que sigue, sólo nos ocuparemos de la elipse, pues las otras secciones cónicas (parábola e hipérbola) no ofrecen interés para las comunicaciones por medio de satélites de la Tierra.

La figura 6.1 muestra un diagrama simplificado de una órbita elíptica alrededor de la Tierra, en el plano de la órbita.

Considerando un marco de referencia inercial (es decir, fijo respecto a las estrellas) una elipse puede definirse por los cinco parámetros siguientes (véase la figura 6.2):

- semieje mayor de la elipse a: (a > R = radio de la Tierra en el Ecuador $\approx 6\ 378$ km);

- excentricidad de la elipse e: ($0 \leq e < 1$; e = 0 en órbita circular);

- inclinación del plano orbital i: ($0 \leq i \leq 180°$);

- ascensión recta del nodo Ω: ($0 \leq \Omega \leq 360°$);

- argumento del perigeo ω: ($0 \leq \omega \leq 360°$).

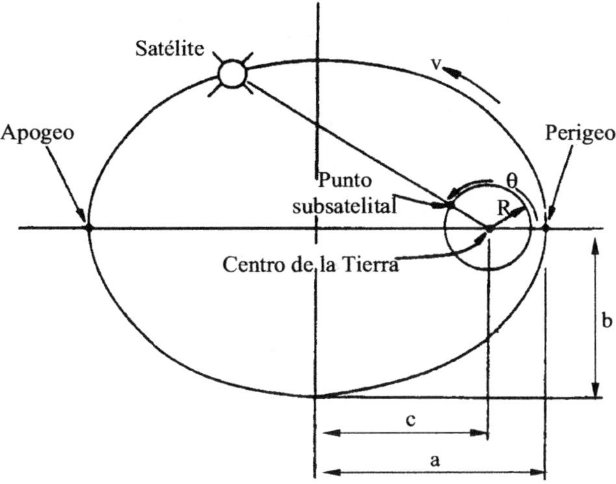

a: semieje mayor
b: semieje menor

e: excentricidad = $(1 - (b/a)^2)^{0,5}$; $0 \leq e < 1$; (círculo: e = 0)
c: distancia entre el centro de la elipse y el punto focal = ae
R: radio medio de la Tierra
r, θ coordenadas polares del satélite; θ (anomalía) se mide a
   partir del perigeo

Sat/C6-01

FIGURA 6.1

Geometría de una órbita elíptica

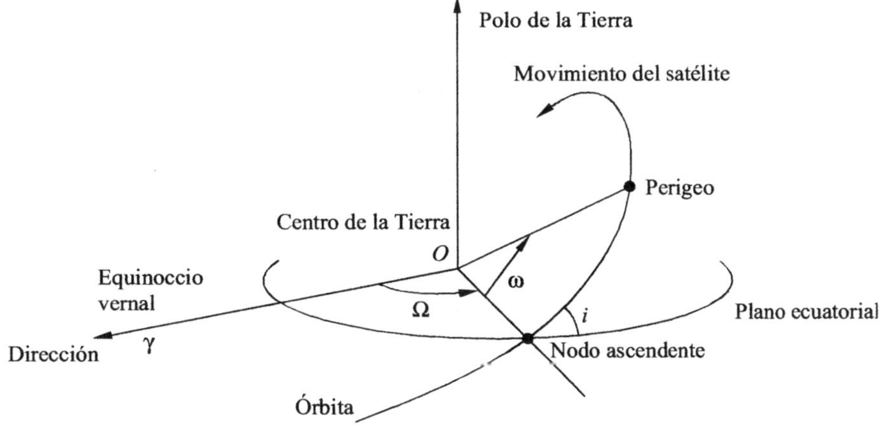

Sat/C6-02

FIGURA 6.2

Parámetros orbitales

La posición del satélite a lo largo de la elipse viene geométricamente dada por la anomalía, v, o anomalía excéntrica E (véase la figura 6.3), pero generalmente se sustituye por la anomalía media A_M, que es proporcional al tiempo y matemáticamente más útil:

$$\operatorname{tg}\frac{v}{2} = \sqrt{\frac{1+e}{1-e}}\,\operatorname{tg}\frac{E}{2}$$

$$A_M = E - e\ \operatorname{sen} E$$

NOTA – En el caso particular de las órbitas circulares, $A_M = E = v$.

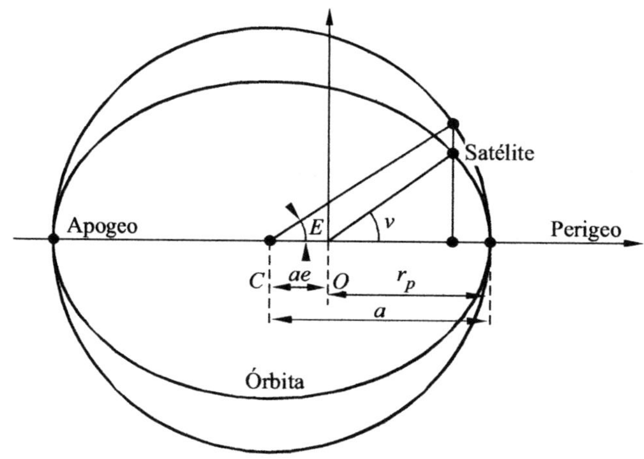

FIGURA 6.3

Geometría de la elipse

La magnitud, r, del vector de posición de satélite es:

$$r = a(1 - e^2)/(1 + e \cos v)$$

El radio del apogeo, r_{ap}, y el del perigeo, r_p, pueden obtenerse directamente y sirven para definir de forma útil la forma de la elipse, utilizando la altura del perigeo, h_p y la altura del apogeo, h_{ap}:

- $h_p = a\,(1 - e) - R$;

- $h_{ap} = a\,(1 + e) - R.$

La segunda ley de Kepler dice que la superficie barrida por el radio vector, ρ_r, por unidad de tiempo es constante, lo que explica que un satélite se frene en el apogeo de su órbita y se acelere en el perigeo:

$$r^2 dv/dt = \text{constante} = n_k a^2 \sqrt{1-e^2}$$

siendo n_k = movimiento medio de Kepler del satélite = 2π/periodo orbital (rad/s).

Otra relación útil es la de la conservación de la energía total que permite calcular la velocidad absoluta del satélite V a lo largo de su trayectoria:

$$V^2 = \mu\,(2/r - 1/a)$$

Por ultimo, la muy importante tercera ley de Kepler relaciona el movimiento medio de Kepler, n, del satélite (o su periodo orbital de Kepler, $T = 2\pi/n_k$) con el semieje mayor de la elipse, a, de manera simple y patente:

$$n_k^2 a^3 = 4\pi^2 a^3/T^2 = \text{constante} = \mu$$

6.1.3.2   Perturbaciones orbitales

Aunque ofrece una referencia excelente, la aproximación de Kepler sólo es válida en un primer orden, cuando se desprecian las fuerzas perturbadoras muy pequeñas; las perturbaciones más importantes son debidas a asimetrías e inhomogeneidades del campo gravitatorio terrestre, con amplitudes miles de veces inferiores a la fuerza de Newton central.

Debido a estas pequeñas perturbaciones, la trayectoria de los satélites artificiales no es una elipse cerrada con una orientación fija en el espacio, sino una curva abierta que evoluciona continuamente con el tiempo, en forma y en orientación.

Hay dos tipos de perturbaciones orbitales:

- las perturbaciones de origen gravitatorio que se derivan de un potencial y para las que se conserva la energía total (por ejemplo, términos no centrales del campo gravitatorio de la Tierra que se expanden en armónicos esféricos, atracción de un tercer cuerpo que ejerce la Luna, el Sol, etc);

- las perturbaciones no gravitatorias que no se derivan de una potencia y que disipan energía (por ejemplo, la resistencia atmosférica, la presión de la radiación solar ...); se denominan en ocasiones "fuerzas de superficie", pues dependen de las características de la superficie del satélite (por ejemplo, la relación entre superficie y masa, el coeficiente aerodinámico, las propiedades de reflectividad ....).

Las amplitudes relativas de estas fuerzas se rigen principalmente por la altitud del satélite, y su efecto en la trayectoria puede resultar muy importante, incluso para amplitudes muy pequeñas, debido a los efectos acumulados o de resonancia.

La fuerza perturbadora más importante en un satélite artificial es debida al primer término de zona, J_2, del campo gravitatorio terrestre. Este término J_2 ($J_2 \sim 10^{-3}$) tiene en cuenta la influencia dinámica de la forma no esférica de la Tierra. Las perturbaciones principales son derivas seculares (o velocidades de precesión) del nodo ascendente y del perigeo, junto con una ligera modificación del movimiento medio de Kepler, n_k, del satélite:

- $\Omega = d\Omega/dt = -\, 3/2\ n_k J_2\ (R/a)^2\ (1 - e^2)^{-2}\ \cos i;$

- $\omega = d\omega/dt = -\, 3/4\ n_k J_2\ (R/a)^2\ (1 - e^2)^{-2}\ (1 - 5\cos^2 i);$

- $M = dM/dt = n_k\ [1 + 3/4\ J_2\ (R/a)^2\ (1 - e^2)^{-3,2}\ (3\cos^2 i - 1)].$

Puede señalarse que la velocidad de precesión del nodo ascendente sólo puede ser positiva ($i < 90°$), negativa ($i > 90°$), estática ($i = 90°$) o ajustada en inclinación, a fin de compensar exactamente el movimiento orbital de la Tierra alrededor del Sol, para las denominadas órbitas síncronas solares ($d\Omega/dt \approx 0,986$ grado/día). El orden de magnitud oscila entre unos pocos grados por día en las órbitas terrenas bajas y valores muy pequeños en altitudes elevadas.

También puede señalarse que el movimiento del perigeo es del mismo orden de magnitud que Ω y que puede ser estático para dos valores de inclinación ($i = 63,4°$ y $116,6°$) correspondientes a las denominadas inclinaciones críticas; esta propiedad es muy útil cuando se desea que el apogeo quede geográficamente estático: se ha puesto en práctica en varios sistemas de comunicación por satélite tales como el de la red rusa Molnya.

En el punto 6.2.3 se ofrecen más detalles sobre las perturbaciones geoestacionarias y sus consecuencias en términos de control de la órbita y la altitud.

6.1.3.3 Determinación de la órbita

A efectos de la misión y el control, es necesario conocer en cada instante la posición y la velocidad del satélite en un marco de referencia determinado o, lo que es matemáticamente equivalente, los seis parámetros orbitales definidos en el punto 6.1.3.1. Este conocimiento es el resultado de un proceso complejo de determinación de la órbita en el que hay que efectuar compromisos entre el número y la precisión de las mediciones orbitales y el nivel de exactitud del modelo de las fuerzas perturbadoras, que depende del nivel de precisión orbital que se requiera.

Gracias a los logros recientes e importantes de la geodesia espacial, puede considerarse que las fuerzas gravitatorias responden a un modelo tan preciso como se desee a efectos de comunicación, cualquiera que sea la órbita y suponiendo que se cuente con recursos informáticos suficientes, lo que no constituye un problema en las instalaciones en Tierra, pero puede ser un problema a bordo de los satélites. No obstante, el establecimiento de modelos de las fuerzas de superficie descritas en el punto 6.1.3.2 y la predicción de su influencia en términos de exactitud en una órbita precisa siguen siendo un desafío, especialmente en el caso de las órbitas terrenas bajas, por debajo de unos 700 km de altitud. Se requiere en ese caso mediciones regulares de la órbita para compensar dicha incertidumbre.

Por ultimo, puede señalarse que este proceso de determinación de la órbita se efectuará cada vez más en tiempo real a bordo del satélite, de forma que éste sea capaz de navegar de manera autónoma. Es ésta una tendencia general que se ilustra claramente por el aumento de la utilización de nuevos sistemas, tales como el sistema mundial de determinación de la posición por satélite (GPS) de Estados Unidos a bordo de un vehículo espacial, para la determinación de la altitud.

6.1.3.4   La órbita geoestacionaria (OSG)

Los satélites lanzados en el plano ecuatorial (cero grados de inclinación) con una órbita circular a 35 800 km de altitud aparecen fijos en el espacio para un observador situado en la superficie de la Tierra. En realidad, rodean a la Tierra aproximadamente cada 24 horas en sincronismo con la rotación de ésta sobre su eje. Esta órbita presenta una serie de aspectos atractivos para las comunicaciones por satélite tales como:

Las antenas de la estación terrena pueden apuntar al satélite sin necesidad de mecanismos de seguimiento; la deriva Doppler prácticamente no existe; y aproximadamente un tercio de la superficie de la Tierra es visible desde un satélite (línea de visibilidad directa). Estos aspectos se han traducido en la realización y explotación de un gran número de satélites OSG especialmente para los servicios de radiodifusión. La figura 6.4 muestra la cobertura que da un satélite OSG en el horizonte visible de la Tierra. La zona útil de cobertura se limita a ángulos de elevación de 5° o superiores dependiendo de las frecuencias de transmisión y de los obstáculos en el suelo.

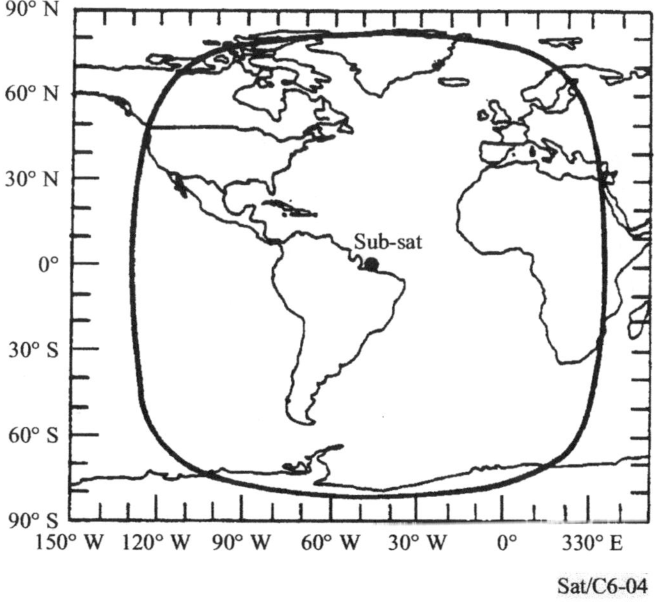

FIGURA 6.4

Cobertura de un satélite OSG en una longitud de 47° W

6.1.4   Diseño de la órbita

6.1.4.1   Restricciones ambientales

Al seleccionar la órbita de un sistema de comunicación espacial, hay principalmente dos tipos de restricción del entorno espacial que dependen en gran medida de la altitud (no se considera aquí la atmósfera, pues ya se ha tenido en cuenta como fuerza perturbadora en el punto 6.1.3.2):

- los cinturones de radiación de Van Allen en los que las partículas con energía tales como protones y electrones están atrapados por el campo magnético de la Tierra y pueden dar lugar a daños muy importantes en los componentes electrónicos y eléctricos del satélite;

- los cinturones de residuos espaciales y órbitas cementerio en las que se inyectan antiguos vehículos espaciales al final de su vida útil; éstas representan actualmente una preocupación creciente, con la llegada de grandes constelaciones de satélites.

Las limitaciones electromagnéticas de los cinturones de Van Allen son actualmente mucho más importantes que las de los residuos espaciales. Se caracterizan por dos zonas de gran energía (zonas interior y exterior) con un máximo de alrededor de 3 500 km y 18 000 km. En la práctica, las órbitas bajas por debajo de 1 600 km y las órbitas geosíncronas experimentan niveles significativamente inferiores de radiación a los de las órbitas terrestres de altura media para las que las órbitas más favorables están alrededor de 9 000 km y las más desfavorables alrededor de 18 000 km (véase la figura 6.5).

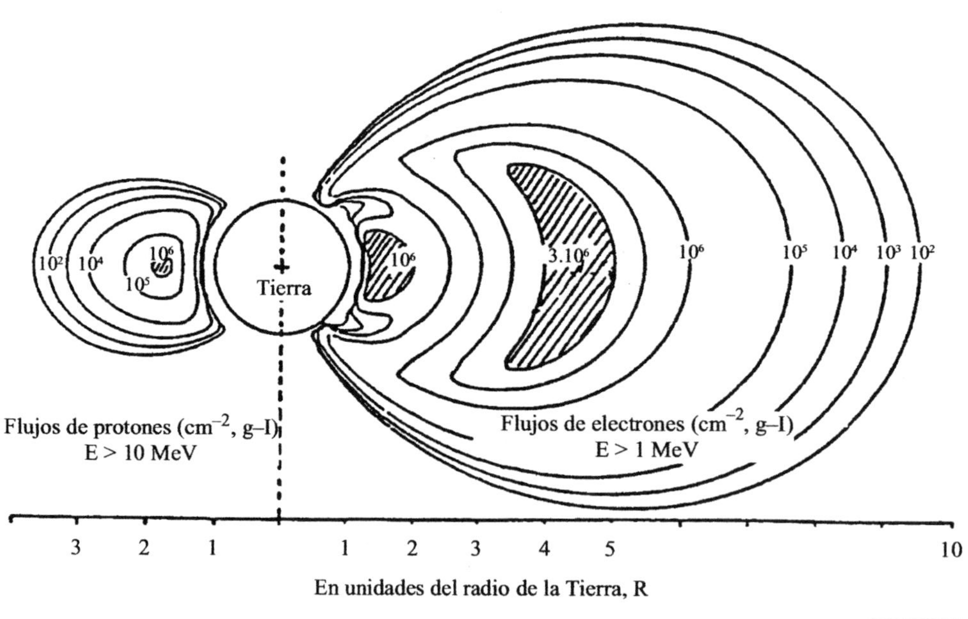

FIGURA 6.5

Los cinturones de radiación de Van Allen

No se consideran aquí otras limitaciones del entorno espacial, tales como la iluminación solar, la temperatura, el vacío, etc., pues se examinan generalmente al diseñar el vehículo espacial y no pueden considerarse como restricciones primarias para las órbitas de comunicación por satélite.

6.1.4.2   Restricciones a la comunicación

Aunque los satélites geoestacionarios funcionan actualmente con un tiempo total de propagación de ida y vuelta de unos 250 milisegundos o más, la utilización de satélites no geoestacionarios con retardos más cortos puede ofrecer ventajas significativas, en particular cuando se requiere una gran interactividad (por ejemplo, transmisión telefónica, vídeo interactivo, etc.).

En un primer orden, este retardo temporal depende de la longitud geométrica del enlace espacial y es más favorable en las órbitas terrenas bajas que en las órbitas geoestacionarias. Los retardos de propagación de ida y vuelta típicos van desde algunos milisegundos en altitudes bajas, a varias decenas de milisegundos en altitudes medias y hasta 250 milisegundos o más, en altitudes geosíncronas.

No obstante, hay que añadir retardos adicionales en un sistema práctico de comunicaciones, teniendo en cuenta los retardos de procesamiento, de las etapas tampón, de la conmutación, etc., que llevan a aumentar el retardo de la propagación geométrica en varias decenas de milisegundos. Además, cuando en los sistemas de satélite se utilizan enlaces entre satélites, debe tenerse en cuenta un retardo adicional del mismo orden de magnitud.

Otra restricción para las comunicaciones es la derivada de garantizar que el enlace espacial puede establecerse y mantenerse, al considerar:

- los obstáculos naturales que rodean al terminal del usuario (apantallamientos geométricos y radioeléctricos, propagación multitrayecto ...);

- la puntería de la antena del satélite (actitud del vehículo espacial, enmascaramientos);

- la alteración de la propagación (lluvia, troposfera ...);

- los parámetros del balance del enlace (BERP, distancia ...).

En general, se define un umbral mínimo de elevación sobre el horizonte local del usuario, a partir del cual el enlace sufre degradaciones significativas. Los umbrales típicos están comprendidos entre 5° y 10° para sistemas en 6/4 GHz, entre 10° y 15° para sistemas en 14/10-12 GHz y mayores de 15° para sistemas en 30/20 GHz. En una primera aproximación, se considera generalmente que son independientes del acimut. En ocasiones se consideran umbrales superiores, del orden de 30° ó 40°, para aplicaciones específicas, como por ejemplo las de comunicaciones móviles (zonas urbanas) o las de comunicaciones multimedio en banda ancha (atenuación).

Es muy conveniente mantener un enlace de comunicación tanto como sea posible, lo cual depende de la duración de visibilidad del satélite por el usuario y del número de satélites, si no se trata de un satélite geoestacionario. Este problema se aborda a nivel del sistema mundial en los puntos 6.1.4.3 y 6.1.5.1.

6.1.4.3   Traza y cobertura en el suelo del satélite

La traza en el suelo del satélite es la serie de puntos sobre la Tierra que sobrevuela el satélite. Este concepto es importante para saber la parte de la Tierra que se ve desde el satélite cuando éste se mueve a lo largo de su trayectoria. La traza en el suelo se obtiene mediante una combinación vectorial de las velocidades absolutas del satélite proyectadas en el punto subsatelital y de la velocidad en Tierra de este punto subsatelital. Puede demostrarse a partir de consideraciones cinemáticas que, en un marco de referencia fijo en la Tierra, un satélite que realice $N + m/q$ revoluciones al día (N, m, q son enteros) tiene una traza en el suelo que se repite tras un periodo de tiempo (Prep) después de haber completado ($qN + m$) revoluciones, de forma que:

$$\text{Prep} = (qN + m)\ \text{Porb} = (N + m/q)\ \text{Pnod}$$

siendo:

Porb	$=$	periodo orbital del satélite entre dos pasos ascendentes sucesivos por el ecuador	$=$	$2\pi(\omega + M)$ (s)
Pnod	$=$	periodo nodal (o dracónico) del nodo ascendente	$=$	$2\pi(\theta - \Omega)$ (s)
θ	$=$	velocidad de rotación sideral de la Tierra	$\approx$	$2\pi/86\ 164$ (rad/s)

Debe observarse que estas fórmulas son muy generales y que no se limitan a la hipótesis de Kepler debido al aplastamiento dinámico de la Tierra, J_2, mencionado en el punto 6.1.3.2, a que ω, y Ω son distintas de cero y a que M es distinta del movimiento medio de Kepler, n_k. En particular, el periodo orbital, Porb, es ligeramente distinto del periodo orbital de Kepler, T, dado por la tercera ley de Kepler mencionada en el punto 6.1.3.1.

La traza en el suelo tras un periodo orbital se denomina bucle. El número de bucles orbitales en 24 horas viene aproximadamente dado por N y el número total de bucles orbitales distintos es $qN + m$.

La forma del bucle depende de la elección de la excentricidad, e, y del argumento del perigeo, ω, pero hay que señalar que la inclinación, i, es igual a la latitud máxima. En el caso particular de órbitas circulares ($e = 0$), hay una simetría norte/sur de la traza en el suelo.

Los valores típicos de N están comprendidos entre $N = 12$ y $N = 15$ rev/día para órbitas terrenas bajas, entre $N = 3$ y $N = 4$ rev/día para órbitas de altura media y hasta $N = 2$ para órbitas de 12 horas (por ejemplo, Molnya, GPS) y $N = 1$ para órbitas geosíncronas ($N = 0$ corresponde a órbitas supersíncronas con periodos orbitales superiores a 24 horas). La figura 6.6 muestra la relación entre la altitud orbital y los periodos orbitales, para satélites en órbitas circulares de baja altitud.

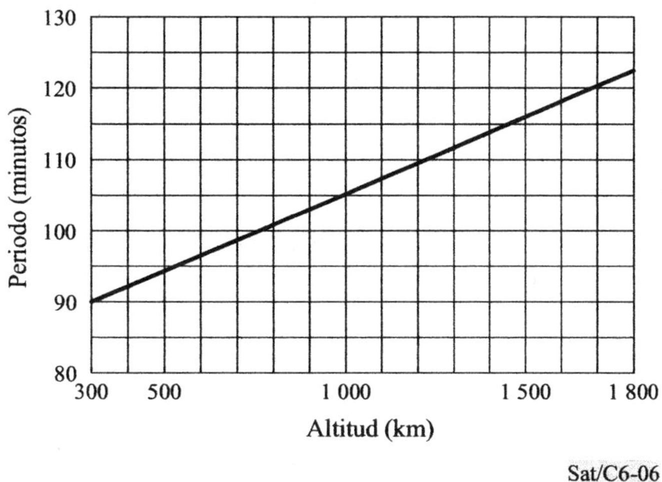

FIGURA 6.6

Periodos orbitales en función de la altitud para órbitas circulares

La traza en el suelo de un satélite geoestacionario (N = 1; 1 revolución al día; a = 42 164 km; i = 0; e = 0; Porb = 23 h 56 mn) es muy particular pues es un punto sobre el ecuador, caracterizado por su longitud geográfica y constante.

Puede establecerse un modelo en primera aproximación de la cobertura en el suelo de la antena del satélite de telecomunicaciones mediante la intersección de un cono y una esfera que es un círculo de elevación constante cuyo valor es el umbral de elevación mínima definido en el punto 6.1.3.2. El tamaño de este campo de visión instantáneo se define por el semiángulo θ centrado en la Tierra y viene dado por la altitud, h, del satélite y la elevación, ε:

$$\theta = Arc\ sen\ [(R\ /(R + h))\ cos\ \varepsilon].$$

Los usuarios pueden también ver el satélite durante intervalos de tiempo que son muy importantes, pues el satélite está a gran altitud (véase la segunda ley de Kepler reproducida en el punto 6.1.3.1). Un inconveniente es que la geometría de la línea de visión cambia rápidamente para las órbitas bajas de la Tierra, lo que crea efectos Doppler y restricciones específicas de apuntamiento. Por último, puede verse que, desde un punto de vista puramente de cobertura, las órbitas de altitud elevada y media parecen ser más eficaces que las de baja altitud.

6.1.4.4   Comparación orbital para aplicaciones de comunicación

El cuadro 6.1 resume las características principales de cobertura y las restricciones del enlace que se han indicado en los puntos anteriores 6.1.4. 1, 6.1.4.2 y 6.1.4.3.

A este nivel, sólo se comparan órbitas y no puede llegarse a conclusiones definitivas en términos de diseño del sistema sin un examen minucioso de los requisitos de la misión y del diseño de la constelación de satélites.

CUADRO 6.1

Comparación de órbitas para aplicaciones de comunicaciones por satélite

ÓRBITAS	LEO	MEO	HEO	GEO
Restricciones del entorno	Actualmente moderadas (residuos espaciales: inquietud creciente)	Moderadas/medias	Medias/graves (cinturones de Van Allen: 4 cruces por día)	Moderadas
Periodo orbital	1,5-2 h	5-10 h	12 h	24 h
Gama de altitudes	500-1 500 km	8 000-18 000 km	Apogeo 40 000 km (perigeo por debajo de 1 000 km)	40 000 km (i = 0)
Duración de la visibilidad	15-20 mn/paso	2-8 h/paso	8-11 h/paso (apogeo)	Permanente
Elevación	Variaciones rápidas; ángulos grandes y pequeños	Variaciones lentas; ángulos grandes	Sin variación (apogeo; ángulos grandes)	Sin variación; ángulos pequeños en latitudes elevadas
Retardo de propagación	Varios milisegundos	Decenas de milisegundos	Cientos de milisegundos (apogeo)	> 250 milisegundos
Balance del enlace (distancia)	Favorable; compatible con pequeños satélites y terminales de usuario de mano	Menos favorable	Desfavorable para terminales de mano o pequeños	Desfavorable para terminales de mano o pequeños
Cobertura instantánea en el suelo (diámetro a 10° de elevación)	≈ 6 000 km	≈ 12 000-15 000 km	16 000 km (apogeo)	16 000 km
Ejemplos de sistemas	IRIDIUM, GLOBALSTAR TELEDESIC, SKYBRIDGE, ORBCOMM...	ODYSSEY, INMARSAT P21...	MOLNYA, ARCHIMEDES...	INTELSAT, INTERSPOUTNIK, INMARSAT...

LEO : órbitas terrenas bajas
MEO: órbitas terrenas medias
HEO: órbitas muy excéntricas
GEO : órbitas geoestacionarias

6.1.5 Diseño de la constelación

6.1.5.1 Compromiso entre órbita y constelación

Para órbitas no geoestacionarias, no es posible asegurar la cobertura continua (o permanente) de ninguna región con un solo satélite. Cuando la duración de la visibilidad de un satélite por los usuarios es finita, se necesita una "constelación" de varios satélites. El proceso de diseño de la constelación consiste en optimizar el número y el emplazamiento relativo de los satélites que satisfagan de forma óptima los requisitos (y limitaciones) de cobertura espacial y temporal, con el coste mínimo.

Se trata de un compromiso complejo en el que deben tenerse en cuenta los costes del satélite y del lanzamiento y la disponibilidad del servicio, entre otros factores. Este proceso de optimización no conduce automáticamente a la minimización simple del número de satélites de la constelación. Por ejemplo, puede resultar más barato lanzar tres docenas de pequeños satélites en seis lanzamientos a órbitas terrenas bajas que 12 grandes satélites mediante seis lanzamientos a órbitas terrenas medias.

Diversos autores han estudiado desde un punto de vista puramente de cobertura geométrica la cobertura continua de la Tierra (o de regiones de la Tierra) por uno o más satélites. Sus resultados son útiles para obtener una primera estimación del número de satélites y se resumen en el punto 6.1.5.2. El problema de la cobertura no permanente de la Tierra es más complicado y no puede resolverse sin simulaciones numéricas. En el punto 6.1.5.3 se ofrecen algunos detalles.

6.1.5.2 Cobertura continua de un solo satélite de múltiples satélites

Es de sobra conocido que tres satélites geoestacionarios no pueden dar cobertura permanentemente al 100% de la Tierra, pues las regiones polares no son accesibles. Los estudios recientes han demostrado que cuatro satélites en órbita muy elíptica constituyen el número mínimo de satélites necesario para asegurar la cobertura continua de toda la Tierra, mientras que previamente se pensaba que cinco satélites en órbita circular de altura media era el mínimo absoluto.

El número mínimo de satélites, N_l, necesario para asegurar la cobertura permanente de la Tierra por un solo satélite depende del campo instantáneo de visión de la antena de comunicaciones del satélite (que se define por el radio, θ, del campo instantáneo de visión (véase el punto 6.1.4.3)) y que viene dado por la formula siguiente sencilla aproximada:

$$N_l \approx 4/(1 - \cos \theta)$$

La figura 6.7 representa la relación anterior en función de la altitud del satélite h, y de la elevación mínima, ε, y para constelaciones óptimas en órbitas terrenas bajas síncronas solares:

La cobertura continua de un solo satélite por encima de la latitud φ exige aproximadamente $N_l \cos \varphi$ satélites.

En ocasiones se requiere la cobertura continua de la Tierra por más de un satélite para aplicaciones específicas (por ejemplo, localización) o por restricciones específicas (por ejemplo, coordinación de frecuencias con otros sistemas de comunicación por satélite).

La estimación del número N_2 (resp N_3) del número de satélites necesarios para asegurar una cobertura continua de satélite (resp. tres) de la Tierra viene dada en primera aproximación por:

$$N_2 \approx 7{,}5/(1 - \cos \theta); \quad N_3 \approx 11/(1 - \cos \theta)$$

Puede decirse que estas constelaciones óptimas en cobertura responden generalmente a esquemas de diseño muy simétricos bien conocidos (por ejemplo, constelaciones de Walker, constelaciones de Rider ...), pero también debe hacerse hincapié en que otras consideraciones (por ejemplo, las de continuidad del servicio, tolerancia a las pérdidas de satélite) llevan generalmente a constelaciones no normalizadas al final del proceso de optimización.

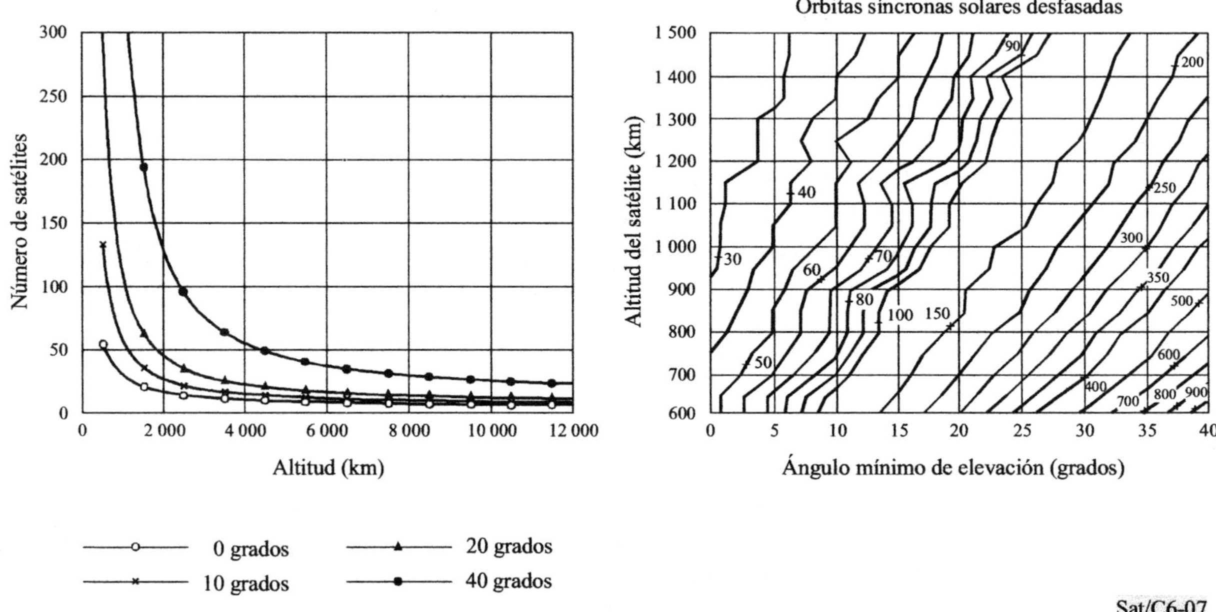

FIGURA 6.7

Cobertura continua de la Tierra de un solo satélite

Dada la gran simetría de sus propiedades, un pequeño conjunto de parámetros suele ser suficiente para describir plenamente la geometría relativa de estas constelaciones simétricas, pero debe señalarse que, en este caso, todos los satélites tienen la misma altitud e inclinación orbitales. Por ejemplo, se describe enteramente un esquema clásico de Walker mediante los tres parámetros enteros siguientes T/P/F, siendo:

T =   número total de satélites de la constelación;

P =   número de planos orbitales que se suponen distribuidos igualmente en el plano ecuatorial del planeta (es decir, una separación constante de 360/P grados en el nodo ascendente entre planos adyacentes).

NOTA – P debe ser un divisor entero de T, pues hay T/P satélites en cada uno de los planos orbitales que están distribuidos de forma igual.

F =   parámetro del desfase en el plano, expresado en unidades de 360/T grados, entre dos satélites en planos orbitales adyacentes.

Como ejemplo de ello, la primera constelación Globalstar (sistema de móviles mediante satélites LEO) sigue un esquema Walker 48/8/3. Esto significa que hay 48 satélites en ocho planos orbitales separados por 45° en el nodo ascendente, con seis satélites separados 60° en cada plano orbital y con un ángulo de desfase de 22,5° entre dos planos consecutivos.

6.1.5.3   Cobertura no permanente

Las constelaciones de satélite con cobertura intermitente suelen ser útiles para aplicaciones específicas de comunicación tales como la mensajería con almacenamiento y retransmisión o la transmisión vocal corta.

La cobertura no permanente se produce sólo en las órbitas no geoestacionarias y cuando hay menos satélites que el número mínimo requerido para la cobertura continua (véase el punto 6.1.5.2) o cuando su número es suficientemente grande, pero su emplazamiento relativo no esta optimizado. Se obtiene un caso más desfavorable con una constelación reducida a un solo satélite. Dependiendo de la altitud y del ángulo mínimo de elevación, los huecos medios típicos en órbitas terrenas bajas van de unas 10 horas a 5° de elevación y en latitudes medias con un solo satélite, a menos de una hora con cuatro satélites y aproximadamente media hora con seis satélites.

Los resultados más cuantificados exigen definiciones precisas de las zonas de interés y de las limitaciones, junto con simulaciones numéricas específicas. Por lo general, las constelaciones óptimas para cobertura permanente no lo son para cobertura no permanente, aunque generalmente dan unas condiciones iniciales aceptables para el proceso de optimización.

6.2 Descripción general de los satélites de comunicaciones

6.2.1   Introducción

Todos los sistemas de satélite, independientemente de sus funciones primarias, se basan en las radiocomunicaciones para cumplir sus objetivos. El UIT-R ha atribuido a los satélites de comunicación, es decir los satélites cuyas funciones primarias son los servicios de telecomunicación, las bandas de frecuencias enumeradas en el Capítulo 9, apéndice 9.1. Las bandas más utilizadas son las de 6/4 GHz (es decir, la banda de 6 GHz para el enlace ascendente y la de 4 GHz para el descendente), a menudo denominada "Banda C", la banda de 14/10-12 GHz ("Banda Ku") y más recientemente, la banda de 30/20 GHz ("Banda Ka").

Las dos configuraciones generales de la órbita de la Tierra utilizadas para los satélites de comunicación han sido la órbita geoestacionaria (OSG) y las órbitas no geoestacionarias (no OSG) asociadas a órbitas de la Tierra de altitud baja, mediana y elevada. En el punto anterior 6.1 se ofreció una descripción de las distintas características de la órbita. Los satélites OSG han predominado en las redes de comunicación regional e internacional por satélite durante los dos últimos decenios. No obstante, en los últimos años los satélites no OSG han pasado a ser el foco de nuevos desarrollos para el SFS.

Los subsistemas generales de un satélite de comunicación incluyen la plataforma espacial o recinto, el sistema de generación de energía, los componentes para el control ambiental y orbital y la carga útil de comunicación.

En el caso de los satélites geoestacionarios de comunicaciones, las principales condiciones que la plataforma espacial debe satisfacer para el cumplimiento de su misión son las siguientes:

- alto grado de estabilidad en la posición y la actitud;

- gran precisión de puntería de la antena;

- larga vida útil en la posición orbital nominal (10-15 años);

- suministro fiable de energía eléctrica;

- control térmico eficaz de los componentes eléctricos y de otro tipo;

- funcionamiento durante el eclipse solar (en la sombra de la Tierra);

- gran vehículo de lanzamiento capaz de efectuar la inserción en la órbita geoestacionaria.

En el caso de sistemas no OSG, se aplican las mismas limitaciones de la misión, exceptuando que a) el mantenimiento en posición no suele requerirse, pues el satélite sigue su trayectoria normal de Kepler tras el lanzamiento en su órbita, aunque algunos sistemas con requisitos de separación orbital sincronizada pueden requerir el mantenimiento en posición; b) la vida útil es generalmente más corta, porque las altitudes orbitales bajas introducen fuerzas de frenado que aceleran la caída de la órbita; y c) los requisitos del vehículo lanzador son considerablemente inferiores para las órbitas bajas.

Los subsistemas principales del vehículo espacial que apoyan la carga útil y que se describen en este punto son:

- el recinto o estructura de plataforma;

- el sistema de control térmico;

- el sistema de alimentación de energía;

- el sistema de control de actitud y de la órbita;

- el sistema de telemedida, telemando y telemetría;

- el motor de apogeo.

6.2.2   Diseños estructurales de satélite

La estructura de un vehículo espacial se concibe para albergar, sostener y proteger los diversos subsistemas y componentes de un satélite durante su vida útil. Los esfuerzos inerciales y dinámicos máximos aplicados a la estructura y al equipo de satélite correspondiente se producen durante la fase de lanzamiento. En este ciclo, el satélite está sometido a choques mecánicos y acústicos y a vibraciones procedentes de los motores del vehículo lanzador, así como a los esfuerzos térmicos derivados de los motores propulsores adicionales y a la fricción del aire. El vehículo espacial está protegido durante esta fase "aerodinámica" con un escudo o "cono nasal". Después de esta fase, el cono nasal se separa y el vehículo espacial debe soportar los esfuerzos inerciales y térmicos de las etapas de propulsión adicionales hasta que finalmente se inyecta en su órbita adecuada. Durante la fase orbital u operacional, la estructura debe proteger el equipo de satélite contra el entorno espacial (falta de gravedad, vacío, condiciones térmicas, etc.) y contra otras fuerzas dinámicas relativamente pequeñas que producen los motores de mantenimiento en posición y de control de actitud o los dispositivos inerciales. El despliegue de estructuras tales como paneles solares y grandes antenas exige técnicas especiales en el vacío espacial debido a la falta de un medio amortiguador tal como el aire.

Los ensayos en profundidad de la estructura, con componentes y entornos reales o simulados, constituyen una función esencial para el diseño satisfactorio de un satélite. A mediados de los años cincuenta y en los años sesenta se introdujeron en la industria instalaciones de prueba tales como máquinas de vibración y cámaras de vacío "frío".

En el diseño de satélites se han utilizado ampliamente dos tipos principales de estructura. Se trata del vehículo espacial estabilizado en rotación, y del estabilizado en tres ejes.

Las estructuras estabilizadas por rotación tienen generalmente la forma de un tambor del que una parte gira (50-100 rpm) y una parte va en contrarrotación, de forma que una antena montada en esta última siempre mira a la Tierra. La parte que gira va cubierta con células solares y su eje de rotación está orientado perpendicularmente al Sol (eje Norte-Sur para los satélites OSG), de forma que los rayos solares dan la energía máxima a las células solares. La parte en contrarrotación que contiene las antenas y algunos sensores de la Tierra, da una vuelta en cada circunvalación de la Tierra. Se necesitan anillos deslizantes para conducir la energía eléctrica desde el conjunto de células solares giratorio al sistema de comunicaciones y antenas contragiratorio. La figura 6.8 muestra un ejemplo de este tipo de estructura.

Las estructuras de estabilización triaxial tienen generalmente la forma de una "caja" con lados cuadrados o rectangulares y con apósitos exteriores en donde van los subsistemas y componentes que han de funcionar fuera del recinto. La caja gira una vez en cada circunvalación de la Tierra, de forma que la cara con antenas montadas exteriormente siempre mira a la Tierra. En los satélites OSG, el vehículo espacial parece fijo en el espacio para un observador situado en la superficie de la Tierra. Esta estructura utiliza un conjunto desplegado de paneles solares con células solares montadas en un lado de las superficies de los paneles. Para mantener las células en una posición normal relativa respecto al Sol, los paneles, orientados en el eje Norte-Sur, giran una vez por cada revolución orbital. La figura 6.9 muestra un ejemplo de este tipo de estructura. La figura 6.10 es una representación por segmentos que muestra los diversos componentes estructurales de este tipo de satélite. Como la reducción de la masa es un aspecto extremadamente importante de la estructura del vehículo espacial, el bastidor principal está hecho de metales resistentes muy ligeros, tales como los de aleaciones del aluminio o el magnesio, y estructuras compuestas a base de plásticos especiales o materiales de fibra. Las estructuras auxiliares para los paneles solares, antenas y otros equipos relativamente grandes responden a una serie de diseños estructurales y materiales avanzados, tales como las fibras de carbono y las resinas epoxy. Los nuevos desarrollos en materia de estructuras y materiales resistentes y ligeros (tales como los de filamentos de nanotubo de carbono) aportarán probablemente avances significativos en el futuro.

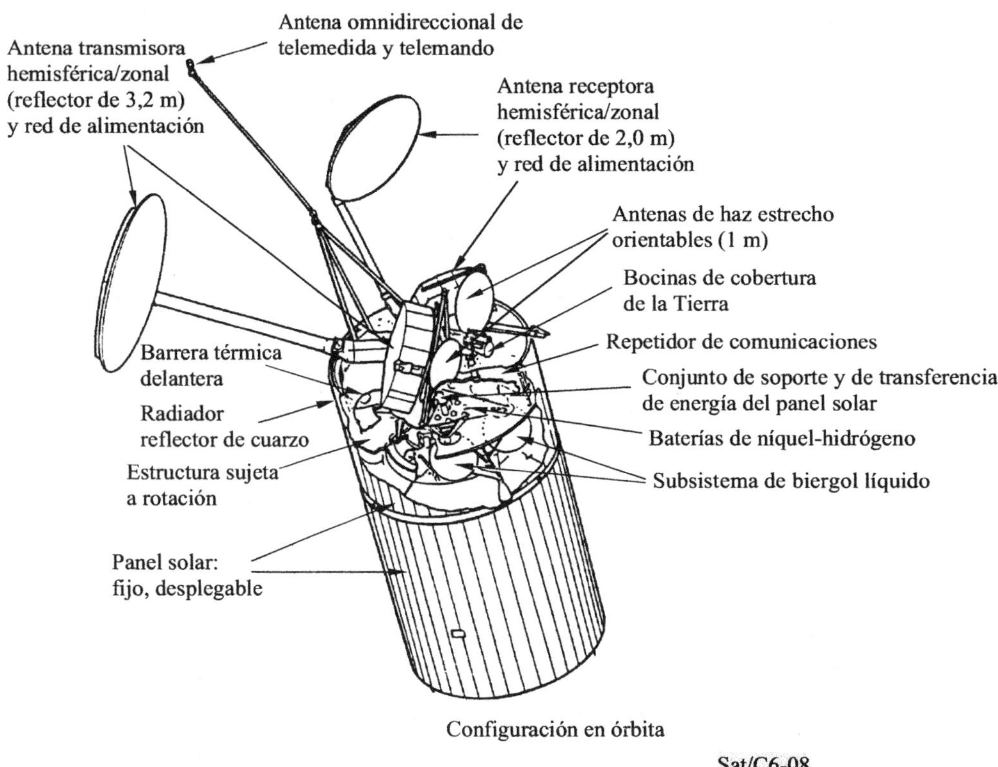

FIGURA 6.8

Ejemplo de satélite estabilizado por rotación

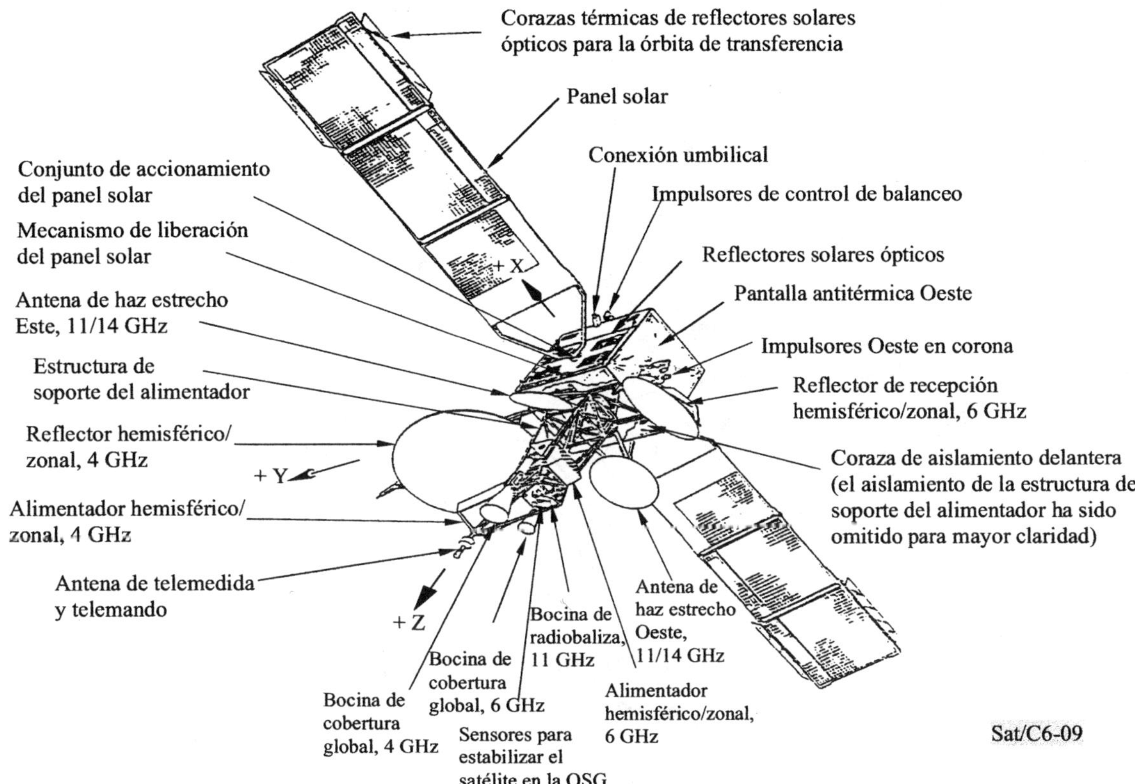

FIGURA 6.9

Ejemplo de satélite con estabilización triaxial

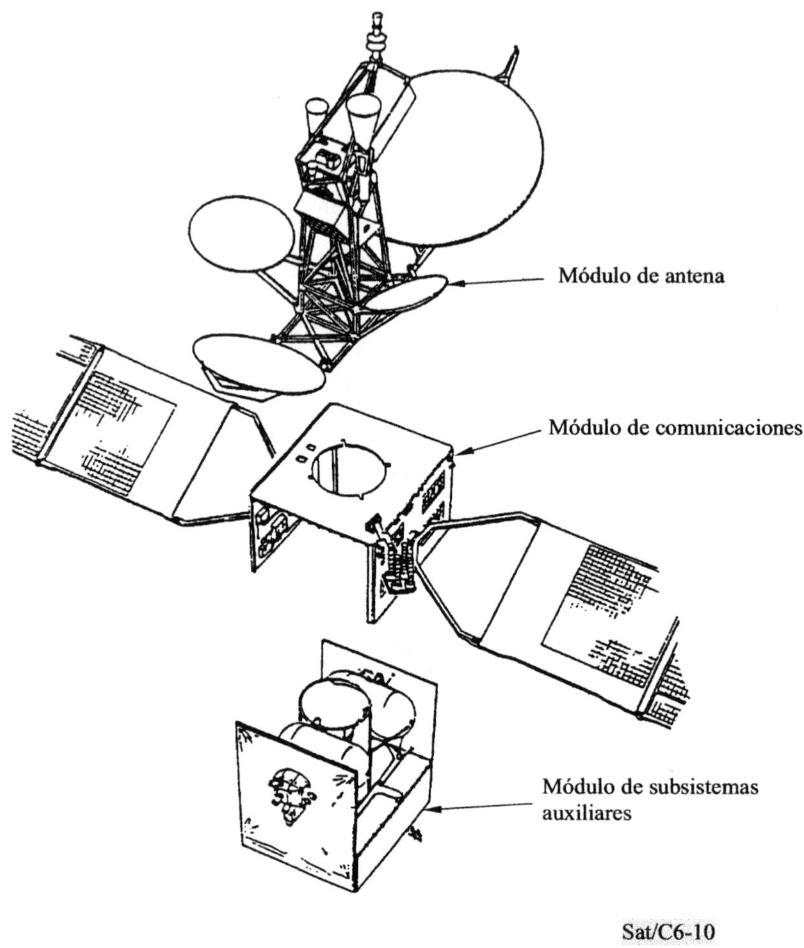

FIGURA 6.10

Representación segmentada de los primeros satélites con estabilización triaxial

6.2.3   Sistema de control térmico

El objetivo evidente del sistema de control térmico (TCS) es garantizar que el equipo interior y exterior de la estructura del vehículo espacial se mantenga en unos límites de temperatura que permitan el funcionamiento satisfactorio. Es necesario tener en cuenta múltiples factores en el diseño del TCS, pues los satélites en el espacio están sometidos a un entorno térmico muy distinto del de la Tierra, en donde existe un medio fluido (el aire) y los mecanismos principales para la transferencia del calor son la convección, la conducción y la radiación.

El vacío "extremo" del espacio limita los mecanismos de transferencia del calor entre el vehículo espacial y el entorno exterior al de la radiación. La segunda ley de la termodinámica dice que el sentido del flujo del calor va invariablemente de un cuerpo "caliente" a uno "frío". Así pues, un vehículo espacial recibirá energía térmica del Sol (la corona solar está aproximadamente a 6 000° K), de la reflexión de la energía solar en la Tierra y en el Luna y, dependiendo de las temperaturas de la superficie del satélite, recibirá o transmitirá energía térmica de la Tierra y la Luna o hacia ellas. Los planetas y las estrellas son relativamente insignificantes al determinar el equilibrio calórico de un vehículo espacial.

En relación con los otros aspectos del entorno térmico, el vehículo espacial está rodeado del espacio frío que actúa como un "sumidero" térmico infinito (la temperatura estimada del espacio lejano es equivalente a unos 4° K).

Hay diversas técnicas para controlar el intercambio térmico por radiación del vehículo espacial. La geometría de las superficies proyectadas que miran directamente al Sol, la Tierra y el espacio lejano son factores importantes. A menudo, se utilizan cerramientos o persianas móviles para proveer algún tipo de control dinámico en las superficies críticas. Asimismo, deben seleccionarse minuciosamente las propiedades del coeficiente de absorción (alfa) y de la emisividad (épsilon) de las superficies materiales o los revestimientos, pues hay una diferencia significativa entre los valores de alfa/épsilon de los revestimientos para las temperaturas solares (longitudes de onda cortas) y las temperaturas del infrarrojo (longitudes de onda largas) asociadas a la Tierra y al espacio lejano. Se han descubierto o desarrollado múltiples revestimientos que tienen relaciones alfa/épsilon singulares para absorber o reflejar de forma selectiva la radiación solar, pero que muestran propiedades opuestas para la radiación infrarroja.

La estructura principal del satélite, que contiene el equipo de comunicaciones y auxiliar y los componentes de "acondicionamiento", se construye con una combinación de aislamientos térmicos y materiales conductores, de forma que las temperaturas del interior de la estructura se mantengan dentro de límites satisfactorios. La mayoría de los equipos puede tolerar gamas relativamente amplias de temperatura para funcionar, aunque las consideraciones relativas a las expectativas de vida útil y fiabilidad suelen imponer la necesidad de limitar las gamas de temperatura. Por ejemplo, las baterías suelen requerir límites estrechos y los propulsantes líquidos exigen un elevado nivel de protección térmica.

Los "superaislantes" con características mejoradas en varios órdenes de magnitud respecto a sus equivalentes de la Tierra, son factibles en el vacío del espacio. Estos aislamientos están construidos a base de múltiples capas de láminas plásticas revestidas con materiales muy reflectantes, tales como el mylar aluminizado. Se suelen utilizar en tanques para reducir la tasa de evaporación de los combustibles criogénicos a medida que se absorbe el calor producido por el Sol o la Tierra, o por el equipo generador de calor.

El calor procedente de los amplificadores de potencia, motores, calentadores, etc., debe conducirse o transportarse a las superficies exteriores en donde pueden disiparse. Los tubos de onda progresiva (TWT) de gran potencia exigen "conductos del calor" para pasar grandes cantidades de calor a los radiadores externos. Ha de tenerse cuidado en el diseño de las "juntas", pues el vacío del espacio puede afectar negativamente a la conducción a través de las interfaces metálicas.

Las estructuras externas, tales como los sistemas solares y las antenas, exigen una consideración especial al estar sometidos plenamente al entorno de radiación de un satélite de la Tierra. Algunos de ellos se representan en las figuras 6.8 y 6.9. Los sistemas solares que miran constantemente hacia el Sol requieren revestimientos especiales (reflectores ópticos, etc.) para limitar la absorción de los rayos solares y radiar su energía al espacio. Las antenas, que generalmente miran a la Tierra, están sujetas a una exposición solar constantemente variable. La estructura de las antenas y el diseño térmico deben ser tales que las variaciones de temperatura en su superficie no distorsionen la forma de las antenas más allá de sus límites de diseño operacional. Ello exige unas buenas propiedades de conductividad y revestimientos de relación alfa/épsilon especial.

Por último, hay que tener en cuenta que el entorno térmico en el espacio para un satélite de la Tierra cambia constantemente. Además, cada lado de un vehículo espacial puede estar expuesto a su entorno único. Las variaciones que probablemente experimente un vehículo espacial son:

1)   Exposición solar variable a medida que el satélite da vueltas alrededor de la Tierra.

2)   Variaciones estacionales en relación con la Tierra y el Sol.

3)   Periodos de eclipse (máximo de 72 minutos) cuando el satélite está en la sombra de la Tierra.

4)   Reflexiones variables de la energía solar procedente de la Tierra debidas a la cobertura de las nubes (albedo variable).

6.2.4   Los sistemas de control de actitud y de la órbita (mantenimiento en posición)

6.2.4.1   Antecedentes

Anteriormente, la base de los sistemas de control orbital de los satélites de comunicaciones consistía en equipar el vehículo espacial con los sensores necesarios y los dispositivos funcionales para que los centros de comprobación situados en la Tierra pudieran mantener la actitud y el emplazamiento orbital del vehículo espacial dentro de unos límites especificados a lo largo de su vida útil. Por ejemplo, los satélites OSG suelen controlarse de forma individual y se mantienen en una posición orbital particular dentro de ±0,05° de longitud y latitud. Los requisitos de puntería del haz de la antena suelen limitarse a ±0,10°. Por otro lado, los satélites no OSG pueden o no requerir el mantenimiento de posición, dependiendo de las características de cobertura de la constelación de satélites. Las tendencias generales del diseño de los sistemas de control orbital y de actitud apuntan hacia la automatización de las funciones de control, de forma que un pequeño grupo de controladores puedan efectuar las operaciones en tierra. A continuación se ofrece un breve análisis de los requisitos y funciones esenciales de los sistemas actuales y planificados.

6.2.4.2   Control de actitud

El objetivo del subsistema de control de actitud es mantener el haz de radiofrecuencia de la antena orientado hacia las zonas previstas de la Tierra. Para ello, se hace que un eje conectado a la plataforma que soporta las antenas apunte hacia el centro de la Tierra y las antenas están montadas en esta plataforma de modo de apuntar hacia la zona deseada.

El procedimiento de control de actitud comprende lo siguiente:

- la medición de la actitud del satélite mediante sensores;

- la comparación de los resultados de estas mediciones con los valores correctos;

- el cálculo de las correcciones que han de efectuarse para reducir los errores;

- la introducción de estas correcciones mediante el accionamiento de los elementos de empuje apropiados.

Durante el funcionamiento normal, el satélite sólo experimenta perturbaciones retardatrices cíclicas suaves del orden de 10^{-5} Newton metro (N · m). Cuando se efectúan operaciones de mantenimiento en posición, en cambio se aplican al satélite empujes del orden de 1 N · m (típicamente durante 30 s a 2 min por semana, o 0,5 a 2 x 10^{-4} del tiempo total).

Los sensores utilizados generalmente para las mediciones de actitud son del tipo de infrarrojos y miden la diferencia de la signatura infrarroja entre el espacio y el disco terrestre en la banda de emisión/absorción del CO_2 (15 ± 1 micrones). Dado que el ruido de fondo es del orden de $0,02°$ (en una anchura de banda de 1 Hz) con variaciones cíclicas estacionales del cero y fenómenos transitorios poco frecuentes denominados "nubes frías", la precisión típica de la medición puede alcanzar $0,05°$. Además de los sensores referidos a la Tierra, se emplean también para determinar la orientación del cuerpo del vehículo sensores referidos al Sol. Estos pueden utilizarse para medir directamente el ángulo de guiñada durante gran parte de la órbita diaria, así como para proporcionar datos adicionales sobre el balanceo-cabeceo.

En muchos sistemas nacionales y en sistemas internacionales de la nueva generación (INTELSAT-VI), se aplica un más alto grado de control de la puntería del haz. Este modo de control de actitud emplea un haz piloto (radiofaro) enviado desde Tierra, que se detecta a bordo del vehículo espacial para obtener directamente la orientación de la antena. Cuando se monta más de una antena sobre la misma plataforma, este método permite controlar independientemente la orientación de cada antena mediante la respuesta a las señales de error generadas por los sensores respectivos que efectúan el seguimiento del mismo radiofaro, o de radiofaros separados. En este caso es necesario utilizar soportes cardan accionados por motor. Tal sistema de control puede corregir los efectos de los desajustes relativos entre las diversas antenas debidos a errores mecánicos y variaciones térmicas. Con este método de control se duplica o triplica la precisión neta de puntería del haz con respecto a la obtenida por el sistema de orientación por el cuerpo del satélite. Además, si se emplean radiofaros piloto procedentes de dos estaciones terrenas suficientemente distantes entre sí, también se obtiene la detección directa del error de rotación (guiñada) del haz.

Actualmente todos los tipos de estabilización de actitud se basan en la conservación del momento angular de un elemento rotatorio. Los sistemas de estabilización pueden clasificarse en dos categorías:

- estabilización por rotación,

- estabilización triaxial.

La evolución de los satélites INTELSAT ilustra sobre los principios del control de actitud:

- los satélites INTELSAT-I y II rotaban en forma solidaria (lo que implicaba el empleo de una antena toroidal que sólo dirigía hacia la Tierra el 4% de la energía RF);

- los satélites INTELSAT-III, IV y IVA incluían un elemento de contrarrotación ("satélites de doble rotación"):

  - una parábola descentrada en INTELSAT-III,

  - la totalidad del equipo RF en los satélites INTELSAT-IV y IVA (mientras la "plataforma" sigue rotando y suministra energía al equipo por medio de un mecanismo de anillo deslizante);

- en los satélites INTELSAT-V y VA, el elemento rotatorio se reduce a un volante que gira rápidamente dentro del vehículo (lo que permite utilizar un panel solar que apunte constantemente hacia el Sol); esta configuración se denomina "triaxial". En todos los casos, el momento angular es nominalmente normal al plano de la órbita.

Cualquiera que sea el sistema de estabilización empleado, la velocidad de deriva de la orientación de la plataforma (debida principalmente a la presión de la radiación solar) es del orden de 0,02° por hora. Cuando la deriva se manifiesta como un error en la puntería Norte-Sur (usualmente denominado "error de balanceo"), se corrige utilizando pequeños reactores o sistemas de par magnético, o alterando la posición de las "velas solares". En cuanto a los errores en torno a la línea vehículo espacial/Tierra (no detectables mediante el control de la puntería hacia la Tierra), se deja que se acumulen, ya que tienen muy poca influencia en la calidad de transmisión y se ponen de manifiesto seis horas más tarde como errores de puntería Norte-Sur.

Los errores de puntería en la dirección Este-Oeste (generalmente llamados "errores de cabeceo") se corrigen acelerando o desacelerando la rotación relativa entre los elementos en rotación y contrarrotación.

El bucle de control de este último funciona siempre automáticamente en el propio satélite. La corrección de la orientación del momento angular (precesión) puede efectuarse automáticamente a bordo (lo que es usual en la llamada "configuración triaxial") o por telemando desde la Tierra (usual en los satélites "de doble rotación"), o por una combinación de ambos métodos.

En todos los casos, la referencia cero puede ajustarse por telemando desde la Tierra;

- el satélite INTELSAT-VI, que se lanzará a partir de 1989, es un satélite de "doble rotación", pero está dotado también de un control de precesión automático instalado a bordo.

Los tipos de estabilización que se emplean en los satélites son los siguientes:

i)   Estabilización por rotación (véase la figura 6.8)

El satélite se hace rotar rápidamente en torno a uno de sus ejes de inercia principales. En ausencia de pares de fuerzas perturbadores, el satélite alcanza un momento angular en una dirección fija en un marco de referencia absoluto. En el caso de un satélite geoestacionario, por consiguiente, el eje de rotación (cabeceo) debe ser paralelo al eje de rotación de la Tierra.

Los pares de fuerzas perturbadores producen dos efectos: reducen la velocidad de rotación del satélite y afectan a la orientación del eje de rotación.

Los satélites que utilizan este tipo de estabilización generalmente tienen una plataforma de antenas con contrarrotación, una de cuyas direcciones está autorregulada de modo que apunte hacia el centro de la Tierra. Esta plataforma soporta generalmente las antenas y la carga útil. Debe señalarse que durante la fase comprendida entre la inserción en la órbita de transferencia y la inserción en la órbita de los satélites geoestacionarios, se efectúa normalmente la estabilización por rotación. Este sistema contrarresta los pares de fuerzas perturbadores originados en las diferencias entre la dirección del empuje del motor de apogeo y el eje de inercia del satélite.

Los primeros satélites estabilizados por rotación giraban en torno a sus ejes de momento de inercia máximo, por lo que eran inherentemente estables. No obstante, con la mayor complejidad de los diagramas de antena y las mayores necesidades de energía, fue necesario aumentar el tamaño de las antenas y de los tambores de los paneles solares, sin dejar de respetar las limitaciones geométricas impuestas por los vehículos de lanzamiento. Los satélites diseñados en consecuencia ya no podían hacerse rotar en torno al eje de inercia máxima, y presentaban por tanto una inestabilidad mutacional. Para hacer frente a este problema, se crearon dos tipos de control de mutación: encendido de impulsores en régimen pulsante (control cuantificado) y control del motor de contrarrotación de la plataforma de antenas (lineal). La aplicación de estos métodos ha permitido obtener vehículos espaciales estabilizados por rotación más potentes (de 2 a 3 kW actualmente) con un subsistema de antenas de mayor tamaño y complejidad.

ii)   Estabilización triaxial (véase la figura 6.9)

Cuando se emplea este método, las antenas forman parte del satélite, el cual mantiene una orientación fija respecto a la Tierra, salvo para los paneles solares que giran de manera que apunten al Sol.

En el caso más simple se utiliza un volante inercial que actúa simultáneamente como giroscopio, como en la estabilización por rotación, y como impulsor. Es posible oponer resistencia a ciertos pares de fuerzas perturbadores modificando la velocidad de rotación del volante y, en consecuencia, el momento angular del satélite. Los sistemas de control de mutación también se aplican en los satélites con estabilización triaxial.

Las innovaciones recientes encaminadas a reducir los requisitos de combustible de los impulsores para las correcciones de actitud incluyen un sistema de velas solares (INMARSAT y TELECOM II), un sistema de estabilización triaxial de ruedas inerciales con apoyos magnéticos (ETS-VI) y calentadores de combustible de propulsión [1].

6.2.4.3   Control de la órbita (mantenimiento en posición)

Los requisitos de propulsión a bordo para los satélites geoestacionarios y no geoestacionarios (LEO, MEO y HEO) suponen una parte significativa de la masa total de un vehículo espacial, especialmente si la vida útil llega hasta diez años o más. La importancia de estos sistemas para la misión de los dispositivos espaciales se ha traducido en el lanzamiento de diversos programas de investigación y desarrollo por parte de los gobiernos (ESA, NASA, NASDA, etc.) y de la industria encaminados a mejorar el rendimiento. Algunas innovaciones recientes incluyen los impulsores de chorro eléctrico y un sistema avanzado de propulsión eléctrica solar, los impulsores de plasma discontinuo (impulsores estáticos y de capa anódica), los sistemas de propulsión iónica, la cámara de renio revestido de iridio para los propulsores químicos, etc. Las economías de peso obtenidas con la utilización de sistemas de propulsión eficaces (para inyección definitiva en órbita, mantenimiento en posición y reubicación orbital) ofrecen ventajas en materia de aumento de la carga útil (transpondedores, etc.), prolongación de vida útil, disminución de los requisitos de lanzamiento, etc. A continuación se ofrece una breve descripción de los factores ambientales y de otro tipo que afectan al control de la órbita [2].

Todo satélite geoestacionario está sujeto a perturbaciones que tienden a modificar su posición orbital. Esto causa una indebida rotación del plano de la órbita y produce errores en su semieje mayor y excentricidad. Visto por un observador desde la Tierra, el satélite presenta un movimiento oscilatorio indebido con una periodicidad de 24 h. Este movimiento se caracteriza por una componente Norte-Sur debida a la inclinación de la órbita (el llamado "movimiento en forma de ocho") y por una componente en el mismo plano. A su vez, esta componente está constituida por una deriva longitudinal debida a la variación del semieje principal, y una oscilación diaria en el mismo plano (altitud y longitud) debida al error de excentricidad. La componente según la dirección Este-Oeste de la oscilación en el plano es la más notable e importante.

El objetivo de control de la órbita es mantener el vehículo espacial dentro de la "casilla" correspondiente a la posición asignada en longitud y latitud (el Reglamento de Radiocomunicaciones vigente establece un límite de ±0,1° para las variaciones longitudinales solamente, en caso de satélites que utilizan frecuencias atribuidas al servicio fijo por satélite o al servicio de radiodifusión por satélite).

Los orígenes de las perturbaciones son los siguientes:

- la atracción lunisolar. Esta perturbación tiende a inclinar la órbita en un plano que sería perpendicular a la dirección astronómica de la constelación Aries. Las correcciones deben introducirse a las 6 h o a las 18 h, tiempo sideral (que avanza un día por año o 4 min por día de la hora solar) impartiendo un empuje a lo largo del eje Norte (o Sur). La magnitud del impulso correctivo es de unos 45 m/s por año, ligeramente modulado en un ciclo de 18,7 años debido a variaciones de la órbita lunar.

La perturbación se manifiesta como un movimiento diario sinusoidal en elevación (latitud), cuya semiamplitud aumenta aproximadamente $0,02^\circ$ por semana. Cabe señalar que existe una órbita de inclinación próxima a 8° con respecto al Ecuador en la que no se produce ninguna perturbación (esta órbita sólo puede ser empleada por sistemas que utilicen antenas terrenales orientables o haces de anchura superior a $\pm 8^\circ$);

- la componente longitudinal de la aceleración gravitatoria debida a la elipticidad de la sección ecuatorial de la Tierra, conocida con el nombre de "triaxialidad de la Tierra". Esta es fija para una longitud determinada. Su valor máximo es de unos 2 m/s por año. Deben introducirse correcciones impartiendo un empuje a lo largo de la órbita. La perturbación se manifiesta como una deriva uniformemente acelerada en longitud (acimut);

- el efecto de la radiación solar que conduce a la excentricidad de la órbita (al desacelerar el satélite durante la mañana y acelerarlo durante la tarde). Este efecto depende de la relación entre la superficie y la masa del vehículo espacial, principalmente determinada por la relación entre la potencia y la masa de la carga útil. El efecto se manifiesta como una oscilación diaria en longitud y altitud cuya amplitud aumenta con una velocidad que es proporcional a la relación entre la superficie y la masa del vehículo espacial. La corrección debe efectuarse impartiendo un empuje a lo largo de la órbita.

Las correcciones de estas últimas perturbaciones se combinan convenientemente, lo que implica unos períodos de impulsión a las 6 h o a las 18 h, tiempo solar (según la longitud de la estación) y un gasto mínimo de ergol.

La duración del periodo de impulsión (que entraña pares de fuerzas perturbadores sumamente intensos) es del orden de:

- 30 s a 150 s por semana transcurrida desde la corrección anterior en el sentido Norte-Sur, para el mantenimiento en posición en sentido Norte-Sur;

- 2 s a 20 s por semana transcurrida desde la corrección anterior en el sentido Este-Oeste, para el mantenimiento en posición en sentido Este-Oeste.

El tiempo máximo entre correcciones que permite mantener el satélite dentro de un margen de ±0,1° es el siguiente, para la mayoría de los satélites:

- alrededor de dos meses en el sentido Norte-Sur;

- alrededor de dos a tres semanas en el sentido Este-Oeste.

La función del subsistema de control de la órbita es reducir la amplitud de este movimiento indeseado. Para conseguir los aumentos correctivos de velocidad necesarios se encienden pequeños impulsores en puntos apropiados de la órbita. En los primeros sistemas se utilizaban impulsores de monergol, de los cuales la hidracina se descomponía a unos 1 300 K sobre un lecho de catalizador en la cámara del cohete. Más recientemente se han creado otros sistemas de propulsión para complementar o para reemplazar el sistema de hidracina básico. Como ejemplo pueden citarse los impulsores de hidracina reforzados eléctricamente, en los cuales la electricidad se emplea para calentar la hidracina después de la descomposición (hasta unos 2 500 K o más) a fin de aumentar su entalpía, así como los motores iónicos, en los cuales se ioniza un gas (mercurio o argón), que a continuación se acelera mediante un campo eléctrico. Ambos sistemas tienen por objeto aumentar la eficiencia en la utilización del combustible (impulso específico) durante las maniobras destinadas a imprimir velocidad en el sentido Norte-Sur.

El reemplazante más común para los sistemas de control por micropropulsión monergólica a hidracina es un sistema de biergol (combustible y oxidante). Este tipo de sistema de propulsión, no sólo es más eficiente que el de monergol en la utilización del combustible, sino que también puede integrarse con un motor de apogeo de combustible líquido (véase el punto 6.2.7). Sea cual fuere el sistema utilizado, los impulsores se emplean tanto para el control de actitud como para el control de la órbita.

La masa del ergol consumido por año equivale a ligeramente menos del 2,5% de la masa del satélite cuando se emplea el catalizador para la descomposición de la hidracina, y a aproximadamente 1,8% de la masa del satélite cuando se utilizan impulsores de hidracina reforzados eléctricamente o impulsores de biergol.

Los satélites LEO, MEO y HEO basados en configuraciones de constelación que exigen un mantenimiento preciso de las órbitas, emplean sistemas y equipos de control vital similares a los de los satélites OSG. Ello se aplicaría a los casos de órbita circulares en las que las fuerzas inerciales son pequeñas y las órbitas se conciben de forma que puedan repetirse. Además de asegurar la cobertura en zonas preferentes de la Tierra, otro motivo para este tipo de constelación sería el de limitar o evitar las zonas de cobertura en las que puedan producirse interferencias radioeléctricas en otros sistemas de radiocomunicación o procedentes de ellos.

Hay algunos sistemas no OSG planificados que no exigen un mantenimiento preciso en órbita, con lo que se reduce el peso de los sistemas de acondicionamiento y la complejidad del vehículo espacial, en comparación con los de órbitas sincronizadas de manera precisa. Se requeriría un análisis en tiempo real de los parámetros orbitales para predecir eficazmente las funciones de cobertura de comunicación. Las condiciones de la inyección inicial en órbita (errores de inclinación y de actitud) de los satélites son importantes pues acompañan al sistema a lo largo de toda su vida. La altitud de la órbita y su inclinación y la separación entre planos orbitales pueden afectar a las velocidades de deriva de los satélites (nodo ascendente y separación del plano orbital) y deben seleccionarse minuciosamente sobre la base de la precisión última necesaria al predecir las características de cobertura media y las desviaciones de cada satélite del sistema [3].

6.2.5   Alimentación de energía

Los requisitos en cuanto a alimentación de energía para los satélites de comunicaciones han aumentado considerablemente durante los últimos 20 años, a medida que los sistemas de lanzamiento han adquirido mayor potencia y son capaces de insertar en órbita cargas útiles del orden de 2 000 kg a 5 000 kg. Actualmente puede tener cabida en un solo vehículo espacial un gran número de transpondedores, con lo que se multiplica varias veces su capacidad de comunicación comparada con la de los sistemas anteriores. Para los sistemas OSG, la introducción de satélites "híbridos", en los que se utiliza para los servicios de comunicación tanto la banda de 6/4 GHz como la de 14/10-12 GHz, ha supuesto un aumento de los requisitos eléctricos que pasan aproximadamente de 1 kW a 15 kW. El número de transpondedores por vehículo espacial ha aumentado en más del doble durante este periodo de tiempo (actualmente es habitual un número de 40 a 50 transpondedores) y los amplificadores de potencia para cada transpondedor han aumentado su potencia de transmisión desde 10-20 vatios hasta 60-100 vatios. Los nuevos sistemas de satélite en 30/20 GHz que pretenden utilizar antenas de estación terrena muy pequeñas impondrán requisitos crecientes a las fuentes de alimentación de los satélites.

Los requisitos en cuanto a energía de los sistemas de satélite no OSG suelen ser inferiores por cada satélite debido a que las distancias de transmisión son más cortas, generalmente con una menor disponibilidad de anchura de banda y menores transpondedores, entre otros factores. No obstante, los Informes recientes sobre las características de estos sistemas indican que las necesidades de energía pueden variar desde 0,5 kW ("pequeños" LEO) hasta 3 kW ("grandes" LEO) por vehículo espacial. Las grandes constelaciones de satélites podrían exigir más de 1 megavatio de energía eléctrica [4].

El Sol aporta la fuente primaria de energía para los satélites de comunicación. Las alternativas de sistema de conversión de la energía solar en energía eléctrica fueron exploradas por los ingenieros y científicos durante los primeros años del desarrollo de los sistemas espaciales, cuando la eficacia del proceso suponía un factor importante. Los primeros experimentadores trataron de desarrollar plantas de energía térmica (Carnot) utilizando colectores solares parabólicos. También se consideraron las células atómicas o baterías. Todos estos enfoques fueron superados por las células solares a base de plaquetas de silicio y arseniuro de galio o de materiales de revestimiento que convertían una parte de la radiación solar equivalente en cerca de 1 kW por metro cuadrado de superficie proyectada perpendicular a los rayos solares, directamente en energía eléctrica. En los decenios que siguieron, los rendimientos de las células solares aumentaron desde algunos puntos porcentuales a algo más del 18%. El aumento de la eficacia de estos dispositivos está en proceso continuo de experimentación y desarrollo [5].

Los componentes principales del sistema de alimentación de energía de un satélite de comunicaciones son: 1) los generadores de energía, que normalmente son agrupaciones de células solares situadas en la parte móvil de un satélite giratorio o en las "alas" de un satélite estabilizado en tres ejes (véanse las figuras 6.2-1 y 6.2-2); 2) los dispositivos de almacenamiento eléctrico, tales como baterías, para el funcionamiento durante los eclipses solares: 3) el cableado eléctrico para la conducción de la electricidad a todos los equipos que requieren energía; 4) los convertidores y reguladores que dan tensiones y corrientes constantes al equipo; 5) el subsistema de control y protección eléctricos que está asociado al subsistema de telemando y telemedida.

Los equipos que requieren energía eléctrica incluyen: 1) el sistema de comunicaciones en el que los transpondedores requieren del 70% al 80% de la energía total; 2) la carga de la batería, que exige cerca del 5% al 10%; 3) el control térmico, con aproximadamente del 7% al 12%; 4) el seguimiento, la telemedida y el control, con cerca del 2% al 4%; 5) el control de actitud y el mantenimiento en posición, con el 3% al 5%; y 6) el resto que requiere cerca del 2% al 4%.

Los componentes del suministro energético del satélite están sometidos a las mismas limitaciones dinámicas y ambientales que los que se describen en los puntos anteriores. La masa reducida, la vida prolongada y la fiabilidad son de importancia capital, pues el sistema debe funcionar satisfactoriamente en el espacio de 10 a 15 años sin que requiera atención.

a)   Panel solar

Una consideración necesaria en el diseño de los paneles solares es la garantía de un excedente suficiente de capacidad inicial, de forma que el comportamiento al final de la vida útil satisfaga los requisitos de la misión en cuanto a comunicaciones. La energía eléctrica suministrada depende de la eficacia de conversión de las células solares y del tamaño de los paneles. Aunque se están registrando progresos constantes en la mejora de las características de las células solares, la mayoría de los satélites actuales en funcionamiento cuentan con sistemas de células solares cuya eficacia general es del orden del 12%.

Las células solares actualmente empleadas consisten en plaquetas de un solo cristal de silicio de tipo P sobre las que se forma por añadido de impurezas una delgada capa de tipo N para constituir un diodo. Cada célula está cubierta por una ventana de sílice fundida para reducir el efecto de las radiaciones en el espacio (30% de pérdida de eficiencia en 5 años). Una sola célula solar suministra alrededor de 50 mW de potencia (por debajo de 0,5 V) y un panel está formado por gran número de células conectadas en una estructura en serie/paralelo. Para un panel ajustable, la potencia específica es de alrededor de 21 a 23 W/kg y 60 a 67 W/m^2.

b)   Fuentes secundarias

Dado que la mayoría de los equipos de los satélites de telecomunicaciones (control de actitud y de órbita, telemando, carga útil, etc.) deben estar en funcionamiento permanente, es menester almacenar energía para emplearla durante los periodos de eclipse.

Los generadores electroquímicos son los más apropiados para este fin. Casi todos los satélites de telecomunicaciones están equipados con baterías de níquel-cadmio, a pesar de su baja relación potencia/peso (35 W/kg), por ser baterías herméticamente cerradas de muy larga duración. Es probable que en el próximo decenio se reemplacen por baterías de níquel-hidrógeno.

La masa de la batería depende, entre otras cosas, de los factores de utilización en el satélite: la profundidad de descarga y la temperatura. La duración de la batería depende de la profundidad de descarga, es decir, de la relación entre la capacidad descargada durante un periodo de eclipse y la capacidad normal. A fin de alcanzar una vida útil de más de cinco años, el valor de dicha relación no debe disminuir del 60 al 70% para la duración máxima de un periodo de eclipse, que es de 72 min. La vida útil también depende de la temperatura de la batería: los mejores resultados se obtienen entre + 5°C y + 15°C.

c)   Periodos de eclipse

Cuando el satélite entra en la zona de sombra creada por la Tierra al interceptar los rayos solares, los componentes del satélite experimentan un choque térmico y se interrumpe la iluminación de las pilas solares que suministran la energía primaria. Este periodo de eclipse es máximo cuando el Sol se encuentra en la dirección de la intersección del plano de la eclíptica con el plano ecuatorial, es decir, dos veces por año, en los equinoccios (alrededor del 21 de marzo y del 22 de septiembre). En estos días, la parte de la órbita que se encuentra en la sombra abarca 17,4º (el ángulo de la Tierra visto desde el satélite geoestacionario) y el eclipse dura 72 min. Esta duración varía gradualmente, y no hay eclipses diarios cuando la inclinación del Sol sobre el plano ecuatorial es de $8,7^{\circ}$ ($17,4^{\circ}/2$) o mayor, es decir, fuera de un periodo de unos 21 días antes y después de cada equinoccio. El punto medio de la duración del eclipse corresponde a la medianoche, hora de la longitud del satélite. Por tanto, si un satélite nacional o regional puede ubicarse al Oeste en su zona de servicio, el eclipse se producirá después de la medianoche local y disminuirá la fuente de energía secundaria de abordo (o, incluso, es posible que se suprima) si el tráfico en ese intervalo de tiempo no justifica una capacidad de comunicación total.

d)   Reguladores y convertidores

La batería que suministra energía durante un periodo de eclipse debe recargarse durante el periodo de iluminación solar. Han de adoptarse ciertas precauciones al recargar la batería.

Se emplean dos procedimientos principales:

•   la batería se conecta directamente en paralelo con el panel solar y determina su potencial (línea no regulada);

•   el panel solar se mantiene a una tensión fija y se conecta un circuito de control de la carga en serie con la batería (línea regulada).

Las ventajas respectivas de estos dos tipos de regulación se indican como sigue:

Línea regulada	Línea no regulada
Mejor adaptación de las fuentes de energía a las necesidades de los equipos	Simplicidad del sistema (aunque los convertidores c.c – c.c. son más complejos)
Buena compatibilidad con las concepciones modulares y normalizadas	Configuración adaptada a un régimen de carga altamente pulsante (por ejemplo, AMDT)
Posibilidad, sujeta a la compatibilidad electromagnética de alimentar los equipos directamente de la línea regulada	

Por regla general, la energía ha de suministrarse a los equipos en forma de tensiones reguladas de corriente continua (c.c.). Para suministrar estas tensiones diversas, se emplean actualmente convertidores troceadores de gran eficiencia.

6.2.6 Telemedida, telemando y determinación de la distancia (TCR)

La situación y estado de los componentes activos y de los recursos de un sistema de satélite se captan con sensores especiales distribuidos a lo largo del vehículo espacial. Estos datos se transmiten acto seguido de forma periódica respondiendo a instrucciones del Centro de control en tierra (GCC) mediante el subsistema de telemedida. Desde el GCC se transmiten señales de telemando al satélite para cumplir los requisitos operacionales de la misión o para responder a condiciones de emergencia. La posición del satélite se sigue desde el GCC enviando una señal de medida de la distancia al satélite (enlace de telemando) y recibiéndola de éste (enlace de telemedida). A continuación se procesa la señal para obtener el nivel de precisión que exige el mantenimiento en posición o para reubicar el satélite.

La secuencia habitual de las funciones TCR puede describirse como:

* recepción y demodulación (y a veces decodificación) de las señales de telemando destinadas a mantener en funcionamiento el satélite y adaptar la carga útil a las necesidades de la misión;

* reunión, conformación y emisión de señales de telemedida para el control permanente de todo el satélite;

* transferencia, después de su demodulación y remodulación, de las señales utilizadas para telemedida.

El sistema TCR debe funcionar de forma fiable en todas las fases de la vida del satélite y exige la redundancia de alguno de sus equipos. Durante las operaciones en la órbita de transferencia o en casos de desorientación del satélite se utiliza una antena omnidireccional. Durante las operaciones normales en estación, se utilizan antenas de comunicación de alta ganancia para la transmisión y recepción de señales TCR. Los fabricantes de satélites suelen diseñar el sistema TCR partiendo de las normas existentes que han desarrollado. Las bandas de frecuencias utilizadas para las señales TCR suelen estar en los extremos de las bandas operacionales del SFS (6/4 GHz, 14/10-12 GHz, etc,), aunque el sistema de antena omnidireccional puede utilizar una banda de frecuencia inferior (2 GHz) para minimizar los requisitos de potencia del enlace.

6.2.7   El motor de apogeo

La mayoría de los sistemas no OSG serán probablemente lanzados directamente en su órbita definitiva, ya sea como un satélite aislado o como diversos satélites en el mismo plano orbital (véase el punto 6.9.3.2). En estas circunstancias no se precisan motores de apogeo.

No obstante, para los satélites OSG hay la opción de una inserción directa en la órbita con un solo sistema de lanzamiento o la utilización de una órbita de transferencia para la primera fase, tras la cual se utiliza un motor de apogeo a fin de situar el satélite en su órbita OSG circular definitiva (véase el punto 6.9.3.1). Este último caso es más rentable, pues toda la sección de equipo del lanzador (sistema de guiado, fuente de energía, etc., que pesa aproximadamente 200 a 300 kg) puede desecharse antes del encendido del cohete de la etapa final.

La órbita de transferencia utilizada durante los dos últimos decenios tiene un perigeo de unos 200 km, un apogeo en la altitud geoestacionaria (unos 36 000 km) y una inclinación próxima a la latitud del centro de lanzamiento. El motor de apogeo se enciende en un instante preciso para producir una órbita circular y eliminar la inclinación de la órbita. Por consiguiente, el apogeo de la órbita de transferencia debe situarse a la altitud geosíncrona y en el plano ecuatorial. Cuanto más lejos del Ecuador se halle el punto de lanzamiento, mayor será la potencia necesaria. En comparación con un lanzamiento desde el Ecuador, y usando el mismo motor de apogeo, la masa que puede ponerse en la órbita de los satélites geoestacionarios es alrededor del 20% menor si el lugar del lanzamiento está a una latitud de 30° y el valor desciende a alrededor del 35% a una latitud de 45°.

Con las actuales tecnologías de propulsión, la relación neta de masas (relación entre la masa en la órbita de transferencia y la masa del vehículo espacial en posición orbital, reduciendo los tanques de propulsión de apogeo, vacío) se sitúa entre 1,7 (ARIANE, lanzado desde Kourou) y 1,9 ó 2 (lanzamientos desde Cabo Cañaveral).

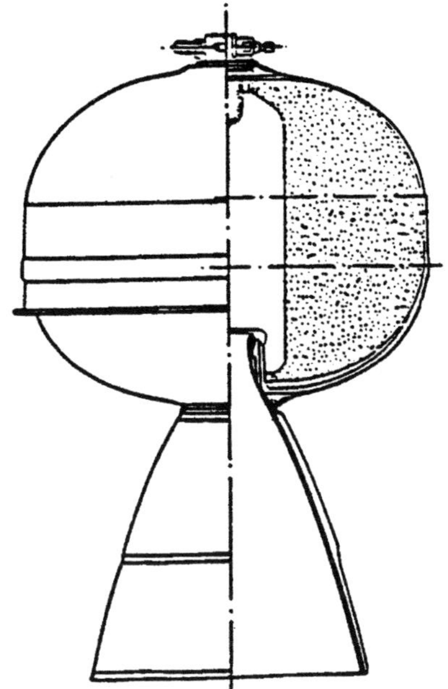

El motor europeo "MAGE" de propergol en polvo

Sat/C6-11

FIGURA 6.11

Ejemplo de motor de apogeo de propergol sólido

El motor de apogeo debe ser capaz de proporcionar un incremento de velocidad de 1 500 m/s (ARIANE, desde Kourou) a 1 850 m/s (lanzamientos desde Cabo Cañaveral). El incremento de velocidad debe suministrarse en el apogeo (5,25 h después del perigeo más un número arbitrario de periodos de la órbita de transferencia de 10,5 h). El control se efectúa mediante el sistema de seguimiento, telemedida y telemando y de control de actitud, de ordinario en el modo rotación (con paneles y antenas replegados, dado que los valores del empuje son varias órdenes de magnitud mayores que durante el mantenimiento en posición).

Como todos los motores de cohete anaeróbicos, el motor de apogeo se caracteriza por el impulso específico y por la relación entre la masa de la estructura y la masa del propergol.

Existen dos tipos de motor de apogeo:

- la tecnología tradicional utiliza los "motores de apogeo de propergol sólido" (mezclas de perclorato de amonio y polvo de aluminio en una matriz de plástico elastomérico). Este tipo de motor de apogeo (véase la figura 6.11) es muy eficiente y se ha utilizado hasta ahora en la mayoría de los satélites. Exige, en el encendido, la rotoestabilización del conjunto constituido por el motor de apogeo y el satélite;

- otro tipo, que se tiende a emplear actualmente, utiliza la "propulsión con dos ergoles líquidos" (tetróxido de nitrógeno y derivados metílicos de la hidracina) generalmente con un tanque común para los propulsores del motor de apogeo (figura 6.12) y los impulsores separados del sistema de propulsión cuando el satélite está en posición.

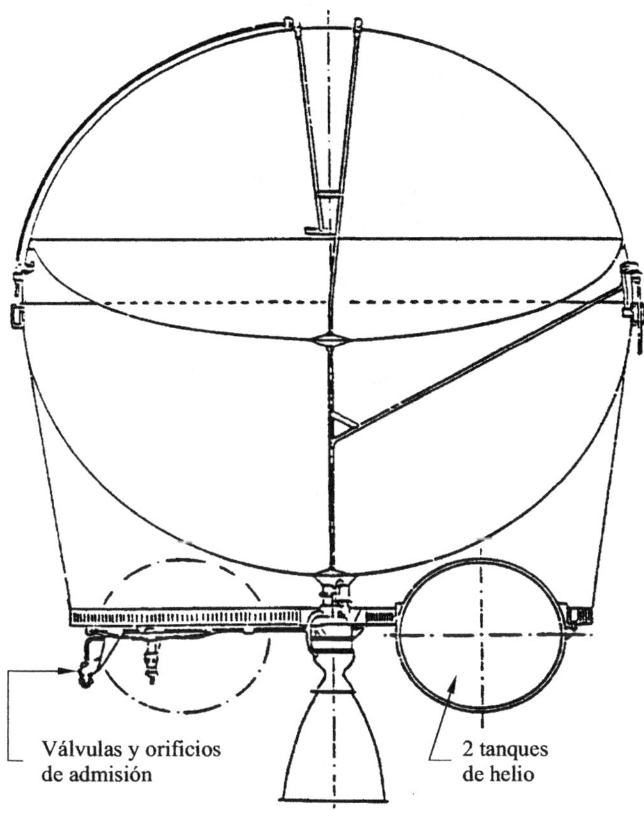

FIGURA 6.12

**Ejemplo de motor de apogeo de biergol líquido con tanque
provisto de membrana central**

6.2.8 Características de la carga útil de algunos satélites de comunicaciones

En el cuadro 6.2 se indica la masa al comienzo de la vida útil, la energía primaria al final de la vida útil, la potencia de radiofrecuencia, la capacidad de funcionamiento durante los eclipses y la duración de vida nominal de algunos satélites de comunicaciones. Los ejemplos proporcionados en el cuadro se refieren a la carga útil del segmento especial para sistemas del servicio fijo por satélite, tales como los siguientes:

- sistemas internacionales: INTELSAT-IVA, V y VI;

- sistemas regionales: ARABSAT, EUTELSAT I, TELECOM-1;

- sistemas nacionales: ANIK-C, SATCOM-V, SBS.

A efectos de comparación, uno de los ejemplos (TVSAT-A5) ofrece detalles de la carga útil de un satélite del SRS (televisión).

CUADRO 6.2

**Características de la carga útil de algunos satélites
de comunicaciones**

Satélite	Masa del satélite al CVU* (kg)	Energía primaria al FVU** (W)	Potencia RF (W)	Funciona-miento durante los eclipses	Duración de vida nominal (años)
SBS(F-3)	563	900	200	sí	8
ANIK-C	567	800	240	sí	10
SATECOM-V	598	1 000	204 ***	sí	10
ARABSAT	695	1 440	312,5	parcial	7
TELECOM-1	690	1 150	194	sí	7
EUTELSAT I (ECS)	680	950	180	sí	7
EUTELSAT II	1 700	3 000	800	sí	7-10
INTELSAT-0IVA	790	600	120	sí	7
INTELSAT-V	1 200	1 300	240	sí	7
TVSAT-A5	1 600	4 200	1 250	no	10
INTELSAT-VI	2 250	2 260	460	sí	10

*   Comienzo de la vida útil.
**   Final de la vida útil.
***   212,5 W durante los eclipses.

6.3   La carga útil de comunicaciones

6.3.1   Introducción

El satélite, o estación espacial, es el punto central para la recepción y la transmisión de señales radioeléctricas a una red de estaciones terrenas. Debido a su gran altitud o elevación, los satélites pueden observar grandes superficies de la Tierra con visibilidad directa. Por ejemplo, la órbita geoestacionaria, ampliamente utilizada, da cobertura de un tercio al menos de la superficie de la Tierra (véase la figura 6.4). Esta característica permite utilizar para las radiocomunicaciones frecuencias superiores (por encima de 2 GHz) de las que resultaban prácticas en los primeros días de la radiocomunicación. Las bandas de frecuencias más utilizadas actualmente para los sistemas comerciales de satélite son las de 6/4 GHz, 14/11-13 GHz y, más recientemente, 30/20 GHz. Los requisitos en cuanto a anchura de banda establecidos para la mayoría de los sistemas son de 500 MHz en cada sentido (espacio-Tierra y Tierra-espacio). Se prevén anchuras de banda mayores para las frecuencias por encima de 20 GHz. En el cuadro del apéndice 9.1 se muestran las frecuencias específicas atribuidas al servicio fijo por satélite (SFS) por el Reglamento de Radiocomunicaciones de la UIT.

El subsistema denominado "carga útil" comprende todos los transpondedores y antenas, así como el equipo asociado que interviene directamente en la recepción y transmisión de señales radioeléctricas desde una red de estaciones terrenas y hacia ella. La mayoría de los transpondedores utilizados actualmente son "transparentes", es decir, trasladan simplemente la frecuencia de las señales recibidas, las amplifican y las encaminan a las antenas de transmisión adecuadas. Otros transpondedores más perfeccionados se han puesto en órbita recientemente (los de INTELSAT-VI y VII, entre otros) que contienen elementos de conmutación para la transferencia rápida de las señales entre múltiples haces de satélites. Asimismo, se han estado desarrollando transpondedores más sofisticados en diversos programas experimentales que incluyen la demodulación, el procesamiento de la banda de base y la regeneración de las señales. En la actualidad hay varios programas en curso para el diseño de sistemas de comunicación en 30/20 GHz con múltiples haces puntuales y tratamiento perfeccionado a bordo, y mecanismos de conmutación.

La capacidad de los nuevos sistemas de lanzamiento para insertar grandes masas en órbita ha permitido a los diseñadores aumentar la fiabilidad del equipo del satélite, incrementando la redundancia, la compatibilidad electromagnética y otras funciones auxiliares, a medida que las cargas útiles de comunicación han aumentado en tamaño y capacidad. Algunas de estas mejoras en relación con los subsistemas auxiliares se examinaron en el punto 6.2. Los puntos siguientes ofrecen una breve descripción de los componentes y funciones de los subsistemas de la carga útil.

6.3.2   Subsistema de antenas

6.3.2.1   Generalidades

El diseño de las antenas del satélite depende de los objetivos de los servicios de comunicación y del tipo de vehículo espacial que ha de emplearse.

Entre las consideraciones importantes están la órbita, el método de control de la actitud y el mantenimiento en posición, las frecuencias radioeléctricas y la anchura de banda, la zona de servicio o "huella", la estructura del vehículo espacial, la capacidad del vehículo lanzador y las características del terminal de usuario. A medida que la industria se desarrollaba, la necesidad de efectuar una utilización eficaz de la órbita (OSG) y del espectro radioeléctrico se tradujo en antenas con polarización transversal y propiedades de discriminación de haces (múltiples haces pequeños) para lograr la "reutilización de frecuencias". Ello crea problemas adicionales a los diseñadores de la antena, pues el tamaño de ésta es función inversa del tamaño del haz. Mediante la aplicación de técnicas considerablemente innovadoras, tales como la de alimentadores múltiples para una sola antena parabólica, se han "conformado" los haces a fin de dar cobertura a múltiples zonas de servicio geométricamente complejas.

Junto con los paneles solares, el diseño de las antenas de alta ganancia para los servicios principales de comunicación suele dictar el diseño del vehículo espacial. Como cada banda de frecuencias exige una antena de recepción y de transmisión, los satélites que utilizan múltiples bandas de frecuencias plantean mayores requisitos estructurales y logísticos al vehículo espacial. Si las frecuencias del enlace ascendente y del descendente son relativamente próximas (por ejemplo, 6/4 GHz o 14/12 GHz), puede utilizarse el mismo reflector de antena para las funciones de recepción y de transmisión, y diplexores que separan las señales. En algunos diseños en los que se utiliza la transpolarización lineal, los reflectores superpuestos permiten obtener un sistema de antena compacto que ocupa el espacio de un solo reflector.

Durante la fase de lanzamiento y de los procedimientos de orientación del vehículo espacial, se necesitan antenas omnidireccionales especiales para las operaciones de telemedida, telemando y determinación de distancia (véase el punto 6.2.6). Suelen emplearse antenas bicónicas con haces de forma anular durante el ciclo de rotación del vehículo espacial, cuando se precisa que éste esté estable antes del encendido de los motores de perigeo o apogeo. Una vez situado, las funciones de telemedida o de telemando se transfieren a las antenas de comunicación de alta ganancia. Las antenas bicónicas pasan entonces a ser unidades de reserva, para el caso de que el vehículo espacial vuelva a girar o se desoriente.

6.3.2.2   Estructuras

Las primeras versiones de los satélites de baja altitud utilizaron antenas monopolo (elementos de látigo y dipolo) con estabilización magnética pasiva para el control de actitud. Los satélites se fueron haciendo más sofisticados y aumentando su capacidad a medida que se diseñaban antenas mayores que tenían que plegarse durante la fase de lanzamiento y desplegarse después de la inserción en órbita. Los nuevos sistemas de satélite LEO que se están desarrollando actualmente prevén utilizar una combinación de sistemas de antenas desfasadas y reflectores. El punto 6.5 ofrece un resumen de los nuevos diseños sofisticados de antenas de satélite previstos para los satélites LEO.

Los satélites estabilizados en rotación exigen que la antena vaya montada en la parte de contrarrotación del vehículo espacial. Muchos sistemas utilizan antenas parabólicas con alimentador desplazado que miran constantemente a la Tierra, tal como se representa en la figura 6.8. En los primeros satélites se limitaba el tamaño de las antenas para adaptarse a la bodega de cabeza del vehículo lanzador sin plegarse. Más adelante, a medida que aumentaban las demandas de servicio y mejoraban los diseños, las antenas aumentaron de tamaño y tenían que plegarse durante la fase de lanzamiento y desplegarse en órbita.

Los vehículos espaciales con estabilización en tres ejes aumentaban las opciones de diseño para las antenas del satélite, en cuanto a tamaño y complejidad. La cara del satélite que mira siempre a la Tierra es la plataforma lógica para emplazar las antenas con alimentador centrado o ligeramente descentrado. No obstante, las caras adyacentes constituyen también plataformas excelentes para las antenas con alimentador descentrado. Entre las opciones estructurales que se han venido utilizando para los satélites OSG cabe citar:

- una estructura de torre (véanse las figuras 6.9 y 6.10) en la que los reflectores de la antena van montados en la cara que mira a la Tierra. Aunque esta disposición permite un diseño de antena relativamente sencillo, el inconveniente es la gran longitud de las guiaondas que conectan los amplificadores de potencia del transpondedor con el alimentador de antena;

- el montaje de las antenas en la cara "Este" u "Oeste" del recinto del equipo del satélite o caja, tal como se representa en la figura 6.13. Las guiaondas de alimentación son más cortas que en el ejemplo anterior. Esta disposición obliga a plegar o desplazar las antenas respecto al cuerpo del vehículo espacial durante el lanzamiento y a desplegar el reflector tras la inserción en órbita, tal como se representa en la figura 6.13. Resulta más flexible para los satélites que emplean más de una banda de frecuencias y las antenas correspondientes. Muchos sistemas de satélite funcionan en las bandas de frecuencias de 6-4 GHz y de 14/10-12 GHz;

- la utilización directa de sistemas radiantes que pueden montarse en la cara que mira a la Tierra, tal como se representa en la figura 6.14. Este tipo de antena no exige un reflector y puede instalarse con una estructura relativamente sencilla.

6.3.2.3 Características de calidad

Las características principales de la antena del satélite son:

- contorno de cobertura (configuración del haz);
- forma del diagrama y nivel de los lóbulos laterales;
- pureza de la polarización;
- potencia;
- capacidad de detección en radiofrecuencia.

a) Cobertura

La zona de cobertura vista desde el satélite se define por el contorno de igual ganancia (o de igual p.i.r.e.).

Las primeras antenas de satélite estaban constituidas por un reflector alimentado mediante bocinas circulares. Esta estructura radia únicamente haces circulares.

No obstante, para una p.i.r.e. dada, la potencia de RF que dan los transpondedores y, por ende, la potencia eléctrica consumida, pueden reducirse si las antenas transmisoras concentran su radiación en las regiones de servicio (zona de cobertura).

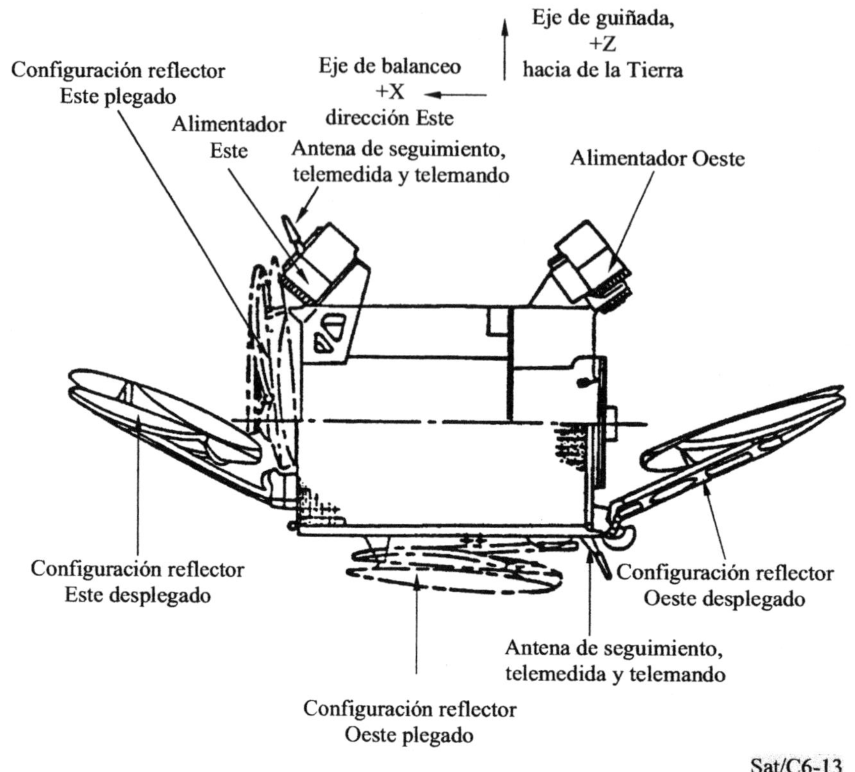

FIGURA 6.13

Configuración del vehículo espacial EUTELSAT II

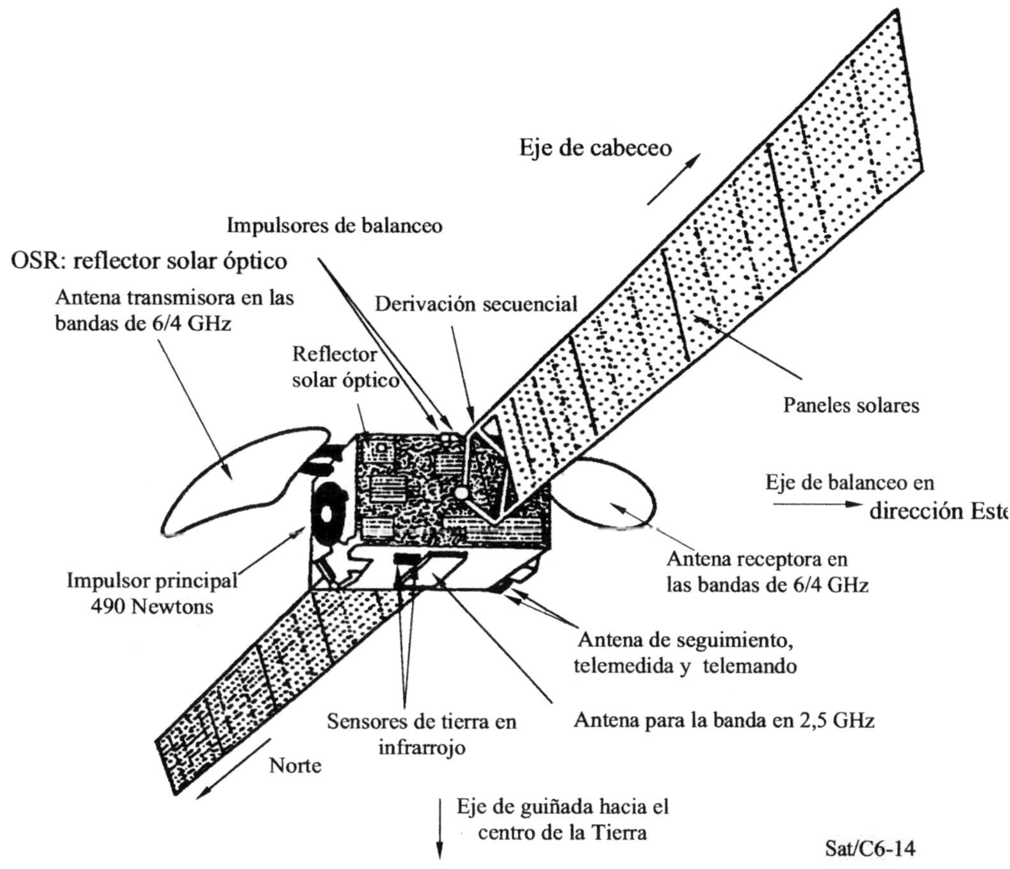

FIGURA 6.14

Satélite ARABSAT

Por ello, los satélites recientes utilizan antenas con haces conformados que radian en el interior de los contornos de la zona de servicio y evitan el desbordamiento.

Aunque el problema es menos crítico en la recepción, a menudo hay que utilizar aquí también este tipo de antenas con el fin de reducir los requisitos de potencia de RF de la estación terrena para el enlace ascendente y con ello el coste de dichas estaciones terrenas.

Puede demostrarse teóricamente que la geometría de la proyección de la radiación del satélite constituye una buena aproximación de la geometría del alimentador de la antena (la figura 6.15 muestra la geometría del alimentador y los contornos correspondientes de cobertura de una antena de satélite situada en 319° W).

Para lograr una aproximación mejor a los contornos de la zona de servicio deseada habría que disponer de un número mayor de alimentadores y aumentar las dimensiones del reflector. El cuadro 6.8 ilustra el efecto de las mejoras de conformación en las dimensiones de la antena.

CUADRO 6.3

Dimensiones de antenas de INTELSAT

Generación de vehículo espacial de INTELSAT	VI	V	VI
Peso del sistema de antena (kg)	51	69	313
Dimensión máxima del reflector (m)	1,34	2,44	3,2
Número máximo de bocinas por alimentador	37	90	146

b)   Forma del diagrama y nivel de los lóbulos laterales

La forma del diagrama y los niveles de los lóbulos laterales se especifican en el punto 3.13.3, anexo 5 al apéndice 30 del Reglamento de Radiocomunicaciones y en la Recomendación UIT-R BO.652-1 únicamente para el caso de los satélites de radiodifusión directa con gran potencia (véase la figura 6.16 para las Regiones 1 y 3). La extensión de este tipo de esquema a todos los satélites de comunicaciones haría aumentar la complejidad de los alimentadores y las dimensiones del reflector en los vehículos espaciales futuros.

c)   Pureza de la polarización y reutilización de frecuencias

•   Discriminación de polarización

Las limitaciones en cuanto a frecuencias disponibles y la congestión de la órbita geoestacionaria se traducen en una necesidad creciente de reutilización de frecuencias por medio de la discriminación de polarización.

Puede utilizarse la polarización circular o lineal. Para la polarización circular las bocinas de alimentación son, por lo general, circulares o hexagonales. No obstante, en el caso de polarización lineal, las bocinas pueden ser rectangulares y puede reducirse el número de bocinas necesarias para generar haces conformados.

Para la polarización lineal, las antenas de disco doble en rejilla constituyen la mejor manera de lograr una buena discriminación de polarización; las ventajas respecto a un reflector macizo con discriminación de polarización en el alimentador son una menor complejidad de éste, independencia de la frecuencia y separación de los focos, lo que permite una realización con dos alimentadores distintos para la reutilización de frecuencias.

El disco en rejilla se compone de un disco dieléctrico (transparente) que sirve de base a una rejilla metálica (reflectora). Pueden superponerse dos discos de este tipo, por ejemplo, con el primero a base de hilos "horizontales" y el segundo de hilos "verticales" (véase la figura 6.17) constituyendo un "disco doble en rejilla".

El aislamiento de polarización necesario para la reutilización de frecuencias es, típicamente, de 27 dB. El reflector en rejilla del EUTELSAT II logra un aislamiento superior a 36 dB.

Cuando se utilizan polarizaciones ortogonales la relación axial (RA) de las polarizaciones indica la contribución del nivel de transpolarización. Por ejemplo, una RA de 0,7 dB da un nivel de transpolarización de -27,9 dB.

*   Discriminación del haz

Cuando las zonas de servicio pueden cubrirse con haces bien aislados, tales como los "hemisférico" o "de zona" de los satélites Intelsat-VI (véase la figura 6.18) dos haces distintos pueden utilizar las mismas bandas de frecuencia (el Intelsat-VI reutiliza seis veces la misma banda de frecuencia, dos veces por discriminación de polarización y cuatro veces por discriminación de haces).

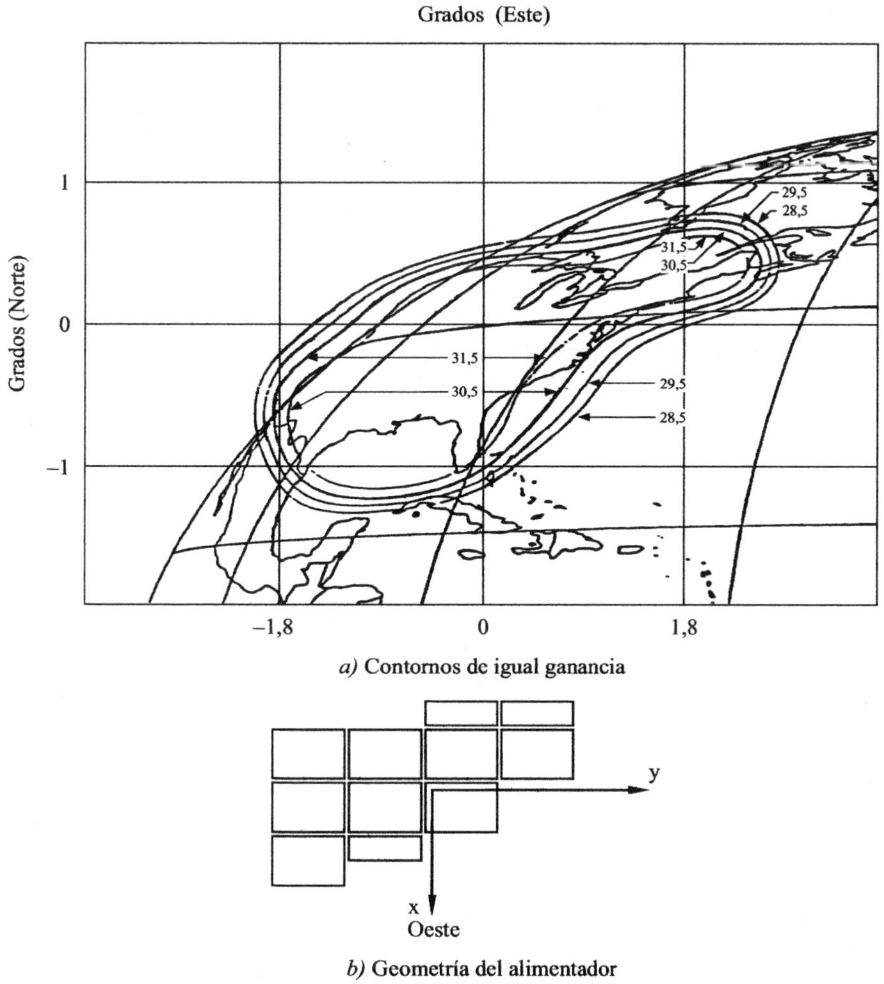

FIGURA 6.15

**Ejemplo de geometría del alimentador de antena y
sus correspondientes contornos de cobertura**

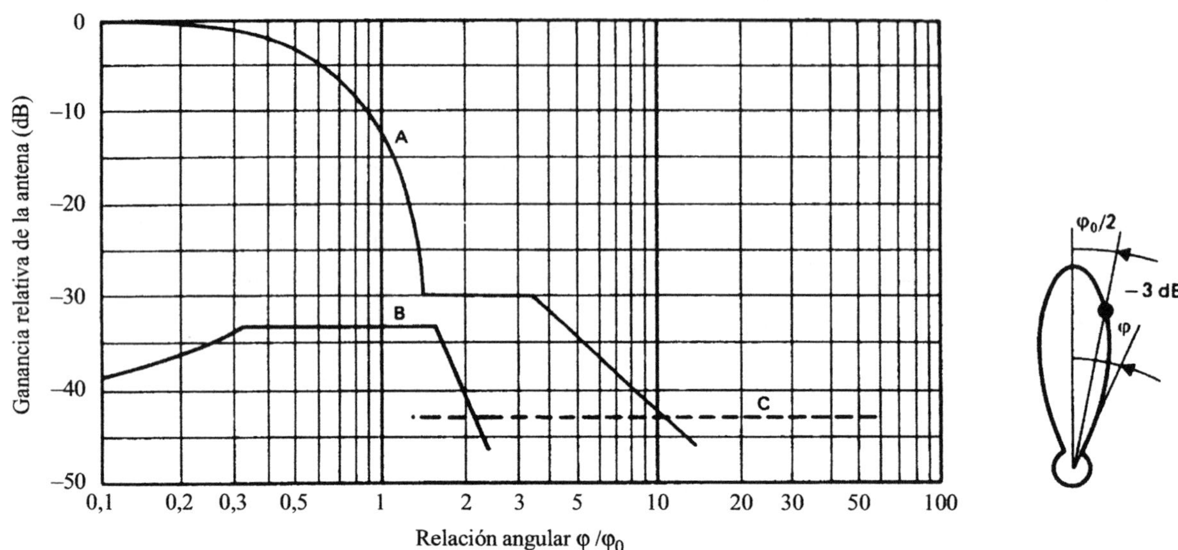

FIGURA 6.16

Diagramas de referencia para las componentes copolar y contrapolarde la antena transmisora del satélite en las Regiones 1 y 3

Curva A: Componente copolar (dB en relación a la ganancia del haz principal)

$$-12\left(\frac{\varphi}{\varphi_0}\right)^2 \qquad \text{para } 0 \le \varphi \le 1{,}58\,\varphi_0$$

$$-30 \qquad \text{para } 1{,}58\,\varphi_0 < \varphi \le 3{,}16\,\varphi_0$$

$$-\left[17{,}5 + 25\log\left(\frac{\varphi}{\varphi_0}\right)\right] \text{para } \varphi > 3{,}16\,\varphi_0$$

después de la intersección con la curva C: como en la curva C

Curva B: Componente contrapolar (dB en relación a la ganancia del haz principal)

$$-\left(40 + 40\log\left|\frac{\varphi}{\varphi_0} - 1\right|\right) \text{para } 0 \le \varphi \le 0{,}33\,\varphi_0$$

$$-33 \qquad \text{para } 0{,}33\,\varphi_0 < \varphi \le 1{,}67\,\varphi_0$$

$$-\left(40 + 40\log\left|\frac{\varphi}{\varphi_0} - 1\right|\right) \text{para } \varphi > 1{,}67\,\varphi_0$$

después de la intersección con la curva C: como en la curva C

Curva C: Valor opuesto de la ganancia en el eje (la curva C representada en esta figura corresponde al caso particular de una antena con 43 dBi de ganancia en el eje).

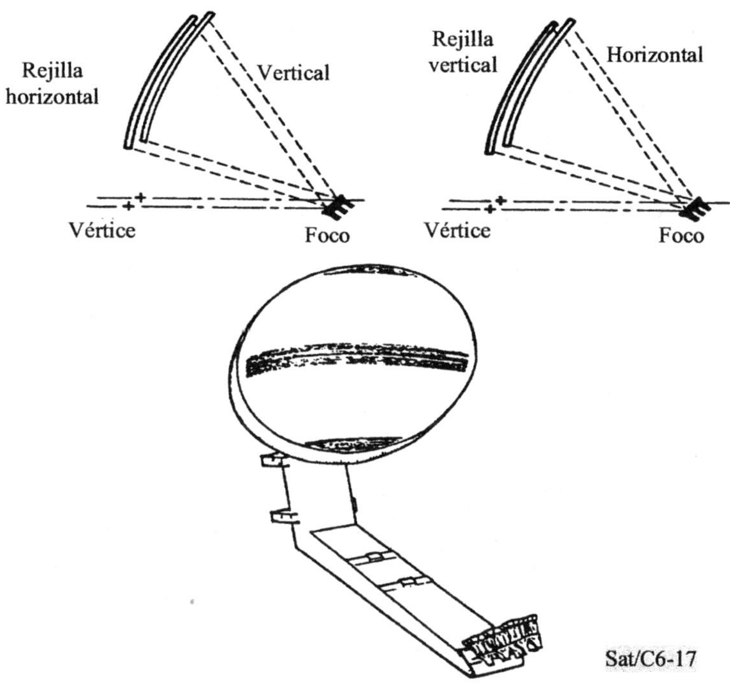

FIGURA 6.17

Sistema de antena con refector doblemente reticulado y rejillas superpuestas

d)   Potencia

Cada generación de satélites radia una p.i.r.e. superior.

Los valores típicos de la potencia máxima de RF en cada puerto de antena son de 600 W en la banda de 11/12 GHz para el EUTELSAT II y de 1 kW para los satélites de radiodifusión directa TDF 1 o TVSAT.

Esta evolución impone requisitos crecientes en materia de control térmico del alimentador primario y de productos de intermodulación.

e)   Capacidad de detección en RF

Cuando la anchura del haz es pequeña (inferior a 2°) se utiliza un sistema de detección en RF que corrige automáticamente toda desviación de la dirección del haz.

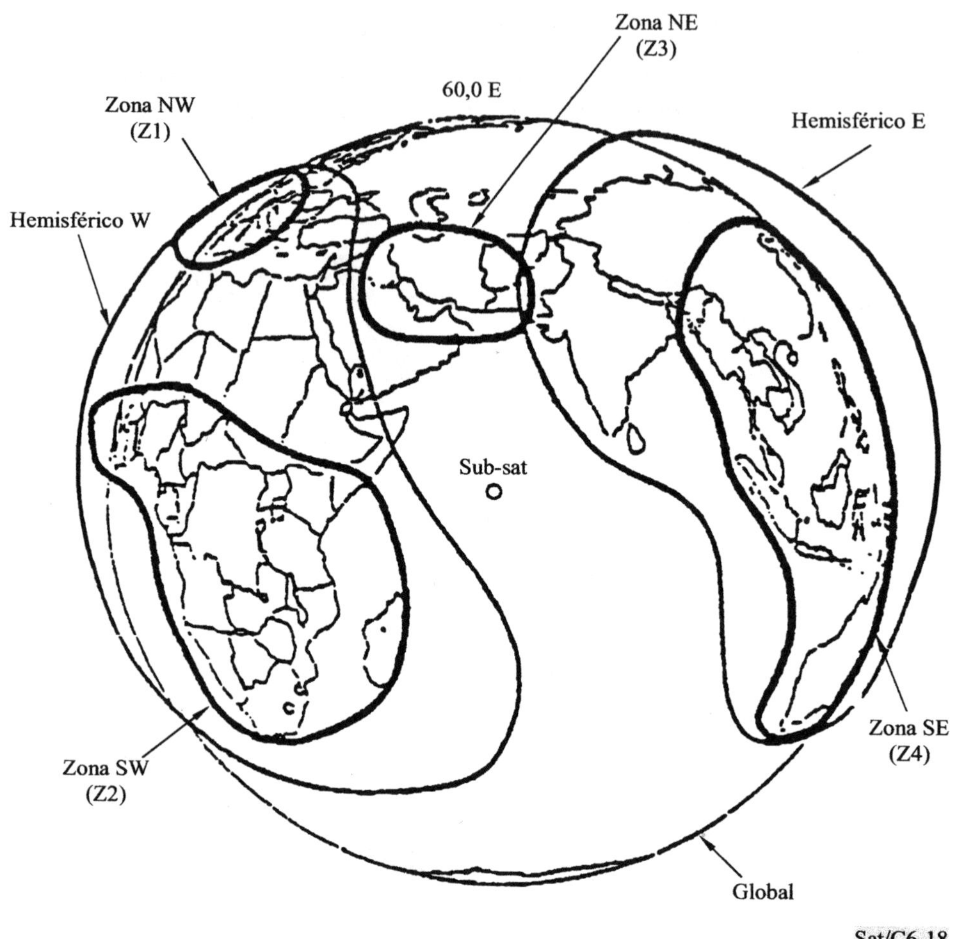

FIGURA 6.18

INTELSAT-VI cobertura típica de la antena
(Región del Océano Índico, 60,0° E)

La detección en RF funciona con una baliza en el suelo. La antena del satélite radia un diagrama de diferencias y la dirección del nulo se fija a la baliza en el suelo.

Se utilizan diversas soluciones para obtener el diagrama de diferencias. Es posible utilizar cuatro bocinas en una antena de alimentación múltiple para generar los diagramas suma y diferencia o los modos superiores de una bocina única ondulada.

6.3.2.4 Tendencias de la investigación y el desarrollo en materia de antenas

En los sistemas comerciales de satélite, la investigación sobre antenas se ha centrado en: a) técnicas para conformar de manera precisa los diagramas de radiación utilizando programas informáticos; b) mejoras del aislamiento de polarización transversal u ortogonal y del aislamiento entre el haz principal y los lóbulos laterales; c) modificación o reconfiguración de los diagramas de radiación en órbita; y d) desarrollo de haces puntuales múltiples con exploración rápida de antenas desfasadas y de sistemas de antena híbridos. El desarrollo de nuevos materiales y dispositivos, tales como los superconductores de gran temperatura y las fibras de carbono, los circuitos integrados monolíticos de GaAs para microondas (MMIC) y los dispositivos opto-electrónicos ha acelerado las mejoras de la calidad de las antenas de satélite.

Los sistemas de antenas desfasadas, como alternativa a los grandes reflectores, despliegan un grupo de pequeñas antenas en una gran superficie, conectándolas de forma que las señales recibidas o transmitidas tienen la amplitud eléctrica y la fase correctas entre sí. La figura 6.20 muestra la cara frontal de un ejemplo típico de sistema de antenas desfasadas [Ref. 1]. Cada una de las antenas individuales se denominan elementos; los grupos de elementos se denominan subsistemas que, a su vez, pueden combinarse en grandes sistemas. Los circuitos que realizan la distribución de fases y amplitudes (o incluso una generación de haces múltiples) se denomina red de conformación del haz (BFN). Las unidades de desplazamiento de fase pueden conformar el tamaño y la dirección (es decir, efectuar la exploración de la conmutación del haz) sin necesidad de mover físicamente la antena, como en el caso de las antenas con reflector convencional (alimentador de bocina única). La BFN puede controlarse mediante dispositivos eléctricos o electrónicos. En este último caso, la exploración o conmutación del haz puede realizarse muy rápidamente (por ejemplo, en la TDMA con conmutación en el satélite (SS-TDMA)).

No obstante, los sistemas de antena pueden también aplicarse a las antenas de reflector, empleando alimentadores BFN que pueden reconfigurar un haz de satélite desde tierra. La figura 6.20 representa un ejemplo típico del sistema complejo de alimentador multibocina que utiliza una BFN montada con tecnología de guíaonda. La utilización de tecnologías de antena de reflector con alimentador multibocina predomina actualmente en la industria de satélites comerciales de comunicación. Tal como se ha señalado, este diseño se utiliza para conformar los haces de antena y enfocar la energía radioeléctrica en las zonas de servicio deseadas. INTELSAT ha utilizado BFN de tres capas para obtener la cobertura de las tres Regiones mediante el mismo sistema de reflector con alimentador de bocina.

Las antenas de enlace entre satélites (ISL) pueden exigir una gran capacidad de exploración, especialmente para los satélites LEO. Los sistemas de antena con desfase y radiación directa, los alimentadores de sistema desfasado para los reflectores y los subreflectores con exploración mecánica son técnicas de antena prometedoras para las aplicaciones ISL. El satélite europeo de retransmisión de datos (DRS) tiene antenas de exploración en 27,5 GHz capaces de explorar 20° en 120 segundos. El Satélite japonés de comunicaciones y pruebas de ingeniería de radiodifusión (COMETS) empleará una serie de antenas para la radiodifusión por satélite, enlaces de conexión para comunicaciones móviles por satélite y aplicaciones ISL. En estas últimas se utilizará un reflector de 2 m que funciona en 47/44 GHz (véase la figura 6.9). El sistema de Satélite de seguimiento y retransmisión de datos de NASA/EE.UU. (TDRSS) fue un pionero (1970-1980) en el desarrollo de sistema ISS (2 GHz y 15/13 GHz).

Durante más de un decenio se han estado realizando experimentos y desarrollos de sistemas de comunicación en las bandas de frecuencias de 30/20 GHz. En la mayoría de ellos se emplean diseños de antena con reflector y grupo de alimentadores para lograr múltiples haces estrechos en la zona de servicio. Entre las organizaciones de investigación y desarrollo activas en esta materia cabe citar las de ESA/Europa (ARTEMIS), Italia (ITALSAT), Japón (COMETS y ETS-VI), NASA/EE.UU. (ACTS) y Rusia (KOMETA).

Una gran parte de los desarrollos avanzados en materia de sistema desfasados y grandes estructuras de antena desplegables se deben a iniciativas de comunicaciones móviles por satélite (antenas con reflector de malla de 8-30 m, antenas de pétalo plegables, sistema radiador de transmisión directa y reflector de recepción con grupo de alimentadores en el foco, etc.). Esta tecnología aportará mejoras significativas también al SFS.

6.3.3   Transpondedores (repetidores) transparentes

6.3.3.1   Generalidades

Tal como se ha señalado, los transpondedores de satélite reciben señales de las estaciones terrenas o de satélites de retransmisión y las transforman en señales apropiadas para las transmisiones de retorno. Pueden ser simplemente repetidores que amplifican las señales y trasladan su frecuencia o pueden ser mucho más complejos, realizando funciones adicionales, tales como las de detección de la señal, modulación, multiplexación, remodulación y encaminamiento de mensajes (véase el punto 6.3.4). En este punto se describen las características de los transpondedores transparentes.

No obstante, pueden también aplicarse a los transpondedores más complejos descritos en el punto 6.3.4 muchas consideraciones relativas a los pasos de entrada de radiofrecuencia (RF) y de frecuencia intermedia (FI), así como a los amplificadores de potencia de salida.

Un elemento clave de todo transpondedor de vehículo espacial es el amplificador de potencia (HPA). Para una sola portadora, el HPA suele funcionar en el nivel máximo de potencia de salida o de saturación, o en las proximidades de él, a fin de lograr una gran eficacia en la conversión de la energía de continua en energía de RF. También se requiere que el HPA o transmisor amplifique las señales sin distorsiones u otras degradaciones. Suelen utilizarse dos tipos de HPA, los dispositivos de haz electrónico o amplificadores de tubo de onda progresiva (TWTA) y los amplificadores de potencia de estado sólido (SSPA).

Las señales que llegan a la antena receptora del satélite son sumamente débiles y el transpondedor debe amplificarlas y enviarlas, previa transposición de la banda, a las antenas retransmisoras. La amplificación es del orden de 100 a 110 dB (véase la figura 6.21) y puede incluso rebasar los 120 dB en los satélites de radiodifusión.

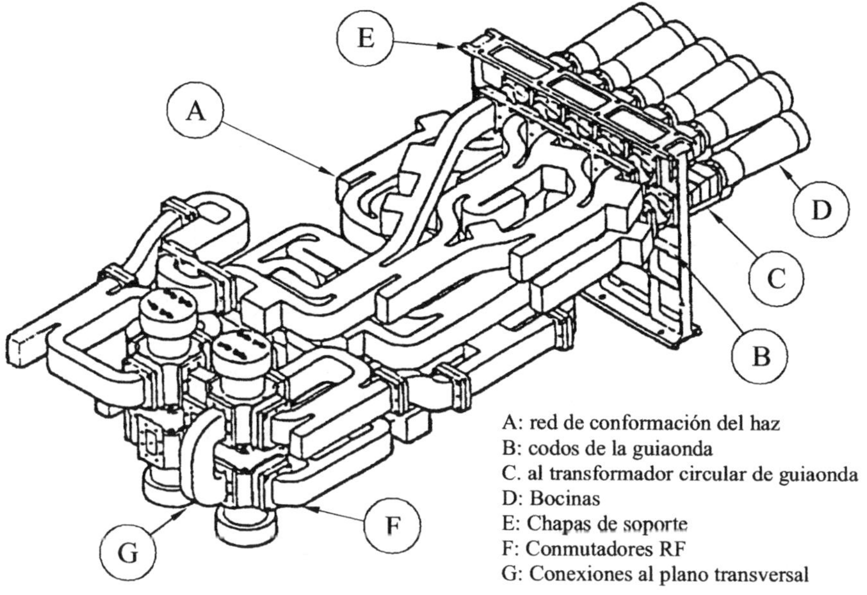

FIGURA 6.19

**Sistema de alimentador múltiple de bocina y red correspondiente
de conformación del haz (de la [Ref. 1])**

FIGURA 6.20

Antena de elementos desfasados (de la [Ref. 1])

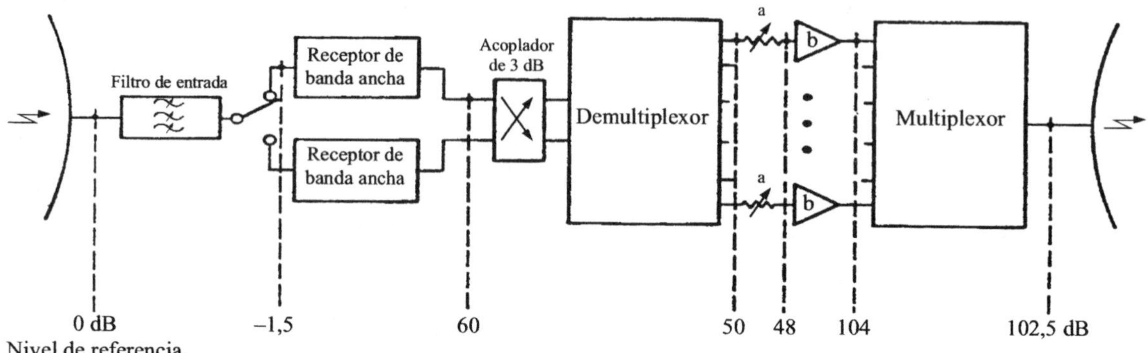

a: Atenuador conmutable
b: Amplificador de transmisión de gran potencia

Sat/C6-21

FIGURA 6.21

Diagrama típico de los niveles relativos en un transpondedor

En el transpondedor, las señales experimentan, en general, cierta degradación. Esta degradación, que debe mantenerse dentro de límites admisibles, se debe a muchos factores, y principalmente a los siguientes:

- la alinealidad del amplificador que origina intermodulación (varias portadoras en un amplificador), modulación cruzada e interferencia entre símbolos en el caso de transmisión digital;

- la interferencia entre señales transmitidas en bandas de frecuencias próximas entre sí;

- los trayectos múltiples seguidos por la señal entre la entrada y la salida;

- las variaciones de amplitud y de fase en la banda de paso causadas esencialmente por los filtros y que producen distorsión, la cual ocasiona ruido en banda de base o errores.

En general, un solo amplificador no es suficiente para proporcionar la potencia total necesaria para todos los canales de RF. Además, la alinealidad de los amplificadores impone la necesidad de aplicar en la explotación una reducción de potencia en el amplificador que aumenta con el número de las señales que han de amplificarse y limita el nivel de salida. Por ello, la amplificación debe efectuarse en dos etapas:

a)   una amplificación común de bajo nivel de todas las señales deseadas en toda la banda suministrada por la antena receptora;

b) la amplificación de las señales por subbandas o canales de frecuencias (fracciones de la banda total), hasta los niveles de salida deseados. Se utilizan sistemas de filtro y acoplador para dividir la banda inicial en sub-bandas tras la sección común de amplificación de bajo nivel a la entrada de las cadenas amplificadoras y recombinarlas a la salida antes de que lleguen a las antenas de transmisión.

La ubicación de los componentes de los transpondedores dentro del vehículo espacial es a menudo difícil dado los requisitos que deben cumplirse, en particular los siguientes:

*   la necesidad de eliminar el calor que desprenden los subconjuntos termodisipantes (especialmente los amplificadores de potencia), lo que exige el uso de paneles suficientemente grandes que radien directamente al espacio;

*   la disposición de los componentes y la instalación de los dispositivos de protección necesarios, de modo de satisfacer los requisitos de compatibilidad electromagnética, evitar el acoplamiento y reducir los efectos de las variaciones térmicas;

*   la reducción de las pérdidas en las líneas de alimentación de las antenas, en especial limitando la longitud de las conexiones por cable o guiaondas.

6.3.3.2 Subsistema receptor de banda ancha

Este subsistema proporciona tanto la primera etapa de amplificación como la traslación de la banda de recepción a la de transmisión en el caso de que se trate de un sistema de conversión simple. En los sistemas de doble conversión el receptor de banda ancha efectúa la amplificación y la traslación a la frecuencia intermedia. Su factor de ruido debe ser lo suficientemente bajo para que su influencia en la relación C/N del enlace ascendente, sea la mínima posible.

Los productos de intermodulación limitan el nivel de salida del receptor en función de los transistores empleados. El sistema receptor suministra típicamente una amplificación (ganancia) de unos 50 a 60 dB (véase la figura 6.22). Deben preverse márgenes para las pérdidas en el convertidor de frecuencia, así como en los filtros y acopladores. La distribución de la ganancia debe ser tal que se mantengan a un nivel aceptable los productos de intermodulación y se obtenga un factor de ruido satisfactorio.

Los receptores de banda ancha están plenamente transistorizados. Deben ser particularmente fiables dado que cualquier fallo afectaría a todas las señales transmitidas en la banda íntegra. Por ello, ha de disponerse de redundancia.

En los preamplificadores pueden emplearse diodos túnel, transistores o etapas paramétricas. Los progresos en la tecnología de los transistores de efecto de campo (FET) de Arseniuro de Galio (GaAs) han desplazado al diodo túnel y a los amplificadores paramétricos. Los preamplificadores deben ir precedidos por un filtro de paso de banda, a fin de suprimir las frecuencias imagen y todas las señales fuera de la banda de recepción.

Los amplificadores pueden emplear transistores bipolares (4 GHz), o FET de GaAs (4 GHz o frecuencias superiores). En el caso de funcionamiento en las bandas 30/20 GHz con características de bajo ruido se revelan especialmente prometedores los transistores de gran movilidad de electrones (HEMT).

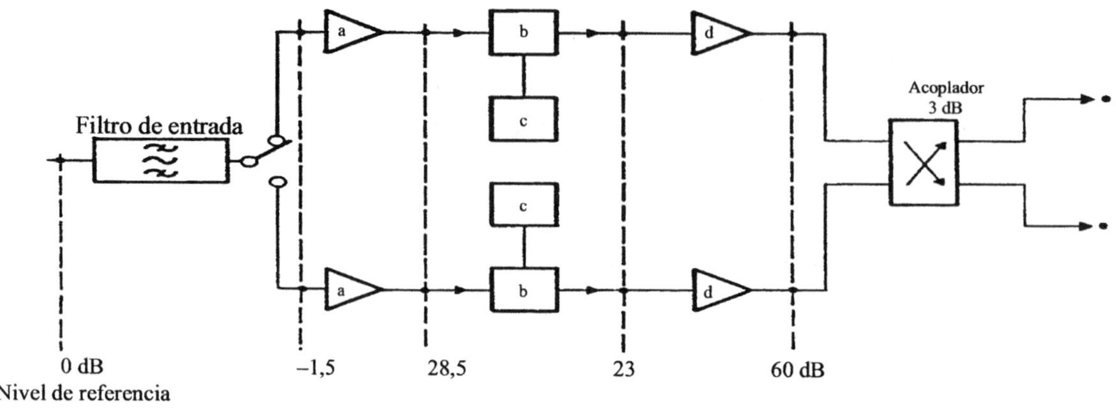

a: preamplificador   d: amplificador
b: mezclador   e: conjunto que efectúa la distribución en radiocanales
c: oscilador local

FIGURA 6.22

Ejemplo de receptor de banda ancha (con redundancia) y diagrama típico de niveles relativos

Los convertidores de frecuencia, que generalmente usan diodos, están concebidos no tanto de manera de reducir al mínimo las pérdidas, como de evitar la transmisión de las frecuencias de los osciladores locales, sus armónicos y los productos de mayor orden. A menudo se utiliza un circuito único o dos circuitos simétricos. El oscilador local, que debe producir una potencia de unos 10 dBm, puede ser un oscilador controlado por cristal de tipo corriente seguido por etapas multiplicadoras, un bucle con enganche de fase o un oscilador de cavidad con material dieléctrico, estabilizado por un cristal de referencia. El oscilador debe ser sumamente estable tanto en el curso del tiempo como ante las variaciones de temperatura y su ruido de fase debe reducirse al mínimo.

6.3.3.3   Subsistema de distribución en radiocanales

La segunda etapa amplificadora se efectúa en la banda de transmisión mediante un grupo de cadenas amplificadoras, cada una de las cuales amplifica una fracción de la banda total, subdividida en radiocanales.

La salida del receptor de banda ancha se divide en radiocanales mediante un conjunto de circuladores y de filtros pasobanda con igualación conocido con el nombre de demultiplexor de entrada. Uno o más conjuntos de filtros denominados multiplexores de salida recombinan los radiocanales a la salida de los transpondedores, tras la amplificación de potencia (figura 6.23).

El subsistema de distribución en radiocanales del transpondedor consiste, por tanto, en un demultiplexor de entrada, una cadena amplificadora y un multiplexor de salida (figuras 6.23 y 6.24).

El plan de canales varía de unos sistemas a otros. En un sistema como el de INTELSAT, en que se emplea la reutilización múltiple de frecuencias mediante aislamiento espacial de los haces y discriminación de polarización (véase el § 6.3.3.4) el plan de canales es idéntico para cada haz, de forma que puede mantenerse la conectividad efectuando simplemente la conmutación RF a la frecuencia intermedia dentro de la carga útil. En el caso de sistemas nacionales, la mayoría de los diseños se inclinan por un plan de canales intersticial (entrelazados) para los dos haces de transmisión y recepción polarizados ortogonalmente. Esto tiene la ventaja de reducir la interferencia interna del sistema, dado que las porciones del espectro de alta densidad de energía de un plano de polarización se sitúan frente a las bandas de guarda de la polarización ortogonal.

En lo que concierne a la anchura de banda del canal, no existe ninguna norma unificada. En las bandas 6/4 GHz, la separación de 40 MHz es bastante común pero no universal y en las bandas 14/11-12 GHz se utilizan diversas anchuras de banda, tales como 27 MHz, 36 MHz, 45 MHz, 54 MHz, 72 MHz, etc.

El demultiplexor de entrada, que es alimentado por el receptor, divide la banda de transmisión total en los radiocanales correspondientes a las cadenas de amplificación (véase la figura 4.19). Los filtros selectivos del demultiplexor deben tener pendientes suficientemente empinadas para evitar los trayectos múltiples a través de las cadenas de amplificación adyacentes y una curva de respuesta suficientemente plana en la banda de paso para mantener la distorsión en niveles tolerables. Por lo general los filtros deberán ser objeto de igualación de amplitud y de fase. Las pérdidas en el demultiplexor no tienen ningún efecto importante y deben tan sólo tomarse en consideración en el balance general de la ganancia. Así pues, los filtros pueden conectarse en tándem mediante circuladores, ya sea en un solo grupo o, más frecuentemente, en dos grupos (alimentados por las dos líneas procedentes del acoplador del receptor), uno para los canales pares y otros para los impares.

Pueden utilizarse varios tipos de filtros, pero sólo se utilizan actualmente los de menor volumen y peso, habida cuenta de los efectos que pudiera causar el margen de temperatura en órbita, dentro del vehículo espacial y durante el lanzamiento.

Se emplean a menudo cavidades bimodales, por las cuales pasa dos veces la misma señal, con lo cual se reduce a la mitad el número de cavidades que debe incluir el filtro. La tecnología aplicada debe asegurar una extrema fiabilidad, gran estabilidad, facilidad de montaje y bajo peso. En las bandas de 6/4 GHz se usa la tecnología de fibra de carbón (con la que se obtienen los equipos más livianos) o de invar delgado. En 14/11 GHz se usa generalmente invar delgado. Dado que estos filtros son componentes pasivos, no se requiere redundancia.

Cada una de las cadenas amplificadoras corresponde a una banda determinada, seleccionada por los filtros del demultiplexor de entrada. El principal componente de una cadena es el amplificador de potencia que alimenta al filtro correspondiente del multiplexor de salida, generalmente por conducto de un aislador. El amplificador puede ser de tubo de ondas progresivas o un amplificador de potencia transistorizado (APT). En lo referente a la banda de 4 GHz, la potencia de salida de los TOP está generalmente comprendida entre 5 W y 10 W, aunque a veces se utilizan TOP con potencias de salida de hasta 40 W. Actualmente existen a nivel comercial amplificadores de potencia transistorizados para funcionar en 4 GHz con potencias de salida de hasta 10 W, y se está tratando de desarrollar unidades que den hasta 30 W.

A 11-12 GHz existen TOP de baja potencia que dan entre 10 W y 20 W, y TOP de media potencia entre 40 W y 65 W. Además, hay TOP de alta potencia con niveles de hasta 250 W calificados para las aplicaciones de la radiodifusión por satélite. No existen todavía comercialmente amplificadores de potencia transistorizados para 11-12 GHz debido a su bajo rendimiento de conversión DC a RF. No obstante, se efectúan desarrollos para producir unidades convenientes. Además, la cadena amplificadora puede contener las opciones siguientes:

- un atenuador fijo para compensar las diferencias entre las pérdidas experimentadas por los distintos canales en el demultiplexor de entrada así como las variaciones de ganancia de los TOP. A la salida de este atenuador el nivel nominal será el mismo en todas las cadenas;

- un atenuador controlado desde la Tierra, según la ganancia total requerida, el tipo de señal transmitida, el deterioro de los equipos, etc.;

- en algunos casos, un amplificador con control automático de ganancia para compensar las fluctuaciones debidas a las condiciones atmosféricas en el enlace ascendente (cuando se transmite una sola señal en el radiocanal);

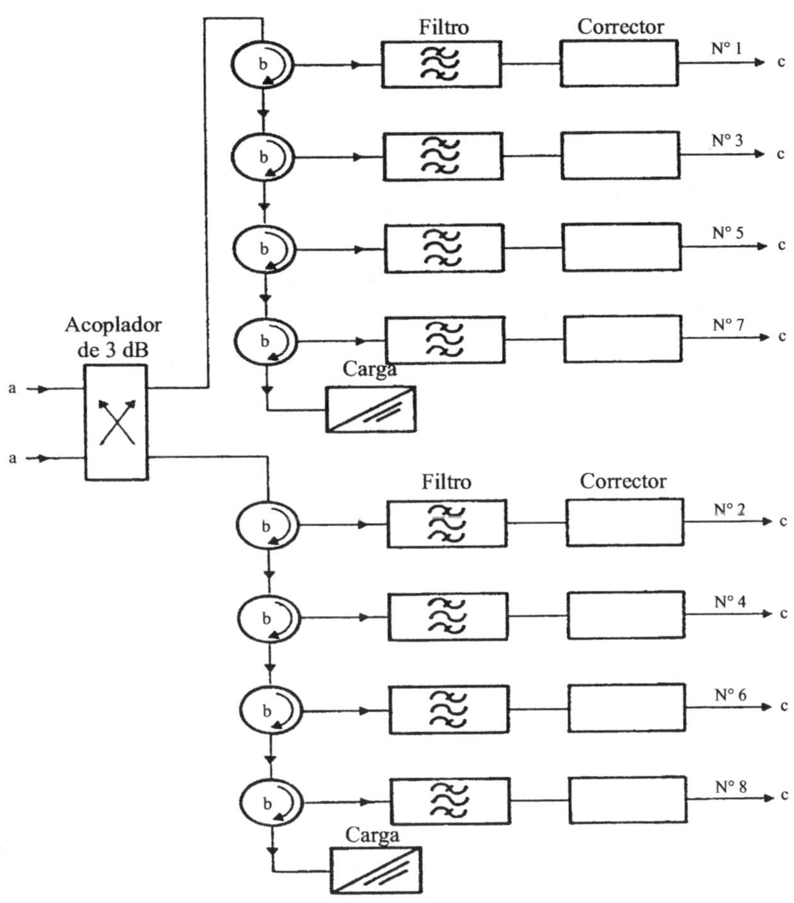

a: receptor de banda ancha   c: cadena de amplificación
b: circulador   N° 1...8: numeración de los radiocanales   Sat/C6-23

FIGURA 6.23

Ejemplo de demultiplexor de entrada (diagrama simplificado)

Puede emplearse la linealización (predistorsión) para conseguir el funcionamiento del ATOP o del APT con una menor reducción de potencia respecto a saturación. A fin de satisfacer los requisitos de fiabilidad, debe disponerse de redundancia para las cadenas amplificadoras o, en todo caso, para los amplificadores de potencia. Pueden emplearse distintos tipos de redundancia, según el volumen y masa disponibles; por ejemplo, un amplificador de reserva por cada amplificador activo, o un amplificador de reserva común para dos amplificadores activos, o varios amplificadores de reserva para todos los amplificadores activos. Las configuraciones de conmutación correspondientes (a la entrada y a la salida) serán de mayor o menor complejidad. No obstante, éstas no deben originar un aumento importante de las pérdidas entre las salidas de los amplificadores y las entradas de los filtros del multiplexor ni afectar a la calidad de la transmisión.

La disposición de los amplificadores de potencia puede, a veces, plantear algunos problemas, ya que estos dispositivos han de ir montados en paneles que radien el calor hacia el espacio. Las conexiones a los filtros multiplexores de salida correspondientes deben ser cortas y el funcionamiento de los equipos redundantes no ha de comportar una degradación (aumento de las pérdidas o modificación de las condiciones de funcionamiento).

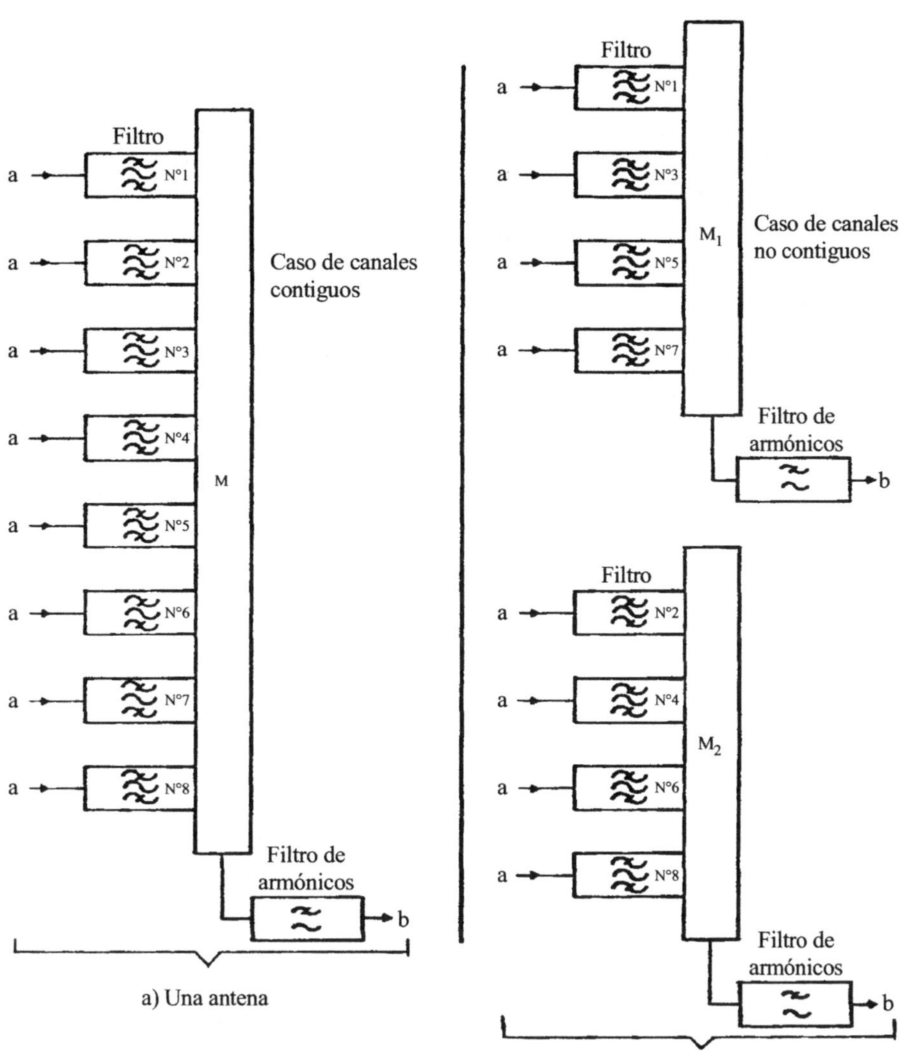

FIGURA 6.24

Ejemplos de multiplexores de salida (diagramas simplificados)

Las pérdidas en los multiplexores de salida deben mantenerse en un nivel bajo, ya que toda pérdida entre las salidas de los amplificadores finales y las antenas influye directamente en la p.i.r.e. Por la misma razón, los filtros se acoplan directamente a un mismo guiaondas (múltiple), conectado a la antena transmisora (véase la figura 6.24). La instalación resultante es rígida y a veces bastante voluminosa. Para el multiplexor de salida no se necesitan igualadores en el satélite, ya que éstos pueden instalarse en las estaciones terrenas. La tecnología utilizada para los demultiplexores de entrada y multiplexores de salida es básicamente la misma, aunque los filtros y colectores de salida disipan una cantidad considerable de calor que debe eliminarse.

Es más fácil conectar a un mismo colector filtros correspondientes a canales no adyacentes impares o pares, por lo que se emplean dos colectores con sus salidas conectadas a una antena de doble acceso. Se simplifica así la construcción de los multiplexores de salida, pero la antena es más compleja y menos eficiente.

También pueden acoplarse a un mismo colector filtros correspondientes a canales adyacentes esto es, multiplexores contiguos, pero en tal supuesto las pendientes de los filtros deben hacerse más empinadas, las pérdidas aumentan y la construcción del colector es más complicada; la antena de un solo acceso, en cambio, es más sencilla y eficiente. Es menester, por tanto, hallar un equilibrio óptimo entre el tipo de antena de transmisión y el tipo de multiplexor de salida utilizados.

6.3.3.4   Transpondedores sin procesamiento a bordo

Básicamente los transpondedores de satélite efectúan la recepción, amplificación, traslación de frecuencia y retransmisión de diversos tipos de señales.

Puede pensarse en configuraciones de transpondedor tanto de banda ancha como divididas en canales. La mayoría de las configuraciones de repetidor de los satélites actuales del servicio fijo se basan en receptores de banda ancha seguidos de transmisores estructurados en canales.

En lo que concierne a la conectividad entre los diferentes canales de RF pueden considerarse dos casos importantes, según que los transpondedores se conecten a un único haz transmisor o a varios haces.

Consideremos el caso más simple, en el que la señal recibida se encamina solamente a un haz transmisor. Las señales de la banda recibida se amplifican y trasladan a la banda de transmisión. Pueden emplearse dos métodos de traslación de frecuencias:

- un sistema de conversión simple, que traslada la frecuencia directamente desde la banda de recepción a la banda de transmisión;

- un sistema de conversión doble, que traslada en primer lugar las señales recibidas a una frecuencia intermedia, en la que se efectúa parte del proceso de amplificación y, subsiguientemente, se realiza la traslación a las bandas de frecuencias de transmisión finales.

El segundo método, es decir la conversión doble, es a veces preferible porque ofrece las siguientes ventajas:

- elimina las inestabilidades potenciales debidas a realimentaciones interiores en las cadenas de amplificación de alta ganancia;

- evita los productos de intermodulación o armónicos de las señales recibidas y del oscilador local o del dispositivo de traslación de frecuencia que caigan dentro de las bandas de la señal deseada y,

- ofrece una frecuencia intermedia adecuada para la conmutación y transconexión entre cargas útiles que trabajan con diferentes bandas de frecuencia de transmisión y recepción. Su desventaja es que requiere la utilización de dos osciladores locales con dos dispositivos de traslación de frecuencia.

El transpondedor proporciona una amplificación de unos 100-110 dB en dos etapas: amplificación a bajo nivel en un receptor de banda ancha, seguida de una amplificación de alto nivel efectuada mediante amplificadores de gran potencia en el subsistema canalizado. Debe prestarse atención a la compatibilidad electromagnética (CEM), debido a las elevadas ganancias y grandes anchuras de banda implicadas.

Ciertos sistemas de satélites actualmente en servicio, tales como INTELSAT-IVA e INTELSAT-V emplean varios haces. Estos haces permiten efectuar transmisiones independientes. No obstante, a menudo es necesario interconectar usuarios a los que se proporciona servicio por conducto de haces diferentes. En tales casos, un canal del enlace ascendente de un haz se conectará al canal correspondiente del enlace descendente de otro haz.

Esto no invalida lo descrito en el punto 6.3.3.3. Sigue existiendo un subsistema receptor por haz o polarización, pero algunas de las salidas de los filtros del demultiplexor se conectan a cadenas amplificadoras pertenecientes a transpondedores diferentes. Las interconexiones entre el enlace ascendente de un haz y el enlace descendente de otro pueden realizarse empleando los siguientes métodos:

- interconexiones cuyas configuraciones pueden modificarse de tiempo en tiempo por medio de conmutadores electromecánicos accionados por órdenes transmitidas desde la Tierra (véase la figura 6.25); este tipo de interconexión se emplea en INTELSAT-V.

- interconexiones dinámicas en AMDT con conmutación en el satélite (AMDT-CS) entre ráfagas. Estas interconexiones se efectúan por medio de una matriz de conmutación de diodos o transistores instalada a bordo del satélite, que conecta cada ráfaga de un radiocanal de un haz ascendente a la cadena amplificadora del haz descendente de destino. La conmutación se efectúa en forma secuencial bajo el control de una unidad de mando, de acuerdo con la organización del tráfico; el orden de la secuencia puede modificarse por órdenes transmitidas desde la Tierra. La matriz origina pérdidas de inserción que deben compensarse mediante amplificadores adicionales (véase la figura 6.26). Este sistema se ha realizado en INTELSAT-VI.

Los conmutadores, las unidades de telemando, las matrices y todas las interconexiones deben instalarse de modo tal que el nivel de las señales a la entrada de los transpondedores permanezca relativamente constante, con independencia de la conmutación efectuada y de los trayectos atravesados. También debe asegurarse la compatibilidad electromagnética y evitarse el acoplamiento parásito y la inducción causada por los impulsos de telemando utilizados para la conmutación.

La calidad de funcionamiento del tubo de ondas progresivas, influye sustancialmente sobre las características de los transpondedores del satélite. Seguidamente se examinan algunos aspectos relativos a esta cuestión.

i)   Transpondedores de limitación estricta

Los transpondedores de limitación estricta incluyen un dispositivo limitador que recorta la señal de entrada. Esto permite la explotación del amplificador de tubo de ondas progresivas (ATOP) en condiciones de saturación, con una potencia de salida casi independiente de la potencia de entrada al repetidor. Sin embargo, debe restringirse la explotación con múltiples portadores debido al ruido de intermodulación.

ii) Transpondedores cuasi lineales

Un TOP tendrá un comportamiento más lineal si se reduce la potencia de salida con respecto a saturación. Para la explotación AMDF la reducción necesaria se encuentra típicamente en la gama de 4 a 6 dB. Una reducción menor es generalmente suficiente para reducir la dispersión del espectro y la distorsión en banda, en el caso de una transmisión MDP con una sola portadora.

iii) Transpondedores lineales

Un transpondedor lineal ideal tendrá una característica de transferencia lineal hasta el punto en que se produzca la saturación. La mejora de la parte lineal de la característica de transferencia del transpondedor con respecto a la que puede conseguirse con transpondedores de ATOP, puede conseguirse de dos modos diferentes:

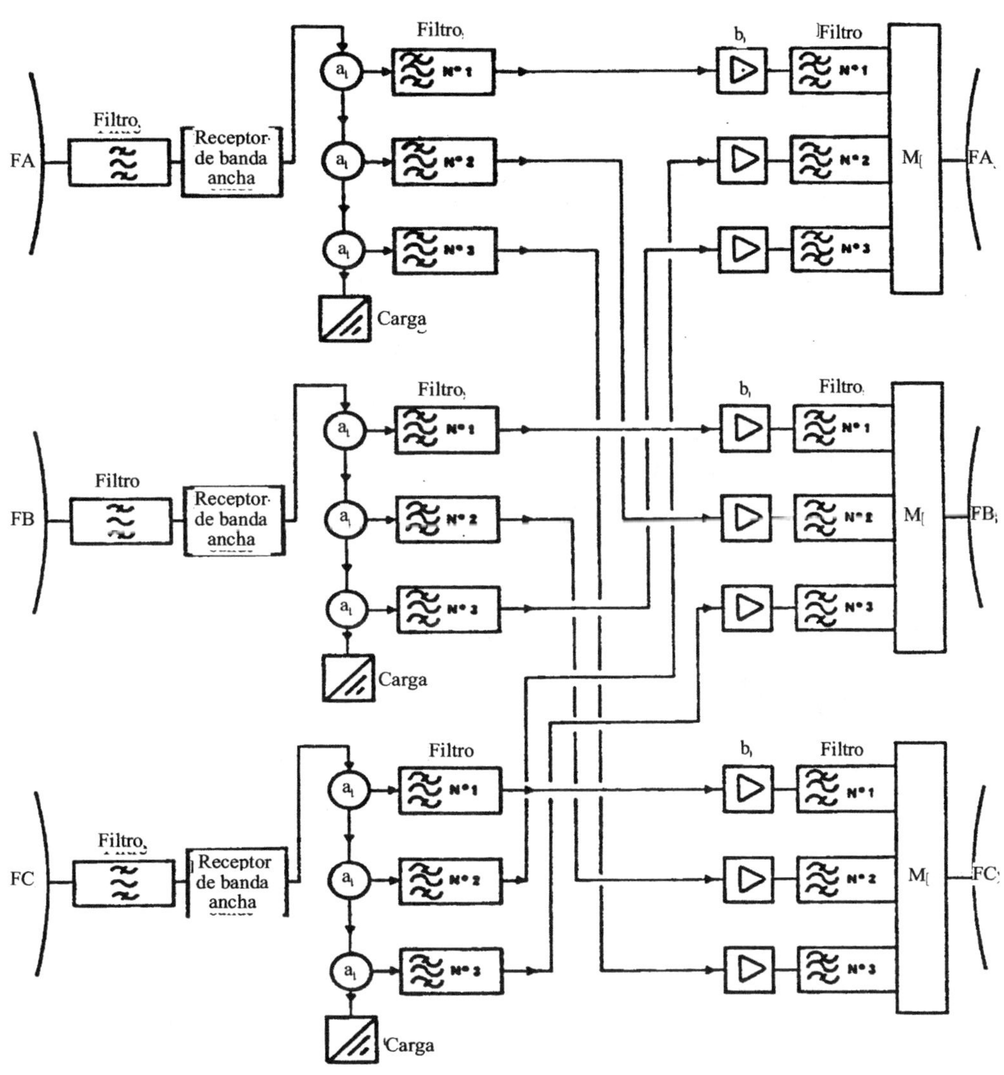

FIGURA 6.25

Ejemplo de un diagrama de interconexión entre haces de antena

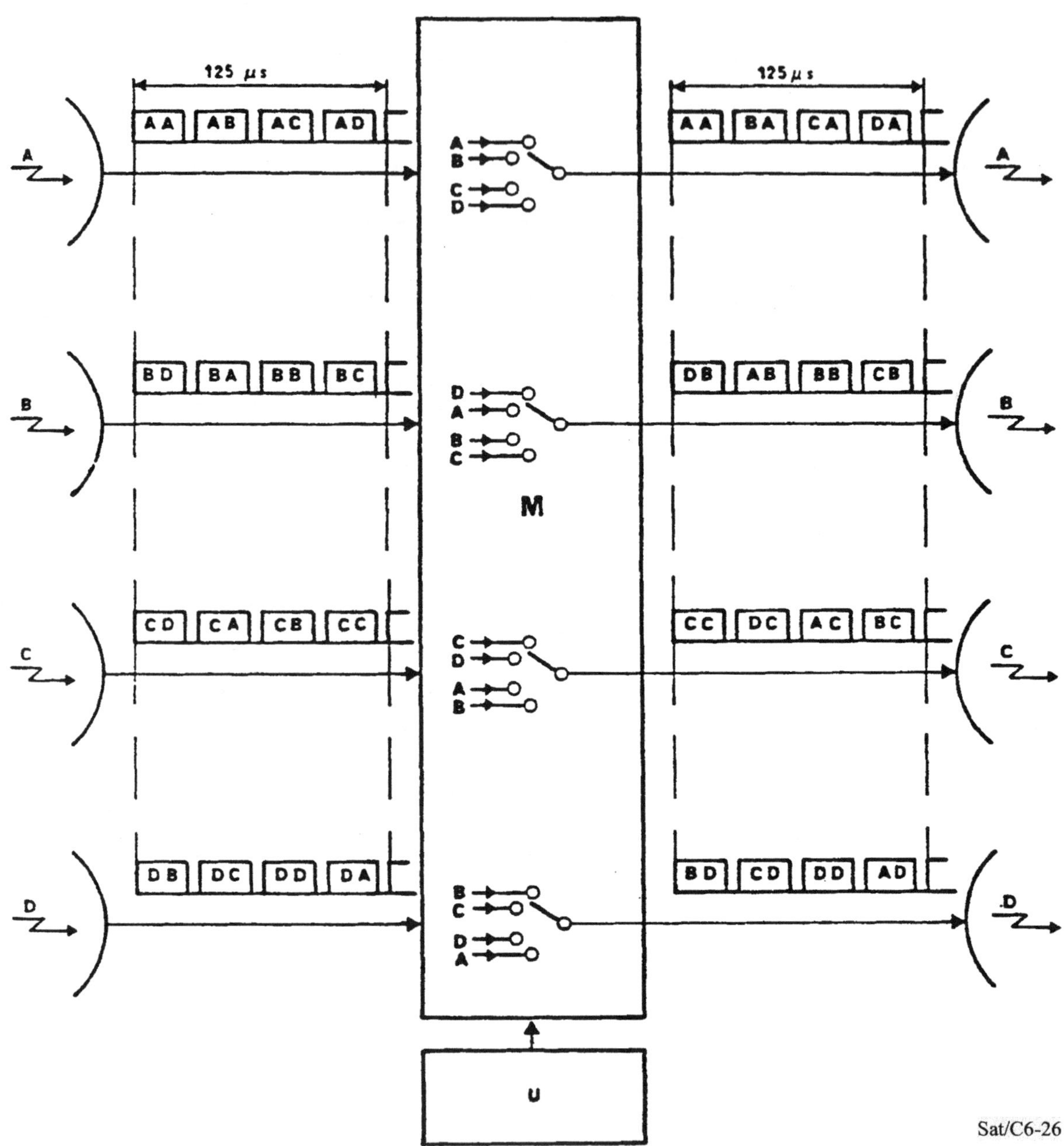

FIGURA 6.26

Ejemplo de AMDT con empleo de una matriz de conmutación en el satélite
(AMDT con conmutación a bordo del satélite (AMDT-CS))

(AMDT con conmutación a bordo del satélite (AMDT-CS)) AMDT en una red que comprende:

- un satélite con una antena de haces múltiples y una sola frecuencia (transmisión y recepción)

- estaciones terrenas sincronizadas

- una matriz de conmutación sincronizada a bordo

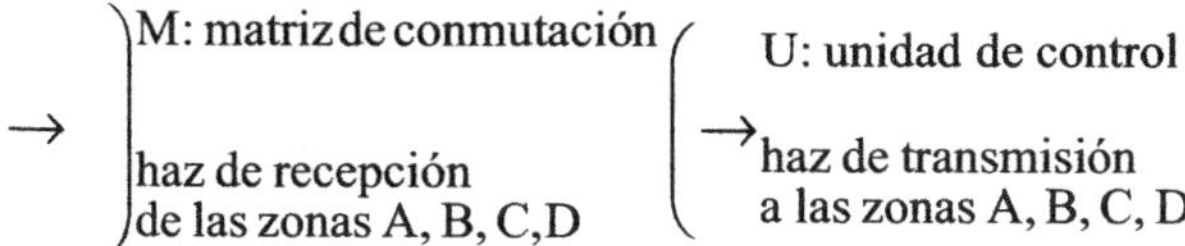

Uno de estos métodos consiste en mejorar la linealidad de los transpondedores de ATOP mediante la utilización de diversas configuraciones de linealizadores que se han desarrollado, utilizando una alimentación progresiva, matrices de Butler y técnicas de predistorsión.

Otro método consiste en la sustitución de un ATOP por un amplificador de estado sólido basado en la tecnología FET, que posee intrínsecamente una característica de transferencia, en las proximidades de la saturación más lineal que la de un ATOP. Este tipo de amplificadores está en curso de desarrollo y presenta buenas perspectivas en cuanto a mejorar la linealidad (y la fiabilidad), a la vez que evita las penalizaciones de potencia y de masa a bordo que acarrea la técnica de linealización del ATOP mencionada anteriormente.

6.3.3.5   Tendencias en materia de investigación y desarrollo de transpondedores

Los fabricantes principales actuales de unidades TWTA con calificación espacial son Thomson-CSF Tubes Electronics en Europa y Hughes en Estados Unidos. Ambos han logrado mejoras significativas en materia de tamaño, peso, potencia y rendimiento de estas unidades durante el último decenio. Otros grupos que intervienen en la fabricación de TWTA para aplicaciones espaciales son NEC y Toshiba en Japón. El cuadro 6.4 (A y B) muestra un resumen de los desarrollos recientes en materia de TWT en Thomson-CSF y NEC/Toshiba. Los rendimientos han avanzado constantemente hasta el punto de que puede llegarse al 60% en las bandas de 12 GHz y se prevén mejoras adicionales entre el 5 y el 7% en las versiones futuras. En paralelo con el desarrollo de los TWTA están los acondicionadores de potencia electrónica (EPC) para cumplir los niveles de varios kilovoltios que exigen los TWTA. Se han logrado rendimientos en los EPC del 90-93% (entrada de DC a alta tensión en la salida) para TWT de gran potencia (200-260 W) en 12 GHz.

Los amplificadores de potencia de estado sólido (SSPA) se han venido utilizando ampliamente para aplicaciones de baja potencia (10-20 W) y frecuencias inferiores (4 GHz) y para antenas desfasadas en las que la ganancia de potencia se distribuye a lo largo de un gran número de elementos. La situación del desarrollo de los SSPA en Europa y Japón se representa en el cuadro 6.5 (A y B). En la actualidad, estos dispositivos tienen rendimientos y capacidades de potencia inferiores a los de los TWTA. No obstante, su gran fiabilidad y las características físicas convenientes propias para las aplicaciones espaciales (sistemas de antenas, etc.) les han situado en el foco de un intenso desarrollo. Los fabricantes de estos dispositivos estiman que en pocos años podrá disponerse de SSPA en 20 GHz con una capacidad de 30 W de potencia de RF. También se prevén aplicaciones en frecuencias superiores para sistemas activos de antena desfasada, junto con el avance de la tecnología MMIC.

CUADRO 6.4 (A)

Desarrollos de TWTA de Thomson-CSF Tubes Electronics

Banda de frecuencias (GHz)	Potencia de salida de RF (W)	Rendimiento en banda ancha (%)	Ganancia típica (dB)	Desfase no lineal (grados)
1,5	150	49	34	40
2,3	215	54	35	45
4	17-130	54-59	55	35-45
8	12-160	56-63	63	45
12,0	25-240	60-64	55	35-45
20	15-140	52-60	60	40-55
32	Modelos con funcionamiento en banda ancha			
64				
80	Tecnología disponible			
NOTA – Se supone un condicionador de potencia electrónica (EPC) con rendimiento del 93%.				

CUADRO 6.4 (B)

Desarrollos de TWTA en Japón

Frecuencia (GHz)	Potencia de saturación (W)	Rendimiento (%)	Tensión (kV)	Peso (kg)	Fabricante	Comentarios
12	120	59	6,7	3,3	NEC	MDC de 4 pasos, cátodo de tipo M, refrigeración por conducción, enfoque PPM
12	200	59	6,9	3,5	NEC y Toshiba	Construcción en pieza polar integral
20	10	33	4,9	1,7	NEC	Utilizado en el ETS-VI
22	200	50,7	12,3	5	Toshiba y NEC	Diseño en cavidad acoplada utilizado en el COMETS
44	20	32	10	6,2	NEC	Utilizado en el COMETS

CUADRO 6.5 (A)

Desarrollos de SSPA comunicados en Europa

Frecuencia (GHz)	Potencia de salida (W)	Ganancia (dB)	Rendimiento (%)	Fabricante	Comentarios/aplicaciones
2,5	Módulo de 10 W hasta 40 W, combinado		40	Alcatel	Hasta 40 W combinado
	-	55	>37	ANT	Utilizado en el HERMES
	20			Matra-Marconi	Utilizado con Internet III
	40	47	>40	MBB	
4	10	65	31	ANT	Utilizado en los DFH 2 y 3 (China)
	12		30	Alcatel	Utilizado en el Telecom 2
	30	55 a 75	29	ANT	
18	10	60	17	ANT	MMIC; módulos 1-2 W
20	0,5			ANT	Utilizado para el ACTS
	5			Thomson-CSF	5 W, combinado

CUADRO 6.5 (B)

Desarrollos de SSPA comunicados en Japón

Frecuencia (GHz)	Potencia de salida (W)	Rendimiento (%)	Fabricante	Comentarios/ aplicaciones
2,5	2		MELCO	Utilizado en el ETS-VI
2,5	110	42	Fujitsu	5 haces, 8 amplificadores
4	30	38	NEC	Utilizado en el INTELSAT-VII
12	30		MELCO	MMIC, GaAs, TEC
20	3	18	MELCO	MMIC, 2 módulos
21	20	10	MELCO	MMIC, módulos 1W-2W
38	~0,8	~5	NEC	Utilizado en el ETS-VI, 4 dispositivos en paralelo
38	0,5	~3	Fujitsu	Utilizado en el ETS-VI, MMIC, combinación de potencia por segmentos

6.3.4   Transpondedores con procesamiento a bordo

Puede mejorarse el rendimiento y la calidad de funcionamiento de los sistemas digitales por satélite, utilizando transpondedores con procesamiento a bordo que son capaces de efectuar la conmutación, la regeneración o el procesamiento en banda de base. Hasta el presente, no se han utilizado ampliamente tales técnicas en los satélites comerciales, si bien encontrarán aplicación en el futuro.

6.3.4.1 Conmutación en RF

En las frecuencias de microondas pueden contemplarse tres operaciones:

a)   conmutación de ráfagas de información de un canal de transmisión de RF a otro;

b)   conmutación de ráfagas de información de un haz puntual fijo a otro;

c)   conmutación de un haz explorador de una estación terrena a otra.

La operación a) puede efectuarse mediante un convertidor de frecuencia de gran agilidad instalado a bordo, el cual puede proporcionar conectividad mutua entre estaciones terrenas que funcionan en frecuencias portadoras diferentes.

La operación b) proporciona interconectividad entre estaciones terrenas que acceden a haces puntuales distintos, mediante la interconexión cíclica de señales AMDT a través de una matriz de conmutación en el dominio del tiempo instalada a bordo (AMDT-CS). La matriz de conmutación de microondas está controlada por una unidad de control de distribución programable, temporizada por una referencia temporal estable. Cada estación terrena de la red sincroniza la transmisión de sus ráfagas de información con la secuencia programada de conmutación a bordo, a fin de establecer comunicación con las estaciones terrenas que acceden a otros haces. Se han analizado y propuesto algunas configuraciones de este tipo.

La operación c) requiere el establecimiento de un haz orientable. Un satélite que disponga de un haz puntual orientable de elevada ganancia puede proporcionar una cobertura total de la zona de servicio completa, manteniendo al mismo tiempo las ventajas de una alta ganancia de la antena y un buen rendimiento del AMDT. En estos sistemas, las estaciones terrenas de la red comparten un solo canal de RF en el modo AMDT, en tanto que el haz orientable explora la zona de servicio en sincronismo con el formato de la división del tiempo.

6.3.4.2 Transpondedores regenerativos

Si la información digital transmitida se recupera a bordo mediante la regeneración, el enlace ascendente quedará separado del enlace descendente, con lo que se obtienen las ventajas principales siguientes:

• la proporción global de errores del sistema de comunicaciones es la suma de las proporciones de errores de los enlaces ascendente y descendente, en vez de venir determinada por el valor total de la relación portadora/ruido. En consecuencia, pueden reducirse las p.i.r.e. del satélite y de la estación terrena;

• los efectos de las distorsiones lineales de los dos enlaces no se acumulan;

- se elimina cualquier tipo de interferencia a bordo debida al acoplamiento RF entre canales diferentes;

- los moduladores a bordo permiten la alimentación del amplificador RF de a bordo por señales que están virtualmente libres de componentes de modulación de amplitud. En consecuencia, puede hacerse funcionar a los amplificadores RF en condiciones de saturación sin una degradación considerable de la calidad;

- en los sistemas AMDT-CS pueden realizarse las matrices de conmutación de a bordo mediante circuitos de banda de base lo cual ofrece ventajas sustanciales (en términos de masa, tamaño y consumo de energía) en comparación con las matrices de conmutación de microondas que deben utilizarse con los repetidores no regenerativos. La matriz de conmutación en banda de base puede constar de puertas lógicas simples. El empleo de componentes específicos permitiría la realización de matrices de gran dimensión y alta velocidad con un tamaño reducido y un bajo consumo de energía;

- pueden concebirse montajes redundantes a bordo más flexibles;

- puede situarse a bordo un reloj maestro del sistema, lo que simplifica la recuperación del reloj y la sincronización de tramas en los sistemas AMDT-CS;

- puede explotarse el enlace descendente en la modalidad de portadora continua (incluso en el caso de AMDT) mediante la utilización de la remodulación a bordo.

6.3.4.3 Tratamiento del tren binario

Gracias a la disponibilidad de información digital a bordo, pueden emplearse diversas tecnologías avanzadas. Uno de los aspectos más atractivos del procesamiento a bordo es el correspondiente a la conversión de la velocidad binaria. En los sistemas AMDT-CS, en que participa un número elevado de estaciones terrenas con distintas necesidades de tráfico, las estaciones de pequeño tráfico tienen generalmente un bajo rendimiento, debido a que han de diseñarse para una velocidad de transmisión elevada y únicamente pueden explotar sus recursos durante un porcentaje de tiempo pequeño. En estos casos, se obtendrán ventajas sustanciales si el satélite dispone de repetidores regenerativos que funcionen a velocidades binarias diferentes. Cada estación participante funcionará a la velocidad binaria más adecuada para sus propias necesidades de tráfico.

La interconectividad entre estaciones que funcionen a velocidades binarias diferentes se logrará mediante convertidores de velocidad binaria a bordo y matrices de conmutación.

Pueden contemplarse opciones de procesamiento digital adicionales, tales como la decodificación con corrección de errores a bordo y la realización de dispositivos de almacenamiento y retransmisión, mediante memorias tampón adecuadas. El problema más importante asociado con estas aplicaciones será el relativo a la fiabilidad.

Por último, será posible utilizar en el enlace descendente un método de modulación distinto del correspondiente al enlace ascendente.

6.3.4.4 AMDT-CS con una etapa de conmutación TET a bordo

Utilizando la terminología empleada habitualmente en las técnicas de conmutación terrenales, un sistema de satélite AMDT-CS puede considerarse como un centro de conmutación temporal-espacial-temporal (TET), en el cual las etapas de conmutación temporal están situadas en las estaciones terrenas y la etapa de conmutación espacial lo está en el satélite.

A medida que progresa la tecnología de circuitos digitales, es lógico pensar en avanzar un paso más y confiar al satélite la totalidad de la función de conmutación TET. Transfiriendo las etapas de conmutación temporal desde las estaciones terrenas al satélite, cabe esperar una reducción sustancial de la complejidad del segmento terreno. Este concepto de sistema proporciona ciertas ventajas y características útiles debido a que:

- ya no es necesario que las estaciones terrenas envíen más de una ráfaga por trama, con independencia del destino final del tráfico, y puede conseguirse un mayor rendimiento de la trama;

- es posible incorporar el procesamiento de trenes de bits (véase el punto 6.3.4.3), lo cual permitirá al sistema atender con mayor eficacia necesidades de tráfico diferentes;

- pueden acomodarse fácilmente esquemas de tráfico variables, mediante una técnica de asignación por demanda, de manera que aumente la eficacia de utilización del sistema;

- el sistema se presta en sí mismo a la incorporación en una red digital de servicios integrados (RDSI), al ser capaz de encaminar, de forma simultánea, distintos tipos de señales (voz, datos, videoconferencia, etc.).

6.3.4.5   Aplicaciones RDSI

El establecimiento de una RDSI de banda ancha dará cabida a la mayoría de los tipos de transmisión digital con conmutación de circuitos o de paquetes, y es probable que los satélites logren una mayor penetración en la red.

La optimización de las funciones de conmutación puede exigir una distribución de estas funciones en los nodos adecuados.

La conmutación digital de usuario a usuario consta de etapas en el dominio del tiempo (T) que reorganizan la trama cambiando las atribuciones temporales, y de etapas en el dominio espacial (S) que conmutan la trama sin reorganización de ésta.

En particular, la conexión en cascada de una etapa T, una etapa S y una etapa T da una flexibilidad plena de conmutación. Una primera manera de distribuir estas funciones en una red que incluya un enlace por satélite es situando la etapa S a bordo del satélite y las etapas restantes de tipo T en los extremos de transmisión y recepción de estaciones terrenas adecuadas situadas en conexión con los nodos RDSI. La etapa S a bordo consistiría en una matriz de conmutación con funcionamiento a nivel de RF en un satélite no regenerativo o a nivel de banda de base en un satélite regenerativo. Con estos dispositivos los canales digitales de entrada están interconectados en tiempo real a los canales digitales de salida y las interconexiones entrada/salida se reconfiguran dinámicamente a fin de facilitar el encaminamiento adecuado de cada unidad de información digital. La figura 6.27 ilustra la distribución de las funciones de conmutación en un enlace de satélite (extremo a extremo).

El ejemplo de la izquierda de la figura indica que el tráfico de usuario que va en cada haz de cobertura puede ser concentrado por estaciones terrenas que efectúan la conmutación en el dominio del tiempo. El acceso al satélite se realiza mediante discriminación de haz para estaciones situadas en distintos haces puntuales o mediante discriminación de frecuencia pare estaciones situadas en un haz de cobertura común.

Puede obtenerse un desarrollo ulterior de la central de conmutación distribuida situando toda la instalación de conmutación tiempo-espacio-tiempo (TST) a bordo del satélite. En realidad, a un nivel avanzado de investigación y desarrollo se están considerando seriamente las etapas TST de satélite.

Con esta arquitectura, el satélite actuaría como una auténtica "centralita en el cielo" y la conmutación se facilitaría a todas las partes terrenales de la RDSI cubiertas por los haces de antena del satélite; el acceso desde los nodos RDSI se efectuaría probablemente mediante terminales con parábola muy pequeña de complejidad reducida.

Esta arquitectura se representa a la derecha de la figura 6.27 y puede adaptarse a sistemas puramente TDMA y a sistemas mixtos. Por ejemplo, se ha propuesto un sistema mixto que combine portadoras SCPC en el enlace ascendente y portadoras TDM (MCPC) en el enlace descendente.

Debe señalarse que toda la arquitectura representada en la figura 6.27 puede también aplicarse en un contexto distinto del de la RDSI.

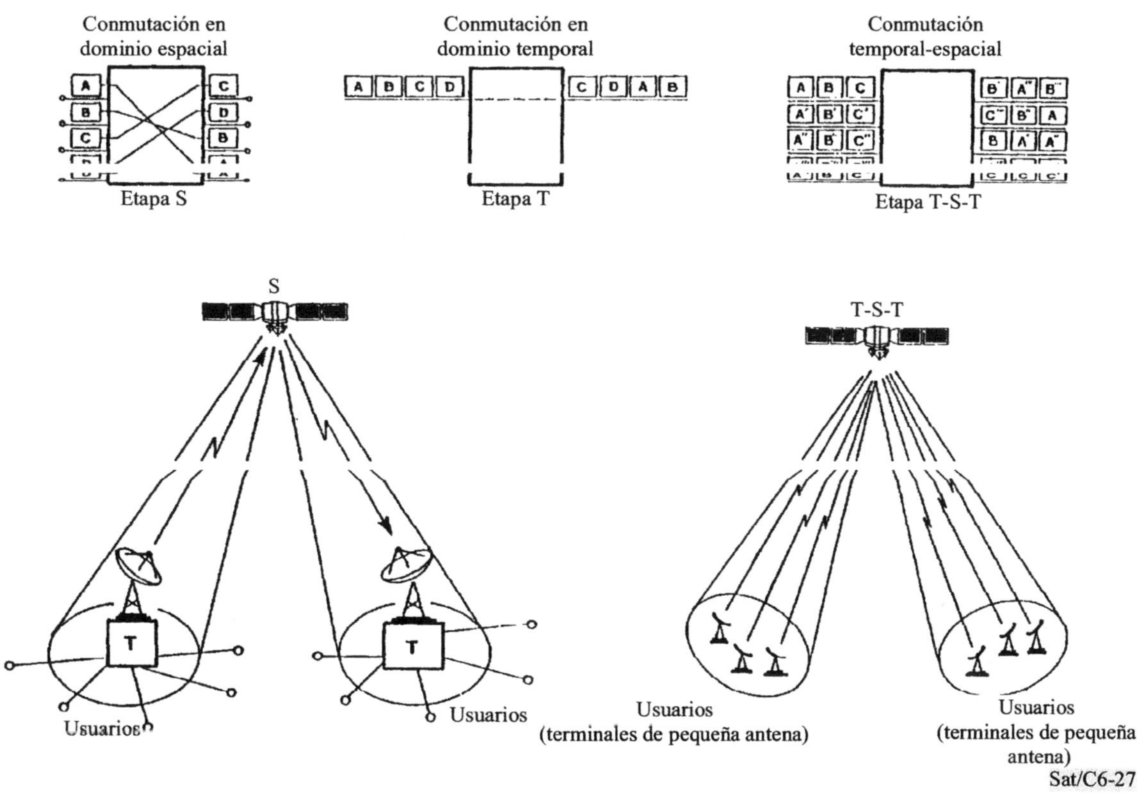

FIGURA 6.27

Ejemplos de configuraciones de funciones de conmutación en una red de satélite

6.3.4.6   Transpondedores digitales: ejemplo

Este ejemplo se aplica a los nuevos sistemas digitales que tienen las características enumeradas a continuación. Aunque actualmente se aplican a sistemas de comunicaciones móviles por satélite, no son específicos de dichos sistemas y también podrían encontrar aplicaciones en el marco de los sistemas del SFS que utilizan pequeños terminales terrenos:

- Un gran número de haces estrechos de alta ganancia apuntando hacia la zona de servicio. La utilización de antenas activas da flexibilidad en la selección de los elementos de la zona de servicio.

- Mejora de la eficacia en la utilización de los recursos de potencia del satélite. La utilización de pequeños terminales terrenos (por ejemplo, VSAT) impone requisitos en la p.i.r.e. del transpondedor del satélite. Por tanto, se precisan antenas de alta ganancia en el vehículo espacial.

- Funcionamiento con reutilización de frecuencias a fin de economizar en los recursos de frecuencia. Ello impone una limitación en el aislamiento espacial que ha de establecerse entre haces que funcionan en la misma frecuencia.

Cabe pensar en diversas configuraciones de carga útil. La primera alternativa depende de si la carga útil es regenerativa o no. Evidentemente, el proceso regenerativo aporta mejoras significativas en la calidad del sistema. No obstante, un motivo importante por el que actualmente no se utilizan frecuentemente cargas útiles regenerativas es su falta de flexibilidad, es decir, por la dificultad de adaptarse a los diversos tipos de terminales, de modulación y de codificación. Además, en estas cargas útiles regenerativas, diversas funciones efectuadas a nivel de canal individual (por ejemplo, control de la ganancia o encaminamiento hacia los diversos haces), exigen la demultiplexación al nivel mínimo del canal individual.

La arquitectura de la carga útil descrita en la figura 6.28 es realmente transparente al nivel de los canales individuales. Dichos canales se demultiplexan mediante filtrado de frecuencias. En consecuencia, el proceso es independiente de la técnica de modulación del canal. Este proceso, que utiliza una antena multihaz se describe de la siguiente manera:

- Demultiplexación: separa los canales individuales contenidos en el múltiplex de frecuencia del enlace ascendente.

- Conformación del haz: efectúa el guiado de los diversos haces de antena hacia los elementos de la zona de cobertura. Se realiza ponderando adecuadamente (en amplitud y fase) los distintos canales de una red de conformación de haz (BFN). La ponderación se efectúa utilizando coeficientes complejos en registros digitales.

- Multiplexación: recombina las señales de salida para formar un múltiplex de frecuencia adecuado de salida que a continuación se encamina hacia los elementos de radiación de la antena para transmitirse finalmente al elemento de la zona de servicio del usuario de destino.

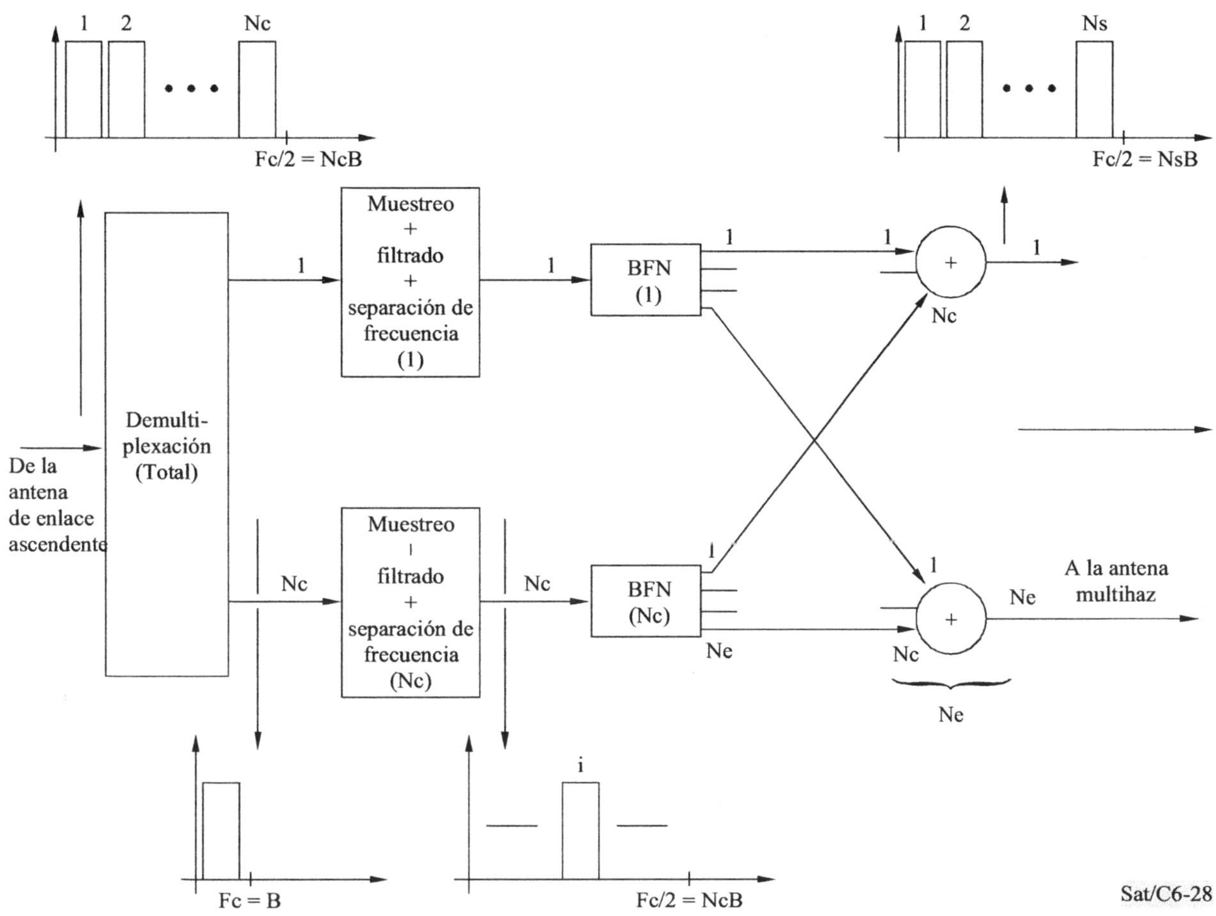

FIGURA 6.28

**Ejemplo de arquitectura de carga útil que efectúa la demultiplexación/multiplexación
digital de canales individuales y de antena multihaz
con red de conformación de haz (BFN)**

6.3.4.7   Desarrollos recientes en tecnología OBP

El cuadro 6.6 muestra un resumen de la situación reciente de los sistemas de satélite que utilizan
tecnologías de procesamiento a bordo (OBP). Se representa una amplia gama de capacidades, desde
la conmutación en RF pare transmisores determinados de enlace descendente a las centrales
complejas en banda de base con control desde tierra o control autónomo en el satélite (ASC). La
conmutación RF/FI a bordo puede reconfigurarse en tiempo casi real mediante control desde tierra,
lo que es el método preferido en la actualidad debido a su fiabilidad superior. No obstante, gran
parte de la investigación se está centrando en las tecnologías necesarias para los sistemas ASC.

Además de las organizaciones mencionadas, hay entre veinte y treinta grupos que intervienen en desarrollos OBP de punta, muchos de ellos en Europa, Japón y América del Norte. Además, entre otras múltiples repartidas por el mundo, hay cerca de una docena de compañías en Estados Unidos que prevén implementar durante el próximo decenio sistemas de comunicaciones por satélite en 30/20 GHz con capacidad OBP.

CUADRO 6.6

Satélites con tecnologías de procesamiento a bordo

SATÉLITES CON TECNOLOGÍAS DE PROCESAMIENTO A BORDO					
SATÉLITE / **TECNOLOGÍA**	**ACTS**	**COMETS**	**ETS-6**	**ITALSAT F1-F2**	**ARTEMIS**
FABRICANTE/CONTRATISTA PRINCIPAL	GE	TOSHIBA-NASDA/CRL	TOSHIBA, NASDA & NTT	ALENIA SPAZIO	ALENIA SPAZIO
ANTENAS MULTIHAZ	Ka 2 VERSÁTILES. 4 PUNTUALES	2 HACES	13 Ka - 5 BANDA S	6 HACES PUNTUALES	3 Ó 4 HACES MMICS PARA BFN
PROCESAMIENTO EN BANDA DE BASE CODIFICACIÓN/DECODIFICACIÓN		DEMOD BPSK DECODIFICACIÓN VITERBI			
REGENERACIÓN	REGENERACIÓN	8 CANALES POR HAZ (2)		REGENERACIÓN	
CONMUTACIÓN RF/FI	RF, FI 4 X 4 & SS 4 X 4	FILTROS FI 2 X 2 PARA INTERCONEXIÓN DE HACES	FI 12 X 12 PARA ENCAMINA-MIENTO A BORDO O CONTROL EN VEHÍCULO ESPACIAL		
CONMUTACIÓN EN BANDA DE BASE	ENCAMINAMIENTO Y CONMUTACIÓN CKT CONTROL EN TIERRA	CONEXIÓN DE HAZ Y CONMUTACIÓN EN BANDA DE BASE		MATRIZ DE CONMUTACIÓN EN BANDA DE BASE 6 X 6	
FILTRADO DIGITAL		FFT POLIFASE			
ACCESO MÚLTIPLE	FDMA SS-TDMA			SS-TDMA	CDMA-FDMA
ENLACES ENTRE SATÉLITES	NO	INTERÓRBITA	BANDA S		INTERORBITAL EN BANDA S Y ÓPTICOS ENTRE SATÉLITES
TECNOLOGÍA KU-KA	Ka ANCHURA DE BANDA 900 MHz	Ka: 20/23 GHz Ku: 11/14 GHz	Ka: 30/20 GHz (8 BANDAS PARA MÓVILES)	Ka	Ka
PROTOCOLOS DE RED OB	@ ESTACIÓN EN TIERRA PRINCIPAL	@ ESTACIÓN EN TIERRA PRINCIPAL	NO	@ ESTACIÓN EN TIERRA PRINCIPAL	NO
CONMUTACIÓN OB MICROPROC.	NO	NO		MICRO-PROC. DOBLE PARA MATRIZ DE CONMUTACIÓN	
MEMORIA A BORDO	Soporte 64 kbps				
FECHA DE LANZAMIENTO	1993	1997	1993	1991-93	1994

En "sistemas VSAT y estaciones terrenas" (Suplemento N° 3 al Manual del UIT-R, Ginebra 1995, a menudo denominado: "Implementación de las VSAT de satélite con múltiples haces puntuales y procesamiento a bordo") puede encontrarse información más complete sobre el OBP. Se ofrecen algunos detalles orientados más específicamente hacia las aplicaciones VSAT con temas tales como: ejemplos típicos de OBP, conmutación en satélite, arquitectura de transpondedor (FDMA, TDMA, FDMA/TDM), demoduladores y demultiplexadores multiportadora, etc.

6.4 Enlaces entre satélites (EES)

6.4.1 Introducción

Los enlaces entre satélites se emplean para establecer las conexiones entre estaciones terrenas situadas en la zona de servicio de un satélite y estaciones terrenas situadas en la zona de servicio de otro satélite, cuando ninguno de ellos da cobertura a ambos grupos de estaciones terrenas. La figura 6.29 muestra un esquema simplificado de este concepto.

Si hay superposición entre las dos zonas de servicio, una alternativa al empleo de un EES es enlazar una estación terrena en la parte sin superposición de una zona con una estación terrena de la parte sin superposición de la otra zona, mediante un doble salto de satélite a través de una estación terrena intermedia en la región con solape. No obstante, si se trata de satélites situados a la altura geoestacionaria el retardo temporal "de ida y vuelta" del doble salto (más de un segundo) es inaceptable para los circuitos RTPC con calidad vocal. En las redes que utilizan satélite geoestacionarios separados por ángulos geocéntricos relativamente pequeños, pueden emplearse los EES para reducir el retardo "de ida y vuelta" hasta un valor aceptable.

Las constelaciones de satélites en órbitas terrenas bajas incorporan en ocasiones un esquema de EES que permite cubrir rutas largas sobre tierra sin recurrir a múltiples saltos de satélite, a través de estaciones terrenas intermedias.

Para los EES, la conexión entre satélites es total a nivel espacial y la interfaz de los formatos y protocolos de la red ha de realizarse a bordo de los satélites. Es probable que la introducción de los EES coincida con la introducción de las técnicas de regeneración y procesamiento a bordo.

En realidad, el concepto de "cabeza de línea" se transfiere plenamente al nivel espacial y el segmento terreno no requiere modificaciones, precisándose únicamente que cada nodo terrenal tenga una estación terrena para completar la conectividad de la red.

Es probable que la introducción de estaciones de cabecera y de EES pare entrelazar las redes de satélite a diversos niveles jerárquicos pueda dar lugar a una arquitectura optimizada a nivel mundial que permita un encaminamiento flexible del tráfico.

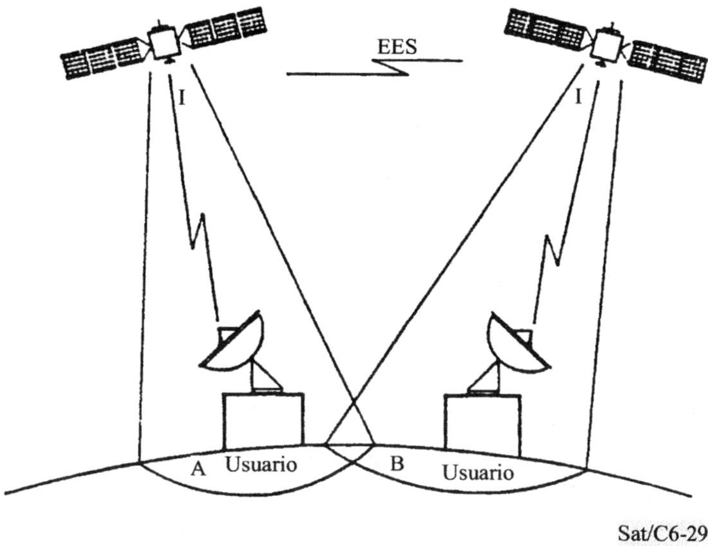

FIGURA 6.29

Conexión entre redes de satélite a través de un enlace entre satélites (EES)

6.4.2   Ventajas de los EES

i)   Mejora de la cobertura

Un único satélite geoestacionario tiene una visión del 40% de la superficie de la Tierra. Un EES que interconecta dos satélites separados $60°$ entre sí, (límite establecido por consideraciones de retardo de trayecto) podría cubrir el 57% de la superficie de la Tierra. Esto haría mucho más atractiva la ubicación de estaciones terrenas en locales de usuario, debido a que los satélites deben ser capaces de cursar el grueso de su tráfico sobre sus enlaces ascendentes o descendentes convencionales (los que no son EES), permitiendo que en las masas de tierra situadas al este o al oeste que deben ser visibles desde el satélite, se aproveche al máximo la separación disponible (es decir $60°$). Estas consideraciones no se aplican a enlaces entre sistemas nacionales o regionales.

ii)   Flexibilidad de posicionamiento en el arco orbital

Un EES puede acrecentar las ventajas del servicio transoceánico por satélite, posibilitando que los satélites se sitúen más próximos a las masas de tierra, lo que conduce a ángulos de elevación de estaciones terrenas más altos que los que serían posibles de otra forma. Aun cuando desde un satélite pueda verse una estación terrena, existen casos en que el ángulo de elevación de la estación terrena es demasiado pequeño para que sea posible un enlace práctico con el satélite. Esto es particularmente cierto si la estación terrena está ubicada en una zona urbana, en la que puede haber interferencias procedentes de edificios y de fuentes de RF, y cuando la emisión fuera del eje de la estación terrena transmisora pueda ser especialmente preocupante. Como la utilización de estaciones terrenas pequeñas próximas a los locales de abonado, o incluso en dichos locales, constituye uno de los mercados de servicios de satélite con mayor índice de crecimiento, esta consideración será cada vez más importante. La utilización creciente de servicios en las bandas 14/11-12 GHz con su mayor atenuación y despolarización por lluvia, otorga también una importancia capital a la mejora de los ángulos de elevación. Estas consideraciones revisten aún mayor importancia para los posibles servicios por satélite en las bandas 30/20 GHz.

La mejora del ángulo de elevación que es posible gracias a los EES permite ofrecer un servicio nacional más atractivo, desde el mismo satélite que ejerce una función de comunicaciones internacionales. La flexibilidad de posicionamiento de un satélite que permite un EES puede, en algunos casos, mejorar la utilización del arco orbital. Por ejemplo, en algunas regiones hay muy pocos arcos orbitales que puedan proporcionar enlaces de un solo salto entre los mercados principales. Un EES puede aumentar el número de ubicaciones orbitales atractivas y puede, asimismo, proporcionar servicios mejorados, gracias a la utilización de ángulos de elevación mayores.

La flexibilidad de posicionamiento en el arco orbital propia de la utilización de los EES, puede reducir al mínimo la interferencia potencial entre servicios internacionales de empresas y los servicios de radiodifusión directa por satélite (RDS). La interferencia surge, debido a que las bandas de frecuencias de utilización por empresas en algunas zonas se superponen a las atribuciones de frecuencias al SRS en otras zonas. Un EES reduce este problema de interferencias, debido a que permite a los usuarios apuntar sus antenas únicamente al arco orbital ocupado por el satélite que enlaza mediante un EES.

iii) Conectividad en órbita

Un EES puede proporcionar interconectividad e intraconectividad entre sistemas nacionales, regionales e internacionales, aumentando así la cobertura obtenida con una sola estación terrena. Asimismo puede hacer atractivas las agrupaciones de satélites[*] sobre todo si el enlace admite la conectividad entre un satélite en 6/4 GHz y un satélite en 14/11-12 GHz.

6.4.3   Tecnologías básicas

Para la realización de los EES existen dos tecnologías básicas: transmisión por microondas o transmisión óptica.

EES por microondas

En el Reglamento de Radiocomunicaciones de la UIT se han atribuido a los EES las bandas de 22,55 a 23,55 GHz, 32,0 a 33,0 GHz, 54,23 a 58,2 GHz y 59 a 64 GHz. Debido a las grandes anchuras de banda disponibles para los EES puede utilizarse la expansión de banda para reducir la p.i.r.e. necesaria. Puede utilizarse la heterodinación directa o técnicas de remodulación MF en RF según las necesidades de los sistemas. La primera técnica consiste, simplemente, en efectuar la conversión ascendente de las señales destinadas a la transmisión por el EES sin ningún tipo de expansión de la anchura de banda. La capacidad y el alcance de esta técnica están limitadas, dado que la relación (C/N) del EES se suma directamente a las relaciones (C/N) de los enlaces ascendente

---

[*] Se entiende "por agrupación de satélites" un conjunto de satélites distintos situados muy próximos en la órbita geoestacionaria, de forma que puedan funcionar como un solo satélite de mayor capacidad.

y descendente. En la segunda técnica, se efectúa en primer lugar una conversión con reducción de frecuencia de las señales, desde la frecuencia intermedia a una frecuencia convenientemente baja, que se utiliza seguidamente para modular en frecuencia la portadora en la frecuencia de transmisión del EES, produciéndose, en consecuencia, una modulación doble. Esta técnica proporciona una buena inmunidad contra la interferencia y permite la ampliación de la capacidad al alcance del EES a expensas de la utilización de una anchura de banda superior a la anchura de RF atribuida al EES. En la figura 6.30 b) se representan los diagramas de bloques básicos de un EES que utiliza la técnica de remodulación MF.

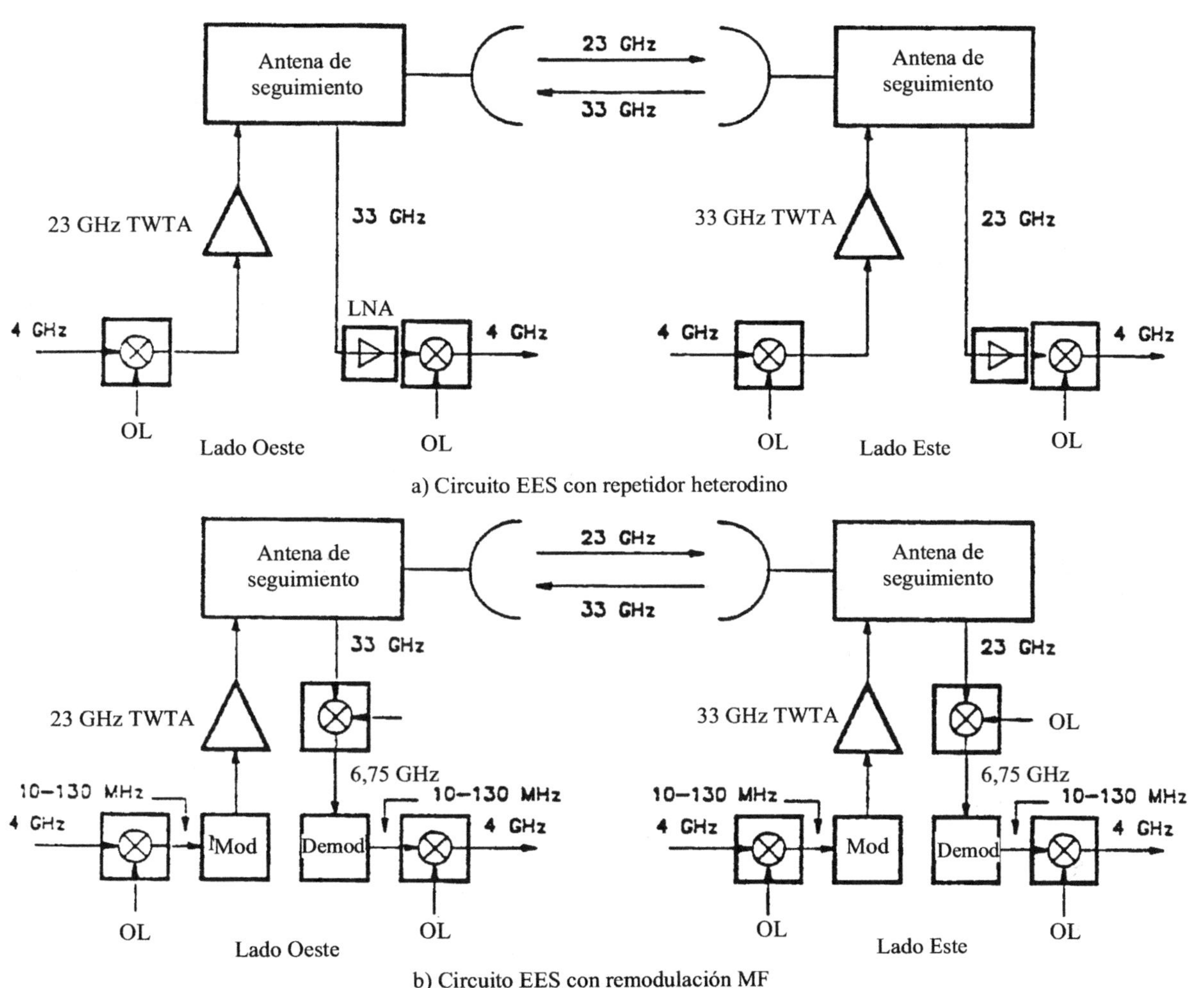

a) Circuito EES con repetidor heterodino

b) Circuito EES con remodulación MF

Sat/C6-30

FIGURA 6.30

Sistemas de línea de base del EES

Se ha demostrado experimentalmente la posibilidad de lograr ya la adquisición y el seguimiento con las antenas EES de microondas. La adquisición podría lograrse potencialmente mediante instrucciones enviadas desde tierra, si se conocen con un cierto grado de exactitud las posiciones y actitudes de los dos satélites.

Pueden diseñarse también los EES de microondas de forma que proporcionen servicios aceptables cuando se produzcan las conjunciones solares. En estos casos, sería necesario disponer de un mayor margen del enlace para mantener la continuidad del servicio. Sin embargo, si se considera aceptable una interrupción de unos pocos minutos por año (que pueden proveerse con gran precisión), podrían obtenerse ahorros sustanciales de masa y potencia en el EES.

EES ópticos

Los EES de microondas no resultan económicos en enlaces de gran capacidad para una separación orbital importante. Por ejemplo, un EES de microondas que funcione a 240 Mbit/s en un arco angular de $60°$, necesitaría 500 W de potencia de RF, ó 1 000 W de corriente continua, suponiendo que el diámetro de la antena fuese de 2 m (que es casi el tamaño práctico máximo que puede conseguirse). Por el contrario, un EES óptico que utilice una antena de 30 cm (lente) necesitaría unos 40 mW de potencia óptica. La reducción de potencia se debe a la mayor ganancia de la antena como se indica seguidamente.

La ganancia de la antena es proporcional a $(D/\lambda)^4$ donde D es el diámetro de la lente y λ la longitud de onda. La longitud de onda de una señal de microondas de 30 GHz es 10^{-2} m, mientras que para un láser típico es 10^{-6} m. En consecuencia, la ganancia de antena es 10^{16} veces mayor en un EES óptico que en un EES de microondas. Aun cuando la antena óptica fuera de un orden de magnitud inferior a la antena de microondas, su ganancia sería 10^{12} veces mayor.

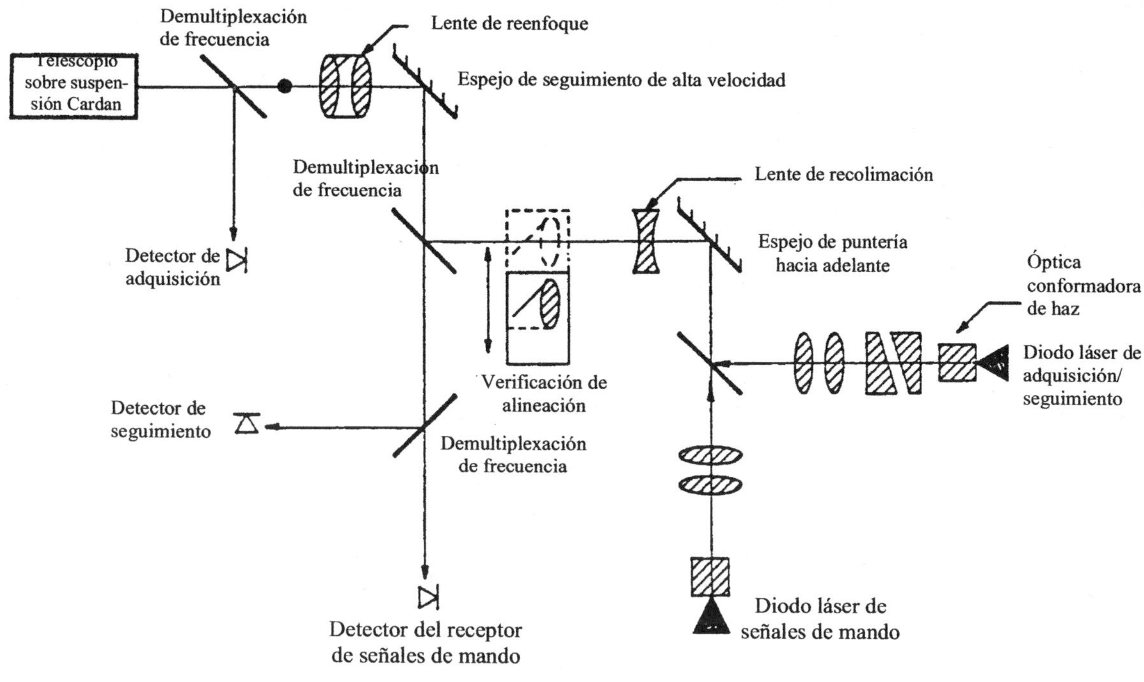

FIGURA 6.31

Configuración óptica de un EES por láser

Este gran valor de la ganancia de antena implica una anchura de haz muy angosta, del orden de 5 μrad para una antena de 30 cm. Para una separación de arco orbital de $60°$, la anchura de haz es de unos 200 m.

Esta mayor angostura del haz exigirá una secuencia de adquisición compleja y un subsistema de puntería de antena muy preciso. El subsistema de puntería debe ser lo suficientemente rápido (del orden de 1 kHz) para afrontar perturbaciones del vehículo espacial tales como las aperturas y cierres de las válvulas de los pequeños impulsores, vibración de los volantes de inercia, movimiento de los paneles solares, etc. Esto puede lograrse mediante la utilización de una detección en cuadratura simple, como se observa en la figura 6.31. Uno de los resultados del subsistema de seguimiento de alta velocidad es que se producirán una vez cada 30 s errores de puntería de cuatro sigma. Los cálculos de proporción de bits erróneos deben incluir los efectos de tales faltas de puntería.

La mayoría de las investigaciones realizadas para desarrollar EES ópticos han utilizado la modulación de amplitud con manipulación todo-nada, que se realiza excitando el diodo/láser con una polarización de corriente continua añadida a la señal NRZ (sin retorno a cero). La utilización de la manipulación todo-nada, exige la demodulación a bordo para recuperar el tren de bits, lo que limita su utilización a satélites que dispongan de la regeneración a bordo. Otra desventaja de la demodulación todo-nada es que resulta difícil explotar el enlace durante la conjunción solar cuando el Sol ilumina directamente el detector. Si bien esto se produce solamente durante 2 min por año y por vehículo espacial (4 min al año para el enlace), pueden producirse interrupciones más prolongadas en conjunciones cuasi solares, dependiendo del margen del sistema y del apantallamiento debido a iluminaciones exteriores.

Un enlace heterodino óptico podría, en principio, proporcionar una mayor capacidad y mejor aptitud para afrontar la conjunción solar. La utilización de un enlace analógico, que no exige la regeneración a bordo, impone menores limitaciones en un enlace heterodino que en un enlace con modulación de amplitud. Aun cuando están en curso numerosos trabajos sobre formatos de ambos tipos de modulación, la modulación y la detección son bastante más difíciles en los sistemas heterodinos que en los sistemas todo-nada. El interés comercial se centra, principalmente, en la modulación todo-nada, si bien se han previsto pruebas en órbita utilizando ambos tipos de formatos de modulación.

La potencia óptica necesaria para un enlace de gran capacidad es sorprendentemente pequeña, típicamente inferior a 1 W. La mayor parte de las necesidades de potencia de corriente continua y de masa de un EES óptico, proceden del subsistema de seguimiento. Como consecuencia, la masa y la potencia de corriente continua apenas dependen de la capacidad del enlace. Por consiguiente, un enlace de gran capacidad sería menos oneroso por bit que un enlace de pequeña capacidad.

6.5 Aspectos especiales de los sistemas de satélite no geoestacionarios (no OSG)

6.5.1 Introducción

Hay múltiples sistemas de satélite no OSG que han estado funcionando durante más de tres decenios, realizando funciones y servicios especiales tales como observaciones meteorológicas, exploración de la Tierra a distancia, radionavegación, comunicaciones, vigilancia, etc. Uno de los aspectos singulares de estos satélites es su capacidad para ver periódicamente toda la superficie de la Tierra desde un solo satélite. Si se requiere una observación simultánea de la Tierra, puede emplearse una serie de satélites, dependiendo de la altitud de su órbita. Estos sistemas incluyen 1) satélites en órbita baja de la Tierra (LEO) tales como algunos de los sistemas meteorológicos por satélite; 2) satélites en órbita a mediana altura de la Tierra (MEO); y 3) satélites en órbita alto de la Tierra (HEO), tales como los satélites para navegación GPS y GLONASS. El sistema de satélite MOLNIYA utiliza una órbita muy elíptica para dar cobertura en latitudes de 60°-70°. El punto 6.1 ofrece una descripción de las características de una serie de órbitas no OSG.

Este punto y el apéndice 6.1 ofrecen descripciones técnicas de algunos sistemas no OSG de comunicación del servicio fijo par satélite de concepción reciente y ya desarrollados que han suscitado un gran interés en los círculos industriales y en el Sector de Radiocomunicaciones de la UIT.

6.5.2 Tipos de redes LEO

El paso de los satélites en órbita geoestacionaria a los de órbita terrena baja (LEO) se ha traducido en una serie de propuestas de sistemas mundiales de satélite que pueden agruparse en tres tipos distintos. Estos sistemas LEO pueden clasificarse haciendo referencia a sus contrapartidas terrenales: radiobúsqueda, celulares y fibra.

Tipo de sistema	Pequeño LEO	Gran LEO	LEO de banda ancha
Ejemplos	ORBCOMM	Iridium, Globalstar	Teledesic, Skybridge
Aplicaciones principales	Datos en baja velocidad binaria	Telefonía móvil	Datos a gran velocidad binaria
Contrapartida terrenal	Radiobúsqueda	Telefonía celular	Fibra

En tierra, los servicios celulares y por fibra no son competitivos, sino complementarios, porque ofrecen fundamentalmente distintas clases de servicios. De forma similar, se prevé que los sistemas denominados gran LEO y LEO de banda ancha sean complementarios más que competitivos, debido a que pretenden ofrecer servicios muy distintos a mercados diferentes. Por ejemplo, los grandes LEO prevén ofrecer un servicio de telefonía móvil de banda estrecha, mientras que Teledesic y Skybridge prevén ofrecer conexiones principalmente fijas de banda ancha, comparables a las del servicio urbano por línea.

6.5.3 Ventajas de las redes LEO de banda ancha

El acceso a la información es cada vez más fundamental para la realización de negocios, la educación, la sanidad y los servicios públicos. Sin embargo, la mayoría de las gentes y de los lugares de la Tierra no cuentan actualmente con acceso, ni siquiera al servicio telefónico básico. Incluso aquellos que tienen acceso al servicio telefónico básico, lo obtienen a través de una tecnología de cien años de antigüedad -redes de hilo de cobre analógicas- que en su inmensa mayoría no mejorara probablemente hacia capacidades digitales avanzadas.

Mientras que muchos lugares del mundo están conectados por fibra -y el número de lugares aumenta- ésta se usa principalmente para conectar países y las centrales principales de las compañías telefónicas. Incluso los países más desarrollados, el aumento de los costes impedirá el desarrollo de un volumen significativo de fibra para el acceso local a oficinas y lugares individuales. En la mayoría de los lugares del mundo, no es probable que se produzca una instalación de fibras en la red de acceso local.

Esta falta de acceso local en banda ancha constituye un problema importante para todas las sociedades del mundo. Si sólo puede disponerse de las nuevas y poderosas tecnologías de comunicación en las zonas urbanas avanzadas, la gente se verá obligada a desplazarse a dichas zonas en búsqueda de oportunidades económicas y para satisfacer otras necesidades y deseos. La difusión unilateral de información que puede lograrse mediante las tecnologías de radiodifusión ha creado un medio para que casi la totalidad del planeta contemple los beneficios de la tecnología avanzada. Las gentes que viven fuera de las zonas urbanas desarrolladas desearán sin duda acceder a estos beneficios. Los enlaces de red universales y bidireccionales son necesarios para que la gente pueda participar económica y culturalmente en todo el mundo sin tener que trasladarse a lugares que cuentan con infraestructuras de telecomunicación modernas.

Los sistemas de satélite de órbita baja (LEO) pueden contribuir a lograr el acceso mundial a la infraestructura de telecomunicaciones que actualmente sólo está disponible en las zonas urbanas avanzadas del mundo desarrollado. Al igual que las redes en tierra han pasado de sistemas centralizados construidos alrededor de un único computador principal a las redes distribuidas de computadores personales interconectados, las redes espaciales están pasando de redes centralizadas basadas en satélites geoestacionarios a redes distribuidas de satélites en órbita terrena baja interconectados. Como su altitud reducida elimina el retardo asociado a los satélites geoestacionarios tradicionales, estas redes pueden establecer comunicaciones compatibles con las actuales normas terrenales basadas en la fibra.

Los propios sistemas LEO han pasado de ser pequeños sistemas que ofrecen el equivalente en satélite de la radiobúsqueda a los "grandes LEO" que supondrán el equivalente en satélite del servicio celular. La próxima generación de "LEO de banda ancha", como la red Teledesic, ofrecen la posibilidad de reproducir y ampliar la red Internet -lo que da a múltiples usuarios el acceso a las comunicaciones en banda ancha, mientras que aumenta la capacidad en tiempo real en todas las partes del planeta.

Como los satélites LEO se desplazan en relación con la Tierra, tienen otra característica con repercusiones profundas: la cobertura continua de todo punto de la Tierra exige, de hecho, la cobertura mundial. A fin de dar servicio a los mercados avanzados ha de darse la misma calidad y cantidad en términos de capacidad a los mercados en desarrollo, incluyendo las zonas en las que nadie ofrecería este tipo de capacidad par sí mismo. En este sentido, los sistemas de satélite LEO representan una tecnología inherentemente igualitaria que promete transformar radicalmente los aspectos económicos de la infraestructura de telecomunicaciones permitiendo el acceso universal a la era de la información.

Actualmente se han propuesto múltiples sistemas LEO, incluyendo algunos que han de funcionar en bandas muy elevadas de RF (30/20 GHz, 50/40 GHz, etc.). Algunos de estos sistemas están en fase de planificación, o incluso de desarrollo y construcción. Otros se encuentran en fase de estudio preliminar en el UIT-R.

El cuadro 6.7 resume algunas características sobresalientes de algunos de estos sistemas del SFS.

En el apéndice 6.1 se describe como ejemplos de las posibilidades que ofrecen actualmente los satélites de telecomunicación dos sistemas que actualmente están en estado avanzado de desarrollo y que funcionarán en el SFS. El primero, Teledesic (conocido también como LEOSAT-1 en los documentos del UIT-R) utiliza los EES entre satélites mientras que el segundo, SKYBRIDGE (conocido también como FSAT-MULTI1 en los documentos del UIT-R) se basa en cabeceras situadas en Tierra para el enlace entre satélites.

CUADRO 6.7

**Características principales de algunos sistemas no OSG planificados del SFS
(de los Documentos 4/19, 5 de noviembre de 1998 y 4A/213, 2 de febrero de 1999)**

Nombre del sistema	FSAT-MULTI 1-B (SkyBridge, véase la NOTA 1)	FSAT-MULTI 1-A	LEO N	LEO SAT 1 (Teledesic, véase la NOTA 2)	LEO SAT 2	MEO J	MEO K	MEO V	NGSO-KX
Banda de frecuencias (GHz) -ascendente -descendente	18 10-12	27,5-30 17,3-20,2	12,75-13,25 10,7-10,95	28,6-29,1 18,8-19,3	28,6-29,1/29,5-30 18,8-19,3/19,7-20,2	29,5-30 19,7-20,2	27,6-28,6 17,8-18,8	29,5-29,9 19,8-20,2	28,6-29,1 18,8-19,3
Tipo de órbita	circular	circular	circular	circular	circular	circular	circular	circular	circular
Número de planes orbitales	20	161	7	21	7	9	9	4	4
Número de satélites por plano orbital	4	1	13	40	9	1	1	6	5
Ángulo de inclinación (grados)	53	87,1133	82	98,2	48	75	75	82.5	55
Número de haces de antena	24 máx. por satélite		37	<49	432 (ascendente) 260 (descendente)	256	256	625	20
Altitud de la órbita (km)	1 469,3	1 675	700	700	1 400	13 900	13 900	10 360	10 352
Espectro necesario en cada sentido (MHz)	1 650		200	500	1 000	500	1 000	200	500
Ángulo mínimo de funcionamiento (grados)	5; 10	20 en el Ecuador	10	40	16		10	40	30
Estrategia de conmutación en la estación terrena	Seguimiento del satélite con elevación óptima dentro del campo de funcionamiento		por programa	Seguimiento de satélite más próximo				por programa	Evitación de la interferencia/ ángulo de elevación máximo
Número de estaciones terrenas	hasta 20 millones			hasta 20 millones		ilimitado			ilimitado

NOTA 1 – Datos actualizados. Véase la descripción del sistema SkyBridge en el apéndice 6.1 (§ AP 6.1.2).

NOTA 2 – Véase la descripción del sistema Teledesic en el apéndice 6.1 (§ AP 6.1.1).

6.6 Lanzamiento, posicionamiento y mantenimiento en posición

6.6.1 Lanzamiento

Aunque los procedimientos utilizados en el lanzamiento dependen de:

- el tipo de vehículo de lanzamiento empleado,

- la posición geográfica del lugar de lanzamiento, y

- las exigencias derivadas de la carga útil transportada,

el método usual más económico, basado en la transferencia de Hohmann, consiste en lo siguiente (véase la figura 6.32 (A y B)):

i)   colocar el satélite en una órbita de aparcamiento circular baja con un perigeo de aproximadamente 200 km;

ii) en un cruce ecuatorial, impartir un incremento de velocidad para transformar la órbita de aparcamiento en una órbita de transferencia elíptica con un apogeo de 36 000 km;

iii) producir una órbita ecuatorial circular poniendo en funcionamiento el motor de apogeo cuando el satélite pasa por el apogeo ecuatorial de la órbita de transferencia.

Dado que el motor de apogeo se considera parte integrante del equipo del satélite, el lanzamiento con un vehículo que se desecha comprende generalmente las dos operaciones mencionadas en los apartados i) y ii). Cuando se emplea un vehículo de lanzamiento reutilizable, tal como el sistema de transporte espacial (STS), éste sólo efectúa la primera fase i) del lanzamiento y se necesita un motor adicional de perigeo para la segunda operación ii).

A fin de colocar con éxito el satélite en la órbita de transferencia, el vehículo de lanzamiento debe operar con gran precisión en lo que se refiere a la magnitud y orientación del vector velocidad.

El grado de precisión que generalmente se requiere del vehículo de lanzamiento es de aproximadamente ±200 km para la altura del apogeo.

Para las operaciones de lanzamiento debe disponerse de instalaciones de telemetría, de telemedida y a veces también de telemando, ya sea en la base de lanzamiento o en las estaciones distribuidas a lo largo de la trayectoria.

El uso de un vehículo de lanzamiento determinado impone ciertas limitaciones en el satélite. Estas pertenecen a dos categorías:

- limitaciones técnicas relativas a las dimensiones, los interfaces mecánicos y eléctricos y el entorno, que deben tenerse en cuenta desde el primer momento en el diseño del satélite;

- limitaciones operacionales relacionadas con la preparación del vehículo de lanzamiento y la anchura de la ventana de lanzamiento.

6.6.2   Posicionamiento en la órbita de los satélites geoestacionarios

La fase de posicionamiento consiste en la realización de las maniobras necesarias para convertir en una órbita circular ecuatorial la órbita de transferencia de gran elipticidad en la que el satélite ha sido colocado por el vehículo de lanzamiento, y dirigir después gradualmente el satélite a su posición geoestacionaria.

Esta breve fase, que dura de una a dos semanas, requiere métodos diferentes de los que se utilizarán en la fase de explotación. Su corta duración permite emplear los mismos medios para los diversos programas necesarios.

a)   Estaciones de control

El control de los satélites que se desplazan en torno de la Tierra en la órbita de transferencia, requiere estaciones de seguimiento situadas en diferentes lugares del mundo. Esta red de estaciones puede funcionar en las mismas bandas de frecuencias que las estaciones encargadas del mantenimiento en posición, es decir, en las bandas de frecuencias espaciales (6/4 GHz ó 14/11 GHz), dado que sólo se utiliza durante un corto periodo. No obstante, si se proyecta poner en órbita diversos satélites que funcionarán a diferentes frecuencias, puede ser preferible establecer una red de estaciones en una banda de frecuencias específica (por ejemplo, la banda del servicio de operaciones entre 2 y 2,3 GHz) y utilizar esta banda para posicionar sucesivamente los diferentes satélites. Tales estaciones, al igual que las usadas para el mantenimiento en posición, deben estar equipadas con medios de localización (mediciones de distancias y/o ángulos).

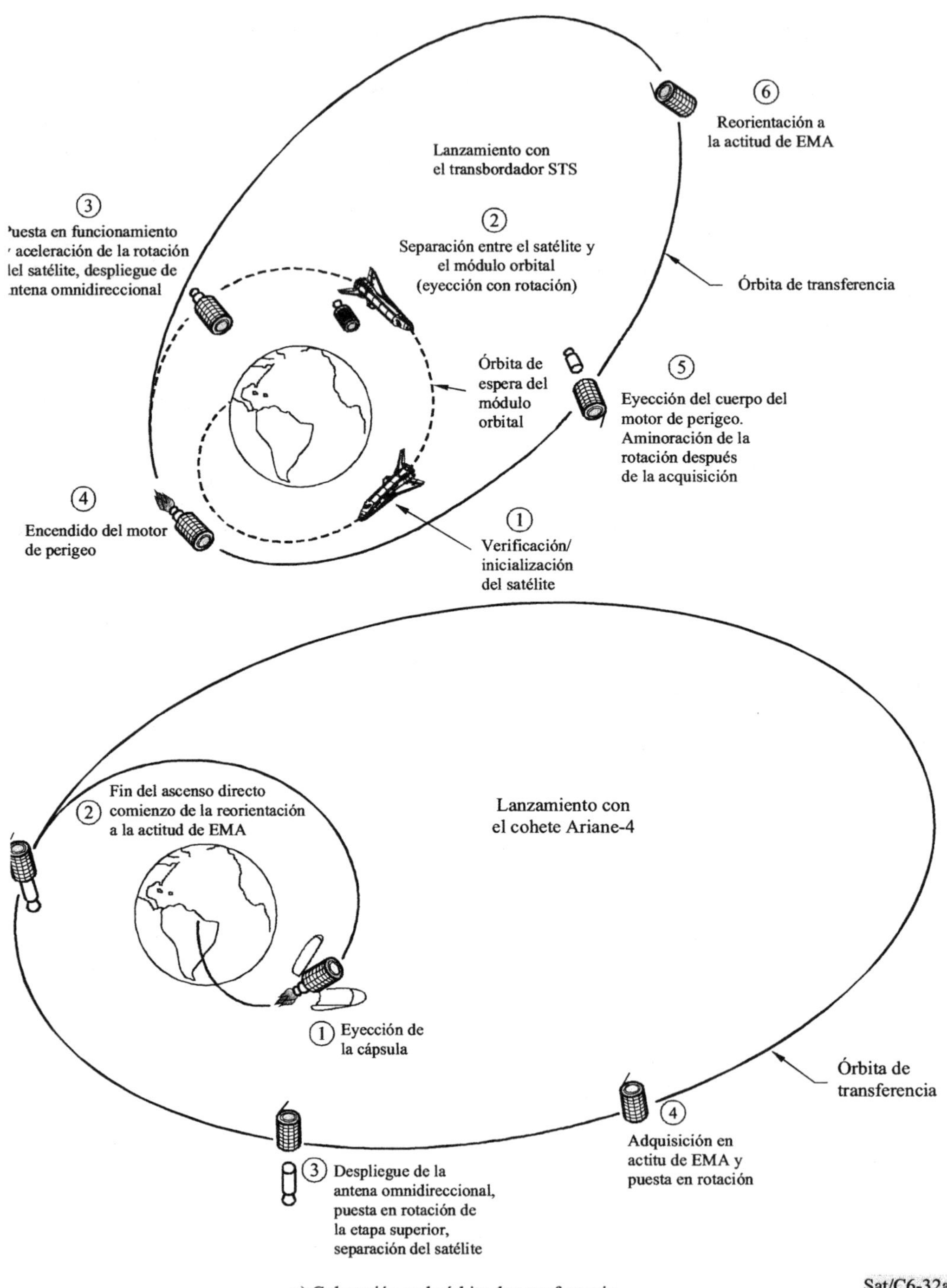

FIGURA 6-32A

Esquema de la misión de lanzamiento

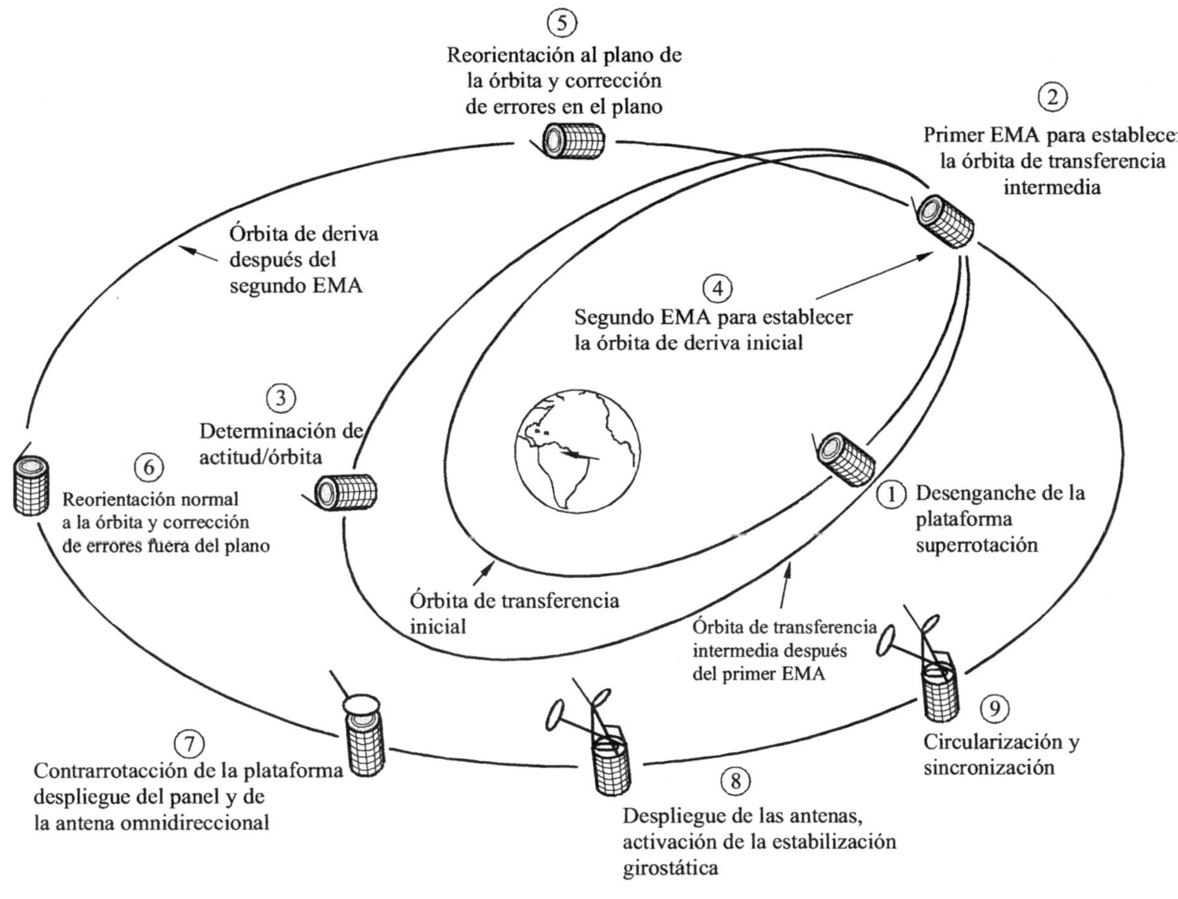

b) Adquisición de la órbita síncrona (INTELSAT-VI)   Sat/C6-32b

FIGURA 6-32B

Resumen de la misión

b)   Centro de control

Como en la fase de mantenimiento en posición el centro de control, sirviéndose de las mismas instalaciones, efectúa la inspección del satélite desde el punto de vista técnico. Además, ese centro debe estar temporalmente conectado a instalaciones de computador más potentes que le permitan preparar y llevar a cabo las maniobras especiales de esta fase de posicionamiento. Estas maniobras son las siguientes:

- determinación de la actitud del satélite;

- cálculo de los parámetros óptimos para la maniobra de transformación de la órbita en circular, también denominada maniobra de apogeo, así como para las maniobras subsiguientes;

- determinación de las características de los empujes correctores que orienten al satélite en la dirección precisa que requiere la maniobra de apogeo;

- supervisión y dirección de la maniobra en la que el satélite adopta la actitud definitiva, necesaria para el servicio previsto.

6.6.3   Mantenimiento en posición y supervisión del funcionamiento de la carga útil

Las funciones de seguimiento, telemedida, telemando y supervisión de los satélites de telecomunicaciones están a cargo de estaciones terrenas especiales dependientes del organismo responsable del satélite.

Las tareas principales que han de desarrollarse en la fase de mantenimiento en posición son las siguientes:

- el satélite debe mantenerse en la posición prevista dentro de la estrecha ventana formada por la longitud y la latitud asignadas;

- su actitud debe supervisarse y corregirse a fin de asegurar que las antenas apunten en todo momento en la dirección correcta hacia la Tierra.

Esta fase es de muy larga duración (7 a 10 años o más): las tareas que entraña se cumplen durante un tiempo suficientemente largo para justificar el uso de instalaciones especiales de control para un satélite o una serie de satélites.

a)   Instalaciones para el mantenimiento en posición

Las funciones referidas se realizan sobre la base de la información de telemedida transmitida por el satélite, operaciones de telemetría de distintos tipos y órdenes enviadas por telemando desde la Tierra al satélite.

El contacto radioeléctrico con el satélite se mantiene mediante una o más estaciones de seguimiento, telemedida y telemando, mientras que el tratamiento de datos y la formulación de las órdenes de telemando está a cargo de un centro de control.

Dado que el satélite se mantiene estacionario con respecto a la superficie de la Tierra, la red de estaciones puede ser relativamente sencilla. Una sola estación bien situada, equipada con una antena de cobertura muy limitada o incluso, en algunos casos simples, una antena fija, resulta a veces suficiente. No obstante, de ordinario deben preverse cierto número de estaciones para contar con la redundancia necesaria. A menudo es más económico utilizar la misma estación para supervisar el funcionamiento del satélite y cursar el tráfico, especialmente teniendo en cuenta que para las señales de telemedida y telemando se utilizan las mismas bandas de frecuencias del servicio a los usuarios.

b)   Mantenimiento en la posición orbital

La ventana de posicionamiento del satélite es muy estrecha; de acuerdo con las reglamentaciones actuales sobre mantenimiento en posición longitudinal y habida cuenta de los requisitos técnicos que entraña el uso del satélite, es aproximadamente de $\pm 0,1^{\circ}$ (o menor) en longitud. Aunque el Reglamento de Radiocomunicaciones no estipula ningún límite para el mantenimiento en posición latitudinal, resulta técnicamente posible alcanzar la misma ventana de $\pm 0,1^{\circ}$ que para el mantenimiento en posición longitudinal.

Perturbaciones de distintos tipos, tales como las irregularidades del campo gravitacional de la Tierra o la atracción ejercida por el Sol o la Luna y la presión solar, tienden a apartar el satélite de la posición prevista. Por ello, frecuentemente es necesario poner en funcionamiento los impulsores del satélite para colocarlo de nuevo en posición.

Esto significa que la órbita debe determinarse con gran precisión. A partir de los parámetros de la órbita que se hayan determinado y del conocimiento de los efectos de las perturbaciones de la órbita, se efectúan predicciones de las futuras posiciones del satélite. Ello permite la planificación de maniobras apropiadas de mantenimiento en posición para asegurar que el satélite nunca abandone su ventana. Estas maniobras suponen el accionamiento de impulsores en el sentido Norte-Sur (normalmente encendidos únicos) y en el sentido Este-Oeste (encendidos únicos u ocasionalmente encendidos dobles separados con un intervalo de doce horas). La frecuencia de la corrección de la órbita depende de la anchura de la ventana y de la posición del satélite sobre el ecuador. Puede ser necesario efectuar una corrección semanal para una ventana de $0,05°$.

Para determinar la distancia al satélite, ésta se mide desde dos estaciones de seguimiento, telemedida y telemando (si tales estaciones están separadas por una distancia suficiente) o se combina la medición de la distancia a una estación con una medición angular de la dirección del satélite visto desde la misma. La precisión de estas mediciones debe ser del orden de 50 a 100 m para la distancia y de un orden de magnitud inferior a la anchura de la ventana para los ángulos. Los primeros métodos de determinación de la órbita se basaron en el tratamiento por lotes del conjunto de datos de seguimiento/telemedida recopilados en un extenso periodo de tiempo (de hasta dos días) y en la utilización de técnicas de estimación tales como la de mínimos cuadrados. Los métodos más recientes se basan en el tratamiento en tiempo real de los datos, mediante técnicas de estimación recurrentes (filtrado de Kalman).

c)   Control técnico del satélite

Es necesario supervisar, por telemedida, el funcionamiento correcto de los distintos subsistemas del satélite y transmitir señales de telemando para corregir toda anomalía, poner en marcha los equipos de reserva en caso de desperfecto y controlar el funcionamiento de la carga útil.

Los principales aspectos de interés relacionados con la supervisión son los siguientes:

- el comportamiento del sistema de control térmico del satélite;

- el comportamiento del sistema de alimentación de energía eléctrica, en particular durante los periodos de eclipse;

- el comportamiento del subsistema de seguimiento, telemedida y telemando de a bordo;

- el funcionamiento del sistema de control de actitud y de órbita;

- el funcionamiento de la carga útil;

- la localización de defectos de funcionamiento por medio de pruebas periódicas o especiales;

- la adopción, en caso de emergencia, de medidas inmediatas para garantizar una protección suficiente de los servicios proporcionados por el satélite, del equipo de a bordo y del satélite en general.

Como parte del procedimiento normal se verifican los valores de los parámetros pertinentes del satélite con el auxilio de un computador que advierta a los controladores cuando cualquiera de esos valores rebase un límite preestablecido.

Según las diferentes situaciones que se presentan, los controladores, que están plenamente informados del funcionamiento y comportamiento del satélite, deciden qué señales de telemando se enviarán y analizan seguidamente las señales de telemedida recibidas a fin de verificar que las órdenes se han ejecutado correctamente.

d)   Control de actitud

El satélite está equipado con sensores referidos a la Tierra o al Sol, que originan señales de telemedida empleadas en la determinación de la actitud del satélite. Cuando es menester, la actitud del satélite se corrige mediante impulsores accionados por telemando o mediante un control automático a bordo. Estos impulsores son análogos a los utilizados en el control de la órbita.

6.7 Consideraciones relativas a la fiabilidad y la disponibilidad

Los aspectos generales de la calidad y la disponibilidad figuran en el Capítulo 2, punto 2.2.

6.7.1   Fiabilidad de los satélites

Un aspecto importante de la fiabilidad de los satélites es el hecho de que éstos deben funcionar en el espacio sin contar con las reparaciones o el mantenimiento. En dichas circunstancias, es imperativo que todos los componentes y subsistemas del satélite sean expuestos a pruebas amplias en un entorno espacial simulado. Desde los inicios de la era espacial, muchas organizaciones estatales e industriales han efectuado pruebas a gran escala en condiciones reales de los componentes y del equipo electrónico concebidos para la utilización espacial. Los resultados de las pruebas de componentes y equipos deben registrar una gran probabilidad de éxito antes de poder ser seleccionados para las aplicaciones de satélite. Las unidades asociadas a las funciones cruciales, tales como las operaciones de lanzamiento, mantenimiento en posición, control de actitud, telemedida y telemando y comunicaciones suelen diseñarse con la redundancia que asegure un comportamiento satisfactorio. La vida operacional de los sistemas de comunicación por satélite ha aumentado desde unos pocos años en la década de los sesenta, a aproximadamente quince años con los diseños actuales. Una de las limitaciones principales a la vida operacional de un satélite es la cantidad de propulsante que puede embarcarse en el lanzamiento para realizar el mantenimiento en posición de la órbita y el control de actitud. Además los subsistemas que experimentan un desgaste y degradación considerables son las baterías, las células solares y los amplificadores de potencia.

Hay varias fases clave asociadas a la fiabilidad del vehículo espacial durante las operaciones espaciales. La primera es la fase de lanzamiento en la que se utiliza el vehículo lanzador primario (véase el punto 6.6) para insertar el vehículo espacial en una órbita baja o transitoria, a la que sigue la actuación de los propulsores de refuerzo y, por último, la de un motor de apogeo que inserta el satélite en la órbita deseada. Durante los años setenta y principios de los ochenta, la mayoría de los sistemas de lanzamiento utilizados para insertar satélites en órbita geoestacionaria eran vehículos propulsores de propiedad estatal, como por ejemplo el Ariane, el Atlas/Centauro, el Delta, el Proton y la Lanzadera Espacial. Como se trataba de sistemas muy ensayados con los que se había resuelto anteriormente los múltiples problemas de desarrollo, la tasa de éxitos era próxima al 90%. No obstante, en los últimos años se han introducido muchos sistemas de lanzamiento nuevos o modificados que presentan deficiencias de diseño prematuras, las cuales se han traducido en unas menores expectativas en cuanto a la fiabilidad. En efecto, los costes de seguro de la fase de lanzamiento de un sistema de satélite han aumentado considerablemente durante los últimos años, hasta el punto que algunos países prefieren asegurarse ellos mismos cuando utilizan sistemas de lanzamiento no suficientemente ensayados. Aún así, se espera que estos sistemas vayan mejorando a medida que se adquiera más experiencia. El punto 6.9 ofrece algunas breves descripciones de algunos de los sistemas de lanzamiento más destacados actualmente, disponibles o previstos para un próximo futuro.

Tras la inserción en órbita, la fiabilidad de un vehículo espacial puede dividirse en tres fases durante las que actúan principalmente distintos mecanismos en las posibles averías. En la primera fase pueden presentarse fallos debidos a la falta de despliegue de subsistemas tales como los paneles solares, las antenas y otros componentes almacenados o plegados con anterioridad. El fallo en la iniciación de las funciones de acondicionamiento propio, tales como las de controles de actitud, de mantenimiento en posición o de generación de energía pueden manifestarse en esta fase si hay deficiencias del diseño, especialmente en los equipos nuevos o no suficientemente ensayados. La segunda fase se caracteriza por fallos aleatorios de componentes del satélite. La tercera fase incluye el consumo del combustible que deja el satélite inutilizable debido a la falta del mantenimiento en posición y del control de actitud, aun cuando la electrónica pueda continuar estando operativa. No obstante, los satélites geoestacionarios han sido capaces de ampliar su vida operacional en varios años, limitando su mantenimiento en posición al plano Este-Oeste y dejando al vehículo espacial que derive en la dirección Norte-Sur (véase el punto 6.2.4.3).

El mantenimiento de la fiabilidad de un vehículo espacial en órbita durante periodos de muchos años ha sido motivo de preocupación en la industria de las comunicaciones por satélite desde sus inicios. Si se dobla la vida operacional de un satélite se obtienen múltiples ventajas en cuanto a los costes, pues pueden utilizarse sistemas de lanzamiento menos costosos. No obstante, ello no aumenta la complejidad general que se traduce en los costes del diseño y la construcción del vehículo espacial. Por regla general, el fabricante da una estimación de la fiabilidad en la vida útil en órbita del vehículo espacial, prestando especial atención a las características del subsistema de comunicaciones. Ejemplo de ello, el fabricante del satélite INTELSAT-V estimaba la probabilidad de que el satélite fuese operacional tras 10 años en órbita en un 60% aproximadamente. Como cabía esperar, en periodos más cortos se han mejorado las estimaciones, tal como se muestra en la figura 6.33. Tras siete años, la estimación de la probabilidad era del 76%, con un mínimo de 65% de disponibilidad de los canales en cualquier zona de cobertura. El cuadro 6.8 ofrece un examen de las características en órbita de los satélites INTELSAT-IVA y V.

Las averías de estos satélites han estado relacionadas principalmente con el receptor y con problemas del TWTA. Un examen del comportamiento del satélite INTELSAT durante los últimos años, que abarca los modelos IVA, V y VI, muestra resultados de fiabilidad en constante mejora, con expectativas de funcionamiento a pleno rendimiento de los sistemas de satélites durante periodos superiores a siete años. Aunque la tendencia actual indica que los nuevos sistemas de satélite mejoran constantemente sus características de fiabilidad, ha habido algunos fallos espectaculares recientes de vehículos espaciales en órbita, sin que haya explicaciones claras de la causa o las causas. Factores ambientales, tales como las tormentas solares o las explosiones interestelares se han mencionado como causas posibles, pero todavía es muy pronto para evaluar si estas fuentes son significativas. La causa más probable es algún fallo imprevisto de diseño.

A fin de calcular la probabilidad conjunta del lanzamiento con éxito de un satélite y de su explotación satisfactoria en órbita después de transcurrido un tiempo determinado, deben multiplicarse las probabilidades separadas de esos dos sucesos.

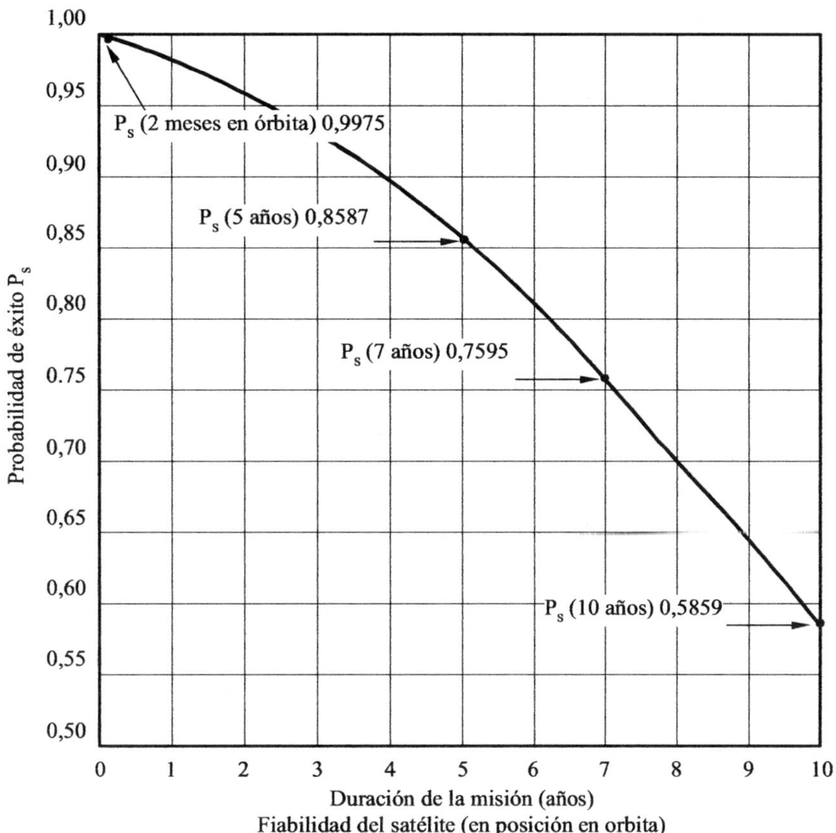

FIGURA 6.33

Predicción típica de la fiabilidad de un satélite en órbita

NOTA – Número de piezas consideradas en la evaluación: 54 878. No se computan las probabilidades relativas al éxito de las operaciones del motor de apogeo y de despliegue.

CUADRO 6.8

Estimaciones de la vida útil de los satélites INTELSAT

(Julio 1987)

Satélite	Fecha de lanzamiento	Duración de vida nominal	Fin del periodo estimado de pleno funcionamiento[1]
INTELSAT-IVA (F-1)	Septiembre 1975	Septiembre 1982	Marzo 1984
INTELSAT-IVA (F-2)	Enero 1976	Enero 1983	Marzo 1984
INTELSAT-IVA (F-3)	Enero 1978	Enero 1985	Enero 1986
INTELSAT-IVA (F-4)	Mayo 1977	Mayo 1984	Junio 1985
INTELSAT-IVA (F-6)	Marzo 1978	Marzo 1985	Diciembre 1985
INTELSAT-V (F-1)	Mayo 1981	Mayo 1988	Agosto 1988
INTELSAT-V (F-2)	Diciembre 1980	Diciembre 1987	Abril 1989
INTELSAT-V (F-3)	Diciembre 1981	Diciembre 1988	Octubre 1989
INTELSAT-V (F-4)	Marzo 1982	Marzo 1989	Agosto 1989
INTELSAT-V (F-5)	Septiembre 1982	Septiembre 1989	Junio 1990
INTELSAT-V (F-6)	Mayo 1983	Mayo 1990	Abril 1991
INTELSAT-V (F-7)	Octubre 1983	Octubre 1990	Septiembre 1990
INTELSAT-V (F-8)	Marzo 1984	Marzo 1991	Septiembre 1990
INTELSAT-V (F-9)	Marzo 1985	Marzo 1992	Mayo 1993
INTELSAT-V (F-11)	Junio 1985	Junio 1992	Septiembre 1993
INTELSAT-V (F-12)	Septiembre 1985	Septiembre 1992	Enero 1994

[1] Estas fechas se han ajustado de manera que no rebasen el periodo de capacidad de maniobra.

6.7.2 Disponibilidad del satélite

Los satélites de comunicaciones suelen estar enlazados con estaciones terrenas formando redes. Puede tratarse de un grupo de estaciones enlazadas entre sí en una red privada o, en el caso de los servicios digitales de banda ancha, enlazadas a la red pública conmutada. Además de los fallos del equipo, una de las causas principales de las interrupciones de los enlaces de satélites es la atenuación debida a la lluvia, especialmente en las frecuencias portadoras superiores, por encima de 10 GHz. Para compensar este problema, los transmisores del satélite y de la estación terrena emplean potencias más elevadas de las necesarias, simplemente para compensar el ruido natural. Esta potencia adicional se denomina "margen" si se aplica de forma continua o, en algunos casos, según sea necesario mediante la utilización del "control de potencia". Los primeros satélites de comunicaciones podían lograr una disponibilidad del satélite del 99,5%, aunque los sistemas en 12/14 GHz experimentaban una disponibilidad inferior en zonas de lluvia. La tendencia durante los últimos veinte años ha sido la de incrementar considerablemente la potencia de transmisión de los satélites, especialmente en los sistemas digitales de banda ancha. En esos casos, es muy importante contar con un gran nivel de disponibilidad del satélite, pues los múltiples problemas de interferencia exigen conexiones casi continuas de muy gran calidad (tasas de errores binarios reducidos). En un circuito de comunicación que incluya otros modos de transmisión (terrenal, etc.), se imponen especificaciones especiales al satélite para asegurar el funcionamiento fiable de todo el sistema. En muchos casos el requisito de disponibilidad de un satélite que forme parte de un circuito de larga distancia puede ser de hasta el 99,99%. Para lograr este grado de comportamiento, el satélite ha de llevar componentes de gran calidad con márgenes de enlaces suficientes y redundancia. La disponibilidad de un satélite se calcula a partir de la duración de la interrupción en la que se corta el circuito particular, comparándola con el periodo de tiempo previsto para el usuario o el cliente. La definición de disponibilidad se expresa como:

$$\frac{\text{horas de funcionamiento previstas} - \text{horas de interrupción}}{\text{horas de funcionamiento previstas}} \times 100$$

A fin de competir con la fibra óptica o con otros sistemas terrenales, algunos sistemas de satélite se han de diseñar con una capacidad muy elevada de disponibilidad, utilizando equipos fiables y esquemas innovadores de redundancia, incluyendo la diversidad de estación terrena y el control de potencia.

6.8 Gestión del funcionamiento de la red de comunicaciones por satélite

Una gestión eficaz del funcionamiento de la red de comunicaciones por satélite es indispensable para la utilización correcta de las elevadas inversiones implicadas en los sistemas de satélite y para el mantenimiento de las primordiales comunicaciones a larga distancia proporcionadas por tales sistemas. En los sistemas de satélites internacionales y regionales, como INTELSAT, INTERSPUTNIK, ARABSAT y EUTELSAT, el segmento espacial es en general propiedad y está explotado por una organización internacional o regional establecida por los Países Miembros, mientras que el segmento en Tierra está administrado por distintas entidades de los respectivos países. El empleo del segmento espacial está sometido a ciertas condiciones de admisión y tarificación decididas por la organización internacional. En el caso de los sistemas nacionales de satélite, la estructura de la gestión depende de la política gubernamental y de la estructura de las entidades de telecomunicación y de los organismos de usuarios existentes, y puede variar considerablemente en función de que esas entidades sean gubernamentales o de propiedad privada. Como ejemplo típico se describe a continuación la gestión de un sistema internacional INTELSAT.

6.8.1 Gestión del funcionamiento de la red internacional de telecomunicaciones por satélite INTELSAT

En el sistema INTELSAT, el segmento espacial es propiedad de INTELSAT, que lo explota y mantiene, mientras que la propiedad y la explotación de las estaciones terrenas están a cargo de las entidades de telecomunicación de los países en donde están emplazadas. El control de los satélites y la coordinación de los servicios de comunicación se realizan en la sede de INTELSAT situada en Washington DC, Estados Unidos de América. En la Guía de Operaciones del Sistema de

Satélites (SSOG) se da información detallada sobre la gestión, la coordinación y el control operativos y los procedimientos de ajuste de INTELSAT. La figura 6.8.1 muestra la organización de la gestión del sistema INTELSAT. El Centro de Operaciones de INTELSAT (IOC), situado en la sede de INTELSAT, cuenta con personal durante las 24 horas del día y es responsable del control continuo del segmento espacial.

6.8.1.1   Centro de Control Operativo y Técnico (TOCC)

En cada región y en otros centros de trabajo importantes se halla establecido un centro de control operativo y técnico. En la sede de INTELSAT existen varios TOCC. Cada TOCC es fundamentalmente una oficina regional de coordinación y, bajo la supervisión del centro de operaciones de INTELSAT, es responsable de la planificación y coordinación de las siguientes actividades:

- actividades, incluida la comprobación técnica, que son necesarias para asegurar la correcta utilización y el rendimiento de las instalaciones del segmento espacial;

- pruebas de verificación de las nuevas estaciones terrenas, ajuste inicial, realización de los nuevos enlaces por satélite, alteraciones de los parámetros de los enlaces de satélite existentes (por ejemplo, frecuencia central, anchura de banda y capacidad de canales), verificación de los parámetros técnicos existentes y comunicación de los resultados a las estaciones terrenas interesadas y al IOC;

- actividades de mantenimiento de las estaciones terrenas que afectan al segmento espacial;

- garantía de disponibilidad de las comunicaciones para las actividades de gestión operativa;

- control de la utilización del segmento espacial para la realización de planes de transición y situaciones de urgencia.

6.8.1.2   Centro de Control del Vehículo Espacial (SCC)

El Centro de Control del Vehículo Espacial situado en la sede de INTELSAT es responsable de las funciones operativas y de control del vehículo espacial distintas del uso de los transpondedores de comunicación. Esas funciones incluyen:

- posicionamiento del satélite, incluido el telemando y el encendido del motor de apogeo después de un lanzamiento de satélite;

- mantenimiento de los parámetros de funcionamiento del satélite;

- análisis de los datos de telemedida recibidos de las estaciones de telemedida, telemando y seguimiento (TTC) para evaluar el rendimiento del satélite;

- comprobación de las órbitas del satélite;

- facilitación de datos sobre la puntería para la transmisión a las estaciones terrenas.

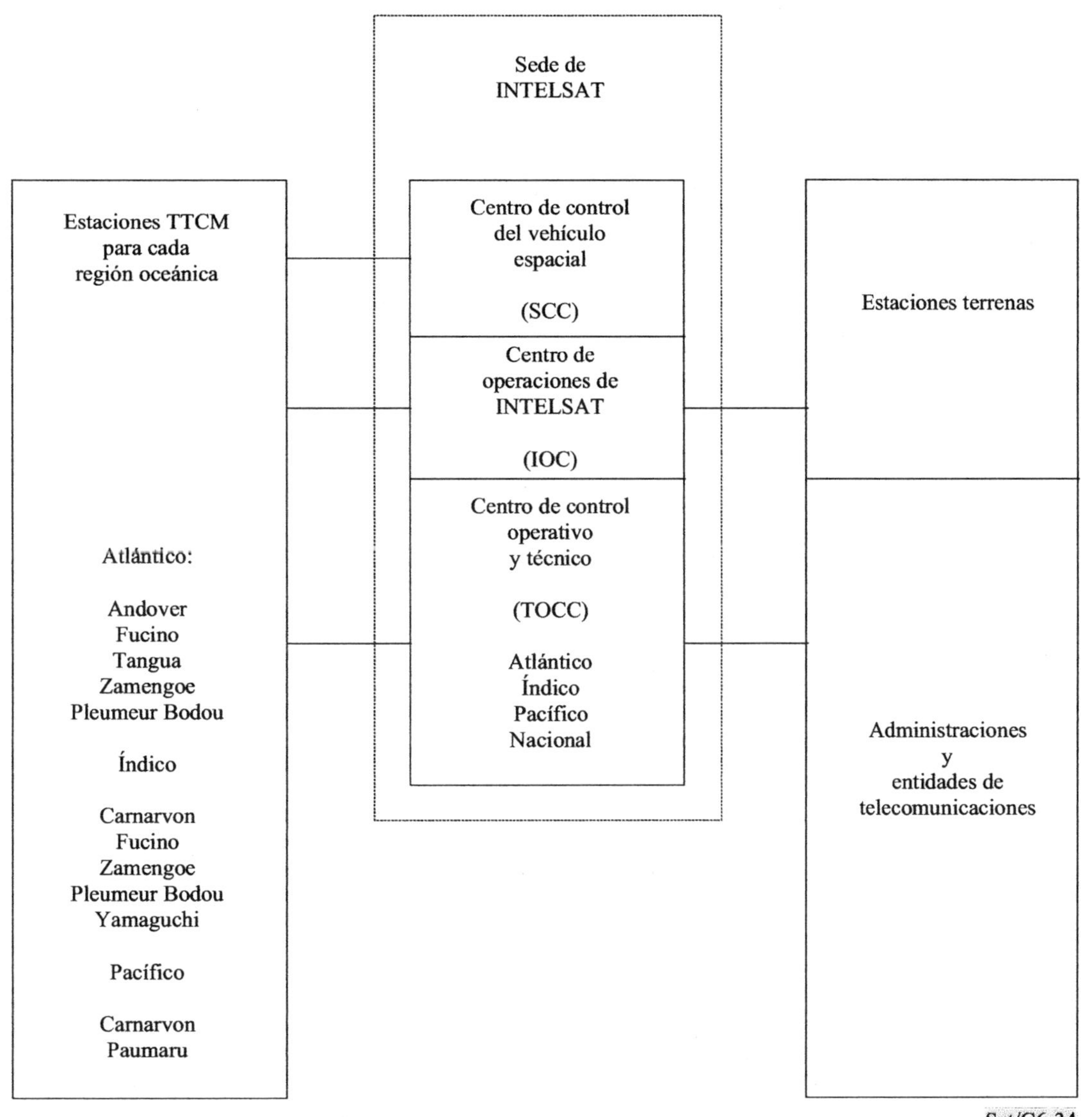

FIGURA 6.34

Organización operativa de INTELSAT

6.8.1.3   Telemedida, telemando, seguimiento y vigilancia (TTCM)

Las estaciones de telemedida, telemando, seguimiento y vigilancia están situadas en cada región como se indica en la figura 6.34. Las funciones de telemedida, telemando y seguimiento (TTC) están asociadas al SCC, y la función de vigilancia al TOCC. Aparte del equipo de vigilancia, las estaciones TTC están equipadas para medir los datos de seguimiento angular y los datos de distancia, recibir datos de medida procedentes del satélite y transmitir órdenes al satélite. También pueden acumular y formatizar datos seleccionados de telemedida del vehículo espacial y datos del ángulo de seguimiento de la estación terrena, datos de distancia, intensidad de la señal del radiofaro e identificación y frecuencia del radiofaro para la transmisión al SCC.

6.8.1.4   Vigilancia del sistema de comunicaciones (CSM)

Las estaciones de vigilancia del sistema de comunicaciones están habitualmente en el mismo emplazamiento que las instalaciones de telemedida, telemando y seguimiento, formando parte de las estaciones TTCM. Cada instalación de vigilancia se halla estrechamente asociada al TOCC y las responsabilidades principales de una estación de vigilancia son las siguientes:

- ayudar a las estaciones terrenas y a INTELSAT en la verificación de ciertas características obligatorias de calidad de las estaciones terrenas;

- medir la p.i.r.e. del satélite, la desviación y la frecuencia central de las portadoras. Además también puede medirse el ruido fuera de banda y la frecuencia de la señal de dispersión de energía de las portadoras;

- vigilar el espectro de frecuencias de los satélites en funcionamiento;

- realizar las medidas ordenadas por el IOC o el TOCC cuando los operadores de las estaciones terrenas han pedido esa asistencia y efectuar cualquier otra medición ordenada por el IOC o el TOCC.

6.8.1.5   Estaciones de referencia y vigilancia de la red MIC-MDP (NRMS)

Para cada red de transmisión MIC-MDP (sistemas SPADE y SCPC) una de las estaciones terrenas actúa como estación de referencia y vigilancia de la red para esa red.

6.8.1.6   Funcionamiento de los circuitos de servicio de ingeniería (ESC)

Los circuitos de servicio de ingeniería proporcionan la comunicación primaria requerida para la gestión, la explotación y el mantenimiento del sistema INTELSAT. Se asignan dos canales de 4 kHz, situados en la porción de 4 a 12 kHz del espectro de banda de base, para uso de los circuitos de servicio de ingeniería en cada portadora de satélite. Cada uno de esos canales de 4 kHz está dispuesto de modo que proporcione un canal de telefonía y hasta 5 canales de telegrafía. Ambos tipos de canales transmiten información de señalización. Se ha asignado a cada estación terrena una cifra o un código de dirección especial que permite la marcación selectiva entre las estaciones terrenas y el TOCC de la región. Se dispone de canales SCPC separados para el circuito de servicio de ingeniería del sistema SCPC-SPADE. Se dispone también de circuitos de servicio de ingeniería en enlaces digitales.

6.8.1.7   Operaciones de la red AMDT-DSI

La red ADMT-DSI de INTELSAT es controlada desde estaciones de referencia AMDT según las instrucciones del Centro de Operaciones de INTELSAT (IOCTF). Cada red AMDT-DSI de INTELSAT consiste en dos pares de estaciones de referencia que proporcionan ráfagas de referencia a cada transpondedor de 80 MHz del satélite para la sincronización de las ráfagas y que también sirven para la adquisición de los terminales de tráfico y la vigilancia del sistema AMDT. Algunos transpondedores estarán conectados en dirección Este-Oeste y otros en dirección Oeste-Este, requiriéndose un par de estaciones de referencia para el haz de la zona Este y otro par para la zona Oeste. Cada estación de referencia está conectada al centro de operaciones IOCTF por líneas de datos de alta velocidad, así como por circuitos de telefonía y telegrafía. Los transpondedores contienen dos ráfagas de referencia por trama, procedente cada una de cada par de estaciones de referencia, lo que constituye una facilidad de reserva para la sincronización automática. Los terminales del sistema utilizan tanto la adquisición en bucle abierto como la sincronización de trama en bucle cerrado. Dentro de cada red, las funciones de retroalimentación correctora de la información de temporización y el control general del sistema AMDT están a cargo de las estaciones de referencia. Esas estaciones de referencia funcionan como estaciones de control. Normalmente, una de ellas actúa como estación primaria y la otra como secundaria, pero las funciones son intercambiables.

En una configuración simple Este/Oeste u Oeste/Este, el terminal de tráfico de la parte oriental de la zona de cobertura sólo puede recibir ráfagas del par de estaciones de referencia del Oeste. Estas estaciones de referencia de control de la zona occidental miden la posición de la trama final de tráfico con respecto a la ráfaga primaria de referencia de la zona oriental. Para establecer la temporización de las tramas de transmisión y recepción, se emplean procedimientos lógicos mediante computadores existentes en los terminales de referencia y tráfico. Ello constituye la técnica de control central para los sistemas AMDT.

En las pruebas de la red AMDT mediante la Guía de Operaciones del Sistema de Satélites (SSOG) se verifica el funcionamiento de cada estación con la mayor amplitud posible antes de la transmisión al satélite. Cuando la estación ha sido totalmente evaluada de modo local, la transmisión al satélite sigue bajo la estrecha supervisión de las estaciones de referencia de control y del IOCTF. Esta fase incluye pruebas de los protocolos de emisión y recepción. Se efectúan nuevas pruebas de ajuste y por último se realizan verificaciones del tráfico. Así, el empleo de las pruebas verificantes de protocolo de la SSOG en la estación de referencia, permite aplicar procedimientos de prueba uniformes.

El monitor del sistema AMDT en la estación de referencia comprueba cíclicamente cada ráfaga de tráfico y ráfaga de referencia para proporcionar un registro de la calidad del sistema y señalar cualquier desviación a la atención de los operadores en la estación de referencia y en el Centro de Operaciones INTELSAT (IOC). Las mediciones del mencionado monitor comprenden la potencia relativa de las ráfagas, el error de posición de ráfagas, la frecuencia de las portadoras MDP-4, la proporción de bits erróneos seudoaleatoria y el punto de funcionamiento del transpondedor del satélite.

6.8.2   Gestión de las operaciones de una red nacional de comunicaciones por satélite

La gestión de las redes nacionales de comunicaciones por satélite es relativamente menos compleja que la gestión de una red internacional debido a la menor zona de servicio. Como la red y las estaciones terrenas son en general propiedad de una o unas pocas entidades del país, que realizan también la explotación, es posible centralizar las funciones de explotación, vigilancia y control. Una estación terrena asociada a operaciones de la red -centro de control- puede estar en el mismo emplazamiento que una estación terrena TTCM para las operaciones del vehículo espacial o que una de las principales estaciones terrenas de tráfico. La coordinación correcta entre el organismo responsable de las operaciones del vehículo espacial, los operadores de la estación terrena y los clientes, como son las empresas de telecomunicación y los organismos de radiodifusión, es indispensable para el eficaz funcionamiento del sistema. La estructura de gestión de la red en distintos países puede variar considerablemente en función del carácter orgánico de los organismos, que pueden ser propiedad total del gobierno, con una sola administración de telecomunicaciones, o, en el otro extremo, comprender varias entidades privadas. En cualquier caso, se necesita un grupo operativo responsable de la realización de los planes de actividades, la coordinación y el control, y es preciso determinar las responsabilidades de los diferentes representantes de los organismos interesados.

Han de establecerse procedimientos para la verificación inicial de la estación terrena, el ajuste, el funcionamiento, los interfaces interorganismos y la revisión periódica de la explotación, así como para los informes y las reuniones de coordinación. Los programas de actividades mensuales, semanales y diarias producidos por los organismos de abonados y ratificados por la dirección del vehículo espacial, desde el punto de vista de las limitaciones operativas del vehículo espacial, deben ser el mecanismo primario de la coordinación entre organismos. Un directorio proporcionará toda la información necesaria para la comunicación/correspondencia entre organismos. Deben mantenerse libros de registro para todos los subsistemas del segmento espacial y del segmento terreno, con anotaciones de los turnos sucesivos para seguir el estado de las operaciones.

Un Centro de Control y Operaciones de la Red (NOCC) se ocupa habitualmente de vigilar las transmisiones procedentes de todos los transpondedores de comunicación y de mantener la disciplina en la red. En el siguiente punto 6.8.2.1 se describen las funciones e instalaciones de vigilancia de un NOCC típico. Aparte de la vigilancia y control de la transmisión de portadoras, en algunas redes, en particular en aquellas que cuentan con regiones aisladas remotas y estaciones terrenas sin personal, la gestión de la red puede comprender la supervisión centralizada, la vigilancia de los fallos y el control de las estaciones remotas.

6.8.2.1   Centro de Control y Operaciones de la Red (NOCC)

Las principales funciones del NOCC son las siguientes:

- pruebas de verificación de las estaciones terrenas, en particular pruebas de determinación de los diagramas de radiación de antena y ajustes iniciales para los nuevos servicios;

- mediciones de exploración periódicas rutinarias de todas las transmisiones de satélite, mediciones y registros iterativos de parámetros de portadoras seleccionados para resolver casos de rendimiento anómalo;

- coordinación de las actividades de mantenimiento para la utilización eficaz del segmento espacial y del segmento terreno y realización de planes de transmisión, transición y contingencias, y de medidas de urgencia;

- control de las transmisiones por el enlace ascendente a partir de las estaciones terrenas a fin de mantener los planes de transmisión de la red.

En relación con las mediciones que se efectúan, el NOCC comprueba los siguientes parámetros típicos de las diferentes portadoras:

- p.i.r.e.;

*   estabilidad de la p.i.r.e.;

*   frecuencia central;

*   estabilidad de la frecuencia central;

*   desviación cuadrática media multicanal;

*   desviación de cresta de la señal de dispersión de energía;

*   frecuencia de la señal de dispersión de energía;

*   nivel del piloto de la banda de base;

*   ruido fuera de banda en banda de base.

Las mediciones pueden incluir también los siguientes parámetros del transpondedor del satélite:

*   p.i.r.e. del transpondedor cuando funciona a saturación;

*   densidad de flujo de iluminación para la saturación del transpondedor;

*   relación G/T en el receptor del vehículo espacial;

*   ganancia del transpondedor para una señal débil.

Algunos parámetros, como la p.i.r.e. y la frecuencia, pueden estar sujetos a una verificación de límites, estableciendo disposiciones de alarma cuando esos parámetros excedan de límites predeterminados.

El NOCC cuenta con equipo facultativo para el funcionamiento manual, semiautomático y automático, con dispositivos para el almacenamiento y la recuperación de información referente a mediciones seleccionadas de transmisión, y, a petición, con aparatos de presentación visual de cualquier medición así como de impresión o registro en gráfica de cualquiera de las medidas o de todas ellas. El tipo de parámetros que se ha de comprobar, el grado de automatización y las facilidades de que ha de disponer el NOCC pueden variar conforme a las demandas del sistema de satélite, su tamaño y consideraciones técnicas y económicas. Un gran sistema de satélites, como INTELSAT, tiene un sistema de control y operaciones de la red automatizado y de una gran complejidad. Por el contrario, una pequeña red nacional de satélite puede limitar las funciones del centro de control y operaciones de la red a la vigilancia de la p.i.r.e. y la frecuencia central, realizada sólo en forma semiautomática o manual.

Se establecen enlaces bidireccionales de telefonía y teleimpresora entre el NOCC y la estación TTCM que vigila y controla las operaciones del vehículo espacial, así como entre el NOCC y otras estaciones terrenas, con objeto de lograr la coordinación y el control de las transmisiones por el NOCC. Esos enlaces pueden establecerse por intermedio de canales de servicio de ingeniería derivados y/o conexiones terrenales especiales en el modo operativo o de reserva para obtener redundancia.

6.8.2.2   Gestión de terminales terrenos de muy pequeña abertura

Desde hace poco tiempo se tiende a utilizar terminales de muy pequeña abertura, denominados también "microestaciones", destinados a proporcionar servicios de transmisión de datos o mensajes de baja velocidad binaria en modo paquetes, para establecer comunicaciones comerciales entre numerosos emplazamientos distantes. Estas microestaciones están enlazadas entre sí, formando una red en estrella centrada en una estación principal, y suelen funcionar sin atención humana. Aparte de cursar el tráfico dirigido hacia las microestaciones o procedente de ellas, la estación principal se encarga de la supervisión y el análisis de las averías de las microestaciones y proporciona informaciones estadísticas sobre el tráfico, la contabilidad y la facturación. Los parámetros de las microestaciones controlados periódicamente son el desplazamiento de la frecuencia en emisión, la ganancia de transmisión y la potencia de emisión, la ganancia de recepción, las temperaturas de los convertidores ascendentes y de bajo nivel de ruido, la tensión de los circuitos de alimentación, etc. Ciertos parámetros, como el desplazamiento de la frecuencia de emisión y los formatos de los paquetes de datos, pueden además ser fijados desde la estación principal. Si alguna microestación deja de comunicar, la estación principal trata automáticamente de conectarla de nuevo varias veces. Si estas operaciones no dan resultado, el sistema alerta al operador del centro de control de la red mediante señales acústicas y visuales. El operador puede aplicar entonces procedimientos paso a paso de diagnóstico simples para localizar el fallo y tomar las medidas apropiadas. Si los parámetros de una microestación sobrepasan determinados límites, cabe la posibilidad de interrumpir la emisión de esta microestación desde la estación principal. Un procesador central de la red en la estación principal registra continuamente el número de paquetes de datos recibidos y emitidos, así como el número de retransmisiones y bits erróneos.

6.9 Sistemas de lanzamiento de satélites

6.9.1 Antecedentes

Los primeros sistemas de lanzamiento para situar satélites en órbita alrededor de la Tierra fueron desarrollados por agencias gubernamentales en los años 1950 para poner sistemas de satélites de comunicaciones y de observación en órbitas bajas (150-200 km de altitud). La mayoría de aquellos lanzadores se realizaron a partir de los misiles balísticos intercontinentales de la época. En los años 1960, los programas de exploración espacial asociados con vuelos a la Luna y a los planetas dieron como resultado el desarrollo de potentes cohetes que fueron capaces de poner satélites en la órbita de los satélites geoestacionarios, normalmente denominada "OSG" (35 786 km de altitud). La era del uso extensivo de los satélites de comunicaciones OSG se inició en los años 1970 y ha continuado sin interrupción hasta el presente.

Recientemente, se ha suscitado un interés considerable en el desarrollo de nuevos satélites de comunicaciones no OSG que tienen requisitos de lanzamiento muy diferentes de los de los satélites OSG. La tecnología, sin embargo, está bien desarrollada puesto que durante las últimas décadas se han lanzado muchos satélites no OSG con diversas misiones de servicio (meteorología, cartografía de la Tierra, navegación, etc.). Asimismo, muchos sistemas de lanzamiento con capacidad OSG son capaces de poner varios satélites LEO en órbitas terrestres bajas o medias en una sola operación de lanzamiento.

6.9.2 Consideraciones sobre los lanzadores

Los requisitos básicos para la selección de un sistema lanzador son 1) su capacidad de alcanzar la órbita deseada; 2) su disponibilidad tras la construcción del satélite y una vez completada la fase de pruebas y el coste del equipamiento y de los servicios hasta hace poco, la oferta era limitada y el lanzamiento solo podía concertarse con agencias gubernamentales. Actualmente, se ha evolucionado hacia una nueva era en la que compañías privadas y organizaciones gubernamentales compiten entre sí, ofreciendo a nivel internacional una gama de vehículos de lanzamiento con criterio comercial. La industria de lanzamiento se está expandiendo rápidamente y se están ofreciendo continuamente nuevas capacidades y servicios. Por consiguiente, esta sección se debe considerar únicamente como una orientación sobre lo que puede estar disponible. Será necesario establecer contacto directo con los suministradores para obtener todos los detalles necesarios asociados con la contratación de un sistema de lanzamiento.

6.9.3 Tipos de sistemas de lanzamiento

6.9.3.1 Órbita de los satélites geoestacionarios (OSG)

Los sistemas de lanzamiento predominantes para satélites geoestacionarios tienen propulsores desechables que utilizan varias etapas para insertar un satélite en su órbita final. La primera etapa normalmente implica algunas fases de ignición del cohete que colocan el satélite con su motor de apogeo asociado (ARM) en una órbita de transferencia con un perigeo de aproximadamente 200 km de altitud y un apogeo a la altitud de la OSG. En el apogeo, se enciende el ARM para circulizar la órbita en un modo geosíncrono. Algunos sistemas de lanzamiento disponibles con estas características son el ARIANE, el ATLAS, el DELTA, la Serie-H, el LLV, el LARGA MARCHA, la Serie-M, el PROTON, el TITAN y el ZENIT, entre otros. En las secciones siguientes se incluye una breve descripción de las capacidades de estos sistemas.

Se ha mostrado interés en el desarrollo de lanzadores reutilizables en los que el vehículo de lanzamiento vuelve a la Tierra intacto y se prepara después para un nuevo lanzamiento. Un ejemplo es el sistema de transporte espacial de la NASA (lanzadera espacial), que sitúa satélites en una órbita terrestre baja desde la que un cohete intermedio coloca el satélite en una órbita de transferencia OSG. Posteriormente, el ARM se puede activar para alcanzar la órbita final. Puesto que la lanzadera espacial está tripulada, sus costes son excesivamente elevados para resultar prácticos para muchos satélites de comunicaciones comerciales que es preciso situar en órbita. Se reserva para lanzar cargas útiles especiales o para realizar operaciones espaciales que precisan la intervención humana. Se han indicado nuevas iniciativas sobre el desarrollo de pequeños vehículos de lanzamiento reutilizables (Kistler Co.) para operaciones en la próxima década.

6.9.3.2 Órbitas de satélites no geoestacionarios (no OSG)

Los sistemas de lanzamiento para satélites en órbitas terrestres bajas (LEO) precisan una capacidad de propulsión mucho menor que los sistemas geoestacionarios y tienen una mayor flexibilidad en sus diseños. Por ejemplo, algunos sistemas de lanzamiento LEO se transportan a bordo de aeronaves para mejorar su capacidad de carga útil. Otros están diseñados para poner varios satélites o constelaciones en una órbita determinada, reduciendo así el número de lanzamientos y los costes generales.

El diseño básico del lanzador de los sistemas de lanzamiento no OSG es similar al de los satélites geoestacionarios cuando es necesario poner en órbitas no OSG múltiples satélites o cargas útiles grandes. Puede ser necesario añadir o quitar etapas del cohete en función de los requisitos de carga útil y de órbita.

Los sistemas de lanzamiento no OSG han disfrutado de un largo periodo de operaciones desde el primer satélite terrestre (Sputnik) en 1957. Se han producido nuevos desarrollos para aumentar la fiabilidad y reducir el coste de estos sistemas de forma que, actualmente la industria de satélites de comunicaciones dispone de varios sistemas nuevos o modificados. Algunos ejemplos de sistemas de lanzamiento del tipo LEO son el Atlas I (Estados Unidos), el Aussroc (Australia), el Capricornio (España), el Delta Lite (Estados Unidos), la Serie de ESA/CNES (Europa), la Serie-J (Japón), el Kosmos (Rusia), el Lockheed Astria (Estados Unidos), el Larga Marcha CZ-1 (China), el PacAstro (Estados Unidos), el Pegasus (Estados Unidos), el Sea Launch (Estados Unidos/Internacional), el Shavit (Israel), la Serie SLV (India), el Soyuz/Vostok (Rusia) y la Serie VLS (Brasil), entre otros.

6.9.4   Selección del lanzador

Un examen preliminar para la selección de un sistema de lanzamiento debería considerar la comparación de prestaciones mediante requisitos tales como la masa del sistema espacial que se debe poner en una determinada órbita, el volumen disponible en la cofia o alojamiento del cohete, la precisión de inyección en la órbita de transferencia o en la órbita final y otros factores técnicos. Un conjunto igualmente importante de consideraciones es la fiabilidad y los costes del sistema de lanzamiento, incluidos los servicios de lanzamiento. Además, es preciso considerar los costes del transporte a la base de lanzamiento, así como las pólizas de seguros correspondientes.

La comercialización reciente de la industria de lanzamientos ha generado un alto nivel de competencia entre los suministradores, tanto para organizaciones gubernamentales como privadas. En este entorno tan dinámico se debe considerar la información más reciente antes de comprometerse con un determinado sistema de lanzamiento. Nuevos servicios de datos, como "Internet" y publicaciones técnicas como el "Transportation Systems Data Book" de la NASA, proporcionan información general sobre el estado de muchos sistemas de lanzamiento y de sus fabricantes o distribuidores. Los detalles técnicos y los costes actualizados deben tratarse directamente con los suministradores.

6.9.5   Sistemas de lanzamiento actuales y futuros

Esta sección proporciona información preliminar sobre algunos de los sistemas de lanzamiento de satélites utilizados recientemente y algunos de los sistemas modificados publicados en artículos e informes comerciales. No se trata de un resumen exhaustivo de todos los sistemas de lanzamiento que han surgido durante la última década, sino de una breve descripción de algunos ejemplos de sistemas de lanzamiento que tienen experiencia de explotación.

a)   Serie Ariane

Actualmente, el Ariane 4 es el sistema de lanzamiento más importante en la industria de comunicaciones por satélite comercial internacional. La Agencia Espacial Europea (ESA) y el CNES, Agencia Espacial Francesa, desarrollaron este sistema y Arianespace realiza las operaciones. La Serie 4, que tiene una fiabilidad superior al 90%, es capaz de insertar entre 1 900 y 4 200 kg en una órbita de transferencia geoestacionaria (GTO). Los vehículos Ariane se lanzan desde Kourou en la Guyana Francesa que se encuentra a una latitud aproximada de 5° N. Una versión mayor, el Ariane 5, ha completado últimamente su desarrollo y está disponible para lanzamientos comerciales. En la figura 6.35 se muestra un esquema del Ariane 5.

b)   Serie Atlas

Estos sistemas son los mayores lanzadores comerciales de los Estados Unidos de América. Desarrollado en los años 1960, el Atlas está en explotación actualmente para servicios comerciales por la empresa Lockheed Martin y por algunas compañías aeroespaciales rusas. Las versiones 1 y 2 del Atlas, que tienen una fiabilidad cercana al 90%, son capaces de insertar entre 2 250 y 3 490 kg en una órbita de transferencia geoestacionaria.

La figura 6.36 muestra un esquema del sistema de lanzamiento Atlas y enumera las características técnicas de sus subsistemas y componentes.

c)   Serie Delta

Estos sistemas tienen una larga historia de explotación fiable (98%) en los Estados Unidos de América. Actualmente, los fabrica y comercializa la empresa McDonnell Douglas. La versión Delta II es capaz de poner entre 950 y 1 820 kg en una órbita de transferencia. Actualmente está en desarrollo una versión Delta III que más que duplica la capacidad de carga de sus predecesores. La figura 6.37 muestra un resumen del crecimiento de los Delta desde su inicio en 1960 hasta la actualidad. También se muestran los modelos actuales para aplicaciones LEO.

d)   Serie-H

El sistema de lanzamiento H-2, que fue desarrollado por Japón a partir de su anterior Serie-N de vehículos, ha realizado con éxito sus vuelos iniciales, poniendo cargas útiles pesadas en la OSG y en el espacio. Es capaz de situar en una órbita de transferencia geoestacionaria 4 000 kg. La figura 6.38 muestra un historial del desarrollo de los lanzadores de la Serie-H de Japón.

e)   Serie LLV

El vehículo de lanzamiento de Lockheed es otro sistema flexible que utiliza pequeños propulsores cohete de combustible sólido para aumentar su capacidad de carga. Las versiones LLV-2 y -3 son capaces de situar 1 305 y 2 500 kg en una GTO. Este sistema es otro buen candidato para poner en órbita sistemas de satélites LEO.

f)   Serie Larga Marcha

Este sistema, desarrollado por China, incluye una gama de vehículos desde el pequeño CZ-ID al gran CZ-2E. Estos lanzadores están disponibles para servicios de satélites comerciales. La gama de capacidades de carga a la GTO varía entre 200 y 3 370 kg. Esta serie de vehículos tiene planes para lanzar satélites LEO en pocos años, cuando la capacidad de carga será superior en un factor de 2 ó 3. La figura 6.41 resume las características de los lanzadores Larga Marcha.

g)   Serie-M

Los vehículos M, todos de combustible sólido, también fueron desarrollados por Japón pero para cargas útiles menores. El modelo M-V tiene la capacidad de poner 1 215 kg en una GTO. Esta serie está planificada para una gran diversidad de emisiones espaciales.

h)   Serie Proton

Estos sistemas, que se diseñaron para poner en el espacio cargas útiles pesadas, tienen un largo historial de explotación en la antigua USSR. Actualmente está siendo comercializada por Servicios de Lanzamiento Internacionales, empresa mixta entre Krunichev de Rusia y Lockheed Martin de los Estados Unidos. Este vehículo tiene una capacidad de carga de 5 500 kg en una GTO. La figura 6.39 muestra los componentes principales del sistema de lanzamiento Proton D-1.

i)   Serie Titan

Este sistema de lanzamiento se desarrolló en los Estados Unidos hace varias décadas como vehículo balístico y se revisó posteriormente para poner satélites pesados en órbita. La versión Titan IV es capaz de poner entre 6 350 y 8 620 kg en una GTO. Este sistema se emplea fundamentalmente para operaciones gubernamentales de los Estados Unidos.

j)   Serie Zenit

Este sistema de lanzamiento se modificó a partir de anteriores vehículos de capacidad de carga grande de la USSR y se fabrica actualmente en Ucrania por NPO Yuznoye. Es capaz de poner 4 300 kg en una GTO. Mediante una empresa mixta con Boeing (Estados Unidos) y Kvaerner (Noruega), la empresa Sea Launch tiene planes para aumentar esta capacidad a 5 400 kg, lanzando el Zenit desde una plataforma petrolífera marítima modificada situada en el Ecuador. En la figura 6.40 se muestra un esquema del sistema Zenit con un dibujo de la plataforma marítima en desarrollo en el marco del programa de la empresa mixta de Sea Launch.

En lo relativo a otros sistemas mencionados en esta sección, se aconseja al lector que busque información en las organizaciones mencionadas anteriormente para una información actualizada.

Figura 6.35   —   Esquema del sistema de lanzamiento Ariane 5

Figura 6.36   —   Diseño del sistema de lanzamiento Atlas

Figura 6.37   —   Crecimiento de la familia Delta de sistemas de lanzamiento con un esquema de los lanzadores "Med-Lite"

Figura 6.38   —   Evolución de los sistemas de lanzamiento japoneses

Figura 6.39   —   Despiece del sistema de lanzamiento Proton D-1 que muestra sus principales componentes

Figura 6.40   —   Esquema de la plataforma Sea Launch y del lanzador Zenit 3SL

Figura 6.41   —   Serie de vehículos de lanzamiento Larga Marcha

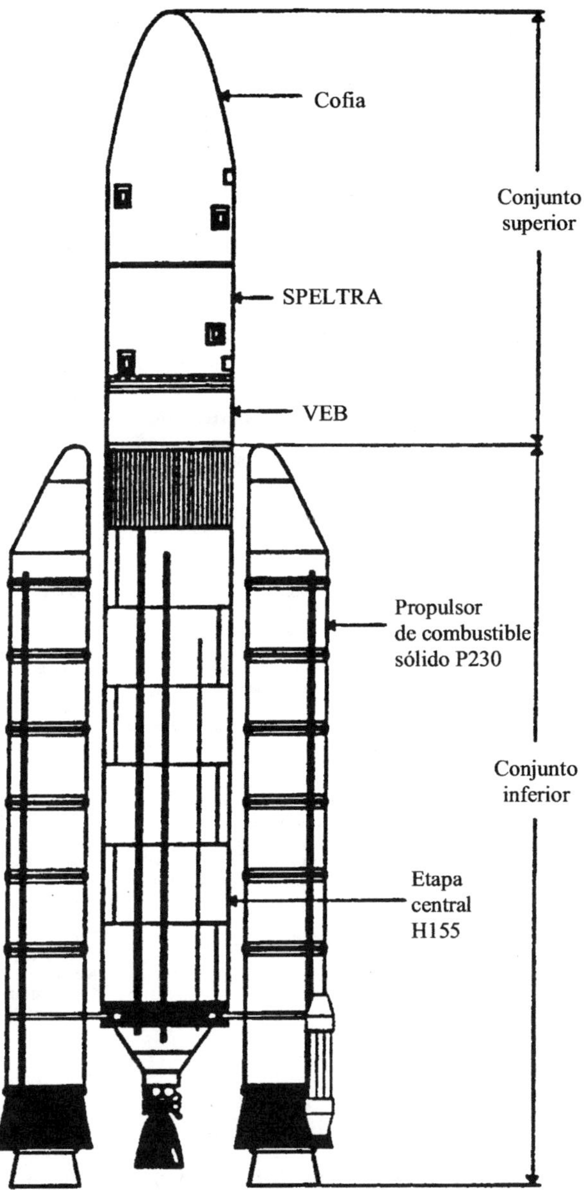

FIGURA 6.35

Esquema del sistema de lanzamiento Ariane 5

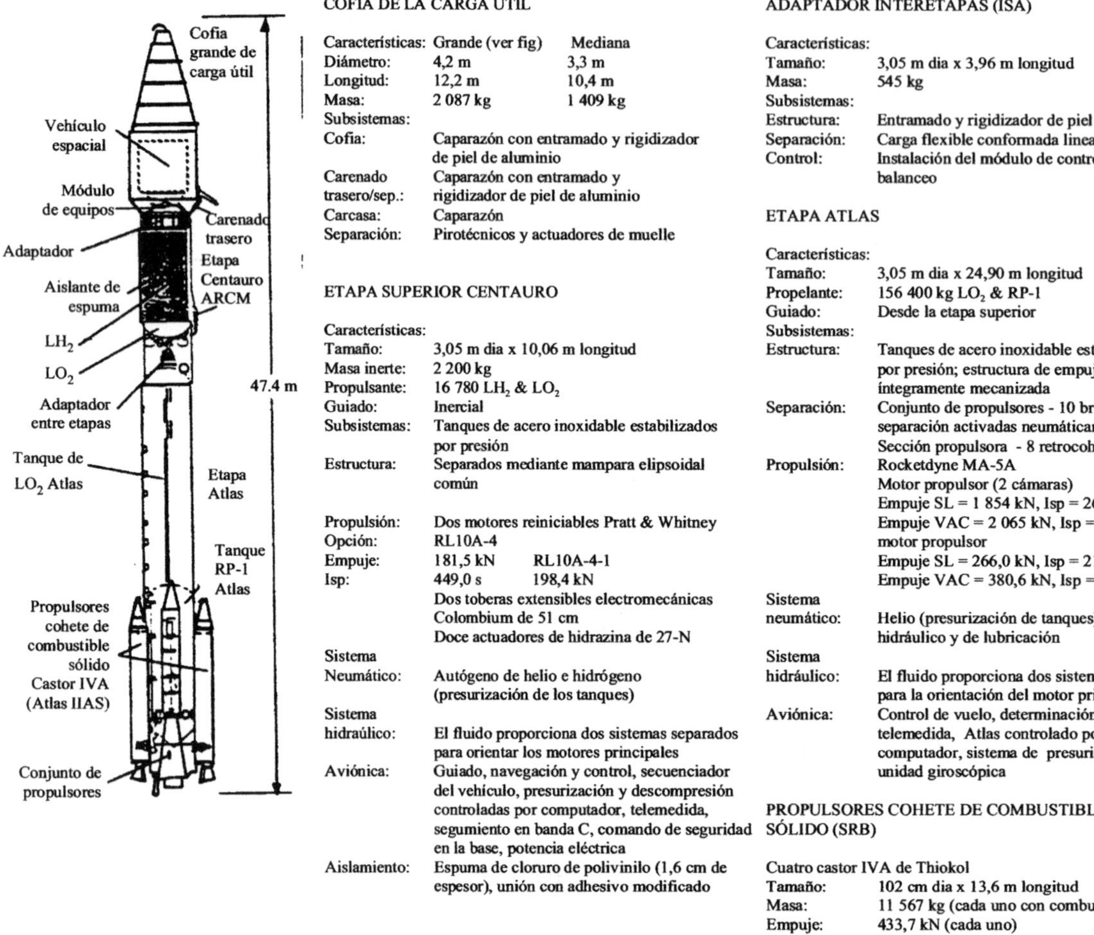

COFIA DE LA CARGA ÚTIL

Características:	Grande (ver fig)	Mediana
Diámetro:	4,2 m	3,3 m
Longitud:	12,2 m	10,4 m
Masa:	2 087 kg	1 409 kg
Subsistemas:		
Cofia	Caparazón con entramado y rigidizador de piel de aluminio	
Carenado trasero/sep.:	Caparazón con entramado y rigidizador de piel de aluminio	
Carcasa:	Caparazón	
Separación:	Pirotécnicos y actuadores de muelle	

ETAPA SUPERIOR CENTAURO

Características:
Tamaño:	3,05 m dia x 10,06 m longitud	
Masa inerte:	2 200 kg	
Propulsante:	16 780 LH₂ & LO₂	
Guiado:	Inercial	
Subsistemas:	Tanques de acero inoxidable estabilizados por presión	
Estructura:	Separados mediante mampara elipsoidal común	
Propulsión:	Dos motores reiniciables Pratt & Whitney	
Opción:	RL10A-4	
Empuje:	181,5 kN	RL10A-4-1
Isp:	449,0 s	198,4 kN
	Dos toberas extensibles electromecánicas Colombium de 51 cm	
	Doce actuadores de hidrazina de 27-N	
Sistema Neumático:	Autógeno de helio e hidrógeno (presurización de los tanques)	
Sistema hidráulico:	El fluido proporciona dos sistemas separados para orientar los motores principales	
Aviónica:	Guiado, navegación y control, secuenciador del vehículo, presurización y descompresión controladas por computador, telemedida, segumiento en banda C, comando de seguridad en la base, potencia eléctrica	
Aislamiento:	Espuma de cloruro de polivinilo (1,6 cm de espesor), unión con adhesivo modificado	

ADAPTADOR INTERETAPAS (ISA)

Características:	
Tamaño:	3,05 m dia x 3,96 m longitud
Masa:	545 kg
Subsistemas:	
Estructura:	Entramado y rigidizador de piel de alumin.
Separación:	Carga flexible conformada linealmente
Control:	Instalación del módulo de control de balanceo

ETAPA ATLAS

Características:	
Tamaño:	3,05 m dia x 24,90 m longitud
Propelante:	156 400 kg LO₂ & RP-1
Guiado:	Desde la etapa superior
Subsistemas:	
Estructura:	Tanques de acero inoxidable estabilizados por presión; estructura de empuje íntegramente mecanizada
Separación:	Conjunto de propulsores - 10 bridas de separación activadas neumáticamente Sección propulsora - 8 retrocohetes
Propulsión:	Rocketdyne MA-5A Motor propulsor (2 cámaras) Empuje SL = 1 854 kN, Isp = 262,1 s Empuje VAC = 2 065 kN, Isp = 293,4 s motor propulsor Empuje SL = 266,0 kN, Isp = 216,1 s Empuje VAC = 380,6 kN, Isp = 311,0 s
Sistema neumático:	Helio (presurización de tanques), sistema hidráulico y de lubricación
Sistema hidráulico:	El fluido proporciona dos sistemas separados para la orientación del motor principal
Aviónica:	Control de vuelo, determinación de vuelo, telemedida, Atlas controlado por computador, sistema de presurización, unidad giroscópica

PROPULSORES COHETE DE COMBUSTIBLE SÓLIDO (SRB)

Cuatro castor IVA de Thiokol
Tamaño:	102 cm dia x 13,6 m longitud
Masa:	11 567 kg (cada uno con combustible)
Empuje:	433,7 kN (cada uno)
Isp:	237,8 s

Motores encendidos en tierra con toberas de 11° de bisel
Motores encendidos en vuelo con toberas de 7° de bisel
Sistema de destrucción por separación
accidental (ISDS)   Sat/C6-36

FIGURA 6.36

Diseño del sistema del lanzamiento Atlas

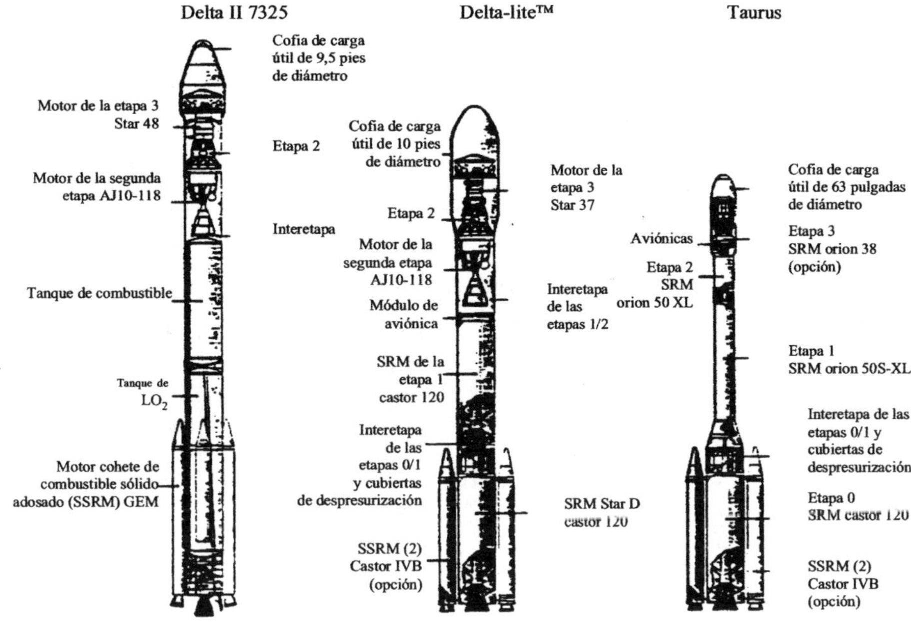

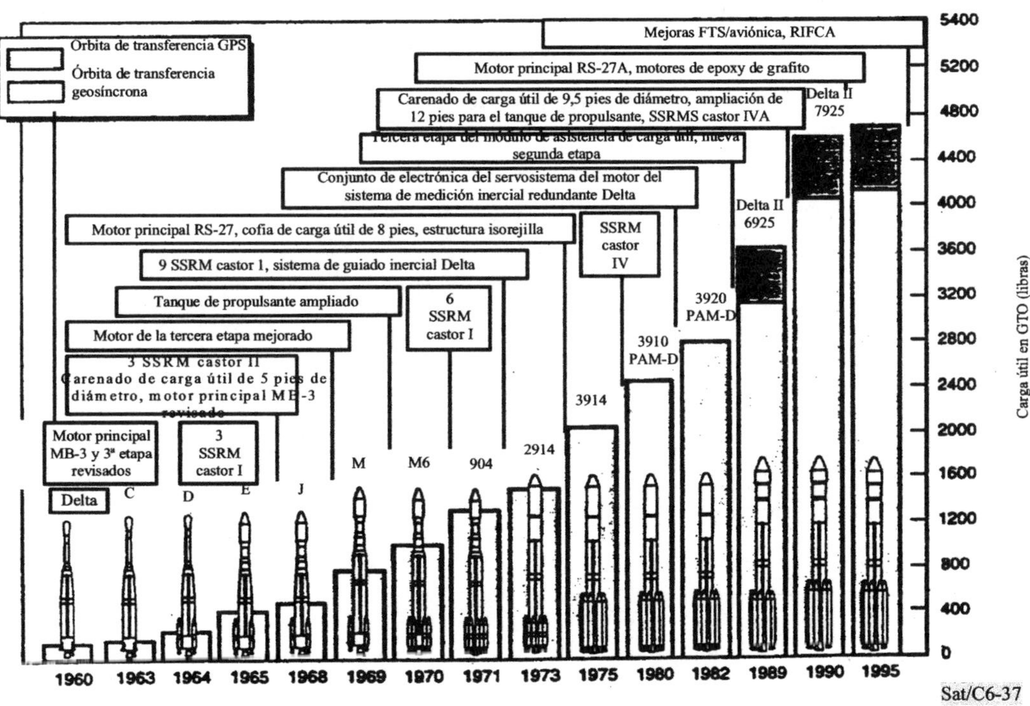

FIGURA 6.37

Crecimiento de la familia Delta de sistemas de lanzamiento con esquemas de los lanzadores "Med-lite"

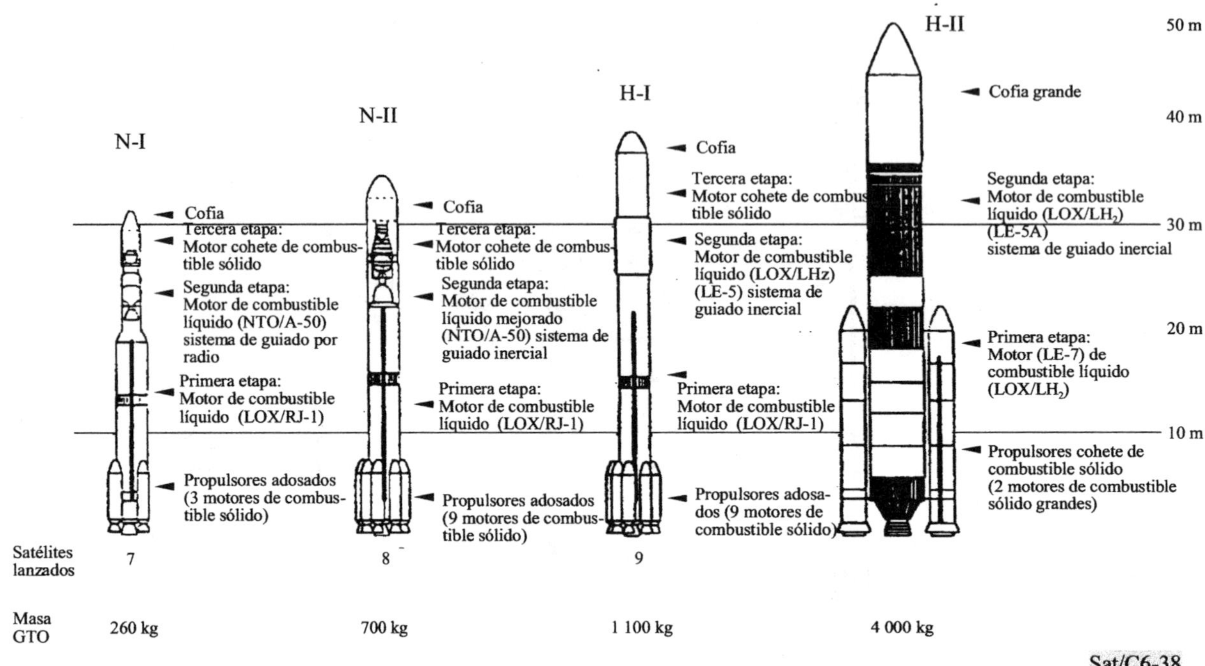

FIGURA 6.38

Historial de los sistemas de lanzamiento japoneses

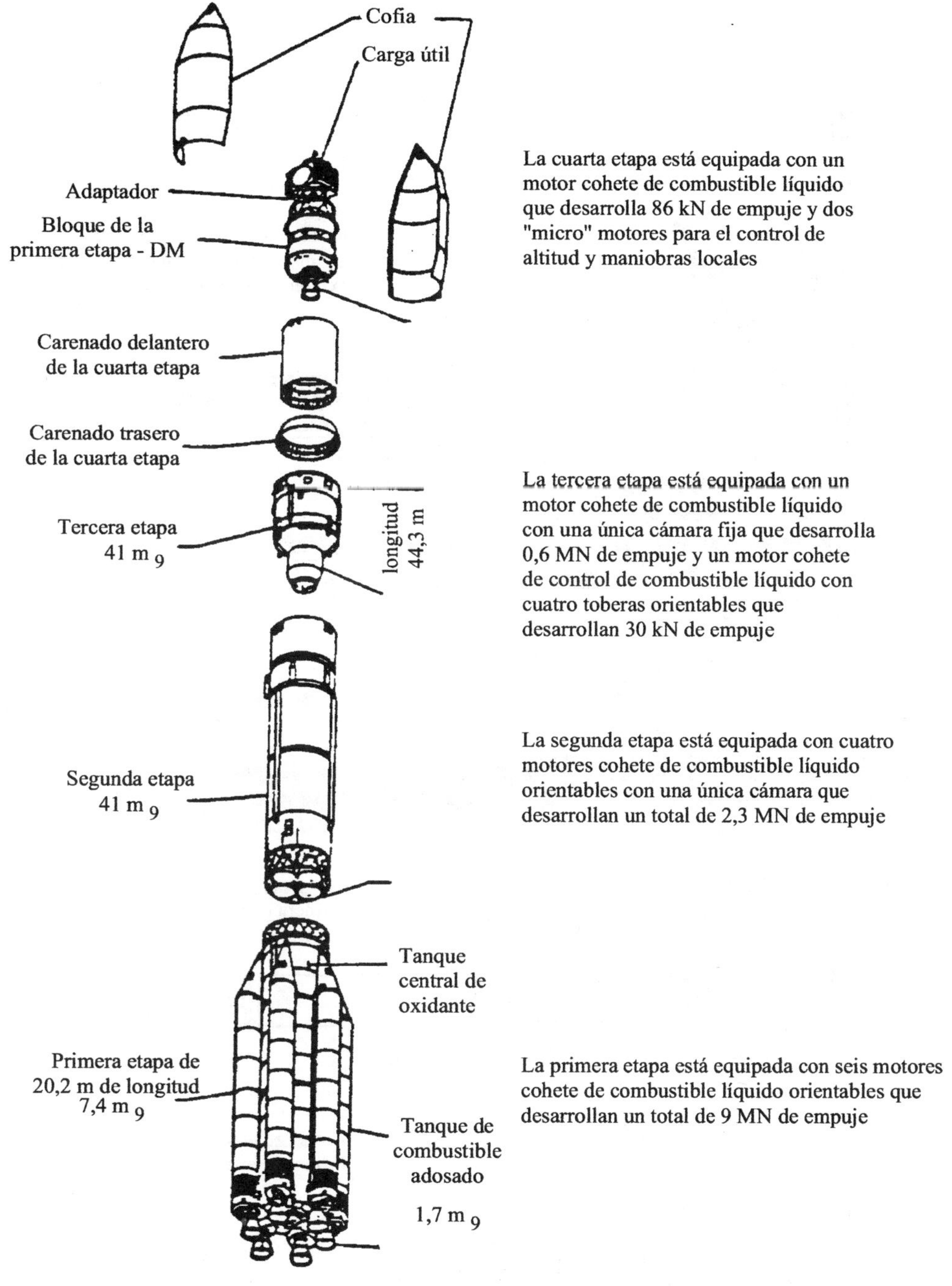

FIGURA 6.39

Despeje del sistema de lanzamiento proton D-1 mostrando sus principales componentes

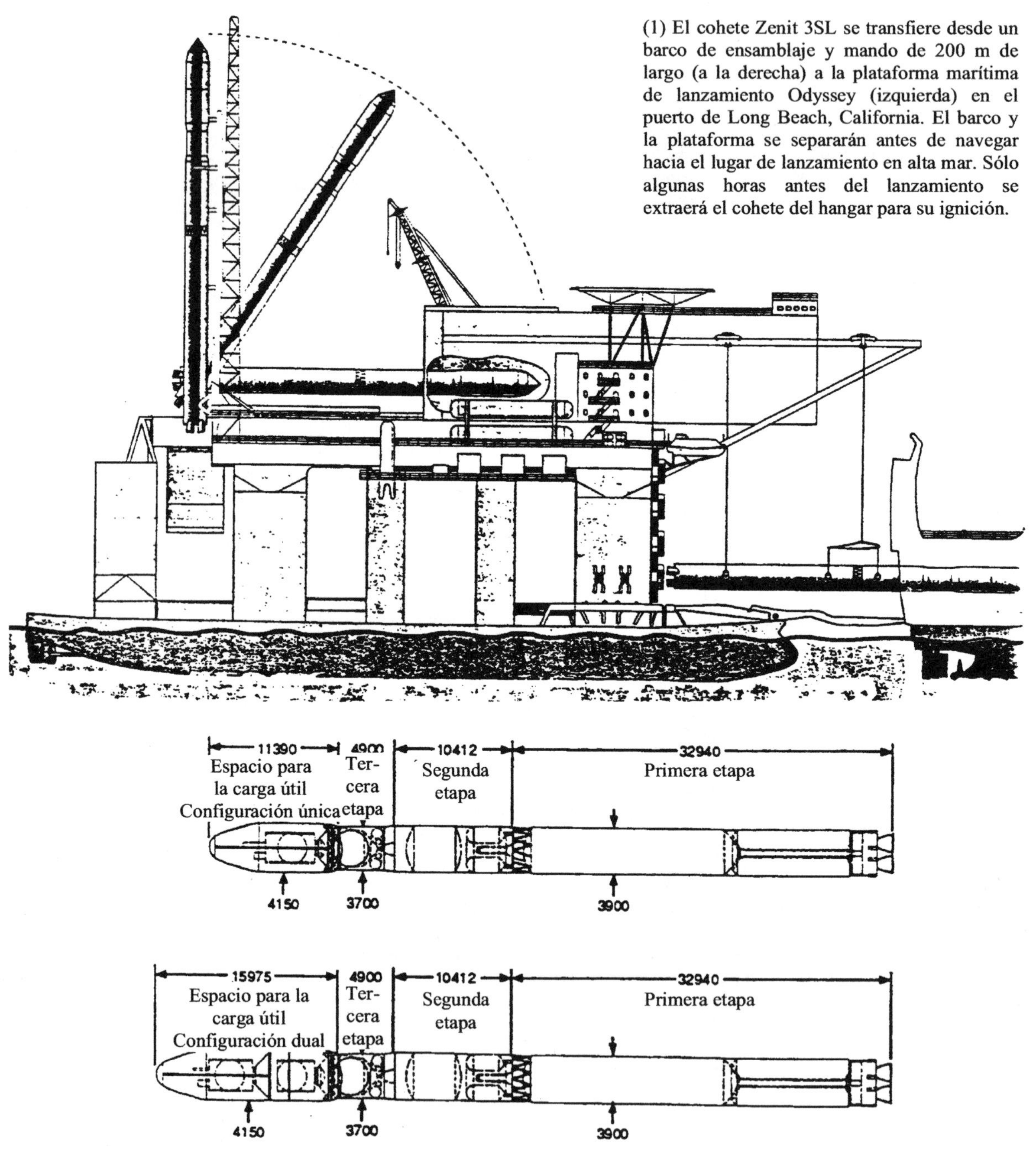

FIGURA 6.40

Esquema de la plataforma Sea Launch y del lanzador Zenit 3SL

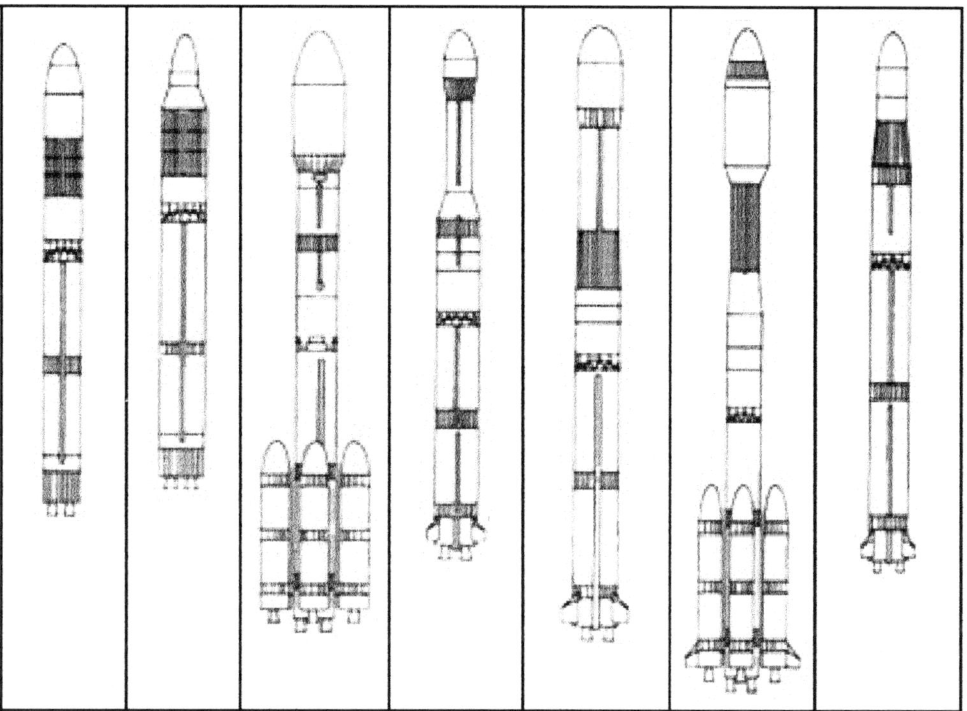

Vehículo de lanzamiento	LM -2C	LM -2D	LM -2E	LM -3	LM -3A	LM -3B	LM -4
Longitud total (m)	40,0	37,7	49,7	44,6	52,5	54,8	45,8
Masa de despegue (toneladas)	213	233	460	204	241	425.8	249.2
Empuje de despegue (kN)	2 962	2 962	5 923	2 962	2 962	5 923	2 962
Diámetro de la cofia (m)	2,60/3,35	2,90	4,20	2,60/3,00	3,35	4,00/4,20	2,90/3,35
Etapas 1 y 2	Propulsante: UDMH/N_2O_4/Diámetro: 3.,5 m						
Etapa 3	N/C	N/C	N/C*	LOX/LH_2	LOX/LH_2	LOX/LH_2	UDMH/N_2O_4
Misión primaria	LEO	LEO	LEO/GTO	GTO	GTO	GTO	SSO
Capacidad de carga útil (kg)	2 800	3 500	9 500/3 500	1 500	2 600	5 000	1 650
Base de lanzamiento**	JSLC TSLC	JSLC	JSLC/XSLC	XSLC	XSLC	XSLC	JSLC TSLC

* El Larga Marcha 2E, con un motor de perigeo de combustible sólido (EPKM), puede realizar misiones de lanzamiento GTO con una capacidad de lanzamiento de hasta 3 500 kg.

** XSLC/JSLC/TSLC se refieren a los tres centros de lanzamiento de satélites de Xichang, Jiuquan y Taiyuan en China.

Sat/C6-41

FIGURA 6.41

Serie de vehículos de lanzamiento larga marcha

REFERENCIAS

[1]   Ref: NASA/NFS Panel Report on Satellite Communications Systems and Technology, julio de 1993, Volumen 1. Capítulo 2, "Review Assessment of Satellite Communication Technologies".

[2]   Ref: AIAA-96-1142-CP paper, On-Board Propulsion for Communications Satellites, por L.W. Callahan, F.M. Curran y T.J. Wickenheiser.

[3]   Ref: AIAA-96-1082-CP paper "Design and Operation of a Non-Station Kept LEO Constellation", por R.J. Cenker (Aerospace Consulting Group, Inc., Mark Halverson y Robert Nelson (GE American Com Inc.).

[4]   (Ref 1): "Solar Arrays Meeting the Power Requirements of Communication Satellites" por P.A. LLes, F.F. Ho y E.B. Linder, AIAA -96-1024-CP paper.

[5]   (Ref 2): SCARLET: "A High-Payoff, Near-Term Concentrator Solar Array", por P. Alan Jones, D.M. Murphy, T.J. Harvey, D.M. Allen, L.H. Caveny y M.F. Piszczor, AIAA-96-1021-CP paper.

[6]   (Ref 1): "Satellites in the NII/GII", por N.R. Helm y B.I. Edelson, AIAA-96-0994-CP paper.

[7]   Ref: Capítulo 2, NASA/NSF Panel Report on "Satellite Communications Systems and Technology", Volumen 1, julio de 1993.

[8]   Ref: Capítulo 2, NASA/NSF Panel Report on "Satellite Communications Systems and Technology", Volumen 1, julio de 1993 on Transponders, TWTAs and SSPAs.

APÉNDICE 6.1

Ejemplos de sistemas de satélites no geoestacionarios

AP6.1.1 Sistema de satélites Teledesic

AP6.1.1.1 Introducción

La red propuesta utiliza una constelación de 840 satélites operativos en órbita terrestre baja con enlaces entre ellos y hasta cuatro satélites de reserva por plano orbital para proporcionar el acceso mundial a una amplia gama de capacidades de comunicación de voz, datos y vídeo en el SFS. La red proporcionará conexiones digitales conmutadas entre usuarios de la red a través de sus terminales normalizados con velocidades de transmisión entre 16 kbit/s y 2,048 Mbit/s y mediante sus terminales de alta capacidad a 155,52 Mbit/s y a múltiplos de esta velocidad hasta 1,24416 Gbit/s, en función del requisito instantáneo de capacidad.

Los terminales en los emplazamiento de cabecera y de usuario comunican directamente con la red de satélites y a través de centrales de cabecera con terminales en otras redes. La figura AP6.1-1 muestra un esquema general de la red. Cada satélite en la constelación es un nodo de una red de conmutación rápida de paquetes y tiene enlaces de comunicación entre satélites ("ISL") con ocho satélites adyacentes. Cada satélite comunica normalmente con cuatro satélites en el mismo plano orbital (dos delante y dos detrás) y con un satélite en cada uno de los dos planos adyacentes.

AP6.1.1.2 Descripción de la constelación

La constelación de satélites está distribuida en 21 planos orbitales con órbitas circulares escalonadas entre 695 y 705 km de altitud. Cada plano contiene un mínimo de 40 satélites operativos y hasta cuatro satélites de reserva en órbita equiespaciados a lo largo de la órbita. Los planos orbitales tienen una inclinación heliosíncrona (98,2° aproximadamente) que los mantiene con un ángulo constante respecto del Sol. Los nodos ascendentes de planos orbitales adyacentes están espaciados 9,5° a lo largo del ecuador. Los satélites en planos adyacentes se desplazan en el mismo sentido salvo en la constelación "de unión", en la que se solapan las porciones ascendentes y descendentes de las órbitas. No existe separación fija entre satélites en planos adyacentes: la posición de un satélite en una órbita es independiente de la de los satélites en otras órbitas.

Puesto que los enlaces de comunicación de los satélites utilizan frecuencias de la banda Ka y están sometidas a una elevada atenuación producida por la lluvia alta y a apantallamiento del terreno, la red está diseñada para funcionar con ángulos de elevación altos. Los problemas de atenuación y de apantallamiento disminuyen cuando aumenta el ángulo de elevación del trayecto de la señal. La

483

constelación de satélites está diseñada para asegurar que siempre existe por lo menos un satélite visible con un ángulo de elevación superior a 40° en toda la zona de cobertura. Se suministra cobertura 24 horas al día entre las latitudes de 72°N y 72°S, con una cobertura diaria parcial a latitudes superiores.

Este sistema utiliza una altitud nominal de 700 km para cumplir los requisitos de bajo retardo de extremo a extremo en la red. Las altitudes de los satélites en diferentes planos orbitales están escalonadas para eliminar la posibilidad de colisión entre satélites en órbitas que se cruzan. La altitud nominal de 700 km y el límite de 40° de elevación proporcionan una huella del satélite de aproximadamente 1 400 km de diámetro.

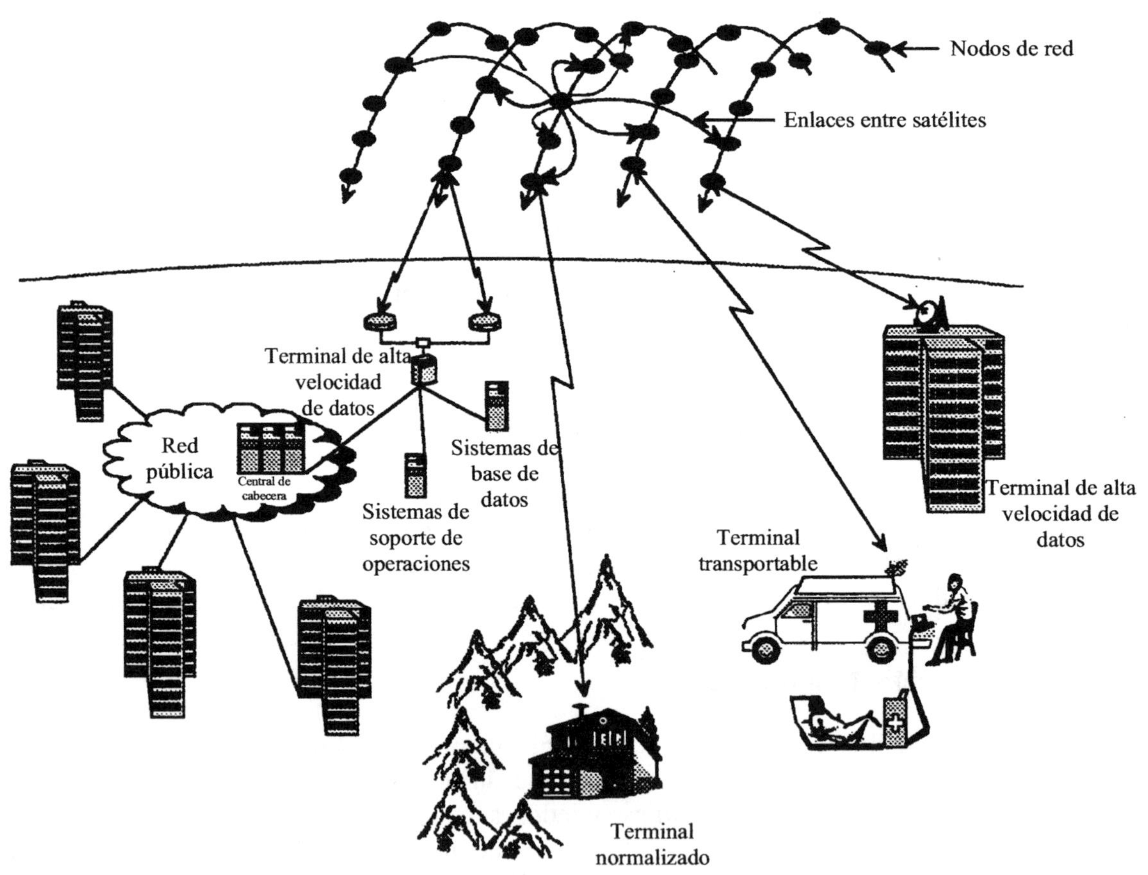

FIGURA AP6.1-1

La red de comunicaciones

AP6.1.1.3 Enlaces de comunicaciones

Todos los enlaces de comunicaciones transportan datos y voz mediante paquetes de bits de longitud fija (512). La unidad básica de la capacidad de canal es el "canal básico", que soporta una velocidad de datos útiles de 16 kbit/s y una velocidad asociada de 2 kbit/s para señalización y control. Los canales básicos se pueden agregar para sustentar velocidades de datos mayores. Los terminales normalizados incluirán tanto configuraciones de emplazamiento fijo como transportables. En su zona de servicio, cada satélite puede dar servicio a una combinación de terminales normalizados con una capacidad total equivalente a más de 125 000 canales básicos simultáneos y a por lo menos 16 terminales con enlaces de Gbits.

Los enlaces ascendentes utilizan control de potencia dinámico en los transmisores de RF de forma que se utiliza la cantidad mínima de potencia para llevar a cabo la comunicación deseada. Se utiliza la potencia mínima de transmisor para condiciones de cielo despejado. La potencia transmisora se aumenta para compensar el efecto de la lluvia. La densidad espectral de potencia producida por los terminales normalizados es de -38 dBW/Hz (ciclo despejado) y -21 dBW/Hz (lluvia). La densidad espectral de potencia generada por un terminal de alta capacidad es de -40 dBW/Hz (cielo despejado) y -23 dBW/Hz (lluvia).

Los terminales de enlace ascendente pueden utilizar antenas con diámetros entre 16 cm y 1,8 m en función de la velocidad de canal de transmisión máxima del terminal, la zona meteorológica y los requisitos de disponibilidad. La potencia transmitida media para los terminales normalizados varía entre menos de 0,01 W y 4,7 W en función del diámetro de la antena, de la velocidad de transmisión del canal y de las condiciones meteorológicas. Todas las velocidades de datos, hasta 2,048 Mbit/s, se pueden transmitir con una potencia transmitida media de 0,3 W mediante una elección adecuada del tamaño de la antena.

AP6.1.1.4 Estructura de la red

Una huella pequeña del satélite tiene la ventaja de que cada satélite puede dar servicio a la totalidad de su zona de cobertura con algunos haces orientables de alta ganancia, iluminando cada uno una única célula pequeña en un instante dado. Las células pequeñas permiten la reutilización eficaz del espectro, una densidad de canal alta y baja potencia del transmisor. Sin embargo, si esta configuración de células pequeñas recorriera la superficie de la Tierra a la velocidad del satélite (aproximadamente 25 000 km por hora), la misma célula daría servicios al terminal durante sólo algunos segundos antes de que fuera necesaria una reasignación de canal o "traspaso" a la célula siguiente. Sin embargo, los traspasos frecuentes dan como resultado una utilización ineficaz de los canales, costes de procesamiento altos y una capacidad inferior del sistema. La red utiliza un diseño de células fijas en la Tierra para minimizar el problema de los traspasos.

El sistema divide la superficie de la Tierra en una rejilla fija de aproximadamente 20 000 "supercélulas", cada una constituida por nueve células (véase la figura AP6.1-2). Cada supercélula es un cuadrado de 160 km de lado. Las supercélulas están dispuestas en bandas paralelas al ecuador. Hay aproximadamente 250 supercélulas en la banda en el ecuador y la cantidad de células por banda disminuye al aumentar la latitud.

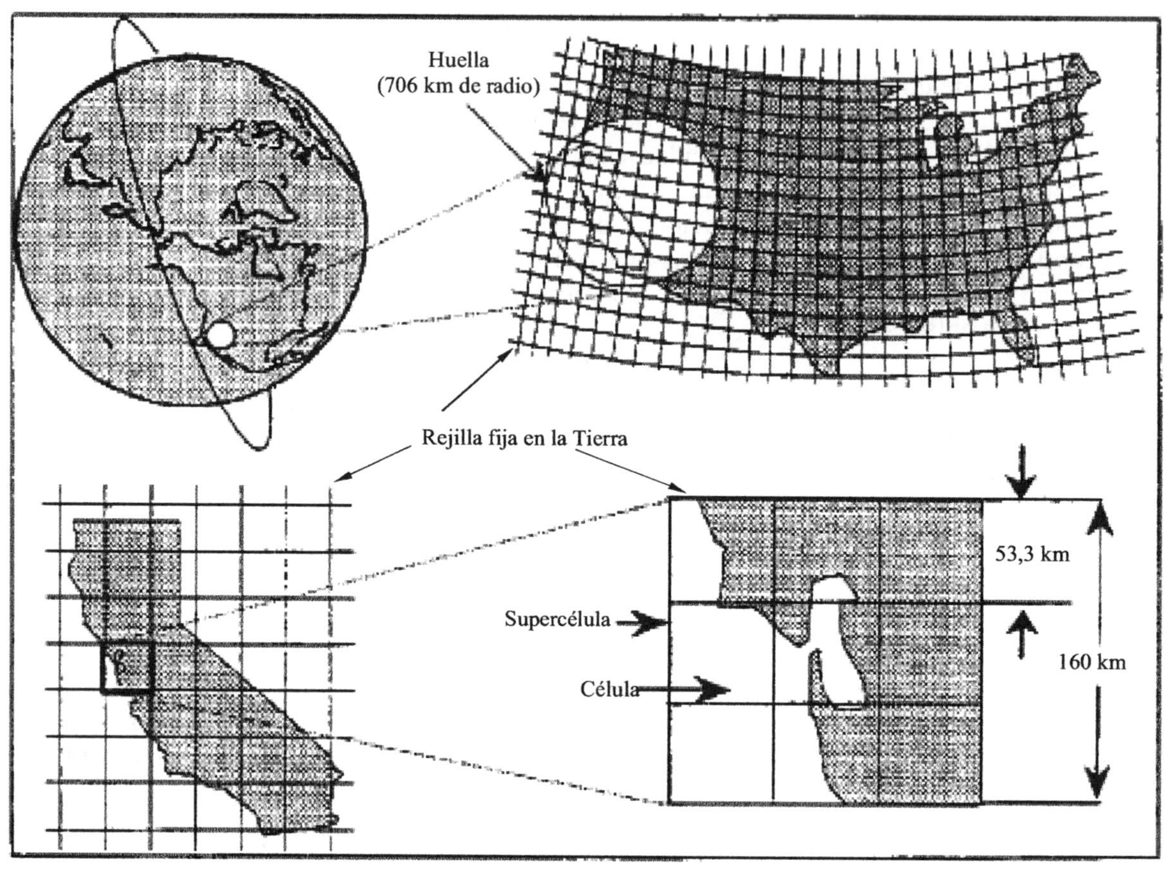

FIGURA AP6.1-2

Células fijas en la Tierra

La huella de un satélite incluye un máximo de 64 supercélulas o 576 células. El número real de supercélulas del que es responsable un satélite en un instante dado varía en cada satélite con su posición orbital y su distancia a satélites adyacentes, pero nunca excede 49. En general, el satélite más cercano al centro de la supercélula tiene la responsabilidad de la cobertura. Cuando un satélite pasa por encima, dirige sus haces de antena hacia los emplazamientos de las células fijas dentro de su huella. Esta orientación del haz compensa el movimiento del satélite así como la rotación de la Tierra. Este concepto se ilustra en la figura AP6.1-3.

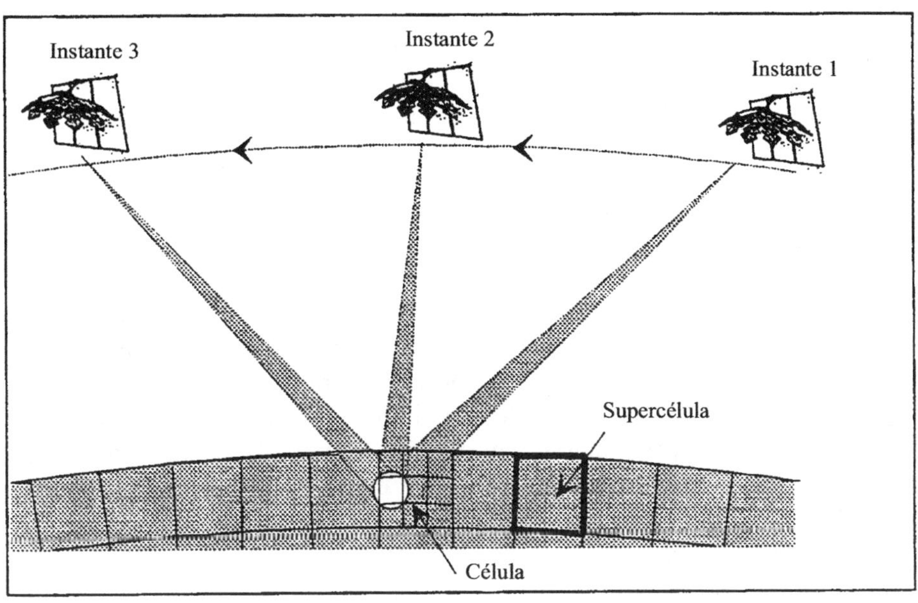

FIGURA AP6.1-3

Ilustración de la orientación del haz hacia una célula fija en la Tierra

Los recursos de cada canal (intervalos de tiempo y de frecuencias) están asociados con cada célula y los gestiona el satélite "en servicio" en ese momento. Mientras un terminal se mantenga dentro de la misma célula fija en la Tierra, mantiene la misma asignación de canal durante la duración de una llamada, independientemente de cuántos satélites y haces estén implicados.

Una base de datos incluida en cada satélite define el tipo de servicio permitido para cada célula fija en la Tierra. Células fijas pequeñas permiten al sistema evitar interferencias hacia o desde zonas geográficas específicas y conformar las zonas de servicio a las fronteras nacionales. Esto resultaría difícil de realizar con células grandes o células que se movieran con el satélite.

AP6.1.1.5 Método de acceso múltiple

La red utiliza una combinación de métodos de acceso múltiple para asegurar la utilización eficaz del espectro (véase la figura AP6.1-4). Cada célula dentro de una supercélula tiene asignado uno de nueve intervalos de tiempo iguales. La totalidad de la comunicación tiene lugar entre los satélites y los terminales en dicha célula durante el intervalo de tiempo asignado. En cada intervalo de tiempo de una célula, se dispone de la totalidad de la atribución de frecuencia para los canales de comunicaciones. Los haces transmisor y receptor del satélite barren periódicamente las células, dando lugar a un acceso múltiple por distribución en el tiempo ("AMDT") entre las células en una supercélula. Puesto que el retardo de propagación varía con la longitud del trayecto, las transmisiones del satélite están temporizadas para asegurar que la célula N (N=1, 2, 3, ... 9) de todas las supercélulas recibe las transmisiones al mismo tiempo. Las transmisiones del terminal hacia el satélite también están temporizadas para asegurar que las transmisiones provenientes de la célula con la misma numeración en todas las supercélulas en su zona de cobertura alcanzan ese satélite al mismo tiempo. La separación física (acceso múltiple por división espacial o "AMDE") y un esquema de comprobación de la polarización circular a izquierdas o a derechas eliminan la interferencia entre células barridas al mismo tiempo en supercélulas adyacentes. Intervalos de tiempo de guarda eliminan la superposición entre señales recibidas desde células consecutivas en el tiempo.

En cada intervalo de tiempo de una célula, los terminales utilizan acceso múltiple por distribución de frecuencia ("AMDF") en el enlace ascendente y acceso múltiple por distribución en el tiempo asíncrono ("AMDTA") en el enlace descendente. En el enlace ascendente, se asigna a cada terminal activo uno o más intervalos de frecuencias mientras dura la llamada y puede enviar un paquete por intervalo durante cada ciclo de barrido (23,111 ms). El número de intervalos asignados a un terminal determina su velocidad máxima disponible de transmisión. Un intervalo corresponde a un canal básico normalizado de terminal de 16 kbit/s con su canal asociado de señalización y control de 2 kbit/s. Para cada terminal normalizado se dispone de un total de 1 800 intervalos por ciclo de barrido de célula.

El enlace descendente del terminal utiliza la cabecera del paquete en lugar de una atribución fija de intervalos de tiempo para dirigirse a terminales. Durante cada intervalo de barrido de célula, el satélite transmite una serie de paquetes dirigidos a terminales dentro de dicha célula. Los paquetes están delimitados por una única configuración de bits y un terminal selecciona aquellos dirigidos a él, examinando cada campo de dirección de cada paquete. Un terminal normalizado que funciona a 16 kbit/s necesita un paquete por intervalo de barrido. La capacidad de enlace descendente es de 1 800 paquetes por célula y por intervalo de barrido para terminales normalizados. Cada haz de satélite transmite sólo durante el envío de los paquetes que se encuentran esperando para una célula.

La combinación de células fijas en la Tierra y de métodos de acceso múltiple da como resultado una utilización muy eficaz del espectro. El sistema puede reutilizar el espectro necesario más de 20 000 veces en toda la superficie de la Tierra.

Diagrama de barrido de células

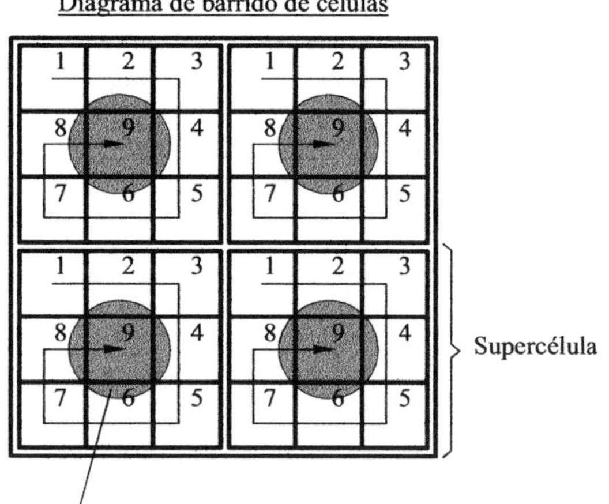

Ciclo de barrido de células

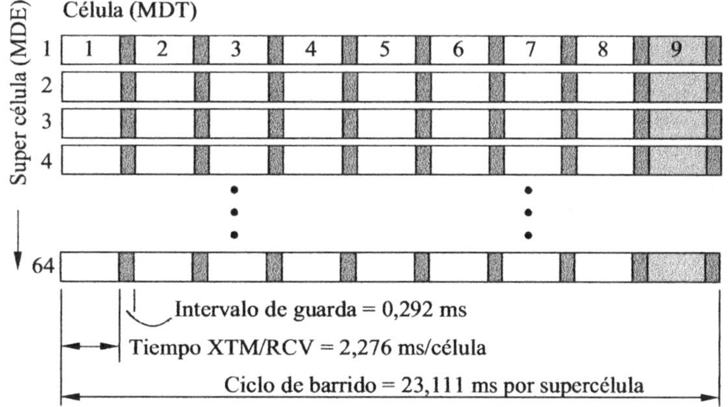

Multiplexación de canales en una célula

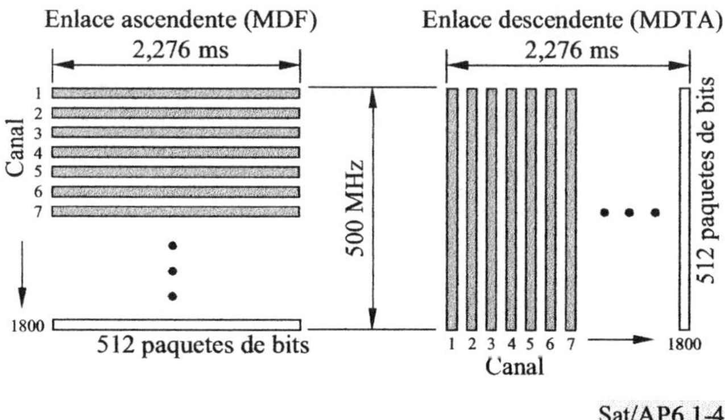

Sat/AP6.1-4

FIGURA AP6.1-4

Método de acceso múltiple de un terminal normalizado

AP6.1.1.6   Características técnicas

En el cuadro AP6.1-1 se muestran, para cada enlace, las bandas de frecuencias de explotación, las frecuencias específicas de explotación y la anchura de banda total y en el cuadro AP6.1-2 las polarizaciones.

CUADRO AP6.1-1

Bandas de frecuencias, frecuencias solicitadas y anchura de banda total

	Banda de frecuencias (GHz)	Frecuencias solicitadas (GHz)	Anchura de banda total solicitada (MHz)
Enlace ascendente del terminal normalizado	27,5-30,0	28,6-29,1	500
Enlace descendente del terminal normalizado	17,7-20,2	18,8-19,3	500
Enlace ascendente de alta velocidad de datos	27,5-30,0	27,6-28,4	800
Enlace descendente de alta velocidad de datos	17,7-20,2	17,8-18,6	800
Enlace entre satélites	59-64	59,5-60,5 y 62,5-63,5	2 000

CUADRO AP6.1-2

Polarizaciones

Enlace ascendente del terminal normalizado	Dextrógira y levógira
Enlace descendente del terminal normalizado	Dextrógira y levógira
Enlace ascendente de alta velocidad de datos	Dextrógira y levógira
Enlace descendente de alta velocidad de datos	Dextrógira y levógira
Enlace entre satélites	Dextrógira y levógira
Enlace ascendente de telemando	Vertical
Enlace descendente de telemedida	Vertical

Los satélites utilizan tres diferentes ganancias de antena para compensar parcialmente las variaciones en las pérdidas por espacio libre para diferentes posiciones en la huella del satélite. El cuadro AP6.1-3 muestra las ganancias de las antenas transmisoras del satélite, las potencias de salida y las p.i.r.e. máximas para cada haz de antena.

CUADRO AP6.1-3

Potencias de salida del transmisor del satélite y p.i.r.e. máxima

	Ganancias de cresta de la antena transmisora (dB)	Potencia transmitida (W)	p.i.r.e. máxima (dBW)

Enlace descendente
     Círculo central
     Anillo intermedio
     Anillo extremo
	
	 29,8
	 30,9
	 32,0
		
		 93,75
		 93,75
		 93,75
			
			 49,52
			 50,62
			 51,72

Enlace ascendente	41	4,6	47,6
Enlace entre satélites	48	5,5	55,4
Telemedida	0	2	3,0

Los satélites son satélites con procesamiento de la señal. Demodulan y decodifican todos los paquetes recibidos. Los paquetes decodificados se encaminan mediante un conmutador digital, se codifican, se modulan y se retransmiten. Los satélites no tienen transpondedores convencionales. Por tanto, los conceptos de densidad de flujo de saturación y de ganancia de transpondedor no tienen sentido en el sistema propuesto. Los paquetes recibidos se pueden encaminar hacia cualquiera de los haces de antena mediante el conmutador digital rápido de paquetes.

En la figura AP6.1-5 se muestran los contornos de ganancia para los haces transmisor y receptor de la antena del satélite.

AP6.1.1.7 Resumen de la descripción de la red Teledesic

Teledesic utiliza células pequeñas fijas en la Tierra tanto para la utilización eficaz del espectro como para respetar las fronteras territoriales de las naciones. En una célula de 53 por 53 km, la red puede acomodar una capacidad permanente de más de 1 800 canales de voz simultáneos a 16 kbit/s, 18 canales T-1 (1,544 Mbit/s) simultáneos o cualquier combinación comparable de anchuras de banda de canal. Esto representa una capacidad del sistema significativa, equivalente a una capacidad permanente de 20 000 líneas T-1 simultáneas en todo el mundo, con un potencial de crecimiento hacia capacidades superiores. La red ofrece "anchura de banda bajo demanda" de alta capacidad a través de sus terminales de usuario normalizados. Las anchuras de banda de canal se asignan de forma dinámica y asimétrica y varían desde un mínimo de 16 kbit/s hasta 2 Mbit/s en el enlace ascendente y hasta 28,8 Mbit/s en el enlace descendente. Teledesic proporcionará un número menor de canales de alta velocidad entre 155 Mbit/s y 1,2 Gbit/s para conexiones de cabecera y para usuarios con necesidades especiales. La baja órbita y las altas frecuencias (30 GHz en el enlace ascendente/20 GHz en el enlace descendente) permiten la utilización de terminales y antenas pequeños y de baja potencia con un coste relativamente bajo.

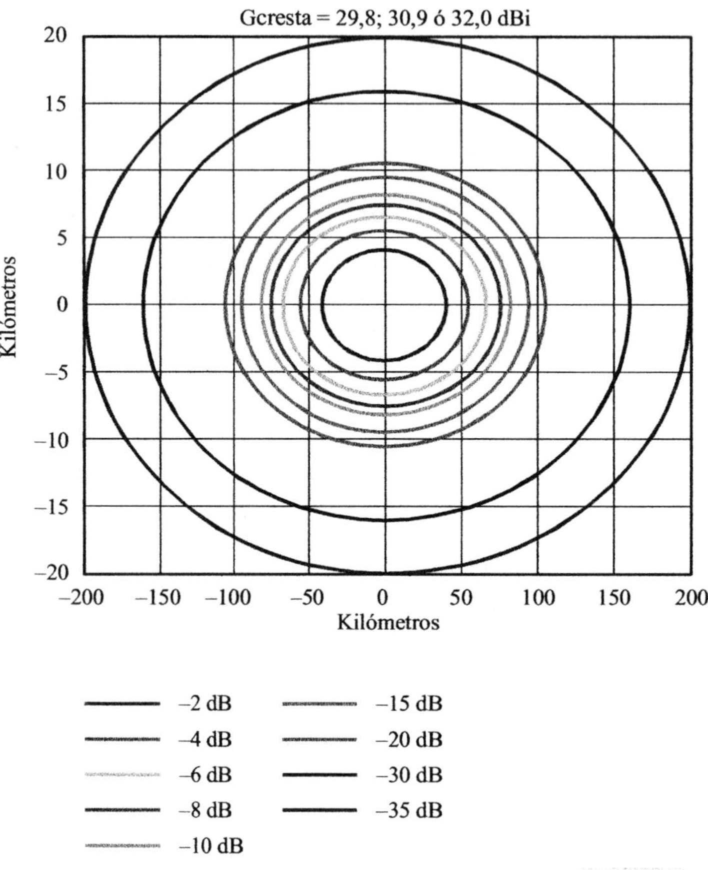

FIGURA AP6.1-5

Contornos de ganancia en transmisión y en recepción
del haz de barrido del satélite

AP6.1.2   El sistema de satélites SkyBridge

AP6.1.2.1   Descripción general del sistema

El sistema de satélites SkyBridge es un sistema de acceso de banda ancha para servicios
multimedios que utiliza una constelación de satélites no geoestacionarios (no OSG) en órbitas
terrestres bajas (LEO) y que funciona en las bandas de frecuencias 10-12/18 GHz (véase la sección
AP6.1.2.2). Desde los primeros años del siglo XXI, SkyBridge proporcionará directamente a los

usuarios finales una amplia variedad de servicios interactivos de alta calidad, de banda ancha y de banda estrecha, incluido el acceso a servicios de Internet y en línea, el acceso a distancia para negocios y también servicios de ocio.

Mediante su constelación de 80 satélites LEO, SkyBridge está diseñado para una cobertura mundial entre 72°N y 72°S. El sistema permitirá:

- servicios interactivos asimétricos (por ejemplo, aplicaciones de Internet de alta velocidad);

- servicios simétricos (por ejemplo, para aplicaciones de conversación, como videoconferencias).

Cada satélite proporciona una cobertura de 3 000 km de radio dividida en células fijas normalmente con un radio de 350 km (como se muestra en la figura AP6.1-6). En esta cobertura, un satélite puede compartir su capacidad (4,7 Gbit/s, de ida y de retorno) entre las células, es decir, entre un máximo de 24 haces puntuales. Esto resulta en un flujo medio del conjunto del sistema de 200 Gbit/s (suma del tráfico horario más denso) sobre zonas terrestres.

El sistema SkyBridge reutilizará las bandas de frecuencias atribuidas al SFS, SRS y a redes terrenales en su banda de frecuencias de funcionamiento, es decir, en una anchura de banda de 1,65 GHz para los enlaces ascendente y descendente en las bandas de frecuencias 10-12/18 GHz. Sin embargo, gracias a un cuidado diseño de su constelación y a una técnica eficaz de suspensión de transmisiones importantes durante periodos con posibles interferencias, el sistema asegurará su explotación continua, protegiendo a su vez otros sistemas (véase las secciones siguientes AP6.1.2.2 y AP6.1.2.3).

El sistema proporciona atribuciones de anchura de banda dinámicos sobre demanda (hasta 60 Mbit/s para el enlace de ida y hasta 20 Mbit/s para el enlace de retorno[1]). Su retardo de trayecto intrínsecamente bajo (normalmente 20 ms) lo hace compatible con los protocolos terrenales actuales como los protocolos Internet, permitiendo así una integración sin discontinuidades en las redes terrenales.

Además de los enlaces de servicio, es decir, los enlaces de comunicación directa disponibles para los usuarios finales, el sistema SkyBridge tiene la capacidad de proporcionar algunos enlaces de comunicación de cabecera a cabecera, que permiten a una cabecera aislada de una infraestructura terrenal adecuada acceder mediante un segundo salto a redes terrenales o servidores, y enlaces de retransmisión que permiten a una cabecera dar servicio a terminales de usuarios situados en otra célula a la que no se podría dar servicio de otra forma.

El sistema SkyBridge está constituido por:

- el segmento espacial que incluye una constelación de 80 satélites transparentes LEO. Está controlado por el centro de control de operaciones de satélite (SOCC) unido a estaciones terrenas de seguimiento, telemedida y control (TT&C);

---

[1] Un enlace de ida (denominado también en la terminología VSAT "outroute" o "outbound") es un enlace bidireccional (ascendente y descendente) entre una cabecera y uno de sus terminales de usuario a través del satélite y un enlace de retorno (denominado también en terminología VSAT "inroute" o "invound") es un enlace bidireccional entre un terminal de usuario y su cabecera.

- el segmento terreno, divido en:

  - el segmento terreno de terminal de usuario que incluye estaciones terrenas muy pequeñas (0,3 m a 1 m), conectada cada una de ellas, a través de los satélites, a la cabecera más próxima;

  - el segmento terreno de cabecera que permite la conexión con la infraestructura terrenal de banda ancha. Cada cabecera es responsable de todos los usuarios en una célula fija, normalmente de 350 km de radio, denominada célula de cabecera.

Toda la explotación del sistema SkyBridge está gestionada por el centro de gestión de misión (MMC).

Hay que destacar que, aunque el segmento espacial SkyBridge pertenecerá y será operado por el propietario del sistema de una forma global, las cabeceras pertenecerán y serán operadas por operadores locales, bajo sus propios reglamentos regionales o nacionales, en cada uno de los territorios a los que el sistema ofrece servicio. Asimismo, proveedores de servicio locales ofrecerán servicios a usuarios en sus regiones o naciones.

AP6.1.2.2 Segmento espacial

El SkyBridge está basado en una constelación de 80 satélites transparentes LEO (véase la figura AP6.1-7). Cada satélite está situado en una órbita circular a una altitud de 1 469 km sobre la Tierra.

La constelación es una subconstelación Walker 80/20/15 (es decir, 80 satélites distribuidos en 20 planos orbitales con una separación de 67,5° entre los primeros satélites de planos adyacentes). Los parámetros principales de la constelación se indican en el cuadro AP6.1-4.

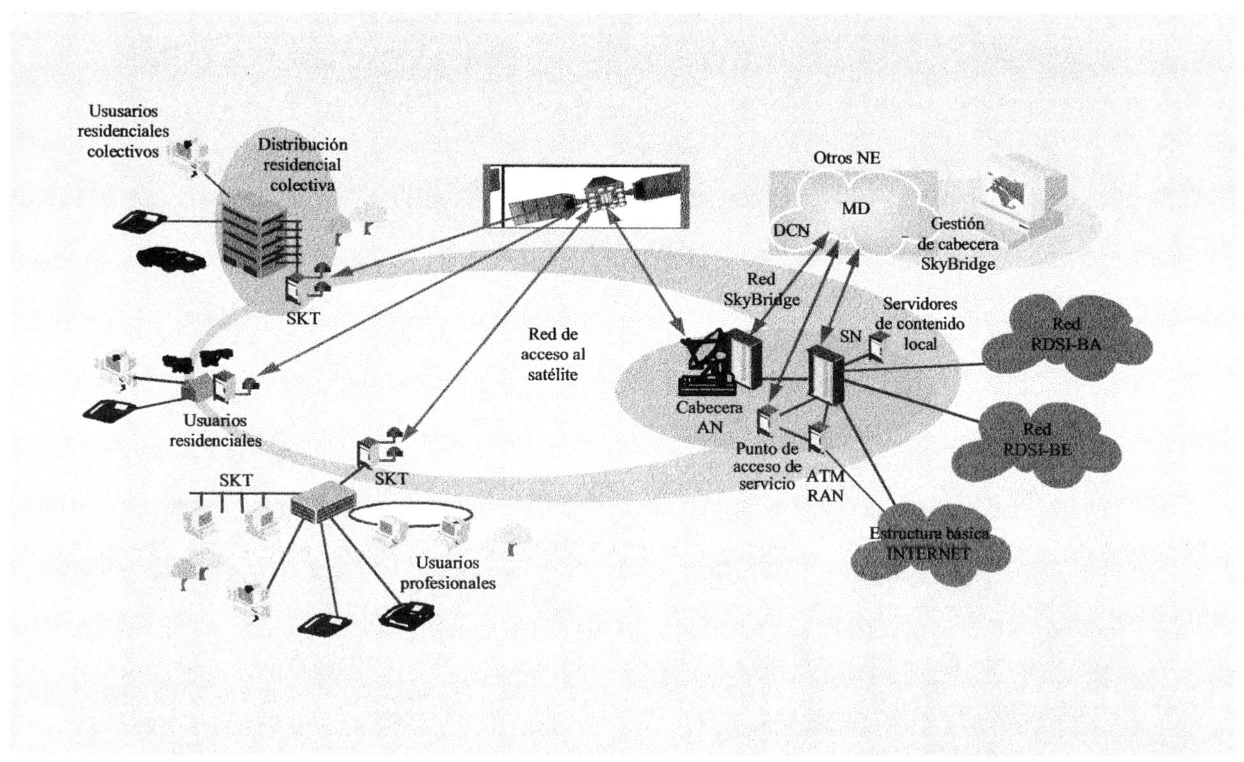

Sat/AP6.1-6

FIGURA AP6.1-6

Arquitectura del sistema SkyBridge

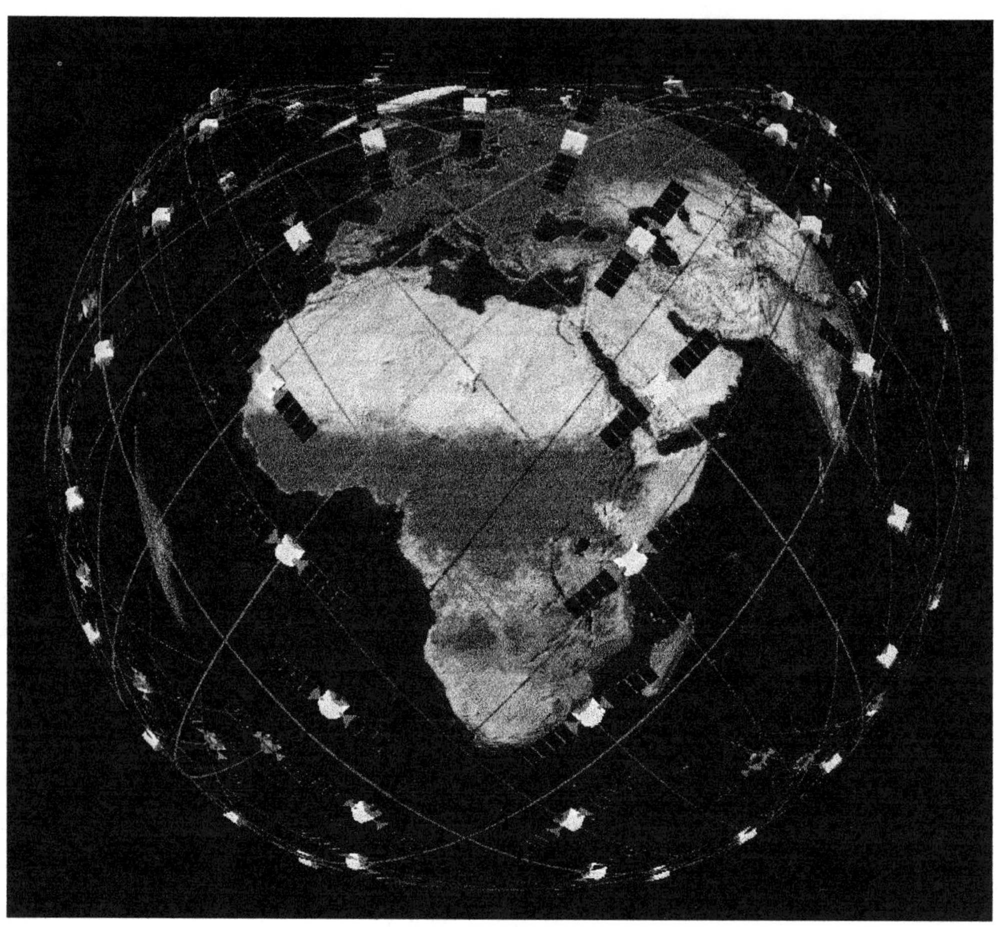

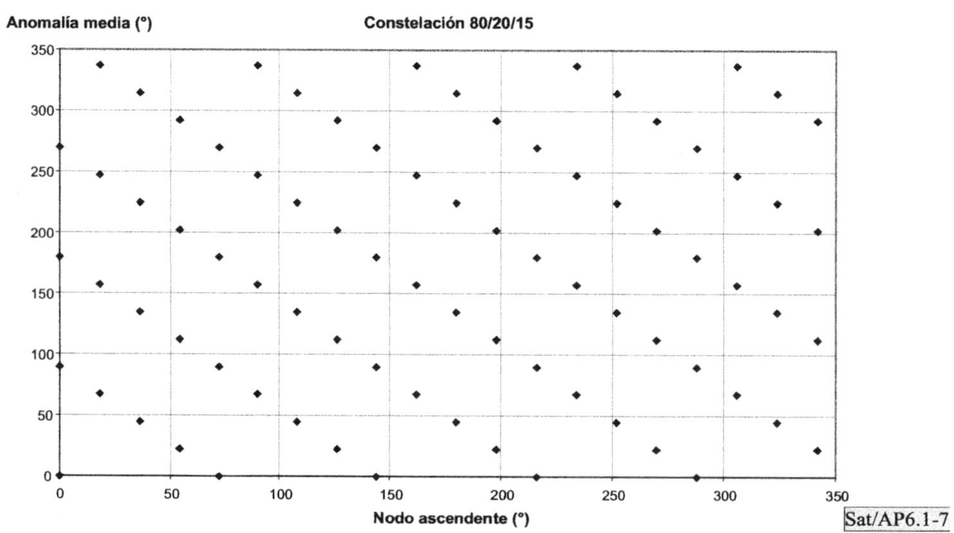

FIGURA AP6.1-7

Constelación SkyBridge

CUADRO AP6.1-4

Parámetros de la subconstelación

• Número de planos	20
• Satélites por plano	4
• Inclinación	53°
• Altitud	1 469 km
• Argumento del perigeo	90°
• Excentricidad	0
• Separación entre planos (ecuador)	18°
• Separación entre satélites	67,5°
• Periodo orbital	115 min

Se puede observar que el diseño de la constelación se ha elegido para permitir el inicio del servicio antes del lanzamiento de los 80 satélites. Por ejemplo, se puede utilizar una constelación Walker intermedia 40/10/15 para iniciar el servicio en latitudes medias.

Este diseño de constelación único permite:

- Asegurar que, en todo momento y en cualquier punto dentro de la zona de servicio de ±72° de latitud, está disponible por lo menos un satélite para comunicaciones desde estaciones terrenas SkyBridge con un ángulo de elevación superior a 10° y fuera de una zona no operativa alrededor de la OSG (como se explica a continuación). De hecho, el diseño de la constelación permite a cada satélite y a cada estación terrena evitar situaciones de interferencia, manteniendo un servicio continuo en tiempo real a todos los usuarios, puesto que se dispone de otro satélite al que transferir el tráfico. Es más, a latitudes entre 30° y 57° siempre están disponibles dos satélites y tres entre 35° y 40°.

- Optimizar la protección de las redes OSG del SFS, debido principalmente a la posibilidad de cancelar una haz puntual de un satélite cuando cruza una zona de no operación de ±10° alrededor de la órbita geoestacionaria, mientras se mantiene el tráfico en funcionamiento a través de otro satélite.

- Minimizar el número de satélites necesarios para ofrecer una cobertura continua, teniendo en cuenta la zona no operativa definida anteriormente.

Como ya se ha mostrado en la figura AP6.1-2, cada satélite tiene una cobertura de 3 000 km de radio dividida en células fijas en la Tierra, normalmente de 350 km. Esto se logra mediante la utilización de antenas a bordo que utilizan tecnología avanzada de formaciones controladas en fase y que generan un máximo de 24 haces puntuales orientables. Los haces puntuales consiguen una ganancia de antena elevada y permiten una reutilización máxima de frecuencias. En cada célula se pueden utilizar dos polarizaciones (circulares) y la totalidad de la banda de frecuencias autorizada.

A continuación se enumeran algunas características de los satélites:

*   Maza ≤1 250 kg

*   Dos paneles solares: 3,5 kW (fin de vida)

*   Operación completa durante eclipses

*   Consumo ~ 3 kW

*   Duración de la vida operativa: 8 años

*   Lanzamiento: Por grupos de uno a diez satélites. Varios lanzadores posibles (Atlas, Proton, Delta, Ariane, etc.)

*   Carga útil de comunicaciones: Antenas transmisoras y receptoras de formaciones controladas en fase (con filtros miniaturizados y tecnología MMIC para los amplificadores de bajo ruido y los ATOP). 22 transpondedores transparentes de ida y de retorno (módems). Para cumplir las necesidades de los enlaces de retransmisión, se incluyen conexiones cruzadas de RF transparentes.

En los cuadros AP6.1-5 y AP6.1-6 se resumen los parámetros principales de transmisión y de recepción de los satélites.

CUADRO AP6.1-5

Parámetros de transmisión de los satélites SkyBridge

Transmisión (enlace descendente)	p.i.r.e. (dBW)	Potencia por portadora (W)
• Enlace de servicio de ida (satélite a usuario)	21,4 dBW/22,6 MHz	6,4 dBW
• Enlace de servicio de retorno (satélite a cabecera)	7,9 dBW/2,93 MHz	−7,1 dBW
• Enlace de infraestructura (satélite a cabecera)	21,4 dBW/22,6 MHz	6,4 dBW

NOTA – Los valores dependen de las dimensiones de la antena de la estación terrena y del factor G/T (véase la sección AP6.1.2.6).

CUADRO AP6.1-6

Parámetros de recepción de los satélites SkyBridge

Recepción (enlace ascendente)	Temperatura de ruido del sistema (K)	G/T $(dB.(K^{-1}))$
• Enlace de servicio de ida (usuario a satélite)	455	–8,4
• Enlace de servicio de retorno (cabecera a satélite)	455	–14,5
• Enlace de infraestructura (cabecera a satélite)	455	–14,5

AP6.1.2.3 Banda de frecuencias y polarización – Proceso de coordinación

Los enlaces de servicio (tanto de ida como de retorno) utilizarán por lo menos una banda de frecuencias de 1,65 GHz de anchura entre 12,75 GHz y 18,1 GHz para los enlaces ascendentes y una banda de frecuencias de 1,65 GHz de anchura entre 10,7 GHz y 12,75 GHz para los enlaces descendentes. Los enlaces de telemedida y telecomando también estarán incluidos en las mismas bandas.

Se utiliza polarización circular (dextrógira y levógira) para disponer de terminales sencillos. La frecuencia exacta que ha de utilizarse en un determinado país o región se elegirá en las bandas citadas anteriormente de conformidad con el Reglamento de Radiocomunicaciones y las atribuciones[2] de la UIT y con los reglamentos y atribuciones locales.

La protección total de otros servicios y, en particular, de los servicios de satélites OSG se logra como sigue (véase también la sección AP6.1.2.2).

Cuando un satélite SkyBridge con un haz puntual en una determinada célula cabecera penetra en la zona no operativa de la célula (es decir, en una zona de ±10° alrededor de la OSG, cuando existe posibilidad de interferencia), se suprime el haz puntual y el tráfico se traspasa a otro satélite en la constelación que no se encuentre en la zona no operativa para esta célula. El MMC gestiona la operación de este sistema para evitar interferencias mediante la compartición adecuada de frecuencias.

Además, se imponen condiciones severas a las emisiones de SkyBridge (limitaciones de densidad de flujo de potencia, emisiones fuera de banda, etc.) para proteger otros servicios y, en particular, los servicios de comunicaciones terrenales.

---

[2] Como se explica en el Capítulo 9 (§ 9.3) de este Manual, en los planes de frecuencias de la UIT se consideran tres categorías generales de atribuciones: "planificadas del SFS" (apéndice 30B del RR), "no planificadas del SFS" (artículos 11 y 13) o "planificadas del SRS" (apéndices 30 y 30A).

AP6.1.2.4 Orientación de los haces puntuales y operación de traspaso

Los haces puntuales del satélite se orientan para compensar el movimiento del satélite y para mantener células fijas sobre la Tierra (se ha dividido la superficie de la Tierra en aproximadamente 500 células).

De acuerdo con criterios geométricos y para optimizar la atribución de recursos (incluido el proceso de supresión en zonas no operativas), se produce de vez en cuando entre satélites el traspaso del tráfico, que es transparente al usuario. Siguiendo las instrucciones recibidas desde el MMC, el satélite crea un haz puntual sobre esa cabecera durante la duración de la asignación. Después de la liberación del haz puntual, se traspasan los recursos correspondientes a otra cabecera. El proceso se ilustra en la figura AP6.1-8.

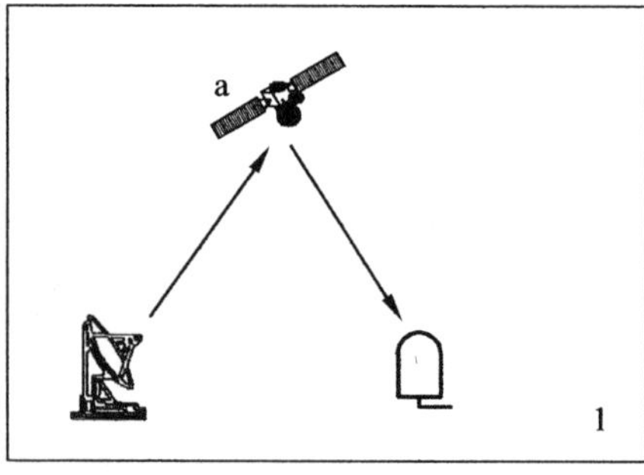

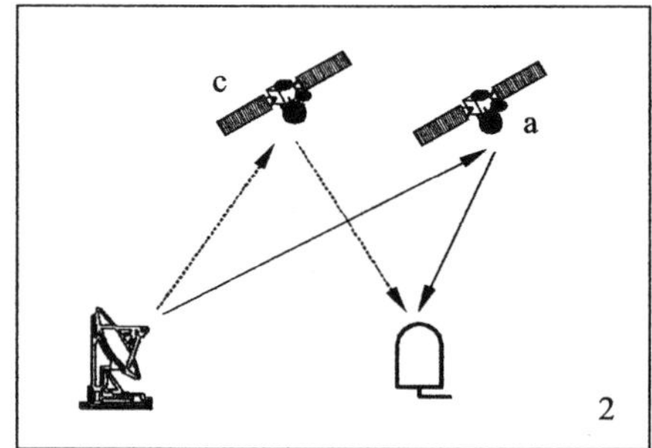

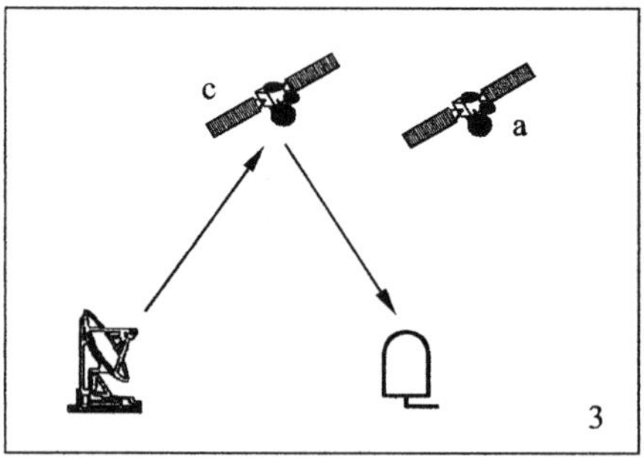

a: satélite saliente
c: satélite entrante

Fase 1: El tráfico nominal se encamina a través del satélite a.

Fase 2: Los terminales se sincronizan en primer lugar en el satélite entrante mientras transmiten y reciben desde el satélite a. A continuación, los terminales sincronizados reciben la atribución de recursos del satélite c y transpasan su tráfico al satélite c.

Fase 3: El tráfico nominal se encamina a través del satélite c.

FIGURA AP6.1-8

Proceso de traspaso

Para el traspaso, un terminal de usuario sigue automáticamente las instrucciones, recibidas en una señal difundida por su cabecera, a través del satélite que proporciona cobertura en ese instante. En el terminal de usuario se dispone de dos haces de antena y dos módems, que permiten una transferencia suave de un satélite a otro.

AP6.1.2.5 Características de transmisión

Se utiliza espectro ensanchado para todos los enlaces de comunicación.

Se combina AMDC con AMDT y AMDF para separar los enlaces de ida y de retorno. En el caso de enlaces de servicio con estaciones terrenas muy pequeñas de capacidad de tráfico media (usuarios residenciales), los enlaces de ida y de retorno se pueden compartir mediante AMDT (multiplexación en el tiempo). Se utiliza AMDF (multiplexación de frecuencia) para estaciones terrenas de mayor capacidad, equipadas con estaciones terrenas más grandes.

El tren de bits de información está codificado con códigos FEC y modulado posteriormente con MDC. Los códigos elegidos tienen una velación E_b/N_0 de referencia de 3,5 dB. Para el ensanchamiento del espectro, se utilizan códigos ortogonales y de ensanchamiento solapado. Estas características de transmisión se resumen en el cuadro AP6.1-7.

CUADRO AP6.1-7

Características de transmisión de SkyBridge

	Residencial	**Profesional**	**Cabeceras**
Modulación	MDP4/MDP2		
Relación de codificación	½		
Velocidad de datos de ida máxima	20,48 Mbit/s	$11 \times 20,48$	$11 \times 20,48$
Velocidad de datos de retorno máxima	2,56 Mbit/s	$11 \times 2,56$	Infraestructura $11 \times 20,48$
Anchura de band de enlace ascendente	1,6 GHz		Enlaces de servicio $11 \times 2,56$
Anchura de banda del enlace descendente	1,6 GHz		
E_b/N_0 de referencia	3,5 dB		

AP6.1.2.6 Segmento terreno

El segmento terreno del sistema SkyBridge incluye las cabeceras y los terminales de usuario.

AP6.1.2.6.1 Cabeceras

Como se muestra en la figura AP6.1-9, cada cabecera está compuesta de:

i) Un subsistema de acceso de cabecera, es decir, la estación terrena de cabecera propiamente dicha que proporciona los enlaces físicos con los terminales de usuario. Incluye el equipo de RF (antena, equipo de transmisión y de recepción) y un sistema de acceso que se encarga de la gestión de los traspasos y de los recursos radioeléctricos.

ii) Un subsistema de conmutación de cabecera que incluye conmutadores para encaminar el tráfico. Proporciona acceso a servidores locales y permite establecer la interfaz con redes de banda ancha y de banda estrecha (o Internet). El subsistema de conmutación de cabecera está basado en ATM, utilizándose únicamente la técnica ATM para transporte.

iii) Un subsistema de acceso de servicio que proporciona un punto de acceso de servicio al usuario para gestionar el registro de abonados, el perfil de servicio de usuario, la identificación del usuario, etc.

Las cabeceras están diseñadas para una fácil ampliación con el fin de acomodar incrementos de tráfico. El número de antenas implementadas en una cabecera puede variar entre 2 y 6.

Las características de RF típicas de una cabecera son:

* Tamaño de antena: 2,5 m a 4,5 m

* G/T ~ 25 dB/K

* p.i.r.e.: de 60 a 70 dBW (para enlaces de infraestructura ~ 51 dBW + 10 log N, siendo N el número de módems).

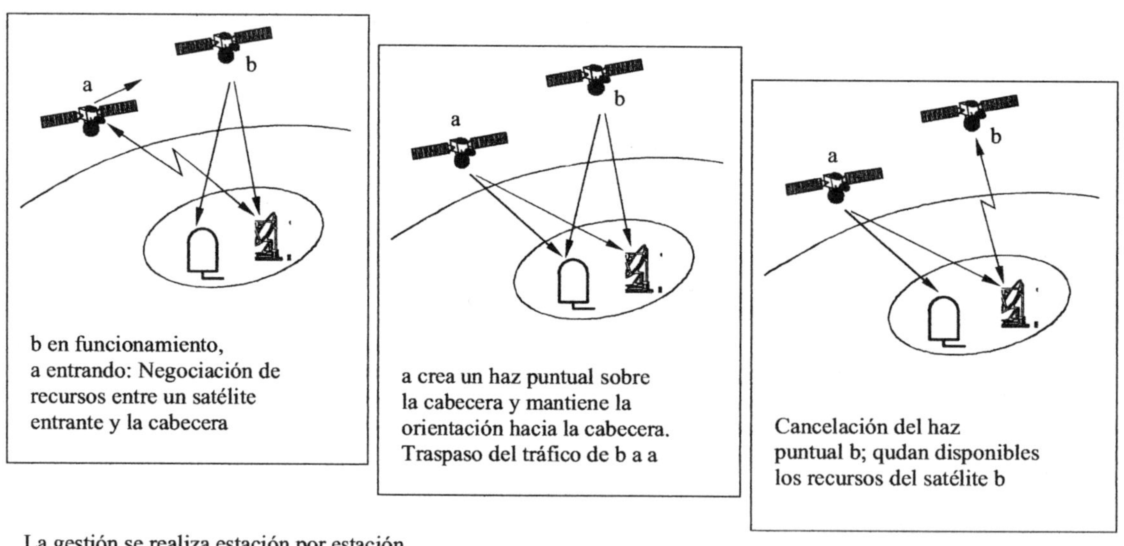

FIGURA AP6.1-9

Arquitectura de operación y de cabeceras de SkyBridge

AP6.1.2.6.2 Terminales de usuario

Los terminales de usuario son estaciones terrenas muy pequeñas compuestas de:

- Una unidad exterior (OU) que proporciona el enlace físico con la cabecera específica. Incluye la antena, el equipo de transmisión y recepción, el módem y una unidad de control.

- Una unidad interior (IU) para entregar y recibir el tráfico de usuario mediante las funciones de adaptación y las interfaces (NT: terminación de red) con terminales, por ejemplo, computadores personales, redes de área local (LAN), unidades exteriores de aparatos de televisión, computadores de red, PBX, etc.

Estarán disponibles diferentes tipos de terminales de usuario, en función de sus aplicaciones:

- Terminales de usuario residenciales que ofrecen un costo bajo y una instalación sencilla y la operación para usuarios individuales.

- Terminales de usuario profesionales con mayor capacidad.

El diseño de la antena del terminal de usuario está simplificado por el hecho de que la constelación de satélites es estable con huellas en la Tierra monótonas y repetitivas. La posición de los satélites que ve el terminal está por tanto totalmente predeterminada.

El cuadro AP6.1-8 indica las características principales de los terminales de usuario.

CUADRO AP6.1-8

Características del terminal de usuario

	Residencial	Profesional
• Tamaño total de la unidad exterior (OU)	≈ 50 cm	≈ 80 cm
• Velocidad binaria transmitida	2,56 Mbit/s	$n \times 2{,}56$ Mbit/s
• Velocidad binaria recibida	20,48 Mbit/s	$m \times 20{,}48$ Mbit/s
• Técnica de multiplexación	Frecuencia	Frecuencia
• p.i.r.e. (dBW)	≈ 34	≈ 44
• G/T (dB.K^{-1})	≈ 8	≈ 14

CAPÍTULO 7

El segmento terreno

7.1 Configuración y características generales de las estaciones terrenas

7.1.1 Configuración, diagramas de bloques y principales funciones

La estación terrena es el terminal transmisor y receptor de un enlace de telecomunicaciones por satélite. La configuración general de la estación terrena no es esencialmente distinta de la del terminal de radioenlace, pero la enorme atenuación (unos 200 dB) de las ondas radioeléctricas a la frecuencia de la portadora a lo largo del trayecto en el espacio libre entre la estación y el satélite (36 000 km aproximadamente) suele exigir a los principales subsistemas de la estación terrena una calidad de funcionamiento muy superior a la del terminal de radioenlace.

El diagrama funcional general de la estación terrena se muestra en la fig. 7.1, en la que, como subsistemas principales de la estación, se distinguen los siguientes:

- el sistema de antena,

- los amplificadores del receptor (de bajo nivel de ruido),

- los amplificadores del transmisor (de potencia),

- el equipo de telecomunicaciones (convertidores de frecuencia y módems),

- el equipo de multiplexación/demultiplexación,

- el equipo para conexión con la red terrenal,

- el equipo auxiliar,

- el equipo de alimentación de energía,

- la infraestructura general.

Para conseguir la disponibilidad necesaria se suele acudir a la redundancia de equipos. De hecho, en una estación terrena con varios enlaces de acceso hay dos categorías de subsistemas: los comunes a todos los enlaces de RF y los específicos del enlace en cuestión.

En la primera categoría se encuadra principalmente el sistema de antena, los amplificadores de bajo nivel de ruido del receptor y los amplificadores de potencia del transmisor. Los amplificadores de bajo nivel de ruido y los de potencia suelen contar con el apoyo de unidades de reserva de conmutación automática sin interrupción del funcionamiento. Por el contrario, el sistema de antena (el alimentador, el dispositivo de seguimiento, la estructura mecánica, el motor y los servomecanismos) no puede dotarse normalmente de unidades redundantes, por lo que hay que prestar la máxima atención a su diseño y construcción para obtener un gran MTTF (tiempo medio hasta el fallo, *mean time to failure*). Obsérvese asimismo que las fuentes de alimentación suelen diseñarse para funcionar ininterrumpidamente.

El apartado 7.4.6 presenta algunas configuraciones de redundancia de amplificadores de alta potencia.

En la segunda categoría se pueden encuadrar los equipos de telecomunicaciones, unidades de multiplexación, etc., cuando lo permiten la configuración de la estación, la distribución del enlace y asimismo el MTTF de las unidades. Estos subsistemas pueden dotarse de redundancia del tipo uno para varios, o sea con una sola unidad de reserva (que suele ser asimismo de conmutación automática) para varias unidades activas idénticas.

Estos subsistemas se describen someramente a continuación y se explican con más detalle en los apartados siguientes.

7.1.1.1   El sistema de antena

La antena, cuyo diámetro puede oscilar entre unos 33 m y 3 m e incluso menos, es el subsistema más visible y a menudo más impresionante de la estación terrena.

Las antenas de las estaciones terrenas sirven tanto para transmitir como para recibir y han de tener las siguientes características de funcionamiento:

*   alta ganancia en transmisión y recepción, que requiere reflectores grandes en relación con la longitud de onda y de alto rendimiento;

*   bajo nivel de interferencia (en transmisión) y de sensibilidad a la interferencia (en recepción), lo que exige un diagramas de bajo nivel de radiación fuera del lóbulo principal (lóbulos laterales pequeños);

*   radiación con gran pureza de polarización;

*   en recepción, escasa sensibilidad al ruido térmico por radiación del suelo y pérdidas diversas.

Desde el punto de vista mecánico, el funcionamiento de los elementos radioeléctricos exige una precisión estructural grande: la superficie del reflector principal ha de tener una precisión de 1/50 de la longitud de onda, por ejemplo, 1 mm para la banda de 6 GHz, o una precisión relativa de 1/15 000 en el caso de las antenas grandes de norma A de INTELSAT de unos 16 m. Esta precisión deberá mantenerse en todas las condiciones ambientales (por ejemplo, con ráfagas de viento de hasta 20 m/s). Además, el haz de la antena debe permanecer dirigido hacia el satélite en todas las condiciones ambientales de funcionamiento, con independencia de los movimientos marginales del satélite. Por ejemplo, en el caso de las antenas de 16 m norma A de INTELSAT, la precisión angular ha de ser de unos 0,015º, lo que requiere un dispositivo de seguimiento automático que controle el mecanismo motor de la antena.

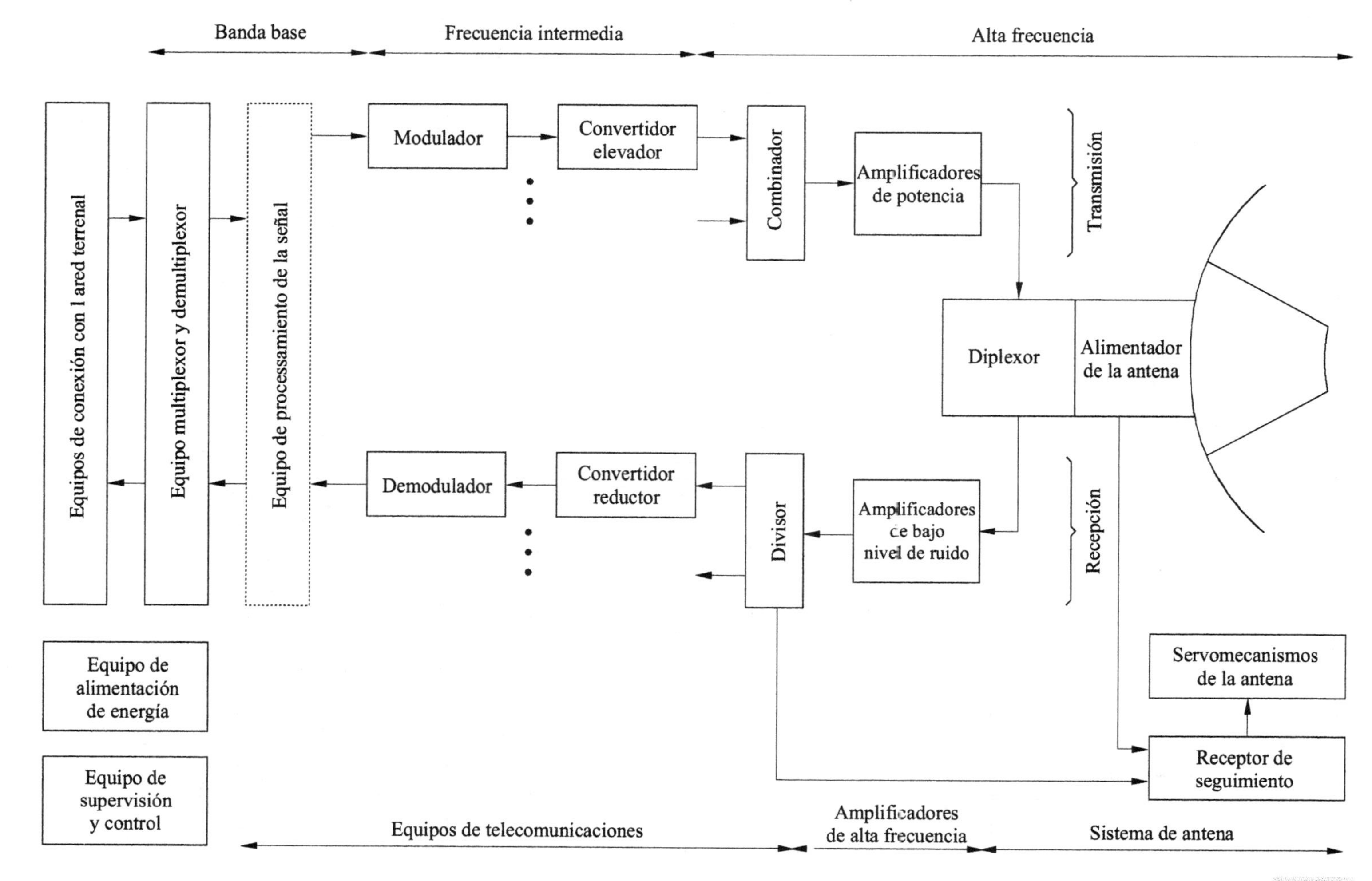

FIGURA 7.1

Diagrama funcional general de la estación terrena

El sistema de antena se compone en general de lo siguiente:[1]

- el sistema mecánico, que comprende el reflector principal, el pedestal, el mecanismo motor y el servosistema;

- la fuente primaria, que comprende la bocina iluminadora, sus espejos (espejos auxiliares de las antenas de tipo Cassegrain y a veces espejos periscópicos) y los elementos "no radiantes" (el acoplador de seguimiento, los polarizadores, los duplexores, etc.);

- el receptor del dispositivo de seguimiento automático.

Las estaciones terrenas para las bandas 6/4 y 14/11-12 GHz se suelen clasificar exclusivamente por el tamaño de la antena en:

- estaciones grandes: antenas de más de 15 m;

- estaciones medianas: antenas de 15 a 7 m aproximadamente;

- estaciones pequeñas: antenas de 7 a 3 m o menos;

- microestaciones para VSAT (terminal de muy pequeña abertura): de 4 a 0,7 m.

Conviene señalar que ésta es una clasificación amplia que engloba otra en base a la complejidad de los demás subsistemas. El diseño general de la estación terrena ha de ser tal que su calidad de funcionamiento sea congruente con el coste de los subsistemas que la integran.

7.1.1.2   Los amplificadores de bajo nivel de ruido (LNA, *low noise amplifiers*)

Para recibir las señales del satélite, extremadamente débiles, la antena de la estación terrena debe estar conectada a un receptor de alta sensibilidad, es decir, cuyo nivel de ruido térmico inherente sea muy bajo. El ruido térmico de un receptor se caracteriza por el "factor de ruido", pero en los receptores de muy bajo nivel de ruido es preferible utilizar el concepto de "temperatura de ruido" medida en grados Kelvin (K) (véase el apartado 2.1.4 del capítulo 2). El parámetro fundamental que caracteriza la sensibilidad de la estación terrena en recepción es la relación G/T, es decir, la relación entre la ganancia (G) de la antena y la temperatura de ruido total (T). La temperatura de ruido propiamente dicha es la suma de la temperatura de ruido equivalente de la antena (T_A) y la temperatura de ruido del receptor (T_R).

Por esta razón se utiliza siempre un amplificador de bajo ruido (LNA, *low noise amplifier*) como preamplificador de microondas en la cadena de recepción de la estación terrena. El LNA ha de colocarse lo más cerca posible del diplexor del alimentador de la antena para evitar el ruido adicional causado por las pérdidas en la guiaondas. El LNA suele ser de banda ancha de modo que un solo equipo amplifica simultáneamente todas las portadores procedentes de la entrada receptora del diplexor de la antena.

---

[1] A veces se incluye también en el sistema de antena el amplificador de bajo nivel de ruido de la cadena de recepción (apartado 7.1.1.2).

Se suele instalar un amplificador de reserva (redundancia 1 + 1).

Hasta 1972, casi todas las estaciones INTELSAT norma A de la banda de 4 GHz estaban dotadas de preamplificadores paramétricos refrigerados a 20 K por un dispositivo criogénico de helio en circuito cerrado. Desde entonces, los avances en los circuitos de microondas y en sus componentes (diodos paramétricos, "bombas" de muy alta frecuencia, circuladores, etc.) han permitido diseñar amplificadores paramétricos que, aun sin refrigerar, tienen una calidad de funcionamiento aproximadamente igual a la de los amplificadores paramétricos refrigerados utilizados anteriormente.

Además, los progresos actuales en los transistores de efecto campo de arseniuro de galio (GaAs) han conducido ya a la introducción de LNA con una baja temperatura de ruido basados en amplificadores de transistores sencillos y económicos. Estos LNA se suelen utilizar actualmente en las modernas estaciones terrenas.

Los HEMT (Transistores de alta movilidad electrónica, *high electron mobility transistors*), un tipo de FET de GaAs con mejor rendimiento a altas frecuencias, se suelen utilizar sobre todo en los LNA, para conseguir una buena temperatura de ruido.

NOTA – La calidad de funcionamiento de los amplificadores de bajo nivel de ruido disminuye (aumentando por tanto T_R) en las bandas de frecuencias altas (11-12 GHz, e incluso más por encima de 20 GHz, etc.). Conviene sin embargo tener en cuenta que en estas bandas cabe esperar que la temperatura de ruido equivalente de la antena (T_A) sea más alta debido a la influencia de la precipitación atmosférica, que reduce el efecto relativo del aumento de T_R.

7.1.1.3   Los amplificadores de potencia (AP)

El orden de magnitud del nivel de potencia necesario a la salida del transmisor es de 1 W o menos por canal telefónico y de 1 kW por portadora de televisión.

Los principales tipos de tubos de microondas utilizados en los amplificadores de potencia de las estaciones terrenas, son los tubos de onda progresiva (TOP) y los klistrones. En las estaciones pequeñas se utilizan cada vez con más frecuencia los amplificadores de potencia de estado sólido.

a)   Los amplificadores de tubo de onda progresiva (TOP)

El tubo de ondas progresivas es esencialmente un amplificador de banda ancha que cubre toda la banda utilizable del satélite (500 MHz o más) con la uniformidad de ganancia y retardo de grupo necesarios. Estas características del TOP lo convierten en el amplificador de potencia ideal para las estaciones terrenas porque permite transmitir simultáneamente con un solo tubo varias portadoras telefónicas independientemente de los repetidores y de las frecuencias atribuidas a las mismas.

Sin embargo, hay que observar que la transmisión simultánea de varias portadoras en el mismo tubo produce componentes de ruido de intermodulación cuyo nivel aumenta a medida que el punto de trabajo del tubo se aproxima a la saturación. Teniendo en cuenta que el nivel máximo de las componentes de intermodulación está especificado, en cada configuración se estipula el grado de linealidad del tubo en el punto de trabajo. Esto implica el alejamiento del punto de trabajo del de saturación y, por consiguiente, una pérdida de la potencia disponible. En la actualidad, esta pérdida durante el funcionamiento con varias portadoras se puede compensar parcialmente utilizando los nuevos dispositivos de ecualización denominados linealizadores.

b)   Los amplificadores de klistrón

Los klistrones son básicamente dispositivos de banda de paso estrecha: unos 40 MHz para los klistrones de 6 GHz y unos 80 MHz para los de 14 GHz, aunque a veces puede ser algo mayor. Estas bandas son suficientes para portadoras tradicionales de frecuencia modulada (en modo AMDF), pero pueden ser inadecuadas para portadoras con modulación de fase y codificación digital (en modo AMDT). En todo caso, la elección del klistrón supone generalmente utilizar un amplificador para cada una de las portadoras transmitidas, salvo en el caso de SCPC (y, posiblemente, incluso para SCPC y TV en determinados sistemas nacionales). Los klistrones pueden estar dotados de un dispositivo de sintonización mecánico (mando a distancia), para que puedan ajustarse a la frecuencia central de funcionamiento (o a la frecuencia central del repetidor) de forma que ésta se pueda modificar fácilmente.

Pese a las desventaja de la estrechez de su banda de paso, los amplificadores de potencia de klistrón son generalmente más económicos que los amplificadores de TOP y tienen las siguientes ventajas:

- rendimiento elevado (por ejemplo, 39%);

- fuente de alimentación de extremada sencillez (circuito de caldeo y circuito anódico, enfoque mediante un imán permanente);

- gran robustez y larga vida útil (de 30 000 a 40 000 h);

- posibilidad de funcionar con un consumo de energía reducido (para potencia de AF reducida).

Por regla general, se utilizarán amplificadores de potencia de klistrón con preferencia a los amplificadores de TOP cuando la estación sólo tenga que transmitir un pequeño número de portadoras AMDF. Los AP de klistrón son especialmente apropiados para transmitir portadoras de televisión. Conviene asimismo tener en cuenta que no existen tubos de klistrón de baja potencia (menos de 700 W, por ejemplo).

En las estaciones grandes puede ser necesario utilizar varios amplificadores de potencia, ya sea de klistrón o de TOP, por los siguientes motivos:

- en el caso de los amplificadores de klistrón, tendrá que haber por regla general tantos amplificadores (n) como portadoras se transmitan;

- en el caso de los amplificadores de TOP, la potencia de salida de un solo amplificador puede ser insuficiente;

- suele haber uno o varios (m) amplificadores de reserva a fin de asegurar la disponibilidad necesaria; la redundancia suele ser del tipo 1 + 1 en el caso de los amplificadores TOP y n + m en el caso de los amplificadores de klistrón.

Estos amplificadores múltiples se conectan al puerto de transmisión del diplexor de la antena a través de un sistema de conmutadores (para redundancia) y un combinador de salida.

c)   Los amplificadores de estado sólido

En las pequeñas estaciones de baja capacidad, puede bastar un amplificador de estado sólido, normalmente con transistores de efecto campo.

Gracias a los avances de los transistores de efecto campo de arseniuro de galio (GaAs) y de la tecnología de circuitos, se ha llegado hace poco a niveles de potencia de 100 W en los amplificadores de estado sólido en la banda de 6 GHz y a 20 W en la de 14 GHz.

 Los amplificadores de estado sólido son muy fiables y económicos y pueden constituir la solución ideal para las pequeñas estaciones terrenas.

7.1.1.4   El equipo de telecomunicación

El término "cquipo dc tclccomunicación" se refiere normalmente al equipo que modula la portadora de muy alta frecuencia con señales de baja frecuencia (en banda base) en la emisión y extrae (demodula) estas señales de baja frecuencia en recepción.

Las señales de baja frecuencia pueden ser señales telefónicas analógicas (que suelen estar multiplexadas), señales digitales, señales de imagen y sonido (televisión), etc.

El equipo de telecomunicación comprende el equipo convertidor de frecuencia, el equipo modulador y demodulador, y el equipo para el tratamiento de la señal.

7.1.1.4.1   El equipo convertidor de frecuencia

Los convertidores elevadores de frecuencia transforman las señales de frecuencia intermedia (FI) (por ejemplo, FI a 70 MHz, 140 MHz, 1 GHz, etc.) procedentes del modulador, en señales de radiofrecuencia (por ejemplo en las bandas de 6 GHz o de 14 GHz). Estas señales son amplificadas a continuación por el amplificador de potencia antes de transmitirlas por la antena.

Los convertidores reductores transforman las señales de radiofrecuencia (por ejemplo, en las bandas de 4 GHz u 11 GHz) recibidas por la antena y preamplificadas por el amplificador de bajo ruido, en señales de FI. A continuación, el demodulador traslada estas señales a banda base.

7.1.1.4.2   El equipo modulador y demodulador (MÓDEM)

Este equipo superpone las señales de audiofrecuencia a la portadora de FI (moduladores) o las extrae de la portadora FI (demoduladores). En la transmisión analógica, la modulación de frecuencia (MF) es el proceso normal, mientras que en la transmisión digital se utiliza la "modulación por desplazamiento de fase" (MDP), a menudo, con cuatro niveles de fase (MDP-4). También se utiliza la modulación en dos fases denominada modulación bifásica (MDP-2), o la de ocho fases o más. Hace poco que se utiliza asimismo la modulación con código reticular (TCM) que es una técnica de optimización conjunta de la modulación y la codificación.

Para cada portadora se requiere una cadena de transmisión (es decir un modulador y un convertidor). La redundancia suele ser del tipo 1 + 1 (una cadena de reserva por cada cadena en servicio). Cuando las portadoras de alta frecuencia (generadas por los convertidores) se introducen en un amplificador de potencia común, se suman en el combinador de entrada del subsistema amplificador de potencia.

Análogamente, cada portadora recibida tiene su propia cadena de recepción (es decir, un convertidor y un demodulador). En el caso del acceso múltiple por distribución de frecuencia (AMDF), una estación recibe normalmente más portadoras telefónicas que las que transmite, ya que cada portadora emitida se destina a varias estaciones (portadoras multidestino). En recepción, debe recuperarse cada portadora transmitida por las diversas estaciones correspondientes para extraer (en banda base) las señales destinadas a la estación considerada. La redundancia de la cadena de recepción del tipo n + m (m cadenas de reserva por cada n cadenas en servicio), debe calcularse de acuerdo con la disponibilidad deseada. Un divisor situado a la salida del amplificador común de bajo nivel de ruido distribuye entre las m cadenas las portadoras de alta frecuencia recibidas.

7.1.1.4.3   El equipo de procesamiento de la señal

En las transmisiones digitales que utilizan multiplexación por distribución en el tiempo (MDT), y en particular en las de acceso múltiple por distribución en el tiempo (AMDT) se requiere un equipo de procesamiento de la señal, tal como se indica en la fig. 7.1. Las funciones que desempeña este equipo son las siguientes:

i)   Formateado de los datos digitales de la transmisión. El equipo adapta el tren continuo de entrada de bits de los datos digitales para la transmisión por satélite a través del modulador. Esto significa normalmente, que los datos se insertan en la trama y en el AMDT, convertidos (por medio de almacenamientos tampón) en un tren muy rápido de bits que se introduce en la trama en ráfagas cortas. La estación puede así transmitir ráfagas multidestino de la misma forma que se transmite la portadora multidestino en el AMDF.

     Variar el formato de los datos requiere la inserción de bits adicionales en la trama y en las ráfagas para sincronización, direccionamiento, etc.

     Mediante el proceso inverso, en la recepción se recomponen los trenes continuos de datos en los interfaces de salida de banda base. En el AMDT, el equipo de procesamiento de la señal recibe los trenes de bits procedentes del demodulador en forma de ráfagas procedentes de las diversas estaciones correspondientes.

ii) Sincronización en transmisión y recepción, es decir, ubicación de la ráfaga en la trama (en la transmisión) y recuperación de las ráfagas (en recepción).

iii) Pueden ser necesarias operaciones de codificación/decodificación para modificar el tren de bits destinado a la transmisión por satélite, por ejemplo, para la codificación a baja velocidad (CBV) o para la corrección de errores en recepción (FEC)

iv) Diversas operaciones de proceso de datos adicionales para mejorar la transmisión y hacerla más fiable.

En las transmisiones AMDT, las unidades de modulación y demodulación (MODEM) se encuentran a menudo incorporadas físicamente en el equipo para el proceso de la señal, con el que constituyen parte del equipo común denominado "terminal AMDT".

En la transmisión digital de vídeo se utiliza también las funciones de compresión y descompresión de vídeo de las normas MPEG.

7.1.1.5   El equipo de multiplexación/demultiplexación

a)   Transmisión analógica (telefonía)

Aunque toda la transmisión sea analógica, es decir, cuando lo sean la transmisión por satélite (MDF-AMDF) y la interfaz con la red terrenal, sigue siendo necesario casi siempre modificar la distribución de los canales telefónicos (en particular los grupos) dentro de los multiplexores de banda base. Antes de la transmisión se redistribuyen las señales telefónicas multiplexadas procedentes de la interfaz con la red terrenal para formar la banda o bandas base que hayan de modular la portadora o portadoras multidestino de acuerdo con la norma adoptada para la transmisión por satélite. En recepción, las señales procedentes de los diversos demoduladores (que proceden de las portadoras transmitidas por las estaciones correspondientes) se filtran para extraer únicamente los canales telefónicos (o más generalmente los grupos primarios y secundarios) destinados a la estación en cuestión, que entonces se combinan de acuerdo con las disposiciones normalizadas sobre multiplexación para la transmisión terrenal.

Puede verse que las telecomunicaciones por satélite se caracterizan por una estructura asimétrica entre las señales múltiplex de banda base de transmisión y recepción. Por lo tanto hay que prever en la estación terrena un equipo multiplexor/demultiplexor especial que constituya la interfaz entre la transmisión del satélite y la conexión con la red terrenal.

Obsérvese que este equipo efectúa también la función de multiplexación/demultiplexación de los canales de servicio (que normalmente se transmiten por debajo de la banda base entre 4 y 12 kHz).

b)   Transmisión analógica (televisión)

En televisión, se suelen utilizar unidades multiplexoras/demultiplexoras para insertar y extraer los canales de sonido (audio) que pueden transmitirse en una subportadora con modulación de frecuencia al mismo tiempo que la señal de imagen.

c)   Transmisión digital

En la transmisión digital por satélite, los canales telefónicos a transmitir, o más frecuentemente los múltiplex normalizados procedentes de las transmisiones terrenales (por ejemplo, MIC de 30 canales) se recombinan y reorganizan en trenes de bits para ser transmitidos por la estación (en particular, tras su agrupación en ráfagas, para la transmisión AMDT). En recepción se utiliza el proceso inverso para extraer los trenes de bis destinados a la estación (de las ráfagas procedentes de las correspondientes estaciones en el caso de la transmisión AMDT).

NOTA 1 – En la transmisión digital la delimitación entre las funciones del equipo de multiplexación/demultiplexación y del equipo para el proceso de la señal descrito anteriormente (apartado 7.1.1.4), no siempre queda clara, en particular:

- en el caso de transmisiones continuas, algunas de las funciones de proceso de la señal enumeradas en el apartado 7.1.1.4.3 pueden asignarse al equipo de multiplexación/demultiplexación. Esto se aplica en particular a i), formateado, y a ii), sincronización, que se simplifican considerablemente para las transmisiones en modo continuo;

- para las transmisiones en modo de ráfagas, es decir, en AMDT, la interfaz entre el equipo de procesamiento de la señal y el equipo multiplexor/demultiplexor puede funcionar en modo de ráfagas o en modo continuo.

NOTA 2 – El equipo de multiplexación/demultiplexación puede realizar una importante función adicional, a saber, la "interpolación digital de conversaciones" (DSI). Esta función garantiza que los periodos inactivos en ambos sentidos de una llamada telefónica dúplex pueden aprovecharse para combinar bits procedentes de canales telefónicos de un múltiplex e incrementar con ello la capacidad del canal de transmisión (en una relación de 2 a 2,5).

Si se combina con CBV, puede incluso aumentarse la capacidad de tráfico. Estos equipos DSI/CBV reciben el nombre de Equipos de multiplicación de circuitos digitales (DCME, *digital circuit multiplication equipment*).

NOTA 3 – En las transmisiones AMDT puede realizarse otra importante función adicional: la redistribución rápida de las ráfagas en la trama. Es ésta una función de asignación por demanda que permite en cada momento adaptar los canales de transmisión a las necesidades, en tiempo real.

7.1.1.6 El equipo para la conexión con la red terrenal

En telefonía, la estación terrena se conecta normalmente a la red terrenal a través de un centro de conmutación. Este puede ser un centro de tránsito en el caso de estaciones internacionales o de estaciones grandes y medianas de los sistemas nacionales, o a veces una central de abonado en el caso de estaciones pequeñas locales dentro de las redes nacionales.

El equipo específico que se necesita para dicha conexión suele ser el siguiente:

- el enlace terrenal entre la estación terrena y el centro de conmutación que puede establecerse por cable coaxial, aunque es más frecuente que las condiciones geográficas obliguen a utilizar un radioenlace.

NOTA 2 – Para las estaciones pequeñas de las redes nacionales, la estación y el centro de conmutación pueden estar situados en el mismo emplazamiento.

- los compensadores de eco y los diversos equipos periféricos de señalización.

En televisión, la estación terrena se conecta a:

- los centros de producción de programas, para la función de transmisión, y

- los transmisores locales de radiodifusión, para la función de recepción.

La conexión se suele efectuar por radioenlace. Para las estaciones pequeñas, la estación (receptora) se conecta a menudo directamente a la red local de distribución de televisión.

7.1.1.7   El equipo auxiliar

El equipo auxiliar de la estación terrena está formado por:

7.1.1.7.1   El equipo de supervisión y telemando

El equipo de supervisión y telemando comprende:

- las señales de alarma procedentes de los subsistemas de la estación;

- los controles, a veces automáticos, para la conmutación (normal/reserva) de los equipos redundantes;

- los controles para el funcionamiento de los subsistemas;

- la información analógica para supervisar el funcionamiento de los sistemas;

- en algunos casos, el equipo para almacenamiento y/o registro de los parámetros de funcionamiento más importantes de la estación.

Las señales de alarma y de control se suelen llevar a un cuadro de visualización que muestra las funciones principales de la estación (diagrama de representación).

Anteriormente, el equipo de supervisión y de comprobación adoptaba a menudo la forma de consolas de operador. La tendencia actual es la de sustituir estas voluminosas consolas por terminales interactivos basados en microprocesadores con teclados y pantalla de presentación visual. Obsérvese que para este tipo de supervisión y comprobación cada elemento del equipo de la estación debe estar asociado a un interfaz de instrucciones/captura de datos que puede estar incorporado.

7.1.1.7.2   El equipo de medición

Normalmente el equipo de la estación comprende un conjunto de aparatos específicos de medición (generalmente disponibles en el mercado) que se utilizan para ajustar determinados elementos del equipo, para verificar el funcionamiento y para el mantenimiento, así como para ciertas operaciones de reparación. Una parte puede funcionar automáticamente para el mantenimiento sistemático regular. Puede estar incorporado en el equipo de supervisión y control mencionado en el apartado 7.1.1.7.1, en cuyo caso debe tener un interfaz normalizado de instrucción/datos (que normalmente satisface la norma GP/IB-IEEE 488).

7.1.1.7.3   El equipo del canal de servicio

En la mayoría de las redes de telecomunicaciones del servicio fijo por satélite, los canales de servicio telefónico y telegráfico (télex) están asociados con cada múltiplex de canal telefónico transmitido por una estación terrena. Tras la multiplexación/demultiplexación (véase el apartado 7.1.1.5), los canales de servicio se utilizan directamente para establecer conexiones entre las diversas estaciones, entre las estaciones y el centro de control del sistema y entre una determinada estación y el centro de conmutación asociado a ella. Para facilitar el establecimiento de dichas conexiones, se dota normalmente a cada estación de equipo automático especializado de conmutación telefónica y telegráfica. Este equipo se diseña normalmente para que realice funciones modernas de conmutación (llamadas simultáneas y conferencias pluripartitas, transferencias, llamadas en espera, etc.).

7.1.1.8   Las fuentes de alimentación

El funcionamiento satisfactorio y la continuidad del servicio de una estación terrena pueden depender de la adecuada concepción de sus fuentes de alimentación. Existen dos fuentes principales de energía:

- la fuente de alimentación principal, con capacidad de reserva, y

- la fuente de alimentación ininterrumpida (UPS, *uninterrupted power supply*).

Además puede ser necesaria una fuente auxiliar de corriente continua de baja tensión (24 V ó 48 V) para alimentar ciertos equipos automáticos. La red de distribución general pasa por el transformador de la estación. Tiene en reserva un grupo electrógeno autónomo (o mejor dos con una redundancia de 1 + 1) movido por un motor diesel de arranque rápido (5 a 10 s). Este generador, que para las estaciones grandes debe tener típicamente una potencia de unos 250 kVA, alimenta a toda la estación, incluidos los motores de la antena, la iluminación y el aire acondicionado. El mantenimiento del generador auxiliar y de las reservas de combustible diesel es una de las tareas básicas de la gestión de la estación.

El objetivo de la fuente de alimentación ininterrumpida, que por supuesto recibe su energía primaria de la fuente de alimentación principal, consiste en proporcionar un suministro de energía constante de gran calidad (tensión y frecuencias estables sin transitorios significativos), durante el arranque de los generadores auxiliares tras un corte del suministro de la red de distribución. Esta fuente alimenta todo el equipo electrónico. Para una estación grande, la potencia deberá estar aproximadamente entre 50 y 100 kVA, la mayor parte de la cual (80% a 90%) es necesaria para los amplificadores de potencia.

Los tres sistemas de alimentación ininterrumpida más comunes son:

- el motor alternador con un volante de inercia que proporciona una reserva de energía mecánica para seguir moviendo el alternador durante el arranque de los motores diesel;

- el sistema convertidor alternador, en el que la reserva de energía la proporcionan baterías de acumuladores. Las baterías, que la fuente de alimentación principal mantiene cargadas, (a través de rectificadores), alimentan un alternador que constituye la fuente ininterrumpida;

- el sistema de convertidor estático, en el que el alternador mencionado anteriormente se sustituye por un generador de corriente alterna de estado sólido que utiliza puentes de tiristores; en la actualidad es el sistema más común.

Los sistemas de convertidor descritos anteriormente exigen una gran instalación de baterías eléctricas. El tamaño de la unidad depende de la potencia instalada de la fuente ininterrumpida, aunque también, y lo que es más importante, de la duración de la autonomía requerida (duración admisible de la interrupción de la alimentación principal). Esta duración oscila normalmente entre unos pocos minutos y media hora.

Evidentemente, si no existe una red eléctrica local adecuada y fiable, el equipo de alimentación de energía puede diseñarse de manera muy diferente. Por ejemplo, podría basarse completamente en grupos electrógenos diesel con redundancia incorporada y sistemas de conmutación que garantizasen un funcionamiento continuo.

A menudo éste es el caso de las estaciones pequeñas en las que no se dispone de alimentación de electricidad y en donde la estación debe funcionar sin personal técnico. En tal caso, los ingenieros deben tratar de diseñar equipos de bajo consumo, si es posible de estado sólido en su totalidad, que puedan funcionar sin equipo auxiliar (acondicionadores de aire, etc.) en todas las condiciones ambientales locales. También debe haber sistemas de alimentación de energía que exijan el mínimo posible de mantenimiento y llenado (combustible, etc.). Las unidades de energía solar son especialmente adecuadas a este efecto y pueden utilizarse normalmente para consumos energéticos que no superen los 500 W.

7.1.1.9 La infraestructura general

La infraestructura general de una estación terrena incluye todos los locales, edificios y obras de ingeniería civil. Su tamaño depende obviamente del tipo de estación. Para las "estaciones grandes" (véase el apartado 7.1.1.1) y en particular para las estaciones INTELSAT de norma A, hay dos tipos de construcción posibles:

- la estación con una sola antena. En este caso, todo el equipo puede instalarse en un edificio situado bajo la antena (aparte del equipo de alimentación de energía que por motivos de aislamiento acústico se aloja normalmente en un edificio propio). De esta forma la infraestructura general es especialmente compacta y económica;
- la estación con varias antenas. Cada una se levanta en un edificio separado que contiene el equipo directamente asociado a ella (amplificadores de bajo nivel de ruido, receptor de seguimiento, amplificador de potencia y a veces convertidores de frecuencia). Un edificio de operaciones centrales común a todas las antenas contiene el equipo de telecomunicación y explotación propiamente dicho, parte del cual puede compartirse (por ejemplo, el equipo de supervisión y telemando) o ser polivalente (por ejemplo, las cadenas de transmisión y recepción pueden estar asignadas a las diversas antenas de acuerdo con las necesidades). Los enlaces de microondas (guiaondas) o de frecuencia intermedia (cable coaxial), denominados enlaces entre instalaciones, se utilizan para conectar los equipos de los edificios de las antenas con los del edificio principal. La infraestructura general de una estación grande con varias antenas puede representar un elevado porcentaje del coste total del centro: entre el 20% y el 50%, o incluso más cuando se necesiten instalaciones o locales adicionales, como suele suceder, (salas de conferencias, alojamiento para el personal, etc.). Los costes de construcción deben cubrir

también el acondicionamiento general del terreno y los accesos (carreteras, etc.), las redes de suministro (electricidad, aire acondicionado, fluidos, etc.) y las instalaciones menores diversas (toma de tierra, comunicaciones internas, protección contra incendios, drenaje, etc.).

Para las estaciones de tamaño medio que requieren menos equipo y consumen menos energía que las estaciones grandes, la infraestructura puede diseñarse de forma más sencilla y económica. Las construcciones prefabricadas con cableado para instalación inmediata en el emplazamiento pueden ser ventajosas.

Por último, las estaciones pequeñas pueden diseñarse como unidades compactas con todo el equipo montado e instalado en fábrica en una única caseta o gabinete que puede transportarse, instalarse y ponerse en servicio inmediatamente, tras un acondicionamiento mínimo del emplazamiento (en particular, los cimientos de la antena).

7.1.2   Las estaciones terrenas principales

7.1.2.1   Las estaciones para funcionamiento internacional

A pesar de que INTELSAT ya no es el único operador internacional de ámbito mundial, se describen a continuación sus normas como ejemplo típico de estaciones terrenas internacionales.

Para introducir una nueva estación terrena en el "sistema mundial INTELSAT", es decir para cursar tráfico internacional[2] , la administración interesada debe referirse a un documento general de INTELSAT titulado "Procedimientos que estipulan la aplicación, aprobación, verificación y funcionamiento de las estaciones terrenas en el sistema INTELSAT". Se suele admitir siete tipos de estaciones terrenas normalizadas para funcionar en el "sistema mundial INTELSAT", aunque, al menos para funcionamiento provisional, pueden considerarse también otros tipos ("no normalizados") que han de estudiarse caso por caso. Las especificaciones técnicas de las estaciones terrenas INTELSAT (IESS) definen estos siete tipos de estaciones como normas A, B, C, D, E, F y G, respectivamente.

- Las estaciones norma A son las más utilizadas. Funcionan en las bandas de 6/4 GHz y están equipadas con una gran antena (de diámetro superior a 15 m), amplificadores de muy bajo nivel de ruido en recepción y amplificadores de gran potencia en transmisión. Pueden cursar cualquier tipo de tráfico (telefonía múltiplex, datos, programas de televisión, etc.) y pueden adaptarse fácilmente a cualquier incremento o modificación de la configuración del tráfico. El cuadro AP7.1-1 (véase el apéndice 7) resume los aspectos principales de las estaciones INTELSAT norma A.

- Las estaciones norma B funcionan también en las bandas de 6/4 GHz. Están equipadas con antenas de tamaño medio (unos 11 m) y con cadenas de comunicación para recepción y transmisión bastante sencillas. Debido a las limitaciones impuestas a sus modos de transmisión (SCPC o telefonía MDF-MF con compresión-expansión), a su limitada capacidad de recepción

---

2 Según la reglamentación de INTELSAT, puede incluirse en el sistema mundial algunos enlaces de comunicación nacional. Este es el caso de los territorios que están separados del continente por obstáculos geográficos tales como océanos, montañas, etc.

y transmisión de televisión y a los mayores costes del segmento espacial, sólo son rentables, normalmente, cuando se limitan a capacidades de tráfico pequeñas o medianas (inferior, por ejemplo, a 60 circuitos telefónicos). El cuadro AP7.1-1 (véase el apéndice 7) resume los aspectos principales de las estaciones INTELSAT norma B.

- Las estaciones norma C funcionan en las bandas de 14/11 GHz con antenas de unos 11 m de diámetro y se destinan especialmente a las transmisiones de mensajes de alta capacidad[3]. En el cuadro AP7.1-3 (véase el apéndice 7) se resumen sus aspectos principales.

- Las estaciones norma D funcionan en las bandas de 6/4 GHz y están diseñadas de forma específica para su utilización en el servicio VISTA de INTELSAT para ofrecer un servicio básico de satélite a las comunidades rurales y distantes. La norma D-1 se refiere a una estación económica con antena pequeña (5 m) que ofrece de uno a cuatro canales telefónicos. Para reducir los costes se han flexibilizado los requisitos de calidad de funcionamiento de la norma D-1 permitiendo relaciones axiales de polarización de hasta 1,3 dB. La estación terrena de norma D-2 es similar en sus características de funcionamiento a la estación terrena de norma B. El cuadro AP7.1-1 0.1 (véase el apéndice 7) resume sus aspectos principales.

- Las estaciones norma E funcionan en las bandas de 14/11 GHz o de 14/12 GHz y su tamaño oscila entre 3,5 m y 10 m, estando diseñadas específicamente para su utilización en los servicios comerciales de INTELSAT (IBS) totalmente digitales, destinados a ofrecer redes de servicio integradas para las aplicaciones de servicios comerciales internacionales y nacionales. El cuadro AP7.1-3 0.1 (véase el apéndice 7) resume sus aspectos principales.

- Las estaciones norma F funcionan en las bandas de 6/4 GHz y su tamaño oscila entre 5 m y 10 m; están diseñadas para su utilización en los servicios IBS totalmente digitales destinados a ofrecer redes de servicio integradas para las aplicaciones de servicios comerciales internacionales y nacionales. El cuadro AP7.1-3 0.1 (véase el apéndice 7) resume sus aspectos principales.

- Las estaciones norma G funcionan en las bandas de 6/4, 14/11 ó 14/12 GHz y cuentan con una amplia gama de tamaños de antena de estación terrena internacional, con mínimas limitaciones para el propietario de la estación terrena. Las características de calidad de funcionamiento no incluyen los siguientes parámetros :

  - p.i.r.e. máxima por portadora;

  - método de modulación;

  - factor de calidad (G/T);

  - ganancia de transmisión; y

  - calidad del canal.

El propietario/usuario de la estación terrena tiene gran flexibilidad y libertad para decidir el mejor método de transmisión conforme a sus necesidades. Somete entonces su plan de transmisión a la revisión y aprobación de INTELSAT, para que el funcionamiento de su estación no produzca interferencia perjudicial en otros usuarios del sistema INTELSAT ni en otros sistemas de satélites.

---

[3] Mediante enlaces de interconexión entre los transpondedores de los satélites, se permite el establecimiento de comunicaciones entre las estaciones de las normas C y A.

NOTA – Además de INTELSAT hay otras redes internacionales en funcionamiento. En 1988, PANAMSAT puso en funcionamiento su red internacional de satélites, siendo de este modo la primera red internacional de satélites explotada por una empresa privada. Tras PANAMSAT vinieron otras empresas privadas que montaron sus propias redes internacionales de satélites. En este momento, las redes internacionales en funcionamiento además de INTELSAT son COLUMBIASAT, ORIONSAT, PANAMSAT y RIMSAT.

7.1.2.2 Las estaciones para los sistemas nacionales y regionales

Hay algunos tipos de estaciones terrenas destinado a aplicaciones regionales y nacionales. La selección de un tipo específico depende del funcionamiento general del sistema y de las características de funcionamiento de la carga útil de comunicaciones del satélite. Estas estaciones que utilizan antenas de tamaño medio pueden catalogarse de acuerdo con las siguientes directrices:

i)   Estaciones que funcionan en conexión con segmentos espaciales arrendados (transpondedores) a 6/4 GHz de los satélites INTELSAT. Estas estaciones suelen ajustarse a la norma B con las siguientes peculiaridades:

- el diámetro de la antena puede oscilar típicamente entre unos 7 m y 15 m;

- los modos de comunicación (modulación y métodos de multiplexación) pueden ser diferentes y se suelen elegir para optimizar el funcionamiento global del sistema. En particular, la telefonía que anteriormente se transmitía con modulación analógica (en MF-SCPC o en MDF-MF, normalmente con compresión-expansión), se transmite actualmente con modulación digital(vgr. con MDF-SCPC o MDT-MDF, a menudo con codificación de baja velocidad binaria).

La optimización específica de los parámetros de transmisión y el balance del enlace permiten realizar estaciones terrenas de tamaño medio económicas que transmiten capacidades de tráfico bastante elevadas.

El propietario/usuario de la estación terrena tiene gran flexibilidad y libertad para decidir el mejor método de diseño de transmisión conforme a sus necesidades. Somete entonces su plan de transmisión a la revisión y aprobación de INTELSAT, para que el funcionamiento de su estación no produzca interferencia perjudicial en otros usuarios del sistema INTELSAT ni en otros sistemas de satélites.

ii)   Estaciones que funcionan a 6/4 GHz en el marco de los sistemas de satélites especializados. Tales como el PALAPA de Indonesia, el ARABSAT, etc.: estas estaciones son a menudo similares a las estaciones INTELSAT norma B. Ello es debido a que la limitada cobertura de la Tierra requerida permite lograr una p.i.r.e. del transpondedor elevada mediante antenas de satélite directivas. Por lo tanto, pueden atenderse capacidades de tráfico altas con estaciones terrenas bastante simples equipadas con antenas de tamaño medio.

iii)   Estaciones de 14/11 GHz: las bandas 14/11 GHz (y 14/12 GHz) se utilizan cada vez más en los sistemas de satélites regionales y nacionales.

El sistema EUTELSAT descrito en el anexo 3 es un ejemplo de sistema regional basado exclusivamente en el uso de estas bandas.

Existen diversas categorías de estaciones terrenas, según sus aplicaciones:

- estaciones terrenas normalizadas EUTELSAT tipo AMDT/TV, utilizadas para transmisiones telefónicas de gran capacidad e intercambio de programas de televisión de gran calidad.

- estaciones terrenas EUTELSAT SCPC/SMS, utilizadas para servicios comerciales, con el modo SCPC para el acceso al satélite. Han sido definidos tres tipos distintos de estación terrena, con antenas de un diámetro de 2,4 a 5,5 m. Las características técnicas de estas estaciones figuran en el cuadro AP7.1-4 0.1 del apéndice 7;

- estaciones terrenas EUTELSAT AMDT/SMS, utilizadas para servicios comerciales que utilizan el modo AMDT para el acceso al satélite. Las características técnicas de estas estaciones, especifican antenas de unos 3,5 m de diámetro.

- estaciones terrenas no normalizadas utilizadas para otros tipos de aplicaciones, establecidas por las administraciones miembro de la organización EUTELSAT en relación con transpondedores arrendados. Los requisitos de las estaciones terrenas destinadas a estas aplicaciones son determinados por los proveedores de servicios, respetando un conjunto de directrices de EUTELSAT que protegen a los demás usuarios.

7.1.2.3 Las estaciones terrenas centrales para los sistemas VSAT (terminales de muy pequeña abertura, *very small aperture terminal*)

Las redes VSAT se suelen diseñar con una arquitectura en estrella, cuya estación terrena central, que se suele denominar la "Central" (*Hub*), se enlaza con un gran número de VSAT distantes geográficamente dispersas (véase el apartado 7.1.3.2). En la mayor parte de las aplicaciones, la estación central se conecta a un computador central, por ejemplo mediante líneas terrenales.

El diseño genérico de la estación central es muy semejante al de la clásica estación terrena, en lo que respecta a los equipos de RF y FI. Las principales diferencias se encuentran en los equipos de procesamiento digital y de banda base. De hecho, para reducir los costes de inversión, se puede utilizar el equipo de RF de una estación terrena preexistente (incluida su antena) que resulte apropiada.

El diagrama de bloques de la estación central se muestra en la figura 7.2.

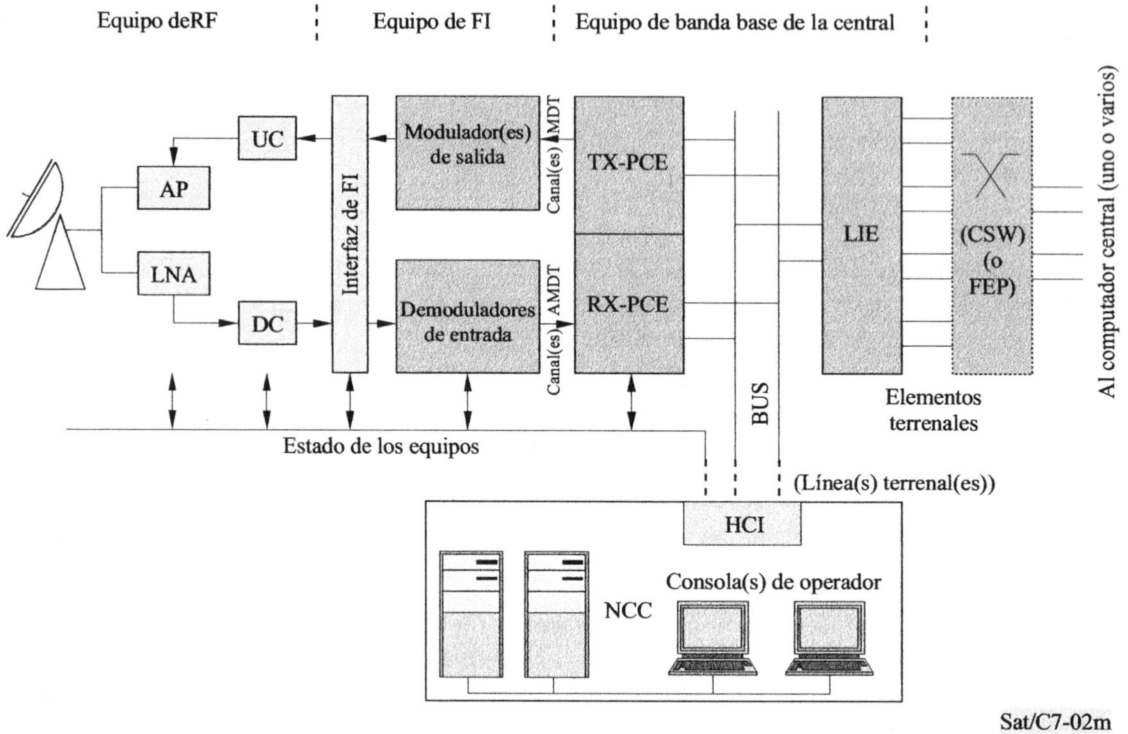

FIGURA 7.2

Diagrama de bloques simplificado de la estación central

AP: Amplificador de potencia

ABR: Amplificador de bajo nivel de ruido

LIE: Equipo de interfaz de línea (*Line interface equipment*)

LNA: Amplificador de bajo nivel ruido

UC: Convertidor elevador de frecuencia (*Up-converter*)

DC: Convertidor reductor de frecuencia (*Down-converter*)

PCE: Equipo de procesamiento y control (*Processing and control equipment*) (TX: en transmisión RX: en recepción)

LIE: Equipo de interfaz de línea (*Line interface equipment*)

BUS: Bus de utilidad de tráfico (*Traffic utility bus*)

HCI: Interfaz de control de la interfaz (*Hub control interface*)

NCC: Centro de control de la red (*Network control centre*)

FEP: Procesador frontal (*Front end processor*)

Los principales elementos funcionales de la estación central son los siguientes:

- El equipo de RF. Obsérvese que en las redes de central compartida este subsistema es común a las distintas subredes.

- El equipo de FI, con el modulador o moduladores de salida del transmisor y los demoduladores de entrada del receptor.

- El equipo de banda base que puede estar formado por

    - Los equipos de procesamiento y control del transmisor y del receptor (TX-PCE y RX-PCE)

    - El equipo terrenal de interfaz de línea (LIE, *Line interface equipment*)

    - El bus de tráfico y utilidad de la central (BUS, *Traffic and utility bus*)

    - El centro de control de la red (NCC, *Network control center*) y los operadores de consola asociados

    Obsérvese que esta configuración puede variar en función del sistema o fabricante de los equipos en cuestión. Los equipos redundantes no se han representado en la figura.

Los datos a transmitir a los VSAT que llegan por líneas terrenales (procedentes, por ejemplo, del computador central) entran en la central a través del equipo interfaz de línea, se envían al equipo de procesamiento y control del transmisor y después al modulador.

En sentido contrario, los datos recibidos de los VSAT atraviesan los demoduladores y el equipo de procesamiento y control del receptor antes de enviarse a las aplicaciones de los usuarios (por ejemplo, en el computador central) a través del equipo interfaz de línea. Todas las operaciones de la red VSAT son controladas y supervisadas por los operadores de consola asociados al centro de control de la red (NCC, *Network control center*).

El suplemento 3 del manual "Sistemas VSAT y estaciones terrenas" contiene más información sobre los sistemas VSAT.

7.1.2.4   Otras estaciones terrenas principales

7.1.2.4.1   Las estaciones de enlace de conexión del servicio de radiodifusión por satélite (SRS)

Las bandas de frecuencia atribuidas a los enlaces de conexión del SRS son la de 14,0 a 14,5 GHz o la de 17,3 a 18,1 GHz, con excepción de algunos países en los que ya están atribuidas ambas. Es probable que los países que utilizan la banda de 14,0 GHz empleen estaciones para los enlaces de conexión del SRS similares a las del SFS en la misma banda de frecuencias. Una estación típica de enlace de conexión del SRS puede tener los siguientes parámetros:

- gama de frecuencias: 14,0 a 14,5 GHz. Además, la estación dispondrá de facilidades para comprobar los enlaces descendentes de radiodifusión en la banda de 11,7 a 12,3 (ó 12,5) GHz;

- diámetro de la antena: 5-8 m;

- amplificador de transmisión: klistrón de gran potencia (1-2 kW) para cada portadora de radiodifusión.

Un aspecto importante de las estaciones de enlace de conexión del SRS es la disposición de una facilidad para controlar la potencia del enlace ascendente que se utiliza para mantener una densidad de flujo de potencia constante en el satélite, de forma que la calidad de la imagen retransmitida no resulte afectada durante los periodos de precipitación atmosférica. Como alternativa, puede utilizarse una estación de reserva situada a una distancia conveniente de la estación terrena principal para lograr la diversidad espacial.

7.1.2.4.2   Las estaciones terrenas marítimas

Los satélites del sistema INMARSAT ofrecen actualmente canales telefónicos y telegráficos a los barcos situados en el mar a través de estaciones de norma A. Básicamente, hay dos tipos de estaciones terrenas de usuario que cursan tráfico en el sistema INMARSAT, a saber, las estaciones terrenas costeras (ETC) que funcionan en la banda de 6/4 GHz y las estaciones terrenas de Barco (ETB) que funcionan en la banda de 1,6/1,5 GHz.

La cabeza de línea del SFS con las redes normales telefónica y de télex se realiza a través de la estación terrena costera (ETC) de INMARSAT. En noviembre de 1987 había 20 estaciones terrenas costeras en funcionamiento y están previstas otras 18. Una estación terrena costera no ha de estar necesariamente situada en la "costa" aunque ha de estarlo dentro del haz de cobertura de uno o más de dos satélites INMARSAT. Los haces de antena de INMARSAT se diseñan para cubrir las tres zonas oceánicas principales.

Las estaciones terrenas costeras son propiedad de las compañías de comunicaciones que las explotan y que desean ofrecer un servicio a los barcos, aunque han de estar autorizadas por INMARSAT.

A continuación figuran los parámetros de una estación terrena costera típica INMARSAT:

Características del sistema de recepción

Parámetro	Banda 4,2 GHz	Banda 1,54 GHz
Ganancia del sistema de recepción	54,3 dBi	Inferior a 29 dBi
Temperaturas de ruido del amplificador de bajo nivel de ruido	47 K	Inferior a 200 K
Temperatura de ruido de la antena con una elevación de 5°	64 K	118 K
G/T para una elevación de 5°	33,8 dB(K^{-1})	2 dB(K^{-1})

**Características del sistema de transmisión
(para un canal telefónico y una antena de norma A)**

Parámetro	Banda 6,4 GHz	Banda 1,54 GHz
p.i.r.e. total en el bzc[1]	65 dBW	36 dBW
Ganancia de transmisión de la antena	54 dBi	29 dBi
Pérdidas del sistema de transmisión	2,7 dB	5,2 dB
Potencia de salida requerida	13,7 dBW	11,7 dBW
Máxima potencia del transmisor	34,8 dBW	16 dBW
Reducción de la polarización del transmisor	21,1 dB	4,3 dB
Armónicos del transmisor	<60 dBc	−93 dBW (p.i.r.e.)

[1] bzc: borde de la zona de cobertura

7.1.3   Las estaciones terrenas pequeñas

7.1.3.1   Generalidades

Como se ha explicado anteriormente (apartado 7.1.1.1), las estaciones terrenas se clasifican a menudo por la dimensión de su antena. Sin embargo, el término "estación terrena pequeña" debiera tomarse en un sentido más amplio e incluir una amplia variedad de estaciones del SFS (a 6/4 GHz, 14/10-12 GHz, 30/20 GHz) en el marco de los sistemas de satélites OSG y no OSG.

De hecho, el sector del segmento terrenal está, de momento, en muy rápida evolución en términos de progreso técnico y evolución del mercado.

Las estaciones terrenas pequeñas se describen a continuación, según sus aplicaciones y sus características técnicas.

i)   Aplicaciones

En cuanto a sus aplicaciones y servicios, las estaciones terrenas pequeñas se caracterizan por su proximidad al usuario. En consecuencia, se suelen utilizar como sistemas de comunicaciones de acceso, facilitando la conexión a redes de comunicación públicas o privadas, y a información o sistemas informáticos. La conexión puede realizarse a través de un centro de distribución o central local (PBX, red de área local, etc.) o bien directamente con el usuario. En este último caso, el mercado tiende hacia estaciones pequeñas y de bajo coste (microestaciones), que suelen llamarse simplemente "terminales".

La utilización de estaciones pequeñas está comprendida dentro de dos categorías principales:

- sistemas de comunicaciones de zonas distantes (telecomunicaciones rurales y servicios a lugares aislados, como plataformas marinas, oleoductos, minas, etc.);

- comunicaciones comerciales (redes corporativas), generalmente en el marco de comunidades de usuarios cerradas. Los llamados VSAT (terminales de muy pequeña abertura), descritos más adelante (apartado 7.1.3.2) entran en esta categoría.

A continuación se enumeran algunas aplicaciones importantes:

- telefonía;

- facsímil;

- transmisión de datos;

- recepción de televisión para distribución local (por ejemplo , televisión por cable) o para reemisión;

- acceso a redes de comunicaciones (Internet, Intranet), con correo electrónico, distribución de datos, acceso a bancos de datos, etc.;

- repartir las cargas de los computadores, proceso de datos distribuidos, etc.;

- teleconferencia y videoconferencia.

ii)   Características técnicas

Las estaciones terrenas pequeñas tiene en común algunas de las siguientes características técnicas, si no todas ellas:

- segmento espacial: la utilización de estaciones terrenas pequeñas implica la recepción de una gran potencia desde el satélite. En el caso de un satélite OSG, esto puede conseguirse gracias al transpondedor GSO, de alta p.i.r.e.

- diámetro de la antena: de forma indicativa, los diámetros de las estaciones terrenas pequeñas son menores de 7 m (y normalmente, menores de 5 m), 2,5 m y 1 m en las bandas de 6/4 GHz, 14/10–12 GHz y 30/20 GHz respectivamente.

- puntería de la antena: no se requiere seguimiento en los sistemas OSG en la mayoría de los casos, pero puede necesitarse en los sistemas no OSG.

- amplificador de transmisión: desde 500 W (tubo RF) a 1 W (estado sólido).

- varios modos de acceso y modulación. Los más comunes son:

  - SCPC-AMDF analógico (MF con compansión, véase apartado 7.5.4). Sin embargo, está desapareciendo prácticamente de la oferta actual, siendo desplazado por la modulación y codificación digital.

  - AMDF-SCPC-MDP (véase el apartado 7.6.2.1).

  - MDT-MDP-AMDF (MCPC, véase el apartado 7.6.2.2) con velocidades binarias indicativas de 64 Kbit/s a 45 Mbit/s.

- AMDT-MDT-MDP(AMDF-AMDT) con velocidades binarias medias (por ejemplo 25 Mbit/s) o incluso bajas (por ejemplo 256 Kbit/s) (véanse los apartados 5.3.4 y 7.6.3.3).

- AMDT de acceso aleatorio (AMDT-RA, véase el apartado 5.3.5) que suele utilizarse en los sistemas VSAT (véase a continuación el apartado 7.1.3.2) para las portadoras de retorno ("salientes") de baja velocidad binaria.

- CDMA-MDP, propuesto actualmente, especialmente para sistemas no OSG, tanto en el SMS como en el SFS (véanse el apartado 5.4 y el apéndice 2.1 apartado 2).

- codificación vocal: la transmisión digital con codificación a baja velocidad binaria (CBV) se suele utilizar actualmente en los sistemas de estaciones pequeñas para telefonía (véanse el apartado 3.3.2 y el apéndice 3.1).

- asignación por demanda : la asignación por demanda (véase el apartado 5.5) se suele utilizar en los sistemas de estaciones terrenas pequeñas, especialmente en el caso de telefonía de poco tráfico (por ejemplo, rural).

- televisión: las estaciones terrenas pequeñas suelen estar preparadas para la recepción de programas de televisión analógica y digital.

Debe prestarse atención a la reducción de la radiación de lóbulos laterales de las antenas pequeñas terrenas para mejorar la utilización de los recursos órbita-espectro y proteger otros sistemas. Ya se han publicado Recomendaciones en el UIT-R (es el caso de VSAT, véase a continuación el apartado 7.1.3.2) y se están realizando estudios sobre el tema.

En cuanto a la construcción de estaciones terrenas, las estaciones terrenas pequeñas se caracterizan:

- por un montaje compacto del equipo; todo el equipo suele estar contenido, o bien en una caseta cerca de la antena, o incluso, como se explica a continuación, en dos "cajas", la primera ("unidad exterior", que contiene los principales componentes del equipo de radiocomunicaciones) se sitúa en el sistema de antena, y la segunda (unidad interior, que contiene el equipo de procesamiento de señales y de interfaz) situada en las instalaciones del usuario. Últimamente, en el caso de terminales muy pequeños, el equipo completo puede formar un único elemento;

- por su funcionamiento desatendido (llevado a cabo mediante control a distancia y supervisión desde emplazamientos centralizados);

- por su arquitectura modular que proporciona flexibilidad a su funcionamiento y facilita su mantenimiento.

Obsérvese que estas modernas prestaciones, así como la disminución de los costes, son ya posibles, y lo serán más aún, gracias al uso de tecnologías avanzadas (ASIC, etc.) y a la utilización intensiva del procesamiento de señales digitales.

7.1.3.2   Los VSAT (terminales de muy pequeña abertura)

El término "terminales de muy pequeña abertura" (VSAT, *very small aperture terminals*), se introdujo en los años ochenta para designar a las estaciones terrenas pequeñas que se suelen utilizar en el marco de los "sistemas de satélites" VSAT (o redes VSAT) de comunicaciones de empresas privadas. De hecho, el término sigue utilizándose ampliamente, aunque no coincide con ninguna definición exacta, ya que ha supuesto el éxito de un mercado realmente nuevo con la introducción de conexiones directas de bajo coste, por satélite, de varios usuarios a facilidades centralizadas de informática o comunicaciones, y a la producción en grandes cantidades (decenas de miles) de estaciones terrenas pequeñas necesarias para estos usos.

La respuesta de la UIT al uso generalizado de estos sistemas y estaciones ha sido doble:

- Se han publicado las Recomendaciones específicas sobre estaciones terrenas, tratando generalidades (UIT-R S.725), emisiones no esenciales (R S.726), aislamiento por polarización cruzada (R S.727), p.i.r.e. fuera de eje (R S.728), función de control y supervisión (R.S. 729), interconexión con redes públicas de datos conmutados (UIT-T X.361) y con la RDSI pública (T I.571)[4].

- se publicó un manual especial sobre el tema (Suplemento 3 del Manual principal : "Sistemas VSAT y estaciones terrenas", Ginebra, 1995).

Obsérvese que a continuación sólo se da información resumida sobre los VSAT, debiendo consultar el lector el citado suplemento para obtener descripciones técnicas detalladas sobre VSAT.

- las estaciones terrenas VSAT suelen redes cerradas para aplicaciones dedicadas ya sea para radiodifusión de información (VSAT de sólo recepción) o para intercambio de la misma (VSAT de emisión/recepción);

- las estaciones terrenas distantes VSAT suelen instalarse directamente en los locales del usuario desatendidas. Su densidad de implantación puede ser elevada;

- las estaciones terrenas VSAT suelen formar parte de una red con topología de "estrella" consistente en un estación central relativamente grande (estación principal o "hub": véase el apartado 7.1.2.3), y muchas estaciones terrenas VSAT (distantes). Sin embargo, algunas redes funcionan con una configuración punto a punto o "malleada", sin estación central;

- las estaciones terrenas VSAT suelen utilizar transmisión digital con velocidad binaria media o baja (≤ 2 Mbit/s); y

- las estaciones terrenas distantes VSAT están equipadas con antenas pequeñas: los diámetros de las antenas están limitados a 2,4 m. Sin embargo, en algunas circunstancias, pueden necesitarse diámetros de hasta 5 m.

Téngase en cuenta que:

1) las bandas más utilizadas del SFS son 14/11 – 12 GHz y 6/4 GHz.

2) técnicas de modulación y acceso a la codificación pueden variar mucho dependiendo de las tecnologías más eficaces para una aplicación dada.

3) las estaciones terrenas TVRO no se clasifican como VSAT. Sin embargo, se utiliza a menudo la recepción de señales de vídeo en los VSAT.

---

[4] Se publicaron también especificaciones sobre el funcionamiento VSAT en EE.UU., Europa, Japón, etc.

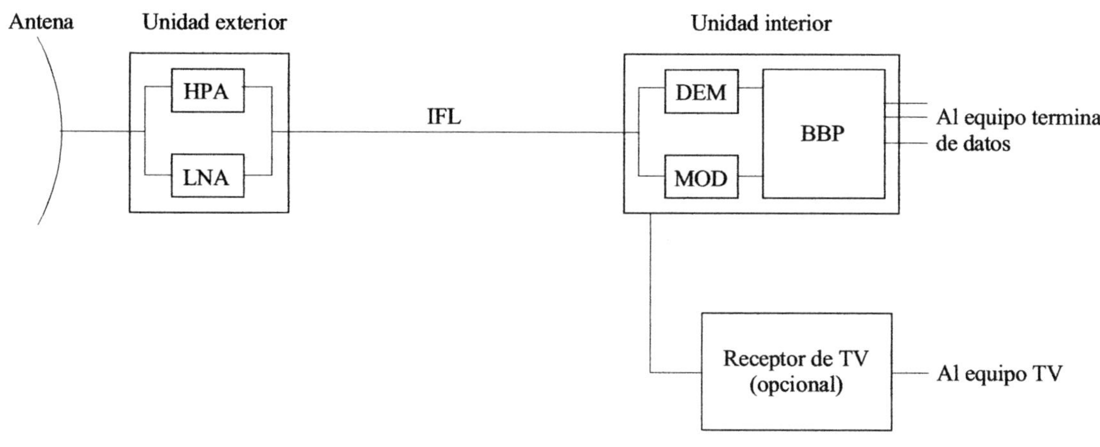

FIGURA 7.3

Configuración típica de un VSAT

7.1.3.2 a)   Generalidades sobre la construcción e instalación de los VSAT

La estación terrena VSAT se divide en tres principales elementos funcionales: la antena, la unidad exterior, y la unidad interior. La configuración típica de un VSAT se muestra en la figura 7.3. Los tres componentes son compactos y diseñados para fabricación en serie a bajo coste. Este apartado describe principalmente la configuración de VSAT para funcionamiento en las bandas 14/11-12 GHz. La configuración de la banda 6/4 GHz es similar excepto por la antena y el circuito RF.

Suelen utilizarse pequeñas antenas parabólicas descentradas con diámetros de antena típicos de 1 a 2 metros. La unidad exterior suele contener la electrónica de RF, como el convertidor de bajo ruido (un LNA con un convertidor reductor) y un convertidor de potencia (un AP con un convertidor elevador) en un alojamiento compacto estanco con bocina de alimentación integrada en la antena, y se instala detrás del foco de la antena. La antena con la unidad exterior se puede instalar fácilmente en la azotea, sobre la pared, o en el aparcamiento de las oficinas del usuario, donde estén los terminales de datos. La unidad interior suele contener un circuito FI, un módem y un procesador de señal en banda base. Algunas veces los circuitos del modulador están contenidos en la unidad exterior en vez de en la interior.

La unidad interior se suele instalar cerca de los terminales de datos del usuario, y se conecta directamente a ellos a través de la interfaz estándar de comunicaciones de datos. Normalmente puede conectarse un receptor opcional de TV a la unidad interior para recibir señales de TV transmitidas por otro transpondedor del mismo satélite. Las unidades externa e interna se conectan mediante uno o varios cables de enlace interfacilidades. La unidad interior puede estar a una distancia de la exterior de entre 100 o 300 metros como máximo.

La figura 7.4 muestra una configuración típica de la instalación del VSAT. Deben tenerse en cuenta los aspectos sobre seguridad para proteger al personal operador y al público tales como protección contra vendavales, descargas eléctricas, rayos y efectos nocivos de la radiofrecuencia.

Puede referirse de nuevo para más detalles sobre sistemas VSAT a "Sistemas VSAT y estaciones terrenas (Suplemento 3 del Manual)".

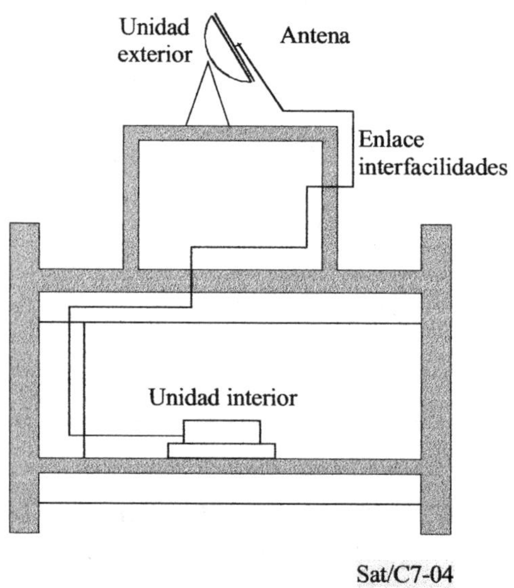

FIGURA 7.4

Instalación típica de un VSAT

7.1.3.3   Otros terminales muy pequeños

Tras el éxito de los VSAT, están apareciendo en el mercado nuevos tipos de terminales muy económicos (por ejemplo, a precios de PC) para una amplia gama de aplicaciones y con perspectivas de venta en grandes cantidades.

Estos terminales llamados a veces USAT (terminales de abertura ultrapequeña, *ultra small aperture terminals*) funcionarán con nuevos sistemas de satélite por todo el mundo, basados en los potentes satélites OSG o en los no OSG (por ejemplo, TELEDESIC, SKYBRIDGE[5]). La reducción del coste de los terminales se deberá a la fabricación en serie y a la utilización de tecnologías avanzadas (ASIC, etc.) y al procesamiento de señales digitales, siendo la mayoría de las funciones (incluida posiblemente la demodulación) realizadas por programas en un pequeño número de componentes VLSI[6].

Los sistemas propuestos se dividen normalmente en dos categorías con diferentes aplicaciones:

- utilización de medios de telecomunicación en lugares aislados (pueblos, islas, etc.), en condiciones económicas aceptables, especialmente para servicio de países en vías de desarrollo;

- acceso directo en banda ancha de los terminales de los usuarios a cualquier tipo de redes de comunicaciones a nivel mundial

7.1.4 Las estaciones terrenas transportables y portátiles

7.1.4.1 Las estaciones terrenas transportables

Las estaciones terrenas transportables se utilizan en las siguientes aplicaciones:

- la captación de noticias por satélite (SNG) (véase el apartado 7.9)

- las comunicaciones de emergencia en los desastres naturales

- las comunicaciones temporales

Estas estaciones terrenas pueden transportarse por medio de una furgoneta, camión o aeronave y proporcionar transmisión de voz, datos y vídeo a través de sistemas de satélite internacionales, regionales o nacionales. Algunas estaciones terrenas transportables se utilizan en las bandas de frecuencias 6/4 GHz, 14/12 GHz y 30/20 GHz. A continuación se proporcionan ejemplos de configuraciones de estaciones terrenas transportables (consúltese la Recomendación UIT-R S.1001).

Varios tipos de equipos de estaciones terrenas pequeñas se han desarrollado para la utilización de nuevos sistemas de comunicaciones por satélite en la banda 14/12 GHz. En el diseño de las estaciones terrenas pequeñas se ha intentado disminuir el tamaño y aumentar la transportabilidad así como para facilitar su uso en aplicaciones corrientes. Esto permite la utilización ocasional y temporal de estas estaciones terrenas en operaciones de salvamento, en el propio país e incluso en cualquier lugar del mundo. Estas estaciones temporales se instalan bien en un vehículo o bien utilizan un contenedor portátil con una pequeña antena. De este modo pueden utilizarse en situaciones de emergencia.

---

5   Véase el capítulo 6, apartado 6.5 y apéndice 6.1.

6   La reducción del tamaño y del coste de los terminales puede ser superior en el caso de las estaciones terrenas móviles (SMS) para aplicaciones S-PCN.

La estación terrena con vehículo, con todo el equipo necesario instalado dentro del vehículo, por ejemplo, una furgoneta con tracción en las cuatro ruedas, permite el funcionamiento a los 10 minutos de la llegada, incluyendo todas las acciones necesarias como ajustes de orientación de la antena.

Una estación terrena transportable se desmonta antes de su transporte y se vuelve a montar en el emplazamiento en 15 a 30 minutos aproximadamente. El tamaño y el peso del equipo permiten normalmente transportarlo a mano entre una o dos personas, y los contenedores están dentro de los límites del reglamento de equipaje facturado de la IATA. El peso total de este tipo de estaciones terrenas incluyendo el generador y el conjunto de la antena es de 150 kg como mínimo, aunque lo normal es 200 kg. También es posible transportar el equipo mediante helicópteros.

El cuadro 7.1 muestra algunas características de las estaciones terrenas pequeñas transportables que trabajan en la banda de 14/12 GHz.

CUADRO 7.1

Características de las estaciones terrenas transportables en la banda de 14/12 GHz

Tipo de transporte	Aerotransportable
Diámetro de la antena (m)	1,2 a 21,8
p.i.r.e. (dBW)	62,5 a 72
Ancho de banda RF (MHz)	20 a 30
Peso total	200 a 275 kg
Embalaje:	
- Dimensiones totales (m)	< 2
- Número total	7 a 13
- Peso máximo (kg)	20 a 45
Capacidad del generador (kVA)	0,9 a 93
Número de personas necesario	1 a 3

7.1.4.2 Las estaciones terrenas portátiles

El sistema INMARSAT-M proporciona telefonía de marcación directa, facsímil o transmisión de datos a 2,4 Kbit/s en servicios marítimos o terrestres.

El tamaño físico de los terminales de Norma M es el de una pequeña maleta (11 kg).

Además, el sistema INMARSAT-M ha evolucionado hacia el sistema mini-M, utilizando satélites INMARSAT de tercera generación. Cuando se utilizan en el satélite transpondedores con haz concentrado, éstos son suficientemente potentes para permitir el funcionamiento de terminales del tamaño de un pequeño portafolios A4 (2,6 kg) con una estación terrena terrestre y conectarse así a la red internacional de telecomunicaciones públicas.

El terminal utiliza la banda de frecuencias estándar INMARSAT de 1 625,5 a 1 660,5 MHz en transmisión y de 1 525,0 a 1 559,0 MHz en recepción. Hay canales telefónicos codificados a 4,8 Kbit/s. El facsímil se transmite y recibe utilizando la norma G3 a 2,4 Kbit/s y la transmisión de datos asíncronos está disponible hasta 2,4 Kbit/s. Para alimentar el equipo se utiliza una batería iónica de litio recargable incorporada al equipo. Cuando está totalmente cargada, puede alimentar el terminal durante 4,5 horas en modo receptor y 1,2 horas en modo transmisor.

Están diseñándose estaciones terrenas manuales muy compactas (que suelen denominarse simplemente "terminales") en el marco de nuevos proyectos de sistemas de satélite para comunicaciones entre teléfono móvil y satélite (MSS) o comunicaciones personales por satélite (PCS), como IRIDIUM y GLOBALSTAR entre otros. Estos terminales deben diseñarse bajo los mismos principios tecnológicos que los utilizados en los sistemas terrenales móviles celulares.

7.2 El sistema de antena

7.2.1 Principales parámetros de la antena

Los siguientes parámetros básicos de la antena se definen en el apartado 2.1.2: ganancia, abertura eficaz, diagramas de radiación y anchuras de haz, lóbulos laterales, polarización y temperatura de ruido. El factor de calidad de una estación receptora se define en el apartado 2.1.4.

En los apartados siguientes, se describen más detalladamente algunos de los parámetros más importantes de la estación terrena, desde el punto de vista específico del segmento.

7.2.1.1 Los lóbulos laterales de la antena

Las características de los lóbulos laterales de las antenas de las estaciones terrenas constituyen uno de los factores principales para determinar la separación mínima entre satélites, y por tanto la eficacia de la utilización del recurso órbita espectro.

La Recomendación S.465-5 presenta un diagrama de radiación de referencia que se utiliza en la coordinación y evaluación de la interferencia. Este diagrama de radiación se define de la siguiente manera:

$$G = 32 - 25 \log \varphi \text{ dBi} \qquad \text{para } \varphi_{min} \leq \varphi < 48°$$
$$-10 \text{ dBi} \qquad \text{para } 48° \leq \varphi \leq 180°$$

Para antenas con $D/\lambda \leq 100$ en redes coordinadas antes de 1993

$$G = 52 - 10 \log (D/\lambda) - 25 \log \varphi \text{ dBi} \qquad \text{para } \varphi_{min} \leq \varphi < 48°$$
$$10 - 10 \log (D/\lambda) \text{ dBi} \qquad \text{para } 48° \leq \varphi \leq 180°$$

siendo:

      φ: ángulo con relación al eje del lóbulo principal de la antena

    φmin: el máximo de 1° o 100 λ/D grados

      G: ganancia de la antena respecto a una antena isotrópica

La Recomendación UIT-R S.580-5 estipula que las nuevas antenas de una estación terrena que funcione con un satélite geoestacionario deben tener un objetivo de diseño tal que la ganancia G, de al menos el 90% de las crestas de los lóbulos laterales no exceda de:

Para una antena con $D/\lambda > 50$

$$G = 29 - 25 \log \varphi \text{ dBi} \qquad \text{para } \varphi_{min} \leq \varphi \leq 20°$$

Este requisito debe cumplirse para cualquier dirección fuera del eje que forme un ángulo igual o inferior a $3°$ con la órbita de los satélites geoestacionarios (véase la Recomendación S.580-5).

La fig. 7.5 muestra varios ejemplos de diagramas de radiación de buena calidad.

Las antenas receptoras de muy pequeña abertura (VSAT), deben cumplir también la Recomendación UIT-R728. Esta recomendación especifica la densidad de potencia fuera del eje que se determina no sólo por la característica de los lóbulos laterales de la antena sino también por la potencia de transmisión y el ancho de banda.

7.2.1.2   La temperatura de ruido de la antena

La temperatura de ruido de la antena se define en el apartado 2.1.4..

La temperatura de ruido de la antena (o "temperatura de la antena") debe mantenerse lo más baja posible mediante un diseño adecuado para obtener un factor de calidad (G/T) elevado (véase el apartado 7.2.1.3).

A continuación se enumeran de nuevo las fuentes principales del ruido de la antena (con referencia a la fig. 7.6 que muestra el diagrama de radiación de la antena en coordenadas polares):

- ruido de atenuación atmosférica: este ruido disminuye rápidamente con el ángulo de elevación de la antena, pues a medida que aumenta la elevación es menor la longitud del trayecto en la atmósfera;

- ruido cósmico (algunos K);

- "ruido de tierra" debido a la emisión de energía de ruido por el suelo (el suelo absorbe las ondas de RF y por lo tanto actúa como un "cuerpo gris"). Cuanto menor es el nivel del lóbulo lateral en la dirección del suelo, menor es su contribución al ruido. Las antenas de gran calidad de las estaciones terrenas se denominan "antenas de bajo ruido" o "antenas frías" cuando este lóbulo lateral es suficientemente reducido;

- pérdidas diversas (por polarización cruzada, pérdidas óhmicas, etc.).

En la fig. 7.7a se dan los valores típicos de la temperatura de ruido (T_{A_o} en función del ángulo de elevación) para una estación terrena bien diseñada. Estos valores no incluyen las pérdidas diversas (por ejemplo, las pérdidas óhmicas) en la alimentación de la antena ni la posible atenuación suplementaria en la atmósfera (por ejemplo, la debida a la lluvia).

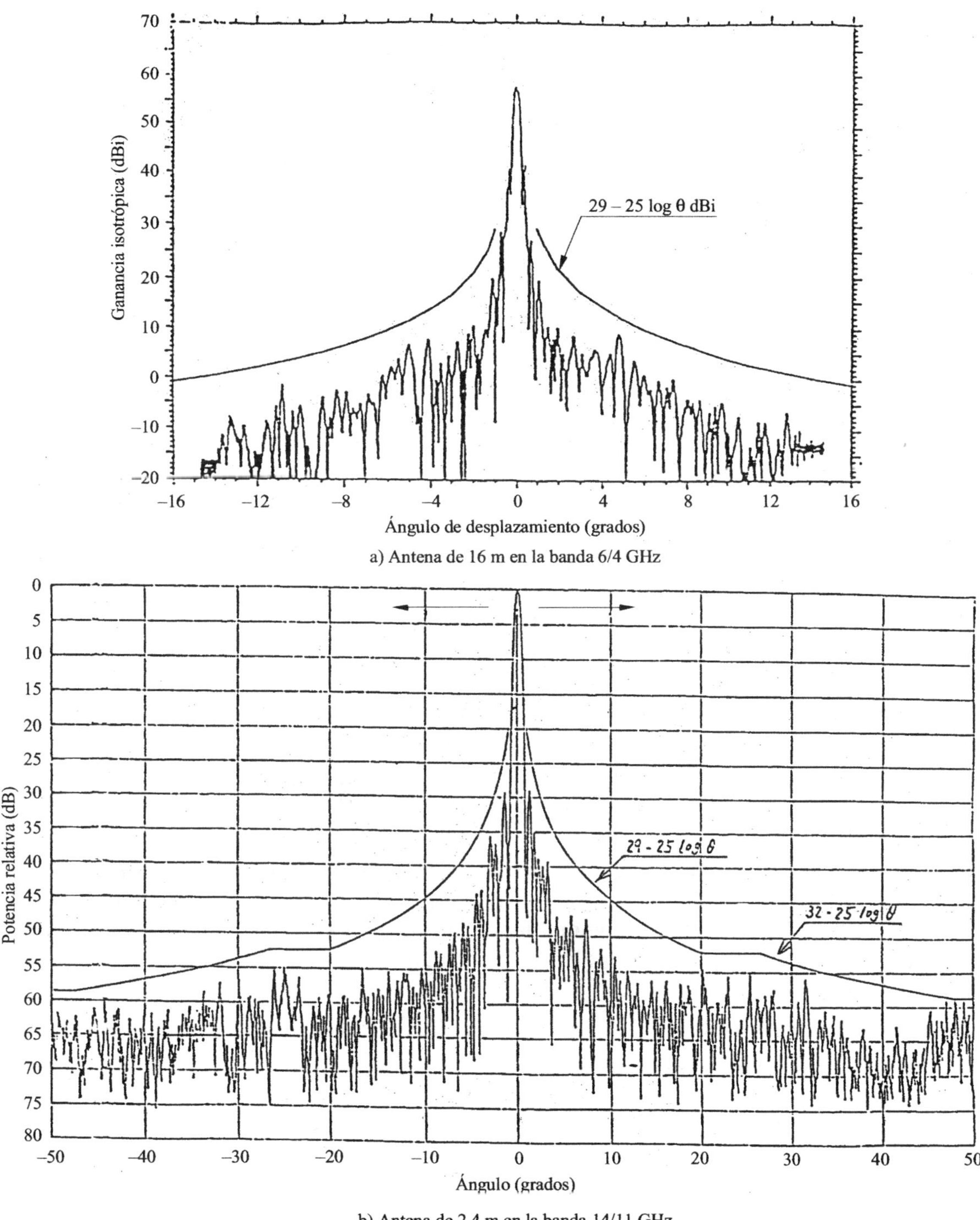

a) Antena de 16 m en la banda 6/4 GHz

b) Antena de 2,4 m en la banda 14/11 GHz

Sat/C7-05

FIGURA 7-5

Diagrama de radiación medida de diversas antenas

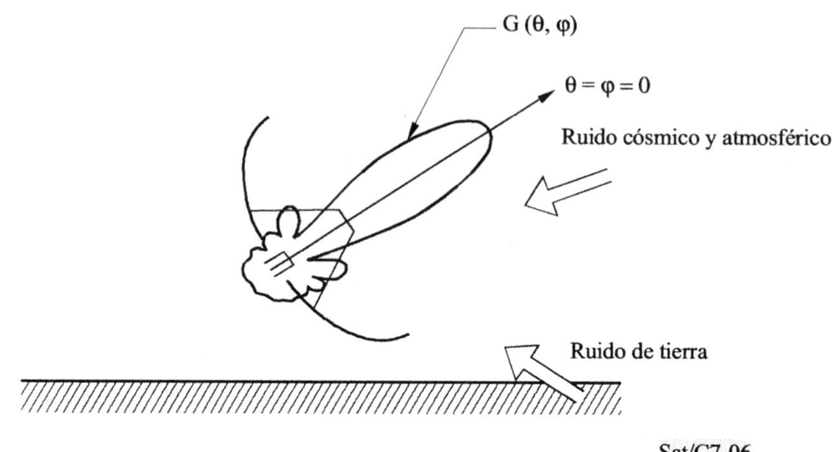

FIGURA 7-6

Contribuciones a la temperatura de ruido de la antena

La ecuación siguiente se refiere a las pérdidas en el alimentador y a la atenuación atmosférica suplementaria:

$$T_A = \frac{1}{\ell_F} T_{A_o} + (1 - \frac{1}{\ell_F}) \, T_o + \frac{1}{\ell_F} \, (1 - \frac{1}{\ell_{atm}}) \, (T_{atm} - T_c) \qquad (1)$$

siendo:

ℓ_F: pérdidas en el alimentador (incluidos los componentes "pasivos" del sistema de antena tales como el polarizador, el duplexor, etc.) ($\ell_F > 1$; o $L_F = 10 \log \ell_F$, en dB);

ℓ_{atm}: atenuación atmosférica suplementaria ($\ell_{atm} > 1$, o $L_{atm} = 10 \log \ell_{atm}$, en dB);

T_c: temperatura de ruido debida al cielo (en ausencia de atenuación atmosférica);

T_{A_o} : temperatura de ruido de la antena con "cielo despejado" (fig. 7.7a)

$$T_{A_o} = \frac{1}{4\pi} \iint g(\Omega) \cdot T_b (\Omega) \, d\Omega$$

$g(\Omega)$: diagrama de radiación de la antena;

$T_b(\Omega)$: temperatura de brillo incluyendo el ruido de tierra (fig. 7.7b o apartado 2.1.4.3, Figura 2.5);

T_{atm}: temperatura física de la atmósfera circundante ($T_{atm} = 270$ K);

T_o: temperatura física de referencia = 290 K.

Los dos primeros términos de la ecuación (1) dan la temperatura total de ruido de la antena con cielo despejado (incluyendo las pérdidas del alimentador).

Ha de señalarse que:

- las pérdidas del alimentador L_F incluyen las fugas y pérdidas del sistema reflector de antena debidas a la fuente primaria (bocina), al duplexor, al transductor de modo y al polarizador, así como otras pérdidas de circuitos (pérdidas óhmicas y dieléctricas). Estas pérdidas deben mantenerse tan pequeñas como sea posible. Además, las pérdidas del enlace (guiaondas) entre la salida de recepción del sistema de antena y la entrada del amplificador de bajo nivel de ruido LNA se incluyen en L_F. Por lo tanto, este enlace debe ser muy corto (el amplificador de bajo nivel de ruido se sitúa por lo general directamente en el puerto de recepción de la antena). Mediante un buen diseño, las pérdidas globales L_F pueden mantenerse en unos 0,15 dB (en la banda de 4 GHz);

- para un cálculo aproximado de la temperatura de ruido total de la antena con cielo despejado, añádase a T_{A_0} 7 K por 0,1 dB de pérdidas del alimentador, tal como se muestra en la fig. 7.7a.

El tercer término de la ecuación (1) corresponde a la temperatura de ruido adicional (ΔT_A) debida a la atenuación atmosférica. Es un término despreciable en la banda de 4 GHz pero puede ser bastante importante en frecuencias superiores. El cuadro siguiente da ejemplos típicos de temperatura de ruido adicional (para $L_F = 0,1$ dB y $T_c = 15$ K).

Atenuación atmosférica (L_{atm}, dB)	Temperatura de ruido adicional de la antena (ΔT_A)
0,5 dB	27 K
1 dB	51 K
2 dB	92 K
3 dB	124 K
5 dB	170 K

Influencia de la interferencia solar

El ruido cósmico, es decir la temperatura de ruido de la antena debida a las fuentes radioeléctricas extraterrenales, puede aumentar si una fuente radioeléctrica discreta intensa cae dentro del haz principal de la antena (o incluso, posiblemente, en los lóbulos laterales). Las fuentes principales del aumento de la temperatura de ruido de la antena son el Sol, en primer lugar, y, en segundo lugar, la Luna.

En la práctica, una estación terrena se ve sometida a interferencia e incluso a interrupciones cuando el Sol se encuentra en conjunción con el satélite, es decir, cerca de la dirección entre la estación terrena y el satélite.

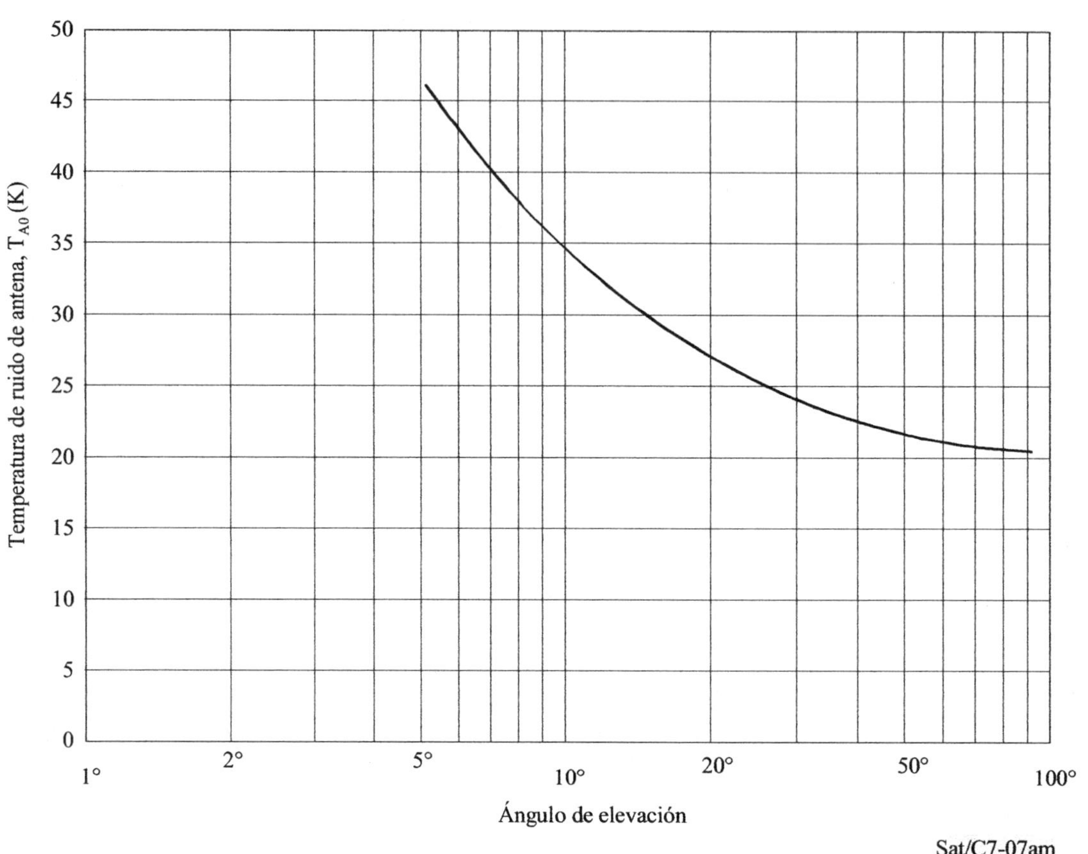

FIGURA 7.7 A)

Temperatura típica de ruido de una antena de estación terrena con "cielo despejado"

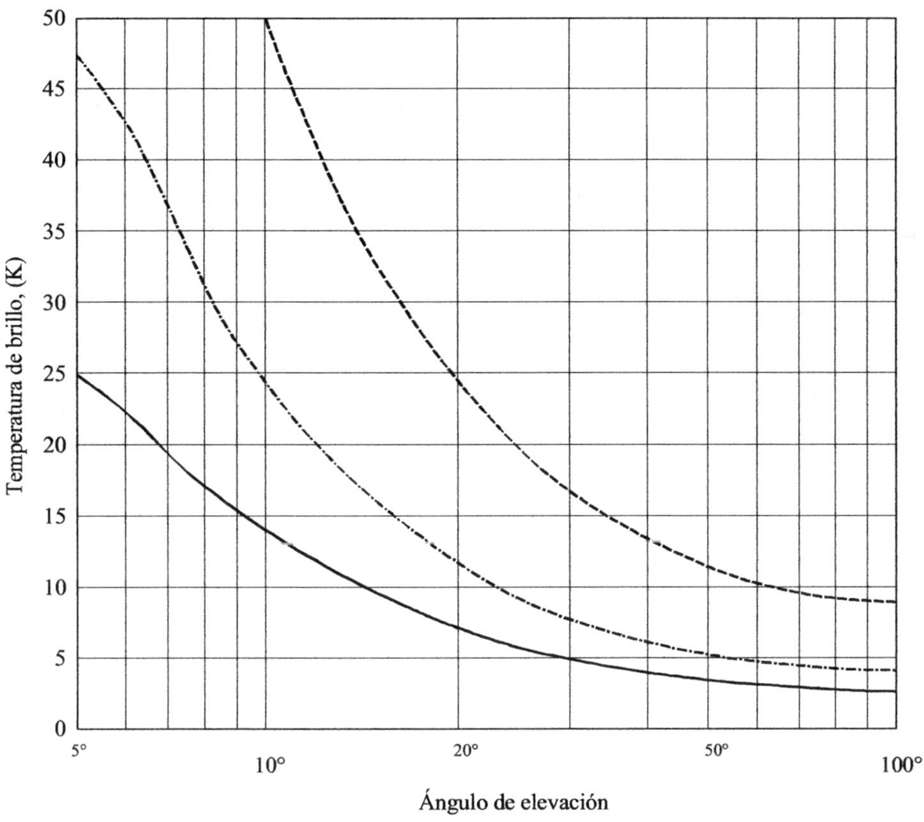

FIGURA 7.7 B)

Temperatura típica de brillo, T_b (Ω)

Una fórmula aproximada para la dirección del Sol es:

$$i = 23 \, \sin\frac{2\pi t}{365}$$

siendo i, la inclinación en grados del Sol respecto al plano ecuatorial y t, la fecha en días referida, por ejemplo, al equinoccio de otoño (hacia el 22 de septiembre).

La coincidencia se produce cuando i', la inclinación de la dirección entre la estación terrena y el satélite respecto al plano ecuatorial es igual a i ($0 \leq i' \leq 8,7^\circ$, siendo $8,7^\circ$ la mitad del ángulo de la Tierra vista desde el satélite geoestacionario).

Es fácil calcular que, dependiendo de la situación de la estación terrena, la coincidencia se produce cada día durante dos periodos al año, (entre 0 y 21 días antes o después de los equinoccios) durante unos $5 \cdot \theta$ días (siendo θ la anchura del haz de la estación terrena, en grados).

Esto sucede:

- antes del equinoccio de primavera y después del equinoccio de otoño si la estación terrena está en el hemisferio Norte;

- después del equinoccio de primavera y antes del equinoccio de otoño si la estación está en el hemisferio Sur;

- cada día, la coincidencia dura el tiempo que tarda el Sol en pasar a través del haz de la antena, es decir, aproximadamente unos $480 \cdot \theta$ s.

Por ejemplo, con una antena de 11 m, a 4 GHz, la anchura del haz de potencia mitad de la antena es $\theta_0 = 0{,}44^{\circ}$, pero teniendo en cuenta todo el haz e incluso los primeros lóbulos laterales puede producirse interferencia en el funcionamiento de la estación terrena durante unos cinco días, dos veces al año, con una duración diaria de unos 7 min.

Durante la coincidencia, la temperatura de ruido de la antena (T_{Ao}) se eleva de forma brusca hasta valores muy elevados.

Si la anchura de haz de la antena θ es menor que la anchura angular del Sol $(\alpha = 0{,}5^{\circ})$, T_A se eleva aproximadamente hasta la temperatura de ruido del Sol (por ejemplo, 20 000 K o incluso más a 4 GHz). Si $\theta > \alpha$, este máximo de T_A se reduce en una relación aproximadamente igual a $(\theta/\alpha)^2$.

En el anexo II del Informe 390 se ofrecen más detalles sobre la interferencia causada por el Sol y por las fuentes extraterrenales.

7.2.1.3   El factor de calidad (G/T)

7.2.1.3 a)   Generalidades

El factor de calidad, que es la característica funcional más importante de una estación terrena en el modo de recepción, ya se definió en el apartado 2.1.4 como relación entre la ganancia G de la antena (a la frecuencia de recepción y en la dirección del satélite) y la temperatura de ruido del sistema T (referida a la entrada del receptor). Aunque no es ésta la única característica de la antena, conviene mencionar aquí algunos datos adicionales sobre G/T, pues un buen diseño de la antena implica la optimización de la relación global G/T.

La G/T se expresa normalmente en decibelios por Kelvin $(dB(K^{-1}))$, es decir:

$$G/T = G - 10 \log T \quad dB(K^{-1}) \tag{2}$$

La fig. 7.5 da T (con cielo despejado) y G/T (a 4 GHz) en función del ángulo de elevación.

En los sistemas que funcionan a frecuencias superiores a 10 GHz, las especificaciones de las estaciones terrenas, en particular el factor de calidad, deben tener en cuenta las pérdidas de G/T debidas a los efectos atmosféricos y a la precipitación. Esta atenuación se especifica generalmente durante un porcentaje de tiempo determinado por la calidad deseada del sistema.

La especificación de G/T debe tener en cuenta estas pérdidas:

- directamente, ya que dan lugar a un aumento de la G/T necesaria,

- indirectamente, ya que implican un aumento de la temperatura de ruido T.

La fórmula general que se utiliza para especificar la relación G/T de las antenas de estación terrena a frecuencias superiores a 10 GHz, se expresan normalmente de la siguiente manera:

$$G/T_i \geq K + 20 \log(f/f_o) + L_i \qquad dB(K^{-1}) \tag{3}$$

para $(100 - P_i)\%$ del tiempo como mínimo.

L_i, expresado en dB, es la atenuación adicional en el enlace descendente causada por las precipitaciones (L_{atm} en la ecuación (1)). Depende de las condiciones meteorológicas locales y de la disponibilidad requerida (especificada por P_i).

T_i: temperatura de ruido del sistema receptor teniendo en cuenta L_i,

K: G/T con cielo despejado,

f: frecuencia real,

f_o: frecuencia mínima de la banda de recepción.

En el cuadro 7-Ap-1 del apéndice 7-1 figuran ejemplos de dichas especificaciones. En el Informe 552 (anexo IV) pueden verse más detalles del cálculo de los parámetros de la antena en estas condiciones particulares.

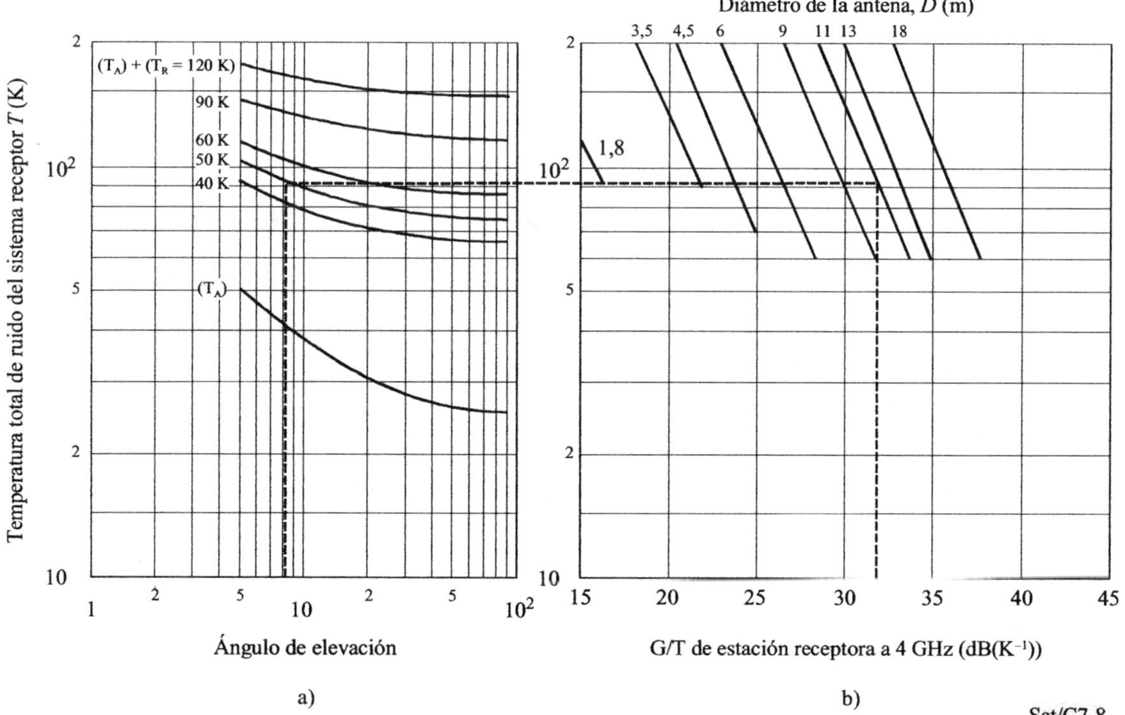

FIGURA 7.8

Figura 7.8a: temperatura de ruido total del sistema receptor, T, en función del ángulo de elevación de la antena, siendo $T_A^{(1)}$ la temperatura de ruido de la antena y T_R la temperatura de ruido del receptor, como parámetros.

Figura 7.8b: $G/T^{(2)}$ de la estación terrena en recepción a 4 GHz en función de la temperatura de ruido total del sistema receptor (dado en la fig. 7.8a) con el diámetro de la antena como parámetro.

Por ejemplo: G/T = 31,7 dB (K^{-1}) para un antena de 11 m, receptor de 50 K y 8,3° de elevación.

1) T_A incluye las pérdidas de alimentación diversas.

2)   Eficacia de la antena: 70% para antenas grandes, 60% para las antenas pequeñas.

7.2.1.3 b)   Medición de la relación G/T

Existen dos métodos de medición de la relación G/T distintos del cálculo de G/T a partir de G y T, medidas por separado.

Uno de los métodos se lleva a cabo con la ayuda de radioestrellas y el otro utiliza una señal procedente de un satélite geoestacionario en lugar de la emisión de una radioestrella.

i)   Medición de la relación G/T con la ayuda de radioestrellas

Este método utiliza la radiación de una radioestrella. Sin embargo, este método tiene los siguientes inconvenientes:

- la exactitud no es muy buena no muy buena exactitud para las estaciones terrenas más pequeñas;

- el método de la radioestrella no es adecuado para las estaciones del hemisferio sur donde las estrellas no son visibles, o lo son sólo para ángulos pequeños de elevación;

- se necesita seguir a las radioestrellas, que puede no ser posible en las estaciones con posibilidades de orientación limitadas.

Método de medición

La relación G/T puede determinarse por medición de la relación, r, de la potencia de ruido en la salida del receptor, por medio de la fórmula:

$$\frac{G}{T} = \frac{8\pi k(r-1)}{\lambda^2 \Phi(f)}$$

siendo

k: constante de Boltzmann

λ: longitud de onda (m)

$\Phi(f)$:   densidad de flujo de radiación de la radio estrella a la frecuencia (f) en medición ($Wm^{-2}\ Hz^{-1}$)

r: (Pn + Pst) / Pn

Pn: potencia de ruido correspondiente a la temperatura de ruido del sistema T

Pst: potencia de ruido adicional cuando la antena está en alineación exacta con la radioestrella

La ganancia de antena G y la temperatura de ruido del sistema T están referidas a la entrada del receptor.

En esta ecuación, se tiene en cuenta el hecho de que la radiación de la estrella suele estar polarizada aleatoriamente y sólo se recibe una parte con la polarización deseada. La densidad de flujo de la radiación $\Phi(f)$ se obtiene por medio de mediciones radioastronómicas.

Este método tiene una ventaja básica respecto al cálculo de GN a partir de la medición de G y T por separado, ya que para determinar la relación sólo es necesaria una medida relativa en vez de dos medidas absolutas.

ii)   **Medición de la relación G/T con una señal procedente de un satélite geoestacionario**

En este método, la señal del satélite sustituye a la señal procedente de la radioestrella. En lugar de medir la relación señal más ruido de la radioestrella al ruido, se mide la relación de la señal total procedente del satélite más ruido a la potencia de ruido. Los ruidos procedentes del satélite, por motivos tales como el factor de ruido del receptor de la nave, deben tenerse en cuenta. Además, debe haber una estación terrena de referencia cuya ganancia en recepción respecto al satélite utilizado para la medición sea conocida, para hacer una medición de la potencia de salida del satélite simultáneamente con la estación terrena de medición.

Método de medición

Midiendo la relación r de la potencia de la señal del satélite más la potencia de ruido a la potencia de ruido, puede determinarse la relación G/T mediante la fórmula:

$$G/T = \left[(kBLA)/A/E\right]\cdot\left[(r-1)-(T_{sat}/T)\right]$$

siendo:

k: constante de Boltzmann

B: anchura de banda de ruido de la estación receptora terrenal

L: pérdida en el espacio libre

A: factor de corrección por orientación de la antena de satélite

E: p.i.r.e. en el centro del haz del satélite(W)

T_{sat}: temperatura de ruido de la estación terrena con origen en el satélite (K)

r: $(C + kT_{sat}B + kTB)/(kTB)$

C: potencia de la portadora del satélite en la estación de recepción terrena (W)

7.2.1.4　Calidad de funcionamiento en banda ancha

Debe mantenerse una elevada ganancia de antena, bajos niveles de lóbulos laterales, una buena pureza de la polarización, una baja temperatura de ruido de la antena y también una buena adaptación de impedancias (es decir, una pequeña relación de ondas estacionarias del circuito de alimentación) en la anchura de banda de transmisión y de recepción. Ello puede constituir un difícil problema de ingeniería; por ejemplo, en las bandas de 6/4 GHz de los satélites Intelsat-VI, la anchura de banda total de la antena va desde 3,625 a 6,425 GHz (más exactamente de 3,625 a 4,2 GHz y de 5,850 a 6,425 GHz) y varios subsistemas del sistema de antena deben funcionar correctamente en esta banda tan ancha.

El funcionamiento en toda la anchura de banda de las nuevas bandas de frecuencia ampliadas (véase el cuadro 1.2) es factible, aunque en muchos casos puede ser necesario volver a reacondicionar el equipo de la estación terrena.

Se pueden utilizar las antenas multibanda que cubran simultáneamente las bandas de 6/4 GHz y 14/11 GHz, por ejemplo, y que pueden ser útiles en algunas aplicaciones.

7.2.2　El diseño radioeléctrico

7.2.2.1　Principales tipos de antenas

Los tipos que se utilizan más frecuentemente son las antenas reflectoras. El cuadro 7.1 clasifica los tipos más comunes de antenas por su configuración.

- axisimétricas o descentradas;

- de reflector sencillo o doble.

A continuación se discuten con más detalle los siguientes tipos:

a)　la antenas Cassegrain;

b)　la antena Gregory;

c)　la antena Cassegrain con alimentación periscópica;

d)　las antenas con alimentador descentrado.

Las redes de antenas han sido también introducidas recientemente para pequeñas estaciones terrenas. Véase más adelante en el apartado 7.2.5.

7.2.2.1.1　La antena Cassegrain

Mientras que las antenas parabólicas convencionales utilizan un solo reflector paraboloide alimentado por un radiador primario (normalmente una bocina cónica) situado en el foco del paraboloide ("antena de alimentación frontal"), la antena Cassegrain utiliza un sistema de reflector doble alimentado por un radiador primario situado en el foco del sistema.

El sistema reflector consta de un reflector principal (que nominalmente es un paraboloide) y un reflector secundario, denominado también "subreflector" (que nominalmente es un hiperboloide).

El foco de este sistema, es decir, el foco del paraboloide virtual que es ópticamente equivalente al sistema, está en las proximidades del vértice del reflector principal. Por tanto la antena Cassegrain es una "antena de alimentación posterior" que permite una colocación muy conveniente del sistema alimentador completo (radiador primario, duplexor, uniones, acopladores, polarizadores, etc.).

Otra ventaja importante de la configuración Cassegrain es que puede mejorarse la eficacia de la antena aplicando la técnica denominada de "conformación del receptor" (o de "reflectores modificados"). La fig. 7.9a ilustra esta técnica: el principio consiste en modificar la forma del subreflector para mejorar la distribución de energía que se refleja hacia el reflector principal. Por ejemplo, un haz elemental de rayos FA radiado desde la bocina primaria hacia el borde del subreflector es reflejado y se refleja a lo largo de AB hacia el borde del reflector principal. Tal como muestra la fig. 7.9b, el efecto de conformación aumenta la concentración de energía en la parte exterior del reflector principal y reduce también las pérdidas de energía fuera de éste (las denominadas pérdidas de "desbordamiento"). Por otra parte, el efecto de conformación en la parte interior de los reflectores disminuye la concentración de energía en el reflector principal. El efecto global sobre el comportamiento de la antena es doble: en primer lugar, se reducen las pérdidas de desbordamiento y, en segundo lugar (lo que es más importante), la distribución de energía sobre la abertura de radiación de la antena se hace más uniforme (como se indica en la parte derecha de la figura). Esto significa que mejora la eficacia de radiación del reflector principal (eficacia de la abertura), que es el factor predominante de la eficacia global de la antena.

La forma del reflector principal debe modificarse también para mantener una longitud del trayecto total constante (FA + AB + BD) de los rayos a lo largo de la antena, (véase la fig. 7.9b), de acuerdo con las leyes convencionales de la óptica. En cuanto al cálculo de la difracción, ésta es la condición para la distribución uniforme de la fase en la abertura de la antena.

NOTA 1 – El funcionamiento de las antenas Cassegrain puede verse afectado en mayor o menor medida por el bloqueo parcial y la dispersión provocado por el subreflector así como por sus montantes de fijación.

Los efectos principales son:

- Pérdida de eficacia:

   Esta pérdida de eficacia puede reducirse a unas décimas de decibelio si el diámetro del subreflector no es superior a 1/10 aproximadamente del diámetro del reflector principal. El efecto de bloqueo puede reducirse mediante la "técnica de conformación". Esta técnica permite reducir la energía dirigida desde el subreflector hacia la parte central del reflector principal (y también hacia el alimentador primario). Los montantes de fijación del subreflector producen también efecto de bloqueo, aunque la pérdida es menor que la del bloqueo del subreflector.

- Repercusión sobre los lóbulos laterales:

  La radiación directa del alimentador primario fuera del diámetro del subreflector (denominada radiación "de desbordamiento del subreflector") aumenta los lóbulos laterales de la antena, por lo que debe ser mantenida al nivel más bajo posible. La difracción del borde del subreflector debe combinarse también con la radiación de desbordamiento.

  Los montantes del subreflector están colocados en la zona de dos ondas radiadas. Una es la potencia radiada desde el reflector principal (onda plana) y la otra es la potencia radiada desde el subreflector (onda esférica). Ambas se dispersan por los montantes y degradan el lóbulo lateral.

NOTA 2 – Las antenas Cassegrain y Gregory presentan una temperatura de ruido inferior a las antenas de alimentación frontal.

Esto se debe a que los rayos de desbordamiento directos procedentes del radiador primario se dirigen hacia el cielo, mientras que en el caso de las antenas de alimentación frontal se dirigen más o menos hacia el suelo.

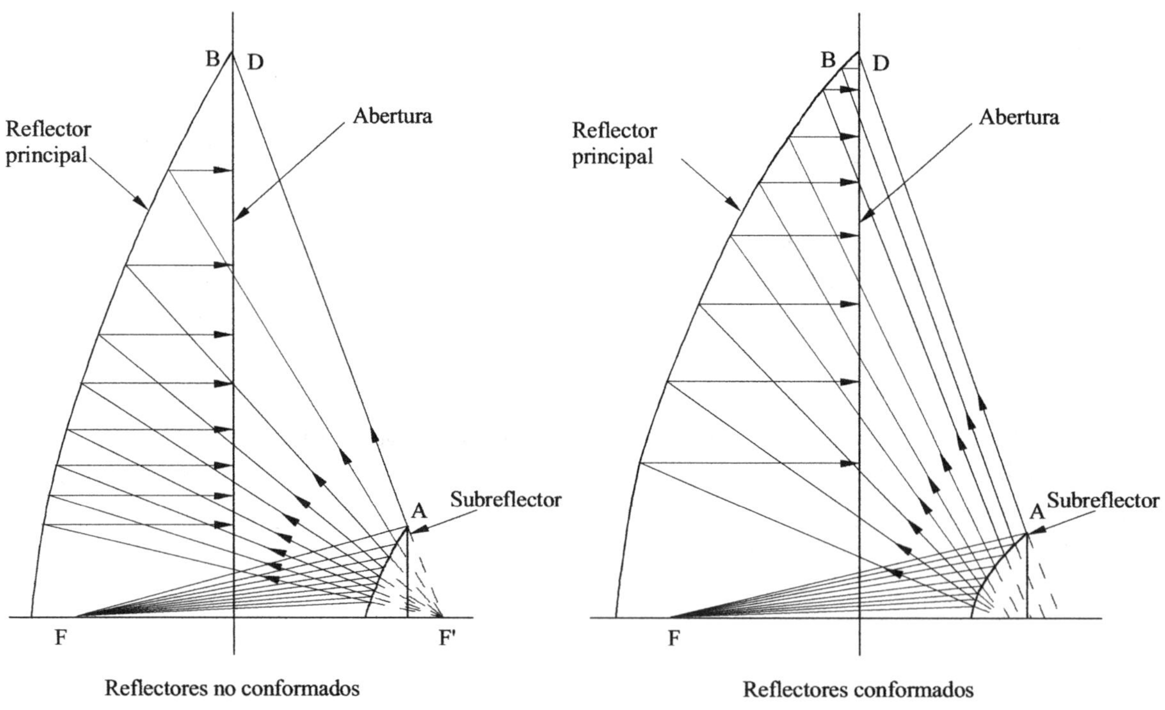

FIGURA 7.9 A)

Concepto de diseño del reflector

(esta figura muestra la mitad del reflector)

CUADRO 7.2

Clasificación de las antenas (diseño radioeléctrico)

Tipo de Antena	Axisimétrica			
	De reflector único		De reflector doble	
Ejemplo	Antena parabólica	Antena Cassegrain	Antena Cassegrain con alimentador periscópico de cuatro reflectores	Antena Gregory
Esquemas				
Características	Configuración simple Eficacia reducida de la abertura por no poder aplicarse la conformación del reflector Temperatura de ruido elevada debida a un gran desbordamiento de potencia del reflector principal Mala accesibilidad por el gran diámetro de la antena dado que el alimentador y el amplificador de bajo nivel de ruido deben estar junto al radiador primario (bocina)	Subreflector convexo (Cassegrain) Gran eficacia y baja temperatura de ruido porque se puede conformar el reflector El alimentador y el amplificador de bajo nivel de ruido pueden instalarse en la sala del equipo detrás del reflector principal para obtener así una buena accesibilidad La gama de frecuencias es más estrecha que la del equipo con alimentación periscópica de 4 reflectores Diagrama de radiación bastante bueno (fig. 5.6a))	Gran eficacia y baja temperatura de ruido en banda de gran anchura. Buena accesibilidad ya que el alimentador y el amplificador de bajo nivel de ruido pueden instalarse en la sala exentos de las rotaciones en elevación y acimut No se requiere recorrido de guiaondas ni junta giratoria de forma que la potencia transmitida puede ser de unos 2 dB mayor en la banda de 6 GHz para una antena de 30 m de diámetro Buen diagrama de radiación (fig. 5.6b)	Subreflector cóncavo (Gregory) Gran eficacia y baja temperatura de ruido porque puede conformarse el reflector. El alimentador y el amplificador de bajo nivel de ruido pueden instalarse en la sala del equipo detrás del reflector principal para obtener así una buena accesibilidad La intervalo de frecuencias es más estrecho que la del equipo con alimentación periscópica de 4 reflectores Diagrama de radiación bastante bueno (fig. 5.6a))
Aplicaciones	Antenas de estaciones terrenas de pequeño tamaño	Antena de estación terrena mediana	Antena de estación terrena de gran tamaño (D/λ de 500 aproximadamente)	Antena de estación terrena mediana

CUADRO 7.2 (continuación)

Tipo de antena	Descentrado			
	De reflector único	De reflector doble		
Ejemplo	Antena parabólica	Antena toroidal	Antena Cassegrain	Antena Gregory
Esquemas	Sat/C7-T725	Reflector principal / Círculo / Parábola / Bocina primaria / Centro del círculo — Sat/C7-T726	Sat/C7-T727	Sat/C7-T728
Caracte-rísticas	Excelente diagrama de radiación y baja temperatura de ruido por ausencia de bloqueo. Excelente relación de onda estacionaria	Rastrea un satélite cuasiestacionario sin desplazar en absoluto su reflector principal La orientación del haz puede llevarse a cabo desplazando únicamente el radiador primario Baja eficacia de abertura Diagrama de radiación bastante deficiente Capacidad multihaz con varios radiadores primarios	Excelente diagrama de radiación por ausencia de bloqueo. Alta eficacia y baja temperatura de ruido por ausencia de bloqueo y conformación del reflector. Excelente relación de onda estacionaria Baja carga del viento si se selecciona cantidad direccionable limitada. Buena accesibilidad ya que el alimentador y el amplificador de bajo nivel de ruido pueden instalarse en la sala exentos de las rotaciones en elevación y acimut	Excelente diagrama de radiación por ausencia de bloqueo. Alta eficacia y baja temperatura de ruido por ausencia de bloqueo y conformación del reflector. Excelente relación de ondas estacionarias Baja carga del viento si se selecciona cantidad direccionable limitada. Buena accesibilidad ya que el alimentador y el amplificador de bajo nivel de ruido pueden instalarse en la sala exentos de las rotaciones en elevación y acimut
Aplicaciones	Antenas de estaciones terrenas de pequeño tamaño (por ejemplo TVRO)	TVRO Antena para recepción de varios satélites	Antena de estación terrena de tamaño pequeño o mediano	Antena de estación terrena de tamaño pequeño o mediano

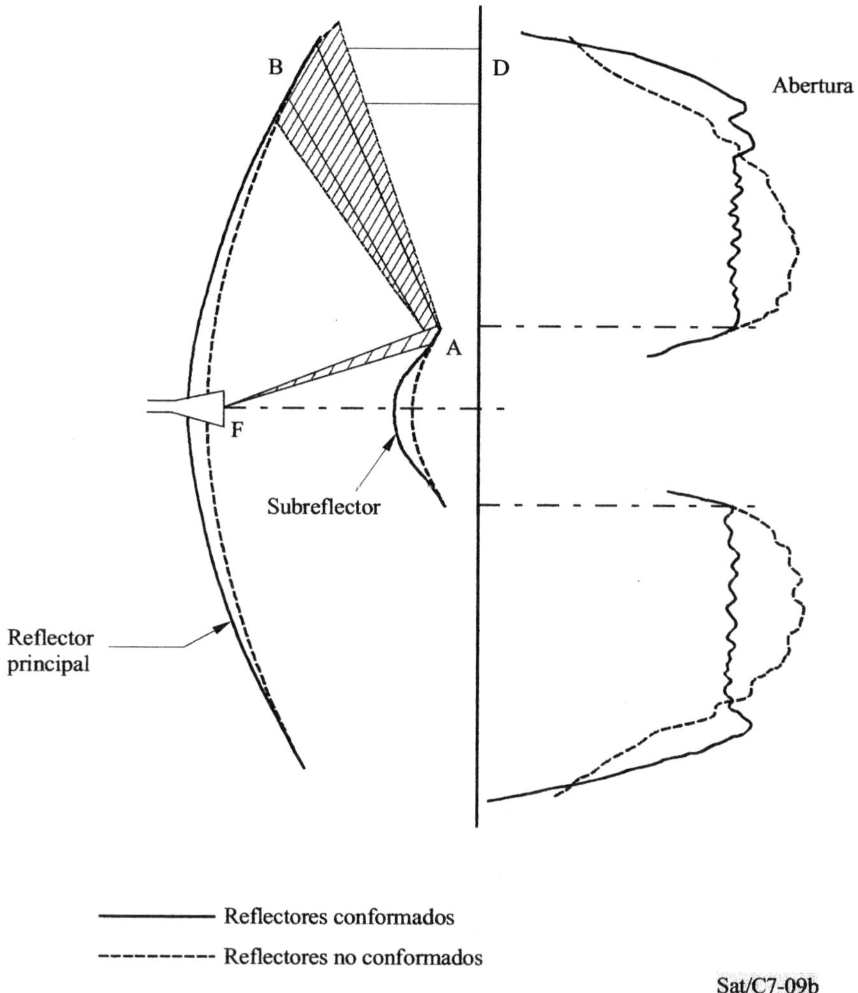

FIGURA 7.9B

Distribución de campo de la antena Cassegrain

7.2.2.1.2   La antena Gregory

En las antenas Gregory, es la parte cóncava del subreflector, y no la convexa, la que está frente al alimentador. La intersección de los rayos del alimentador que inciden en el subreflector tiene lugar después de la reflexión, antes de que incidan en el reflector principal. Como las ondas reflejadas por el borde del subreflector no deben chocar con el borde opuesto, el subreflector de la antena Gregory debe ser colocado antes de la abertura del reflector principal (F/D ≥ 0,3). Por este motivo, la estructura de una antena Gregory no puede ser tan compacta como la de una de tipo Cassegrain (F/D = 0,25).

En una superficie cóncava, la separación entre los puntos de reflexión del subreflector y el alimentador es más uniforme. La curvatura en el vértice del subreflector puede ser menor, porque, a causa de la dispersión de la radiación, hace falta transportar menos energía del centro a la periferia. El alimentador y el borde del subreflector, (tras la reflexión en el reflector principal) son objeto de menos radiación, y se originan menos interferencias.

Mientras el alimentador pueda ser instalado cerca del subreflector, la utilización de la antena Gregory constituye una ventaja, a causa de sus buenas características de desbordamiento y de su comportamiento favorable en cuanto a lóbulos laterales. Esto se aplica en particular a las antenas de pequeño y mediano tamaño, con arreglo a la Recomendación 580.

7.2.2.1.3   La antena Cassegrain con alimentador periscópico

Antes de 1975, casi todas las estaciones terrenas INTELSAT de norma A estaban equipadas con antenas Cassegrain. Detrás del reflector principal se colocaba una caseta para albergar los componentes que exigían un enlace de radiofrecuencia corto con las entradas del alimentador de la antena y con pocas pérdidas (es decir, los amplificadores de bajo nivel de ruido, el receptor de seguimiento y, a ser posible, los amplificadores de potencia). Esta disposición tan poco práctica se evita asociando el sistema de alimentación al alimentador periscópico.

Con la nueva disposición (véase la figura del cuadro 7.1), el radiador primario (bocina) y sus voluminosos circuitos de RF asociados se sitúan de manera muy conveniente en la base de la antena. La radiación primaria procedente de la bocina se guía hasta el subreflector mediante el alimentador periscópico, con un sistema de cuatro espejos que suele estar formado por dos planos y dos elípticos (o parabólicos), para enfocar los rayos; cada espejo provoca una reflexión de los rayos de 90°. Dos de los espejos son coaxiales con el eje de elevación de la antena y dos con el eje acimutal. Son equivalentes a juntas giratorias y evitan los problemas asociados a la rotación de la antena.

Sin embargo, este tipo de antena tiene una estructura bastante compleja como muestra el cuadro 7.2.7.1.

Debido a su complejidad, este tipo de antena se utiliza menos ahora para la Norma A, pero puede ser útil en casos especiales donde se necesite bajas pérdidas en transmisión del alimentador periscópico.

NOTA – Se han propuesto también sistemas de alimentador periscópico con dos espejos únicamente, pero éstos necesitan una sistema mecánico de eje acimutal descentrado.

7.2.2.1.4   La antena descentrada

La mayoría de los sistemas reflectores de antena, ya sean parabólicos con alimentación frontal o de los tipos Cassegrain o Gregory, son de simetría axial. No obstante, pueden utilizarse antenas descentradas, es decir, antenas que utilizan un sistema reflector asimétrico (tal como se indica en el cuadro 7.1) cuando se desea un rendimiento superior. Ello es debido a que las antenas descentradas no sufren efectos de bloqueo. Se han propuesto diseños específicos del alimentador para resolver los problemas de distribución del campo derivados de la asimetría (especialmente los problemas de la pureza de polarización).

7.2.2.2 Los sistemas de alimentación

7.2.2.2.1 Composición del sistema de alimentación

El sistema de alimentación de una antena consta del radiador primario (bocina) y de los circuitos de RF asociados. La fig. 7.10 es un diagrama de bloques funcional típico de un sistema de alimentación complejo (con aplicación de reutilización de frecuencias por doble polarización). Por supuesto, los sistemas de alimentación son mucho más simples cuando no se necesita reutilizar las frecuencias.

Consta de:

i)   Un radiador primario (bocina).

ii) Un acoplador de modo de seguimiento (TMC), utilizado únicamente en el caso de seguimiento de tipo monoimpulso (véase el apartado 7.2.4.2b).

iii) Un sistema de unión de modo ortogonal (OMJ), que separa el trayecto de transmisión con polarización doble (por cjcmplo a 6 GIIz) del trayecto de recepción con polarización doble (por ejemplo a 4 GHz).

iv) Un sistema polarizador: en el caso de polarización circular doble, las dos señales de alta potencia con polarizaciones lineales ortogonales se transmiten a través de las dos entradas de un transductor de modo ortogonal (OMT), convirtiéndose a continuación en dos señales de transmisión con polarización circular levógira y dextrógira mediante un sistema polarizador. A la inversa, las dos señales recibidas con polarización circular levógira y dextrógira se convierten mediante un sistema polarizador en dos señales con polarizaciones lineales ortogonales, aplicándolas a los receptores (amplificadores de bajo nivel de ruido LNA) a través de las salidas de un OMT.

Puede aplicarse un segundo sistema polarizador para compensar la polarización debida a la lluvia.

El funcionamiento del polarizador se describe en el apartado 7.2.2.2.3.

v)   Los transductores de modo ortogonal (OMT) en transmisión y recepción que separan las señales polarizadas ortogonalmente.

NOTA – Este sistema de alimentación dispone de polarizadores independientes para las bandas de frecuencias de transmisión y de recepción.

Otros tipos utilizan un sistema polarizador de banda ancha en el trayecto común de transmisión y de recepción (este sistema se sitúa entre la bocina (o el TMC, si existe) y la OMJ (o el OMT) (véase fig. 7.7).

7.2.2.2.2 El radiador primario

Se han desarrollado diversos tipos de antenas de bocina para el radiador primario de la antena de la estación terrena. Pueden clasificarse con arreglo a sus características como se indica en el cuadro 7.3. Entre las bocinas enumeradas, la que se utiliza más ampliamente es la bocina cónica acanalada. La bocina acanalada (así como la de modo doble y la bocina de aberturas múltiples) se denomina "alimentador escalar" porque ofrece un buen diagrama de radiación, con simetría axial para cualquier polarización.

CUADRO 7.3

Clasificación de las bocinas primarias

Tipo de bocina / Elementos	Bocina de abertura circular			Bocina de abertura rectangular		
	Bocina cónica convencional	**Bocina de modo doble (tipo escalón)**	**Bocina cónica acanalada**	**Piramidal**	**Bocina diagonal**	**Bocina de abertura múltiple**
Forma						
Forma del campo de abertura	TE°_{11}	$TE^{\circ}_{11} + TM^{\circ}_{11} = $ modo híbrido	EH (modo híbrido)	TE°_{10}	TE°_{10}	$TE^{\circ}_{10} + TM^{\circ}_{12} = $ modo híbrido
Características de frecuencia	Ancha	Menor del 5%	Aproximadamente 1 octava	Ancha	Ancha	Aproximadamente el 20%
Axisimetría del haz	Deficiente	Buena	Excelente	Deficiente	Regular	Buena
Lóbulos laterales	Deficiente	Buena	Excelente	Deficiente	Regular	Buena
Nivel de polarización cruzada	Deficiente (-18 a 20 dB)	Buena (inferior a -25 dB)	Excelente (inferior a -30 dB)	-	-	Buena
Potencia en el haz	Deficiente	Buena	Excelente	Deficiente	Deficiente	Buena
Observaciones				Únicamente se usa con polarización lineal	Únicamente se usa con polarización lineal	

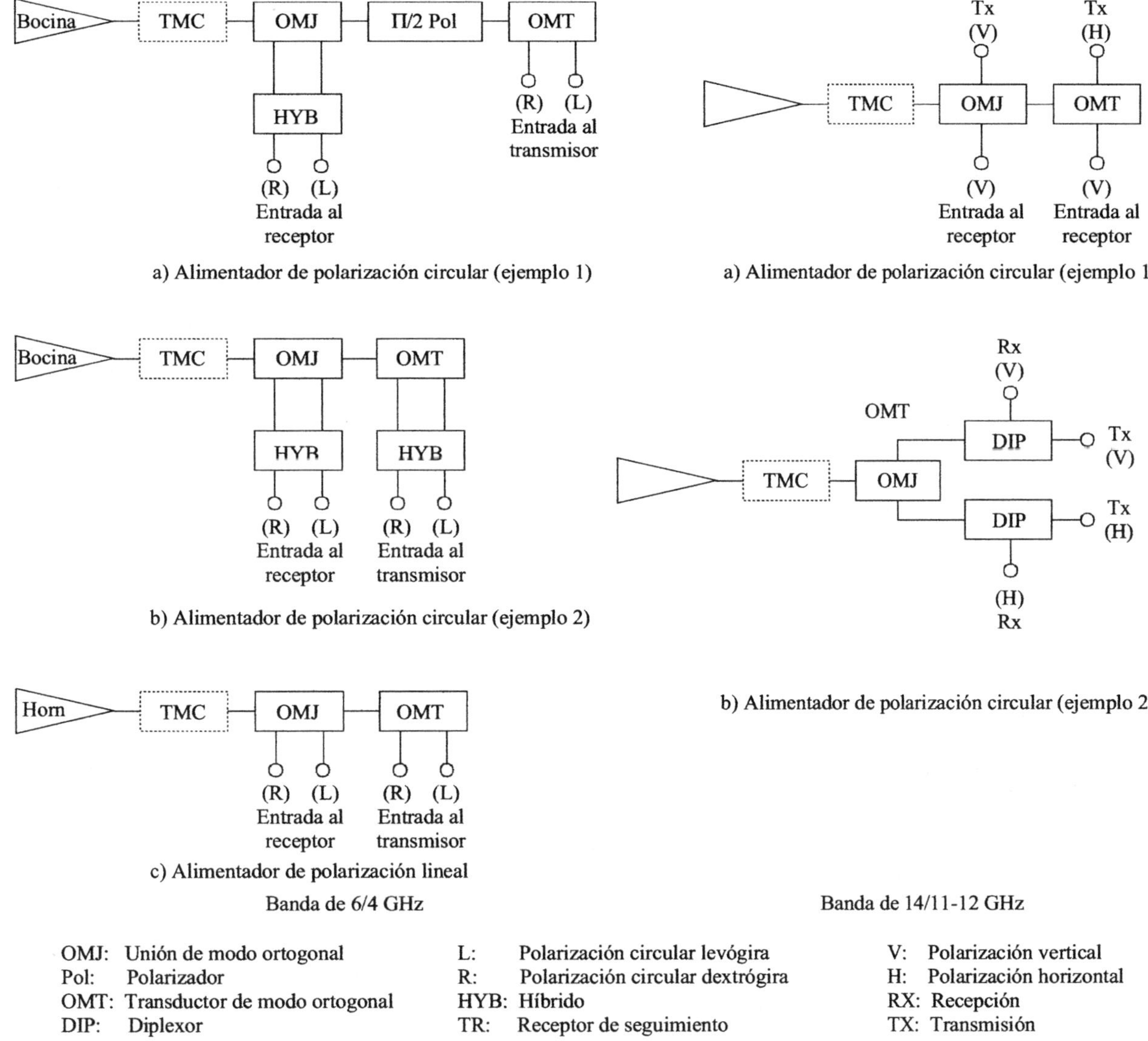

FIGURA 7.10

Diagrama de bloques típico de un ssitema de alimentación

Como se muestra en la figura 7.10, los sistemas de alimentación en la banda 14/11 − 12 GHz suelen ser sencillos por la polarización lineal y el ancho de banda relativamente más estrecho.

7.2.2.2.3   Funcionamiento del polarizador

i)   Polarización circular (CP)

Como se ha explicado en el apartado 2.1.2, toda polarización puede considerarse como la suma vectorial de dos componentes ortogonales polarizadas linealmente. De forma más precisa, la polarización circular puede considerarse como la suma de dos componentes polarizadas linealmente con igual amplitud y una diferencia de fase de $\pi/2$. El funcionamiento del polarizador de RF se basa en el siguiente principio: una placa dieléctrica (o un conjunto de aletas metálicas, etc.) denominada placa en cuarto de onda ($\lambda/4$) insertada en un guiaondas circular provoca una diferencia de fase de $\pi/2$ entre las componentes de RF paralelas y perpendiculares a la placa en cuarto de onda. Esto es debido a la menor velocidad de fase de las ondas cuando se propagan con el vector del campo eléctrico (E) paralelo a la placa.

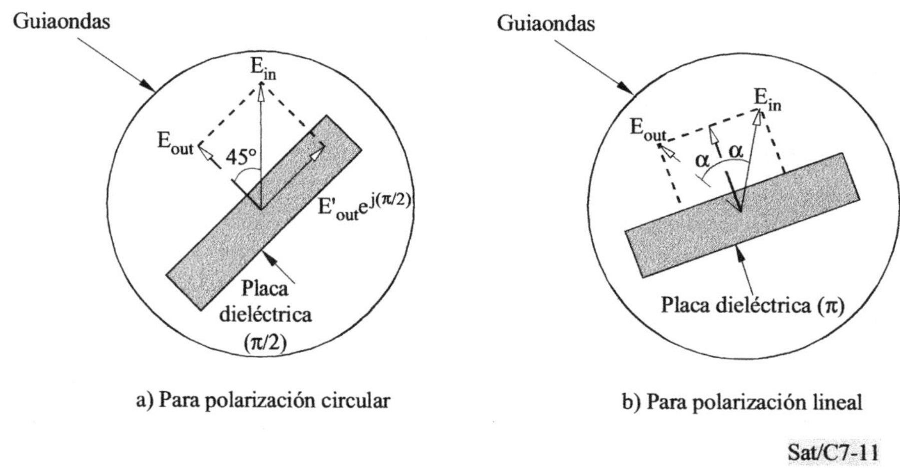

FIGURA 7.11

Polarizadores: principo de funcionamiento

Tal como indica la fig. 7.11a) se introduce una placa en cuarto de onda en el guiaondas con una inclinación de 45° respecto a la onda entrante polarizada linealmente E_{in}, con lo que la componente de E_{in} perpendicular a la placa se propaga a través de ésta sin alteración de la fase ni de la amplitud (E_{out}), mientras que la componente paralela a la placa se retrasa $\pi/2$ y da una componente de salida $E'_{out} \exp(j\pi/2)$. Las pérdidas en la placa dieléctrica suelen ser despreciables ($E'_{out} = E_{out}$), de forma que la onda de salida está polarizada circularmente (por ejemplo, con polarización circular dextrógira). Si la onda de entrada con polarización lineal hubiera sido horizontal, la onda de salida tendría polarización circular levógira. La conversión de polarización circular a polarización lineal se realiza también mediante el mismo proceso.

Pueden utilizarse otros dispositivos para convertir la polarización lineal en circular (y viceversa). Por ejemplo, el guiaondas convencional "acoplador de 3 dB", que divide el campo de RF en dos componentes iguales con una diferencia de fase de $\pi/2$, puede utilizarse para inducir una onda con polarización circular en una guiaondas circular.

Además de los dispositivos convencionales antes mencionados, otro dispositivo, utilizado actualmente, que se denomina polarizador de tabique, combina las dos funciones: polarización y OMT (transductor en modo ortogonal).

Como se muestra en la parte superior de la figura 7.12, este dispositivo se asemeja a un acoplador de tres puertos con dos guiaondas rectangulares adyacentes en un extremo y un guiaondas cuadrado (o circular) en el otro.

La separación, en el guiaondas cuadrado, entre los dos guiaondas rectangulares la realiza el tabique, por ejemplo una placa metálica, con una transición gradual o escalonada.

El principio de funcionamiento (representado en recepción) se muestra en la parte inferior de la figura.

Tomando el ejemplo de la polarización circular levógira, un campo de entrada de polarización circular levógira se representa en el guiaondas cuadrado (en la parte izquierda de la figura). Este campo polarizado circularmente puede dividirse en dos componentes horizontal y vertical (desfasados en $\pi/2$), como se ilustra de forma separada en los dos juegos de figuras superiores que esquematizan las distorsiones de campo durante la propagación en la transición. Finalmente, como se representa en la parte derecha de la figura, debido a la superposición de campos en fase y campos no en fase, el campo de salida se concentra en el guiaondas rectangular derecho.

Por supuesto, en transmisión tenemos la misma representación esquemática, por ejemplo la propagación de la parte derecha a la parte izquierda de la figura, y también para polarización circular dextrógira (figuras inferiores), que corresponde al guiaondas rectangular levógiro.

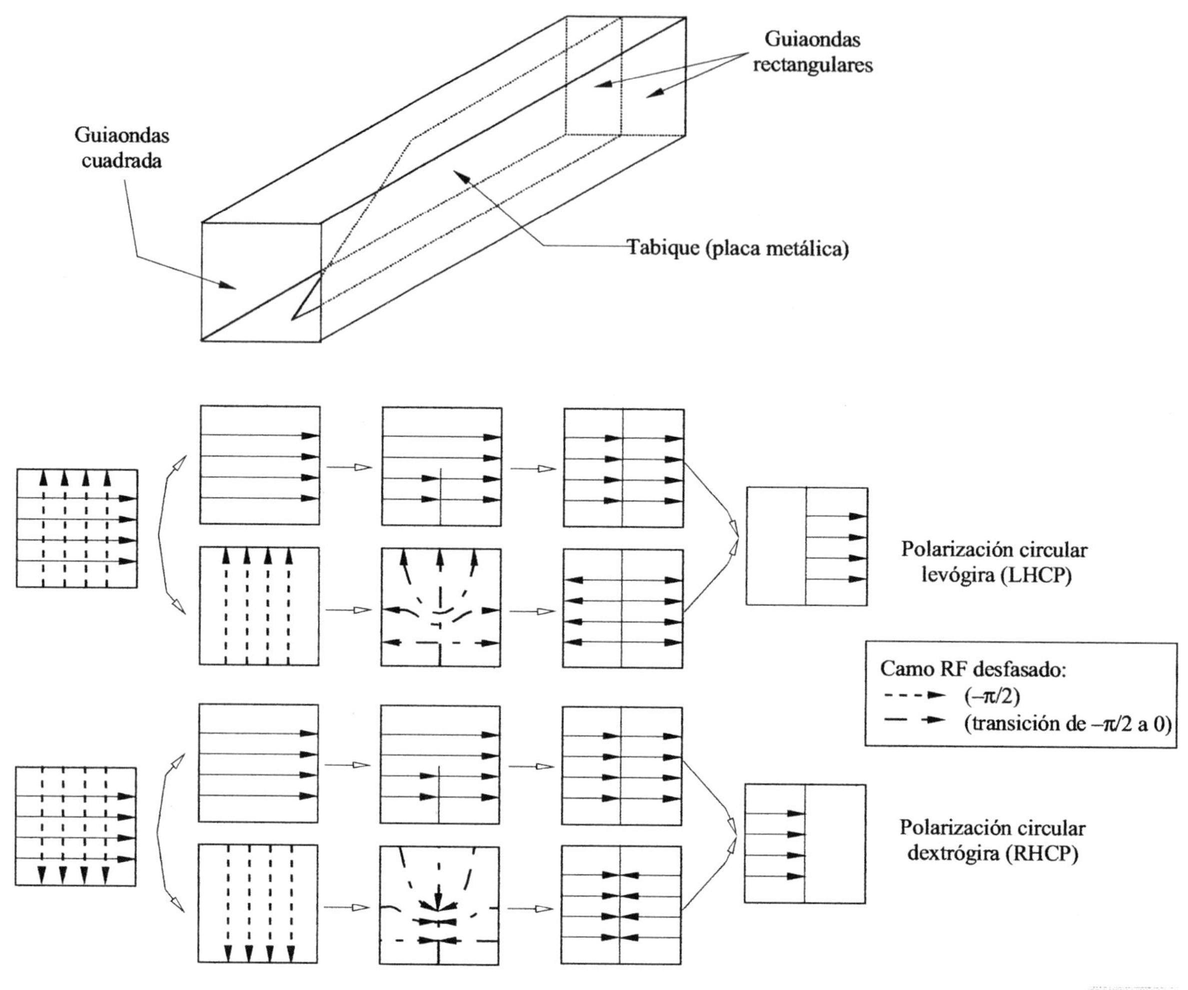

FIGURA 7.12

Polarizador de tabique

ii)   Polarización lineal (LP)

Cuando la antena funciona con polarización lineal no es necesario, en principio, el polarizador. No obstante, debe situarse el alimentador de forma que transmita (y reciba) los vectores E con la orientación correcta. Si esta orientación cambia debido a la actitud del satélite, deben instalarse juntas giratorias. Otra solución consiste en utilizar un polarizador de media onda ($\lambda/2$).

El principio de funcionamiento se indica en la fig. 7.11b, donde se ha insertado una placa dieléctrica (o matriz de láminas metálicas) denominada placa en media onda, en un guiaondas circular, produciendo un desplazamiento de fase π del componente paralelo del campo eléctrico de entrada E_{in}. Por consiguiente, si α es la inclinación de la placa, el campo eléctrico de salida E_{out} gira 2α. Por ejemplo, un campo eléctrico vertical se convierte en horizontal si $\alpha = 45°$.

iii)   Polarización elíptica y compensación de la polarización

La polarización elíptica no se suele utilizar, sin embargo las imperfecciones (por ejemplo, de la antena del satélite o de la estación terrena) pueden dar lugar a que ondas que nominalmente tienen polarización circular (o lineal) se transmitan o reciban como elípticas (casi circulares o casi lineales, por ejemplo).

No obstante, el efecto que más comúnmente da lugar a la conversión indeseada de la polarización circular (o lineal) en polarización elíptica es la lluvia (y otros tipos de precipitaciones atmosféricas). Ello es debido a la forma achatada de las gotas de lluvia, que induce desplazamientos de fase diferenciales y atenuación diferencial (en forma similar a la de la placa dieléctrica de un polarizador).

Si una antena de polarización doble (para reutilizar la frecuencia) recibe una señal polarizada elípticamente(con polarización cuasi circular, por ejemplo), la componente copolar deseada se recibirá en el puerto de salida nominal (por ejemplo, la de polarización circular levógira), pero la componente indeseada con polarización cruzada será recibida también en el otro puerto de salida (por ejemplo, la de polarización circular dextrógira) e interferirá con la señal deseada que tiene (nominalmente) polarización circular dextrógira, y que es recibida normalmente en este puerto.

En las bandas de 6/4 GHz hay que considerar únicamente el desplazamiento de fase diferencial, pero a frecuencias superiores, la atenuación diferencial no es despreciable. En el primer caso, puede llevarse a cabo la compensación de polarización, es decir, la conversión de una onda recibida con polarización elíptica en una salida con polarización lineal (o el proceso inverso en la transmisión para la "precompensación" del enlace ascendente) utilizando un polarizador suplementario de media onda (como se representa en la línea de trazos de la fig. 7.8). El funcionamiento es el siguiente (por ejemplo, en recepción): cuando se orienta adecuadamente, el primer polarizador de cuarto de onda convierte la onda de entrada polarizada elípticamente en una onda con polarización lineal. El segundo polarizador de media onda, orientado convenientemente, cambia la orientación de la polarización lineal para adaptarla a la del puerto de salida.

NOTA 1 – Puede verse que con otro procedimiento, puede utilizarse un segundo polarizador de cuarto de onda.

NOTA 2 – La compensación de la atenuación diferencial es mucho más difícil y exigiría la utilización de acopladores variables de RF o de FI.

NOTA 3 – La aplicación de la compensación automática de la polarización implicaría un proceso adaptable: por ejemplo, habría que utilizar una señal de baliza del satélite para minimizar la componente recibida con polarización cruzada, controlando la orientación de los polarizadores giratorios.

La compensación del enlace ascendente es más complicada: se ha propuesto un método para controlar la orientación de los polarizadores del trayecto de transmisión consistente en procesar los datos del trayecto de recepción. Esto sólo es posible si para las frecuencias de recepción (por ejemplo, 4 GHz) y transmisión (por ejemplo, 6 GHz), los desplazamientos de fase diferenciales están suficientemente correlacionados.

NOTA 4 – Los métodos de compensación descritos anteriormente se basan en circuitos de RF de banda ancha (polarizadores).

Se ha propuesto también la compensación con circuitos de FI que podrían ser útiles, especialmente cuando se ve que los efectos de la lluvia son sensibles a la frecuencia.

7.2.3   El diseño mecánico de la antena

7.2.3.1   Generalidades

La construcción mecánica de la antena de la estación terrena consiste en:

- el conjunto eléctrico (tal como se ha descrito en el apartado 7.2.2), que comprende el sistema reflector y el sistema de alimentación;

- el sistema de montaje de la antena (o pedestal), que sostiene el sistema eléctrico (normalmente en dos ejes ortogonales móviles);

- el sistema motor, que permite dirigir el sistema eléctrico a cualquier orientación posible alrededor de los ejes mecánicos del montaje de la antena.

NOTA – Algunos tipos de antena no necesitan un eje móvil. Esto ocurre cuando el haz de la antena puede dirigirse moviendo únicamente el sistema alimentador y manteniendo fijo el sistema reflector (por ejemplo, la antena toroidal del cuadro 7.1).

Debe observarse que algunas partes de este apartado se aplican principalmente a las antenas medianas y grandes. Este es el caso, en particular, de los apartados 7.2.3.3 y 7.2.3.4.

7.2.3.2   Precisión mecánica de la antena

Para obtener el diagrama deseado de la ganancia de antena, es necesario que los reflectores de ésta, tanto el principal como los subreflectores, tengan una gran precisión de superficie y que la antena apunte continuamente hacia el satélite con la exactitud requerida en todas las condiciones ambientales.

La variación (degradación) de la ganancia ΔG_r debida a los errores de la superficie del reflector puede expresarse aproximadamente de la siguiente manera:

$$\begin{aligned} \Delta G_r &= 10\log\left(\exp-(4\pi\varepsilon/\lambda)^2\right) \\ &= -686(\varepsilon/\lambda)^2 \end{aligned} \quad \text{dB} \tag{4}$$

siendo:

ε: tolerancia r.m.s. de fabricación

λ: longitud de onda en el espacio libre

Por ello, si la degradación de la ganancia se ha de mantener mejor que 0,2 dB, por ejemplo, los reflectores deben fabricarse con una precisión dimensional inferior a $0,017\lambda$, es decir, inferior a 1 mm para una antena que funcione en 6/4 GHz.

Otras deformaciones de la antena debidas, en particular, al peso del viento y a los efectos térmicos pueden degradar también la ganancia y el diagrama de radiación (y especialmente el nivel de los lóbulos laterales).

La variación (degradación) de la ganancia ΔG_p debida al error $\Delta\theta$ de orientación del haz de la antena (en grados) también está dada aproximadamente por:

$$\Delta G_p = -12 \ (\Delta\theta/\theta_o)^2 \qquad dB \tag{5}$$

siendo θ_o la anchura del haz de potencia mitad definida aproximadamente por la ecuación siguiente:

$$\theta_o = 65 \ (\lambda/D) \qquad grados \tag{6}$$

donde D es el diámetro de la antena (en m). Por lo tanto:

$$\Delta G_p = -0,003 \ (D/\lambda)^2 \cdot (\Delta\theta)^2 \qquad dB \tag{7}$$

(en el apartado 7.2.4.3 figuran ejemplos).

7.2.3.3   Sistemas de orientación y montaje de la antena

La antena de la estación terrena debe ser orientable como mínimo en el intervalo previsto de los movimientos de posición del satélite. Conviene que la antena pueda orientarse en un ángulo lo más amplio posible para facilitar el mantenimiento, las pruebas, etc. Una antena con cobertura total de la esfera celeste se denomina "antena totalmente orientable". Por otra parte, la antena "orientable parcialmente" puede dirigir el haz únicamente a una parte limitada de la esfera celeste.

Los montajes de antena pueden clasificarse en tres tipos, como indica la fig. 7.13.

El sistema de montaje Az-El (acimut-elevación) es el más ampliamente utilizado para las antenas de estación terrena de comunicaciones por satélite.

En este diseño, uno de los ejes (el eje Az) es vertical respecto al suelo mientras que el otro (el eje El) es paralelo al suelo. Este montaje presenta la ventaja de que únicamente el giro El da lugar a deformación de la antena debida a su peso, la configuración es sencilla y el peso de la antena es mínimo.

Por ello, la mayoría de las antenas que requieren una gran precisión de la superficie del reflector y de la puntería de la antena utilizan el montaje Az-El.

El montaje Az-El puede presentar inconvenientes cuando la estación terrena se instala cerca del punto sub-satelital. Ello es debido a que el montaje Az-El tiene un polo mecánico en la dirección del cenit, lo que significa que es difícil seguir a un satélite que pase próximo al cenit, dada la gran velocidad acimutal que se requeriría.

Se utilizan tres tipos de montaje Az-El para las antenas de estación terrena, a saber, uno de tipo de cojinete central y pedestal ("king post"), otro de tipo antena de carril circular, y el tipo de gato de tornillo.

El sistema de montaje X-Y tiene dos ejes X e Y perpendiculares entre sí. En este sistema los ejes tienen que situarse a un nivel bastante elevado respecto al suelo para conseguir una antena totalmente orientable, con lo que aumenta el peso de ésta. Por lo tanto, este tipo de montaje se utiliza principalmente en los sistemas de antena con orientación limitada con la ventaja de carecer de un polo mecánico en las direcciones de funcionamiento. Otra ventaja es que puede moverse con mecanismos sencillos que utilicen gatos de tornillo.

El sistema de montaje polar tiene un eje de ascensión recta (eje AR calibrado en horas) paralelo al eje polar de la Tierra, y el eje de declinación (eje Dec) perpendicular al eje AR. Este montaje se utiliza normalmente para los radiotelescopios porque permite a la antena seguir a una estrella radioeléctrica girando únicamente el eje AR.

Los montajes polares se utilizan poco en las antenas de estación terrena debido a la asimetría de los efectos del peso y del viento. No obstante, pueden constituir una buena elección para las antenas medianas o pequeñas en las que no es necesario el seguimiento en declinación ya que el satélite se mantiene con precisión en posición Norte-Sur.

7.2.3.4   El subsistema motor y los servomecanismos

Los sistemas motores de la antena por mecanismos de engranajes y gatos de tornillo se utilizan ampliamente. El empleo de estos últimos se limita a las antenas de orientación limitada debido a su configuración. Se utilizan motores de c.c. o de c.a. para generar el par motor. El primero se utiliza principalmente en las antenas totalmente orientables y el último en las antenas de tamaño medio o pequeñas con orientación limitada, especialmente si se combina con el sistema de seguimiento por pasos.

La fig. 7.14 muestra un diagrama de bloques típico del subsistema de movimiento y servomecanismo.

La precisión de orientación del haz de la antena debe mantenerse aproximadamente dentro de un décimo de la anchura del haz de potencia mitad para mantener la comunicación estable. Se deduce que la precisión requerida es del orden de 0,02° para una antena INTELSAT de norma A. Como la precisión del subsistema de movimiento y del servomecanismo viene determinada por la de los ejes giratorios y por el mecanismo de lectura del ángulo, debe actuarse con cautela en el diseño y en los procedimientos de instalación para minimizar la deflexión mecánica, los rebotes de los trenes de engranajes y los mecanismos de toma del ángulo, así como las desviaciones mecánicas del sistema reflector de antena.

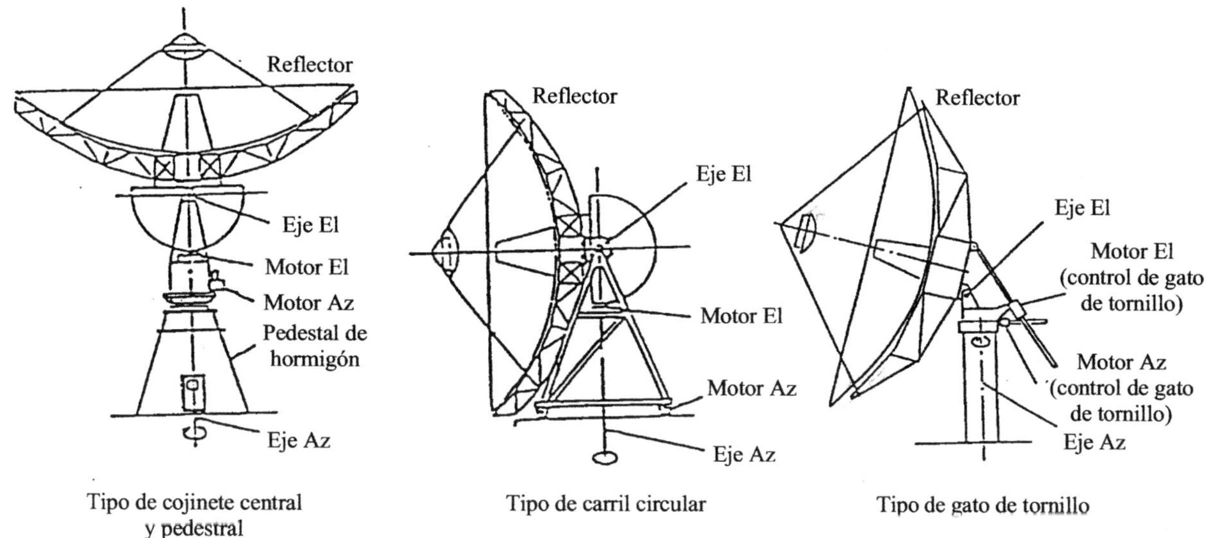

a) Montaje Az-El

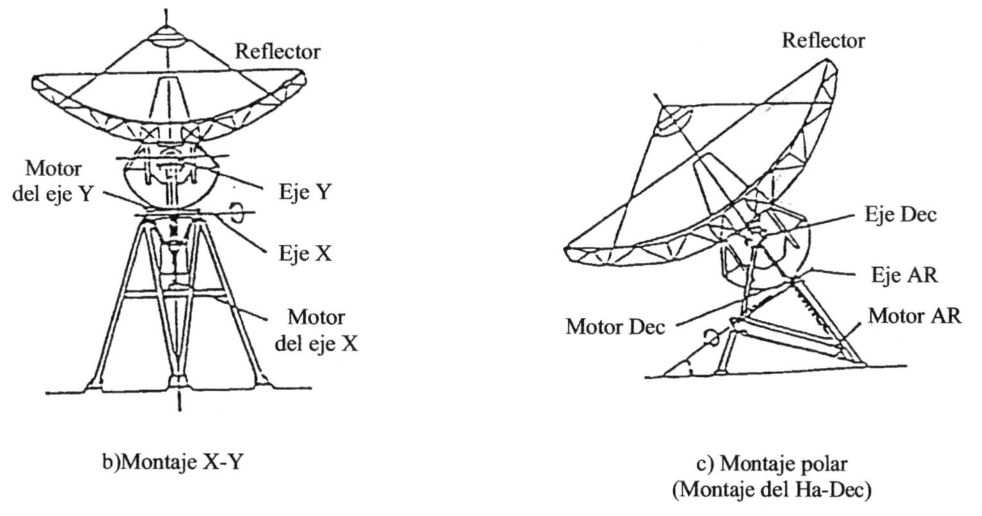

b)Montaje X-Y

c) Montaje polar
(Montaje del Ha-Dec)

Sat/C7-13

FIGURA 7.13

Tipos de montaje de antena

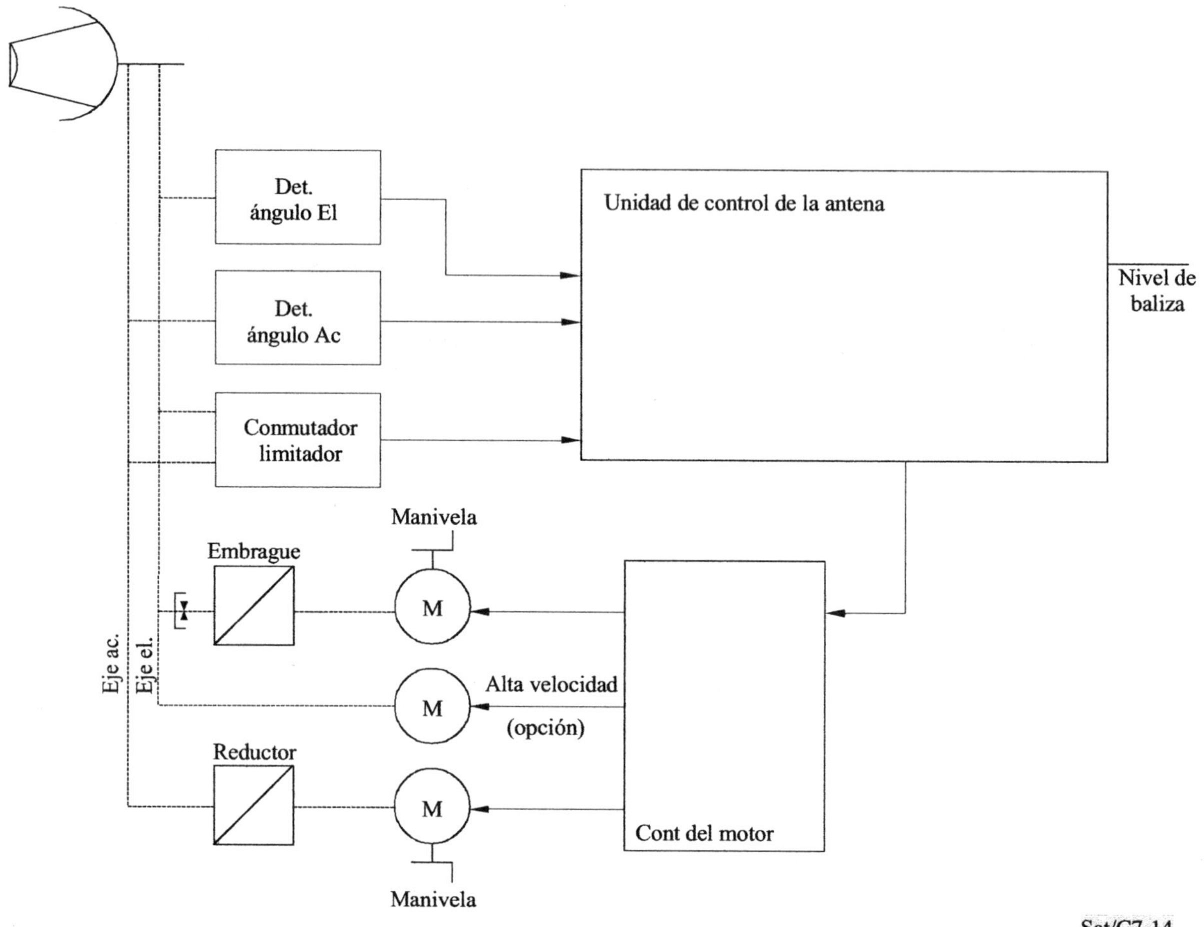

FIGURA 7-14

Diagrama de bloques del sistema motor y del servomecanismo

7.2.4   Sistemas de posicionamiento y seguimiento del haz de la antena

7.2.4.1   Generalidades

El cuadro 7.4 contiene un resumen de los sistemas de seguimiento para mantener el eje del haz de antenas (dirección de ganancia máxima) apuntado hacia el satélite, a pesar de:

- los movimientos residuales del satélite N/S y E/W;

- las cargas mecánicas del reflector y de la estructura de la antena (peso, viento);

- las variaciones de las condiciones de propagación (especialmente en altas frecuencias, es decir, en las bandas de 14/11-12 GHz y superiores).

CUADRO 7.4

Sistemas de seguimiento

Tipo N°	Sistema de seguimiento	Condiciones y/o descripción	Baliza de satélite necesaria	Ejemplo	Observaciones
1	Sin seguimiento (puntería fija)	Posible para antenas pequeñas $\overline{D/\lambda} \le k/(\overline{MPS} + \overline{EPA})$ $\overline{MPS}$: Mantenimiento en posición del satélite (d°) $\overline{EPA}$: Error de puntería de la antena (véanse las notas)	No	$\overline{MPS} = \begin{array}{l} 0{,}05° \text{ (N/S) y} \\ 0{,}05° \text{ (E/W)} \end{array}$ $\overline{EPA} = 0{,}05°$ $D/\lambda \le 150$ por ejemplo, $D \le 3{,}1$ m para funcionamiento a 14,5 GHz por ejemplo, $D \le 7{,}5$ m para funcionamiento a 6 GHz	No obstante, debe preverse la orientación manual de la antena
2	Seguimiento por programa	Cálculo permanente de la posición orbital del satélite en la estación o transmisión de los datos de puntería de la antena local por una estación de control	No	Estos métodos pueden ofrecer ventajas para una antena de tamaño medio en los sistemas nacionales	
3	Seguimiento por pasos	• Servosistema con búsqueda permanente automática para maximizar la señal recibida • Puede degradarse por ráfagas de viento intensas y por las fluctuaciones de la propagación)	Sí	Todas las antenas de tamaño medio (INTELSAT de norma B) para los sistemas nacionales y regionales Antenas grande (INTELSAT de norma A) en buenas condiciones ambientales	El seguimiento por pasos se considera actualmente como el sistema más económico a 6/4 GHz
4	Seguimiento monoimpulso	• Servosistema con detección instantánea de los errores de puntería • Sistema de gran precisión • Necesita acoplador de seguimiento en el alimentador de la antena	Sí	Antenas grandes ($D/\lambda \ge 400$): antenas INTELSAT de normas A y C, y antenas para satélites ECS de EUTELSAT	El sistema monoimpulso es el más preciso y fiable para antenas grandes, especialmente a frecuencias altas
5	Seguimiento con exploración de haz	• Sistema de gran precisión • Se necesita exploración de haz	Sí	Antenas de tamaño pequeño a grande	

Notas relativas a los sistemas N° 1 y 2:

NOTA 1 – El ángulo de mantenimiento en posición del satélite ($\overline{MPS}$) debe tener en cuenta los movimientos Norte-Sur y Este-Oeste del satélite (por ejemplo, si el $\overline{MPS}$ N/S y E/W son ambos de ±0,1°, el MPS total = ±0,14°).

NOTA 2 – Error de puntería de la antena: véase el apartado 7.2.4.3a).

NOTA 3 – K = 18°√n si una pérdida de la ganancia de antena ≤ n dB es aceptable (n = 1 en los ejemplos del cuadro).

El tipo N° 1, en el que no es necesario un sistema de seguimiento, es el más sencillo y económico. En el caso de estaciones pequeñas (por ejemplo, para los sistemas de comunicaciones rurales, comerciales o antenas receptoras de muy pequeña abertura), los planificadores del sistema deben esforzarse en diseñar estaciones con antenas sin seguimiento.

El tipo Nº 2 es bastante sencillo, ya que no se necesita receptor de baliza ni alimentador especial

En los tipos Nº 3 y 4 se necesita un receptor de baliza especial y un sistema motor completo controlado por servomecanismo, tanto para acimut como para elevación.

7.2.4.2   Los sistemas de seguimiento

Además del seguimiento por programa (descrito a continuación en d)), los dos métodos principales para el seguimiento automático de la dirección del satélite son el Tipo Nº 3 (seguimiento por pasos, descrito a continuación en a)) y el Tipo Nº 4 (el monoimpulso, descrito a continuación en b)). Otro método, el Tipo Nº 5, el de exploración del haz de la antena (descrito a continuación en c)), se utiliza bastante menos.

a)   Seguimiento por pasos

El método de seguimiento por pasos utiliza un servosistema denominado de "ascenso". El haz de la antena se orienta paso a paso de forma que se obtenga una señal recibida del satélite más intensa que en la posición precedente, tal como se indica en la fig. 7.14. Si el paso de orientación del haz de la antena ha reducido el nivel de la señal recibida, el procesador de orientación moverá la antena para orientarla en la dirección opuesta.

La señal recibida se obtiene habitualmente de una portadora de radiobaliza de satélite. En el sistema de seguimiento por pasos no se necesita un alimentador de seguimiento especial, y se requiere únicamente un receptor de radiobaliza sencillo y un procesador de seguimiento por pasos. Sin embargo, un inconveniente del sistema es que la precisión de seguimiento se ve afectada directamente por las variaciones rápidas de la señal de entrada debido a efectos tales como el centelleo atmosférico, la absorción por la lluvia y la inestabilidad de la radiobaliza.

Este inconveniente puede evitarse en parte combinando el seguimiento por pasos con un programa o memoria que se activa en el caso de variaciones rápidas o excesivas del nivel o pérdidas de la señal de la baliza.

La memoria permite la continuación del proceso de rastreo hasta que se restituyan las condiciones operativas normales, utilizando la información de seguimiento adquirida en las 24 horas anteriores.

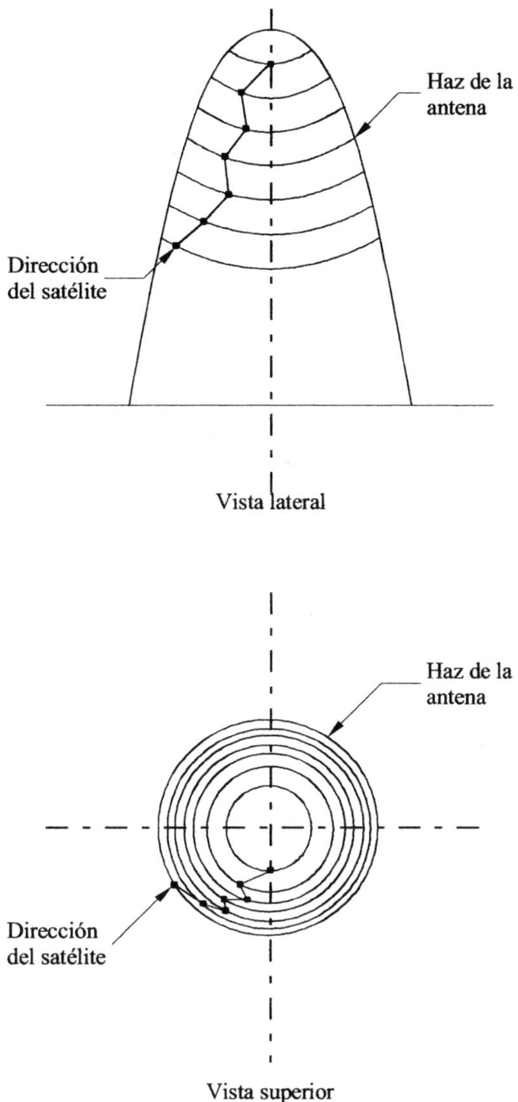

FIGURA 7.15

Sistema de seguimiento por pasos

b)   Monoimpulso

El método de monoimpulso toma su nombre de la tecnología radar. En este método, las señales causadas por la desalineación en acimut y en elevación son generadas instantáneamente en el sistema alimentador de la antena y están disponibles en las tomas de salida de un sistema alimentador de antena especial de "error" o de "diferencia".

Los primeros sistemas monoimpulso (sistemas monoimpulso de bocina múltiple) utilizaban cuatro bocinas primarias situadas simétricamente alrededor del foco. Estas bocinas proporcionan pequeñas desviaciones de los haces respecto al eje de referencia de puntería de la antena. Las señales de seguimiento se obtienen comparando la amplitud de las señales recibidas entre estos haces. La fig. 7.16a da una explicación unidimensional del principio de este sistema. Dos bocinas primarias denominadas A y B, respectivamente, se sitúan simétricamente a ambos lados del foco de la antena. La fig. 7.16b muestra sus diagramas de radiación. La diferencia angular entre el eje de referencia de puntería de la antena y la dirección del satélite se obtiene por la detección coherente de la señal de error (señal Δ) respecto a la señal suma (señal Σ) tal como se indica en la fig. 7.16c. Las dos señales se obtienen a la salida de un circuito híbrido en el sistema de alimentación.

El inconveniente de estos sistemas es que exigen alimentadores complicados y engorrosos que no permiten obtener buenos diagramas de radiación.

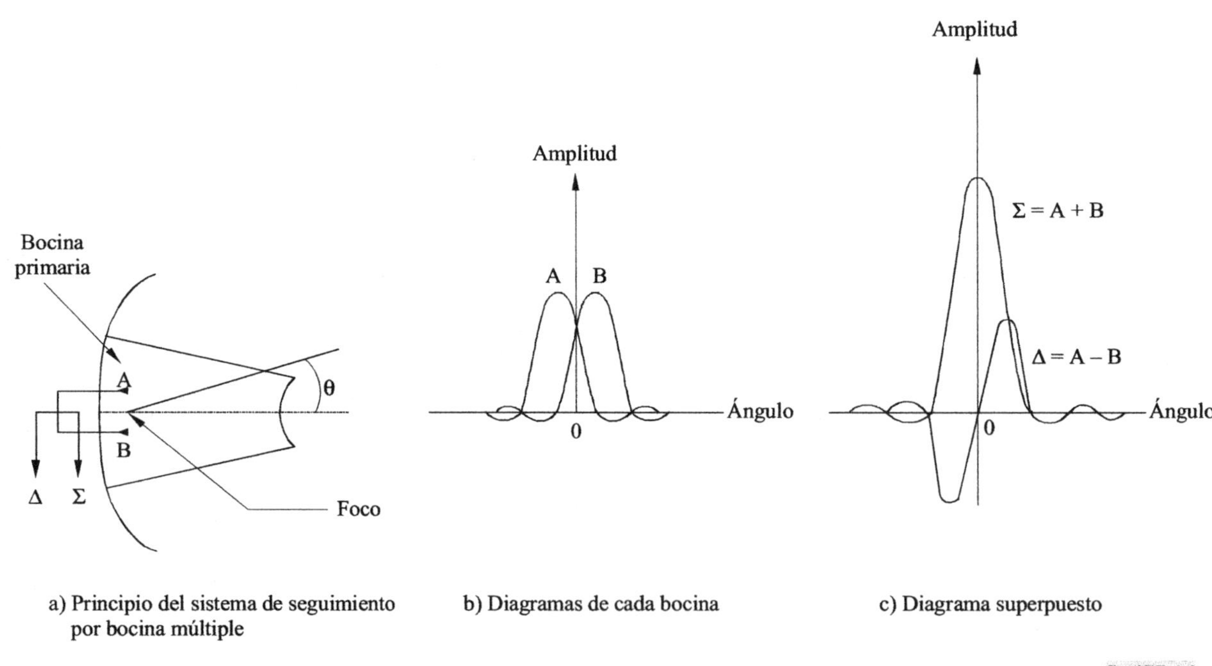

FIGURA 7.16

Sistema de seguimiento monoimpulso por bocina múltiple

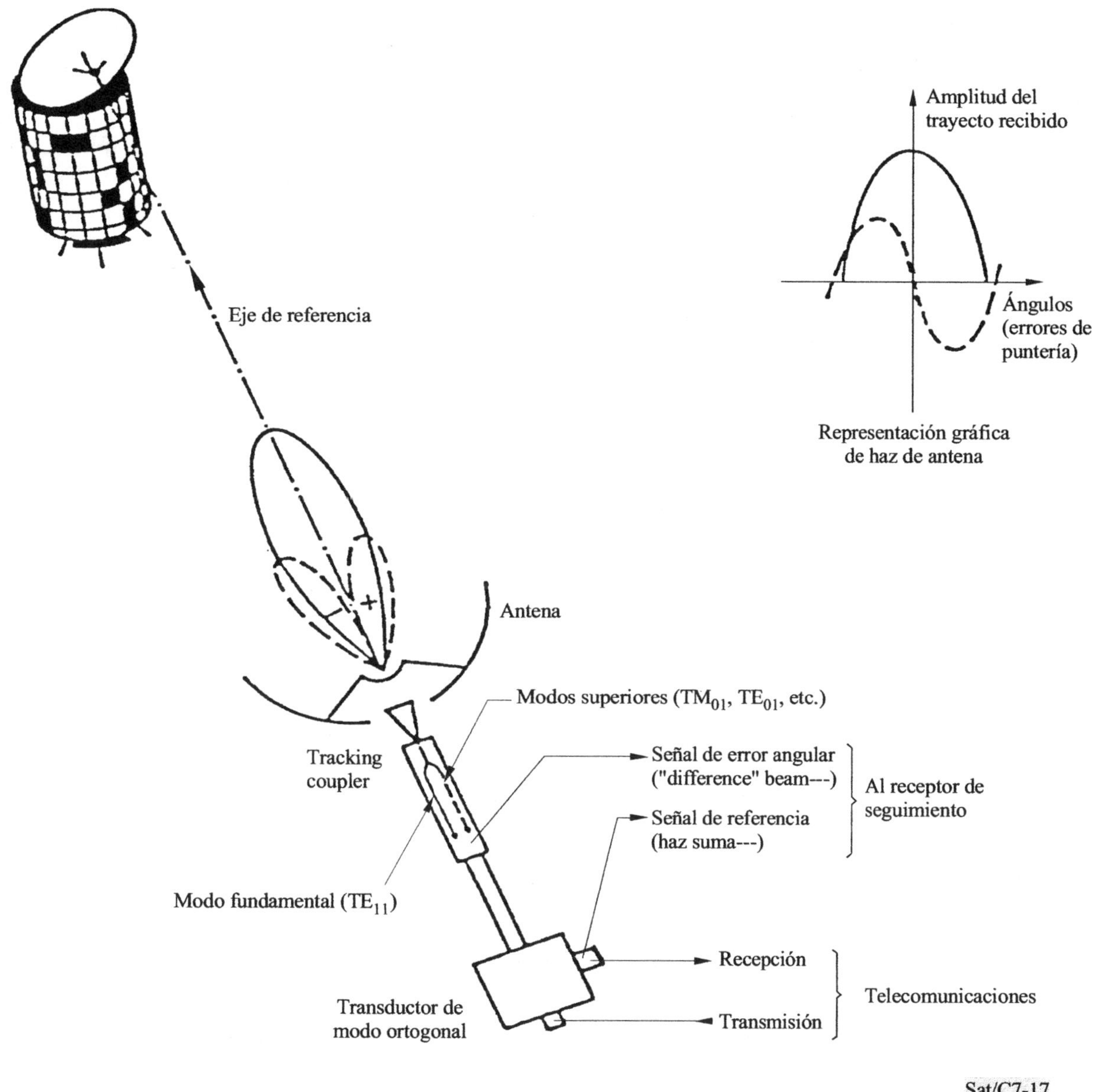

FIGURA 7.17

Sistema de seguimiento monoimpulso multimodo

Los sistemas monoimpulso modernos (sistemas monoimpulso multimodo) utilizan un acoplador especial de microondas (acoplador de seguimiento monoimpulso) introducido en el alimentador de la antena, tal como muestra la fig. 7.17. Este acoplador extrae las señales de modo superior que se producen en la bocina de alimentación cuando el eje del haz de la antena se desvía respecto a la dirección del satélite. Tales señales de modo superior corresponden a diagramas de radiación de modo impar con un cero en la dirección del eje del haz. Tras la detección coherente por medio de una señal de referencia (que es la señal normal del modo fundamental), se obtienen tensiones bipolares de error de discriminación que se aplican directamente al servosistema. La fig. 7.18 muestra un ejemplo de receptor de seguimiento.

Cuando el sistema funciona con polarización circular (que es el caso del sistema INTELSAT a 6/4 GHz), se requiere únicamente un modo impar superior, habitualmente el modo TM_{01} de guiaondas circulares. Esto es debido a que al comparar tanto la fase como la amplitud de la componente TM_{01} con la componente del modo fundamental TE_{11} (utilizada como referencia) se obtiene información sobre el error angular.

Mediante una detección coherente en fase y en cuadratura pueden obtenerse errores de acimut y elevación (tal como se indica en la fig. 7.18).

El funcionamiento con polarización lineal, la detección del modo TM_{01} proporciona únicamente una señal de error (por ejemplo, en acimut) y se requiere un segundo modo impar superior para la elevación. Este segundo modo puede ser el TE_{01}.

También es posible la combinación de otros modos (por ejemplo, TE_{21} con orientación adecuada o TM_{01} más TE_{21}, etc.). En este caso, debe modificarse el receptor de seguimiento de la fig. 7.18 para aceptar dos señales de error de entrada.

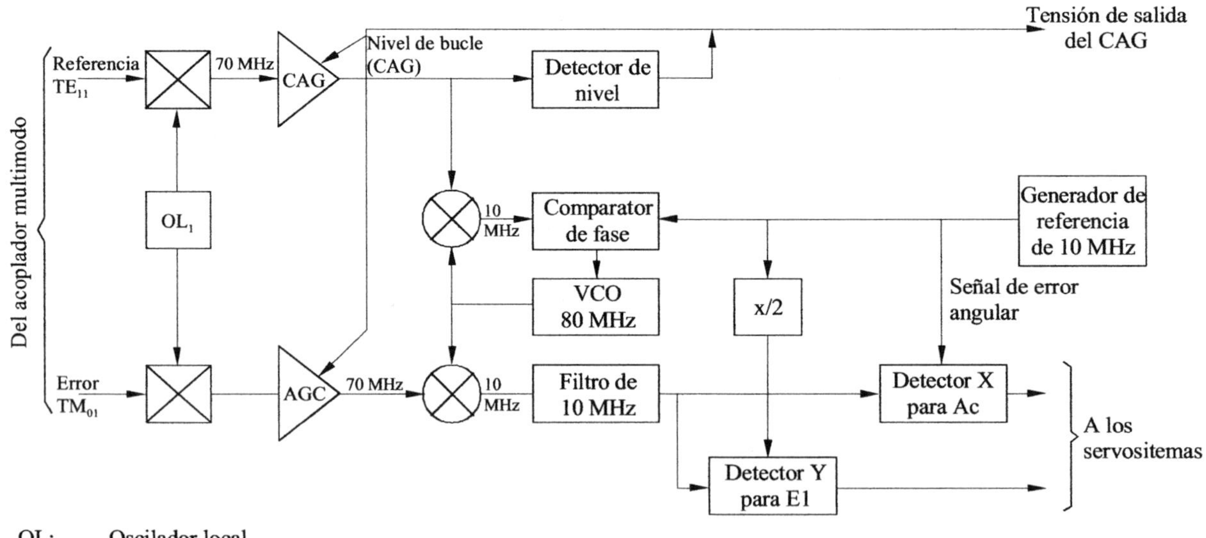

OL: Oscilador local
CAG: Control automático
VCO: Oscilador controlado por tensión

Sat/C7-18

FIGURA 7-18

Diagrama de bloques típico de un receptor de
seguimiento monoimpulso (unidad de proceso)

c)   Seguimiento con exploración de haz

En este sistema de seguimiento, el haz principal de la antena se mueve en dos planos perpendiculares, en dos posiciones simétricas en cada plano (véase la figura 7.19)

La medición del nivel de señal proporciona la amplitud de la desalineación de la antena, y la dirección de la desalineación referida al sistema de coordenadas de la antena.

La exploración del haz principal genera una modulación de amplitud de la señal recibida. El tratamiento de las señales da dos señales de error a la salida del receptor de seguimiento.

Se consigue el desplazamiento del haz añadiendo en la bocina de alimentación un modo superior (por ejemplo TM_{01} o TE_{21} en bocina cónica), cuyo nivel y fase relativas al modo fundamental, genera un gradiente de fase sobre la abertura de la parábola principal. La pendiente del gradiente es proporcional al nivel relativo del modo superior. La fase relativa permite el manejo del plano de desplazamiento del haz.

Este dispositivo necesita un receptor de baliza con una tarjeta de procesamiento de señales y control de amplitud y fase del modo superior.

El sistema se sintoniza a la frecuencia de baliza con un filtro RF de banda estrecha de forma que el desplazamiento de la baliza se compense a cualquier otra frecuencia.

La precisión del seguimiento es similar a la del modo monoimpulso.

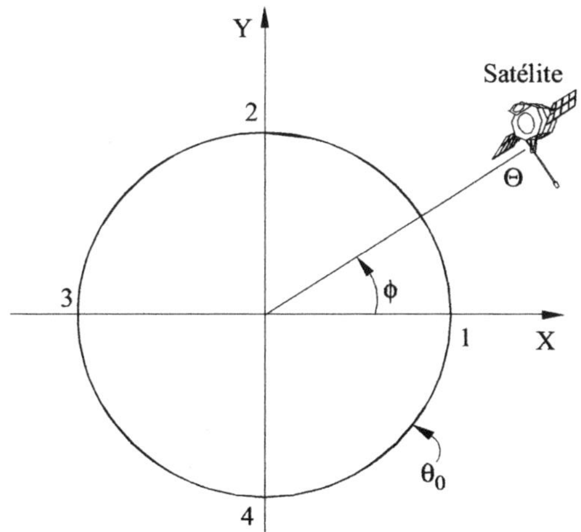

θ_0: Amplitud de exploración de haz
Θ: Coordenadas del satélite
ϕ: Coordenadas del satélite

Los niveles en los puntos 1 y 3 proporcionan
la desalineación a lo largo de X
Los niveles en los puntos 2 y 4 proporcionan
la desalineación a lo largo de Y

Sat/C7-19

FIGURA 7.19

d)   Seguimiento por programa

El seguimiento por programa utiliza un programa de computador para calcular la posición del satélite.

Existen tres categorías de seguimiento por programa.

1)   El primer método consiste en calcular la orientación de la antena utilizando la posición orbital del satélite desde la estación de control, o utilizando los parámetros de posición del satélite.

2)   El segundo método utiliza datos de seguimiento almacenados (por ejemplo, durante las 24 horas anteriores) de las coordenadas del satélite y hace una estimación de la posición actual.

3)   El tercer método, más inteligente o preciso que el segundo, predice la posición del satélite a partir de los datos de los últimos días. El algoritmo de predicción es más complejo e incluye la corrección de la deriva diaria del satélite.

7.2.4.3   Errores de orientación del haz de la antena

La precisión de la orientación de la antena se especifica normalmente por dos características:

a)   La precisión de puntería, que es el ángulo entre el eje del haz de la antena y la dirección deseada (el primero se indica a menudo mediante dispositivos de lectura angular). Ha de tenerse en cuenta la precisión de puntería:

- en los Tipos N° 1 y 2 del cuadro 7.4;

- en los Tipos N° 3, 4 y 5 durante la orientación de la antena para la adquisición inicial del satélite.

La precisión de puntería viene limitada por:

- los errores del eje mecánico de alineación y del alimentador;

- los errores de lectura angular;

- los errores debidos a la deformación de las estructuras (y cimientos) de la antena, el viento, la gravedad y los efectos térmicos;

- los errores del servosistema (pares de viento y de gravedad, retardo dinámico) (Tipos N° 2, 3, 4 y 5 únicamente).

Estos errores parciales pueden sumarse cuadráticamente por no estar correlacionados. Una cifra típica global para la precisión de puntería de un sistema de antena INTELSAT de norma A de 16 m de diámetro es de 0,06° para un viento de 13 m/s con ráfagas de 20 m/s.

La precisión de puntería ha de tenerse en cuenta cuando el eje del haz de la antena apunta a una posición angular designada (por ejemplo, la posición del satélite dada por su efemérides). Pueden concebirse otros métodos de puntería (como por ejemplo el que consiste en buscar el máximo de las señales recibidas desde el satélite).

b)   La precisión de seguimiento, que es el ángulo de error residual entre el eje del haz de la antena y la dirección de llegada de la señal recibida del satélite cuando se funciona con seguimiento automático (tipos N° 3 ó 4 del cuadro 7.4).

La precisión del seguimiento viene limitada por:

- el desplazamiento del haz diferencia (Tipo 4 del cuadro 7.3);

- los errores debidos a la amplitud del paso y a la medición del nivel de señal de la radiobaliza (Tipo N° 3);

- los errores debidos a las variaciones de propagación y a la inestabilidad de la radiobaliza del satélite (Tipo N° 3);

- el ruido térmico del receptor (Tipos N° 3 y 4);

- los errores debidos al efecto de las ráfagas de viento sobre el servosistema motriz (Tipos N° 3 y 4);

- los errores básicos del mecanismo de seguimiento y del servomotor (los rebotes no compensados, el retardo dinámico, etc.) (sistemas N° 3 y 4).

Estos errores residuales de puntería pueden sumarse cuadráticamente si no están correlacionados.

Los errores debidos al efecto de las ráfagas de viento se especificarán a menudo en dos situaciones: en la primera (por ejemplo, viento de 13 m/s con ráfagas de 20 m/s) deben lograrse las condiciones máximas de funcionamiento, y en la segunda (por ejemplo, viento de 20 m/s con ráfagas de 27 m/s), unas características de funcionamiento peores aunque suficientes.

A menudo se especifica una condición 3 de supervivencia de la antena (por ejemplo, con viento de 55 m/s el sistema no debe sufrir daños).

El ruido térmico del receptor introduce un error r.m.s. que viene dado (para el tipo N° 4: monoimpulso) por la siguiente fórmula:

$$(\Delta\theta)_{ruido} = \frac{1}{S}\sqrt{kTB/P_r} \tag{8}$$

siendo:

      S: pendiente del diagrama de diferencia, es decir, la sensibilidad de la señal de discriminación del acoplador de modo de seguimiento (por ejemplo, 3 grados^{-1} es un valor típico para una antena de norma A).

Puede demostrarse que $S = \eta_{TC} \cdot D/\lambda$ (en radianes^{-1}) o $S = (1/57)\,\eta_{TC} \cdot D/\lambda$ (en grados^{-1}), donde η_{TC} es la eficacia de acoplamiento del modo, típicamente $\eta_{TC} = 0{,}4$;

      kTB: potencia de ruido ($k = 1{,}38 \times 10^{-23}$ J/K), siendo T la temperatura de ruido total del canal de error del receptor de seguimiento y B la anchura de banda real de integración del error, es decir, la anchura de banda del servomecanismo (1 Hz)

      P_r: potencia recibida de la radiobaliza del satélite en el canal de referencia. Obsérvese que la fórmula es válida para una señal de referencia sin ruido (es decir, un ruido en el canal de referencia muy inferior al del canal de error: éste es el caso normal en que la señal de referencia se toma a la salida del amplificador de bajo nivel de ruido del canal de telecomunicación normal).

Una cifra global típica para la precisión de seguimiento de una antena INTELSAT de norma A de 16 m en la condición de viento 1, es de 0,02° (r.m.s.) con seguimiento monoimpulso (Tipo Nº 4), y 0,03° (r.m.s.) con seguimiento por pasos (Tipo Nº 3).

NOTA – Las pérdidas de la ganancia de la antena debidas al error total de orientación del haz (sea por un error de puntería o por un error de seguimiento) vienen dadas por la fórmula aproximada que figura en el apartado 7.2.3.2.

El cuadro que figura a continuación ofrece ejemplos típicos de los errores de una antena de norma A de 16 m citados anteriormente:

	(Grados)	Pérdidas de recepción (4 GHz)	Pérdidas de transmisión (6 GHz)
Error de puntería	0,05	0,34 dB	0,77 dB
Error de seguimiento (Monoimpulso)	0,02	0,05 dB	0,12 dB
(Seguimiento por pasos)	0,03	0,12 dB	0,28 dB

7.2.5 Las redes de antenas

7.2.5.1 Generalidades

En las estaciones terrenas de satélite se ha estado utilizando sobre todo las antenas reflectoras como los paraboloides o antenas Cassegrain. Últimamente, las redes de antenas parecen ser una solución atractiva para las pequeñas estaciones terrenas y los terminales portátiles.

En la antena reflectora, la potencia radiada por el radiador primario o por el subreflector se refleja y dirige a una dirección específica. Por otro lado, en la red de antenas, la onda electromagnética es radiada por cada elemento. La red de antenas consta, en general, de los elementos radiantes y la red de alimentación (ver figura 7.20). Si la red de alimentación es un sencillo divisor de potencia y la fase de alimentación de potencia de los elementos es la misma, las radiaciones de los elementos se suman en una dirección.

La red de antenas puede incorporar varias funciones que no pueden obtenerse con la antena de un solo elemento radiante. Por ejemplo, puede dirigirse el haz de antena mediante desfasadores variables en la red de alimentación para cambiar la fase de alimentación de cada elemento, como muestra la figura 7.20.

7.2.5.2 Tipos de redes de antenas

Las redes de antenas utilizadas en las estaciones terrenas de satélite se agrupan en las siguientes categorías:

1) Clasificación por los elementos de radiación

   Hay muchos tipos de antena en cuanto a elementos de radiación.

Los elementos típicos de radiación utilizados para estaciones terrenas de satélite son los siguientes:

a) antena de matriz impresa (Figura 7.21);

b) alineación de ranuras en guiaondas (Figura 7.22), etc.

2) Las redes de antenas se clasifican según las fases de excitación de los elementos sean fijas o variables.

a) antenas en red con excitación de fase fija;

b) antenas en red con excitación de fase variable (Figura 7.23).

Las antenas en red de la clase b) se llaman "red de antenas controladas en fase" y tienen la posibilidad de exploración.

3) Clasificación de redes de antenas según sus elementos incluyan dispositivos activos o no.

a) red de antenas con dispositivos pasivos (desfasadores, etc.) exclusivamente;

b) red de antenas con dispositivos activos (amplificadores de transmisión o recepción).

Las redes de antenas de clase b) se llaman "red de antenas activas controladas en fase" (Figura 7.24).

4) Las antenas que procesan la señal de entrada mediante elementos de radiación combinados con dispositivos de circuito se llaman antenas de tratamiento de señal. Una de las antenas de tratamiento de señal típica es le "antena adaptable".

Un ejemplo de antena adaptable es la antena de conformación de haz adaptable, que dirige el haz principal hacia la onda entrante. Otro ejemplo es la antena orientable con equilibrado adaptable que presenta un cero en la dirección de onda no deseada.

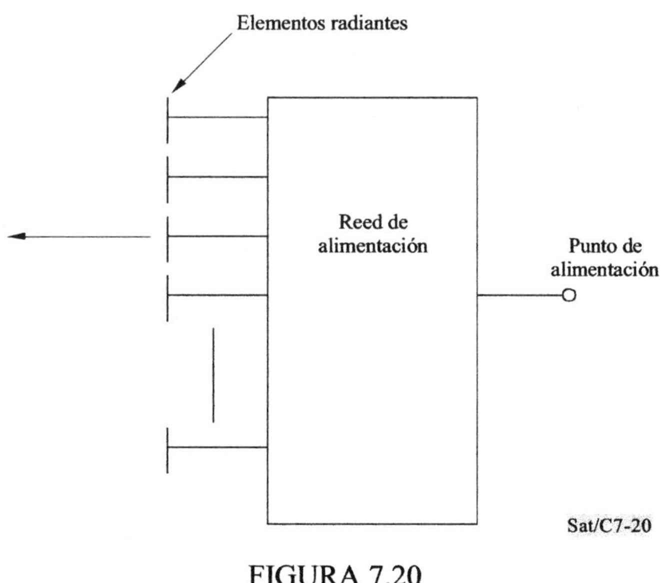

FIGURA 7.20

Redes de antenas

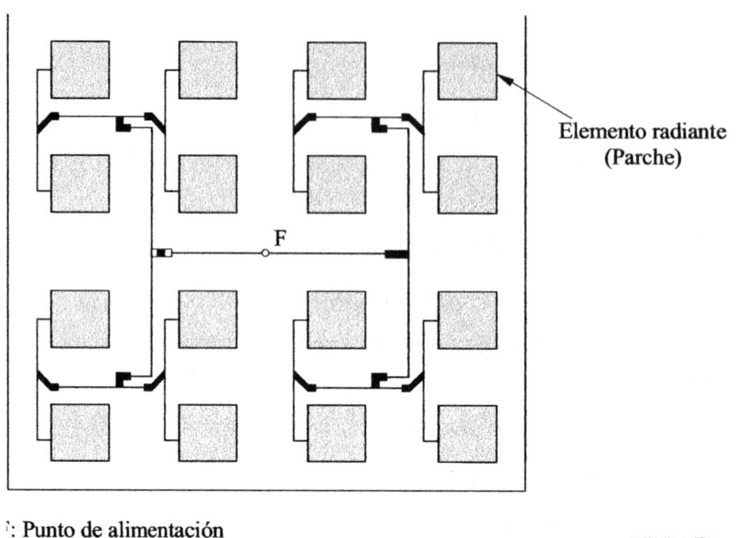

FIGURA 7.21

Antena de matriz impresa (ejemplo)

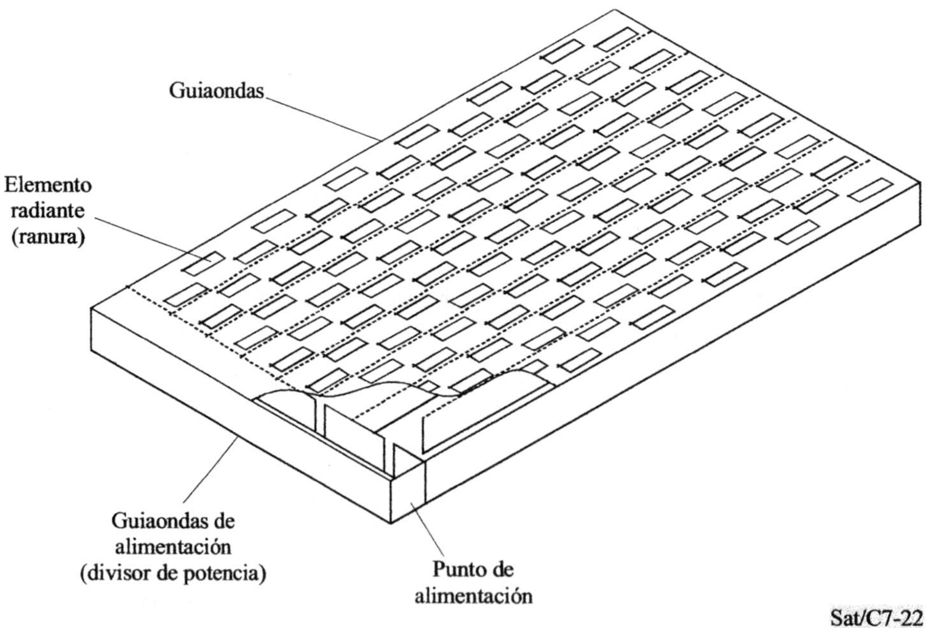

FIGURA 7.22

Red de ranuras en guiaondas

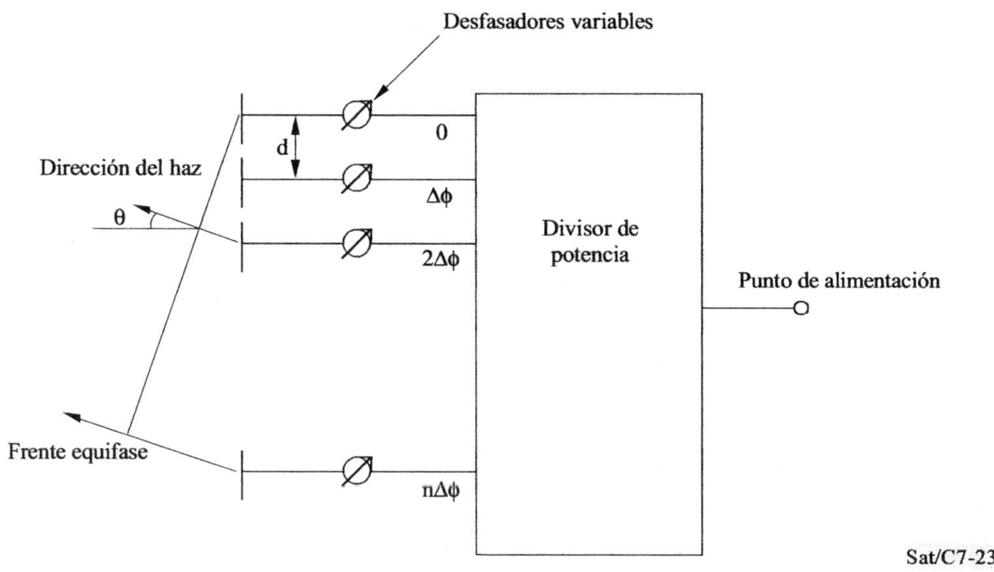

FIGURA 7.23

Red de antenas controladas en fase

La dirección del haz es orientada por θ si $s\varphi = d\ \mathrm{sen}\theta$ en la Figura 7.23.

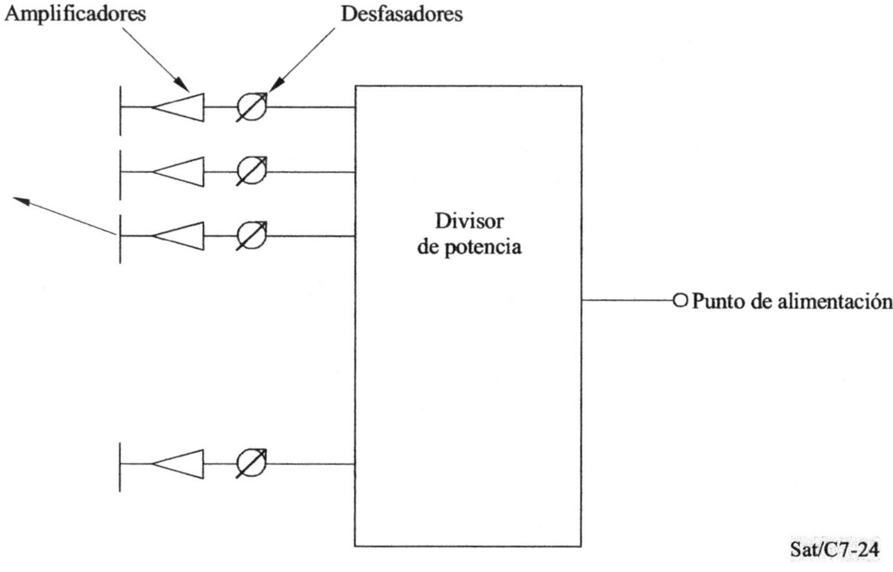

FIGURA 7.24

Red de antenas activas controladas en fase

7.2.6   Instalación

Se describe a continuación la obra civil asociada con la antena.

En este apartado se consideran dos tipos de antena: las grandes (>15 m) utilizadas en estaciones terrenas de gran capacidad de tráfico, y las de tamaño medio (de 15 a 10 m) utilizadas en estaciones de redes nacionales.

En lo concerniente a la instalación de pequeñas estaciones terrenas y, en particular, a las antenas receptoras de muy pequeña abertura VSAT, remítase al suplemento 3 del Manual ("Sistemas VSAT y estaciones terrenas", apartado 5.3).

La precisión de puntería de las antenas requiere que la antena se construya sobre tierra en condiciones de suelo firme. El suelo debe analizarse en profundidad para determinar la condición real sobre la que van a ponerse los cimientos. Estos análisis son realizados normalmente por el proveedor/instalador de la antena, y el tipo de cimientos se determina a partir del estudio del informe del suelo.

Los cimientos deben proyectarse de manera que soporten las cargas de trabajo y de supervivencia impuestas por la antena, la estructura de soporte y el pedestal. Estos incluyen la carga del viento, las cargas por el peso y las cargas sísmicas.

7.2.6.1   Las antenas grandes

La mayoría de las antenas grandes están montadas en una estructura mecánica con desplazamiento en acimut y en elevación del tipo de carril circular. En este diseño, un raíl circular de gran diámetro sirve de apoyo a la estructura mecánica y permite su rotación en acimut, mientras que los esfuerzos horizontales se transmiten a un cojinete central.

El pedestal de los cimientos puede consistir en ocho pilares de hormigón armado que soportan el raíl acimutal sujeto a cuatro pilares que sustentan el cojinete central (pivote), unidos por vigas radiales y un forjado.

El pedestal puede consistir también en un armazón poligonal continuo de hormigón armado y un techo autosoportado en forma de cúpula encajado en el elemento circular, introduciéndose el pivote en este tejado. En este último caso, los cimientos forman parte integrante del edificio de la antena.

Como el diámetro del anillo del carril acimutal es de unos 15 a 18 metros para antenas grandes (30 m), el área bajo el forjado o el tejado es un sitio ideal para colocar el equipo RF. La construcción interior y terminación de esta zona debe seguir las directrices generales dadas previamente para el edificio principal.

Los cimientos y el pedestal de la antena deben tener un buen sistema de drenaje capaz de recoger y evacuar las aguas pluviales recogidas por la antena y la estructura de soporte.

7.2.6.2   Las antenas de tamaño medio

Las antenas de tamaño medio (10 – 15 m) se montan generalmente sobre estructuras de movimiento limitado (tipo Az-El o X-Y) sujetas a una estructura fija de soporte afirmada directamente sobre los cimientos por medio de pernos de anclaje insertados.

La cimentación debe ser diseñada tras la realización de un análisis del suelo. En general, consiste en unos zócalos o una plataforma con pilotes unidos en la parte superior mediante soleras umbral, todo ello construido con hormigón armado. Los cimientos deben tener la suficiente masa, convenientemente distribuida, para compensar las cargas de viento, las debidas al peso y sísmicas impuestas por la antena. Pueden admitirse unas condiciones del suelo menos críticas.

Deben proporcionarse también pequeños zócalos para sostener una caseta con los equipos electrónicos situada, si es posible, entre los pies posteriores de la estructura de soporte de la antena.

7.3 Los amplificadores de bajo nivel de ruido

7.3.1   Generalidades

Tal como se ha indicado anteriormente en el apartado 7.1.1.2, el subsistema de recepción de una estación terrena incluye siempre un preamplificador con un ruido intrínseco reducido, que se suele denominar amplificador de bajo nivel de ruido (LNA). Teniendo en cuenta que por cada 0,1 dB de pérdida del alimentador se añaden unos 7 K a la temperatura total de ruido en recepción, este amplificador de bajo nivel de ruido debe conectarse al puerto de recepción del alimentador de la antena mediante un enlace de RF con pérdidas muy bajas: en la práctica, el amplificador de bajo nivel de ruido está unido al puerto de alimentación directamente (en el caso de antenas pequeñas o medianas) o mediante un guiaondas de bajas pérdidas.

Los subsistemas de recepción de las estaciones terrenas utilizan actualmente amplificadores con transistores de efecto campo[7] (FET).Los HEMT (Transistores de alta movilidad electrónica) son un tipo de FET de GaAs, con mejor rendimiento a alta frecuencia, que se utiliza ampliamente en los LNA para conseguir una buena temperatura de ruido. Los amplificadores pueden funcionar casi a temperatura ambiente, aunque se obtienen unas características de ruido superiores – caso de ser necesario- reduciendo la temperatura física (mediante refrigeración) de los componentes más sensibles del amplificador de bajo nivel de ruido, con lo que se reducen sus pérdidas óhmicas.

Para calcular la temperatura de ruido total del subsistema receptor, es necesario tener en cuenta la temperatura de ruido (T_i), la ganancia (g_i) de las sucesivas etapas del amplificador de bajo nivel de ruido, así como la temperatura de ruido (T_n) del propio receptor (convertidor reductor, etc.). La temperatura de ruido total viene dada por la siguiente ecuación:

---

[7] Al comienzo de la era de las comunicaciones por satélite se emplearon amplificadores de bajo nivel de ruido máser. Se ha estado utilizando hasta hace poco amplificadores paramétricos con diodo semiconductor polarizado inversamente. También se ha propuesto para estos amplificadores los diodos de túnel y los tubos de ondas progresivas de bajo ruido. No obstante, estos tipos de amplificadores ya no se utilizan y por consiguiente no se describen.

$$T_R = T_1 + \frac{T_2}{g_1} + \frac{T_3}{g_1 \cdot g_2} + \ldots + \frac{T_n}{g_1 \cdot g_2 \cdots g_{n-1}} \tag{9}$$

Esta ecuación muestra que la temperatura de ruido de la etapa i se atenúa por la ganancia total de las etapas precedentes. Por lo tanto, la característica de ruido de la primera etapa (de entrada) es el factor dominante, siendo ésta la razón por la que en los amplificadores de bajo nivel de ruido modernos la refrigeración se utiliza únicamente en la primera (y acaso en la segunda) etapa. Se utilizan corrientemente tres etapas con una ganancia total ($g_1 \cdot g_2 \cdot g_3$) de 40 a 60 dB, con lo que se "enmascara" (es decir, se hace despreciable) la contribución del ruido (T_n) del propio receptor.

La temperatura física del amplificador de bajo ruido puede controlarse por diversos medios:

a)   Refrigeración termoeléctrica

La refrigeración termoeléctrica mediante diodos de efecto Peltier ofrece una solución sencilla y eficaz para refrigerar hasta unos –50ºC los componentes sensibles del amplificador de bajo nivel de ruido.

Dicha refrigeración es suficiente para obtener temperaturas de ruido del amplificador tan bajas como $T_e = 28$ K a 4 GHz, y 60 K a 11-12 GHz. Como los dispositivos de refrigeración termoeléctrica no tienen partes móviles (a diferencia de los de refrigeración criogénica), pudiendo instalarse directamente en el LNA (en una caja presurizada y estanca), esta solución combina un rendimiento elevado junto con la robustez y facilidad de mantenimiento.

La refrigeración criogénica con helio gaseoso se está abandonando actualmente en las estaciones modernas, debido a su complejidad (especialmente, su mantenimiento), volumen y alto coste.

b)   Compensación de temperatura

Cuando puedan aceptarse unas características de ruido moderadas (por ejemplo, $T_e = 30$ - 50 K, a la frecuencia de 4 GHz, y 70-150 K, a 11-12 GHz), es posible evitar la refrigeración termoeléctrica sustituyéndola por sistemas de control más sencillos que permiten el funcionamiento con características estables en la gama normal de temperatura ambiente. Una ventaja importante de dichos sistemas es que simplifican la solución de los problemas relacionados con las fugas de gas (temperatura de rocío, etc.), con lo que se mejora la fiabilidad.

7.3.2   Los amplificadores de bajo nivel de ruido con transistores de efecto campo

Los transistores bipolares presentan un mecanismo complejo (ruido de granalla, etc.) y ofrecen unas características de ruido deficientes a altas frecuencias (por encima, aproximadamente, de 1 GHz).

Por el contrario, el ruido en los transistores de efecto campo es principalmente térmico y puede reducirse mediante una elección adecuada del material semiconductor y utilizando tecnologías de fabricación del orden de la micra y submicra para la fabricación del sustrato semiconductor y para el grabado de los electrodos.

En los últimos años se ha producido un progreso significativo en los transistores de efecto campo (FET, "*Field Effect Transistor*") de arseniuro de galio (GaAs) para las aplicaciones de bajo nivel de ruido en microondas. Las temperaturas de ruido que podían obtenerse anteriormente sólo con amplificadores paramétricos son alcanzables hoy con los FET de GaAs logrando una reducción considerable del tamaño total y del coste.

Además los FET de GaAs presentan otras ventajas en comparación con los amplificadores paramétricos. Son amplificadores de tipo de transmisión (en comparación con los amplificadores paramétricos de resistencia negativa del tipo de reflexión) y por tanto son más estables y menos sensibles a la impedancia del circuito, y pueden optimizarse para anchuras de banda mayores. Además se alimentan con corriente continua (en contraste con los osciladores de señal de bombeo en frecuencias muy altas necesarios para los amplificadores paramétricos).

Un amplificador FET de GaAs consta de una capa de deposición epitaxial de GaAs de tipo n y 0,15 µm de espesor sobre un sustrato semiaislante de GaAs, y de 3 electrodos planares: el surtidor, la puerta y el drenaje. El flujo de corriente entre el surtidor y el drenaje se controla mediante la tensión aplicada a la compuerta de barrera Schottky.

En la actualidad, se utiliza el transistor de alta movilidad electrónica (HEMT), un tipo de FET utilizado normalmente por su característica de bajo ruido. El HEMT se basa en una heterounión como GaAs/n-AlGaAs (Figura 7.25) e InGaAs/n-AlGaAs.

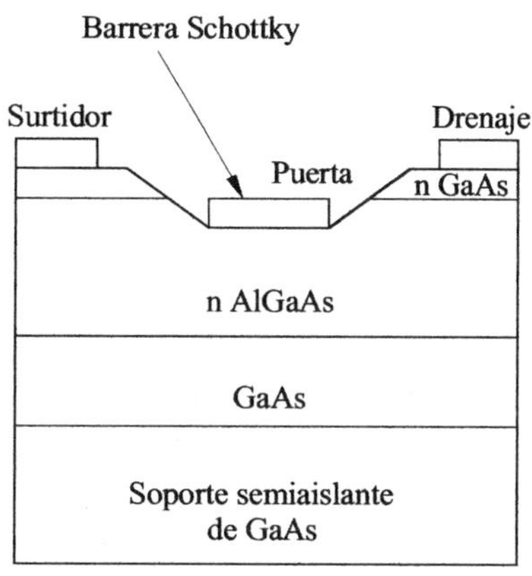

FIGURA 7.25

Configuración básica de HEMT

El carácter principalmente térmico del ruido del FET permite reducir la temperatura de ruido del amplificador disminuyendo su temperatura física.. Mediante refrigeración termoeléctrica, pueden obtenerse temperaturas de ruido de unos 28 K, a 4 GHz, y 60 K a 11 − 12 GHz. El rendimiento habitual sin refrigeración es de unos 30-50 K a 4 GHz, 70-150 K a 11 − 12 GHz y 180-250 K a 20 GHz.

7.3.3   Resumen de las características actuales de los amplificadores de bajo nivel de ruido

El cuadro 7.5 y la fig. 7.26 ofrecen ejemplos típicos de las características generales de los amplificadores de bajo nivel de ruido en la banda de 4 GHz. El cuadro 7.6 muestra las temperaturas de ruido típicas de los amplificadores de bajo nivel de ruido disponibles actualmente, en las diversas bandas de frecuencias.

CUADRO 7.5

**Características típicas de los amplificadores de bajo nivel
de ruido (banda de 4 GHz)**

Elemento	Amplificador FET refrigerado termoeléctricamente	Amplificador FET no refrigerado
1 Temperatura de ruido (K)	28	30 a 50
2 Anchura de banda (MHz)	500 a 800	500 a 800
3 Ganancia (dB)	60 (6 etapas)	60 (6 etapas)
4 Potencia de salida en saturación (dBm)	+10	+10

CUADRO 7.6

Temperatura de ruido típica de los actuales amplificadores FET de bajo nivel de ruido

Banda de frecuencias (GHz)	Tipo	Temperatura de ruido (típica) (K)
3,7-4,2	Refrigeración termoeléctrica	28
	Sin refrigeración	30 a 50
11,7-12,2	Refrigeración termoeléctrica	60 a 70
	Sin refrigeración	70 a 150
17,7-19,5	Sin refrigeración	180 a 250

7.3.4   Los convertidores de bajo nivel de ruido

Los amplificadores de bajo nivel de ruido y los convertidores reductores de frecuencia recientes se integran normalmente en los convertidores de bajo nivel de ruido. El convertidor de bajo nivel de ruido se aloja de forma compacta en un módulo sencillo. Esto permite una sencilla instalación en las antenas.

En este apartado se describen un convertidor de bajo nivel de ruido en la banda Ku que consta de un amplificador FET GaAs de bajo nivel de ruido en la banda 11/12 GHz y un convertidor reductor de frecuencia en bloque.

El convertidor de bajo nivel de ruido convierte la señal del satélite de la banda de 11/12 GHz a la banda de 1 GHz, y normalmente se instala en la antena.

Las características técnicas del convertidor de bajo nivel de ruido en la banda Ku y la configuración de redundancia se describen a continuación.

- Característica de bajo nivel de ruido

El amplificador de bajo nivel de ruido en la banda de 11/12 GHz contiene FET de GaAs.

La temperatura de ruido de la unidad LNC (convertidor de bajo nivel de ruido) es de 80 a 180 K dependiendo del tamaño de la antena y el factor G/T de la estación terrena.

- Tecnología de integración híbrida

Se utiliza un dispositivo de circuito integrado para microondas compuesto de un chip semiconductor como amplificador de bajo nivel de ruido FET de GaAs en la banda 11/12 GHz, amplificador FI en la banda 1 GHz, convertidor reductor de frecuencia y comparador de fases para realizar una configuración de equipo compacta y conseguir una cobertura de banda ancha y una alta fiabilidad.

- Instalación sencilla

El convertidor de bajo nivel de ruido se aloja de forma compacta en un módulo sencillo. Esto permite una sencilla instalación con antenas.

Como se muestra en la Figura 7.26, el convertidor de bajo nivel de ruido consta de un amplificador de bajo nivel de ruido FET GaAs en la banda 11/12 GHz, de un oscilador de banda local a 10 GHz para estabilidad en alta frecuencia, un convertidor reductor de frecuencia, un amplificador FI en la banda 1 GHz, y circuitos de alimentación.

El convertidor de bajo nivel de ruido se aloja en un módulo compacto sencillo.

La ganancia del amplificador de bajo nivel de ruido de 11/12 GHz está alrededor de los 32 dB, y la de los amplificadores FI en la banda de 1 GHz está alrededor de los 32 dB. La pérdida de conversión del convertidor reductor de frecuencia es de unos 6 dB.

Por lo tanto, la ganancia de la conversión global del convertidor de bajo nivel de ruido es superior a 55 dB.

El amplificador de bajo nivel de ruido en la banda 11/12 GHz consta de un amplificador FET GaAs de tres etapas.

El punto de intercepción de la intermodulación de tercer orden es superior a +15 dBm. La señal de recepción, amplificada por el amplificador de bajo nivel de ruido, se convierte a una señal de frecuencia intermedia en la banda de 1 GHz por medio de un convertidor reductor de frecuencia utilizando un mezclador de diodo de barrera Schottky. La señal se amplifica entonces por el amplificador FI en la banda 1 GHz.

El punto de intercepción de la intermodulación de tercer orden es aproximadamente +20 dBm.

La señal de referencia es suministrada externamente por un oscilador de cuarzo de 25 MHz que se instala en la fuente de alimentación del LNC o en el convertidor reductor de frecuencia a 1 GHz. Se ha seleccionado el oscilador de cuarzo para obtener la estabilidad requerida en el sistema de comunicaciones.

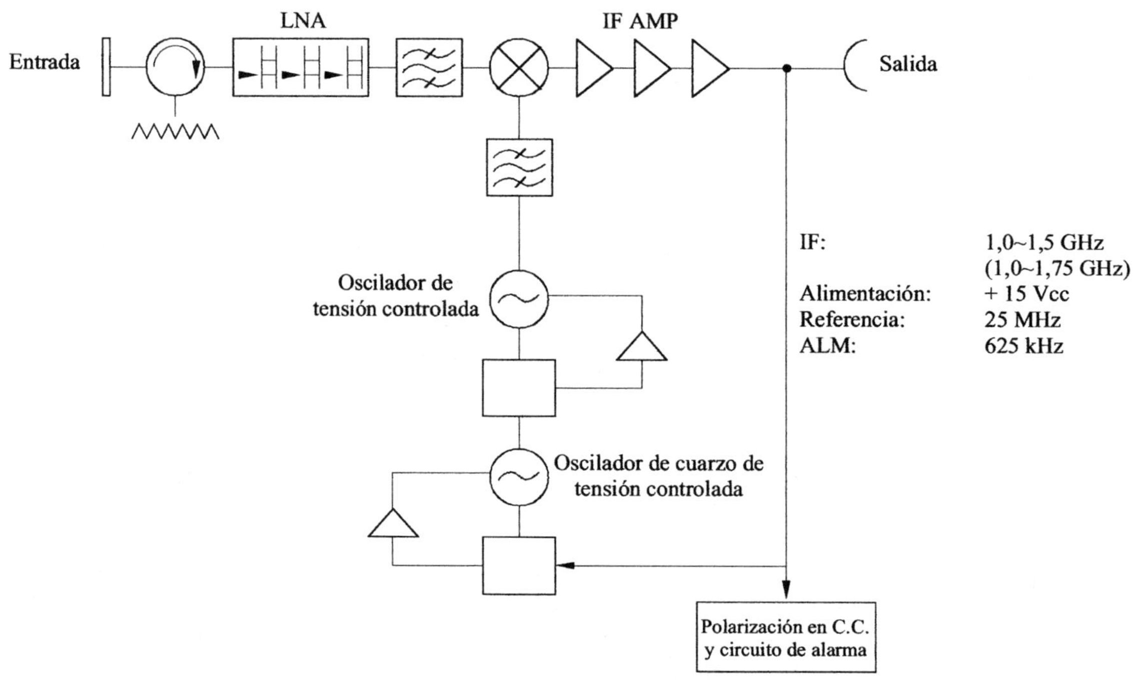

FIGURA 7.26

Diagrama de bloques de un convertidor de bajo nivel de ruido

7.4 Los amplificadores de potencia

7.4.1 Consideraciones generales

Como puede verse en el diagrama de bloques general de una estación terrena (véase el apartado 7.1.1), las diversas cadenas de entrada se conectan a los convertidores elevadores (C/E) cuyas salidas atacan, a través de un combinador (combinador de entrada) a los amplificadores de gran potencia (AP). La potencia de salida (p_τ) de un AP debe ser suficiente para entregar la potencia isótropa radiada equivalente (p.i.r.e.) que se requiere para cada portadora de transmisión, teniendo en cuenta la ganancia de antena g_τ (p.i.r.e. $= p_\tau . g_\tau$). Las estaciones más sencillas incluyen un sólo AP activo, asociado normalmente con un AP de reserva mediante un conmutador de entrada y un conmutador de salida (sistema redundante $1 + 1$). Las estaciones terrenas de capacidad de tráfico media y elevada incluyen más de un AP activo. En este caso, los diversos AP activos y de reserva se conectan al diplexor de antena mediante un sistema que comprende conmutadores (para redundancia) y un combinador de potencia de salida (véase el apartado 7.4.8).

En el apartado 7.1.1.3 pueden verse informaciones generales sobre los amplificadores de potencia y una comparación entre amplificadores TOP (tubo de ondas progresivas) y amplificadores klistrón. En este apartado se indican más detalles sobre los amplificadores de tubos de microondas, AP, y combinadores de salida, y también sobre diversos problemas tales como intermodulación, conversión MA/MP, etc.

7.4.2 Los tubos de microondas

7.4.2.1 Funcionamiento general de los tubos de microondas

Los AP de estaciones terrenas utilizan normalmente tubos amplificadores klistrón o TOP. Tanto los klistrones como los TOP se clasifican como tubos de haces lineales de microondas. Se han desarrollado otros tipos de tubos de microondas, tales como los osciladores de ondas regresivas y los tubos de campos cruzados (magnetrón, carcinotrón, etc.), pero actualmente no se utilizan para AP de estaciones terrenas.

Los tubos de haces lineales de microondas se componen de:

- un cañón electrónico que utiliza un cátodo y un electrodo concentrador del haz para generar el haz electrónico;

- un sistema de enfoque magnético que confina los electrones en un haz largo, estrecho y cilíndrico (pese al efecto de carga espacial, es decir, la repulsión mutua de los electrones). Este sistema de enfoque magnético puede utilizar bobinas electromagnéticas o imanes permanentes tubulares (a menudo del tipo imán permanente periódico (IPP) en los tubos modernos);

- una estructura RF de onda lenta. En esta estructura, los electrones se agrupan en racimos bajo la influencia de la modulación de velocidad. Estas agrupaciones de electrones actúan como una corriente modulada en amplitud que induce una tensión RF progresivamente creciente en varias cavidades de microondas o en una estructura periódica de microondas (tal como una hélice). Este mecanismo, en el que la energía de microondas se obtiene de la energía cinética de los electrones requiere un enfasamiento adecuado entre las agrupaciones de electrones del haz y las ondas RF en la estructura de onda lenta;

- un electrodo colector que cierra el circuito de c.c. recogiendo de los electrones del haz que inciden en el mismo.

7.4.2.2   Los tubos klistrón

Los klistrones utilizados en los AP de estación terrena son del tipo amplificador multicavidad. La estructura RF de onda lenta se compone de una serie de cavidades, a saber, circuitos resonantes de microondas (por ejemplo, cinco cavidades), y se representan en la fig. 7.27a. La señal de entrada RF de bajo nivel excita la cavidad de entrada y alternativamente acelera y frena los electrones que penetran en el espacio de interacción, creando así agrupaciones de electrones. Se induce así una tensión RF en la segunda cavidad. Esta tensión resonante produce una modulación adicional de la velocidad del haz, que aumenta la modulación de la corriente del haz.

Este proceso de amplificación se repite en cada cavidad intermedia, generando así una tensión RF de alta potencia que es extraída de la última cavidad por el circuito de salida.

Las características más destacadas de los tubos amplificadores klistrón y de los AP se han indicado en el apartado 7.1.1.3b). A continuación se enumeran otras características importantes:

i)   Anchura de banda instantánea: a mayor potencia de saturación de salida, mayor es la anchura de banda instantánea posible. En la banda de 6 GHz, es corriente una anchura de banda de 40 MHz para una potencia de salida superior a 300 W. (Hay actualmente klistrones de 3 kW con anchura de banda 80 MHz). En la banda de 14 GHz, existen actualmente klistrones de 80 a 100 MHz de anchura de banda con potencias de salida de hasta 3 kW.

ii) Intervalo de sintonía: la frecuencia central de funcionamiento de un klistrón puede variarse sincronizando mecánicamente las cavidades. Son corrientes intervalos de sintonía de 500 a 600 MHz, que se suelen ofrecer con posibilidad de control a distancia, por ejemplo, con 6 a 24 frecuencias conmutables y preajustables para la selección de canales.

iii) Sistema de enfoque: el enfoque por imanes permanentes es mucho más sencillo de accionar y mantener que el enfoque por bobinas electromagnéticas. Existen klistrones con enfoque por imanes permanentes hasta una potencia de unos 3 kW.

iv) Sistema de refrigeración: del mismo modo es muy preferible la refrigeración por ventilación forzada a la refrigeración por sistemas de circulación de líquido. Existen igualmente klistrones refrigerados por aire hasta unos 3 kW.

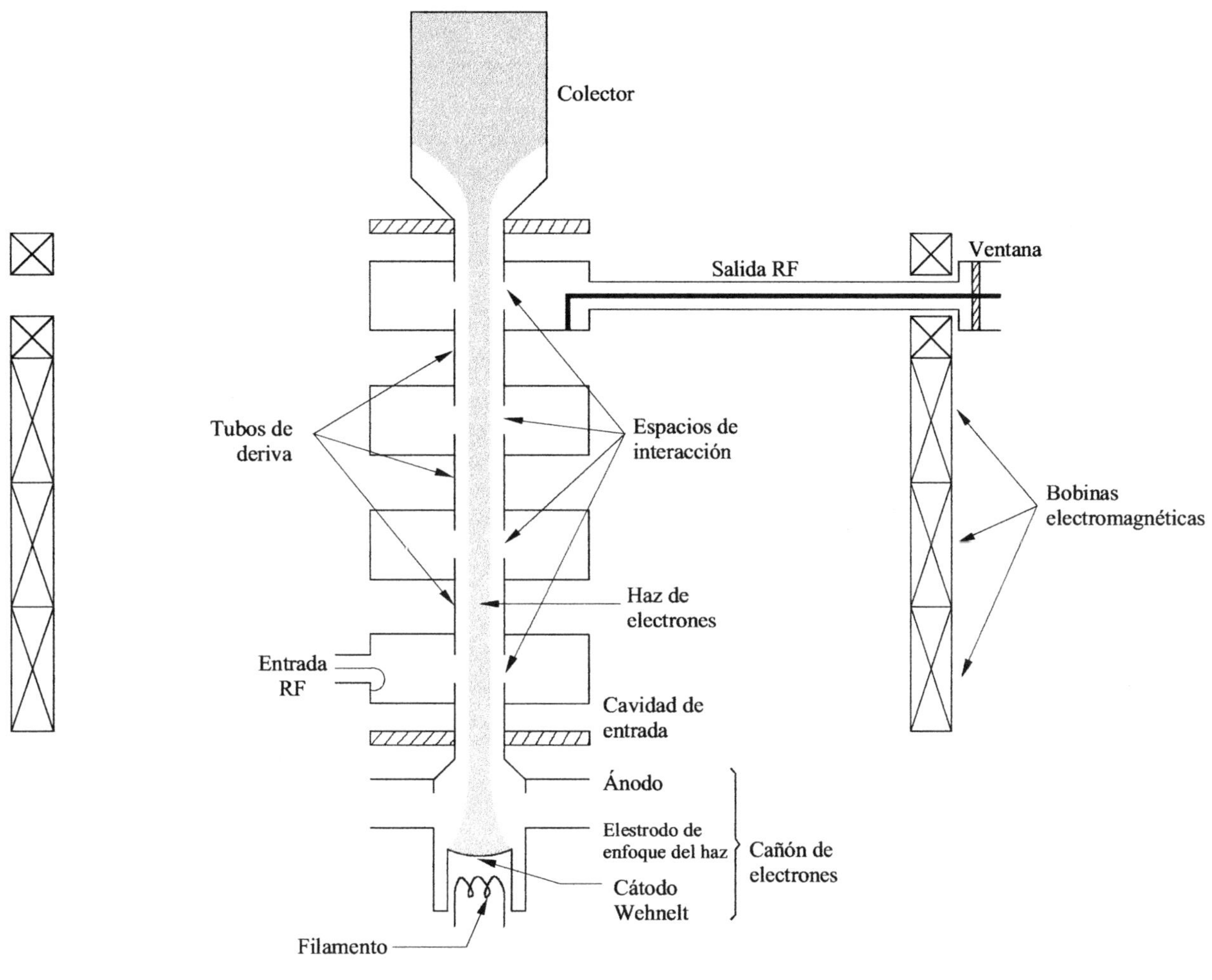

FIGURA 7.27 A)

Esquema de la sección transversal del electrodo de enfoque del haz de un klistrón

En el cuadro 7.7 se ofrecen datos básicos sobre tubos klistrón típicos actualmente existentes para AP de estaciones terrenas en las bandas de 6 GHz y de 14 GHz. Otros klistrones disponibles son:

- klistrones de gran potencia en la banda de 14 GHz (hasta 10 kW);

- klistrones en la banda de 17/18 GHz (1,5 kW);

- klistrones en la banda de 30 GHz (2 kW).

Sin embargo, a frecuencias superiores, debido a las reducidas dimensiones de su sección transversal, la estructura en hélice deja de ser utilizable para potencias elevadas. Los TOP de gran potencia a 14 GHz (y frecuencias superiores) utilizan estructuras de onda lenta de cavidades acopladas.

En los TOP, los electrones que abandonan el espacio de interacción conservan una importante energía (a diferencia del caso del klistrón). Por esta razón, en muchos tubos modernos estos electrones se recogen a un potencial inferior al potencial de la estructura de onda lenta. Esta técnica, que se denomina funcionamiento con colector deprimido, reduce la disipación de calor del colector y aumenta la eficacia del tubo. Pueden obtenerse mayores mejoras con colectores de más etapas.

Una estructura de imán permanente periódico se utiliza frecuentemente para enfocar el haz y minimizar el tamaño y el peso. Pueden aplicarse a los TOP técnicas de refrigeración similares a las utilizadas en los klistrones.

En el cuadro 7.8 se ofrecen datos básicos sobre TOP típicos actuales para AP de estaciones terrenas en las bandas de 6 GHz, de 14 GHz y de 30 GHz. En la fig. 7.28 se indica el consumo de potencia de los diversos tipos de AP.

CUADRO 7.7

Klistrones en las bandas de 6, 14 y 30 GHz

Intervalo de sintonía (GHz)	Potencia de salida (W)	Ganancia (dB)	Anchura de banda instantánea (MHz)
5.925 - 6.425[1]	150	50	23
	400	36	42
	750	40	40
	1 000	35	40
	1 500	37	40
	2 000	38	40
	3 000	35-42[2]	40-80[2]
	3 400	40	45
	14 000[3,4]	52	70
14 – 14,5	1 500	40	100
	2 000	40	100
	3 000	42	85
27,5 – 30,5[2]	350	40	100
	450	40	120

[1] Los klistrones están también disponibles en las bandas recientemente atribuidas: 5,850 – 6,425 GHz.

[2] Dependiendo del tipo y fabricante.

[3] Enfocado por bobina electromagnética (los otros tubos son enfocados por imanes permanentes).

[4] Refrigerado por agua (los otros tubos se refrigeran por aire).

7.4.2.3   El tubo de ondas progresivas (TOP)

Como ya se ha indicado en el apartado 7.1.1.3, la principal ventaja del TOP es su gran anchura de banda intrínseca. Esta característica permite una elevada flexibilidad operacional con las siguientes ventajas:

- puede efectuarse cualquier modificación de la frecuencia de la portadora, en la totalidad de la anchura de banda de funcionamiento (por ejemplo, 500 MHz o más), sin ninguna sintonización ni modificación del sistema de amplificación de potencia (incluido el combinador de salida);

- pueden transmitirse simultáneamente varias portadoras a frecuencias diferentes en el mismo AP y, por tanto, son posibles ampliaciones de tráfico en una estación terrena sin aumentar el número de tubos. Naturalmente esta posibilidad de múltiples portadoras viene limitada por la potencia total de salida del TOP, y, más precisamente, por la potencia de salida disponible para un funcionamiento suficientemente lineal del TOP (véase el apartado 7.4).

En un TOP, se produce interacción del haz electrónico con una onda RF progresiva que se propaga por la estructura periódica de onda lenta no resonante. La modulación de velocidad creada a lo largo del haz, induce una corriente RF que excita ondas en la estructura en ambos sentidos. Sin embargo, las condiciones de sincronización son tales que sólo las ondas progresivas se suman en fase y se amplifican.

La mayoría de los TOP utilizan como estructura de onda lenta una línea de transmisión RF helicoidal (hélice) (véase la fig. 7.27). Las modernas tecnologías han mejorado la disipación del calor a lo largo de la estructura, permitiendo así la utilización de TOP en hélice de hasta unos 3 kW de potencia de salida a 6 GHz, 1 kW a 14 GHz.

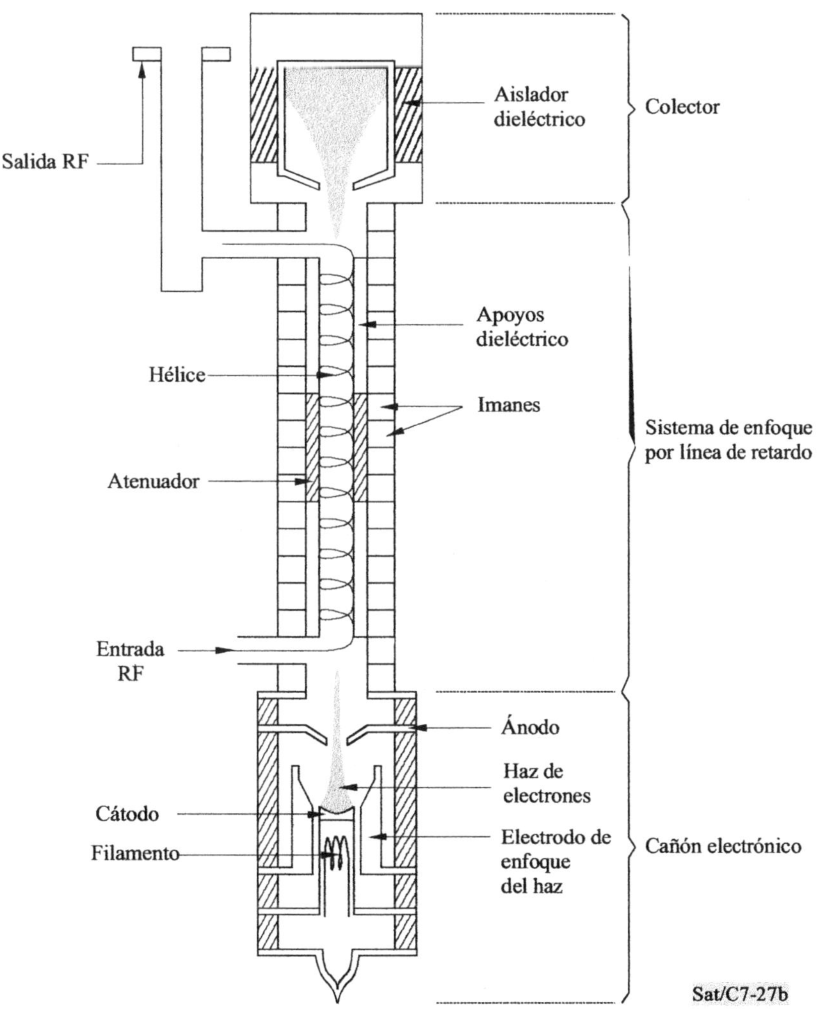

FIGURA 7.27 B)

Esquema de la sección transversal de un tubo de ondas progresivas

CUADRO 7.8

Tubos de ondas progresivas (TOP) en las bandas de 6 GHz, de 14 GHz y de 30 GHz

Banda de frecuencias (GHz)	Potencia de salida (W)	Ganancia (dB)	Enfoque [3]	Refrigeración [4]
5,925-6,245[1]	40	39	IPP	CD
	75	35 a 41[2]	IPP	CD
	150	40 a 44[2]	IPP	CD
	400 a 600[2]	35 a 50[2]	IPP	VF
	700 a 750[2]	43	IPP	VF
	1 200 a 1 500[2]	36	EM	VF
	3 000 a 3 200[2]	33 a 50[2]	IPP o EM[2]	VF o L[2]
	8 000 a 8 500[2]	35	EM	L/VF
	13 000	35	EM	L/VF
14-14,5	16 a 25[2]	45 a 55[2]	IPP	CD
	50	50	IPP	CD
	130 a 160[2]	45 a 50[2]	IPP	CD o VF[2]
	250 a 300[2]	42 a 50[2]	IPP	VF
	500 a 750[2]	50	IPP	VF
	1 000	45	IPP	VF
	2 000 a 2 500[2]	30 a 45[2]	IPP o EM[2]	VF o L/VF[2]
	3 000	50	EM	VF
27,5-30,5[2]	25	40	IPP	CD
			IPP	CD o VF[2]
	100 a 150	37 a 45	IPP	VF
	200	30	IPP o EM[2]	VF o L[2]
	600 a 1 000[2]	33 a 45[2]		

[1] Existen también TOP que pueden funcionar en toda la banda recientemente atribuida de 5,850 a 6,425 GHz.

[2] Según el tipo y el fabricante.

[3] IPP: Imán permanente periódico; EM: Bobinas electromagnéticas.

[4] CD: Conducción; VF: Ventilación forzada; L: Líquido; L/VF: Combinación de líquido y ventilación forzada.

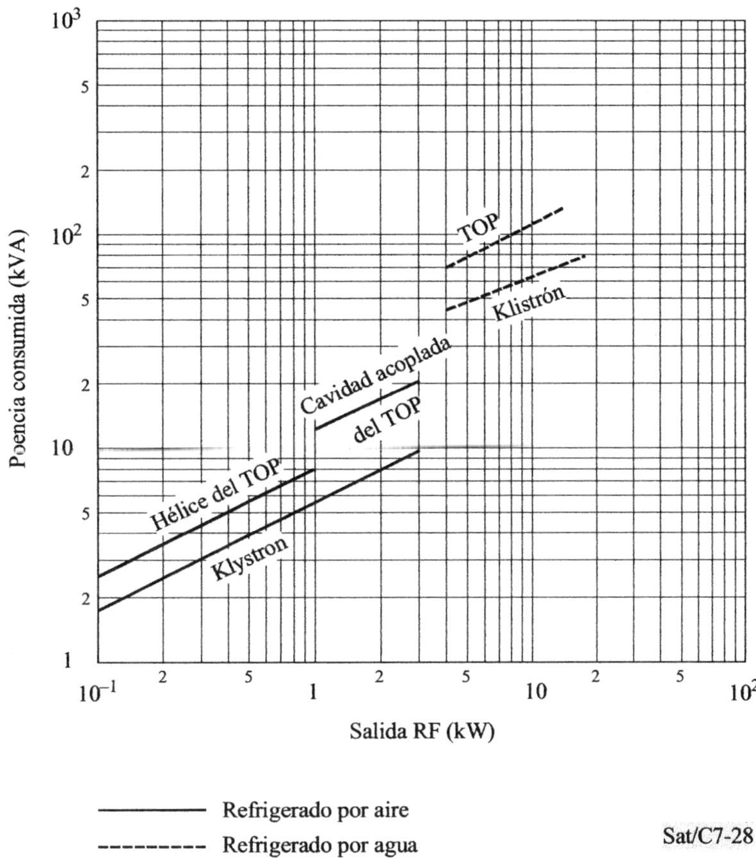

FIGURA 7.28

Consumo típico de potencia dde los amplificadores de potencia (AP)

7.4.3 Diseño del amplificador de tubos de microondas

Como ya se ha indicado, existen dos tipos principales de amplificadores de potencia (AP) utilizados en las estaciones terrenas para comunicaciones por satélite:

- los que utilizan un tubo de ondas progresivas (TOP) de banda ancha con una anchura de banda de 500 MHz o superior;

- los que utilizan un klistrón con una anchura de banda de 40 u 80 MHz, sintonizable en la banda ocupada por los transpondedores de satélite, en todo el margen de 500 ó 600 MHz, que son mucho más sencillos.

En los apartados siguientes se exponen las características esenciales que han de tenerse en cuenta en el diseño de los AP. Las figuras. 7.29 y 7.30 representan los diagramas de bloques de los AP que utilizan respectivamente un TOP y un klistrón.

7.4.3.1   Alimentación de energía del TOP

Además de la alimentación del calefactor, se necesitan tres altas tensiones diferentes para el ánodo, la hélice (o cavidad acoplada) y el colector puesto a tierra. En algunos TOP de potencia media es facultativo el uso de un colector separado (operación con colector deprimido o colector puesto a tierra) pero los TOP de alta potencia funcionan todos con un colector deprimido.

La conexión de un TOP de hélice requiere una rápida subida de la tensión de hélice o un medio de evitar la corriente del haz hasta que las tensiones se hallen en los valores de funcionamiento. Un método consiste en utilizar un conmutador que permita cortocircuitar ánodo y cátodo, mientras se aplican las tensiones a colector y hélice (posición "apagado") aplicando después la tensión anódica procedente de la alimentación de la hélice (posición "encendido"). Otro modo es utilizar una alimentación de energía separada para el ánodo que proporcione una tensión retrasada con respecto a la tensión de hélice.

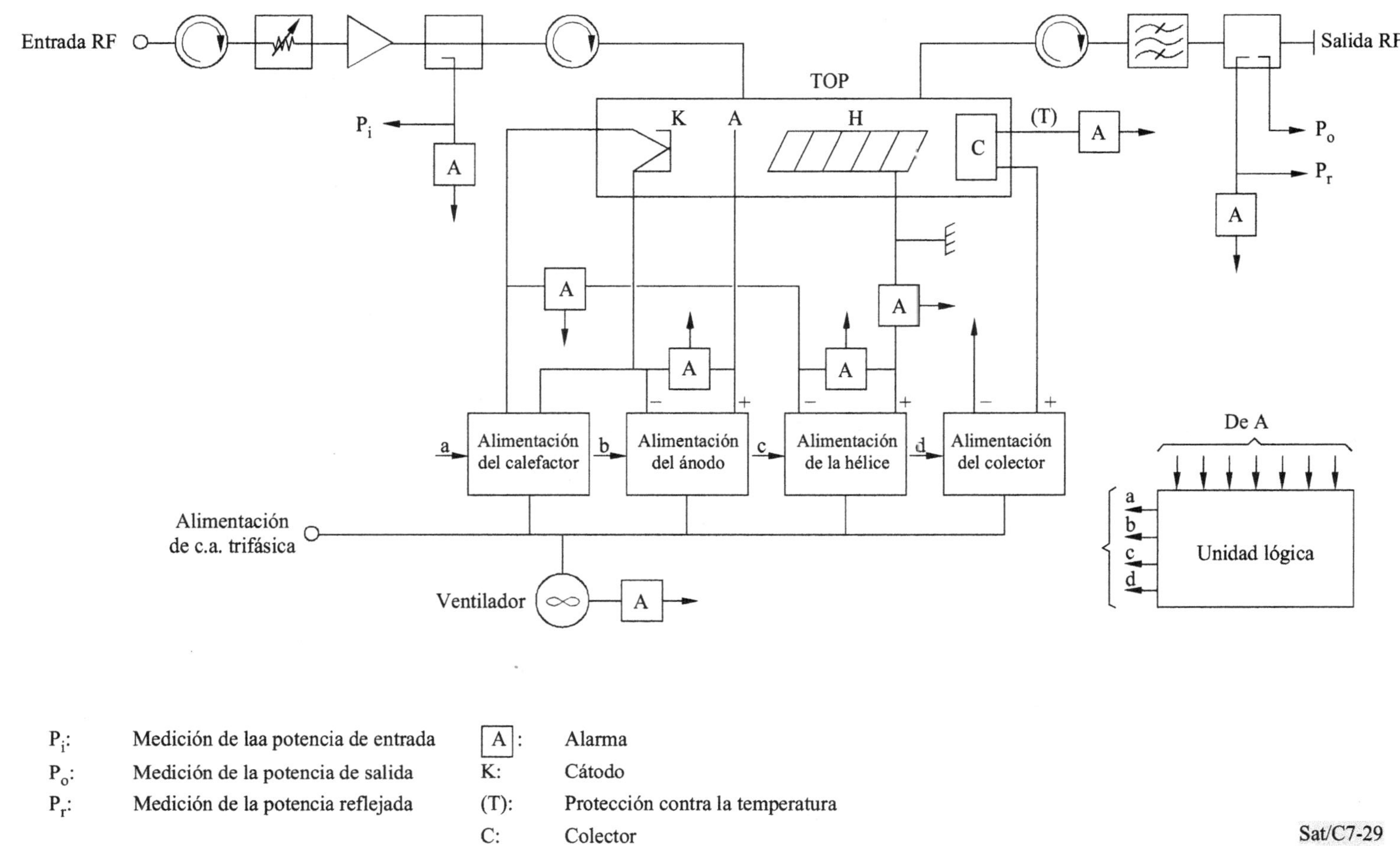

P_i: Medición de laa potencia de entrada $\boxed{A}$:   Alarma
P_o: Medición de la potencia de salida   K: Cátodo
P_r: Medición de la potencia reflejada   (T):   Protección contra la temperatura
                                                                    C: Colector

Sat/C7-29

FIGURA 7.29

Diagrama de bloques de un amplificador de potencia TOP (500 a 700 W)

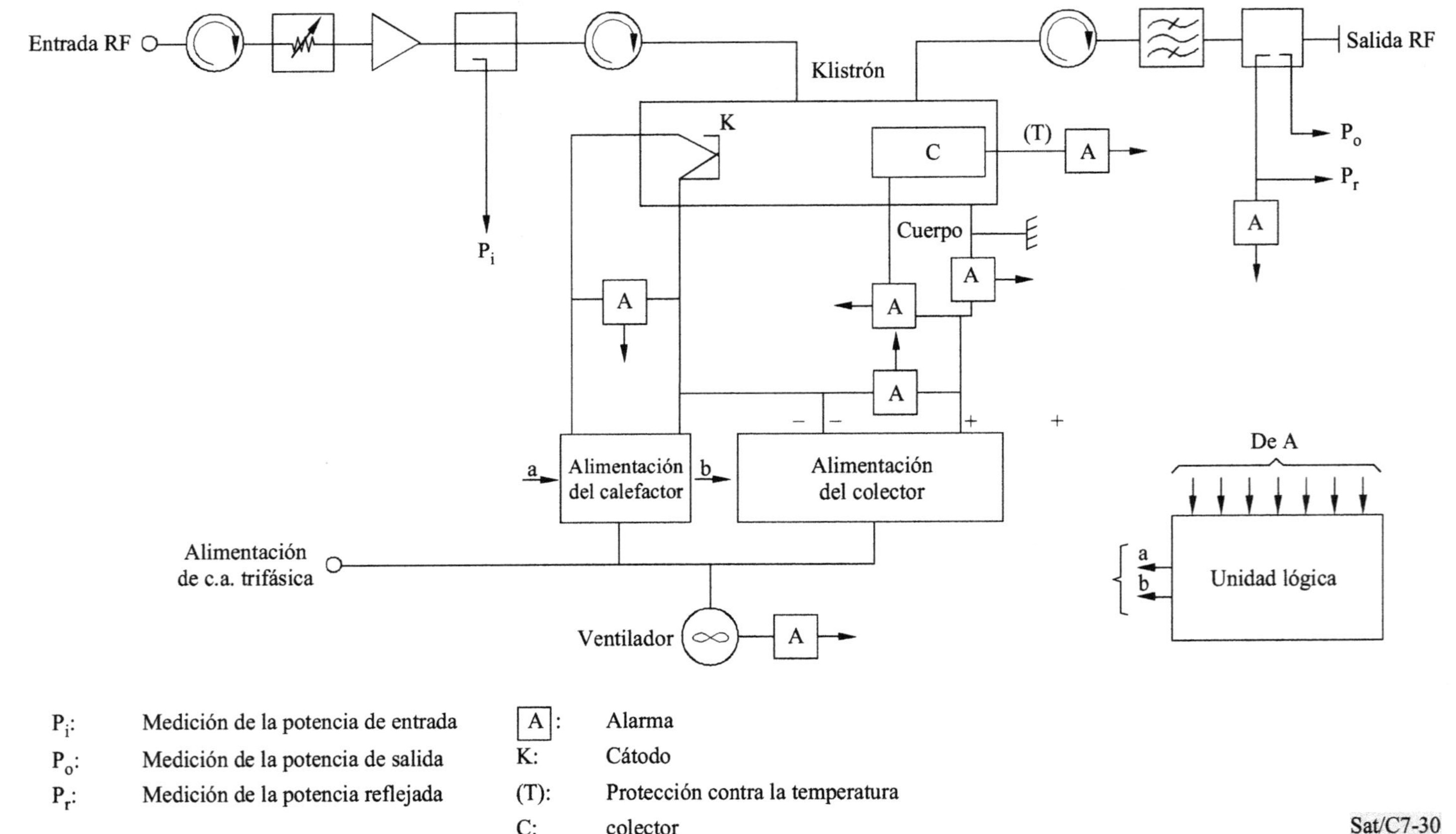

P_i: Medición de la potencia de entrada   A :   Alarma
P_o: Medición de la potencia de salida   K: Cátodo
P_r: Medición de la potencia reflejada   (T):   Protección contra la temperatura
                                                   C: colector

Sat/C7-30

FIGURA 7.30

Diagrama de bloques de un amplificador de potencia de klistrón (1 a 2 kW)

La tensión del calefactor puede ser alterna o continua (se recomienda continua).

A continuación se dan algunos valores típicos para un TOP de 500 W.

- tensión de hélice: 10 kV; la corriente de hélice debe limitarse a 15 mA; la tensión de hélice debe regularse bien (hasta 10^{-3} del valor especificado), y filtrarse bien (hasta 10^{-6} del valor especificado);

- tensión del ánodo: 6 kV (regulada hasta 10^{-3}); corriente: 1 mA;

- tensión del colector: 5,5 kV no regulada; corriente: 400 mA;

- la tensión del calefactor debe regularse con un margen de 0,1 V.

7.4.3.2 Alimentación de energía del klistrón

Además de la alimentación del calefactor, sólo se necesita una única alta tensión para el haz entre el cátodo y el colector (o cuerpo). A diferencia del TOP de hélice, la tensión del haz puede elevarse lentamente. El amplificador klistrón es sensible a la variación de la alimentación de energía del haz. Un valor típico de la sensibilidad de potencia de salida RF es 0,01 dB/V. Para obtener una elevada estabilidad de ganancia, es necesario regular la tensión de haz o utilizar un control automático de nivel (CAN) que reduzca las variaciones de ganancia causadas por la fluctuación de la tensión del haz.

Valores típicos para un klistrón de 3 kW son: 8,5 kV para la tensión del haz y 1 A para la corriente del colector.

7.4.3.3 Tipo de alimentación de alta tensión

Todas y cada una de las altas tensiones citadas pueden proporcionarse de dos formas diferentes:

- la forma más empleada para obtener la alta tensión directamente de la línea principal de alimentación alterna a través de una cadena de alimentación de energía de un transformador, un rectificador y filtros;

- otra forma es obtener una baja tensión continua (por ejemplo, 300 a 600 V) de una cadena similar a la anterior, con un filtrado sólo aproximado, y utilizar luego un convertidor de continua a continua para obtener la alta tensión necesaria. Este convertidor emplea un dispositivo de conmutación de estado sólido que trabaja a una frecuencia de una a varias decenas de kHz. Sus ventajas son el reducido tamaño y peso del transformador y de los componentes de filtrado y también la reducida energía almacenada en los condensadores de filtrado. Por otra parte, es necesario evitar efectos de ruido en la frecuencia de conmutación y sus armónicos.

7.4.3.4 Protección del tubo

La protección de la corriente de hélice es necesaria en los TOP de alta potencia y se dispone normalmente en forma de un relé que elimina la tensión de hélice en el caso corriente de hélice elevada. Para el klistrón debe disponerse protección de la corriente de masa, también en forma de relé.

Todos los klistrones y TOP de alta potencia refrigerados por aire se protegen de las pérdidas de una refrigeración suficiente mediante un conmutador térmico integral.

Cuando se emplea refrigeración por líquido, debe tenerse cuidado de asegurar la pureza del refrigerante.

Se recomiendan detectores de arco a niveles de potencia de 1 kW y superiores. El tiempo de respuesta del circuito de detección debería ser de unos 15 ms.

El calefactor debe estar en condiciones de funcionamiento antes de aplicar la tensión de haz (pueden necesitarse hasta 5 min).

7.4.3.5 El amplificador excitador (preamplificador)

Se requiere normalmente un amplificador excitador para aumentar el nivel de salida de la cadena de modulación del transmisor hasta el nivel de entrada del amplificador TOP o klistrón de alta potencia. El amplificador excitador debería utilizarse en condiciones tales que la intermodulación ocurra principalmente en el propio AP.

Hasta ahora los preamplificadores habían utilizado un TOP con un nivel de salida en saturación de algunos vatios. Existen actualmente, y deberían más bien utilizarse, preamplificadores de estado sólido en 6 GHz, 14 GHz y hasta 18 GHz.

El factor de ruido de preamplificador debe ser lo más bajo posible y su punto de intercepción (definido en el apartado 7.4) lo más alto posible.

Algunos valores típicos de los preamplificadores de estado sólido son:

- a 6 GHz, un factor de ruido de 6 dB, y un punto de intercepción en 29 dBm (nivel de funcionamiento de 18 dBm);

- a 14 GHz, un factor de ruido de 8 dB, y un punto de intercepción en 23 dBm (nivel de funcionamiento de 12 dBm).

7.4.3.6 La unidad lógica

Esta unidad, también conocida como el sistema lógico de control, supervisión y protección, constituye la interfaz existente entre el amplificador, sus fuentes de alimentación de energía, y los circuitos de protección y los circuitos de control, visualización y alarma.

Además del control local, la unidad lógica puede tener facilidades para permitir un control a distancia desde el sistema de supervisión y control centralizados de la estación.

La unidad lógica realiza las siguientes funciones:

- pone al amplificador en el estado requerido desde la posición de los controles manuales locales, o distantes;

- visualiza este estado;

- supervisa continuamente el funcionamiento y protección del amplificador mediante diversas mediciones.

A este sistema lógico se aplican las siguientes entradas:

- las instrucciones de control;

- las alarmas procedentes de los diversos circuitos del amplificador.

La unidad lógica procesa estas diversas señales y proporciona instrucciones en forma de bucles aislados para el manejo de los relés empleados en los diferentes controles (ventilador, filamento, alta tensión, etc.). Cuando se requiere alta velocidad, se utilizan transistores en lugar de relés.

Cuando aparece una alarma, se memoriza y visualiza; el sistema lógico controla la desactivación de las diversas funciones de los amplificadores.

7.4.4 Los amplificadores de potencia de estado sólido

Los amplificadores de potencia de estado sólido pueden utilizarse actualmente en pequeñas estaciones terrenas. En realidad, los amplificadores de estado sólido con FET GaAs (transistores de efecto campo) son capaces de producir una potencia de salida superior a los 100 W en la banda C y 20 W en la banda Ku. Es posible aún más potencia disponiendo dos o más amplificadores de estado sólido en una unidad combinada. Se han propuesto amplificadores de diodos IMPATT de gran potencia, pero su empleo es escaso debido a sus mediocres prestaciones (baja eficacia, alto nivel de ruido, posible funcionamiento inestable). Los amplificadores de potencia con transistores FET de GaAs se caracterizan por su eficacia (bajo consumo de potencia), alta fiabilidad y bajo coste. También presentan buena característica de linealidad, a menudo mejor que los amplificadores con tubos de microondas. Por consiguiente, se necesitan menores reducciones de potencia respecto a saturación en funcionamiento multiportadora, que es lo que ocurre cuando se transmiten varias portadoras SCPC.

La máxima potencia de salida de los amplificadores de estado sólido se especifica normalmente en el "punto de compresión de 1 dB" P_c (es decir, para una ganancia 1 dB inferior a la ganancia lineal). Además, la característica de intermodulación se especifica normalmente por el "punto de intercepción" (es decir, la potencia de salida teórica para una portadora $\overline{IP}$, en el punto en que la potencia de salida de una portadora extrapolada linealmente es igual a la potencia de intermodulación para dos portadoras extrapoladas linealmente) (véase la fig. 7.38). El punto de intercepción $\overline{IP}$, del producto de intermodulación de tercer orden está relacionado con la relación de intermodulación D_3 (véase el apartado 7.4.5.2) y con la potencia de salida P_o de una sola portadora por la fórmula siguiente:

$$\left(\overline{IP}\right)_{dBW} = \frac{(D_3)_{dB}}{2} + \left(P_o\right)_{dBW} \tag{10}$$

de donde:

$$\left(D_3\right)_{dB} = 2\left[\left(\overline{IP}\right)_{dBW} - \left(P_o\right)_{dBW}\right] \tag{11}$$

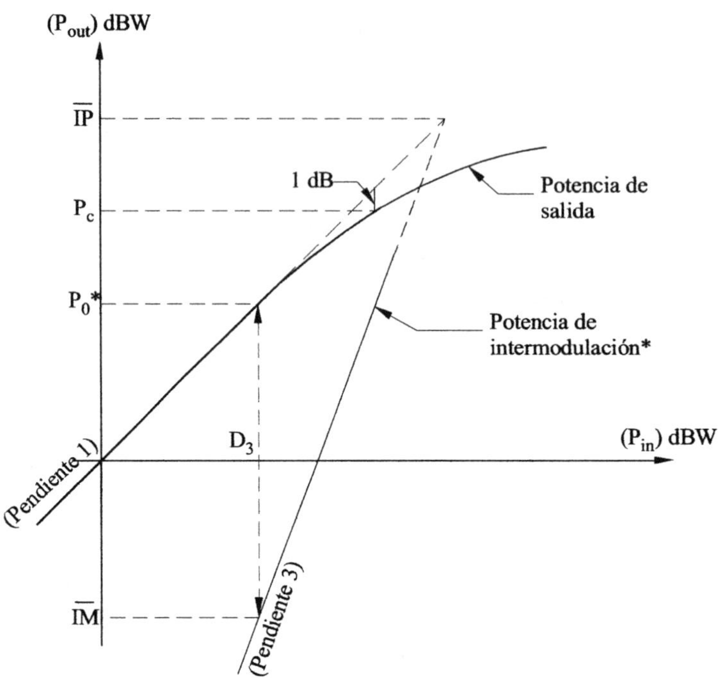

* Potencia total para el caso de 2 portadoras iguales

Sat/C7-31

FIGURA 7.31

Característica de los productos de intermodulación del amplificador

7.4.5   Requisitos generales de funcionamiento de los amplificadores de potencia

7.4.5.1   Generalidades

Entre los principales requisitos de funcionamiento de los transmisores de estaciones terrenas, por ejemplo las del sistema INTELSAT, se hallan las características de amplitud-frecuencia, intermodulación, distorsión por retardo, conversión MA/MP, emisión fuera de banda, y MA residual. Para cualquiera de éstas, las características del AP son predominantes en el transmisor, aunque las distorsiones de amplitud y por retardo se ecualizan generalmente en la etapa de frecuencia intermedia (FI).

i)   Intermodulación: la respuesta de amplitud (potencia de salida en función de la potencia de entrada) de un tubo de microoondas (y de un AP en general) es lineal para señales pequeñas, con una pendiente igual a la ganancia para señales pequeñas, pero deja de ser lineal cerca del punto de saturación. Esta no linealidad provoca la aparición de portadoras no deseadas (productos de intermodulación) cuando se transmiten múltiples portadoras simultáneamente en el mismo tubo con una potencia total próxima a la de saturación.

Las características de intermodulación de un AP se especifican normalmente por el nivel de los productos de intermodulación de tercer orden producidos por dos portadoras de igual potencia de entrada. Como ejemplo típico, si un AP de TOP con una potencia de salida de saturación de 1,3 kW es excitado por dos portadoras de frecuencias f_1 y f_2, con una potencia de salida cada una de 60 W, aparecen dos productos de intermodulación de tercer orden a frecuencias $2f_1 - f_2$, y $2f_2 - f_1$ con un nivel de unos -26 dB (respecto a la potencia de salida de cada portadora). Naturalmente, los niveles de intermodulación dependen de la reducción respecto a saturación de la potencia de tubo, es decir, del nivel de potencia de las portadoras (respecto a la saturación). En el ejemplo, la reducción de potencia (a la salida) es igual a:

$$10 \log \frac{2 \cdot 60}{1300} = -10,35 \, \text{dB}$$

La intermodulación puede reducirse insertando un linealizador a la entrada del amplificador. Un linealizador es un circuito que, por su propia no linealidad inversa, compensa la no linealidad del amplificador.

En los apartados 7.4.5.2 a) y c), en el capítulo 2 apartado 2.1.5.2 y en el apéndice 5.2 pueden verse más detalles de los cálculos de intermodulación y de los linealizadores.

ii) Conversión MA/MP: la conversión MA/MP se produce cuando una variación de amplitud (MA: modulación de amplitud) de la portadora transmitida en el AP induce una variación de fase (MP: modulación de fase) en la portadora. La conversión MA/MP es producida también por no linealidades en el AP. De hecho, la respuesta entrada-salida de un AP comprende una respuesta amplitud de entrada/amplitud de salida (MA/MA: véase el inciso i) anterior) y una respuesta de la amplitud de entrada respecto a la fase de salida (MA/MP). La conversión MA/MP (pendiente de respuesta MA/MP) en la saturación es de unos 4°/dB en los amplificadores klistrón de alta potencia y de 7°/dB en los amplificadores TOP.

Los efectos no lineales (conversión MA/MP y MA/MA, es decir, compresión de amplitud cerca de la saturación) producen intermodulación (véase más arriba) y alteran las características de modulación (espectro de modulación) de la portadora transmitida. También en este caso pueden reducirse estos efectos mediante linealizadores. En el apartado 7.4.5.2.2 se incluye un ejemplo de efectos no lineales ("ensanchamiento de espectro") de una portadora digitalmente modulada.

iii) Respuesta ganancia-frecuencia: las variaciones de ganancia con la frecuencia dentro de la anchura de banda de la señal deben mantenerse dentro de límites especificados.

En realidad, cuando dos portadoras se amplifican simultáneamente a través de un circuito que tiene una ganancia en pendiente y una conversión MA/MP se produce diafonía inteligible entre las portadoras. Esta diafonía inteligible es proporcional al producto de la pendiente de la ganancia y del factor de conversión MA/MP. La pendiente de ganancia en una AP es de unos 0,05 dB/MHz. Para estaciones terrenas del sistema INTELSAT, se especifica una diafonía inteligible menor dc -58 dB.

NOTA – Pueden producirse variaciones de ganancia significativas en la anchura de banda de funcionamiento de un AP de TOP (por ejemplo, 5 dB en 500 MHz). Aunque estas variaciones de ganancia pueden compensarse, para cada portadora, en el nivel de entrada, conviene a menudo insertar un circuito ecualizador de ganancia en la entrada del AP.

iv) Distorsiones por retardo: las variaciones del retardo de grupo en función de la frecuencia dentro de la anchura de banda de la señal deben también mantenerse dentro de límites especificados.

En una cadena de transmisión, son a menudo predominantes las distorsiones por retardo causadas por el AP. Normalmente, la ecualización del retardo global en cada cadena de transmisión se realiza añadiendo circuitos ecualizadores de retardo (ER) en las etapas de FI. Sin embargo, pueden también utilizarse ecualizadores RF para ecualizar los TOP a todo lo largo de su banda de funcionamiento.

v) Modulación de amplitud residual: cuando la señal de transmisión procedente de la estación terrena contiene componentes MA, se generan ruidos de distorsión en el amplificador del transpondedor de abordo debido a la conversión MA/MP. Para evitarlo, es necesario reducir la componente MA residual de la señal de salida procedente de la estación terrena. En el sistema INTELSAT, se especifica la siguiente tolerancia para la MA residual en la señal de transmisión de la estación terrena:

• -20 (1 + log f) dB/4 kHz para componentes MA comprendidas entre 4 kHz y 500 kHz (f: frecuencia central en kHz del intervalo de 4 kHz objeto de medición);

• -74 dB para componentes MA por encima de 500 kHz.

Dado que la MA residual es producida principalmente por la alimentación de energía del AP, el rizado de esta fuente de alimentación debe mantenerse dentro de límites rigurosos.

vi) Generación de armónicos: los tubos de microondas generan armónicos, es decir, señales no deseadas a frecuencias RF que son múltiplos de la portadora RF deseada. El cuadro siguiente muestra el nivel típico de estos armónicos. A fin de reducir este nivel a, por ejemplo, -50 a -60 dB, se coloca a menudo a la salida del AP un filtro de armónicos.

CUADRO

Generación típica de armónicos en los tubos de microondas

Tubos	Orden del armónico	Nivel de los armónicos con relación al fundamental	
		Saturación	Reducción de potencia respecto a saturación de 5 dB
Klistrón	2º	-30	-35
	3º	-40	-50
TOP en hélice	2º	-10	-15
	3º	-20	-30
TOP de cavidades acopladas	2º	-20	-25
	3º	-30	-40

vii) Emisiones no deseadas y de ruido, tonos no esenciales, bandas de ruido y otras señales no deseadas pueden ser transmitidas por la estación terrena a través de todo el sistema RF en la anchura de banda de funcionamiento y producir interferencias. Estas emisiones pueden presentarse a la entrada del AP o generarse en el propio AP. En particular, las fluctuaciones de los electrones del tubo de microondas generan cierto ruido RF incluso cuando no se aplica señal a la entrada. El nivel de este ruido se indica por el factor de ruido (F) del tubo[8]. Debe señalarse que los TOP generan ruido en toda la banda de funcionamiento, en tanto que los klistrones generan ruido sólo en su ancho de banda real (por ejemplo, 40 a 100 MHz).

Puede ser conveniente dividir la emisión no deseada y de ruido en dos categorías, que corresponden a dos requisitos de funcionamiento diferentes:

- emisiones RF fuera de banda y espurias, es decir, la p.i.r.e. fuera de la unidad de anchura de banda del satélite atribuida a cada portadora: a menudo se especifica que esta p.i.r.e. sea inferior a 4 dB(W/4 kHz);

- emisión RF en estado de reposo: en funcionamiento AMDT, varias estaciones terrenas transmiten la misma portadora RF durante periodos de tiempo cortos y diferentes ("ráfagas"). La emisión RF en estado de reposo es la p.i.r.e. que radia una determinada estación terrena fuera de sus propios periodos de tiempo atribuidos. Esta emisión produce interferencia a las otras estaciones terrenas y es de particular interés cuando existen numerosas estaciones que funcionan en la misma trama de tiempo AMDT. La especificación de este caso puede ser más rigurosa que en el anterior.

7.4.5.2 Efectos de las no linealidades de los amplificadores de potencia

La no linealidad de los amplificadores de potencia causa efectos tales como intermodulación, conversión MA/MP, etc.

i) **Interferencia:** la estación terrena puede transmitir potencia RF no deseada, produciendo interferencias. Por esta razón, las especificaciones del sistema imponen normalmente un límite a la p.i.r.e. no deseada (por ejemplo, las especificaciones de INTELSAT establecen un límite de unos 20 dB(W/4 kHz) para los productos de intermodulación fuera de banda causados por una estación terrena determinada, y se reserva un margen de 500 pW0p en el balance global de ruido de los enlaces MDF/MF para el ruido RF fuera de banda causado por la intermodulación multiportadora procedente de otras estaciones del sistema.

---

[8] La mayoría de los AP se componen de dos etapas amplificadoras: un preamplificador y el propio amplificador de potencia. Si las ganancias y los factores de ruido de estas dos etapas son g_1, g_2 y F_1, F_2, el ruido de salida viene dado por la fórmula clásica:

$$N = (F_1 \cdot g_1 \cdot g_2 + F_2 \cdot g_2)\, k\, T_o\, b \quad W \tag{12}$$

con k $=$ $1,38\ 10^{-23}$ J/K (constante de Boltzman)

      T_o $=$ 290 K

      b :   anchura de banda (Hz)

(por ejemplo, $k\, T_o\, b = -168$ dB(W/4 kHz))

Los diseñadores de AP deben prestar atención al reparto de la ganancia global entre g_1 y g_2, teniendo en cuenta el ruido y los productos de intermodulación (en el caso de múltiples portadoras). Los factores de ruido de los TOP varían de 25 a 36 dB. En los modernos AP deben preferirse los amplificadores de estado sólido (FET), en la medida de lo posible, pues su factor de ruido es mejor (por ejemplo, 10 dB).

ii)   **Degradación de la relación portadora/ruido:** la relación portadora/ruido de una determinada portadora transmitida puede ser degradada por la potencia interferente procedente de otras portadoras transmitidas por la misma estación.

En este apartado se incluyen algunos detalles sobre efectos no lineales en el caso de transmisión AMDF (intermodulación) y en el caso de transmisión digital, especialmente AMDT. Este apartado es también aplicable a los AP de estaciones terrenas, y también a amplificadores TOP de transpondedores de satélite. En este último caso, la relación portadora/ruido de intermodulación ii) es un factor importante que reduce la capacidad de tráfico del transpondedor en AMDF.

7.4.5.2.1   La intermodulación

Este apartado trata el cálculo práctico de productos de intermodulación de tercer orden en un amplificador de potencia, dados los productos de intermodulación en el caso de dos portadoras de referencia iguales (especificación normalmente suministrada por el fabricante del tubo). Para generalidades sobre efectos de la intermodulación, remítase al Capítulo 2, apartado 2.1.5.2.

En el caso de dos portadoras ($N = 2$), una fórmula aproximada para el cálculo de la potencia de cada producto de intermodulación de tercer orden $\overline{IM}$ (en vatios, primer tipo) es:

$$\overline{IM}_{ij} = \left(\frac{\overline{IM}_o}{P_o} \right) \frac{P_i^2 \, P_j}{P_o^2} \tag{13}$$

en las dos frecuencias: $2f_i - f_j$, con $i = 1, j = 2$, ó $i = 2, j = 1$.

donde:

$\overline{IM}_o$: potencia de los productos de intermodulación para dos portadoras de referencia (W)

p_o: potencia de cada portadora de referencia (W)

p_i, p_j: potencia de cada portadora real (W)

Esta fórmula puede también expresarse en dB:

$$(\overline{IM}_{ij})_{dBW} = -D_3 - 2(P_o)_{dBW} + 2(P_i)_{dBW} + (P_j)_{dBW}$$

El término $D_3 = -10 \log \dfrac{\overline{IM}_o}{P_o}$ es la relación de intermodulación de tercer orden de referencia (véase Capítulo 2, apdo. 2.1.5.2, fig. 2.8 a)).

Este término se obtiene de los datos facilitados por el fabricante (por ejemplo, $D_3 = 26$ dB en el ejemplo del apartado 7.4.5.1).

En el caso de tres portadoras ($N = 3$), los productos de intermodulación del primer tipo deben calcularse para cada par de portadoras, y una fórmula aproximada para el cálculo de la potencia de cada producto de intermodulación de tercer orden del segundo tipo $\overline{IM}_{1,2,3}$(en vatios) es:

$$\overline{IM}_{1,2,3} = 4\left(\frac{\overline{IM}_o}{P_o}\right)\left(\frac{P_1\,P_2\,P_3}{P_o^2}\right)$$

(en las frecuencias: $f_1 + f_2 - f_3$, $f_1 - ff_2 + f_3$ y $f_2 + f_3 - ff_1$) o en dB:

$$(\overline{IM}_{1,2,3})_{dBW} = -D_3 - 2(P_o)_{dBW} + 6 + (P_1)_{dBW} + (P_2)_{dBW} + (P_3)_{dBW} \qquad (13)$$

Estas fórmulas son válidas sólo para una reducción de la potencia suficiente y, más precisamente, cuando la potencia de cada portadora se encuentra en las proximidades de la potencia P_o (que se utiliza realmente como referencia para la medición de D_3).

Debe señalarse que:

*   si se reduce cada portadora en 1 dB los productos de intermodulación se reducen en 3 dB. En consecuencia, la relación de potencias portadora/intermodulación ($C/\overline{IM}$) aumenta en 2 dB. Cerca de la saturación, los productos de intermodulación se reducen en menos de 3 dB, debido a la compresión de amplitud en esta zona;

*   para $N \geq 3$, predomina la amplitud de los productos de intermodulación del segundo tipo, debido al término 6 dB en ($\overline{IM}_{1,2,3}$).

Las fórmulas anteriores son útiles como evaluaciones cualitativas o de primer orden. Son posibles cálculos completos y exactos utilizando métodos de computador bastantes simples. El método más corriente se basa en la aproximación mediante un desarrollo de Fourier-Bessel de la característica no lineal real del tubo de microondas ($Z(r) = g(r)\,e^{j\varphi(\gamma)}$) en funcionamiento con una sola portadora. Aquí r es la amplitud de la señal de entrada, g(r) la característica MA/MA y $\varphi(r)$ la característica MA/MP.

El empleo de la característica medida del tubo y la aproximación matemática más ajustada (por un número limitado de términos Fourier-Bessel) permite calcular los productos de intermodulación y otros datos en todos los casos posibles de funcionamiento multiportadora. En el apéndice 5.2 se incluyen métodos de cálculo detallados. Los datos calculados muestran buena concordancia con los datos de intermodulación medidos. La fig. 7.32 da a continuación un ejemplo típico de estos datos calculados.

Hasta ahora, sólo se han considerado portadoras no moduladas. En el caso real de portadoras moduladas, por ejemplo, portadoras MF, los productos de intermodulación también se modulan y las potencias de intermodulación (por Hz) se reducen en proporción a la dispersión de energía efectiva de las portadoras de entrada. Más precisamente, en el caso de una portadora MF con un índice de modulación bastante grande, el espectro es gaussiano con una desviación típica σ (siendo σ_i el valor cuadrático medio de desviación de frecuencia de la portadora i-ésima). Los productos de intermodulación conservan el mismo espectro gaussiano con las siguientes desviaciones típicas:

$$(\sigma_{\overline{IM}_{ij}}) = \sqrt{4\sigma_i{}^2 + \sigma_j{}^2} \qquad \text{para dos portadoras (3er.orden, 1er tipo)} \qquad (15)$$

$$(\sigma_{\overline{IM}_{1,2,3}}) = \sqrt{\sigma_1{}^2 + \sigma_2{}^2 + \sigma_3{}^2} \qquad \text{para tres portadoras (3er orden, 2° tipo)} \qquad (16)$$

Por tanto, la potencia de intermodulación, por ejemplo, la indicada por la fórmula aproximada $\overline{\text{IM}}_{ij}$ e $\overline{\text{IM}}_{1,2,3}$ se reduce por un factor de ensanchamiento $10 \log [(\sqrt{2\pi}/4) \cdot \sigma_{IM}]$ (si los términos se expresan en kHz e $\overline{\text{IM}}$ en dB(W/4 kHz)).

En conclusión, debido a la intermodulación los AP deben hacerse funcionar en una región suficientemente lineal, muy por debajo de la saturación, siempre que se utilicen para la transmisión de múltiples portadoras. Se necesita ordinariamente una reducción de potencia a la salida de 7 dB a 10 dB (o aún superior), cuando se transmiten varias portadoras AMDF en un amplificador de potencia TOP común que reduce la eficacia global del subsistema de transmisión de la estación terrena.

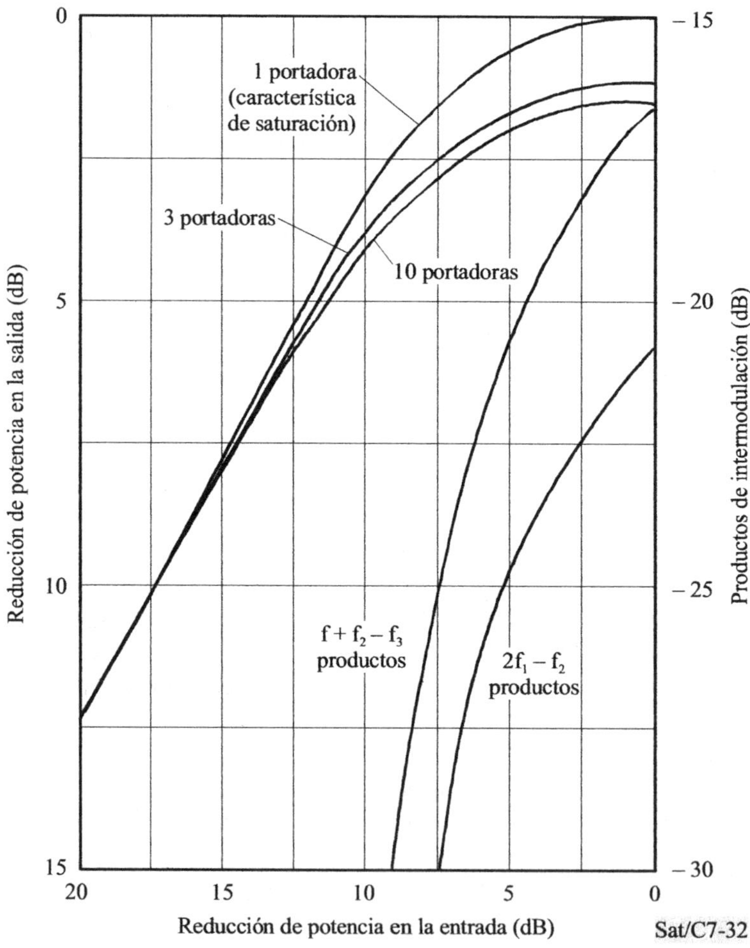

FIGURA 7.32

Potencia relativa de salida típica y productos de intermodulación de un amplificador de potencia de tubo de ondas progresivas (TOP)

7.4.5.2.2   Efectos de las no linealidades sobre la transmisión digital

Teóricamente, las portadoras RF moduladas en fase y codificadas digitalmente, con envolvente de amplitud constante, no deben sufrir los efectos MA/MA y MA/MP. En el caso de AMDT a alta velocidad binaria, sólo se transmite normalmente una portadora RF a través de cada transpondedor de satélite. Un ejemplo significativo es la portadora AMDT con modulación MDP-4 a 120 Mbit/s de INTELSAT que ocupa la anchura de banda completa de un transpondedor de 70 a 80 MHz. En este caso es posible hacer funcionar el TOP del transpondedor del satélite en saturación, obteniendo así la totalidad de la potencia del transpondedor y de la capacidad de tráfico. Se acostumbra también a utilizar un AP de estación terrena especializado para transmitir sólo la portadora AMDT.

No obstante debe tomarse en consideración la no linealidad en dicha cadena de transmisión (que comprende al menos dos circuitos no lineales: los amplificadores de potencia de la estación terrena y del satélite). Esto se debe a la necesidad de filtrado de frecuencia en el transpondedor de satélite y en la cadena de transmisión de la estación terrena. El filtrado limita la anchura de banda de la señal (a aproximadamente 1,2 R para MDP-2 y 0,6 R para MDP-4, siendo R la velocidad binaria). Como consecuencia, la señal deja de tener una envolvente de amplitud constante y está sujeta a conversión MA/MP (y también a MA/MA) en los amplificadores no lineales, lo que origina dos efectos perjudiciales:

i)   Una degradación de la proporción de bits erróneos (BER) global (dado que la información digital está contenida en la modulación de fase).

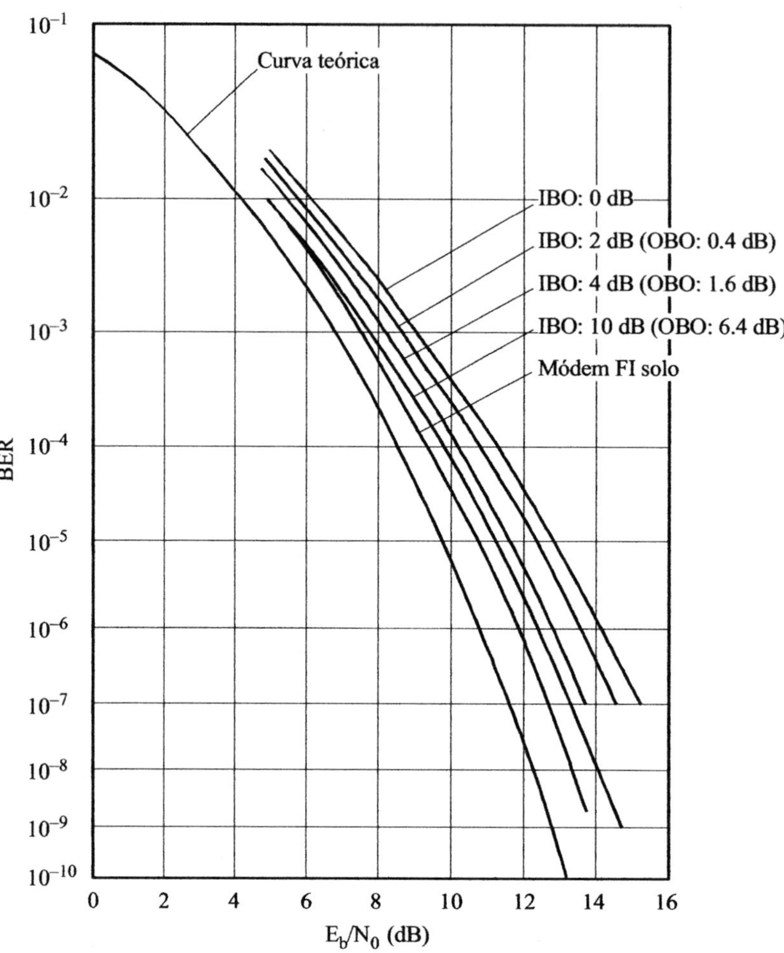

FIGURA 7.33

Curvas típicas de calidad expresada como proporción de bits erróneos (BER)
para una señal MDP-4 a 120 Mbit/s enfunción Eb/N0 y la reducción
de potencia del APde la estación terrena

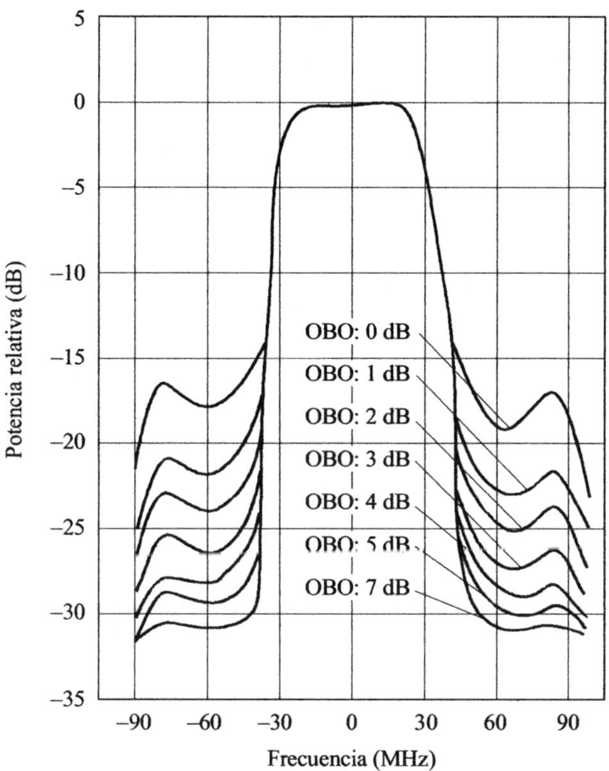

OBO: Reducción de la potencia de salida respecto a la saturación

Sat/C7-34

FIGURA 7.34

Espectro de potencia a la salida del TOP (sin linealizador)

ii)   Una modificación del espectro RF de la señal transmitida. En realidad, cuando se transmite a través de un amplificador no lineal (cerca de la saturación), el espectro de una señal MDP (lóbulo principal sólo después del filtrado), da lugar a la regeneración de su espectro (sen x/x) original (donde $x = \pi(f - f_o)/R$ para MDP-2 y $x = 2\,\pi(f - f_o)/R$ para MDP-4, siendo f_o la frecuencia portadora). En particular reaparecen los primeros lóbulos laterales del espectro (sen x/x) ("recrecimiento de lóbulos laterales"). Debido a este ensanchamiento del espectro, se radia alguna potencia no deseada fuera de la anchura dc banda asignada. A fin de limitar la interferencia causada a transpondedores adyacentes, las especificaciones del sistema estipulan el máximo nivel de p.i.r.e. que una estación terrena debe radiar a través de su AP. Por ejemplo, la especificación AMDT de INTELSAT indica que la p.i.r.e. de la emisión fuera de banda resultante del ensanchamiento de espectro de una portadora MDP (debido al AP de la estación terrena) no deberá ser superior a 23 dB(W/4 kHz) fuera de una anchura de banda de ±44 MHz. La especificación EUTELSAT es similar, pero ligeramente más rigurosa.

Las figs. 7.33 y 7.34 dan ejemplos típicos de mediciones reales de la degradación de la BER (efecto i) anterior) y del ensanchamiento del espectro (efecto ii)) en el caso de una señal MDP-4 a 120 Mbit/s.

Debería señalarse que:

- la práctica habitual, con los sistemas AMDT, consiste en hacer funcionar el amplificador TOP del satélite muy próximo a la saturación (normalmente con una reducción de potencia respecto a saturación a la entrada de la excitación de 2 dB, que corresponde a una reducción a la salida de 0,2 ó 0,3 dB);

- en la explotación de INTELSAT se limita la p.i.r.e. de la estación terrena para mejorar la rentabilidad de los AP sin dejar de obtener valores de BER (en condiciones de cielo despejado) mejores que 10^{-7}. La reducción de la excitación en el satélite INTELSAT-V es de 8,0 dB, mientras que en el Intelsat-VI será de 3,0 dB;

- el AP de la estación terrena se hace funcionar normalmente con una reducción de potencia respecto a saturación considerable para tener en cuenta ambos efectos i) y ii). Se necesitan normalmente reducciones a la salida de 3 dB (especificaciones INTELSAT) y de 4 a 5 dB (EUTELSAT). Como se expone en el apartado 7.4.5.2.3, estas reducciones pueden rebajarse mediante linealizadores;

- deben disponerse de ecualizadores de amplitud y de retardo de grupo en las cadenas de transmisión y recepción para compensar las variaciones de amplitud y de retardo de grupo (en función de la frecuencia) en el trayecto completo estación terrena-satélite-estación terrena. Las especificaciones del sistema estipulan las "plantillas" (es decir, tolerancias) de amplitud y de retardo de grupo. Las mediciones indicadas en la fig. 7.34 se han realizado tras una ecualización adecuada.

7.4.5.2.3   Los linealizadores

Se han propuesto varios métodos para mejorar la linealidad de los tubos de microondas cerca de la saturación. El método más corriente es insertar una red de predistorsión no lineal de banda ancha (denominada linealizador) a la entrada del amplificador. En la fig. 7.35 se muestra un ejemplo de diagrama de bloques de un linealizador.

Esta red produce una expansión de amplitud y un adelanto de fase cuando se aplica una señal creciente en la puerta de entrada, compensando así la reducción de ganancia y el retardo de fase (MA/MP) del AP al aproximarse a la saturación. Naturalmente, esta compensación no es perfecta, pero puede mejorarse la relación de intermodulación en 10 dB (por ejemplo, D_3 aumenta de 26 dB a 36 dB para una reducción de potencia respecto a saturación a la salida de 8 dB) y puede minimizarse la variación de fase (por ejemplo $20°$ en lugar de $60°$). Esta mejora permite:

- aumentar la capacidad de tráfico del amplificador cuando funciona con muchas portadoras, disminuyendo, normalmente en 3 dB, la reducción de potencia respecto a saturación a la salida que se requiere para un nivel de productos de intermodulación dado (especificado);

- disminuir (normalmente en 1,5 dB) la reducción de potencia respecto a saturación a la salida necesaria en transmisión (MDP) digital.

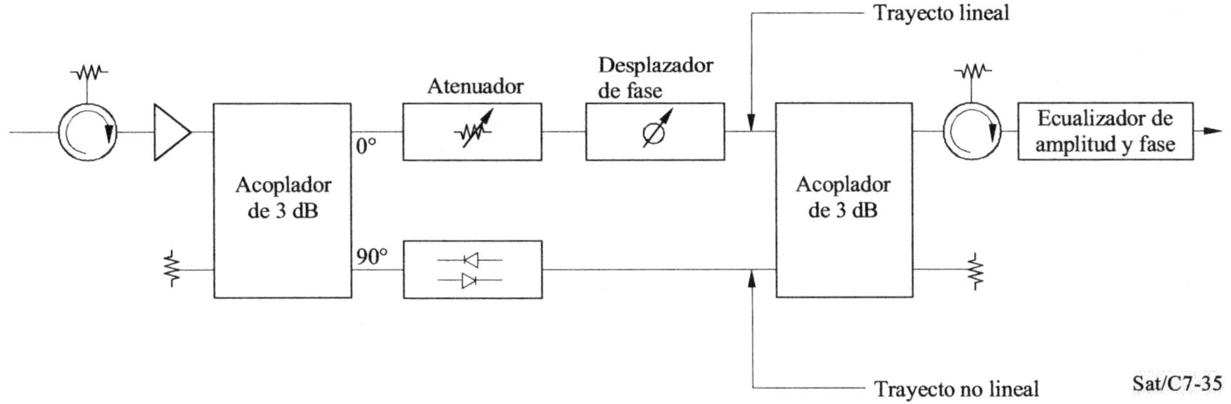

FIGURA 7.35

Ejemplo de diagrama de bloques de un linealizador

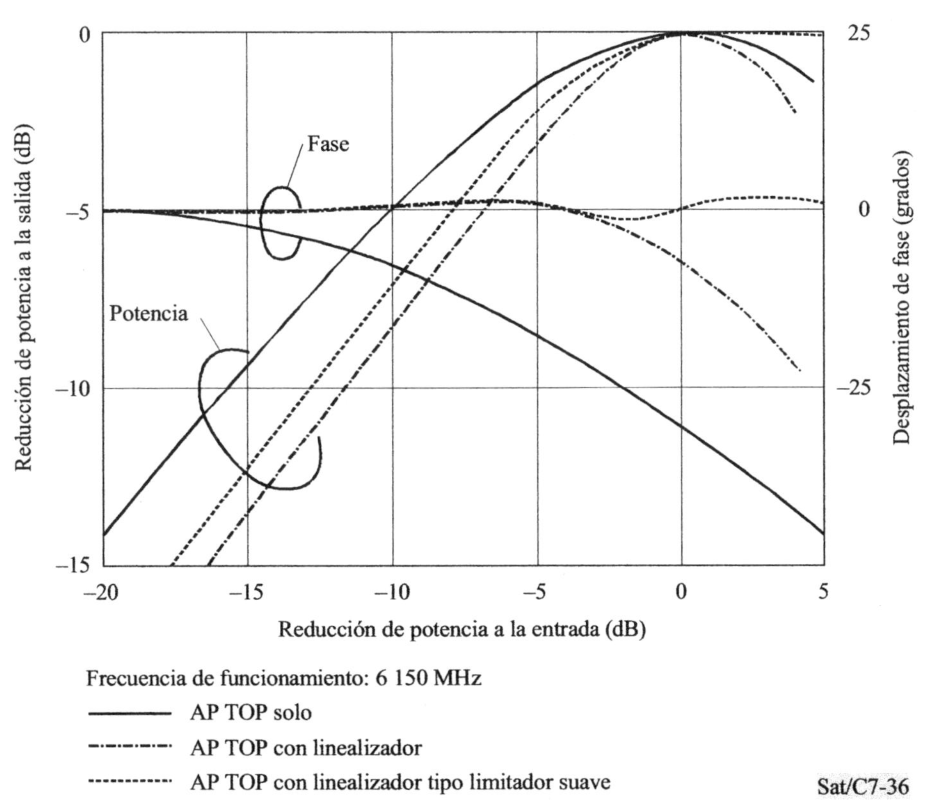

FIGURA 7.36

Características de transferencia entrada-salida de un AP TOP solo, un AP TOP con linealizador y un AP TOP
con linealizador tipo limitador suave

El inconveniente del simple linealizador de predistorsión es que muestra una rápida pérdida de amplitud y un gran cambio de fase al llegar a la saturación o más allá de ella, y no conviene utilizarlo cuando un AP TOP funciona muy cerca de la saturación, como sería necesario cuando el AP de la estación terrena funcione con una sola portadora. Un modo que parece prometedor para remediarlo es la utilización de un linealizador tipo limitador suave. El linealizador tipo limitador suave puede realizarse empleando una simple red de predistorsión, y a continuación un limitador de amplitud.

La fig. 7.36 muestra las características de transferencia entrada/salida de un solo AP TOP, un AP TOP con un linealizador simple de predistorsión y un AP TOP con linealizador tipo limitador suave. Las características de amplitud de un AP TOP con un linealizador tipo limitador suave son lineales hasta la saturación y tienen una envolvente constante más allá de la saturación. Muestra también un cambio de fase casi nulo, independientemente del punto de funcionamiento.

La fig. 7.37 indica la mejora de la relación portadora/intermodulación mediante el empleo de un AP TOP con linealizador tipo limitador suave, mientras que la fig. 7.38 muestra la mejora obtenida en el caso del espectro de salida de una señal MDP-4 de 120 Mbit/s.

Por tanto, la instalación de un linealizador en la entrada de un AP de estación terrena puede o bien permitir un aumento de la capacidad de tráfico (para un AP dado) o bien una reducción del tamaño del AP necesario (es decir, la potencia de saturación del tubo del AP).

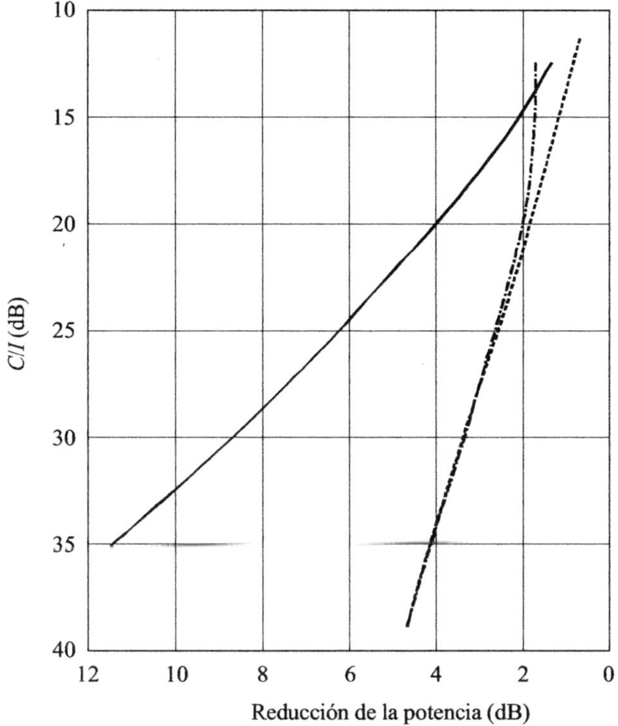

Portadoras de verificación: 6 100 y 6 150 MHz (intermodulación entre dos portadoras)

——————— AP TOP solo

—·—·—·—· AP TOP con linealizador

----------- AP TOP con linealizador tipo limitador suave   Sat/C7-37

FIGURA 7.37

Relaciones portadora/intermodulación de un AP TOP solo, un AP TOP con linealizador y un AP TOP con linealizador tipo limitador suave

7.4.6 Sistemas de acoplamiento de salida y combinadores

Pueden utilizarse tres tipos de sistemas de acopladores para conectar las salidas de varias cadenas de transmisión (es decir, varias portadoras RF) a la única puerta de entrada de antena (o, posiblemente, a cada una de las dos puertas de entrada en el caso de estaciones terrenas dotadas de reutilización de frecuencias por polarización doble), que son:

- sistemas de acoplamiento posterior a la amplificación de potencia;

- sistemas de acoplamiento anterior a la amplificación de potencia;

- sistemas de acoplamiento mixto.

A modo de aclaración preliminar, se muestra en la fig. 7.39 el caso sencillo de transmisión de una sola portadora con redundancia completa (1 + 1). Los conmutadores de entrada y salida en RF puede hacerse funcionar por separado o simultáneamente, según que se desee o no redundancia separada de los subsistemas de FI y RF.

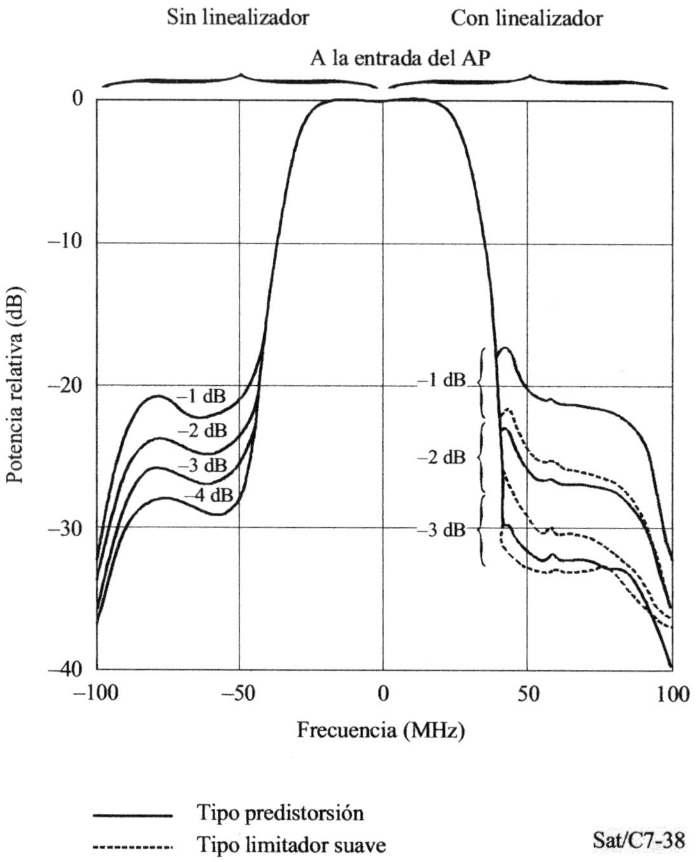

FIGURA 7.38

Ejemplo típico del espectro de salida de una señal MDP-4 de 120 Mbit/s en función de la reducción de la potencia de salida del AP de la estación terrena

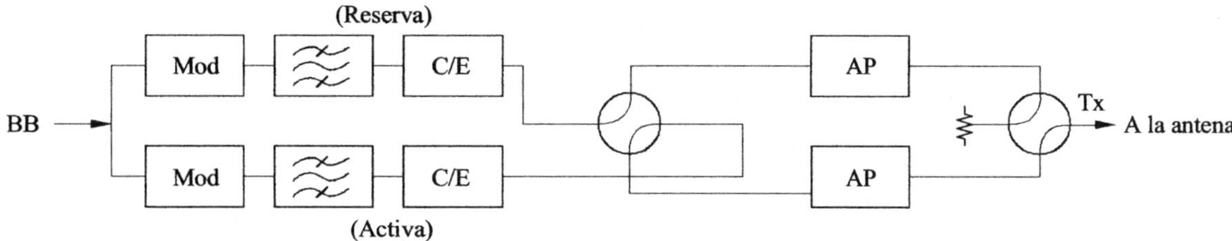

BB   : Señal de entrada de banda de base
Mod   : modulador
U/C   : Convertidor elevador
HPA   : Amplificador de potencia
Tx   : Portadora RF de transmisión

Sat/C7-39

FIGURA 7.39

Cadena de tranmisión de una portadora con redundancia (1+1)

7.4.6.1   Sistemas de acoplamiento tras la amplificación de alta potencia (sistemas post-AP)

En los sistemas post-AP cada portadora de transmisión RF se amplifica en un AP separado. Existen tantos AP (n) como portadoras de transmisión. Además, deben preverse m AP a fines de redundancia ($1 \leq m \leq n$). La fig. 7.40 muestra la configuración típica de un sistema post-AP con tres cadenas de transmisión totalmente redundantes (3 portadoras).

Las principales características del acoplamiento post-AP son las siguientes:

- no existe intermodulación entre portadoras. Por tanto, puede hacerse funcionar cada AP en (o cerca de) la saturación (naturalmente, en el caso de una portadora AMDT de banda ancha, debe preverse alguna reducción de potencia a la salida, como se explica en el apartado 7.4.5.2);

- la eficacia de potencia global es reducida por las pérdidas del sistema de acoplamiento de las salidas de alta potencia (combinador 1 y combinador 2 en la fig. 7.40);

- la anchura de banda del AP puede limitarse a la anchura de banda efectiva de la portadora RF que ha de transmitirse. Por esta razón, los amplificadores klistrón son la opción ordinaria en los sistemas post-AP, al menos en el caso de las portadoras MDF-MF-AMDF.

NOTA – En el caso de portadoras AMDT a gran velocidad binaria, no siempre existen klistrones con una anchura de banda suficiente (por ejemplo, 80 MHz para AMDT a 120 Mbit/s). Por tanto, se prefiere a menudo como AP un sólo amplificador TOP, que permite un funcionamiento con salto de frecuencia (es decir, varía la frecuencia portadora entre las ráfagas AMDT).

Pueden utilizarse dos tipos de combinadores de alta potencia para acoplar los AP a la antena:

i)   **Primer tipo: (combinador de acopladores híbrido).** Los combinadores del primer tipo se basan en circuitos de microondas convencionales de banda ancha tales como el acoplador de 3 dB, la T mágica, etc. Por ejemplo, el combinador 2 de la fig. 7.40 es un simple acoplador de 3 dB, que realiza un acoplamiento igual de las portadoras transmisión 2 y transmisión 3 con una pérdida intrínseca de 3 dB (que se disipa en una carga pasiva RF). En la fig. 7.41 se representa un combinador más complejo que proporciona una relación de acoplamiento ajustable. Este combinador permite una selección óptima de la configuración del sistema global y de la potencia de cada uno de los AP.

El combinador 1 de la fig. 7.40 es un combinador de relación ajustable, que proporciona un factor de acoplamiento de -4,78 dB (1/3) de transmisión 1 a la antena y un factor de acoplamiento de −1,77 dB (2/3) de combinador 2 a la antena (es decir, acoplamiento 1/3 para cada una de las portadoras transmisión 2 y transmisión 3). También esta vez, la mitad de la potencia RF total se disipa en la carga pasiva de la cuarta puerta.

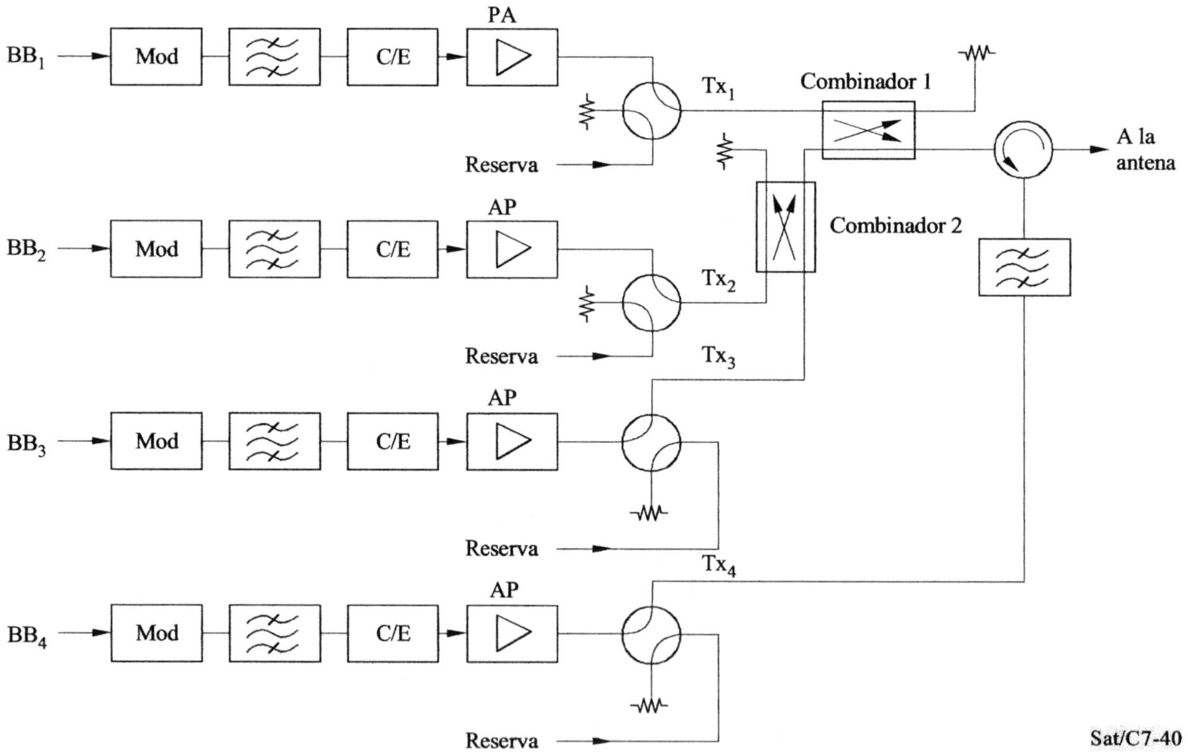

FIGURA 7.40

Acoplamiento post-AP con combinadores del primer tipo (híbridos)
y del segundo tipo (de filtro)

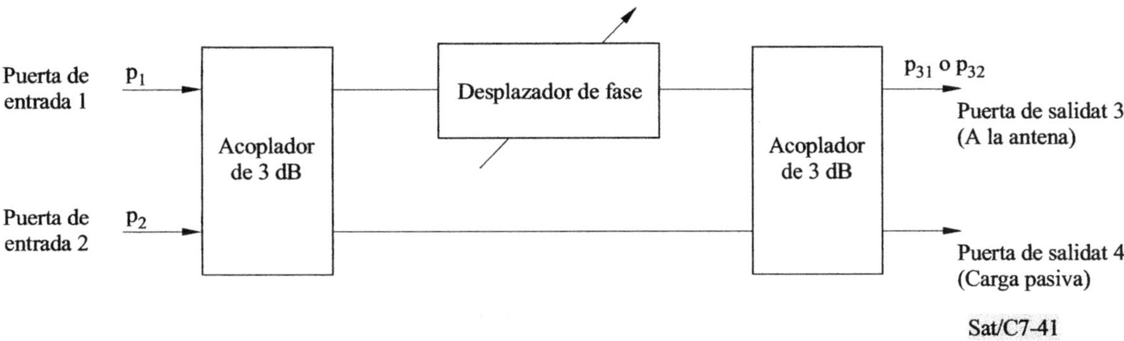

FIGURA 7.41

Combinador de relación ajustable

ii)   Segundo tipo: (combinador de filtros). El combinador del primer tipo se basa en una combinación de circuitos "híbridos" de microondas que es independiente de la frecuencia (en la banda de funcionamiento), pero que acarrea una pérdida en la cuarta puerta "en reposo". El combinador del segundo tipo se basa en una combinación de filtros de microondas que aprovecha la diferencia de frecuencia de los diversos canales de transmisión para conectarlos con bajas pérdidas a la puerta de antena común. Las desventajas de la utilización de este segundo tipo de combinador son:

- falta de flexibilidad en el subconjunto de transmisión;

- restricciones en el plan de frecuencias de las portadoras de transmisión (bandas de frecuencias prohibidas en los puntos de cruce de las respuestas de los filtros);

- problemas de disipación térmica en las cavidades de microondas del filtro (o filtros); puede necesitarse refrigeración por ventilación forzada o incluso refrigeración por líquido.

La fig. 7.42 muestra dos disposiciones típicas de este tipo de combinador; en ambas disposiciones, una parte de la banda (por ejemplo, la anchura de banda de un transpondedor de satélite) se transmite a través del filtro (o filtros) y el resto de la banda es reflejado por el filtro (o filtros). La conexión del filtro (o filtros) a la antena se realiza con acopladores de 3 dB (fig. 7.42a)) o con un circulador de ferrita (fig. 7.42b)).

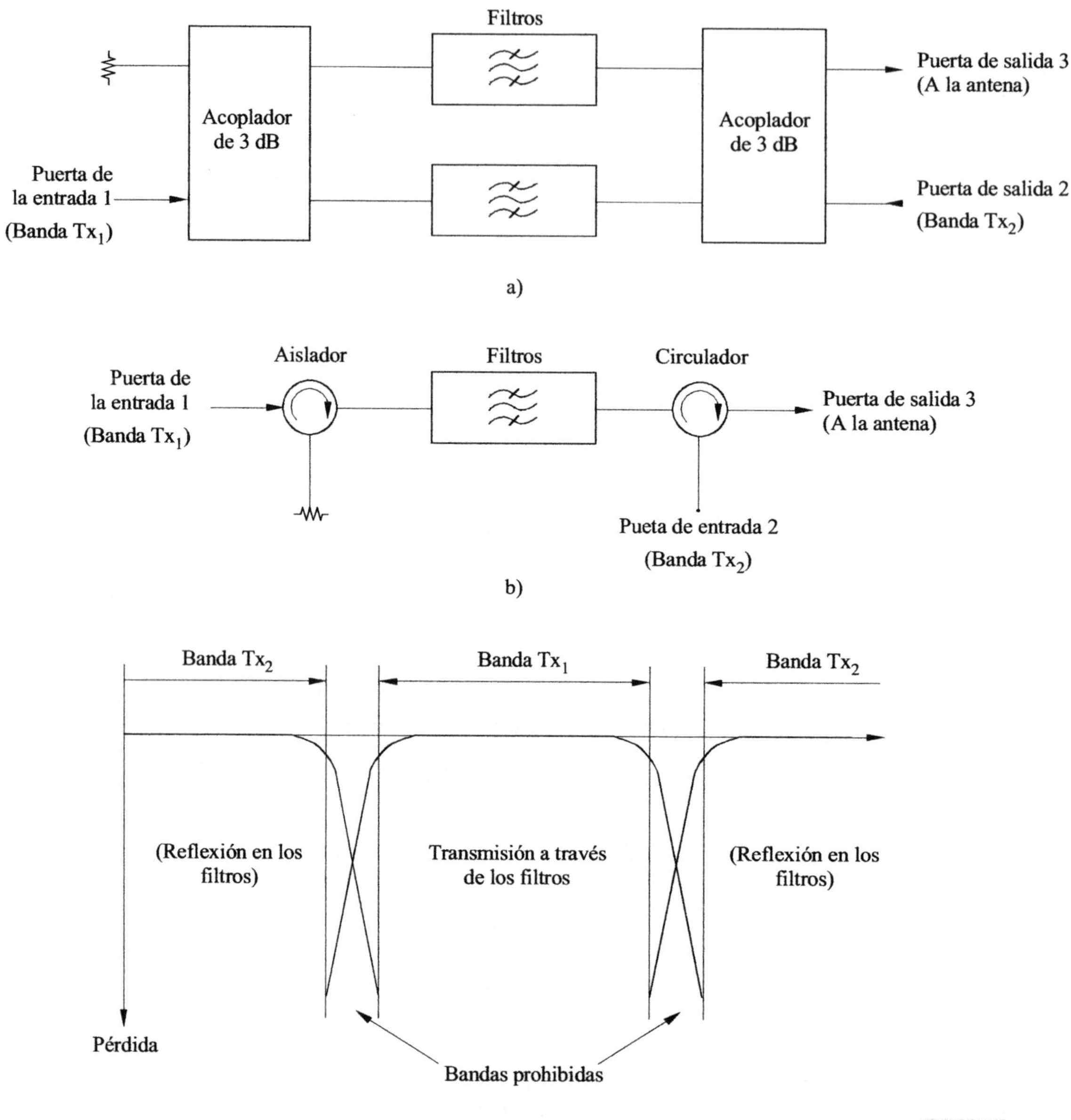

FIGURA 7.42

Combinadores de filtros

Obsérvese que, cuando se compara al combinador del primer tipo, no existe pérdida intrínseca de potencia en la carga de la cuarta puerta, que es sólo una carga de adaptación para absorber las reflexiones residuales.

Los combinadores de este tipo se denominan también diplexores, pues acoplan dos portadoras RF de diferentes frecuencias a una sola puerta. Esta disposición puede generalizarse poniendo en cascada múltiples diplexores para formar un multiplexor de n-ésimo orden con n posibles portadoras de entrada de n frecuencias diferentes (Tx_1, Tx_2, ... Tx_n). Se han desarrollado multiplexores muy eficaces que utilizan filtros de cavidades acopladas y que se caracterizan por tener bajas pérdidas dentro de la banda baja y bandas prohibidas muy estrechas. Podrían utilizarse, por ejemplo, para acoplar 12 AP klistrón que funcionen en las 12 anchuras de banda contiguas de 40 MHz del transpondedor del satélite. Sin embargo, para esta disposición se necesitan combinadores de filtros muy sofisticados y costosos. El sistema presentado en la fig. 7.43 ofrece las mismas posibilidades con combinadores de filtros menos complejos. En este sistema, los canales de transmisión de orden par y de orden impar se acoplan primero separadamente mediante una cascada de combinadores de filtros, y se acoplan luego a la antena mediante un combinador del primer tipo (híbrido, con una pérdida de 3 dB). En este caso, los combinadores de filtros son más sencillos, ya que se evitan las bandas de paso contiguas con bandas prohibidas estrechas. Debería señalarse, sin embargo, que todos estos sistemas de acoplamiento de múltiples canales que utilizan los combinadores (de filtros) del segundo tipo carecen de flexibilidad operacional, y pueden ser difíciles de realizar para las diversas anchuras de banda de transpondedor empleadas en el satélite.

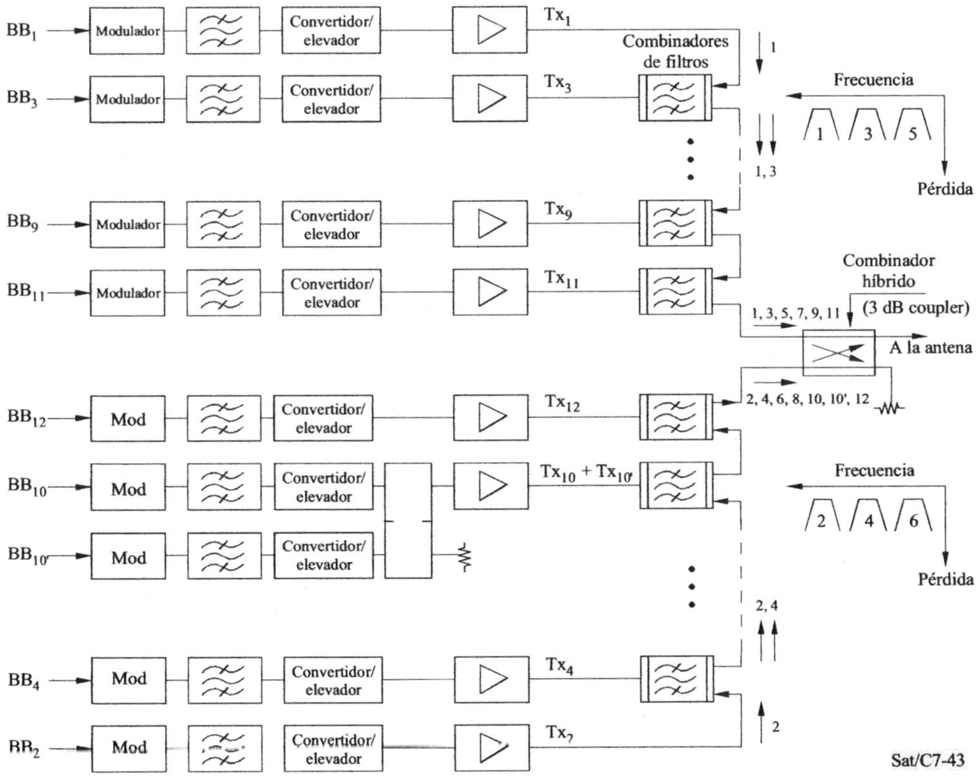

FIGURA 7.43

Sistema de acoplamiento post-AP de hasta 12 canales de transmissión que
utilizacombinadores del primer tipo (híbridos) y del segundo tipo (de filtros)
(No se representan las cadenas de reserva ni los AP)

En la fig. 7.40 se muestra otro sistema típico y bastante sencillo que utiliza combinadores del primero y del segundo tipo. Puede utilizarse esta disposición, por ejemplo, para acoplar una portadora TV (Tx 4) además de las portadoras de mensajes (Tx 1, 2, 3). Si la transmisión TV es sólo ocasional, la cadena de transmisión 4 puede también utilizarse como cadena de reserva común para las otras tres cadenas (utilizando un sistema adecuado de conmutadores suplementarios). Se obtiene así un esquema de redundancia (3 + 1) eficaz y económico.

7.4.6.2   Sistemas de acoplamiento previos a la amplificación de potencia (sistemas pre-AP)

En los sistemas pre-AP, las diversas portadoras de transmisión RF se amplifican en un AP TOP de banda ancha común .

Las principales características del acoplamiento pre-AP son las siguientes:

- debido a la transmisión simultánea de varias portadoras, el AP debe "sobredimensionarse", es decir, debe poder funcionar con una reducción de potencia considerable respecto a saturación a fin de mantener los productos de intermodulación dentro de sus límites especificados. Esto da lugar a una pérdida de rendimiento del sistema AP (de aproximadamente 7 dB a 10 dB) (véase el apartado 7.4.5 i)). Sin embargo, como las portadoras de transmisión se combinan antes de la amplificación, no existen pérdidas efectivas en los combinadores;

- el acoplamiento pre-AP permite a los operadores una gran flexibilidad al realizar modificaciones. Por ejemplo, se puede ampliar el número de entradas al AP. Debe señalarse que es práctica corriente en las estaciones terrenas grandes situar el equipo de cadenas de transmisión y los AP en el edificio central y en el edificio de la antena, respectivamente, conectándolos mediante un enlace de guiaondas interfacilidades.

7.4.6.3   Sistemas de acoplamiento mixto

Se utilizan a menudo configuraciones mixtas de subconjuntos de transmisión, en que se emplean sistemas de acoplamiento tanto post-AP como pre-AP. En la fig. 7.43 se muestra un ejemplo muy sencillo de sistema post-AP, en el que tienen que transmitirse dos portadoras diferentes (Tx 10 y Tx 10') en la banda de frecuencias del mismo transpondedor de satélite. Por esa razón se dispone un combinador del primer tipo (híbrido) antes de la amplificación común en el AP N° 10.

7.4.6.4   Comparación entre sistemas de acoplamiento y combinadores

El cuadro 7.9 incluye una comparación general simplificada de las ventajas e inconvenientes de los sistemas de acoplamiento y combinadores antes descritos. No se incluyen en el cuadro las configuraciones mixtas de sistemas y tipos de combinadores.

CUADRO 7.9

Comparación entre sistemas de acoplamiento y combinadores

Sistema de acoplamiento	Combinadores	Ventajas		Inconvenientes
Post-AP	Acopladores híbridos	• Plena potencia de AP (sin productos de intermodulación) • Canales de banda estrecha (se permiten AP klistrón más económicos)	Buena flexibilidad del funcionamiento	Altas pérdidas intrínsecas
	Combinadores de filtros		Bajas pérdidas intrínsecas	• Poca flexibilidad de funcionamiento • Posibles bandas de frecuencia prohibidas • Problemas de disipación térmica
Pre-AP	Combinadores de baja potencia (por ejemplo, híbridos)	• No hay pérdidas de combinador • Buena flexibilidad de funcionamiento (ampliable[1]) • Un solo AP		• El AP debe hacerse funcionar con suficiente reducción de potencia respecto a saturación (intermodulación) • Alto costo de los AP de TOP
[1] Las ampliaciones vienen limitadas por la máxima potencia disponible del AP.				

7.5 El equipo de comunicaciones (Consideraciones generales y componentes analógicos)

7.5.1 Consideraciones generales

El equipo de comunicaciones (denominado también equipo de comunicaciones en tierra, (GCE , *Ground Communications Equipment*)), ilustrado en el diagrama de bloques general de la estación terrena (véase el apartado 7.1.1), comprende las unidades funcionales que convierten la señal de banda base en una portadora RF modulada (en transmisión) y viceversa (en recepción). Este diagrama de bloques sirve tanto para comunicaciones digitales como analógicas. Aunque este apartado 7.5.1 esté orientado principalmente a equipos analógicos, algunas de las consideraciones mencionadas a continuación pueden aplicarse también a equipos de comunicaciones digitales. Este es también el caso del apartado 7.5.2 que describe los convertidores de frecuencia. Sin embargo, los equipos de comunicaciones digitales se tratan específicamente en el apartado 7.6.

La señal de banda base puede ser:

- un solo canal telefónico (es decir, una señal analógica de 300 Hz a 3,4 kHz) en el caso de los sistemas de un solo canal por portadora (SCPC);

- una señal MDF (múltiplex por división de frecuencia) (por ejemplo: un conjunto de 72 canales, es decir, un grupo primario más un grupo secundario, que se extiende de 12 a 300 kHz);

- una señal de televisión integrada por una señal de vídeo (por ejemplo, una señal de 6 MHz de anchura de banda) y uno o varios canales de audio (sonido) asociados.

El equipo de comunicaciones en tierra tiene interfaz con:

- el equipo de multiplexación/demultiplexación (MUX), si lo hubiere, o el punto de conexión con el equipo terrenal; y

- el sistema AP (para transmisión GCE) y el sistema amplificador de bajo nivel de ruido (LNA) (para recepción GCE).

Las funciones principales del GCE se indican a continuación:

Transmisión

i)   Proporcionar la preacentuación y la dispersión de energía en RF de la señal de banda base RF, y añadir una señal piloto de 60 kHz a las señales telefónicas MDF (equipo de banda base de transmisión).

ii)   Convertir la señal de banda base en una señal modulada en frecuencia (MF) a una frecuencia intermedia (FI) de 70 MHz por ejemplo (modulador MF).

iii)   Filtrar la señal FI y proporcionar la ecualización del retardo de grupo de todo el trayecto de transmisión (incluido los equipos de estación terrena y el transpondedor de satélite).

iv)   Convertir la señal FI en una señal RF (por ejemplo, a 6 GHz) (convertidor elevador de frecuencia).

v)   Conmutar y combinar las señales RF y enviarlas al AP (combinador de entradas del AP).

Recepción

vi)   Separar y conmutar las señales RF (por ejemplo, a 4 GHz) procedentes del LNA (o del divisor de salida del LNA).

vii)   Convertir las señales RF en una señal FI (convertidor reductor de frecuencias).

viii)   Filtrar la señal FI y proporcionar la ecualización del retardo de grupo del equipo receptor de la estación terrena.

ix)   Demodular la señal FI pasándola a banda base (demodulador).

x)   Suprimir la acentuación (desacentuación) y la dispersión de energía de la señal de banda base recibida, detectar la señal piloto de 60 kHz en la señal telefónica MDF y los impulsos de sincronización de la señal de vídeo TV, y reducir el ruido de fondo del GCE mediante la supervisión del ruido fuera de banda (equipo de banda base en recepción).

En el apartado 7.5.2 se describe el equipo de conversión de frecuencia (convertidores elevadores y reductores), que es prácticamente el mismo con cualquier método de modulación.

En los apartados 7.5.3 y 7.5.5 se describe el equipo de modulación de frecuencia (MF) (modulador, demodulador y equipo de banda base auxiliar). La MF es el método de modulación más utilizado normalmente en los sistemas de telecomunicaciones por satélite.

La utilización de técnicas de compansión (canal por canal) puede ser necesaria para mejorar la calidad (subjetiva) (relación señal/ruido) del enlace por satélite. Los compansores se utilizan corrientemente en los enlaces BLU y SCPC-MF y pueden aplicarse también a los enlaces MDF-MF (apartado 7.5.3.6).

7.5.2   Los convertidores de frecuencia

7.5.2.1   Descripción general y características

Los convertidores elevadores traducen las señales de FI a RF, por ejemplo, a la banda de 6 GHz o de 14 GHz. A la inversa, los convertidores reductores traducen la señal de RF, por ejemplo, de 4 GHz u 11-12 GHz a señales de FI, que suelen estar en las frecuencias intermedias convencionales de 70 MHz ó 140 MHz. La frecuencia de 70 MHz se utiliza para anchuras de banda de hasta 36 MHz y la de 140 MHz para anchuras de banda de hasta 72 MHz.

Para grandes anchuras de banda de RF, por ejemplo 500 MHz, se utilizan conversores dobles para mejorar el rechazo de la frecuencia imagen, es decir, la frecuencia de la señal que es simétrica respecto a la del oscilador local.

Los convertidores elevadores y reductores de frecuencia suelen consistir en:

*   un filtro RF;

*   uno o dos mezcladores en cascada, dependiendo de si el convertidor utiliza conversión de frecuencia simple o doble (véase el apartado 7.5.2.2);

*   uno o dos osciladores locales (OL);

*   el amplificador (o amplificadores) de FI, acaso con control automático de ganancia;

*   los filtros FI;

*   el ecualizador (o ecualizadores) de retardo de grupo.

A continuación se relacionan las principales características de los convertidores elevadores y reductores de frecuencia:

i)   Anchura de banda

Deberán considerarse tres anchuras de banda:

*   la anchura de banda de RF, que define la capacidad del convertidor para cubrir la banda de funcionamiento de RF, es decir, para transmitir (o recibir), mediante el ajuste de la frecuencia del oscilador local, las diversas frecuencias portadoras que pueden utilizarse en el sistema de telecomunicaciones por satélite;

- la anchura de banda total de FI, que define la capacidad del convertidor para cubrir todas las anchuras de banda de las diversas portadoras que pueden transmitirse en el sistema de telecomunicaciones por satélite; como ejemplo típico, en el cuadro 7.10 se indican las diversas portadoras MDF-MF de los sistemas INTELSAT-V (y también VA y VI);

- la anchura de banda instantánea de FI: esta anchura de banda depende del número de canales (véase, como ejemplo, la columna 2 del cuadro 7.10 para MDF-MF). El componente que restringe la anchura de banda de una portadora determinada es el filtro pasobanda de FI, cuyas características son especificadas (por ejemplo, por INTELSAT) para la unidad de anchura de banda de cada capacidad portadora (véase el apartado 7.5.3.2).

ii)   Agilidad de frecuencia

A menudo se altera el plan de frecuencias y la capacidad de los canales cuando el tráfico a través del satélite varía y aumenta. Los convertidores elevadores y reductores ajustables en frecuencia en toda la anchura de banda RF son de gran importancia para facilitar estos cambios. Se utilizan filtros de microondas de frecuencia variable y osciladores locales sintetizadores de frecuencia para satisfacer las necesidades de cambios de frecuencia. Como se explica más adelante, esta capacidad de cambiar las frecuencias portadoras RF es decir, lo que se ha denominado agilidad de frecuencias, se mejora mediante la utilización de convertidores elevadores y reductores de doble conversión.

CUADRO 7.10

Portadoras MDF-MF de los satélites INTELSAT-V, VA y VI

Unidad de anchura de banda de la portadora (MHz)	Número de canales
1,25	12
2,5	24, 36, 48, 60, 72
5,0	60, 72, 96, 132, 192
7,5	96, 132, 192, 252
10,0	132, 192, 252, 312
15,0	252, 312, 372, 432, 492
17,5	312, 372, 432
20,0	432, 492, 552, 612, 792
25,0	432, 492, 552, 612, 792, 973
36,0	792, 972

iii) Ecualización

La respuesta amplitud-frecuencia y el retardo de grupo de las secciones de transmisión y recepción de las estaciones terrenas se ecualizan en sus respectivas secciones FI. El retardo de grupo de los transpondedores de satélite suele ecualizarse en la sección FI del convertidor elevador (véase el apartado 7.5.3.2).

iv) Linealidad

En los sistemas SCPC, varias portadoras son convertidas en frecuencia por un convertidor elevador o reductor, pudiendo aparecer intermodulación entre las portadoras. En la sección de transmisión es necesario mantener estos productos de intermodulación no deseados en un nivel despreciable frente a los del AP; por tanto, el convertidor elevador debe tener una buena linealidad y un punto de intercepción suficientemente alto. Para una portadora de muchos canales, se necesita también una linealidad adecuada a fin de disminuir el ruido de distorsión causado por la componente parabólica del ecualizador de retardo de grupo para todo el sistema en el de FI y la conversión MA/MP que puede producirse en el convertidor.

NOTA – El apartado 7.4 contiene la definición del punto de intercepción.

v) Tolerancia de frecuencia de la portadora

La tolerancia de frecuencia (es decir, la incertidumbre máxima del ajuste de frecuencia inicial más la deriva a largo plazo) para la transmisión de portadoras MDF-MF se especifica (en el sistema INTELSAT) entre ± 40 kHz (portadoras de 1,25 MHz) y ± 150 kHz. La tolerancia es ± 250 kHz para portadoras de televisión. Sin embargo, la tolerancia de frecuencia para la transmisión de portadoras SCPC (incluido el sistema SPADE) es mucho más estricta, a saber, ± 250 Hz. A fin de conseguir esta última tolerancia, el oscilador local utiliza un cristal con una estabilidad del orden de 10^{-8}.

7.5.2.2 Conversión de frecuencia simple y doble

En la fig. 7.44 se muestran los diagramas de bloques de los tres tipos de convertidores más comunes:

a)   es un convertidor reductor de una sola frecuencia. Se trata de un equipo muy sencillo, resistente y económico. El cambio de frecuencia en la banda RF de funcionamiento requiere, no sólo sintonizar la frecuencia RF del oscilador local, sino también ajustar mecánicamente el filtro pasobanda de microondas de banda estrecha. En este convertidor elevador, la señal FI se mezcla con la frecuencia del oscilador local, que está 70 MHz por debajo de la frecuencia de salida, y la convierte en la señal RF requerida. En la sección RF hay un filtro pasobanda con una anchura de banda de 40 MHz (frecuencia central ± 20 MHz) y un filtro de rechazo para suprimir cualquier fuga de frecuencia del oscilador local (por debajo de una p.i.r.e. transmitida de +4 dBW). A fin de facilitar el cambio de frecuencia en este tipo de convertidor, los filtros de microondas deben tener una construcción mecánica especial.

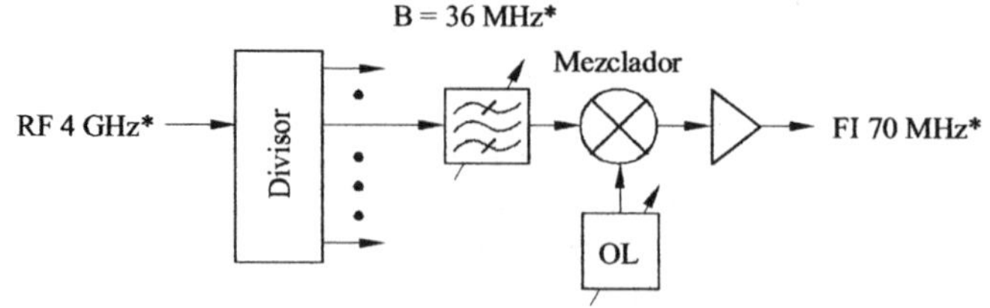

a) Una sola conversión de frecuencia

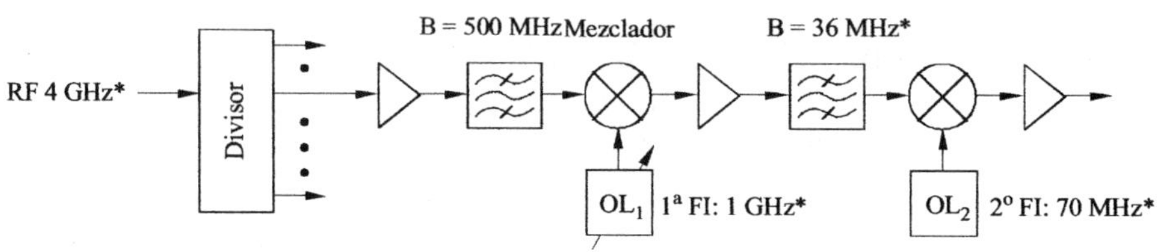

b) Doble conversión de frecuencia (primer tipo)

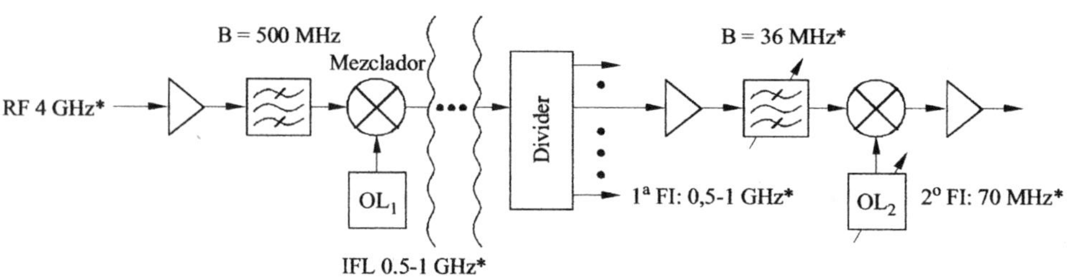

c) Doble conversión de frecuencia (segundo tipo)

OL: Oscilador local
IFL: Enlace interfacilidades
*valores dados como ejemplo

Los diagramas de bloques del convertidor elevador serían semejantes. No están representados el
filtro pasobanda de FI (por ejemplo 70 MHz) ni el ecualizador de retardo.   Sat/C7-44

FIGURA 7.44

Diagramas de bloques del convertidor reductor

b)   es un conversor reductor de doble conversión de frecuencia. Este tipo de convertidor se
caracteriza por su alta agilidad de frecuencia, puesto que la sintonización del primer oscilador local
(oscilador RF) es suficiente para cambiar la radiofrecuencia en toda la banda RF de funcionamiento
(es decir, 500 MHz). Los dos osciladores locales pueden derivarse a partir del mismo oscilador
piloto. Este tipo de convertidor es el más utilizado en las modernas estaciones terrenas. En este
convertidor reductor, la señal de entrada en recepción de 4 GHz pasa a través de un filtro de
microondas con una anchura de banda de 500 MHz, entra en un mezclador donde se combina con la
frecuencia del primer oscilador local (variable) y se traslada a la primera frecuencia intermedia. La
señal de la primera FI pasa a un filtro pasobanda de 40 MHz de anchura de banda y se convierte en
una señal de 70 MHz en el segundo mezclador (segundo oscilador local de frecuencia fija). En esta
configuración, al hacer la primera FI mayor que la anchura de banda RF (500 MHz) se evitan
señales imágenes y emisiones no esenciales (en el caso de los convertidores elevadores). La primera

FI está por lo general en el intervalo de 800 MHz a 1,7 GHz. La frecuencia puede cambiarse a la banda de 500 MHz, con sólo cambiar la primera frecuencia local, sin reajustar ningún filtro. En consecuencia, este tipo de convertidor es muy interesante combinado con un sintetizador de frecuencia, y satisface los requisitos de un cambio de frecuencia rápido y el control de frecuencia a distancia. Es también eficaz como unidad de reserva única para varios convertidores.

c)   es un segundo tipo de conversor reductor de doble conversión. No tiene la misma agilidad de frecuencia que el tipo anterior. La frecuencia del canal RF se cambia de la misma manera que en el caso de un solo convertidor a). Sin embargo, los filtros ajustables y el divisor (o combinador de un convertidor elevador) son más sencillos puesto que funcionan a una frecuencia más baja (por ejemplo, 1 GHz). Esta solución permite una configuración de equipo muy simple y eficaz en recepción; la sección RF (incluidos el filtro de banda ancha de microondas y el primer mezclador) pueden combinarse con el LNA, y conectarse directamente al puerto de recepción de la antena. Los canales de recepción pueden conectarse además mediante un cable coaxial (por ejemplo, a 1 GHz) al divisor (distante) y a las diversas cadenas de recepción.

7.5.2.3 Los osciladores locales

Los osciladores locales utilizados en los convertidores pueden ser controlados por un oscilador piloto a cristal o por un sintetizador de frecuencias. En el primer caso, el cambio de frecuencia requiere la sustitución del cristal (o la conmutación entre varios cristales). En el segundo caso, el cambio de frecuencia puede efectuarse muy sencillamente mediante dispositivos manuales o incluso por control a distancia.

La estabilidad de frecuencia requerida (a largo plazo) puede variar de unos $\pm 10^{-5}$ (MDF-MF y TV) a $\pm 3 \cdot 10^{-8}$ (SCPC).

Los osciladores locales deben tener un nivel bajo de ruido de fase en frecuencias de banda base para cumplir los requisitos generales de ruido de los equipos de estación terrena (véase el apartado 7.5.3.1). Debe señalarse que los requisitos tanto de ruido de fase como de estabilidad de frecuencia son especialmente estrictos en el caso de la transmisión y recepción de sistemas SCPC. En este caso deben utilizarse osciladores controlados por cristal o sintetizadores de frecuencias de alta calidad.

7.5.3 Los equipos MDF-MF

7.5.3.1 Introducción

En el cuadro AN2-1 del anexo 2 se enumeran, como ejemplo típico, los parámetros de transmisión de algunas portadoras telefónicas MDF-MF del sistema INTELSAT. Estos parámetros se han seleccionado para garantizar la calidad de transmisión que resulta de la aplicación de la Recomendación 353, con la condición adicional de que el ruido del equipo de la estación terrena está también incluido en el ruido total del enlace. Más precisamente, el requisito principal de la Recomendación 353 es que el ruido total de los sistemas no debe exceder de 10 000 pW0p en determinadas condiciones. Esto es equivalente a una relación mínima señal/ruido ponderado de 50 dB. El ruido total de 10 000 pW0p, según las especificaciones de INTELSAT, se reparte como sigue:

ruido del enlace: 8 000 pW0p

interferencia terrenal: 1 000 pW0p

estación terrena: 1 000 pW0p

Esto significa que:

i)   Se asigna un ruido del enlace de 8 000 pW0p a las siguientes fuentes:

- ruido térmico de los trayectos ascendente y descendente,

- ruido de intermodulación del transpondedor del satélite,

- interferencia cocanal dentro del satélite en funcionamiento,

- interferencia procedente de redes de satélite adyacentes,

- emisiones no deseadas procedentes de otras estaciones terrenas, en particular intermodulación multiportadora (para la que se reservan 500 pW0p).

El cálculo de las dos primeras contribuciones de ruido se explica en el apartado [..]. El cálculo del ruido de interferencia de redes de satélite adyacentes (y también de las redes terrenales) se explica en el capítulo 6.

ii)   Se asigna un ruido de 1 000 pW0p a los equipos de estación terrena propiamente dichos. La especificación de INTELSAT propone el siguiente reparto de este ruido de 1 000 pW0p como orientación para los proyectistas de equipos:

- ruido del transmisor de la estación terrena (excluido el ruido de intermodulación multiportadora y del retardo de grupo):   250 pW0p

- ruido debido al retardo de grupo total del sistema después de la ecualización por los ecualizadores de retardo de grupo de la estación terrena:

    - cadena de transmisión: 200 pW0p

    - retardo de grupo intrínseco del satélite: 100 pW0p

    - cadena de recepción: 200 pW0p

- otros ruidos en recepción de la estación terrena (excluido el ruido térmico):   250 pW0p

                                          ____
                          Total: 1 000 pW0p

En las figs. 7.45 y 7.46 se muestran los diagramas de bloques de la cadena de transmisión (equipo de banda base y modulador) y de la cadena de recepción (demodulador y equipo de banda base) de una estación terrena típica para telefonía. Las principales funciones y equipos se describen en los apartados siguientes.

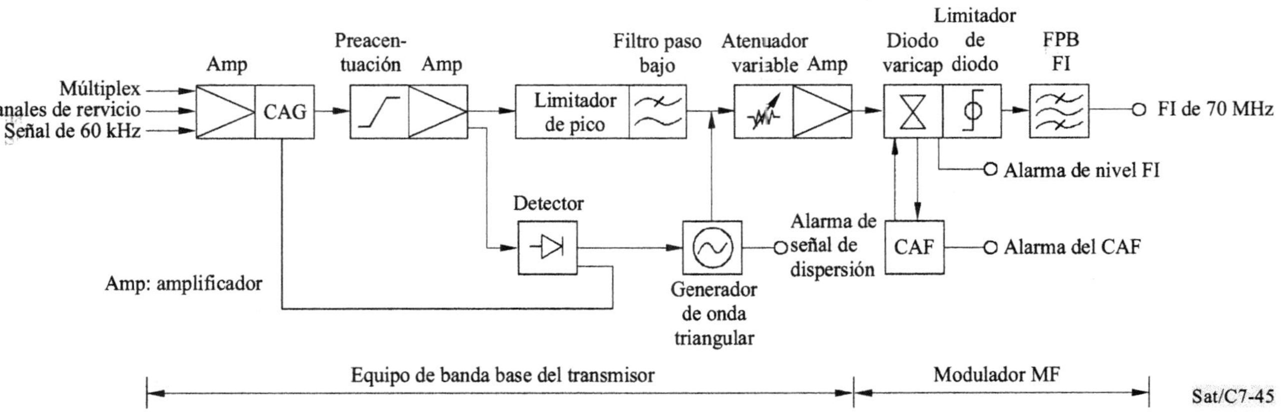

FIGURA 7.45
Equipo de banda base y modulador MF del transmisor

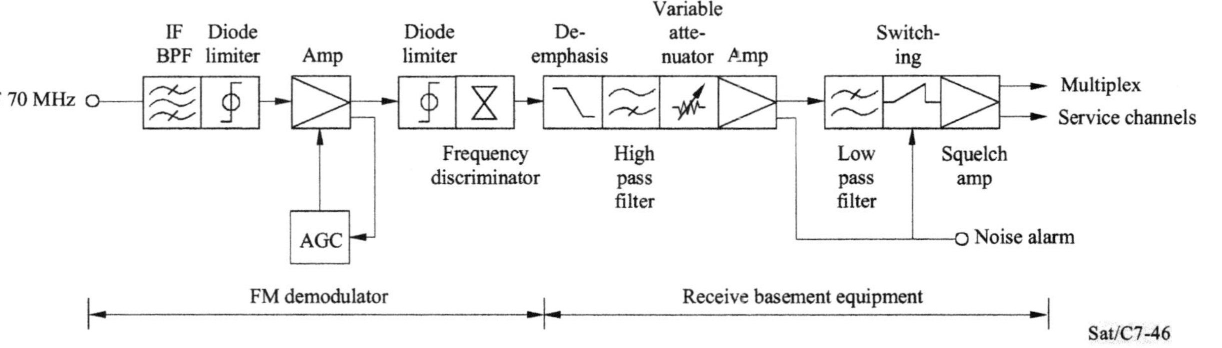

FIGURA 7.46
Equipo de banda base y demodulador de frecuencia del receptor

7.5.3.2   Filtrado y ecualización de la FI

El filtrado de la FI y la ecualización del retardo de grupo en los equipos de transmisión y recepción de la estación terrena deben cumplir las especificaciones del sistema de telecomunicaciones. Como ilustración, en la fig. 7.47 y en los cuadros asociados se indican las especificaciones de INTELSAT para algunas portadoras típicas de telefonía (y también de televisión).

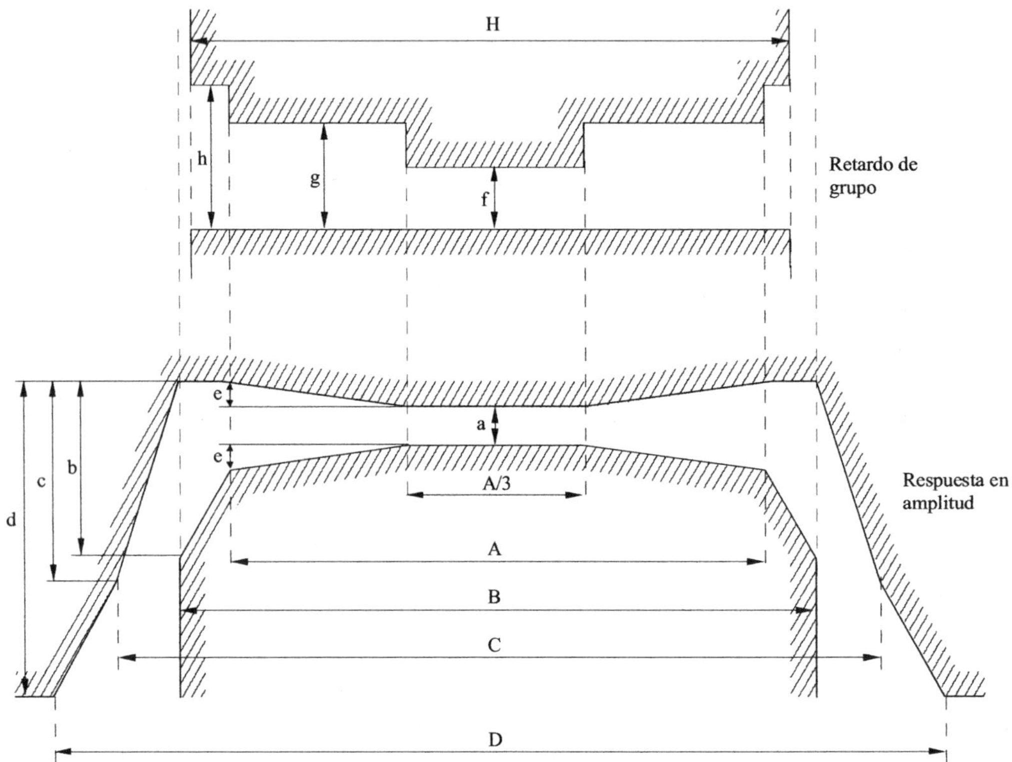

Unidad de anchura de banda de la portadora (MHz)	A (MHz)	H (MHz)	f (ns)	g (ns)	h (ns)
1,25	0,9	1,13	24	24	30
2,5	1,8	2,1	16	16	20
5,0	3,6	4,1	12	12	20
10,0	7,2	8,3	9	9	18
20,0	14,4	16,6	4	5	15
Vídeo	12,6	14,2	6	6	15
Vídeo	24,0	30,0	5	5	15

a) Características de retardo de grupo de los equipos transmisor y receptor

Unidad de anchura de banda de la portadora (MHz)	A (MHz)	B (MHz)	C (MHz)	D (MHz)	a (dB)	b (dB)	c (dB)	d (dB)	e (dB)
1,25	0,9	1,13	1,50	4,0	0,7	1,5	3,0	25	0,0
2,5	1,8	2,25	2,75	8,0	0,7	1,5	2,5	25	0,0
5,0	3,6	4,50	5,25	13,0	0,5	2,0	3,0	25	0,0
10,0	7,2	9,00	10,25	19,0	0,3	2,5	5,0	25	0,1
20,0	14,4	18,00	20,50	28,0	0,3	2,5	7,5	25	0,1
Vídeo	12,6	15,75	18,00	26,5	0,3	2,5	6,5	25	0,1
Vídeo	24,0	30,00	-	-	2,5	2,5	-	-	0,3

b) Característica ganancia/frecuencia de los equipos transmisor y receptor

Sat/C7-47

FIGURA 7.47

Ejemplos típicos de la especificaciones de INTELSAT para el filtrado y la ecualización del retardo de grupo

Por lo general, es conveniente un filtro de Butterworth o de Chebyshev de 7 polos para ajustarse a estas plantillas de amplitud/frecuencia de INTELSAT.

Estos filtros suelen exigir inductancias y condensadores de bajas pérdidas. Esto se debe, especialmente en las anchuras de banda pequeñas, a que los valores de Q_g sin carga deben ser altos ($\sim$400).

Pueden utilizarse dos métodos para satisfacer los requisitos de la plantilla de retardo de grupo/frecuencia de INTELSAT:

*   un ecualizador de retardo de grupo independiente;
*   un filtro autoecualizado, con un número mayor de componentes L-C; en este caso, puede mitigarse la restricción de la Q sin carga, porque la pérdida correspondiente es prácticamente independiente de la frecuencia.

Los ecualizadores de retardo de grupo se emplean para ecualizar la variación del retardo de grupo de:

*   los filtros FI (del transmisor y del receptor);
*   otros filtros, tales como los de RF, los de filtrado de señales no esenciales los amplificadores, etc.;
*   el transpondedor del satélite.

Suele ser más conveniente utilizar un ecualizador de retorno de grupo independiente para cada uno de estos tres elementos.

La ecualización de retardo de grupo se obtiene utilizando filtros pasa-todo.

7.5.3.3 Modulación

Las técnicas de modulación MF están descritas en el Capítulo 4 (apartado 4.1.2).

7.5.3.4 Demodulación

Las técnicas de demodulación MF están descritas en el Capítulo 4 (apartado 4.1.3).

7.5.3.5 Otras funciones

i) Preacentuación/desacentuación

Después de la demodulación, la característica parabólica de la densidad espectral de ruido en función de la frecuencia en banda base degradaría la calidad de recepción (S/N) de los canales telefónicos más altos de la banda base en comparación con los más bajos. Esta asimetría se compensa utilizando un filtro de transmisión de banda base especial (red de preacentuación), cuya característica es tal que, alrededor de una frecuencia neutral, la amplitud relativa (en dB) de la señal de salida es positiva en altas frecuencias y negativa en bajas frecuencias. En recepción, un filtro de desacentuación presenta una característica simétrica inversa. Por tanto, se recupera la amplitud relativa de la señal, mientras que el ruido es más atenuado en las frecuencias altas de la banda base. En la Recomendación 464 se especifica la característica del filtro de preacentuación para telefonía múltiplex. Con este proceso se obtiene una mejora efectiva de S/N de unos 4 dB.

ii)   Dispersión de la energía en RF

Cuando no se aplica señal de modulación o se aplica una señal muy pequeña, la energía se concentra en la frecuencia portadora y puede causarse interferencia a otros sistemas terrenales y de satélite. Asimismo, los productos de intermodulación multiportadora se hacen excesivos en los tipos de amplificadores utilizados normalmente.

Para reducir estos efectos y cumplir las Recomendaciones 446 y 524, se añade una onda triangular de baja frecuencia a la señal en banda base antes del modulador MF.

El nivel de la onda triangular se fija entre los límites siguientes:

- límite inferior: controla la densidad de energía máxima de la portadora por 4 kHz a un nivel 2 dB por encima (1,58 veces) de la densidad de energía máxima a plena carga de canales telefónicos;

- límite superior: viene determinado por el ruido de distorsión del canal y la interferencia en los canales adyacentes. Esto suele hacer que la energía de la portadora por 4 kHz sea igual a la densidad de energía máxima a plena carga de canales telefónicos.

En la práctica, el equipo de banda base de transmisión detecta el valor r.m.s. de la señal telefónica MDF de entrada y, de acuerdo con este valor, controla la amplitud de la onda triangular de manera que la densidad de energía cumpla las condiciones indicadas anteriormente. Esta onda triangular atraviesa entonces un filtro paso bajo y se añade a la señal de banda base.

En el receptor hay un circuito (por ejemplo, un filtro paso bajo) para suprimir la modulación adicional de la señal de dispersión de energía.

iii)   Supervisión de la transmisión de las portadoras

A fin de supervisar de manera automática el funcionamiento de los equipos en los sistemas de telecomunicaciones por satélite, se supervisa continuamente una señal piloto y el ruido. Se añade una señal piloto de 60 kHz a la banda base en el equipo de transmisión y se supervisa en el equipo de banda base en recepción. Para supervisar los cambios de ruido del circuito, se mide el nivel de ruido a una frecuencia 1,1 veces la frecuencia superior de la banda base. Si el ruido excede del nivel correspondiente a un ruido de circuito de 50 000 pW0p (S/N = 43 dB), el sistema en funcionamiento se conmuta a reserva. Si el ruido excede del nivel correspondiente a 1 000 000 pW0p (S/N = 30 dB), se activa el circuito silenciador.

7.5.3.6   MDF-MF con compansión

Una forma de aumentar la capacidad de tráfico del transpondedor en los sistemas MDF-MF-AMDF es insertar un compansor en cada terminación del circuito telefónico, es decir, un compresor en la transmisión y un expansor en la recepción. Los compansores suelen instalarse en los locales de la central telefónica (y no en la estación terrena) estableciéndose enlaces terrenales MDF-MF con compansión entre la central telefónica y las estaciones terrenas.

La compansión permite reducir la anchura de banda de RF necesaria para un tamaño de portadora dado (es decir, modificar el número de canales telefónicos por portadora). Esto se debe a que la denominada ganancia por compansión compensa la reducción de la ganancia por modulación de frecuencia. Debido a esta ganancia de compansión, puede reducirse también la p.i.r.e. de satélite requerida por portadora, lo suficiente siempre que la C/N esté por encima del umbral del demodulador.

A continuación se enumeran algunos problemas que plantea la utilización de la compansión en los enlaces por satélite:

- la ganancia de compansión debe determinarse mediante evaluación subjetiva de la calidad de transmisión, por comparación con la norma de 50 dB de relación S/N (10 000 pW0p) para circuitos sin compansión. A menudo se indican valores de 10 a 20 dB para la ganancia de compansión;

- las conexiones en cascada de varios compansores da como resultado cierta degradación de la calidad;

- debe evaluarse cuidadosamente la repercusión de la transmisión de la señalización (y, en general, de los datos) sobre los circuitos con compansión.

7.5.4   El equipo SCPC-MF

Para capacidades de tráfico pequeñas, la comunicación telefónica no multiplexada, canal por canal, conocida como SCPC (un solo canal por portadora, *single channel per carrier*) es un método de transmisión muy popular por la sencillez de su funcionamiento y mantenimiento, la compatibilidad con un tráfico de baja densidad ("rutas de poco tráfico") con acceso múltiple y la flexibilidad de funcionamiento (véase el Capítulo 5, apartado 5.2.2).

El equipo SCPC de la estación terrena consiste en:

- el equipo común SCPC (para todas las unidades de canal);
- las unidades de canal SCPC (una por cada canal telefónico).

Las principales características del sistema SCPC con modulación de frecuencia (SCPC-MF) se describen a continuación. Sin embargo, debería tenerse en cuenta que estos sistemas se están quedando obsoletos y se están reemplazando por sistemas digitales (SCPC-MDP), a menudos basados en codificadores de baja velocidad binaria (véase a continuación, apartado 7.6.2.1).

i)   Separación de canales y parámetros de modulación

La separación de canales que se utiliza más corrientemente son las siguientes: 45 kHz (es decir, puede haber hasta 800 canales en un transpondedor de 36 MHz), 30 kHz (1 200 canales/ transpondedor) y 22,5 kHz (1 600 canales/ transpondedor). Para estas separaciones entre canales, y teniendo en cuenta las pequeñas bandas de guarda entre ellos, las anchuras de banda RF disponibles son 38 kHz, 25 kHz y 19 kHz aproximadamente. La regla de Carson (véase el apartado 3.3.1.2) permite calcular la desviación de las frecuencias máxima (de pico) y r.m.s.. Siempre que la p.i.r.e. del transpondedor del satélite sea suficiente, se elegirá una separación de 22,5 kHz por su alta capacidad de tráfico (sistemas de anchura de banda limitada). Sin embargo, como la mayoría de los sistemas de que se dispone actualmente están limitados por la potencia, las separaciones de 30 kHz o 45 kHz son las más usuales.

NOTA – Puede utilizarse también una separación de canales de 200 a 400 kHz para la transmisión de programas radiofónicos de alta fidelidad (anchura de banda base de 40 Hz a 15 kHz).

ii)   Activación por la voz

En los sistemas MDF-MF, el factor de carga del múltiplex telefónico tiene en cuenta el factor de actividad media de los circuitos telefónicos. Para lograr la misma mejora en el modo de transmisión SCPC, se necesita un circuito especial de activación por la voz en cada equipo de canal SCPC. Este circuito se compone de un conmutador de conexión/desconexión que es activado por un detector vocal. Por tanto, cada portadora SCPC RF individual sólo se transmite realmente cuando el circuito telefónico está activado, es decir, cuando hay una señal vocal en la entrada de la unidad de canal del equipo SCPC. Esto significa que el número medio de portadoras SCPC que se transmiten simultáneamente a través del transpondedor del satélite se reduce en el factor de actividad ($\approx$0,4). Por ejemplo, entre los 800 canales (es decir "intervalos de frecuencia") que cabrían con una separación de 45 kHz en un transpondedor de 36 MHz, sólo se transmiten simultáneamente 320, reduciendo así los productos de intermodulación y aumentando la eficacia de utilización de la potencia de salida del transpondedor. De manera similar, gracias al circuito de activación vocal, puede aplicarse un factor de actividad a los cálculos de los productos de intermodulación del amplificador de potencia (AP) de la estación terrena y de la potencia de salida necesaria para éste. El factor de actividad que ha de tenerse en cuenta en los cálculos del AP depende del número de circuitos que deberá transmitir la estación: varía desde el 85% para 12 circuitos hasta el 40% para más de 60 circuitos.

Una parte esencial de los circuitos de activación por la voz es el detector vocal, cuyo umbral es crítico. Asimismo, se incluye una línea de retardo (10 ms) en el lado transmisor para evitar la pérdida de las primeras sílabas durante la conexión de la portadora y conseguir una portadora limpia durante un periodo de 10 ms a fin de facilitar la sincronización del demodulador en el extremo receptor.

En el extremo receptor, la salida del demodulador se desconecta cuando no hay portadora a la entrada. En ausencia de portadora, el demodulador operaría sobre el ruido de entrada solamente, causando un ruido de salida de alto nivel que sería muy molesto al oyente.

La línea de retardo en el extremo receptor permite eliminar el ruido que se produciría al desconectar la portadora en el transmisor antes de que el detector de señal pudiera silenciar la salida del demodulador.

Debe señalarse que puede instalarse muy fácilmente un compensador de eco en cada unidad de canal SCPC evitando así la necesidad de un compensador de eco independiente. Por esto la mayoría de las funciones de compensación de eco están incluidas ya en los circuitos de activación vocal.

iii)   Demodulación con extensión de umbral (TED, *threshold extension demodulation*)

La transmisión SCPC suele utilizarse en sistemas de telecomunicaciones por satélite nacionales que utilicen transpondedores de satélite de potencia limitada y estaciones terrenas relativamente pequeñas. En esas condiciones, la relación global portadora/ruido (C/N) de la señal recibida puede ser más bien baja, especialmente cuando se utiliza una separación de canales de 45 kHz o de 30 kHz, y debe emplearse un demodulador de extensión de umbral (TED).

iv)   Acentuación

Los circuitos de preacentuación pueden ser bien del tipo convencional de 6 dB/octava o del tipo disminución suavizada ("roll-off"). A veces se prefiere este último por su mejor característica en baja frecuencia y de ruido impulsivo.

v)   Compansión

Dada la relación C/N y los parámetros de modulación (y por tanto la ganancia de modulación), la calidad de transmisión (es decir, la relación S/N) obtenida de un enlace SCPC suele ser insuficiente.

Para mejorar la calidad subjetiva, se utiliza corrientemente un compansor silábico con una característica de transferencia de 1:2 (en dB) (de conformidad con la Recomendación UIT-- T G.162).

Como se explica en el apartado 3.2.1.1, la reducción de ruido debida a la utilización de la compansión depende de causas subjetivas: la reducción de ruido típica puede variar de 10 dB a 20 dB (siendo los valores más altos válidos para la telefonía de bajo nivel). Este valor de mejora debe incluirse como un valor suplementario en las fórmulas de la relación S/N.

vi)   Generación de señales piloto

Los pares de frecuencias de RF SCPC (es decir, las frecuencias RF de medio circuito en transmisión y recepción) pueden situarse en principio, en cualquier "intervalo" de radiofrecuencia del transpondedor del satélite. Para proporcionar una agilidad de frecuencias adecuada, las unidades de canal SCPC están equipadas con osciladores locales sintetizadores de frecuencias. En algunos casos, los radiocanales de transmisión y de recepción pueden emparejarse, permitiendo la utilización de un solo oscilador para ambas subunidades de transmisión y recepción de cada unidad de canal SCPC. Sin embargo, la mayoría de las veces, se prefieren osciladores independientes. Las frecuencias de los osciladores locales suelen generarse mediante señales piloto de alta estabilidad y muy bajo ruido (unidad de tiempo y frecuencia: TFU) en el equipo común SCPC. En relación con la estabilidad y la característica de ruido de los osciladores locales para SCPC, véase el apartado 7.5.2.3.

vii)   Asignación por demanda

Como las comunicaciones SCPC se realizan canal por canal, constituyen un medio ideal para funcionar en el modo de acceso múltiple con asignación por demanda.

Cuando se incorpora un sistema de acceso múltiple con asignación por demanda (DAMA), equivalente a una central de conmutación telefónica automática, los circuitos por satélite SCPC pueden asignarse automáticamente entre dos estaciones terrenas cualesquiera de la red de acuerdo con la demanda de tráfico real. Las funciones DAMA y su manejo se describen con detalle en el Capítulo 5 (apartado 5.5).

A pesar de estas ventajas, en los sistemas nacionales de telecomunicaciones por satélite no es usual en la práctica utilizar la técnica DAMA desde el comienzo de la explotación. Es más corriente comenzar utilizando el modo de asignación previa (aunque equipando los terminales con unidades de canal SCPC compatibles con el DAMA) e introducir la explotación DAMA cuando el tráfico aumenta hasta un punto en que es más económico utilizar equipos DAMA que proporcionan mayor capacidad de segmento espacial (satélites con transpondedores) y más equipo en las estaciones terrenas (unidades de canal SCPC).

viii)   Interfaz terrenal

Siempre que haya estaciones terrenas pequeñas, equipadas solamente con algunas unidades de canal SCPC, cerca de los usuarios puede ser muy rentable proporcionar una interfaz directa con la central telefónica local (pequeña), incorporando un módulo de interfaz terrenal a cada unidad de canal SCPC. Este módulo asegura la compatibilidad con las necesidades de señalización de la central local y de la red terrenal, de acuerdo con el sistema de señalización utilizado en la explotación local. El módulo de interfaz terrenal puede incluir también las funciones de control de canal DAMA.

El equipo SCPC completo de la estación terrena consiste en:

a)   El equipo común SCPC que comprende:

•   los convertidores elevadores y reductores,

•   la unidad de tiempo y frecuencia,

•   un control automático de frecuencia (CAF) y de ganancia (CAG),

•   el combinador y el divisor de FI para interconectar las unidades de canal.

La función de la unidad CAF es corregir las variaciones de frecuencia de las portadoras RF recibidas. Estas variaciones se deben principalmente a la inestabilidad del oscilador del transpondedor del satélite. El CAF centra el espectro recibido de FI detectando una frecuencia piloto especial que se transmite a todas las estaciones de la red SCPC por una estación especializada ("estación directora").

La función CAG regula el nivel de las portadoras en FI.

b)   Las unidades de canal SCPC (véase en la fig. 7.48 para un diagrama de bloques típico de la unidad de canal). Obsérvese que las unidades de canal SCPC pueden fabricarse en una forma muy compacta (por ejemplo, una o dos tarjetas de circuito impreso). Debido a la baja frecuencia de la banda base, pueden utilizarse circuitos de integración en gran escala (LSI) o de integración en mediana escala (MSI), lo que permite integrar varias funciones en un módulo pequeño, por ejemplo, expansor silábico, compensador de eco y silenciador.

7.5.5   El equipo de televisión de MF

7.5.5.1   Generalidades

Contrariamente al caso de un circuito telefónico, la transmisión por satélite de un programa de televisión es un servicio unidireccional punto a multipunto. En el cuadro 7.11 se resumen algunas características típicas de las diversas aplicaciones de la transmisión de televisión por satélite. Entre estas aplicaciones están: i) transmisión ocasional o regular de programas de televisión (por ejemplo, intercambio de programas internacionales entre estudios de televisión) por medio de estaciones terrenas grandes; ii) transmisión de programas de televisión a transmisores regionales de radiodifusión de televisión (por ejemplo, en el marco de un sistema de satélites nacional); y iii) distribución de televisión por medio de pequeñas estaciones sólo receptoras (TVRO) a centros repetidores comunitarios para reemitirlos localmente o para alimentar redes de televisión por cable. Obsérvese que dos tipos de servicio no están incluidos en el cuadro 7.11, a saber aplicaciones de videoconferencia (porque los parámetros para el vídeo en este caso pueden ser bastante diferentes, por ejemplo, televisión digital a 1,5 Mbit/s ó 2 Mbit/s) y televisión de difusión directa (porque esta aplicación depende del servicio de radiodifusión por satélite y está fuera del ámbito del SFS).

Los parámetros de las señales de banda base utilizadas en los principales sistemas de televisión actuales se definen en el Informe 624.

Los objetivos de calidad para todos los circuitos de transmisión de televisión a larga distancia (terrenal y/o por satélite) se tratan en las Recomendaciones 567 y 568, así como en el Informe 965. A saber, la relación S/N debe ser igual o superior a 53 dB durante el 99% del tiempo y a 45 dB durante el 99,9%. Como se indica en el cuadro 7.11, los enlaces por satélite no siempre pueden cumplir estos objetivos de calidad (sin embargo, debe señalarse que en la Recomendación 567 sólo se hace referencia a la transmisión entre estaciones terrenas de norma A).

La relación señal/ruido (S/N) para televisión se calcula en el apartado 4.1.1.4. Sin embargo, debe señalarse que la relación $(S/N)_w$ no es el único factor que debe tenerse en cuenta para evaluar la calidad subjetiva de la transmisión de televisión. En particular, debe tenerse en cuenta el ruido de sobredesviación; este ruido es un tipo especial de ruido impulsivo que se ve en la pantalla de televisión como puntos horizontales pequeños visibles cuando se producen transiciones bruscas de intensidad (por ejemplo, del blanco al negro). El ruido de sobredesviación se produce siempre que se elige un filtro FI de banda relativamente estrecha (para aumentar la relación C/N limitando la anchura de banda de ruido B_{RF}). De hecho es difícil aplicar la regla de anchura de banda de Carson (fórmula (4), apartado 4.1.1.1) a las transmisiones de televisión porque la desviación de frecuencia $\overline{\Delta F_{p-p}}$ varía con la frecuencia de la banda base (preacentuación) y también, porque los componentes de alta frecuencia de la señal de vídeo real pueden ser relativamente pequeños. El ruido de sobredesviación puede explicarse como sigue: durante una transición brusca, la señal de vídeo es diferenciada por la red de preacentuación y la sobreoscilación a la entrada del modulador da lugar a una muy alta desviación de la frecuencia instantánea. Por tanto, la frecuencia de señal FI instantánea penetra en la región atenuada del filtro FI y la relación C/N se reduce temporalmente por debajo del umbral, produciendo picos de ruido impulsivo.

En conclusión, las principales características del enlace por satélite (a saber $\overline{\Delta F_{p-p}}$ a 15 kHz y B_{RF}) deben seleccionarse cuidadosamente a fin de obtener:

- un margen suficiente de la relación C/N por encima del umbral del demodulador,

- una relación $(S/N)_w$ satisfactoria, es decir, una ganancia de modulación suficiente, y

- un bajo nivel de ruido de sobredesviación.

Como se muestra en el cuadro 7.11, en el sistema mundial de INTELSAT hay dos modos de transmisión de televisión: uno denominado modo de transpondedor completo con una anchura de banda asignada de 30 MHz y un modo de medio transpondedor con una anchura de banda asignada de 20 MHz. En el cuadro 7.12 se muestran los principales parámetros de estos dos modos. Aunque el modo de medio transpondedor se caracteriza por un grado de calidad más bajo (véase el cuadro 7.12) y cierto ruido de sobredesviación, es en estos momentos el modo más utilizado porque permite la transmisión simultánea de dos programas de televisión en un solo transpondedor.

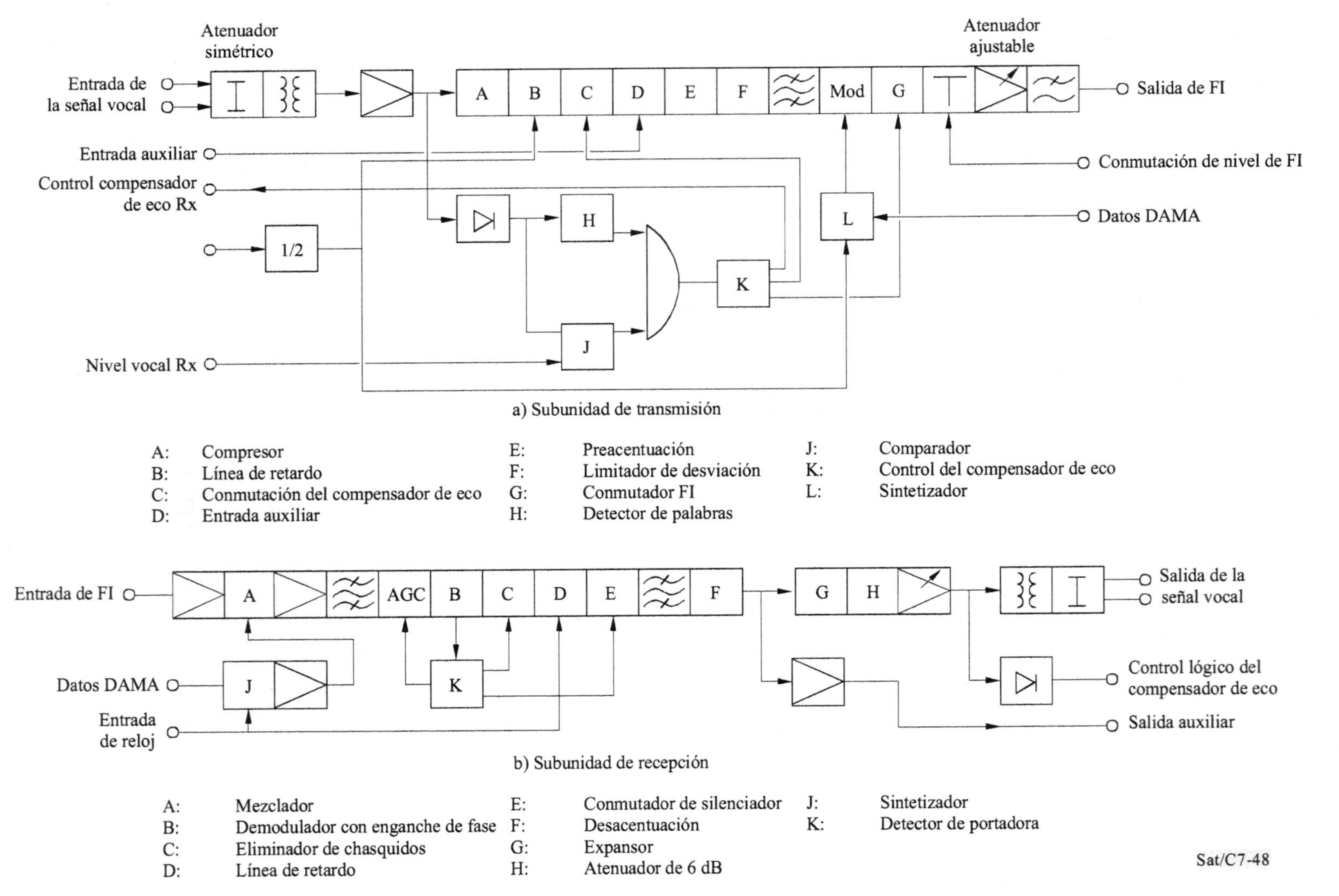

FIGURA 7.48

Unidad de canal SCPC

CUADRO 7.11

Algunas características típicas de las aplicaciones de televisión en el SFS

Aplicaciones	Bandas de frecuencias (GHz)	Segmento espacial		Segmento terreno (Estaciones terrenas receptoras)[5]	Calidad de vídeo $(S/N)_w$ (dB)
		Anchura de banda atribuida (MHz)	P.i.r.e. de transpondedor disponible (dBW)		
Transmisión de televisión a larga distancia (por ejemplo, servicio internacional o transpondedores arrendados a INTELSAT para servicios nacionales)	6/4	30	22	Norma A:G/T = 35 (dB(K⁻¹)) antena > 15 m) Norma B: G/T = 31,7 (dB(K⁻¹)) (antena de 11 m)	50/53[1] 44/47[1]
		17,5	18	Norma A Norma B: (a 55° de elevación)	47/48[1] 41,5/43[2]
Distribución de[5] televisión	6/4	30	25	G/T = 28,7 (dB(K⁻¹)) (antena de 7 m)	≈ 44[3]
			34	Estaciones TVRO: G/T = 22,7 (dB(K⁻¹)) (antena de 4,5 m – LNA de FET)	≈ 48[3]
	14/11-12	30	41	Estaciones TVRO: G/T = 25 (dB(K⁻¹)) (antena de 3,5 m – LNA de FET)	45 a 50[4]
			45	Estaciones TVRO: g/t = 21 (dB(K⁻¹)) (antena de 2 m – LNA de FET)	45 a 50[4]

[1] Valores calculados para sistemas de televisión de 625/50 y 525/60.

[2] Obsérvese que la calidad de la señal de vídeo con recepción de televisión de 17,5 MHz en estaciones terrenas de norma B puede no ser aceptable, especialmente cuando se recibe con ángulos de elevación bajos. Por ello suele utilizarse en estas aplicaciones estaciones terrenas con un factor de calidad G/T mejorado (mediante el empleo de antenas más grandes, por ejemplo, de 13 m de diámetro).

[3] Valores típicos estimados.

[4] Valores típicos estimados. Depende de las condiciones meteorológicas locales.

[5] Estación terrena transmisora (estación terrena de enlace ascendente): para suministrar la p.i.r.e. requerida, el diseño de la estación transmisora está regido por el diámetro de su antena (a saber, su ganancia de antena) y por la potencia de salida de su amplificador de potencia. Una consideración muy importante, que a menudo impone un límite más bajo al diámetro de la antena, es el nivel máximo admisible de p.i.r.e. fuera del eje (véase la Recomendación UIT-R S.524).

7.5.5.2 Transmisión de programas de audio

Para la transmisión por satélite de un programa de televisión, la señal de vídeo debe estar asociada, al menos, a un canal de audio (sonido) de alta calidad y posiblemente con otras señales tales como: un segundo canal de audio de alta calidad (para estereofonía), canales de comentarios, circuitos de servicio, canales de control, coordinación y señalización, canales de transmisión de datos para nuevos servicios (teletexto, etc.).

Pueden utilizarse dos métodos para la transmisión del canal o canales asociados, a saber, la transmisión en una (o algunas) portadora(s) RF independiente(s), o la transmisión en una sola portadora RF multiplexando el canal o canales asociados al canal de vídeo. Los métodos de multiplexación pertenecen a las dos clasificaciones generales de multiplexación por división de frecuencia (MDF) y multiplexación por división en el tiempo (MDT). Las técnicas MDF emplean una subportadora analógica o digital para desplazar el espectro de audiofrecuencia del programa procesado a un intervalo por encima del ocupado por la señal de televisión-vídeo. Los métodos MDT requieren la conversión de cada canal de programa de audio a un formato digital en memoria intermedia. Los canales de programa digitalizados son multiplexados en el tiempo línea a línea de vídeo para convertirse en la señal de televisión.

CUADRO 7.12

Principales parámetros de transmisión de televisión de INTELSAT

	Modo de transpondedor completo		Modo de medio transpondedor	
• Norma de televisión	525/60	625/50	525/60	625/50
• Anchura de banda de vídeo (MHz)	4,2	6,0	4,2	6,0
• Desviación de frecuencia pico a pico (MHz) para un tono de prueba de 1,0 V pico a pico en la frecuencia de cruce	10,75	9	9,4	9,4
Ganancia diferencial	10%		10%	
Fase diferencial	±3°		±4°	
Recepción por una estación de norma A (antena de 30 m)[1]				
Anchura de banda del receptor[2], B_{RF} (MHz)	30		18	
Relación portadora/ruido total (con un ángulo de elevación de 10°) (C/N) (dB)	19		17,3	
Recepción por una estación de norma B[1]				
Anchura de banda del receptor[2], B_{RF} (MHz)	22 a 30		18	
Relación portadora/ruido total (con un ángulo de elevación de 10° o de 55°) (C/N) (dB)	12,0 (10°)		11,6 (55°) 9,0 (10°)	
[1] Este dato se aplica al sistema INTELSAT-V. [2] Ésta es la anchura de banda de los filtros de transmisión y recepción FI				

Entre todos los métodos de transmisión de canales asociados al canal de vídeo a continuación se examinan tres que se utilizan actualmente:

i)   Transmisión de portadoras independientes

Pueden utilizarse como medio de transmisión uno o varios canales SCPC independientes. Obsérvese que los canales audio de alta calidad (es decir, con una anchura de banda de audio de 10 kHz a 15 kHz) deben transmitirse en canales SCPC de banda relativamente ancha (por ejemplo, anchura de banda 150 a 250 kHz, véase el apartado 7.5.4).

Otro método es utilizar una portadora estándar MDF-MF de 12 ó 24 canales. Este fue el método convencional de INTELSAT hasta 1978: la banda base de audio con canales de programas de control, y de comentarios se transmitía como una banda base telefónica normal de 24 canales (con canales de servicio por debajo de los 12 kHz). Las principales desventajas de estos métodos de portadoras independientes es que se requieren una anchura de banda y una potencia mayores del transpondedor del satélite, y que el funcionamiento en modalidad de multiportadoras genera productos de intermodulación en el transpondedor.

ii)   Sonido dentro del sincronismo (SIS, *sound-in-sync*)

De acuerdo con la Recomendación 572, se puede asociar una señal de audio de alta calidad a la señal de vídeo de televisión analógica mediante multiplexación por división en el tiempo (MDT) utilizando el intervalo de supresión horizontal disponible para el sincronismo al comienzo de cada línea de televisión. Este método, denominado "sonido dentro del sincronismo" (SIS) se aplica en algunos enlaces de televisión terrenales y por satélite y, en particular, en el sistema EUTELSAT de la UER.

A continuación se enumeran las principales características del método SIS:

*   la señal de audio se muestrea al doble de la frecuencia de línea de televisión, o sea a unos 30 kHz,

*   la señal de audio se codifica en MIC con 10 bits por muestra,

*   por consiguiente, se insertan (después del almacenamiento en memoria intermedia) 20 bits (más 1 bit de control) en cada intervalo de sincronismo de línea (es decir, 42 a 5,8 µs aproximadamente),

*   se utiliza la acentuación en cumplimiento de la Recomendación UIT-T V.17 y la compansión para conseguir una relación señal/ruido (ponderado) de 56 dB. Los códecs para la codificación/decodificación del sonido dentro del sincronismo se encuentran en el mercado. El módem de televisión MF debe ser compatible con la transmisión de los impulsos SIS (véase el apartado 7.5.5.3).

iii)   Transmisión mediante una subportadora MF

La transmisión del audio de la televisión utilizando una subportadora MF por encima de la banda base de vídeo es, actualmente, el método más utilizado en los sistemas de telecomunicaciones por satélite. En estos momentos es el método estándar del sistema mundial INTELSAT y de muchos sistemas nacionales.

En la mayoría de los casos, se transmite solamente un canal sonoro de alta calidad. Sin embargo, se puede realizar sistemas más complejos, por ejemplo transmisión de varios canales por una subportadora MDF, transmisión de dos canales de sonido en la misma portadora de televisión (pero en dos subportadoras independientes), etc.

A continuación se enumeran las principales características de la técnica de subportadora MF:

- en el lado transmisor, las señales de audio y de vídeo de banda base se combinan para formar una señal compuesta. Esto se realiza combinando una subportadora MF con la señal normal de vídeo en banda base. Después la señal compuesta se transmite por medio del equipo normal de comunicaciones de vídeo de la estación terrena. En recepción, la señal compuesta recibida del equipo normal de comunicaciones vídeo de la estación terrena es demodulada para separar la subportadora de audio de la señal en de vídeo en banda base y para recuperar ambas señales de banda base. En la fig. 7.49 se muestra el diagrama de bloques de un terminal típico de audio de TV por subportadora MF;

- los filtros de FI de los equipos de transmisión y de recepción deben tener en cuenta la anchura de banda total de la señal compuesta, es decir, la anchura de banda de la señal de vídeo normal más la anchura de banda de la subportadora, centrada en la frecuencia de la subportadora F_{sc} (véase la fig. 7.49)). La anchura de banda de la subportadora B_{sc} puede calcularse mediante la regla de Carson (véase la fórmula (4) del apartado 4.1.1.1, con $\Delta F = \Delta F_{sc}$: desviación máxima de la subportadora de audio a la salida del modulador de MF de la unidad del canal de transmisión y F_A: frecuencia superior de la banda base del canal de sonido de alta calidad, es decir, 15 kHz);

- la calidad de transmisión sonora en la recepción se obtiene aplicando dos veces la fórmula general (1) del apartado 4.1.1.1:

En primer lugar, la relación portadora/densidad de ruido de la subportadora $(C/N_o)_{sc}$ a la salida del demodulador de vídeo puede calcularse de igual manera que la relación señal/ruido en el canal más alto de banda base de una señal MDF. Por lo tanto:

$$(C / N_o)_{sc} = (C / N_o) + 10 \log \frac{1}{2} (\overline{\Delta F_{VA} / F_{sc}})^2 \qquad dB \qquad (17)$$

siendo:

    C/N_o :   relación portadora vídeo/densidad de ruido,

    ΔF_{VA} :   desviación máxima de la portadora de vídeo por la subportadora de audio.

Obsérvese que se aplica la preacentuación de vídeo a la señal compuesta. Por tanto, la subportadora de audio, que está en la parte superior del espectro, es objeto de una preacentuación de vídeo completa.

Así pues, la relación señal/ruido $(S/N)_A$ de la señal de sonido recuperada viene dada por:

$$(S / N)_A = (C / N_o)_{sc} + 10\, log \frac{3}{2} (\overline{\Delta F_{sc}^2} / F_A^3) + P_A + Q_A \qquad dB \qquad (18)$$

siendo P_A y Q_A los factores de mejora de la acentuación y ponderación del sonido.

El cuadro 7.13 muestra los parámetros de la subportadora de audio asociada a la TV en el sistema INTELSAT.

NOTA – Es corriente aplicar la compansión para mejorar la calidad de la transmisión sonora, es decir, utilizar un compresor a la entrada del enlace transmisor y un expansor en cada terminal receptor.

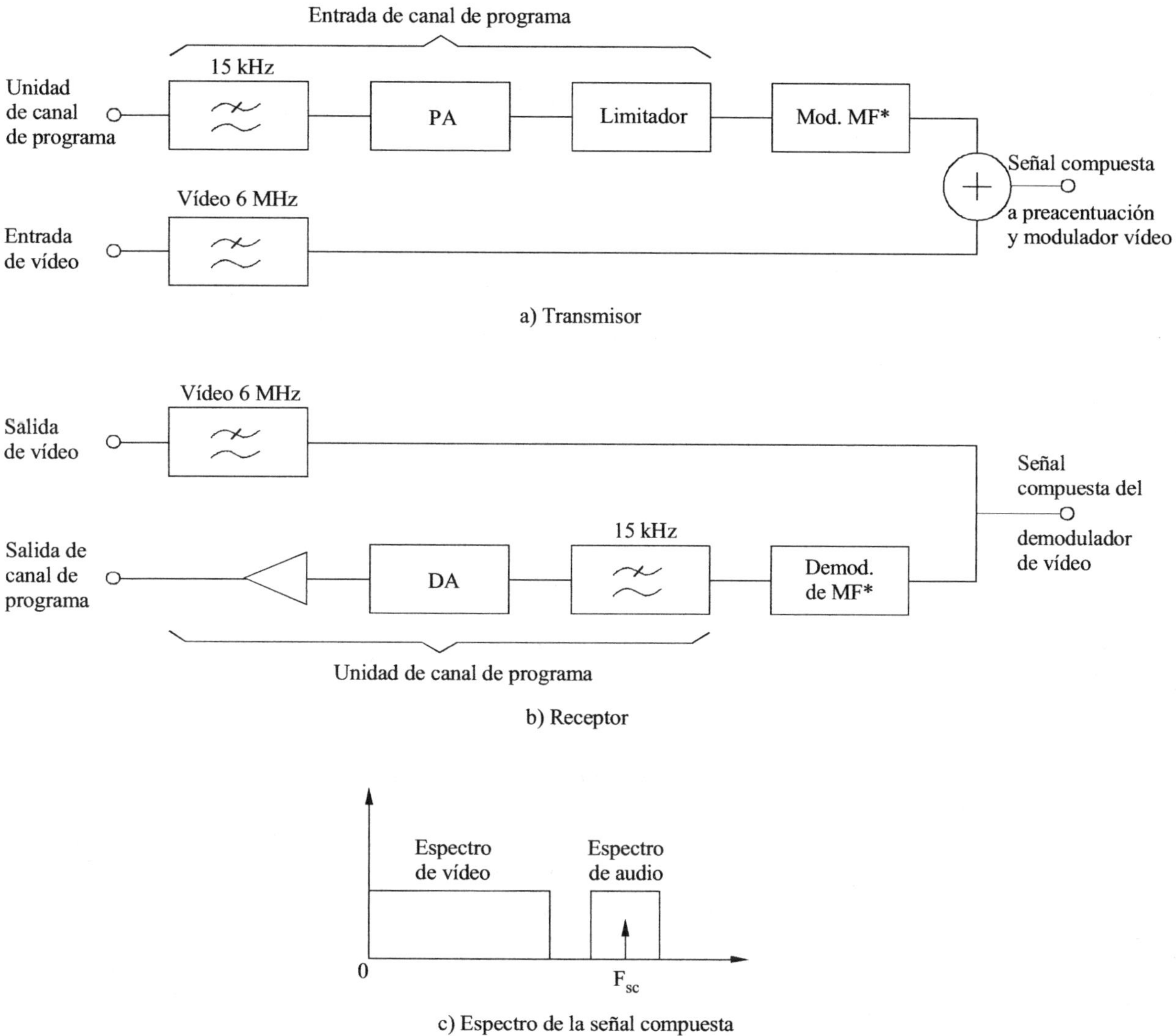

LPF :   Filtro pasabajo
PA: Preacentuación
DA: Desacentuación

* $F_{sc} = 6{,}60$ MHz para el canal de vídeo 1; $F_{sc} = 6{,}65$ MHz para el canal de vídeo 2

Sat/C7-49

FIGURA 7.49

Diagrama de bloques típico de terminal de programa radiofónico MF (Sistema INTELSAT)

CUADRO 7.13

**Parámetros del programa de sonido de la TV INTELSAT
Funcionamiento de medio transpondedor**

• Frecuencia superior de audio en banda base	F_A	15 kHz
• Banda ocupada	B_{sc}	540 kHz
• Desviación máxima para un tono de prueba de 0 dBm0 a 1,42 kHz	$\overline{\Delta F}_{sc}$	90 kHz
• Frecuencia de la subportadora	F_{sc}	6,60 o 6,65 MHz
• Nivel nominal pico a pico de la subportadora a la entrada del modulador de la subportadora		114 mV (o sea, 1/10 del nivel de vídeo)
• Relación portadora a densidad de ruido de la subportadora[1]	$(C/N_O)_{sc}$	74,5 dB(Hz)
• Relación señal de audio a ruido[2]	$(S/N)_A$	52 dB
[1] Recepción con antena norma A de 30 m.		
[2] Norma 525/60		

7.5.5.3   Modulación y demodulación de las portadoras de televisión

La modulación y demodulación de las portadoras de televisión se realizan con el mismo tipo de equipo que el de telefonía MDF-MF (véanse los apartados 7.5.3.3 y 7.5.3.4). Sin embargo, deben mencionarse algunas características particulares y equipos adicionales:

i)   demoduladores con extensión de umbral de televisión (TED, *threshold extension demodulator*): es más difícil lograr una demodulación con extensión de umbral eficaz con portadoras de televisión que con portadoras MDF-MF de pequeña o mediana capacidad, debido a las componentes de alta frecuencia de la banda base de la señal de televisión; la mejora del ruido térmico y del ruido impulsivo sólo puede apreciarse en las imágenes reales de televisión. Sin embargo, actualmente se dispone de TED de televisión con una mejora de 2 a 3 dB, es decir, que pueden proporcionar aproximadamente la misma calidad de imagen que un demodulador convencional con una relación C/N_o en recepción 3 dB inferior;

ii)   el control automático de frecuencia (CAF) suele incluirse a menudo en el modulador: el circuito CAF se utiliza para estabilizar las líneas espectrales correspondientes al nivel de supresión, independientemente del nivel de la señal de vídeo. Esto mejora el centrado del espectro de la señal modulada, reduciendo así el ruido impulsivo en transiciones bruscas de imágenes;

iii)   los filtros FI y lo ecualizadores de retardo de grupo, los amplificadores de banda base y las redes de acentuación son diferentes de lo utilizado en la telefonía MDF-MF;

iv)   dispersión de energía: los circuitos de dispersión de energía son más complejos que los de MDF-MF (véase el apartado 7.5.3.5ii)):

• para evitar efectos perjudiciales, la señal de dispersión de energía (normalmente una señal en diente de sierra) se sincroniza con la frecuencia de cuadro de la señal de vídeo;

- a fin de cumplir la Recomendación 524, puede ser necesario aumentar el nivel de dispersión de energía en ausencia de modulación de vídeo; por ejemplo, INTELSAT requiere que la desviación de frecuencia pico a pico de la señal en diente de sierra de dispersión de energía se conmute automáticamente de 1 MHz a 2 MHz cuando no hay señal de vídeo. Más generalmente, pueden necesitarse mayores desviaciones de frecuencia pico a pico mayores (por ejemplo, 4 MHz) cuando se utiliza una antena pequeña en la estación terrena transmisora; esto se debe a que, para transmitir una determinada p.i.r.e. en la dirección del satélite, la p.i.r.e. fuera del haz aumenta cuando disminuye la ganancia de la antena (o sea, su diámetro);

- en el lado receptor, la fijación de la señal de vídeo es la técnica más utilizada para suprimir la señal de dispersión de energía y restaurar la componente continua de la señal de vídeo. La fijación puede efectuarse en el nivel del negro de la señal de vídeo.

7.6 El equipo de comunicaciones (componentes digitales)

7.6.1 Consideraciones generales

Las telecomunicaciones por satélite están siguiendo también la tendencia general de las telecomunicaciones de utilizar cada vez más las técnicas digitales, tanto en lo que concierne a las tecnologías de transmisión como a las de conmutación. En la práctica, las comunicaciones analógicas por satélite ya son obsoletas y están siendo reemplazadas por las digitales. Hay muchas razones para el predominio de las comunicaciones digitales por satélite:

- Factores de carácter general:

  - mayor flexibilidad de funcionamiento de aplicación;

  - mayor disponibilidad, a un coste inferior, de circuitos integrados digitales (hasta la integración a muy gran escala-VLSI) y de unidades funcionales completas (incluidos los microprocesadores);

  - gestión operacional, procesamiento y control de configuración por medios informáticos;

  - compatibilidad con una amplia gama de nuevos servicios;

  - fácil integración con los canales totalmente digitales de extremo a extremo y con las futuras redes digitales de servicios integrados (RDSI);

  - posibilidad de ofrecer nuevos servicios.

- Factores específicos:

  - transmisión de datos de alta calidad gracias a potentes sistemas de corrección de error;

  - posibilidades de compresión y concentración de información en la transmisión de datos, voz (a través de interpolación de señal y codificación a baja velocidad binaria) y de señales de video y televisión (por ejemplo, mediante procesamiento MPEG);

  - compatibilidad con el acceso múltiple y la reordenación del encaminamiento del tráfico (por ejemplo, funcionamiento DAMA);

  - y, por lo tanto, aumento del rendimiento espectral.

Actualmente, se utilizan telecomunicaciones digitales por satélite para telefonía, transmisión de datos y aplicaciones de TV digital desde los 64 Kbit/s de la teleconferencia hasta la transmisión de televisión de alta definición. El cuadro 7.14 muestra estas aplicaciones de las telecomunicaciones digitales por satélite. Además de las aplicaciones mostradas en este cuadro, hay servicios de transmisión de tráfico digital de alta velocidad, como PDH a 139,264 Mbit/s y SDH a 155,52 Mbit/s mediante satélites INTELSAT.

El diseño de los equipos de telecomunicación debe tener en cuenta los objetivos de calidad de transmisión a la salida del trayecto digital ficticio de referencia (véanse las Recomendaciones 521 y 522 y también el apartado 2.2.3). Estos objetivos, que se aplican a la telefonía con modulación por impulsos codificados (MIC), se caracterizan por una proporción de bits erróneos (BER) máxima admisible, de acuerdo con los valores siguientes:

$BER \leq 10^{-6}$, valor medio durante 10 min., durante más del 20% de cualquier mes;

$BER \leq 10^{-4}$, valor medio durante 1 min., durante más del 0,3% de cualquier mes;

$BER \leq 10^{-3}$, valor medio durante 1 s, durante más del 0,01% de cualquier año.

Para otros servicios distintos a la telefonía, estos límites pueden ser diferentes.

Los objetivos de diseño para la RDSI de 64 Kbit/s en transmisión y transmisión digital a 1,5 Mbit/s o más están en las Recomendaciones UIT-R S.614 y S.1062 respectivamente (véase el apartado 2.2.3).

Las interfaces de los equipos de telecomunicación para transmisión digital son las mismas que las de la transmisión analógica (véase el punto 7.5.1).

Los equipos de telecomunicación digitales realizan algunas o todas las funciones siguientes:

Lado transmisor

i)   Procesar el tren digital de entrada para convertirlo en un formato específico para la transmisión. Esto puede incluir las siguientes funciones:

- procesamiento de datos con interfaz normalizada;

- concentración e interpolación de canales telefónicos (en el caso de interpolación digital de conversaciones: DSI);

- almacenamiento en memoria intermedia y compresión del tren de datos continuo, inserción de preámbulos, temporización de tramas y generación de ráfagas (en el caso de la transmisión AMDT);

- codificación de corrección de errores (si es necesario);

- dispersión de energía por aleatorización.

ii)   Convertir el tren de datos formateado del transmisor en una señal modulada (por ejemplo, en MDP-4) a una frecuencia intermedia (FI), por ejemplo de 70 ó 140 MHz (modulador), filtrar la señal FI y, posiblemente, controlar la operación de conmutación entre múltiples frecuencias portadoras de transmisión (en el caso de "cambio de transpondedor", véase el apartado 7.6.3.2i)).

iii)   Proporcionar la ecualización de retardo de grupo y, posiblemente, la ecualización de longitud de trayecto de todo el trayecto de transmisión (incluidos el equipo de estación terrena y el transpondedor del satélite).

iv)   Convertir la señal FI en una señal RF (por ejemplo, a 6 GHz) (convertidor elevador).

v)   Conmutar y combinar señales RF y enviarlas al amplificador de potencia (combinador de entrada del amplificador de potencia).

CUADRO 7.14

Algunas aplicaciones actuales de las transmisiones digitales por satélite

	Acceso múltiple	**Multiplexación**	**Modulación**	**Codificación**	**Aplicaciones**
Un solo canal por portadora (SCPC)	AMDF[1]	SCPC	MDP[5]	[6]	Transmisión de datos
	AMDF[1]	SCPC[2]	MDP[5]	MIC[4, 6]	Telefonía de pequeña capacidad
Multiplexación	AMDF[1]	MDT	MDP[5]	MIC[3, 4, 6]	Telefonía de capacidad mediana a alta, transmisión de datos y transmisión de TV digital
	AMDT, etc.	MDT	MDP[5]	MIC[3, 4, 6]	VSAT (datos, vídeo y telefonía)
	AMDF[7]/ AMDT[1]	MDT	MDP[5]	MIC[3, 4, 6]	Telefonía de pequeña capacidad y transmisión de datos
	AMDT[1, 8]	MDT	MDP[5]	MIC[3, 4, 6]	Telefonía y datos de capacidad mediana a muy alta

a)   Técnicas para aumentar la capacidad de tráfico del sistema:

[1] Asignación por demanda (DAMA).

[2] Activación por la voz.

[3] Interpolación digital de conversaciones

[4] Compresión de datos y telefonía a velocidad binaria reducida (MICDA a 32 Kbit/s y menos, por ejemplo CBV a 3,6 Kbit/s).

[5] MDP-2, MDP-4, MDP-N.

b)   Técnicas para mejorar el balance del enlace:

[6] Corrección de errores en recepción.

[7] Denominada también "SCPC-AMDT": se utiliza una portadora de anchura de banda de ráfagas en tiempo compartido entre varias estaciones terrenas pequeñas. Algunas veces se utiliza en modo mixto: una portadora MDT para transmisión desde una estación central (principal) a varias estaciones pequeñas; con otra portadora AMDT para los canales de retorno desde las estaciones pequeñas a las estaciones centrales

c)   Rendimiento de la anchura de banda (MDP-4):

    (MIC a 64 Kbit/s):   20 a 25 canales telefónicos/MHz

[3] (MIC a 64 Kbit/s con DSI)   40 a 50 canales telefónicos/MHz

[3,4] (MICDA a 32 Kbit/s con DSI)   80 a 100 canales telefónicos/MHz

[8] Obsérvese que el máximo rendimiento de anchura de banda se obtiene cuando se transmite una sola portadora AMDT a través del transpondedor del satélite (puesto que, en este caso, el transpondedor puede funcionar muy cerca de la saturación).

Lado receptor

vi)   Separar y conmutar señales RF (por ejemplo, 4 GHz) a la salida del amplificador de bajo nivel de ruido (divisor de salidas del amplificador de bajo ruido).

vii)   Convertir la señal RF en señal FI (convertidor reductor).

viii)   Proporcionar la ecualización de retardo de grupo, y, posiblemente, la ecualización de longitud de trayecto del equipo de recepción de la estación terrena.

ix)   Conmutar entre múltiples frecuencias portadoras de recepción (en el caso de "cambio de transpondedor"), filtrar la señal FI y demodularla (demodulador) convirtiéndola en el tren de datos formateado de recepción.

x)   Procesar el tren de datos formateado de recepción para convertirlo en un tren de datos de salida normalizado para la transmisión terrenal (o para la conexión directa al usuario). Esto puede comprender las siguientes funciones:

- supresión de la señal de dispersión de energía mediante desaleatorización;

- decodificación de corrección de errores (si se utiliza codificación);

- restablecimiento de un tren de datos continuo (en el caso de transmisión AMDT);

- emparejamiento de canales telefónicos de satélite a canales terrenales (función inversa de la concentración de tráfico en transmisión en el caso de la explotación DSI);

- procesamiento normalizado de los datos de la interfaz.

Las funciones iii) a viii) se realizan empleando técnicas y equipos similares a los utilizados en las comunicaciones analógicas, por lo que no se repetirán aquí. En particular, remítase al apartado 7.5.2 para una descripción de los convertidores elevadores y reductores.

Las comunicaciones digitales pueden efectuarse en el modo continuo o cuasicontinuo (líneas 1 a 4 del cuadro 7.14) o en el modo por división en el tiempo (líneas 5 y 6). Este último modo comprende la técnica AMDT (incluidas algunas aplicaciones de las técnicas de transmisión de datos en paquetes; a las comunicaciones por satélite).

En el apartado 7.6.2 se describen los equipos de comunicaciones para el modo continuo y en el apartado 7.6.3 los equipos de comunicaciones AMDT. Los moduladores y demoduladores (módems) para comunicaciones digitales se describen en el apartado 7.6.5.

7.6.2   Los equipos de telecomunicación (SCPC y MDT)

En este punto se describen dos tipos de realización de transmisiones digitales en el modo continuo o cuasicontinuo:

- AMDF-SCPC-MDP,

- AMDF-MDT-MDP.

Hay que señalar que:

- En el caso de telefonía pura, SCPC suele funcionar con activación de voz, esto es, la portadora es transmitida únicamente durante los períodos de voz (conversación) reales, de forma que no es un modo de transmisión digital completamente continuo.

- AMDF-MDT-MDP puede llamarse alternativamente AMDF-MCPC-MDP (MCPC: múltiples canales por portadora), ya que, al contrario que la SCPC, se multiplexan varios canales en una sola portadora (para formar una trama MDT digital).

7.6.2.1   MDP-SCPC-AMDF

La SCPC-AMDF puede funcionar, según se ha explicado, con modulación analógica (SCPC-MF). Sin embargo, en los equipos modernos, se suele optar casi siempre por la SCPC digital, o sea con los canales codificados y modulados digitalmente, como se explicará en este apartado.

El funcionamiento general del sistema y la arquitectura de la red digital SCPC es muy semejante al de la red SCPC-MF descrita anteriormente en el apartado 7.5.4.

Los equipos de SCPC digital que existen en la actualidad deberían permitir el transporte de los servicios de voz (telefonía) y de datos.

7.6.2.1 a)   Telefonía

En los apartados 3.3.1 y 3.3.2 del capítulo 3, se describen diversos tipos de codificación vocal para la transmisión telefónica. La codificación vocal por modulación de impulsos codificados (MIC) a 64 Kbit/s asociada con la modulación de portadora MDP-4 (*QPSK*), definida en las especificaciones INTELSAT (IESS-303, véase el apartado 7.6.2.1 e) fue la técnica convencional más utilizada en SCPC durante los años 80. Concretamente, se utilizó y se sigue utilizando en el sistema mundial INTELSAT para los servicios telefónicos públicos con estaciones terrenas de la norma B (Norma B con norma B o con norma A).

Sin embargo, debido a su bajo rendimiento (en cuanto a aprovechamiento del ancho de banda y potencia necesaria para la transmisión), hoy en día se prefiere la codificación binaria a baja velocidad (CBV), especialmente en los sistemas de muy pequeña abertura (VSAT). Los algoritmos CBV han sido durante mucho tiempo objeto de estudio exhaustivo y de pruebas de desarrollo para combinar una calidad de transmisión vocal aceptable, menores requisitos de potencia y un retardo adicional en el procesamiento de la señal relativamente pequeño. Las técnicas más comunes actualmente disponibles son las siguientes:

- La modulación por impulsos codificados diferencial adaptable (MICDA) a 32 Kbit/s, que presenta la ventaja de ser una técnica ampliamente aceptada, de calidad probada, normalizada por el UIT-T (Recomendación G.721).

- Las técnicas de vocodificador con predicción lineal y excitación por código de bajo retardo (LD-CELP, *low delay code-excited linear prediction*) a 16 Kbit/s y 8 Kbit/s (CELP), que también están normalizadas en las Recomendaciones UIT-T G.728 y G.729.

- Las técnicas propietarias, normalmente en el intervalo de 9,6 a 4,8 Kbit/s. A decir verdad, la utilización de estas técnicas depende fundamentalmente de la existencia de microcircuitos de integración a gran escala (LSI) y del correspondiente soporte lógico en los procesadores de la señal digital (DSP, *digital signal processors*)

Estas técnicas de CBV se combinan con los potentes sistemas de corrección de errores en recepción (FEC, *forward error conversion*), por ejemplo ½ o ¾, que aumentan la velocidad binaria real transmitida, a fin de mejorar el balance del enlace (por ejemplo, reduciendo la potencia transmitida necesaria para una cierta calidad de la transmisión).

La modulación puede ser o bien MDP-4 (*QPSK*) o bien MDP-2 (*BPSK*). Esta última es menos sensible a los efectos del ruido de fase y del error de frecuencia y se suele preferir en los enlaces de baja velocidad binaria.

Como se ha dicho anteriormente, en la telefonía SCPC siempre se dispone de accionamiento por la voz. Esto consiste en implementar, en cada uno de los canales vocales, un detector de voz y un dispositivo de control de portadora que la activa únicamente en presencia de la voz.

Por consiguiente la transmisión ya no es continua, sino que se produce a ráfagas. Al principio de cada ráfaga, debe enviarse un preámbulo para permitir la recuperación de la portadora y de la temporización de los bits en recepción.

El accionamiento por la voz presenta las mismas ventajas que en la SCPC analógica (SCPC-MF, véase el apartado 7.5.4).

El cuadro 7.15, a continuación, muestra una comparación entre la calidad de funcionamiento de diversas técnicas de codificación vocal SCPC.

CUADRO 7.15

**Calidad de funcionamiento de diversas técnicas de codificación vocal SCPC
y de transmisión de datos**

Modo	Velocidad binaria (Kbit/s)	Índice FEC	Formato de modulación	Velocidad de símbolos (ksim/s)	Ancho de banda ocupado (kHz)	Eb/N0[1] (dB)	C/N[1] (dB)	Separación de portadoras (kHz)
Voz (MF con compansión)[2]			MF		38		8,5	45
Voz (MF con compansión)[2]			MF		19		14,2	22,5
Voz[3]	64	No	MDP-4	32,0	38,4	11,3	13,5	45
Voz G.721	32	1/2	MDP-4	32,0	38,4	6,5	5,7	45
Voz G.721	32	3/4	MDP-4	21,3	25,6	8	9	30
Voz G.728	16	1/2	MDP-4	16,0	19,2	6,5	5,7	22,5
Voz G.728	16	3/4	MDP-4	10,7	12,8	8	9	15
Voz G.729	8	1/2	MDP-2	16,0	19,2	6,5	2,7	22,5
Datos	64	1/2	MDP-4	64,0	76,8	7	6,2	90
Datos	64	3/4	MDP-4	42,7	51,2	8,5	9,5	60
Datos	19,2	1/2	MDP-4	19,2	23	7	6,2	27,5
Datos	9,6	1/2	MDP-2	19,2	23	7	3,2	27,5

[1] E_b/N_0 y C/N son para una BER de 10^{-4} para las transmisiones de voz y de 10^{-7} para las de datos.

[2] SCPC-MF se menciona a efectos comparativos, La (C/N_0) citada corresponde a un valor requerido típico sin la ganancia de compansión (±17 dB).

[3] SCPC-MDP-4 de INTELSAT (véase el apartado 7.6.2.1 e)).

7.6.2.1 b) Datos

También puede utilizarse la SCPC-MDP para transmitir, con unos resultados excelentes, todo tipo de datos a velocidad binaria baja o media, estando el límite normalmente en torno a 128 Kbit/s.

El anterior cuadro 7.15 muestra asimismo valores típicos de la calidad de funcionamiento de diversas técnicas de transmisión de datos SCPC. Obsérvese que aunque, en modalidad de voz, una BER de 10^{-4} proporciona una calidad suficiente, la transmisión de datos exige normalmente una BER entre 10^{-7} y 10^{-9}. Este nivel de calidad puede alcanzarse añadiendo codificación de bloque de datos suplementaria.

Las transmisiones de datos SCPC pueden clasificarse a grosso modo en dos categorías:

- Modalidad de datos en banda vocal (VBD, *Voiceband data*) también llamada modalidad de datos en banda, es decir transmisión de datos a través de interfaces telefónicas; interfaces que a su vez pueden ser transparentes a los datos o no. Los datos de la banda vocal de baja velocidad binaria pueden transmitirse transparentemente a través del códec vocal (hasta 4 800 bit/s con el códec G.721 y hasta 2 400 bit/s con el G.728). Para velocidades binarias superiores hay que demodular localmente los VBD antes de transmitir la información digital (y remodularla en la salida de recepción). Utilizando esta técnica, es posible transmitir VBD a una velocidad próxima a la nominal del códec (o sea, hasta 14 400 bit/s para el G.728, quedando disponible la velocidad de datos sobrante para una codificación suplementaria de errores en recepción).

  Además, para la transmisión de fax deben emularse los protocolos pertinentes del UIT-T (T.30 y T.40).

- Modalidad de datos digitales: En esta modalidad, los datos se transmiten directamente a través de una interfaz digital (como las UIT-T V.24, V.28, V.11 y V.35) a un módem del terminal de la estación terrena.

  En la modalidad de datos directos, los equipos SCPC modernos deben permitir la transmisión, en modo circuito, de datos de entrada hasta 56 Kbit/s e incluso más.

7.6.2.1 c) Plan de frecuencias

La transmisión de canales SCPC se suele realizar apoyándose en un **plan de frecuencias de RF** predefinido. Esto significa que todas las frecuencias de portadora posibles del transpondedor del satélite tienen asignadas unas frecuencias de RF determinadas.

La separación de frecuencias entre los canales posibles depende del ancho de banda del canal que, a su vez, se define por la velocidad de información y el método de codificación y modulación . Por ejemplo:

- En los canales de 64 Kbit/s y modulación MDP-4, el ancho de banda (ruido) ocupado es BW = 38 kHz y la separación necesaria entre canales CS =45 kHz (BW = 76,8 kHz y CS = 90 kHz con FEC ½);

- En los canales de 32 Kbit/s (telefonía MICDA) con codificación FEC ¾ y modulación MDP-4, el ancho de banda (ruido) ocupado es BW = 25,6 kHz y la separación necesaria entre canales de CS = 30 kHz.

Obsérvese que el número de canales que se puede transmitir en una determinada banda, de anchura limitada, del transpondedor de un satélite es TB/CS (donde TB es la anchura de banda total disponible).

Suele haber sintetizadores de frecuencia para generar, en transmisión y en recepción, las frecuencias asignadas con la precisión necesaria (vgr. ±250 Hz en transmisión).

Para compensar la incertidumbre de la frecuencia del enlace descendente (debida principalmente al oscilador del transpondedor del satélite), se suele utilizar el control automático de frecuencia (CAF) en recepción. El bucle del CAF suele estar gobernado por una señal piloto transmitida por una de las estaciones terrenas de la red (por ejemplo, la central o estación principal).

Cuando se trata de acceso múltiple con asignación por demanda (DAMA, *demand assignment multiple access*), se asignan las frecuencias de transmisión y recepción durante la comunicación (véase el apartado 7.6.2.1.g) más adelante).

7.6.2.1 d) Arquitectura del sistema SCPC digital y funcionamiento de los terminales de la estación terrena

Se suele utilizar las comunicaciones SCPC cuando el tráfico es de baja densidad. Hay dos tipos principales de funcionamiento (esto es asimismo válido para SCPC-MF y para SCPC digital):

- Enlaces punto a punto para tráfico de baja densidad. El sistema INTELSAT SCPC-MDP-4 (véase el apartado 7.6.2.1 e) más adelante), constituye un caso representativo específicamente diseñado para "rutas de poco tráfico" entre las estaciones terrenas norma B "de tamaño mediano" y las estaciones principales norma A (o bien entre las estaciones norma B)

- Redes SCPC dedicadas, para comunicaciones de baja densidad con varios emplazamientos dispersos. Ejemplos de este tipo de funcionamiento lo constituyen las redes nacionales de las zonas rurales, las zonas insulares, las redes comerciales (corporativas) etc. Estas últimas se suelen clasificar como redes VSAT (terminales de muy pequeña abertura, *very small aperture terminals*). Como se indicó en el apartado 5.6, existen dos arquitecturas posibles de redes SCPC dedicadas:

  - Redes en estrella para las comunicaciones entre una estación terrena central o principal (denominada la "Central" o "Hub") y varias estaciones terrenas pequeñas en emplazamientos distantes (en este caso la comunicación entre dos estaciones distantes sólo pueden efectuarse a través de la Central, o sea mediante dos saltos de satélite).

  - Redes malleadas, en las que todas las estaciones distantes son de igual rango. En las redes malleadas se puede establecer enlaces directos de un solo salto entre dos estaciones distantes cualesquiera. Sin embargo, hasta en las redes malleadas se suele instalar una estación terrena central ("principal") destinada a controlar y supervisar la red así como a asignar los circuitos en el funcionamiento en modalidad DAMA, como se explica más adelante.

Los enlaces SCPC pueden ser previamente asignados (modalidad PAMA, *preassignment multiple access*) o por demanda (modalidad DAMA, *demand assignment multiple access*). Véanse los apartados 5.5 y 7.6.2.1 g)).

La figura 7.50 representa un diagrama de bloques característico de una estación terrena SCPC remota. En el mismo se incluye:

- El subsistema de RF, con la antena, los amplificadores de RF de emisión y recepción (AP y LNA) y los convertidores elevador y reductor de frecuencia (UC, *Up-converter*, y DC, *Down-converter*). En las estaciones terrenas muy pequeñas (VSAT), las unidades de RF y especialmente las denominadas LNC (*Low noise converter,* convertidor de bajo nivel de ruido, es decir el amplificador de bajo nivel de ruido y el convertidor ascendente en un solo bloque), pueden estar en el exterior, integradas directamente en el alimentador de la antena y el diplexor.

- El terminal de tráfico SCPC, dividido en:

  - El equipo común, compartido por todas las unidades de canal, integrado, en caso de ser necesario, por un distribuidor de FI, los amplificadores de FI, los osciladores de referencia (unidad de tiempos y frecuencias, TFU, *time and frequency unit*), y las unidades CAG y CAF. En las redes dedicadas, el equipo común suele incluir asimismo la unidad de señalización y control (SCU, *signalling and control unit*);

  - Las unidades de canal (CU, *channel units*), cada una con su frecuencia de portadora asignada previamente (en PAMA) o por demanda (DAMA), para transportar un canal de comunicaciones (vocal o de datos). Cada CU tiene un módulo de interfaz terrenal (TIM, *terrestrial interface module*) y una unidad moduladora-demoduladora digital (Un módem MDP-4 o MDP-2).

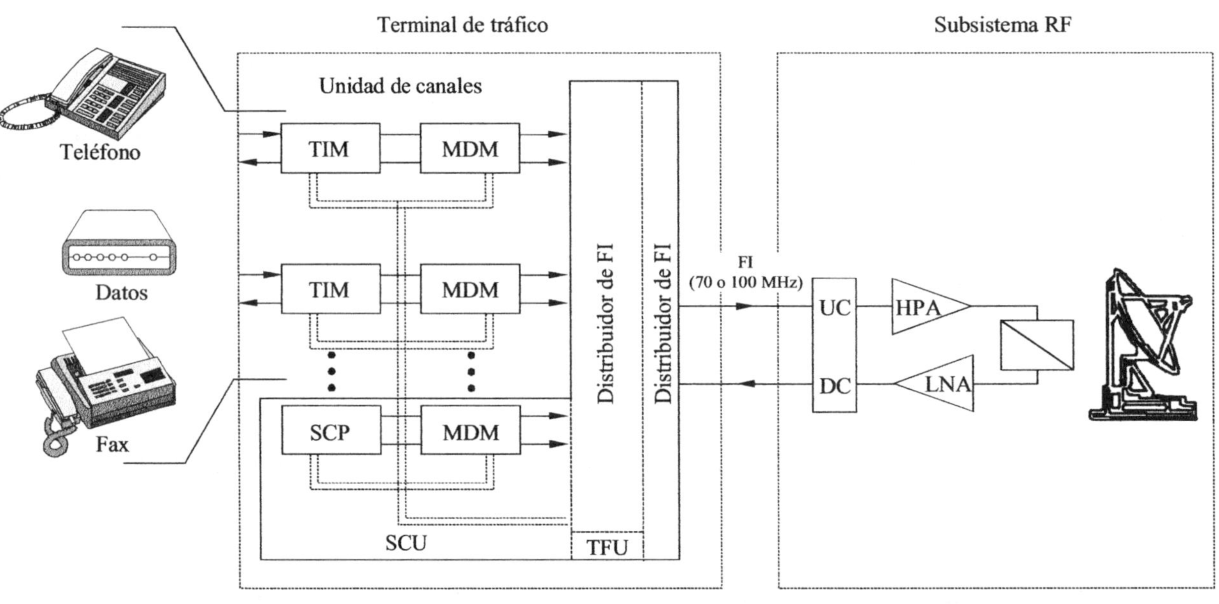

FIGURA 7.50

Diagrama de bloques genérico de una estación terrena SCPC

NOTA – Las posibles configuraciones con redundancia del subsistema de RF y del terminal de tráfico (incluidas, en su caso, UC suplementarias), no están representadas en la figura.

La unidad de señalización y control (SCU, *signalling and control unit*) puede estar integrada por:

- un procesador de señalización y control (SCP, *signalling and control processor*), que se encarga del control global de la estación (configuración, puesta en marcha, supervisión y control de los equipos, etc.) y asimismo del procesamiento de la señalización de las unidades de canal (en la modalidad DAMA);

- un módem para establecer los enlaces de señalización y datos con la estación central de la red (véase el apartado 7.6.2.1 g)).

Los módulos de interfaz terrenal (TIM) realizan las funciones siguientes. Obsérvese que esta relación constituye sólo un ejemplo representativo, no teniendo por tanto carácter restrictivo, y puede incluir funciones básicas y opcionales.

- Interfaz telefónica (normalmente una interfaz analógica estándar de 2/4 hilos más señalización E + M). Normalmente puede haber una diversidad de interfaces terrenales y de sistemas de señalización.

  Por ejemplo, las posibles interfaces terrenales (2 hilos, 2 hilos E + M, 4 hilos y 4 hilos E + M,) pueden tener conexión directa con teléfonos convencionales o conexión con centrales públicas o privadas (PABX o CAP). El sistema de señalización soportada (de telefonía) puede tener: UIT- T Nº 5, R1, R2, señalización de línea de abonado, señalización de PABX (o CAP), etc.

- Codificación digital (normalmente a 64 Kbit/s con arreglo a la Recomendación UIT-T G.711).

- Codificación a baja velocidad (CBV o LRE, *low bit rate encoding*). (Véase el apartado 7.6.2.1 a)).

- Compensación del eco (Recomendación UIT-T G.165).

- Multiplexación y alineación de trama para datos en la modalidad de banda vocal (véase el apartado 7.6.2.1 b)).

- Interfaz para la modalidad de datos digitales.

- Detección de actividad vocal y control de portadora.

- Funciones de control, supervisión y señalización (en conexión por medio de un bus de control con una SCU, si existe).

Cada unidad módem realiza las siguientes funciones (relación característica):

- Interfaz de FI y conversión de frecuencia, incluida sintonía de las frecuencias de tráfico (si se trata de un módem de banda ancha, con agilidad de frecuencia).

- Aleatorización para dispersión de energía (véanse los apartados 3.3.4 y 7.5.5).

- Corrección de errores en recepción (FEC, *forward error correction*, normalmente utilizando codificación convolucional y decodificación de Viterbi por decisión programable. Véase el apéndice 3.2).

- Alineación de trama y sincronización de las ráfagas vocales *o de los trenes de datos*.

- Modulación y demodulación coherente (MDP-4 o MDP-2), con recuperación de portadora y de reloj (véanse los apartados 4.2 y 7.6.4).

7.6.2.1 e)   El sistema INTELSAT SCPC-MDP-4 y el terminal de la estación terrena

Como se ha indicado anteriormente, la modalidad de transmisión SCPC convencional en el sistema mundial INTELSAT para las comunicaciones en las bandas de 6/4 GHz entre las estaciones terrenas INTELSAT norma A y/o norma B, es SCPC- MDP-4 a 64 Kbit/s.

El terminal, cuyos parámetros técnicos se especifican en el documento de INTELSAT IESS-303, puede funcionar con cuatro configuraciones funcionales de las unidades de canal (como única función o como CU multifunción):

1)   Modalidad de voz convencional a 64 Kbit/s o de datos en banda vocal a 4,8 Kbit/s cómo máximo.

2)   Igual que en 1) aunque opcionalmente con los datos en banda vocal por encima de 4,8 Kbit/s utilizando una codificación FEC especial (código de Hamming modificado 120, 112).

3)   Modalidad de datos digitales a 48 o 50 Kbit/s utilizando una codificación FEC convolucional de velocidad ¾.

4)   Modalidad de datos digitales a 56 Kbit/s utilizando una codificación FEC convolucional de velocidad 7/8.

El cuadro 7.16 a continuación contiene los principales parámetros del sistema INTELSAT SCPC-MDP-4.

CUADRO 7.16

Resumen de características de INTELSAT SCPC-MDP-4

(Extraído de INTELSAT IESS-303 (Rev.4))

Parámetros	Requisitos
VOZ	
Anchura de banda de entrada del canal de audio	300-3 400 Hz
Velocidad de transmisión	64 Kbit/s(incluye el preámbulo)
Codificación	MIC de 7 bits;
	ley de compansión: A=87,6
	Velocidad de muestreo 8 kHz
Modulación	MDP-4 coherente
Resolución de ambigüedad	Palabras únicas
Control de portadoras	Activado por la voz para
Separación de canales	45 kHz
Anchura de banda de canal	45 kHz
Anchura de banda de ruido FI	38 kHz
C/T por canal en el punto de funcionamiento nominal	$-167,3$ dB/W.K^{-1}
C/N en la anchura de banda FI en el punto de funcionamiento nominal	15,5 dB
Proporción de bits erróneos (BER) nominal en el punto de funcionamiento	1×10^{-6}
C/T por canal en el umbral	$-169,3$ dB/W.K^{-1}
C/N en la anchura de banda FI en el umbral (dB)	13,5
BER umbral	1×10^{-4}
DATOS	
Velocidad binaria (FEC 3/4)	48 Kbit/s o 50 Kbit/s
Velocidad binaria (FEC 7/8)	56 Kbit/s
Recuperación de reloj	La temporización del reloj debe recuperarse del tren de datos recibido
Umbral C/N:	
48 Kbit/s (Anchura de banda, BW = 38 kHz)	13,5 dB
56 Kbit/s (BW = 38 kHz)	13,5 dB
50 Kbit/s (BW = 38 kHz)	13,6 dB
BER umbral en el punto de funcionamiento sin codificación ni aleatorización	1×10^{-6}
BER nominal en el punto de funcionamiento con codificación FEC.	1×10^{-9} (sin aleatorización) 3×10^{-9} (con aleatorización)

El documento de INTELSAT específica todos los parámetros técnicos necesarios para las estaciones terrenas, concretamente el nivel de p.i.r.e. (con la reducción resultante de aplicar el factor de actividad correspondiente a la activación vocal), así como la estabilidad, las emisiones no esenciales y los productos de intermodulación, reducidos asimismo por el factor de actividad), la tolerancia de la frecuencia portadora y el ruido de fase, las funciones de CAF y piloto, las características del códec telefónico, la calidad de funcionamiento del modulador (incluidos la fluctuación de fase y la emisión fuera de banda), la del demodulador (incluidos el filtrado, la recuperación de la portadora y de la temporización de los bits y la BER) y la de los sintetizadores, y características de las interfaces (voz y datos, incluidos el sincronizador, los códecs y la FEC).

7.6.2.1 f) Las estaciones terrenas de SCPC digital y los terminales de comunicaciones nacionales

La configuración y las características pertinentes (vgr. el códec vocal y el tipo de módem, normalmente MDP-4 o MDP-2) de los diversos terminales de las estaciones terrenas de SCPC digital existentes actualmente en el mercado, son peculiares de cada fabricante. Sin embargo, la mayor parte de ellos ofrece varios tipos de estaciones terrenas, por ejemplo:

- estaciones terrenas distantes de pequeña capacidad, que suelen estar basadas en una configuración "tipo VSAT" con un terminal compacto, de bajo consumo, normalmente desatendido, (con un número limitado de unidades de canal, por ejemplo hasta 6);

- estaciones terrenas de mediana capacidad, normalmente para aplicaciones rurales;

- terminales de gran capacidad, para nodos de tráfico o para estaciones terrenas principales (vgr. centrales o hubs). Estos terminales deben ser capaces de admitir hasta centenares de unidades de canal y utilizan configuraciones específicas de los equipos (normalmente con amplificadores de potencia de tubos de ondas progresivas).

Las estaciones terrenas se suelen implementar en las bandas de 6/4 GHz o en las de 14/11 - 12 GHz, aunque podrían contemplarse otras bandas del SFS.

Hay que mencionar una configuración opcional que presenta considerables ventajas para las redes con pocos enlaces de tráfico medio o intenso. Consiste en la combinación de MCPC y de SCPC básico en estos enlaces. MCPC (Varios canales por portadora, *multiple channels per carrier*) es la modalidad en la que varios canales digitales se multiplexan mediante MDT sobre una sola portadora (véase apartado 7.6.2.2). En el funcionamiento combinado SCPC-MCPC que aquí se cita, algunas unidades de canal de los terminales de la estación terrenas se sustituyen por unidades MCPC de baja o media capacidad (unidad módem + TIM). Esta configuración puede constituir un modo económico de aumentar la capacidad de tráfico de estaciones terrenas distantes sin que para ello haya que incrementar su complejidad. Un ejemplo sencillo sería la implementación de dos canales telefónicos de 32 Kbit/s o cuatro de 16 Kbit/s con una única portadora MCPC.

Obsérvese que para aplicaciones domésticas y comerciales los fabricantes pueden ofrecer sistemas completos llave en mano que incorporen funciones centralizadas tales como el control DAMA y la gestión de la red (incluidos supervisión y mantenimiento).

7.6.2.1 g)   La implementación DAMA

Cuando se trata de acceso múltiple con asignación por demanda (DAMA, *demand assignment multiple access*), los canales del satélite se asignan y liberan llamada a llamada (véase el anterior apartado 5.5).

Las principales ventajas del funcionamiento DAMA son, como ya se vio, las siguientes:

- Los diversos canales bidireccionales de comunicaciones (troncales) no se asignan con carácter permanente a direcciones preestablecidas y determinadas, sino que se acumulan para encauzar todo el tráfico de la red y se asignan por demanda a direcciones específicas sólo mientras dura la comunicación correspondiente.

  Debido al efecto de concentración, el número de canales de la red viene determinado por el tráfico total.

  El cálculo (mediante tablas de Erlang) del número de canales SCPC necesarios (y de frecuencias de portadora del satélite) pone de manifiesto una reducción significativa frente al caso de preasignación (PAMA). El apartado 5.5.7 presenta ejemplos de cálculos de dimensionamiento del DAMA.

- El funcionamiento del DAMA no sólo reduce el número de canales de satélite necesarios, sino también la cantidad de unidades de canal SCPC de las estaciones terrenas.

- Las ventajas del DAMA son especialmente evidentes en las redes malleadas en las que cualquier par de estaciones terrenas distantes puede comunicarse entre sí a través de saltos de satélites sencillos. Los cálculos realizados en un ejemplo característico ponen de manifiesto que el número de circuitos de satélites necesarios en una red malleada es sólo el 25 % (del número necesario para PAMA) frente al 70 % aproximadamente para una red en estrella de la misma capacidad de tráfico. El mismo cálculo muestra que el número de unidades de canal SCPC es el 30 % aproximadamente frente al 80 % para una red en estrella, teniendo además este último el inconveniente del retardo del doble salto de las comunicaciones entre las estaciones distantes[8,9].

A continuación se proporciona un extracto del SPADE de INTELSAT, sobre todo por razones históricas y por su interés técnico. (SPADE quiere decir equipo de asignación por demanda de acceso múltiple SCPC, *SCPC multiple access demand assignment equipment*).

En el marco de su sistema mundial (norma A) de estaciones terrenas principales, INTELSAT empezó a utilizar en 1973, un grupo de canales SCPC-MDF-4-MIC (IESS, véase el apartado 7.6.2.1 e)) asignados exclusivamente por demanda. SPADE pretendía facilitar el acceso de los operadores de norma A a varios corresponsales con tráfico de baja densidad.

---

8 El retardo del doble salto puede resultar aceptable en ciertos casos, especialmente cuando no se trata de aplicaciones telefónicas (vgr. enlaces de datos para comunicaciones comerciales).

9 No obstante hay situaciones en que las redes en estrella son preferibles a las malleadas, principalmente cuando el tráfico principal se dirige de la estación central (la estación principal, dotada de una antena grande) a las estaciones distantes (dotadas de antenas pequeñas). En todo caso, dada una determinada situación del tráfico de la red, debe analizarse el uso de la potencia del transpondedor del satélite (el límite de potencia en relación con el límite de anchura de banda). Hay que recalcar asimismo la importancia de las ventajas del DAMA cuando los enlaces soportan tráfico de muy baja densidad (por ejemplo, 0,1 Erlang)

Al contrario que la mayor parte de los sistemas DAMA, SPADE utilizaba un método de control de asignación distribuido en el que cada una de las estaciones terrenas podía asignar sus propios canales por separado, gracias a una unidad de señalización y conmutación de la asignación por demanda (DASS, *demand assignment signalling and switching*). Esto se realizaba manteniendo en cada DASS un cuadro de frecuencias permanentemente actualizado, y eligiendo para el establecimiento del circuito un par de frecuencias disponibles al azar.

Un canal especial de señalización común (CSC, *common signalling channel*) permitía comunicar a las demás estaciones del sistema el estado de la estación en cuestión, en cada momento. Sin embargo, debido a la escasa utilización de este servicio y al coste del terminal, INTELSAT decidió suspender este servicio.

Actualmente, INTELSAT está poniendo a punto un nuevo sistema DAMA para pequeñas estaciones terrenas funcionando en las bandas de 6/4 GHz. Se trata de un sistema DAMA centralizado coordinado por un centro de gestión y control de la red (NMCC, *network management and control center*) como mínimo. En este sistema, la estación llamante envía un mensaje de petición (con el número de teléfono llamado) al NMCC a través de un canal reservado SCPC compartido (utilizando el método Aloha de acceso aleatorio; véase el apartado 5.3.2).

El NMCC transmite por el canal SCPC mensajes con información sobre la gestión del tráfico (concretamente las frecuencias de emisión y recepción asignadas a la estación llamante y a la llamada durante la conexión solicitada).

Los vendedores de sistemas de satélites dedicados (nacionales, empresariales) suelen ofrecer sus propios sistemas DAMA. Como estos sistemas DAMA (propietarios) suelen combinarse con funciones de gestión y supervisión de la red, pueden configurarse para satisfacer los requisitos específicos del operador cliente.

A continuación se relacionan algunas de las características más representativas de los sistemas DAMA nacionales actualmente disponibles:

- Todas las funciones de gestión y supervisión de la red se centralizan en un sistema de control de la red (NCS, *network control system*), conectado a un computador central situado en la estación central de la red.

- El NCS se encarga de las funciones de gestión de la red, a saber:

  - gestión de la configuración

  - gestión de la calidad de funcionamiento

  - gestión de averías

  - seguridad

  - estadísticas

  - facturación, etc

  - funciones de gestión de recursos en la modalidad preasignada (PAMA) y en la asignada por demanda (DAMA)

•   El NCS está enlazado con todas las estaciones de tráfico por medio de una red de señalización especializada, que suele utilizar portadoras MDT/AMDT[10].

NOTA – En la red MDT/AMDT, la estación central envía mensajes a todas las estaciones distantes, o sólo a algunas, por medio de una portadora (continua) MDT. Las estaciones distantes se comunican con la central por medio de una portadora común AMDT (o de varias, en función de la capacidad de tráfico necesaria).

La portadora AMDT la comparten las estaciones remotas mediante un proceso Aloha. Esta operación se suele utilizar en los sistemas comerciales VSAT (en estos sistemas, se suelen utilizar enlaces MDT/AMDT para encauzar el tráfico entre las estaciones distantes y la estación central o principal. Consúltese el suplemento 3 del manual *Sistemas VSAT y estaciones terrenas*.

7.6.2.2   El equipo AMDF-MDT-MDP (MCPC)

7.6.2.2 a)   Generalidades

Los enlaces de satélites utilizan cada vez más portadoras AMDF-MDT-MDP, en vez de las portadoras AMDF-MDF-MF que se solían utilizar en la época de las "transmisiones analógicas".

Como en el caso de AMDF-MDT-MDP, al igual que en el de AMDF-MDF-MF y al contrario que con SCPC, se pueden multiplexar varios canales de comunicaciones en una única portadora (posiblemente con varios destinos), este tipo de transmisiones se suele denominar Varios canales por portadora (MCPC, *multiple channels per carrier*).

En el conjunto de tipos posibles de transmisiones digitales, las transmisiones AMDF-MDT-MDP pueden considerarse intermedias entre la SCPC punto a punto de pequeña capacidad (vgr. de 8 Kbit/s a 128 Kbit/s, véase el apartado anterior 8.6.3) y las AMDT (véase el apartado 7.6.3 a continuación) con plenas posibilidades de multiplexación digital y acceso múltiple, hasta capacidades de tráfico global muy elevadas (hasta 120 Mbit/s e incluso más).

De acuerdo con ello, el intervalo preferido de aplicación de los enlaces AMDF-MDT-MDP es normal que se extienda de 64 Kbit/s a 45 Mbit/s, por ejemplo. A menudo pueden añadirse sin problemas nuevas cadenas de comunicaciones AMDF-MDT-MDP a estaciones terrenas existentes para aumentar su capacidad de tráfico, utilizando el mismo equipo de RF (totalmente o en parte). Incluso es posible en "antiguas" estaciones terrenas, combinar nuevas cadenas de comunicaciones AMDF-MDT-MDP con cadenas convencionales AMDF-MDF-MF, pudiendo de este modo implementar poco a poco las comunicaciones digitales por satélite.

Debe observarse que los cálculos del balance del enlace muestran que la anchura de banda y la p.i.r.e. de la estación terrena necesarios para transmitir portadoras AMDF-MDT-MDP-4 suelen ser inferiores a las necesarias para transmitir portadoras AMDF-MDF-MF de la misma capacidad de comunicación, especialmente cuando se utiliza Multiplicación de equipos digitales (DCME, o sea

---

[10] Cuando se trate de redes preasignadas, la información de supervisión puede transmitirse de un modo más sencillo al centro de mantenimiento y supervisión, o desde éste, utilizando bits de servicio especiales en las portadoras de tráfico.

Codificación a baja velocidad, LRE, y/o Interpolación digital de conversaciones, DSI; véase el apartado 3.2.2.3) o técnicas de transcodificación[11].

La mayor parte de los terminales AMDF-MDT-MDP existentes pueden utilizarse ya sea en redes abiertas (con arreglo a las normas IDR e IBS de INTELSAT o SMS de EUTELSAT) o en redes cerradas (con especificaciones propietarias). Las portadoras AMDF-MDT-MDP deben considerarse un medio de transmisión de cualquier tipo de información en forma digital, por ejemplo telefonía codificada en MIC (con DCME o sin él), datos, vídeo o una combinación multiplexada de los mismos (en particular en una trama RDSI).

Para mejorar el balance del enlace, y por consiguiente su calidad de funcionamiento y la utilización del recurso potencia/anchura de banda, se suele incorporar a la señal transmitida por el satélite potentes sistemas de corrección de errores (FEC), que suelen consistir en la codificación convolucional con decodificación de Viterbi por decisión programable, concatenado además, posiblemente, un código exterior de Reed-Solomon. La utilización de los códigos Reed-Solomon puede mejorar la calidad de las transmisiones digitales por satélite haciéndola comparable a la de los mejores enlaces de fibra óptica.

7.6.2.2 b) Descripción y características del terminal

La figura 7.51 muestra el diagrama de bloques de un terminal AMDF-MDT-MDP característico.

Este terminal consiste en una unidad de canal de transmisión destinada a transmitir la portadora del satélite (posiblemente con varios destinos) y una unidad de canal de recepción (o varias si se trata de un terminal con varios destinos). Debe observarse que generalmente el terminal propiamente dicho sólo incluye los medios de transporte de telecomunicaciones , es decir la unidad módem y el equipo terrenal, tal como las unidades de multiplexación y demultiplexación (MUX/DEMUX) y las unidades de interfaz terrenal, DCME, Canales de servicio de ingeniería (ESC), Reloj de referencia de frecuencias (REF), sistemas de alarma (BWA)[12], etc., así como convertidores elevadores y reductores de frecuencia (UC/DC), equipo de RF, etc. (dentro de las elipses de la figura) se consideran unidades externas que forman parte del equipo general de la estación terrena.

En el lado transmisor, los datos procedentes del equipo terrenal (MUX o parte transmisora del DCME) se introducen en la interfaz de línea (INT) que realiza la conversión de formato del múltiplex de datos y pasa al registro FIFO (First In, First Out, *primero en entrar primero en salir*) para eliminar la fluctuación de fase (DEJITTER) por medio de un reloj de referencia externo (REF)[13], cuando sea conveniente. Esta señal se entrega al alineador de tramas del satélite (SAT FRAM) para combinarse con los eventuales datos de control interno (ESC, BWA) en función del sistema de transmisión empleado. Por ejemplo, en una configuración de red abierta como

---

[11] Transcodificación: Recomendación UIT-T G.671 (en preparación).

[12] Retroalarma (BWA, *backward alarm*). Guarda relación con las condiciones de avería en el "extremo distante" de los circuitos. De acuerdo con las Recomendaciones del UIT-T, estas indicaciones de alarma se suelen comunicar al equipo terrenal. Concretamente, esto es un requisito de las especificaciones INTELSAT (IDR, IESS-308).

[13] La utilización de un reloj externo de referencia de gran precisión (REF) (vgr. 10-11) suele ser necesaria para la sincronización con las redes terrenales.

INTELSAT o EUTELSAT, se incluyen canales ESC (voz para IDR y datos a baja velocidad para IBS y SMS) y retroalarmas (generadas por el lado receptor) en la trama de datos de información como información suplementaria. La señal con la información suplementaria se aleatoriza acto seguido (SCRB), se codifica (codificación convolucional, FEC, con concatenación de codificación exterior Reed-Solomon, RS COD, o sin ella) y finalmente se modula en MDP-4 (QPSK MOD) antes de ser transmitida como portadora por el satélite mediante los convertidores elevadores y reductores (UC/DC) y la parte de RF de la estación terrena.

En el lado receptor, cada portadora recibida del satélite que se desee, se demodula en MDP-4 (QPSK DEM) y se regenera, decodifica (decodificación secuencial o de Viterbi, FEC DEC, con decodificación Reed-Solomon, RS DEC, o sin ella, de acuerdo con el lado transmisor) y se desaleatoriza (DSCR). Esta señal se introduce en el desalineador de tramas (SAT DEFRAM) del satélite para eliminar la información de control interno y se pasa una memoria intermedia de recepción (BUFFER) para compensar el efecto Doppler y el plesiocronismo mediante un reloj externo de referencia (REF). Por último, la interfaz de línea (INT) restaura el formato de datos multiplexados antes de su envío al equipo terrenal (DEMUX o DCME).

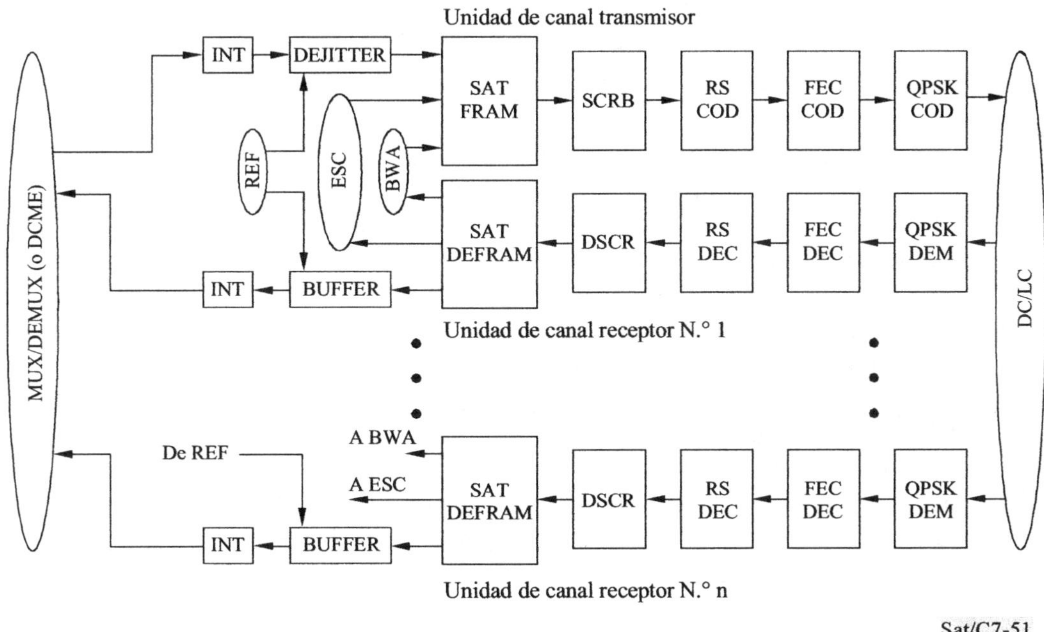

FIGURA 7.51

Diagrama de bloques del terminal AMDF-MDT-MDP

Los terminales AMDF-MDT-MDP deben diseñarse como unidades modulares y flexibles para adaptarse a una gran variedad de aplicaciones:

i)   Varias velocidades binarias: actualmente hay módems de banda ancha totalmente digitales, compatibles con un amplio intervalo de velocidades binarias, por ejemplo desde 64 Kbit/s hasta 8,444 Mbit/s, cambiando filtros enchufables o, en las versiones modernas, sencillamente mediante un programa informático de control.

ii) Códecs de corrección de errores: como se ha visto anteriormente, en la actualidad los códecs FEC que utilizan codificación convolucional y decodificación de Viterbi por decisión programada se utilizan sistemáticamente en la mayor parte de los terminales AMDF-MDT-MDP. Debe disponerse de FEC de varias relaciones (vgr. ½, ¾ y 7/8). Además suelen exigirse los códecs exteriores (normalmente Reed-Solomon) como opciones.

iii) Funcionamiento con un solo destino o con varios: en ciertos casos, la utilización de un terminal AMDF-MDT-MDP se limita al intercambio de información entre dos usuarios finales (éste es concretamente el caso de los enlaces comerciales IBS de INTELSAT). En estos casos basta con una configuración de módem de destino único y terminal. Sin embargo, el acceso múltiple, que es una característica específica de la comunicación por satélite, encontrará sin duda aplicaciones muy interesantes de las transmisiones digitales AMDF-MDT-MDP. En estas aplicaciones de varios destinos, la portadora transmitida por una estación terrena puede ser recibida por varias estaciones terrenas (e inversamente, en una arquitectura de red malleada). Por lo tanto, hay que recomendar la utilización de terminales AMDF-MDT-MDP con capacidad de varios destinos (como la representada en la figura 7.51). Por supuesto sigue siendo posible implementar un sólo equipo con multiplexor/demultiplexor concatenado: los trenes de bits destinados a una determinada estación terrena pueden demultiplexarse en dicha estación, a partir de las señales de jerarquía superior transmitidas desde otra estación.

iv) Estructuras de multiplexación/demultiplexación: los terminales AMDF-MDT-MDP deben diseñarse para aceptar la gran variedad de configuraciones de multiplexación posibles de las señales digitales, para su transmisión transparente a través del satélite. Estas configuraciones de multiplexación dependen de la arquitectura de la red (un sólo destino o varios), de los requisitos de tráfico, de la velocidad de la información y de las jerarquías digitales especificadas entre los usuarios corresponsales (a menudo, de acuerdo con las Recomendaciones del UIT-T: G.702 para las jerarquías con un nivel primario de 2,048 Mbit/s o de 1,544 Mbit/s, y G.802 para interfuncionamiento de ambas jerarquías). Para tráfico relativamente escaso entre dos o más destinos, puede resultar muy útil una configuración conocida como "multiplexor de supresión e inserción (*drop and insert mux*): dicho dispositivo se puede utilizar con el primer multiplexor de orden primario (1 544 o 2 048 Kbit/s) cuando sólo una parte del multiplexor, es decir algunos canales de 64 Kbit/s, hayan de ser enviados a través del satélite. En el lado transmisor, el multiplexor de supresión extrae los datos de los intervalos de tiempo de la señal portadora terrenal y los pasa alineador de tramas del satélite.

v)   En el lado receptor, el multiplexor de inserción inyecta intervalos de tiempo del desalineador de tramas del satélite en la señal portadora terrenal. Los multiplexores de inserción y supresión pueden conectarse en serie cuando sea necesario en aplicaciones de varios destinos.

v) El equipo de multiplicación de circuitos digitales (DCME, *digital circuit multiplication equipment*) y el equipo de interfaz terrenal: el terminal AMDF-MDT-MDP debe ser compatible con la utilización de DCME y con diversos tipos de equipos de interfaz terrena utilizados para conectar los circuitos del satélite a la red terrenal. Como ya se ha visto, la utilización de DCME (interpolación digital de conversaciones, DSI, más la codificación a baja velocidad, CBV, generalmente mediante MICDA a 32 Kbit/s) permite aumentar la capacidad de tráfico del enlace de satélite (en un factor de 4 a 8) aprovechando el factor de actividad vocal normal de cada canal telefónico unidireccional codificado a 32 Kbit/s.

7.6.2.2 c) Parámetros de transmisión AMDF-MDT-MDP y calidad de funcionamiento del terminal

El cuadro 7.17 a continuación, proporciona ejemplos característicos de parámetros de transmisión y calidad de funcionamiento del terminal para portadoras AMDF-MDT-MDP-4. Aunque este cuadro procede principalmente de las especificaciones de INTELSAT para las portadoras IDR (IESS-308, Rev.8), puede considerarse de interés general y normalmente aplicable para la mayoría de los tipos de transmisiones AMDF-MDT-MDP-4.

7.6.3 El equipo de comunicaciones (AMDT)

7.6.3.1 Funcionamiento genérico de los terminales AMDT

Los principios generales del funcionamiento AMDT se recogen en el capítulo 5 (apartado 5.3).

Un sistema de comunicaciones AMDT característico está compuesto de tres tipos de elementos:

*   Estaciones terrenas de tráfico

    Constituyen los puntos de conexión de los usuarios con la red de satélites. Procesan y almacenan en memoria intermedia (comprimen) las señales de información entrantes (telefonía MIC, datos síncronos, etc.) en el formato digital necesario y transmiten estas señales como ráfagas de datos en intervalos de tiempo adecuados dentro de la trama AMDT. Simétricamente, reciben las ráfagas de datos de las correspondientes estaciones, extraen de ellas las subráfagas MDT adecuadas y finalmente las guardan en memoria intermedia (expanden) y restauran la información saliente al formato convencional.

*   Estación terrena de referencia

    Estas estaciones se encargan de la adquisición, sincronización, supervisión y asimismo de la gestión general del tráfico de todo el sistema. Suelen transmitir una señal de referencia de temporización que utilizan todas las estaciones, más otra información necesaria para el funcionamiento interno del sistema.

    En algunas redes, las funciones de tráfico y de referencia se agrupan en las mismas estaciones y las realizan los mismos terminales.

*   Centro de control de la red

    El centro de control de la red ofrece a los operadores la gestión centralizada de los equipos de la red (terminales AMDT y radiocomunicaciones), organización de los recursos de la transmisión y del tráfico.

CUADRO 7.17

Ejemplos característicos de parámetros de transmisión y calidad de funcionamiento del terminal para portadoras AMDF-MDT-MDP-4

(Portadoras INTELSAT IDR, extracto de las especificaciones de INTELSAT-IESS-308, Rev.8)

Velocidad binaria de la información (bit/s)	Velocidad de los datos (Con la velocidad binaria de servicio) (bit/s)	Rela-ción FEC	Velocidad binaria de transmisión (bit/s)	Anchura de banda ocupada (Hz)	Anchura de banda asignada (Hz)	C/N_0 (BER=10^{-10}) (dB-Hz)	C/N (BER=10^{-10}) (dB)
64 k	64 k	3/4	85,33 k	51,2 k	67,5 k	59,1	12
64 k	64 k	1/2	128,0 k	76,8 k	112,5 k	58,1	9,1
384 k	384 k	3/4	512,0 k	307,2 k	382,5 k	66,8	12
1,544 M	1,640 M	3/4	2,187 M	1,31 M	1 552,5 k	73,1	12
2,048 M	2,144 M	3/4	2,859 M	1,72 M	2 002,5 k	74,3	12
2,048 M	2,144 M	1/2	4,288 M	2,57 M	2 992,5 k	73,2	9,1
8,448 M	8,544 M	3/4	11,392 M	6,84 M	7 987,5 k	80,3	12
44,736 M	44,832 M	3/4	59,776 M	35,87 M	41 875,0 k	87,5	12

NOTA 1 – Estos ejemplos están entresacados de los parámetros de transmisión estándar recomendados para el funcionamiento en el INTELSAT VII, VIII y K (de IESS-308, Rev.8, apéndice D, cuadros D.3 y D.4).

NOTA 2 – Los ejemplos se toman de una serie de tamaños de portadora recomendados. Estos tamaños se incluyen en las jerarquías digitales del UIT-T (Recomendación UIT-T G.802). Sin embargo, hay que indicar la posibilidad de utilizar todas las demás velocidades binarias de información entre 64 Kbit/s y 44,736 Mbit/s.

NOTA 3 – Servicio: el tamaño normalizado de servicio es de 96 Kbit/s para velocidades binarias de información * 1,544 Mbit/s.

NOTA 4 – Anchuras de banda ocupadas y asignadas: La anchura de banda ocupada (anchura de banda de ruido) y la asignada se suelen tomar como * 60% y 70% de la velocidad binaria de transmisión.

NOTA 5 – Característica (E_b/N_0) (del módem y del canal global) (de IESS-308, Rev.8, apéndice D, cuadros D.1 y D.2): Para compensar la eventual degradación durante una parte del tiempo disponible, la (C/N_0) y la (C/N) mencionadas se han calculado para ofrecer una BER del enlace con atmósfera despejada, superior a 10-10. Esto corresponde a una (E_b/N_0) global de 11 dB (FEC 3/4) o 9,9 dB (FEC 1/2) (incluido el canal del satélite). El cuadro siguiente proporciona otros valores de INTELSAT para (E_b/N_0) con objeto de poder calcular (C/N_0) y (C/N) para otros valores BER. El cuadro incluye asimismo las especificaciones del módem INTELSAT (SI está adosado):

(E_b/N_0) (dB) para BER =	10^{-3}	10^{-6}	10^{-7}	10^{-8}	10^{-10}
Módems adosados					
Relación FEC = 3/4	5,3	7,6	8,3	8,8	10,3
Relación FEC = 1/2	4,2	6,1	6,7	7,2	9,0
A través del canal del satélite					
Relación FEC = 3/4	5,7	8,0	8,7	9,2	11,0
Relación FEC = 1/2	4,6	6,5	7,1	7,6	9,9

NOTA 6 – Codificación exterior REED-SOLOMON (RS) (de IESS-308, Rev.8, apéndice H): INTELSAT ofrece la utilización opcional de una codificación FEC suplementaria: Un código de bloques Reed-Solomon (RS) "exterior" (véase capítulo 3, apartado 3.3.5) puede concatenarse con el FEC especificado (el código "interior"). El objeto de este código suplementario opcional es mejorar la calidad de funcionamiento en atmósfera despejada así como la disponibilidad de los enlaces. Debe observarse lo siguiente:

- La anchura de banda ocupada cuando se utiliza el código RS aumenta en un factor que depende de los parámetros del código RS, y que oscila en la práctica entre 12,5% para pequeñas portadoras (<1,544 Mbit/s) y 8,33% para portadoras de mayor tamaño.

- Las bandas asignadas y las p.i.r.e. necesarias permanecen inalteradas.

- El cuadro de calidad de funcionamiento de la anterior NOTA 4 se convierte en el siguiente:

(E_b/N_0) (dB) para BER =	10^{-3}	10^{-6}	10^{-7}	10^{-8}	10^{-10}
Módems adosados					
Relación FEC = 3/4		5,6	5,8	6,0	6,3
Relación FEC = 1/2		4,1	4,2	4,4	5,0
A través del canal del satélite					
Relación FEC = 3/4	5,7	6,0	6,2	6,4	7,0
Relación FEC = 1/2	4,6	4,5	4,7	4,9	5,9

La parte principal de la estación de tráfico es el terminal de tráfico AMDT, con las funciones relacionadas en el apartado 5.3. Está compuesto de:

- un subsistema FI (con el módem);

- un subsistema de procesamiento de la señal y de lógica de control del funcionamiento (equipo de lógica común);

- un subsistema de interfaz terrenal.

Se describen dos tipos de terminales: un terminal de alta velocidad binaria para tráfico internacional (sistema INTELSAT/EUTELSAT) y un ejemplo representativo de un terminal de velocidad binaria media con la configuración de acceso AMDF/AMDT.

7.6.3.2 Los terminales AMDT de alta velocidad binaria (INTELSAT/EUTELSAT AMDT-DSI 120 Mbit/s)

i) Características principales

Los terminales INTELSAT/EUTELSAT AMDT-DSI 120 Mbit/s harán posible el acceso múltiple de alta capacidad, y el establecimiento de comunicaciones telefónicas (y de datos) totalmente digitales a través de los satélites INTELSAT (y EUTELSAT/ECS) con elevado rendimiento (hasta 3 300 canales (64 Kbit/s) por transpondedor de 70 MHz, con concentración DSI).

Para transmisión de datos se utilizan terminales AMDT sin la función de concentración de tráfico (digital no interpolado: DNI) con interfaces n x 64 Kbit/s.

También hay disponible una interfaz digital directa (DDI) que permite las conexiones entre portadoras digitales terrenales a 2,048 Mbit/s con el sistema AMDT.

El cuadro 5.1 muestra los parámetros de transmisión básicos del INTELSAT/EUTELSAT AMDT.

A continuación se relacionan otras características de interés para el diseño del terminal:

- Trama AMDT: las señales digitales se organizan en una trama de tiempo de 2 ms de duración. Esta trama contiene dos tipos de ráfagas:

  - Las ráfagas de referencia (que proceden de una estación de referencia primaria y otra de respaldo) que proporciona a las estaciones terrenas información sobre temporización, control y gestión del sistema;

  - Las ráfagas de datos de tráfico que se adjudican a las diversas estaciones para manejar su tráfico. Cada ráfaga de tráfico se divide en un preámbulo y (hasta 8) subráfagas para hacer posible el funcionamiento con varios destinos (punto a multipunto). Un terminal de tráfico puede transmitir hasta 32 subráfagas dentro de un número máxima de 16 ráfagas y recibir hasta 32 subráfagas dentro de 32 ráfagas por trama.

  La figura 7.52 proporciona detalles de la estructura de la trama.

- Funcionamiento con múltiples transpondedores: un solo terminal puede funcionar a través de múltiples transpondedores de satélite. Esta característica importante se denomina "cambio de transpondedor".

  Los diversos transpondedores de satélite que pueden utilizarse para transmisión y recepción de una sola trama AMDT pueden tener distintas frecuencias de portadora y/o polarizaciones. Puede transmitirse o recibirse una ráfaga determinada a través de cualquiera de los transpondedores en cuestión.

  El cambio de transpondedor se efectúa a través de una conmutación rápida de FI (o RF) como se representa en la parte derecha de la fig. 7.54 (el tiempo de conmutación máximo es 16 símbolos, o sea 26,5 μs). Naturalmente, la longitud eléctrica (es decir, el tiempo de transferencia completo) de todos los posibles trayectos desde la salida del modulador hasta el acceso de entrada del alimentador de la antena (en transmisión) y desde la salida del alimentador de la antena hasta la entrada del demodulador (en recepción) tiene que ecualizarse cuidadosamente (diferencias de tiempo de propagación inferiores a 32 ns). Esta especificación se aplica a los diversos equipos de telecomunicaciones FI/RF posibles (convertidores elevadores, convertidores reductores, etc.) relacionados con el cambio de transpondedor en diferentes frecuencias portadoras (o diferentes polarizaciones) y a los diversos equipos FI/RF (convertidores elevadores, convertidores reductores, enlaces interfacilidades, amplificadores de potencia, amplificadores de bajo nivel de ruido, etc.) que pueden verse afectados por todas las posibles configuraciones de conmutación de redundancia.

- Corrección de errores: la corrección de errores sin canal de retorno (código BCH de relación 7/8) puede aplicarse siempre que sea necesario para obtener una BER satisfactoria.

- Interpolación digital de conversaciones (DSI): la DSI se aplica a los canales telefónicos para utilizar lo más eficazmente posible la capacidad del satélite. Los canales telefónicos de entrada son codificados en MIC de conformidad con la Recomendación UIT-T G.711 (ley A). Compatibilidad de señalización: sistema N° 5 del UIT-T y, en el caso de EUTELSAT, sistema R2 del UIT-T.

Como se explica más adelante (véase la fig. 7.54), cada módulo de interfaz DSI/DNI del sistema AMDT actúa como un interfaz entre el equipo terminal AMDT común y el equipo múltiplex digital a 2 048 Kbit/s (telefonía MIC o datos) de la red terrenal (hasta una decena de líneas MIC a 2 048 Kbit/s por cada módulo). Realiza también una función de concentración de tráfico (con DSI) o solamente la multiplexación/demultiplexación de canales (sin interpolación digital: DNI). Los canales DNI se utilizan sobre todo para transmitir datos.

- Redundancia: En el terminal AMDT (y en el equipo de comunicación de la estación terrena de que se trate) debe proporcionarse la redundancia adecuada, es decir, unidades funcionales de reserva incorporadas, con supervisión de estado y conmutación automática a fin de garantizar la disponibilidad especificada y permitir las operaciones de mantenimiento.

- Periféricos: Deben proporcionarse periféricos (es decir, consolas con unidades de visualización y teclado) para:

  - control operacional y supervisión del terminal;

  - carga del plan temporal de ráfagas;

  - correspondencia DSI-DNI (es decir, emparejamiento de ráfagas y subráfagas con circuitos terrenales).

ii)   Configuración y explotación de los equipos AMDT

La fig. 7.53 muestra el diagrama de bloques general de una estación terrena que funciona como un terminal de tráfico en el sistema DSI-AMDT de INTELSAT o EUTELSAT. Este diagrama comprende:

- la antena y el equipo RF/FI;

- el terminal AMDT con:

  - el equipo terminal AMDT común (que incluye el subsistema FI, el módem y el equipo lógico común (ELC));

  - los módulos de interfaz AMDT (TIM) que son unidades DSI-DNI;

- el equipo de interfaz terrenal.

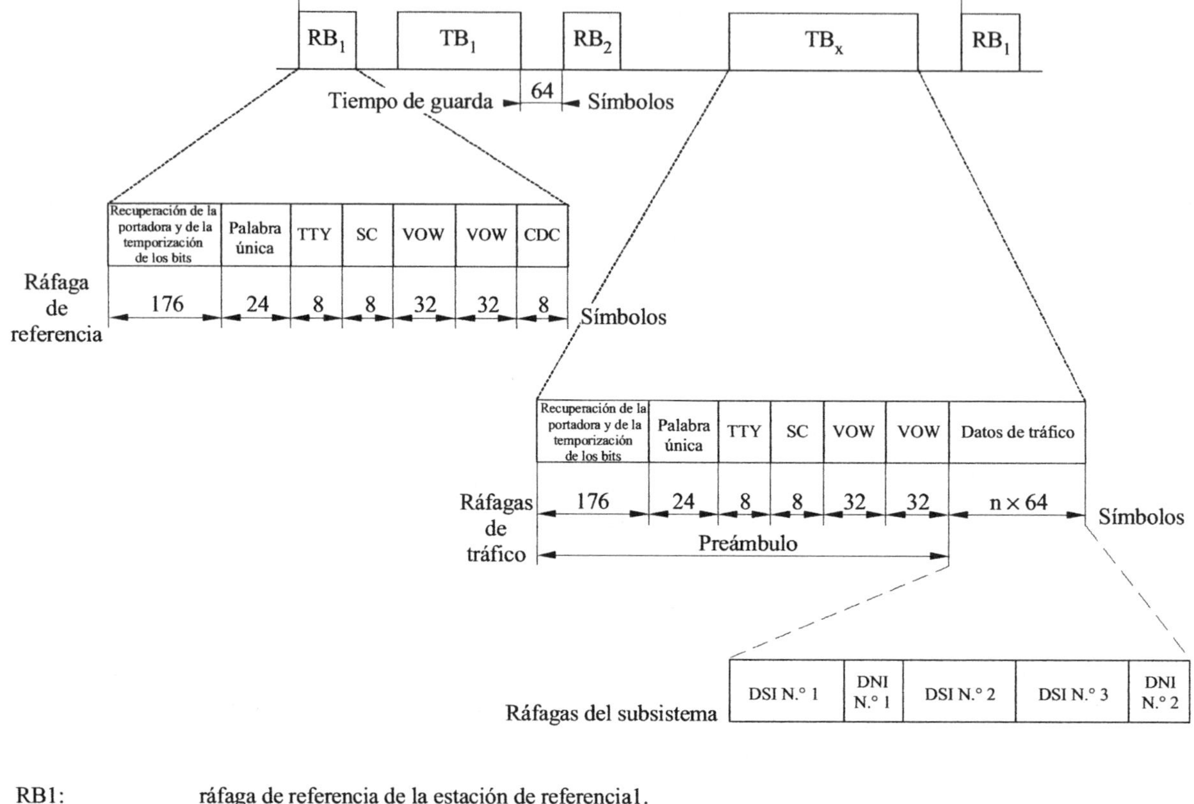

RB1:	ráfaga de referencia de la estación de referencia1.
TBx:	ráfaga de tráfico de la estación x.
Palabra única:	patrón especial de bits del preámbulo que permite la sincronización exacta (comienzo de los datos) y la resolución de la ambigüedad de fase (en la decodificación no diferencial en recepción.
SC:	canal de servicio. Contiene alarmas y diversa información de gestión de la red.
CDC:	canal de control y retardo. Contiene la información de retardo (Dn) para la sincronización de las ráfagas de transmisión.
TTY, VOW:	circuitos de servicio de telegrafía y telefonía para las comunicaciones entre estaciones.

Sat/C7-52

FIGURA 7.52

Estructura de la trama AMDT de INTELSAT/EUTELSAT

En la fig. 7.54 se muestra un diagrama de bloques típico del terminal. Los trenes de bits digitales generados por los módulos de interfaz AMDT se introducen en las memorias intermedias de compresión que acumulan los bits de información. En el momento adecuado, determinado por la unidad de sincronización de la transmisión, se activa el generador de preámbulo, leyéndose secuencialmente el contenido de las memorias intermedias de compresión, a la velocidad binaria del AMDT.

Después, la señal de ráfaga de alta velocidad se inyecta en la entrada del modulador para su transmisión al satélite. De manera similar, en el lado receptor, el decodificador de preámbulo y las diversas memorias intermedias de expansión se cargan con las secciones apropiadas de las ráfagas recibidas, bajo el control de la unidad de temporización de ráfagas recibida. Las memorias intermedias de expansión se leen continuamente a la velocidad binaria terrenal.

La temporización de trama recibida se obtiene detectando la palabra única de la ráfaga de referencia, una vez por trama. La temporización para la decodificación de ráfagas y subráfagas se deriva de la temporización de trama recibida y del conocimiento de la posición de la ráfaga en la trama y de la posición de la subráfaga en la ráfaga. Esta información está contenida en el plan de temporización de ráfagas (PTR).

La temporización de trama de transmisión se obtiene a partir de la temporización de trama recibida añadiendo un retardo (Dn) que se ajusta periódicamente de acuerdo con la información de control de la sincronización. En el sistema INTELSAT esta información es suministrada a los terminales AMDT por las estaciones de referencia mediante la ráfaga de referencia.

La temporización para la transmisión de la ráfaga y de la subráfaga del terminal se deriva de la temporización de trama del transmisor y del plan de temporización de ráfaga.

Cada ráfaga lleva sus propios medios de sincronización de portadora y de reloj. El preámbulo de ráfaga contiene un esquema de sincronización para la demodulación MDP que permite al módulo receptor recuperar la portadora y demodularla correctamente para recuperar la temporización de reloj y una palabra única, a fin de proporcionar temporización de referencia para la recepción de datos. La ráfaga puede contener un código de corrección de errores en recepción (FEC) que permita al dispositivo receptor corregir los bits erróneos introducidos en la transmisión.

Además, para mantener dentro de los límites indicados por el UIT-R la densidad de flujo máxima en la superficie de la Tierra, se aplica a todas las ráfagas, después del fin de la palabra única, la técnica de aleatorización de datos mediante la adición exclusiva del código de ruido seudoaleatorio al tren de datos.

iii)   Los módulos de la interfaz terrenal, la explotación DSI y la conexión terrenal

El módulo DNI acepta canales vocales MIC, canales de datos de diferentes velocidades binarias y cualquier combinación de los anteriores y organiza los bits de información en una secuencia predeterminada. El módulo DNI no realiza concentración de tráfico.

El módulo DSI acepta los canales telefónicos terrenales MIC y los condensa en un número más pequeño de canales para su transmisión por el satélite mediante el entrelazado en el mismo canal de satélite (interpolación) de ráfagas de palabras procedentes de diferentes canales terrenales.

La ganancia de DSI se define como la relación entre el número de canales entrantes y el número de canales de satélite normales disponibles, excluidos los canales de asignación, y puede ser por regla general de 2,0 a 2,2 aproximadamente.

En la fig. 7.55 se muestra una representación esquemática de la interpolación digital de conversaciones.

La configuración básica del equipo DSI se muestra en la parte izquierda de la fig. 7.54. En el lado transmisor, un detector vocal comprueba la presencia o ausencia de señales de palabra en cada uno de los N canales terrenales entrantes y entonces se conectan los canales que contienen señales vocales activas a M canales de satélite. En este caso, como en el lado receptor es necesario conocer exactamente el estado de conexión de los canales terrenales y de satélite, se transmite a través del canal de asignación un mensaje de asignación conteniendo información de conexión. En el lado receptor, los canales de satélite se conectan respectivamente a los canales terrenales correspondientes de acuerdo con el mensaje de asignación enviado desde una estación distante.

Las entradas a los módulos DSI y DNI son proporcionadas por el equipo de interfaz terrenal. Este puede ser de diferentes tipos, dependiendo de si el enlace terrenal que conecta la estación terrena con el centro de conmutación (CT) es analógico o digital.

Si se emplea un enlace MDF-MF estándar, puede utilizarse un equipo de demultiplexación convencional para la conversión de los grupos primarios y secundarios en canales individuales vocales de la banda base que se introducen después en uno o más códecs MIC. El códec MIC se utiliza para convertir el canal vocal analógico en un tren digital con modulación por impulsos codificados (MIC) de 8 bits. El mismo equipo (es decir, los códecs MIC y el multiplexor MDF) se utiliza para realizar la función inversa de convertir canales MIC en señales múltiplex MDF. Alternativamente, puede utilizarse un equipo único denominado transmultiplexor para realizar las funciones de los multiplexores/demultiplexores MDF y los códecs MIC.

Si el enlace con (y desde) el centro de conmutación transporta canales MIC multiplexados por división en el tiempo, sólo es necesario el equipo demultiplexor MDT en la estación terrena para extraer los canales que han de encaminarse por el enlace de satélite.

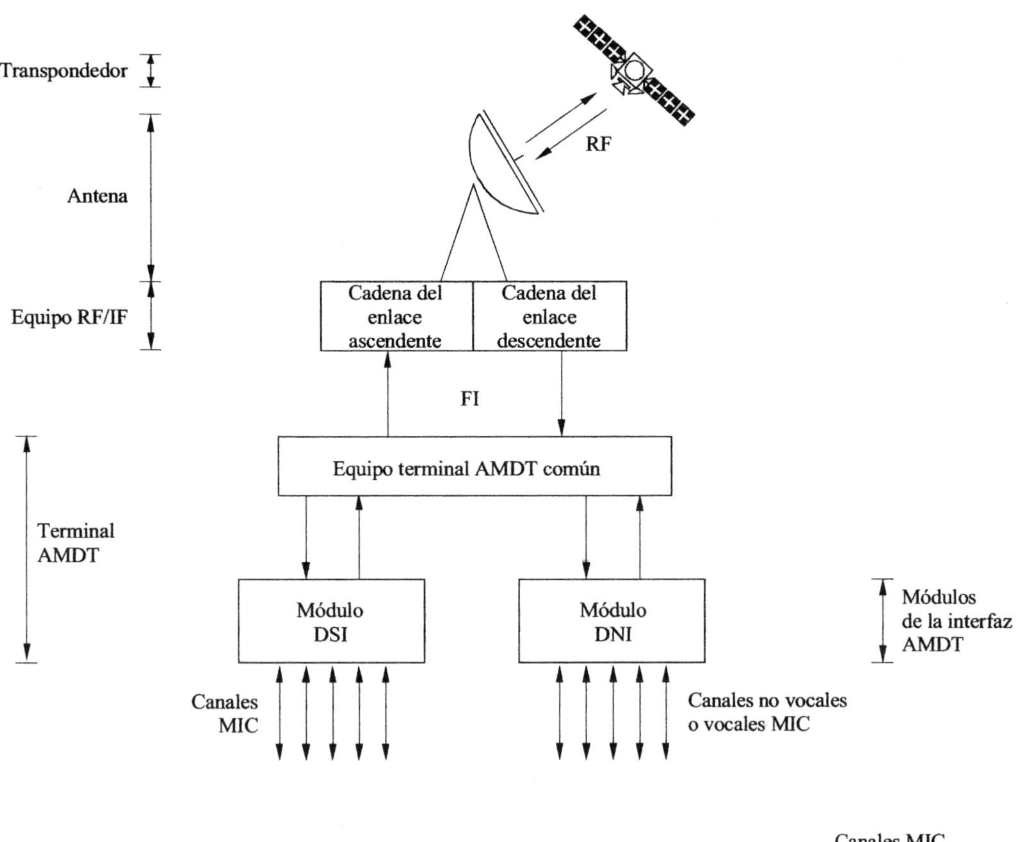

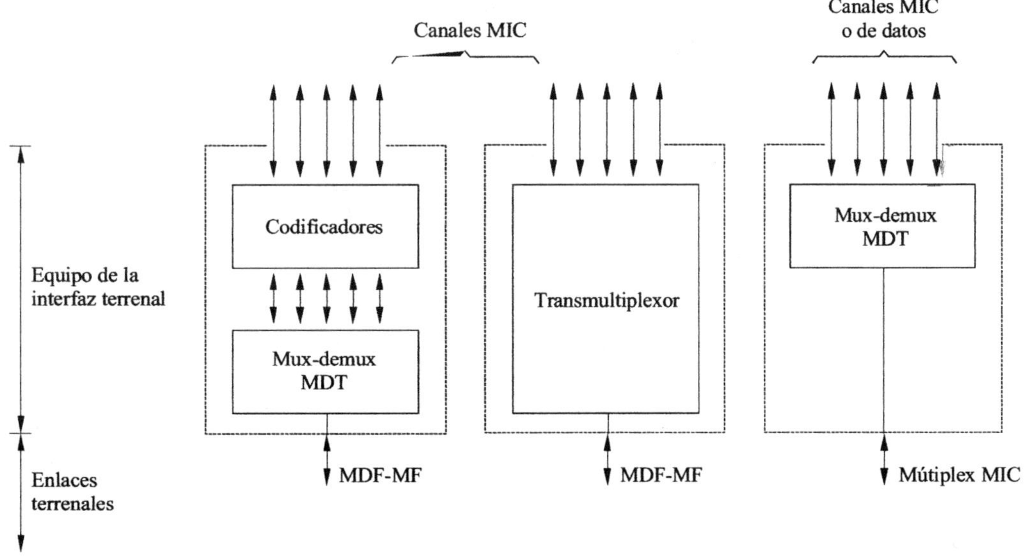

Los canales no vocales incluyen datos, telegrafía, facsímil, etc.
Mux-demux: Multiplexor/demultiplexor

Sat/C7-53

FIGURA 7.53

Funciones AMDT básicas

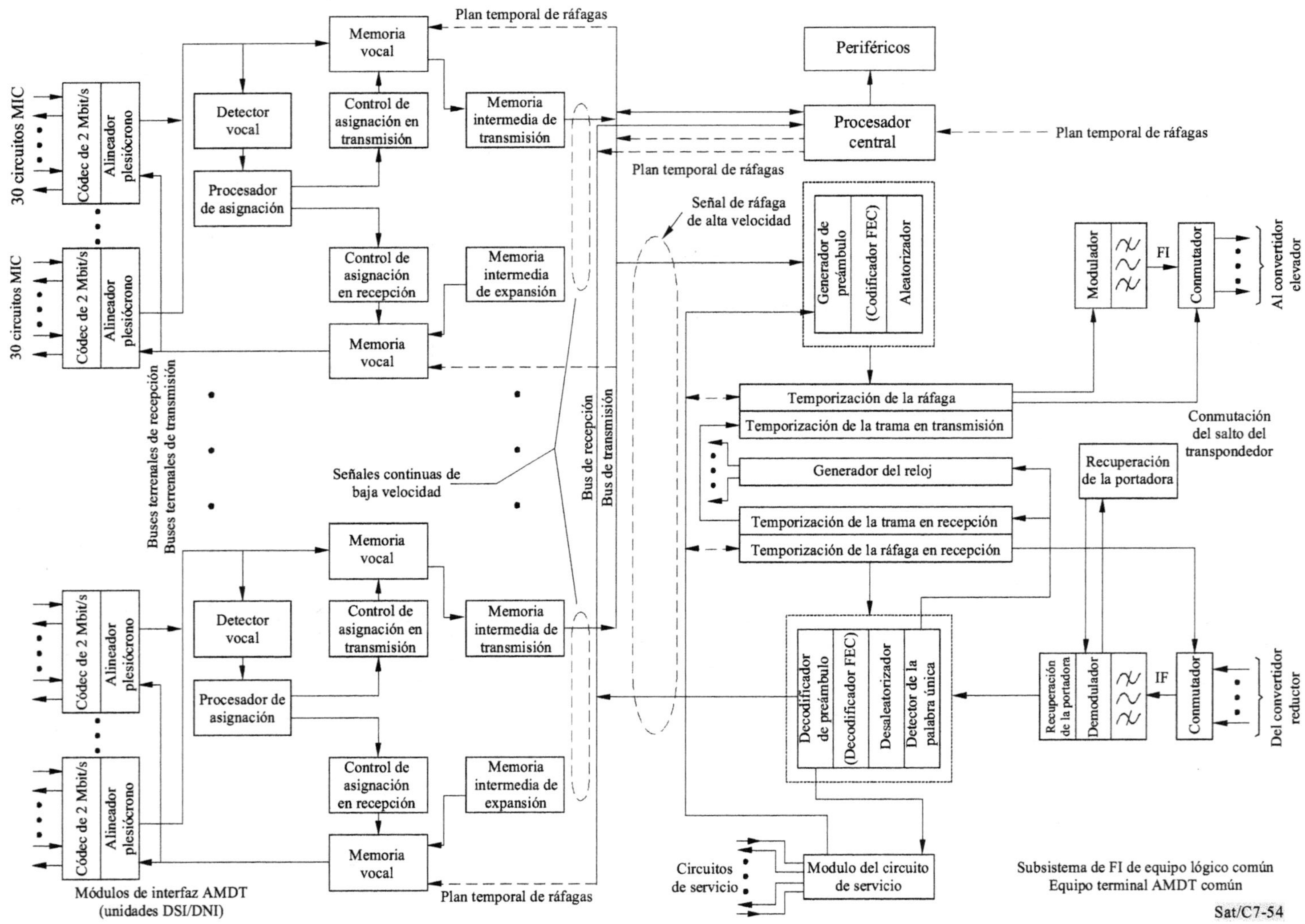

FIGURA 7.54

Terminal AMDT a 120 Mbit/s de INTELSAT/EUTELSAT: Diagrama de bloques típico

Sat/C7-54

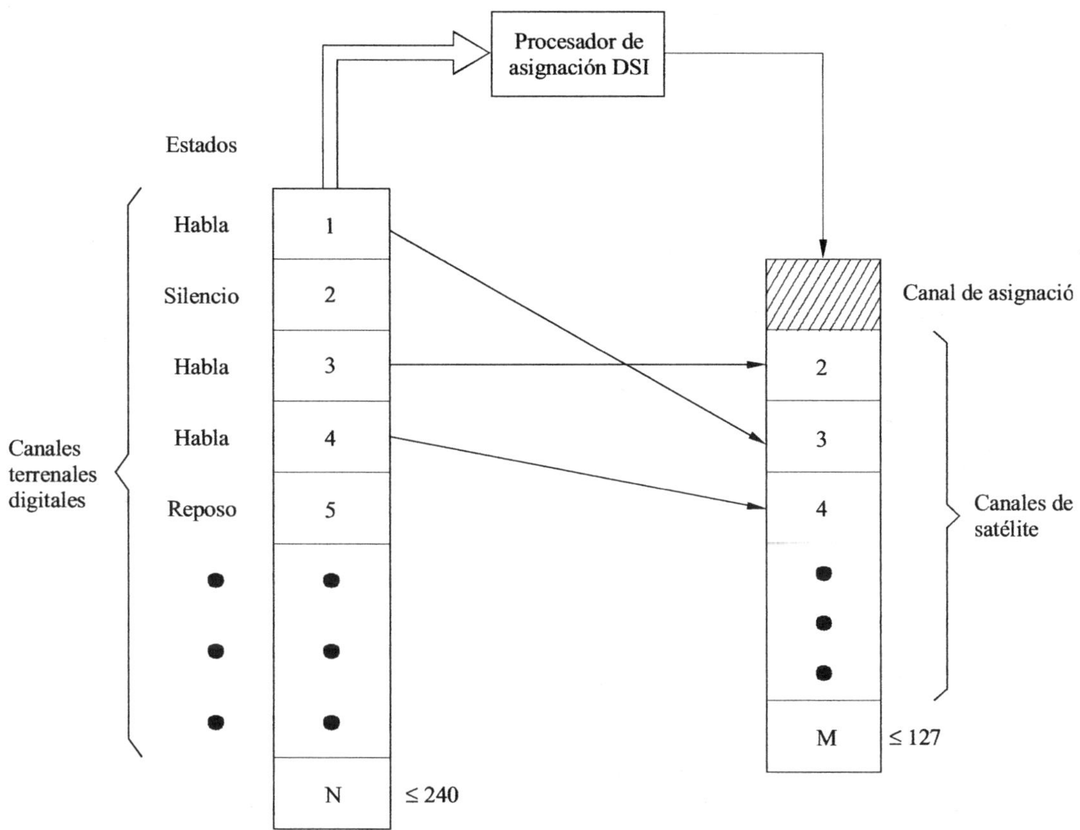

N canales terrenales entrantes se comprimen en M canales de satélite salientes mediante la operación DSI, siendo N/M la ganancia de DSI.

Sat/C7-55

FIGURA 7.55

Función de interpolación digital de conversaciones

N canales terrenales entrantes se comprimen en M canales de satélite salientes mediante la operación DSI, siendo N/M la ganancia de DSI

Sigue habiendo una diferencia importante entre las interfaces de circuitos analógicos y digitales que se relaciona con la sincronización. Los circuitos analógicos, tanto el trayecto de transmisión como el de recepción, que son convertidos al formato digital, pueden explotarse sincrónicamente con los lados transmisor y receptor del terminal AMDT, puesto que las velocidades de muestreo del convertidor MDF-MDT pueden variar para admitir la velocidad determinada por el terminal AMDT sin distorsión de las señales analógicas muestreadas; sin embargo, en los circuitos digitales, las velocidades de reloj de la red digital terrenal pueden diferir de las derivadas del terminal AMDT, por lo que debe incluirse entre los dos una memoria intermedia digital. Las interfaces digitales funcionan en modo plesiócrono, (casi síncrono) (véase la Recomendación UIT-T G.811), y la memoria intermedia combina las funciones de alineador plesiócrono y compensador Doppler.

7.6.3.3   Los terminales de velocidad binaria media: TELECOM 1, un ejemplo típico

7.6.3.3.1   Generalidades

Al contrario que en las redes AMDT de 120 Mbit/s, no existe ninguna norma abierta internacional para los sistemas AMDT de velocidad binaria media. Como ocurre con la mayor parte de las redes VSAT, estos sistemas se basen en especificaciones "cerradas" (los terminales de los distintos proveedores no son compatibles entre sí).

El progreso tecnológico ha provocado una reducción importante de la complejidad de los equipos físicos y del coste de los terminales AMDT de velocidad media. Los más modernos consisten en unidades compactas montadas en bastidores o en cajas transportables, que contienen normalmente entre 6 y 8 tarjetas.

7.6.3.3.2   El plan de acceso

Todos los sistemas AMDT de velocidad binaria media utilizan una combinación de planes de acceso AMDF y AMDT. En estos sistemas, la banda de transmisión se divide en portadoras (no necesariamente de la misma velocidad binaria), a las que se accede en modo AMDT. La conectividad entre todas las estaciones suele estar asegurada por un mecanismo de salto de frecuencia (en el lado transmisor, en el receptor o en ambos).

En el caso más sencillo cada terminal de tráfico transmite una única portadora aunque puede recibir tráfico procedente de cualquier otra portadora si se modifica su frecuencia de recepción en tiempo real (ráfaga a ráfaga). El programa informático de control de tráfico impide en todo momento que las ráfagas entrantes con tráfico para la misma estación en distintas portadoras, se solapen (véase la figura 7,56).

En sistemas más complejos, cada terminal de tráfico puede transmitir además varias portadoras, modificando su frecuencia de transmisión (e incluso la velocidad de transmisión) entre dos ráfagas consecutivas cualesquiera. Esta capacidad es útil cuando la matriz de tráfico es muy asimétrica, o cuando la capacidad asignada por estación puede variar considerablemente.

La asignación de la capacidad de tráfico corresponde al valor de la longitud y posición en el tiempo de cada ráfaga transmitida en cada portadora. En los sistemas centralizados, este proceso se realiza en el centro de control de la red, mientras que en los descentralizados se realiza en cada terminal de tráfico. La asignación puede ser permanente (modo PAMA), "por demanda" (modo DAMA), o mixta (véase el apartado 5.5).

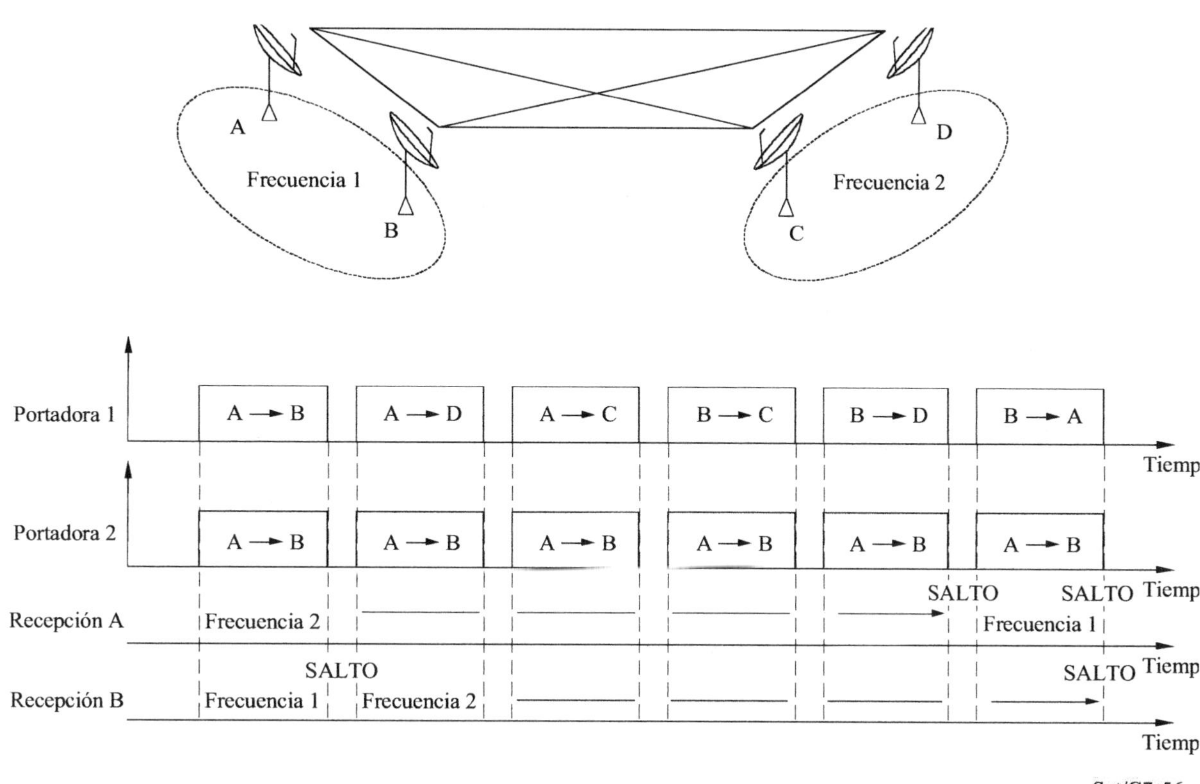

FIGURA 7.56

Plan de acceso AMDF/AMDF. Ejemplo de salto de frecuencia en el lado receptor

7.6.3.3.3   Arquitectura de los terminales de tráfico AMDT

Los terminales de tráfico AMDT suelen constar de tres elementos principales (véase la figura 7.57):

i)   Subsistema (módem) FI

Esta parte contiene el modulador y el demodulador, los conmutadores de FI para el salto de frecuencias y los conectores de los cables (de haberlos). El módem suele funcionar en modo MDP-4. Las velocidades de modulación por portadora pueden variar de 256 Kbit/s a 8 Mbit/s. Algunos sistemas ofrecen velocidades superiores (hasta 46 Mbit/s) para funcionamiento con varios transpondedores.

El subsistema de módem suele contener una o dos tarjetas, con aplicación intensiva de la tecnología de procesamiento de la señal digital.

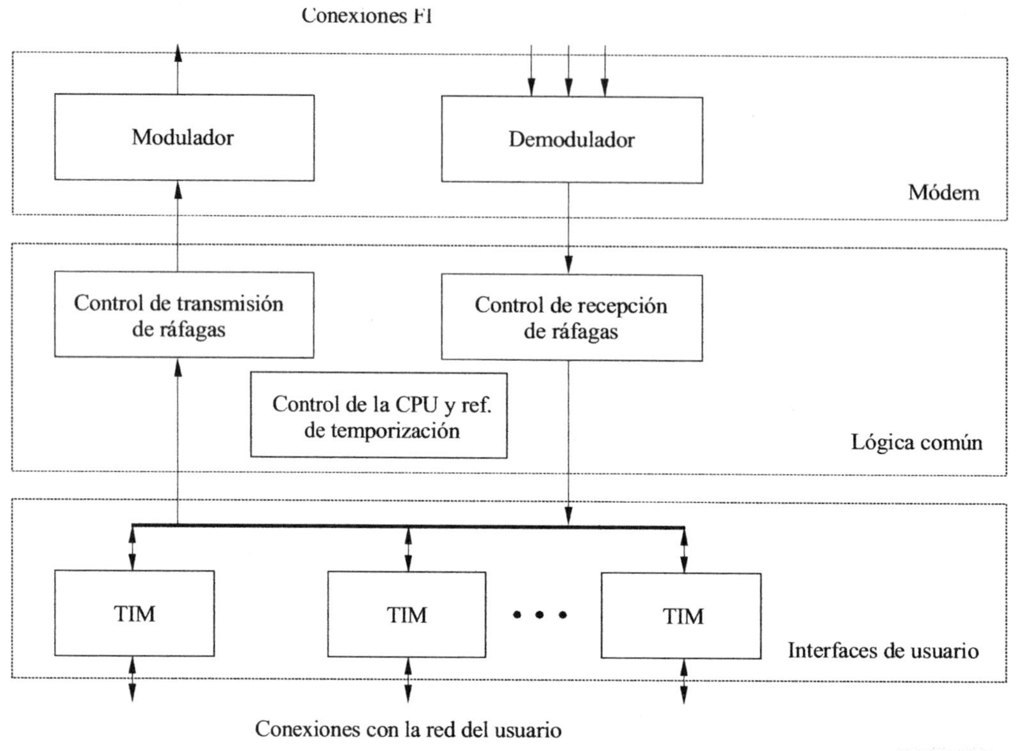

FIGURA 7.57

Arquitectura típica de un terminal de tráfico AMDT de media velocidad

ii)   Subsistema de lógica común

Esta parte contiene unidades de control de la transmisión y recepción de ráfagas, una unidad generadora de la referencia de temporización y una unidad de proceso encargada de la gestión global del terminal.

En el lado transmisor se realizan las siguientes funciones:

*   multiplexación de los datos de las diversas unidades de interfaz y del subsistema de la interfaz terrestre;

*   aleatorización de los datos (normalmente sincronizada en una trama o multitrama AMDT);

*   codificación FEC (normalmente FEC convolucional);

*   adición de preámbulos y epílogos al principio y al final de cada ráfaga a transmitir;

*   transmisión de ráfagas al modulador, en instantes precisos.

En el lado receptor se realizan funciones análogas:

- detección de la palabras única de cada ráfaga

- supresión de los preámbulos y de los epílogos

- decodificación FEC (normalmente decodificación de Viterbi por decisión programable)

- desaleatorización de los datos

- conmutación de datos (subráfagas) a las correspondientes unidades del subsistema de interfaz terrenal.

El subsistema de lógica común comprende generalmente dos o tres tarjetas.

iii)   Subsistema de la interfaz terrenal

Este subsistema contiene uno o varios módulos de interfaz terrenal (TIM, *terrestrial interface module*), que se conectan a cada enlace de usuario y proporcionan la memoria intermedia necesaria para la compresión de los datos en el lado transmisor del satélite (creación de subráfagas) y la expansión de los datos en el lado receptor del satélite (extracción de subráfagas).

Puede haber varios tipos de TIM en función del tipo de enlace terrenal al que se conecta:

- enlaces MIC de 2 Mbit/s o 1,544 Mbit/s (para aplicaciones de telefonía);

- enlaces MIC de mayor velocidad (para aplicaciones de telefonía o de televisión digital);

- diversos tipos de enlaces de datos serie (EIA RS-232 o RS-242, UIT-T X.21, etc.);

- enlaces analógicos de 2- o 4- hilos.

En ciertos casos las unidades TIM incluyen procesamiento adicional para compresión vocal a bordo o demodulación de facsímil (en aplicaciones de telefonía), o simulación de protocolo (en aplicaciones de datos). Algunos sistemas experimentales disponen también de unidades TIM adaptadas a ATM.

7.6.4   Los módems para comunicaciones digitales

7.6.4.1   Introducción

Las técnicas digitales modernas se describen en el capítulo 4 de este manual. El objeto de este apartado es facilitar una mejor comprensión de la configuración y tecnología utilizados en los módems de la estación terrena. Por la gran diversidad y difusión de sus aplicaciones, la descripción se refiere más concretamente a los módems multivelocidad MCPC AMDF-MDT-MDP definidos en las especificaciones INTELSAT (IDR e IBS) y EUTELSAT (SMS), que constituyen ejemplos representativos. (Véase el apartado 7.6.2.2, más atrás, referente a los aspectos de sistemas de la implementación del módem).

El equipo de módem se suele entregar como unidad autocontenida consistente en:

- el módem propiamente dicho, es decir, el modulador (de banda base a FI) y el demodulador (de FI a banda base);

- el codificador/decodificador de errores en recepción (FEC);

- las unidades de procesamiento en banda base, con las interfaces terrenales de entrada/salida.

   NOTA – Estas tres unidades suelen encontrarse en la misma tarjeta, que se denomina generalmente transceptor (o sea unidad transmisora y receptora);

- El equipo auxiliar, con las tarjetas y el cuadro de supervisión y control.

No obstante, esta sección está dedicada principalmente a la descripción del módem propiamente dicho.

En el transcurso de los años, este tipo de equipo se ha convertido en un producto muy complejo y evolucionado que realiza operaciones de procesamiento de la señal digital muy importantes. En este apartado se plantean diversas soluciones técnicas y se describe un equipo representativo. Al final del apartado se recogen algunas opiniones sobre las futuras creaciones y avances tecnológicos previsibles.

7.6.4.2   Principales características de un módem de tecnología punta.

Además de los requisitos perfectamente definidos en las especificaciones INTELSAT (IESS-308), los equipos modernos deben reunir ciertas características técnicas en su versión básica, o como opciones, que se relacionan a continuación:

- Un intervalo de funcionamiento de cualquier velocidad de datos entre 64 Kbit/s y 8 Mbit/s.

- Interfaces FI de 70 y 140 MHz en la misma unidad, seleccionables por programa.

- Formatos de modulación MDP-2, MDP-4 y acaso MDP-8.

- Codificación FEC mediante códigos convolucionales k=7 a velocidad ½, ¾ y 7/8 con decodificación de Viterbi o decodificación secuencial.

- Concatenación de un código Reed-Solomon con el convolucional.

- Posible utilización de la modulación con código reticular (TCM, *trellis coded modulation*) en la modulación MDP-8.

Además, deben considerarse los siguientes aspectos prácticos:

- Un alto grado de integración, por ejemplo, menos de dos unidades mecánicas (1 unidad = 2 pulgadas) para un transceptor completo.

- Alta densidad de empaquetado, es decir, que varios transceptores (por ejemplo hasta 10) puedan caber en una sola caja, que debería contener además algunas tarjetas para el equipo auxiliar y el cuadro o cuadros de control.

7.6.4.3   Opciones de diseño

El objeto de este apartado es explicar los problemas tecnológicos más importantes que surgieron durante el diseño de los módems actuales y las soluciones propuestas.

7.6.4.3 a)   Procesamiento en banda base e interfaces terrenales

El procesamiento en banda base para convertir los formatos de transmisión de la red terrenal a los formatos del enlace del satélite (y recíprocamente en recepción) debe ser responsabilidad del equipo del módem. En la unidad de alineación de trama pueden incluirse las siguientes funcionalidades de la interfaz terrenal:

- Interfaz física para los trenes de datos entrantes/salientes.

- Facilidades del equipo del canal de servicio de ingeniería (ESC, *engineering service channel*)

- Conmutación de redundancia para enlaces seguros.

- Alineación y sincronización de las tramas de datos.

- Dispersión de la energía mediante aleatorización.

Las interfaces físicas deben cumplir normas comunes (V11, V24, X21, HDB3, ...) en función de la velocidad binaria de los datos.

Las funciones ESC permiten realizar operaciones tales como la inserción del canal dedicado en el canal de tráfico normal o su extracción de éste. También se efectúa en la unidad de alineación de tramas, la multiplexación síncrona de los bits de servicio para la prestación de los ESC y las alarmas.

El reloj de la transmisión de datos por el enlace del satélite puede obtenerse de un reloj de la red, de un reloj de la estación terrena local o de la señal entrante. Una memoria intermedia plesiócrona se encarga de la pérdida de sincronismo, la fluctuación de fase y el efecto Doppler.

La última función de la unidad de alineación de tramas es proporcionar unas características estocásticas mínimas al tren de bits que se envía por el enlace. Los dos objetivos principales son la aleatorización para la dispersión de la energía del espectro transmitido y la sincronización del receptor, y el intercalado que permite extender las ráfagas de errores generadas por la pérdida de sincronización de los decodificadores. Esta última solución técnica se emplea asimismo en la implementación de los códigos de Reed-Solomon.

7.6.4.3 b)   Modulación

i)   Generación de la señal en banda base

Los datos de entrada proporcionados por la unidad de alineación de tramas deben traducirse a vectores analógicos de modulación para transportar la información en la portadora. La codificación se consigue con facilidad, porque el código convolutivo es sencillo y el alfabeto de símbolos es bastante limitado (2 desde MDP-2 hasta MDP-8). La velocidad de los símbolos puede deducirse de la velocidad de llegada de los datos de la trama, incrementada por la redundancia del código de corrección de errores, y dividida por el rendimiento espectral de la modulación escogida. Cada símbolo se determina por sus coordenadas I y Q en el plan de modulación[14].

---

[14] En este apartado, P y Q se utilizan para designar los trayectos de información digital, mientras que I y Q se utilizan para los vectores de modulación.

Un filtro digital de interpolación permite generar muestras de alta frecuencia, en relación con la velocidad máxima de símbolos, para conservar los mismos filtros analógicos de suavizado, con independencia del formato de modulación. Para poder obtener la forma de espectro esperada en el transmisor, basta con una longitud inferior a 8 símbolos para traducir la respuesta al impulso del filtro. Por otra parte, la selección de estados binarios para cada trayecto I o Q, puede realizarse muy fácilmente, especialmente en MDP-4, por medio de un cuadro de consulta que contenga todas las secuencias de muestras posibles.

Los convertidores digital a analógico con 8 bits de resolución, son suficientes para obtener la definición de las formas de onda I y Q filtradas.

ii)   Síntesis de la portadora

Las especificaciones INTELSAT sobre emisiones no esenciales y ruido de fase son bastante difíciles de cumplir en toda la banda de FI, es decir entre 52 y 88 MHz, y entre 104 y 176 MHz.

Además, se necesita una resolución de frecuencia de algunos Hz. Sólo es posible cumplir estas especificaciones con la técnica de Síntesis digital directa (DDS, *direct digital synthesis*). Este método de tratamiento combina un oscilador controlado digitalmente, que alimenta un convertidor digital a analógico (D/A) para generar una sinusoide de referencia, con un bucle enganchado en fase (PLL), que permite producir un armónico de la referencia. La mayor dificultad estriba en que este proceso de multiplicación de frecuencia (por un factor n) multiplica asimismo el nivel no esencial por el mismo factor. De hecho, todos los sistemas DDS generan algunas señales no esenciales en una banda de frecuencias ancha debido al muestreo de fase y a la degradación introducida por los convertidores analógicos a digitales.

La DDS puede mejorarse con una técnica de modulación digital directa que genera directamente la portadora modulada a la frecuencia intermedia (FI), sin generar dos señales analógicas I y Q en banda base. Esto resuelve el problema de la cuadratura y el del rechazo de portadora. En todo caso, por ahora los límites tecnológicos de la conversión digital a analógico no permiten generar una señal modulada con las características requeridas a una frecuencia superior a 20 MHz.

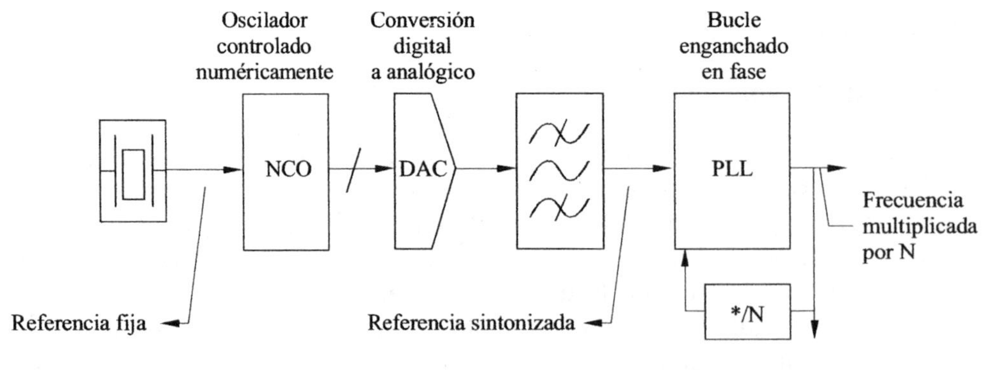

FIGURA 7.58

Diagrama de bloques de un sintetizador con el método DDS

Esto aumenta la complejidad de la conversión de frecuencia y del filtrado. La figura 7.58 muestra un diagrama de bloques convencional de un sintetizador con el método DDS.

iii) La modulación I,Q

De acuerdo con lo expuesto, hoy en día sólo es posible generar directamente el espectro modulado a bajas frecuencias, aunque probablemente se podrá hacer en el futuro.

Por consiguiente, los equipos actuales suelen acudir a un método más tradicional con un modulador de cuadratura, que utiliza o un componente activo o un conjunto de mezcladores y acoplador. El proceso de mezclado en el modulador puede pasar directamente la señal a la frecuencia de portadora. La principal ventaja de esta solución técnica es evitar los problemas del espectro imagen aunque, por otra parte, haya que controlar con precisión la fase en toda la banda. Otra solución técnica consistiría en modular a una frecuencia FI inicial, prácticamente fija, para obtener una cuadratura perfectamente sintonizada, desplazando a continuación la señal modulada a la frecuencia FI normal por medio de un segundo mezclado.

7.6.4.3 c) La demodulación

i) Amplificación, control de ganancia y filtrado

Gracias a la técnica de acceso múltiple (AMDF), la señal RF puede recibirse en una banda ancha (normalmente de 36 MHz para la FI de 70 MHz y 72 MHz para la FI de 140 MHz). La portadora correspondiente ocupa una parte reducida de esta banda.

El control automático de ganancia (CAG) debe compensar las diferencias entre la densidad espectral (procedente del enlace ascendente) y del nivel global (del enlace descendente). Las variaciones de velocidad de los datos transportados repercuten en la anchura de banda del espectro, lo que aumenta la complejidad del control de ganancia. El CAG está compuesto de un filtro paso banda, un amplificador de ganancia variable, un rectificador y un bucle de realimentación.

En los receptores modernos, la variación de la anchura de banda de los filtros se obtiene por filtrado digital, teniendo en cuenta las restricciones de la linealidad, el factor de ruido del receptor en conjunto y el límite de resolución de los convertidores A/D.

El control de ganancia suele efectuarse en dos etapas. La primera es analógica y consiste en controlar la potencia dentro del ancho de banda definido por el filtro más estricto antes de la conversión A/D. La segunda etapa empieza tras la reducción del ancho de banda realizada por el filtro digital.

ii) La demodulación I,Q

El proceso en el lado receptor puede considerarse idéntico al de la modulación I,Q descrita. Esto significa que antes del procesamiento hay que muestrear o bien la señal FI compleja o bien las dos señales I y Q en banda base. Esto es cuestión, como en el transmisor, de filtrado y de la disponibilidad de convertidores A/D rápidos. Actualmente se tiende a utilizar el muestreo directo de FI aunque ello exige buenos filtros analógicos de rechazo y más procesamiento digital, lo que hasta ahora resultaba engorroso y caro.

iii)   La regeneración de la señal

Esta parte trata del filtrado de Nyquist, de la recuperación de la portadora y del reloj, y de la decodificación.

Esta última función la realiza un decodificador de Viterbi, que ofrece un gran rendimiento para los códigos convolutivos. De acuerdo con el apéndice 3.2, computa la métrica, es decir, las distancias entre la secuencia recibida y unas secuencias de codificación ideal, con objeto de determinar cuál resulta más verosímil. El código convolutivo puede concatenarse con un potente código Reed-Solomon que exige una sincronización específica. Otro método de descodificación es la técnica secuencial subóptima que permite utilizar mayor longitud de restricción de código (vgr. K=36), lo que permite mejorar la calidad de transmisión de los enlaces de baja velocidad binaria, gracias a un sencillo proceso.

La regeneración consiste propiamente en interpretar la señal analógica recibida en los instantes de muestreo, y decidir qué palabra de datos representa cada símbolo. La máxima probabilidad de que las decisiones resulten acertadas se consigue reduciendo las incertidumbres y las distorsiones de la señal recibida. A estos efectos, la recuperación del reloj permite optimizar el instante de muestreo y la recuperación de la portadora permite demodular coherentemente la fase de la señal compleja recibida. Con todo conviene añadir algunos bucles más, como el CAG, la compensación de la componente continua, la corrección de cuadratura y posiblemente el filtrado adaptable, a fin de minimizar la distorsión.

Al contrario que los módems de ráfaga para AMDT o transmisión de paquetes, los módems AMDF/MDT (por ejemplo, IDR) sólo tienen que manejar flujos continuos de datos. Esto permite utilizar frecuentemente bucles de realimentación para la portadora, reloj, recuperación de ganancia, etc., lo que se traduce en un ajuste adaptable de los parámetros del receptor de gran precisión y proporciona una curva de la BER muy próxima a la teórica a cualquier velocidad, cualquier frecuencia de portadora y en condiciones ambientales cualesquiera.

7.6.4.4   Descripción de los equipos

7.6.4.4 a)   Tecnología de los equipos y esquema de la configuración

El módem IDR contiene unidades de procesamiento de la señal digital y de la analógica. La parte analógica puede identificarse sin duda alguna con la sección de frecuencia intermedia , y con las funciones de modulación, demodulación y síntesis de las frecuencias. Estas partes exigen un diseño especialmente cuidadoso y cierto apantallamiento con objeto de satisfacer las estrictas especificaciones sobre emisiones no esenciales. De acuerdo con la configuración descrita, la parte analógica se implementa en una tarjeta específica, aislándola así de la parte digital. Esta última, se encarga del procesamiento de los datos, con la multiplexación y la alineación de las tramas, y del procesamiento generación y regeneración de la señal digital.

El reparto del espacio físico del módem entre la electrónica digital y la analógica es del 70% y del 30% respectivamente. Estos porcentajes deben compararse con el 50% que correspondía a cada tecnología en anteriores generaciones. Además, la parte digital puede subdividirse en un tercio para el procesamiento de los datos, un tercio para el procesamiento de la señal de datos y un tercio para las funciones de interfaz y de supervisión.

El procesamiento de los datos se basa en la utilización de series de puertas programables in situ (FPGA, *field programmable gate arrays*), que contienen el equivalente de más de diez mil puertas lógicas y presentan la enorme ventaja de ser totalmente configurables por programa. Esta tecnología se adapta perfectamente a las múltiples velocidades y formatos de los datos de las aplicaciones IDR y otras semejantes (vgr IBS y SMS).

El procesamiento de la señal digital se suele realizar con FPGA o con ASIC (circuitos integrados específicos de la aplicación, *application specific integrated circuits*) para el filtrado digital. Los DSP (procesadores de la señal digital, *digital signal processors*) son, en principio, buenos candidatos para estas funciones aunque no llegan a satisfacer los actuales requisitos de calidad de funcionamiento por más de 2 Mbit/s de velocidad binaria.

7.6.4.4 b)   La unidad de alineación de tramas

De acuerdo con lo expuesto, el procesamiento de los datos en banda base y las funciones de las interfaces terrenales pueden implementarse prácticamente en su totalidad con electrónica digital. La actual tecnología FPGA permite reducir drásticamente la cantidad de componentes utilizados sin menoscabo de los requisitos de las distintas normas. El sistema supervisor carga desde memoria la combinación específica de puertas y las células de la serie de puertas que conviene a cada aplicación.

7.6.4.4 c)   El modulador

En la configuración particular descrita más adelante, se utiliza la modulación directa, lo que supone generar dos señales analógicas en cuadratura en banda base. Esta solución evita la utilización de costosos filtros que serían necesarios para rechazar el espectro imagen en otras arquitecturas.

i)   Generación de la señal en banda base

En el lado transmisor, la unidad generadora de la señal en banda base recibe la señal de trama de los datos y la convierte en dos señales analógicas en banda base. Por consiguiente, realiza las funciones relacionadas a continuación:

- Codificación convolucional.

- Correspondencia de símbolos (especialmente en la modalidad MDP-8).

- Filtrado digital de sobremuestreo variable con la correspondiente generación del reloj de muestreo.

- Conversión digital a analógico de las muestras.

- Filtros de suavizado analógico.

La organización de estas funciones se describe en la figura 7.59, a continuación.

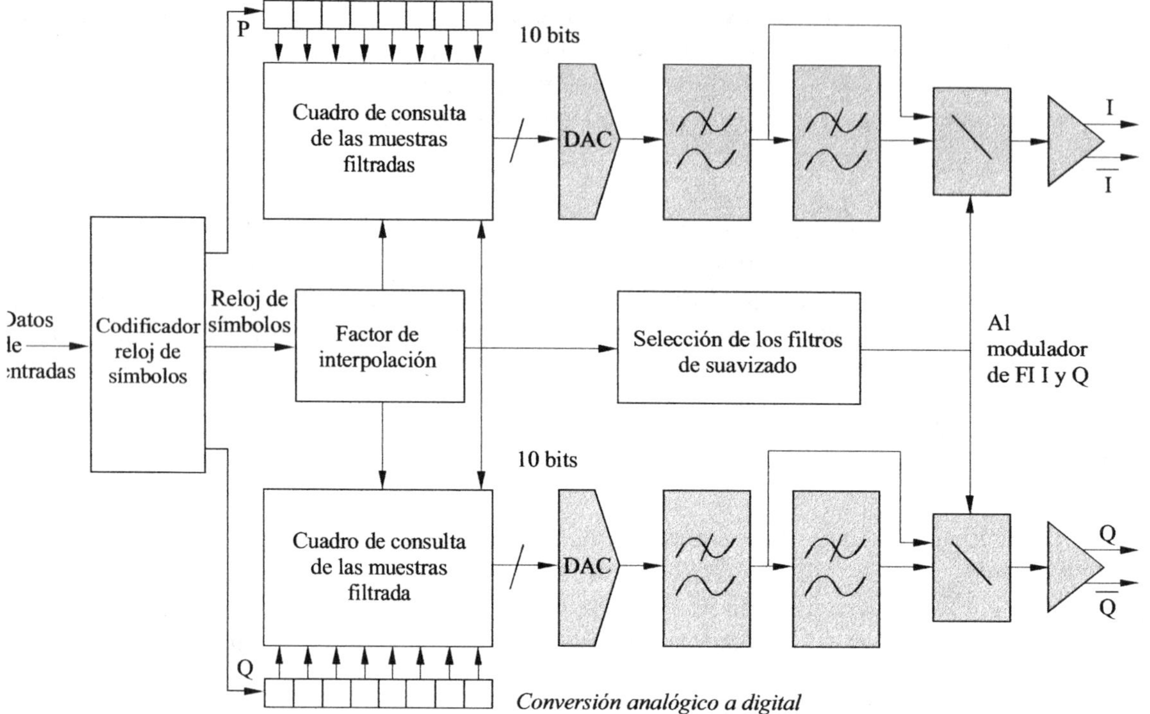

FIGURA 7.59

Generación de la señal en banda base

ii)   La modulación de la FI

Tras su generación en banda base, las señales I y Q se transfieren a la portadora por modulación directa. Tras esta etapa, un filtro paso banda suprime los armónicos y otros productos de intermodulación. El nivel de la potencia transmitida puede ajustarse con precisión en función de la anchura de banda del espectro y del balance de potencia de transmisión. La figura 7.60 a continuación muestra la organización de estas funciones.

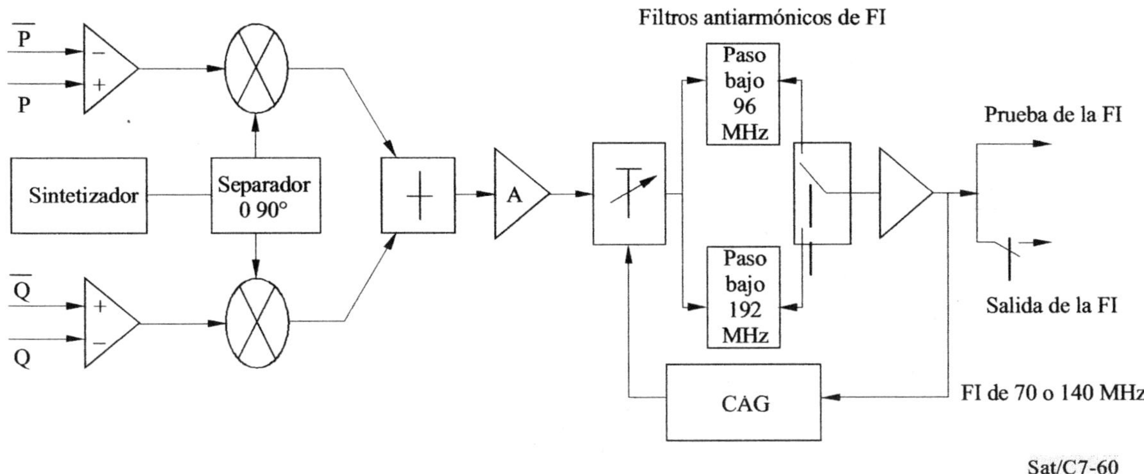

FIGURA 7.60

Modulación de la FI

7.6.4.4 d)   El demodulador

i)   La demodulación de la FI

La figura 7.61 muestra un ejemplo de demodulación directa.

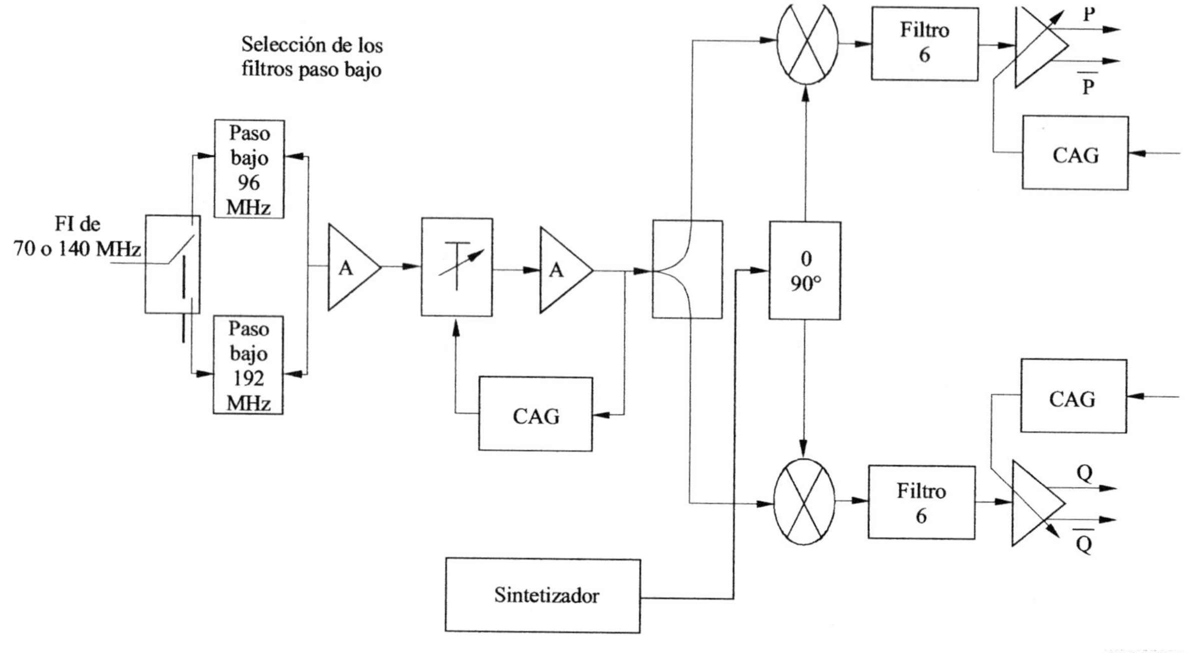

FIGURA 7.61

Demodulación de la FI

ii)   Regeneración de la señal

La unidad de regeneración se encarga del filtrado digital, la sincronización de la portadora y del reloj, los bucles de amplitud y de cuadratura y la decodificación de Viterbi. Esto se representa en la figura 7.62 a continuación:

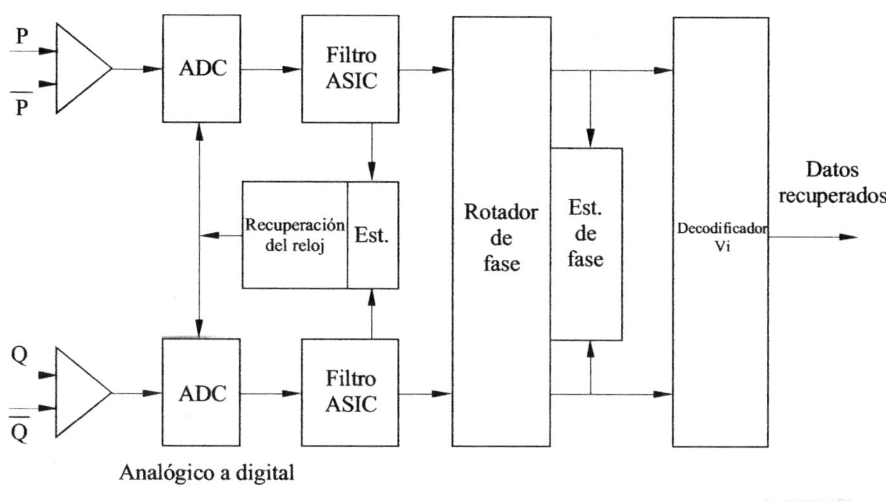

FIGURA 7.62

Regeneración de la señal

7.6.4.5   Diseños futuros

Tendencias de las técnicas de modulación

La combinación de codificación y modulación como en la modulación con código reticular (TCM, *trellis coded modulation*), ya ofrece nuevas y atractivas soluciones para los radioenlaces. La TCM MDP-8 (con corrección de errores de 2/3) ya se incluye como opción en la norma IDR de INTELSAT y pueden utilizarse otros planes de codificación como MDP-8, 5/6, 8/9, basados en MDP-16 o MAQ.

Más aún, la versatilidad de los códigos y modulaciones disponibles en un módem flexible con la misma electrónica abre el camino a modulaciones codificadas adaptables. Esta técnica consiste en la obtención de una transmisión permanentemente exenta de errores gracias a la modulación de la velocidad de los datos en función de la velocidad codificada para una ocupación del espectro determinada. Constituye una respuesta satisfactoria a la atenuación de la lluvia que introduce variaciones en el margen del balance del enlace. Sin embargo, esta técnica es más conveniente para la transmisión de paquetes o para la radiodifusión del sonido de la televisión que permite controlar el origen del mensaje. En cualquier caso, hay que recalcar que los módems actuales pueden diseñarse para poder conmutar, sin interrumpir su funcionamiento, entre diversos procesos de modulación y/o codificación.

Tendencias de la tecnología moderna

Se ha puesto de manifiesto que los módems digitales actuales se basan principalmente en series de puertas específicas o programables, y procesadores de señal y de datos. La tecnología de los circuitos integrados digitales no para de avanzar. Esto debería permitir en breve la concentración de la parte digital en una serie de puertas y un grupo de procesadores y finalmente en dos tres dispositivos solamente. Además de este progreso de la tecnología digital que permite concentrar o añadir más capacidad de procesamiento digital, las partes analógicas pueden aprovechar los nuevos circuitos integrados diseñados para las radiocomunicaciones terrenales y la tecnología de la telefonía móvil.

Los importantes resultados de los progresos técnicos deberían traducirse asimismo en:

* Equipos más compactos a precios inferiores y con fiabilidad garantizada.

* Mejores instalaciones del cliente, facilidad de manejo, mayor velocidad de sincronización y asimismo compatibilidad con los potentes medios de gestión de las redes. Hay que subrayar no obstante que el progreso de los módems no sólo es función del propio producto sino también de la definición del sistema de comunicaciones en conjunto.

7.6.5   El equipo de televisión digital

7.6.5.1   Generalidades

La transmisión de televisión analógica por satélite ha existido desde el comienzo de la utilización de los satélites.

Sin embargo, gracias a los progresos de las técnicas de compresión de la señal digital, la transmisión de la televisión digital ha experimentado un crecimiento considerable últimamente.

Los enlaces analógicos utilizan un transpondedor completo (20 - 36 MHz) y necesitan un valor elevado de la relación portadora a ruido (C/N) (10 - 14 dB). Las transmisiones de televisión digital con tecnologías de alta compresión sólo necesitan del 10 al 20% de la anchura de banda necesaria para la analógica, lo que permite transmitir de 6 a 10 señales de vídeo en el mismo transpondedor. Las condiciones de recepción son mejores gracias a la menor exigencia de la relación portadora a ruido (4 -8 dB) y a la excelente corrección de errores por código.

Las aplicaciones de la transmisión de televisión digital van desde la transmisión de televisión a larga distancia (por ejemplo, los servicios de INTELSAT), pasando por la captación de noticias por satélite (SNG, *satellite news gathering*) (Véase el apartado 7.9) hasta la distribución de televisión (véase el apartado 7.10) y el videoteléfono de baja velocidad binaria.

La compresión de la señal de imagen de la televisión digital exige el rápido procesamiento de una enorme cantidad de datos y sólo ha sido posible durante los últimos años, gracias a la existencia de computadores de procesamiento de señal rápidos y potentes. Gran parte de la labor técnica inicial y de normalización de la señal de imagen de televisión ha sido realizada por la asociación Moving Picture Expert Group (MPEG, *Grupo de Expertos en Imágenes en Movimiento*) y la oficina del proyecto Digital Video Broadcasting (DVB, *Radiodifusión de Video Digital*) dependiente de la Unión Europea de Radiodifusión (UER).

7.6.5.2   Transmisión de la televisión digital

En la actualidad, las aplicaciones de la televisión digital van desde los videoteléfonos de baja velocidad binaria hasta las transmisiones de televisión de alta definición (HDTV, *high definition television*). Existen muchos tipos de transmisión de televisión digital con diversos niveles de compresión y velocidades binarias, en función de las diversas aplicaciones,.

La norma internacional MPEG-2 es flexible y puede implementarse con distintos grados de calidad de la imagen y el sonido y diversas características. La norma MPEG-2 es una familia de sistemas, con diversos grados de comunalidad y compatibilidad, definidos. Hay cuatro formatos de origen o niveles (nivel bajo, nivel principal, nivel alto-1440 y nivel alto), que se codifican y van de la definición limitada (aproximadamente la calidad actual de las grabaciones de vídeo) hasta la completa de la televisión de alta definición (HDTV), cada una de ellas con una gama de velocidades binarias.

Además de su flexibilidad en cuanto a los formatos de origen, MPEG-2 tiene actualmente cinco perfiles diferentes (perfil simple, perfil principal, perfil escalable en SNR, perfil escalable espacialmente y perfil alto).

Cada perfil proporciona un conjunto de herramientas de compresión que constituyen el sistema de codificación. La diferencia entre un perfil y otro radica en el juego de herramientas de compresión disponible. Ya se han aprobado más de 20 combinaciones de niveles y perfiles. El perfil principal y nivel principal (MP@ML, main profile and main level) es el que más se utiliza en las transmisiones por satélite.

Generalmente, las transmisiones de televisión por satélite emplean algún tipo de codificación para la corrección de errores en recepción (FEC), por ejemplo la codificación de bloques Reed-Solomon (RS), para reducir al mínimo la aparición de errores aleatorios en los bits a la entrada del decodificador Viterbi que puede provocar la degradación de la imagen.

7.7 Supervisión, alarma y control

7.7.1   Consideraciones generales

Las facilidades de supervisión, alarma y control (MAC, *monitoring, alarm and control*) son de capital importancia para la explotación y gestión adecuadas de la estación terrena. Este subsistema puede simplificar el funcionamiento de una estación facilitando la identificación de los problemas. Las funciones MAC son una parte esencial de las estaciones terrenas de satélite ya sean VSAT pequeñas (1 m), estaciones terrenas TVRO (recepción de televisión solamente, *television receive only*) o del tipo INTELSAT norma A.

A fin de elegir un sistema MAC que sea adecuado para una aplicación particular de estación terrena debe considerarse cuidadosamente lo siguiente:

*   complejidad de las funciones MAC;

*   crecimiento previsto de las estaciones terrenas;

*   coste;

- tamaño y tipo de estación terrena;

- tamaño de la red;

- facilidad de manejo;

- utilización de interfaces y protocolos normalizados;

- interfaz operador/MAC;

- posibilidad de establecer una interfaz con las MAC actuales.

Pueden considerarse tres tipos diferentes de sistemas MAC con distintos grados de complejidad, a saber, sistemas MAC analógicos, informatizados y desatendidos. Estos tipos de sistemas se examinarán más detalladamente en los apartados siguientes.

El tamaño del sistema MAC depende de la complejidad de las funciones de supervisión y control, y del nivel de detalle que el gestor de la estación terrena desee obtener. Es evidente que cuanto mayor sea el grado de control y supervisión que deseado, mayor será la complejidad del sistema MAC.

El crecimiento previsto de la estación terrena es un factor muy importante. Debe contemplarse un sistema MAC que pueda ampliarse fácilmente a coste nominal, cuando se prevea una ampliación considerable.

El coste es un parámetro importante. Al elegir un sistema MAC rentable, debe tenerse en cuenta que un sistema adecuado puede reducir considerablemente las necesidades de personal, lo que se traduce en economías anuales en los costes de explotación y en una mayor utilización de mano de obra experta. De este modo, el coste de un sistema adecuado se amortizará en un periodo corto si se ponderan cuidadosamente los compromisos coste/prestaciones.

El tamaño y tipo de la estación terrena juega un papel importante en la elección del sistema MAC adecuado. Las estaciones terrenas grandes requieren sistemas MAC de más capacidad que las estaciones pequeñas desatendidas.

Muchas organizaciones pretenden centralizar y conectar todas sus estaciones con un centro de control de red (CCR). La función del CCR es supervisar, medir y, si es necesario, controlar el flujo de tráfico, garantizando así la utilización máxima en todo momento de los equipos y de las facilidades a fin de que puedan completarse el mayor número posible de llamadas tasables y evitar la congestión. Debe considerarse esta cuestión al elegir un sistema MAC si la organización tiene este propósito.

La interfaz operador/MAC es otro criterio que a menudo se descuida en los objetivos de diseño.

El operador es frecuentemente el elemento de control más crítico. Su eficacia y comportamiento pueden optimizarse mediante la utilización de "la humana" (el estudio de la interrelación del hombre con su entorno de trabajo).

La eficacia del funcionamiento del sistema MAC puede y debe extenderse a las funciones de operador del mismo modo que a cualquier otra parte del sistema.

7.7.2   Principales objetivos de un sistema MAC

El subsistema de supervisión, alarma y control de la estación realiza las tres funciones principales siguientes:

i)   Proporcionar al personal de la estación un sistema centralizado de alarma, supervisión y control. Los puntos de supervisión y las alarmas de los equipos dispersos podrían centralizarse en el pupitre del operador. Algunos de los periféricos usuales son sistemas auxiliares, tales como una consola de pantalla, señales de alarma acústicas y visuales, memoria y una impresora. Los mandatos de control le permitan también conectar y desconectar los equipos, conmutar los trayectos de transmisión y ejercer otras funciones similares.

ii) Proporcionar al centro de control de red la supervisión en tiempo real de la calidad de transmisión y de tráfico de cada estación. La información proveniente de varias estaciones puede combinarse para predecir la degradación inmediata o a corto plazo de la red y, en consecuencia, pueden adoptarse medidas de gestión de red preventivas y correctivas. A este fin se utilizan las alarmas, señales piloto y niveles de ruido del equipo de estación así como las alarmas de los equipos de conmutación y los datos de tráfico.

iii) Proporcionar centros de prueba integrados con capacidades de prueba telecontroladas. Estos centros pueden tener acceso a equipos de prueba automáticos de la estación para la localización de averías, mediciones de transmisión o cualquier otra comprobación rutinaria.

7.7.3   Configuración funcional del sistema MAC

Las facilidades de control y de supervisión pueden agruparse en tres funciones, a saber: funciones de supervisión, de alarma y de control. La supervisión es la obtención de información sobre la condición o estado de los equipos. La alarma proporciona información acústica o visual (por ejemplo, un zumbador, un cambio de color o una luz parpadeante) para alertar al personal sobre el funcionamiento anómalo del equipo de estación terrena, indicando al mismo tiempo la sección del equipo averiada.

El control es principalmente la capacidad de transferir señales (automática o manualmente) de un trayecto por su equipo normal en línea, a otro trayecto por el equipo de reserva apropiado. El control comprende también la capacidad de fijar parámetros variables (prioridad) y modos de funcionamiento (por ejemplo, automático, manual, con supervisión).

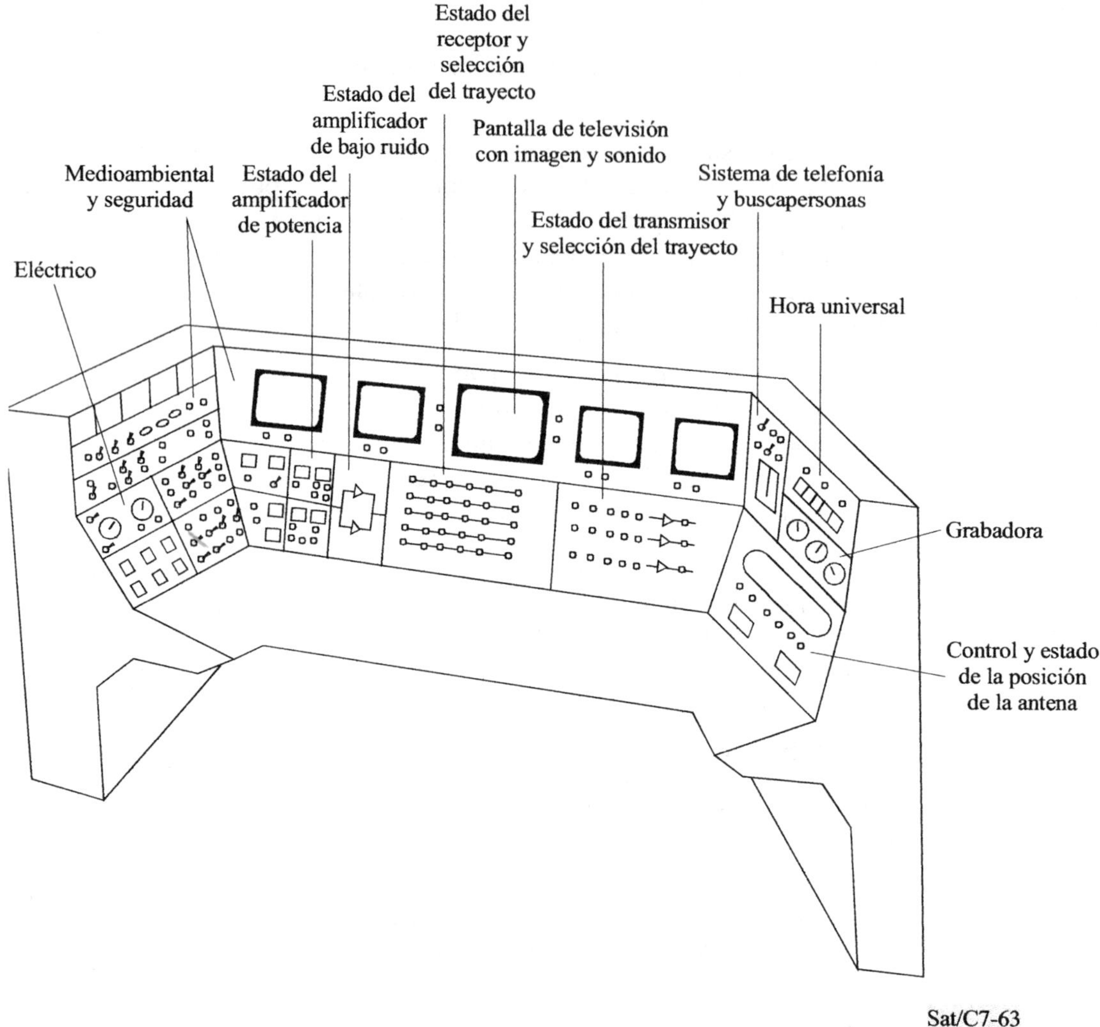

FIGURA 7.63

Centro de control de un sistema MAC convencional

Las facilidades MAC están situadas en el centro de control de la estación. Los parámetros pertinentes de los diferentes subsistemas MAC se envían al centro de control para centralizar las facilidades MAC en un solo emplazamiento, facilitando así la explotación.

Las facilidades MAC pueden clasificarse en tres categorías: locales, distantes y de supervisión.

Facilidades MAC locales – Son las situadas junto a los equipos que están siendo supervisados o controlados.

Facilidades MAC distantes – Están situadas a cierta distancia de los equipos objeto de supervisión o control. Las facilidades distantes suelen duplicar, al menos en parte, la información proporcionada por las facilidades MAC locales.

La mayoría de las facilidades distantes de los subsistemas importantes de una estación terrena están centralizadas en una o dos unidades de control del centro. Desde el centro de control el operador puede supervisar y controlar el funcionamiento de la estación (véase la fig. 7.63).

Facilidades MAC de supervisión – Los parámetros MAC se introducen en un equipo de supervisión informatizado. La supervisión de los parámetros es automática y los programas pueden contener acciones correctivas previstas para fallos específicos, sujetas a modificación por parte del personal de la estación si fuera necesario (para la relación entrada/salida del sistema de supervisión de la estación, véase la fig. 7.64).

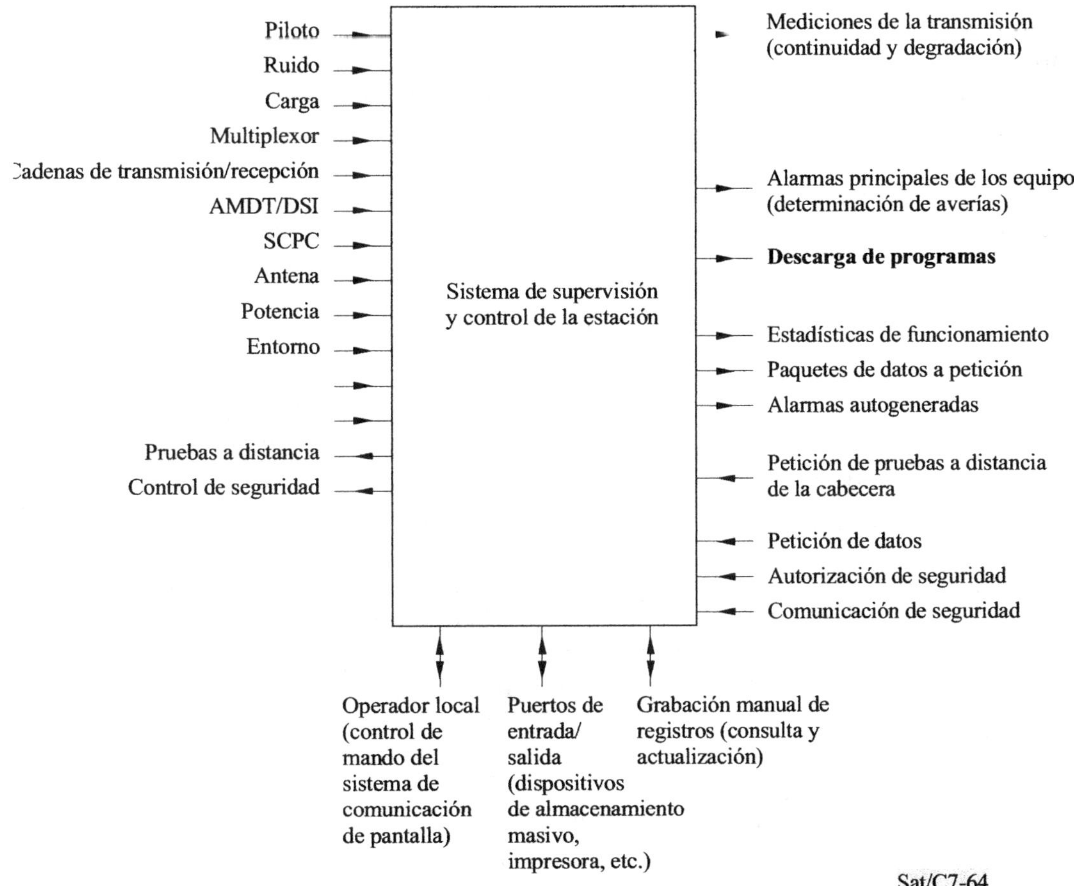

FIGURA 7.64

Funciones de entrada y salida del sistema de supervisión y control de la estación

7.7.4   Los sistemas MAC

Los sistemas MAC pueden clasificarse en tres categorías generales, a saber, analógicos, informatizados y desatendidos.

Sistemas MAC analógicos

En el pasado, los sistemas MAC analógicos se caracterizaban por indicadores analógicos, indicadores luminosos intermitentes o alarmas audibles. Muchos de los parámetros solían estar localizados en el propio equipo y algunos de ellos estaban duplicados en el centro de control central (CCC) donde el operador recibía todas las alarmas y adoptaba las medidas adecuadas para solucionar los problemas. Esta labor solía incluir la conmutación del equipo en línea al equipo de reserva (muchos sistemas MAC tienen conmutación automática) y la notificación al personal de mantenimiento de las averías de los equipos.

Sistemas MAC informatizados

Los últimos adelantos de los computadores, microprocesadores y circuitos integrados han conducido a sistemas MAC de gran capacidad. Estos sistemas MAC informatizados tienen nuevas características que han modificado radicalmente el aspecto de la supervisión y el control.

Al aumentar cada vez más la complejidad de las estaciones terrenas, es imprescindible utilizar un sistema de supervisión informatizado para la eficaz utilización y registro de los parámetros supervisados.

Un sistema de supervisión informatizado, comparado con un sistema de supervisión analógico, presenta las siguientes ventajas:

- La supervisión de los parámetros es automática y el programa informático incluye la acción o acciones correctivas previstas para fallos específicos, sujetas a modificación por el personal de la estación según proceda.

- Se reduce al mínimo el trabajo de lectura periódica de los indicadores.

- Suele utilizarse una pantalla para visualizar el estado de las portadoras o canales en funcionamiento, y del equipo (con diferentes grados de detalle y con circuitos de reserva en línea y fuera de línea). La imagen suele adoptar la forma de diagramas con menús programados a fin de proporcionar indicaciones precisas en tiempo real de todos los parámetros de la estación terrena en observación.

- Realiza un filtrado de las alarmas y un diagnóstico de la avería.

- Para modificar los parámetros o actualizar las instalaciones suele ser necesario introducir cambios en los programas y no en los dispositivos.

- Puede utilizarse para obtener copias impresas de los valores de los parámetros para su posterior procesamiento, por ejemplo, informes de fallos, informes de disponibilidad, interrupciones, etc.

- Gestiona y actualiza la base de datos de la estación terrena (composición de los equipos, tráfico, eventos, etc.).

- Puede ampliarse a medida que crece el sistema y pueden enlazarse fácilmente con un centro de control de red (véase la fig. 7.65).

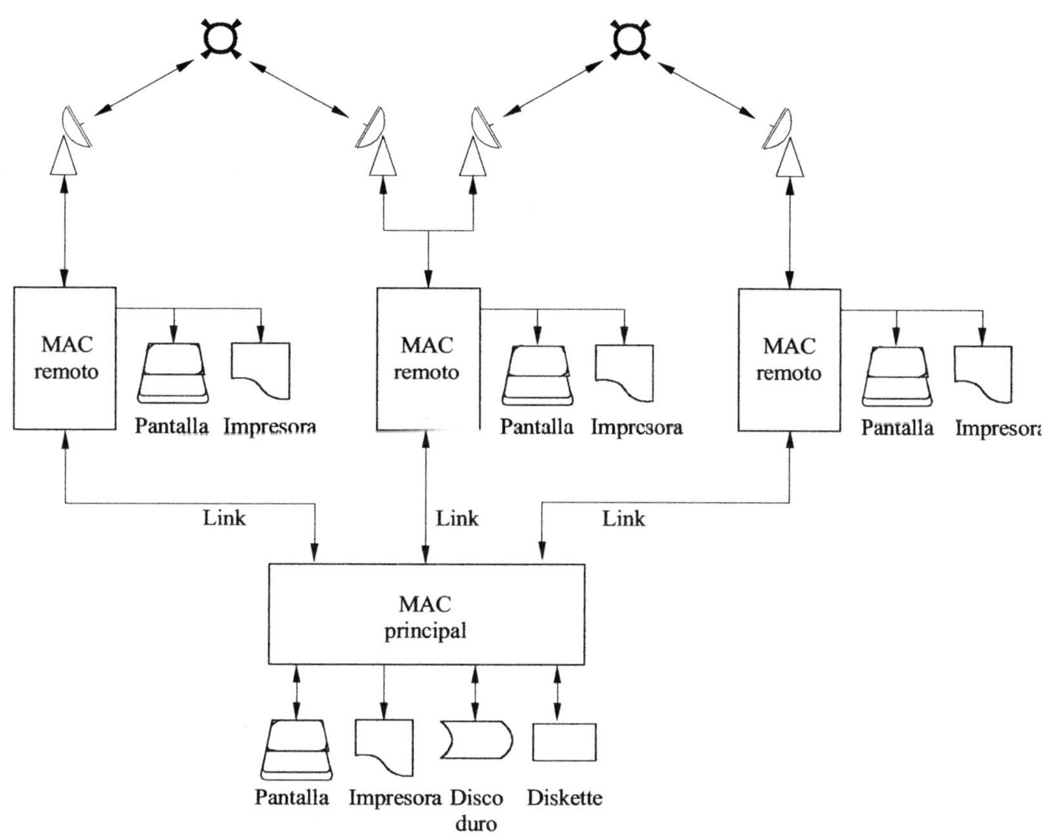

FIGURA 7.65

Sistema MAC distante para red de estaciones terrenas de satélite

Sistemas MAC desatendidos

La evolución de las restricciones de los sistemas y los adelantos de la tecnología de microondas han conducido al diseño de nuevos terminales de telecomunicaciones por satélite para la explotación desatendida. Al aumentar el número de terminales terrenos, puede lograrse una mayor economía en la explotación utilizando terminales desatendidos durante largos periodos de tiempo, que sólo requieren un mantenimiento periódico por personal técnico itinerante.

Es esencial un sistema de control y de supervisión para el adecuado funcionamiento de estos terminales terrenos desatendidos (UET, *unattended earth terminals*). En la fig. 7.66 se muestran los parámetros controlados y las operaciones que puedan ordenarse.

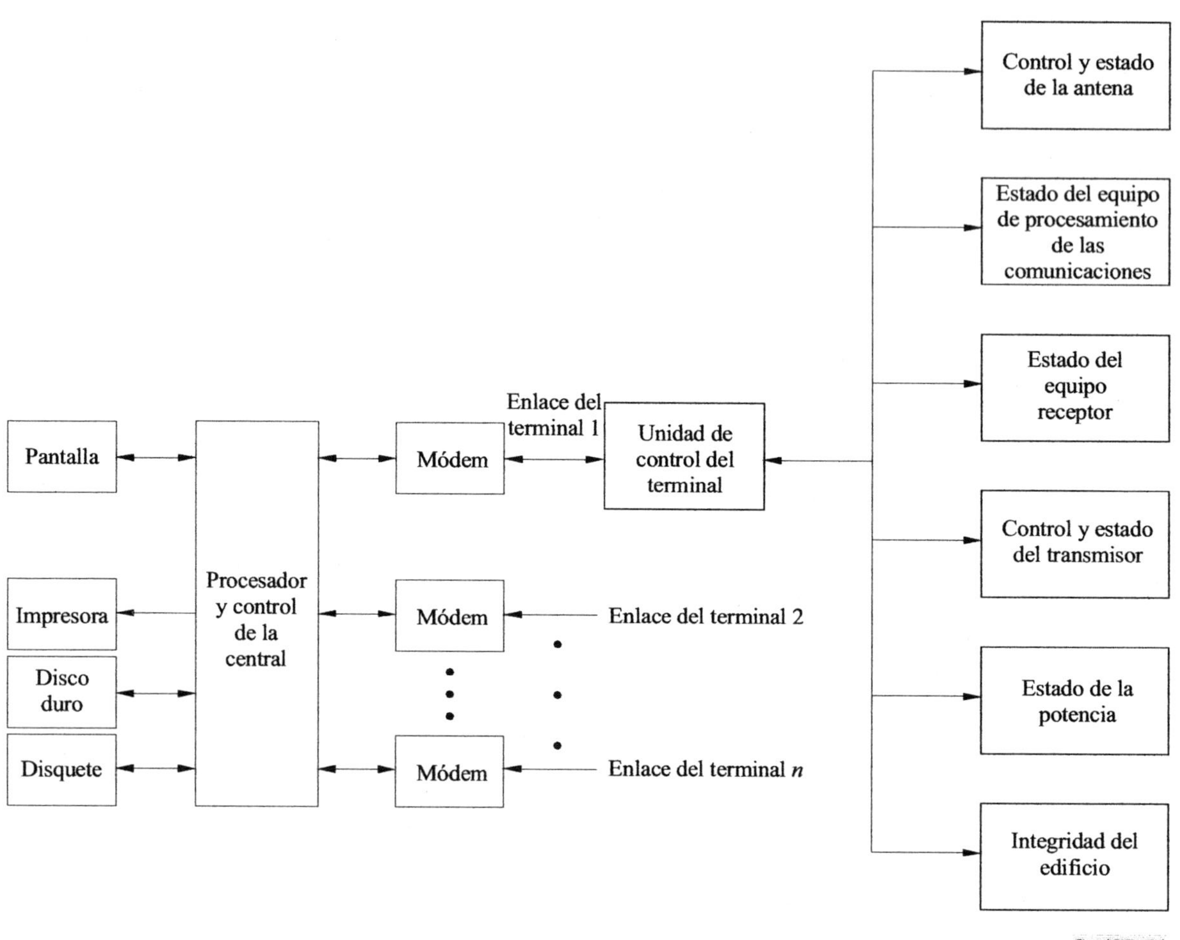

FIGURA 7.66

Diagrama del sistema del terminal terreno desatendido

7.7.5 Parámetros supervisados

Los parámetros normales que han de supervisarse (y posiblemente controlarse) en las estaciones terrenas pueden clasificarse como sigue:

i) Parámetros de la portadora de la comunicación supervisables a distintos niveles (RF, FI y BB) para medir la calidad y la disponibilidad del canal. Se consideran los siguientes parámetros.

  • Transmisión analógica: supervisión del nivel piloto del múltiplex, frecuencia piloto[15] y ruido del canal[16]

  • Transmisión digital: supervisión de la BER, E_b/N_o[17] o bloques con error en los sistemas modernos (RDSI-BA, ATM, etc)ii) Supervisión del estado del equipo de comunicaciones: comprende la indicación del estado de cada uno de los equipos (en línea, en espera, mantenimiento, avería, etc) tanto de la cadena transmisora como de la receptora y ejecuta también funciones de conmutación automática si falla alguno de los equipos en línea[18].

iii) Subsistema de seguimiento: supervisión de los parámetros de seguimiento de la antena, tales como el nivel de radiobaliza, las indicaciones de ángulo, etc. Control de los motores de la antena por medio del servosistema y selección de la modalidad de respaldo a utilizar en caso de fallo de la modalidad principal de seguimiento.

iv) Subsistema auxiliar: está integrado por todos los demás controles y sistemas de supervisión sin relación directa con las comunicaciones, pudiendo clasificarse del siguiente modo:

  • generación de energía:

    comprende el sistema de alimentación ininterrumpida (UPS), los generadores de energía, las baterías de acumuladores y demás equipos asociados.

  • seguridad y medio ambiente:

    está integrado por las instalaciones exteriores e interiores y el equipo en general.

  • equipos diversos:

    hay además otros equipos e instalaciones que necesitan asimismo ser supervisados y controlados (los enlaces terrenales, las instalaciones de transmisión de televisión, el sistema de telefonía interior, etc).

---

[15] El nivel piloto y la frecuencia piloto indican la tendencia y el nivel de degradación.

[16] En la transmisión analógica, la potencia del ruido se mide y se convierte en su equivalente en un canal de 3,1 kHz ponderado sofométricamente. Se dispara la alarma cuando la potencia media del ruido sobrepasa un umbral preestablecido durante periodo de tiempo predeterminada (calidad/disponibilidad).

[17] La medición de la BER facilita al operador de la estación una indicación de la calidad de la portadora recibida. Se dispara la alarma si la BER sobrepasa un nivel umbral preestablecido durante un periodo de tiempo predeterminado (calidad/disponibilidad)

[18] Las cadenas receptora y transmisora suelen contar con equipos fuera de línea, en espera activa. El equipo redundante tiene todas las funciones necesarias, tales como el ajuste automático de la frecuencia, del nivel y de los parámetros necesarios para sustituir a cualquier cadena en línea en caso de avería.

7.7.6   Resumen

Un sistema de supervisión, alarma y control (MAC) ofrece diversas ventajas operacionales bien definidas que justifican su coste inicial. Los actuales y futuros propietarios de estaciones deben considerar seriamente los sistema MAC por los siguientes motivos:

- reducen considerablemente las necesidades cuantitativas y cualitativas de personal, lo que se traduce en una economía anual de los costes de explotación y en una mayor utilización de los recursos de mano de obra experta;

- reducen considerablemente las interrupciones de tráfico de las estaciones terrenas debidas a errores humanos;

- proporcionan estadísticas detalladas de tráfico, pudiendo por tanto mejorar la calidad de funcionamiento del sistema y la calidad del servicio;

- el análisis detallado del estado de avería de los equipos permite al operador reducir al mínimo el tiempo de paro;

- pueden contar con un sistema de control (incluida la función de facturación) para la gestión centralizada de redes locales (por ejemplo, redes nacionales o comerciales).

7.8 Aspectos generales de la construcción de estaciones terrenas principales

Introducción

Las estaciones terrenas de satélite son semejantes a las estaciones terrenales de microondas por consistir en dos elementos principales: las antenas y los edificios para los equipos. Presentan, no obstante las diferencias siguientes:

Las estaciones terrenales de microondas suelen estar situadas en ubicaciones más elevadas, y constan de una torre alta en la que van montadas las antenas de diámetro normalmente no superior a 4 m y de un pequeño edificio, próximo a la base de la torre, para albergar los equipos electrónicos desatendidos.

Las estaciones terrenas de satélite suelen situarse en zonas bajas protegidas de las interferencias terrenales de RF por las colinas circundantes. Obsérvese que este apartado sólo trata de estaciones terrenas que funcionan con capacidades de tráfico importantes. Están dotadas de antenas de tamaño medio o grande (normalmente de 10 a 18 m y acaso mayores[19]) y tienen edificios relativamente grandes, atendidos. De hecho, el caso de las pequeñas estaciones utilizadas en funciones nacionales o comerciales (por ejemplo, los VSAT) es bastante diferente y no es objeto de este apartado.

---

[19] Hasta los años ochenta, las especificaciones de INTELSAT para las estaciones terrenas de la norma A (G/T $\geq$ 40,7 dBi a 4 GHz) exigían la utilización de antenas muy grandes (de hasta 33 mm de diámetro). Al suavizarse estas especificaciones (G/T $\geq$ 35,0 dBi a 4GHz) ha sido posible utilizar antenas de la norma A más pequeñas y económicas. No obstante, las estaciones antiguas siguen funcionando con las anteriores antenas de gran tamaño.

Suelen incluir dentro de la propia estación, un enlace terrenal de microondas que conecta la estación con la zona central a la que atienden.

La estación terrena debe diseñarse de modo que proporcione albergue y un entorno adecuado para los equipos de telecomunicaciones, de control y de supervisión, así como para los equipos auxiliares de la estación y el personal de explotación. Sus componentes básicos son:

- la obra civil necesaria para proporcionar albergue y un entorno de trabajo;

- el suministro de energía a los equipos electrónicos y a los servicios del edificio;

- el sistema de antena (obra civil de la antena).

Observación general

Todas las descripciones que figuran en este apartado deben considerarse solamente como representativas de las actuales tendencias de la tecnología. De hecho, los ingenieros de diseño y los proyectistas deberían estudiar detenidamente, en cada caso particular, las condiciones locales y el cumplimiento de los reglamentos, normas y requisitos en vigor en dicha zona, relativos al medio ambiente, la construcción, la seguridad, la ingeniería humana, etc.

7.8.1 La obra civil

El diseño de la estación debe atender además a las siguientes aspectos primordiales:

- las antenas;

- los equipo de telecomunicaciones;

- los equipos de alimentación de energía;

- los equipos electromecánicos, (calefacción, ventilación y aire acondicionado);

- la administración;

- los servicios auxiliares de la estación.

Otras instalaciones y servicios suplementarios que deben considerarse son:

- las vías de acceso y los estacionamientos;

- los sistemas de seguridad;

- el abastecimiento y tratamiento de aguas;

- los sistemas de protección contra incendios;

- las acometidas de energía;

- las instalaciones de telecomunicaciones para enlaces terrenales.

Las características de las zonas asignadas a las instalaciones y servicios anteriores dependerá del tipo de estación que se considere y se detallan a continuación.

7.8.1.1   Las estaciones terrenas grandes de varias antenas

Las aspectos principales mencionados anteriormente, aparte de las antenas, deben albergarse en zonas separadas (zonas aisladas de la vecindad por muros ignífugos, puertas y mirillas resistentes al fuego, etc.,), con un edificio central situado de manera que los enlaces entre la sala de los equipos de telecomunicaciones y las antenas sean los más cortos posibles. La fig. 7.67 muestra la distribución de una estación típica con varias antenas.

La ubicación, altura y orientación de los diversos edificios, estructuras y antenas debe ser tal que no obstaculizan la radiación de éstas últimas cualquiera que sea su orientación en funcionamiento.

El edificio principal debe diseñarse de manera que resista los movimientos sísmicos más violentos previsibles en la zona. Tras uno de estos terremotos, el edificio principal deberá verse afectado solamente por daños superficiales y sus sistemas auxiliares y de comunicaciones deberán permanecer en servicio.

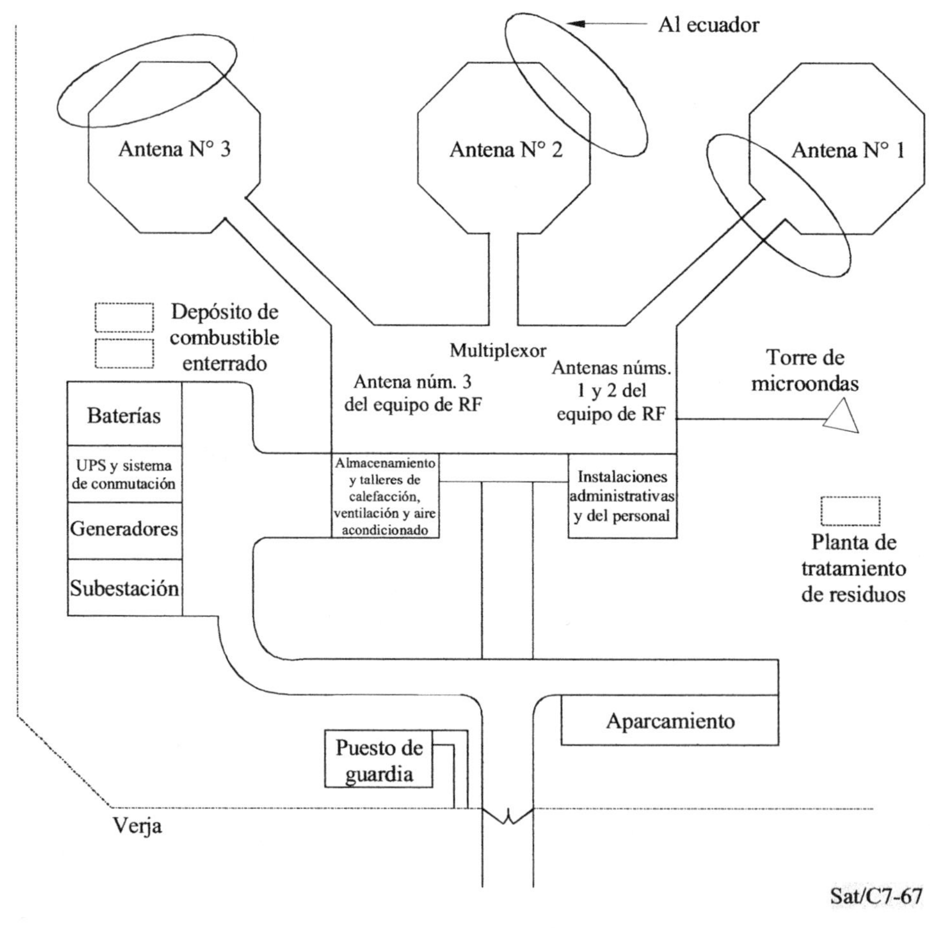

FIGURA 7.67

Distribución de una estación de varias antenas características

7.8.1.1.1   La zona de equipos de telecomunicaciones

Los equipos de telecomunicaciones deben albergarse en una zona separada con un techo de altura apropiada para permitir la utilización de cableado aéreo entre bastidores. Normalmente se instalan los conductos de aire acondicionado elevados en el espacio existente entre el techo de hormigón y el falso techo. Otra posibilidad consiste en disponer de un piso elevado (del tipo utilizado para computadores con profundidad suficiente bajo el piso (0,6 m) para proporcionar espacio a los conductos de aire acondicionado y al cableado entre bastidores, incluida la red eléctrica.

Deben controlarse las condiciones ambientales de la zona para cumplir los requisitos especificados por los fabricantes de los equipos. El equipo de aire acondicionado debe tener una capacidad suficiente para admitir sin problemas todas las cargas de calentamiento/enfriamiento y tener una amplia redundancia para cubrir el fallo de las unidades.

7.8.1.1.2   La zona destinada a los equipos de suministro de energía

Los equipos de suministro de energía (es decir, transformadores, conmutadores, equipos de alimentación ininterrumpida (UPS), generadores de reserva, fuentes de alimentación en continua, etc.), deben estar albergados también en una zona separada bastante próxima a la sala de equipos de telecomunicaciones. Esta zona debe tener paredes altamente resistentes al fuego para evitar que éste se extienda a otras zonas o desde éstas. Los generadores de reserva, baterías, conmutadores y UPS deben situarse en salas independientes comunicadas con esta zona.

En toda la zona deben utilizarse puertas pirorresistentes, antipánico y de cierre automático, y todas las canalizaciones de cables a través de las paredes o bajo el piso deben estar selladas con materiales pirorresistentes para evitar que el fuego se extienda. En la construcción de la sala de generadores deben utilizarse materiales acústicos absorbentes, en particular si ésta es la única fuente de energía eléctrica permanente. Si es posible, esta sala deberá enfriarse por el aire exterior utilizando la convección natural o ventiladores. Asimismo, si se puede, los equipos de control de los generadores deben colocarse en una sala adyacente comunicada por una ventana con aislamiento acústico.

La sala de baterías debe tener una ventilación adecuada para evacuar las emanaciones de hidrógeno. Deben haber bordillos adecuados, suelos en pendiente y un pozo ciego para retirar y recuperar los posibles derramamientos accidentales. El suelo y los rodapiés deben protegerse con pintura antiácido. Por razones de seguridad, la sala de baterías debe estar dotada de una ducha o dispositivo de enjuague ocular.

Las salas de alimentación de corriente continua y de suministro ininterrumpido de energía (UPS) deben disponer de aire acondicionado. Se recomienda la utilización de bombas de calor en la sala de UPS en el caso de que otras zonas auxiliares de la estación requieran calefacción en los meses de invierno, puesto que de este modo puede aprovecharse el exceso del calor producido por este equipo.

La zona de suministro de energía debe situarse de manera que las salas de alimentación de corriente continua y de UPS estén lo más próximas posible a la sala de equipos electrónicos, evitando así tendidos largos de los cables de alimentación.

Debe preverse un depósito subterráneo adecuado de combustible, con una capacidad apropiada para satisfacer las necesidades de los generadores de energía de la estación. El depósito debe consistir en dos o más tanques intercomunicados, y unidos a su vez por dobles tuberías de combustible, válvulas, tanques dobles para el consumo diario situados en la sala de generadores. Todas las tuberías de combustible deben estar equipadas con válvulas de obturación por fusible a la entrada de la sala de generadores.

7.8.1.1.3   Los equipos electromecánicos (calefacción, ventilación y aire acondicionado (HVAC, *heating, ventilating and air-conditioning*))

Los equipos electromecánicos, (calefacción, ventilación, aire acondicionado) deben estar en una zona independiente junto a la de los equipos de alimentación, que debe tener paredes, puertas, etc., pirorresistentes. El tipo de sistema HVAC utilizado dependerá de la situación de la estación. En las estaciones grandes se suele emplear intercambiadores de calor (torres de enfriamiento) con una planta central de circulación de agua refrigerada o de temperatura controlada para cada unidad de aire acondicionado, o bombas de calor distribuidas por toda la estación.

Si en invierno se necesita calefacción, deberá considerarse la utilización de bombas de calor entre la sala de UPS, la de equipos electrónicos y las zonas auxiliares de la estación. Puede aprovecharse de esta manera el exceso de calor existente en las salas de UPS y de equipos.

Debe hacerse un estudio de las condiciones climáticas locales y de las necesidades ambientales de la estación para determinar el diseño óptimo tanto del exterior del edificio (paredes, techos, ventanas, etc.) como del sistema mecánico. Debe utilizarse refrigeración natural (gratuita) siempre que sea posible y debe prestarse atención a los aspectos de reducción de energía para mejorar la eficacia energética del edificio.

El enfriamiento de los amplificadores de potencia de microondas debe efectuarse por medio de un sistema de refrigeración por aire o por agua dependiendo del tamaño del tubo de microondas utilizado, como se describe en el apartado 7.4.

En el caso de sistemas de aire refrigerado, el enfriamiento del amplificador de potencia debe efectuarse por medio de aire exterior conectado directamente a las entradas y salidas de las unidades individuales mediante conductos aislados (puede utilizarse una cámara de distribución cuando haya varios amplificadores de potencia adyacentes). Debe considerarse el uso de ventiladores suplementarios para forzar la circulación del aire frío y compensar las pérdidas de carga de los conductos. En climas con grandes variaciones estacionales de temperaturas, los conductos de entrada y de salida deben estar interconectados y el aire caliente de salida debe mezclarse con el aire frío exterior mediante reguladores de conducto dinámicos para obtener la temperatura requerida a la entrada del amplificador de potencia.

En el caso de sistemas de refrigeración por agua, el enfriamiento del amplificador de alta potencia debe efectuarse con agua pura desionizada, para evitar la obstrucción del circuito del agua en el colector y obtener una baja conductividad del agua. Además, es necesario mantener lo más bajo posible el volumen de oxígeno diluido en el agua corriente a fin de evitar la oxidación. Para el circuito del agua suelen utilizarse materiales tales como el cobre, el bronce y el acero inoxidable. Últimamente, sin embargo, los sistemas de refrigeración por agua han caído en desuso.

7.8.1.1.4   Las zonas de administración y las zonas auxiliares de la estación

Las zonas de administración y las zonas auxiliares de la estación pueden combinarse en una sola o situarse en dos zonas independientes. En esta zona se habilitarán las oficinas (del director, los supervisores y personal administrativo), las instalaciones propias del personal (comedor, armarios, aseos, aula y sala de conferencias, etc.), los almacenes, los depósitos y los talleres mecánicos y electrónicos.

7.8.1.1.5   Instalaciones suplementarias

Además de las instalaciones principales mencionadas deben considerarse también las siguientes instalaciones suplementarias:

- Carreteras de acceso y aparcamientos: hay que estudiar los accesos a la estación, especialmente durante la fase de construcción, en que hay que transportar los grandes y pesados componentes estructurales de la antena. Debe determinarse la idoneidad del pavimento, puentes, túneles, etc. y efectuar las obras que sean necesarias. Deben preverse zonas de maniobra para los vehículos de reparto y espacio para aparcamientos.

- Abastecimiento y tratamiento de aguas: deben realizarse investigaciones antes de seleccionar la ubicación de la estación a fin de conocer la disponibilidad de agua potable, o de agua que requiera el tratamiento de potabilización mínimo posible, cerca del emplazamiento. La disponibilidad de agua tendrá una repercusión directa sobre el diseño del sistema HVAC y del sistema de refrigeración de los generadores de reserva así como sobre las necesidades personales de los empleados de la estación. Si hay que perforar pozos, debe determinarse su capacidad en todas las estaciones del año y debe proporcionarse un sistema redundante para prever el fallo o sustitución por trabajos de mantenimiento de las bombas o equipos.

  Debe preverse también un sistema adecuado de alcantarillado, el cual estará conectado a un sistema principal o consistirá en una fosa séptica con campo de drenaje.

- Sistema de protección contra incendios: los edificios deben estar protegidos por un sistema de alarma de protección contra el fuego de las zonas designadas con detectores de fuego locales. En las zonas de equipos el sistema de protección puede ser de descarga automática de CO_2. En las zonas atendidas por personal podría ser suficiente un sistema portátil, con una alarma adecuada.

  Si las estaciones están situadas en zonas boscosas, debe mantenerse un espacio despejado entre los edificios y el follaje que actúe como cortafuegos.

  Debe considerarse un sistema de bocas de agua conectado a un depósito de capacidad suficiente con instalación de bombeo para mantener un caudal de agua adecuado para apagar el fuego.

- Entrada de energía: si se dispone de una fuente de energía de alta tensión o comercial, ésta debe alimentar a través de cables dobles (subterráneos o aéreos) una subestación de alta tensión que puede situarse dentro del edificio principal o fuera de éste. La subestación exterior debe estar protegida por una cerca de malla de alambre de 2,5 m u otra equivalente.

- Facilidades de telecomunicaciones para enlaces terrenales: deben preverse facilidades de telecomunicaciones terrenales desde la estación. Debe disponerse un espacio protegido para los equipos electrónicos y, si procede, debe acordarse la instalación de una torre de microondas de transmisión terrenal de modo que no interfiera con el funcionamiento de las antenas principales. Si la comunicación se hace por cable, deberá entonces proporcionarse un sistema adecuado subterráneo de conductos.

7.8.1.2   La estación de una sola antena grande

Se supone que este tipo de estación tiene una sola antena, cuyo pedestal es el edificio central (La figura 7.68 muestra una configuración característica). Las principales instalaciones y servicios (antena, suministro de energía de los equipos de telecomunicaciones, servicios de administración y auxiliares) de la estación de varias antenas son igualmente válidos para este tipo de estación. Las características y ubicaciones de estas instalaciones y servicios deben considerarse válidas, salvo en el caso de:

- Los equipos electromecánicos (calefacción, ventilación y aire acondicionado (HVAC)): para una estación de este tamaño quizás no se necesite una sala de HVAC separada. Debe considerarse un sistema de unidades separadas (evaporador interno, condensador externo) para las zonas acondicionadas con unidades individuales de serpentín y ventilador (evaporadores), más unidades de respaldo en cada zona. Las unidades de condensadores deben estar en el exterior y próximas al pedestal de la torre, en una zona con una corriente de aire adecuada. Las unidades de tratamiento de aire pueden dotarse de un serpentín de calefacción si los cambios estacionales hacen necesaria la utilización de calefacción en los meses de invierno.

- Los equipos generadores de energía: los generadores de energía de reserva y su equipo de control deben estar alojados en un edificio aparte a cierta distancia de la antena. Este edificio debe enfriarse mediante una corriente de aire natural o forzada (mediante ventiladores) que utilice el aire exterior. Debe haber aberturas de ventilación con rejillas automáticas que se cierren en caso de incendio, desconectándose automáticamente los generadores y ventiladores; y debe haber equipos de extinción de incendios. Se necesita también un depósito subterráneo de combustibles.

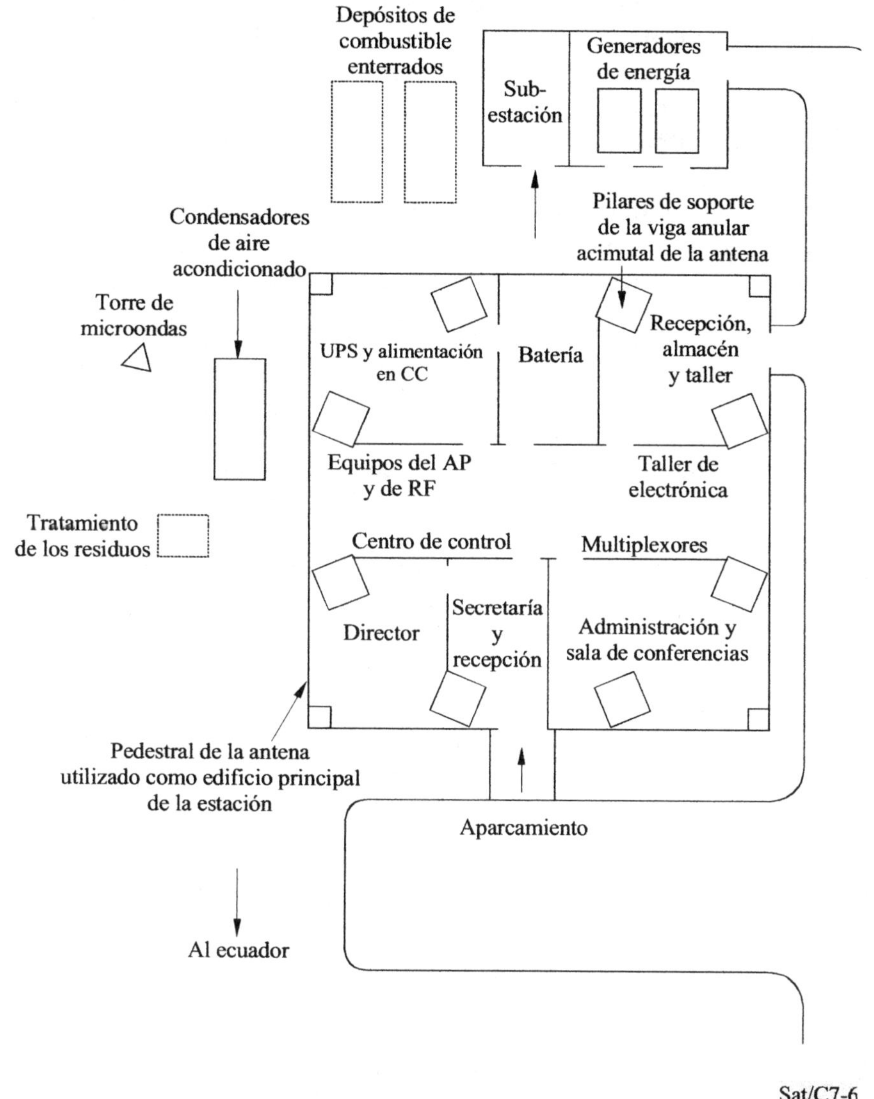

FIGURA 7.68

Distribución característica de la estación de una sola antena

7.8.1.3   Las estaciones de tamaño mediano

Las estaciones consideradas en este punto son del tipo de red nacional con una sola antena de tamaño medio (de 10 a 15 m). Las características principales y suplementarias detalladas anteriormente son válidas en general, pero pueden considerarse modificaciones y omisiones en función de la fiabilidad requerida para la estación (la figura 7.69 muestra una distribución característica).

Esta estación estará constituida básicamente por la antena, un local para los equipos radioeléctricos y un edificio principal. Las antenas de 10 a 15 m suelen ser de la variedad de movimiento limitado que consiste en el montaje de la superficie reflectora sobre un mecanismo Az-El fabricado con secciones de acero medio. El local de los equipos radioeléctricos debe lindar con el edificio principal y estar situado entre los miembros soporte del pedestal de la antena, con lo que el equipo RF y los amplificadores de bajo ruido estarán lo más cerca posible del alimentador de la antena. El local de los equipos RF deberá ser un edificio bien construido y transportable, con un armazón móvil, lo que permitirá que el equipo RF se monte y pruebe en los locales del fabricante y se transporte a la ubicación listo para su funcionamiento, con un mínimo de trabajo sobre el terreno.

El edificio principal puede construirse con materiales locales sobre una base de hormigón armado o ser de estructura de acero con paneles colgados prefabricados, lo que permite un fácil transporte y montaje in situ.

Las características suplementarias (carreteras de acceso, aparcamiento, protección antiincendios, etc.) especificadas para la estación de múltiples antenas son aplicables también a este tipo de estación.

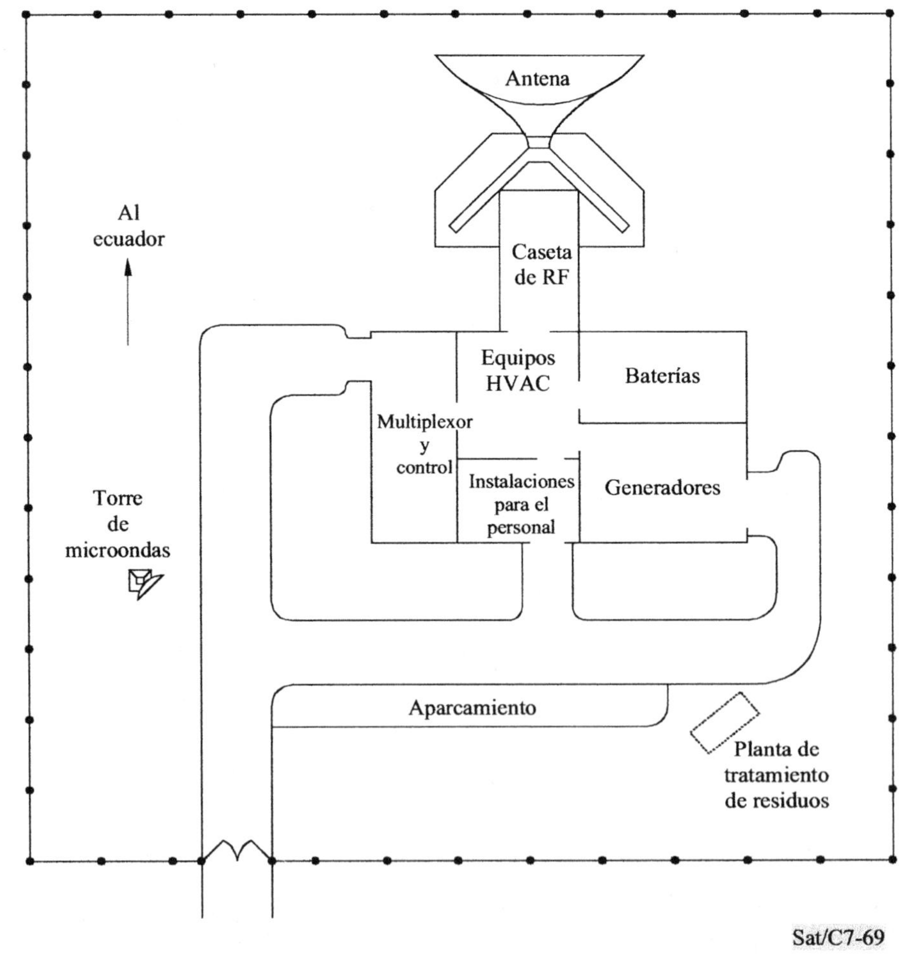

FIGURA 7.69

Distribución característica de una estación de antena pequeña

7.8.2   El sistema de alimentación de energía

El sistema de alimentación de energía debe diseñarse de modo que suministre la energía eléctrica necesaria para los equipos de telecomunicaciones, los servicios de los edificios y las instalaciones auxiliares.

Estas necesidades son las siguientes:

- cargas críticas: amplificadores de potencia, equipo de telecomunicaciones, equipo múltiplex, etc. Las cargas críticas las suele proporcionar las baterías de acumuladores del sistema de suministro ininterrumpido de energía (UPS);

- cargas esenciales: servosistema de antena, sistema antihielo de antena, aire acondicionado, ventilación, alumbrado, etc. Las cargas esenciales suelen ser suministradas por una línea de energía comercial y, en caso de fallo de ésta, por un motor/generador de reserva de la estación;

- cargas no esenciales: alumbrado exterior. Las cargas no esenciales suelen ser suministradas por una línea de energía comercial solamente.

Los principales subsistemas de alimentación de energía son los siguientes:

- la instalación de acometida de energía, que incluye la alimentación de alta tensión y la subestación transformadora con protección de alta tensión;

- la distribución de energía de corriente alterna, que incluye conmutador, medidores y cuadros de distribución de baja tensión con protección de baja tensión;

- el generador o generadores de reserva de emergencia, que incluyen el equipo auxiliar y facilidades de control conexos;

- el suministro ininterrumpido de energía (UPS), que incluye el rectificador, el ondulador y el banco de baterías;

- las fuentes de alimentación de corriente continua, que incluyen rectificadores, bancos de baterías y el equipo de distribución asociado;

- las facilidades de puesta a tierra de la estación.

Las características de los subsistemas indicados anteriormente dependerán del tipo de estación considerada según se detalla a continuación.

En la fig. 7.70 se muestra un diagrama de bloques de un sistema característico de alimentación de energía.

7.8.2.1   Las estaciones terrenas grandes

A continuación se relacionan los principales criterios de diseño de las estaciones terrenas grandes con varias antenas y de las estaciones terrenas grandes con una sola antena:

i)   El punto de acometida del sistema de alimentación de energía debe conectarse a un alimentador doble de alta tensión protegido individualmente por un fusible o por un interruptor de circuito y alimentado desde una fuente de energía de servicio público o comercial. La alimentación entrante a cada fusible o interruptor de circuito debe estar equipada con pararrayos. Deben utilizarse dos transformadores de potencia principales para reducir la tensión entrante. Los transformadores deben tener arrollamientos secundarios en estrella (Y) con el neutro puesto a tierra en los transformadores y conectado a la tierra de la estación. Se utiliza también un conductor neutro aislado (dependiendo de la reglamentación local). Los transformadores deben dimensionarse de modo que cualquiera de los dos sea capaz de proporcionar la carga de la estación. Es preferible utilizar ambos transformadores para alimentar la estación a través de interruptores de circuito de entrada separados para disponer de una redundancia adicional.

ii) El conmutador principal debe incorporar como mínimo dos circuitos bus principales para permitir que las cargas esenciales estén separadas de las cargas no esenciales. La configuración de los buses debe proporcionar también diversidad de operación en cuanto a que la toma de energía pueda derivarse a partir de ambos transformadores sin poner en paralelo las salidas de éstos. Deben proporcionarse facilidades de medición y de protección. Son de capital importancia las facilidades de conexión selectiva coordinada. En todos los interruptores de circuito trifásicos se recomienda protección coordinada contra averías de puesta a tierra accidental. Debe proporcionarse un bus de generadores aislado para poder probar los generadores de reserva. La utilización de un interruptor de cierre no automático y un interruptor de alimentador de carga facilitan el funcionamiento de los generadores. Al dimensionar los circuitos principales debe tenerse en cuenta el desarrollo futuro. La potencia de control del conmutador debe ser alimentada desde una fuente de alimentación de corriente continua independiente apoyado por baterías.

La necesidad de la regulación de tensión depende principalmente de la calidad de la fuente de energía comercial. La mayoría de los equipos de la estación funcionarán con una tolerancia de tensión nominal de $\pm 10\%$. Si la fuente de energía comercial no puede cumplir los límites de tensión requeridos, deberán proporcionarse reguladores de tensión. En las instalaciones de distribución debe incorporarse la corrección del factor de potencia, aunque la magnitud de la corrección requerida dependerá de la relación entre la economía en los costes de funcionamiento y los costes de instalación.

iii) Se requieren generadores de reserva listos para respaldar al menos las cargas esenciales. La potencia de los generadores diesel puede calcularse para el régimen de reserva pero los aparatos deben poder utilizarse de forma continua a la potencia de reserva. La situación del emplazamiento por encima del nivel del mar y la temperatura ambiente, junto con la elección de radiador, son de primera importancia para determinar la capacidad de salida en continuidad. La necesidad de múltiples generadores diesel depende de la disponibilidad y fiabilidad de la fuente de energía comercial. La ventaja de utilizar más de un conjunto de generadores de reserva son numerosas y si se utilizan múltiples conjuntos deben proporcionarse facilidades de sincronización para poner los conjuntos en paralelo. El sistema de combustible debe incluir dobles bombas de transferencia eléctrica para mantener los tanques llenos todo el día. La regulación de la tensión de salida del generador debe ser $\pm 2\%$ en condiciones de régimen permanente de la situación sin carga a la de plena carga y la regulación de frecuencia debe ser $\pm 1\%$ en las mismas condiciones de régimen permanente.

Se recomienda la utilización de un regulador de tensión electrónico y de un controlador electrónico. El generador y/o el controlador de tensión deben incorporar un circuito amplificador de la corriente inductora a fin de evitar el colapso del campo inductor en condiciones de cortocircuito, y asegurar así la eliminación de los fallos del interruptor de circuito.

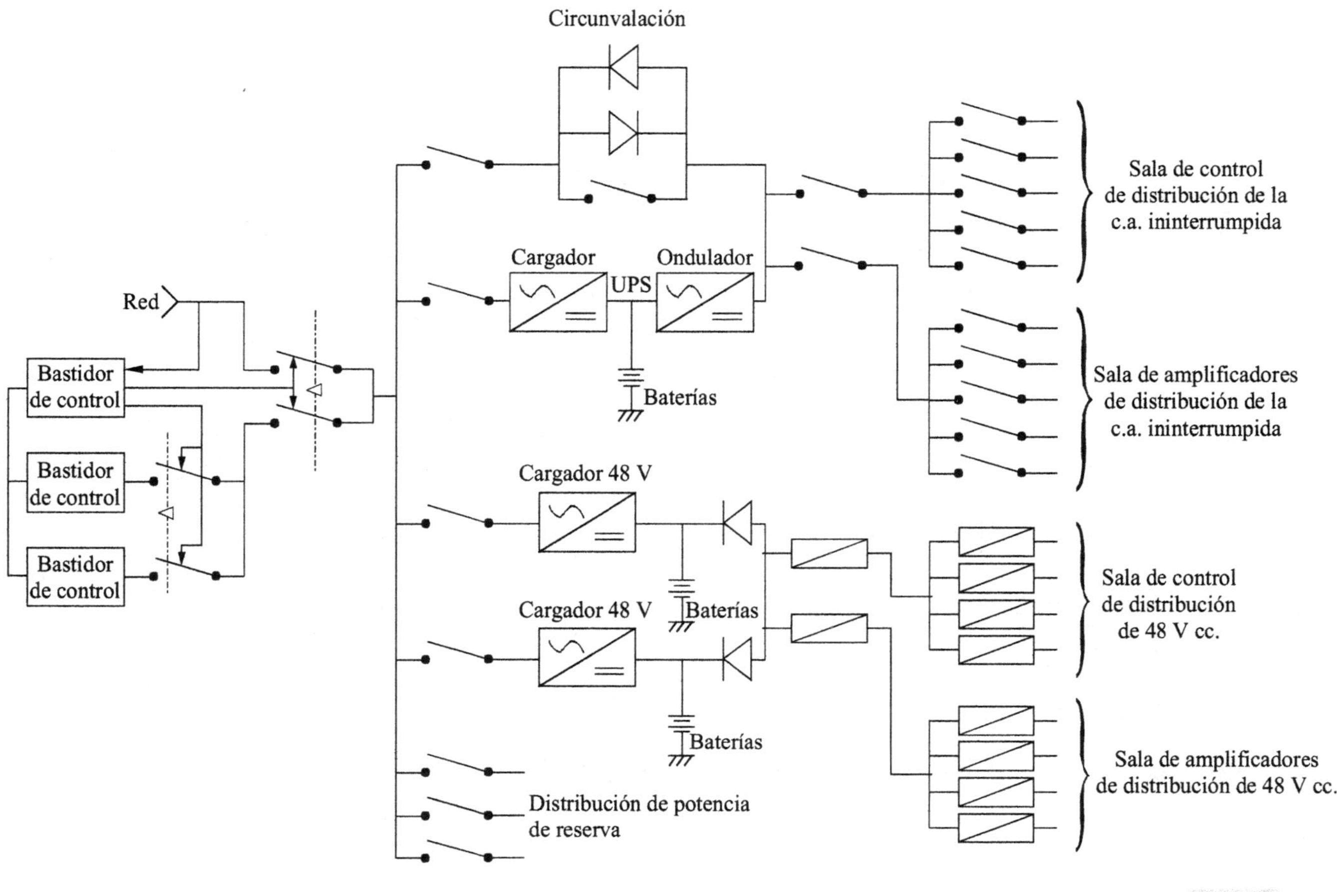

FIGURA 7.70

Diagrama de bloques característico de un sistema de alimentación

iv)   Los sistemas de suministro ininterrumpido de energía (UPS) pueden emplear generación rotatoria o estática. El esquema preferido utiliza un ondulador estático que en condiciones normales alimenta las cargas de corriente alterna críticas de la estación proporcionando una independencia total con respecto a las interrupciones de la fuente de energía comercial y de las perturbaciones de la línea, incluidas las variaciones de tensión o de frecuencia. El sistema emplea un cargador rectificador para suministrar corriente a un bus de corriente continua que a su vez alimenta una batería y un ondulador. Se utiliza un conmutador de transferencia automático para transferir la carga crítica del UPS y al bus del UPS en caso de fallo del ondulador. Para esa función es preferible la utilización de un conmutador de transferencia estático en vez de un conmutador de tipo electromecánico en los casos en que el equipo computador está siendo alimentado. El rectificador debe incorporar un arranque retardado y una facilidad de control de corriente para coordinar y limitar el flujo de potencia en el bus operativo después del restablecimiento de la potencia de entrada de corriente alterna. El sistema debe incorporar también facilidades ajustables para limitar la corriente de salida, la capacidad para ponerse en paralelo con otros futuros módulos UPS y una fuente de alimentación de corriente continua suplementada por una batería. Las baterías del UPS deben ser del tipo de larga vida útil (antimonio-plomo, plomo-calcio, níquel-cadmio).

v)   Para alimentar los equipos de telecomunicaciones se requieren fuentes de alimentación de corriente continua con cargadores-rectificadores que alimenten una batería de acumuladores y su distribución asociada a través de interruptores de circuito o fusibles. Se recomienda la utilización de varios cargadores-rectificadores dimensionados prudentemente y adecuados para la compartición de la carga. La batería de acumuladores debe tener facilidades locales de desconexión con protección de cable. La batería debe consistir en dos conjuntos de elementos en paralelo para permitir el aislamiento de un conjunto para tareas de mantenimiento.

vi) Deben preverse las instalaciones de puesta a tierra de la estación que se describen a continuación:

Un importante requisito de la instalación de puesta a tierra de la estación es mantener un potencial igual a lo largo de las distintas partes del sistema y de los equipos a los que está conectada, particularmente en las situaciones de fallo de energía eléctrica y de descargas de rayos. Para distribuir la puesta a tierra a lo largo de toda la estación se utiliza un sistema de tierra perimetral, consistente en un conductor de gran diámetro (de cobre trenzado N° 4/0 AWG) enterrado junto a las paredes del edificio, cuyos conductores se conectan a intervalos al conductor perimetral y de llevan al interior, donde se conectan a una barra de cobre interior. Ésta se extiende dentro del edificio alrededor de las paredes de las salas cuyos equipos requieran puesta a tierra. La conexión de la tierra perimetral a la antena y a la subestación transformadora se realiza normalmente utilizando dos conductores enterrados. Todas las conexiones a tierra deben hacerse mediante soldadura de cadmio. Las varillas de tierra se llevan normalmente junto al conductor perimetral y se conectan a él. El número de varillas requerido dependerá de la conductividad del suelo.

La puesta a tierra de la antena es un asunto de especial importancia debido a la necesaria protección contra los rayos. Los conductores de bajada de la puesta a tierra de la estructura de la antena deben soldarse a la tierra perimetral de la antena con una varilla de tierra en el mismo punto. Si la resistencia global a tierra es deficiente, debe considerarse la utilización de puestas a tierra mediante electrodos profundos alrededor de la antena y con conexiones a la tierra perimetral. Las condiciones del suelo determinan los métodos que deben emplearse para lograr una tierra de baja resistencia. Debe aplicarse un objetivo de diseño de 5 ohmios.

En una zona que sea predominantemente rocosa y cuya conductividad del suelo sea baja, puede ser necesario emplear electrodos de puesta a tierra profundos para cumplir el objetivo de diseño de 5 Ω.

7.8.2.2   Las estaciones de tamaño mediano

A continuación se enumeran las características de los subsistemas de energía para estaciones del tipo de red nacional:

i)   El punto de acometida del sistema de alimentación de energía debe utilizar un solo conmutador de desconexión de fusible de alta tensión con un transformador reductor. El secundario del transformador en estrella (Y) debe conectarse a la tierra de la estación.

ii) El conmutador podría consistir en un cuadro de cuatro polos y circuitos bus dobles para permitir la separación de las cargas esenciales de las no esenciales. La configuración de buses deberá permitir también la alimentación de una carga artificial desde el generador de reserva mientras el bus está alimentado desde la fuente de energía comercial.

iii) Las características del sistema de suministro ininterrumpido de energía son esencialmente iguales a las utilizadas en los complejos de estaciones terrenas grandes.

iv) Las características de los sistemas generadores de reserva de emergencia son esencialmente iguales que las utilizadas en los complejos de estaciones terrenas grandes; sin embargo, debe darse menos importancia a la utilización de conjuntos de generadores diesel múltiples o redundantes.

v)   Las características de la fuente de alimentación de corriente continua son las mismas que en los complejos de estaciones terrenas grandes.

vi) Las características del sistema de puesta a tierra de la estación son esencialmente las mismas que en los complejos de estaciones terrenas grandes.

7.8.3   El sistema de antena (obra civil de la antena)

En el apartado 7.2.3 figura una descripción general de los sistemas de antena. A continuación se describe la obra civil correspondiente a la antena.

En este punto se consideran dos tipos de antenas: antenas grandes (>15 m) para estaciones terrenas con alta capacidad de tráfico y antenas de tamaño mediano (15 m a 10 m) utilizadas en las estaciones de redes nacionales.

Las precisiones de puntería de la antena requieren que la antena se monte sobre un suelo estable. El suelo debe analizarse en profundidad para determinar las condiciones reales del terreno sobre el que descansarán los cimientos de la antena. Estos análisis suelen ser realizados por el suministrador/instalador de la antena y el tipo de cimientos se determina al completar el estudio del informe sobre el suelo.

Los cimientos deben proyectarse de manera que soporten las cargas operacionales y de supervivencia impuestas por la antena, la estructura soporte y el pedestal. Estas cargas comprenden: las cargas del viento, las cargas por el peso y las cargas sísmicas.

7.8.3.1   Las antenas grandes

La mayoría de las antenas grandes se montan en una estructura mecánica con desplazamiento en acimut y en elevación (Az-El) del tipo de carril circular. En este diseño, un carril circular de gran diámetro sirve de apoyo a la estructura mecánica y permite su rotación en acimut, mientras que los esfuerzos horizontales se transmiten a un soporte central. El pedestal de los cimientos puede consistir en ocho columnas de hormigón armado que soportan el carril de acimut y cuatro columnas que sustentan el soporte central unidas por elementos radiales y una plancha en la parte superior. El pedestal puede consistir también en un armazón poligonal continuo de hormigón armado y un techo autosoportado en forma de cúpula encajado en el elemento circular, introduciéndose el soporte central en este tejado. En este último caso, los cimientos forman parte integrante del edificio de la antena.

Como el diámetro del anillo del carril para la rotación acimutal es de unos 15 a 18 m para antenas grandes (30 m), la zona bajo la plancha superior del tejado es un lugar ideal para colocar los equipos RF. Para la construcción interior y la terminación de esta zona deben seguirse las orientaciones generales mencionadas anteriormente para el edificio principal.

Los cimientos y el pedestal de la antena deben tener un buen sistema de drenaje capaz de recoger y evacuar el agua de las precipitaciones recogidas en la antena y en la estructura soporte.

7.8.3.2   Las antenas de tamaño mediano

Las antenas de tamaño medio (de 10 a 15 m) suelen montarse en estructuras de movimiento limitado (Az-El o del tipo X-Y) unidas a una estructura soporte fija asegurada directamente a los cimientos por medio de pernos de anclaje incrustados.

Los cimientos deben diseñarse después de terminado el análisis del suelo. En general, consiste en una raspa o una placa con pilotes unidos en la parte superior por soleras umbral, construyéndose todo el conjunto en hormigón armado. Los cimientos deben tener una masa suficiente y convenientemente distribuida para compensar las cargas del viento, las debidas al peso y las sísmicas impuestas por la antena. De este modo, pueden admitirse unas condiciones del suelo menos críticas.

Deben proporcionarse también basamentos pequeños para sostener una caseta para los equipos electrónicos que se situarán, si es posible, entre los pies posteriores de la estructura soporte de la antena.

7.9 Captación de noticias por satélite (SNG, Satellite News Gathering) y Reportaje en exteriores (OB, Outside Broadcasting) por medio de satélite

7.9.1 Generalidades

7.9.1.1 Definición y funciones principales

La SNG consiste en la transmisión puntual y ocasional sin previo aviso de televisión o sonido destinado a la radiodifusión. por medio de estaciones terrenas de enlace ascendente, portátiles o transportables, en el marco del servicio fijo por satélite.

La definición del equipo debe ser tal que sea capaz de enviar por el enlace ascendente el programa de vídeo con su sonido o bien las señales del programa sonoro, pudiendo establecer la coordinación bidireccional y los circuitos de comunicaciones. El equipo debe permitir la transmisión de datos y poder ser montado y manejado por no más de dos personas en un plazo razonablemente breve (por ejemplo en el plazo de una hora).

Las estaciones terrenas transportables pueden resultar aceptables para los requisitos de la SNG cuando la logística impone el empleo de estos sistemas y cumplen las características funcionales básicas de los sistemas SNG. El sonido SNG también puede utilizarse en el servicio móvil por satélite.

Las principales funciones de los sistemas SNG son:

*   transmitir una señal de imagen con su sonido o bien una señal de un programa de audio, con una degradación mínima;

*   proporcionar, siempre que sea posible, capacidad receptora limitada para ayudar a orientar la antena y supervisar las señales transmitidas;

*   proporcionar canales de comunicación bidireccionales.

Pueden verse ejemplos de cálculo de balance del enlace SNG en el anexo 2.

7.9.1.2 Configuración del sistema SNG

El equipo de transmisión SNG consiste en una estación terrena de enlace ascendente montada en un vehículo o fácilmente portátil, un segmento espacial (por ejemplo, un satélite de comunicaciones) y una estación terrena principal dotada de una gran antena receptora.

La figura 7.71 muestra un esquema genérico del sistema de transmisión SNG.

El segmento espacial y la estación terrena principal suelen coincidir con los que utiliza el servicio fijo por satélite.

La figura 7.72 muestra el diagrama funcional genérico de una estación terrena SNG de enlace ascendente.

Los terminales SNG utilizan una antena plana (normalmente un sistema controlado por fase) o parabólica con los siguientes elementos primordiales:

- antena y sistema de alimentación con ajuste de polarización;

- soporte de antena con ajuste de acimut y de elevación;

- amplificador de potencia (AP) y amplificador de estado sólido para los canales de comunicaciones de imágenes, sonido y auxiliares (voz o datos) cuando la transmisión sea analógica o para canales multiplexados de vídeo, sonido y datos cuando sea digital;

- unidad receptora para ayudar a orientar la antena;

- equipo de modulación de la banda base y convertidor elevador de FI a RF;

- equipo de comunicaciones bidireccional voz/datos;

- panel de control local y a distancia;

- generador de energía opcional.

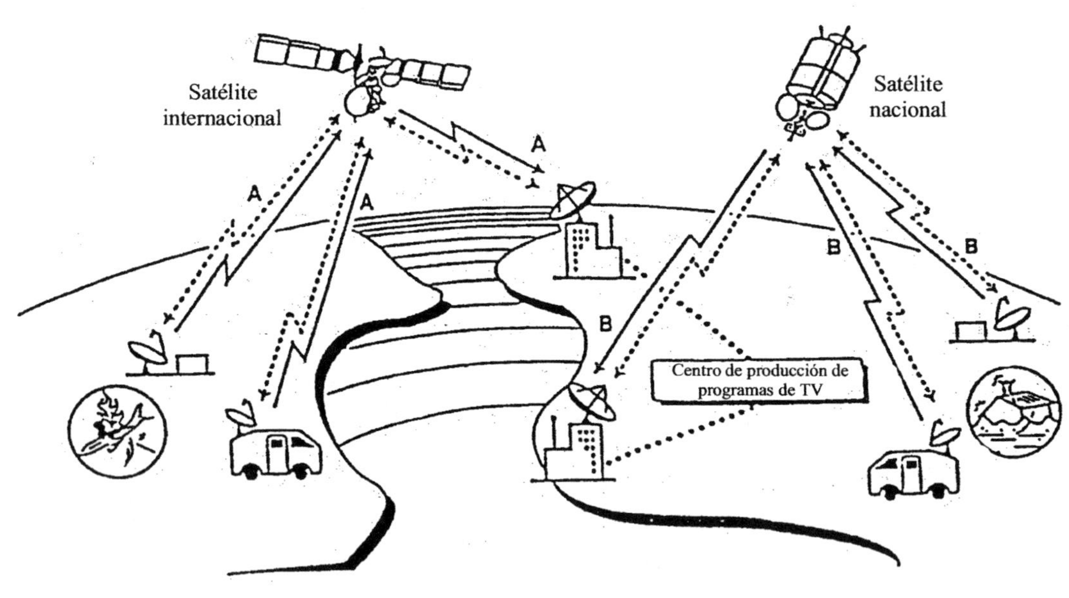

FIGURA 7.71

Diagrama genérico de la transmisión SNG

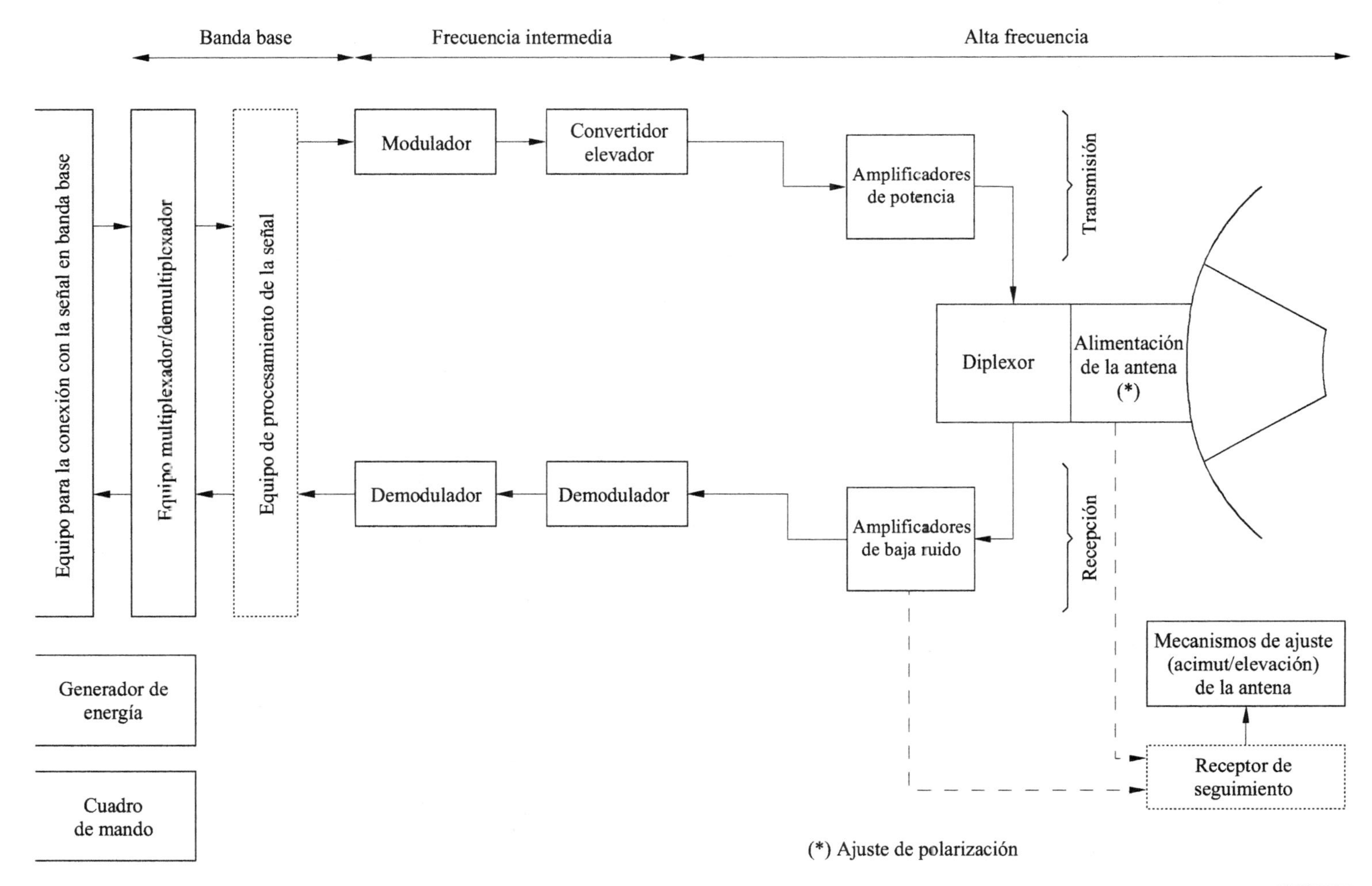

FIGURA 7.72

Diagrama funcional genérico de una estación terrena SNG de enlace ascendente

7.9.2   El sistema de antena

El sistema de antena de una estación terrena SNG debe ser pequeño, ligero y fácil de montar. Sin embargo, en lo que a la p.i.r.e. se refiere, hay un compromiso entre la ganancia de la antena y la potencia de salida de RF. En las aplicaciones móviles hay que equilibrar adecuadamente el tamaño, el peso, y el consumo de potencia. Dependiendo del plan de modulación (analógico o digital) y de la banda de frecuencias (banda C o Ku), el diámetro de la antena parabólica de un sistema analógico puede oscilar entre 3 m (en la banda C) y 2 m (en la Ku) y el de un sistema digital entre 1,2 m y 0,75 m en la banda Ku. El los terminales digitales SNG de antena plana, la antena es cuadrada y tiene 60 cm de lado.

Las antenas de los terminales SNG se utilizan tanto para recepción como para emisión. De acuerdo con las Recomendaciones UIT-R SNG.722-1 (para sistemas analógicos) y 1007 (para sistemas digitales), los requisitos de calidad de funcionamiento obedecen a las siguientes especificaciones:

*   La densidad de la p.i.r.e. fuera del eje con arreglo a la Recomendación UIT-R 524 o los requisitos del operador del satélite si fuesen más estrictos.

*   La polarización cruzada diseñada para las antenas de polarización lineal debe ser superior a 30 dB entre puntos de -1 dB del eje del haz principal y 25 dB en cualquier otro punto.

Desde el punto de vista mecánico, el terminal SNG debe poderse instalar con rapidez para transmitir programas de vídeo y el sonido asociado por circuitos de comunicaciones bidireccionales. Los sucesivos montajes y desmontajes de la antena no deben repercutir en las característica de radiación ni en la discriminación de la polarización cruzada. Es necesaria la máxima precisión estructural para la obtención de una calidad de funcionamiento aceptable en RF: la superficie del reflector principal de la antena parabólica debe tener la forma exacta, y la superficie de la antena plana (antena de red de elementos radiantes coplanares) formada por parches de microbandas, debe ser asimismo precisa ya que los errores de posición de los elementos de la red provocan errores de fase. Además, el haz de la antena debe permanecer orientado hacia el satélite en todas las condiciones ambientales de funcionamiento. El soporte de la antena, dotado de ajuste de acimut y de elevación y de ajuste de polarización debe diseñarse para desplegar la antena con precisión y mantenerla apuntada hacia el satélite incluso bajo fuertes vientos.

El sistema de antena parabólica está formado por los siguientes componentes:

*   el reflector;

*   la bocina iluminadora y el ajuste de polarización;

*   el sistema de alimentación, con un OMT para separar las ondas radioeléctricas recibidas de las transmitidas;

*   el soporte de la antena, para ajustar el acimut y la elevación.

Las figuras 7.73 y 7.74 proporcionan ejemplos de antenas parabólicas y Gregory para SNG.

En el terminal digital SNG transportable, de reciente diseño, para aplicaciones de la banda Ku, el reflector es un antena parabólica con alimentador descentrado de 1,2 ~ 0,75 m de diámetro.

El sistema de antena plana está formado por los siguientes componentes:

- la antena de red de elementos coplanares y el sistema de alimentación con ajuste de polarización;

- el soporte de la antena con ajuste del acimut y de la elevación;

- el sistema de seguimiento de la antena;

- la figura 7.75 muestra un ejemplo de antena plana.

El pequeño terminal digital SNG de antena plana para aplicaciones de la banda Ku se ha diseñado para ser fácil de transportar, montarse con rapidez y ponerse en marcha sin dilación. La antena es una red (array) cuadrada de microbandas, con 1 024 (32 x 32) elementos. Para obtener características de bajo lóbulo lateral en órbita geoestacionaria, la antena plana se instala de modo tal que su plano diagonal se orienta en el plano del arco orbital visto desde la estación terrena. La razón de esto es que la antena de matriz cuadrada con excitación de apertura uniforme tiene en el plano diagonal excitación decreciente. La antena plana utiliza técnicas de seguimiento electrónico, recibe una señal de baliza transmitida, vía satélite, por una estación central (hub). Sólo es necesario orientar la antena plana algunos grados (3° como mucho) de la posición orbital del satélite; entonces el sistema se ajusta automáticamente para lograr la orientación óptima.

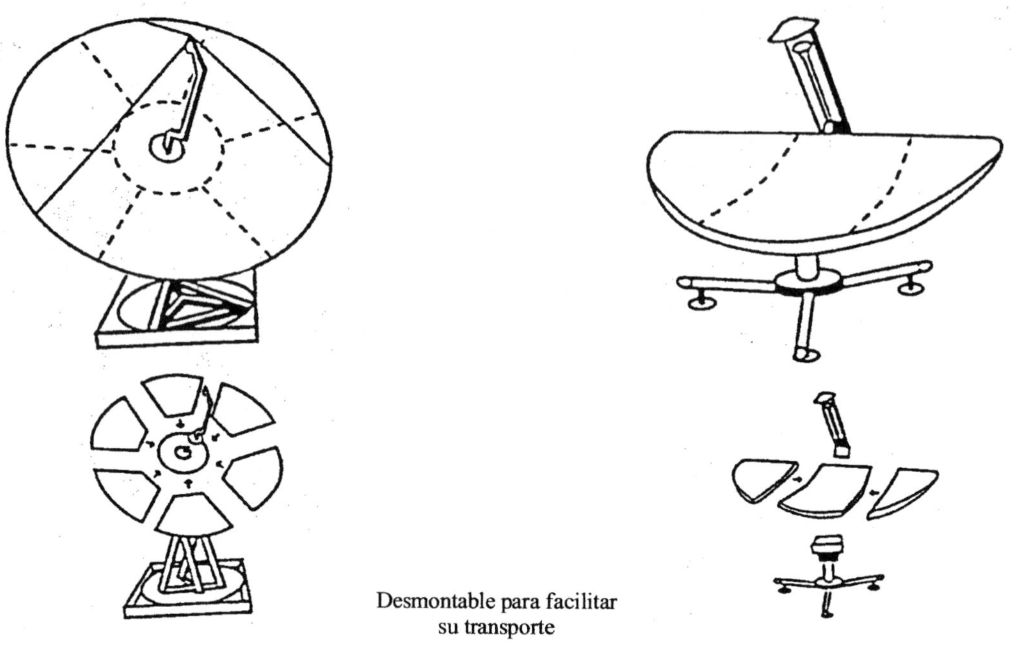

Desmontable para facilitar
su transporte

FIGURA 7.73

**Ejemplo de antena parabólica de 1,8 m⌀
para la banda Ku**

FIGURA 7.74

**Ejemplo de antena Gregory de 2,0 × 1,2 m⌀
para la banda Ku**

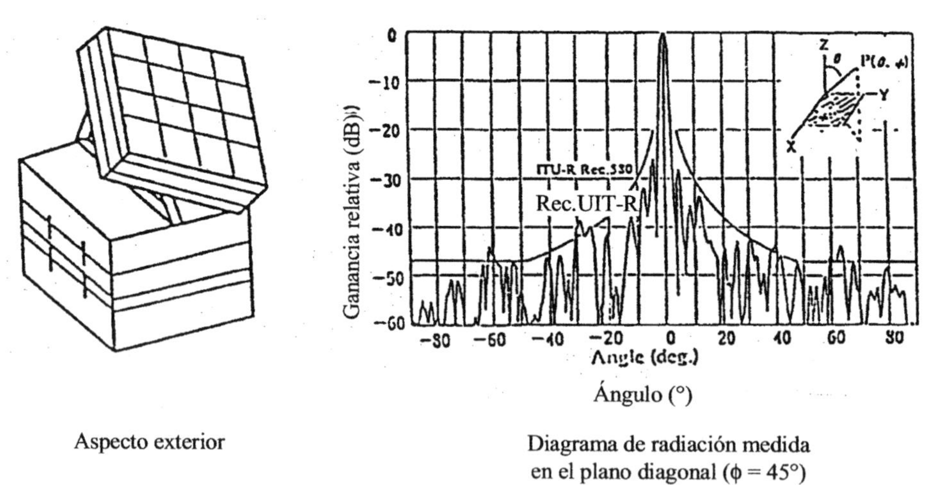

Ángulo (°)

Aspecto exterior

Diagrama de radiación medida
en el plano diagonal (φ = 45°)

Sat/C7-73sc

FIGURA 7.75

Ejemplo de antena plana de 60 × 60 cm para la SNG digital en la banda Ku

7.9.3 Procesamiento de la señal en banda base

Últimamente, la transmisión SNG está pasando de utilizar señal analógica en banda base a utilizar señal digital, debido a los avances de la técnica de compresión de vídeo digital que permiten que el sistema de transmisión sea más pequeño y ligero. Asimismo, la SNG digital presenta las siguientes características:

1) mejor portabilidad del equipo de transmisión;

2) utilización eficaz del transpondedor;

3) menor coste;

4) menor p.i.r.e. de la transmisión

5) menor consumo de energía;

6) menos interferencias entre canales;

7) aleatorización de la señal de transmisión.

Los servicios de la SNG digital con estas características sustituirán por completo a los analógicos. El método de codificación de vídeo ya se recoge en la Recomendación UIT-T J.81 (34 ~ 45 Mbit/s) para circuitos de larga distancia. El método de codificación de vídeo más reciente, basado en la Recomendación UIT-T H.262 (MPEG-2), aunque no constituye aún objeto de Recomendación, será recomendado probablemente para los servicios de la SNG digital en el futuro.

Las señales analógica y digital en banda base se indican del siguiente modo.

7.9.3.1 La señal analógica en banda base

La señal analógica en banda base se inspira en la Recomendación UIT-R 722-1. Para la radiodifusión de televisión analógica, la señal de vídeo se basa en la Recomendación UIT-R 567-3 y la señal de audio en la 505-4. Para la radiodifusión sonora analógica, la señal en banda base se inspira en la Recomendación UIT-R 504-2.

7.9.3.2 La señal digital en banda base

La señal digital comprimida en banda base se inspira en la Recomendación UIT-R SNG.1007. Se necesitan 40 Mbit/s (34 Mbit/s como mínimo) para calidad de contribución y 10 Mbit/s para calidad inferior. Sin embargo, se aceptan valores inferiores de velocidad binaria en malas condiciones. Debe considerarse asimismo la compatibilidad entre el enlace de satélite y los enlaces terrenales.

1) Método de codificación de vídeo

Hay varios métodos de codificación. Uno de ellos combina la predicción adaptable compensada del movimiento entre tramas o en el campo con la transformación discreta en coseno (DCT, *Discrete Cosine Transformation*). Otro utiliza la transformada Walsh Hadamard (WHT, *Walsh Hadamard Transform*) para la codificación y compresión directa de señales compuestas sin separar la señal de luminancia de la de crominancia. El problema más importante es el retardo provocado por la disposición del tiempo entre tramas o campos en el codificador y en el decodificador. A pesar del compromiso existente entre la calidad del vídeo y el retardo, este último es más importante que aquella para los servicios SNG.

2)   Método de codificación de audio

Se adopta el método basado en la Capa II, que es una de las capas de la norma MPEG, y el DOLBY AC2, que es el utilizado en EE.UU.

3)   Método de corrección de errores

Se adopta el método de corrección de errores dobles con código de Reed-Solomon y código convolucional, a fin de recibir señales de calidad suficiente para baja C/N comparada con la señal analógica.

4)   Aleatorización

Se inserta una señal casi aleatoria en la de televisión, para dispersar la energía de la comunicación entre corresponsales específicos.

5)   El sistema SNG digital

En primer lugar, se codifican la señal de vídeo, la de audio y la de datos en cada codificador. El tren fijo de bits de salida de los codificadores se multiplexa en los multiplexadores. Después se construye la señal en banda base tras la dispersión de la energía y la corrección de errores dobles.

La configuración del sistema SNG digital se muestra en la figura 7.76.

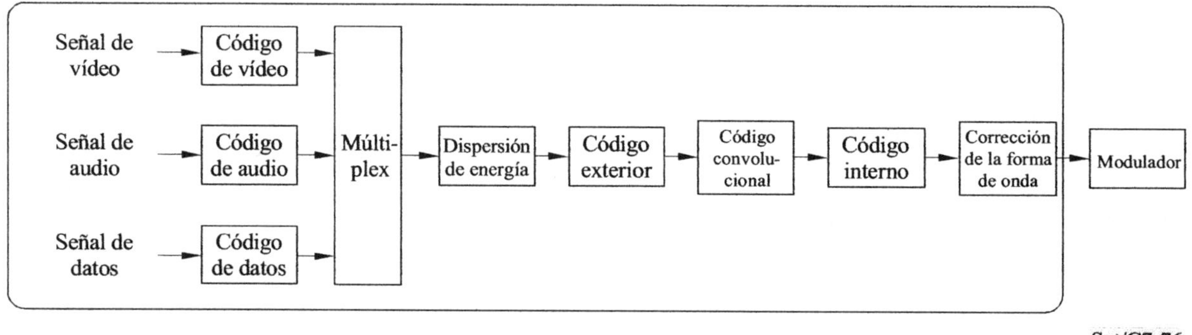

FIGURA 7.76

7.9.4   Modulación de la portadora para SNG

En la Captación de Noticias por Satélite (SNG), se puede escoger del mismo conjunto de técnicas de modulación que en cualquier otro tipo de transmisión de televisión o datos. Los métodos de modulación pueden agruparse en analógicos y digitales. Las técnicas de modulación analógicas se explican detalladamente en el capítulo 4 (apartado 4.1) de este manual. Los siguientes párrafos resumen algunas características de las técnicas de modulación más utilizadas en SNG, presentando asimismo algunos ejemplos de cómo se transmiten las señales SNG, junto con los canales de coordinación, por el transpondedor del satélite.

La mayor parte de las nuevas e incipientes redes SNG de todo el mundo, si no todas, han optado por la tecnología digital sin mayores problemas. Dado que pocas de estas empresas tienen inversiones previas en equipos y sistemas pendientes de amortización, la mayor parte de ellas justifican sus inversiones en compresión digital con las economías del primer año, sólo en el segmento espacial. Por contra, el extendido uso de SNG digital en EE.UU. parece estar a algunos años de distancia por el capital invertido en camiones, enlaces fijos de baja potencia, centrales de comunicaciones y sistemas de planificación actuales de SNG. Por consiguiente, lo más probable es que el mercado de SNG en EE.UU. continúe utilizando tecnología analógica, especialmente Modulación de Frecuencia (MF). Los siguientes apartados contemplarán tanto la modulación digital como la analógica.

7.9.4.1 Modulación analógica

La Modulación de Frecuencia (MF) es el método predominante de transmisión analógica utilizado en los satélites, por que tiene la ventaja de ser bastante seguro (no demasiado sensible al ruido ni a las interferencias), especialmente comparado con la Modulación de Amplitud (MA). En MF la señal moduladora modifica la frecuencia de la portadora continuamente. Se puede sacrificar parte de la anchura de banda para reducir las necesidades de potencia del transpondedor cuando sea necesario.

Además de la portadora de vídeo, el transpondedor debe admitir otras portadoras para comunicaciones auxiliares. La figura 7.78 muestra una configuración en la que un transpondedor de 36 MHz se carga con una portadora TV/MF y 10 portadoras SCPC/MF. En este caso, las 10 portadoras SCPC/MF proporcionan cinco circuitos de dúplex completo; uno entre el terminal SNG y el operador del satélite y cuatro entre el terminal SNG y la instalación de radiodifusión.

7.9.4.2 Modulación digital

Al seleccionar un sistema de modulación digital, los dos factores primarios a comparar son la potencia transmitida y el ancho de banda necesarios para conseguir una característica BER específica. Para medir el rendimiento energético se utiliza el parámetro Eb/No. Para el rendimiento espectral, se utiliza la relación de la velocidad de transmisión a la anchura de banda de transmisión. Otros factores que pueden influir en la elección de la técnica de modulación son los efectos del desvanecimiento, las interferencias, las no linealidades de los canales o de los equipos, la complejidad de la implementación y su coste.

La técnica de modulación digital más utilizada en la transmisión de TV por satélite es la modulación de fase, normalmente denominada Modulación por Desplazamiento de Fase (MDP), consistente en modificar la fase de la portadora de acuerdo con la señal moduladora. Otras técnicas son la Modulación por Desplazamiento de Amplitud (MDA), donde varía la amplitud de la señal, y la Modulación por Desplazamiento de Frecuencia (MDF), donde varía la frecuencia. La MDA se utiliza poco en las aplicaciones SNG por su característica de error relativamente mala y por su sensibilidad al desvanecimiento y a las no linealidades. La MDF se suele utilizar sobre todo en aplicaciones de baja velocidad binaria.

La MDP-4 es el tipo de modulación más utilizado en SNG porque ofrece el mejor compromiso entre la anchura de banda del transpondedor del satélite y la potencia necesaria para proporcionar una determinada calidad de la señal.

Al igual que con la SNG analógica, se presenta el problema de admisión de los canales de coordinación entre el terminal SNG y la central. Las soluciones clásicas implicaban la compra de otro equipo dedicado a la transmisión de estas señales. La figura 7.77 muestra una posible alternativa. El montaje SNG es tal que el canal de coordinación puede funcionar con el canal de vídeo o independientemente. El canal se multiplexa con los datos de vídeo, de haberlos, o bien se transmite separadamente en un canal SCPC sin señal de vídeo. Un canal de 64 Kbit/s proporciona seis líneas de voz, una línea de datos de 9,6 Kbit/s y una línea para la transmisión de facsímil.

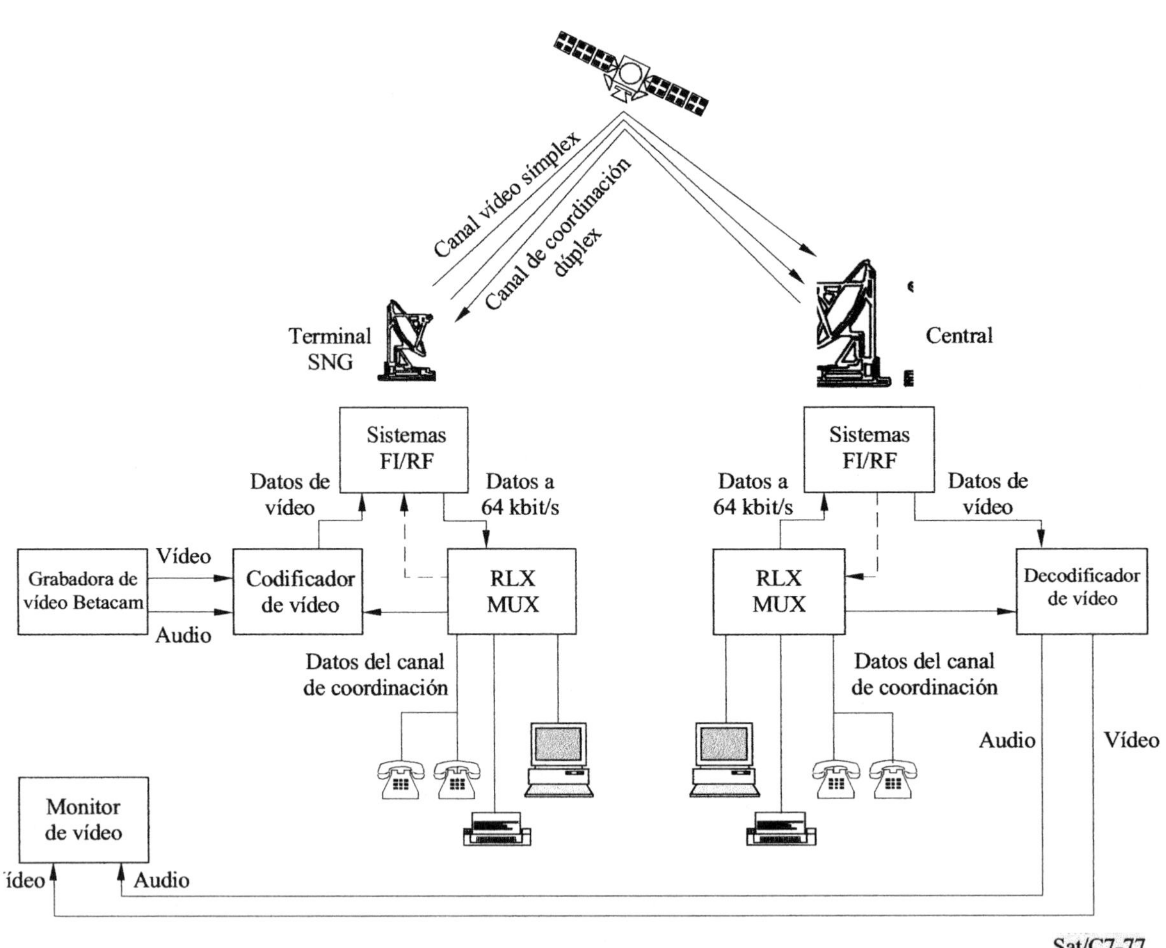

FIGURA 7-77

Configuración de un sistema SNG digital por paquetes en la banda C

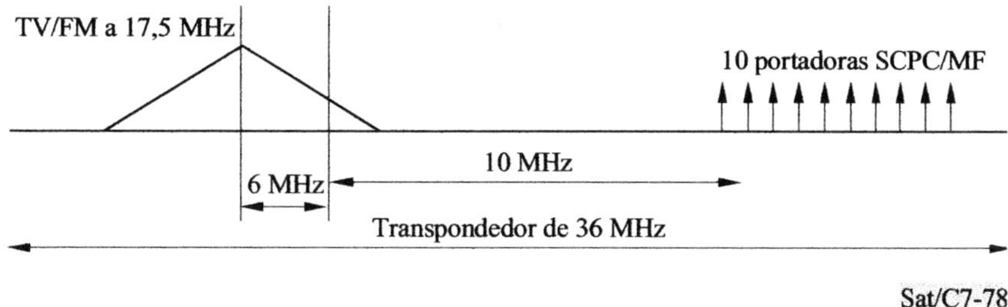

FIGURA 7.78

Posible configuración de SNG analógica en un transpondedor de 36 MHz

7.9.5 Los amplificadores de potencia

El diagrama de bloques característico de una estación terrena (figura 7.79), muestra varias cadenas de entrada conectadas a convertidores elevadores, cuyas salidas pasan por una entrada que alimenta los amplificadores de potencia finales. La potencia de salida (Pt) de un amplificador de potencia debe ser suficiente para entregar la potencia isotrópica radiada equivalente (p.i.r.e.) necesaria para cada una de las portadoras transmitidas, teniendo en cuenta la ganancia de la antena (Gt). P.i.r.e = Pt * Gt.

La p.i.r.e. necesaria del terminal SNG depende de la relación portadora ruido (C/N) necesaria en el enlace ascendente y de la G/T del satélite. No obstante, la p.i.r.e. puede estar afectada por los límites de la p.i.r.e. fuera del eje de la Recomendación S.524 o por los requisitos del operador del satélite si fueran más estrictos. El terminal SNG puede consistir en un solo amplificador de potencia, que suele estar asociado a otro de respaldo de acuerdo con una configuración de conmutador de entrada y conmutador de salida (redundancia 1 + 1), como muestra la figura 7.79.

El tipo de amplificador de potencia utilizado en los terminales SNG depende de la modalidad de la señal transmitida. Los terminales SNG utilizados en las transmisiones analógicas de sonido e imagen utilizan amplificadores con tubos de microondas debido a las necesidades de potencia y anchura de banda, mientras que los terminales SNG utilizados en las transmisiones digitales suelen utilizar tubos de microondas de baja potencia o amplificadores de estado sólido.

Los amplificadores de tubos de microondas: En un sistema SNG analógico, un tubo de onda progresiva de 400 W en una configuración de amplificador único es capaz de suministrar una p.i.r.e. de +71 dBW acoplado a una antena de 1,5 m. La máxima potencia de salida se obtiene con un respaldo activo 1 + 1 mediante conmutación o combinando en fase dos amplificadores de potencia en un sistema combinador de potencia. Se puede suministrar a la antena un nivel de potencia combinada de 670 W utilizando dos tubos de onda progresiva de 400 W conectados mediante una unidad combinadora. El apartado 7.4 del capítulo 7 informa detalladamente de los amplificadores de potencia con tubos de microondas y de las tecnologías de los combinadores de salida y los problemas asociados a la utilización de estos dispositivos.

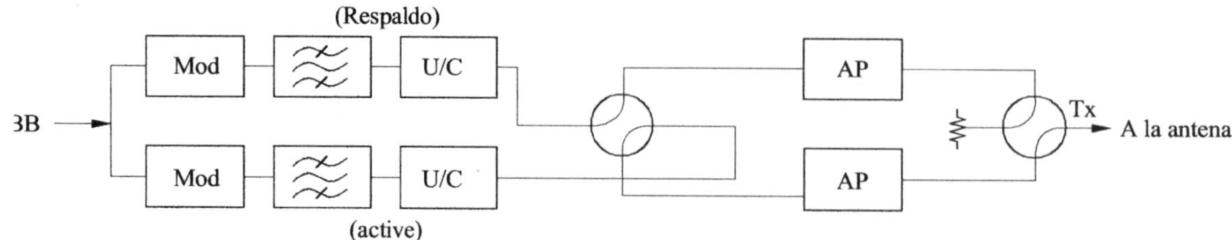

FIGURA 7.79

Cadena de transmisión de una portadora con redundancia (1+1)

Los amplificadores de estado sólido: Los amplificadores de estado sólido se utilizan cada vez con mayor frecuencia en los terminales SNG digitales y, cuando las necesidades de potencia lo permiten, en los analógicos, para transmitir señales por medio de transpondedores de satélite de alta ganancia. Los transistores de efecto campo (FET) de arseniuro de galio son capaces de generar potencias de salida superiores a 100 W en la banda 6/4 GHz y 20 W en la banda Ku. Se pueden obtener potencias de salida superiores a las citadas conectando dos amplificadores de estado sólido o más en una unidad combinadora. Los amplificadores de potencia de estado sólido presentan la ventaja adicional de no necesitar los elevados voltajes exigidos por los amplificadores de tubos de microondas y suelen ser más fiables.

7.9.6   El equipo de comunicaciones auxiliares

Los enlaces ascendentes SNG suelen proceder de zonas remotas. En estos casos resulta difícil, cuando no imposible, comunicarse por medio de la red telefónica pública conmutada (RTPC). Así pues, el terminal SNG debería estar dotado de los equipos que se relacionan a continuación, para encauzar todas sus comunicaciones a través del satélite, ya sea con el centro de control de comunicaciones del operador del satélite como con las instalaciones de la organismo de radiodifusión.

Los apartados anteriores 7.9.4.1 y 7.9.4.2 describen métodos de implementación de estos canales de comunicaciones.

7.9.6.1   Canales de comunicaciones para supervisión y coordinación

Los terminales SNG necesitan canales bidireccionales de comunicaciones, además de los destinados a las imágenes y su correspondiente sonido, para proporcionar comunicaciones entre el centro de control de comunicaciones del operador y las instalaciones de la organismo de radiodifusión.

Hay que señalar que actualmente hay varios sistemas nacionales en funcionamiento que utilizan diversas técnicas de comunicación. No obstante, la Recomendación UIT-R SNG.771-1 recomienda lo siguiente:

- Deben existir dos circuitos dúplex como mínimo, siempre que sea posible, en el mismo transpondedor de las señales del programa audiovisual o sonoro.

- Dichos circuitos de comunicaciones deben cumplir la Recomendación UIT-T G.703, o sea 64 Kbit/s

- La modulación de las portadoras de los canales de comunicaciones debe ser totalmente compatible con la vigente norma IESS-308 de INTELSAT.

En algunas ocasiones no será posible proporcionar comunicaciones de retorno al terminal SNG en el mismo transpondedor de la señal audiovisual. En estas circunstancias puede ser posible proporcionar las comunicaciones de retorno en otro transpondedor en la misma banda de frecuencias en el mismo satélite. En este caso, las comunicaciones de retorno deben realizarse con la polarización adecuada para obviar la necesidad de una alimentación de polarización doble a los terminales SNG. Si no fuera posible proporcionar las comunicaciones en la misma banda de frecuencias de la señal audiovisual, existen otras soluciones que se plantean a continuación.

a)   La banda 6/4 GHz

Una de estas soluciones consiste en proporcionar el canal de comunicación en un transpondedor de la banda 6/4 GHz con cobertura mundial. Un plan que actualmente se está estudiando, consiste en utilizar microterminales (de 0,8 m aproximadamente) con modulación de espectro ensanchado. Este daría soporte a un único circuito dúplex de 64 Kbit/s, que puede a su vez estar compuesto de varios circuitos dúplex de voz de baja velocidad binaria.

Una segunda solución al problema, es la implementación de alimentación "parcial" de doble banda (o sea, la banda de 14/12 - 11 GHz para Rx/Tx y la 6/4 GHz para Rx) en el terminal SNG. Esta solución ampliaría la capacidad normal de transmisión del terminal SNG en la banda 14/12 - 11 GHz, con la capacidad de sólo recepción en la banda 6/4 GHz, permitiendo por tanto la recepción de transmisiones en la banda 6/4 GHz. Los estudios preliminares sobre esta materia indican que se puede dar soporte a varias portadoras de 64 Kbit/s con este planteamiento, utilizando la tecnología de módems digitales disponible actualmente en el mercado.

b)   Estaciones terrenas móviles terrestres (LMES)

En ciertos casos , la solución podría consistir en utilizar una estación terrena móvil terrestre funcionando a 64 Kbit/s u otra que pudiese disponer de capacidad de comunicaciones de calidad vocal.

7.9.6.2   Los circuitos entre el terminal SNG y el operador del satélite

El enlace con el centro de control de comunicaciones del operador del satélite debe estar disponible en todo momento, sin restricciones en cuanto a la duración de la reserva del transpondedor. A estos efectos es deseable un circuito bidireccional de coordinación voz/datos de banda estrecha, como mínimo, en cada sentido, a ser posible en el mismo transpondedor del programa audiovisual.

Si fuese necesario proporcionar estas portadoras en cualquier otro lugar del satélite y se utilizase polarización lineal, deberían tener la misma polarización para obviar la necesidad de alimentar los terminales SNG con polarización doble.

7.9.6.3   Canales entre el terminal SNG y los locales de la organismo de radiodifusión

Para establecer la comunicación con los locales de la organismo de radiodifusión, se suele necesitar un máximo de cuatro circuitos dúplex bidireccionales de voz/datos por organismo de radiodifusión. Estos circuitos suelen funcionar durante breves periodos antes de las reservas del transpondedor y después de éstas, así como durante las transmisiones de programas reales.

Estos circuitos "bidireccionales" entre el terminal SNG y las instalaciones del organismo de radiodifusión pueden aprovecharse para:

*   coordinación de la producción;

*   coordinación de la ingeniería;

*   transmisión de datos relacionados con el programa;

*   más de un organismo de radiodifusión;

*   más de un idioma.

7.9.7   Trámites necesarios para obtener la autorización temporal para la SNG

Los procedimientos operativos uniformes para la SNG se recogen en la Recomendación UIT-R SNG.770-1. A continuación figura un resumen de la misma.

La SNG se diferencia de la mayor parte de los tipos de transmisión por satélite en varios aspectos. Por ejemplo, la necesidad de SNG suele aparecer en cuestión de días, u horas, antes de la transmisión. Suele durar unos días, como mucho o todo lo más unas semanas. No obstante, el operador de la SNG debe cumplir las normas reglamentarias del país anfitrión, así como ciertos procedimientos destinados a gestionar y proteger adecuadamente el segmento espacial y el espectro de frecuencias.

El marco reglamentario en el que se devuelve el funcionamiento de la SNG tiene una doble repercusión en su eficacia operativa. Para llevar a buen término la misión que le ha sido encomendada, el operador de la SNG debe tener acceso a acuerdos y/o autorizaciones de carácter transitorio de una manera rápida y económica. Las necesidades del operador van desde la autorización para utilizar las frecuencias y coordinarse con la entidad del segmento espacial hasta los aranceles y los costes administrativos y las necesarias líneas auxiliares de comunicaciones.

Dado el carácter transitorio y eventual de las necesidades de la SNG y habida cuenta de que la transmisión de primicias informativas imprevistas constituye un valioso servicio mundial, resulta imprescindible la rápida aprobación de la activación de las estaciones terrenas portátiles.

7.9.7.1   La aprobación de la estación terrena

La aprobación de la estación terrena es necesaria para que el organismo responsable garantice la compatibilidad del terminal SNG con el segmento espacial. Para cumplir este requisito, se solicita a las Administraciones la habilitación de procedimientos que permitan que el terminal SNG entre en servicio lo antes posible. Se insta a las Administraciones a investigar si un terminal SNG cuyas características técnicas son homologadas por el proveedor del segmento espacial puede aceptarse con carácter general. Se le invita a establecer procedimientos administrativos en íntima colaboración con los operadores SNG, tan rápidamente como sea posible. Debería elaborarse un informe técnico evidenciando las características de funcionamiento medidas, para entregarlo a la administración. Como mínimo deben documentarse las siguientes características técnicas:

- ganancia de transmisión en función de la frecuencia;

- ganancia de transmisión fuera del eje;

- p.i.r.e. del haz principal de transmisión;

- anchura y polarización del haz de transmisión;

- densidad espectral del haz principal de transmisión para los 4 kHz más desfavorables;

- densidad espectral fuera del eje para los 4 kHz más desfavorables;

- máxima dispersión de energía (donde proceda);

- recepción de G/T en función de la frecuencia;

- aislamiento de la polarización cruzada;

- característica de precisión de la orientación;

- agilidad de frecuencia en recepción y transmisión dentro de las bandas de funcionamiento;

- emisiones no esenciales (dentro y fuera de la banda);

- número del modelo del fabricante, características de modulación y estabilidad en frecuencia;

- otras características técnicas incluidas en la norma SNG utilizada en el país en cuestión.

7.9.7.2   Atribución y coordinación de frecuencias

Los procedimientos de coordinación de frecuencias se inspiran en los reglamentos nacionales e internacionales. Para valorar la aceptación de un terminal SNG a este respecto, el organismo competente puede recabar la información detallada en el apartado 3.2 así como otros detalles del emplazamiento geográfico del terminal SNG y de los momentos de transmisión previstos.

7.9.7.3   Reserva del segmento espacial

El operador SNG necesita conocer lo antes posible el tiempo de espera exacto para disponer del segmento espacial (por ejemplo, antes de 24 horas) y sus características. Es necesario que esta información especifique lo siguiente:

- características del transpondedor (identificador del satélite);

- anchura de banda y potencia;

- comienzo de la disponibilidad.

El operador SNG podría necesitar estar permanentemente en contacto directo con el proveedor del segmento espacial.

7.9.7.4   Circuitos auxiliares de coordinación

Se necesitan circuitos auxiliares de coordinación entre el centro de control de comunicaciones del operador del satélite y las instalaciones del organismo de radiodifusión.

7.9.7.5   Instalaciones auxiliares adicionales de comunicaciones/transmisión

Podrían necesitarse instalaciones auxiliares de comunicaciones para contribuir al funcionamiento eficaz del terminal SNG. Dichas instalaciones pueden consistir en microondas punto a punto, sistemas de comunicaciones telefónicas, radiocomunicaciones bidireccionales símplex/dúplex, micrófonos inalámbricos y terminales móviles de satélite para voz y datos.

7.9.7.6   Riesgos de radiación

Es fundamental proteger al público y al personal de las radiaciones nocivas. Muchas Administraciones han establecido normas para la exposición segura a las radiaciones (no ionizantes) de las radiocomunicaciones, que son función de la frecuencia, potencia y duración de la exposición.

Los operadores SNG deberían cumplir las normas (sanitarias y de seguridad) del país anfitrión, sobre radiaciones permisibles. Cuando el anfitrión no haya establecido normas propias sobre esa materia deberán utilizarse las de la Organización Mundial de la Salud (OMS). (La OMS establece criterios sanitarios en colaboración con el Comité Internacional sobre Radiaciones No Ionizantes, perteneciente a la Asociación Internacional de Protección contra las Radiaciones).

7.9.7.7   Importaciones y aduanas

El operador SNG debe comprender suficientemente el sistema importador y aduanero del país anfitrión. Esto reviste especial importancia cuando la captación de noticias sea frecuente y no puedan utilizarse las instalaciones del país anfitrión.

7.9.7.8   Punto de contacto para información, orientación y aprobación.

Cada una de las Administraciones u organizaciones implicadas, debería, a ser posible, establecer un punto designado de contacto (DPC, *designated point of contact*) para SNG, que debería estar disponible las 24 horas del día, todos los días de la semana.

Dicho punto de contacto debe estar disponible para ayudar a obtener la licencia temporal de las estaciones terrenas SNG propiedad de operadores extranjeros, actuando como intermediario para el intercambio de la información necesaria para los procedimientos de licencia y coordinación de frecuencias, y orientando sobre los procedimientos administrativos del país anfitrión.

La "Guía del usuario para el periodismo electrónico por satélite" (UIT BR 1996) proporciona información a los organismos extranjeros de radiodifusión sobre cómo llevar el terminal a un determinado país (o región) y obtener la licencia temporal de explotación.

7.10 Estaciones terrenas para la recepción directa deprogramas de televisión y audio

7.10.1 Introducción

La transmisión de televisión analógica por satélite ha existido desde el comienzo de la utilización de los satélites. Estos enlaces utilizan un transpondedor completo (20 - 36 MHz) y necesitan un valor elevado de la relación portadora a ruido (C/N) (10 - 14 dB). Las transmisiones de televisión digital con tecnologías de alta compresión sólo necesitan del 10 al 20% de la anchura de banda necesaria para la analógica, lo que permite transmitir de 6 a 10 señales de vídeo (denominado "ramillete") en el mismo transpondedor. La cobertura del satélite es mejor gracias a la menor exigencia de la relación portadora a ruido (4 - 8 dB) y a la excelente corrección de errores por código.

Gracias a sus avanzadas características técnicas, las transmisiones de TV digital por satélite deberán ir sustituyendo progresivamente a las analógicas. Por esta razón se dedica todo este apartado a la transmisión de TV digital.

Hasta finales de 1990, se consideró imposible de llevar a la práctica la transmisión de televisión digital a los hogares, debido a las tecnologías utilizadas para la codificación. En 1993 un grupo europeo de expertos lanzó el proyecto Digital Vídeo Broadcasting (DVB, *Radiodifusión de Vídeo Digital*). En 1997 el desarrollo del proyecto DVB había superado con éxito los planes iniciales, y difundió sus normas mundialmente, haciendo que la televisión digital se convirtiese en una realidad.

El sistema de satélites digitales que puede utilizarse en bandas de frecuencia de hasta 11/12 GHz, configurable para adaptarse a una amplia gama de anchuras de banda y potencias del transpondedor, se denomina DVB-S. Fue la primera norma disponible. El DVB-C es un sistema digital de distribución por cable, compatible con DVB-S. Se están estudiando muchas normas para definir la cadena completa de radiodifusión.

Las normas DVB son abiertas y compatibles, las especificaciones se presentaron a los organismos de normalización competentes (ETSI, Cenelec, UIT-R, UIT-T y foro DAVIC (Digital Audio-Visual Council)

7.10.1.1 Definiciones

Los sistemas de codificación de vídeo y sonido digital adoptados utilizan técnicas de compresión complejas. La norma MPEG (véase el apartado 3.3.4) define la sintaxis del tren binario. La Capa II de MPEG (MUSICAM, Masking pattern adapted Universal Subband Integrated Coding And Multiplexing, *codificación y multiplexación universales integradas en subbanda y adaptadas a un diagrama limitativo*) es un sistema de compresión digital de audio que consigue una reducción de la velocidad binaria de 6:1 en el tren de datos de audio digital, utilizando MIC adaptable en 24 subbandas. Tiene en cuenta el principio psicoacústico del enmascaramiento espectral que cuantifica la incapacidad del oído humano para percibir ciertas frecuencias sonoras cuando se encuentran espectralmente próximas a otros sonidos más intensos. Esto significa que las frecuencias producidas por un sonido pueden hacer que otros resulten inaudibles. Este sistema puede proporcionar una calidad sonora muy próxima a la del Disco Compacto (CD).

La norma internacional de vídeo MPEG-2 es una familia de sistemas en la que cada una de ellos tiene un grado establecido de comunalidad y compatibilidad que permite codificar cuatro formatos (niveles) fuente que van desde definición limitada (VCR o magnetoscopio) hasta HDTV completa.

Actualmente hay cinco perfiles en orden creciente de complejidad. El perfil principal y perfil nivel principal (MP@ML) es el más utilizado en la transmisión por satélite. La calidad actual "NTSC/PAL/SECAM" requiere un sistema que pueda funcionar con una tren binario de entre 2,5 y 6 Mbit/s.

El DVB-S es un sistema de portadora única que transporta uno o varios programas en un tren de datos multiplexado (tren de transporte TS o MPEG-2).

Obsérvese que es posible introducir en el tren de datos señales digitales que no sean de programas de TV (típicamente entre 350 Kbit/s y 6 Mbit/s). De este modo, es posible ofrecer a los usuarios diversas transmisiones digitales, tales como servicios multimedios, Internet, etc.

En los sistemas sencillos, se adjudica a cada programa una velocidad binaria fija. En los más avanzados puede utilizarse la multiplexación estadística.

En la multiplexación estadística, la velocidad binaria de los datos de un cierto programa se modifica y optimiza instantáneamente de acuerdo con el contenido en dicho instante. De este modo, puede adjudicarse provisionalmente a los temas de movimiento rápido (por ejemplo, en los acontecimientos deportivos) una velocidad binaria superior, manteniendo constante la velocidad binaria total del múltiplex.

La multiplexación a bordo es otro sistema avanzado que ofrece la posibilidad de implementar de manera independiente enlaces ascendentes directos desde distintos emplazamientos con ensamblaje a bordo de las diferentes señales del enlace ascendente para formar un sólo múltiplex del enlace descendente en el formato DBV. Por ejemplo, en el sistema "Skyplex" de EUTELSAT, los enlaces ascendentes pueden establecerse por medio de pequeñas estaciones terrenas y pueden realizarse tanto en SCPC (por ejemplo, una sola estación accediendo a un canal de 6 Mbit/s) o en modo compartido. En modo compartido, las estaciones pueden acceder simultáneamente a un canal del enlace ascendente en AMDT (por ejemplo, seis estaciones, cada una transmitiendo a 350 Kbit/s y accediendo a un canal de 2 Mbit/s).

El modulador utiliza MDP-4 con doble sistema de corrección de error (codificación exterior e interior, como se indica más adelante).

7.10.1.2 Configuración del sistema

La figura 7.80 a continuación, ilustra las capacidades actuales de los sistemas de satélites para la transmisión de TV, que van desde los enlaces de contribución, es decir la distribución a los transmisores de radiodifusión locales, hasta la radiodifusión directa a los aparatos de TV de los hogares (DTH).

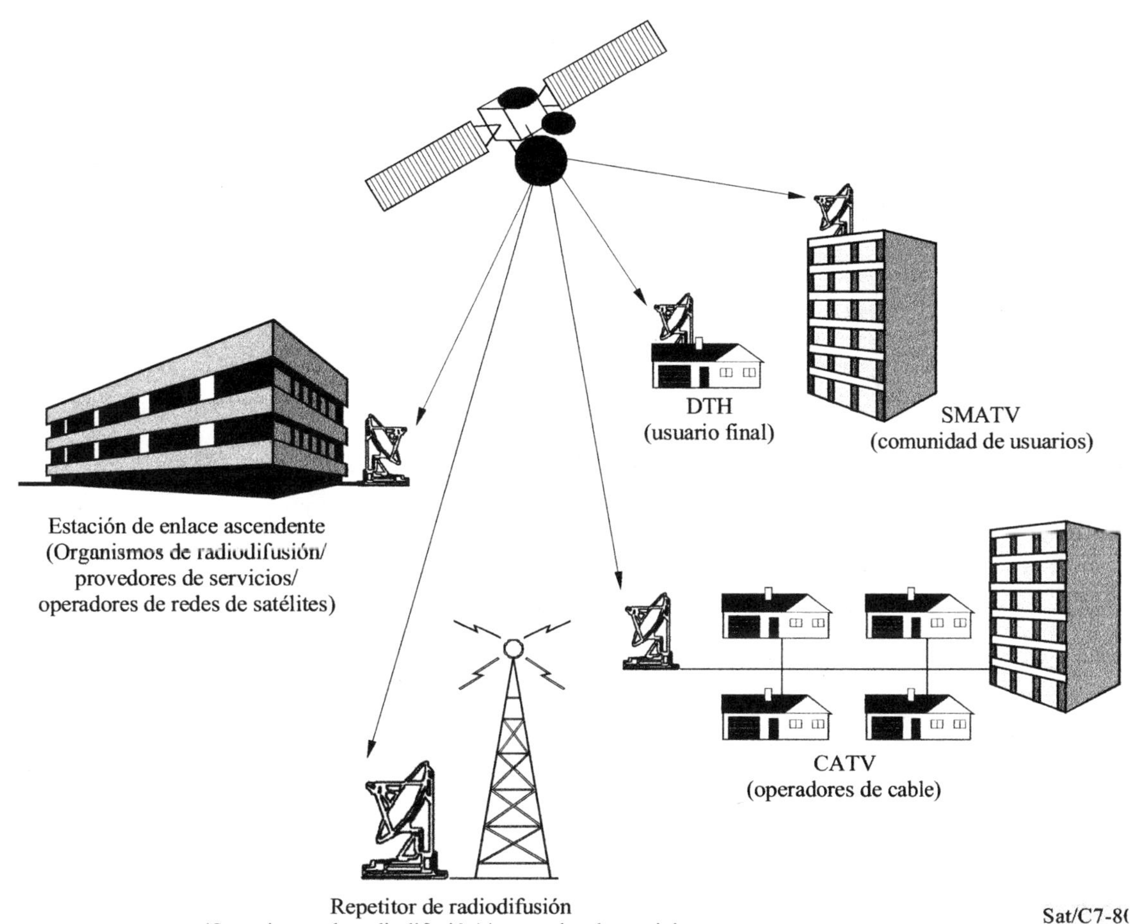

FIGURA 7-80

Redes DVB

7.10.2 La cadena de transmisión

La figura 7.81 representa una cadena de transmisión característica, que realiza la adaptación a las características del canal, de las señales de TV en banda base que salen del multiplexor MPEG-2.

El tren de datos es objeto de los siguientes procesos:

- adaptación al múltiplex de transporte y aleatorización para dispersar la energía;

- codificación exterior (es decir, Reed-Solomon);

- intercalado convolucional;

- codificación interior (es decir, código convolucional perforado);

- conformación en banda base para la modulación;

- modulación MDP-4;

- convertidores elevadores y amplificadores (al igual que en la transmisión analógica).

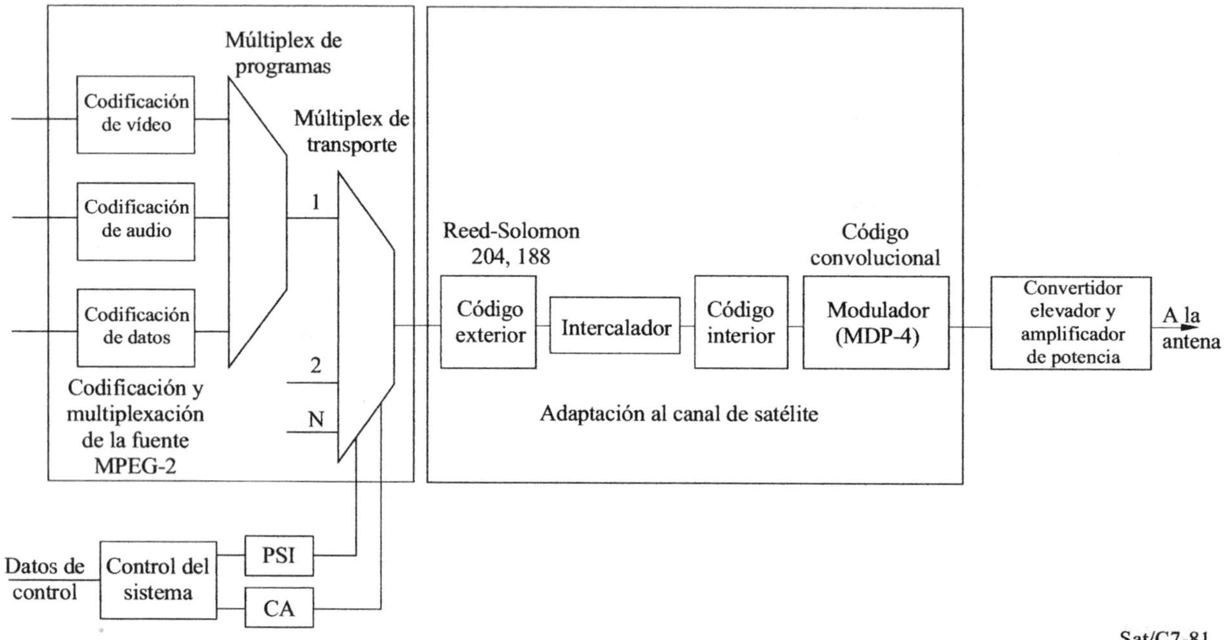

FIGURA 7-81

Cadena de transmisión

7.10.3 La estación receptora

La típica estación terrena receptora (TVRO, *typical receive earth station*) que muestra la figura 7.82 exhibe una arquitectura muy económica compuesta de:

- una antena pequeña (una parábola de 40 a 90 cm de diámetro);

- uno o varios convertidores de bloques de bajo nivel de ruido (LNB, *low noise block converter*) con un excelente ruido de fase;

- un cable de conexión (de 75 ohmios) con una atenuación muy pequeña;

- un decodificador de receptor integrado (IRD, *integrated receiver decoder*).

NOTAS

- Normalmente la antena debe diseñarse para recibir en cualquiera de las dos polarizaciones ortogonales (por ejemplo, vertical y horizontal) en la que se pueden transmitir los distintos programas. Esto se suele hacer bajo el control del IRD, por medio de un conmutador o dispositivo de rotación de la polarización situado en la bocina principal de la antena.

- Es bastante corriente dotar a la antena de dos (y a veces más) sistemas de recepción (bocina primaria + LNB) convenientemente situados alrededor del foco reflector. Esto permite recibir las emisiones de dos (o más) satélites emplazados en posiciones suficientemente próximas. La separación angular entre las bocinas primarias (vistas desde la parte superior del reflector) es aproximadamente igual a la separación angular de los satélites en la OSG.

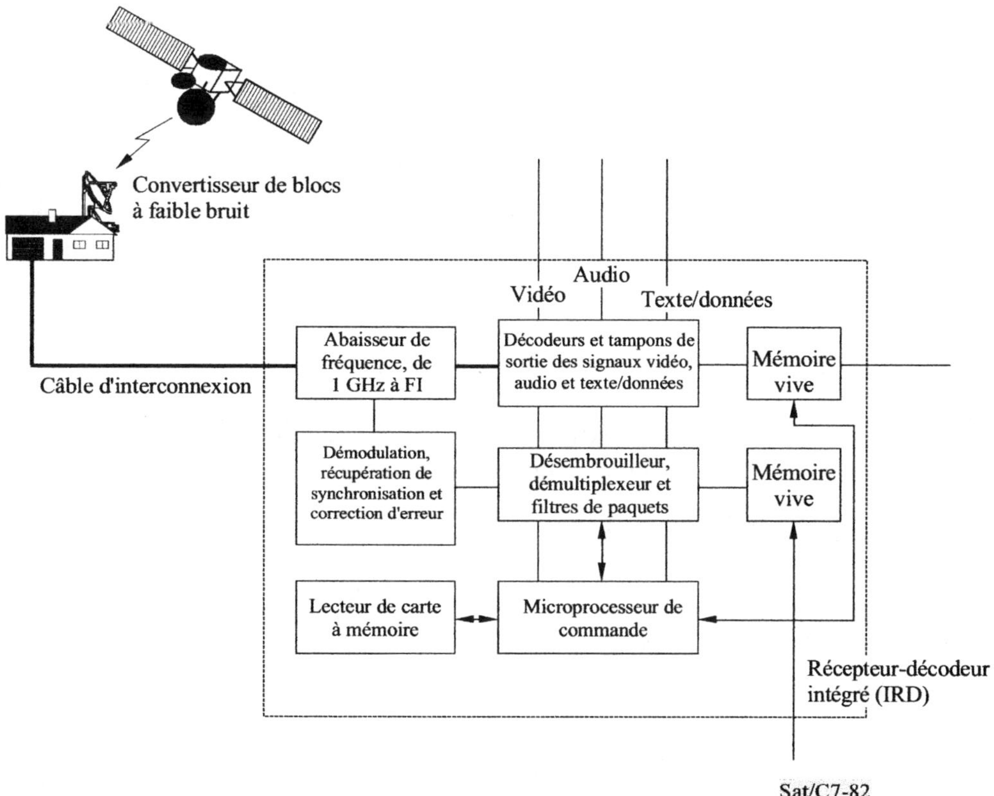

FIGURE 7-82

Station de réception

7.10.3.1 La unidad exterior (ODU, *Outdoor unit*)

La unidad exterior está formada por la antena y el convertidor de bloque de bajo ruido (LNB). Está conectada a la unidad interior por un cable que suele funcionar en la primera FI, en el entorno de 1 GHz. Hay una gran variedad de tipos y tamaños de antena en el mercado.

La más utilizada es la antena con alimentador descentrado, no obstante lo cual muchos fabricantes pueden ofrecer antenas parabólicas puras, como la Cassegrain y la Gregory, y planas como la de redes controladas en fase. Pueden ser fijas u orientables sobre un soporte acimutal con ayuda de un motor eléctrico.

El tamaño oscila entre 40 y 90 cm para las instalaciones domésticas en la banda 14/11 GHz y entre 1 y 1,5 m para SMATV y CATV. La ganancia de una antena de 0,60 m con alimentador descentrado es de 36 dB aproximadamente.

Se utiliza polarización vertical, horizontal o circular y los equipos más comunes utilizan polarización doble. En Estados Unidos y en los países Europeos, la banda habitual es la de 11 GHz. Debido a la gran atenuación provocada por la lluvia en las bandas por encima de 10 GHz, los países ecuatoriales utilizan actualmente la banda de 4 GHz.

El factor de ruido del LNB es de 0,7 dB aproximadamente en la banda de 11 GHz. La anchura de banda es de 10,7 a 12, 75 GHz, existiendo la posibilidad de provocar la conmutación de los osciladores locales por medio de una señal de 22 kHz y la polarización mediante la aplicación de una tensión en corriente continua.

7.10.3.2 El receptor digital

El decodificador de receptor integrado (IRD) de la unidad interior, también llamado unidad de adaptación multimedios (*set top box*), puede realizar las siguientes funciones:

- conversión de la banda de 1 GHz a FI (por ejemplo, a 450 MHz);

- demodulación;

- corrección de errores;

- supresión de la dispersión de energía;

- desencriptación;

- procesamiento en banda base para transformar el programa MPEG en señal audiovisual analógica (sistemas PAL/SECAM y RGB);

- funciones programadas que permitan la descarga de nuevas aplicaciones tales como una guía electrónica de programas y menús que faciliten al usuario la elección consciente del programa a visualizar;

- módem telefónico para adquirir programas de pago (pay per view) o juegos interactivos, para hacer compras desde casa; etc.;

- salida de datos para descarga de programas a un PC local.

La figura 7.83 muestra una versión avanzada de las posibles aplicaciones del IRD. En esta versión, el computador personal local (PC) realiza las siguientes funciones:

- recibe el tren de datos del satélite;

- recompone los ficheros originales y los guarda en disco duro o bien reproduce datos en tiempo real;

- recupera y ejecuta ficheros por medio del PC (con su tarjeta de imagen y sonido);

- crea ficheros de diagnósticos y registros de estadísticas;

- transmite periódicamente registros históricos al centro de procesamiento.

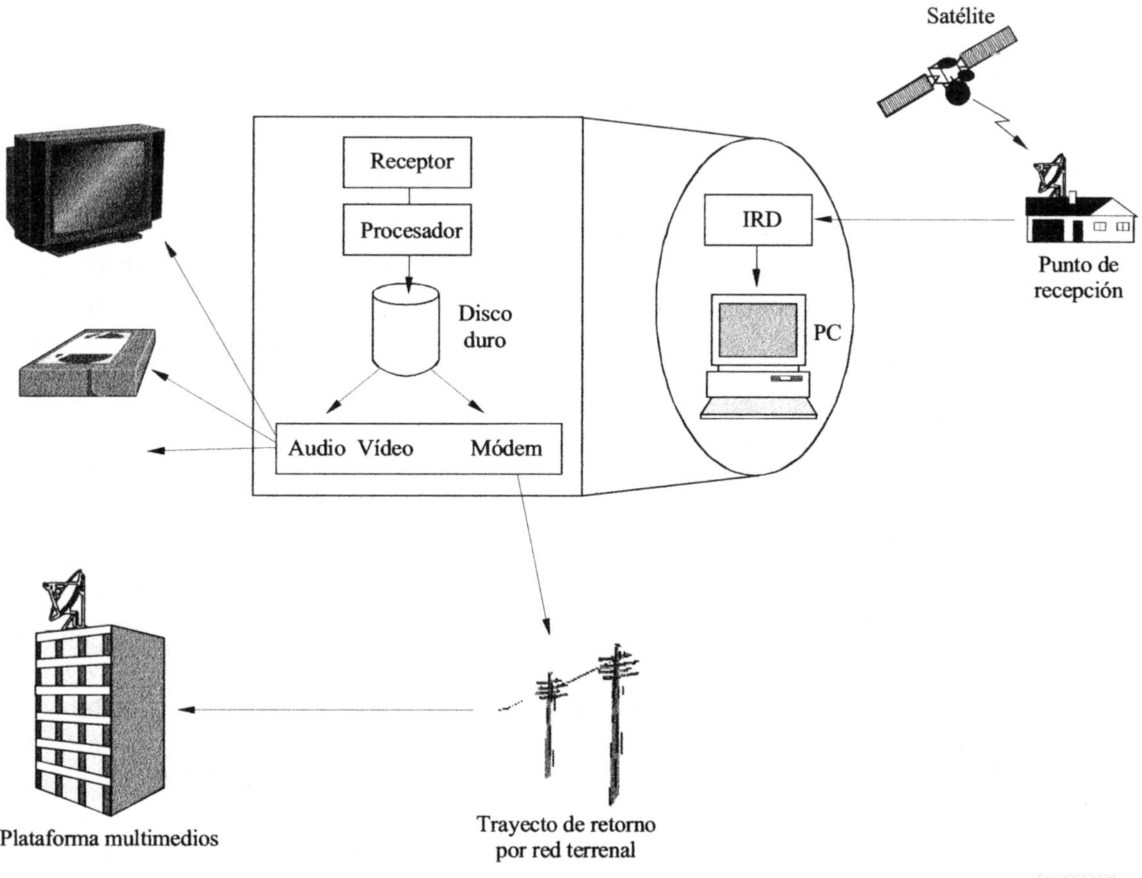

FIGURA 7-83

Aplicaciones avanzadas del IRD

Estas unidades de adaptación multimedios serán cada vez más inteligentes para prestar nuevos servicios, entre ellos el vídeo por demanda, la videoconferencia, la compra en casa, las agencias virtuales de viajes y los servicios de banca electrónica. Las capacidades multimedios de estas unidades provocarán la aparición de una nueva generación de aplicaciones de valor añadido.

7.10.3.3 El acceso condicional

La televisión de pago ofrece varias ventajas. Para el organismo de radiodifusión simplifica las negociaciones de derechos de autor al conocer el número de consumidores que ven los programas, de modo que tiene que pagar menos derechos que con un gran cantidad de público. La repercusión directa sobre el consumidor radica en la mejora de la calidad de los programas.

Prácticamente todos los nuevos organismos de radiodifusión proponen exclusivamente ramilletes con acceso condicional.

Antes de la transmisión se codifica la señal de borrado dada la imposibilidad de visualizar el programa con normalidad. La operación inversa, o decodificación, sólo es posible con una clave secreta. Los sistemas tales como el Eurocrypt pueden actualizar las autorizaciones mediante mensajes de autorización (EMM, entitlement management messages, *mensajes de gestión de derechos*) encriptados en condiciones de seguridad, transmitidos junto con la señal de televisión codificada. Una vez recibidos dichos mensajes, se desencriptan, grabándose la autorización en el chip de la tarjeta inteligente. Por razones de seguridad, la clave cambia cada 5 o 10 segundos. Se transmite también otro mensaje conteniendo una descripción del programa en forma paramétrica. Cuando se recibe un mensaje de control de derecho o (ECM, *entitlement control message*), la tarjeta inteligente comprueba si está autorizada a decodificar el programa. De ser así, la tarjeta inteligente activa el decodificador emitiendo la clave.

Estos sistemas son muy complejos, utilizan varios sistemas de direccionamiento y tienen diversas formas de autorización, como el abono normal y el pago por visión para el vídeo casi por demanda (la misma película se emite reiterativamente, intercalando las series, cada 20 minutos, por ejemplo).

Cuando el consumidor desee recibir varios ramilletes de diversos operadores, debe poder entrar en cada acceso condicional (por ejemplo con los sistemas SYSTER o VIA ACCESS). Para solucionar este problema, el grupo DVB ha propuesto dos alternativas denominadas Simulcrypt y Multicrypt.

Simulcrypt necesita el acuerdo mutuo entre los diversos proveedores de programas. Éstos autorizan el uso común de sus propios accesos de control (CA) y los proveedores emiten simultáneamente en cada ramillete todos los EMM y los CMM.

Multicrypt o interfaz común: esta interfaz consiste actualmente en una tarjeta PCMCIA de las que se utilizan en aplicaciones informáticas. Puede contener, además del chip decodificador y del sistema de control de acceso, una aplicación informática con la guía electrónica de programas (EPG, *electronic program guide*), por ejemplo.

7.10.4   La radiodifusión de audio digital

La radiodifusión de audio digital (DAB, *digital audio broadcasting*) es la tecnología del futuro para la radiodifusión. La DAB proporciona múltiplex o paquetes de seis canales estereofónicos, aproximadamente, o doce monoaurales, o una combinación de ambos, en el espacio que ocuparía una sola emisión analógica. Esta tecnología fue desarrollada por el equipo de organismos europeos de radiodifusión "Eureka 147". Cabe esperar que los primeros aparatos estén destinados a los automóviles, donde la recepción, ya sea en MF o MA, es bastante problemática. En las ciudades con edificios altos, la recepción en MA puede llegar a anularse por el desvanecimiento y la de MF es sensible a la dispersión por varios trayectos. Otra de las ventajas consiste en la utilización de una única frecuencia de HF para cubrir todo un país.

Hoy en día, los canales de radiodifusión se transmiten por satélite formando parte de un tren DVB-S, con una codificación MPEG-1 Capa II (Musicam) en un tren binario de 128 Kbit/s a 384 Kbit/s para un canal estereofónico con calidad de sonido próxima a la del CD.

El sistema DAB Eureka 147 emplea un múltiplex de frecuencias de portadoras MDP-4, con codificación para la detección de errores. Una de las características más importantes es la presencia de un "intervalo de guarda" perfectamente definido, entre los impulsos digitales de la señal de transmisión. (Sistema COFDM: multiplexación por división ortogonal de frecuencia codificada, *coded orthogonal frequency division multiplex*, utilizado junto con la codificación del canal).

En el futuro, los satélites específicos se lanzarán en órbitas geoestacionarias (GEO) o elípticas muy inclinadas para cobertura multirregional (M-HEO). La CAMR-92 atribuyó al Servicio de Radiodifusión por Satélite (SRS) 40 MHz del espectro en el intervalo 1 452 a 1492 MHz, para la transmisión de programas de sonido digital con carácter mundial (salvo Estados Unidos). Su introducción en el mercado se preveía comenzase a finales de 1998.

7.10.5   Desarrollos futuros (véase la figura 7.84)

Los satélites digitales pueden descargar varios megabits de datos a un PC instantáneamente. La principal ventaja es la velocidad. Un fichero de 10 MB, que puede llegar a contener cinco minutos de vídeo, tardaría casi 100 minutos en descargarse con un módem de 14,4 Kbit/s. En las líneas telefónicas digitales RDSI, tardaría 22 minutos, lo que aún resulta excesivo. Con un enlace por satélite a 38 Mbit/s, sólo tardaría 2,2 segundos.

Por desgracia, la mayor parte de los PC de sobremesa quedarían rezagados y tendría que reducirse la velocidad de transmisión a 6 Mbit/s. Con todo, la descarga tardaría solamente 14 segundos. Hoy en día, la incorporación de un módem (en el lado del PC) al enlace ascendente del satélite, permite a los usuarios controlar lo que transmiten sus propios PC. Esto funcionaría con el sistema Internet en el que la mayor parte de la información se descarga al PC y donde la única información que retorna por el enlace ascendente es la dirección de la página web a descargar.

La etapa siguiente consistirá en la utilización de un canal de retorno (enlace ascendente) a través del enlace por satélite. Esto implicará la utilización de un pequeño transmisor conectado a una parábola de mayor tamaño, para transmitir hacia el satélite. Esta tecnología debería poder ofrecer una velocidad binaria entre 20 y 40 Mbit/s para el enlace descendente y de hasta 2 Mbit/s para el ascendente.

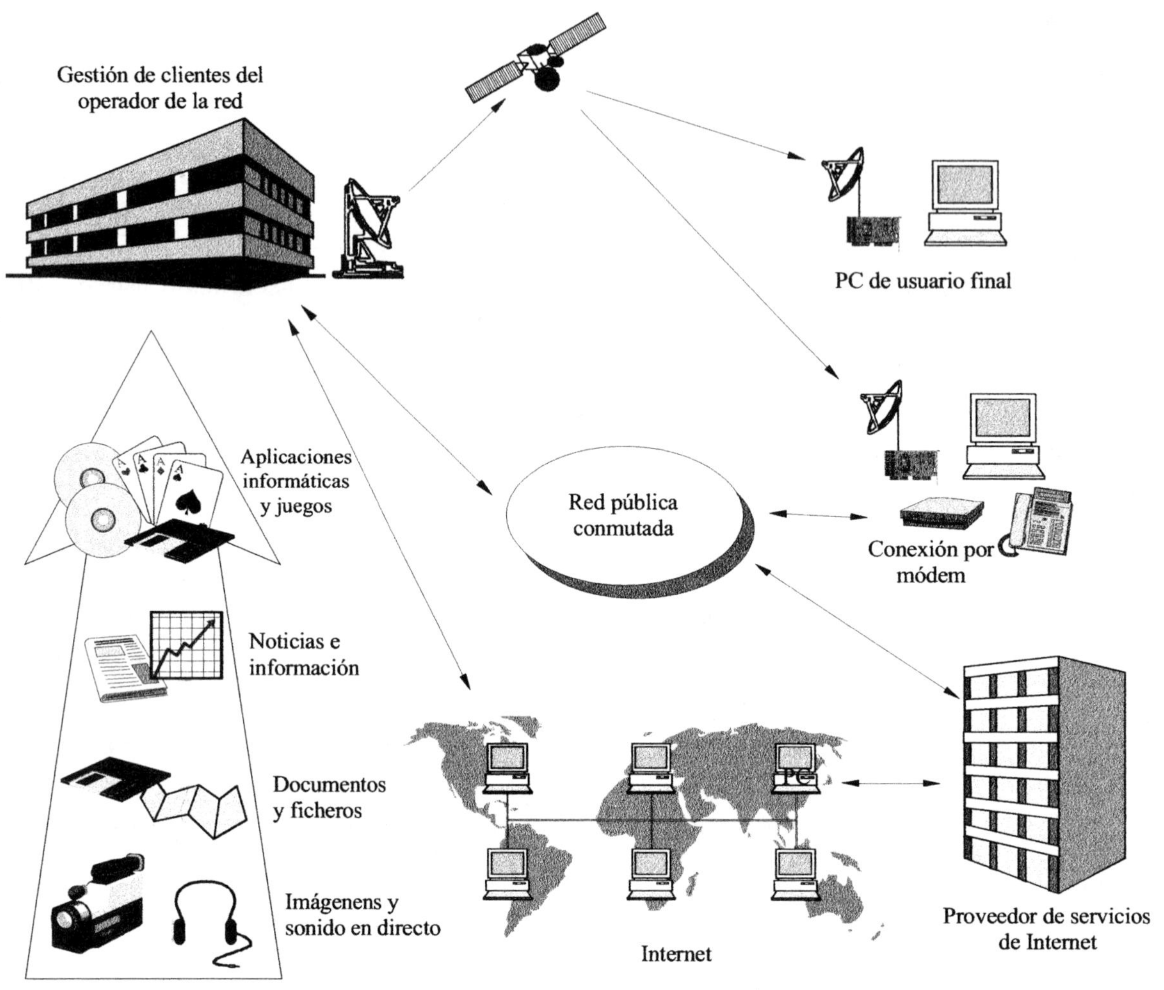

FIGURA 7-84

Red mundial de datos

APÉNDICE 7.1

Este apéndice contiene los cuatro cuadros siguientes.

CUADRO AP7.1-1

Estaciones terrenas INTELSAT de las normas A, B y D

Nº	Parámetro	Características de funcionamiento		
		A	**B**	**D-1 y D-2**
1	Anchura de banda de RF	Transmisión (Tx) 5 925 a 6 425 MHz Recepción (Rx) 3 700 a 4 200 MHz Para las nuevas estaciones terrenas de las normas A, B y D-2 Satélites INTELSAT VI y VIII Transmisión 5 850 a 6 425 MHz / Recepción (Rx) 3 625 a 4 200 MHz Satélites INTELSAT VIII A Transmisión 5 850 a 6 650 MHz / Recepción (Rx) 3 400 a 4 200 MHz		
2	$G/T(dB(K^{-1}))$	$G/T \geq 35{,}0 + 20\log f/4$ f = frecuencia en GHz	$G/T \geq 31{,}7 + 20\log f/4$	D-1: $G/T \geq 22{,}7 + 20\log f/4$ D-2: $G/T \geq 31{,}7 + 20\log f/4$
3	Diámetro de la antena (m)	15 - 18	11 - 13	D-1: 4,5 - 6, D-2: 11
4	Diagrama de lóbulos laterales de la antena (véase la Recomendación 465)	Norma A: a partir de 1986, Normas B y D: a partir de 1995 $\leq 29 - 25\log_{10} \phi$ dBi, $1° \leq \phi \leq 20°$ $\leq -3{,}5$ dBi, $20° < \phi \leq 26{,}3°$ $\leq 32 - 25\log_{10} \phi$ dBi, $26{,}3 < \phi < 48°$ ≤ -10 dBi, $48° \leq \phi$		
5	Polarización	• Doble polarización circular (polarización Tx ortogonal respecto a polarización Rx) Los satélites INTELSAT VIII A también emplean doble polarización lineal		
		• Relación axial en Tx y Rx $\leq 1{,}06$		Relación axial D-1: $\leq 1{,}3$ Relación axial D-2: $\leq 1{,}06$
6	Orientación de la antena y seguimiento	• Capacidad de orientación a cualquier dirección de la órbita geoestacionaria (por encima de un ángulo de elevación de 5°)		
		• Manual y automático	– Manual y automático	D-1: Antena fija
				D-2: Manual y automático
7	Modulación y características de acceso	FDM/MF, CFDM/MF, SCPC/MDP-4, TV/MF, AMDT, MDP-4/IDR, IBS, TCM/IDR y DAMA	CFDM/MF, SCPC/MDP-4, TV/MF, MDP-4/IDR, IBS, TCM/IDR y DAMA	SCPC/CMF

CUADRO AP7.1-2

Estaciones terrenas INTELSAT norma F

Nº	Parámetro	Características de funcionamiento
		F-1, F-2 y F-3
1	Anchura de banda de RF	Transmisión (Tx) 5 925 a 6 425 MHz Recepción (Rx) 3 700 a 4 200 MHz
2	$G/T(dB(K^{-1}))$	F-1: $\geq 22,7 + 20\log f/4$ F-2: $\geq 27,0 + 20\log f/4$ F-3: $\geq 29,0 + 20\log f/4$ f = frecuencia en GHz
3	Diámetro de la antena (m)	F-1: 4,5 a 7, F-2: 7 a 8, F-3: 9 a 10
4	Diagrama de lóbulos laterales de la antena	Norma F (a partir de 1995) $\leq 29 - 25\log_{10} \phi$ dBi, $1° \leq \phi \leq 20°$ $\leq -3,5$ dBi, $20° < \phi \leq 26,3°$ $\leq 32 - 25\log_{10}\phi$ dBi, $26,3° < \phi < 48°$ ≤ -10 dBi, $48° \leq \phi$
5	Polarización	• Doble polarización circular (polarización Tx ortogonal a polarización Rx) Los satélites INTELSAT VIII A también emplean doble polarización lineal • Relación axial en Tx y Rx $\leq 1,09$
6	Orientación de la antena y seguimiento	• Capacidad de orientación a cualquier dirección de la órbita geoestacionaria (por encima de un ángulo de elevación de 5º) • Antena fija
7	Modulación y características de acceso	MDP-4/IDR, IBS, TCM/IDR y DAMA

CUADRO AP7.1-3

Estaciones terrenas INTELSAT normas C y E

Nº	Parámetro	Características de funcionamiento	
		C	**E-1, E-2 y E-3**
1	Anchura de banda de RF	Transmisión (Tx) 14 a 14,5 (GHz) Recepción (Rx) 10,95 a 11,2 (GHz) y 11,45 a 11,70 (GHz) Transmisión (Tx) 14 a 14,25 (GHz) o 14,25 a 14,50 (GHz) Recepción (Rx) 11,70 a 11,95 (GHz) o 12,50 a 12,75 (GHz) o 11,45 a 11,70 (GHz)	
2	$G/T(dB(K^{-1}))$	$\geq 37,0 + 20\log f/11,2$ f – frecuencia en GHz	E-1: $\geq 25,0$ (pero $< 29,0$) $+ 20\log f/11$ E-2: $\geq 29,0$ (pero $< 34,0$) $+ 20\log f/11$ E-3: $\geq 34,0 + 20\log f/11$
3	Diámetro de la antena (m)	11 - 14	E-1: 3,5 - 4,5, E-2: 5,5 - 7, E-3: 8 - 10
4	Diagrama de lóbulos laterales de la antena	Norma C (a partir de 1988) y Norma E (a partir de 1995) $\leq 29 - 25\log \phi$ dBi, $1° \leq \phi \leq 20°$ $\leq -3,5$ dBi, $20° < \phi \leq 26,3°$ $\leq 32 - 25\log \phi$ dBi, $26,3° < \phi < 48°$ ≤ -10 dBi, $48° \leq \phi$	
5	Polarización	• Linear • Relación axial en Tx y Rx $> 31,6$	
6	Orientación de la antena y seguimiento	• Capacidad de orientación en cualquier dirección de la órbita geoestacionaria (por encima de un ángulo de elevación de 10°) • Automático	E-1 y E-2: Antena fija E-3: Automático
7	Modulación y características de acceso	FDM/MF, CFDM/MF, MDP-4/IDR, IBS y TCM/IDR	MDP-4/IDR, IBS y TCM/IDR

CUADRO AP7.1-4

Estaciones terrenas EUTELSAT SMS

Nº	Parámetro	Características de funcionamiento		
		SCPC/SMS[1]		
1	Anchura de banda de RF	Transmisión(Tx) 14,0 a 14,5 GHz Recepción (Rx) 12,5 a 12,75 GHz		
2	G/T(dB(K^{-1}))	Norma 1	Norma 2	Norma 3
		G/T > 30 +20log (F/12,5)	G/T > 27 + 20log (F/12,5)	G/T > 23 + 20log (F/12,5)
3	Diámetro de la antena (m)	5,0 - 5,4	3,7	2,4
4	Diagrama de lóbulos laterales de la antena	Recomendación 465 + objetivo: G > 29 - 25log ϕ 25° < ϕ < 7°		
5	Polarización	• Polarización lineal (Polarización Tx ortogonal a la polarización Rx) • Muchas estaciones utilizan la doble polarización • Aislamiento de la polarización del sistema de antenas > 35 dB (en un contorno de -1 dB), obligatoria para Tx recomendada para Rx		
6	Orientación de la antena y seguimiento	• Conviene plena capacidad de maniobra		
		• Seguimiento que satisfaga el criterio de estabilidad de la p.i.r.e. de ±0,5 dB	– No hay seguimiento	
7	Temperatura de ruido en recepción	160 K	160 K	140 K
8	p.i.r.e.	p.i.r.e. > P - Δ + 20log (f/14) • P = 53 + 10log(n) siendo la velocidad binaria del cliente n x 64 Kbit/s • n = 1, 2, 3, 4, 6, 12, 18, 24 y 30 • f: frecuencia de la portadora (GHz) • Δ: factor de ajuste por ventaja geográfica • Se pueden conseguir canales de alta calidad transmitiendo una p.i.r.e. superior.		
9	Estabilidad de la p.i.r.e.	±0,5 dB	±0,5 dB	±0,5 dB

10	Modulación multiplexación y acceso múltiple	• Modulación MDP-4
		        codificación diferencial
		        decodificación diferencial
		• Velocidad: 64 Kbit/s SCPC y múltiplos de n siendo n = 1, 2, 4, 6, 12, 18, 24, 30
		• FEC de velocidad 1/2 o FEC de velocidad 3/4
		• Encriptación (opcional)
		• Acceso AMDF		

11	Emisiones no esenciales[2] (se excluyen los productos de intermodulación)	p.i.r.e. < 4 dB(W/4 kHz) (fuera de la banda nominal de la portadora) p.i.r.e. 55 dB por debajo de la p.i.r.e. total de la portadora transmitida (en el transpondedor al que se accede)		
12	Productos de intermodulación	p.i.r.e. < 12 dB (W/4 kHz)		

[1]   Este servicio se presta por utilizar los satélites EUTELSAT II y se ampliará en el futuro al satélite W y al SEASAT.

[2]   En la banda 14,0 - 14,5 GHz.

CAPÍTULO 8

Interconexión de redes de satélite con redes terrenales y terminales de usuario

8.1 Interconexión de las redes de telefonía

8.1.1 Aspectos generales de la interfaz

El tráfico telefónico internacional sigue representando la aplicación más importante de las redes de satélite. Aparte de los servicios telefónicos convencionales, las redes de satélite pueden cursar también a través de los canales de telefonía los servicios de telegrafía, télex y telemáticos (AVD: Servicios alternados voz/datos). Cuando se dispone de enlaces digitales terrenales pueden cursarse también datos en alta velocidad binaria (por ejemplo, 64 kbit/s o más). Se utilizan también algunos canales estableciendo circuitos arrendados para la transmisión de telefonía y de datos (en baja velocidad binaria o, si es posible, en alta velocidad binaria) privados. En el entorno actual de la conexión totalmente digital de extremo a extremo entre usuarios (es decir, en la RDSI) todos los canales estarán personalizados y cursarán señales vocales y/o de datos.

La figura 8.1 muestra una disposición típica para el establecimiento de un enlace internacional perteneciente al SFS en el que se establecen conexiones telefónicas de gran capacidad de tráfico entre el país A y el país B con la fiabilidad suficiente. En este ejemplo, los países A y B se dividen en regiones telefónicas (se representan dos). Cada región va equipada con su propio Centro de Conmutación Internacional (CCI) que se conecta a la estación terrena internacional mediante un enlace terrenal que cursa los canales internacionales específicos de la región. A menudo, uno de estos CCI regionales se emplea como CCI principal del país y se utiliza para conectar los canales de llegada que no han sido expedidos por el CCI de transmisión a un CCI regional, en particular del país receptor. La figura muestra también otros tipos de enlace internacional que utilizan relevadores de microondas, cables (coaxiales o de fibra óptica, terrenales o submarinos) o incluso que utilizan un enlace de satélite alternativo. En el ejemplo, el tráfico entre los países A y B va compartido entre el enlace de satélite y un enlace por cable submarino en proporciones que se derivan de un acuerdo bilateral y que dependen de consideraciones económicas, de la disponibilidad y de la política general de gestión. En el plan de encaminamiento se trata de evitar, en la medida de lo posible, los dobles saltos de satélite. Cada uno de los medios (el satélite y el cable) se considera también como facilidad de restauración en el caso de avería del otro.

Tal como se indica en la figura 8.1 las conexiones entre un CCI y los diversos medios de transmisión internacional se realizan a través de una facilidad denominada el CIMT (Centro Internacional de Mantenimiento de la Transmisión). El CIMT constituye la interfaz entre los enlaces terrenales que cursan los canales internacionales y el CCI. El equipo y las funciones principales que tiene un CIMT son:

- el equipo de terminación de línea (ETL), transmisor/receptor, para conectar los cables terrenales o los radioenlaces;

- multiplexación/demultiplexación;

- posiblemente, la concentración de circuitos en los enlaces de transmisión, por ejemplo efectuando la conversión del MIC en 64 kbit/s a MICDA en 32 kbit/s, y la multiplicación de circuitos digitales;

- la supresión o compensación del eco;

- POSIBLEMENTE, la señalización (por ejemplo, el Sistema N° 5 del UIT-T). No obstante hay que indicar que la conversión entre la señalización internacional y la nacional es una función principal de las que incorpora el CCI.

Se hace hincapié en que la configuración que representa la figura 8.1 sólo se ofrece a título de ejemplo y que las disposiciones de conmutación y de encaminamiento son específicas para cada país, estando en cada caso sujetas a acuerdos bilaterales. En particular, para las conexiones de menor tráfico sólo habrá un CCI en ambos extremos del enlace.

Se ha de contar con facilidades por separado para la inserción/extracción de los circuitos arrendados incluidos en los canales transmitidos/recibidos multiplexados, así como para encaminarlos a sus abonados, posiblemente a través de centrales y redes especializadas.

En el apartado 1.4.5.1 se resumen las diversas posibilidades del SFS para el tráfico telefónico nacional. Básicamente hay dos categorías principales de enlaces telefónicos nacionales por satélite.

- la primera categoría es muy similar a la de enlaces internacionales; consiste en la interconexión de las redes locales terrenales de la regiones de un país que están muy separadas por obstáculos geográficos muy significativos o por grandes distancias. En el caso de determinados territorios de ultramar, si no se dispone de un enlace en un satélite nacional especializado, puede establecerse a través de un satélite internacional (explícitamente, la organización INTELSAT prevé estos casos). La única diferencia con las conexiones internacionales descritas anteriormente se refiere a los centros de conmutación y a las operaciones de numeración que normalmente continúan efectuándose en un marco nacional;

- la segunda categoría abarca los casos en que un satélite constituye un medio importante para establecer una red de telefonía en un país. Tal como se ha explicado ya en este Manual, dichos tipos de redes nacionales de satélite se implantan actualmente en muchos países, especialmente en los países en desarrollo. Utilizan satélites especializados o transpondedores arrendados o adquiridos de los satélites disponibles (por ejemplo, de los satélites INTELSAT). Pueden lograrse arterias de tráfico elevado o medio entre los centros principales y las redes de poco tráfico, o bien establecer estas mismas (que constituyen a menudo la telefonía rural) para las zonas remotas. En el punto 5.6 se examinan los problemas relativos al diseño de estas redes.

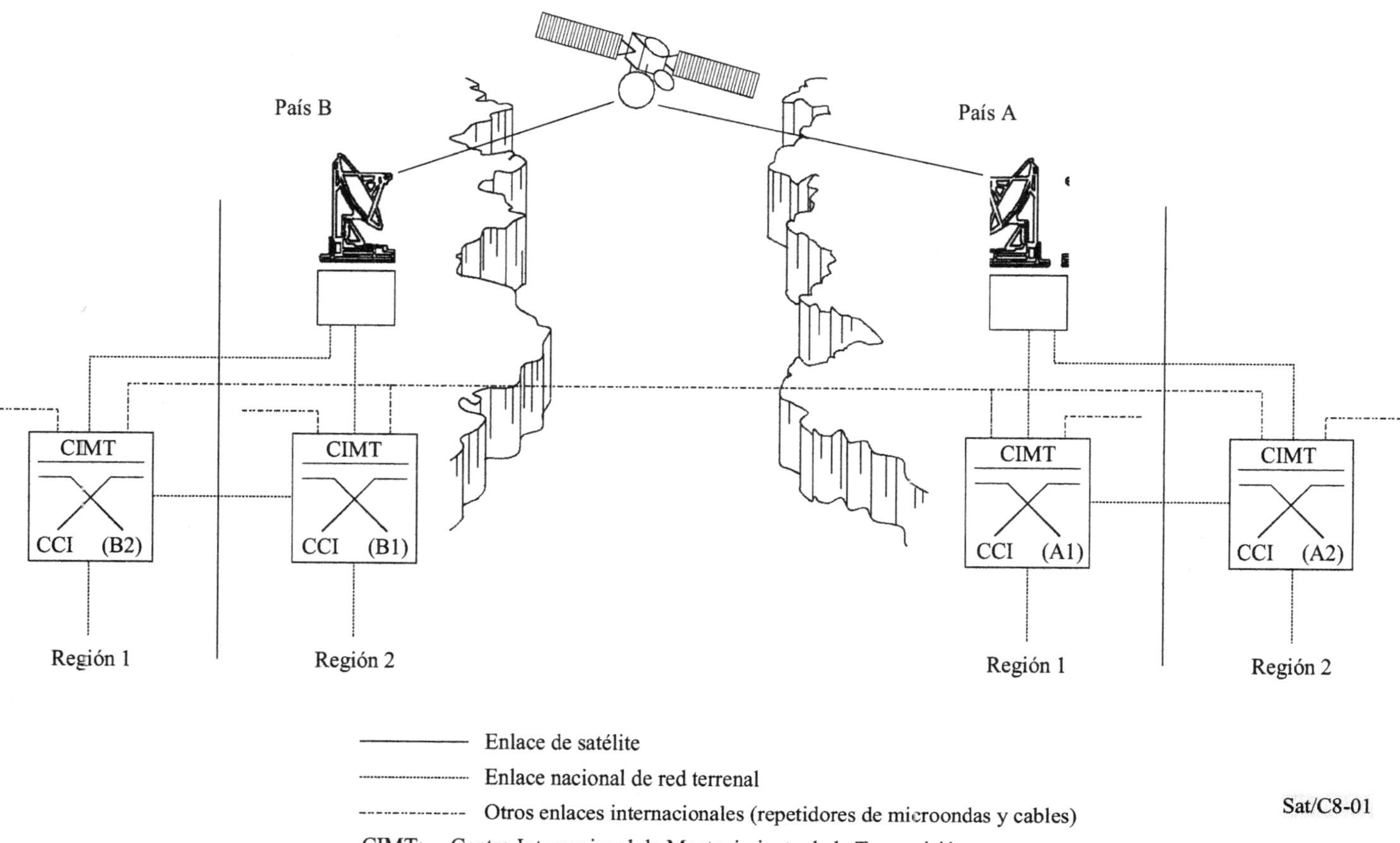

FIGURA 8.1

Enlace típico de telefonía internacional perteneciente al servicio fijo por satélite

Problemas de retardo

Utilizando las técnicas analógicas modernas y más especialmente las de transmisión digital, pueden diseñarse la mayoría de las características principales de las conexiones establecidas a través de satélites de forma que no se distingan de las conexiones establecidas por cualquier otro medio. La diferencia principal entre las conexiones por satélite y las de cualquier otro medio es el retardo de propagación asociado a las grandes distancias (36 000 km) hasta el satélite y de retorno. En un caso típico, cabe esperar que el retardo medio unidireccional de propagación debido únicamente al trayecto del satélite sea de 235 ms. En la práctica, este retardo será superior para las estaciones terrenas situadas en latitudes elevadas (tal vez hasta otros 20 ms de retardo). Evidentemente, estas consideraciones se aplican únicamente a los satélites OSG. El retardo se reduce considerablemente en el caso de los satélites de órbita baja.

Se han efectuado múltiples experimentos para determinar la respuesta del cliente al retardo experimentado en un enlace telefónico. Hay un consenso general en admitir retardos que rebasen considerablemente los 300 ms, si no hay eco. No obstante, para que se dé esta condición, tiene que haber pérdidas de retorno del eco mejores de 36 dB y la consecución y mantenimiento de niveles tan reducidos de pérdidas de retorno es técnicamente difícil. Aun así, los compensadores de eco modernos (Recomendación G.165 del UIT-T) son capaces de lograr las pérdidas de retorno necesarias en la mayoría de las condiciones. Por tanto, puede decirse que con la selección prudente (y el mantenimiento posterior) de buenos compensadores de eco, pueden diseñarse conexiones por satélite con las que se logren los mismos niveles o similares de aceptación por el cliente que los de cualquier otro medio de larga distancia.

La tendencia hacia el tratamiento digital de la señal aporta retardos del trayecto adicionales que son significativos. Por ejemplo, los equipos DCME con técnica ADPCM de 16 kbit/s, los microteléfonos sin cordón y los diseños de equipos radioeléctricos móviles pueden añadir otros 100 ms por cada dispositivo considerado. En un solo enlace de extremo a extremo, puede haber dos o hasta tres de estos dispositivos. La inclusión de algunos de estos elementos se conocerá *a priori* (por ejemplo, la existencia de un dispositivo DCME será conocida por los planificadores del circuito). No obstante, no pueden predecirse otros dispositivos que aportan retardo, tales como los microteléfonos sin cordón, pues su existencia es una variable resultante del acceso de múltiples clientes distintos a las redes públicas conmutadas.

Teniendo en cuenta estos problemas, el establecimiento de un servicio telefónico a través de más de un satélite geosíncrono puede presentar dificultades. Debe señalarse que, aunque el retardo típico de propagación unidireccional para dos conexiones simples de satélite en cascada es de unos 470 ms, la Recomendación UIT-T G.114 desaconseja específicamente la utilización de trayectos de transmisión con retardos de propagación unidireccional superiores a 400 ms.

Una posible excepción sería la de las redes privadas a las que no afecta tanto el retardo medio de propagación unidireccional de 400 ms de la Recomendación del UIT-T.

En el caso de transmisiones de datos, dado que los protocolos de comunicación de datos (más específicamente, la gama de numeración de bloque) son capaces de encajar 600 ms o más de retardo, pueden efectuarse intercambios de datos eficaces a través de dos redes de satélite, siempre que la calidad en términos de errores binarios sea aceptable.

8.1.2 Aspectos de interfaz de las redes digitales

8.1.2.1 Problemas de interfaz entre las redes terrenales y los sistemas digitales por satélite

El equipo utilizado como la interfaz entre una red de satélite y una red terrenal ofrece un conjunto de funciones que convierten los formatos de transmisión requeridos en las dos redes para poder efectuar la conexión de los canales terrenales a los canales de satélite.

Hay que resolver problemas diferentes si ambas redes son analógicas o digitales o si la red terrenal es analógica y la de satélite es digital. En los puntos 8.4, 4.1 y 7.5 se analizan algunos de estos problemas y en particular los que atañen a la transmisión analógica.

A continuación se ofrece información adicional sobre la interfaz con las redes digitales de satélite haciendo referencia a las especificaciones de los sistemas INTELSAT y EUTELSAT que utilizan AMDF y AMDT. Se abordan en particular los aspectos de sincronización.

Puede también hallarse más información en el capítulo 3 ("Evaluación de los sistemas de satélite digitales") del Manual del GAS 3 del UIT-T ("Métodos para la evaluación de los nuevos sistemas de transmisión digital entre centrales como guía para la planificación de redes nacionales").

8.1.2.1.1 Interfaz terrenal con los sistemas AMDT

La interfaz entre el sistema AMDT y la red terrenal debe efectuar las funciones siguientes:

- codificar y decodificar circuitos analógicos, si existen;

- sincronizar las señales digitales cuando sea necesario;

- cursar la señalización y las señales de alarma asociadas a cada uno de los circuitos terrenales o grupos de circuitos.

Los sistemas AMTD/DSI a 120 Mbit/s de INTELSAT y EUTELSAT requieren una interfaz terrenal a 2,048 Mbit/s. Esta interfaz corresponde a un módulo del terminal de tráfico denominado TIM (módulo terrenal de interfaz) que es una unidad DSI/DNI.

Cuando un enlace analógico terrenal existente se interconecta con un sistema de satélite AMDT/DSI, se requiere la conversión analógico-digital utilizando multiplexadores o transmultiplexadores de orden primario a fin de lograr trenes de 2,048 Mbit/s en la interfaz. Además, si el enlace terrenal es digital, el tren de entrada a la interfaz tiene que configurarse en un formato múltiplex MIC de orden primario.

El problema principal en la interfaz es la sincronización del tren digital en el lado terrenal con la temporización de reloj de la red de satélite.

De hecho, el sistema AMDT/DSI es una red síncrona independiente gobernada con un reloj de gran estabilidad cuya precisión es del orden de 10^{-11} y que está generado por la estación de referencia AMDT y distribuido a todos los transpondedores AMDT para sincronización de la red.

Si el enlace terrenal es analógico, la sincronización se obtiene subordinando el convertidor A/D al reloj AMDT. Un método sencillo, denominado sincronización en bucle (véase la figura 8.2) consiste en extraer el reloj de la señal de entrada en el lado receptor del satélite de la interfaz y utilizarla para sincronizar el reloj de la señal de transmisión. En este caso la interfaz debe incluir un amplificador tampón para compensar el efecto Doppler en el lado de transmisión.

Si el enlace terrenal es digital, la sincronización requiere la alineación de los relojes de las redes terrenales y de satélite.

Cuando el enlace MIC digital en el lado terrenal es asíncrono, puede adoptarse un método de sincronización subordinada similar al de sincronización en bucle de los convertidores A/D indicado en la figura 8.2. Según este método, el multiplexador digital MIC en el lado de recepción del satélite se subordina al reloj de la señal AMDT de llegada y este reloj se transfiere al enlace terrenal.

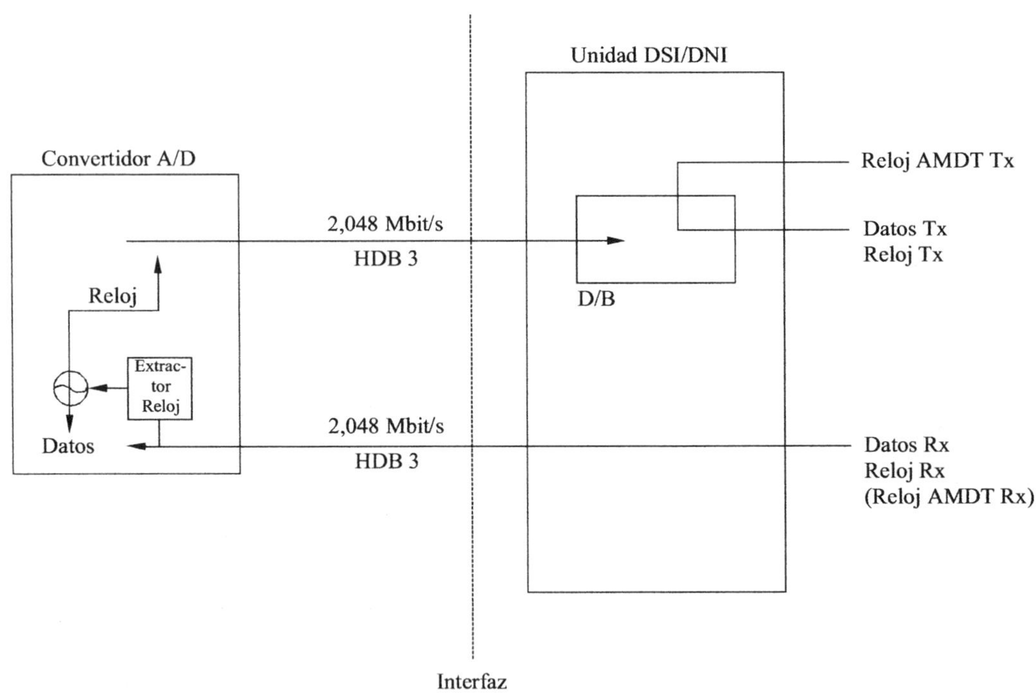

D/B: Unidad tampón Doppler
HDB: Código bipolar de alta densidad

FIGURA 8.2

**Método de sincronización en bucle entre un enlace terrenal analógico y
una red digital de satélite AMDT**

Cuando el enlace terrenal digital utiliza un enlace MIC digital síncrono con un reloj nacional o equivalente, es necesaria la alineación plesiócrona. El reloj nacional del enlace terrenal y el reloj principal del sistema AMDT tienen ambos un reloj maestro muy estable del orden de 10^{-11}. Cuando se conectan directamente estos enlaces estables y distintos entre sí, se producirá un deslizamiento de datos aproximadamente cada 72 días. Para este deslizamiento es necesaria la alineación plesiócrona en alguna interfaz. En la práctica, se utiliza un amplificador tampón plesiócrono a este efecto en la unidad DSI/DNI.

Como en este caso hay que eliminar el efecto Doppler de los enlaces de transmisión y recepción, el circuito real tampón en el módulo de interfaz terrenal incluye las funciones tampón plesiócrona y Doppler.

8.1.2.1.2   Interfaz terrenal con los sistemas AMDF digitales

En los sistemas que utilizan el AMDF para la transmisión de portadoras digitales continuas, hay que tener en cuenta ciertas consideraciones especiales, ya que pueden incluirse en la misma disposición de multiplexación por división en el tiempo (MDT) de cada portadora múltiples destinos y diferentes velocidades binarias.

El hecho de que una determinada portadora pueda transmitir datos hacia múltiples destinos significa generalmente que el terminal de la estación terrena deberá poder recibir las portadoras que llegan de estos destinos. Por tanto, como es común en el AMDF, no pueden utilizarse módems simétricos y el terminal de la estación terrena debe incluir unidades de transmisión (equipo de banda de base y modulador) y de recepción (demodulador y equipo de banda de base) separados. Cada unidad de transmisión va generalmente asociada a algunas unidades de recepción.

El hecho de que puedan acomodarse portadoras con diferentes velocidades binarias significa que deben utilizarse preferentemente moduladores y demoduladores flexibles con capacidad de variar la velocidad binaria (véase el punto 5.6.5.8). A efectos ilustrativos, los ejemplos que se indican a continuación se refieren a los servicios IBS de INTELSAT y SMS de EUTELSAT, así como al IDR de INTELSAT que son sistemas bien especificados.

a)   Portadoras IBS de INTELSAT y SMS de EUTELSAT

En la interfaz de usuario (a menudo denominada interfaz A), puede haber velocidades binarias de usuario inferiores a 64 kbit/s (2,4, 4,8, 9,6 kbit/s) o múltiplos de ésta (n × 64 kbit/s, n = 1 a 32).

Como la velocidad binaria mínima aceptada para una portadora IBS o SMS es de 64 kbit/s, las velocidades binarias de usuario inferiores a 64 kbit/s (2,4 a 9,6 kbit/s) tienen que multiplexarse para formar señales agregadas de 64 kbit/s por medio de multiplexores de orden inferior.

Si la estación terrena está situada en los locales del usuario final, cada canal de datos a n × 64 kbit/s accede al terminal AMDF directamente. Si la estación terrena y los locales del usuario están en sitios diferentes, hay que transmitir los datos desde la interfaz de usuario a la interfaz terminal (denominado también interfaz H) utilizando un enlace terrenal. Como las velocidades de datos n × 64 kbit/s no están normalizadas en la transmisión terrenal para ningún valor de n, es necesario combinar los canales de datos en un tren de 2,048 Mbit/s que sea adecuado para los medios terrenales. Esto exige utilizar multiplexadores de datos flexibles que aceptan canales de datos de entrada a velocidades binarias distintas, tal como se indica en la figura 8.3.

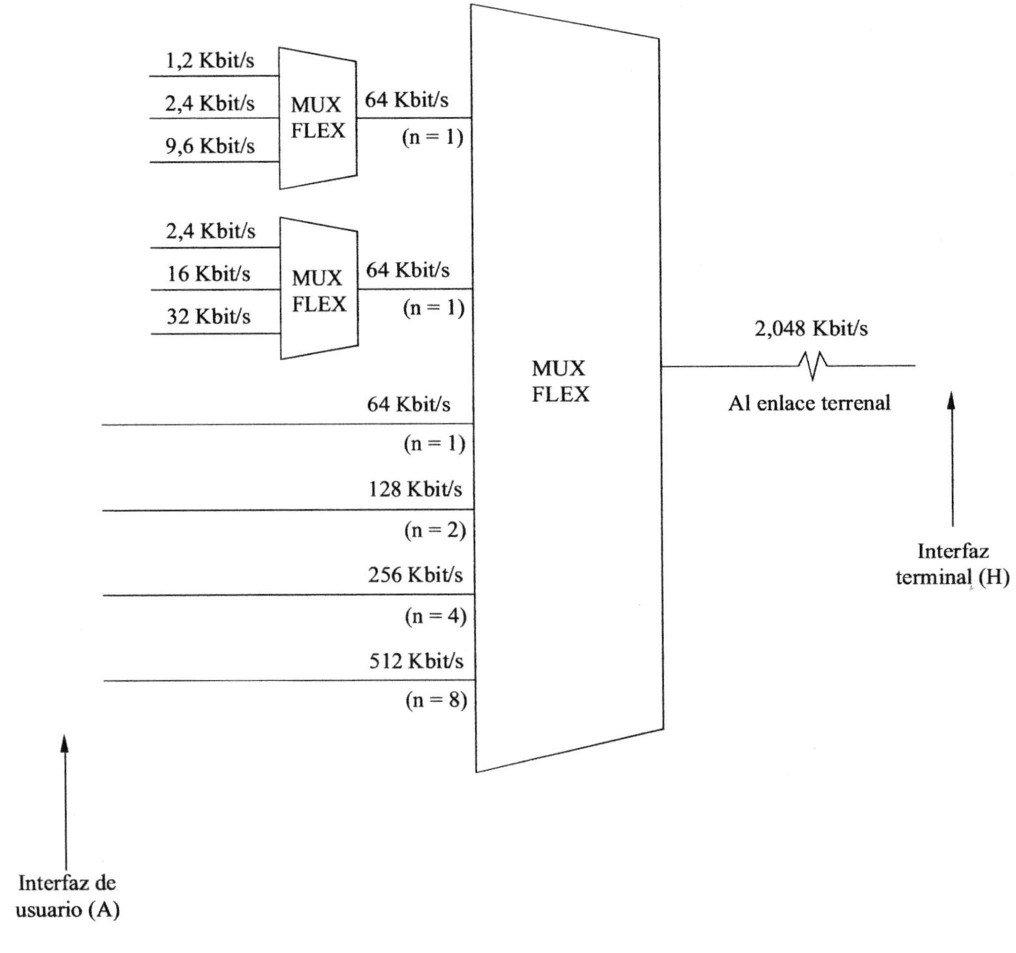

FIGURA 8.3

Alineación de los datos del lado terrenal

No obstante, la disposición opuesta no es necesaria en la estación terrena para restituir el canal de datos independiente ya que el propio terminal incluye un esquema opuesto de demultiplexación, tal como se indica en la figura 8.4, para obtener canales de datos independientes a n × 64 kbit/s. Dicho esquema es compatible con las redes multidestino.

La temporización de las señales digitales en la interfaz H en ambos sentidos de la transmisión puede obtenerse de una de las tres maneras siguientes:

i) de un reloj nacional con una precisión de una parte en 10^{11}, tal como se recomienda en la Recomendación G.811 del UIT-T;

ii) de un reloj local de estación terrena con una precisión mínima de 1 en 10^9 a lo largo de cualquier periodo de 40 días;

iii) de un reloj de llegada recibido a través de una estación terrena distante por satélite.

Dependiendo de cuál de las tres formas de sincronización se adopte en cada extremo del enlace de satélite, pueden establecerse disposiciones de sincronización alternativa distintas.

La figura 8.5 muestra los posibles esquemas de sincronización. Se requiere una amplificación en la estación terrena receptora para compensar los efectos de los movimientos del satélite. (compensación Doppler) y de disparidad entre relojes en los extremos de origen y de recepción del canal de datos. La situación del adaptador-amplificador depende de la configuración de cada canal y del punto en que se producen las transiciones de un reloj a otro. La capacidad requerida del adaptador-amplificador depende de las fuentes de la temporización, de las variaciones de la demora del satélite, del intervalo entre deslizamientos de trama y de la configuración de cada canal en particular.

b)   Portadora IDR de INTELSAT

Las portadoras de velocidad de datos intermedia en el sistema INTELSAT utilizan la modulación MDP-4 coherente con velocidades de información que van desde 64 kbit/s a 44,736 Mbit/s y ofrecen los servicios de destino único y multidestino. A diferencia de las IBS y SMS, en una portadora IDR pueden cursarse voz y datos, lo que introduce algunas ligeras diferencias en los esquemas de sincronización. En este caso, el reloj en la interfaz H se obtiene del reloj plesiócrono con una precisión de una parte en 10^{11}, o del reloj recibido de una estación terrena distante. No obstante, en los casos en los que no hay una red digital síncrona en algunos de los extremos, o los canales se convierten en circuitos de voz analógicos, se considera que el reloj interno del equipo múltiplex MIC tiene la precisión suficiente (unas 50 partes en 10^6).

Hay una tendencia creciente en la actualidad a adoptar las técnicas de multiplicación de circuitos digitales en los enlaces de transmisión utilizando IDR. Esto implica la introducción en los interfaces terrenales de equipo de multiplicación de circuitos digitales (véase el punto 8.1.4).

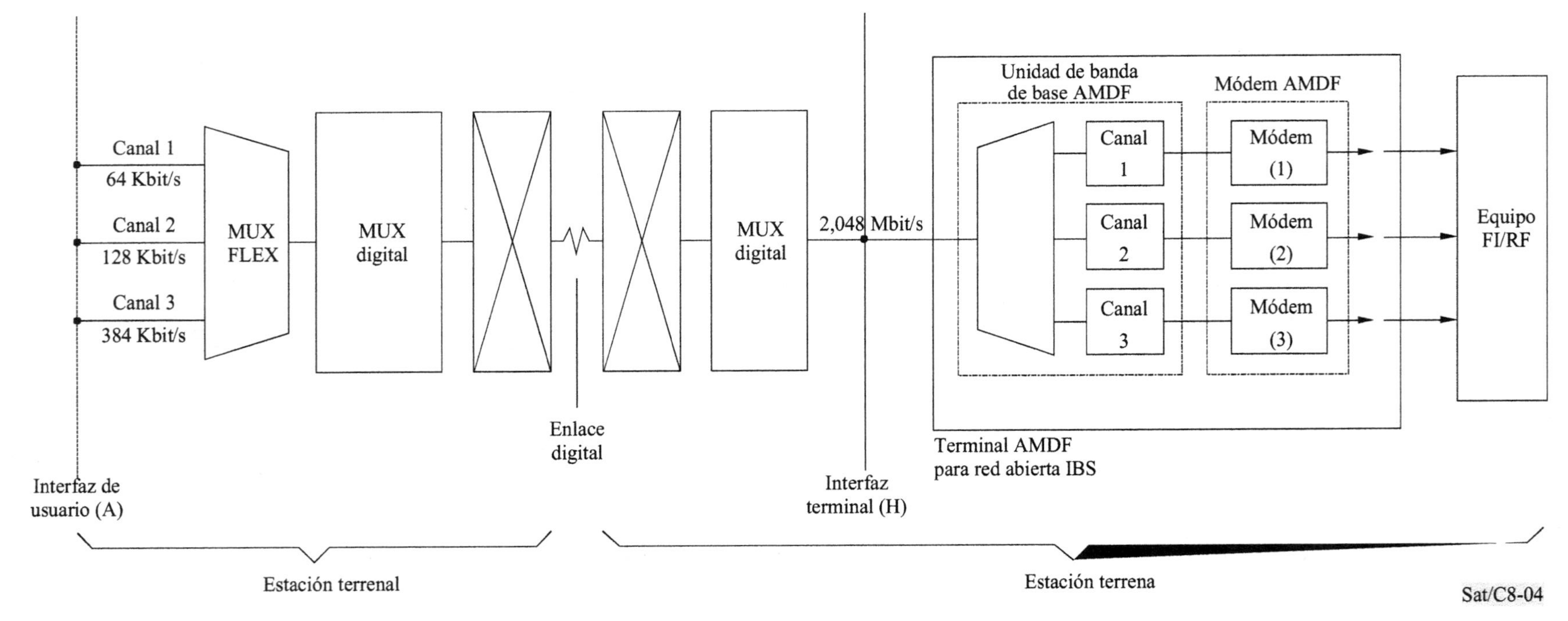

FIGURA 8.4

Alienación global de la estación terrena IBS con el enlace terrenal

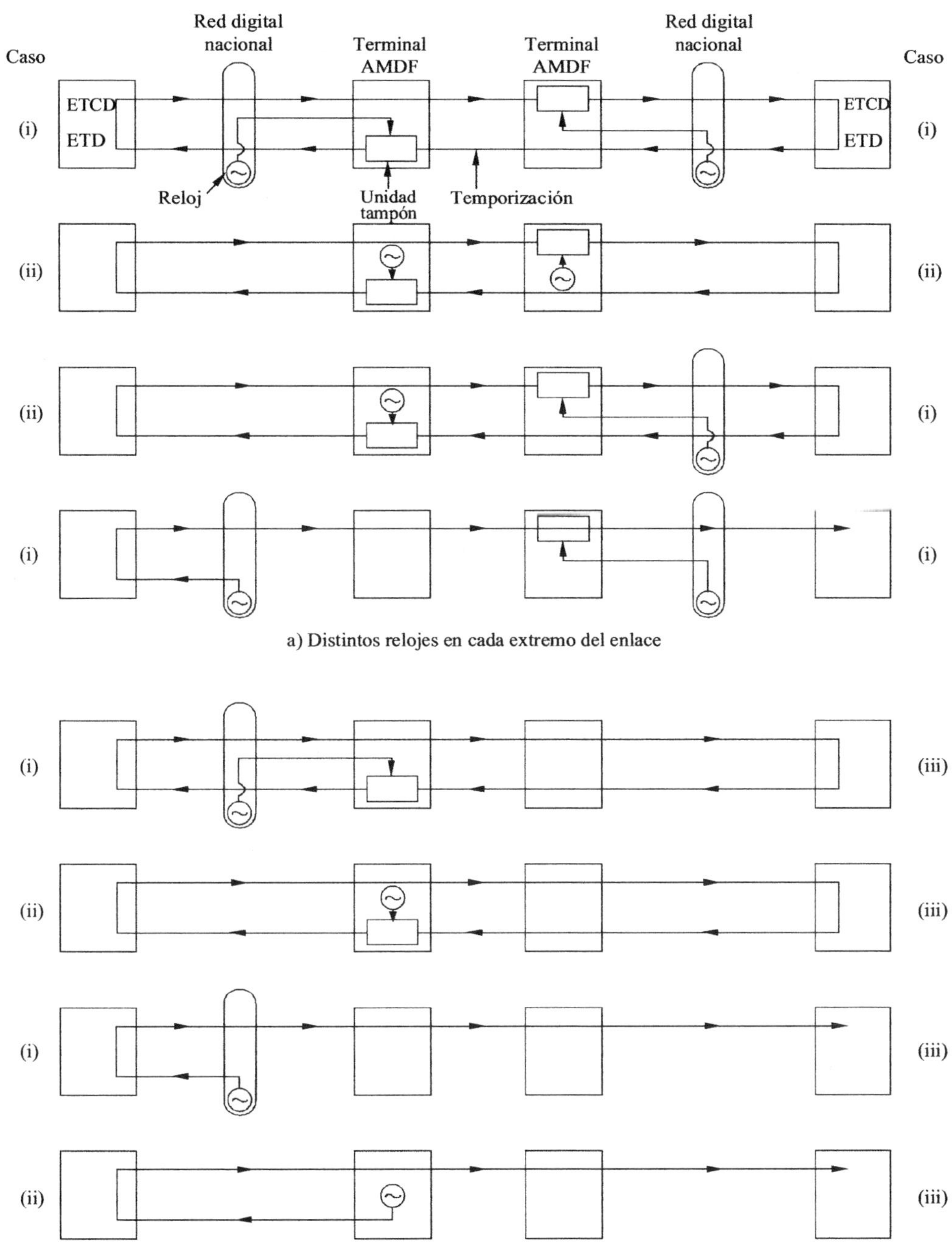

FIGURA 8.5

Esquemas posibles para las disposiciones de temporización entre dos estaciones terrenas

8.1.3   Equipo múltiplex de estación terrena

8.1.3.1   Comunicaciones analógicas por satélite del tipo MDF-AMDF

Como ya se ha explicado anteriormente (punto 7.1.1.5), los agregados de banda de base de telefonía múltiples (MDF) que llegan a la estación terrena desde el enlace terrenal deben reconfigurarse antes de su transmisión al satélite. Esto se debe a que:

i)   Puede ser necesario distribuir los canales telefónicos entre varias portadoras RF de satélite y también, dentro de una portadora dada, distribuir los canales telefónicos de acuerdo con sus destinos respectivos.

ii) Es una práctica habitual (por ejemplo, en el sistema de satélites de INTELSAT) que las disposiciones de canales en banda de base utilizadas para la transmisión por satélite, aunque normalmente realizadas con una separación de 4 kHz y cumpliendo las Recomendaciones del UIT-T, muestren ciertas diferencias con respecto a las disposiciones convencionales utilizadas para la transmisión terrenal. En particular, un primer grupo primario (grupo A) de 12 canales se incluye sistemáticamente en la banda de base entre 12 kHz y 60 kHz. Esta disposición se ha adoptado para aumentar la capacidad de canales e incrementar el índice de modulación efectivo de la modulación de frecuencia.

Más generalmente, en el cuadro 8.1 se indican las composiciones de banda de base utilizadas en el sistema INTELSAT.

En recepción surge un tercer factor:

iii) En tanto que puede utilizarse una sola portadora MDF-MF para transmitir varios canales telefónicos desde la estación terrena hacia varios destinos (esto es, hacia varias estaciones terrenas correspondientes), la misma estación terrena podrá recibir cada portadora individual entrante procedente de cada uno de estos destinos para funcionar en telefonía dúplex normal. Estas portadoras entrantes son generalmente portadoras multidestino y, por tanto, la estación terrena receptora extraerá de ellas sólo los grupos secundarios, grupos primarios y/o canales telefónicos que correspondan explícitamente a sus propias señales de transmisión. La disposición múltiplex terrenal se restablecerá a partir de estos grupos secundarios, grupos primarios y/o canales telefónicos entrantes. Esta estructura asimétrica del equipo múltiplex de estación terrena es específica del acceso múltiple en las telecomunicaciones por satélite.

El conjunto completo de los equipos múltiplex de estación terrena se divide por lo general en dos subconjuntos:

•   el denominado "equipo múltiplex terrenal" que (en transmisión) demultiplexa el agregado de banda de base MDF terrenal en el número mínimo de grupos secundarios, grupos primarios y/o canales telefónicos y que (en recepción) multiplexa los grupos secundarios, grupos primarios y/o canales telefónicos "entrantes" para restablecer el agregado de banda de base MDF terrenal (simétrico);

- el denominado "equipo múltiplex de satélite" que multiplexa (en transmisión) los grupos secundarios, grupos primarios y/o canales telefónicos para formar las señales MDF (para modular las portadoras RF) y que demultiplexa las portadoras demoduladas recibidas en el número mínimo de grupos secundarios, grupos primarios y/o canales telefónicos.

Debe destacarse que, en general, no es necesario demodular completamente la banda de base de transmisión terrenal y la banda de base de recepción (satélite) hasta el nivel de canal telefónico, sino solamente seleccionar los "bloques constructivos" del equipo múltiplex a fin de interconectar los dos subconjuntos ("múltiplex terrenal" y "múltiplex de satélite") mediante el número mínimo de grupos secundarios, grupos primarios y/o canales telefónicos, según se explicó anteriormente. Sin embargo, este diseño óptimo debe mantenerse flexible y no debe excluir futuras ampliaciones de la capacidad de tráfico de la estación.

CUADRO 8.1

Composición de la banda de base de las portadoras del sistema INTELSAT

N° de canales	Composición de la banda de base	Banda de frecuencia (kHz)
12	Grupo primario A (d)[1]	12-60
24	Grupo primario A (d)[1] más Grupo primario 5 del GS1 (i)	12-108
36	Grupo primario A (d)[1] más Grupos 5 y 4 del GS1 (i)	12-156
48	Grupo primario A (d)[1] más Grupos 5 a 3 del GS1 (i)	12-204
60	Grupo primario A (d)[1] más Grupos 5 a 2 del GS1 (i)	12-252
72	Grupo primario A (d)[1] más GS1 (i)	12-300
96	Grupo primario A (d)[1] más GS1 (i) más Grupos primarios 1 y 2 del GS2	12-408
132	Grupo primario A (d)[1] más GS1 (i) más GS2 (d)[2]	12-552
192	Grupo primario A (d)[1] más GS1 (i), GS2 (d) y GS3 (i)[2]	12-804
252	Grupo primario A (d)[1] más GS1 (i), GS2 (d) y GS3 y 4 (1)[2]	12-1 052
312	Grupo primario A (d)[1] más GS1 (i), GS2 (d) y GS3 a 5 (i)[2]	12-1 300
372	Grupo primario A (d)[1] más GS1 (i), GS2 (d) y GS3 a 6 (i)[2]	12-1 548
432	Grupo primario A (d)[1] más GS1 (i), GS2 (d) y GS3 a 7 (i)[2]	12-1 796
492	Grupo primario A (d)[1] más GS1 (i), GS2 (d) y GS3 a 8 (i)[2]	12-2 044
552	Grupo primario A (d)[1] más GS1 (i), GS2 (d) y GS3 a 9 (i)[2]	12-2 292
612	Grupo primario A (d)[1] más GS1 (i), GS2 (d) y GS3 a 10 (i)[2]	12-2 540
792	Grupo primario A (d)[1] más GS1 (i), GS2 (d) y GS3 a 13 (i)[2]	12-3 284
972	Grupo primario A (d)[1] más GS1 (i), GS2 (d) y GS3 a 16 (i)[2]	12-4 028
1 092	Grupo primario A (d)[1] más GS1 (i), GS2 (d) y GS3 a 16 (i)[2] más GS16 y 15 (d) (modulados)[2]	12-4 892
1 332	Grupo primario A (d)[1] más GS1 (i), GS2 (d) y GS3 a 16 (i)[2] más GS16 a 11 (d) (modulados)[2]	12-5 884

NOTA 1 – Grupo primario: agregado de 12 canales telefónicos derivado del grupo primario básico por traslación de frecuencia (el grupo primario básico se obtiene por conversión de frecuencia de 12 canales telefónicos en la gama de frecuencias de 60 a 108 kHz).

NOTA 2 – Grupo secundario (GS): agregado de 60 canales telefónicos derivado del grupo secundario básico por traslación de frecuencia (el grupo secundario básico se obtiene por conversión de frecuencia de 5 grupos primarios en la gama de frecuencias comprendida entre 312 y 552 kHz).

(d):   Directo

(i):   Invertido

[1]   Véase la Recomendación G.322 del UIT-T.

[2]   Véase la Recomendación G.423 del UIT-T.

Los principales "bloques constructivos" del equipo múltiplex son:

- unidades de traslación de canal, cada una de las cuales convierte 12 canales telefónicos en un grupo primario (módems y filtros de canal);

- unidades de traslación de grupo primario, cada una de las cuales convierte 5 grupos primarios en un grupo secundario (módems de grupo primario);

- unidades de traslación de grupo secundario para colocar los grupos secundarios en la banda de base;

- filtros de encaminamiento de grupo primario y de grupo secundario;

- unidades de generación de portadoras que proporcionan (a partir de un piloto principal) las frecuencias portadoras necesarias para las diversas unidades de traslación;

- repartidores de distribución para proporcionar las conexiones adecuadas entre las diversas unidades.

Las unidades de traslación incluirán los pilotos convencionales, la regulación automática de nivel y los circuitos de alarma.

Además, suele ser necesario insertar una señal piloto de continuidad de 60 kHz en la banda de base de cada portadora de transmisión para supervisar el enlace por satélite.

8.1.3.2 Comunicaciones digitales por satélite

Actualmente no hay ninguna práctica normalizada sobre las capacidades de tráfico de los enlaces digitales por satélite ni sobre sus interfaces terrenales. Sin embargo algunas de las tendencias principales son:

i) Las comunicaciones digitales a baja velocidad binaria (por ejemplo, de 32 kbit/s a 1,5 ó 2 Mbit/s) se utilizan principalmente para las transmisiones de datos de usuario a usuario punto a punto (enlaces digitales SCPC). Sus interfaces están normalizados por las Recomendaciones V.35, V.32, X.24 y X.21 del UIT-T. Las comunicaciones a velocidad binaria muy baja (por ejemplo, 2,4, 4,8, 9,6 kbit/s, interfaz normalizada en las Recomendaciones V.24/X.24 del UIT-T) deben multiplexarse antes de su transmisión por los enlaces por satélites.

ii) Si ha de proporcionarse acceso múltiple para estos tipos de comunicaciones, pueden combinarse varios enlaces digitales SCPC a través de un equipo múltiplex digital, utilizando, por ejemplo, interfaces normalizados a 2 Mbit/s (o a 1,5 Mbit/s).

iii) En el modo de transmisión por satélite MDT-MDP-AMDF se utilizan comunicaciones digitales a velocidades binarias más altas (por ejemplo, 2 Mbit/s, 8 Mbit/s, o 34 Mbit/s en la jerarquía europea). La manera más eficaz de conectar estas comunicaciones por satélite a la red terrenal es el acoplamiento directo a través de enlaces terrenales digitales (enlaces por cables o por microondas). Debe señalarse que se puede mejorar la eficacia de la transmisión por satélite (al menos duplicarse) mediante la concentración de tráfico que proporciona la interpolación digital de conversaciones (DSI) y aún más utilizando equipo de multiplicación de circuitos digitales (EMCD).

iv) En el modo AMDT de telecomunicaciones por satélite, pueden proporcionarse velocidades binarias y capacidades de tráfico muy altas, con capacidad de acceso múltiple plena. En la mayoría de los casos la interfaz normal con la red terrenal es a 2 Mbit/s (por ejemplo, en los sistemas AMDT de INTELSAT y de EUTELSAT) o a 1,5 Mbit/s (por ejemplo, en los sistemas AMDT nacionales de Estados Unidos de América). Esta interfaz suele proporcionarse a través de unidades DSI para la concentración del tráfico: por ejemplo, en los sistemas AMDT de INTELSAT y de EUTELSAT, la interfaz DSI de telefonía normalizada proporciona la conexión a 10 líneas MIC (2 Mbit/s) (300 canales telefónicos), pero debido al proceso DSI, sólo 120 (aproximadamente) canales activos se transmiten instantáneamente a través del enlace por satélite. Puede también utilizarse el EMCD para aumentar la capacidad de tráfico de los sistemas AMDT.

v) La conexión entre los usuarios directos y el enlace digital por satélite puede efectuarse también sobre la base de asignación por demanda (bien asignación por demanda con espera -es decir, en el modo reserva- o bien asignación por demanda instantánea). Esto puede realizarse fácilmente utilizando un equipo de conmutación digital: tal método se emplea, por ejemplo, en el sistema francés TELECOM 1.

vi) En el caso corriente en que la interfaz terrenal normalizada es a 2 Mbit/s (interfaz HDB 3 del UIT-T) -o a 1,5 Mbit/s- pueden preverse varios tipos de conexiones terrenales, dependiendo de si el enlace terrenal es analógico o digital y de si el equipo de conmutación es un conmutador analógico o un conmutador digital con división en el tiempo. En la figura 8.6 se presentan algunos casos típicos.

vii) Para la conexión de un agregado múltiplex analógico (por ejemplo, un grupo secundario MDF de 60 canales) y un agregado múltiplex digital (por ejemplo, 2 grupos MIC de 30 canales), o viceversa, hay que utilizar equipo de conversión. Pueden aplicarse dos tipos de proceso para esta conversión:

- conversión a través de la multiplexación/demultiplexación en el nivel de canal telefónico. Este proceso emplea equipos convencionales analógicos y digitales;

- conversión directa: actualmente se dispone de equipos para la conversión directa denominados transmultiplexores. La técnica más corriente para realizar un transmultiplexor se basa en la conversión del dominio de la frecuencia al dominio del tiempo utilizando el algoritmo de la transformada rápida de Fourier.

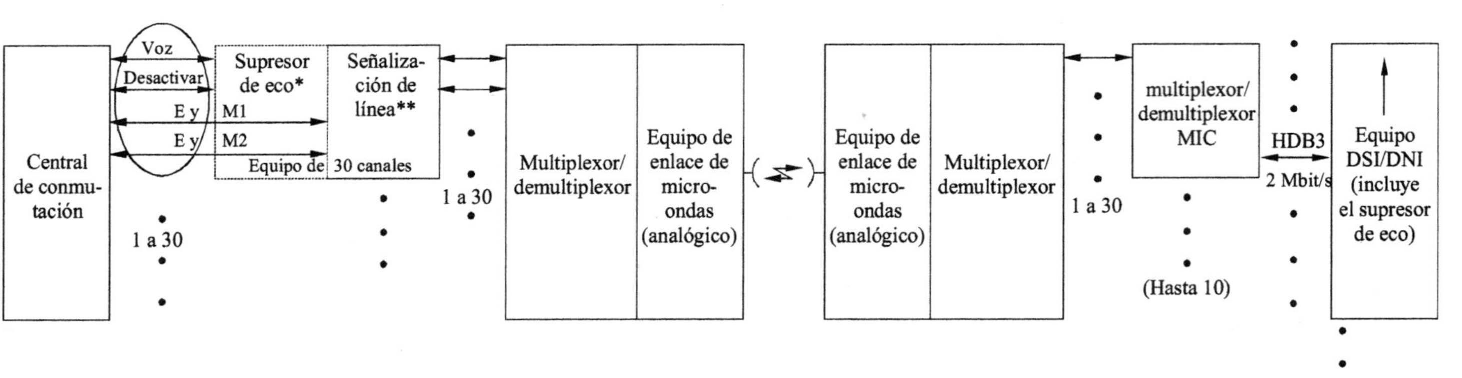

a) Caso 1 - Enlace terrenal analógico

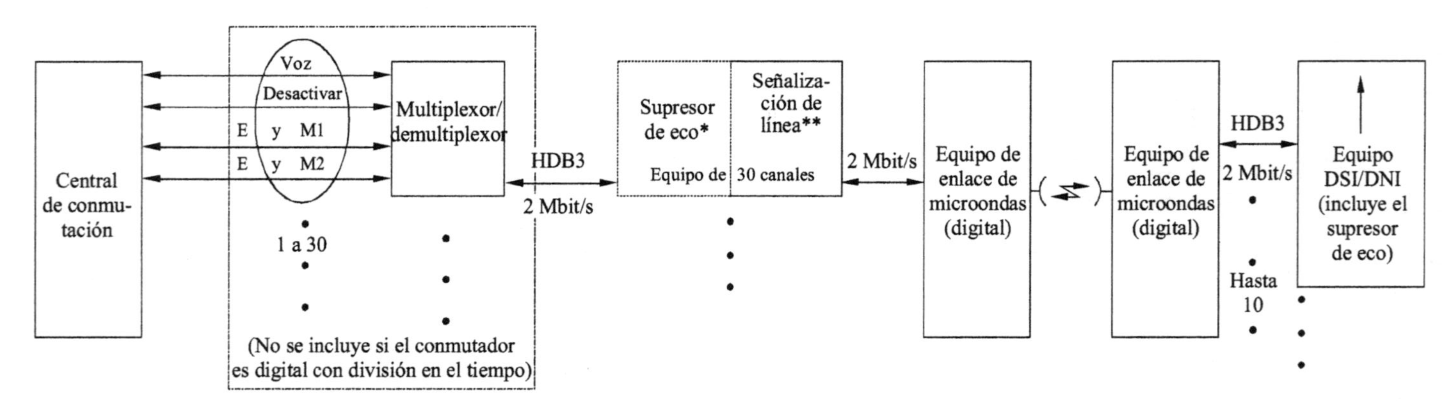

b) Caso 2 - Enlace terrenal digital

*   Facultativo (líneas largas)
**   Señalización N° 5 del UIT-T

Sat/C8-06

FIGURA 8.6

**Casos típicos de conexión de enlaces digitales
por satélite a la red terrenal**

8.1.3.3   Telecomunicaciones por satélite del tipo SCPC (telefonía)

Para las telecomunicaciones por satélite de tráfico disperso de baja densidad con estaciones pequeñas se utilizan corrientemente enlaces SCPC (es decir, no multiplexados) sea con transmisión digital
(MIC-MDP) o analógica (MF con compansión). Los equipos múltiplex para SCPC son mucho más
sencillos que para las comunicaciones multiplexadas (MDF o MDT). Eso se debe, no sólo a la pequeña capacidad, sino también al hecho de que en este caso sólo se necesitan "equipos múltiplex
terrenales".

8.1.4   Equipo de multiplicación de circuitos digitales (EMCD)

8.1.4.1   Generalidades

El equipo de multiplicación de circuitos digitales se ha venido utilizando en algunos sistemas de
satélites nacionales y en los sistemas de cable submarino. No obstante, el impulso principal para su
desarrollo, que incluso será más rápido en los próximos años, es debido a su normalización en
INTELSAT y a su normalización futura por parte de EUTELSAT y el UIT-T (que la lleva a cabo
actualmente). Todas las especificaciones existentes y en preparación son muy similares y se basan
en los principios enumerados en los puntos 8.1.4.2 a 8.1.4.4). Obsérvese que el funcionamiento con
los EMCD no normalizados en ocasiones denominados SMCD es posible en las redes cerradas, es
decir, cuando los corresponsales convienen características específicas y/o la utilización de equipo
idéntico (del mismo fabricante) en ambos extremos del sistema.

8.1.4.2   Funcionamiento de la multiplicación de circuitos

La multiplicación de circuitos se realiza combinando la interpolación digital de conversaciones (DSI) y la codificación a baja velocidad, normalmente a 32 kbit/s. En consecuencia, como
resultado de la combinación del factor 2 debido a la codificación de baja velocidad (telefonía en
32 kbit/s en lugar de 64 kbit/s) y de un factor de aproximadamente 2,5 debido al factor actividad de
la conversación telefónica utilizado en la operación DSI, la ganancia total de multiplicación de circuitos que ofrece la utilización del EMCD será de 5 aproximadamente, o incluso más, dependiendo
de las condiciones operacionales reales (y, en particular, del porcentaje de transmisiones de datos
que utilizan la red). La figura 8.7 da las ganancias típicas de multiplicación del EMCD.

8.1.4.3   Codificación a baja velocidad

Se han propuesto diversos algoritmos para la codificación de la voz a 32 kbit/s. La selección de un
algoritmo común -es decir, normalizado- es fundamental para el interfuncionamiento de una red de
satélite con equipos suministrados por fabricantes distintos. El sistema ya adoptado por INTELSAT
y EUTELSAT utiliza la codificación MICDA de 5/4/3 bits elegida por el UIT-T como base de la
Recomendación G.721 así como de la Recomendación G.723. Con esta técnica, los canales
telefónicos se codifican normalmente en muestras de 4 bits, aunque durante periodos de sobrecarga
el cuarto bit se retira de un número suficiente de muestras de 4 bits dando lugar a muestras adicionales de 3 ó 4 bits. Todas la operaciones de mutilación de bits se escogen aleatoriamente para distribuir cualquier degradación del circuito entre el conjunto de canales.

Es posible utilizar la técnica de mutilación binaria tanto para el tráfico telefónico como de datos en cada grupo de canales (el término "grupo" se define en el punto 8.1.4.5). El tráfico de datos en banda vocal se obtendrá con canales MICDA de gran velocidad a 40 kbit/s, asignando una muestra de 5 bits obtenida añadiendo un bit suplementario a la muestra normal de 4 bits. Se utiliza temporalmente un canal disponible de 4 bits como grupo binario que puede ofrecer este quinto bit a un máximo de 4 canales de datos. Se utilizan canales MIC reasignados de 64 kbit/s y canales MIC de asignación por demanda a 64 kbit/s para ajustarse a los requisitos de la RDSI, canales que no estarán sujetos a la DSI ni a la codificación en baja velocidad.

Una característica importante es la incorporación del control de carga dinámico (CCL) para prevenir una degradación excesiva de la calidad vocal debida a una carga de tráfico excepcionalmente elevada. Siempre que se alcance un límite de velocidad de codificación predeterminado (típicamente 3,6 bits/muestra), el EMCD enviará un mensaje a la central telefónica (generalmente en el CCI – centro de conmutación internacional) para evitar que se den llamadas adicionales por los enlaces troncales a los que sirve el EMCD, hasta que se restablezca una carga normal.

8.1.4.4   Interfaces EMCD

En el lado terrenal (troncal) el EMCD interacciona con las señales múltiples primarias ya sean de tipo T1 de 24 canales a 1,544 Mbit/s o de tipo portadora CEPT de 30 canales a 2,048 Mbit/s. La capacidad nominal del EMCD de INTELSAT es de 150 canales. Por tanto, se requiere una interfaz capaz de dar cabida como mínimo a 7 portadoras T1 ó 5 portadoras CEPT. De hecho, pueden conectarse más portadoras de entrada a los EMCD disponibles (hasta 8 portadoras de 30 canales) para poder aprovechar las configuraciones reales de tráfico.

En el lado de transmisión del satélite, la interfaz consta de portadores a 2,048 Mbit/s o a 1,544 Mbit/s.

Se prevé que el EMCD funcione con portadoras MDT-MDP-AMDF, por ejemplo, las denominadas portadoras de velocidad de datos intermedia (IDR) definidas por INTELSAT o con portadoras MDT-MDP-AMDF, por ejemplo, las portadoras AMDT a 120 Mbit/s definidas por INTELSAT y EUTELSAT.

8.1.4.5   Funcionamiento con destinos múltiples del EMCD

La especificación del EMCD prevé una flexibilidad operacional considerable al contemplar el funcionamiento con destinos múltiples que se logra insertando varios destinos posibles en la estructura de trama portadora del EMCD. Son posibles los modos de funcionamiento con destinos múltiples, denominados "multigrupo" y multidestino verdadero:

- en el modo multigrupo se divide la trama en conjuntos de interpolación separados (DSI) denominando a cada conjunto un "grupo". Cada grupo contiene su propio canal de asignación para la interpolación de destino por separado. La especificación de INTELSAT prevé hasta dos grupos pero otros sistemas pueden prever más. La ganancia de multiplicación que ofrecen los DSI es inferior pero el número de canales en el conjunto se reduce;

- en el modo multidestino se utiliza un sólo conjunto para comunicar con los destinos múltiples (equipados también con EMCD multidestino). En las especificaciones INTELSAT puede situarse un conjunto adicional en la trama para comunicar con un EMCD multigrupo pero el número total de destinos servidos en la trama (por los dos grupos) no debe exceder de 4. El modo multidestino con grupo único ofrece una ganancia de multiplicación superior a la del modo multigrupo.

En el caso de funcionamiento multigrupo con portadoras MDT-MDP-AMDF, los grupos recibidos deben procesarse con una función de intercambio de intervalo de tiempo MIC especial (circuito de transconexión o de segregación e inserción) denominada por INTELSAT Facilidad de Reparto de Grupo (CSF). Esta CSF no se incluye por lo general en el EMCD y debe instalarse en la estación terrena. Su función consiste en extraer cada grupo de su portador respectivo combinándolo con los demás en un solo portador para que los procese el EMCD (véase la figura 8.8).

En el caso de AMDT la señal digital procesada EMCD de entrada/salida no debe someterse a la operación DSI que a menudo va asociada al AMDT. En consecuencia, su interfaz con el equipo terminal común AMDT (CTTE) puede hacerse bien a través de un módulo transparente de interfaz digital directo (DDI) o a través de un módulo DNI (digital no interpolado) o a través de una puerta DNI de un módulo DSI (véase la figura 8.10).

8.1.4.6   Efectos de la instalación del EMCD en el equipo de la estación terrena

El EMCD es un equipo de banda de base que procesa los enlaces troncales conmutados por la central telefónica (por ejemplo, el CCI). Esta es la razón por la que debe a menudo instalarse en los locales de la central telefónica con los supresores/compensadores de eco y las diversas facilidades de señalización. Además, situando el EMCD en la central telefónica y un CSF en la estación terrena se puede obtener también la multiplicación de circuitos en el enlace de microondas entre la central de conmutación y la estación terrena. Esta es una ventaja de la selección del modo multigrupo para el funcionamiento con destinos múltiples del EMCD. En consecuencia, los usuarios con uno o dos destinos por EMCD pueden seleccionar el modo multigrupo y situar los EMCD en la central. Los usuarios con un volumen menor de tráfico por destino (y con más de dos destinos) pueden seleccionar la opción multidestino.

En las figuras siguientes se representan tres ejemplos típicos de configuraciones EMCD y de equipo de estación terrena (que pueden ser estaciones terrenas nuevas y completas o unidades readaptadas que se emplean para equipar las estaciones existentes con comunicaciones digitales/EMCD):

La figura 8.8 muestra una configuración sencilla de realización de un enlace MDT-MDP-AMDF/EMCD a 2 Mbit/s con dos destinos en el modo multigrupo. El equipo consta de tres subsistemas:

- el subsistema de RF y convertidores (antena, amplificador de bajo nivel de ruido, amplificador de potencia, convertidor elevador y convertidor reductor). En el caso normal en que las dos portadoras recibidas se transmiten a través del mismo transpondedor de satélite puede utilizarse un convertidor reductor común;

- el "terminal de tratamiento de la señal" que comprende el modulador y dos demoduladores (incluyendo, si se requiere, codificadores/decodificadores de corrección de errores sin canal de retorno) y los módulos de banda de base de transmisión (Tx) y recepción (Rx). En estos módulos se incluyen varias funciones digitales de banda de base tales como la de amplificación tampón, la estructuración en tramas, la aleatorización/desaleatorización, la adición/extracción de canales de servicio, etc. El módulo de recepción "principal" incluye también la CSF que extrae de las portadoras a 2 Mbit/s recibidas de las estaciones correspondientes (B y C) los grupos destinados a la estación en cuestión (A) y los recombina en una portadora a 2 Mbit/s con el mismo formato que el de la portadora de transmisión;

- el EMCD puede estar situado en la estación terrena o, lo que es más frecuente, en la central telefónica.

Hay que hacer hincapié en que la configuración descrita puede, evidentemente, ampliarse, por ejemplo, con portadoras de velocidad binaria superior. No obstante, esta configuración sencilla demuestra que funcionando con multiplicación de circuitos incluso las estaciones pequeñas pueden cursar una capacidad significativa de tráfico.

La figura 8.9 muestra una configuración similar con la misma capacidad potencial de tráfico aproximadamente que en el caso anterior pero con cuatro estaciones correspondientes (B, C, D, E) en el modo multidestino. En el ejemplo ilustrado, el "terminal de tratamiento de la señal" debe ir equipado con cuatro demoduladores y cuatro módulos de banda de base (no incluyendo, como en el caso anterior, unidades suplementarias si se exige redundancia). En este ejemplo no es necesaria la CSF.

La figura 8.10 muestra un ejemplo de estación terrena que funciona en AMDT (AMDT de INTELSAT/EUTELSAT a 120 Mbit/s) y que está reacondicionada con EMCD. Se demuestra que el AMDT parece ser una solución muy buena en el caso de capacidades de tráfico elevadas con numerosos destinos. Ello es debido a que la operación de división en el tiempo permite a un solo equipo terminal común AMDT procesar las portadoras de destinos múltiples en lugar de todas las unidades participantes, especialmente en el lado receptor, durante el funcionamiento AMDF. La figura muestra tres ejemplos de utilización EMCD asociado a un equipo AMDT conforme a las especificaciones de INTELSAT o de EUTELSAT:

- se supone que el primer EMCD (superior) cursa tráfico de gran capacidad a un solo destino y desde él (estación B). En este caso se utiliza una única puerta DNI (DSI/DNI) en el módulo de interfaz terrenal (TIM), quedando disponibles hasta 7 puertas para DSI únicamente, DNI únicamente, u otras operaciones del EMCD;

- se supone que el segundo EMCD corresponde a dos estaciones (C y D) en el modo multigrupo. Una vez más, gracias al funcionamiento con destinos múltiples del equipo AMDT, sólo se necesita una puerta, DNI en el TIM;

- se supone que el tercer EMCD enlaza las cuatro estaciones correspondientes (E, F, G, H) en el modo multidestino. En este caso, el TIM debe funcionar totalmente en modo DNI. Conforme a los requisitos de la especificación de INTELSAT y de EUTELSAT, las cuatro portadoras recibidas a 2 Mbit/s deben conectarse a las cuatro puertas disponibles DNI, por lo que no queda ninguna puerta de reserva en este TIM. De hecho, en este ejemplo puede utilizarse un TIM simplificado, denominado DDI.

8.1.4.7 Conclusión

Es evidente que la aplicación del EMCD en las comunicaciones por satélite contribuirá considerablemente a la utilización más eficaz de los transpondedores del satélite y, de forma más general, del recurso órbita/espectro. Esta es la razón por la que el EMCD encontrará en los próximos años aplicaciones crecientes, no sólo en las comunicaciones internacionales por satélite (por ejemplo INTELSAT o EUTELSAT), sino también en los sistemas de comunicaciones nacionales por satélite. De hecho, tomando el ejemplo de un transpondedor de satélite con una capacidad nominal de tráfico de 1 200 canales (a 64 kbit/s) este mismo transpondedor podría cursar 6 000 canales telefónicos (semicircuitos) aplicando el EMCD. Este aumento en la eficacia del transpondedor debe traducirse en una disminución de los costes del segmento espacial.

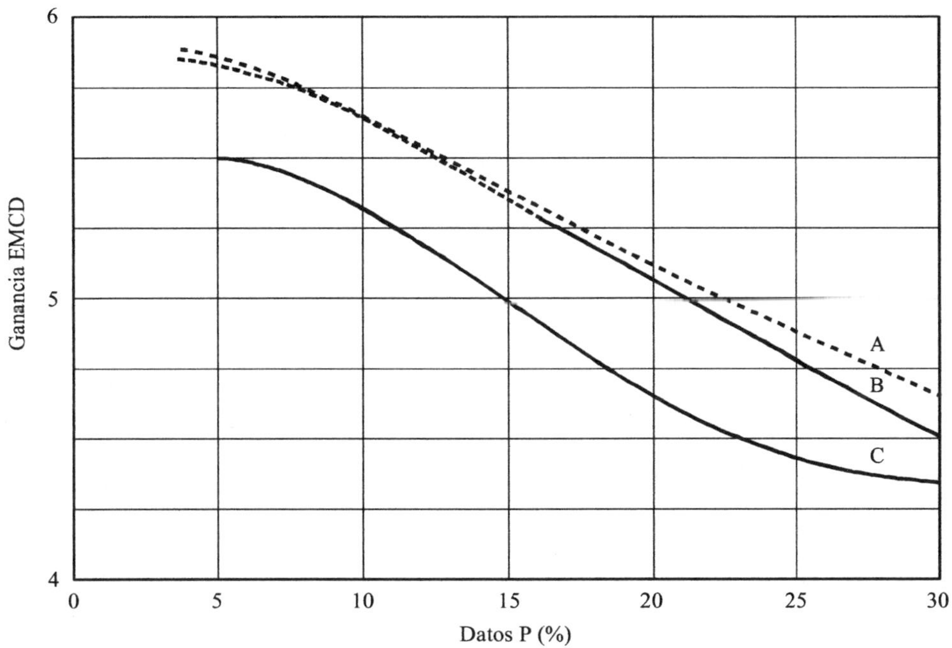

A, B, C:	30, 24, 15 canales de transmisión (canales de 8 bits)
————	Ganancia limitada por el recorte (probabilidad 2%)
- - - - - - -	Ganancia limitada por la velocidad de codificación (3,6 bits/muestra)
Enlaces de datos:	FAX (50% transmisión y 50% recepción)
Canales preasignados:	Ninguno
Canales sin restricción a 64 Kbit/s:	Ninguno

Sat/C8-07

FIGURA 8.7

Curvas de ganancia EMCD

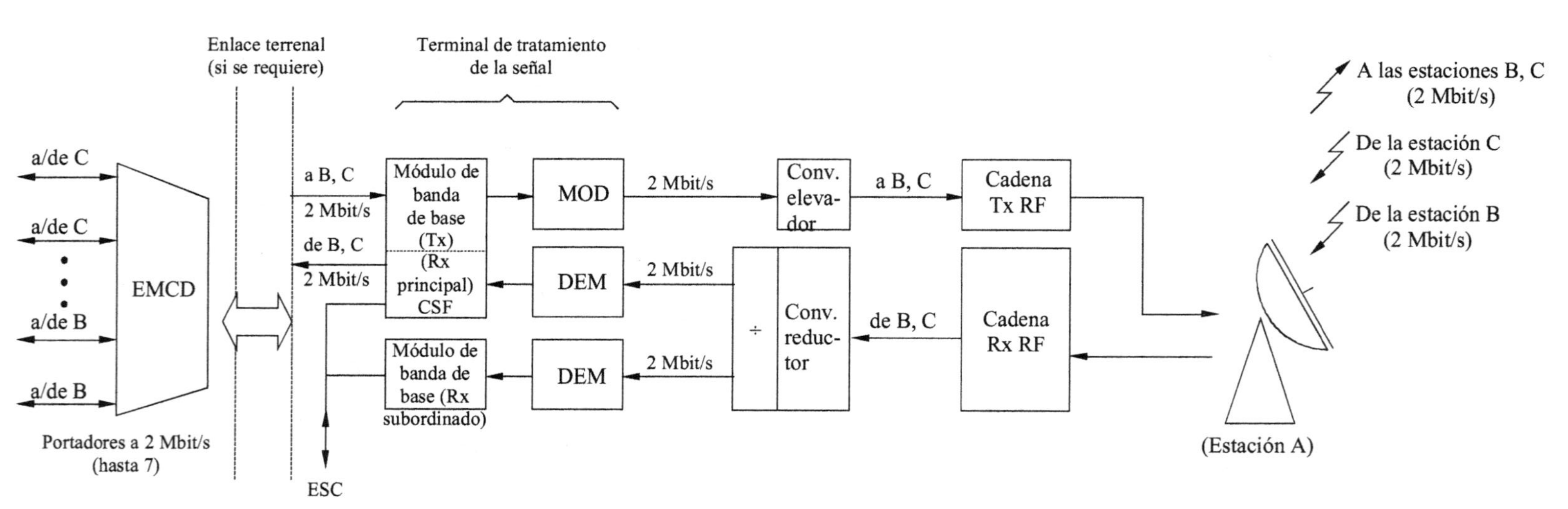

FIGURA 8.8

**Ejemplo de estación terrena sencilla con MDT-MDP-AMDF y configuración
de equipo EMCD (funcionamiento multigrupo)**

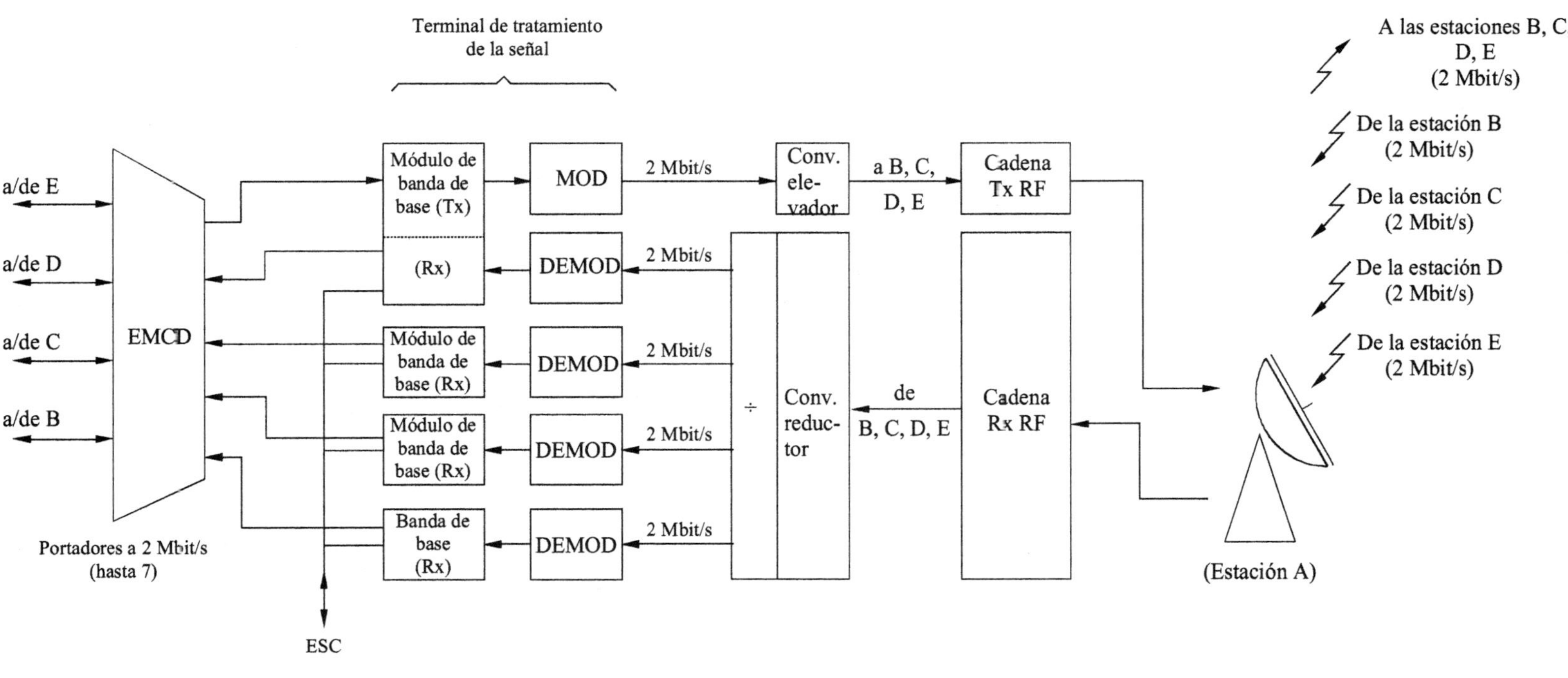

Capacidad de tráfico: 150 a 216 circuitos telefónicos
ESC: Centro de servicios de ingeniería (CS)

Sat/C8-09

FIGURA 8.9

**Ejemplo de estación terrena sencilla con MDT-MDP-AMDF
y configuración de equipo EMCD (operación multidestino)**

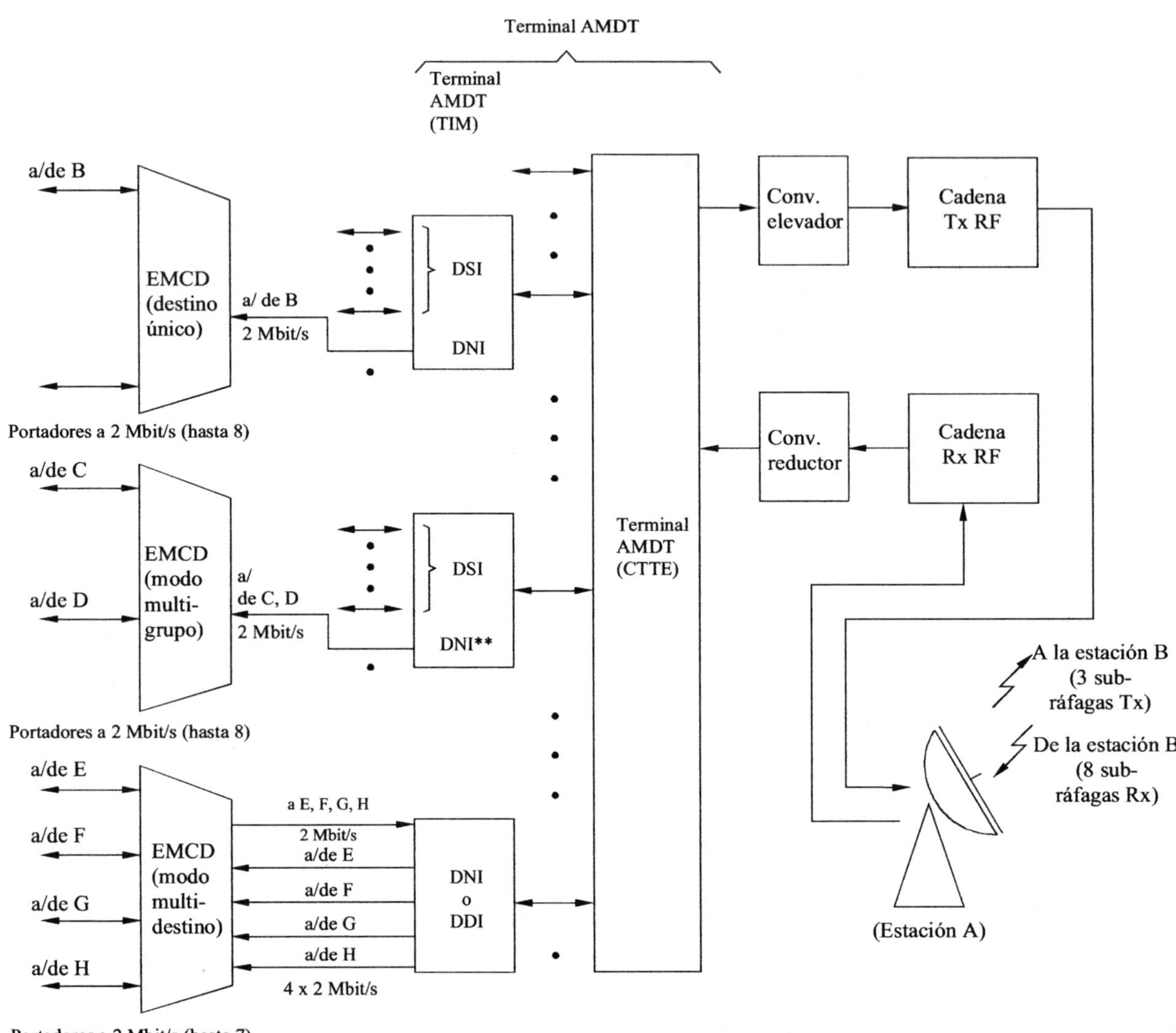

Capacidad de tráfico*: 450 a 690 circuitos telefónicos
* Sin contar otros canales que no llevan MCD
** El módulo DNI (en el modo multigrupo) incluye la Función de
  intercambio de intervalos de tiempo

Sat/C8-10

FIGURA 8.10

**Ejemplo de estación terrena de gran capacidad con MDT-MDP-AMDT
y configuración de equipo EMCD**

8.1.5 Circuitos de servicio

En la mayoría de los casos, formando parte de un sistema de telecomunicaciones por satélite habrá una red de circuitos de servicio (CS) para permitir las comunicaciones, con fines de servicio, entre las diversas estaciones terrenas de tráfico dentro del sistema y entre cualquier estación terrena de tráfico y el centro (o centros) técnico y/o de operaciones encargado de la gestión y supervisión del sistema.

En general, para esta función CS se asigna específicamente un número reducido de canales telefónicos y telegráficos (télex) especializados.

En consecuencia, la estación terrena se dotará de un equipo especial CS. A menudo este equipo comprende dos partes diferentes:

i)   El equipo múltiplex CS que inserta (en transmisión) los canales telefónicos y telegráficos especializados en las señales de tráfico normales y extrae (en recepción) estos canales de tales señales.

ii) El equipo de conmutación de telefonía y telegrafía CS que permite el acceso automático a la red CS del sistema de satélite.

De acuerdo con las especificaciones de INTELSAT, la práctica corriente para proporcionar los canales CS es la siguiente:

a)   En el caso del funcionamiento MDF-MF-AMDF, pueden incluirse dos canales telefónicos especializados de 4 kHz en la denominada subbanda base de cada portadora transmitida. Esta sub-banda base (4 a 12 kHz) comprende dos bandas laterales invertidas de frecuencias portadoras virtuales de 8 kHz y 12 kHz. Cada uno de los canales telefónicos especializados es compartido por un canal vocal y uno a cinco canales telegráficos (a 2,7, 2,82, 2,94, 3,06 y 3,18 kHz), sobre la base de telefonía más telegrafía armónica dúplex.

En consecuencia, el equipo múltiplex CS (véase el inciso i) anterior) suele proporcionar dos funciones, a saber:

•   inserción (y extracción) de los canales de 4 kHz en (de) la banda de base multiplexada,

•   inserción (y extracción) de los canales telegráficos en (de) cada uno de los canales de 4 kHz.

b)   En el caso de funcionamiento SCPC, suele proporcionarse una o dos unidades de canal SCPC (módems SCPC) en la estación terrena para las funciones CS además de las unidades de canal de tráfico normal. Estas unidades de canal especializadas se realizan en el mismo modo telefonía/telegrafía que en el caso anterior. Naturalmente, el equipo múltiplex CS es mucho más sencillo y sólo tiene que proporcionar la segunda función definida anteriormente.

c)   En el caso del funcionamiento MDT-AMDF, llamado también de portadoras de velocidad binaria intermedia, se efectúa un multiplexado síncrono de los bits del complemento de capacidad para la provisión de CS y de alarmas. La figura 8.11 muestra una disposición utilizada actualmente, en la que se añade un complemento de 96 kbit/s a un tren binario de información de 2 048 kbit/s.

d)   En el caso de funcionamiento AMDT, dos canales vocales y ocho canales telegráficos son codificados digitalmente e insertados de la trama AMDT, en el preámbulo de cada ráfaga de tráfico transmitida.

En cada terminal de tráfico AMDT de estación terrena, se emplea un módulo de interfaz terrenal (MIT), denominado módulo de circuito de servicio, que constituye el equipo múltiplex CS (véase el inciso i) anterior).

En lo que concierne a la conmutación de telefonía y telegrafía CS (véase el inciso ii) anterior) actualmente se dispone de equipos modernos. Estos equipos suelen ofrecerse con todos los servicios adicionales de una central de conmutación moderna y con circuitos suplementarios, por ejemplo, para comunicaciones locales y para comunicaciones con otros centros (central de tráfico telefónico, facilidades de televisión, etc.) a través de enlaces terrenales.

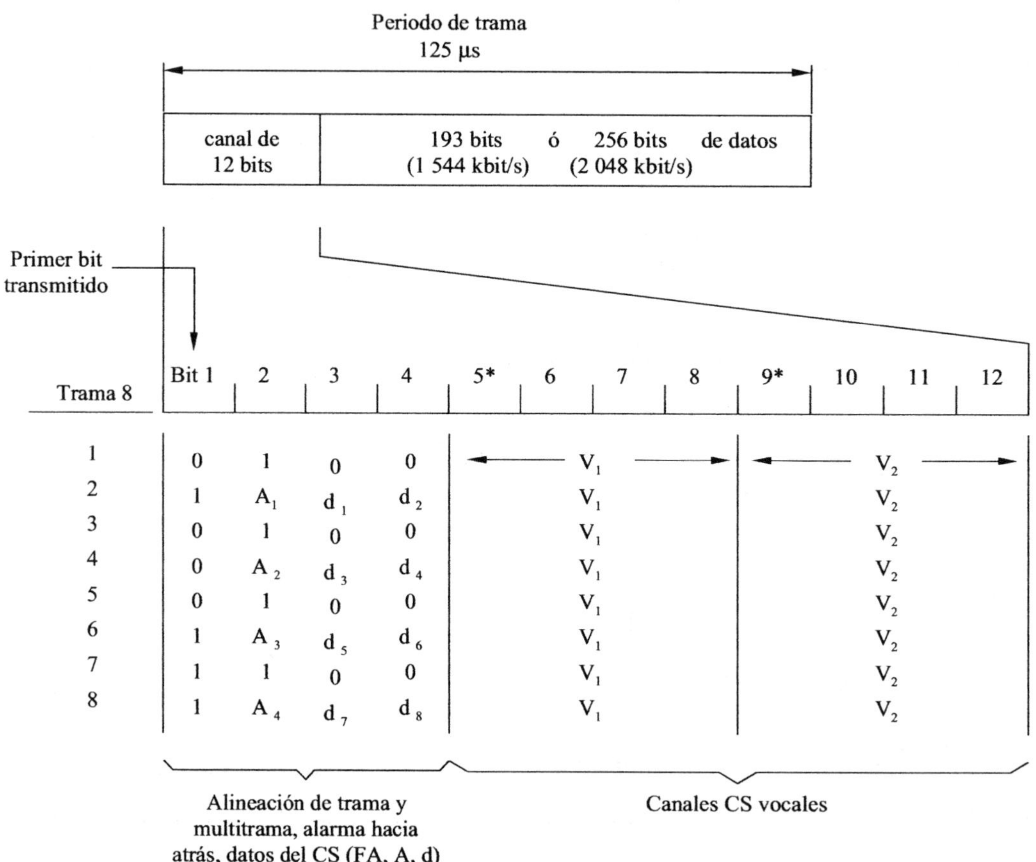

V_i: Bits del canal i CS vocal ($i = 1, 2$); (Puestos a 1 si no se emplean)
A_i: Alarma hacia atrás al destino i ($i = 1, 2, 3, 4$); sin alarma = 0, alarma = 1
d_i: Datos digitales del CS ($i = 1$ a 8); (Puesto a 1 si no se emplea)
8 tramas = 1 multitrama (periodo = 1 ms)
Velocidad de CC = 12 bits/125 µs = 96 kbit/s
*   Los bits 6 y 9 de la trama de complemento de capacidad (CC) corresponden a los primeros bits transmitidos en los canales CS vocales
** d_i, corresponde al primer bit transmitido en el canal de datos del CS

Sat/C8-11m

FIGURA 8.11

**Estructura del complemento de capacidad para portadoras
de velocidad intermedia de 1 544 y 2 048 kbit/s**

8.1.6 Problemas de eco (compensadores de eco)

8.1.6.1 Problemas relacionados con el eco

Como se ha dicho anteriormente, los satélites geoestacionarios están situados a una altitud de unos 36 000 km. Por ello, cuando uno de los interlocutores ha terminado de hablar, tiene que esperar la respuesta durante un mínimo de 600 ms. En la práctica, no es el retardo de propagación en sí mismo lo que plantea problemas en una conversación telefónica cuando uno se acostumbra al mismo, sino más bien su combinación con el fenómeno del eco. Evidentemente, los problemas de eco disminuyen cuando se trata de satélites en órbitas bajas.

El eco siempre existe en los circuitos telefónicos. Tomemos el caso simplificado del enlace de la figura 8.12. Entre el usuario y la central sólo se utilizan por lo general dos hilos para los dos sentidos de transmisión a fin de reducir el costo del enlace. No obstante entre centrales situadas a gran distancia normalmente es necesario separar los dos sentidos de transmisión.

Para realizar esta operación se utiliza un acoplador diferencial (o híbrido), es decir, una red con cuatro accesos, a, b, c, d (véase la figura 8.12) de modo que todas las señales entrantes en el acceso a reaparecen enteramente en el acceso c y todas las señales entrantes en el acceso d reaparecen en el acceso a. Esto se obtiene cuando las impedancias en los accesos a y b están equilibradas. Si no se cumple esta condición una parte de la señal entrante en el acceso d aparece en el acceso c y es retransmitida a su origen donde se presenta como un eco.

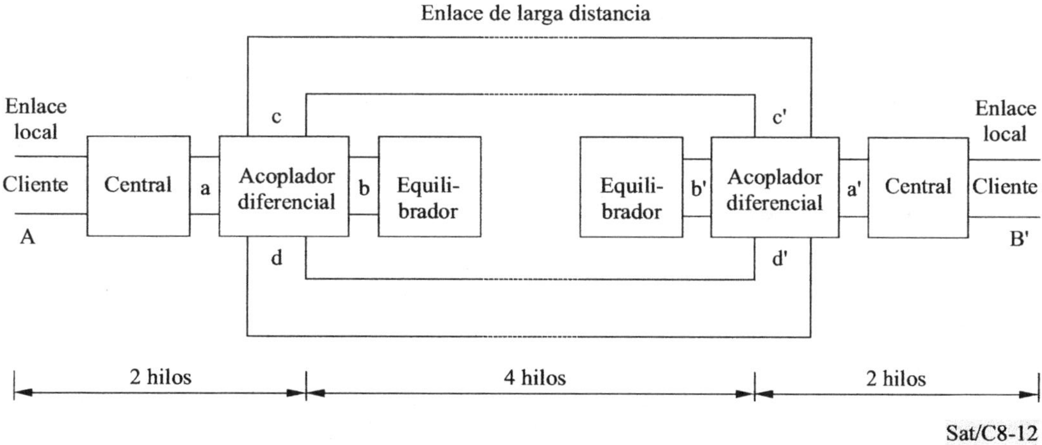

FIGURA 8.12

Diagrama simplificado de un enlace de larga distancia

En la práctica, la impedancia observada en el acceso a varía de acuerdo con el circuito a dos hilos que conecta la central al enlace. Como no es posible diseñar una red equilibradora válida para todas las conexiones, el equilibrado se proporciona para un enlace medio. De este modo, en un enlace de larga distancia siempre habrá un eco, cuyo volumen depende del grado de desequilibrio del acoplador diferencial. Cuando la longitud del enlace es inferior a 2 500 km, el retardo de propagación es suficientemente pequeño para que la persona que habla no perciba que existe eco. Sin embargo, cuando existe un eco con un gran retardo, como en el caso de un enlace por satélite, perturba tanto al que habla que toda la conversación se hace prácticamente imposible.

En los enlaces por satélites, este defecto se elimina utilizando dispositivos especiales. Se dispone de dos tipos de dispositivo: los denominados supresores de eco, que se vienen utilizando desde hace muchos años en la mayoría de los enlaces por satélite y los compensadores de eco recientemente desarrollados.

Los supresores de eco y los compensadores de eco se conectan al interfaz telefónico circuito por circuito. A menudo no están colocados en la propia estación terrena, sino en el repartidor principal de la central de conmutación, porque puede ser necesario desactivar la función de supresión de eco (o de cancelación de eco) durante las fases de señalización telefónica. Esta operación de desactivación puede facilitarse si los equipos de supresión (cancelación) de eco, de señalización y de conmutación están situados en el mismo lugar. A continuación se ofrece una descripción más detallada de los supresores y canceladores de eco:

a)   Supresores de eco

En la figura 8.13 se muestra el principio de funcionamiento del supresor de eco. Cuando B habla, el supresor de eco próximo a A detecta la palabra en el canal de recepción y bloquea la transmisión por el canal de emisión para evitar la devolución del eco. Sin embargo, a menudo sucede que, un interlocutor interrumpe al otro y durante un breve instante puede escucharse una doble conversación. Para evitar que ambas transmisiones se bloqueen simultáneamente en estos casos, un circuito de decisión detecta esta situación, y en vez de cortar la emisión, inserta una línea de atenuación de 6 dB en recepción. De este modo, la señal vocal directa es atenuada en 6 dB pero el eco pasa a través de dos líneas y es atenuado en 12 dB.

Los supresores de eco basados en este principio resultan satisfactorios la mayoría de las veces. No obstante, en ciertos casos extremos pueden ser molestos en una conversación. En particular, es posible que el nivel sonoro de uno de los interlocutores sea tal que su retorne con un volumen más alto que la conversación de su interlocutor. En estos casos, es difícil distinguir una sola conversación de la doble conversación. El resultado puede ser cortes inoportunos en la palabra de uno de los interlocutores, haciendo momentáneamente imposible la conversación. Otras situaciones pueden degradar también la calidad de la supresión del eco. Estas dificultades se agravan con el retardo de propagación debido a la longitud del trayecto, por lo que se evitan en la mayor medida posible más de un salto de satélite. Además, puede que dos pares de supresores de eco en cascada produzcan una mutilación inadmisible de las señales telefónicas (este sería el caso de un enlace por cable submarino prolongado por un enlace por satélite); en este caso, hay que inhibir el par intermedio de supresores de eco.

Sin embargo, recientemente se han realizado grandes progresos en la técnica de supresores de eco, superando así la mayoría de los problemas enumerados anteriormente, y hoy se dispone de equipos de alta calidad. Los supresores de eco modernos deben ajustarse a la Recomendación G.164 del UIT-T. Esta Recomendación mejora considerablemente las condiciones de funcionamiento cuando se produce la doble conversación, es decir, en el caso conocido como "intervención" del interlocutor del extremo cercano (A) mientras que habla normalmente el del extremo lejano (B). Ahora están definidas dos condiciones: intervención parcial e intervención total. Se suprime primero el bloqueo en el trayecto emisor y se mantiene esta posición "cerrado" durante un corto intervalo (tiempo de bloqueo corto < 26 ms): esta es la condición de intervención parcial. Si se confirma la condición de doble conversación (intervención total) la posición "cerrado" se mantiene durante el tiempo de bloqueo normal (de 48 a 66 ms) y se introduce la atenuación de 6 dB. De esta manera se evita la mutilación de las primeras sílabas en el caso de intervención.

Por otra parte, la Recomendación UIT-T G.164 propone que la decisión de suprimir la condición de bloqueo en el trayecto emisor y de introducir una atenuación de 6 dB sea controlada por un proceso adaptativo. Este proceso se basa en la comparación entre el nivel en transmisión y en recepción teniendo en cuenta la atenuación de transferencia del eco real.

Hay que destacar que la calidad real de un supresor de eco sólo puede medirse subjetivamente por pruebas estadísticas entre usuarios en condiciones operacionales variables, en las que se pide al usuario que evalúe el grado de calidad de la conversación telefónica.

En la Recomendación UIT-T G.164 se clasifica también a los supresores de eco en cuatro tipos, dependiendo de si se establecen enlaces analógicos o digitales y de si se utilizan circuitos de supresión de eco analógico o digitales:

- Tipo A: Los supresores de eco de este tipo conectan con canales telefónicos analógicos y se utilizan plenamente en técnicas analógicas. En general sólo cumplen la anterior Recomendación UIT-T G.161. Deben considerarse en desuso para su aplicación en estaciones terrenas nuevas.

- Tipo B: Los supresores de eco de este tipo conectan también con canales telefónicos analógicos. Las operaciones lógicas son procesadas digitalmente después del muestreo de la señal. Los circuitos de bloqueo y de atenuación son analógicos. Este tipo de supresores de eco puede hacerse muy compacto mediante el uso de circuitos lógicos digitales multiplexados. Por ejemplo, un bastidor normalizado de 19 pulgadas (48,26 cm) puede contener 30 supresores de eco.

- Tipo C: Los supresores de eco de este tipo conectan con canales telefónicos digitales y se basan plenamente en circuitos digitales. Pueden aplicarse en unidades multiplexadas que conectan con grupos primarios múltiplex digitales convencionales (30 ó 24 circuitos).

- Tipo D: Es similar al tipo C pero se incorporan códecs en el equipo para permitir la conexión con canales telefónicos analógicos.

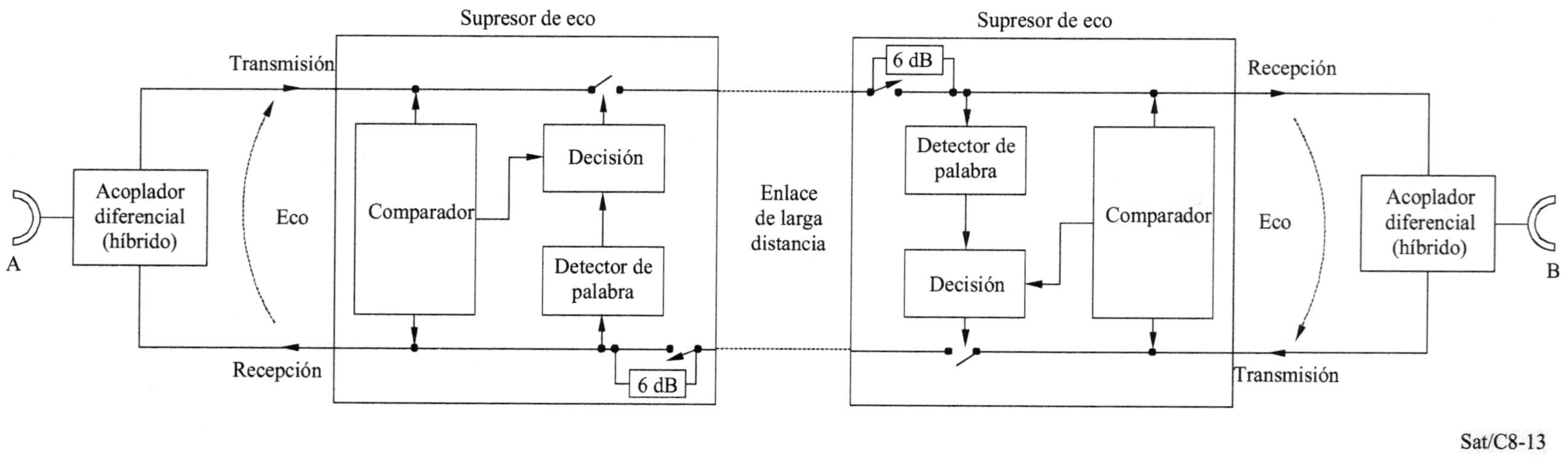

FIGURA 8.13

Principio de un enlace con supresor de eco

Hay que señalar también que la supresión de eco puede derivarse de funciones que se incluyen normalmente en otros tipos de equipos de interfaz terrenal. Este puede ser el caso, en particular, del equipo de interpolación de conversaciones (por ejemplo unidades DSI. Este puede ser también el caso de los módems de telefonía SCPC, que normalmente incluyen un dispositivo de activación por la voz (véanse los puntos 5.5.4ii) y 5.6.2.1). En estos casos podría evitarse la utilización de supresores de eco separados en la central de conmutación si se cumplen algunas condiciones suplementarias: i) el "trayecto de eco corto", es decir, el trayecto, entre el supresor de eco y el usuario final, tiene un retardo inferior a 24 µs; ii) debe mantenerse la disponibilidad de los circuitos telefónicos en caso de fallo del equipo que incluye la función de supresión de eco, y iii) la conexión de neutralización de la supresión del eco (a fines de señalización o de transmisión de datos) debe permanecer realizable. En los casos en que estas condiciones no pueden cumplirse, se proporcionarán supresores de eco separados asociados con las centrales de conmutación y la función de supresión de eco se neutralizará en el equipo de interfaz.

b)   Compensadores de eco

Los inconvenientes que acaban de exponerse han promovido la búsqueda intensa de un dispositivo teóricamente capaz de funcionar correctamente en todas las condiciones, incluida la doble conversación: el compensador de eco. Colocado en el mismo lugar que el supresor de eco, sintetiza una réplica del eco y elimina éste de la señal devuelta. Se han estudiado varios algoritmos con algunos perfeccionamientos para el proceso de cancelación, pero el principio básico es en todos los casos el siguiente:

Considerando que el canal de transmisión por el que va el eco es lineal e invariable en el tiempo, si $x(t)$ que representa la señal recibida, e $y(t)$ el eco resultante, obtenemos la siguiente relación:

$$y(t) = \sum_{0}^{\infty} h_j \ x(t - \tau_j)$$

donde los coeficientes h_j son las muestras tomadas a intervalos de tiempo T de la respuesta impulsiva de la red de cuatro terminales constituida por el trayecto del eco.

En la práctica, la respuesta impulsiva tiene una duración finita, por lo que basta considerar un número finito N de muestras, lo suficientemente grande para cubrir toda la duración de la respuesta.

El compensador de eco sintetiza una réplica $\hat{y}(t)$ de $y(t)$ representada por la expresión:

$$\hat{y}(t) = \sum_{0}^{\infty} c_j \ x(t - \tau_j)$$

El cálculo de los coeficientes c_j se efectúa continuamente de acuerdo con un proceso reiterativo de modo que el valor absoluto de $e(t) = y(t) - \hat{y}(t)$ es mínimo. En cada periodo de muestreo k, los coeficientes de c_j son corregidos por la adición del valor:

$$\Delta c_j = f(e_k) \cdot g(x_k^{\,j})$$

donde e_k es la k-ésima muestra de $e(t)$ y x_k es la j-ésima muestra de $x(t)$ considerada durante el k-ésimo periodo de muestreo. Las funciones f y g son funciones impares no decrecientes. Su elección es el resultado de un compromiso entre la necesidad de reducir el tiempo de convergencia del proceso y el imperativo de no complicar demasiado el equipo.

Cuando se produce la doble conversación, se detiene la corrección de los coeficientes c_j y se mantienen sus valores constantes e iguales a los inmediatamente anteriores al periodo de doble conversación.

El número de muestras N depende de la duración de la respuesta impulsiva del trayecto de eco. Un ejemplo de esta respuesta se representa en la figura 8.14. Se caracteriza por un retardo inicial T_o (por ejemplo, 15 ms) y un periodo de actividad T_A que puede durar hasta 8 ms. En consecuencia, para obtener una buena aproximación de esta respuesta, basta que el número de muestras abarque al menos 23 ms. En la práctica se toman 30 ms.

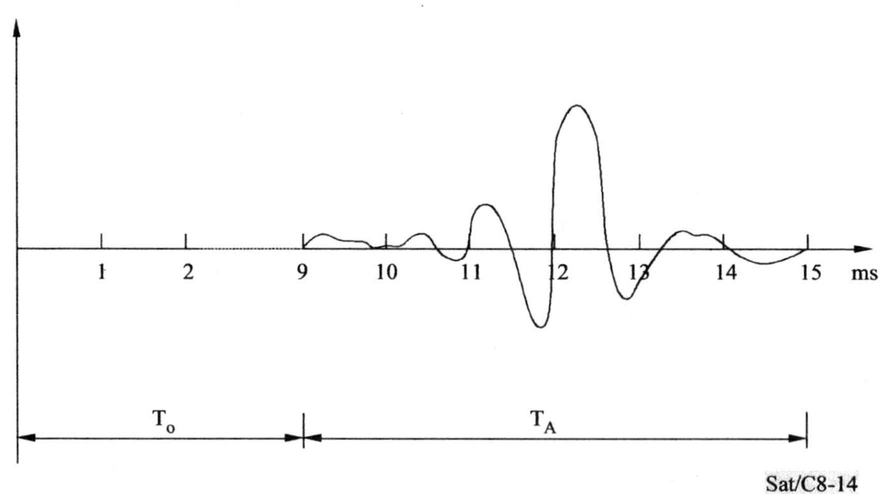

FIGURA 8.14

Ejemplo de respuesta impulsiva de un trayecto de eco

En la figura 8.15 se muestra un ejemplo de compensador de eco en el cual el algoritmo se realiza en forma digital. Las señales $x(t)$ e $y(t)$ se muestrean y se codifican a 8 kHz (MIC). Una duración de 30 ms requiere entonces 240 coeficientes c_j:

- se almacenan 240 muestras sucesivas en un registro de desplazamiento de circuito cerrado en el que las muestras circulan a la velocidad de un ciclo completo por periodo de muestreo de 125 µs. Al final de un periodo se introduce una nueva muestra, que sustituye a la anterior que desaparece;

- los 240 coeficientes c_j circulan en otro registro de desplazamiento de circuito cerrado, con un sumador incorporado en el bucle;

- la entrada del otro sumador recibe la magnitud $\Delta c_j = f(e_k) \cdot g(x_k{}^j)$ con la cual se corrigen los coeficientes c_j;

- en cada paso j de los sumadores, un multiplicador calcula el producto $c_j \cdot x_k{}^j$ y el resultado se suma en un acumulador a los 240 valores obtenidos durante el k-ésimo periodo de muestreo, lo que da:

$$\hat{y}_k = \sum_j c_j \cdot x_k^j$$

- un substractor realiza la operación $\hat{y}_k - \hat{y}_k = e_k$.

Los compensadores de eco son el objeto de la Recomendación UIT-T G.164. En la práctica, los compensadores de eco han sustituido a los supresores de eco en el equipo moderno.

8.1.7   Aspectos de la transmisión de señalización

8.1.7.1   Generalidades

Señalización es el intercambio de información (distinta de la conversación) específicamente relacionada con el establecimiento, liberación y otros controles de las llamadas, y la gestión de la red, en la explotación automática de las telecomunicaciones. En el apéndice 8.1 se ofrece alguna información básica de los sistemas de señalización.

La señalización, que es necesaria para establecer una comunicación, resulta afectada también por el retardo de propagación. Este es el caso en particular de los sistemas de señalización de secuencia obligada. En estos sistemas, el emisor envía permanentemente una señal hasta que recibe una señal de acuse de recibo desde el receptor distante, indicándole que detenga la emisión. Por tanto, la duración de la señal corresponde al retardo de la longitud del trayecto de retorno total del enlace por satélite, aproximadamente unos 600 ms. Para reducir el tiempo de espera después de la marcación y el tiempo de ocupación de los circuitos, es importante que los sistemas de señalización utilizados en los enlaces por satélite utilicen lo menos posible este tipo de señal.

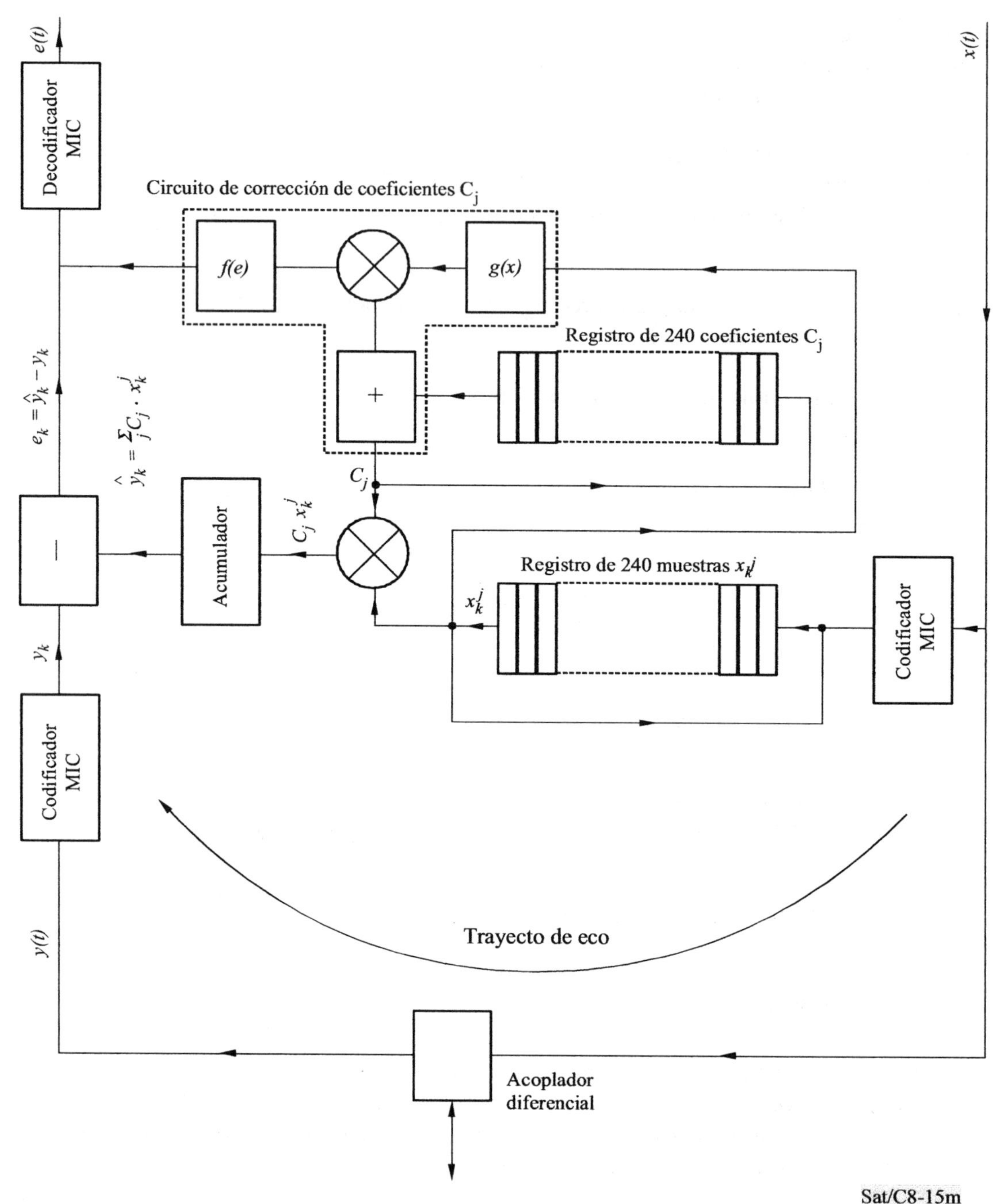

FIGURA 8.15

Diagrama de un compensador de eco digital

En los sistemas que utilizan canales telefónicos para la transmisión de señalización, debe tenerse cuidado de que los supresores de eco no perturben la señalización. Durante las fases de señalización, puede suceder que se emitan señales simultáneamente desde los dos extremos. Esto equivale a la doble conversación y una atenuación de 6 dB es aplicada a la emisión por el supresor de eco. En ciertos casos, el nivel de la señal puede estar por debajo del umbral de detección de señal en recepción, lo que entraña la pérdida de la señal correspondiente y, por tanto, la imposibilidad de establecer la comunicación.

El supresor de eco suele colocarse entre la central de conmutación y el transmisor-receptor de señalización, de modo que no tenga ninguna acción sobre las señales de la señalización. Cuando no puede utilizarse esta configuración, el supresor de eco debe neutralizarse durante las fases de señalización mediante una instrucción procedente de la central de conmutación.

Cuando se emplean dispositivos de interpolación de conversaciones, los sistemas de señalización que utilizan canales telefónicos no deben ser perturbados por la mutilación de señales causadas por estos dispositivos. En efecto, no ofrece ninguna ventaja utilizar un método de concentración de tráfico que dé una buena calidad de la palabra si el índice de mutilación resultante implica una tasa de pérdida de señalización que sea demasiado alta.

8.1.7.2   Señalización analógica

Se han normalizado dos sistemas principales de señalización analógica que son aplicables en una red de satélite del SFS:

- Sistema de señalización N° 5, normalizado por el UIT-T en 1964;

- Sistema de señalización R2, normalizado por el UIT-T en 1968.

El sistema de señalización utilizando más a menudo en los enlaces internacionales por satélite es el sistema N° 5 del UIT-T. Es un sistema que utiliza canales telefónicos y que ha sido diseñado especialmente para funcionar con enlaces por satélite y con dispositivos de interpolación de conversaciones. Sin embargo, el equipo de señalización correspondiente es relativamente costoso y el tiempo para establecer las comunicaciones bastante largo.

En el sistema EUTELSAT, se aplica el sistema R2 del UIT-T (que se usa ya ampliamente en los enlaces terrenales). Como este sistema no se diseñó originalmente para ser compatible con los enlaces por satélite ni con la interpolación de conversaciones, se han efectuado modificaciones para adaptarlo a las nuevas condiciones de transmisión.

8.1.7.3   Señalización digital

Se han normalizado dos sistemas principales de señalización digital que son aplicables en una red de satélite del SFS:

- Sistema de señalización N° 6, normalizado por el UIT-T en 1968;
- Sistema de señalización N° 7, normalizado por el UIT-T en 1980.

Los sistemas de señalización N° 6 y 7 son sistemas de señalización por canal común. En este método de señalización se utilizan canales separados para transmitir información de señalización relativa a los circuitos.

La señalización por canal común es un método de señalización en el que un canal separado envía por medio de mensajes etiquetados información de señalización relativa a una multiplicidad de circuitos, u otras informaciones tales como las utilizadas para la gestión de la red. La señalización por canal común puede considerarse como un tipo de comunicación de datos especializada para diversos tipos de transferencia de señalización entre procesadores de las redes de telecomunicación.

El sistema utiliza enlaces de señalización para transferir mensajes de señalización entre centrales u otros nodos de la red de telecomunicación a los que da servicio el sistema. Con este método se asegura la transferencia fiable de información de señalización en presencia de perturbaciones de la transmisión o de averías de la red, incluyendo la detección y corrección de errores en cada enlace de señalización. El sistema se aplica normalmente con redundancia de enlaces de señalización e incluye funciones para la derivación automática del tráfico de señalización hacia un trayecto alternativo en caso de fallos del enlace.

Las ventajas principales del método de señalización por canal común son:

- la señalización está totalmente separada de las señales vocales. Con ello se reduce en gran medida la probabilidad de malfuncionamiento debido a limitación por la señal vocal;
- el intercambio de información entre nodos no está sujeto a la toma física del circuito;
- la señalización es significativamente más rápida con lo que se maximiza la utilización del circuito de conversación;
- existe un potencial para un gran número de señales;
- es posible realizar la gestión y administración de las señales durante la conversación;
- hay flexibilidad para añadir o modificar señales (sin que ello requiera modificar los circuitos);
- es posible cursar información de usuario a usuario o de acceso a acceso en el caso del servicio RDSI.

8.1.8   Problemas que plantean las transmisiones de datos

En un enlace de transmisión de datos, a menudo se utilizan simultáneamente ambos sentidos de transmisión. Deben evitarse, por tanto, las perturbaciones de transmisión producidas por cortes intempestivos o inserciones de atenuaciones debidas a los supresores de eco. A tal fin, se añade a éstos últimos un dispositivo denominado de neutralización por tono que inhibe la función de supresión de eco cuando se efectúa la transmisión de datos. Esta se efectúa gracias a la detección de un tono de 2 100 Hz por el terminal de datos antes del comienzo de la transmisión.

Por otra parte, el retardo de propagación es también causa de dificultades operacionales. En principio, todos los mensajes deben llegar al extremo receptor sin errores. Cuando los errores son debidos al enlace deben ser detectados por el receptor, y el transmisor debe retransmitir la parte errónea del mensaje. Es evidente que la necesidad de repetir estas partes erróneas entraña una pérdida de la eficacia de transmisión, pérdida que aumenta en relación con la proporción de bits erróneos.

Se han elaborado numerosos procedimientos operacionales para los enlaces terrenales a fin de tener en cuenta este factor, pero no son adecuados para la transmisión por satélite. El más utilizado actualmente consiste en la transmisión de datos en bloques. Después del envío de cada bloque el transmisor espera un acuse de recibo; si éste es positivo, se envía el siguiente bloque, si es negativo se repite el mismo bloque. Puede observarse que esta técnica puede ser muy ineficaz si el retardo de propagación es largo comparado con la duración del bloque. Por otra parte, la emisión de bloques muy largos requeriría capacidades de memoria muy grandes en transmisión, lo que supondría tiempos de repetición muy altos, puesto que un solo error significa la repetición de todo el bloque.

Esa dificultad se mitiga reduciendo en la mayor medida posible la proporción de bits erróneos mediante la utilización de códigos de corrección de errores (véase el apéndice 3-2). También se están estudiando procedimientos operacionales que permitan obtener la mayor eficacia de transmisión posible para una proporción de bits erróneos determinada. Estos procedimientos consisten por lo general en la transmisión continua de bloques, es decir, sin esperar el acuse de recibo y repitiendo los bloques erróneos únicamente cuando se solicite.

8.1.9 Transmisión facsímil

8.1.9.1 Generalidades

El facsímil (denominado también simplemente "fax") es el mayor servicio no local que funciona en la red telefónica pública conmutada "RTPC" mundial y es particularmente significativo para las comunicaciones por satélite. Ofrece un alcance geográfico máximo con las tasas de llamada mínimas. Hay un gran número de suministradores que fabrican equipo terminal, de forma que es difícil precisar el número total actual de terminales facsímil especializados, aunque se cree que supera los 50 millones. Además, hay un gran número de computadores personales que pueden también emular terminales facsímil.

El facsímil es un sistema de exploración de trama con gran resolución y transferencia de imágenes que utiliza la tecnología módem RTPC para sus comunicaciones. Fue patentado en 1843 por Alexander Bain como desarrollo del sistema de distribución de señales horarias con referencia a un reloj maestro. Así pues, precede al teléfono en varios años.

En 1850 el mecanismo de exploración de cilindro y tornillo mejoró significativamente el sincronismo y en 1902 se incorporó el sensor fotoeléctrico que permitía utilizar originales de papel en lugar de los del tipo metálico. En 1910 había un servicio internacional de fototelegrafía entre Londres, París y Berlín.

El volumen del servicio fue pequeño hasta que al final de los años sesenta se establecieron las normas internacionales a través del UIT-T para el equipo terminal, lo que abrió la posibilidad de establecer un mercado de gran volumen. La primera Recomendación del UIT-T sobre equipo terminal facsímil fue acordada en 1968. Se denominaba a éste facsímil de grupo 1, pues podían preverse nuevos desarrollos (véase el cuadro 8.2).

El **facsímil de grupo 1** era un sistema analógico que empleaba la modulación de frecuencia para sus comunicaciones y que podía transferir imágenes en escala de grises en una página con una resolución de 96 líneas por pulgada en 6 minutos.

El **facsímil de grupo 2** era también un sistema analógico, pero utilizaba un sistema de comunicación con modulación de amplitud y banda lateral residual que mejoraba el tiempo de transmisión, llegándose a tres minutos por página con la misma resolución. La recomendación del grupo 2 se acordó en 1976.

Ambos sistemas analógicos padecían ecos de la RTPC que producían defectos visibles en la imagen recibida.

8.1.9.2   Facsímil del grupo 3 y del grupo 4

El **facsímil del grupo 3** fue el primer sistema de equipo terminal plenamente digital y utilizaba un módem de datos para comunicar los bits por la red telefónica. Con ello se evitaba el problema de los ecos que aparecían en la imagen recibida y permitía utilizar técnicas de compresión de imagen en el transmisor aplicadas a la imagen cuantificada en blanco y negro. Esta combinación de técnicas reducía el tiempo de transmisión hasta 30 segundos por página, si se explotaba por una conexión que pudiera aceptar una velocidad de módem de 9 600 bits por segundo. Se introdujo también una opción de doble resolución de exploración para mejorar la calidad de la imagen.

En 1984 se normalizó un nuevo grupo de equipo facsímil para la red digital de servicios integrados (RDSI). Se denominó grupo 4 y estaba pensado para el funcionamiento en 64 kbit/s, velocidad básica de la RDSI, aunque la velocidad no estaba de hecho limitada a esta cifra, pues se podría haber utilizado con módems de banda de grupo de 12 canales o en circuitos de datos privados de gran velocidad.

El equipo **facsímil de grupo 4** tenía resoluciones mayores que las del grupo 3 para una calidad de imagen mejorada de 200, 240, 300 y 400 líneas por pulgada en ambas dimensiones y tenía un algoritmo mejorado de compresión, basado en la página en lugar de en la línea de exploración, más un protocolo de corrección de errores de 7 capas. La mayoría de los terminales del grupo 4 utilizaban impresoras de láser en papel para asegurar la calidad máxima de la imagen recibida.

El tiempo de transmisión de página era nominalmente de 5 segundos, dependiendo del volumen de información necesario para representar una página después de haber pasado ésta por el proceso de compresión.

CUADRO 8.2

Características del facsímil

Grupo facsímil	Tiempo de transmisión por página	Sistema de comunicación	Fecha de normalización
1	6 minutos	MF	1968
2	3 minutos	MA residual	1976
3	30 segundos	Tecnología módem V.29 + V.27*ter*	1980
4	4 segundos	Banda de base digital 64 kbps	1984

La penetración geográfica de la RDSI fue muy inferior a la de la RTPC, de forma que el mercado principal continuó siendo el del equipo del grupo 3 que, gracias al carácter digital de su funcionamiento, se había pasado rápidamente a la tecnología de estado sólido y con ello logró un coste muy reducido de producción. Este interés constante en el facsímil de la RTPC ha llevado a la mejora de la norma del grupo 3 con la mayoría de los aspectos del grupo 4, es decir, resoluciones superiores, mejora del algoritmo de compresión e impresoras de papel, sin el protocolo pesado.

8.1.9.3 Protocolo del grupo 3

El protocolo del grupo 3 se relaciona con las características analógicas de la RTPC mundial que sigue siendo una red analógica de extremo a extremo, aun cuando ciertas partes se hayan digitalizado, y por tanto incluye ecos.

La partes de procesamiento de la señal de la función módem tratan ecos de corta duración, del orden de algunas décimas de milisegundo, pero el protocolo tiene que funcionar correctamente en presencia de ecos que duran hasta 1,5 segundos y con amplitudes posiblemente superiores a las de la señal deseada.

El funcionamiento básico del protocolo se define en las Recomendaciones de la serie T del UIT-T y se ilustran en la figura 8.16 que muestra la transmisión sin corrupción de una página.

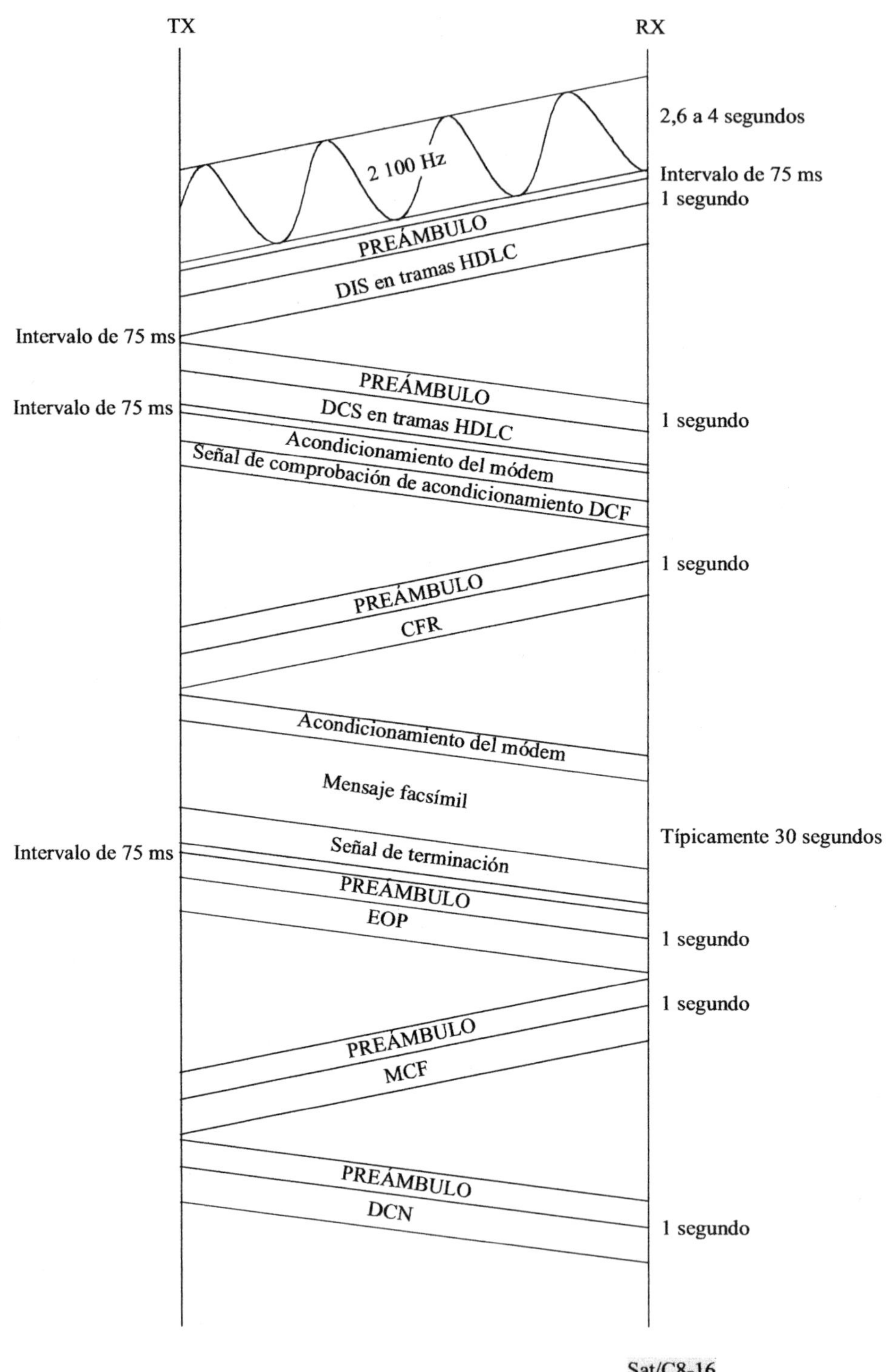

FIGURA 8.16

Funcionamiento del protocolo facsímil del grupo 3 para transmisión de una página

a)   Establecimiento del enlace

El silencio es la primera señal en la línea tras el establecimiento de la conexión. Dura entre 1,8 y 2,5 y a continuación se transmite un tono de respuesta de 2 100 Hz desde el terminal que responde. Se le conoce como señal de identificación de la estación llamada y es obligatorio en la mayoría de los países para indicar a los que llaman que han establecido contacto con el terminal no vocal. También deshabilita todo supresor o compensador de eco que haya en el circuito y puede poner en funcionamiento un puente de datos o la modulación-remodulación facsímil en todo DCME que pueda haberse incluido en la conexión.

El terminal de respuesta envía también la señal siguiente a la línea. Es una señal de preámbulo consistente en un tren de banderas HDLC de 1 segundo a 300 bits por segundo, modulado en la banda superior de una señal de módem V.21. Con ella se da la sincronización de octetos y se prepara a la estación que llama para recibir la señal siguiente que es la señal de identificación digital (DIS) transmitida de nuevo desde el terminal de respuesta. Así pues, todas las señales iniciales proceden de la estación de respuesta que espera, pues la señal de 2 100 Hz tiene que enviarse en primer lugar desde la estación de respuesta.

La señal de identificación digital (DIS) es también una señal de canal V.21 superior de 300 bit/s y contiene un menú de capacidades del terminal de respuesta. Este menú se codifica en un formato muy compacto, representando cada bit la disponibilidad o no de un elemento de una lista normalizada de características y funciones.

El preámbulo y la DIS se repiten a intervalos de 3 segundos hasta que se recibe una señal de la estación que llama. La señal de línea funciona en un modo semidúplex, utilizando únicamente el canal superior de una señal módem V.21 de 300 bit/s.

El V.21 suele ser un módem dúplex MF en 300 bit/s con separación de frecuencia de las señales transmitida y recibida.

La primera señal procedente de la estación que llama es un preámbulo, seguido por una señal de instrucción digital (DCS) que también es una señal de 300 bit/s. Esta señal contiene una selección del menú ofrecido en la señal DIS, utilizando el mismo formato de selección compacto codificado en binario que la DIS.

Así pues, al final de este intercambio de breves señales en 300 bit/s, los dos terminales conocen los parámetros y sus valores que se utilizarán para el resto de la comunicación. El único aspecto sobresaliente en este punto es la selección de la velocidad de funcionamiento del módem de gran velocidad, lo que depende de la calidad del canal.

b)   Selección del módem de transmisión de imagen en alta velocidad

El módem de la velocidad máxima disponible en ambos extremos se ha convenido durante la entrada en contacto inicial y la transparencia del canal se establece mediante el proceso simple de intentar con cada velocidad de módem disponible en orden descendente, hasta que se encuentre una tasa de errores satisfactoria. Este proceso se ilustra en la figura 8.16, denominando a los intercambios de señales "acondicionamiento del módem" y siguiendo al acondicionamiento del módem de gran velocidad un formato de verificación de acondicionamiento (TCF) que es un esquema conocido con una duración de 1,5 segundos. La respuesta positiva es una confirmación de señal recibida (CFR) y una respuesta negativa sería un fallo del acondicionamiento (FTT). Se trata de señales de 300 bit/s que son muy breves y sólo se requiere el funcionamiento en alta velocidad en el sentido opuesto para el tráfico facsímil semidúplex. Una señal CFR indica que sólo se ha detectado un número reducido de errores en el esquema TCF. El número exacto de errores que resulta aceptable es una variable seleccionable en el receptor.

c)   Transmisión de página

El facsímil es un sistema basado en la página. Los tamaños de página incluyen las dimensiones de papel normalizadas japonesa, europea y americana.

Una vez recibida la CFR en la estación que llama, puede comenzar la transmisión de la imagen de la página. Una señal de acondicionamiento de módem precede al tráfico de imagen de página para asegurarse de que el módem continúa ajustado en sus parámetros óptimos.

En la versión original del facsímil del grupo 3, el sistema de transmisión de página no incluía ninguna corrección de errores y el algoritmo de codificación de longitud de gama de repeticiones terminaba en el extremo de cada línea explorada. Las versiones posteriores incluían corrección de errores de repetición selectiva y algoritmos de compresión que abarcaban a toda la página.

Tras enviar la imagen de página, hay una señal de cierre de página que informa al receptor de que la siguiente señal procedente del transmisor será una señal V.21 en 300 bit/s. La señal de 300 bit/s es una señal de final de procedimiento (EOP) que indica que no hay más páginas en espera de transmisión.

La estación de recepción confirma dicha recepción con una señal de confirmación de mensaje (MCF) de 300 bit/s y la estación de transmisión cierra el protocolo con una señal de desconexión DCN.

Todo ello va seguido normalmente por una desconexión de la conexión.

Si se requiere una transmisión de múltiples páginas, hay una instrucción diferente enviada desde el transmisor tras cada página en 300 bit/s que es la señal de multipágina MPS. Se envía la misma señal de respuesta MCF desde el receptor y la secuencia de cierre es la misma que la indicada en la figura 8.16.

d)   Empleo único de tecnología módem

De la descripción anterior del funcionamiento del protocolo facsímil, debe señalarse que este servicio emplea tecnología módem en una forma bastante singular, es decir, utiliza más de un tipo de señal módem durante una sola conexión. Esto dio lugar anteriormente a problemas en el diseño de los algoritmos de codificación de baja velocidad y parece ser un aspecto poco conocido del tráfico facsímil que puede dar lugar a problemas futuros en el desarrollo de nuevos sistemas si no se atiende de forma más amplia.

e)   Identificación de terminal

Las identidades de los terminales pueden intercambiarse en el inicio del protocolo, enviando una trama de identificación de abonado llamado (CSI) desde la estación de respuesta, inmediatamente antes de la DIS y una trama de identificación de abonado que llama (CIG) desde la estación de llamada, inmediatamente antes de la DCS. Véase que las secuencias binarias en los octetos representantes de las direcciones van en orden inverso en estas tramas de identificación.

8.1.9.4   Capacidades no normalizadas

En el protocolo se ha previsto la negociación de características propias entre terminales del mismo fabricante. Esta negociación se realiza mediante el intercambio de dos tramas de 300 bit/s, la trama de facilidades no normalizadas (NSF) y la trama de establecimiento no normalizado (NSS) cuya posición se sitúa al frente de las tramas de identificación.

La posibilidad de añadir algunos aspectos propios a los productos de fabricantes individuales y en consecuencia, de poder competir en características distintas del coste, ha supuesto un gran incentivo para que los fabricantes entren en el mercado de terminales facsímil.

Facilidades normalizadas opcionales

Algunas de las facilidades opcionales de los terminales facsímil no son bien conocidas y no van en todos los terminales, por ejemplo, la interrogación secuencial. Se trata de un modo de funcionamiento en el que un documento puede dejarse en la bandeja de un aparato facsímil y enviarse únicamente cuando el que llama establece una conexión de entrada. Los demás mensajes facsímil pueden dejarse como si fueran normales. Esta característica es útil para la distribución sin intervención del mismo documento a múltiples llamantes, de los que algunos pueden ser móviles y no disponer de su propio aparato facsímil.

Una ampliación reciente de este aspecto de interrogación secuencial fue la introducción de la "interrogación secuencial selectiva" en la que puede añadirse un número de 20 cifras al procedimiento de entrada en contacto por interrogación secuencial, para identificar documentos individuales de una gran biblioteca o banco de datos. Otro modo de funcionamiento que explota la función de interrogación secuencial es el desarrollo en los últimos años con la incorporación de señales DTMF para seleccionar documentos de un banco de datos, después de que una interrogación secuencial inicial haya obtenido un catálogo de los documentos contenidos en dicho banco de datos. Este aspecto ha demostrado ser muy popular comercialmente como medio de distribución de documentación de ventas con un mínimo de personal, por ejemplo, para el acceso a deshora.

Otros nuevos aspectos son:

- la capacidad de subdireccionamiento: por ejemplo, para identificar terminales individuales en una LAN;

- el intercambio de contraseñas: para seguridad adicional, generalmente asociada a alguna inhibición de la impresión de un mensaje recibido hasta que se haya introducido en el receptor la contraseña correcta;

- encriptado: de la señal de línea y/o para verificar la identidad del autor de un documento. Este aspecto se está aún estudiando.

8.1.9.5   Incorporación de tecnología módem más rápida

A medida que se ha desarrollado la tecnología módem y la calidad de las RTPC ha mejorado como medio de transmisión para las señales no vocales, la velocidad obtenible con la tecnología módem ha pasado de 9,6 a 14,4 kbit/s, posteriormente a 19,2 kbit/s y actualmente llega hasta 28,8 kbit/s, aumentando aun con las velocidades previstas de la V.34 superiores a 30 kbit/s. Esta nueva tecnología se ha incorporado en los terminales facsímil tan pronto como se ha dispuesto de los microcircuitos y las Recomendaciones del ITU-T y del UIT-R se acaban de mejorar para adaptarse a estas opciones de velocidad superior.

Los módems V.34 incorporan también un aspecto útil de selección de terminal que se define plenamente en la V.8 y que sirve para la identificación por separado entre módems y aparatos facsímil. Se trata de un enfoque más sofisticado para el problema general de la selección del terminal.

8.1.9.6   Selección de terminal y aspectos de normalización

Un aparato facsímil es sólo uno entre una multitud de elementos que pueden conectarse a una sola línea RTPC y hay varios esquemas para la selección e identificación del terminal deseado cuando se recibe una llamada de entrada. Por ejemplo, el tono de llamada de los aparatos facsímil es distinto del de los módems, de forma que el esquema más simple consiste en situar en primer lugar el aparato que responde en línea para dar su anuncio y si se recibe entonces una ráfaga de tono de llamada durante el anuncio, puede conectarse inmediatamente el terminal no vocal correcto y suprimirse el anuncio. Esto actúa de forma óptima si todas las funciones del terminal están integradas en una unidad o al menos responden a un solo control.

Hay un problema similar de selección de terminal en las RDSI, pero se dispone de más funciones de red para "resolver" el problema en este entorno, por ejemplo, las de subdireccionamiento, MSN, DDI, indicación de capacidad de portador, indicador de compatibilidad de capa superior y, sin que la relación sea exhaustiva; indicador de interfuncionamiento. Todos estos aspectos de selección de terminal permiten rechazar una llamada antes de responderla, con lo que se ahorra al que llama los gastos de una tasa de llamada. No obstante, no se trata realmente de una solución ideal porque impide al que llama, que desea comunicar algo, efectuar ajustes en sus requisitos para adaptarse a las facilidades de los terminales de recepción, por ejemplo, cuando un repliegue hacia la transmisión facsímil resolvería la mayoría de los requisitos de transmisión de documentos.

Pueden programarse muchos aparatos facsímil para enviar documentos en un momento determinado del día, por ejemplo, cuando las tarifas de las llamadas disminuyen después de las horas de oficina. Esto ofrece la posibilidad de efectuar llamadas por error a teléfonos normales y normalmente hay un requisito de aprobación de la conexión que insiste en el abandono de las llamadas después de 60 segundos si no se ha recibido respuesta de otro aparato facsímil.

Desafortunadamente, 60 segundos no son suficientes para llegar a todos los aparatos facsímil del mundo, especialmente si éstos se encuentran detrás de unidades de selección de terminal que insisten en el envío de su anuncio completo de aparato de respuesta antes de buscar el tono de llamada. No se conoce el caso más desfavorable de retardo post-marcación en la red telefónica internacional, aunque se está estudiando el tema. En la actualidad, la cifra de 90 segundos es la hipótesis más probable.

Suele achacarse a la transmisión por satélite la mayoría de la responsabilidad de dichas demoras.

De lo anterior queda claro que una norma internacional no puede dictar la duración de un temporizador para el retardo post-marcación, pero los fabricantes deben estar al tanto de que el primer temporizador mencionado en la Recomendación, T1 = 35 segundos, no es un temporizador de retardo post-marcación.

Otro problema difícil de atender en una norma es el de un método para tratar los ecos. Se achaca también a los sistemas de transmisión por satélite la mayoría de la culpa de los ecos de larga duración. Dichos ecos son especialmente engorrosos de tratar cuando se producen en un cambio de la velocidad del módem y para la implementación plantean el problema del volumen de información disponible de los microcircuitos de tratamiento de la señal en dichos límites.

Por este motivo, se suele pasar el problema al responsable de la realización y no se menciona en el texto de la norma. Esta falta de texto ha confundido a algunos fabricantes al no comprender que es un problema que requiere solución.

Ensayos de terminal

En las normas europeas ETS sobre facsímil del grupo 3 figuran una serie de ensayos del equipo terminal de este tipo de facsímil.

Telefonía y fax

Se están realizando estudios sobre diversos esquemas de compartición simultánea de una conexión RTPC entre una señal vocal y una señal módem o facsímil.

8.2 Consideraciones generales sobre los protocolos y las interfaces terrenales

El punto 8.1 trataba de la interconexión de los enlaces de satélite con las redes de telefonía convencional (RTPC) no obstante, muchas de las nuevas aplicaciones de las comunicaciones por satélite se implementan en el marco de sistemas de satélite autónomos e implican la conexión de enlaces o de redes de satélite, ya sea directamente con los usuarios finales o con redes de comunicación privada (o de forma más general con los denominados "grupos cerrados de usuarios" (CUG)). Dichas aplicaciones incluyen, entre otras: redes de datos privadas (PVN), utilizadas a menudo para servicios empresariales especializados, redes de comunicaciones rurales, etc. Estas aplicaciones suelen utilizar pequeñas estaciones terrenas económicas, denominadas a menudo "VSAT" (abreviatura de Terminal de muy pequeña apertura, es decir, una estación terrena con una pequeña antena). Un aspecto muy importante en dichos sistemas es que el diseño de la estación terrena incluye no sólo los circuitos de ésta, sino también todos los programas que permiten el funcionamiento de extremo a extremo (usuario a usuario) incluyendo los protocolos y las funciones de interfaz.

En consecuencia, el punto 8.2 y los puntos siguientes 8.3 y 8.4 se dedican a los principios generales que forman la base de este diseño de la programación. Ésta es también la razón por las que se utilizan en estos puntos frecuentemente los términos "VSAT" y "red VSAT", aunque los principios son aplicables de forma más general a cualquier sistema de satélite con interfaces similares[1].

---

[1] De hecho, debido a su significado general, los puntos 8.2, 8.3 y 8.4 se extraen del texto "Sistemas VSAT y estaciones terrenas" (Manual sobre telecomunicaciones por satélite, UIT-R, Ginebra, 1995, Suplemento 3 a la Edición 2).

8.2.1   Modelo de protocolo de red VSAT

En las redes VSAT pueden utilizarse comunicaciones por paquetes. En las comunicaciones de datos por paquetes, la información se transmite agrupando los datos en paquetes. No obstante, el hecho de que las redes VSAT funcionen internamente en el modo paquetes no limita a los usuarios al modo de comunicación por paquetes porque las funciones de ensamblado en paquetes pueden realizarse en las unidades de interfaz de usuario de los terminales VSAT.

En las comunicaciones de datos, los sistemas abiertos se comunican entre sí mediante funciones de comunicación separadas en capas. La ISO, en cooperación con el Sector de Normalización de las Telecomunicaciones de la UIT (UIT-T) desarrolló el modelo de referencia de protocolo de interconexión de sistemas abiertos (ISO) que consta de siete capas [Ref. 1]. Las cuatro capas superiores contienen los protocolos de comunicación de extremo a extremo entre los sistemas que se comunican. Las tres capas inferiores contienen los protocolos de red y de interfaz de red para las transmisiones prácticamente sin errores de los paquetes de datos de los usuarios entre las redes. Las redes de datos con conmutación de paquetes utilizan protocolos de comunicación de estas tres capas para transferir los datos de los usuarios a lo largo de la red, dando servicio a las cuatro capas superiores que contienen los protocolos de extremo a extremo [Ref. 9].

- La capa física (capa 1) es el nivel inferior del modelo ISA que contiene las características físicas y las especificaciones de las conexiones para la transmisión a nivel binario a través de la red y de las interfaces de ésta.

- La capa de enlace de datos (capa 2) comprende los procedimientos de comunicación y protocolos entre los terminales de usuario y la red, o entre redes. Estos protocolos suelen efectuar la detección y corrección de errores de los paquetes de datos estructurados en tramas. Si no pueden corregirse los errores, se envía un mensaje de error a la capa 3. Estos protocolos pueden tener también capacidad de direccionamiento y de control del flujo de los datos. La capa 2 incluye también el sincronismo entre el terminal de usuario y la red.

- La capa de red (capa 3) establece, mantiene y da terminación a las conexiones de datos a lo largo de la red. En la capa 3 se da a los paquetes de datos información de direccionamiento para el encaminamiento a través de la red, se corrigen los errores y se controla el flujo de paquetes. Pueden dividirse y volverse a ensamblar los paquetes de datos largos.

Las comunicaciones en modo paquetes por la red VSAT implican funciones y protocolos que generalmente pertenecen a estas tres capas inferiores del modelo ISA utilizadas internamente en la red y a través de sus interfaces de red externas.

Las redes VSAT se utilizan principalmente como redes de datos privadas independientes que interconectan una serie de terminales de datos de usuario (o grupos de terminales) que interactúan con VSAT distantes y Computadores Centrales que a su vez interactúan con la central Principal de la red VSAT. Más recientemente, se han utilizando también redes VSAT para conectar usuarios VSAT distantes con las redes de datos terrenales (privadas y públicas) y posiblemente conectarán en el futuro con usuarios de la RDSI. La interconexión se efectúa a través de la Principal o de otra VSAT.

8.2.2   Arquitectura interna de la red VSAT y realización de los protocolos

8.2.2.1   Generalidades

En términos de protocolos y procedimientos de comunicación, una red VSAT puede dividirse en un núcleo y en unas interfaces de red, tal como se representa en la figura 8.17.

Las interfaces de red están situadas en los extremos de la red a través de la cual se conectan los usuarios de la red VSAT con la red VSAT. También hay una interfaz de red en la estación Principal conectada a un computador principal o, alternativamente, a otras redes terrenales. Cada interfaz de red VSAT puede configurarse de forma que sirva para uno de los diversos tipos distintos de interfaz de usuario, independientemente de otras interfaces de red VSAT. Las interfaces de red se sirven del núcleo de ésta para dar un cierto nivel de servicio.

8.2.2.2   Núcleo de la red

El núcleo de la red VSAT tiene sus propias estructuras y protocolos de comunicación para transmitir datos a través del medio de comunicación de satélite de la forma más eficaz. El núcleo de la red distribuye los datos de manera fiable o da una indicación de que se han perdido los datos debido a errores múltiples o a fallo del equipo. El núcleo de la red incluye una serie de funciones:

- protocolos de acceso satélite;

- mecanismo de direccionamiento de paquetes;

- procedimientos de control de congestión de canales de satélite;

- encaminamiento y conmutación de paquetes;

- gestión de la red.

Las funciones de gestión de la red se utilizan para la configuración y explotación de ésta, por ejemplo, para alertar a un operador de red sobre situaciones excepcionales en la interfaz de usuario tales como una desconexión imprevista del enlace o un acceso de retransmisiones.

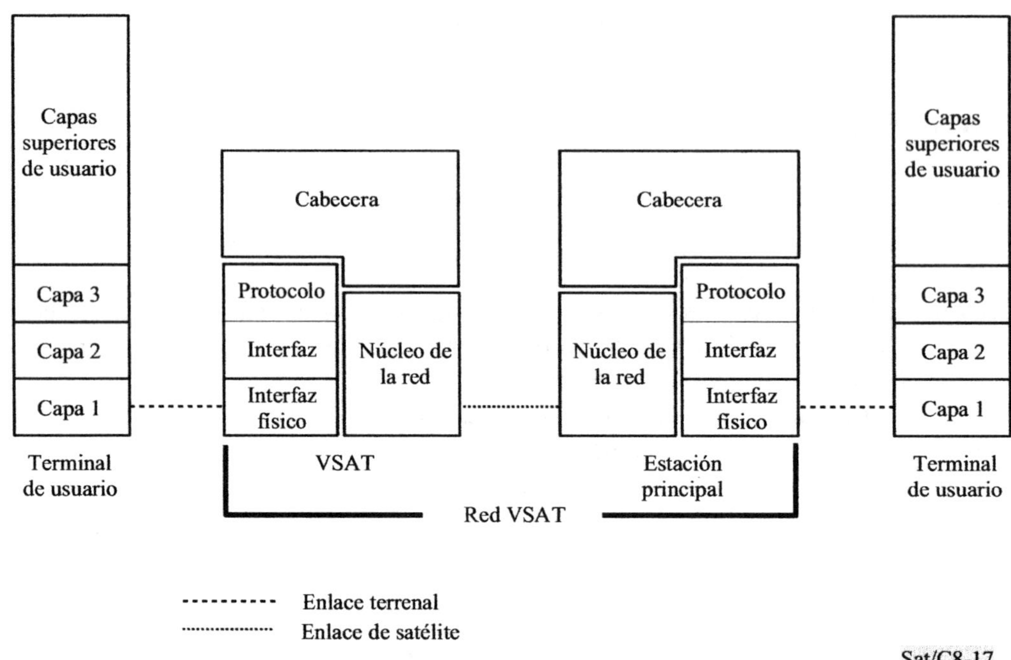

FIGURA 8.17

Arquitectura del protocolo de una red VSAT

8.2.2.3   Arquitectura del sistema y protocolos de acceso al satélite

La mayoría de las redes VSAT orientadas a aplicaciones comerciales utilizan una arquitectura en estrella (véase el capítulo 5, punto 5.6.2 (iii)), con una estación terrena central (la Principal) y estaciones terrenas pequeñas distantes (las VSAT propiamente dichas). En tales redes, los protocolos de acceso al satélite suelen ser asimétricos. Se están utilizando algunas formas comunes de acceso desde la VSAT a la Principal: Aloha por tramos (véase el punto 5.3.6), AMDT o AMDT con reserva. En el sentido de la Principal a la VSAT el modo de acceso suele ser MDT.

8.2.2.4   Protocolos de comunicación de datos interiores a la red

Por encima de los protocolos de acceso, pueden utilizarse protocolos de comunicación punto a punto o punto a multipunto para establecer comunicaciones fiables por la red, incluyendo la recuperación tras error y el control de flujo de datos. Se trata de protocolos de comunicación interiores a la red, concebidos específicamente para transmisiones por satélite en la red VSAT [Ref. 2]. Los factores que han de tenerse en cuenta al diseñar protocolos internos de una red VSAT son las características especiales de la red, tales como la topología en estrella, así como el método de acceso múltiple que repercute en el canal de datos y en el tiempo de establecimiento de la llamada de la red VSAT.

La información reunida en paquetes se estructura en formatos que contienen códigos de detección de errores utilizados para acusar la recepción correcta o para rechazar paquetes recibidos erróneamente y solicitar la retransmisión. En las redes VSAT que utilizan AMDT/RA para la transmisión desde la VSAT a la Principal de paquetes de datos, el proceso de acuse y de retransmisión de paquetes responde al control del soporte lógico de gestión de la red VSAT.

En general, la BER del enlace de satélite debe ser suficientemente reducida como para evitar repeticiones frecuentes de mensajes. Por ejemplo, puede considerarse que una BER de 10^{-7} correspondiente a una tasa de errores de paquetes de 10^{-4}, aproximadamente (para tamaños de paquete de 128 bytes) es suficientemente reducida como para evitar congestiones de red debidas a retransmisiones. Por encima de esta capa, los mensajes prácticamente no tienen errores. Si una red VSAT no aplica el protocolo de capa 2 entre cabecera y cabecera, y sólo establece interfaces entre los procedimientos internos de acceso al satélite y el protocolo de usuario normalizado, las comunicaciones de usuario en la capa 3 ISA pasan de forma transparente por la red VSAT. Habría que adaptar los protocolos de usuario a los aspectos particulares de las transmisiones por satélite.

Si se utilizan mecanismos de recuperación tras error de extremo a extremo en las capas superiores, por ejemplo, protocolos de capas de aplicación entre el computador central y los terminales, puede llegarse a un caudal de información muy reducido, porque los datos erróneos se repetirán únicamente después de un retardo muy prologado. Sin medidas de corrección de errores en las capas inferiores, la BER del enlace de satélite tendría que ser muy inferior, por ejemplo, de 10^{-10} para asegurar un caudal aceptable.

8.2.2.5   Función de conmutación de paquetes

Las redes VSAT de configuración en estrella son fundamentalmente redes con conmutación de paquetes que tienen una conmutación centralizada de los paquetes en la que se realizan las funciones de encaminamiento y retransmisión. Las funciones de conmutación de paquetes se efectúan en el equipo de procesamiento y control en banda de base situado en las VSAT y en la Principal.

Hay dos mecanismos fundamentales de conmutación de paquetes: datagrama y circuito virtual. En el de datagrama, los paquetes se distribuyen con cierta fiabilidad limitada (con una probabilidad reducida pero finita de pérdida de secuencia o de entrega de paquete duplicada). Los circuitos virtuales garantizan una entrega secuencial de los paquetes sin duplicación. En una red VSAT, cada mecanismo presenta ventajas e inconvenientes. Las centrales de conmutación de circuito virtual requieren menos tara por paquete, pero la necesidad de mantener una información de estado en cada conexión de una red puede ser acusada en grandes redes VSAT que pueden tener que servir para un gran número de conexiones. A expensas de una tara superior por paquete, una central de conmutación en datagrama puede servir para un mayor caudal y presentar una ventaja adicional significativa: la posibilidad de volverla a iniciar sin que sea necesario el restablecimiento de las conexiones de la red [Ref. 3, 4].

El diseño interno de una red con conmutación de paquetes puede considerarse como un problema de interfuncionamiento entre sistemas de conmutación y elementos de procesamiento. Así pues, los protocolos de capa de red ISA pueden utilizarse como base de arquitectura para la estructura interna de la red de conmutación de paquetes VSAT.

La función de conmutación de paquetes constituye el centro del núcleo de la red. Como muchas funciones de red VSAT son similares a las de las redes con conmutación de paquetes terrenales, algunas redes utilizan una central de paquetes modificada para las funciones de RPCP X.25 como central de conmutación de paquetes VSAT. Otras redes VSAT pueden utilizar protocolos propios para realizar la misma función. Las funciones principales que se requieren en una central de conmutación de paquetes VSAT son:

- control de acceso múltiple al satélite;

- transferencia fiable del nivel de enlace a las VSAT y desde éstas (también al computador local si no hay cabecera de protocolo en la Principal);

- encaminamiento de los datos entre las VSAT y el computador central;

- conexión al sistema de gestión de la red;

- conexión a otras redes.

Las centrales de conmutación de paquetes VSAT plantean algunos requisitos singulares que no son comunes a los de las centrales tradicionales de conmutación de paquetes X.25:

i)   La topología en estrella de la mayor parte de las redes VSAT exige que todo el tráfico pase a través de una sola central de conmutación, mientras que en las RPCP terrenales una serie de centrales de conmutación de paquetes constituyen una red en malla completa en la que cada central sólo cursa una parte del tráfico total. Con sólo una central en la red, la única central VSAT puede verse obligada a cursar más de 1 000 paquetes en redes con cientos de VSAT que llevan tráfico interactivo típico.

ii)   En la mayoría de las redes VSAT se requieren velocidades de datos elevadas para poder funcionar con las velocidades de datos de los canales de satélite superiores a 56 kbit/s. Las velocidades en los canales de salida (Principal a VSAT) son típicamente de 128, 256, 512 kbit/s o superiores, valores que no suelen darse en los diseños de las centrales de conmutación de paquetes terrenales.

iii) La mayoría de los diseños de RPCP prevén rutas alternativas entre centrales, de forma que el fallo de una central no interrumpa una parte significativa del tráfico de la red. Las redes VSAT suelen depender del funcionamiento de una sola central para cursar el tráfico entre cientos o miles de nodos. Por tanto, los aspectos de redundancia pueden ser cruciales en el diseño de la central de conmutación VSAT [Ref. 4].

Hay muchas posibles arquitecturas del equipo físico adecuadas para establecer las funciones de conmutación de paquetes VSAT. La mayoría de las centrales de conmutación de paquetes modernas utilizan un multiprocesador con un control central o procesador ejecutivo y múltiples procesadores de entrada/salida que efectúan la conversión de protocolos y las funciones de encaminamiento en paralelo. La mayoría de las centrales de conmutación de paquetes comerciales utilizan arquitecturas internas propias o alguna variante del protocolo de acceso X.25. Como los protocolos originales carecen de algunas funciones críticas para el funcionamiento de las VSAT, se añaden protocolos al de tipo X.25 para construir un protocolo interno operativo de central de conmutación. La arquitectura interna de central de conmutación depende de cada suministrador. Algunas arquitecturas de central llevan la mayor parte del equipo de gestión de la red y del soporte lógico integrados en la central de conmutación de paquetes, mientras que otros fabricantes establecen un computador de gestión de la red por separado que se conecta a la central de conmutación.

8.2.2.6   Cabeceras de red VSAT

Cada tipo de interfaz de red incluye una función de cabecera que efectúa la conversión de protocolos y, si es necesario, la emulación de éstos.

Conversión de protocolos

Al interconectar las redes de comunicación de datos, una central cabeza de línea efectúa generalmente la conversión entre protocolos de comunicación de red distintos en las capas superiores ISA (por ejemplo, redes de correo electrónico y cabeceras de mensajes).

La función de central cabecera de red VSAT realiza fundamentalmente la conversión en las capas inferiores entre los protocolos de comunicación de usuario de red y los protocolos internos de red VSAT. La cabecera de red VSAT da acceso al núcleo de la red, ensambla en paquetes los datos (si es necesario) y efectúa la traducción de direcciones. En todos los casos, cada tipo de interfaz de protocolo de usuario tiene sus propias funciones de cabecera asociadas. La central Principal y las VSAT pueden tener interfaces de red con esta estructura que puede configurarse de forma que sirva para uno o varios tipos de protocolos de usuario. Esta solución presenta la ventaja de contar con un protocolo interno de la red (en el núcleo) independiente de los protocolos de usuario, lo que hace que la red VSAT sea más fácilmente adaptable para distintos tipos de interfaces de usuario comunes y propios.

Emulación de protocolos

La mayoría de los protocolos de comunicación de datos, tales como los que se basan en el protocolo de control de enlace de datos de alto nivel (HDLC) definido por la ISA, utilizan algún tipo de acuse de recibo para asegurar la transmisión correcta de los datos. Una estación receptora debe enviar un cierto número predeterminado de paquetes. La estación que envía puede no proceder a transmitir el nuevo conjunto de paquetes de datos antes de que le haya llegado el acuse de recibo. Un parámetro denominado tamaño de ventana define el número máximo de paquetes no acusados.

El valor del tamaño de ventana depende de la operación del protocolo. En las redes terrenales este valor suele ser pequeño, por ejemplo 7 (funcionamiento en módulo 8). Debido al largo retardo de ida y vuelta del enlace de satélite, el protocolo puede ser ineficaz (dependiendo del tamaño de los paquetes y de la velocidad binaria) pues puede haber un largo periodo de espera del acuse de recibo después de que se haya transmitido cada grupo de paquetes (es decir, un mensaje unitario = m.u.). Esto conduce a un nivel de caudal subóptimo en la capa de protocolo pertinente. En el caso de enlaces de satélite se necesitan tamaños de ventana mayores para asegurar una transmisión de datos eficaz. Otras características de los protocolos tales como las de los temporizadores de retransmisión que especifican el tiempo máximo de espera de un acuse de recibo antes de la nueva transmisión de la trama, deben tener valores de expiración que scan suficientemente largos para encajar el retardo de ida y vuelta en el enlace de satélite.

Los valores por defecto de los parámetros de los protocolos de la red de paquetes (temporizadores, tamaños de ventana, etc.) se eligen generalmente pensando en el funcionamiento terrenal de la red (retardo más corto). La selección de otros valores de parámetros con un criterio de calidad de funcionamiento óptima del protocolo para el funcionamiento con satélite puede no ser siempre posible, debido por ejemplo a la falta de flexibilidad inherente del equipo de transmisión de datos.

El concepto de emulación de protocolos se utiliza para superar los efectos de degradación de la calidad de los protocolos debida al retardo del enlace por satélite. El principio se muestra en la figura 8.18 para un protocolo de capa 2. La función de emulación en el terminal VSAT situado en B' emula las funciones del protocolo del computador central de B, enviando localmente las tramas de acuse de recibo al terminal transmisor A, por ejemplo, después de haber recibido 7 paquetes de datos. De esta manera, la transmisión por el terminal emisor A no tiene que interrumpirse debido a los acuses de recibo emulados. A continuación, la transmisión sin errores de los paquetes a través del satélite hasta el extremo opuesto (estación Principal) es tarea de la red VSAT, utilizando protocolos eficaces internos de red para el satélite (por ejemplo funcionamiento en módulo superior). En el otro extremo, el terminal A' (por ejemplo, la Principal) emula localmente las funciones de protocolo del terminal A hacia el computador central B.

También es necesaria la emulación de protocolos para aquellos que se basen en la interrogación secuencial (SDLC, BiSync), en la cual un computador central interroga (invitación a transmitir) por turno a terminales distantes para que envíen sus paquetes de datos. Este aspecto se analizará más tarde con la descripción del protocolo particular.

En los sistemas VSAT, el proceso de emulación de protocolos se realiza en forma cooperativa entre la interfaz de protocolo de usuario y la cabecera de protocolo. Esta última lleva dicha función como parte inherente de su función de conversión de protocolos.

8.2.2.7   Recomendación de la UIT sobre interconexión de redes VSAT

El UIT-R elaboró una Recomendación especial titulada "Conexión de los sistemas VSAT con las redes públicas de datos con conmutación de paquetes (RPDCP) basadas en la Recomendación X.25" en 1995. Para más detalles sobre ella, véase el Suplemento 3 ("Subsistemas VSAT y estaciones terrenas", UIT, Ginebra, 1995), apéndice 5.3-2.

Este proyecto de Recomendación se transfirió al UIT-T y fue finalmente aprobado como Recomendación X.361 del UIT-T.

8.3 Interconexión con los ETD de usuario

Generalmente, las redes VSAT tienen varios tipos de interfaz de red. Cada tipo consta de la interfaz de capa física y de la interfaz de protocolo de usuario para lograr una interacción adecuada con el equipo terminal de datos (ETD) de usuario local. También puede haber una disposición similar entre el equipo de la estación VSAT Principal y el computador central.

8.3.1   Interfaz de capa física

La interfaz físico efectúa la conexión física del ETD de usuario con la interfaz de red VSAT (por ejemplo, V.24). Cada sistema VSAT suele tener varias interfaces físicas independientes y reconfigurables que sirven para normas físicas síncronas y asíncronas a diversas velocidades de datos. Las interfaces de usuario sirven generalmente para velocidades de datos de hasta 64 kbit/s [Ref. 3,4].

8.3.2   Interfaz de protocolo de usuario

La interfaz de protocolo de usuario va asociado a cada interfaz físico a fin de dar terminación de forma adecuada al acceso de usuario a la red VSAT con una funcionalidad ETCD completa en las capas 2 y 3. Las interfaces de protocolo de usuario de concepción específica permiten conectar el equipo de usuario a la red con sus protocolos específicos.

La información de configuración de la red, que incluye la información de la interfaz del protocolo de usuario, se mantiene y actualiza en los bancos de datos de configuración de la red situados en la estación Principal. Cada interfaz de la red puede configurarse a distancia desde la Principal, en cuya base de datos se almacenan los parámetros de las interfaces. Esta versatilidad permite a la red adaptarse al interfaz de usuario y simplifica considerablemente la tarea de los usuarios cuando se sustituyen las actuales redes de datos por redes VSAT.

La mayoría de los sistemas VSAT aceptan como mínimo los protocolos de usuario BiSync, SDLC y X.25. Además de aceptar estas interfaces de usuario de utilización más frecuente, una red VSAT puede adaptarse fácilmente para la aceptación de interfaces propias a medida que las modificaciones se limitan al lado de usuario de las interfaces de red y no a toda ella. Otros tipos de protocolos de usuario aceptados son los Async-X.25 (PAD X.25), Burroughs Poll/Select, DDCMP, Ethernet, HDLC con paso de trama (transparente), etc.

a)   Protocolo BiSync

El BiSync (o BSC) es uno de los primeros protocolos de comunicaciones utilizados para conectar equipo terminal distante a computadores centrales. Se basa en la interrogación secuencial, la selección y la transferencia de datos entre una estación rectora BiSync (el computador central o procesador de cabeza) y los terminales distantes (tributarios). La estación rectora solicita continuamente datos de las distantes enviando la secuencia de interrogación que contiene la dirección única asignada a una estación distante particular. Cuando la estación distante tiene que enviar datos al computador central (es decir, un usuario compone la clave de entrada), se envían datos respondiendo a la siguiente interrogación. Siempre que una estación rectora tenga datos que enviar a una distante, se envía una secuencia de selección seguida de la cadena de datos. Se añade una verificación de bloque al final de cada mensaje para poder detectar errores. Si se detecta un error, la estación receptora responde con una indicación NAK (acuse de recibo negativo) o no responde, y el proceso de selección se repite.

El protocolo BiSync no permite que se produzcan múltiples tramas sin acuse de recibo y provoca una disciplina de línea de parada y espera para cada trama individual. Para poder enviar los datos BiSync de forma eficaz a través de una red VSAT (o por cualquier otra red de retardo prolongado) debe retirarse la indicación de parada y espera de la parte de retardo largo de la conexión mediante un proceso de emulación de protocolo, y sustituirla por un protocolo que sirva para red VSAT por satélite [Ref. 4].

b)   Protocolo SDLC

El SDLC es un protocolo de nivel de enlace por bits que constituye una subclase del protocolo de control de enlace de datos de alto nivel (HDLC) normalizado por el UIT-T y la ISO. En el modo de respuesta normal (NMR) del SDLC, todas las transferencias de datos se inician en el computador central (estación primaria) y se utiliza un proceso de interrogación secuencial para solicitar datos del terminal (estación secundaria).

El SDLC permite el paso de múltiples tramas sin acuse de recibo (generalmente 7, pero en algunos casos 127), lo que se traduce en un mejor caudal por las conexiones de satélite que en el caso del BiSync. No obstante, aún hay que emular el mecanismo de interrogación secuencial para lograr un funcionamiento eficaz en una red VSAT.

La interfaz entre una estación primaria SDLC y una secundaria conectadas a través de una red VSAT implica la sincronización de los enlaces opuestos y de los campos de información del transmisor únicamente y los sucesos de enlace importantes a través de la red [Ref. 4].

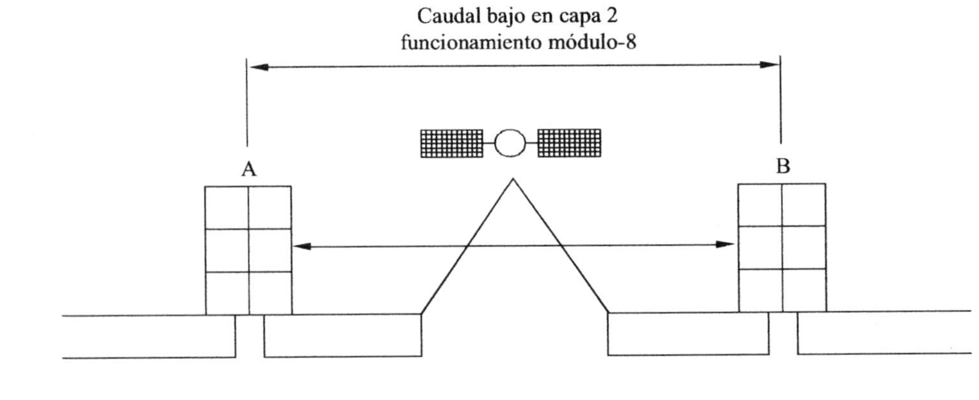

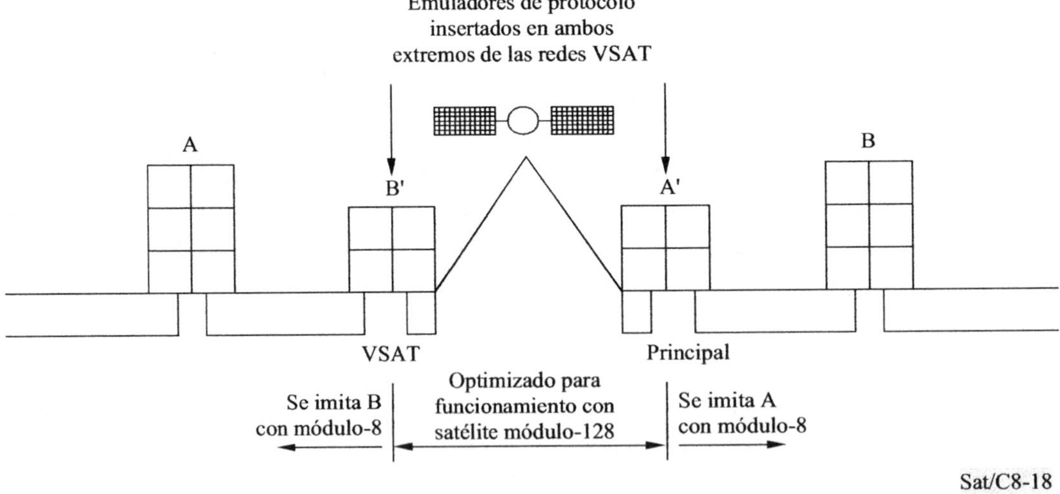

FIGURA 8.18

Principio de la emulación de protocolos [Ref. 9]

La figura 8.19 muestra un ejemplo de la actuación del protocolo SDLC en una red VSAT. En el lado de usuario VSAT, se supone que hay un dispositivo secundario SDLC. La función SDLC situada dentro del terminal VSAT efectúa una función de estación primaria SDLC e interroga al dispositivo secundario de usuario. Los paquetes recibidos del dispositivo secundario se encaminan hacia la función (cabecera) de protocolo de red de satélite que utiliza el servicio de nivel de enlace existente entre los terminales VSAT y la estación Principal. De forma similar, los paquetes recibidos en la estación Principal se encaminan hacia el emulador secundario SDLC adecuado, situado en la Principal y a continuación hacia el equipo primario SDLC de usuario situado junto a la Principal.

c)   Protocolo X.25

En las redes X.25 terrenales, cada nodo de la red efectúa un acuse de recibo local de los paquetes de datos recibidos. Por tanto, la interfaz del protocolo de usuario X.25 con la red VSAT es más directo que el de los SDLC o BiSync. La interfaz física entre el ETD X.25 de usuario y la red se basa en la norma V. 24 del UIT-T. La interfaz del protocolo de usuario de la interfaz de red VSAT se ajusta plenamente a los niveles 2 y 3 de la Recomendación X.25 del UIT-T. La cabecera efectúa la conversión de protocolos entre el protocolo de acceso X.25 y el protocolo de red VSAT interno, y controla el circuito virtual de extremo a extremo [Ref. 2].

La interfaz del protocolo de usuario VSAT envía los acuses de recibo locales de los niveles 2 y 3 al equipo de usuario como lo harían los nodos y los DCE en las redes X.25 terrenales. Como no existe retardo de satélite a través de esta interfaz X.25 local, los valores del temporizador y de los tamaños de ventana de los protocolos de niveles 2 y 3 X.25 en el equipo de usuario no tienen que modificarse si se quieren usar con redes VSAT. Los valores de temporizador de estos procedimientos de nivel 3 que requieren intercambios de extremo a extremo (por ejemplo, conexión de llamada, liberación de llamada, etc.) son significativamente mayores que el retardo de ida y vuelta a través del satélite, por lo que también pueden permanecer sin cambios en el equipo de usuario [Ref. 4].

8.4 Interconexión con redes de datos

8.4.1   Interconexión con las redes de datos terrenales de conmutación de paquetes

Este punto se aplica también principalmente a las redes VSAT.

En las RPDCP, los equipos terminales de datos (ETD) de los usuarios se interconectan con los equipos de terminación de circuito de datos (ETCD) de la RPDCP utilizando interfaces X.25. Los ETD asíncronos pueden conectarse a la red utilizando una interfaz X.28 y una función de ensamblado/desensamblado de paquetes (PAD) definida en la Recomendación UIT-T X.3. Las RPDCP (A y B) se interconectan entre sí a través de cabeceras de red con una interfaz X.75 entre ellas. Los datos se transmiten a través de la red en paquetes entre las centrales de paquetes (nodos) encargadas de encaminarlos. Cada paquete lleva una cabecera que contiene la información de dirección. A diferencia de lo que ocurre en las redes con conmutación de circuitos, no se mantiene ninguna conexión física permanente a través de la RPDCP entre los ETD en comunicación.

Pueden concebirse una serie de casos posibles de interconexión entre las redes VSAT y la RPDCP:

i)   la red VSAT es una sustitución de parte de la RPDCP terrenal;

ii)   la red VSAT es una subred de tránsito entre varias RPDCP;

iii) una red VSAT que accede a una RPDCP a través de una interfaz de red situado en la Principal o en una de las VSAT.

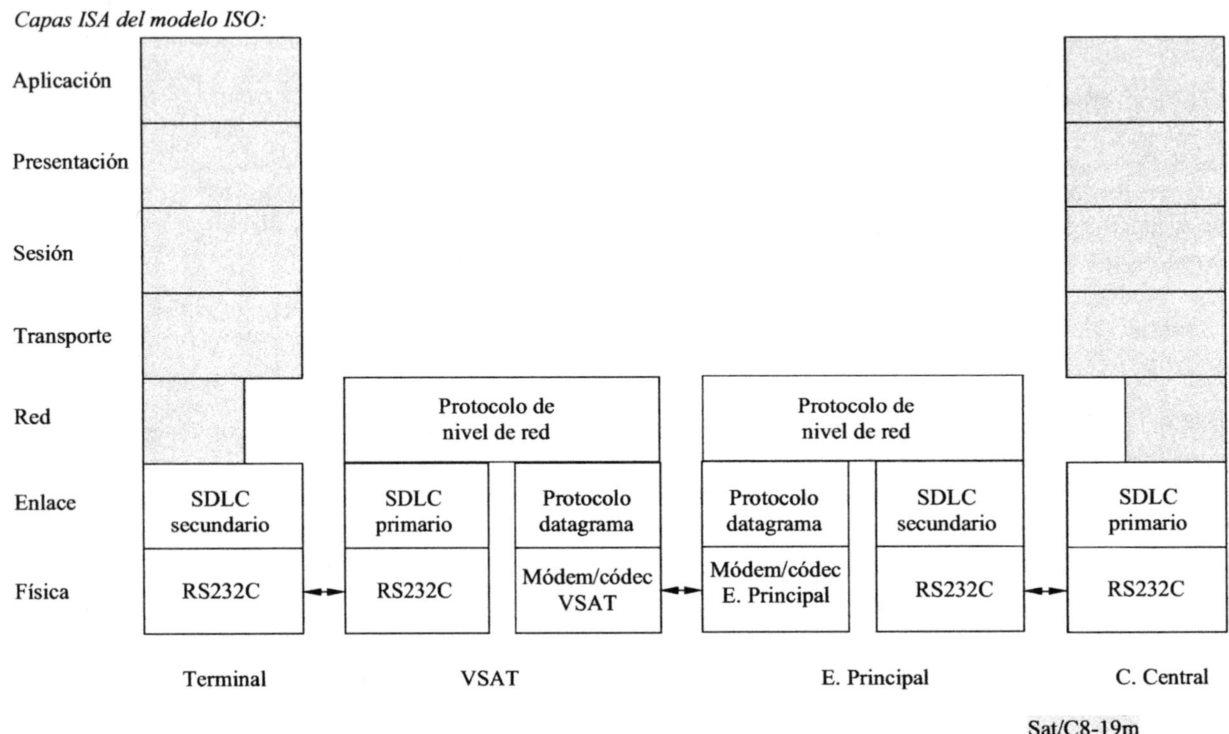

FIGURA 8.19

Ejemplo de actuación de protocolo SDLC [Ref. 3]

El tercer caso es el más habitual de los tres y se ha formalizado con el desarrollo de normas internacionales. En este caso se considera que la red VSAT es una realización particular de la red de datos privada conectada a la RPDCP a través de la interfaz de red de usuario normalizado de ésta. La RPDCP percibe la red VSAT como un ETD X.25 normal. Para la red VSAT, el punto de conexión a la RPDCP se encuentra generalmente en la Principal [Ref. 5]. Alternativamente, un terminal VSAT puede ser el punto de interconexión con la RPDCP.

En la figura 8.20 se muestra la estructura general de las redes RPDCP con una interconexión de red VSAT.

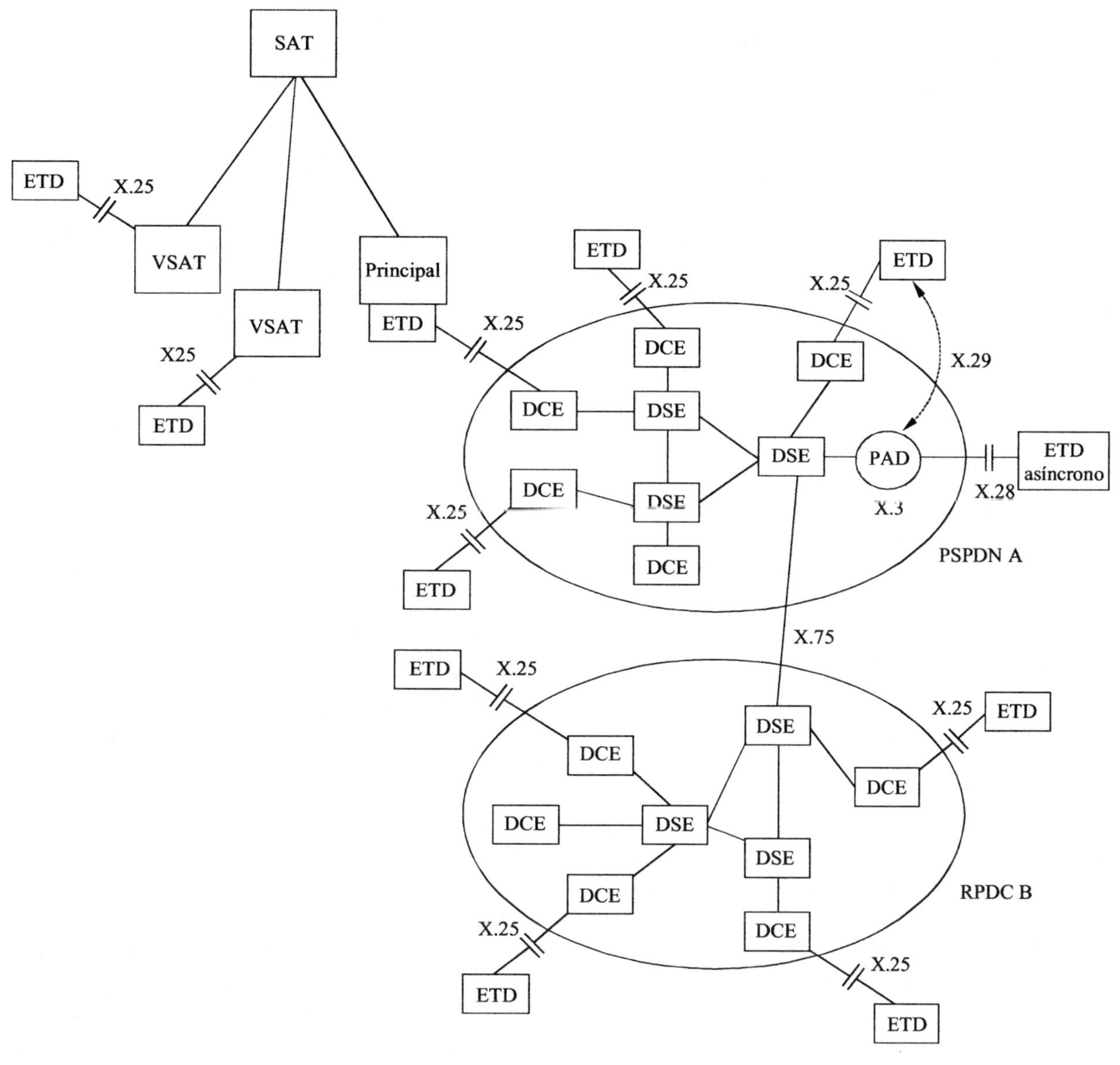

FIGURA 8.20

**Estructura general de las RPDCP y una posible
interconexión con una red VSAT**

La cabecera X.25/VSAT efectúa funciones tales como la traducción de dirección, el
encaminamiento de paquetes, la gestión del circuito virtual, el intercambio de datos y el control de
flujo entre sus cabeceras de nivel 3 locales y las distantes. Cuando se recibe un paquete de nivel 3 de
Conexión de llamada en una cabecera procedente de su interfaz de red, ésta realiza las funciones de
control y gestión de su circuito virtual, transforma el formato del paquete en uno de red interno y

añade la correspondiente dirección de red antes de pasarlo al núcleo de la red para que se transmita a la cabecera distante. Esta última, al recibir el paquete extrae la información añadida por la cabecera transmisora, transforma el paquete y lo pasa a su interfaz de red local. Este paquete se envía al terminal de usuario a través de las capas inferiores. Si el terminal de usuario distante acepta la llamada, responde con una señal de Aceptación de llamada, que se devuelve al originario y ambas cabeceras atribuyen recursos de sistema al circuito virtual.

Una vez establecido un circuito virtual, pueden intercambiarse libremente las tramas de información entre los equipos de usuario sometiéndose a las restricciones de control de flujo. Los protocolos de nivel 3 acusan localmente el recibo de las tramas de información a través de las interfaces de red, de forma que en el equipo de usuario no se nota el retardo de transmisión de satélite. Cuando se libera un circuito virtual, ya sea como resultado de un paquete de Liberación de llamada o de un incidente en la red, se liberan todos los recursos atribuidos al circuito virtual [Ref. 4].

Aspectos de calidad

Los requisitos de interconexión VSAT/RPDCP dependen del acceso de la red VSAT privada a la red RPDCP. Además de los requisitos de interfaz obligatorios, deben satisfacerse los objetivos de calidad de la red con un cierto nivel. Los requisitos de calidad incluyen, por ejemplo, las características de caudal y de retardo (retardo de establecimiento de llamada, retardo de transferencia de paquetes de datos y retardo de liberación de llamada). Las redes VSAT privadas introducen degradaciones de la calidad adicionales en el conjunto de la conexión. La interfaz RPDCP ve la red VSAT privada como un ETD y la Recomendación UIT-T X.134 no ha previsto niveles de calidad para el funcionamiento de los ETD más allá de la conexión ficticia de referencia de la red de datos pública.

En los anexos al proyecto de nueva Recomendación UIT-R sobre la «Conexión de sistemas VSAT a redes públicas de datos por conmutación de paquetes (RPDCP) basadas en la Recomendación UIT-T X.25» (véase el apéndice 5.3-2) así como en la sección correspondiente de la Norma europea ETS 300 194 (véase el apéndice 5.3-3), figuran opiniones relativas a la manera de abordar esta situación. Los sistemas VSAT que no están limitados en su conectividad pueden tener que satisfacer, además de los requisitos de interfaz básicos, requisitos de calidad de conexión [Ref. 5]. Está pendiente aún la solución de este problema. Para el retardo de establecimiento de la llamada, se estima que un paquete de Conexión de llamada, experimenta un retardo de transmisión adicional debido a una red VSAT de 0,8 s, suponiendo un solo salto de satélite (es decir la conexión con la RPDCP se encuentra en la Principal) y un acceso al satélite de tipo Aloha por intervalos con una carga de sistema normal (10-15%). El retardo de transmisión adicional para el paquete de Aceptación de llamada en la parte VSAT de la conexión es aproximadamente de 0,3 s (MDT). Por tanto, se ampliará la duración total de establecimiento de la llamada en una media de 1 s debido al sistema VSAT. Si se supone una interconexión con dos saltos, es decir, si el punto de conexión con la RPDCP se encuentra en otro terminal distante VSAT, el retardo adicional de establecimiento de la llamada en la red VSAT será del orden de 2 s.

A efectos de comparación, en las RPDCP terrenales con condiciones de carga normales, el tiempo de tránsito de los paquetes Conexión de llamada y Aceptación de llamada en la red es aproximadamente de 0,6 s. Aunque el retardo de transmisión de nodo a nodo en la red terrenal es significativamente inferior, el mayor número de nodos de paquetes se traduce en tiempos de establecimiento de conexión comparables a los de las redes VSAT.

Durante la fase de transferencia de datos de una llamada, ambos tipos de redes efectúan acuses de recibo locales y puede considerarse que el retardo de transferencia de paquete de datos es unidireccional. En las redes VSAT el retardo de tránsito es de unos 0,5 s y de 1 s para las configuraciones de un salto y de dos saltos, respectivamente. En las redes de datos terrenales el retardo de tránsito es aproximadamente de 0,4 s [Ref. 4,5].

8.4.2   Interconexión con canales liberados asíncronos y síncronos

El funcionamiento con canal libre se refiere a un caso posible de conexión en que el protocolo de usuario se conecta transparentemente a través de la red VSAT, es decir, no se realiza ninguna conversión o emulación de protocolos en la interfaz de red VSAT.

Una aplicación común de los enlaces libres asíncronos para las VSAT consiste en sustituir las redes de datos con marcación tradicional en las que las transferencias de datos ocasionales se efectúan utilizando módems de red telefónica conmutada y asíncronos. Ejemplos de dichas aplicaciones son las redes de reservas o las redes de computadores personales en las que es infrecuente la necesidad de transferencia de datos. Los datos se reciben en un interfaz RS-232 y se paquetizan en la cabecera cuando se producen condiciones tales como la expiración de un intervalo de tiempo entre caracteres recibidos, recepción de un carácter de terminación o acumulación de un número predeterminado de caracteres.

En el caso de canales liberados síncronos, se mantienen los circuitos permanentes entre las VSAT y la Principal sin ningún apoyo de protocolo de los interfaces de usuario. Ejemplos de dichas aplicaciones son: la transmisión o distribución telefónica y la recopilación de mediciones en tiempo real.

A diferencia de las aplicaciones asíncronas, la transmisión síncrona exige una capacidad mínima continua en las tramas del satélite durante el transcurso de la llamada (los protocolos de acceso aleatorio o de asignación por demanda dinámica no suelen ser adecuados para dichas comunicaciones, porque se requiere un tiempo constante de tránsito en la red lo que exige un almacenamiento intermedio amplio y utilizar control de flujo cuando no hay canales de satélites especializados). Debe utilizarse un programa de reserva centralizada, formando parte del sistema de gestión de la red, para abrir y cerrar los enlaces libres.

Típicamente, los canales síncronos se establecen entre interfaces físicos V.24. Los datos se paquetizan en la cabecera correspondiente y los paquetes se transmiten a través del núcleo, utilizando las direcciones que da el sistema de reserva.

La función de la cabecera de recepción es volver a generar el flujo de datos síncrono y retransmitirlo a la interfaz física. Es importante que los paquetes sean lo más cortos posible para limitar la longitud del almacenamiento intermedio en la cabecera (y por tanto, limitar el tiempo de espera en las colas de desensamblado de paquetes). Como se utilizan reservas de canal de satélite fijas, el retardo de transmisión es constante y el almacenamiento intermedio de datos en la cabecera puede corregir ligeras variaciones que puedan producirse debido a la deriva del reloj [Ref. 2].

8.4.3   Interconexión con interfaces síncronos de protocolo multipunto

Muchas aplicaciones potenciales de las VSAT son alternativas a las actuales redes de comunicaciones e implican la utilización de protocolos síncronos punto a punto y multipunto tales como el BiSync o el SDLC que son protocolos de nivel de enlace concebidos para que múltiples dispositivos de comunicaciones compartan una facilidad de comunicación común, generalmente un circuito digital multipunto o analógico.

En las redes con retardos largos, tales como las redes VSAT, estos protocolos no pueden utilizarse de forma eficaz con canales libres, pues los protocolos utilizan un proceso de interrogación secuencial para compartir una línea de comunicación. Hay que aplicar una función de emulación de protocolos en los interfaces de acceso a la red, uno situado en el extremo del computador central y el otro, en el extremo del terminal de la red, a fin de cursar eficazmente la información a través de la red de satélite [Ref. 2].

8.5 Interconexión con la RDSI

8.5.1   Transmisión por satélite en la RDSI

La red digital de servicios integrados (RDSI) es una red digital polivalente capaz de sustentar o integrar una amplia gama de servicios (vocales y no vocales) en modo conmutado y utilizando un conjunto de interfaces multipropósito normalizados de usuario a red.

Las grandes ventajas que ofrece la RDSI son la economía de costes (en equipos y en cuanto al uso más eficaz de los recursos) y la universalidad y flexibilidad de los servicios que ofrece.

La utilización creciente del equipo terminal RDSI y la disponibilidad de redes VSAT hace de su interconexión una cuestión interesante. Las redes VSAT pueden utilizarse para las conexiones entre terminales de usuario RDSI y centros de conmutación local RDSI, especialmente en las zonas en que las conexiones RDSI terrenales no pueden establecerse. La viabilidad de dicha interconexión de red puede depender en grado crítico del funcionamiento de los protocolos RDSI a través del enlace de satélite [Ref. 7].

No hay nada en la definición de la RDSI que impida que los satélites formen parte de ella. De hecho, como el sistema de transmisión es sólo una sección de la RDSI, la cuestión que debe responder el ingeniero de radiocomunicaciones por satélite es: ¿En qué se diferencia el sistema de transmisión necesario para la RDSI del sistema tradicional utilizado para el tráfico analógico? Los sistemas de transmisión radioeléctrica se ven afectados por el ruido térmico, la interferencia, la distancia y el medio de propagación. Por consiguiente, la cuestión se reduce a saber cuál de los anteriores factores afecta a las características de funcionamiento del sistema de transmisión que lleva mensajes digitales. Tanto el ruido térmico, como la interferencia y el medio de propagación afectan a la relación entre la portadora recibida y el ruido total a la entrada del receptor. El medio de propagación hace que esta relación sea un valor variable en el tiempo. La distancia cubierta por la señal radioeléctrica determinará el retardo de la señal al pasar desde el terminal transmisor al terminal receptor y viceversa.

La relación portadora/ruido puede controlarse en cierto grado al valor necesario, aumentando la potencia o haciendo uso de un sistema de codificación para la corrección de errores o de un sistema por diversidad. Cada una de estas técnicas supone un incremento en los costes del sistema de transmisión. El retardo de propagación puede solventarse utilizando protocolos de transferencia de datos adecuadamente diseñados.

8.5.2   Estudios sobre la RDSI en la UIT

8.5.2.1   Generalidades

El concepto de RDSI ha sido tema de estudio en la UIT durante más de 10 años. De forma más específica, el CCITT, posteriormente UIT-T, ha desarrollado una gran actividad en la preparación de una nueva serie de Recomendaciones conocida como la serie I, que se refiere a todos los temas relacionados con la RDSI, tales como:

a)   el concepto de RDSI y principios asociados;

b)   capacidades de servicio;

c)   aspectos y funciones de la red global;

d)   interfaces usuario-red;

e)   interfaces entre redes.

Tras el esfuerzo del UIT-T la Comisión de Estudio 4 ha estado muy activa en la definición de las necesidades esenciales sobre condiciones de calidad para los enlaces de satélite que incorporen canales de RDSI y ha publicado Recomendaciones que trasladan las de UIT-T en términos significativos para el tramo de satélite de las conexiones RDSI.

8.5.2.2   Definiciones del UIT-T

Las definiciones básicas sobre transmisión en la RDSI aparecen en la Recomendación G.821 del UIT-T que define una "Conexión ficticia de referencia de la RDSI" o XFR (RDSI), representada de forma esquemática en la figura 8.21.

Se utiliza la XFR para elaborar los requisitos de calidad de cada uno de los principales segmentos de transmisión de la conexión global. Como se indica en la figura 8.21, un servicio RDSI puede incluir una conexión de 27 500 km, que es la conexión más larga posible entre abonados (las distancias están definidas a lo largo de la superficie de la Tierra).

Se identifican tres segmentos básicos con las distancias que debe cubrir típicamente cada parte de la conexión. A saber: el segmento de grado local, que incluye la primera conmutación, el segmento de grado medio, similar al servicio entre centrales, y el segmento de grado alto. En la Recomendación G.821 del UIT-T la degradación de la calidad se distribuye entre estos tres grados según valores del 30%, 30% y 40% respectivamente. En la figura 8.21 aparece la XFR más larga indicada en la Recomendación G.821 del UIT-T incluyendo un solo enlace por satélite. En esta XFR los segmentos de grado local y medio ocupan los dos extremos de la conexión (1 250 km) mientras que el segmento de grado alto cubre el resto de la misma (25 000 km).

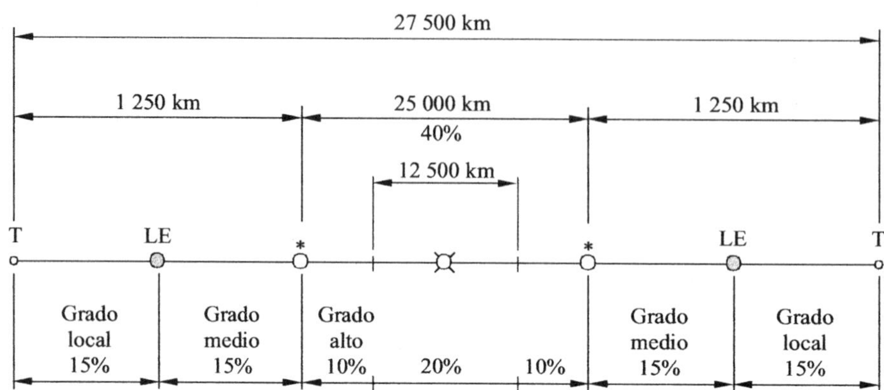

FIGURA 8.21

**Conexión ficticia de referencia de la RDSI basada
en la Recomendación G.821 del UIT-T**

NOTA 1 – No es posible ofrecer una definición del punto de separación entre las partes de grado medio y alto de la XFR. Véase la Recomendación G.821 del UIT-T que ofrece más aclaraciones al respecto.

Al asignar la degradación de la calidad a un trayecto digital ficticio de referencia del servicio fijo por satélite (TDFR SFS), el CCITT consideró la atribución que habría que dar a la red local, a los sistemas de relevadores radioeléctricos terrenales, a los sistemas por cable y por satélite, etc., cada uno de los cuales forma parte de la XFR y presenta unas ciertas limitaciones. Como resultado de este estudio el UIT-T determinó que la atribución de un TDFR del SFS debería ser de 20%.

Véase, no obstante, que esta atribución del 20% puede ser distinta a la de otras Recomendaciones del UIT-T.

8.5.2.3   Definición por el UIT-R del trayecto digital ficticio de referencia (TDFR)

La Recomendación S.521 del UIT-R indica claramente la posibilidad de que un TDFR del servicio fijo por satélite forme parte de una XFR de la RDSI según la define el UIT-T.

El TDFR, que consistiría en un enlace Tierra-espacio-Tierra con la posible inclusión de uno o más enlaces por satélite en la sección espacial, incluiría el equipo indicado en la figura 8.22 a) interconectado con la red terrenal mediante un repartidor digital (RD) adecuado a la velocidad más baja de transmisión de datos que resulte apropiada para ese TDFR. Sin embargo, la velocidad binaria en la interfaz de la red terrenal puede tomar cualquier valor dependiendo de la aplicación.

El TDFR deberá acomodar diferentes tipos de acceso tales como un solo canal o AMDT y permitir la utilización de técnicas tales como la interpolación digital de conversaciones (DSI) y la codificación a baja velocidad (LRE).

De forma adicional las estaciones terrenas deberán incluir dispositivos para compensar los efectos de variación del tiempo de transmisión del enlace por satélite producidos por los movimientos del propio satélite, efectos que revisten una especial importancia en el caso de las redes plesiócronas.

La XFR de la RDSI para una conexión con conmutación de circuitos a 64 kbit/s, definida en la Recomendación G.821 del UIT-T, abarca una longitud total de 27 500 km y se compone de tres categorías de circuitos (grado local, medio y alto) que tienen diferentes requisitos de calidad. El modelo adoptado por el CCIR como referencia para establecer los objetivos de disponibilidad y calidad de funcionamiento de la sección de satélite de la XFR, supone que un TDFR del SFS puede formar parte de la porción de grado alto y puede sustituir una conexión terrenal equivalente que cubra una distancia de 12 500 km. Este modelo de referencia aparece ilustrado en la figura 8.22 b).

Hay que señalar que la distancia de 12 500 km utilizada en la Recomendación G.821 del UIT-T se aproxima al valor resultante de los estudios del UIT-R para diversas configuraciones de la red. De forma más específica, en estos estudios se ha observado que la calidad de funcionamiento del satélite es, en general, independiente de la distancia, con un solo salto máximo que cubre una distancia terrenal equivalente de 16 000 km aproximadamente. En consecuencia, en la gran mayoría de los casos, cuando hay un satélite en la sección internacional de la conexión, el salto por satélite forma la totalidad de la sección internacional, con los dos extremos del enlace por satélite situados en el interior de los países que están conectados, y suelen estar a menos de 1 000 km de los usuarios extremos. Cuando se emplean satélites en la sección nacional de una conexión, parece razonable prever que las prolongaciones terrenales desde las estaciones terrenas hasta el usuario extremo serán aún más cortas. En varios sistemas existentes o proyectados, en particular en servicios comerciales, los terminales terrenos estarían en muchos casos situados en los locales de los usuarios extremos, eliminando así virtualmente las prolongaciones terrenales.

En las diversas configuraciones de XFR consideradas por el UIT-R, si bien el método basado en una distribución relacionada con la distancia no parece ser apropiado, se estableció que se podría postular una distancia para la sección por satélite, lo que ha dado como resultado la formulación del concepto de "distancia equivalente de satélite" (DES) que se asignaría al TDFR por satélite. Como se ha visto anteriormente se ha asignado a la DES un valor de 12 500 km.

También se desarrollaron modelos para conexiones con dos saltos por satélite y enlaces entre satélites pero se consideró que conexiones de este tipo sólo se utilizarían en casos excepcionales. El uso de dos saltos por satélite puede plantear problemas con la transmisión telefónica y con la sincronización de equipos digitales, debido al tiempo de propagación o a la variación del retardo, respectivamente.

8.5.2.4 Requisitos de calidad de funcionamiento del UIT-R

Tal como se ha indicado, tras la publicación por el UIT-T de sus Recomendaciones, el UIT-R, mediante su Comisión de Estudio 4, ha elaborado Recomendaciones que trasladan las del UIT-T en términos significativos para el tramo de satélite de las conexiones RDSI. Aunque esta labor continúa, se han publicado las siguientes Recomendaciones sobre la RDSI:

- Recomendación UIT-R S.614 sobre objetivos de calidad para un circuito RDSI a 64 kbit/s (de la Recomendación UIT-T G.821).

- Recomendación UIT-R S.1062 "Característica de error admisible para el trayecto digital ficticio de referencia a la velocidad primaria o a velocidades superiores" (es decir, 1,5 Mbit/s) (de la nueva Recomendación UIT-T G.826).

En el Capítulo 2 (punto 2.2.3.3) sobre calidad y disponibilidad figuran detalles sobre estas Recomendaciones.

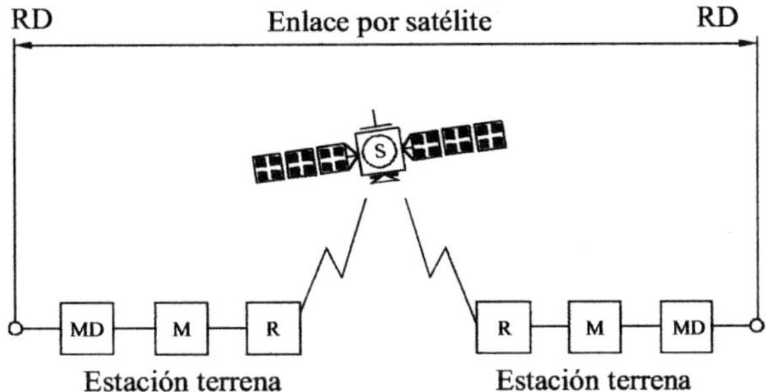

a) Trayecto digital ficticio de referencia

S: Estación espacial del servicio fijo por satélite
MD: Equipo múltiplex digital (comprendido el equipo
            AMDT, IDV y LRE)
M: Equipo de módem
R·   Equipo de FI/RF
RD: Repartidor digital

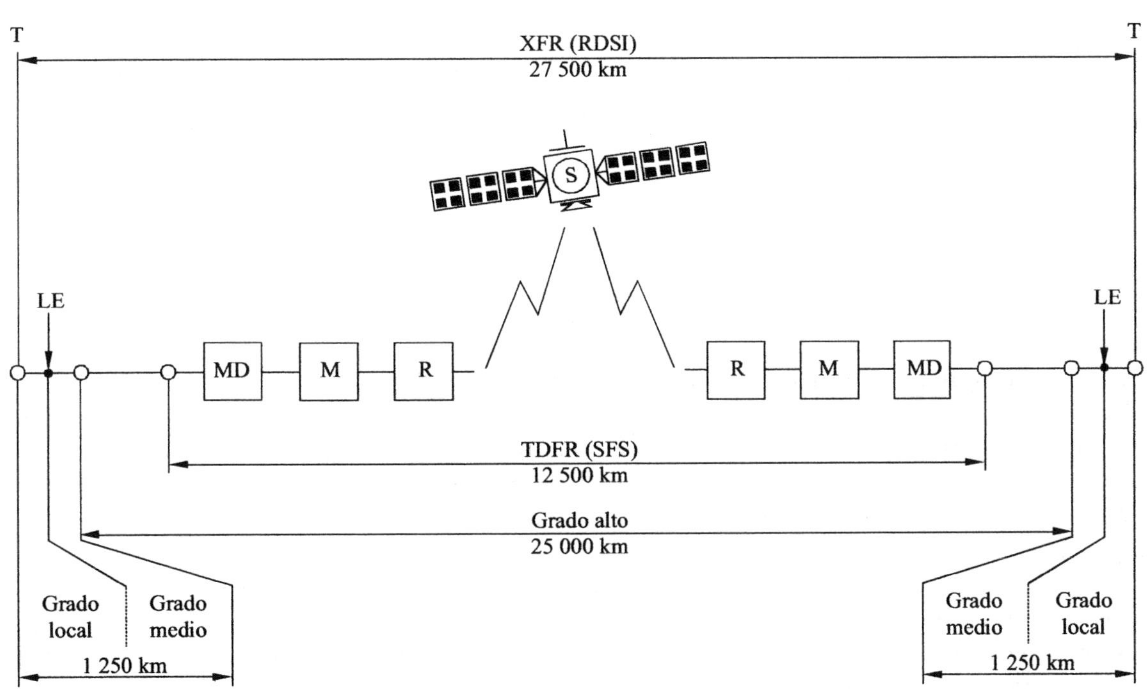

b) Inclusión de un TDFR en la conexión ficticia de referencia de la RDSI
basada en la Recomendación G.821 del UIT-T

LE: Central urbana
T: Punto de referencia

Sat/C8-22

FIGURA 8.22

TDFR y su inclusión en la XFR de la RDSI

8.5.3   Estructura y servicios RDSI

Tal como se ha explicado, la arquitectura de red RDSI se divide en tres segmentos principales: red de usuario, red local y red de tránsito, tal como se indica en la figura 8.23.

La red de usuario puede constar de diversos equipos distintos situados en los locales del abonado tales como terminales de datos, computadores centrales, aparatos facsímil, teléfonos y equipo de vídeo. Estos equipos se conectan a la red local a través de equipo de terminación de red (NT) en los puntos de referencia S y T del abonado. El punto de referencia S sirve para la conexión del equipo terminal a una PABX, LAN o algún tipo de multiplexor por división en el tiempo situado en los locales del usuario. El grupo funcional se denomina terminación de red NT2. El punto de referencia T ofrece fundamentalmente una terminación de capa 1 (NT1) para el bucle local RDSI en los locales del usuario. Un terminal RDSI de usuario puede conectarse directamente en el punto T para tener acceso directo a la red local.

Se definen dos interfaces de acceso de red de usuario RDSI. El acceso básico tiene una estructura de interfaz que consta de dos canales B y un canal D (2B+D). La velocidad binaria en el canal B es de 64 kbit/s y en el canal D de 16 kbit/s. La estructura de la interfaz de acceso de velocidad primaria es 23B+D (1 544 kbit/s) ó 30B+D (2 048 kbit/s), siendo la velocidad binaria del canal B, 64 kbit/s. El canal D, que está destinado principalmente a cursar información de señalización, puede también utilizarse para cursar datos conmutados en paquetes [Ref. 8].

Una red de satélite interconectada con la RDSI debe ser capaz de dar uno o más de los servicios portadores, teleservicios y servicios suplementarios definidos para la RDSI en las Recomendaciones UIT-T pertinentes. El diseño interno de la red VSAT viene determinado por los servicios RDSI que se pretende dar.

Como mínimo, la red de satélite tiene que aceptar los servicios portadores en modo circuito de la RDSI, los cuales requieren una capacidad adecuada para los canales que va desde 64 kbit/s a 1 920 kbit/s más alguno de los canales D a 16 ó 64 kbit/s. Además, como las redes VSAT están destinadas principalmente a las comunicaciones de datos, parece lógico que acepten los servicios portadores en modo paquetes de la RDSI. A fin de asegurar una utilización eficaz del circuito que sirve para el servicio portador en modo paquetes, deben preverse la trama ampliada y las ventanas de paquetes adecuadas.

Algunos de los servicios suplementarios de la RDSI tales como los de subdireccionamiento, marcación directa, número de abonado y grupos cerrados de usuario, pueden utilizarse en las redes VSAT y en beneficio de los usuarios RDSI [Ref. 7].

8.5.4   Casos posibles de interconexión de red VSAT con red RDSI

Una forma común de contemplar la interconexión de redes VSAT – RDSI es considerar la red VSAT como una parte de la red de usuario que se conecta a la RDSI a través de una terminación NT2. Pueden concebirse diversos casos de interconexión, así como diversas maneras de participación de las redes VSAT en la comunicación. Hasta el momento se han identificado los siguientes con aplicación particular a las redes VSAT (aunque cabría contemplar una aplicación más general).

a)   Red con clientes distribuidos de un solo nodo

La figura 8.24 muestra una red RDSI con clientes distribuidos de un solo nodo. La RDSI puede ofrecer en el punto de referencia T una estructura de interfaz de velocidad básica o primaria por medio de un terminal de red NT1. El NT2 forma parte de la red de clientes y por tanto del sistema VSAT. Es necesario satisfacer las especificaciones UIT-T pertinentes de la interfaz T en el nivel de capa física, de capa de enlace de datos y de capa 3. Para los sistemas VSAT sería engorroso asumir las funciones de un NT2-NT1 integrado, pues ello exigiría contar con interfaces especiales para la red pública en el punto de referencia U que no está normalizado por el Sector de Normalización de las Telecomunicaciones de la UIT.

Puede contemplarse al NT2 como el nodo de una PABX distribuida, mientras que la interfaz S representa la norma para la interfaz entre el equipo terminal (TE) y el nodo PBAX. Si se utiliza un sistema VSAT para conectar terminales distantes (TE) a la PABX distribuida, los TE distantes se conectan a las VSAT y el NT2 se sitúa en la estación Principal (o en una de las VSAT). Por tanto, el sistema VSAT traslada conceptualmente la interfaz S desde el emplazamiento del NT2 al emplazamiento del TE.

b)   Red de abonado distribuida con múltiples nodos

En esta arquitectura de red RDSI con clientes distribuidos en múltiples nodos, que se representa en la figura 8.25, pueden interconectarse por satélite diversas redes (nodos) privadas (RDSI), pero también pueden interconectarse con la RDSI pública a través de una central de cabecera (función de interfuncionamiento (IWF)). Se supone que estas redes privadas se explotan conforme a un protocolo convenido.

La interconexión de las redes privadas con la red RDSI pública puede tener lugar por interfaces de abonado normalizados o si no, puede exigir alguna función de interfuncionamiento que adapte los procedimientos de definición de los requisitos de conexión dentro de la RDSI a los aplicables a la red privada. Hasta ahora, no se ha especificado una función de interfuncionamiento de este tipo entre la RDSI pública y las redes privadas, pero la Recomendación UIT-T I.500 identifica la necesidad de dicha función. También puede ser necesario algún tipo de sistema de señalización SS Nº 7. La DSS1 (señalización de acceso local RDSI) no es aplicable en este caso y por tanto habrá de ser reconsiderada por oposición a la señalización de red privada [Ref. 7].

c)   Interfaz a través de una central de conmutación de mensajes

Uno de los métodos de diseño para interconectar redes distintas es aplicar una función de central de cabecera entre ellas utilizando una central de almacenamiento y retransmisión. Un sistema de este tipo estaría limitado a los teleservicios RDSI que no requieran interacción en tiempo real. Con este enfoque, el funcionamiento en el lado del sistema VSAT se desacopla de las RDSI y la compatibilidad con los requisitos de interfaz RDSI sería suficiente para el interfuncionamiento de los sistemas. El equipo terminal no tiene que ser compatible RDSI si la central cabeza de línea estructura la información para las capas altas y bajas conforme a los teleservicios RDSI y los servicios portadores [Ref. 7].

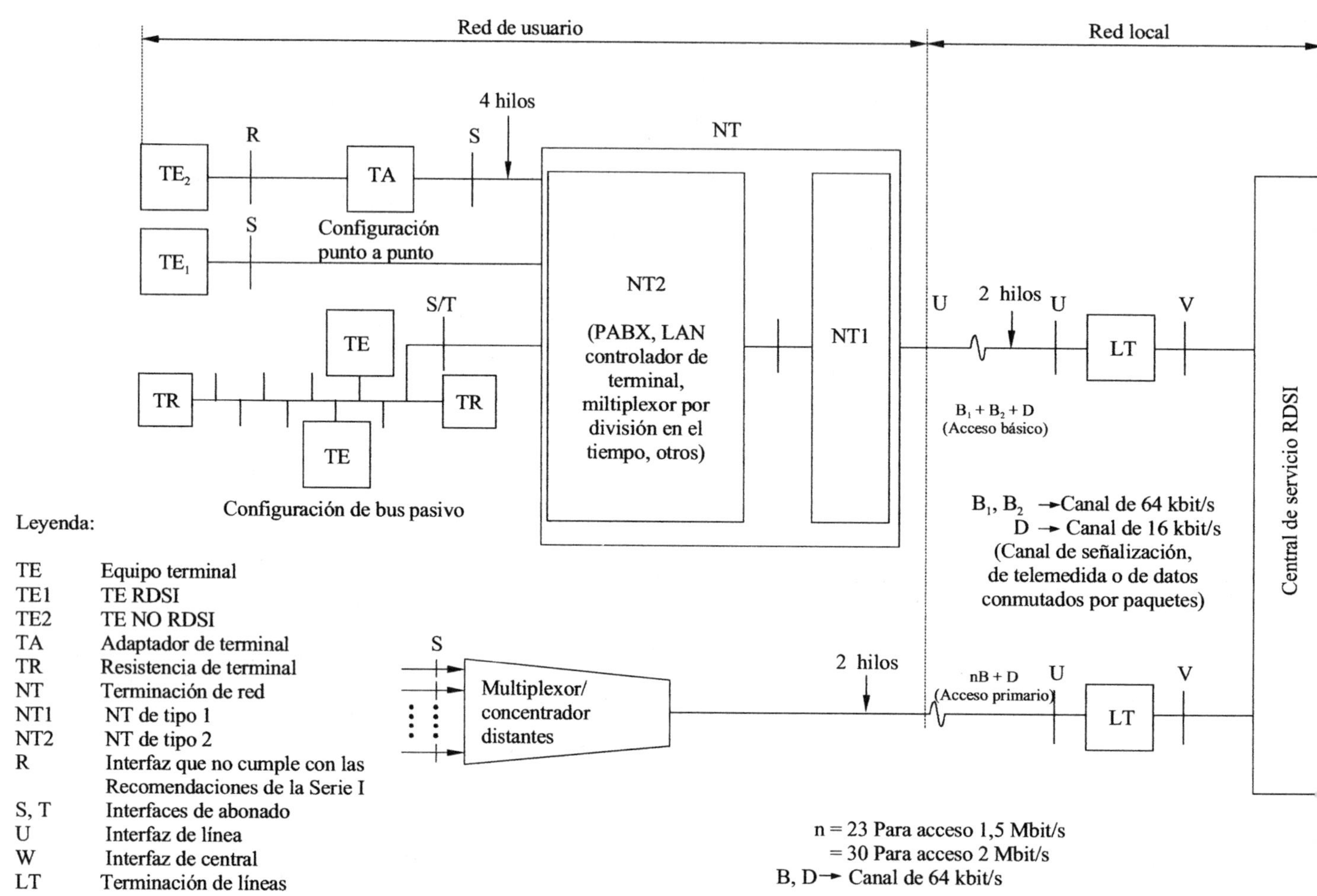

FIGURA 8.23

Definiciones de la RDSI (Ref. 8)

8.5.5   Interfaz RDSI de red VSAT

La interfaz terrenal en el terminal VSAT puede ser la interfaz de velocidad básica (2B+D), y la interfaz terrenal en la central Principal puede ser el de velocidad básica y el de velocidad primaria (23B+D o 30B+D). El protocolo de señalización de capa de enlace (capa 2) para el acceso RDSI es un LAPD. La velocidad del canal D es de 16 kbit/s para el acceso de velocidad básica y de 64 kbit/s para el acceso de velocidad primaria.

Las Recomendaciones UIT-T I.430 y UIT-T I.431 definen las características físicas de la interfaz S. La separación física entre el equipo de terminal (TE) y el NT2 es menor de 1 000 m y el retardo de ida y vuelta correspondiente es inferior a 43 ms (configuración de cableado de punto a punto en I.430). La especificación en cuanto a retardo de ida y vuelta es necesaria por motivos de temporización de los bits de eco del canal D. Los valores de temporizador de los protocolos de I.430 y I.431 pueden no ser adecuados para un enlace de satélite y es necesario revisar las mencionadas recomendaciones. Alternativamente, puede considerarse la posibilidad de efectuar una emulación local en ambos extremos de diversas funciones de interfaz S, para asegurar la compatibilidad con el equipo de terminal normalizado. El sistema VSAT debe prever internamente los canales necesarios y el funcionamiento correcto de la capa física incluyendo la alineación de reloj, bytes y trama, la activación/desactivación de los TE, la contienda de bits en el canal D y esquema de eco, las indicaciones de mantenimiento y estado, etc.

El LAPD es el protocolo utilizado en el canal D que normalmente funciona entre terminales RDSI y la central local. Es importante asegurar que este protocolo actúa correctamente en un enlace de satélite (red VSAT) que forme parte de la conexión entre el terminal y la de la central local (por ejemplo en la configuración de referencia 1 descrita anteriormente). En la capa 2, los parámetros críticos para el funcionamiento con satélite son el temporizador de retransmisión T200 y k, número máximo de tramas pendientes en el protocolo LAPD (capa de enlace). Convendría que el valor de T200 fuese igual que a 2,5 s en las entidades de interfaz participantes (TE/NT2). Asimismo, hay que elegir el valor de k para que sea mayor que su valor por defecto a fin de mejorar las características en el canal D, es decir un valor al menos de 5 y 19 para canales D de 16 kbit/s y 64 kbit/s, respectivamente [Ref. 7].

Para poder dar servicio portador RDSI en modo paquete, la central cabeza de línea situada en la Principal establece una conexión virtual adecuada con la correspondiente cabeza de línea en el terminal VSAT de destino. Se vuelve a introducir un protocolo RDSI adecuado en el terminal VSAT para comunicar por la interfaz RDSI terrenal con el usuario final. Como resultado de ello, se pasa una comunicación de paquetes RDSI de extremo a extremo por la red VSAT de manera rentable. Según esta posibilidad, la central de cabecera realiza una serie de funciones importantes para prestar un servicio eficaz de comunicación de paquetes, a saber, el de interfaz con el protocolo de acceso múltiple VSAT y el control de errores/flujos, la conexión virtual y liberación y la eliminación de los datos de reposo entre trama del protocolo LAPD.

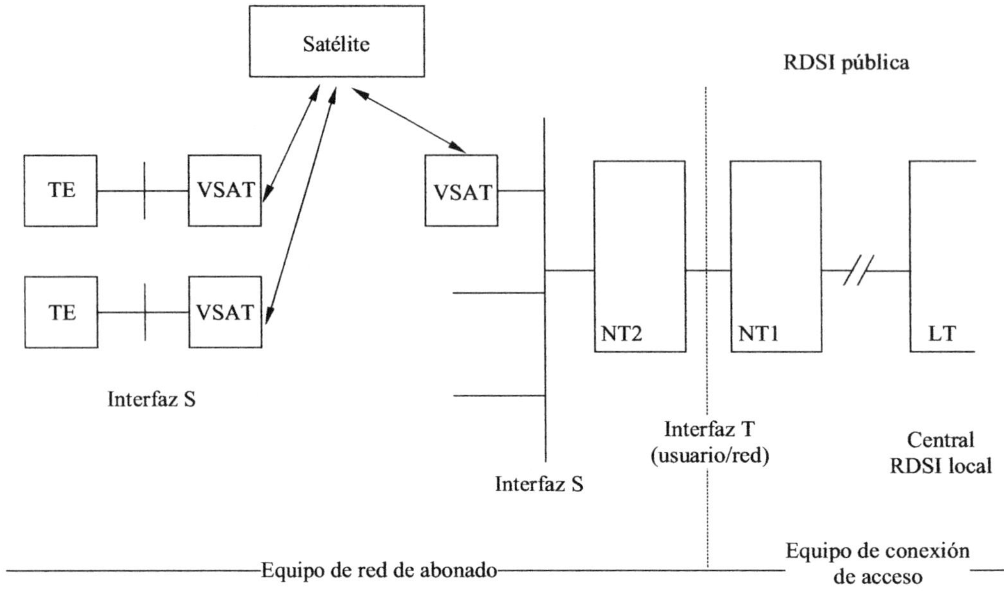

FIGURA 8.24

Red de abonado RDSI distribuida en un solo nodo (Ref. 7)

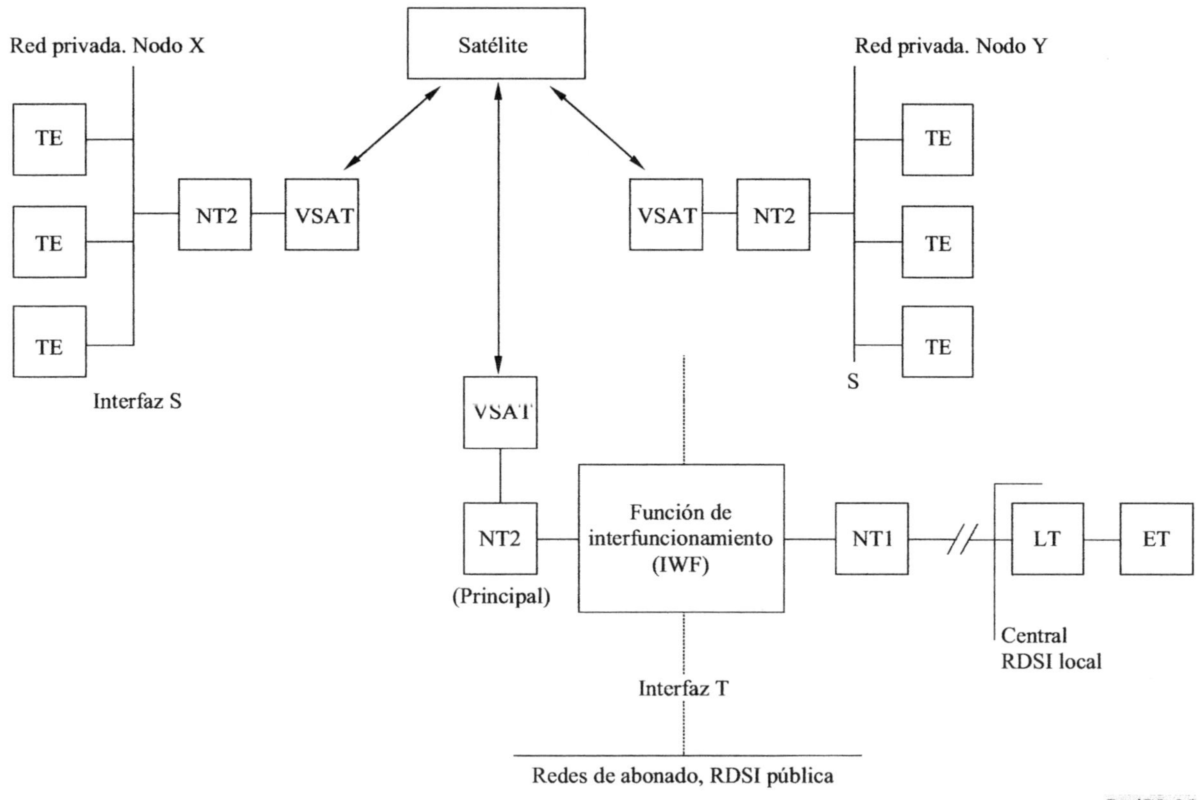

FIGURA 8.25

Red de abonados RDSI distribuida con múltiples nodos (Ref. 7)

Aislando los procedimientos de protocolo de control de llamada y LAPD en la interfaz terrenal, se es libre para elegir un protocolo adecuado de acceso múltiple y de cabecera a cabecera. Una elección podría ser el protocolo de acuse de recibo selectivo que almacena los paquetes de fuera de secuencia. Típicamente, una vez VSAT utiliza una técnica de acceso aleatorio o una de sus variantes, como esquema de acceso múltiple lo que se traduce en una probabilidad finita de conexión de paquetes. Como el protocolo LAPD no aceptará los paquetes fuera de secuencia, toda colisión producirá a su vez la pérdida de muchos paquetes que no chocaron [Ref. 6].

8.6 Interconexión con redes ATM

8.6.1   Introducción

Tal como se explicó en el Capítulo 3 (punto 3.5.4) y en el apéndice 3.4 a los que se remite al lector para un resumen de los principios básicos, el modo de transferencia asíncrono (ATM) es un modo específico de transmisión por paquetes que utiliza la transmisión asíncrona por división en el tiempo y la conmutación de bloques de tamaño fijo (de 53 bytes de longitud) denominados células.

Este punto trata los problemas específicos que se presentan en la implementación de enlaces de satélite en redes ATM.

En la conclusión, se hace referencia a los estudios recientes sobre arquitecturas de satélite futuras para aplicaciones ATM avanzadas.

8.6.2   Transporte del múltiplex ATM

El transporte de las células ATM, se definía inicialmente a las velocidades de la jerarquía digital síncrona (SDH), es decir, a 155 Mbit/s y superiores (véanse las Recomendaciones UIT-T G.707 y las de la serie I.432). La SDH continúa considerándose como la base para el transporte de células ATM. No obstante, al menos durante un periodo de transición, se ha definido el transporte de células ATM utilizando la jerarquía digital plexiócrona (PDH). La Recomendación UIT-T G.804 define la correspondencia de células ATM con la PDH a las velocidades 1,544, 6,312, 44,736 y 97,728 Mbit/s (jerarquía de 1,544 Mbit/s) y a las velocidades 2,048, 34,368 y 139,264 Mbit/s (jerarquía de 2,048 Mbit/s). La ATM puede también servir para los sistemas basados en células (véanse de nuevo las Recomendaciones UIT-T G.707 y las de la serie I.432) y para los sistemas basados en la MPEG-2 (para la MPEG-2, véase el Capítulo 3, apéndice 3.3, punto AP3.3-2.3 y también el Capítulo 7, punto 7.10.1.1).

8.6.3   Efecto de la transmisión por satélite en la ATM

Tal como se ha explicado en el apéndice 3.4 (punto AP3.4-2), el enlace de satélite introduce un retardo en el tiempo de transmisión entre las estaciones terrenas de transmisión y de recepción. Este retardo está comprendido por lo general entre 240 ms y 280 ms para un enlace determinado, en el caso de un satélite geoestacionario (OSG). La mayoría de los servicios pueden tolerar dicho retardo, aunque éste puede aumentar significativamente, en particular, el retardo de los mecanismos de retroalimentación que son fundamentales para el control de la congestión.

Existen otros retardos, tales como el retardo de codificación y decodificación de la corrección de errores directa (FEC), el retardo de entrelazado y desentrelazado (véase más adelante), y el retardo tampón para el acceso (incluyendo los retardos de cola, de conmutación y/o de encaminamiento). Todos estos retardos son constantes, excepto el último, y por tanto, no influyen en el parámetro de variación del retardo de célula.

Evidentemente, el retardo es muy inferior, pero incluye una componente variable en el caso de una constelación de satélites en órbita terrena baja (LEO). Hay varios métodos para compensar, al menos parcialmente, esta componente variable (por ejemplo, el de "numerar" la célula para restituirla correctamente en la recepción).

A fin de reducir la potencia transmitida y/o el tamaño de la antena de la estación terrena, la transmisión por satélite se asocia generalmente a la FEC cuyo código más frecuentemente utilizado es el de codificación convolucional (velocidad 1/2 ó 3/4) asociado a la decodificación de Viterbi. Los errores residuales después de dicha decodificación no son independientes, sino que aparecen en forma de ráfagas (incluso más con la velocidad 3/4 que con la de 1/2). Esta presencia de errores en ráfaga repercute en la transmisión ATM, porque los formatos de encabezamiento de células ATM y la capa de adaptación ATM (AAL) se han diseñado suponiendo una tasa de errores binarios reducida y errores aislados.

De hecho, la corrección del error de encabezamiento (HEC) de las células ATM puede corregir errores sencillos y detectar casi todos los errores múltiples de los 5 bytes que contiene el encabezamiento de una célula ATM. Cuando la HEC detecta errores que no puede corregir, se descarta toda la célula y se pierde su carga útil para una conexión de extremo a extremo[2].

Los dos procesos principales utilizados actualmente para tratar el error en ráfagas son:

Entrelazado: Se utiliza un dispositivo de entrelazado que reorganiza los bits codificados a lo largo de varias longitudes de bloque. La magnitud de la protección contra errores, basada en la longitud de los errores por ráfagas aparecidos en el canal, determina la longitud de actuación de la unidad de entrelazado. El efecto total del entrelazado es dispersar los efectos de errores largos en ráfagas, de forma que aparezcan ante el decodificador como errores binarios aleatorios independientes. Evidentemente, una unidad de desentrelazado restablece el orden normal de los bits en su salida. El método de entrelazado puede aplicarse únicamente en el caso de señales relativamente largas en las que interviene un número suficiente de bloques.

Concatenación de un código exterior: La implementación de un código exterior además de la de una codificación FEC interior puede reducir considerablemente los errores binarios. El código de bloques Reed-Solomon (RS) está entre los códigos más eficaces que pueden aplicarse utilizando los circuitos y la tecnología de programación más modernos (véase el Capítulo 3, punto 3.3.5 y el apéndice 3-2). En los códigos de bloque, la señal de entrada se parte en bloques, procesándose cada uno de ellos como una unidad única en el codificador y el decodificador. Se utilizan esquemas de codificación RS concatenados con códigos interiores convolucionales para lograr enlaces de transmisión ATM por satélite de gran calidad y rentables con calidad "de fibra". La figura 8.26 muestra un ejemplo de las características de la utilización de un esquema RS concatenado. En este ejemplo de simulación, se representan la BER y la tasa de errores en las células (CER, véase más adelante) en función de la relación F_b/N_0 para el caso particular de un código exterior RS (126,106)

---

[2] Además, la HEC reconoce algunos esquemas de más de dos errores en el encabezamiento como un error sencillo y a partir de ahí, puede producirse una corrección inadecuada en una célula que debe descartarse. En este caso, la ATM se elimina o se transmite a una dirección errónea por el nodo ATM (encaminamiento erróneo, véase más adelante en el punto 8.6.5 la "tasa de inserción errónea de células – CMR").

que se extiende a lo largo de dos células (sin entrelazado): para $E_b/N_0 = 6$ dB, la BER es casi de 10^{-9} y la CER es aproximadamente de $3,10^{-8}$.

Si es posible, se combinan estos dos procesos para optimizar la calidad del enlace. Véase de nuevo que la utilización de un código RS y del entrelazado aumenta el retardo.

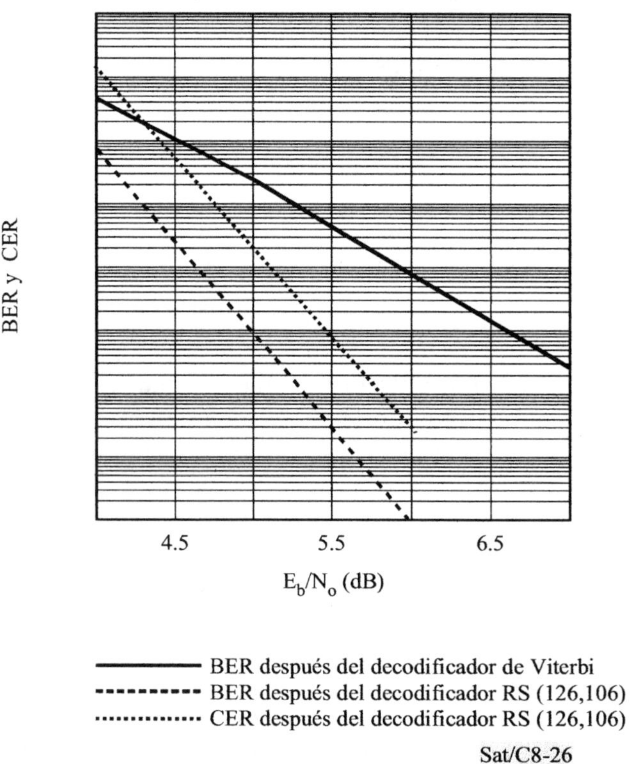

Sat/C8-26

FIGURA 8.26

**Características de la BER y la CER para
un código RS (126,106) concatenado**

8.6.4   Papel de las transmisiones por satélite en las redes ATM

8.6.4.1   El satélite como medio de transmisión

Los satélites han de utilizarse como medio de transmisión para los datos ATM, al igual que cualquier otro medio clásico. El transporte ATM debe tenerse en cuenta en los enlaces por satélite, a fin de prever una calidad de transmisión comparable a la obtenida con los cables de fibra óptica.

8.6.4.2   El satélite como elemento de transmisión y de conmutación

Los satélites pueden también desempeñar un papel en la conmutación ATM. Diversos estudios han demostrado la viabilidad del procesamiento a bordo (OBP) de satélites, incluyendo una unidad de conmutación completa ATM de trayecto virtual (VP) circuito virtual (VC) o, al menos, una conmutación VP (transconexión).

Un satélite transparente acoplado al TDMA puede también desempeñar un papel activo en la conmutación ATM. Ello se ha demostrado, en particular, mediante el proyecto RACE CATALYST que se describe más adelante (punto 8.6.7.2).

8.6.5   Estudios del UIT-R sobre transmisiones ATM por satélite

8.6.5.1   Generalidades

Siguiendo una Recomendación del UIT-T sobre ATM y, en particular, la Recomendación I.356 (sobre calidad de la transferencia de células de capa ATM RDSI-B) y la Recomendación I.357 (sobre disponibilidad RDSI para conexiones semipermanentes), el UIT-R está actualmente publicando Recomendaciones que trasladan los objetivos de calidad en términos aplicables a los tramos de conexión, incluyendo los enlaces por satélite. Dichas Recomendaciones del UIT-R deben asegurar el cumplimiento de los enlaces por satélite con los objetivos generales de calidad de extremo a extremo y, a su vez, los objetivos de calidad de usuario final. No obstante, debe señalarse que:

- Pueden existir sistemas de transmisión por satélite basados en el ATM que escapen al alcance de la Recomendación I.356 e I.357 y que, en particular, no funcionen en el marco de los enlaces internacionales en las redes RDSI-B.

- Las Recomendaciones del UIT-R que se preparan actualmente se aplicarán a la OSG y, posiblemente, a los satélites no OSG. Esto significa que el trayecto de satélite puede comprender estaciones terrenas y un solo satélite transparente ("tubo doblado") o una serie de satélites. Algunos sistemas por satélite pueden incluir transpondedores con procesamiento a bordo (OBP), conmutación ATM y enlaces entre satélites (ISL).

- El punto de demarcación entre la red ATM nacional y la internacional se conoce como punto de medición internacional (MPI). El tramo entre dos MPI se conoce como tramo internacional entre operadores (IIP).

8.6.5.2   Recomendación del UIT-R sobre calidad RDSI-B ATM por satélite

La primera Recomendación del UIT-R que se publicará sobre el tema tratará de la "Calidad para el modo de transferencia asíncrono (ATM) en la RDSI-B por satélite".

Los parámetros que se tendrán en cuenta en esta Recomendación se basan en los considerados por la Recomendación UIT-T I.356 que se enumeran a continuación (véase también el apéndice 3.4, punto AP3.4-2):

- la tasa de pérdida de células (CLR);

- la tasa de errores en las células (CER) que se define como la relación entre las células con error y el número total de células con error y sin error transferidas satisfactoriamente;

- la tasa de bloques de células con muchos errores (SECBR) que se refiere al total de bloques de células con muchos errores[3] en una población de interés;

- la tasa de inserción errónea de células (CMR), véase la Nota[3]);

- el retardo de transferencia de células (CTD);

- la variación de retardo de célula (CDV)[4].

Los principios para la traslación de los parámetros CLR, CER y SECBR en términos de tasa de errores binarios (BER) en el canal de satélite y a continuación la traslación de Recomendaciones UIT-T en términos de objetivos de calidad de satélite son en cierto modo similares a los utilizados para la traslación de la Recomendación UIT-T G.826 ("Parámetros y objetivos de la calidad en términos de errores para trayectos digitales internacionales de velocidad binaria constante a la velocidad primaria o a velocidades superiores") en la Recomendación UIT-R S.1062 ("Características de error admisible para el trayecto digital ficticio de referencia a la velocidad primaria o a velocidades superiores") (véase el Capítulo 2, punto 2.2.3.3 ii)). El punto de partida es la atribución de los objetivos de calidad ATM del tramo internacional de las conexiones ATM por satélite que forman parte de una conexión ficticia de referencia (HRX) para sistemas RDSI-B ATM.

El cuadro 8.3 muestra los objetivos de calidad previstos actualmente para los servicios de clase 1 (la clase más estricta, que es sensible al retardo y que está concebida para servicios de velocidad binaria constante y velocidad binaria variable en tiempo real, tales como la telefonía y la videoconferencia).

---

[3] Un bloque de células con muchos errores se produce cuando se observa en un bloque de células recibido más de M células con error, células perdidas o células con error de inserción. Un bloque de células es una secuencia de N células transmitidas consecutivamente en una conexión determinada.

[4] La variación del retardo de célula (CDV) o fluctuación puede surgir en un enlace por satélite dependiendo de diversos aspectos. En primer lugar, la CDV depende de la estructura de la carga del tráfico. La CDV depende también de la capacidad del tampón y del mecanismo de la conmutación. Por lo referente a los sistemas basados en una constelación de satélites LEO, la CDV dependerá de la transferencia. Aumentará con el número de nodos ATM en una conexión (éste puede ser un componente crítico en los satélites que utilizan OBP e ISL). Por último, la CDV dependerá de las operaciones resultantes del equipo ATM específico del satélite. La utilización de múltiples esquemas de acceso puede repercutir en la CDV.

CUADRO 8.3

Objetivos de calidad ATM para satélites (servicios de clase 1)

Parámetros de calidad	Objetivo de la UIT de extremo a extremo	Objetivo de la UIT para el satélite
CLR	3×10^{-7} (NOTA 1)	$7,5 \times 10^{-8}$
CER	4×10^{-6}	$1,4 \times 10^{-6}$
SECBR	1×10^{-4}	$3,5 \times 10^{-5}$
CTD	400 ms	320 ms (máx)
CDV	3 ms	Despreciable
CMR	1/día	1 por 72 horas (NOTA 2)

NOTA 1 – Es posible que en el futuro, las redes puedan llegar a una $CLR = 1 \cdot 10^{-8}$ para la clase 1. Esto requiere nuevos estudios.

NOTA 2 – La atribución para el equipo de procesamiento ATM a bordo requiere nuevos estudios.

Debe señalarse que, mientras que los parámetros y objetivos de calidad de la capa ATM se especifican en la Recomendación UIT-T I.356, los parámetros y objetivos de calidad de la capa física para conexiones que vayan a cursar tráfico ATM figuran en la Recomendación UIT-T G.826 que, como se ha mencionado, se tradujo en la Recomendación UIT-R S.1062.

Los parámetros indicados en la G.826, es decir, la tasa de segundos con error (ESR), la tasa de segundos con muchos errores (SESR) y la tasa de errores de bloque de fondo (BBER) son distintos de los de la I.356, y los estudios y las mediciones han demostrado que una instalación diseñada para cumplir estrictamente la G.826 pueden no cumplir los objetivos de la I.356 para los servicios ATM de clase 1. Así pues, se propone que los enlaces de satélite que vayan a cursar tráfico ATM se diseñen para cumplir los requisitos de la I.356 con margen suficiente para compensar las degradaciones operacionales.

8.6.5.3   Recomendación del UIT-R sobre disponibilidad RDSI-BA ATM por satélite

Otra Recomendación del UIT-R tratará sobre Objetivos de disponibilidad para un trayecto digital ficticio de referencia (TDFR) utilizado en la transmisión del modo de transferencia asíncrono (ATM) por la RDSI-B en sistemas del SFS en órbita geoestacionaria, utilizando frecuencias por debajo de 15 GHz[5].

---

[5] Véase que los objetivos de disponibilidad de las conexiones conmutadas ATM de la RDSI-B requieren estudios adicionales. No obstante, hasta que el UIT-T adopte los requisitos específicos de disponibilidad de este tipo de conexiones, pueden utilizarse los objetivos de esta Recomendación.

Esta Recomendación se corresponderá con la Recomendación UIT-T I.357 (disponibilidad de la conexión semipermanente RDSI-B ATM). La disponibilidad de la RDSI-B ATM por satélite se determina por los efectos combinados de la congestión de la red, los errores de transmisión, los fallos del equipo y las características de la propagación. Sobre la base de estudios anteriores para trayectos de transmisión en las bandas de 6/4 GHz y 14/10-11 GHz y para disponibilidad de vehículo espacial y estación terrena, se propone un valor de 99,86% de la disponibilidad anual de un TDFR por satélite, es decir, el porcentaje de tiempo durante el que se cumple la Recomendación UIT-T I.356.

8.6.6   Algunas aplicaciones de las transmisiones ATM por satélite

Evidentemente, la aplicación principal de las transmisiones ATM por satélite es y seguirá siendo el transporte de trenes de señales vocales y, de forma más general, de señales de tipo vocal/datos en la RDSI. No obstante, se describen a continuación dos aplicaciones más específicas, es decir, la de Internet y la de programas de televisión/vídeo comprimidos.

8.6.6.1   Tráfico Internet por conexiones ATM de satélite

El transporte de tráfico Internet por redes ATM es una aplicación importante de los satélites. Los sistemas de satélite basado en el ATM pueden utilizarse para el transporte medular de señales de gran velocidad, así como para la conectividad de acceso en muchas regiones del mundo, incluyendo el acceso mediante sistemas de satélite LEO.

Aunque la mayoría de las aplicaciones Internet actúan satisfactoriamente por conexiones ATM de satélite, preocupa que las aplicaciones de gran velocidad no puedan funcionar de forma eficaz por enlaces de satélite, debido a los efectos de latencia (retardo) con las versiones actuales del protocolo de control de transmisión de Internet (TCP/IP) utilizado por Internet, especialmente en el caso de trenes de datos de gran velocidad por enlaces de retardo largo. Este problema no es único de los satélites y también surge en algunos servicios de datos transmitidos en velocidades del orden de gigabits por redes de fibra.

Hay dos amplias categorías de problemas que limitan la mejora de la actual eficacia del TCP por satélite: la anchura de banda disponible y la forma en que se acusa recibo de los paquetes y se les retransmite. El caudal de una aplicación simple que utilice una conexión TCP puede estar limitado por el "tamaño de la ventana" del TCP. Una forma de aumentar el caudal es aumentar el tamaño de dicha ventana, pues podrán mandarse más datos antes de esperar un mensaje de acuse de recibo. No obstante, también han de considerarse otros aspectos. Entre ellos está el de los algoritmos de retransmisión y el mecanismo de control de congestión del TCP. Se han propuesto algunas soluciones potenciales y se han efectuado estudios de simulación, especialmente para determinar los requisitos de la memoria tampón.

En los estudios mencionados se consideraron los casos siguientes:

- sistemas LEO (por ejemplo 700 km de altitud) con un solo enlace (retardo estación terrena-estación terrena ≈ 5 ms) y múltiples saltos LEO (retardos de hasta 50 ms);

- sistemas GEO (retardo típico de estación terrena a estación terrena ≈ 275 ms);

- configuraciones con 5, 15, 50 fuentes (es decir, conexiones TCP) en un solo enlace de cuello de botella (y 100 fuentes para un solo salto LEO);

- velocidad binaria y configuración del sistema: se supone que toda la red de satélite responde a un enlace ATM en 155 Mbit/s sin ningún procesamiento o cola de espera a bordo (todo el procesamiento o la cola tienen lugar en las estaciones terrenas);

- el tamaño del tampón es un múltiplo o submúltiplo del tiempo de ida y vuelta (RTT).

Los resultados de simulaciones (eficacia del caudal en función del tamaño del tampón) muestran un valor muy asintótico de la eficacia para un tamaño suficiente del tampón. En todos los casos de latencia, e incluso para un gran número de fuentes, el caudal TCP es superior al 98% para tamaños del tampón de 0,5 a 1 RTT.

8.6.6.2 Aplicaciones vídeo y multimedio

Estas aplicaciones se basan por lo general en el protocolo de compresión de vídeo MPEG-2. El tren de transporte MPEG-2 es un protocolo complicado de multiplexación en el tiempo que permite la transmisión de múltiples programas de vídeo, audio y datos específicos de usuario en un tren de datos único. Debido a la complejidad de la codificación vídeo/audio MPEG-2 y la multiplexación del transporte, es extremadamente difícil determinar la calidad de vídeo resultante de los errores aleatorios insertados en el tren de transporte, es decir, determinar la forma en que el contenido del programa se degrada o cómo el decodificador pierde sincronismo cuando la BER aumenta en el enlace de satélite.

El tren de transporte MPEG-2 (compuesto de paquetes de 188 bytes) puede segmentarse y situarse en células ATM utilizando la capa de aplicación ATM AAL-1 o la AAL-5.

Otro tema de interés es el transporte conjunto de servicios interactivos basados en el ATM y de servicios de radiodifusión por sistemas de satélite, basados en el MPEG-2 (véase el Capítulo 3, apéndice 3.3, punto AP3.3-2.3, y también el Capítulo 7, punto 7.10.1.1). A fin de evitar la utilización de portadoras separadas para estas clases de servicios en el sentido directo (radiodifusión), las células ATM pueden encapsularse en trenes bien identificados de paquetes MPEG-2. En este caso, el MPEG-2 actúa como la capa física para el transporte de las células ATM.

8.6.7 Pruebas de transmisión ATM por satélite

8.6.7.1 Medición de la calidad en la capa física y en la capa ATM

Se efectuaron diversas pruebas para evaluar la calidad de la capa física y de la ATM en enlaces de satélite. A continuación se ofrecen dos ejemplos de estas pruebas. INTELSAT y NASA (Estados Unidos) efectuaron otros ensayos. Los resultados de las mediciones de dichas pruebas fueron utilizados por el UIT-R en la preparación de las Recomendaciones sobre ATM.

Pruebas entre AT&T (Estados Unidos) y KDD (Japón)

Estas pruebas forman parte de una campaña completa de ensayos efectuada en 1995 entre las estaciones de Salt Creek (California), Ibaraki (Japón) y Sidney (Telstra, Australia) con la asistencia de INTELSAT. Se explotaba un enlace IDR en 45 Mbit/s. En el ensayo intervenía una combinación de enlaces por satélite y terrenales de fibra (DS-3). Los resultados presentados son únicamente los del enlace AT&T-KDD, pues este enlace se ensayó durante más tiempo e incluía mayores eventos de lluvia que el enlace AT&T-Telstra. El cuadro 8.4 muestra los principales parámetros de calidad medidos, comparándolos con los objetivos de la UIT (éstos se ajustaron conforme a la atribución al tramo de satélite OSG en una conexión internacional de extremo a extremo). Los resultados muestran que la calidad en ambos sentidos cumple los objetivos de la Recomendación UIT-T G.826 (y también los "contornos" de la Recomendación UIT-R S.1062) con un margen de 1 a 2 órdenes de magnitud. No obstante, los resultados muestran también que este nivel de calidad puede no ser suficiente para el ATM, pues los objetivos de la parte superior de los servicios de clase 1 (Recomendación UIT-T I.356) exigirán umbrales de la BER próximos a 10^{-9}.

En consecuencia, los resultados AT&T-KDD pueden haber cumplido a penas los objetivos de la Recomendación UIT-T I.356. Las técnicas de mejora del enlace, tales como las de codificación exterior RS y/o entrelazado pueden ofrecer una mejora de la calidad que puede ser más congruente con los requisitos del ATM.

CUADRO 8.4

Calidad de las capas física y ATM para enlaces en 45 Mbit/s entre AT&T y KDD

Parámetros	Capa física abril-junio de 1995					capa ATM agosto-diciembre de 1995	
	% ES (G.826)	% SES (G.826)	BBER (G.826)	Promedio BER	Umbral BER (0,2% del tiempo) (S.1062)	CLR I.356 (Clase 1)	CER I.356 (Clase 1)
Objetivos de la ITU	2,62	0,07	$7{\cdot}10^{-5}$	-	$4{,}0{\cdot}10^{-6}$	$7{,}5{\cdot}10^{-8}$	$1{,}4{\cdot}10^{-6}$
KDD a AT&T	0,014	0,008	$1{,}5{\cdot}10^{-8}$	$4{,}8{\cdot}10^{-10}$	$4{,}5{\cdot}10^{-9}$	$1{,}9{\cdot}10^{-10*}$	$5{,}4{\cdot}10^{-10*}$
AT&T a KDD	0,0056	0,0027	$7{,}6{\cdot}10^{-9}$	$2{,}6{\cdot}10^{-10}$	$3{,}0{\cdot}10^{-9}$	$3{,}9{\cdot}10^{-10*}$	$8{,}8{\cdot}10^{-10*}$

* Éstos son valores promedio y no los límites superiores especificados en la Recomendación I.356.

Ensayos ATM realizados por EUTELSAT

EUTELSAT efectuó mediciones de la capa ATM y la capa física en sistemas TDMA (2,048 Mbit/s de entrada a TDMA en 120 Mbit/s) e IDR (34,468 Mbit/s) a fin de caracterizar la relación entre los parámetros de las Recomendaciones UIT-T G.826 e I.356 en función de la calidad del enlace. Las figuras 8.27a) y b) muestran la comparación de la calidad y los objetivos típicos.

8.6.7.2   Demostración de un sistema de conmutación ATM por satélite

Tal como se ha explicado (punto 8.6.4.2), un satélite transparente acoplado a un sistema TDMA pueden también desempeñar un papel activo en la conmutación ATM, tal como puso de manifiesto el proyecto europeo CATALYST.

El sistema CATALYST implementa una red completa en malla entre estaciones terrenas que actúan como nodos de tráfico. Se comporta como una unidad de conmutación ATM distribuida: los trenes de células de entrada se encaminan desde las entradas a las salidas (es decir, entre puertos ATM en las estaciones terrenas), conforme a sus identificadores de trayecto virtual (VPI).

El sistema CATALYST permite así interconectar redes de banda ancha geográficamente dispersas (redes ATM o redes de área local, LAN, a través de una unidad de interfuncionamiento).

Tal como se representa en la figura 8.28, un terminal de tráfico distribuye las células ATM válidas por una pequeña unidad de conmutación ATM VP (el módulo de adaptación ATM – ATMAM). La gestión del plan temporal dc ráfagas TDMA corre a cargo del NCC que atribuye a cada terminal de tráfico, a través de una reserva inmediata o a corto plazo, una función de capacidad del tráfico máximo estimado. En lo que se refiere a las interfaces ATM, el sistema efectúa funciones de la capa ATM y de la capa física. En lo referente a las interfaces LAN, el sistema efectúa también funciones AAL, a través de la unidad de interfuncionamiento, para adaptar el tráfico LAN al ATM.

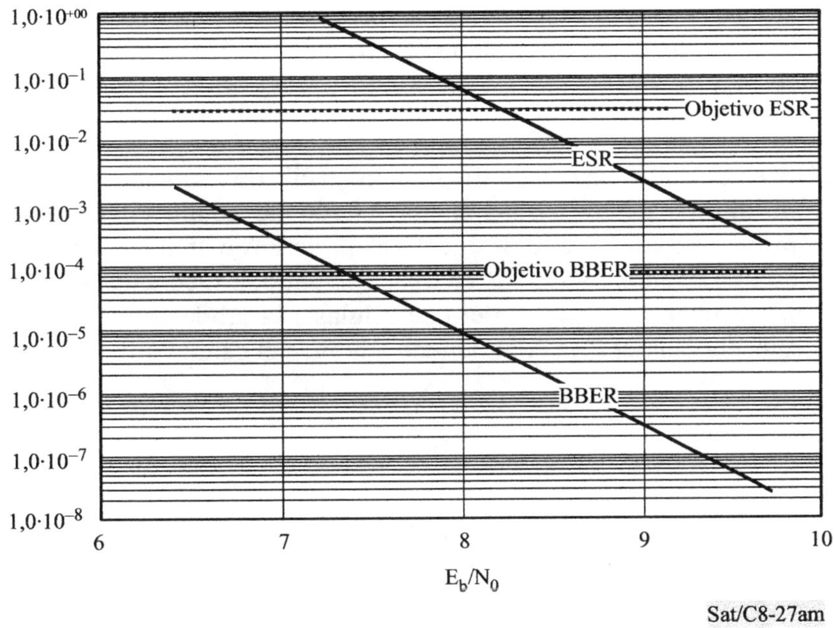

FIGURA 8.27 A)

Pruebas EUTELSAT: Calidad G.826 (capa física) en función de E_b/N_0 a la entrada del demodulador para un módem IDR (con FEC 3/4) a 34,368 Mbit/s

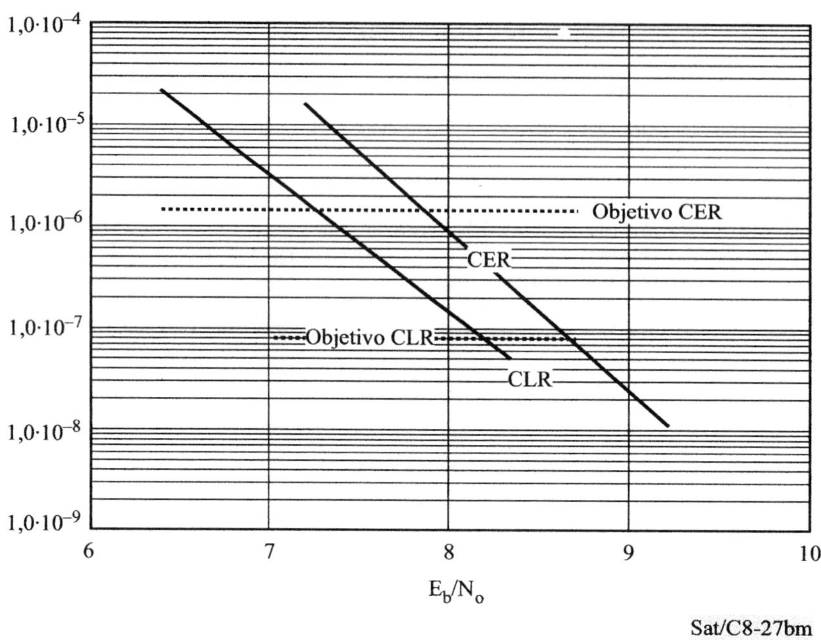

FIGURA 8.27 B)

**Pruebas EUTELSAT: Calidad I.356 (capa ATM) en función de E_b/N_0 a la entrada
del demodulador para un módem IDR (con FEC 3/4) a 34,368 Mbit/s**

Véase que el TDMA permite una reconfiguración fácil de la capacidad. No obstante, un inconveniente es que introduce una variación del retardo de célula (CDV) que es debido a la compresión y expansión temporal y que se iguala al periodo de trama TDM. Es posible reducir considerablemente esta CDV numerando las células a la entrada mediante una transmisión de esta información de tiempo y reconstruyendo el flujo de células a la salida con la aproximación temporal óptima. Evidentemente, ello aumenta la complejidad y reduce el caudal útil del satélite.

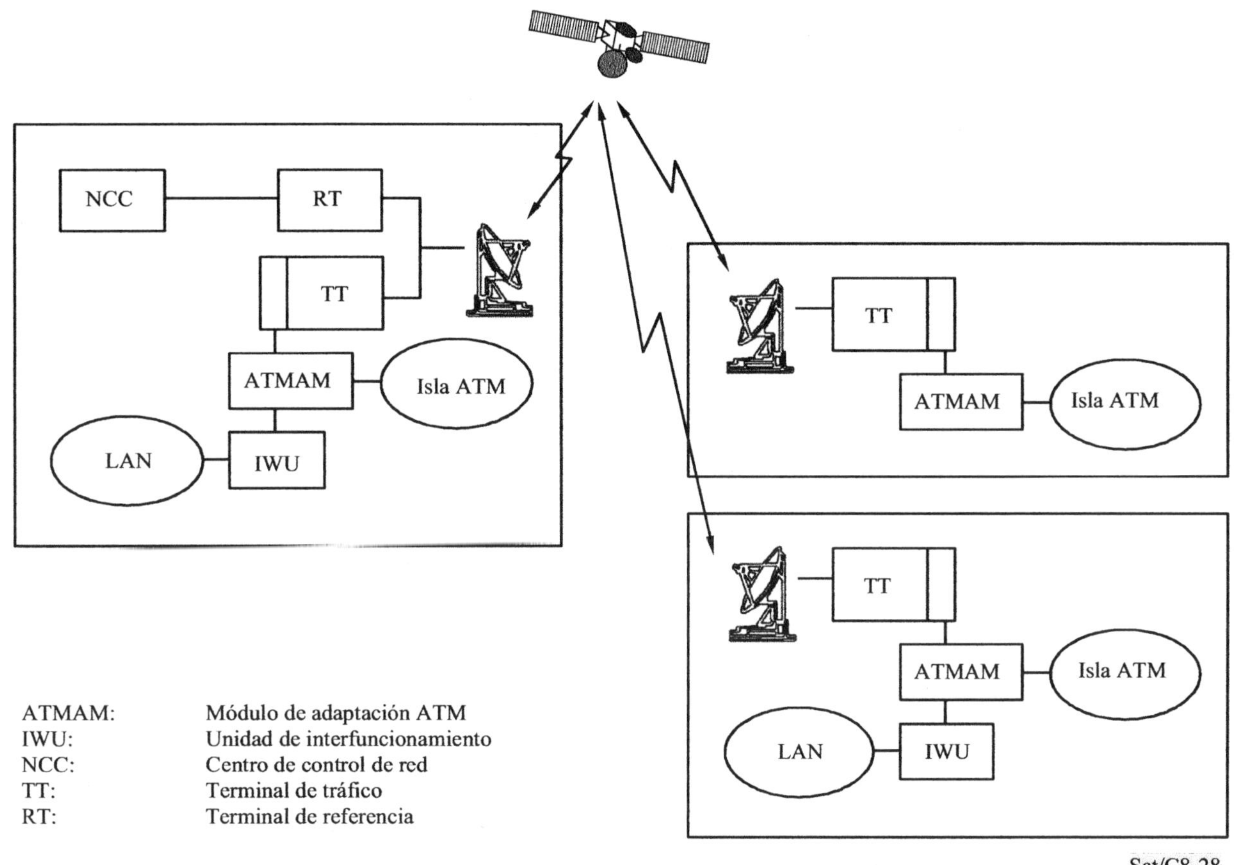

FIGURA 8.28

La red CATALYST

8.6.8   Conclusión: Arquitecturas futuras para redes ATM avanzadas por satélite

A fin de permitir que el satélite desempeñe un papel importante en la evolución de las telecomunicaciones digitales a nivel nacional (infraestructura nacional de la información – NII) y a nivel mundial (infraestructura mundial de la información – GII), diversas organizaciones están dedicando una gran labor a definir y normalizar las arquitecturas y los procesos de realización de las redes de satélite utilizando el ATM, en el acceso de usuario o como medio de interconexión, o ambos[6].

---

[6] Esta conclusión se basa en las referencias siguientes: IEEE Communications Magazine, marzo de 1999, Vol. 37, N° 3, que incluye cinco documentos sobre arquitecturas de red ATM por satélite (páginas 28 a 71), en particular: "Next-generation satellite networks: Architectures and implementation", por P. Chitre y F. Yegenoglu (COMSAT Laboratories).

En el caso de satélites transparentes y de redes fijas ATM, cabe prever dos escenarios para las transmisiones de datos en gran velocidad:

- acceso por terminales de usuario: los terminales de usuario de tipo VSAT (UT) se conectan a través de una interfaz de red de usuario ATM normalizada (UNI) a una estación terrena de cabecera (GES). Esta GES puede conectarse directamente a una red de banda ancha terrenal a través de un UNI o puede efectuar la conmutación o la concentración, conectándose por tanto mediante una interfaz red-red (NNI).

- interconexión de redes ATM distantes, es decir, interconexión en gran velocidad (por ejemplo hasta 1,2 Mbit/s) mediante las GES entre islas ATM: en este escenario, las GES no efectúan la conmutación o la concentración que se realizan en las unidades de conmutación de las redes locales. Evidentemente, el tráfico tiene menos ráfagas que en un acceso procedente de un UT. La interfaz se efectúa normalmente a través de un NNI.

Generalmente se supone que las funciones de gestión de recursos se implementan para poder contar con una asignación dinámica de la anchura de banda en los UT y en las GES, centralizando esta función en un centro de control de red (NCC).

Se han desarrollado también procedimientos de implementación que sirven para las funciones de movilidad de terminal en estas redes ATM por satélite. Las funciones de movilidad pueden ser necesarias debido a dos posibles circunstancias: movilidad del UT (terminal portátil) y movilidad debida al movimiento del satélite en el caso de sistemas de satélite no geoestacionario (no OSG) (por ejemplo, las constelaciones LEO). El primer caso exige únicamente procedimientos de gestión de localización de UT, mientras que el último caso requiere un soporte para el traspaso. Puede ser necesario el traspaso en el UT o en la GES desde un satélite a otro o desde un haz de satélite a otro. En estos casos, el traspaso no exige el nuevo encaminamiento en la capa ATM y puede efectuarse en la capa física del satélite. No obstante, el traspaso puede ser también necesario desde una GES a otra, cuando el satélite desaparece de la visibilidad directa de una GES y entra en la de otra. En este caso, se necesita el nuevo encaminamiento de la conexión ATM, pues las dos GES están conectadas a la red ATM terrenal a través de dos unidades de conmutación separadas.

Por último cabe también prever la movilidad al nivel de red de satélite para dar la interconectividad entre una red móvil (por ejemplo, una red de transmisión ATM aeronáutica) y una red fija o entre dos redes móviles.

En el caso de satélites con desplazamiento a bordo, el satélite efectúa las funciones de conmutación ATM, y la función de control puede posiblemente distribuirse entre la conmutación ATM a bordo y el NCC en el suelo. Deben preverse varios tipos de conectividad, dependiendo de la implementación de la red y del funcionamiento del sistema de satélite (en particular, cuando el sistema de satélite forma una red ATM en malla en el cielo, a través de enlaces de satélite (ISL)).

8.7 Interconexión de redes de televisión y distribución de televisión

8.7.1   Reseña histórica

Históricamente, la introducción de los satélites para la transmisión y distribución de programas de televisión puede considerarse como el instrumento a través del cual el servicio de televisión ha conquistado su medio natural. Antes de la llegada de los satélites de comunicaciones, la televisión se distribuía desde los estudios a los transmisores de televisión regionales o locales mediante redes de enlaces de microondas, que en dicha época eran el único medio disponible de transmisión a larga distancia con la anchura de banda suficiente. La transmisión internacional de programas de televisión utilizando medios radioeléctricos (y en consecuencia, la transmisión a larga distancia en directo) no existía. En 1964, la primera generación de satélites de comunicaciones hizo posible transmitir programas de televisión a distancias intercontinentales aunque exigían estaciones terrenas muy costosas que permitiesen sustituir las redes de microondas regionales o locales. A partir de los años setenta, los satélites nacionales con niveles más altos de la p.i.r.e., e incluso los transpondedores arrendados de INTELSAT, permiten no sólo la distribución de programas de televisión a transmisores muy aislados sino la sustitución generalizada de forma rentable de los enlaces terrenales de microondas por enlaces de satélite para la distribución de programas de TV a estaciones de TV local, transmisores de radiodifusión, distribución por cable (CATV), etc. Además, la disponibilidad de satélites potentes (en 6/4 GHz y, probablemente también en 14/11-12 GHz), así como la producción en masa, la reducción de los costes y las pequeñas estaciones terrenas receptoras (TVRO) han hecho posible la conexión directa al satélite de los sistemas comunitarios de distribución de TV por satélite, tales como los CATV, SMATV, es decir las antenas colectivas de TV por satélite, los hoteles, etc., e incluso los receptores de hogares (DTH, terminales de satélite directamente en el hogar). Y actualmente, se está abriendo una nueva era con la llegada de la TV digital que permite la radiodifusión de grupos multiplexados de programas de gran calidad (a menudo denominados "ramilletes"). Todos estos logros se han realizado en el marco del SFS, sin acudir al servicio de radiodifusión por satélite (SRS). No obstante, véase que los satélites de radiodifusión directa (DBS) que funcionan en el SRS se emplean también en algunos países para el servicio directo a hogares con antenas TVRO muy pequeñas.

8.7.2   Interconexión de redes TV y distribución por satélite

Los satélites regionales e internacionales de hoy en día pertenecen a grandes empresas o consorcios que los explotan. El tiempo de transpondedor se subarrienda a usuarios que ofrecen programación. Por ejemplo, en Estados Unidos, los transpondedores de televisión por satélite son utilizados por los programadores de cable para la retransmisión de programas a sus abonados a la TV por cable, a lo largo del país. Algunos programas de TV por satélite se crean para los propietarios de antenas parabólicas de domicilio.

a)   Las redes de TV utilizan transpondedores de satélite para dar programación a sus estaciones abonadas a lo largo del país. Varios cientos de estaciones de radiodifusión de televisión local, tienen sus propias parábolas (como se representa en la figura 8.29) y puedan elegir múltiples programas de TV en transpondedores de satélite para complementar o sustituir algunos de sus programas de la red regular.

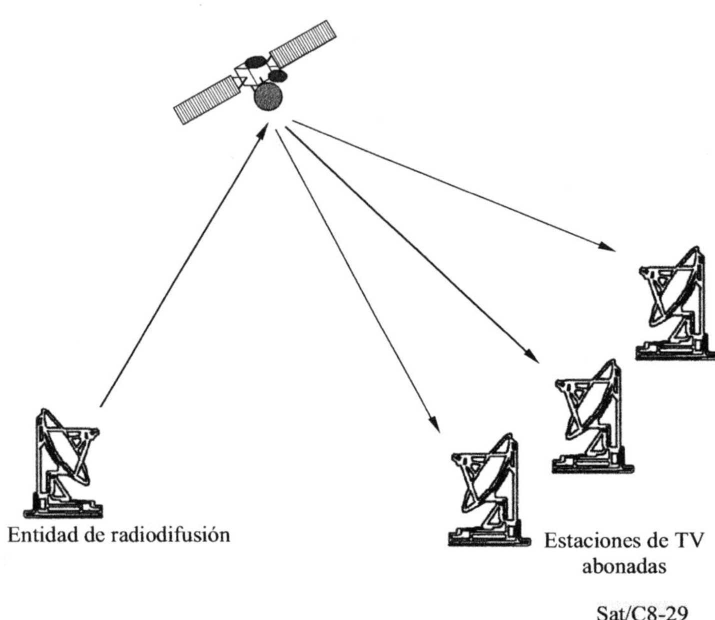

FIGURA 8.29

Distribución de la red de televisión

b)	Distribución por cabeceras de sistemas de televisión por cable (CATV): las estaciones terrenas receptoras de satélite o las de recepción únicamente de televisión (TVRO) son las que se utilizan más habitualmente en los sistemas de CATV. La imagen de televisión y el programa sonoro pueden tener su origen en estaciones locales o distantes de radiodifusión que retransmiten por satélite a cabeceras de cable, tal como se representa en la figura 8.30. Las señales recibidas se procesarán en las cabeceras de cable y se redistribuirán a sus abonados. Algunos servicios de televisión de pago y una serie de redes de apoyo a la publicidad que dan servicio a sistemas CATV se distribuyen por satélite. Las redes de cable utilizan cada vez más los satélites para ampliar sus mercados internacionales. Algunos de sus programas se modifican para adaptarse a los intereses locales. Para llegar a los abonados a nivel mundial, puede ser necesario establecer una comunicación de "doble salto", tal como se representa en la figura 8.31.

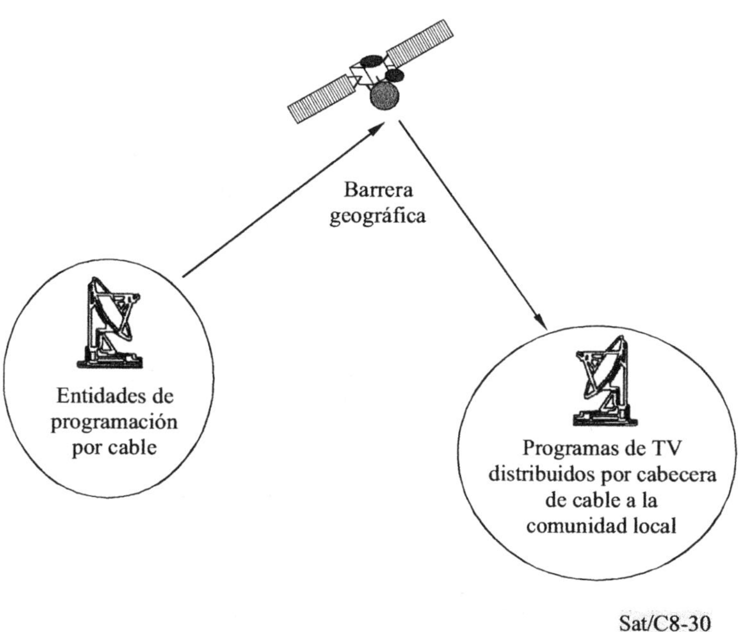

FIGURA 8.30

Distribución por cabecera de cable

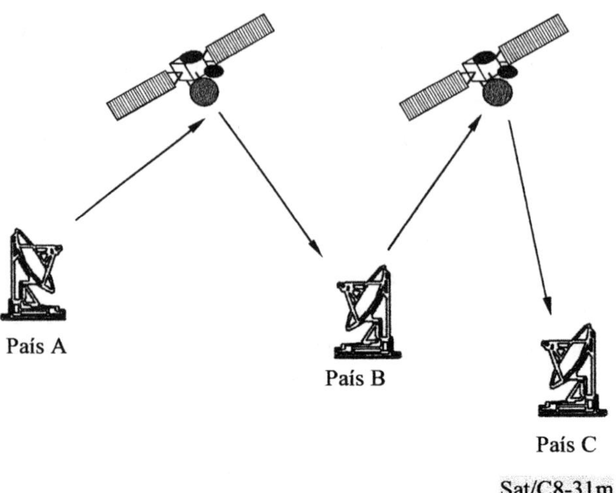

FIGURA 8.31

Distribución de televisión internacional - doble salto en satélites

Las redes de difusión por cable utilizan transpondedores de satélite para la retransmisión de noticiarios, tal como se representa en la figura 8.32. Por ejemplo, pueden utilizarse simultáneamente varios transpondedores, empleándose uno como alimentador principal a otros abonados y los demás como alimentadores desde las distintas partes de los países o desde el extranjero.

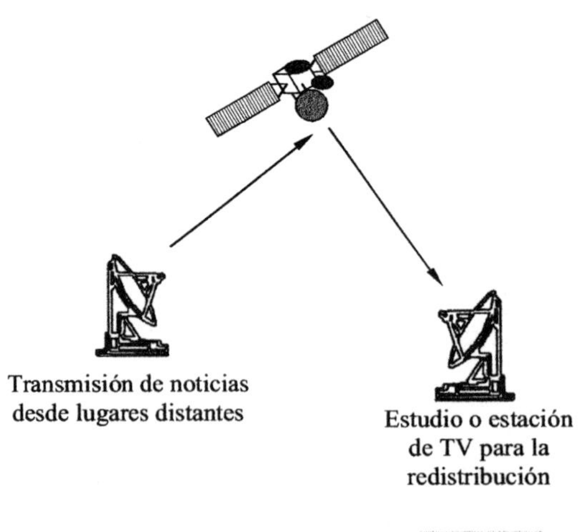

FIGURA 8.32

Periodismo electrónico por satélite

c)   Radiodifusión directa por satélite (DBS) y sistemas fijos de satélite (SFS)

El término DBS se refería exclusivamente a los satélites de gran potencia en banda Ku que funcionaban en la banda del servicio de radiodifusión por satélite (SRS) de 12,2 a 12,7 GHz -una gama de frecuencias asignada por la Conferencia Administrativa Mundial de Radiocomunicaciones (CAMR) a la radiodifusión directa por satélite en el hemisferio occidental. No obstante, la FCC ha permitido con carácter provisional la utilización de frecuencias distintas de las de radiodifusión entre 11,7 y 12,2 GHz para empresas DBS. En la actualidad, diversas compañías han adoptado iniciativas preliminares para establecerse como entidades de servicios DBS en Estados Unidos. Un sistema DBS real ofrece una separación de 9 grados.

No obstante, en Europa, Australia y Japón se utilizan diversas gamas de frecuencias en la banda Ku: 10,95-11,70, 11,70-12,50 y 12,50-12,75 (Europa), 11,90-12,10 GHz (Japón) y 12,25-12,75 GHz (Australia y Japón). Los satélites DBS de gran potencia europeos y japoneses utilizan la polarización circular, mientras que todos los satélites europeos, australianos y japoneses de media potencia en banda Ku utilizan la polarización lineal. Debe señalarse que la polarización circular permite utilizar equipos de recepción más fáciles de alinear e instalar. Además, los sistemas DBS reales suelen emplear parábolas más pequeñas que los sistemas SFS.

Se dispone de diversas programaciones de TV por satélite a partir de estos satélites de radiodifusión, de tipo deportivo, cinematográfico, de previo pago, de compra a domicilio, noticiarios, etc. Algunos de estos programas tienen un apoyo publicitario, y en otros se utiliza un desaleatorizador y el pago de un canon de abono mensual.

Los actuales desarrollos de la DBS y la actuación de las entidades de reglamentación en todo el mundo anuncian más canales a cargo de una serie de organizaciones de radiodifusión y de comunicación con funcionamiento en la banda Ku. Los servicios incluirán señales en las normas convencionales de vídeo de 525 y 625 líneas y en las normas de TVAD que emplean un número considerablemente superior de líneas y una banda de base de vídeo más ancha.

8.7.3 Transmisión por satélite y radiodifusión de la televisión digital

La tendencia hacia la radiodifusión digital tiene su origen de hecho en la entidad de radiodifusión y en el consumidor. Las entidades de radiodifusión han tratado de lograr una más fácil producción y la capacidad de introducir la televisión de previo pago, el vídeo por demanda y los juegos en línea, mientras que los consumidores buscaban una mayor elección de la programación y una mejora de la calidad de la imagen.

8.7.3.1   Oportunidades activas de la digitalización

a)   Mayor elección de programas

Antes de la introducción del cable y de la radiodifusión directa por satélite, había una demanda de programas múltiples de TV y de nuevos servicios de televisión. Este aumento de la demanda se vio reforzado por una petición de programas más especializados. Resultó que los consumidores ya no quedaban satisfechos con canales que mostrasen una amplia selección de programas, sino que preferían canales que respondiesen de forma precisa a sus requisitos específicos, por ejemplo, los canales especializados en películas, deportes, música, compra a distancia, educación, etc., o incluso en aficiones muy especializadas. Como la manipulación digital es más sencilla que la de los procesos anteriores, los puestos se reducen y los canales especializados pueden resultar comercialmente viables, pues los rendimientos necesarios son proporcionalmente inferiores.

b)   Mejora de la calidad de la imagen

Además de una mayor elección de la programación, la televisión digital ofrece una mejora de la calidad de la imagen. La recepción de la televisión es constante y no depende de barreras físicas. La mejora de la calidad de la imagen facilita la introducción de nuevas aplicaciones tales como los juegos en línea. De forma similar, los consumidores estarán más dispuestos a pagar el vídeo por demanda si se asegura la calidad de la imagen. Las perspectivas de la cinematografía en el formato de pantalla ancha y con sonido digital de calidad cinematográfica alentará probablemente a algunos abonados a invertir en equipo de recepción digital.

c)   Nuevas aplicaciones y servicios

La radiodifusión digital abre posibilidades de nuevas aplicaciones y servicios tales como los de televisión de pago por programa, vídeo por demanda (VOD), juegos y visualizaciones interactivas (similares a los discos de vídeo), carga de programas de enseñanza, etc.

El desarrollo de nuevas aplicaciones tiene diversos efectos. Los sistemas de pago por programa y de VOD tienen el significado de que ofrecen nuevas corrientes de ingresos. Los consumidores pagan por la programación que miran al contrario del canon fijo independiente de la programación. El VOD será un competidor directo del alquiler de cintas de vídeo, lo que le da mayor importancia. La utilización de la televisión para telecargar juegos modifica el papel de la televisión, que pasa de ser un dispositivo de recepción a un foco para las actividades de ocio en el hogar. Ello resulta reforzado por la utilización de la televisión como ayuda a la capacitación y la enseñanza. Cada una de estas nuevas aplicaciones tiene un efecto directo en el entramado del desarrollo del mercado.

d)   Producción de programas digitales

Con la llegada de la radiodifusión digital y la proliferación del cable y de los canales de televisión por satélite terrenales, la demanda de contenidos será cada vez más intensa. En este caso, la digitalización ofrece una ventaja adicional mediante el desarrollo de la producción digital.

Las cámaras digitales, desarrolladas recientemente, almacenan imagen y sonido en forma digital en discos de computador, a diferencia de las películas. Ello contribuye al proceso de edición. Históricamente, el proceso de metraje cinematográfico exigía máquinas complejas y especializadas para copiar y cortar las imágenes de vídeo formando un programa definitivo. Con el material almacenado digitalmente, es posible eliminar de este proceso los equipos altamente especializados y limitarse al computador de mesa. Las ventajas de los sistemas más recientes no residirán principalmente en los costes de los equipos y de los programas, pues los requisitos técnicos de los sistemas de edición de mesa son aún muy complejos, sino en la capacidad de crear fácil y rápidamente una programación con calidad de radiodifusión.

8.7.3.2 Efectos de la digitalización

a) Multiplicación de canales

El principal efecto de la digitalización es permitir la multiplicación de canales. Por ejemplo, pueden enviarse ocho a diez canales en la misma anchura de banda que la de una difusión analógica, es decir, por un transpondedor de satélite convencional (por ejemplo de 40 MHz). Ello puede efectuarse gracias a una compresión binaria que se efectúa conforme a normas MPEG. Actualmente, la velocidad binaria transmitida de forma más general es de 4 Mbit/s (comprimida, por ejemplo de un tren de 270 Mbit/s de una cámara digital).

b) Velocidad binaria variable y atribución dinámica de la anchura de banda

En el tratamiento y codificación de la imagen, la utilización de la "transformada discreta del coseno (DCT)", mediante la que sólo se transmiten los cambios de una imagen, reduce drásticamente el volumen de datos, es decir la velocidad binaria efectiva, que es necesario codificar. La DCT es especialmente importante en la radiodifusión de acontecimientos en directo, porque el grado de movimiento en pantalla afecta a la velocidad a la que puedan transmitirse los datos. Por ejemplo, la radiodifusión en directo desde un estudio de noticias exige pocos cambios de la imagen (normalmente el fondo es fijo), mientras que un acontecimiento deportivo en directo es muy dinámico y requiere la transmisión de más información. En consecuencia, mientras que algunos programas requieren una anchura de banda mayor que otros, es posible compensar este efecto. Un proceso denominado multiplexación estadística permite asignar dinámicamente la anchura de banda a los canales de vídeo, por ejemplo, un programa deportivo tendrá más anchura de banda que una radiodifusión de noticias, en el mismo múltiplex.

c) Mejora de la imagen y calidad de la transmisión

Tal como se ha indicado, la televisión digital ofrece una mejora de la calidad de la imagen, aunque esta calidad depende, evidentemente, del factor de compresión. La mejora de la imagen en calidad y claridad se deriva del hecho de que las tecnologías de compresión eliminan las distorsiones que dan lugar a las imágenes borrosas o dobles en la transmisión analógica convencional.

En lo referente a la calidad del enlace de satélite propiamente dicho, generalmente se prevé el balance del enlace de satélite para garantizar una buena calidad de la transmisión, incluso en condiciones meteorológicas mediocres y con pequeñas antenas parabólicas TVRO. Ello es debido a que al aplicar códigos de corrección de errores muy eficaces (por ejemplo, los códigos Reed-Solomon), el objetivo de calidad del sistema es un funcionamiento "casi sin errores", lo que corresponde a más de un error sin corregir por hora de transmisión, es decir, una BER $\leq 10^{-10}$ ó 10^{-11}, dependiendo de la velocidad binaria de usuario (véase el Capítulo 2, § 2.2.3.3).

8.7.3.3   Conexión de terminales de usuario

a)   Información fuente y codificación

La radiodifusión digital por cable, por satélite y terrenal tiene una serie de elementos comunes, especialmente el proceso de codificación, multiplexación y modulación digital de señales. En todos los casos, la información fuente compuesta de vídeo, audio, texto y datos se digitaliza y codifica utilizando normas MPEG, tal como se representa en la figura 8.33.

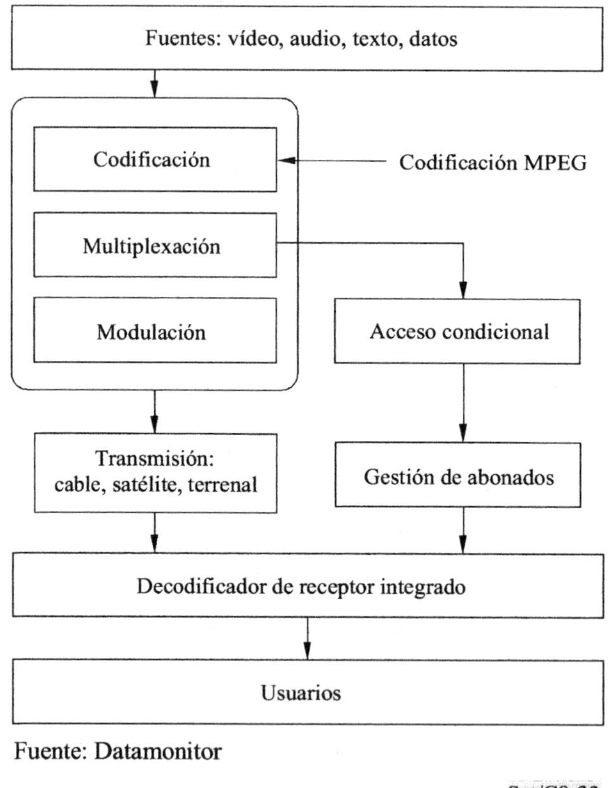

FIGURA 8.33

Estructura de la radiodifusión digital

Una vez codificada la información de programación, la multiplexación y la modulación permiten superponer los canales y preparar los datos para la transmisión. Aunque este proceso difiere ligeramente entre la transmisión por cable, por satélite y terrenal, el resultado en todos los casos es un tren binario de transmisión.

b)   Multiplexación y acceso condicional

En la etapa de multiplexación, el acceso a los servicios puede restringirse y se presenta la posibilidad del acceso condicional. El acceso condicional se refiere al proceso mediante el que se encriptan las señales, permitiendo la radiodifusión de previo pago o de abono con la decodificación, generalmente a través de una tarjeta decodificadora (un tipo de tarjeta inteligente) limitada a los hogares que pagan por ella. Los servicios de acceso condicional requieren la gestión y el control de abonados porque han de tener en cuenta las operaciones de gestión, tales como la facturación, por parte del operador.

c)   Equipo de usuario

El equipo de usuario comprende básicamente una antena con su unidad receptora de bajo nivel de ruido, la unidad de distribución (que puede ser un simple cable de conexión, pero que también puede incluir un bastidor de distribución en el caso de comunidad de abonados) y un terminal codificador integrado en el receptor que convierte el flujo binario recibido en señales utilizables para el aparato de televisión. Este terminal generalmente va integrado en la unidad de mesa. En el futuro, podrá disponerse en el comercio de aparatos de televisión digital compactos. En el Capítulo 7 (§ 7.10) figura más información sobre el equipo de usuario.

d)   Servicios híbridos analógicos y digitales

Hasta que se implanten de manera generalizada los servicios digitales, los antiguos servicios analógicos funcionarán al mismo tiempo que los nuevos servicios digitales. Las entidades de radiodifusión públicas no pueden "apagar" o interrumpir el acceso a los actuales programas analógicos. Por tanto, la conversión plena a la radiodifusión digital llevará sin duda varios años. Las entidades de radiodifusión públicas han de transmitir servicios en formato digital, utilizando las actuales frecuencias o la capacidad de satélites de reserva y emitir simultáneamente servicios analógicos, en un proceso denominado difusión simultánea.

e)   La importancia de las normas y reglamentos

Al evolucionar los servicios de radiodifusión por cable, por satélite y terrenales hacia la transmisión digital, aumenta la necesidad de disponer de normas universales. Las normas como las del proyecto de radiodifusión de vídeo digital (DVB) prevén la coherencia y la compatibilidad de productos y servicios.

La congruencia y la compatibilidad son importantes para el consumidor que se incorpora al mercado digital y a los diseñadores que desean introducir servicios digitales en el mercado. Las normas crean también un amparo para la producción de componentes que permite a las compañías en cuestión realizar economías de escala, con lo que se reduce el precio de adquisición de la nueva tecnología digital.

El mecanismo de distribución que utilizan los paquetes de canales se modificará probablemente de forma significativa. La necesidad de un decodificador para cada medio y la falta de disponibilidad que se ha percibido en los consumidores para aceptar una "pila" de unidades de mesa significan que la primera unidad digital será el único equipo de recepción digital instalado.

El papel de las entidades nacionales o regionales de reglamentación es muy importante. En Europa, por ejemplo, la Comisión Europea (CE) ya ha estipulado que el acceso debe ser "justo, abierto y sin discriminación", lo que significa que un único decodificador debe ser capaz de recibir todas las transmisiones digitales, terrenales, por satélite y por cable. Los gobiernos nacionales pueden añadir una legislación más estricta para garantizar que las entidades de radiodifusión del sector público no abandonen su actividad en favor de las entidades de radiodifusión comerciales.

APÉNDICE 8.1

Introducción a los sistemas de señalización

AP8.1-1 Sistemas de señalización a utilizar en el interior de las redes de satélite

AP8.1-1.1 Generalidades

La señalización es el intercambio de información (por medios distintos de las señales vocales) relacionada específicamente con el establecimiento, la liberación y otros controles de las llamadas, así como de la gestión de la red en las operaciones automáticas de telecomunicación.

En las redes de satélite del SFS se han normalizado y son aplicables cuatro sistemas principales de señalización:

- sistema de señalización N° 5, normalizado por el UIT-T en 1964;

- sistema de señalización R2, normalizado por el UIT-T en 1968;

- sistema de señalización N° 6, normalizado por el UIT-T en 1968;

- sistema de señalización N° 7, normalizado por el UIT-T en 1980.

Los sistemas de señalización N° 5 y R2 son analógicos. En estos sistemas, la señalización se transmite a través del mismo canal de transmisión que la comunicación de usuario, por medio de impulsos o frecuencias vocales.

Los sistemas de señalización N° 6 y N° 7 son sistemas de señalización por canal común. Este método de señalización utiliza canales separados para transmitir información de señalización relacionada con los circuitos.

En el cuadro AP8.1-1 se ofrece un resumen de los métodos de señalización.

AP8.1-1.2 Sistemas de señalización analógicos

Pueden considerarse dos tipos de señalización:

- la señalización de línea, que trata sobre los circuitos para el tratamiento o la liberación y la supervisión de la transmisión global,

- la señalización entre registradores, que se intercambia durante el establecimiento de la llamada (por ejemplo, la señal de numeración).

CUADRO AP8.1-1

Conveniencia de los sistemas de señalización según los criterios específicos

	Utilizados en enlaces de satélite	**Utilizados con sistemas de interpolación de señales vocales**	**Utilizados con sistemas de supresor de eco**
Sistema N° 5	Las señales no indican si la conexión incluye ya un enlace de satélite	Conveniente	Las señales no prevén el control del supresor de eco
Sistema R2	Contiene señales que indican si la conexión incluye ya un enlace de satélite Puede utilizarse una versión que no tenga secuencia obligada para acelerar el intercambio de señales a través del satélite	Conveniente si el sistema DSI es transparente a las señales de impulsos entre registradores	Se incluyen señales entre registradores para control del supresor de eco
Sistema N° 6	Contiene señales que indican si la conexión incluye ya un enlace de satélite	Conveniente	Contiene señales para el control del supresor de eco
Sistema N° 7	Contiene señales que indican si la conexión incluye ya un enlace de satélite	Conveniente	Contiene señales para el control del supresor de eco

i)   Señalización de línea

Los sistemas de señalización de línea analógica pueden dividirse en sistemas dentro de banda (en la banda de frecuencia vocal) y sistemas fuera de banda. Además pueden emplearse dos técnicas de señalización: señalización pulsada y señalización continua.

En los sistemas dentro de banda es necesario establecer un método de guarda para evitar que el equipo de señalización sea indebidamente activado por corrientes vocales. Incluso así, ocasionalmente, el receptor puede ser indebidamente excitado por la palabra; por este motivo debe elegirse, en la fase vocal, un tiempo mínimo apropiado de reconocimiento de la señal.

La señalización fuera de banda requiere la utilización de una anchura de banda, transparente, de 4 kHz entre los dos equipos de señalización. El equipo de transmisión contiene normalmente parte del equipo de señalización.

La señalización continua opera en forma de "tono presente/ausente" que consiste en enviar un tono siempre que la línea esté libre. Dichos sistemas tienen la ventaja inherente de que permiten comprobar inmediatamente la disponibilidad del circuito. Sólo se disponen de dos estados de señal en cada sentido, con lo que los medios de reconocimiento son sencillos.

La señalización por impulsos (o pulsada) permite un mayor repertorio de señales que la señalización continua, pero el proceso de reconocimiento de las señales es más complejo. En general, el tono de señalización es reconocido por el receptor de la señal, pero es necesario comprobar la persistencia y mantener la correlación con el estado de circuito antes de validar la señal.

ii)   Señalización entre registradores

Puede haber dos tipos de señalización entre registradores: la señalización decádica y la señalización multifrecuencia.

La señalización decádica utiliza la misma frecuencia y equipo emisor/receptor que los de la señalización de línea. Las señales se componen de una secuencia de impulsos de tono análogos a los de la señalización de línea de abonado con los números marcados por disco.

La señalización multifrecuencia tiene dos ventajas sobre los sistemas decádicos: una mayor velocidad y un repertorio más amplio de señales. Un método que permite un repertorio bastante amplio y una señalización fiable consiste en usar señales de dos frecuencias entre un conjunto de 4, 5, 6 u 8 frecuencias.

AP8.1-1.3 Sistemas de señalización por canal común

La señalización por canal común es un método de señalización en el que un canal separado envía por medio de mensajes etiquetados información de señalización relativa a una multiplicidad de circuitos, u otras informaciones tales como las utilizadas para la gestión de la red. La señalización por canal común puede considerarse como un tipo de comunicación de datos especializada para diversos tipos de transferencia de señalización entre procesadores de las redes de telecomunicación.

El sistema utiliza enlaces de señalización para transferir mensajes de señalización entre centrales u otros nodos de la red de telecomunicación a los que da servicio el sistema. Con este método se asegura la transferencia fiable de información de señalización en presencia de perturbaciones de la transmisión o de averías de la red, incluyendo la detección y corrección de errores en cada enlace de señalización. El sistema se aplica normalmente con redundancia de enlaces de señalización e incluye funciones para la derivación automática del tráfico de señalización hacia un trayecto alternativo en caso de fallos del enlace.

Las ventajas principales del método de señalización por canal común son:
- la señalización está totalmente separada de las señales vocales. Con ello se reduce en gran medida la probabilidad de malfuncionamiento debido a limitación por la señal vocal;
- el intercambio de información entre nodos no está sujeto a la toma física del circuito;
- la señalización es significativamente más rápida con lo que se maximiza la utilización del circuito de conversación;
- existe un potencial para un gran número de señales;
- es posible realizar la gestión y administración de las señales durante la conversación;
- hay flexibilidad para añadir o modificar señales (sin que ello requiera modificar los circuitos);
- es posible cursar información de usuario a usuario o de acceso a acceso en el caso del servicio RDSI.

AP8.1-1.4 Criterios específicos para las redes de satélite

Los factores que influyen en la selección de un sistema determinado de señalización para una aplicación de satélite (véase el cuadro AP8.1-1) son los siguientes:

i) Retardo de propagación

Algunos sistemas de señalización no funcionarán correctamente en los enlaces de satélite porque el gran retardo de propagación (240 a 280 ms en cada sentido de la transmisión) excede las especificaciones de la señalización de línea. Este es el caso de los sistemas de señalización de secuencia obligada en los que se acusa recibo de cada señal de ida mediante una señal de vuelta. Como ha de incluirse dos veces el tiempo de propagación en un ciclo de señalización, el intercambio de señales es relativamente lento si el retardo de propagación es largo.

La inclusión de dos enlaces de satélite en una conexión vocal puede evitarse eligiendo un sistema de señalización que informe al centro de tránsito de que dicho enlace de satélite ya está incluido en la conexión y que debe seleccionarse un enlace terrenal durante el siguiente proceso de encaminamiento.

ii)   Control de eco

Los enlaces de satélite requieren la inserción de dispositivos supresores de eco (o compensadores de eco). Deben incorporarse en el equipo de conmutación para evitar que la actuación del supresor de eco perturbe la señalización de ida y vuelta. Las disposiciones típicas son:

- colocación de los supresores de eco en el lado de conmutación del equipo de señalización;

- inhibición de la actuación de los supresores de eco situados en el lado de la línea del equipo de señalización por medio de una señal adecuada de control enviada desde el equipo de señalización al supresor de eco mientras que la señalización se produce.

iii)   Interpolación de señales vocales

Algunos sistemas de señalización pueden no ser compatibles con los sistemas de interpolación de señales vocales, por ejemplo, el equipo de interpolación de señales vocales puede dar lugar a un recorte excesivo de las señales de impulsos que dé lugar a que el equipo de señalización distante no las reconozca.

AP8.1-2 El sistema de señalización Nº 5

AP8.1-2.1 Generalidades

El sistema de señalización Nº 5 es un sistema analógico y toda la señalización se transmite a través del trayecto de comunicación del usuario.

Sirve para la operación en ambos sentidos y para el funcionamiento terminal y de tránsito; en este último caso pueden conmutarse en tándem dos o tres circuitos equipados con el sistema de señalización Nº 5.

El equipo de señalización se compone de dos partes: la señalización de línea para las señales de supervisión y la señalización entre registradores para las señales numéricas (establecimiento de la comunicación).

AP8.1-2.2 Señalización de línea

La codificación de la señal de línea se basa en la utilización de dos frecuencias dentro de la banda (2 400 Hz y 2 600 Hz) transmitidas individualmente o combinadas, tal como se indica en el cuadro AP8.1-2.

El equipo de señalización debe funcionar de manera secuencial reteniendo el estado de señalización precedente y la dirección de la señalización a fin de diferenciar entre señales con el mismo contenido de frecuencia. Se acusa recibo de todas las señales, excepto de la de transferencia hacia adelante, en el modo de señalización de tipo obligado, tal como se indica en el cuadro AP8.1-2.

Se define el tiempo de reconocimiento como la duración mínima que tiene que tener una señal de corriente continua a la salida del receptor de la señal para que pueda ser reconocida por el equipo de conmutación. Todos los tiempos de reconocimiento son los mismos (125 ms) excepto los de las señales de toma y de invitación a transmitir (40 ms), ya que estas dos señales no son susceptibles de ser imitadas por las señales vocales y se desea la señalización rápida, en particular para minimizar las tomas simultáneas.

AP8.1-2.3 Señalización entre registros

Éste es un sistema de señalización por impulsos, dentro de banda, sección por sección, de tipo multifrecuencia en código 2/6; la señalización se transmite en bloque y únicamente hacia adelante. La señalización entre registradores en bloque es la transmisión por un registrador de toda la información de la llamada en su conjunto en forma de secuencia regular temporizada de señales. La señal consiste en una combinación de dos frecuencias elegidas entre seis (700, 900, 1 100, 1 300, 1 500 y 1 700 Hz). La información de dirección necesaria para encaminar la llamada a su destino se ensambla en un bloque que se transmite como una secuencia rápida de señales codificadas de impulsos multifrecuencia.

Debe utilizarse el acceso automático a los circuitos internacionales para el tráfico de salida y las señales numéricas procedentes de la operadora o del abonado se almacenan en un registrador de salida internacional antes de tomar el circuito internacional. Las señales del registrador se indican en el cuadro AP8.1-3. Tan pronto como se presenta al registro de salida la condición de "fin de numeración", se selecciona un circuito internacional libre y se transmite una señal de toma de línea. Al recibir una señal de línea de invitación a transmitir se termina la señal de toma y el registrador transmite un impulso de "inicio de numeración" seguido de las señales numéricas. La señal del registrador transmitida finalmente es un impulso de "fin de la numeración".

CUADRO AP8.1-2

Código de señales de línea

Señal	Dirección[1]	Frecuencia[2]	Duración de transmisión	Tiempo de identificación
Toma Invitación a transmitir	⟶	f1	continua	40 ± 10 ms
	⟵	f2	continua	40 ± 10 ms
Ocupado	⟵	f2	continua	125 ± 25 ms
Acuse de recibo	⟶	f1	continua	125 ± 25 ms
Respuesta	⟵	f1	continua	125 ± 25 ms
Acuse de recibo	⟶	f1	continua	125 ± 25 ms
Señal de colgar el solicitado	⟵	f2	continua	125 ± 25 ms
Acuse de recibo	⟶	f1	continua	125 ± 25 ms
Intervención	⟶	f2	850 ± 200 ms	125 ± 25 ms
Fin	⟶	f1 + f2 (compuesta)	continua	125 ± 25 ms
Liberación de guarda	⟵	f1 + f2 (compuesta)	continua	125 ± 25 ms

(1) ⟶ señales hacia adelante   ⟵ señales hacia atrás
(2) f1 = 2 400 Hz f2 = 2 600 Hz

Toma: Transmitida al principio de la llamada para iniciar la operación del circuito y tomar el equipo para la conmutación.

Invitación a transmitir: Para indicar que el equipo está dispuesto a recibir las señales numéricas (véase la señalización entre registradores).

Ocupado: Para mostrar que la ruta o el abonado llamado están ocupados.

Respuesta: Para mostrar que el abonado llamado ha contestado la llamada.

Señal de colgar el solicitado: Para indicar que el extremo llamado se ha liberado.

Intervención: Se envía cuando la operadora de la central de la salida quiere ayudar a un operador de la central de llegada.

Fin: Se envía cuando se libera el abonado que llama.

Liberación de guarda: Se envía en respuesta a la señal de fin. Sirve para proteger los circuitos contra la toma posterior en tanto que las operaciones de desconexión no hayan concluido.

CUADRO AP8.1-3

Señales de registrador

Señal	Función
Comienzo de la numeración	Se envía al recibir una señal de invitación a marcar y se utiliza con el fin de preparar el registro de llegada para la recepción de la señal numérica
Señal numérica	Da la información necesaria que afecta a la conmutación de la llamada en el centro deseado
Fin de numeración	Se envía para mostrar que no siguen más señales numéricas

AP8.1-3 El sistema de señalización R2

AP8.1-3.1 Generalidades

El sistema de señalización R2 es un sistema analógico que se utiliza como sistema de señalización internacional en el interior de determinadas regiones internacionales (zonas de numeración mundial). Puede emplearse también para la señalización internacional/nacional integrada si se utiliza, como sistema de señalización en las redes nacionales de la región de que se trata.

El sistema R2 es adecuado para el funcionamiento terminal y de tránsito. Está especificado para la explotación unidireccional en sistemas de transmisión analógica y digital y para la explotación bidireccional en sistemas digitales.

Se establece una distinción entre la señalización de línea (señales de supervisión) y la señalización entre registradores (señales de control del establecimiento de la comunicación). Se especifican dos versiones de la señalización de línea para los sistemas por portadoras (analógica) y los sistemas MIC (digital). La señalización entre registradores se basa en un sistema de codificación multifrecuencia de secuencia obligada.

El sistema R2 ofrece una gran fiabilidad en la transmisión de la información necesaria para establecer las comunicaciones y proporciona suficientes señales en ambos sentidos para la transmisión de la información numérica y de otro tipo, relativa a las líneas del abonado llamado y del abonado que llama y para la ampliación de los medios de encaminamiento.

AP8.1-3.2 Señalización de línea

La versión analógica se asegura enlace por enlace y utiliza un método de señalización fuera de banda por cambio de estado de bajo nivel. Cuando el circuito está en estado de reposo se envía continuamente un tono de señalización de bajo nivel en ambos sentidos por los canales de señalización. En el sentido hacia adelante el tono se retira en el momento de la toma y en el sentido hacia atrás cuando responde el abonado llamado. La conexión se libera cuando se restituye el tono de señalización. El cuadro AP8.1-4 muestra los seis estados característicos del circuito.

Este método de señalización que requiere sólo equipo sencillo permite el reconocimiento rápido de la señal y la retransmisión. La velocidad de transferencia de la señal que ofrece la señalización de tipo continuo compensa la necesidad de la repetición de dicha señal inherente en la transmisión de enlace por enlace.

La versión digital de la señalización de línea del sistema R2 se asegura enlace por enlace y utiliza dos canales de señalización en cada sentido de transmisión por circuito telefónico. Dichos canales se obtienen de forma económica con multiplexadores MIC primarios (para los sistemas MIC a 2 048 kbit/s, la información de señalización de los 30 canales telefónicos se transmite en el intervalo temporal Nº 16). Utilizando el aumento de capacidad de señalización puede significarse el equipo de conmutación de salida y de llegada. El cuadro AP8.1-5 muestra el código de señalización en la línea MIC en condiciones normales.

La versión analógica y la versión digital de la señalización de línea pueden convertirse la una en la otra en un transmultiplexor. Este equipo constituye un punto de conversión entre los sistemas de transmisión analógica (MDF) y de transmisión digital (MIC).

CUADRO AP8.1-4

Código de señalización de línea (versión analógica)

Estado del circuito		Condición de señalización de línea	
		Hacia delante	**Hacia atrás**
1.	Reposo	Tono presente	Tono presente
2.	Toma	Tono ausente	Tono presente
3.	Respuesta	Tono ausente	Tono ausente
4.	Abonado llamado cuelga	Tono ausente	Tono presente
5.	Liberación	Tono presente	Tono presente o ausente
6.	Bloqueo	Tono presente	Tono ausente

CUADRO AP8.1-5

Código de señalización de línea (versión digital)

Estado del circuito	Código de señalización			
	Hacia delante		**Hacia atrás**	
	a_f	b_f	a_b	b_b
Reposo/liberado	1	0	1	0
Toma	0	0	1	0
Acuse de recibo de toma	0	0	1	1
Respuesta	0	0	0	1
Abonado llamado cuelga	0	0	1	1
Señal de fin	1	0	0	1
			ó	
			1	1
Bloqueo	1	0	1	1

El canal "a_f" identifica la condición de funcionamiento del equipo de conmutación de salida y refleja la condición de la línea del abonado que llama.

El canal "b_f" sirve para indicar la existencia de una avería en el sentido hacia delante al equipo de conmutación de llegada.

El canal "a_b" indica la condición de la línea del abonado llamado (gancho conmutador colgado o descolgado).

El canal "b_b" indica si el equipo de conmutación de llegada se halla en el estado de reposo o de conmutación.

AP8.1-3.3 Señalización entre registradores

La señalización entre registradores se efectúa de extremo a extremo mediante un código multifrecuencia de dos frecuencias entre seis, dentro de banda de secuencia obligada, hacia adelante y hacia atrás. Utiliza seis frecuencias de señalización (1 380, 1 500, 1 620, 1 740, 1 860 y 1 980 Hz) hacia adelante, y seis (1 140, 1 020, 900, 780, 660 y 540 Hz) hacia atrás. Pueden usarse menos frecuencias de señalización.

El registrador R2 de salida inicia el establecimiento de la llamada tan pronto como recibe la información mínima requerida. Así pues, la transferencia de señales se inicia antes de que se reciba la información completa de dirección (es decir antes de que el abonado que llama termine de marcar). Esta señalización entre registradores con solape es opuesta a la señalización entre registradores en bloque (véase el sistema N° 5) en la que la transmisión de toda la información de dirección se realiza en conjunto en una secuencia que se inicia únicamente después de haberla recibido completamente.

El sistema de señalización R2 entre registradores es un sistema de señalización obligada (en la figura AP8.1-1 se muestra el ciclo básico obligado). El acuse de recibo de las señales hacia atrás, además de ser una parte funcional del procedimiento obligado, sirve para enviar información especial relativa a las señales requeridas hacia adelante -para indicar ciertas condiciones que se presentan durante el establecimiento de la llamada- o relativa al estado de la línea del abonado llamado que ha de transferirse.

Además de la posibilidad de transferir información de dirección, la utilización de 15 combinaciones de códigos multifrecuencia hacia adelante y 15 hacia atrás da lugar a varios aspectos operativos tales como el control de los supresores de eco, la información relativa a la naturaleza y el origen de la llamada (nacional o internacional, procedente de una operadora o de un abonado, de un equipo de transmisión de datos, de mantenimiento de otro tipo, etc.), información sobre la naturaleza del circuito (enlace de satélite), información sobre congestión, número no atribuido...

AP8.1-3.4 Compatibilidad del sistema R2 con los enlaces de satélite

El sistema de señalización R2 que inicialmente no estaba concebido para las enlaces de satélite, se utiliza en EUTELSAT con las modificaciones indicadas a continuación:

El sistema de señalización R2 es un sistema analógico en el que las señales se transmiten a través del canal de transmisión de comunicaciones del usuario. Por lo tanto, toda la señalización se encamina por la red conmutada terrenal y es tratada en cada punto de esta red, en los centros de conmutación local, de tránsito e internacional (véase la figura AP8.1-2).

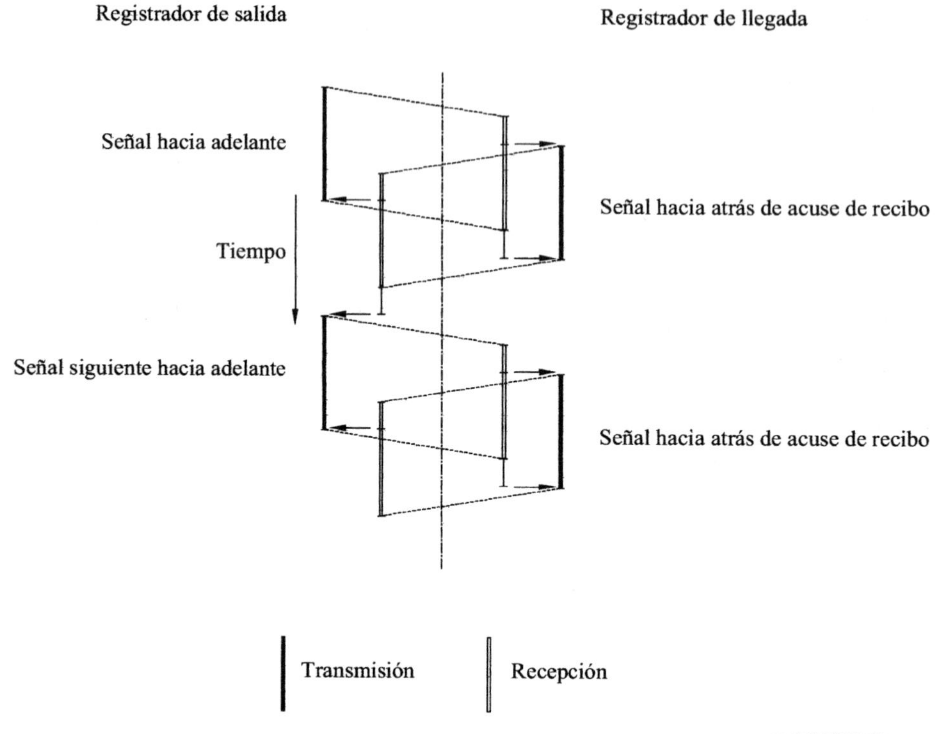

FIGURA AP8.1-1

Ciclo de la secuencia obligada

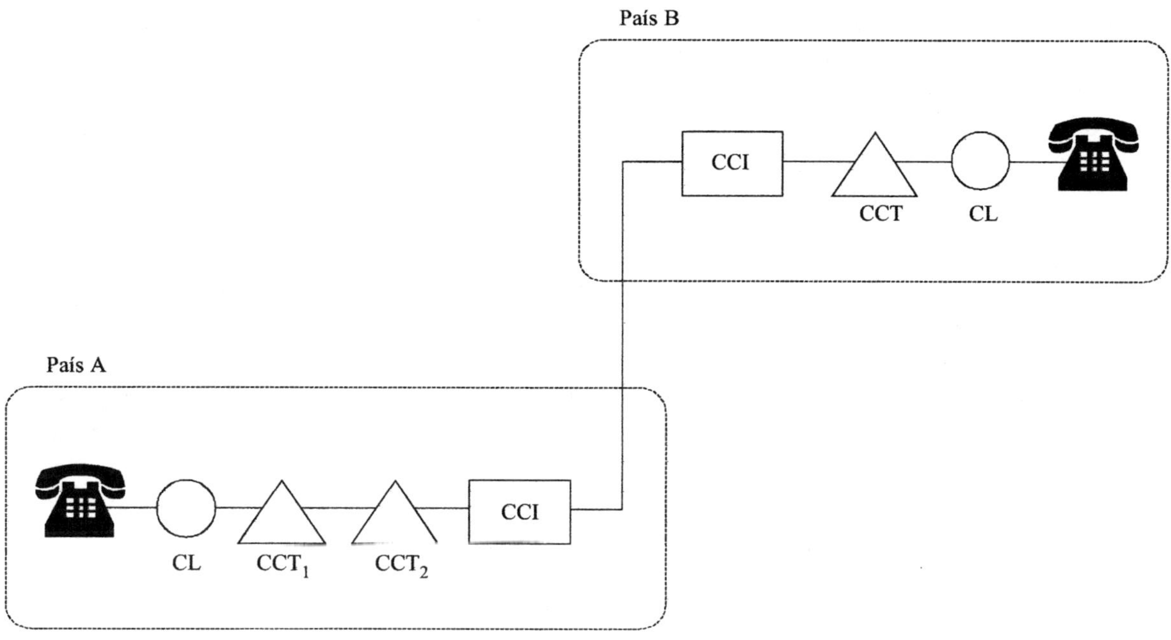

CCI: Centro de conmutación internacional
CCT: Centro de conmutación de tránsito
CL: Central local

Sat/AP8.1-2

FIGURA AP8.1-2

Arquitectura de la red de señalización internacional

El sistema R2 ha sido diseñado de modo que permita una señalización entre registradores de extremo a extremo para varios enlaces en tándem sin regeneración de la señal en centrales intermedias. Sin embargo, en los casos en que las condiciones de transmisión no se ajustan a lo especificado para el sistema R2 o, en caso de utilización de este sistema a través de un enlace por satélite, la conexión completa multienlace se divide en secciones, cada una de las cuales tiene su señalización individual entre registradores (en este caso, las señales son retransmitidas y regeneradas por un registrador en el punto en que se ha hecho la división).

El sistema R2 es un sistema de señalización de secuencia obligada, lo que significa que a cada señal hacia adelante le corresponde un acuse de recibo mediante una señal hacia atrás. El funcionamiento de este sistema de señalización de secuencia obligada puede resultar afectado por el retardo de propagación introducido por el satélite que aumenta, por ejemplo, los tiempos de ocupación y los periodos de espera después de la marcación. Para evitar una pérdida en la calidad del servicio provocada por este efecto indeseable, puede utilizarse en el enlace por satélite un sistema de señalización que no sea de secuencia obligada (véase la figura AP8.1-3). Dicho sistema está diseñado para acelerar el proceso de intercambio de señales a través del satélite. Las diferencias básicas con las especificaciones del sistema de señalización R2 son la forma de enviar las señales en ambos sentidos (las señales se envían en forma de impulsos) y la inexistencia de acuses de recibo.

En la figura AP8.1-4 se muestra el procedimiento típico de establecimiento de llamada de extremo a extremo.

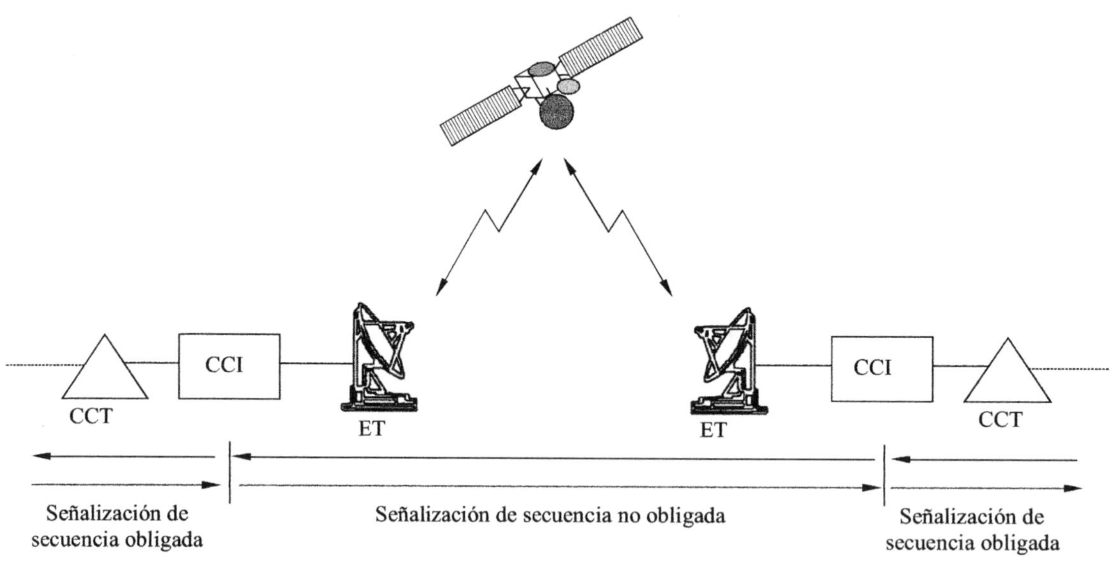

CCI: Centro de conmutación internacional
CCT: Centro de conmutación de tránsito
ET: Estación terrena

FIGURA AP8.1-3

Red de señalización con un enlace por satélite

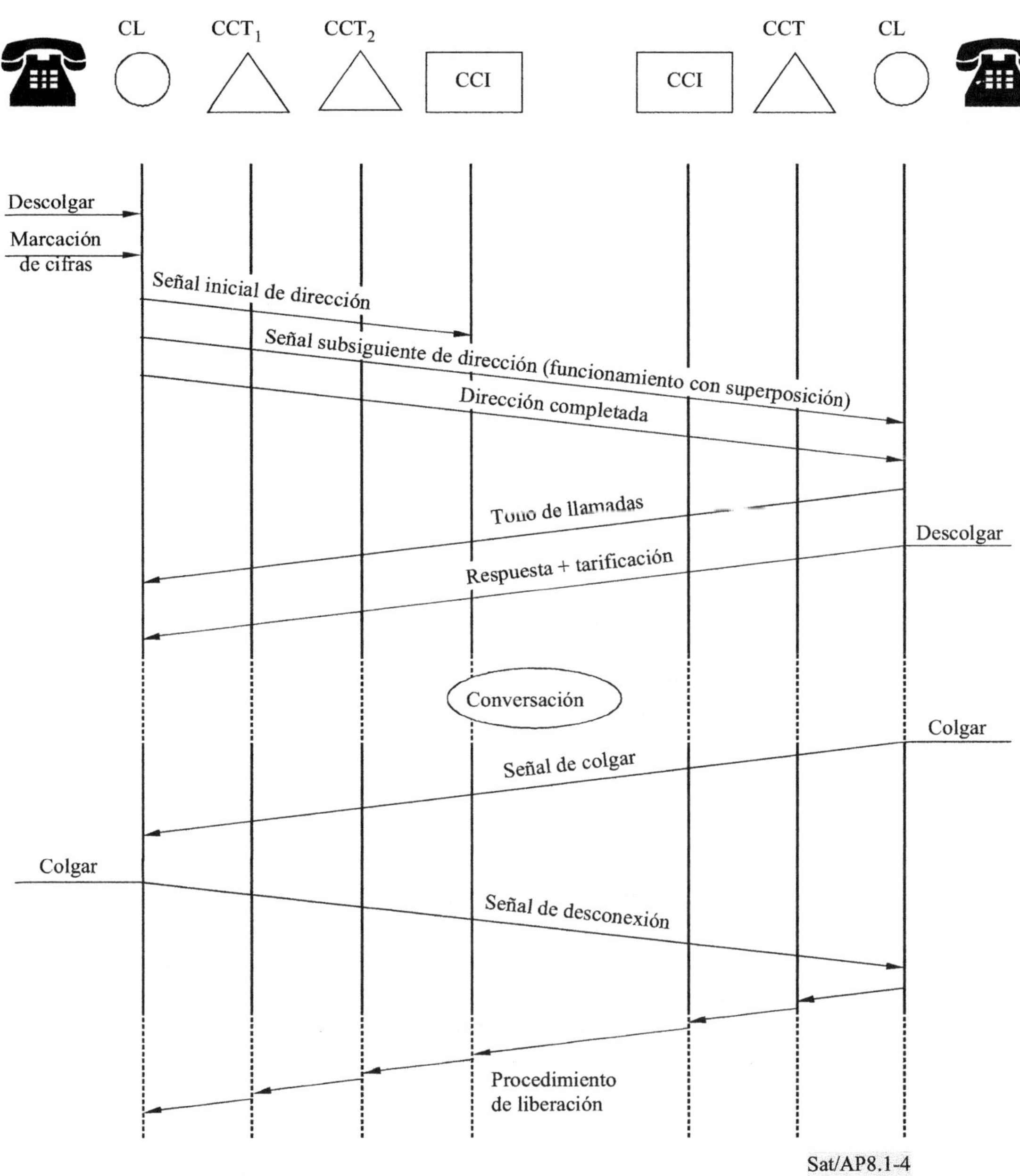

FIGURA AP8.1-4

Procedimiento típico de establecimiento de llamada de extremo a extremo

AP8.1-4 Sistema de señalización N° 6

AP8.1-4.1 Generalidades

El sistema de señalización N° 6 puede utilizarse para controlar la conmutación de todos los tipos de circuitos internacionales que se utilizan en una conexión de escala mundial incluyendo los circuitos de interpolación de señales vocales y los circuitos de satélite.

Está concebido para la explotación bidireccional y es adecuado para el tráfico terminal o de tránsito.

El sistema también puede aplicarse con carácter regional y nacional y gran parte de la capacidad del código de señales se reserva con este fin.

Además, con él se tendrá una importante reserva de códigos no utilizados para poder añadir nuevas señales que se necesiten en el futuro. Este remanente de capacidad puede utilizarse para aumentar el número de señales telefónicas así como para introducir otras señales, por ejemplo, señales de gestión de red o señales de mantenimiento de la red.

Las características del sistema se han obtenido eliminando por completo la señalización por circuitos de conversación e introduciendo el concepto de enlace de señalización por canal común separado por el que se transmiten todas las señales correspondientes a una serie de circuitos de conversación. Varios de estos enlaces comunes interconectados por puntos de transferencia de señales (de señalización), formarán una red coherente de señalización que puede transferir todas las señales correspondientes a la totalidad de los haces de circuitos telefónicos, dentro de la zona de la red.

Este sistema de señalización puede utilizarse tanto en modo asociado como en modo no asociado. En el modo de explotación asociado, se transfieren directamente las señales entre las dos centrales que son los puntos terminales de un haz de circuitos de conversación. En el modo de explotación no asociado, las señales se transfieren a través de dos o más enlaces de señalización común en tándem, asociados a otros haces de circuitos; actuando los nodos intermedios únicamente como puntos de transferencia de la señal. El modo de explotación no asociado hace económicamente adecuado el canal de señalización para su utilización en pequeños haces de circuitos que comparten la capacidad del enlace de señalización con otros haces.

Este sistema de señalización no está muy extendido. Aún lo utiliza la North American Common Channel Inter-office Signalling (CCIS), pero finalmente será sustituido por el sistema de señalización N° 7.

AP8.1-4.2 Descripción del sistema de señalización por canal común

El enlace de señalización común puede funcionar con circuitos analógicos (también puede emplearse con circuitos digitales).

Cada canal de señalización del sistema (representado en la figura AP8.1-5) funciona en modo síncrono; hay un tren continuo de datos que se desplaza en ambos sentidos. Este flujo de datos se divide en unidades de señalización de 28 bits cada una, de los cuales los 8 últimos son bits de control. Estas unidades de señalización se agrupan en bloques de 12. Las 11 primeras unidades transportan señales telefónicas, de gestión de red o de sincronismo. La duodécima y última unidad de señalización de cada bloque es una unidad de señalización de acuse de recibo cuyo código indica el número del bloque que se transmite, el número del bloque del que se acusa recibo y si cada una de las 11 unidades de señalización restantes de ese bloque se han recibido o no sin errores.

La transmisión de una señal del sistema Nº 6 comienza en el equipo de tratamiento de las señales como se muestra en la figura AP8.1-6. Las señales que corresponden a la información que va a transmitirse, que pueden ser mensajes simples o múltiples, se almacenan en la memoria intermedia de salida de acuerdo con su orden de prioridad. En el codificador, cada unidad de señalización se codifica añadiendo los bits de control, conforme al polinomio de comprobación.

En la versión analógica del sistema de señalización, la señal se modula y se envía al canal frecuencias vocales de salida, para transmitirla al terminal receptor distante. Normalmente, el tren de impulsos se transmite a una velocidad de 2 400 bit/s utilizando el método de modulación de cuatro fases.

En la versión digital, la señal pasa a través del adaptador de interfaz antes de llegar al canal digital de salida. En el caso del múltiplex primario MIC a 2 048 kbit/s, el tren de impulsos se transmite a 64 kbit/s.

La función de recepción comienza con la aceptación de los datos en serie, procedentes del trayecto de transmisión. Las señales de salida del demodulador o del adaptador de interfaz se envían al decodificador en donde se comprueba cada unidad de señalización, para ver si contiene errores, mediante los bits de control asociados, suprimiéndose las unidades de señalización recibidas con errores. Las unidades de señalización exentas de errores, se transfieren, después de suprimir los bits de control, a la memoria intermedia de entrada. Esta memoria envía la señal al equipo de tratamiento que las analiza y efectúa las operaciones apropiadas.

La protección contra errores, necesaria en un enlace de señalización común, se basa en la detección de errores por codificación redundante y en la corrección por retransmisión de los mensajes en los que se han detectado errores.

Además se toman las medidas necesarias para realizar una transferencia automática a un enlace alternativo en el caso de que se produzca una avería provocada por una interrupción o por una proporción de bits erróneos excesiva.

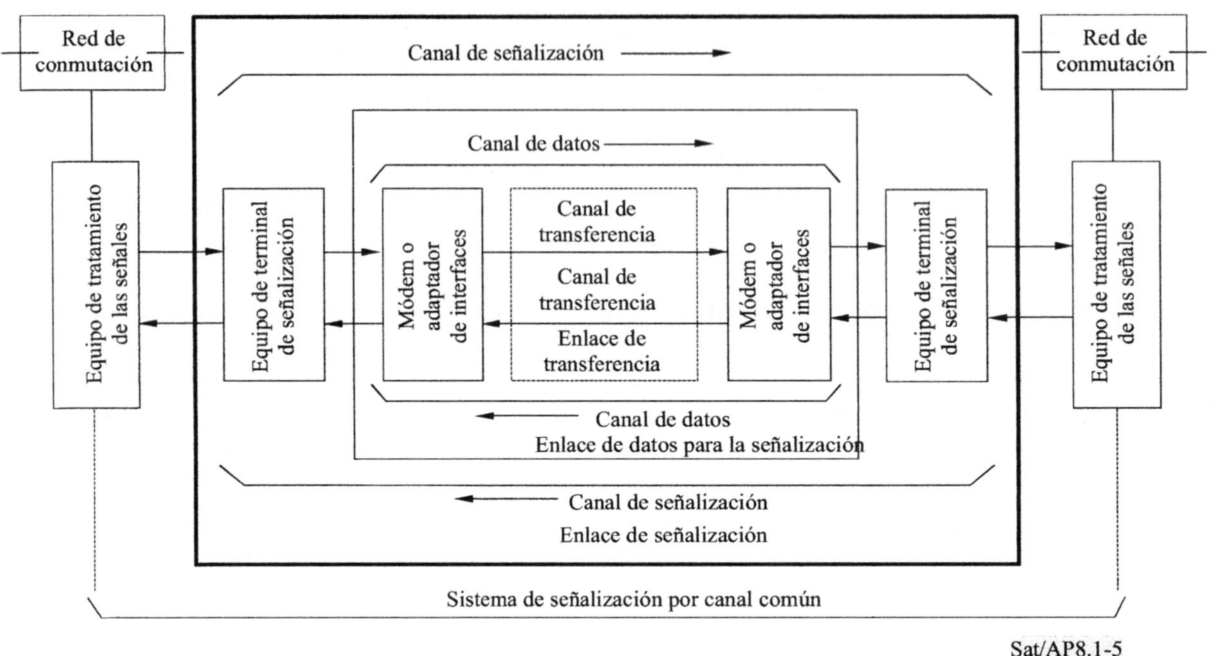

FIGURA AP8.1-5

Diagrama básico del sistema de señalización por canal común

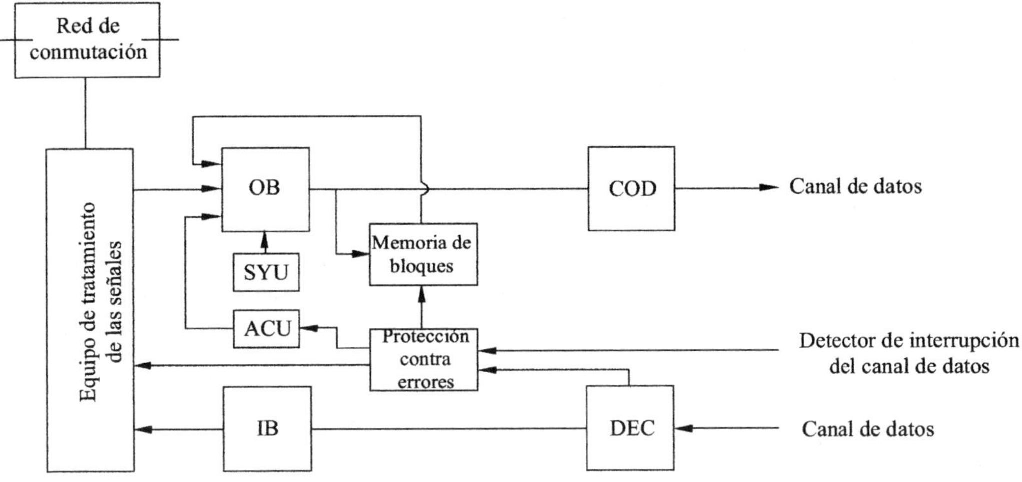

OB: memoria intermedia de salida
IB: memoria de entrada
SYU: generador de unidades de señalización de sincronización
ACU: generador de unidades de señalización de acuse de recibo
COD: codificador
DEC: decodificador

FIGURA AP8.1-6

Diagrama funcional de un terminal del sistema N° 6

AP8.1-5 Sistema de señalización N° 7

AP8.1-5.1 Generalidades

El objetivo global del sistema de señalización N° 7 consiste en proporcionar un sistema de señalización por canal común (SCC) de aplicación general normalizado internacionalmente:

- optimizado para el funcionamiento en redes de telecomunicaciones digitales junto con centrales de control por programa almacenado,

- que pueda satisfacer exigencias presentes y futuras de transferencia de información para el diálogo entre procesadores dentro de redes de telecomunicaciones para el control de las llamadas, de control a distancia y señalización de gestión y mantenimiento.

El sistema de señalización N° 7 es un sistema moderno basado en el concepto de niveles, o capas (véase el apéndice 8-2), que satisface las exigencias de todas las señalizaciones de control para los servicios de telecomunicaciones tales como telefonía y transmisión de datos con conmutación de circuitos. Puede utilizarse también como un sistema fiable para la transferencia de otros tipos de información entre centrales y centros especializados en redes de telecomunicaciones (por ejemplo, para fines de gestión y mantenimiento). Por consiguiente, puede utilizarse para aplicaciones múltiples tanto en redes especializadas en servicios específicos como en redes capaces de ofrecer múltiples servicios. Se pretende que este sistema de señalización sea aplicable tanto en redes internacionales como nacionales.

AP8.1-5.2 Estructura del sistema de señalización

El principio fundamental de la estructura del sistema de señalización es la división de funciones en una parte común de transferencia de mensajes (PTM) y una parte de usuario separada para diferentes aplicaciones. Esta división se ilustra en la figura AP8.1-7.

La función de la parte de transferencia de mensajes consiste en proporcionar una transferencia fiable de los mensajes de señalización entre los puntos donde están las funciones de usuario que comunican entre sí.

El término usuario en este contexto se refiere a cualquier entidad funcional que utiliza la capacidad de transferencia proporcionada por la parte de transferencia de mensajes. La parte de usuario comprende las funciones de un tipo particular de usuario, que forman parte del sistema de señalización por canal común. Existe un cierto grado de comunidad entre algunas partes de usuario, por ejemplo, la parte de usuario para telefonía (PUT) y la parte de usuario para datos (PUD).

Los elementos del sistema de señalización se especifican conforme a un concepto de niveles, ilustrado en la figura AP8.1-8, en el que:

- las funciones de la parte de transferencia de mensajes está separada en tres niveles funcionales, y

- las partes de usuario constituyen elementos paralelos en el cuarto nivel funcional.

i)   Las funciones del enlace de datos de señalización (nivel 1) definen las características físicas eléctricas y funcionales de un enlace de datos de señalización y los medios para acceder al mismo. El nivel 1 proporciona un soporte para un enlace de señalización. En un entorno digital, se utilizarán normalmente trayectos digitales a 64 kbit/s (un intervalo de tiempo de un tren MIC), pero también pueden utilizarse otros tipos de enlaces de datos, como los enlaces analógicos con módem.

ii) Las funciones del enlace de señalización (nivel 2) definen las funciones y procedimientos para la transferencia de mensajes de señalización entre dos puntos determinados. El mensaje de señalización se transfiere por un enlace de señalización en unidades de señalización de longitud variable que incluyen también informaciones de control de transferencia necesarias para el funcionamiento adecuado del enlace. Las principales funciones del enlace de señalización son:

- delimitación de las unidades de señalización mediante banderas;

- detección de errores por medio de bits de comprobación incluidos en cada unidad de señalización;

- corrección de errores mediante retransmisión y control de la secuencia de las unidades de señalización mediante números explícitos de secuencia y acuses de recibo explícitos;

- detección de fallos del enlace de señalización mediante la supervisión de la proporción de errores en las unidades de señalización, y restablecimiento del enlace de señalización por medio de procedimientos especiales.

iii) Las funciones de la red de señalización (nivel 3) definen las funciones de transporte y los procedimientos que son comunes al funcionamiento de los distintos enlaces de señalización. Como se ilustra en la figura AP8.1-9, estas funciones están agrupadas en dos categorías principales:

a) funciones de tratamiento de los mensajes de señalización que dirigen el mensaje al enlace de señalización o parte de usuario a que corresponde;

b) funciones de gestión de la red de señalización que controlan en cada instante el encaminamiento de los mensajes y la configuración de las facilidades de la red de señalización.

iv) Las funciones de la parte de usuario (nivel 4) consisten en diferentes funciones y procedimientos del sistema de señalización que son particulares a cierto tipo de usuario del sistema. Las funciones de las partes de usuario de categorías diferentes de usuario pueden presentar diferencias apreciables en cuanto a su amplitud, a saber:

• usuarios para los cuales la mayor parte de las funciones de comunicación están definidas dentro del sistema de señalización, por ejemplo, las funciones de control de las llamadas telefónicas y de datos;

• usuarios para los cuales la mayor parte de las funciones de comunicación están definidas fuera del sistema de señalización. Un ejemplo de estas funciones lo constituye el uso del sistema de señalización para la transferencia de información para ciertos fines de gestión o mantenimiento con un "usuario externo".

AP8.1-5.3 Mensajes de señalización

Los mensajes de señalización son un ensamblado de información definido en el nivel 3 ó 4 relativo a una comunicación, una transacción de gestión, etc., y que se transfieren por la función de transferencia del mensaje. Cada mensaje de señalización es empaquetado en unidades de señalización de mensaje (USM), que incluyen también información adicional relativa a las funciones de nivel 2 (véase la figura AP8.1-9).

El principio y el final de una unidad de señalización de mensaje están indicados por una estructura única de 8 bits, denominada bandera (BAN). Se toman medidas para asegurar que esta estructura no aparezca en algún otro lugar de la unidad.

Para indicar el número entero de octetos de la unidad de señalización se utiliza un indicador de longitud (IL).

Cada mensaje contiene un octeto indicador de servicio (OIS) para identificar la parte de usuario de origen y proporcionar información adicional, como sería una indicación de que el mensaje se refiere a una aplicación nacional o internacional de la parte de usuario.

La información de señalización del mensaje viene dada por el campo de información de señalización (CIS), que incluye la información real de usuario, tal como las señales de control de telefonía o de codificación de datos, la información sobre gestión y mantenimiento, o la identificación del tipo y formato de mensaje. Incluye también una etiqueta que posibilita el encaminamiento del mensaje hacia su destino.

A efectos de acuse de recibo y control de la secuencia de la unidad de señalización, cada una de estas unidades incorpora dos secuencias de números. El control de secuencia de la unidad de señalización se realiza mediante el número secuencial directo (hacia adelante) (NSD). La función de acuse de recibo se efectúa por medio del número secuencial inverso (hacia atrás) (NSI).

La función detección de error se lleva a cabo mediante 16 bits de control de errores (BCE) que aparecen al final de cada unidad de señalización de mensaje. Los bits de control se generan por el terminal transmisor del enlace de señalización actuando sobre los bits anteriores de la unidad de señalización de mensaje, siguiendo un algoritmo específico. Si no se corresponden los bits de control recibidos con los bits precedentes según este algoritmo, no se tiene en cuenta esa unidad de señalización de mensaje.

Hay dos tipos de corrección de errores: el método básico y el método de retransmisión cíclica preventiva. Este segundo método es el único adecuado para enlaces con retardos de transmisión elevados (por ejemplo, enlaces por satélite). Se trata de un sistema de acuse de recibo positivo, retransmisión cíclica y corrección de errores sin canal de retorno. En el terminal transmisor del enlace de señalización se retiene la unidad de señalización transmitida hasta recibir un acuse de recibo positivo. Durante el periodo en que no aparecen nuevas unidades de señalización para transmitir, se transmiten de todas aquellas que no han recibido un acuse de recibo positivo.

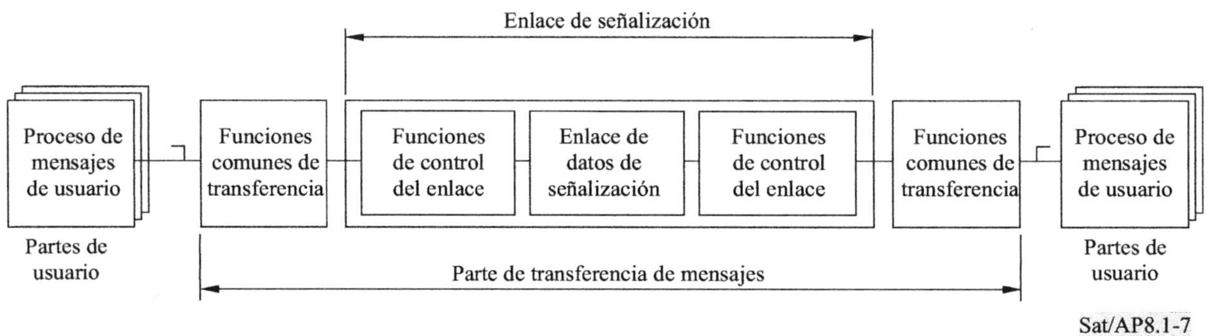

FIGURA AP8-1.7

Diagrama funcional del sistema de señalización por canal común

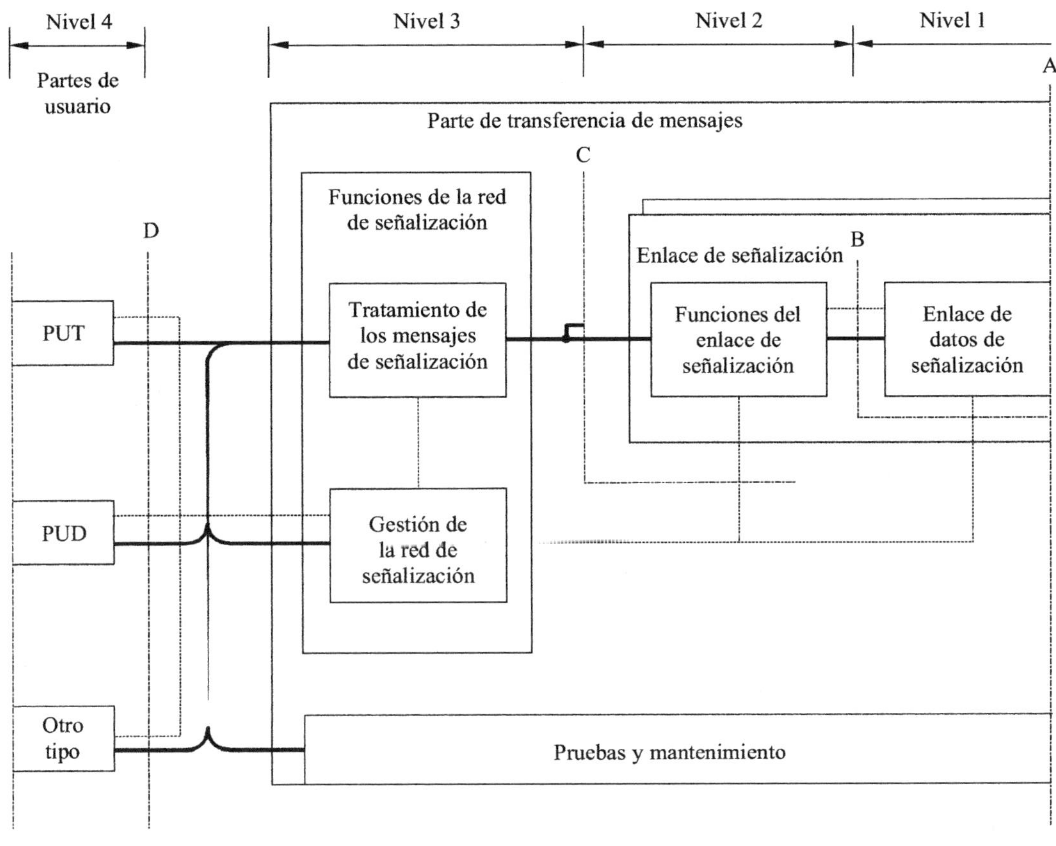

FIGURA AP8.1-8

Estructura general de las funciones del sistema de señalización

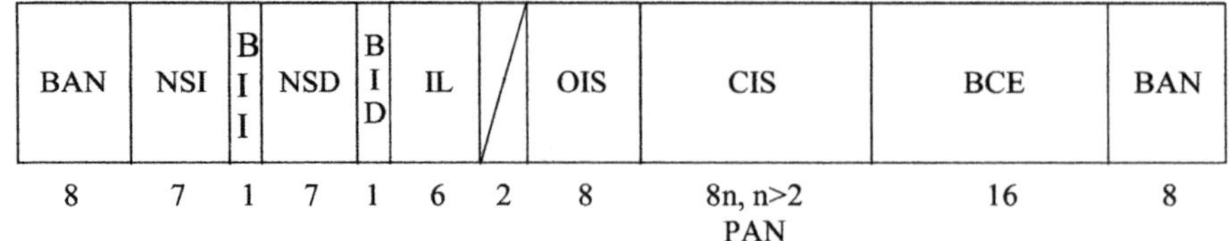

BAN: bandera   IL: indicador de longitud

BCE: bits de control de errores   NSD: número secuencial directo

BID: bit indicador directo   NSI: número secuencial inverso

BII: bit indicador inverso   OIS: octeto de información de servicio

CIS: campo de información de señalización

Sat/AP8.1-9

FIGURA AP8.1-9

Formato básico de una unidad de señalización de mensaje (USM)

APENDICE 8-2

Modelo de interconexión de sistemas abiertos (ISA)

AP8.2-1 Introducción

Con el fin de conseguir una compatibilidad universal entre computadores, equipos computarizados, y redes de comunicación, la Organización Internacional de Normalización (ISO), con sede en Ginebra, ha desarrollado el modelo de interconexión de sistemas abiertos (ISA), que es una estructura para definir procesos de comunicación entre sistemas. Este modelo de referencia define las funciones que participan en la comunicación y, los servicios y protocolos que se necesitan para realizar estas funciones.

Se han definido muchos de los protocolos asociados con el Modelo de Referencia ISA para incorporar normas existentes tales como las Recomendaciones X.21 y X.25 del UIT-T y la Norma 802 de la IEEE para redes de área local (LAN), etc., que están ya ampliamente introducidas. Otras tienen la finalidad de satisfacer los requisitos futuros probables de las telecomunicaciones internacionales. En especial, el trabajo emprendido en la red digital de servicios integrados (RDSI) está estrictamente relacionado con el trabajo que se está realizando ahora sobre el modelo ISA.

AP8.2-2 Visión general del Modelo de Referencia ISA

AP8.2-2.1 Una estructura de capa

El Modelo de Referencia ISA, cuya estructura se representa en la figura AP8.2-1, divide el proceso de comunicación en una secuencia ordenada de 7 capas. Se adoptó por la ISO en 1984.

Consideradas como un sistema, las capas del modelo de referencia pueden dividirse en dos grupos. Las tres capas inferiores (física, de enlace de datos, y de red) abarcan las partes de la red utilizadas para transmitir el mensaje (satélite, red X.25, o red de área local). Las tres capas superiores (de aplicación, de presentación y de sesión) reflejan las características de los sistemas terminales de la comunicación, con independencia del medio físico que se emplee. La capa de transporte sirve de enlace entre los sistemas terminales y la red.

AP8.2-2.2 Un concepto de servicio

En cada capa del Modelo de Referencia ISA existen servicios que se encargan de realizar las funciones. Por ejemplo, para iniciar la función de control de una conversación entre dos sistemas terminales se necesita un servicio de petición de inicialización.

Cuando un proceso de aplicación inicia una comunicación, hace pasar su mensaje a través de cada una de las capas. Las funciones de cada capa agregan valor al prestar servicios que son necesarios para completar la comunicación.

El principal rasgo distintivo del modelo ISA es la independencia de las definiciones de esos servicios. En otras palabras, cada servicio puede establecerse sea cual sea el método que se emplee para implantar los servicios de las capas superiores e inferiores a él. Por ejemplo, la comprobación de errores puede ser proporcionada, en sistemas diferentes, por dispositivos físicos o lógicos distintos. Mientras estos dispositivos empleen un mismo protocolo aprobado, realizarán una misma función para el usuario final.

La ISO especifica protocolos para cada definición de servicio, en las distintas capas del modelo. Se trata de descripciones de los formatos de codificación de los bits, en las que se transmite información específica entre procesos, junto con el procedimiento para su interpretación. Los protocolos operan entre las mismas entidades (las partes de un sistema que prestan servicios para una capa determinada) de los sistemas terminales. Por ejemplo, la información sobre el protocolo de la capa de red contenida en un mensaje enviado por determinado sistema sólo es utilizada por dicha capa en el sistema receptor.

AP8.2-2.3 Procesamiento de datos

El mensaje procedente del proceso de aplicación, junto con la información agregada por cada capa inferior, constituyen la trama que después se envía por la red (véase la figura AP8.2-2). En cada capa, a la unidad de datos recibida de la capa superior se anexa información de control de cabecera. Esta información sirve para identificar las opciones de protocolo utilizadas, e indica otros datos acerca del mensaje y de su encaminamiento.

En el extremo de recepción cada capa retira y procesa la información de encabezamiento. La unidad de datos restante se pasa a la capa siguiente en la que tiene lugar una operación similar.

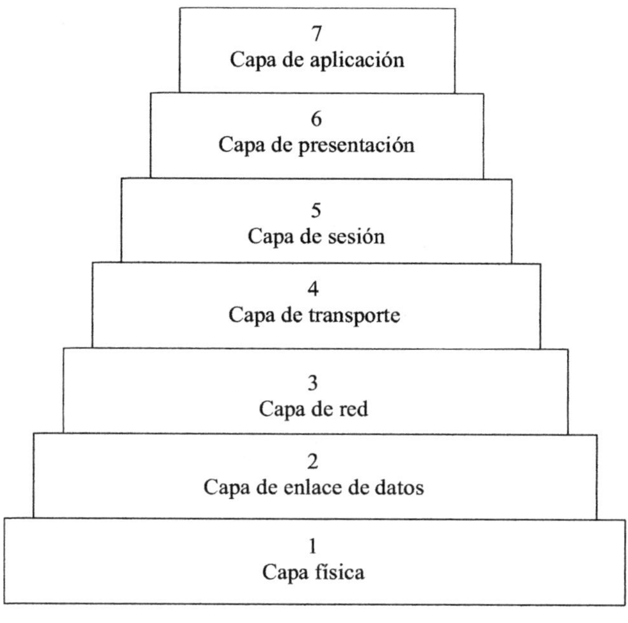

FIGURA AP8.2-1

Estructura del modelo de referencia ISA

AP8.2-2.4 Encaminamiento del mensaje

Los datos encaminados entre redes, o desde un nodo a otro dentro de una red, necesitan solamente las funciones de las tres capas inferiores – red, enlace datos y física (véase la figura AP8.2-3). El nodo de red se denomina un sistema de relevo.

Un mensaje puede pasar a través de muchos sistemas de relevo en su camino entre los procesos de aplicación. En una aplicación ISA, el trayecto utilizado es invisible para los usuarios finales. Solamente los sistemas de relevo conocen qué ruta está utilizando un mensaje.

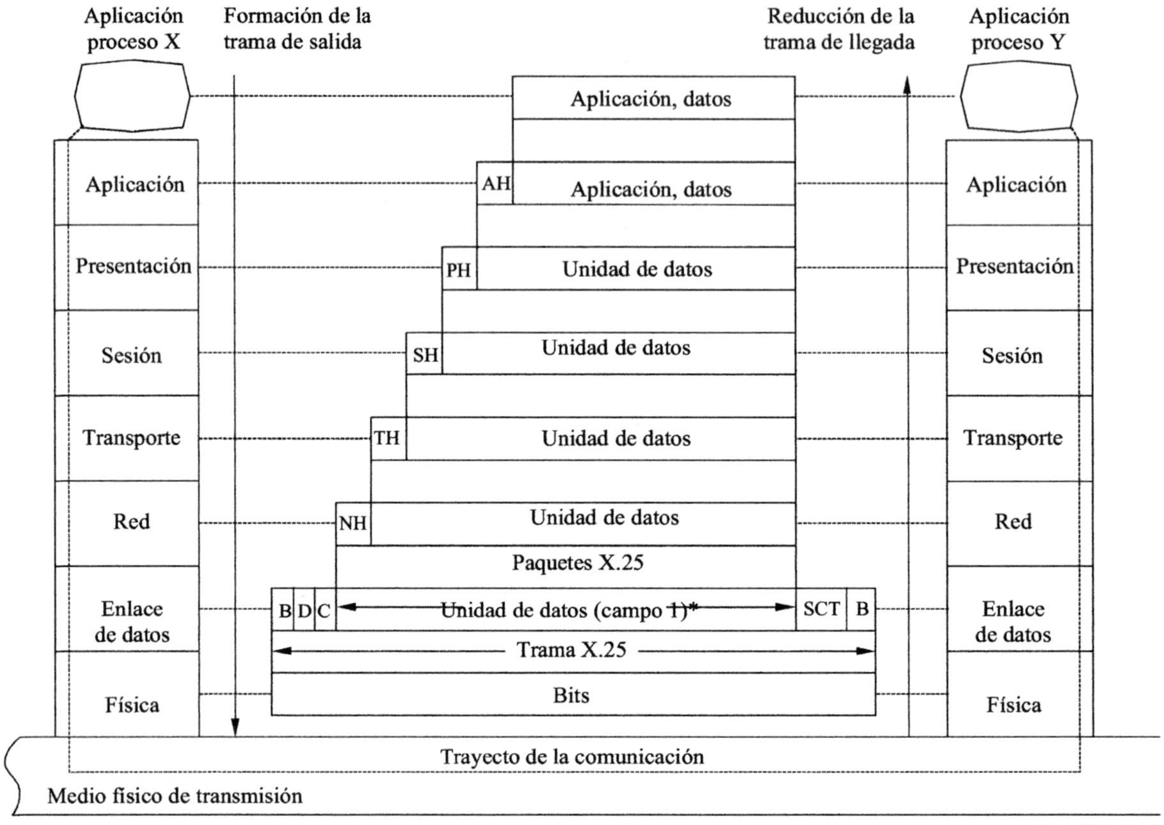

FIGURA AP8.2-2

Procesamiento de datos

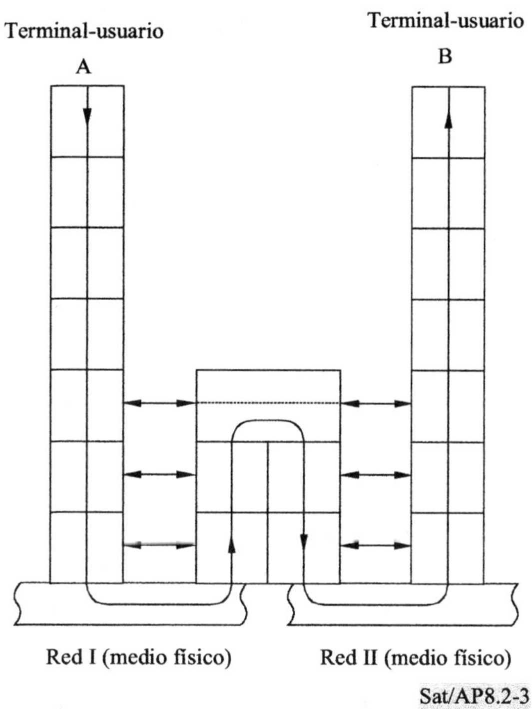

FIGURA AP8.2-3

Encaminamiento del mensaje

AP8.2-3 Descripción de las siete capas

AP8.2-3.1 La capa física

La capa física que es la capa 1, comprende la interfaz física entre dispositivos y las reglas que siguen los bits para el paso de uno a otro. La capa física tiene cuatro características importantes:

- mecánica

- eléctrica

- funcional

- de procedimiento

Ejemplos de normas relativas a esta capa son las RS-232-C, RS-449/422/423 y partes de la X.21.

AP8.2-3.2 Capa de enlace de datos

Aunque la capa física da únicamente un servicio de tren binario simple, la capa de enlace de datos que es la capa 2, debe asegurar la fiabilidad del enlace físico entre nodos de la red o entre el usuario final y la red, y prever los medios para activar, mantener y desactivar el enlace. El servicio principal de la capa de enlace de datos a las capas superiores es el de detección y control de errores. Así pues, con un protocolo de capa de enlace de datos plenamente funcional, la capa inmediatamente superior puede suponer que se produce una transmisión prácticamente sin errores por el enlace. No obstante, si la comunicación se establece entre dos sistemas que no estén conectados directamente, la conexión comprenderá una serie de enlaces de datos en cascada que funcionan cada uno independientemente. De esta manera, las capas superiores no están libres de la responsabilidad del control de errores.

Ejemplos de normas relativas a esta capa son las HDL, LAP-B, LAP-D y LLC.

AP8.2-3.3 Capa de red

El servicio básico de la capa de red o capa 3, es la transferencia transparente de datos entre entidades de transporte. Libera la capa de transporte de la necesidad de todo conocimiento sobre las tecnologías subyacentes de transmisión de datos y conmutación utilizadas para conectar los sistemas. El servicio de red se encarga de establecer, mantener y dar terminación a las conexiones a lo largo de las instalaciones de comunicación participantes.

Es en esta capa que el concepto de protocolo resulta ligeramente borroso. Los protocolos de capa 1 y de capa 2 son protocolos de estación/nodo (locales). Los protocolos de las capas 4 a 7 son claramente protocolos entre (N) entidades de las dos estaciones. La capa 3 tiene un poco de ambas.

El diálogo principal se produce entre la estación y su nodo; la estación envía paquetes con dirección al nodo para su distribución a lo largo de la red. Pide una conexión de circuito virtual, utiliza ésta para transmitir los datos y da terminación a la conexión. Todo ello se realiza por medio de un protocolo de estación-nodo. No obstante, como se intercambian paquetes y se establecen circuitos virtuales entre dos estaciones, también hay aspectos de protocolo estación-estación.

Las facilidades de comunicación participantes tienen diversas posibilidades que ha de gestionar la capa de red. En un extremo, el más simple, hay un enlace directo entre estaciones. En este caso, puede haber poca necesidad o ninguna de una capa de red, pues la capa de enlace de datos puede efectuar las funciones necesarias de gestión del enlace. Entre extremos, la utilización más habitual de la capa 3 es el tratamiento de los detalles que comporta el empleo de una red de comunicación. En este caso, la entidad de red de la estación debe dar a la red la información suficiente para conmutar y encaminar los datos hacia otra estación. En el otro extremo, dos estaciones pueden desear comunicarse, pero sin estar siquiera conectadas a la misma red; en su lugar, están conectadas a redes que directa o indirectamente, están conectadas entre sí. Un enfoque para lograr la transferencia de datos en dicho caso es utilizar un protocolo Internet (PI) que se sitúa en la parte superior de un protocolo de red y que es utilizado por un protocolo de transporte. El PI se encarga del encaminamiento y distribución entre redes y se apoya en una capa 3 en cada red para los servicios entre redes. En ocasiones se denomina al PI capa 3.5.

El ejemplo más conocido de capa 3 es la norma X.25 de capa 3. La norma X.25 se considera como una interfaz entre una estación y un nodo (utilizando nuestra terminología). En el concepto del modelo ISA, se trata realmente de un protocolo de estación-nodo.

AP8.2-3.4 Capa de transporte

El objetivo de la capa 4 es establecer un mecanismo fiable para el intercambio de datos entre procesos de distintos sistemas. La capa de transporte asegura la distribución sin errores de las unidades de datos secuencialmente, sin pérdidas o duplicaciones. La capa de transporte puede también intervenir en la optimización de los servicios de red y en el ofrecimiento de una calidad solicitada de servicio a las entidades de sesión. Por ejemplo, la entidad de sesión puede especificar tasas de errores aceptables, retardos máximos, prioridades y seguridad. En efecto, la capa de transporte actúa como enlace entre el usuario y la facilidad de comunicaciones.

El tamaño y la complejidad de un protocolo de transporte dependen del tipo de servicio que se pueda obtener de la capa 3. Para una capa 3 fiable con capacidad de circuito virtual, se requiere una capa 4 mínima. Si la capa 3 no es fiable, el protocolo de capa 4 debe incluir amplias facilidades de detección de errores y recuperación. En consecuencia, la ISO ha definido cinco clases de protocolo de transporte, estando orientado cada uno de ellos hacia un servicio subyacente distinto.

AP8.2-3.5 Capa de sesión

La capa de sesión que es la capa 5 da el mecanismo para controlar el diálogo entre entidades de presentación. Como mínimo, la capa de sesión ofrece los medios para que dos entidades de presentación establezcan y utilicen una conexión, denominada sesión. Además, puede dar algunos de los servicios siguientes:

- diálogo: puede ser simultáneo bidireccional, alterno bidireccional o unidireccional;

- recuperación: la capa de sesión puede ofrecer un mecanismo de verificación puntual, de forma que si se produce una avería de cierto tipo entre puntos de verificación, la entidad de sesión puede retransmitir todos los datos desde la última verificación.

AP8.2-3.6 Capa de presentación

La capa de presentación o capa 6 ofrece programas de aplicación y programas de tratamiento de terminal con un conjunto de servicios de transformación de datos. Los servicios que esta capa ofrecerá generalmente son:

- traducción de datos: traducción de código y grupo de caracteres;

- formato: modificación de la estructura de datos;

- selección de sintaxis: selección inicial y modificación posterior de las transformaciones utilizadas.

Ejemplos de protocolos de presentación son la compresión de texto, el encriptado y el protocolo de terminal virtual. Un protocolo de terminal virtual efectúa una conversión entre características específicas del terminal y un modelo genérico o virtual utilizado por los programas de aplicación.

AP8.2-3.7 Capa de aplicación

La capa de aplicación o capa 7 ofrece los medios para que los procesos de aplicación accedan al entorno ISA. Esta capa contiene funciones de gestión y mecanismos generalmente útiles para el soporte de las aplicaciones distribuidas. Ejemplos de protocolos en este nivel son el protocolo del fichero virtual y el protocolo de transferencia y manipulación de tarea.

AP8.2-4 Perspectivas del modelo ISA

La figura AP8.2-4 ofrece dos perspectivas útiles de la arquitectura ISA. Las indicaciones de la derecha proponen la agrupación de las siete capas en tres partes. Las tres capas inferiores contienen la lógica para la interacción de un dispositivo central con una red. El dispositivo central está físicamente junto a la red, utiliza un protocolo de enlace de datos para comunicar de forma fiable con la red y emplea un protocolo de red para solicitar el intercambio de datos con otro dispositivo en la red y pedir servicios de red (por ejemplo, prioridad). La norma X.25 para las redes con conmutación de paquetes abarca realmente las tres capas. Continuando con este enfoque, la capa de transporte ofrece una conexión fiable de extremo a extremo, independiente de la facilidad de red participante. Por último, las tres capas superiores en su conjunto intervienen desde el intercambio de datos entre usuarios finales y se valen de una conexión de transporte para la transferencia fiable de datos.

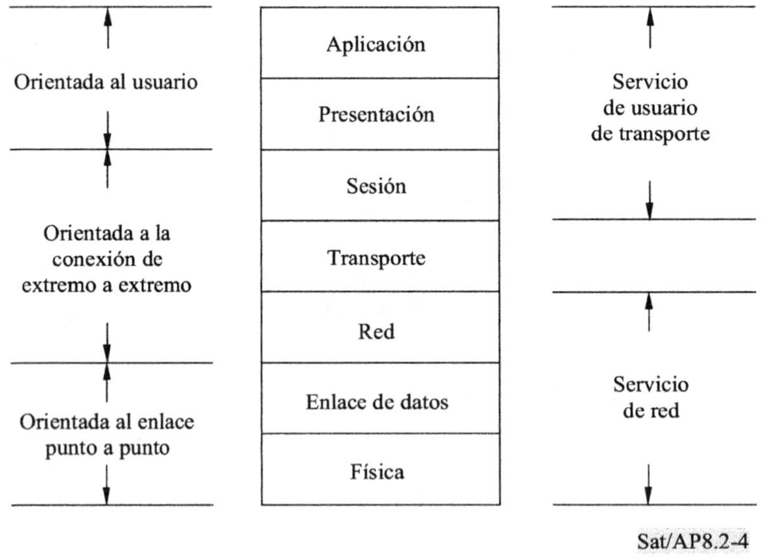

FIGURA AP8.2-4

Perspectivas de la arquitectura ISA

Los textos de la izquierda proponen otra perspectiva. También en este caso, se considera que los sistemas centrales están junto a una red común. Las dos capas inferiores se ocupan del enlace entre el sistema central y la red. Las tres capas siguientes participan en la transferencia de datos entre un sistema central y otro. La capa de red utiliza las facilidades de red de comunicación para transferir datos desde un sistema central a otro; la capa de transporte asegura que la transferencia es fiable. Y la capa de gestión gestiona el flujo de datos por la conexión lógica. Por último, las dos capas superiores están orientadas a las necesidades del usuario, incluyendo la consideración de la aplicación que debe realizarse y de todo tema relativo al formato.

REFERENCIAS BIBLIOGRÁFICAS

[1]   Handbook on Satellite Communications (FSS) (ITU, Geneva, 1988), Appendix 8-II.

[2]   User protocols for multi-service VSAT networks (E. Denoyer, J. Bousquet, ICDSC 8, April 1989).

[3]   VSAT networks Architectures, Protocols and Management (D.M. Chutre, J.S. McCoskey, IEEE Comm. magazine, July 1988, Vol. 26 No. 7).

[4]   Packet switch architectures and user protocol interfaces for VSAT networks (J. Stratigos, R. Mahindru, IEEE Comm. magazine, July 1988, Vol. 26, No. 7).

[5]   European standard for the interconnection of VSAT systems to PSPDNs (ETSI, draft Standard ETS 4.1, February 1991).

[6]   Network architectures for satellite ISDN (D Chitre, ICSDSC 8, April 1989).

[7]   Connection of very small earth station networks (VSATs) with the ISDN (ad hoc ITU-R/ITU-T – ISDN/Sat. meeting contribution of ESA, October 1990).

[8]   Small aperture earth station networks and their relationship to ISDN (L. Golding, Globecom Conf., November 1987).

[9]   Technical overview of ISDN and its network impact on satellites (W.S. Oei, INTELSAT seminar, December 1988).

[10]   Voelcker, J. – March 1986 – Helping computers communicate. *IEEE Spectrum*. Vol. 23, 3, 61-70.

[11]   Stallings, W. – 1988 – Data transmission systems – Standards, Vol. 1 OSI Standards.

CAPÍTULO 9

Compartición de frecuencias e interferencia

Este capítulo presenta un resumen a título informativo sobre la reglamentación y procedimientos en el tema de la compartición de frecuencias y la interferencia. No tiene por objeto sustituir al Reglamento de Radiocomunicaciones (RR) ni a las Recomendaciones UIT-R pertinentes ni a las disposiciones aplicables de acuerdos regionales. Cuando se planifiquen o pongan en servicio nuevas estaciones del SFS, el lector debe consultar las partes correspondientes de los documentos de la UIT, así como de cualquier otro documento publicado por las organizaciones internacionales pertinentes.

En 1992, la Conferencia de Plenipotenciarios Adicional reestructuró la UIT en tres Sectores para mejorar la coordinación y la relación con los usuarios, así como para establecer un sistema de revisión continua de la estrategia y la planificación. El Sector de Radiocomunicaciones (Sector UIT-R) fue creado el 1 de marzo de 1993, a partir del CCIR y la IFRB. Los otros dos Sectores son el de Normalización de las Telecomunicaciones (UIT-T) y el de Desarrollo de las Telecomunicaciones (UIT-D). El objetivo del Sector de Radiocomunicaciones es asegurar una utilización racional, equitativa, eficaz y económica del espectro de radiofrecuencias y de las órbitas de los satélites.

El Reglamento de Radiocomunicaciones (RR), que completa las disposiciones del Convenio de Telecomunicaciones Internacionales, constituye un tratado internacional sobre las radiocomunicaciones. Las Conferencias Mundiales de Radiocomunicaciones, CMR (anteriormente denominadas Conferencias Administrativas Mundiales de Radiocomunicaciones, CAMR), normalmente se celebran cada dos años y pueden revisar el RR y todos los Planes de asignaciones y adjudicaciones de frecuencias asociados. La última CMR se celebró en 1997 y en este capítulo se recogen los resultados de los trabajos de esta Conferencia. La Oficina de Radiocomunicaciones (BR) organiza y coordina los trabajos del Sector de Radiocomunicaciones e inscribe las asignaciones de frecuencias así como las características orbitales de los servicios espaciales y mantiene actualizado el Registro Internacional de Frecuencias (MIFR).

El lector debe tener en cuenta que muchos de los textos del Reglamento de Radiocomunicaciones analizados en este capítulo podrían ser revisados por la próxima CMR que tendrá lugar en 2000 (CMR-2000).

9.1 Disposiciones del Reglamento de Radiocomunicaciones y procedimientos del UIT-R

9.1.1 Introducción

El actual Reglamento de Radiocomunicaciones (RR, Ginebra, 1990 revisado en 1994 y 1996 y por las Actas Finales de la CMR-97) tiene por objeto establecer procedimientos y fijar límites para evitar que la interferencia perjudicial afecte el correcto funcionamiento de los servicios que comparten las mismas bandas de frecuencias o redes de otro servicio que funcione en las mismas bandas de frecuencias.

El "Reglamento de Radiocomunicaciones simplificado", cuyos principios fueron adoptados por la CMR-95, fue revisado por la CMR-97 a fin de asegurar la coherencia entre todas las disposiciones de los artículos S4, S7, S8, S9, S11, S13 y S14 (S se refiere a disposiciones simplificadas) y los nuevos apéndices S4 y S5 relativos a los procedimientos de publicación anticipada, coordinación, notificación e inscripción de una red de satélites.

Es importante observar que actualmente podría no estar plenamente disponible el nuevo Reglamento de Radiocomunicaciones que aplique estos principios y, en consecuencia, en algunos documentos puede ser necesario hacer mención a referencias de anteriores RR[1].

La CMR-97 adoptó una revisión del RR y de sus apéndices, incluido el examen y la revisión de las Resoluciones y Recomendaciones existentes y la adopción de varias Resoluciones y Recomendaciones nuevas contenidas en las Actas Finales[2,3].

El RR revisado comprende cuatro volúmenes: el Volumen 1 que contiene los artículos, el Volumen 2 que incluye los apéndices, el Volumen 3 donde aparecen las Resoluciones y Recomendaciones y el Volumen 4 compuesto por las Recomendaciones UIT-R incorporadas por referencia más un folleto que contiene los mapas que deben utilizarse en relación con el apéndice S7.

Es muy importante señalar que los puntos relativos a las redes de satélites situados en la órbita de los satélites no geoestacionarios (no OSG) son provisionales y las decisiones definitivas al respecto las tomará la CMR-2000 (o la siguiente). En consecuencia, los textos sobre este tema en este capítulo deben considerarse únicamente como indicativos.

9.1.2   Atribuciones de frecuencias

La mayoría de las bandas de frecuencias están atribuidas a más de un servicio en el Cuadro de atribución de bandas de frecuencias del UIT-R y en sus notas (RR, artículo S5); se dice que tales bandas están compartidas. Las atribuciones contenidas en el Cuadro se refieren a la totalidad de una

---

[1] *En algunos casos, se utilizan dobles referencias en este capítulo* para establecer la adecuada correspondencia entre los anteriores números de las disposiciones y los números S asignados a las disposiciones simplificadas. Algunas referencias a los números S no cuentan con la correspondiente referencia o son completamente nuevos o son combinación de un cierto número de disposiciones anteriores.

[2] Cabe señalar que la nueva versión publicada del RR es un documento actualizado que incorpora los cuatro volúmenes (V1-2-3, Edición 94 y V4, Edición 96) y las Actas Finales de la CMR-95 y la CMR-97. La mayoría de las disposiciones revisadas o adoptadas por la CMR-97 se aplicarán a partir del 1 de enero de 1999. Las otras disposiciones se aplicarán a partir de las fechas concretas señaladas en los textos revisados o adoptados.

[3] Significado de los siguientes símbolos: MOD97: modificación del fondo del texto por la CMR-97; SUP97: supresión de una disposición; ADD97: adición de una nueva disposición; DNR: proyecto de nueva Recomendación adoptada por la Asamblea de Radiocomunicaciones (AR) 1997.

o más de las tres Regiones de la UIT en que se divide el mundo[4] si no hay ninguna nota al respecto. Las notas pueden señalar limitaciones a la utilización que ha de hacerse de la banda de frecuencias. Lo más habitual es que las notas añadan o supriman servicios o que modifiquen la categoría de las atribuciones del Cuadro para su aplicación en determinados países.

Las CMR toman decisiones sobre la atribución de las diversas bandas de frecuencias a los diferentes servicios de radiocomunicaciones. Las redes de satélites de telecomunicaciones se implantan en el marco del servicio fijo por satélite (SFS), el servicio de radiodifusión por satélite (SRS) y el servicio móvil por satélite (SMS). El SMS engloba a los servicios móvil terrestre, móvil marítimo y móvil aeronáutico por satélite. El SFS incluye enlaces entre puntos situados en la Tierra que son fijos cuando transmiten o reciben señales, por el contrario, en el SMS los enlaces pueden estar en movimiento cuando realizan la transmisión o la recepción. El SRS consiste en transmisiones de radiodifusión sonora y de televisión destinadas a ser recibidas por el público en general. Para el SMS y el SRS, parte del enlace puede consistir en una transmisión de enlace de conexión dirigida o destinada a un punto fijo de la Tierra y, por consiguiente, dicho enlace pertenece al SFS. Cualquier atribución de frecuencia al SFS puede ser utilizada por enlaces de conexión. Sin embargo, hay una tendencia cada vez mayor a designar bandas de frecuencias específicas a tal efecto, como sucede con los enlaces de conexión con satélites no geoestacionarios del SMS.

Como se ha indicado anteriormente, para promover una utilización eficaz del espectro, la mayoría de estas atribuciones de frecuencias son compartidas por varios servicios. Como el arco de la órbita de los satélites geoestacionarios se encuentra normalmente muy por encima del horizonte local, la compartición con el servicio fijo (SF, es decir radioenlaces) puede realizarse fácilmente y por lo tanto suele estar presente. Hay sólo una excepción significativa en todo el mundo, las bandas 29,5-30 GHz/19,7-20,2 GHz en las que la atribución al SFS (y/o al SMS) no está compartida con el SF. Además, en muchos países de la Región 1, la banda 12,5-12,75 GHz también está atribuida al SFS a título primario y de forma exclusiva.

Existen tres categorías de atribuciones: primarias, permitidas y secundarias, que se definen en la sección II del artículo S5 del Reglamento de Radiocomunicaciones. Los servicios primarios y permitidos tienen los mismos derechos, salvo que en la preparación de los Planes de frecuencias el servicio primario, en comparación con el servicio permitido, tendrá prioridad en la elección de frecuencias.

Los servicios secundarios no tienen derechos frente a los servicios primarios o permitidos, en lo que respecta a la posible interferencia perjudicial transmitida o recibida; únicamente pueden exigir protección contra otros servicios secundarios a los que se asignen frecuencias posteriormente.

El cuadro AP9.1-1 del apéndice 9.1 de este capítulo contiene una lista de bandas de frecuencias atribuidas al SFS, SRS, SMS y SES e indica otros servicios que comparten estas bandas a título igualmente primario (los servicios que aparecen con minúsculas tienen atribuciones a título secundario).

---

[4] Región 1 (R1): África, Naciones Árabes, Europa, Federación de Rusia (incluida la parte asiática); Región 2 (R2): América; Región 3 (R3): Asia y Oceanía.

La Resolución 2 del Reglamento de Radiocomunicaciones se refiere a la "utilización equitativa por todos los países, con igualdad de derechos, de la órbita de los satélites geoestacionarios y de las bandas de frecuencias atribuidas a los servicios de radiocomunicaciones espaciales"[5].

Todos los países tienen igualdad de derechos en la utilización tanto de las frecuencias radioeléctricas atribuidas a los diversos servicios de radiocomunicaciones espaciales como de la órbita de los satélites geoestacionarios (OSG) para estos servicios. El espectro de radiofrecuencias y la OSG son recursos naturales limitados y deben utilizarse de la manera más eficaz y económica posible. La inscripción de las asignaciones de frecuencias para los servicios de radiocomunicaciones espaciales y su utilización no debe suponer una prioridad permanente para ningún país o grupos de países en concreto ni debe constituir un obstáculo para el establecimiento de sistemas espaciales por otros países.

Cuando una banda de frecuencias está atribuida a un solo servicio, es necesario asegurar que la interferencia entre las distintas redes de dicho servicio que funcionan en esa banda no rebasa los límites aceptables. Si una banda está compartida por dos o más servicios, se utilizan métodos similares para que las estaciones de los servicios con categoría secundaria no interfieran a las estaciones de los servicios con categoría primaria y para que la interferencia entre estaciones de servicios con atribuciones de la misma categoría no rebase los límites aceptables. Normalmente estos métodos tienen en cuenta las siguientes consideraciones:

a) Para los enlaces de cada servicio se definen unas normas de calidad aceptable mínima; normalmente este proceso establece un máximo nivel de ruido medido en condiciones especificadas o una máxima proporción de bits erróneos en el extremo receptor de un circuito o un radioenlace. Por ejemplo, para los servicios de radiodifusión estas condiciones pueden aplicarse en el borde de la zona de servicio y en el caso de los circuitos internacionales telefónicos se aplican a un circuito ficticio de referencia o a un trayecto digital ficticio de referencia definidos. Se atribuyen fracciones específicas de este máximo nivel de degradación a las degradaciones de la señal que aparecen dentro del sistema, a la interferencia procedente de otras redes del mismo servicio y a la interferencia causada por redes de otros servicios. Estas dos últimas componentes se denominan "interferencia admisible".

b) Cuando puede preverse que la mayor parte de la interferencia procederá de un número limitado de estaciones interferentes identificables, se lleva a cabo la coordinación de frecuencias para determinar el nivel de interferencia procedente de cada fuente y, si es necesario, se negocian las modificaciones de las características de las dos redes para reducir la interferencia hasta un nivel aceptable.

c) Si el número de estaciones interferentes es en principio muy elevado o su emplazamiento no está determinado, resulta necesario aplicar limitaciones a las características de todas estas estaciones que utilizan la banda de frecuencias en cuestión para que el nivel de interferencia combinada sea aceptablemente pequeño, independientemente del número de estaciones interferentes o de su emplazamiento.

---

[5] De acuerdo con el RR S4.8, debe observarse la igualdad de derechos en el funcionamiento cuando una banda de frecuencias está atribuida en distintas regiones a diferentes servicios; es decir, deben respetarse los límites relativos a la interferencia interregional.

9.1.3 Posibles modos de interferencia

Conviene considerar los diversos modos de interferencia entre estaciones en los servicios espaciales y terrenales. Estos modos se representan en la figura 9.1.

9.1.3.1 Modos de interferencia entre servicios espaciales y terrenales

A1 Las transmisiones de la estación terrenal interfieren a la recepción en una estación terrena.

A2 Las transmisiones de la estación terrena interfieren a la recepción en una estación terrenal.

C1 Las transmisiones de la estación espacial interfieren a la recepción en una estación terrenal.

C2 Las transmisiones de la estación terrenal interfieren a la recepción en una estación espacial.

9.1.3.2 Modos de interferencia entre estaciones de distintos sistemas espaciales en bandas de frecuencias con atribuciones separadas en los sentidos Tierra-espacio y espacio-Tierra

B1 Las transmisiones de una estación espacial de un sistema espacial causan posiblemente interferencia a la recepción en una estación terrena de otro sistema espacial.

B2 Las transmisiones de una estación terrena de un sistema espacial causan posiblemente interferencia a la recepción en una estación espacial de otro sistema espacial.

9.1.3.3 Modos de interferencia entre estaciones de distintos sistemas espaciales en bandas de frecuencias para utilización bidireccional

Los modos anteriores pueden ampliarse de la forma siguiente:

E Las transmisiones de una estación espacial de un sistema espacial causan posiblemente interferencia a la recepción en una estación espacial de otro sistema espacial.

F Las transmisiones de una estación terrena de un sistema espacial causan posiblemente interferencia a la recepción en una estación terrena de otro sistema espacial.

9.1.3.4 Condiciones de propagación en los trayectos de interferencia

Al estudiar los efectos de los modos de interferencia antes indicados es necesario considerar las siguientes condiciones de propagación de caso más desfavorable en los trayectos de interferencia:

- propagación en el espacio libre para trayectos entre la Tierra y el espacio en el caso de los modos B1, B2, C1, C2 y E;

- propagación troposférica para trayectos que siguen efectivamente la superficie de la Tierra en el caso de los modos A1, A2 y F.

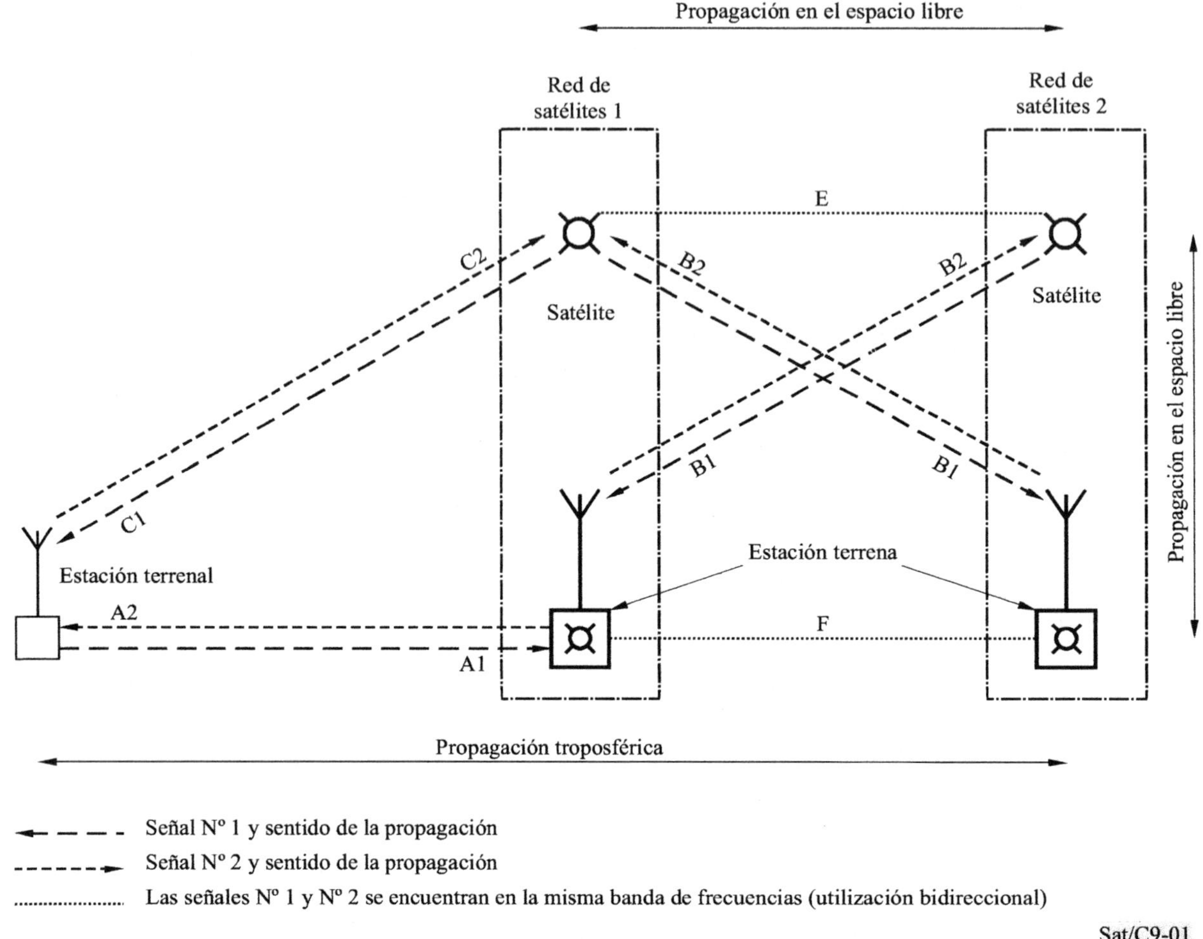

FIGURA 9.1

**Modos de interferencia relativos al SFS en las bandas
de frecuencias atribuidas con igualdad de derechos
a las radiocomunicaciones terrenales**

9.1.3.5 Aplicaciones del Reglamento de Radiocomunicaciones

El Reglamento de Radiocomunicaciones fue elaborado para tratar cada una de estas situaciones con objeto de permitir el desarrollo de todos los servicios eliminando el riesgo de que aparezca interferencia *perjudicial* en cualquiera de los dos sentidos.

Los modos A2, C1 y C2 se han regulado imponiendo limitaciones adecuadas a la energía radiada, especialmente en una dirección crítica.

Los modos A1 y A2 relativos a los trayectos de interferencia entre estaciones terrenas y estaciones terrenales, se consideran bajo el concepto de la coordinación que debe realizarse entre administraciones en los casos en que la "zona de coordinación" en torno a una estación terrena (transmisora o receptora) incluya el territorio de cualquier otro país.

Los modos B1 y B2 normalmente se combinan para evaluar el aumento aparente en la temperatura equivalente de ruido del enlace por satélite causado por otro enlace por satélite. Cuando este aumento rebasa el valor umbral (apéndice S8 del RR), las dos administraciones responsables del funcionamiento de los dos sistemas espaciales deberán llevar a cabo la coordinación. Para el modo E se aplica un método similar.

El modo F no está sujeto a ninguna disposición del Reglamento de Radiocomunicaciones.

9.1.4 Limitaciones de la radiación

9.1.4.1 Estaciones del SFS

(Véanse los artículos S21 y S22 del RR.)

9.1.4.1.1 Estación terrena transmisora

Los límites impuestos a la radiación por las estaciones terrenas transmisoras (modo A2) se definen en el artículo S21, secciones III y IV, del Reglamento de Radiocomunicaciones. Concretamente, los números S21.8 a S21.13 del RR se refieren a la máxima p.i.r.e. admisible en cualquier dirección dirigida hacia el horizonte cuando el ángulo de elevación del horizonte (δ) observado desde el centro de la antena de la estación terrena es menor o igual a 5° (véase el cuadro 9.1A).

CUADRO 9.1A

**Máxima p.i.r.e. admisible (δ) producida por una estación terrena transmisora
(sin restricciones para $\delta > 5°$)**

Bandas de frecuencias (F, GHz)	p.i.r.e. de la estación terrena (dBW)	Anchura de banda (kHz)	$0° < \delta \leq 5°$ p.i.r.e. (δ) (dBW)
$1 < F < 15$	40	4	$40 + 3.\delta$
$F > 15$	64	1 000	$64 + 3.\delta$

Además, el S21.14 del RR dispone que las antenas de las estaciones terrenas no podrán utilizarse para la transmisión con ángulos de elevación del eje del haz principal inferiores a 3° por encima del plano horizontal. La finalidad de estas limitaciones es evitar la aparición de valores de la interferencia tan elevados que restrinjan excesivamente la posibilidad de elegir frecuencias y emplazamientos para las estaciones terrenales en los países vecinos.

A través del modo B2 de interferencia, las transmisiones de estaciones terrenas pueden provocar interferencia a otras redes de satélites geoestacionarios. El número S22.26 del artículo S22 del RR señala que el nivel de p.i.r.e. emitida por una estación terrena para ángulos en dirección de la OSG con respecto al eje del haz principal debe reducirse al mínimo y se insta a las administraciones a que logren los valores más bajos posibles para las emisiones fuera del eje teniendo en cuenta las últimas Recomendaciones UIT-R. La Recomendación UIT-R S.524 indica el nivel recomendado de radiaciones fuera del eje procedentes de estaciones terrenas (véase el cuadro 9.1B). En el anexo 1 a esta Recomendación aparecen consideraciones más detalladas relativas a los límites de densidad de p.i.r.e. fuera del eje.

En la Recomendación UIT-R S.728 se trata el caso especial de terminales de apertura muy pequeña (VSAT).

CUADRO 9.1B

Límites de p.i.r.e. fuera del eje (φ) emitida por una estación terrena del SFS en cualquier dirección situada a ± 3° de la OSG (véase el artículo S22, sección VI del RR)

Bandas de frecuencias (F, GHz)	p.i.r.e. fuera del eje de la estación terrena (dBW) p.i.r.e. (φ)	Anchura de banda (kHz)	$\varphi°$
6	$32-25\log(\varphi)^{(*)}$	4	$2,5° < \delta \leq 7°$
14	$39-25\log(\varphi)^{(**)}$	40	$2,5° < \delta \leq 7°$
	$32-25\log(\varphi)^{(***)}$		$2,0° < \delta \leq 7°$

NOTAS:

(*) Para estaciones terrenas que utilizan emisiones distintas a la SCPC (véase la Recomendación UIT-R S.524).

(**) La p.i.r.e. fuera del eje de las emisiones FM-TV a 14 GHz con dispersión de energía (o adecuadamente modulada) no debe rebasar el siguiente valor: $53-25\log(\varphi)$ dBW (véase la Recomendación UIT-R S.524).

(***) Para estaciones terrenas VSAT que funcionan con satélites geoestacionarios del SFS a 14 GHz (véase la Recomendación UIT-R S.728).

Sin embargo, las disposiciones de la sección VI del artículo S22 del RR relativas a las limitaciones de potencia fuera del eje de la estación terrena en el SFS quedan en suspenso a la espera de que la CMR-2000 revise los valores que aparecen en las notas S22.26, S22.27 y S22.28 (véase el número S22.29: límites de p.i.r.e. aplicables a las siguientes bandas de frecuencias asignadas al SFS en sentido Tierra-espacio: 12,75-13,25, 13,75-14 y 14-14,5 GHz).

9.1.4.1.2 Estación espacial transmisora

La posible interferencia provocada por una estación espacial transmisora puede afectar a las estaciones terrenales receptoras (modo C1), a las estaciones terrenas receptoras de otra red de satélites (modo B1) y, además, a las estaciones espaciales receptoras cuando funcionan en una banda de frecuencias atribuida para uso bidireccional (modo E).

La posible interferencia causada a las estaciones terrenales (modo C1) viene restringida por la limitación de la máxima densidad de flujo de potencia producida por una estación espacial en la superficie de la Tierra.

Un aspecto importante de estos límites es que varían en función del ángulo de llegada del frente de onda a la superficie de la Tierra de tal forma que el límite puede hacerse menos estricto cuando el ángulo aumenta. Aunque podría pensarse a primera vista que para un ángulo de llegada del frente de onda superior la distancia oblicua sería más corta y, por consiguiente, la densidad de flujo de potencia sería superior, la disminución de las pérdidas por dispersión es despreciable en comparación con la discriminación de antena predominante de las estaciones terrenales al aumentar el ángulo de elevación, de modo que está justificada la reducción de la limitación.

Los límites de densidad de flujo de potencia aparecen en el cuadro S21.4 de la sección V del artículo S21 del Reglamento de Radiocomunicaciones y se resumen en el cuadro 9.2. Los límites se refieren a la dfp que se obtendría en condiciones de propagación en espacio libre y se aplican a emisiones de servicios de radiocomunicaciones espaciales en los que las bandas de frecuencias están compartidas con igualdad de derechos con los servicios fijo o móvil (SF o SM).

Para la identificación de las bandas de frecuencias correspondientes a los enlaces descendentes atribuidas al servicio fijo por satélite, debe consultarse el cuadro AP9.1-1 de este Manual.

Los límites de densidad de flujo de potencia establecidos para la protección de los radioenlaces con visibilidad directa podrían no ser suficientes en caso de compartición de la banda de frecuencias 2 500-2 690 MHz con los sistemas de dispersión troposférica equipados con receptores más sensibles. Para esta situación en particular, véase el S21.16.3 del RR.

9.1.4.2   Estaciones terrenales

La posible interferencia provocada por una estación terrenal transmisora puede afectar a las estaciones espaciales receptoras (modo C2) que comparten la misma banda de frecuencias y está restringida por las limitaciones de la máxima potencia isótropa radiada equivalente (p.i.r.e.) y de la dirección de máxima radiación hacia la órbita de los satélites geoestacionarios como se indica en las secciones I y II del artículo S21 del RR (véanse los cuadros S21.1 y S21.2).

La máxima p.i.r.e. de una estación de los servicios fijo o móvil no deberá rebasar en ningún caso el límite de 55 dBW, pero se aplican limitaciones más estrictas si la dirección de máxima radiación apunta hacia la órbita de los satélites geoestacionarios.

En el cuadro 9.3 se resumen los límites de p.i.r.e. en función del ángulo de apuntamiento hacia la órbita de los satélites geoestacionarios y los límites de potencia entregada a la antena de una estación de los servicios fijo o móvil.

CUADRO 9.2

**Máximo valor admisible de la densidad de flujo de potencia
producida por una estación espacial en la superficie de la Tierra
(véase el artículo S21 del RR)**

Gama de frecuencias (GHz)	Máxima densidad de flujo de potencia en función del ángulo de llegada δ (dB(W/m^2))				Servicio
	$0° < \delta \le 5°$	$5° < \delta \le 25°$	$25° < \delta \le 90°$	Anchura de banda de referencia	
1,525-2,290	-154	$-154 + 0,5\,(\delta - 5)$	-144	En cualquier banda de 4 kHz	Funcionamiento espacial de telemedida, seguimiento y telemando
2,500-2,690	-152	$-152 + 0,75\,(\delta - 5)$	-137	En cualquier banda de 4 kHz	SFS (y SMS) OSG
2,520-2,670					SRS OSG
3,400-4,200 4,500-4,800 7,250-7,750	-152	$-152 + 0,5\,(\delta - 5)$	-142	En cualquier banda de 4 kHz	SFS OSG
5,150-5,216	-164	-164	-164	En cualquier banda de 4 kHz	
6,700-6,825	-137	$-137 + 0,5\,(\delta - 5)$	-127	En cualquier banda de 1 MHz	Enlaces de conexión del SMS (SFS)
6,825-7,075	-154	$-154 + 0,5\,(\delta - 5)$	-144	En cualquier banda de 4 kHz	no OSG
	-134	$-134 + 0,5\,(\delta - 5)$	-124	En cualquier banda de 1 MHz	(S9.11A)
10,7-11,7 (NOTA 1)	-150	$-150 + 0,5\,(\delta - 5)$	-140	En cualquier banda de 4 kHz	SFS OSG y no OSG (CMR-97, Res. 130 y 131)
11,7-12,5 (R2) 12,2-12,7 (R2) 11,7-12,2 (R2 y 3)	-148 (NOTA 1)	$-148 + 0,5\,(\delta - 5)$ (NOTA 1)	-138 (NOTA 1)	En cualquier banda de 4 kHz	Plan del SRS o SFS OSG y no OSG (CMR-97, Res. 131, 138 y 538)
12,2-12,5 (R3) 12,50-12,75 (algunos países de la R1)	-148 (NOTA 1)	$-148 + 0,5\,(\delta - 5)$ (NOTA 1)	-138 (NOTA 1)	En cualquier banda de 4 kHz	SFS OSG y no OSG (CMR-97, Res. 130 y 131)
15,430-15,630	-127	5°-20°: -127 20-25°: $-127 + 0,56\,(\delta - 20)$	25-29°: -113 29-31°: $-136,9 + 25\log\,(\delta - 20)$ >31°: -111	En cualquier banda de 1 MHz	Enlaces de conexión del SMS (SFS) no OSG (S9.11A) (CMR-97 Res. 123)

CUADRO 9.2 (continuación)

17,7-19,3 (NOTAS 2, 3)	-115	-115 + 0,5 (δ - 5)	-105	En cualquier banda de 1 MHz	SFS OSG (Res. 130 y 538, S9.11A)
	−125	-125 + (δ - 5)	-105		SFS no OSG (provisionalmente para >100 satélites) (CMR-97, Res. 131)
19,3-19,7	-115	-115 + 0,5 (δ - 5)	-105	En cualquier banda de 1 MHz	SFS OSG Enlaces de conexión del SMS no OSG (S9.11A) SFS no OSG (S9, S11)
37,5-40,5	-115	-115 + 0,5 (δ - 5)	-105	En cualquier banda de 1 MHz	SFS y SMS OSG (límites provisionales de dfp)

NOTAS – Los límites de este cuadro se refieren a la dfp que se obtendría en condiciones de propagación en espacio libre.

NOTA 1 – Estos valores requieren más estudios (véase la Resolución 131 de la CMR-97).

NOTA 2 – Igualdad de derechos de funcionamiento cuando una banda de frecuencias está atribuida en distintas regiones a diversos servicios de la misma categoría (véase el número S4.8). Deben observarse los límites relativos a la interferencia interregional.

NOTA 3 – El riesgo de interferencia causada por sistemas de satélites no OSG y OSG al SETS y al servicio de investigación espacial (sensores pasivos) debe reducirse a un mínimo (véase la Recomendación UIT-R SA.1029).

CUADRO 9.3

Valor máximo de la potencia isótropa radiada equivalente (p.i.r.e.) entregada a la antena de una estación del servicio fijo (SF) o del servicio móvil (SM) dirigida hacia la OSG (véase el artículo S21, secciones I y II del RR)

Gama de frecuencias (GHz)	Máxima p.i.r.e. [*] transmisible en función del ángulo δ con respecto a la OSG (dBW)		Máxima potencia entregada a la antena (dBW)
1 - 10	+35	$\delta > 2°$	+13
	$+47 + 8(\delta - 0,5)$ [**]	$0,5° < \delta < 1,5°$	
10 - 15	+45	$>1,5°$	+10
25,250-27,500	+24	$>1,5°$	+10
Otras bandas por encima de 15 GHz	+55	Sin límite	+10

[*] La máxima p.i.r.e. de una estación del SF o del SM no deberá rebasar el valor de +55 dBW.

[**] Se aplican estos valores si no es posible ajustarse a los anteriores.

Para la identificación de las bandas de frecuencias pertinentes de los enlaces ascendentes atribuidas al servicio fijo por satélite debe consultarse el cuadro AP9.1-1 de este Manual.

La posible interferencia provocada por una estación terrenal transmisora puede afectar a las estaciones terrenas receptoras (modo A1), pero en este caso los emplazamientos y las frecuencias de las estaciones terrenales deberán seleccionarse teniendo en cuenta las Recomendaciones UIT-R aplicables a lo que respecta a la separación geográfica de las estaciones terrenas.

9.1.5   Procedimiento para efectuar la coordinación

9.1.5.1   Consideraciones generales

Las disposiciones de los artículos S9 y S11 del Reglamento de Radiocomunicaciones se aplican a los servicios de radiocomunicaciones espaciales para la coordinación, notificación e inscripción de asignaciones de frecuencias (véase también la Resolución 51 del RR para la aplicación provisional de ciertas disposiciones del Reglamento).

Las CMR han identificado dos tipos de bandas de frecuencias: las planificadas, es decir las que se han asignado de manera oficial a un servicio o servicios determinados en una región o regiones concretas, y las no planificadas. A continuación se resume el procedimiento para efectuar la coordinación en estos dos casos.

Para las redes de satélites o sistemas de satélites que utilizan bandas de frecuencias cubiertas por el Plan del SFS véase también el apéndice S30B del RR, si se trata de bandas de frecuencias contempladas en los Planes del SRS y de los enlaces de conexión del SRS, véase también el artículo 4 y los anexos 1 y 2 de los apéndices S30 y S30A del Reglamento de Radiocomunicaciones y en el caso de bandas de frecuencias empleadas por los sistemas SFS no OSG, véanse también las Resoluciones 130 y 538 del RR.

i)   En las bandas de frecuencias no planificadas

Las bandas de frecuencias no planificadas, las redes de satélites, salvo en el caso del SRS, deben satisfacer normalmente las disposiciones de los artículos S9 y S11 del RR.

- El espectro para las redes OSG se determina aplicando los procedimientos de los artículos S9 y S11 (RR1042 y RR1060).

- El espectro para las redes del SRS OSG se determina (Secciones Especiales RES33/A y RES33/C) aplicando la Resolución 33 (§ 3.1 y 3.2.1) y los artículos S9.7, S9.11 y S11 del RR.

- El espectro para las redes no OSG en ciertas bandas se determina (véase también la Resolución 130 del RR):

  - aplicando las disposiciones de la Resolución 46 (CMR-95/97, RRS9.11A),

  - aplicando los procedimientos del artículo S11.

ii)   En las bandas de frecuencias planificadas

- En los Planes del SFS (6/4 GHz y 13/10-11 GHz), el espectro para las redes OSG se determina aplicando el apéndice S30B del RR (véase el anexo 2 de este apéndice) y también los artículos 6, 8, 10 y 11 del presente apéndice. Véanse también SUP97 Resolución 107 del RR y números S9.1 y S11.1 del RR;

- En los Planes del SRS (y Planes de enlaces de conexión asociados), el espectro para las redes OSG se determina aplicando los apéndices S30 y S30A del RR (véase el anexo 2 de esos apéndices (S9.8 y S9.9 del RR)). Véase también en el apéndice S30: artículos 4, 5, 7, 10, 11 y en el apéndice S30A: artículos 4, 5, 7, 9, 9A y 11.

- El espectro para las redes no OSG en las bandas de frecuencias planificadas se determina aplicando los procedimientos del artículo S11 del RR. La Resolución 538 del Reglamento se refiere a la utilización por los sistemas de satélites no geoestacionarios del SFS de los Planes del SRS y los enlaces de conexión del SRS y la Resolución 130 del RR se refiere a la utilización de las bandas de frecuencias cubiertas por el Plan del SFS (apéndice S30B del RR) por sistemas de satélites no geoestacionarios del SFS.

A continuación se indican algunas otras Resoluciones y Recomendaciones del RR relativas a procedimientos para asignar frecuencias en las bandas de frecuencias planificadas, especialmente en lo que se refiere al SRS:

- Resolución 46 del RR, Procedimientos provisionales de coordinación de los sistemas de los satélites no geoestacionarios en ciertas bandas (véase el apéndice S5, cuadro S5-1A, del RR sobre la aplicabilidad del número S9.11A a los servicios espaciales).

- Resoluciones 33 y 507 del RR (Planes del SRS y de los enlaces de conexión del SRS).

- Recomendación 35 del RR (Planes del SFS y Planes del SRS y de los enlaces de conexión del SRS) y Resolución 42 del RR (Sistemas provisionales de la Región 2 en las bandas de los Planes del SRS).

9.1.5.2 Cuadro de atribución de bandas de frecuencias y disposiciones particulares (RRS9.21)

i)   Número S9.21 del artículo S9 del RR:

Las atribuciones de frecuencias están contenidas en un cuadro que aparece en el artículo S5 del RR. Dicho cuadro tiene numerosas notas que señalan la atribución de una banda de frecuencias determinada a un servicio concreto o a una aplicación específica, sujeta al cumplimiento de las disposiciones del RRS9.21 (ex artículo 14).

Al contrario que otros procedimientos descritos en este punto, las disposiciones del RRS9.21 (ex artículo 14) no son un procedimiento de coordinación puesto que su aplicación con éxito a una asignación de frecuencia determinada sólo significa que esta asignación de frecuencia está de conformidad con el artículo S5 del RR. Además de esta conformidad, para proteger esta asignación debe llevarse a cabo el procedimiento de coordinación aplicable (como por ejemplo, el artículo S9 o la Resolución 46 del RR que puede iniciarse antes o al mismo tiempo que el procedimiento del RRS9.21).

Con arreglo a estas disposiciones, la administración solicitante debe enviar a la Oficina la información del apéndice S4 del RR. Dicha información es publicada por la Oficina en una Sección Especial (AR14/C) de su circular semanal, con una lista que identifica a las administraciones que pueden resultar afectadas basándose en los criterios de compartición pertinentes.

Toda administración que considere que la asignación planificada puede afectar a sus servicios que funcionan o tienen previsto su funcionamiento de acuerdo con el Cuadro de atribución de bandas de frecuencias deberá informar de esta circunstancia, en el plazo de cuatro meses a partir de la fecha de la circular semanal, a la administración que solicita el acuerdo y a la Oficina. Las administraciones que no hayan realizado comentarios durante este periodo se considerará que no resultan afectadas por la asignación planificada.

Cuando el desacuerdo de una administración se basa en una asignación planificada de una estación de radiocomunicaciones espaciales que aún no está en funcionamiento, sólo pueden considerarse las asignaciones para las cuales se ha recibido la información del apéndice S4 del RR o se ha iniciado el procedimiento del RRS9.21 y cuyo funcionamiento está previsto en el plazo de tres años (Regla de Procedimiento, diciembre de 1994). En caso de desacuerdo basado en una asignación planificada de una estación de radiocomunicaciones terrenales, también es aplicable un periodo de tres años (Regla de Procedimiento, diciembre de 1994).

ii)   Número S4.4 del artículo S4 del RR:

Si no puede obtenerse el acuerdo de algunas administraciones, la asignación puede inscribirse en el Registro Internacional de Frecuencias (MIFR) indicando que funciona con arreglo al número S4.4 del artículo S4 del RR (ex R.342) con respecto a las administraciones correspondientes. En virtud de esta disposición, la administración responsable de la asignación está obligada a no causar interferencia a otras asignaciones de conformidad con el Reglamento de Radiocomunicaciones y no podrá reclamar protección contra la interferencia perjudicial provocada por dichas asignaciones.

9.1.5.3   Información para publicación anticipada (API)

Una administración que pretende establecer una red de satélites con arreglo a los artículos S9 y S11 del RR (caso general: redes del SFS en bandas sin planificar) debe enviar a la Oficina de Radiocomunicaciones (BR), con una antelación no superior a los cinco años y preferiblemente al menos dos años antes de la fecha de puesta en servicio de la red, la información indicada en el apéndice S4 (anexos 2A y 2B) del Reglamento de Radiocomunicaciones.

La fecha de puesta en servicio podrá aplazarse a solicitud de la administración notificante un plazo no superior a los dos años y únicamente bajo las condiciones especificadas en los Addenda al artículo S11.

Las disposiciones del artículo S9 (S9.1 o S9.2) del RR se aplican a los servicios de radiocomunicaciones espaciales con referencia a la información para publicación anticipada (API) de redes de satélites o sistemas de satélites.

El formato recomendado para presentar esta información aparece en los formularios de nuevas notificaciones APS4/V o VI.

Los elementos principales de información relativos a sistemas de satélites geoestacionarios o no geoestacionarios sujetos a coordinación con arreglo al artículo S9, sección II, del RR que deben proporcionarse en el formulario de notificación APS4/VI (véase el artículo S9.3 del RR) son:

- para satélites geoestacionarios únicamente: emplazamiento orbital de la estación espacial;

- para satélites geoestacionarios únicamente: ángulo de inclinación, periodo, apogeo, perigeo, número de satélites;

- bandas de frecuencias;

- zonas de servicio en la Tierra;

- clase de estación y naturaleza del servicio;

- fecha de puesta en servicio y periodo de validez.

Para un sistema de satélites no geoestacionarios no sujeto a la coordinación con arreglo al artículo S9, sección II, del RR, las características adicionales para la recepción en la estación espacial y para la transmisión desde la estación espacial (es decir, la información que debe suministrarse para el haz de la antena receptora y la información relativa a las emisiones de la estación espacial y estaciones receptoras asociadas y referente a las estaciones transmisoras asociadas) debe indicarse en el formulario de notificación APS4/V (véase el artículo S9.1 del RR).

La BR publica esta información en el plazo de tres meses en las Secciones Especiales de su circular semanal (a partir del 22 de noviembre de 1997 esta publicación pasó a ser quincenal) y si una administración considera que puede aparecer interferencia inaceptable en sus servicios de comunicaciones espaciales existentes o previstos, deberá enviar sus comentarios a la administración correspondiente en el plazo de cuatro meses a partir de la fecha de la circular semanal e intentará resolver estos posibles problemas de interferencia.

9.1.5.4 Procedimiento de coordinación (véase la sección II del artículo S9 del RR y los apéndices S8 y S5)

Algún tiempo después de la publicación de la información anticipada, normalmente seis meses, debe iniciarse la coordinación de las distintas asignaciones de frecuencias de las redes de satélites con arreglo al artículo S9 del RR (S9.1/1058E) (caso general: redes del SFS en bandas sin planificar), con cualquier otra administración cuyas asignaciones de frecuencias, para una estación espacial de un satélite geoestacionario o para una estación terrena que comunique con una estación espacial de un satélite geoestacionario, estén ya en proceso de coordinación o notificación y puedan resultar afectadas.

Las disposiciones del artículo S9 del RR se aplican a los servicios de radiocomunicaciones espaciales para los requisitos y solicitud de coordinación con otras administraciones identificadas con arreglo al número S9.27 (véase el cuadro S5-1 del apéndice S5 del RR relativo a las condiciones técnicas para la coordinación).

Si la información (solicitud de coordinación) con arreglo al S9.30 (apéndice S4 del RR) no ha sido recibida por la BR en el plazo de dos años tras la fecha de recepción por la Oficina de la información pertinente (API), se suprimirá la publicación anticipada.

Para efectuar la coordinación con arreglo al artículo S9 del RR y a fin de identificar a las administraciones con las que debe realizarse la coordinación, el apéndice S5 del RR presenta los distintos casos en que es necesaria la coordinación.

Los problemas que pueden resolverse en esta etapa son de carácter general y comprenden sobre todo los cálculos del incremento en la temperatura de ruido equivalente del enlace de satélite $\Delta T/T$ (véase 9.3.1.2).

El criterio para decidir si es necesaria la coordinación entre asignaciones de redes distintas figura en el apéndice S8 del Reglamento de Radiocomunicaciones y se basa en un criterio umbral de un aumento del 6% en la temperatura de ruido equivalente de enlace por satélite. En la sección II del artículo S9 del RR se establecen las disposiciones que regulan la coordinación de las asignaciones de frecuencias del SFS.

Para efectuar la coordinación debe enviarse a las otras administraciones implicadas la información señalada en el anexo 2A del apéndice S4 del Reglamento de Radiocomunicaciones, así como una copia a la BR.

El formato recomendado para presentar esta información aparece en los formularios de nueva notificación de la BR APS4/II.

La información que debe facilitarse para la coordinación es más detallada que la relativa a la etapa de publicación avanzada. La información principal adicional incluye (véanse los formularios de notificación APS4/II):

- frecuencias (normalmente se consideran que son las frecuencias centrales del transpondedor y anchuras de banda asignadas);

- clases de emisión (apéndice S1 del RR);

- máxima densidad de potencia y potencia total en la cresta de la envolvente para cada clase de emisión y cada frecuencia asignada;

- diagramas de radiación de antena de la estación terrena y la estación espacial;

- únicamente para los satélites geoestacionarios: tolerancia longitudinal, arco visible y arco de servicio de la OSG;

- para las estaciones espaciales geoestacionarias que utilizan transpondedores sencillos de cambio de frecuencia y que funcionan con estaciones terrenas, los valores de las temperaturas de ruido equivalente del enlace por satélite y las ganancias de transmisión para cada enlace y sus estaciones terrenas de recepción asociadas.

La BR publica esta información (solicitud de coordinación) en el plazo de tres meses en una Sección Especial de la circular semanal (actualmente quincenal) y solicita a las administraciones interesadas que notifiquen a la administración solicitante y a la BR su acuerdo o desacuerdo en el plazo de cuatro meses. Si en ese periodo no se ha llegado a un acuerdo, continuará la coordinación detallada por correspondencia o mediante reuniones. En los puntos 9.3.2, 9.3.3 y 9.3.4 aparece información sobre los cálculos y métodos que pueden utilizarse para facilitar la coordinación.

En el caso del SRS y de los enlaces de conexión del SRS, los procedimientos que deben seguirse cuando una administración pretende introducir una modificación a alguno de los Planes regionales se indican en los apéndices S30 y S30A del RR. Para la aplicación de las disposiciones del artículo S9 del RR con respecto a estaciones de un servicio de radiocomunicaciones espaciales que utilicen las bandas de frecuencias cubiertas por los Planes del SRS y de los enlaces de conexión del SRS, véanse también los apéndices S30 y S30A (artículo 4) del RR.

9.1.6 Notificación e inscripción de asignaciones de frecuencias (véase el punto S11.2 del RR)

Para una red de satélites establecida con arreglo al artículo S11 del RR, (caso general: redes del SFS en bandas sin planificar), ese artículo estipula que cuando se va a poner en servicio una asignación de frecuencia, las notificaciones relativas a dicha asignación deben comunicarse a la Oficina con una antelación no superior a los tres años antes de que las asignaciones entren en funcionamiento (véase el punto S11.25 del RR).

Las disposiciones del artículo S1 del RR se aplican a los servicios de radiocomunicaciones espaciales para la notificación e inscripción de asignaciones de frecuencias en el Registro Internacional de Frecuencias (MIFR).

Esta notificación debe redactarse como se indica en el apéndice S4 del RR. Si la BR considera que la notificación está de conformidad con el Cuadro de atribución de bandas de frecuencias y con las disposiciones relativas a la coordinación, la asignación de frecuencias se inscribe en el Registro.

Entre la fecha notificada de puesta en servicio de toda asignación a una estación espacial de una red de satélites y tras la fecha de recepción por la BR de la información correspondiente no deberán transcurrir más de cinco años. Puede prorrogarse por un periodo no superior a dos años únicamente si se cumplen las siguientes condiciones estipuladas en los puntos S11.44 y S11.44B a I del RR:

- si se ha proporcionado la información de diligencia debida para la red de satélites;

- si el procedimiento para efectuar la coordinación de conformidad con la sección II del artículo S9 del Reglamento, en su caso, ha comenzado;

- y si la administración notificante certifica que la razón de la prórroga es una o más de las siguientes circunstancias precisas: fallo en el lanzamiento, retraso del lanzamiento por circunstancias que escapen al control de la administración o del operador, retrasos causados por modificaciones del diseño del satélite necesarias para llegar a un acuerdo de coordinación, problemas en el cumplimiento de las especificaciones de diseño del satélite, retrasos en el establecimiento de la coordinación después de haberse pedido la asistencia de la Oficina, circunstancias financieras que escapen al control de la administración o del operador y fuerza mayor.

NOTA – El procedimiento de información de diligencia debida aparece en la Resolución 49 de la CMR-97. Si esta información no se recibe antes de la fecha límite, las peticiones de coordinación o de modificación de los Planes se anularán y la Oficina suprimirá la inscripción de asignaciones de frecuencias en el Registro.

Además:

- la Resolución 4 del RR indica que si una administración notificante desea prolongar la duración de funcionamiento indicada inicialmente en la notificación de una asignación de frecuencia a una estación espacial existente, debe comunicar este particular a la Oficina más de tres años antes de que expire la duración en cuestión. La BR modificará, de acuerdo con la petición, la duración de funcionamiento inscrita inicialmente en el Registro;

- el punto S11.49 del RR contempla el caso en que no se ha producido ninguna queja de interferencia perjudicial (durante al menos cuatro meses);

- el punto S11.49 del RR indica el caso de suspensión de la utilización regular (por un periodo no superior a 18 meses);

9.1.7 Evolución de los procedimientos

En esta tercera edición se ha tenido en cuenta la evolución del Reglamento de Radiocomunicaciones en lo que se refiere, en particular, a los temas tratados por la CMR-95 y la CMR-97 relativos a la compartición de frecuencias entre el SMS, el SRS, el SFS no OSG y los enlaces de conexión del SMS no OSG.

Como se indica en el cuadro AP9.1-1 del apéndice 9.1 de este capítulo, la CAMR Orb-85 y 88 dividió las bandas de frecuencias atribuidas al servicio fijo por satélite en tres categorías (véase el Suplemento 1 a la Edición 2 del Manual: "Efectos de las decisiones de la CAMR Orb-88"):

i)   Plan de adjudicaciones (bandas planificadas del SFS: véase el apéndice 30B/S30B del RR);

ii) procedimientos mejorados (reuniones multilaterales de planificación: véase el artículo S9 y la Resolución 110 del RR);

iii) procedimientos simplificados (procedimientos relativos a las redes de satélites mundiales en las bandas normalizadas: véanse los artículos S9 y S11 del RR).

Los temas principales estudiados por la CMR-97 fueron los siguientes:

- examen de los artículos y apéndices del Reglamento de Radiocomunicaciones simplificado adoptado por la CMR-95;

- examen de los Planes del SRS en las Regiones 1 y 2. Los nuevos Planes aparecen en el nuevo artículo 11 del apéndice S30 y en el nuevo artículo 9A del apéndice S30A. Sin embargo, la incorporación de los resultados de los exámenes de estos apéndices en los artículos del Reglamento aún no ha sido aprobada. La adopción del artículo S10/T10 del RR relativo a un posible procedimiento de modificación de una adjudicación o asignación de frecuencias ha sido aplazada. Se ha establecido un Grupo de Representantes Interconferencias (GRI) a fin de estudiar la posibilidad de aumentar la mínima capacidad para los países en las Regiones 1 y 3 (véase la Resolución 532 de la CMR-97);

- posible utilización de las bandas planificadas del SRS y del SFS OSG introduciendo sistemas de satélites no geoestacionarios: asuntos reglamentarios y análisis de compatibilidad entre sistemas de satélites geoestacionarios y no geoestacionarios que funcionan en estas bandas planificadas (véase la Resolución 130 de la CMR-97 y la Resolución 506 (Rev.CMR-97));

- posible utilización de ciertas bandas del SFS OSG (entre 10-30 GHz) introduciendo sistemas de satélites no geoestacionarios (véase la Resolución 130 de la CMR-97);

- efectos de las atribuciones de frecuencias y aspectos reglamentarios para el SFS no OSG y los enlaces de conexión del SMS no OSG.

Los procedimientos de coordinación, modificación, notificación e inscripción que deben aplicarse a estos nuevos casos han sido determinados por la CMR-97 o se espera que sean establecidos por la próxima CMR-2000.

Obsérvese que de acuerdo con la Resolución 72 de la CMR-97, el éxito de una conferencia depende de una mayor eficacia en la coordinación e interacción regional a nivel interregional antes de que se celebren futuras conferencias y que es necesario la coordinación global de las consultas interregionales para ayudar a los organismos de telecomunicaciones regionales a preparar las futuras CMR.

9.2 Otros procedimientos de coordinación

Los procedimientos descritos a continuación pueden variar en el futuro, debido a la posible evolución de la categoría de las organizaciones.

9.2.1   Coordinación con INTELSAT basada en el artículo XIV de su Acuerdo

9.2.1.1   Consideraciones generales

INTELSAT, la Organización Internacional de Telecomunicaciones por Satélite, posee y explota un sistema mundial de telecomunicaciones por satélite que utilizan la mayoría de los países del mundo (véase el anexo 3 de este Manual).

Los Estados, Partes contratantes del Acuerdo de INTELSAT, que desean continuar con el desarrollo de este sistema de satélites de telecomunicaciones a fin de lograr un único sistema comercial a escala mundial, decidieron que para impulsar y proteger el sistema INTELSAT, deberán asumir ciertas obligaciones relativas al establecimiento de sistemas de satélites distintos del sistema INTELSAT.

El artículo XIV del Acuerdo de INTELSAT define los derechos y obligaciones de los miembros de INTELSAT a este respecto.

9.2.1.2   Coordinación entre sistemas conforme al artículo XIV

Este artículo señala que deben cumplirse ciertos requisitos en el caso de que una Parte contratante o Signatario de INTELSAT o persona sometida a la jurisdicción de una Parte contratante de INTELSAT pretenda establecer, adquirir o utilizar segmentos espaciales distintos de los correspondientes a INTELSAT para satisfacer sus necesidades de servicio de telecomunicaciones. Estas disposiciones pueden resumirse como sigue:

i)   Servicios públicos nacionales de telecomunicaciones

(telefonía, telegrafía, télex, programas de radiodifusión sonora y televisión, etc.) (artículo XIVc))

En la medida en que cualquier Parte o Signatario o persona sujeta a la jurisdicción de una Parte pretenda establecer, adquirir o utilizar un segmento espacial distinto del segmento espacial de INTELSAT para satisfacer sus necesidades de servicios de telecomunicaciones públicas nacionales, dicha Parte o Signatario deberá, antes del establecimiento, adquisición o utilización de dichos segmentos, consultar a la Junta de Gobernadores que expresará en forma de recomendaciones sus conclusiones con respecto a la compatibilidad técnica de tales segmentos y a su explotación con la utilización del espectro de radiofrecuencias y el espacio orbital por el segmento espacial de INTELSAT existente o previsto.

ii)   Servicios de telecomunicaciones públicas internacionales

(telefonía, telegrafía, télex, programas de radiodifusión sonora y televisión, etc.) (artículo XIVd))

En la medida en que cualquier Parte o Signatario o persona sujeta a la jurisdicción de una Parte pretenda individual o conjuntamente establecer, adquirir o utilizar un segmento espacial distinto del segmento espacial de INTELSAT para satisfacer sus necesidades de servicios de telecomunicaciones públicas internacionales, dicha Parte o Signatario deberá, antes del establecimiento, adquisición o utilización de tales segmentos, proporcionar toda la información correspondiente y deberá consultar a la Asamblea de Partes, a través de la Junta de Gobernadores (y en este caso su Comisión Técnica), para garantizar la compatibilidad técnica de tales segmentos y su explotación con la utilización del espectro de radiofrecuencias y el espacio orbital por los segmentos espaciales INTELSAT existentes o previstos y para evitar un quebranto económico significativo al sistema mundial de INTELSAT.

Tras efectuar dicha consulta, la Asamblea de Partes, teniendo en cuenta la asesoría de la Junta de Gobernadores, expresará mediante recomendaciones sus conclusiones relativas a las consideraciones establecidas en este punto y las relativas a la garantía de que la disposición o utilización de tales segmentos no perjudicará el establecimiento de enlaces de telecomunicaciones directos entre todos los participantes a través del segmento espacial INTELSAT.

iii)   Servicios especializados

(investigación espacial, meteorología, etc.) (artículo XIVe))

En la medida en que cualquier Parte o Signatario o persona sometida a la jurisdicción de una Parte pretende establecer, adquirir o utilizar un segmento espacial distinto al segmento espacial de INTELSAT para satisfacer sus necesidades de servicios de telecomunicaciones especializadas, nacionales o internacionales, dicha Parte o Signatario, antes del establecimiento, adquisición o utilización de tales segmentos deberá proporcionar toda la información pertinente a la Asamblea de Partes, a través de la Junta de Gobernadores. La Asamblea de Partes, teniendo en cuenta la asesoría de la Junta de Gobernadores, expresará en forma de recomendaciones sus conclusiones relativas a la compatibilidad técnica de dichos segmentos y su explotación con la utilización del espectro de radiofrecuencias y del espacio orbital por el segmento espacial INTELSAT existente o previsto.

9.2.1.3   Compatibilidad técnica

Con respecto a las consultas sobre la compatibilidad técnica de instalaciones separadas, la información técnica, incluidos los parámetros de transmisión del sistema, debe presentarla la Parte o Signatario para su examen en dos etapas:

a)   Consultas oficiosas que comienzan a la mayor brevedad posible y preferentemente antes de la publicación anticipada de la información por la BR. Esta primera etapa sirve para identificar posibles problemas relativos al posterior establecimiento de la compatibilidad técnica entre el sistema INTELSAT y el sistema planificado distinto y ofrece la oportunidad de considerar y discutir diversas alternativas para resolver los problemas que puedan surgir.

   Durante la consulta oficiosa, se calculará en primer lugar el aumento de las temperaturas equivalentes de ruido del enlace del sistema INTELSAT debido al sistema separado. Si tal aumento rebasa el criterio pertinente, deberá llevarse a cabo una evaluación detallada de la interferencia.

b)   Consultas oficiales que comienzan tras las oficiosas pero bastante antes que el establecimiento, adquisición o utilización propuestos de las instalaciones del sistema separado. El proceso de consulta oficial, con arreglo al artículo XIV, incluye un examen de la posible interferencia causada por el sistema planificado al sistema INTELSAT existente o previsto. Los factores que deben examinarse son la compatibilidad técnica de esas instalaciones y de su explotación con la utilización del espectro de radiofrecuencias y del espacio orbital por el sistema INTELSAT existente o previsto.

Las conversaciones se llevan a cabo con la Parte o Signatario que solicita la consulta con objeto de obtener las aclaraciones y soluciones necesarias sobre cualquier posible problema relativo a la compatibilidad técnica. Tras el inicio de las consultas oficiales, INTELSAT dispone de un plazo de seis meses para hacer públicas sus conclusiones sobre la compatibilidad técnica de la red con el sistema INTELSAT.

En los últimos años se ha producido una reducción progresiva de los criterios de interferencia de INTELSAT. Por ejemplo, los criterios de INTELSAT se han alineado con los criterios del UIT-R cuando éstos existían. Ello ha hecho cada vez más fácil coordinar los nuevos sistemas y obtener la posición orbital específica deseada, a pesar de un notable aumento en la ocupación de la órbita. Los parámetros del sistema INTELSAT, así como los criterios de interferencia, las directrices y los procedimientos aplicables se publican en el Manual de coordinación intersistema INTELSAT.

La aplicación de estos procedimientos ha demostrado ser de gran utilidad a INTELSAT como organización así como a los miembros de la misma que deseen establecer sistemas de satélites independientes, ya que garantizan la compatibilidad técnica entre los sistemas que utilizan la órbita de los satélites geoestacionarios.

9.2.2 Coordinación con INMARSAT

INMARSAT, la Organización de Telecomunicaciones Marítimas por Satélite, explota el sistema de satélites de comunicaciones marítimas mundial utilizado por la mayoría de las naciones con intereses navales (véase el anexo 3 de este Manual).

Toda parte del Convenio INMARSAT que tenga la intención de utilizar un segmento espacial distinto del de INMARSAT para ofrecer servicios marítimos por satélite debe realizar la coordinación con INMARSAT. Dicha coordinación se refiere tanto a aspectos técnicos como económicos.

9.2.3 Coordinación con otras organizaciones

Además de INTELSAT y EUTELSAT, otras organizaciones de comunicaciones por satélite multiusuarios pueden establecer normas similares para asegurar que los sistemas independientes establecidos por sus miembros se coordinan con el sistema multiusuarios antes de su implantación.

Por consiguiente, si un país pertenece a una de esas organizaciones, debe verificar las disposiciones que aparecen en los estatutos de la organización antes de emprender cualquier actividad relacionada con el establecimiento de un sistema de satélites independiente.

9.3 Compartición de frecuencias entre las redes del SFS OSG

9.3.1   Compartición de frecuencias entre las redes del SFS OSG en bandas sin planificar

(Véase la Recomendación UIT-R S.738.)

9.3.1.1   Consideraciones generales: Procedimiento para efectuar la coordinación con otras administraciones u obtener el acuerdo de las mismas

Antes de iniciar cualquier acción con arreglo a los artículos S9 o S11 del RR con respecto a la asignación de frecuencias para una red de satélites o un sistema de satélites, las administraciones deberán proporcionar a la BR, antes de aplicar el procedimiento de coordinación (artículo S9, sección II), una descripción general de la red o del sistema para la publicación anticipada de la información (API), como ya se ha indicado en el punto 9.1.5.3.

La información de coordinación también puede comunicarse a la BR al mismo tiempo que la API.

a) En el primer caso, de acuerdo con los números S9.3 a S9.5A del RR la API se aplica a las redes o sistemas de satélites que no están sujetos a coordinación con arreglo al procedimiento de la sección II. En este caso, cuando la BR publica en su circular semanal (formulario de notificación API del APSR/V, para satélites no geoestacionarios) los datos sobre la nueva red, si una administración considera que algunos de sus sistemas o redes de satélites existentes o previstos puede sufrir interferencia inaceptable, en el plazo de cuatro meses debe enviar a la administración que haya publicado la información sus comentarios sobre los detalles de la interferencia prevista a sus sistemas existentes o planificados.

   Ambas administraciones deberán hacer todo lo posible para cooperar y aunar esfuerzos a fin de resolver las dificultades que puedan surgir e intercambiarán toda la información adicional pertinente de que dispongan. En el caso de dificultades, la administración responsable deberá considerar todos los medios posibles para resolver el problema mediante reajustes en sus redes mutuamente aceptables.

b) En otro caso, de acuerdo con los números S9.5B a S9.5D del RR, la API se aplica a las redes de satélites o sistemas de satélites que están sujetos a coordinación con arreglo al procedimiento de la sección II. En este caso, cuando la BR publica en su circular semanal (formulario de notificación API del APS4/VI, para satélites geoestacionarios y no geoestacionarios) los datos sobre la nueva red, si una administración considera que pueden resultar afectados sus sistemas o redes de satélites existentes o previstos, debe enviar sus comentarios a la administración que haya publicado la información con el fin de que ésta pueda tener en cuenta dichos comentarios al iniciar el procedimiento de coordinación. Ambas administraciones deberán hacer todo lo posible para cooperar conjuntamente a fin de resolver cualquier dificultad que pueda surgir e intercambiarán toda la información adicional pertinente de que dispongan.

Antes de que una administración notifique a la BR (véase el artículo S11 del RR) o ponga en servicio una asignación de frecuencia en alguno de los casos indicados en los números S9.7 a S9.21 del RR deberá efectuar la coordinación, de la manera requerida, con cualquier otra administración identificada con arreglo al número S9.27 del RR (las asignaciones de frecuencia que han de tenerse en cuenta al efectuar la coordinación se identifican utilizando el apéndice S5 del RR).

Por lo que se refiere a la notificación e inscripción de las asignaciones de frecuencia en el Registro, toda asignación de frecuencia a una estación transmisora o a sus estaciones receptoras asociadas deberá ser normalmente notificada a la BR.

Cuando se modifique una asignación de frecuencia, la administración deberá señalar las características pertinentes enumeradas en el apéndice S4 del RR. Cuando el examen con respecto a su conformidad con las distintas disposiciones de carácter obligatorio lleve a una conclusión favorable, la asignación se inscribirá en el Registro Internacional de Frecuencias.

El número S11.17 indica que las asignaciones de frecuencias referentes a un cierto número de estaciones o a estaciones terrenas pueden notificarse indicando las características de una estación típica o de una estación terrena típica y la zona geográfica prevista de funcionamiento.

9.3.1.2 Cálculos para determinar si es necesaria la coordinación

En la Recomendación UIT-R S.737 figura un diagrama que indica la relación entre los métodos de coordinación técnica en el SFS (estos métodos aparecen en las Recomendaciones UIT-R S.738, 739, 740 y 741).

En cumplimiento de los procedimientos descritos anteriormente, cuando los datos de la nueva red son publicados por la BR en su circular semanal bajo el epígrafe "Petición de coordinación", las otras administraciones implicadas deberán realizar ciertos cálculos para determinar si la nueva red causará o sufrirá interferencia superior a un cierto "nivel umbral", en sus propias redes existentes o planificadas o procedente por dichas redes.

Si se rebasa este nivel umbral, será necesaria la coordinación entre las administraciones que planifiquen el establecimiento de la nueva red y cada una de las restantes administraciones que puedan resultar afectadas por esta nueva red.

Como el número de parámetros que caracterizan un sistema es tan elevado, conviene elaborar un método sencillo para determinar si existe algún riesgo de interferencia entre dos redes de satélites determinadas. La UIT ha preparado este método como parte del Reglamento de Radiocomunicaciones y se describe en el apéndice S8 de dicho Reglamento. Además, el UIT-R ofrece información similar en la Recomendación UIT-R S.738.

El método es aplicable siempre que dos redes compartan una parte común de la banda de frecuencias asignada en al menos uno de sus trayectos. Las figuras 9.2 y 9.3 muestran la geometría de la interferencia entre las dos redes de satélites. La primera es aplicable al caso en que los enlaces ascendentes y descendentes de ambos enlaces comparten las bandas de frecuencias en el mismo sentido de transmisión y la segunda se aplica a las bandas de frecuencias compartidas en sentidos de transmisión opuestos.

El método se basa en el concepto de que la temperatura de ruido del sistema sujeto a interferencia experimenta un aumento aparente debido al efecto de la interferencia.

Las señales interferentes se tratan como un ruido térmico cuya densidad espectral de potencia fuese igual a la máxima densidad espectral de potencia de las señales. Aunque esto daría lugar en la mayoría de los casos a un resultado pesimista, el método es sencillo y puede emplearse independientemente de las características de modulación de ambas redes de satélites (interferente e interferida) y de las frecuencias portadoras concretas empleadas.

El "incremento aparente en la temperatura de ruido equivalente del enlace por satélite" resultante de la emisión interferente, causado por un sistema determinado, se calcula aplicando el método descrito en el apéndice S8 del RR o en la Recomendación UIT-R S.738 y se denomina ΔT. La "temperatura equivalente de ruido del enlace por satélite" de la red interferida también se calcula utilizando el mismo apéndice S8 o la citada Recomendación UIT-R S.738 y se denomina T. La relación de ΔT y T ($\Delta T/T$ expresada en porcentaje) se compara con un valor umbral del 6%. Si $\Delta T/T$ es menor o igual al 6%[6], la coordinación entre las dos redes no será necesaria. De no ser así, sería preciso realizar la coordinación.

El cálculo de $\Delta T/T$ exige la determinación previa de la "ganancia de transmisión" (denominada γ en el apéndice S8 del RR y en la Recomendación UIT-R S.738), así como el aumento de la temperatura de ruido en los enlaces ascendentes y/o en los enlaces descendentes del sistema interferido. Estos parámetros a su vez dependen de las densidades espectrales de potencia de cada uno de los enlaces ascendentes y descendentes del sistema, de las ganancias de las antenas de la estación terrena y la estación espacial de cada red en dirección de las estaciones de la otra red y de las pérdidas en el trayecto entre las estaciones interferentes e interferidas. Además, si las administraciones acuerdan tener en cuenta cualquier aislamiento por polarización entre las dos redes, debe incluirse este factor adicional en los cálculos.

Pueden emplearse otros métodos para determinar si es necesaria la coordinación.

El método de la relación $\Delta T/T$ normalizada, señalado en el anexo 1 a la Recomendación UIT-R S.739, puede representar una mejora sobre el método anterior ya que disminuye el número de coordinaciones necesarias. Se basa en el método descrito en el apéndice S8 del Reglamento de Radiocomunicaciones que ha sido modificado para obtener resultados más precisos.

En consecuencia, el valor umbral del 6% ha sido sustituido por una serie de valores que dependen de los tipos de portadoras deseada e interferente y que son conformes a los criterios del UIT-R. Los valores umbrales de la relación $\Delta T/T$ aparecen en el cuadro 3 del anexo 1 a la Recomendación UIT-R S.739.

9.3.1.3 Cálculos detallados de la coordinación

Si es necesaria la coordinación como resultado de la fase precedente, las administraciones correspondientes tienen en cuenta datos más precisos referentes a sus redes respectivas de manera que puedan efectuar cálculos detallados.

---

[6] En el caso particular de portadoras SCPC de banda estrecha interferidas con portadoras de TV de barrido lento, puede que el criterio del 6% no garantice suficiente protección a la red interferida. Las administraciones deben tener en cuenta esta circunstancia cuando empleen este método (véase el cuadro 3 del anexo 1 a la Recomendación UIT-R S.739).

Estos datos deben ser los estipulados en el apéndice S4 del RR. Basándose en esta información, las administraciones determinan la interferencia que se provocará a cada red utilizando los métodos de cálculo descritos en las Recomendaciones UIT-R S.740 y S.741 y UIT-R SF.766 y S.675. A continuación, se comparan los niveles de interferencia calculados con los niveles admisibles (indicados para el caso del SFS en las Recomendaciones UIT-R S.466, S.483 y S.523). Si los niveles calculados son mayores que los valores admisibles, debe realizarse un estudio para determinar la forma de resolver esta situación.

Cuando las administraciones han llegado a un acuerdo sobre las medidas que deben tomarse, la coordinación queda completada y pueden notificarse y registrarse las frecuencias de transmisión de la red planificada.

Los datos para la API y los de solicitud de coordinación están relacionados con la red en su conjunto y no se indican para cada una de las estaciones (terrenas o espaciales).

En el caso de una estación terrena transmisora, las características más significativas son las siguientes: emplazamiento de la estación, diagrama de radiación de la antena, polarización, potencia de transmisión de cada portadora y máxima densidad de potencia correspondiente. Además, para cada portadora, se indican las características más detalladas referentes al tipo de modulación utilizada (MDF/MF, MIC-MDP, MF-TV, etc.). En el caso de una estación terrena receptora, las características más importantes son el emplazamiento de la estación, el diagrama de radiación de antena y la polarización.

En el caso de una estación espacial transmisora, las características más importantes son la información relativa a la órbita, el diagrama de radiación de antena, la polarización, la potencia de transmisión de cada portadora y la densidad de flujo de potencia correspondiente. En el caso de una estación espacial receptora, las características más significativas son la información relativa a la órbita, el diagrama de radiación de antena, la polarización y la temperatura de ruido de todo el sistema de recepción.

Para calcular la relación entre la potencia de portadora y la potencia interferente (C/I), la Recomendación UIT-R S.740 explica los procedimientos de tales cálculos y por ello debe ser consultada al respecto. Para las portadoras de tipo telefónico interferidas, las relaciones C/I se convierten en potencia de ruido en banda base utilizando los procedimientos de la Recomendación UIT-R S.766 (anexo 1). En el caso de portadoras interferidas de tipo televisión debe consultarse la Recomendación UIT-R SF.766 (anexo 2).

9.3.1.4 Criterio de C/I aplicable: Criterio de interferencia procedente de una sola fuente

(Véase el cuadro 2 de la Recomendación UIT-R S.741, relativo a los cálculos de las relaciones C/I entre redes del SFS. El caso de la interferencia combinada aparece en el punto 9.3.1.6.7.)

Los niveles admisibles de interferencia aparecen en el caso del SFS en las Recomendaciones UIT-R S.466 (para telefonía con modulación de frecuencia), S.483 (para TV/MF), S.523 (para telefonía MIC), S.735 (para RDSI) y S.671 (para la protección de las transmisiones de banda estrecha con SCPC interferidas por TV/MF).

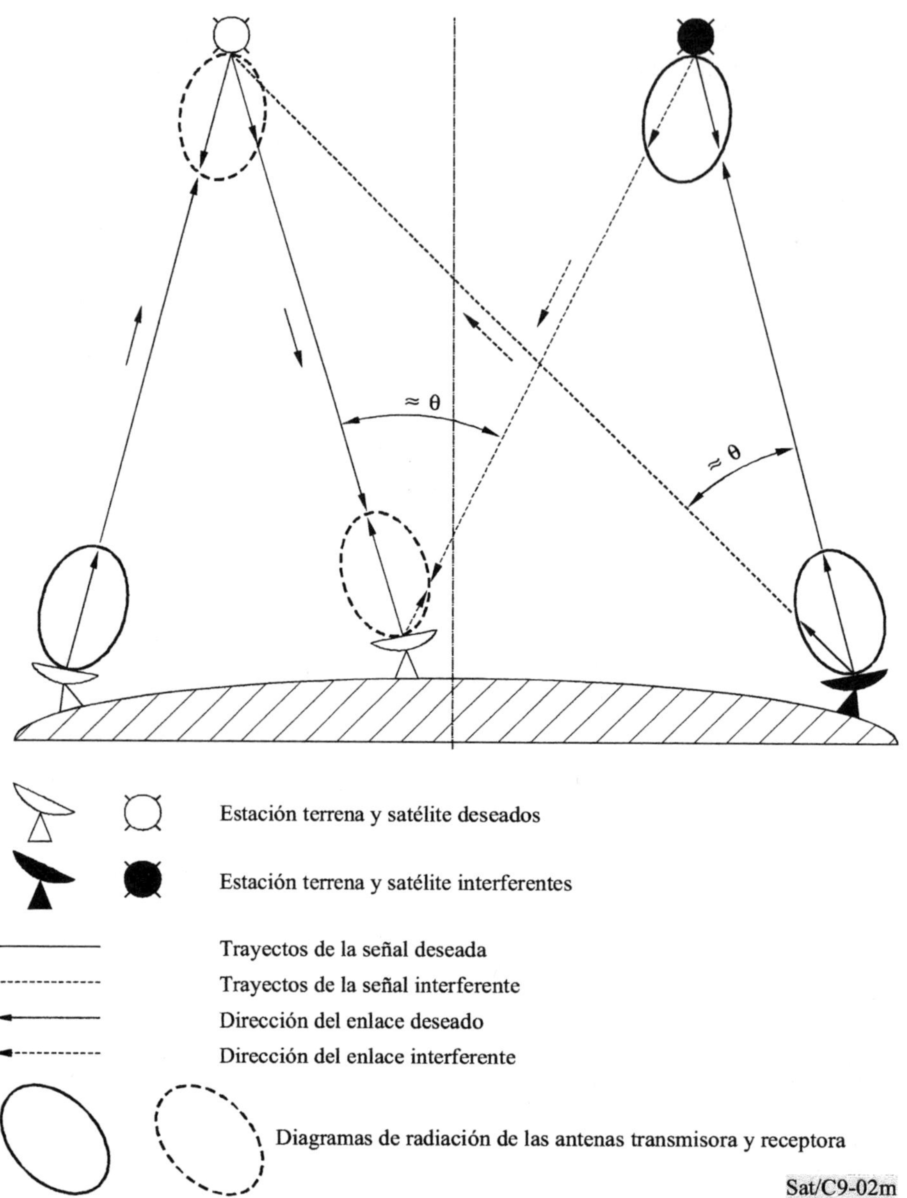

FIGURA 9.2

Geometría de la interferencia entre dos redes de satélites (el enlace ascendente de la red deseada comparte frecuencias con el enlace ascendente del enlace interferente (y de forma similar en los enlaces descendentes)

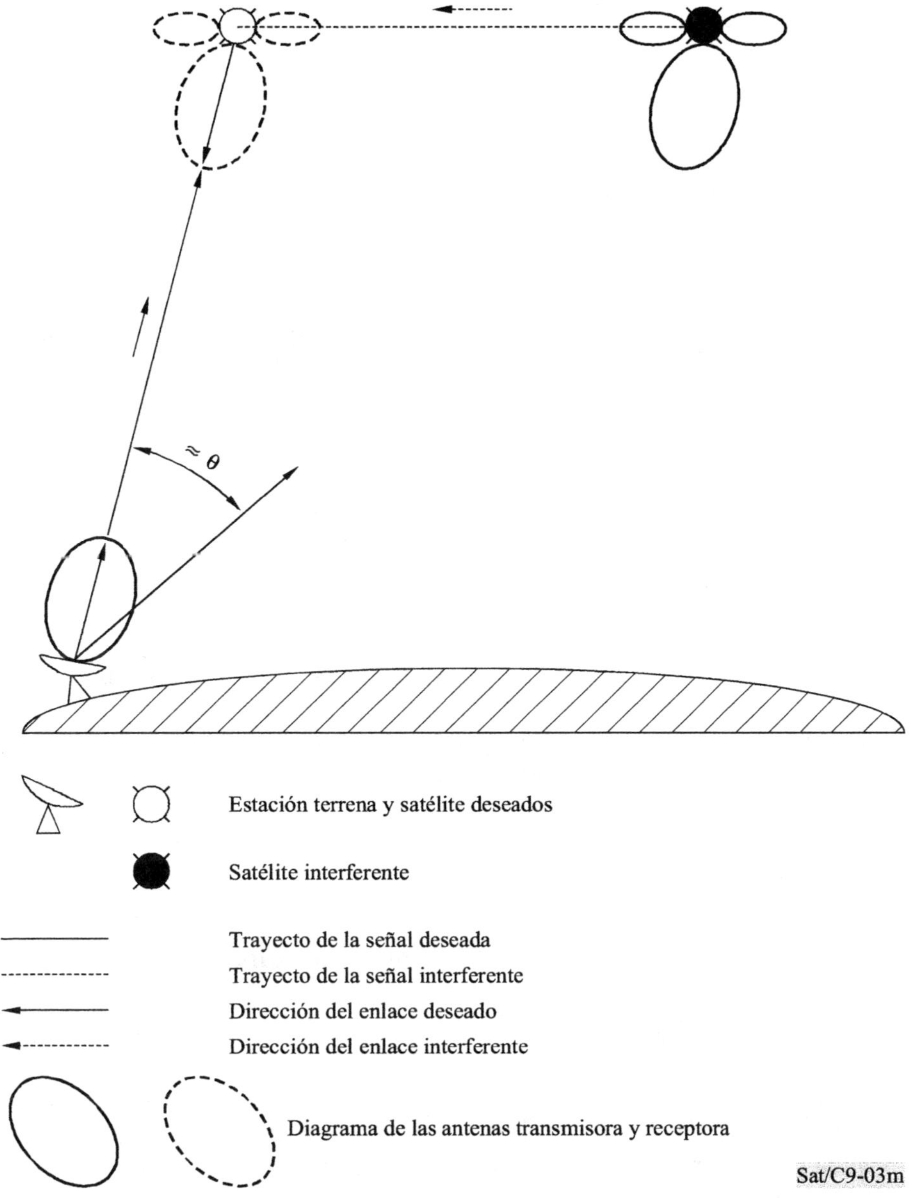

FIGURA 9.3

Geometría de la interferencia entre dos redes de satélites (el enlace ascendente de la red deseada comparte frecuencias con el enlace descendente de la red inteferente)

Estos niveles se resumen en el cuadro 9.4 que aparece a continuación.

CUADRO 9.4

Criterios de C/I aplicables

(δ: relación entre la anchura de banda útil de la señal deseada y la dispersión de energía cresta a cresta de la señal interferente producida por una estación terrena transmisora)

Tipo de señal deseada	Tipo de señal interferente	Nivel admisible (dB)	Recomendación UIT-R
TV/MF	Ruido	C/N + 14	S.483
Digital	Ruido	C/N + 12,2	S.735, S.523
SCPC-MF	Ruido	C/N + 14	
SCPC-MF	TV/MF	12,6 + 2 log(δ)	S.671
SCPC-Digital	TV/MF	C/N + 7,6 + 3,5 log(δ)	S.671

9.3.1.5 Redes del SFS OSG y enlaces de conexión de las redes del SMS OSG

En los Informes del UIT-R aparecen algunos criterios provisionales de interferencia admisible para los circuitos del servicio móvil marítimo por satélite. Dichos Informes se refieren a circuitos de telefonía analógica. Los tipos de emisión utilizados por el SMS, es decir emisiones digitales y analógicas de banda estrecha, probablemente necesitarán una cuidadosa protección contra ciertos tipos de emisiones normalmente utilizados en el SFS, y en particular las emisiones de vídeo con MF.

9.3.1.6 Métodos que pueden utilizarse para facilitar la coordinación

9.3.1.6.1 Consideraciones generales

Pueden emplearse varios métodos para facilitar la coordinación de las redes de satélites, a saber: aumentar la separación angular entre satélites, reducir o eliminar la superposición entre las portadoras más críticas, mejorar los diagramas de antena de la estación terrena o del satélite, aceptar niveles de interferencia más elevados que los recomendados por el UIT-R etc. A continuación se indican las posibilidades de aplicación de estos métodos y sus repercusiones concretas. Sin embargo, los métodos no están ordenados según un criterio específico de prioridad a efectos de su aplicación. En las Recomendaciones UIT-R S.739 y S.740 se mencionan métodos adicionales.

9.3.1.6.2 Aumento de la separación angular

Este aumento tiene por resultado disminuir el nivel de interferencia en una proporción igual a la de la ganancia de la antena de la estación terrena en dirección del satélite de la otra red. Si θ_1 y θ_2 son los valores inicial y final de la separación angular e I_1 e I_2 son los correspondientes niveles de interferencia, en dBW, puede escribirse:

$$I_2 - I_1 = 25 \log (\theta_1/\theta_2) \tag{1}$$

suponiendo que el diagrama de radiación de la antena de la estación terrena esté de conformidad con la Recomendación UIT-R S.465.

Este aumento en la separación angular puede obtenerse en primer lugar disminuyendo la tolerancia en torno a la longitud nominal; por ejemplo, si dos satélites están separados 2°, una reducción de la tolerancia de ±0,5° a ±0,1° aumentará la separación angular mínima de 1° a 1,8°, lo cual producirá un nivel de interferencia 6,4 dB menor. En algunos casos, puede aprovecharse aún mejor este efecto desplazando uno o ambos satélites dentro de su arco de servicio.

Los límites de utilización de este método dependen de la congestión de la órbita en su conjunto. Si la zona en la que está situada la red de satélites está muy congestionada, el desplazamiento de un satélite para separarse de otro aumentará los problemas de interferencia con las otras redes; a este respecto el margen disponible es a menudo muy pequeño.

9.3.1.6.3   Ajuste de los parámetros de la red

Cuando dos redes de satélites están coordinadas desde el punto de vista de la interferencia mutua, puede ajustarse cierto número de parámetros de una o ambas redes para obtener unos niveles de interferencia mutuamente aceptables.

Estos ajustes pueden consistir en modificar los parámetros del enlace, lo que puede provocar variaciones en la densidad de potencia y en la sensibilidad. Las Recomendaciones UIT-R llaman la atención sobre cuatro factores básicos que limitan la densidad de potencia:

- la densidad de potencia en el trayecto ascendente (P_u);

- la densidad de potencia interferente frente a la cual está protegido el receptor del satélite (I_u);

- la densidad de potencia en el enlace descendente (P_d);

- la potencia interferente contra la cual está protegido un receptor de estación terrena (I_t).

Si se pueden reducir los valores de las relaciones P_u/I_u y P_d/I_d, disminuirá el nivel de interferencia entre los dos sistemas. Quizás es posible realizar la coordinación basándose en esta circunstancia; es decir, teniendo en cuenta los valores límites aceptados para estos cuatro parámetros.

También es posible efectuar la coordinación basándose en los cuatro parámetros en cuestión, reajustando el acceso a los transpondedores para reducir al mínimo los efectos debidos a las diferencias entre las ganancias de antena de las estaciones terrenas o entre las relaciones G/T.

Si durante la coordinación entre los dos sistemas se observa que no pueden satisfacerse los criterios de interferencia en toda la banda de frecuencias, puede que sea conveniente dividir la banda en dos o más subbandas para los diversos tipos de portadoras.

9.3.1.6.4   Reducción o eliminación de la superposición entre portadoras

El método más comúnmente utilizado, porque es sencillo, eficaz y selectivo, consiste en separar las portadoras correspondientes para reducir o eliminar la interferencia mutua. Por regla general, se ha observado de hecho que sólo ciertos pares particulares de tipos de portadoras causan interferencia. El más conocido y más frecuente de estos pares es el de una portadora de TV/MF que provoca interferencia a una portadora de banda muy estrecha. El apéndice S8 del RR se refiere a este caso e indica en el punto 4 que las administraciones deben intercambiar información sobre la utilización de estas portadoras a fin de facilitar la coordinación entre los sistemas de satélites y reducir el número de administraciones que han de intervenir en este procedimiento.

En el caso de pares de portadoras especialmente críticas (como las citadas anteriormente), el método utilizado para resolver el problema consiste en evitar la superposición entre estas portadoras. Este método debe utilizarse cuando el nivel de interferencia que puede aparecer si las portadoras fuesen de la misma frecuencia supera notablemente el nivel admisible (normalmente en 10 dB o más).

Si en un determinado par de portadoras se observa que la interferencia rebasa el nivel admisible en una cantidad relativamente pequeña (normalmente de 1 a 5 dB), generalmente no es necesario eliminar completamente la superposición entre las portadoras y puede ser suficiente establecer una pequeña separación de frecuencia entre ellas, que todavía seguirán superpuestas, pero con un mayor factor de reducción de la interferencia en comparación con el caso "cofrecuencias".

Los límites dentro de los cuales puede aplicarse este método se deben a las restricciones de explotación de las administraciones en función de los Planes de frecuencias. Sin embargo, cuando el conjunto del sector de espectro afectado por los casos más difíciles de interferencia no es muy amplio, generalmente es posible que una de las redes evite utilizar algunos tipos de portadoras en ciertas partes del espectro.

9.3.1.6.5   Mejora de los diagramas de antena de las estaciones terrenas

Las características de los diagramas de radiación de antena de las estaciones terrenas afectan directamente a los niveles de interferencia. Por consiguiente, toda mejora en el diagrama se reflejará plenamente en el nivel de interferencia y constituirá un método muy eficaz de resolver los problemas de interferencia.

Para mejorar el diagrama, se puede aumentar el diámetro de la antena o, manteniéndola con un diámetro constante, utilizar una técnica específica para disminuir el nivel de los lóbulos laterales.

Este método es aplicable fundamentalmente cuando la red de satélites se encuentra en sus fases iniciales de desarrollo.

9.3.1.6.6   Mejora de los diagramas de antena del satélite

A diferencia de lo que sucede con el diagrama de antena de las estaciones terrenas, el diagrama de antena del satélite no afecta linealmente al nivel de interferencia recibida. Por lo tanto, si bien este método puede utilizarse en algunos casos muy especiales, normalmente no se emplea. Además, su aplicación también presupone que la red se encuentre en una etapa muy temprana de desarrollo.

9.3.1.6.7   Aceptación de niveles de interferencia superiores a los recomendados por el UIT-R

En el caso de telefonía analógica y digital en el servicio fijo por satélite, el UIT-R ha establecido unos niveles de máxima interferencia admisible causada por una red del SFS (una sola fuente) y por el resto de redes del SFS (interferencia combinada).

De acuerdo con la Recomendación UIT-R S.466, los máximos niveles admisibles en el caso de telefonía MDF-MF expresados como potencia de ruido de interferencia en un canal telefónico son de 800 pW0p (una sola fuente) y 2 000 a 2 500 pW0p (combinada, con o sin reutilización de frecuencia).

De acuerdo con la Recomendación UIT-R S.523, los máximos niveles admisibles en el caso de telefonía digital con codificación MIC de 8 bits expresados como porcentaje del nivel de potencia de ruido a la entrada del demodulador que provocaría una proporción de bits erróneos de 10^{-6} es del 6% (una sola fuente) y del 20 al 25% (combinada). Obsérvese que la Recomendación UIT-R S.523 se aplica a redes que no forman parte de la RDSI.

En la Recomendación UIT-R S.735 aparecen los límites de interferencia de la RDSI (a la entrada del modulador y en condiciones de cielo despejado en los trayectos de interferencia) y estos límites son iguales a los que figuran en la Recomendación UIT-R S.523. Con respecto a la distribución de este criterio de una sola fuente del 6% en el criterio de interferencia combinada recomendado por el UIT-R para los sistemas del SFS, cabe señalar que la actual situación para los sistemas del SFS que reutilizan frecuencias permite un 6% de aumento del ruido si la interferencia procede de una sola fuente y un 20% para el caso de la interferencia combinada en el caso de transmisiones digitales y un 4% de incremento del ruido para el caso de una sola fuente y un 10% para el caso combinado si se trata de emisiones de TV/MF.

En algunos casos estos valores pueden rebasarse por mutuo acuerdo entre las administraciones correspondientes. Por ejemplo, una administración puede tolerar un incremento en el nivel de interferencia combinada si es compatible con el balance de ruido de su red o, en arcos congestionados de la órbita de los satélites geoestacionarios, puede tolerar un aumento en el nivel de una o más fuentes de interferencia si no se rebasa el nivel de interferencia combinada.

Sin embargo, en ese último caso, el establecimiento de unos niveles de interferencia procedente de una sola fuente superiores a los niveles admisibles disminuye el margen disponible para las otras fuentes.

Si bien dicha aceptación puede ser compatible para una configuración de satélites determinada, existe el riesgo de que las redes planificadas en el futuro puedan resultar penalizadas por las atribuciones relativamente pequeñas.

Para evitar este inconveniente, la Nota 3 de la Recomendación UIT-R S.466 y la Nota 4 de la Recomendación UIT-R S.523 indican que no se tenga en cuenta cualquier interferencia procedente de una sola fuente que rebase el valor recomendado a la hora de calcular si se ha superado el nivel de interferencia combinada recomendado.

9.3.1.6.8 Otros métodos

Pueden considerarse otros métodos, pero su viabilidad depende en gran medida de la fase de desarrollo en que se encuentra la red: cambio del ángulo de apuntamiento del haz de la antena del satélite, mayor precisión en el apuntamiento, modificación de la polarización utilizada, etc. (en la Recomendación UIT-R S.740 aparece más información sobre estos métodos).

9.3.1.7 Conclusión

La coordinación entre redes espaciales sólo es necesaria si el procedimiento preliminar que sigue a la información para publicación anticipada ha revelado un aumento en la temperatura de ruido superior al 6%.

En este caso, si cálculos más detallados indican unos niveles de interferencia superiores a los valores admisibles, debe intentarse reducir estos niveles por varios métodos tales como la coordinación de frecuencias, que consiste en separar las portadoras de manera que se reduzca o se elimine la superposición entre frecuencias, aumentar la separación angular entre satélites o utilizar otros medios discutidos anteriormente. Si esto no es suficiente, un método que puede considerarse es el de aceptar unos niveles de interferencia superiores a los valores admisibles pero en este caso deben tomarse las precauciones señaladas con anterioridad.

9.3.2. Compartición de frecuencias entre redes del SFS OSG en bandas planificadas

9.3.2.1 Plan del SFS de la CAMR Orb-88[7]

El Plan de frecuencias para el SFS que elaboró las CAMR Orb-88 se define en el apéndice 30B del Reglamento de Radiocomunicaciones y es pertinente para las siguientes bandas de frecuencias:

- bandas de 6/4 GHz: 6 725-7 025 MHz (Tierra-espacio)/4 500-4 800 MHz (espacio-Tierra);

- bandas de 12-13/10-11 GHz: 12,75-13,25 GHz (Tierra-espacio) 10,7-10,95 GHz, 11,2-11,45 GHz (espacio-Tierra) con una anchura de banda total de 800 MHz en cada sentido.

Este Plan consta de dos partes: (véase el artículo 10 del apéndice S30B del RR)

- Parte A: las adjudicaciones nacionales, de manera que cada administración cuenta al menos con una adjudicación (800 MHz con acceso a una posición orbital dentro de un arco orbital predeterminado (APD))[8]; y

- Parte B: las redes que utilizan las bandas planificadas ya comunicadas al UIT-R antes de la fecha de elaboración del Plan ("sistemas existentes").

El cuadro 9.5 indica las principales características técnicas de la Parte A del Plan del SFS.

El Plan fue elaborado, con la asistencia del programa informático de la BR "ORBIT II", basándose en un conjunto de "parámetros normalizados" que aproximan las características técnicas de una red del SFS típica. Sin embargo, se ha mantenido la flexibilidad en el diseño de las redes de satélites específicas. Se ha definido un conjunto de parámetros generalizados (A, B, C y D) para determinar

---

[7] Para más detalles sobre este tema véase el Suplemento 1 a la Edición 2 del "Manual sobre telecomunicaciones por satélite (SFS)" (Ginebra 1991) titulado: "Consecuencias de las decisiones de la CAMR Orb-88".

[8] El arco orbital predeterminado (APD) es el intervalo de posición en la OSG dentro del cual puede desplazarse la posición nominal sin que resulte afectada la cobertura de una zona de servicio. Este desplazamiento se limita a ±10° durante la fase de prediseño y a ±5° durante la fase de diseño.

si las asignaciones de una red de satélite están de conformidad con el Plan[9]. Para adaptarse al Plan, una adjudicación no debe rebasar los valores de sus parámetros A, B, C y D pertinentes. Es necesario tener precaución a la hora de diseñar las redes de satélite a fin de evitar una excesiva sensibilidad en los receptores. Para facilitar la aplicación de este principio, se incluyó en el Plan el concepto de "macrosegmentación" estipulando que el 60% superior de cada banda adjudicada debe ser utilizado por portadoras de alta densidad[10] y el 40% inferior por portadoras de baja densidad. Este método resolvería en gran medida el problema de la separación de frecuencias para las portadoras analógica de televisión y digitales de banda estrecha.

CUADRO 9.5

Principales características técnicas de la Parte A del Plan del SFS para las Regiones 1, 2 y 3 (véase el anexo 1 al apéndice S30B, Orb-88)

Parámetros principales	
Periodo de validez del Plan	En vigor hasta su revisión por una conferencia competente (que se celebre al menos 20 años después de la Orb-88)
Bandas de frecuencias **(Enlace ascendente/enlace descendente)**	
• **Bandas 6/4: 6/4 GHz (300/300 MHz)**	6 725-7 025/4 500-4 800 MHz
• **Bandas 14/11: 12-13/10-11 GHz (500/250+250 MHz)**	12,75-13,25/10,70-10,95 y 11,20-11,45 GHz
Separación orbital	No uniforme
Posición orbital	Véase el concepto y aplicación de arco orbital predeterminado (APD) en el artículo 5 y en el anexo 5 del apéndice S30B del RR
	Véase arco de servicio y APD en el artículo 10 del apéndice S30B del RR
Zona de servicio	Cobertura nacional (posibilidad de sistemas subregionales: véase el artículo 6 del apéndice S30B del RR)
Anchura de banda de referencia	1 MHz (el Plan se basa en una densidad de potencia en dBW/MHz)
Relaciones de protección globales C/I:	
Una sola fuente	30 dB
Acumulativa	26 dB
C/N con atenuación debida a la lluvia **(C/N↑, C/N↓, C/N global)**	(23 dB↑, 17 dB ↓, 16 dB)
(a 6/4 GHz durante el 99,95% del año se rebasa el valor de C/N)	
(a 13/10-11 GHz durante el 99,90% del año se rebasa el valor de C/N)	
Pérdidas de propagación	
• **modelo de atenuación debida a la lluvia**	Modelo en la Recomendación UIT-R
• **máximo margen de atenuación debida a la lluvia (6/4 y 13/10-11 GHz)**	8 dB

---

[9] Los parámetros A y C representan la capacidad de producir interferencia de las portadoras deseadas en los sentidos de los enlaces ascendente y descendente, respectivamente. Los parámetros B y D representan sensibilidad a la interferencia de estas portadoras en los sentidos de los enlaces ascendente y descendente, respectivamente.

[10] Las portadoras de alta densidad se definen como las portadoras cuya relación entre la densidad espectral de potencia de cresta y la densidad espectral de potencia media es superior a 5 dB.

Satélite de transmisión	
Tipo de haz	Sección transversal: circular o elíptica (con ángulo de orientación)
Precisión en el apuntamiento	0,1° (en cualquier dirección)
Rotación angular de los haces elípticos	±1°
Mínima anchura de haz potencia mitad:	
• **a 6/4 GHz**	1,6°
• **a 13/10-11 GHz**	0,8°
Eficacia	55%
Ganancia de antena (con a y b: anchura de haz de la sección transversal elíptica a potencia mitad)	$27\,843/(a \cdot b)$ o (en dBi): $44{,}45 - 10.\log(a \cdot b)$
Densidad de p.i.r.e. (mínima, máxima)	• A 4 GHz: $(-42{,}2$ dBW/Hz, $-35{,}6$ dBW/Hz$)$
(véase el apéndice S30B, artículo 10 del RR)	• A 10-11 GHz: $(-32{,}5$ dBW/Hz, $-21{,}0$ dBW/Hz$)$
Diagrama de radiación de la antena del satélite en el borde de la zona de cobertura	
	Véanse las curvas A y B de las figuras 1 y 2 del anexo 1 del apéndice S30B del RR
Estación terrena de recepción	
Diámetro de la antena Ø	7 m a 6/4 GHz
	3 m a 13/10-11 GHz
Ganancia de la antena en el eje	$10{,}\log(\eta(\pi \cdot \varnothing/\lambda)^2)$ en dBi
Diagrama de referencia de la antena de la estación terrena:	Véase el cuadro 1 del apéndice 30B del RR
Temperatura de ruido del sistema T:	
• **a 4 GHz**	140 K
• **a 10-11 GHz**	200 K
Mínimos ángulos de elevación (generalmente)	10°, 20°, 30°, 40° respectivamente para las zonas climáticas (A a G), (H a L), (M y N), y P
Estación terrena transmisora	
Densidad de p.i.r.e. (mínima, máxima)	• A 6 GHz: $(-7{,}5$ dBW/MHz, 2 dBW/MHz$)$
(véase el apéndice S30B, artículo 10 del RR)	• A 12-13 GHz: $(-9{,}3$ dBW/MHz, 14,6 dBW/MHz$)$
Diámetro de la antena Ø	El mismo que en el caso de la estación terrena receptora
Ganancia de la antena en el eje	El mismo que en el caso de la estación terrena receptora (con $\eta = 70\%$)
Diagramas de referencia	El mismo que en el caso de la estación terrena receptora
Mínimo ángulo de elevación	
Mínima densidad de potencia	-60 dBW/Hz si aparece atenuación debida a la lluvia
Antena receptora del satélite	
Tipo de haz	El mismo que en el satélite de transmisión
Precisión en el apuntamiento, rotación angular de los haces elípticos	
Mínima anchura de haz a potencia mitad	
Ganancia de la antena	La misma que en el caso del satélite de transmisión (con $\eta = 55\%$)
Temperatura de ruido T:	
• **a 6 GHz**	1 000 K
• **a 13 GHz**	1 500 K
Diagrama de referencia de la antena del satélite	El mismo que en el caso del satélite de transmisión

Con respecto a los análisis de compatibilidad, los cálculos de la relación C/I se basaron en las densidades de potencia promediadas en la anchura de banda de la portadora y los resultados se comparan con los criterios de interferencia procedente de una sola fuente e interferencia combinada. Los criterios aplicables citados son 30 dB y 26 dB, respectivamente, o los valores resultantes del Plan, tomándose el menor valor entre ambos.

Sin embargo, si no se observa el concepto de macrosegmentación por un sistema con una elevada densidad de portadoras de factor de cresta k>5 dB en la banda reservada para las portadoras de baja densidad, el criterio de interferencia procedente de una sola fuente pasa a ser 25 + k dB.

La adjudicación deseada de una administración deberá considerarse afectada por otra administración si, en su posición orbital nominal dentro del APD, los valores de la relación C/I de una sola fuente y combinada son menores que los criterios antes mencionados o los valores indicados en el Plan para esta adjudicación deseada.

La compartición con otros servicios en las bandas planificadas del SFS debe tratarse con los mismos criterios que el caso de bandas del SFS no planificadas.

Para la introducción de sistemas subregionales en el Plan se aplica un procedimiento específico. La definición de un sistema subregional (§ 2.5 del artículo 2 del apéndice 30B) limita el grupo de administraciones en dicho sistema a los países vecinos únicamente. En esas administraciones deben suspenderse sus adjudicaciones mientras dure el sistema subregional a menos que dichas adjudicaciones puedan ser utilizadas simultáneamente con el sistema subregional sin afectar al Plan. En la sección II del artículo 6 del apéndice 30B se realiza una evaluación distinta de las características específicas de este procedimiento.

9.3.2.2 Utilización de las bandas de frecuencias planificadas del SFS por los sistemas de satélites no geoestacionarios

(Véase el § 9.5.5.)

Varios estudios han demostrado la posibilidad de utilizar las bandas planificadas del SFS OSG por los sistemas de satélites no geoestacionarios.

La Resolución 130 de la CMR-97 pide al UIT-R que estudie los mecanismos de compartición de frecuencias entre los sistemas OSG, no OSG y terrenales.

El punto S5.441 del RR indica que la utilización de las bandas 10,7-10,95 GHz (espacio-Tierra), 11,2-11,45 GHz (espacio-Tierra) y 12,75-13,25 GHz (Tierra-espacio) por sistemas de satélites no geoestacionarios del SFS deberá realizarse de acuerdo con las disposiciones de la Resolución 130 de la CMR-97.

El punto S5.441A del RR indica que la utilización de las bandas 10,95-11,20 GHz (espacio-Tierra), 11,45-11,7 GHz (espacio-Tierra), 11,7-12,20 GHz (espacio-Tierra) en la Región 2, 12,2-12,75 GHz (espacio-Tierra) en la Región 3, 12,5-12,75 GHz (espacio-Tierra) en la Región 1, 13,75-14,5 GHz (Tierra-espacio), 17,8-18,6 GHz (espacio-Tierra), 19,7-20,2 GHz (espacio-Tierra), 27,5-28,6 GHz (Tierra-espacio) y 29,5-30 GHz (Tierra-espacio) por los sistemas de satélites geoestacionarios y no geoestacionarios del SFS está sujeta a las disposiciones de la Resolución 130 de la CMR-97. La utilización de la banda 17,8-18,10 GHz (espacio-Tierra), por los sistemas del SFS no OSG también está sujeta a las disposiciones de la Resolución 538 de la CMR-97.

9.3.3 Compartición de frecuencias entre las redes del SFS OSG y los enlaces de conexión del SRS en las bandas de frecuencias planificadas y sin planificar

(Véase el Plan del SRS del apéndice S30A, el Plan de enlaces de conexión del SRS del apéndice S30A y el Plan del SFS del apéndice S30B).

Hay que recordar que los enlaces de conexión del SRS pertenecen al SFS.

En la compartición entre las redes del SFS y los enlaces de conexión del SRS pueden aparecer los siguientes tipos de interferencias:

i) Para bandas atribuidas bidireccionalmente al SFS en las cuales la atribución Tierra-espacio es utilizada exclusivamente por los enlaces de conexión del SRS (por ejemplo, 17,7-18,1 GHz), 10,7-11,7 en la Región 1 y 18,1-18,4 GHz:

- la estación terrena del enlace de conexión causa interferencia a la estación terrena receptora del SFS;

- La estación espacial del SFS causa interferencia a la estación espacial receptora del SRS, tanto a la cercana como a la casi antipodal.

ii) Para bandas atribuidas al SFS (Tierra-espacio) utilizables por los enlaces de conexión del SRS (14-14,5 GHz y 24,75-25,25 GHz en las Regiones 2 y 3):

- la estación terrena del enlace de conexión causa interferencia a la estación espacial receptora del SFS;

- los enlaces ascendentes del SFS causan interferencia al receptor de los enlaces de conexión del SRS.

(Caso 1) Interferencia causada por las estaciones terrenas de los enlaces de conexión del SRS a las estaciones terrenas receptoras del SFS

(SFS, espacio-Tierra y enlaces de conexión del SRS, Tierra-espacio)

Se necesitan procedimientos y criterios para la compartición entre los enlaces de conexión del SRS y las estaciones terrenas receptoras del SFS. Deben tenerse en cuenta dos tipos de interacciones de la interferencia para:

Modo a)   acoplamiento a lo largo del círculo máximo del trayecto del horizonte de la interferencia troposférica;

Modo b)   acoplamiento mediante dispersión por hidrometeoros.

La Recomendación UIT-R SF.1005 proporciona un método para determinar la zona de coordinación bidireccional (véase también el apéndice S7 del RR y las Recomendaciones UIT-R IS.848 e IS.850).

(Caso 2) Interferencia causada por las estaciones espaciales del SFS a las estaciones espaciales receptoras de los enlaces de conexión del SRS

(SFS, espacio-Tierra y enlaces de conexión del SRS, Tierra-espacio)

Es necesario establecer procedimientos y criterios para las estaciones espaciales del SFS y del SRS cercanas y casi antipodales.

Por ejemplo, en la banda 17,7-18,1 GHz son necesarios procedimientos y criterios para las estaciones espaciales del SFS y del SRS cercanas y casi antipodales. Para la banda 17,7-17,8 GHz la CAMR Orb-88 adoptó un método que requiere la coordinación cuando las estaciones espaciales están separadas menos de 3° o más de 150° y cuando puede producirse un aumento del 4% en el valor de $\Delta T/T$ (caso II del método indicado en el apéndice S8 del RR). Sin embargo, si la separación es superior a 150° la coordinación sólo es necesaria cuando la densidad de flujo de potencia dirigida hacia el limbo ecuatorial de la Tierra rebasa el valor de -137 dB (W/m^2/24 MHz) sobre la superficie de la Tierra (véase el anexo 4 al apéndice S30A del Reglamento de Radiocomunicaciones).

(Caso 3) Interferencia causada por los enlaces de conexión del SRS a las estaciones espaciales del SFS

(SFS, Tierra-espacio y enlaces de conexión del SRS, Tierra-espacio)

El punto S5.506 del RR indica que la banda 14,0-14,5 GHz puede ser utilizada, en el SFS (Tierra-espacio), para enlaces de conexión destinados al servicio de radiodifusión por satélite, a reserva de una coordinación con las otras redes del SFS. Tal utilización para los enlaces de conexión queda reservada a los países fuera de Europa. Esa utilización de la banda puede provocar una posible interferencia entre los dos servicios, teniendo en cuenta que las asignaciones orbitales del SRS son fijas de acuerdo con los Planes del SRS de las Regiones 1, 2 y 3 y también que la utilización de la banda 14,0-14,5 GHz por el SFS está aumentando rápidamente. Para proteger ambos servicios normalmente se requieren grandes separaciones angulares.

La Recomendación UIT-R S.1063 proporciona criterios para la compartición de frecuencias entre los enlaces de conexión del SRS y otros enlaces Tierra-espacio o espacio-Tierra del SFS.

9.4 Compartición de frecuencias entre las redes del SFS OSG y otros servicios espaciales

En los puntos que siguen se describe la importante situación de compartición entre redes del SFS y otros servicios espaciales, por ejemplo:

- el SFS y el servicio de radiodifusión por satélite (SRS) (Plan de enlaces descendentes del SRS);

- el SFS y el servicio de exploración de la Tierra por satélite (SETS) (pasivo y activo);

- el SFS y el servicio móvil por satélite (SMS).

9.4.1   Compartición entre el SFS OSG y el Plan del SRS OSG

9.4.1.1   Planes del SRS OSG y Planes de enlaces de conexión del SRS OSG

(Apéndice S30, Plan de enlaces descendentes del SRS y apéndice S30A, Plan de enlaces de conexión del SRS)

9.4.1.1.1   Consideraciones generales: compartición de frecuencias entre redes del SRS en bandas planificadas

Cabe recordar que los Planes de frecuencias del SRS para las tres Regiones se definen en términos de asignaciones para cada administración, respectivamente para las emisiones de los enlaces descendentes (11,7-12,5 GHz para la Región 1, 12,2-12,7 GHz para la Región 2 y 11,7-12,2 GHz para la Región 3) y de los enlaces de conexión (14,5-14,8 GHz para las Regiones 1 y 3 fuera de Europa, 17,3-18,1 GHz para las Regiones 1 y 3 y 17,3-17,8 GHz para la Región 2) y que una asignación de una administración notificante corresponde fundamentalmente a:

- una posición orbital;

- un número de canal (entre cinco canales que es el número medio de canales por país en la Región 1) o una frecuencia central;

- una anchura de banda de canal (27 MHz en las Regiones 1 y 3 y 24 MHz en la Región 2);

- una polarización (generalmente se utiliza polarización circular);

- uno o varios haces;

- una potencia de transmisión;

- los parámetros de la antena de transmisión y de recepción;

- un conjunto de puntos de prueba;

- y unos criterios fundamentales denominados situación de referencia que pueden ser un margen de protección equivalente de referencia o un margen de protección global equivalente (OEPM) de referencia.

Los parámetros adoptados a efectos de planificación durante las conferencias pertinentes se definen en el anexo 5 al apéndice S30 del RR y en el anexo 3 al apéndice S30A del RR y corresponden a los parámetros normalizados.

Los artículos 10 y 11 del apéndice S30 contienen, respectivamente, el Plan del SRS para la Región 2 y los Planes del SRS para las Regiones 1 y 3. Los artículos 9 y 9A del apéndice S30A contienen, respectivamente, el Plan de enlaces de conexión del SRS para la Región 2 y los Planes de enlaces de conexión del SRS para las Regiones 1 y 3.

Se ha demostrado que los procedimientos para modificar el Plan (véase el artículo 4 de los apéndices S30 y S30A) establecen unas limitaciones muy difíciles de respetar mientras que las peticiones fueron muy numerosas antes de la CMR-97. Con objeto de mejorar la eficacia y flexibilidad de los Planes para las Regiones 1 y 3 contenidos en los apéndices S30 y S30A, la CMR-97 revisó dichos apéndices, pero ciertos países solicitaron una replanificación por una futura CMR a fin de aumentar la capacidad del Plan.

9.4.1.1.2 Revisiones propuestas y adopción de los nuevos Planes del SRS y de los enlaces de conexión del SRS por la CMR-97 (para las Regiones 1 y 3)

La CAMR-92 y la CMR-95 recomendaron varias modificaciones a los procedimientos y a los Planes a fin de mejorar su eficacia. La CMR-97 consideró estas modificaciones que suponen una reducción general de 5 dB en los niveles de los valores planificados de p.i.r.e., la utilización de un diagrama de radiación de referencia de la antena de la estación terrena receptora mejorado con un factor de calidad G/T igual a 11 dB/K, la planificación simultánea de los enlaces de conexión y de los enlaces descendentes con cálculo del OEPM, una relación C/I global combinada de interferencia cocanal de 23 dB con una relación cocanal no procedente de una sola fuente inferior a 28 dB.

La CMR-97 introdujo modificaciones o adiciones en varios artículos del RR relativas a los procedimientos de coordinación, notificación e inscripción y a la revisión de los apéndices 30 y 30A del RR para las Regiones 1 y 3 (manteniendo la integridad del Plan de la Región 2).

El UIT-R ha realizado estudios en este campo para revisar los Planes de los apéndices S30 y S30A con objeto de impedir que queden anticuados utilizando una combinación de parámetros técnicos actualizados y procedimientos revisados a fin de asegurar la flexibilidad a largo plazo de los Planes.

La revisión de los apéndices S30 y S30A por la CMR-97 se basó en los siguientes principios:

- utilización de los parámetros de planificación revisados adoptados por la CMR-95 en la Recomendación 521;

- se tienen en cuenta nuevos países y los países que tienen un número inferior al mínimo de canales asignados por la CAMR-77 al SRS (en la Región 1 este número fue de cinco canales);

- se basan en una cobertura nacional.

- se tiene en cuenta el aumento de requisitos de los sistemas subregionales para facilitar el desarrollo de los sistemas multiadministración y subregionales, se tienen en cuenta también los sistemas comunicados a la BR con arreglo a los artículos 4 de los apéndices S30 y S30A del RR y se protege a las asignaciones que están de conformidad y han sido notificadas;

- se proporciona funcionamiento simultáneo de los sistemas analógicos y digitales.

En conclusión, la CMR-97 adoptó una revisión de los Planes del SRS para las Regiones 1 y 3 proporcionando capacidad para todos los nuevos países de acuerdo con la Resolución 524 de la CAMR-92 y la Resolución 531 de la CMR-95. No obstante, algunos países solicitaron efectuar una replanificación para aumentar la capacidad del Plan y proporcionar una capacidad de canales lo suficientemente amplia (diez canales) para permitir el desarrollo económico de un sistema del SRS, y absorber el número cada vez mayor de aplicaciones para modificaciones con arreglo al artículo 4 de los apéndices S30 y S30A del RR que supone demasiadas adiciones a los Planes.

En consecuencia, la CMR-97 resolvió establecer un Grupo de Representantes Interconferencias (GRI). En la CMR-2000 se presentarán los resultados relativos a la mínima capacidad asignada para países de las Regiones 1 y 2 que es de unos diez (10) canales equivalentes analógicos.

9.4.1.1.3 Posible introducción de los sistemas de satélites no geoestacionarios: utilización de las bandas de frecuencias planificadas del SRS por sistemas de satélites no geoestacionarios (véase también el punto 9.5.5)

La Resolución 506 (Orb-88) del RR fue revisada por la CMR-97 para tener la posibilidad, bajo límites estrictos, de introducir sistemas del SFS no OSG en las bandas de frecuencias del Plan del SRS sin permitir la introducción de sistemas del SRS no OSG.

Los asuntos reglamentarios así como los análisis de compatibilidad entre los sistemas de satélites geoestacionarios y no geoestacionarios que funcionan en estas bandas planificadas del RR serán objeto de nuevos estudios en las Comisiones de Estudio del UIT-R. La Resolución 538 de la CMR-97 solicita al UIT-R que estudie la compartición de frecuencias entre sistemas OSG y sistemas no OSG y entre sistemas no OSG.

El número S5.487A del RR indica que en la Región 1 la banda 11,7-12,5 GHz, en la Región 2 la banda 12,2-12,7 GHz y en la Región 3 la banda 11,7-12,2 GHz están también atribuidas al SFS (espacio-Tierra) a título primario y su utilización está limitada a los sistemas de satélites no geoestacionarios y sujeta a lo dispuesto en la Resolución 538 (CMR-97).

Además, el punto S5.516 del RR señala que la utilización de la banda 17,3-18,1 GHz en las Regiones 1 y 3 y la banda 17,8-18,1 GHz en la Región 2 por los sistemas de satélites no geoestacionarios del SFS (Tierra-espacio) está sujeta a lo dispuesto en la Resolución 538 (CMR-97).

El punto S5.484A del RR estipula que la utilización de la banda 17,8-18,6 GHz en los sistemas de satélites geoestacionarios y no geoestacionarios del SFS (espacio-Tierra) está sujeta a las disposiciones de la Resolución 130 (CMR-97) y la utilización de la banda 17,8-18,1 GHz por sistemas de satélites no geoestacionarios del SFS (espacio-Tierra) está también sujeta a lo dispuesto en la Resolución 538 (CMR-97).

9.4.1.2 Compartición de frecuencias entre el SFS y los Planes de enlaces de conexión del SRS

La diferencia en las atribuciones de frecuencia en las bandas de frecuencias en torno a 12 GHz en las tres Regiones da lugar a que en varias zonas exista compartición entre el SRS y el SFS. Estas zonas se identifican en los cuadros 9.6A (Planes del SRS) y 9.6B (Planes de enlaces de conexión del SRS) y cabe señalar que estos cuadros se han elaborado teniendo en cuenta las revisiones al artículo S5 del RR introducidas por la CAMR Orb-85/88, la CAMR-92 y la CMR-95/97.

i)   Compartición intrarregional en los Planes del SRS

(Véanse las Recomendaciones UIT-R S.1065 y S.1067.)

En la Región 1 no hay atribuciones compartidas entre el SRS y el SFS en 12 GHz.

En la Región 2, la banda 11,7-12,2 GHz está atribuida al SFS; sin embargo, los transpondedores de las estaciones espaciales de este servicio en virtud del punto S5.485 del RR pueden ser utilizados para transmisiones del SRS siempre que dichas transmisiones no tengan una máxima p.i.r.e. superior a 53 dBW por canal de televisión y no causen una mayor interferencia ni requieran más protección contra la interferencia que las asignaciones de frecuencia coordinadas del SFS. Tanto el SFS como el SRS se limitan a sistema nacionales y subregionales en estas bandas.

Además, en la Región 2 las asignaciones al SRS en la banda 12,2-12,7 GHz en virtud del punto S5.492 del RR pueden ser utilizadas para transmisiones del SFS (espacio-Tierra) siempre que tales transmisiones no causen más interferencia ni requieran mayor protección contra la interferencia que las transmisiones del SRS que funcionen de acuerdo con el Plan para la Región 2 estipulado en el apéndice 30 del RR.

En la Región 3, la banda 12,5-12,75 GHz está compartida entre el SFS (espacio-Tierra) y el SRS. El SRS está limitado mediante el punto S5.493 del RR a una máxima densidad de flujo de potencia de -111 dB(W/m^2). Con arreglo a la Resolución 34, es necesario realizar una coordinación entre los dos servicios basándose en el artículo S9 y la Resolución 33 del RR hasta que se elabore un Plan del SRS para la Región 3 en esta banda.

ii)   Compartición interregional

(Véase la Recomendación UIT-R S.1066 y los artículos 5 y 6 del anexo 4 del apéndice S30 del RR.)

La compartición interregional entre el SRS (recepción comunal) de la Región 3 y los enlaces del SFS (espacio-Tierra) en la Región 1 se produce en la banda 12,5-12,75 GHz. Actualmente no hay ningún Plan para el SRS en esta banda y se permite a dicho servicio funcionar con arreglo a lo estipulado en el punto S5.493 del RR, sujeto a un límite de densidad de flujo de potencia de -111 dB(W/m^2).

En las bandas comprendidas entre 12,5 y 12,75 GHz también se produce compartición entre el SRS (recepción comunal) en la Región 3 y el SFS (Tierra-espacio) en las Regiones 1 y 2. Es posible que aparezca interferencia tanto entre satélites cercanos como antipodales.

Los problemas de compartición interregional entre el SRS y el SFS (espacio-Tierra) se consideran brevemente en la Recomendación UIT-R S.1066. La posible interferencia producida por redes establecidas de conformidad con los Planes del SRS para las Regiones 1 y 2 pueden provocar dificultades en el emplazamiento y explotación de las redes del SFS en la OSG a menos que para los actuales transmisores del SFS de gran sensibilidad se empleen técnicas de reducción de la interferencia (es decir, métodos avanzados para disminuir la interferencia).

Obsérvese que la banda 12,2-12,5 GHz está atribuida a título primario al SRS en la Región 1 y al SFS en la Región 3 y ambos servicios deben tener un acceso equitativo a la órbita y al espectro. Actualmente, los procedimientos del apéndice S30 del RR aplicables al SFS en la Región 3 con respecto al Plan del SRS en la Región 1 sólo dan protección al Plan del SRS.

La CMR-97, mediante su Resolución 73, solicitó a las administraciones que hiciesen todo lo necesario para resolver los problemas de interferencia.

CUADRO 9.6A

Situación de interferencia del SFS y el SRS en la banda 11-12 GHz (NOTA 1)

Situación de interferencia	Dónde se produce la interferencia (GHz)			Criterios disponibles
	Región 1	**Región 2**	**Región 3**	
SFS ↓ en el Plan del SRS	11,7-12,2 procedente de la R2 12,2-12,7 procedente de la R3	12,5-12,7 procedente de la R1 12,2-12,7 procedente de la R3	11,7-12,2 procedente de la R2	Apéndice S30 del RR, anexo 4 (NOTA 2)
SFS ↑ al SRS			12,5-12,75 procedente de la R1 12,7-12,75 procedente de la R2	Resolución 33 del RR
SFS ↓ al SRS			12,5-12,75 procedente de la R1 e intrarregional	Resolución 33 del RR
SFS OSG y no OSG ↓ al SRS			12,5-12,75 procedente del SFS OSG y no OSG	Resolución 130 del RR
SFS no OSG ↓ al Plan del SRS	11,7-12,5 procedente del SFS no OSG	12,2-12,7 procedente del SFS no OSG	11,7-12,2 procedente del SFS no OSG	Resolución 538 del RR
Plan del SRS al SFS ↓	12,5-12,7 procedente de la R2	11,7-12,2 procedente de las R1 y R3	12,2-12,5 procedente de la R1 12,2-12,7 procedente de la R2	Apéndice S30 del RR, anexo 1, § 6 (NOTA 3)
SRS al SFS ↓	12,5-12,75 procedente de la R3		Intrarregional	Resolución 33 del RR
Plan del SRS al SFS ↑	12,5-12,7 procedente de la R2			Apéndice S30 del RR, anexo 1, § 7 Umbral de $\Delta T/T$ del 4% (apéndice S7, caso II)
SRS al SFS ↑	12,5-12,75 procedente de la R3	12,7-12,75 procedente de la R3		Resolución 33 del RR
Plan del SRS	11,7-12,5	12,2-12,7	11,7-12,2	Apéndice S30 del RR

NOTAS – ↑: Enlace ascendente, ↓: Enlace descendente

NOTA 1 – Véase también (cuadro del apéndice S30, anexo 6) los requisitos de protección (C/I o N) para la compartición de servicios en la banda de 12 GHz.

NOTA 2 – (límite de dfp para la coordinación de una estación espacial del SFS con respecto a los Planes del SRS, caso de interferencia interregional, θ = separación orbital):

-147 dBW/m²/27 MHz si $\theta < 0{,}44°$;

$-138 + 25.\log\theta$ dBW/m²/27 MHz para $0{,}44° \le \theta < 19{,}1°$; y

-106 dBW/m²/27 MHz para $\theta \ge 19{,}1°$.

NOTA 3 – (límites para cambiar la dfp de las asignaciones en el Plan del SRS a fin de proteger el SFS):

El SFS en la R2 debe protegerse contra el Plan del SRS en las R1 y R3: aumento de la dfp $\le 0{,}25$ dB o dfp ≤ -138 dB/m²/27 MHz;

El SFS en las R1 y R3 debe protegerse contra el Plan del SRS en la R2: aumento de la dfp $\le 0{,}25$ dB o dfp ≤ -160 dB/m²/27 MHz.

Notas pertinentes del Reglamento de Radiocomunicaciones:

S5.487A: En la Región 1 la banda 11,7-12,5 GHz, en la Región 2 la banda 12,2-12,7 y en la Región 3 la banda 11,7-12,2 GHz están también atribuidas al SFS (espacio-Tierra) a título primario y su utilización está limitada a los sistemas de satélites no geoestacionarios y sujeta a lo dispuesto en la Resolución 538 (véase la sección II del artículo S22 del RR para la interferencia causada a los sistemas OSG).

S5.484A: La utilización de las bandas 12,5-12,7 GHz (R1), 11,7-12,2 GHz (R2) y 12,2-12,75 GHz (R3) por los sistemas de satélites geoestacionarios y no geoestacionarios del SFS (espacio-Tierra) está sujeta a las disposiciones de la Resolución 130 del RR (véase también la sección II del artículo S22 del RR).

S5.491: En la Región 3, la banda 12,2-12,5 GHz está también atribuida al SFS (espacio-Tierra) a título primario, y su utilización está limitada a los sistemas nacionales y subregionales.

CUADRO 9.6B

**Situación de interferencia del SFS y los enlaces ascendentes del SFS
(enlaces de conexión del SRS) en las bandas de 17 y 18 GHz**

Situación de interferencia	Dónde se produce la interferencia (GHz)			Criterios disponibles
	Región 1	Región 2	Región 3	
SFS no OSG ↑ en el SFS ↑(enlaces de conexión del SRS o Plan de enlaces de conexión del SRS)	17,3-18,1	17,8-18,1	17,3-18,1	– Punto S22.5D del RR – S5.516: Resolución 538 del RR
SFS OSG ↑ en el SFS ↑(Plan de enlaces de conexión del SRS)	17,7-17,8			Apéndice S30A del RR, anexo 4, § 1
	17,8-18,1 procedente del SFS OSG o no OSG		17,8-18,1 procedente del SFS OSG o no OSG	S.484A del RR: Resoluciones 130 y 538
SFS ↓ en el SRS ↓		17,3-17,8 (sin interferencia del SFS después de 2007)		S5.517 (17,7-17,8: SRS después de 2007)
SFS no OSG ↑ en el SRS OSG ↓		17,3-17,8 (para estudios ulteriores)		S22.5C
(SRS o SFS) OSG ↓ (estación espacial transmisora) en el SFS ↑(Plan de enlaces de conexión del SRS)	17,3-18,1 (SFS)	17,3-17,8 (SRS) 17,7-17,8 (SFS)	17,3-18,1 (SFS)	• Apéndice S30A, anexo 4, § 1 para las estaciones espaciales receptoras. • Umbral de $\Delta T/T$ del 4% (véase el apéndice S8 del RR y el § S5.515: 17,3-17,8 GHz, SRS)
SFS no OSG ↑ en el SFS ↑ (enlaces de conexión del SRS)		17,8-18,1		S5.516 del RR: Res. 538
SFS OSG y no OSG ↓ en el SFS ↑ (enlaces de conexión del SRS)	18,1-18,4	17,8-18,1 18,1-18,4	18,1-18,4	• Res. 130 (17,8-18,6) • Res. 138 (17,8-18,1) • S5.484A
SFS ↑ (Plan de enlaces de conexión del SRS) en el SFS OSG ↓	17,7-18,1			Apéndice S30A, anexo 1, § 1 y anexo 4, § 3 para las estaciones terrenas receptoras (véase el apéndice S7)

CUADRO 9.6B (continuación)

SFS ↑ (enlaces de conexión del SRS) en el SFS ↑ (Plan de enlaces de conexión del SRS)	17,3-18,1 (procedente de los enlaces de conexión del SRS de la R2)	17,3-17,8 (procedente de los enlaces de conexión del SRS de las R1 y R3)	17,3-18,1 (procedente de los enlaces de conexión del SRS de la R2)	• Apéndice S30A, anexo 1, § 5 para las estaciones espaciales receptoras. • Umbral de $\Delta T/T$ del 3% (véase el apéndice S8 del RR)
(Plan de enlaces de conexión del SRS)	17,3-18,1			Apéndice S30A

NOTAS:
S5.516: La utilización de la banda 17,3-18,1 GHz en las Regiones 1 y 3 (Tierra-espacio) y la banda 17,8-18,1 en la Región 2 por los sistemas de satélites geoestacionarios y no geoestacionarios del SFS está sujeta a las disposiciones de la Resolución 538 del RR (véase la sección II del artículo S22 del RR para la interferencia causada a los sistemas OSG). La utilización de la banda 17,3-18,1 GHz por sistemas de satélites geoestacionarios del SFS (Tierra-espacio) está limitada a los enlaces de conexión del SRS.
S5.484A: La utilización de la banda 17,8-18,6 GHz (espacio-Tierra) por los sistemas de satélites geoestacionarios y no geoestacionarios del SFS está sujeta a las disposiciones de la Resolución 130 del RR (véase la sección II del artículo S22 para la interferencia causada a sistemas de satélites geoestacionarios). La utilización de la banda 17,8-18,1 GHz (espacio-Tierra) por sistemas de satélites no geoestacionarios también está sujeta a las disposiciones de la Resolución 538 del RR.

9.4.1.3   Compartición de frecuencias entre los Planes del SRS y de enlaces de conexión del SRS y los otros servicios

Las bandas de frecuencias de los enlaces de conexión y los enlaces descendentes atribuidos al SRS también están compartidas con los servicios terrenales (fijo, radiodifusión y móvil, salvo móvil aeronáutico, en las bandas de los enlaces descendentes del SRS).

Los criterios de compartición aplicables a estas situaciones se basan en los límites de dfp o en las zonas de coordinación que aparecen definidas en los apéndices S30 y S30A del RR.

Cuando se considera la interferencia producida por una estación espacial del SRS en los servicios terrenales debe prestarse especial atención al número S23.13 del RR.

Los criterios definidos para el SFS se utilizan para comprobar la compatibilidad de una modificación o una adición a un Plan con las otras asignaciones del mismo Plan regional del SRS.

Además, se necesitan criterios de compartición para los enlaces de conexión y los enlaces descendentes en las bandas de frecuencias atribuidas compartidas con otros servicios.

i)   Compatibilidad del SRS en la misma Región

En los Planes de enlaces de conexión y de enlaces descendentes para las Regiones 1 y 3, una modificación o una adición a un Plan es compatible con el resto de asignaciones de este Plan si no degrada por debajo de $-0{,}25$ dB los márgenes de protección equivalente (EPM) de referencia de las otras asignaciones que sean positivos y si no degrada más de 0,25 dB los márgenes de protección global equivalente (OEPM) de referencia de las otras asignaciones que sean negativos.

En los Planes de enlaces de conexión y de enlaces descendentes de la Región 2 se aplican los mismos límites de degradación con el OEPM en vez del EPM.

ii)   Compartición con otros servicios

Las bandas de frecuencias atribuidas a los enlaces de conexión asociados con el SRS requieren criterios para la compartición con los siguientes servicios como se muestra en el cuadro 9.7.

CUADRO 9.7

Criterios de compartición entre el SFS ↑ (enlaces de conexión del SRS) y otros servicios

Región	Banda de frecuencias (GHz)	Servicio que debe protegerse	Criterios aplicables
Regiones 1 y 3 fuera de Europa	14,5-14,8	Servicio fijo (SF)	Apéndice S8 del RR (también apéndice S30A, artículo 6 y anexo 1, § 2)
Todas las Regiones	17,7-17,8	SF	
		SFS ↓ (estaciones terrenas receptoras)	Procedimiento de coordinación del tipo del apéndice S7 del RR (véase también el apéndice 30A, anexo 1, § 1 y anexo 4, § 3)
Regiones 1 y 3	17,8-18,1	SF	Apéndice S8 del RR (véase también el apéndice S30A, artículo 6 y anexo 1, § 2)
		SFS ↓ (estaciones terrenas receptoras)	Procedimiento de coordinación del tipo del apéndice S7 del RR (véase también el apéndice 30A, anexo 1, § 1 y anexo 4, § 3)
Región 2	17,3-17,8	En las R1 y R3: SFS ↑ (Plan de enlaces de conexión del SRS) (estaciones espaciales receptoras)	• Apéndice S30A del RR, anexo 1, § 5 • Umbral $\Delta T/T$ del 3% (véase el apéndice S8 del RR)
Regiones 1 y 3	17,3-17,8	En la Región 2: SFS ↑ (Plan de enlaces de conexión del SRS) (estaciones espaciales receptoras)	• Apéndice S30A (anexo 1, § 5) • Orb-88, Resolución 42

Puede que también sea necesario compartir las frecuencias de los enlaces descendentes atribuidos al SRS con otros servicios (SF, SRS de otra Región, SFS) como se muestra en el cuadro 9.8.

CUADRO 9.8

Criterios de compartición entre los enlaces descendentes del SRS y otros servicios

Región y SRS	Banda de frecuencias (GHz)	Caso N°	Servicio que debe protegerse en la Región	Criterios aplicables (anexo 1 del apéndice S30 del RR): límites de dfp
				SFS: véase el § 6 y SRS: véase el § 3 SRS en las R1 y 3 a los servicios terrenales de la R2: véase el § 4 SRS en la R2 a los servicios terrenales de las R1 y 3: véase el § (5a/b/c/d) SRS a los servicios terrenales de las R1 y 3: véase el § 8a SRS a los servicios terrenales de la R2: véase el § 8b NOTA – Servicios terrenales: SF, SM, SR …
Planes del SRS para las Regiones 1 y 3 (apéndice S30)	11,7-12,2	1s	SFS↓ en la R2	§ 6: aumento de la dfp ≤ 0,25 dB o dfp ≤ −138 dB/m²/27 MHz
		1fs	SF en la R2 (salvo en la banda 12,1-12,2 GHz)	§ 4: −125 dBW/m²/4 kHz para polarización circular −128 dBW/m²/4 kHz para polarización lineal
		1t	Servicios terrenales en las R1 y 3	§ 8a: aumento de la dfp ≤ 0,25 dB o § 5a y b
Planes del SRS en la Región 1 (apéndice S30)	12,2-12,5	2s	• Plan del SRS en la R2	§ 3: −147 dBW/m²/27 MHz si θ < 0,44° (θ = separación orbital) −138 + 25.logθ dBW/m²/27 MHz para 0,44° ≤ θ < 19,1° −106 dBW/m²/27 MHz para θ ≥ 19,1°
			• SFS↓ (nacional y subregional) en la R3 (*)	§ 6: aumento de la dfp: ≤0,25 dB o dfp ≤ −160 dBW/m²/4 kHz
		2t	• Servicios terrenales en las R1 y 3	§ 8a: Véase el caso N° 1t
			• Servicios terrenales en la R2	§ 4: Véase el caso N° 1fs
Planes del SRS en la Región 2 (apéndice S30)	12,5-12,7	3s	• Plan del SRS en la R1 • SFS↓ (nacional y subregional) en la R3 (*)	§ 3: Véase el caso N° 2s § 6: Véase el caso N° 2s
		3t	• Servicios terrenales en la R2 • Servicios terrenales en la R3	§ 4 o § 5: Véase el caso N° 1t § 8a o § 8b: Véase el caso N° 2t

Región y SRS	Banda de frecuencias (GHz)	Caso Nº	Servicio que debe protegerse en la Región	Criterios aplicables (anexo 1 del apéndice S30 del RR): límites de dfp
Plan del SRS en la Región 2 (apéndice S30)	12,7-12,75	4s	• SRS en la R3 • SFS↓ en las R1 y 3 • SFS↑ en las R1 y 2	§ 3: Véase el caso Nº 2s § 6: Véase el caso Nº 2s § 7: valor umbral de ΔT/T: 4% (apéndice S8 del RR, caso II)
				SFS: véase el § 6 y SRS: véase el § 3 SRS en las R1 y 3 a los servicios terrenales de la R2: véase el § 4 SRS en la R2 a los servicios terrenales de las R1 y 3: véase el § (5a/b/c/d) SRS a los servicios terrenales de las R1 y 3: véase el § 8a SRS a los servicios terrenales de la R2: véase el § 8b NOTA – Servicios terrenales: SF, SM, SR …
		4t	• Servicios terrenales en la R2 • Servicios terrenales en la R3	§ 8b: Véase el caso Nº 3t § 5: Véase el caso Nº 1fs
SRS (**) en la Región 3 (Véanse las Res. 33 y 34 del RR)	12,5-12,7	5s	• Plan del SRS en la R2 • SFS↓ en las R1 y 3 • SFS↑ en las R1 y 2	§ 3: Véase el caso Nº 2s § 6: Véase el caso Nº 1s § 7: Véase el caso Nº 4s
		5t	• Servicios terrenales en la R2 • Servicios terrenales en la R3	§ 4: Véase el caso Nº 1fs § 8a: Véase el caso Nº 1t
SRS en la Región 3 (**) **(Véanse las Res. 33** **y 34 del RR)**	12,7-12,75	6s	• SFS↓ en las R1 y 3 • SFS↑ en las R1 y 2	§ 6: Véase el caso Nº 1s § 7: Véase el caso Nº 4s
		6t	• Servicios terrenales en la R2 • Servicios terrenales en la R3	§ 4: Véase el caso Nº 1fs § 8a: Véase el caso Nº 1t

(*) S5.491: La banda 12,2-12,5 GHz en la R3 está también atribuida al SFS (espacio-Tierra) a título primario, limitada a los servicios nacionales y subregionales.

(**) S5.493: El SRS en la banda 12,5-12,75 GHz en la R3 está limitado a una dfp que no rebase el valor de – 111 dBW.

9.4.2 Compartición de frecuencias entre el SFS y el servicio de exploración de la Tierra por satélite (SETS)

i) SETS pasivo

La banda 18,6-18,8 GHz está atribuida al servicio de exploración de la Tierra por satélite (pasivo) y el servicio de investigación espacial (pasivo) a título primario en la Región 2 y a título secundario en las Regiones 1 y 3.

En la Región 2, el SETS (pasivo) y el SFS (espacio-Tierra) comparten la banda 18,6-18,8 GHz a título igualmente primario. El servicio fijo, el servicio móvil y el servicio por satélite (espacio-Tierra) tienen atribuciones a escala mundial a título primario. El artículo S5 del RR (notas S5.522 y S5.523) solicita a las administraciones que limiten la potencia de los transmisores del SF y la dfp producida por las estaciones espaciales del SFS en la medida de lo posible para disminuir el riesgo de interferencia a los sensores pasivos.

Es necesario realizar mediciones mediante sensores pasivos a bordo de vehículos espaciales en la banda 18,6-18,8 GHz porque dicha banda tiene unas características peculiares muy importantes para obtener información sobre las condiciones medioambientales en las superficies terrestres y marítimas de la Tierra.

Estudios realizados por usuarios del SETS han demostrado que puede producirse una pérdida de datos cuando el satélite con el sensor pasivo atraviesa el haz principal del SFS o a causa de señales del SF reflejadas por la superficie de la Tierra. Como nivel adecuado para permitir la compartición de esta banda se ha propuesto una reducción de 22 dB en el máximo valor de dfp con respecto al que permite el Reglamento de Radiocomunicaciones, pero esta medida no ha sido aceptada por los usuarios del SFS.

En el SFS, se están desarrollando actualmente sistemas en esta banda y aún no se han establecido unas normas adecuadas que aseguren que esta banda puede utilizarse con éxito introduciendo dicha reducción de 22 dB en el máximo nivel de dfp.

En las Regiones 1 y 3 los servicios de satélites con sensores pasivos tienen una atribución secundaria en la banda 18,6-18,8 GHz, mientras que la atribución al SFS es primaria. Cabe prever que la densidad de flujo de potencia producida en la superficie de la Tierra en las Regiones 1 y 3 por algunas estaciones espaciales del SFS rebasará los límites necesarios para lograr una compartición satisfactoria con los sensores pasivos del satélite.

En conclusión, es urgente realizar estudios sobre un límite de dfp adecuado.

ii) SETS activo

El SFS (Tierra-espacio) y el SETS (espacio-Tierra) comparten la banda 8 025-8 400 MHz en la Región 2 a título igualmente primario y el número S5.464 del RR señala que la banda puede ser utilizada por el SETS a título primario en los países de las Regiones 1 y 3 sujeto a un acuerdo obtenido con arreglo al número S9.21 (procedimientos del artículo S9/14). En todos los demás casos el SETS tiene categoría secundaria y el SFS categoría primaria.

Los criterios de protección para los enlaces del SETS aparecen en la Recomendación UIT-R SA.514.

9.4.3   Compartición de frecuencias entre el SFS OSG y el SMS OSG

El SFS OSG tiene una compartición a título primario con el SMS OSG en las bandas 7,250-7,375 GHz (enlace descendente), 7,900-8,025 GHz (enlace ascendente), (19,7-20,1 GHz para los enlaces descendentes de la Región 2), 20,1-21,2 GHz (enlaces descendentes), 29,5-29,9 GHz (R2) y 29,9-31 GHz (enlaces ascendentes), 39,5-40,5 GHz (enlaces descendentes) y otras bandas de frecuencias más elevadas (71-74 GHz para enlaces ascendentes y 81-84 GHz para enlaces descendentes). Algunos de estos sistemas ya existen o tienen previsto su funcionamiento en las bandas de 8/7 GHz. Muchos de ellos funcionan tanto en el SFS como en el SMS por lo que se produce una compartición dentro de las redes. Cabe esperar que esta utilización combinada de los servicios también tendrá lugar en bandas de frecuencias más elevadas a medida que se desarrollen los sistemas. De la información publicada hasta la fecha en las circulares de la BR pueden extraerse algunos factores básicos que son comunes a un cierto número de sistemas que utilizan las bandas de 8/7 GHz, a saber:

- zonas de servicio de gran extensión; es decir, próximas a las zonas visibles;

- cobertura de la Tierra, cobertura hemisférica y antenas de satélite con haz estrecho reorientable;

- capacidad para modificar las configuraciones de antena/transpondedor del satélite;

- polarizaciones circulares; sin reutilización de frecuencias dentro de una red;

- grandes diferencias en los tamaños de antena de la estación terrena; las pequeñas tienen un diámetro comprendido entre 1 y 3 m;

- máximas ganancias de transmisión relativamente elevadas (véase el apéndice S27 del RR) que junto con las elevadas ganancias de la antena del satélite en el trayecto ascendente dan lugar a una sensibilidad relativamente elevada en dicho trayecto.

Estos factores son coherentes con las redes de satélites que pueden funcionar en el servicio fijo por satélite o en el servicio móvil por satélite o en ambos.

Por el contrario, no hay uniformidad en las disposiciones de los transpondedores, las conversiones de frecuencia, las configuraciones de antena del satélite o los tipos de modulación, portadoras y acceso al satélite.

Los factores que afectan a la utilización de la órbita de los satélites geoestacionarios son los relativos a la reutilización de frecuencias dentro de las redes de satélites del SFS y el SMS y entre ellas mismas. A continuación se indican algunos de los factores más significativos:

- discriminación de la antena del satélite;

- discriminación de la antena de la estación terrena;

- polarización ortogonal;

- modulación.

Debido a estos factores, la mínima separación entre satélites tiende a estar limitada por la interferencia del trayecto ascendente en condiciones de cobertura común. Normalmente, las características del SMS determinarán la mínima de separación con los satélites de otros servicios.

La Recomendación UIT-R SF.1320 especifica la compartición de frecuencias entre sistemas en las bandas 19,7-20,2 GHz, entre sistemas del SMS y sistemas del SFS.

9.5 Compartición de frecuencias entre el SFS OSG y no OSG y otros servicios espaciales OSG y no OSG (salvo el caso OSG/OSG)

(Véase el Informe de la RPC-97 y las Actas Finales de la CMR-97.)

9.5.1 Consideraciones generales

Los sistemas de satélites no geoestacionarios (no OSG), y en particular los que utilizan satélites en órbita baja (LEO), son un medio muy adecuado para establecer redes de comunicaciones móviles y fijas. Unos pocos sistemas ya están en construcción y deben entrar en funcionamiento y muchos otros se encuentran en la fase de proyecto (véase el capítulo 6, punto 6.5 y el apéndice 6.1 del Manual). Estos sistemas constituyen un nuevo reto para la UIT en términos de posible interferencia y compartición de frecuencias.

Los puntos que siguen discuten la importante situación de compartición de frecuencias entre redes del SFS OSG y no OSG y otras redes espaciales OSG y no OSG (salvo el caso OSG/OSG), por ejemplo:

- compartición entre el SFS OSG y no OSG;

- compartición entre el SFS no OSG;

- compartición entre el SFS no OSG y los enlaces de conexión del SMS no OSG;

- compartición entre los enlaces de conexión del SMS no OSG (funcionamiento en banda directa y en banda inversa);

- compartición entre los Planes del SFS no OSG y (del SFS y SRS) OSG.

El número S22.2 del RR resume de la forma siguiente el contexto de regulación general relativo a la situación de interferencia causada por los servicios espaciales no geoestacionarios (no OSG) a los sistemas de satélites geoestacionarios (OSG) del SFS:

- Antes de la CMR-97 se decía que "las estaciones espaciales no geoestacionarias deberán cesar o disminuir a un nivel despreciable sus emisiones, y sus estaciones terrenas asociadas no deberán transmitir hacia ellas siempre que se produzca interferencia inaceptable a los sistemas espaciales de satélites geoestacionarios del SFS que funcionen de acuerdo con este Reglamento".

- La CMR-97 modificó ese texto de la forma siguiente: "los sistemas de satélites no geoestacionarios no deberán causar interferencia inaceptable a los sistemas de satélites geoestacionarios del SFS y el SRS explotados de conformidad con las disposiciones del presente Reglamento".

La Resolución 46 (CMR-95) (número S9.12) presenta "Procedimientos provisionales de coordinación y notificación de asignaciones de frecuencia a redes de satélites de ciertos servicios espaciales y de otros servicios a los que están atribuidas ciertas bandas" (véase el anexo 2 a la Resolución 46 (Rev.CMR-97). Véase también el punto 9.8 relativo a la compartición entre las estaciones espaciales no geoestacionarias y estaciones del SF).

La CMR-95 dispuso algunas frecuencias para proporcionar enlaces de conexión a las estaciones espaciales de las redes de satélites no geoestacionarios del servicio móvil por satélite (SFS (enlaces de conexión del SMS no OSG)).

A la espera de establecer un procedimiento permanente, la utilización mutua de ciertas bandas por redes de satélites no geoestacionarios en relación con otras redes de satélites geoestacionarios o redes de satélites no geoestacionarios o estaciones terrenales (incluido el caso de estaciones terrenales en relación con las estaciones terrenas de las redes de satélites no geoestacionarios) deberá regularse de acuerdo con los procedimientos provisionales de las disposiciones asociadas y criterios anexos a la Resolución 46.

Estos procedimientos provisionales se aplican además de los que figuran en los artículos S9 y S11 del RR para las redes de satélites no geoestacionarios en las bandas identificadas por la nota al Cuadro de atribución de bandas de frecuencias del artículo S5 del RR y deben aplicarse desde el 17 de noviembre de 1995.

La Resolución 46 del RR invita al UIT-R a que estudie y elabore Recomendaciones sobre los métodos de coordinación, los datos orbitales necesarios relativos a los sistemas de satélites no geoestacionarios y los criterios de compartición.

La Recomendación 104 de la CMR-95 pide al UIT-R que estudie la posibilidad de establecer límites de p.i.r.e. y de dfp para los enlaces de conexión del SMS no OSG a fin de proteger a las redes del SFS OSG de acuerdo con el RRS22.2 (ex RR2613) en las bandas a las que no se aplica la Resolución 46 (CMR-95).

La Resolución 130 de la CMR-97 pide al UIT-R que lleve a cabo los adecuados estudios técnicos, de explotación y reglamentarios para la utilización de sistemas no OSG del SFS en ciertas bandas de frecuencias a tiempo para su consideración por la CMR-2000 y con objeto de examinar las condiciones bajo las cuales es posible la compartición de las bandas de frecuencias de 10-30 GHz atribuidas al SFS planificadas (apéndice S30B del RR) o sin planificar entre sistemas OSG y no OSG, entre sistemas no OSG y entre sistemas no OSG y terrenales.

De forma similar, la Resolución 538 de la CMR-97 solicita la protección adecuada de los Planes del SRS y sus futuras modificaciones y que estas condiciones no impongan limitaciones poco razonables al desarrollo de los sistemas OSG en estas bandas.

Los cuadros S21-1 a S22-4 del artículo S22 del RR contienen límites provisionales de interferencia causada por un sistema del SFS no OSG en las bandas de frecuencias consideradas en las anteriores Resoluciones.

9.5.1.1 Antecedentes

Se han propuesto para el SFS sistemas que utilizan la órbita de los satélites no geoestacionarios y la CMR-95 atribuyó al SFS no OSG a título primario las bandas de frecuencias 18,9-19,3 GHz y 28,7-29,1 GHz.

La CMR-95 identificó bandas cerca de 5, 7, 15, 20 y 30 GHz en las cuales pueden introducirse enlaces de conexión para constelaciones de vehículos espaciales no geoestacionarios del servicio móvil por satélite (enlaces de conexión del SMS no OSG).

Se han realizado estudios para facilitar la compartición de frecuencias con los otros servicios que tienen atribuciones en estas bandas y también para elaborar Recomendaciones a fin de calcular la interferencia entre los enlaces de conexión del SMS no OSG, entre los enlaces de conexión del SMS no OSG y el SFS OSG, y entre el SFS OSG y no OSG.

La compartición de frecuencias generalmente es codireccional pero en ciertas bandas también es bidireccional.

Con arreglo al actual Reglamento de Radiocomunicaciones, un sistema no OSG debe seguir el siguiente procedimiento:

- Sección I del artículo S9 del RR: Procedimientos de publicación anticipada.

- Secciones I y II del artículo S11 del RR: Procedimientos de notificación e inscripción.

A diferencia de los sistemas OSG, no es necesaria la coordinación salvo para los sistemas de satélites no geoestacionarios en las bandas sujetas a coordinación con arreglo a los procedimientos de la Resolución 46 (Rev.CMR-97). Sin embargo, normalmente se llevan a cabo consultas entre las administraciones para resolver las posibles dificultades tanto entre sistemas no OSG y OSG como entre sistemas no OSG.

Un sistema no OSG debe satisfacer las disposiciones del número S22.2 del RR. En las bandas del SFS que no están sujetas a la Resolución 46 es necesario establecer un procedimiento para ofrecer protección a los sistemas no OSG contra los anteriores y futuros sistemas OSG.

9.5.1.2 Estadísticas de interferencia entre redes OSG y no OSG

9.5.1.2.1 Características técnicas de los enlaces de conexión del SMS no OSG y los sistemas de satélites del SFS OSG y del SFS no OSG en las bandas de 30/20 GHz

En la nueva Recomendación UIT-R S.1328 aparecen las características técnicas de los enlaces de conexión del SMS no OSG y de los sistemas de satélites del SFS OSG y del SFS no OSG en las bandas de 30/20 GHz considerados en los actuales estudios de compartición del UIT-R.

Para esos estudios se han utilizado las siguientes hipótesis:

- los sistemas no OSG se consideran con distintas inclinaciones, altitudes, número de satélites, número de planos orbitales y bandas de frecuencias y utilizan tres tipos distintos de acceso/modulación: AMDC/AMDF, AMDT/MDP-4 y AMDF/MDP-4;

- los sistemas OSG utilizan haces puntuales y algunos haces mundiales así como tres distintos tipos de portadoras (MF-TV, IDR, SMS);

- las altitudes de las órbitas de los satélites no geoestacionarios (cerca de 800 km, 1 400 km y 10 000 km) y los pares principales de las bandas de frecuencias del SFS OSG (4/6, 11/14 y 20/30 GHz) quedan cubiertas por las portadoras de las redes no OSG elegidas.

La compartición entre las redes no OSG y OSG y entre múltiples redes no OSG se analiza en términos de interferencia y criterios de comportamiento para funcionamiento en banda directa y funcionamiento en banda inversa en los que se invierten las frecuencias del enlace ascendente y del enlace descendente de un sistema con respecto al otro.

9.5.1.2.2 Interferencia en línea e interferencia de caso más desfavorable entre redes OSG y no OSG

i) Interferencia en línea entre redes OSG y no OSG para la compartición codireccional de la misma frecuencia (con funcionamiento en banda directa)

La situación se ilustra en el cuadro 9.9 y la figura 9.4.

Cuando una de las redes utiliza órbitas de los satélites no geoestacionarios funcionando en la misma banda de frecuencias, aunque la separación angular entre los satélites deseado e interferente será significativa la mayor parte del tiempo la separación será muy pequeña para breves periodos durante los cuales no habrá ninguna discriminación por el diagrama de radiación de la antena de la estación terrena o ésta será muy pequeña.

Estos casos en línea se producen cuando un satélite de una red se encuentra momentáneamente alineado con un satélite de otra red y una estación terrena de cualquiera de las redes.

Las interferencias en línea aparecen en los trayectos ascendentes y descendentes y de una red a otra y se producen de vez en cuando en cada punto de la superficie de la Tierra visible desde el más elevado de los dos satélites. Cada punto de la superficie de la Tierra que se encuentre alineado con cualquier par de satélites se desplazará a medida que los satélites lo hacen en torno a sus órbitas.

Las estaciones terrenas OSG sufren un notable exceso de interferencia producida por los enlaces descendentes de los satélites no geoestacionarios cuando se produce una situación en línea (el satélite no geoestacionario en el interior del haz principal de la estación terrena OSG). Para obtener resultados estadísticos válidos, en las simulaciones se utilizan órbitas que no son coherentes con el giro de la Tierra. Cada estación terrena dentro de una cierta gama de latitudes recibe esta interferencia en un instante o en otro.

La idea de utilizar órbitas coherentes puede ser un posible método para disminuir el número y duración de las situaciones en línea; tales órbitas están sincronizadas con la rotación de la Tierra para proporcionar una huella sobre la superficie terrestre muy precisa que se repetirá tras un cierto periodo de tiempo.

Sin embargo, el gran número de vehículos espaciales que permanecen en órbita en varios planos orbitales determinados hace casi imposible que haya una sola huella porque con un ciclo corto el número total de revoluciones para todas las huellas puede ser relativamente elevado debido a la presencia de varias de estas huellas.

En general, se llega a la conclusión de que la coherencia o casi coherencia de la órbita no OSG no es deseable desde el punto de vista de la interferencia estadística resultante causada a las redes OSG debido a que algunos emplazamientos sufren un aumento de la interferencia para disminuirla en otros puntos.

CUADRO 9.9

**Interferencia de casos más desfavorables para funcionamiento
en banda directa entre redes de satélites geoestacionarios y no geoestacionarios**

	Satélite geoestacionario (1)	Estación terrena OSG (1)
Satélite no geoestacionario (2)	Ninguna	Enlace ascendente (1) → Enlace ascendente (2) (Caso c) Enlace descendente (2) → Enlace descendente (1) (Caso b)
Estación terrena no OSG (2)	Enlace ascendente (2) → Enlace ascendente (1) (Caso a) Enlace descendente (1) → Enlace descendente (2) (Caso d)	Ninguna
NOTA – Los sistemas de satélites geoestacionarios y no geoestacionarios se designan respectivamente por (1) y (2).		

ii)   Interferencia en línea entre redes de satélites geoestacionarios y no geoestacionarios para la compartición de la misma frecuencia con funcionamiento en banda inversa

Esta situación se ilustra en el cuadro 9.10 y en la figura 9.5

CUADRO 9.10

**Interferencia de casos más desfavorables para funcionamiento en
banda inversa entre redes de satélites geoestacionarios y no geoestacionarios**

	Satélite geoestacionario (1)	Estación terrena OSG (1)
Satélite no geoestacionario (2)	Enlace descendente (1) → Satélite (2) Enlace descendente (2) → Satélite (1)	Ninguna
Estación terrena no OSG (2)	Ninguna	Enlace ascendente (2) → Estación terrena (1) Enlace ascendente (1) → Estación terrena (2)
NOTA – Los sistemas de satélites geoestacionarios y no geoestacionarios se designan respectivamente por (1) y (2).		

- **Interferencia estación terrena-estación terrena**

El caso más desfavorable se presentará cuando las estaciones terrenas trasmisora y receptora estén orientadas una hacia la otra en dirección del acimut. Para cada posible acimut de una estación terrena no OSG, la interferencia de caso más desfavorable se producirá en dos acimutes específicos.

El porcentaje de tiempo en una estación terrena receptora durante el cual la interferencia procedente de una fuente puede rebasar el valor umbral (véase la Recomendación UIT-R IS.847) se supone provisionalmente que es el mismo con funcionamiento en banda inversa que con funcionamiento en banda directa.

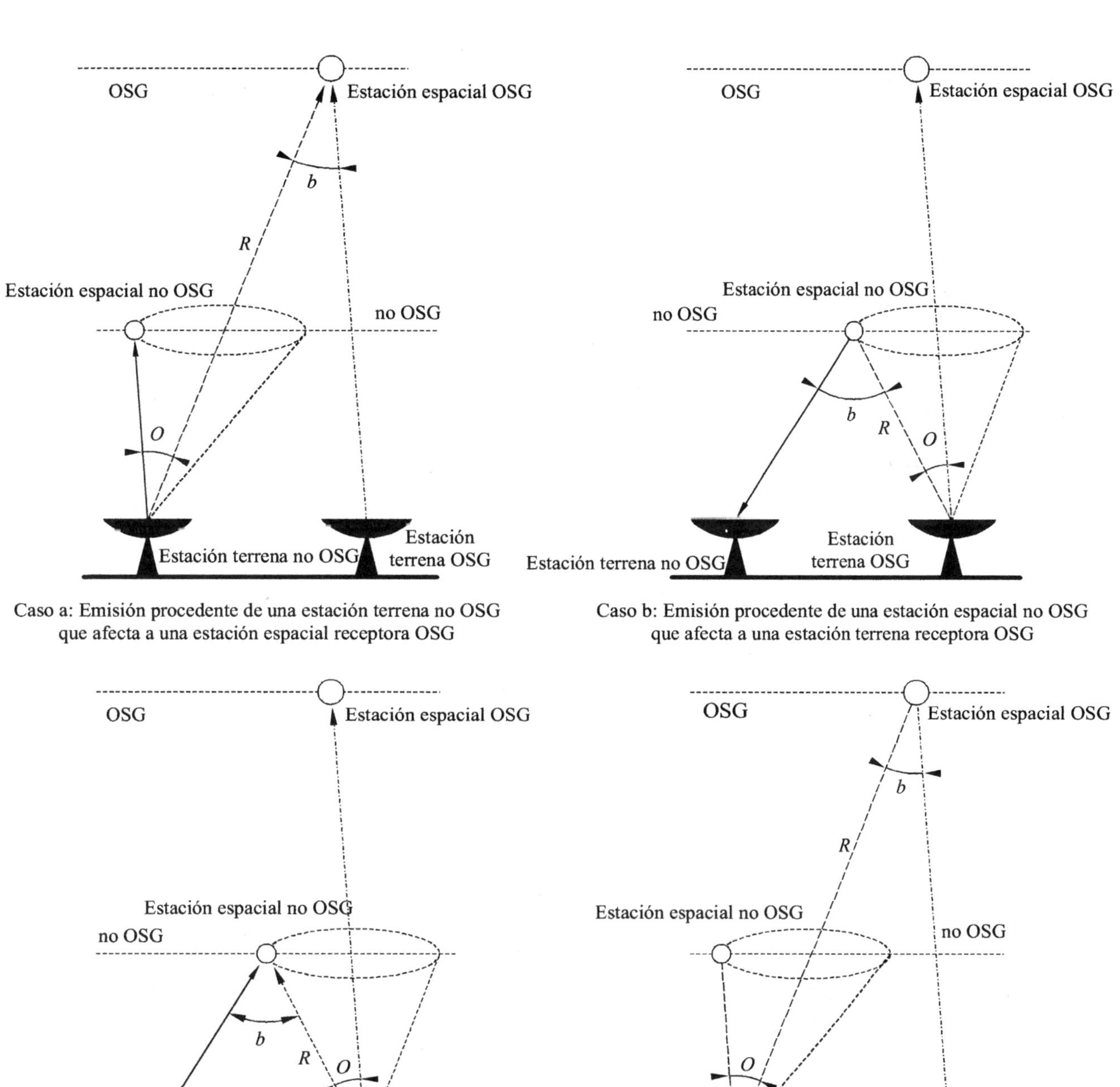

Caso a: Emisión procedente de una estación terrena no OSG
que afecta a una estación espacial receptora OSG

Caso b: Emisión procedente de una estación espacial no OSG
que afecta a una estación terrena receptora OSG

Caso c: Emisión procedente de una estación terrena OSG
que afecta a una estación espacial receptora no OSG

Caso d: Emisión procedente de una estación espacial OSG
que afecta a una estación terrena receptora no OSG.

FIGURA 9.4

**Geometría de la interferencia entre redes de satélites geoestacionarios y no geoestacionarios
(caso de funcionamiento en banda directa)**

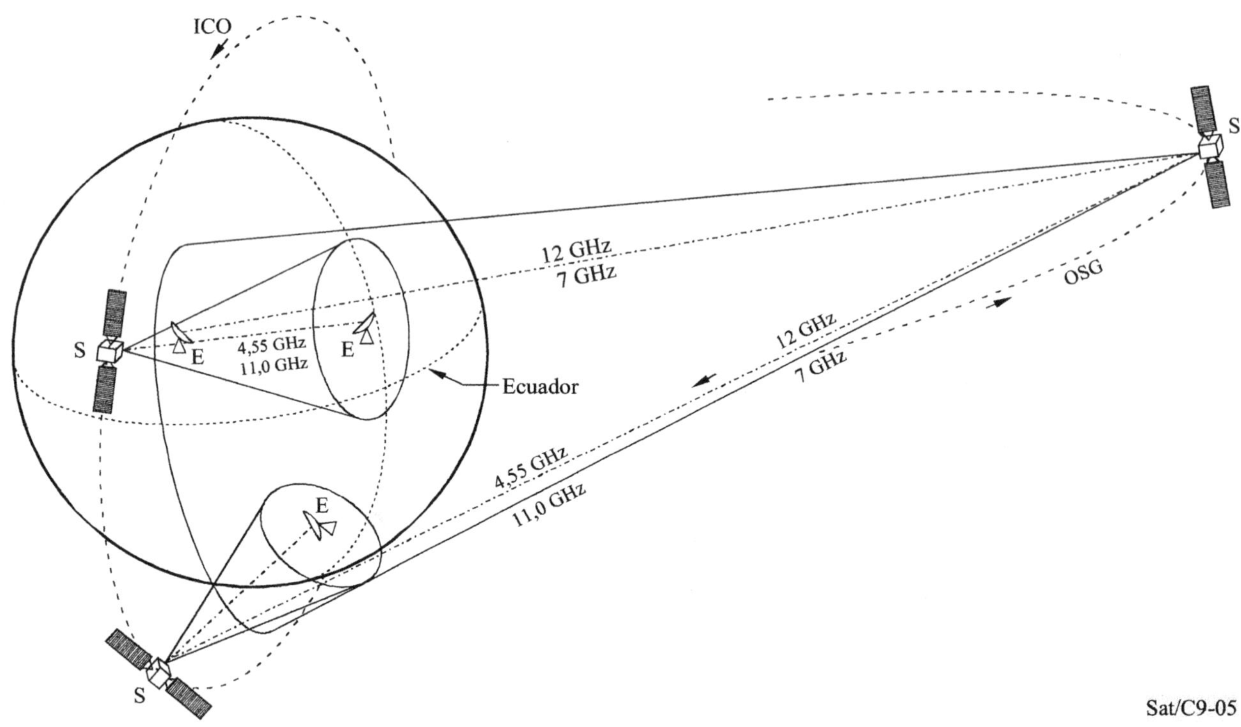

FIGURA 9.5

**Geometría de la interferencia entre redes de satélites geoestacionarios y no geoestacionarios
(caso de funcionamiento en banda inversa)**

La Recomendación UIT-R IS.849 se utiliza para calcular la distribución acumulativa de las ganancias de antena de la estación terrena en una dirección especificada y las pérdidas de transmisión básicas con una distancia de coordinación para el porcentaje de tiempo más desfavorable. El alineamiento geométrico de caso más desfavorable es el que da lugar a la mayor distancia de coordinación.

- **Interferencia satélite-satélite**

La interferencia de caso más desfavorable entre satélites geoestacionarios y no geoestacionarios se producirá a lo largo del trayecto antipodal entre dos de esos satélites o si no hay discriminación de antena en ninguno de los satélites. Sin embargo, el alineamiento de caso más desfavorable no es frecuente y tiene una duración relativamente breve. Pero esas antenas normalmente están diseñadas para cubrir ángulos de elevación superiores a un mínimo valor positivo. Por lo tanto, el acoplamiento de haz principal a haz principal del satélite no debe aparecer nunca. La interferencia de caso más desfavorable se producirá cuando la potencia de la interferencia combinada causada por toda la constelación de satélites no geoestacionarios a un solo satélite geoestacionario alcance su valor máximo.

iii)   **Interferencia mutua entre redes de satélites no geoestacionarios**

Esa situación viene ilustrada por el cuadro 9.11 y la figura 9.6.

La interferencia de caso más desfavorable entre redes de satélites no geoestacionarios es similar a los casos antes indicados para funcionamiento en banda directa y en banda inversa.

CUADRO 9.11

**Casos de interferencia mutua más desfavorables para funcionamiento
en banda directa entre redes de satélites no geoestacionarios
(SFS, bandas de 30/20 GHz)**

	Estación espacial del SFS, constelación de satélites no geoestacionarios (1)	**Estación terrena del SFS, constelación de satélites no geoestacionarios (1)**
Estación espacial del SFS, satélite no geoestacionario, constelación (2)	Ninguna	Enlace ascendente (1) → Enlace ascendente (2) Enlace descendente (2) → Enlace descendente (1)
Estación terrena del SFS, satélite no geoestacionario, constelación (2)	Enlace ascendente (2) → Enlace ascendente (1) Enlace descendente (1) → Enlace descendente (2)	Ninguna
NOTA – Los sistemas de satélites geoestacionarios y no geoestacionarios se designan respectivamente por (1) y (2).		

9.5.1.2.3   Criterios de interferencia aceptable

La Recomendación UIT-R S.1257 describe un "método analítico para calcular las estadísticas de visibilidad de los satélites no geoestacionarios vistos desde un punto situado en la superficie de la Tierra".

Las simulaciones de enlaces descendentes y enlaces ascendentes se realizaron durante un gran periodo de tiempo para obtener resultados válidos desde el punto de vista estadístico. Algunas simulaciones se hicieron para toda una constelación y otras para un satélite no geoestacionario, utilizándose un factor de multiplicación para tener en cuenta el número de satélites no geoestacionarios de toda la constelación.

Los valores sobre el exceso de interferencia, la duración de la interferencia (máxima y media), el tiempo medio entre sucesos de interferencia y la duración de la interferencia combinada fueron los datos principales recopilados por las diversas simulaciones.

Se efectuaron simulaciones utilizando los cálculos de C/I y simulaciones utilizando los valores estadísticos de la visibilidad y de la interferencia geométrica. Los resultados se expresaron en términos de los valores de C/I no rebasados durante un porcentaje determinado del tiempo de simulación total o en términos de los valores estadísticos de la interferencia.

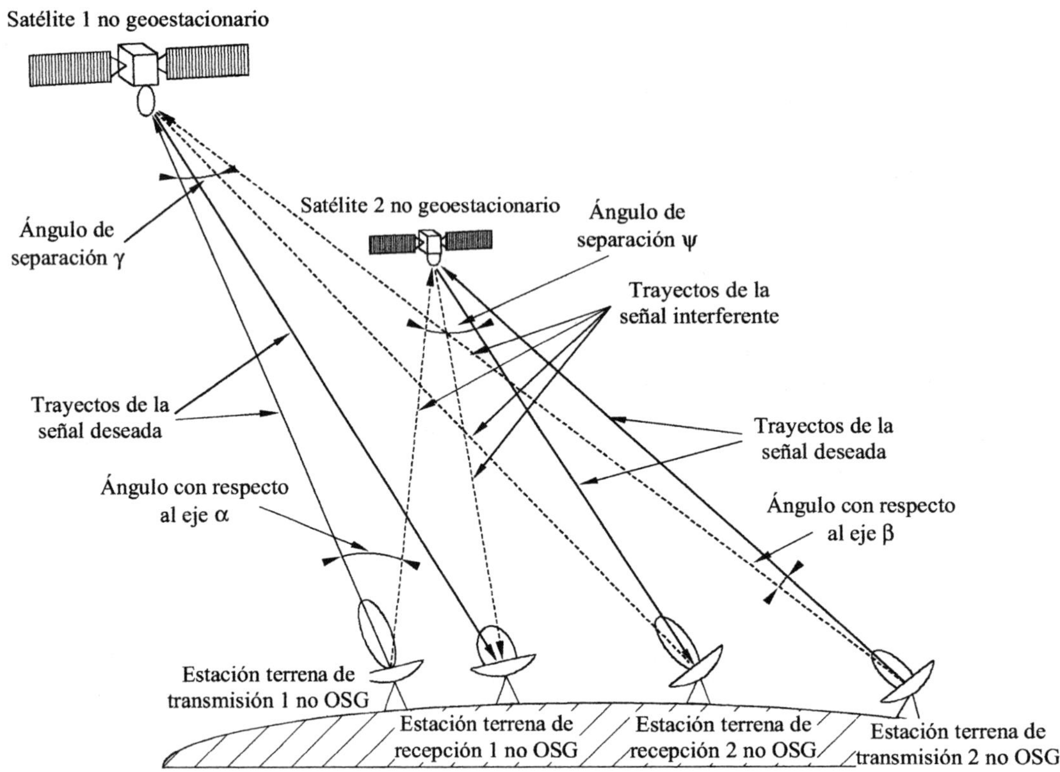

FIGURA 9.6

**Geometría de interferencia entre redes de satélites no geoestacionarios
(caso de funcionamiento en banda directa)**

α: Separación angular entre el satélite 1 no geoestacionario y el satélite 2 no geoestacionario, vista desde la estación terrena 1 no OSG.

β: Separación angular entre el satélite 1 no geoestacionario y el satélite 2 no geoestacionario, vista desde la estación terrena 2 no OSG.

ψ: Separación angular entre la estación terrena 1 no OSG y la estación terrena 2 no OSG, vista desde el satélite 1 no geoestacionario.

γ: Separación angular entre la estación terrena 1 no OSG y la estación terrena 2 no OSG, vista desde el satélite 2 no geoestacionario.

i)   Criterios de interferencia aceptable para la compartición codireccional (funcionamiento en banda directa – véanse las Recomendaciones UIT-R S.1323 y S.1325)

Esas interferencias son de naturaleza intermitente.

Los criterios de interferencia aceptable se expresan en términos de márgenes de interferencia a corto plazo.

La interferencia a largo plazo entre los sistemas no OSG y OSG son de naturaleza variable en el tiempo, al igual que la interferencia a corto plazo; para los sistemas del SFS no OSG se limitará provisionalmente al 6% del ruido total del enlace.

La Recomendación UIT-R S.1325 presenta una metodología para calcular límites de interferencia mutua a corto y largo plazo entre las redes del SFS no OSG y entre el SFS OSG y no OSG. Los objetivos de calidad de funcionamiento a corto plazo se refieren a los de la BER o de la relación C/N asociados al 1% del tiempo o menos.

En la Recomendación UIT-R S.1323 aparece el máximo nivel de interferencia admisible en una red de satélite (SFS OSG, SFS no OSG; enlaces de conexión del SFS no OSG) para un trayecto digital ficticio de referencia del SFS provocada por otras redes convencionales por debajo de 30 GHz.

El anexo 1 a la Recomendación UIT-R S.1323 incluye tres metodologías (A, B y C) para obtener los márgenes de interferencia (efectos simultáneos debidos al desvanecimiento y efectos de la interferencia considerados separadamente del desvanecimiento/interferencia combinada).

•   **Interferencia causada por redes de satélites no geoestacionarios a redes de satélites geoestacionarios**

Para las transmisiones digitales de alta calidad el requisito de BER es de 10^{-9} durante el 0,04 % del año.

Los criterios de interferencia a corto plazo pueden relacionarse en general con la calidad de funcionamiento a corto plazo y es conveniente especificar dichos criterios de interferencia a corto plazo en términos de márgenes de ruido en exceso durante los porcentajes de tiempo admisibles.

El 10% del porcentaje de tiempo admisible, correspondiente a la calidad de funcionamiento degradada, puede atribuirse a la interferencia procedente de los enlaces no OSG.

Utilizando la metodología A de la Recomendación UIT-R S.1323, se obtuvieron los siguientes márgenes de interferencia procedente de una sola fuente (portadoras del SFS OSG) suponiendo que las dos redes no OSG interfieren a la red OSG de la forma siguiente (cuadro 9.12). Estos criterios pueden utilizarse provisionalmente.

CUADRO 9.12

Obtención del margen de interferencia procedente de una sola fuente (de la Recomendación UIT-R S.1323)

Frecuencia	Nivel de interferencia procedente de una sola fuente (% del ruido de enlace total N_T)	% de tiempo del año
Banda de 6/4 GHz (profundidad de desvanecimiento 3 dB)	I no es despreciable	<2,154%
	I > 0,26N_T	<0,153%
	I > 0,58N_T	<0,014%
	I > N_T	<0,0008%
Banda de 14/10-12 GHz (profundidad de desvanecimiento 3-10 dB o más)	I no es despreciable (0,06 N_T)	<0,87%
	I > 0,26N_T	<0,119%
	I > N_T	<0,029%
	I > 2,16N_T	<0,0004%
Banda de 30/20 GHz (cielo despejado) (profundidad de desvanecimiento 12 dB)	I no es despreciable	<0,87%
	I > 0,78N_T	<0,119%
	I > 2,98N_T	<0,0294%
	I > 14,8N_T	<0,0004%
NOTA – Los márgenes de interferencia se estiman considerando esencialmente los sucesos de interferencia de las redes no OSG equivalentes a los sucesos de desvanecimiento.		

Pero la interferencia procedente de las redes no OSG se caracteriza por sucesos aislados de corta duración y gran intensidad que probablemente ocurren con mucha más frecuencia que sucesos individuales similares resultantes del desvanecimiento. Por lo tanto, la frecuencia de aparición de sucesos de interferencia en redes no OSG puede suponer una limitación muy significativa para la calidad de servicio de las redes OSG. Es conveniente limitar la aparición de sucesos de interferencia intensa a uno de cada 14 días para el caso de las redes no OSG (como se indica mediante el color gris en el cuadro) y definir tales sucesos como los que rebasan el criterio de protección contra la interferencia procedente de una sola fuente a más corto plazo con esta limitación.

- **Interferencia causada a redes no OSG**

Aún no hay ninguna Recomendación UIT-R sobre los objetivos de interferencia a corto plazo admisible para la interferencia causada a las redes no OSG.

- **Posible revisión del apéndice S8 del RR**

Aplicando el método de $\Delta T/T$ que figura en el apéndice S8 del RR al alineamiento geométrico de caso más desfavorable (longitud del trayecto de interferencia más corto) cuando un satélite no geoestacionario y un satélite geoestacionario se encuentran instantáneamente en línea con una estación terrena receptora de la red existente o una estación terrena transmisora de la red nueva, es posible determinar la necesidad de coordinación en el caso de una red no OSG con una red OSG existente o de una red OSG con una red no OSG existente. Hay cuatro casos en los que debe establecerse la necesidad de coordinación:

- sistema OSG nuevo → sistema OSG existente;

- sistema no OSG nuevo → sistema OSG existente;

- sistema OSG nuevo → sistema no OSG existente;

- sistema no OSG nuevo → sistema no OSG existente.

Sin embargo, es probable que dicha aplicación dé lugar a unos resultados muy conservadores.

En toda modificación de la Recomendación UIT-R S.738 deben tenerse también en cuenta los sistemas no OSG.

ii)   Criterios de interferencia aceptable para la compartición bidireccional con funcionamiento en banda inversa

- **Interferencia de estación terrena a estación terrena: zona de coordinación**

Las Recomendaciones UIT-R IS.847, IS.848 e IS.849 proporcionan las bases de los métodos de coordinación existentes para las estaciones terrenas OSG y no OSG. El modo 2 (dispersión por hidrometeoros) puede despreciarse, el modo 1 (propagación por círculo máximo) es importante únicamente para calcular las distancias de coordinación de una estación terrena no OSG.

Con estas distancias de coordinación el nivel de interferencia calculado es igual al umbral de interferencia (método general) o la relación C/I calculada es igual a la relación de protección (método específico). Por ejemplo, varios estudios utilizan un criterio de interferencia del 6% o un valor de la relación C/I de 30 dB, y un porcentaje de tiempo del 0,1% para las pérdidas del trayecto sobre tierra Lb(p).

- **Interferencia de satélite a satélite**

En el modo satélite a satélite, la interferencia es aceptable siempre que la C/I calculada para cada satélite rebase la relación de protección necesaria. Se utiliza una interferencia a largo plazo del 6% del ruido total (como se especifica en el apéndice S8) en el satélite geoestacionario.

La propia naturaleza del funcionamiento de un satélite no geoestacionario sugeriría que únicamente es necesario un objetivo a corto plazo para la interferencia causada a los satélites no geoestacionarios. Actualmente, hay objetivos a largo o corto plazo para la interferencia causada a dichos satélites no geoestacionarios. Aún no se ha establecido el porcentaje de tiempo durante el cual se rebasa el nivel aceptable de la interferencia a largo plazo causada a un satélite no geoestacionario.

En la banda de frecuencias 6 700-7 075 MHz, el número S22.5A del RR especifica que la dfp producida en la OSG por un sistema de satélites no geoestacionarios del SFS no deberá rebasar el valor de -168 dB/Wm^2 en cualquier banda de 4 kHz.

Pueden utilizarse los resultados de la simulación y el análisis para $\Delta T/T$ y C/I y, en la mayoría de los casos, la interferencia de satélite a satélite en modo de funcionamiento en banda inversa es aceptable. La interferencia de estación terrena a estación terrena también puede ser aceptable introduciendo algunas limitaciones adecuadas.

9.5.1.2.4 Métodos de coordinación y aceptación de la interferencia

Con excepción de la Resolución 46 del RR en ciertas bandas, no hay ninguna disposición reglamentaria para la coordinación en que intervengan redes no OSG y OSG. Es necesario establecer:

- un método para determinar si es necesario considerar la coordinación con las redes OSG y no OSG existentes;

- un procedimiento para facilitar la coordinación cuando sea necesario y el establecimiento de técnicas para facilitar el acuerdo entre las partes que coordinen.

El método del $\Delta T/T$ descrito en el apéndice S8 del RR puede ampliarse a redes no OSG proporcionando cierta información adicional a la que requiere actualmente el apéndice S4 del RR.

Pueden utilizarse las siguientes técnicas para reducir las dificultades de compartición de frecuencias pero es necesario realizar más estudios para determinar su respectiva eficacia: conmutación del haz de la estación terrena, conmutación del haz del satélite, utilización de seguimiento del haz puntual del satélite (para las estaciones terrenas no OSG de seguimiento), establecimiento de mecanismos de compensación del desvanecimiento, optimización de la estrategia de traspaso en los satélites no geoestacionarios para lograr la mínima interferencia en línea, etc. También pueden emplearse las técnicas utilizadas en la coordinación entre redes OSG; por ejemplo, intercalado de la frecuencia del transpondedor, macro y micro segmentación, ajustes en el nivel de portadora, etc.

Sin embargo, teniendo en cuenta el gran número de coordinaciones que probablemente será necesario realizar y la necesidad de que las redes de satélites no geoestacionarios incorporen medios de reducción de la interferencia en su diseño inicial, generalmente se considera que cierta forma de limitación de la dfp es un medio más adecuado de compartición de frecuencias que la coordinación cuando es necesaria la compartición entre sistemas de satélites no geoestacionarios y sistemas de satélites geoestacionarios.

De hecho, los satélites no geoestacionarios requieren un nuevo método para la compartición del espectro y emplean nuevas técnicas para permitir dicha compartición entre las redes de servicios con satélites no geoestacionarios. Se han presentado varias metodologías de compartición pero son necesarios más estudios para determinar la viabilidad y las repercusiones económicas de algunas de estas técnicas.

9.5.2 Interferencia entre redes del SFS no OSG y OSG y entre redes del SFS no OSG que funcionan en la misma frecuencia y en la misma dirección (banda de 30/20 GHz)

La CMR-95 atribuyó a los satélites no geoestacionarios del SFS, con arreglo a las disposiciones de la Resolución 46 del RR (punto S9.11A del Reglamento), las siguientes bandas de frecuencias: enlace ascendente: 28,7-29,1 GHz/enlace descendente: 18,9-19,3 GHz; estas bandas pueden ser utilizadas por las redes del SFS OSG y no OSG con los mismos derechos (punto S22.2 del RR).

Se han realizado estudios para determinar si es posible la compartición de las bandas de frecuencias de 20/30 GHz entre sistemas del SFS OSG y no OSG, entre sistemas del SFS no OSG y entre sistemas del SFS no OSG y sistemas terrenales (para proteger los actuales servicios terrenales) (véase la Resolución 118 de la CMR-95).

Mediante la disposición S5.523A, la CMR-97 señaló que la utilización de las bandas 18,8-19,3 GHz (espacio-Tierra) y 28,6-29,1 GHz (Tierra-espacio) por el SFS OSG y no OSG está sujeta a la aplicación de las disposiciones del número S9.11A/Resolución 46 (Rev.CMR-97).

9.5.2.1   Interferencia entre redes del SFS OSG y del SFS no OSG

Véase de nuevo el cuadro 9.9 y la figura 9.4.

i)   Métodos analíticos: método del caso más desfavorable (interferencia calculada para sucesos en línea sin aplicación de técnicas de reducción de la interferencia)

Los resultados muestran que aparece una interferencia mutua inaceptable: cálculo de los márgenes de I_0/N_0 y C/I para el caso más desfavorable (es decir, cuando las estaciones terrenas están coubicadas y los satélites correspondientes están en línea con respecto a estas estaciones terrenas coubicadas), cálculo de los valores estadísticos de la relación C/I de los sucesos de interferencia en línea en exceso para las estaciones terrenas cerca del ecuador y cerca de la longitud del satélite geoestacionario, cálculo de C/I y de I/N_T (en función de la duración de la interferencia y para estaciones terrenas en latitudes de 0° y 60°), cálculo de C/I para estaciones terrenas a 0° de latitud (estación terrena OSG más elevada = 90°) y a 50° de latitud (estación terrena OSG más elevada = 32,69°).

En el caso de constelaciones LEO, para latitudes por debajo de aproximadamente 50° aparecerá una fuerte interferencia provocada por las estaciones terrenas del SFS OSG a los satélites no geoestacionarios del SFS pero la interferencia causada por dichos satélites a las estaciones terrenas del SFS OSG también es bastante acusada.

La interferencia mutua depende de la latitud de la estación terrena y en algunos casos en las latitudes más elevadas puede ser despreciable. Para latitudes bajas, los sucesos de casos más desfavorables están asociados con los sucesos en línea de una duración del orden 1 minuto, mientras que a latitudes de 50°, los sucesos de casos más desfavorables son más breves y menos intensos.

ii)   Simulación por ordenador: modelos de la interferencia realista y variable en el tiempo

Los resultados de las simulaciones se indican en términos de I_0/N_0 y C/I: curvas y cuadros de porcentajes de tiempo durante los cuales la interferencia rebasa cada uno de los niveles de ruido umbral en función de la latitud de las estaciones terrenas (latitud del centro de la cuadrícula o célula), cuadros de estadísticas de interferencia utilizando un valor umbral de C/I para calcular la duración de la interferencia y las estadísticas del intervalo en función de la latitud del emplazamiento y curvas de las funciones de distribución de probabilidad acumulativa de C/I en función de la latitud de las estaciones terrenas. Los niveles de interferencia varían en función de la latitud de la estación terrena.

La compartición de frecuencia codireccional no es posible entre tales sistemas a menos que se utilicen técnicas de reducción de la interferencia.

iii)   Reducción de la interferencia

Como se ha explicado anteriormente, existen diversas técnicas que pueden reducir la interferencia entre las redes del SFS OSG y no OSG que funcionan en la misma dirección; por ejemplo, control adaptativo de potencia, utilización de antenas de alta ganancia, aislamiento geográfico de las estaciones terrenas, restricción del ángulo de elevación de funcionamiento, diversidad de satélites, diversidad de emplazamientos, diseño de la señal y gestión del tráfico de red, desplazamiento de la huella del satélite, evitación del arco OSG, limitación de la interferencia residual, optimización de la constelación, sistemas híbridos y zonas de exclusión.

Se están llevando a cabo estudios sobre técnicas de reducción de la interferencia para sistemas del SFS no OSG y OSG que funcionan en las bandas de 18,800-19,300 GHz y 28,600-29,100 GHz así como en otras bandas.

En conclusión, varios estudios han demostrado que la compartición cofrecuencia y codireccional entre sistemas del SFS OSG y no OSG puede ser posible si se utilizan las adecuadas técnicas de reducción de la interferencia.

9.5.2.2   Interferencia mutua entre redes del SFS no OSG

Véase el cuadro 9.11 y la figura 9.6.

Introduciendo algunas limitaciones puede ser posible la compartición de frecuencias en esta banda entre sistemas del SFS no OSG.

i)   Viabilidad de la compartición de frecuencias entre sistemas del SFS no OSG homogéneos

Suponiendo parámetros idénticos para las redes del SFS no OSG basadas en la primera red presentada al UIT-R (LEO-SAT 1), se han llevado a cabo algunos estudios para el caso de constelaciones orbitales separadas espacialmente, ya sea intercalando planos orbitales o intercalando satélites dentro de los mismos planos.

En un primer ejemplo, se obtuvieron resultados relativos a la interferencia entre sistemas idénticos del SFS no OSG funcionando en latitudes de 45° y 60° (no se establecen modelos de interferencia para latitudes inferiores ya que los valores estadísticos de la interferencia son peores para las latitudes más elevadas), salvo que los planos orbitales de los dos sistemas se encuentren intercalados. Los valores de C/I en los enlaces ascendentes y descendentes de una estación terrena se calcularon con intervalos de un segundo a lo largo de un periodo de simulación de varios días. Los resultados muestran que los valores de C/I notablemente inferiores a la media aparecen con poca frecuencia pero a intervalos bastante regulares cuando se reduce la separación geocéntrica entre la constelación 1 y la constelación 2 adyacentes.

En otro ejemplo, mediante simulación se obtuvieron los resultados referentes a la interferencia entre sistemas del SFS no OSG idénticos, salvo que los planos orbitales de un sistema 2 están intercalados a mitad de camino entre los planos orbitales del sistema 1.

Como la interferencia es simétrica, se consideraron los siguientes casos:
- satélites de la red 1 interfiriendo a estaciones terrenas de la red 2;

- estaciones terrenas de la red 1 interfiriendo a satélites de la red 2.

Los niveles de interferencia varían en función de la latitud de la estación terrena y están controlados por la mínima separación topocéntrica de cualquiera de los dos satélites de los dos sistemas que darían servicio al mismo emplazamiento en la Tierra.

Los resultados de esos estudios indican que la compartición cofrecuencia y codireccional entre varios de estos sistemas del SFS no OSG homogéneos es posible aplicando técnicas de reducción de la interferencia en latitudes elevadas.

ii)   Viabilidad de la compartición de frecuencias entre dos o más sistemas del SFS no OSG no homogéneos

Esos estudios se están realizando actualmente. Las primeras indicaciones son que la compartición dependerá de la capacidad de las redes para utilizar diversidad de satélites a fin de evitar el acoplamiento de la interferencia de haz principal a haz principal.

iii)   Utilización de técnicas de reducción de la interferencia

Existe un cierto número de técnicas de reducción de la interferencia que pueden ayudar a disminuir la interferencia entre redes del SFS no OSG que funcionen en las bandas de 20/30 GHz y, en particular, las siguientes técnicas de compartición pueden permitir a dos o más sistemas no homogéneos compartir la misma frecuencia de forma codireccional: diversidad de satélites, división espacial (alternando planos orbitales o alternando satélites dentro de un plano orbital común), división por polarización, división de frecuencia, división en el tiempo, división de código.

Si pueden aplicarse estas técnicas, dos o más constelaciones de satélites podrán funcionar de manera simultánea en la misma banda de frecuencias causando un aceptable nivel de interferencia de unas a otras.

9.5.2.3   Interferencia entre el SFS no OSG y el plan del SFS OSG (apéndice S30B del RR)

Algunas administraciones están estudiando la posible utilización de bandas de frecuencias planificadas del SFS OSG introduciendo bandas de sistemas de satélites no geoestacionarios.

Se están realizando estudios sobre una "Metodología para obtener criterios de protección de redes de satélites geoestacionarios que funcionan en las bandas planificadas del apéndice S30B del RR contra la interferencia causada por redes de satélites no geoestacionarios", estableciendo criterios de interferencia a largo plazo y a corto plazo.

9.5.3   Interferencia entre redes del SFS OSG y enlaces de conexión del SMS no OSG

La CMR-95 introdujo disposiciones para los enlaces de conexión del SMS no OSG y para el SFS OSG a fin de que funcionasen en modo compartido a título igualmente primario en partes de las bandas 20/30 GHz del SFS y atribuyó las bandas de frecuencias 19,300-19,600 GHz y 29,100-29,400 GHz a los enlaces de conexión del SMS no OSG en la misma dirección que el SFS OSG (véanse las Resoluciones 120 y 121 del RR).

Cabe señalar que la CMR-95 también atribuyó la banda 6,700-7,075 GHz en sentido descendente a los enlaces de conexión para sistemas de satélites no geoestacionarios del SMS mientras que la banda 6,725-7,075 GHz en sentido ascendente ya estaba atribuida por el Plan del SFS OSG (Plan de adjudicaciones del apéndice S30B del RR). La Recomendación UIT-R S.1256 describe la metodología para determinar la máxima dfp combinada en la OSG en la banda 6,700-7,075 GHz producida por enlaces de conexión de sistemas de satélites no geoestacionarios del servicio móvil por satélite en sentido espacio-Tierra.

Se han llevado a cabo estudios sobre la utilización de las bandas 19,300-19,700 GHz y 29,100-29,500 GHz por los enlaces de conexión de las redes de satélites no geoestacionarios del servicio móvil por satélite.

Debido a la no aplicación del número S22.2 del RR en las bandas 19,6-19,7 GHz y 29,4-29,5 GHz para la coordinación entre redes del SFS OSG y redes de enlaces de conexión del SMS no OSG, la Resolución 121 (Rev.CMR-97) invitó a realizar estudios sobre la compartición entre los enlaces de conexión de las redes del SMS no OSG y las redes del SFS OSG que funcionan en las bandas 19,3-19,7 GHz (espacio-Tierra) y 29,1-29,5 GHz (espacio-Tierra) con la misma categoría.

El MOD 97 del punto S5.541A indica que los enlaces de conexión de las redes no geoestacionarias del SMS y las redes geoestacionarias del SFS que funcionan en la banda 29,1-29,5 GHz (Tierra-espacio) deberán utilizar un control adaptable de la potencia para los enlaces ascendentes u otros métodos de compensación del desvanecimiento, con objeto de que las transmisiones de las estaciones terrenas se efectúen al nivel de potencia requerido para alcanzar la calidad de funcionamiento deseada del enlace a la vez que se reduce el nivel de interferencia mutua entre ambas redes.

i)   Compartición de frecuencias con funcionamiento en banda directa codireccional entre el SFS OSG y los enlaces de conexión del SMS no OSG

Véase el cuadro 9.9 y la figura 9.4.

En la Recomendación UIT-R S.1324 aparece una metodología para estimar la interferencia entre los enlaces de conexión de redes del SMS no OSG y redes del SFS OSG que funcionan con la misma frecuencia y en la misma dirección y la Recomendación UIT-R S.1255 describe la utilización del control adaptativo de potencia para reducir la interferencia entre las redes del SFS OSG y los enlaces de conexión de las redes del SMS no OSG.

Algunas de las técnicas de reducción de la interferencia pueden disminuir dicha interferencia entre las redes del SFS OSG y los enlaces de conexión de las redes del SFS no OSG que funcionan en la banda de 20/30 GHz son nuevamente: control adaptativo de potencia, utilización de antenas de alta ganancia, aislamiento geográfico de las estaciones terrenas, restricción en el ángulo de elevación de funcionamiento, diversidad de satélites, diversidad de emplazamientos, diseño de la señal y gestión del tráfico de red, desplazamiento de la huella del satélite, prevención del arco OSG, limitación de la interferencia residual, optimización de la constelación, sistemas híbridos y zonas de exclusión.

En conclusión, varios estudios han demostrado que la compartición de la misma frecuencia y en la misma dirección de las redes del SFS OSG y de los enlaces de conexión de las redes del SMS no OSG puede ser posible si se utilizan las adecuadas técnicas de reducción de la interferencia.

ii)   Compartición de frecuencias como funcionamiento en banda inversa entre enlaces de conexión de redes del SMS no OSG y en redes del SFS OSG

Véase el cuadro 9.10 y la figura 9.5.

La interferencia entre los satélites no geoestacionarios y los satélites geoestacionarios puede considerarse despreciable. Para coordinar las estaciones terrenas OSG y no OSG puede utilizarse el método descrito en el anexo 1 de la Recomendación UIT-R IS.847. Los casos más desfavorables de la interferencia Tierra-Tierra aparecerán cuando las estaciones terrenas transmisoras y receptoras estén apuntándose una a otra en dirección del acimut y cuando ambas estén funcionando con sus ángulos de elevación más bajos.

9.5.4   Interferencia mutua entre redes no OSG/no OSG o entre enlaces de conexión de redes del SMS no OSG/OSG

La Resolución 215 (Rev.CMR-97) solicita la evaluación de criterios para determinar la necesidad de la coordinación y el establecimiento de métodos de cálculo para determinar los niveles de interferencia y las relaciones de protección requeridas entre las redes del SMS.

9.5.4.1   Interferencia mutua entre los enlaces de conexión de las redes del SMS no OSG codireccionales

La CMR-95 identificó bandas próximas a 5, 7, 15, 20 y 30 GHz en las cuales pueden funcionar enlaces de conexión de redes del SMS no OSG.

La CMR-95 y la CMR-97 atribuyeron las siguientes bandas de frecuencias a dichos enlaces de conexión del SMS no OSG bajo las disposiciones de la Resolución 46 del RR:

- enlaces ascendentes: 5,091-5,150 GHz (Resolución 114 del RR) y enlaces descendentes: 6,700-7,075 GHz* (Resolución 115 del RR);

- enlaces ascendentes: 15,430-15,630 GHz (Resolución 117 del RR) (15/17 GHz);

- enlaces descendentes: 6,700-7,075 GHz* (Resolución 115 del RR);

- enlaces ascendentes: 5,150-5,250 GHz y enlaces descendentes: 5,150-5,216 GHz;

- enlaces ascendentes: 19,310-19,700 GHz (Resolución 119 del RR) y enlaces descendentes: 15,430-15,630 GHz* (Resolución 116 del RR);

- enlaces ascendentes: 29,100-29,500 GHz* (Resolución 120 del RR) y enlaces descendentes: 19,310-19,700 GHz* (Resolución 120 del RR) (pero únicamente 29,100-29,400 GHz/19,300-19,600 GHz de acuerdo con la Resolución 46 del RR, véase el punto 9.5.3).

Obsérvese que el emparejamiento antes indicado no es obligatorio. Con la salvedad de las bandas señaladas con un asterisco (que también están disponibles para su utilización por el SFS), estas atribuciones (a título primario) están limitadas a los enlaces de conexión de los sistemas de satélites no geoestacionarios del SMS y se encuentran sujetas a coordinación con arreglo a la Resolución 46 (Rev.CMR-95)/número S9.11A.

La Recomendación UIT-R S.1325 describe una metodología común para simular la interferencia a corto plazo entre redes de satélites no geoestacionarios del SFS codireccionales de la misma frecuencia y otras redes del SFS no OSG u OSG. La metodología utiliza un análisis geométrico e incluye hipótesis simplificadoras para sistemas que emplean control automático de potencia y establece un conjunto de valores estadísticos de salida comunes para I_0/N_0, C/I, y C/(N+I).

Esta situación se ilustra en el cuadro 9.11 (donde "SFS" debe sustituirse por "SMS") y la figura 9.6.

9.5.4.2   Interferencia mutua entre enlaces de conexión del SMS no OSG que funcionan en banda inversa

La CMR-95 o la CMR-97 atribuyeron ciertas bandas de frecuencias (5,150-5,216 GHz, 15,430-15,630 GHz, 19,300-19,700 GHz) para la explotación simultánea de los enlaces de conexión de redes del SMS no OSG con funcionamiento en banda inversa.

Una nueva Recomendación del UIT-R (en proceso de aprobación) describe "Metodologías para estimar la interferencia mutua entre enlaces de conexión de redes de satélites no geoestacionarios cofrecuencia que funcionan en banda inversa".

Estos métodos pueden utilizarse para determinar la necesidad de realizar la coordinación entre los enlaces de conexión del SMS no OSG cofrecuencia con funcionamiento en banda inversa: interferencia mutua en sentido espacio-espacio y en sentido Tierra-Tierra (estos métodos pueden utilizarse para constelaciones con distintas altitudes orbitales).

Véase nuevamente el cuadro 9.11 (donde "SFS" debe sustituirse por "SMS") y la figura 9.6.

9.5.5   Control de la interferencia causada por los sistemas de satélites no geoestacionarios a los sistemas de satélites geoestacionarios

(Véase el artículo S22 del RR y las Resoluciones 130 y 538 de la CMR-97.)

9.5.5.1   Consideraciones generales: posible utilización de las bandas OSG (planificadas o no planificadas, SRS o SFS) por sistemas de satélites no geoestacionarios

Ya se ha señalado que diversos estudios demostraron la posible utilización de las bandas del SRS OSG o del SFS OSG por sistemas de satélites no geoestacionarios si los niveles de potencia radiados por los satélites no geoestacionarios, como se define más adelante, tienen unos límites asignados y se han establecido las correspondientes proporciones de tiempo en las que dichos límites deben satisfacerse.

*   la dfp equivalente en cualquier punto de la superficie de la Tierra visible desde la OSG, producida por emisiones procedentes de todas las estaciones espaciales de un sistema no OSG que funcione en las bandas de frecuencias del SFS, se define como la suma de las dfp producidas en un punto de la superficie de la Tierra por todas las estaciones espaciales de este sistema de satélites no geoestacionarios, teniendo en cuenta la discriminación fuera del eje de una antena receptora de referencia que se supone apuntada hacia una red OSG (véase el número S22.5C1).

- la dfp combinada producida en cualquier punto de la OSG por emisiones procedentes de todas las estaciones terrenas de un sistema de satélites no geoestacionarios que funcione en las bandas de frecuencias del SFS se define como la suma de las dfp producidas en un punto de la OSG por todas las estaciones terrenas de este sistema de satélites no geoestacionarios (véase S22.5D).

En el artículo S22 del RR aparecen los límites provisionales de dfp equivalente y dfp combinada correspondientes a la interferencia causada por un sistema del SFS no OSG. Los cuadros S22-1 a S22-4 (véanse los cuadros 9.13 y 9.14) y los números S22.26 a S22.29 del artículo S22 del RR contienen los límites provisionales correspondientes a un nivel de interferencia causada por un sistema del SFS no OSG en las bandas de frecuencias que deben aplicarse de acuerdo con las Resoluciones 130 y 538 de la CMR-97. Estos límites provisionales están sujetos a examen por parte del UIT-R y a confirmación por parte de la CMR-2000.

Además, en la banda 6 700-7 075 MHz el número S22.5A del RR indica que la máxima densidad de flujo de potencia combinada producida en la órbita de los satélites geoestacionarios, incluido un margen de ±5° de inclinación alrededor de dicha órbita, por un sistema de satélites no geoestacionarios del servicio fijo por satélite no deberá rebasar el valor de $-168\ \text{dBW/m}^2$ en cualquier banda de 4 kHz de anchura (véase la Recomendación UIT-R S.1256).

9.5.5.2   Utilización de las bandas del SFS OSG sin planificar y planificadas por sistemas del SFS no OSG

(Véase el apéndice S30B del RR: Bandas del SFS OSG planificadas.)

La Resolución 130 de la CMR-97 presenta la posible utilización de sistemas no geoestacionarios del servicio fijo por satélite en algunas bandas de frecuencias, a saber:

- en las bandas planificadas (S5.441 del RR): 10,7-10,95 GHz (espacio-Tierra), 11,2-11,45 GHz (espacio-Tierra), 12,75-13,25 (Tierra-espacio);

- en las bandas sin planificar: 10,95-11,20 GHz (espacio-Tierra), 11,45-11,7 GHz (espacio-Tierra), 11,7-12,20 GHz (espacio-Tierra) en la Región 2, 12,2-12,75 GHz (espacio-Tierra) en la Región 3, 12,5-12,75 GHz (espacio-Tierra) en la Región 1, 13,75-14,5 GHz (Tierra-espacio), 17,8-18,6 GHz (espacio-Tierra), 19,7-20,2 GHz (espacio-Tierra), 27,5-28,6 GHz (Tierra-espacio), 29,5-30 GHz (Tierra-espacio).

En estas bandas es necesaria la prestación de servicios de manera competitiva entre el SFS OSG y el SFS no OSG así como entre SFS no OSG y el SFS no OSG.

Son necesarios más estudios sobre las condiciones de compartición. La citada Resolución 130 de la CMR-97 solicita al UIT-R que realice dichos estudios a tiempo para su consideración por la CMR-2000.

CUADRO 9.13

Límites de dfpe equivalente
(véanse también los cuadros S22.1 y S22.3 del RR)

Banda de frecuencias GHz	dfp equivalente (dfpe)	Tiempo durante el cual el nivel de dfpe no debe rebasarse (%)	Diámetro de la antena de la estación terrena (m), (Diagrama de radiación de referencia)
Bandas del SRS (Resolución 538 de la CMR-97 (S5.487A. Plan del SRS))			
	dBW/m²/4 kHz		
11,7-12,5 (Región 1), 11,7-12,2 (R3), 12,5-12,75 (R3)	−172,3/−169,3 −183,3/−170,3 −186,8/−170,3	99,7	0,30 0,60 0,90
12,2-12,7 (R2)	−174,3/−165,3 −186,3/−170,3 −187,9/−170,3 −191,4/−170,3	99,7	0,45 1,00 1,20 1,80
17,3-17,8 (R2)	Para estudio ulterior		
Bandas del SFS (Resolución 130 de la CMR-97 y S484A: SFS sin planificar, S5.441: Plan del SFS)			
	dBW/m²/4 kHz		
10,7-11,7 (R2) 10,7-10,950 (Plan del SFS) 11,2-11,450 (Plan del SFS) 10,950-11,2 11,450-11,7 11,7-12,2 (R2) 12,2-12,5 (R3) 12,5-12,75 (R1)	−179 −192 −186 −195 −170 −173 −178 −170	99,7 99,9 99,97 99,97 99,999 99,999 99,999 100	(Rec. UIT-R 465) 0,60 3 10 0,60 3 10 ≥0,60
	dBW/m²/40 o /1 000 kHz		
17,8-18,6 17,8-18,1 (Res. 538)	−165/−151 −165/−151 −167/−153 −180/−166 −184/−170 −180/−174 −165/−151	99 99,5 99,8 99,9 99,9 99,9 100	0,30 y 0,70 (Rec. UIT-R 465) 0,90 (Rec. UIT-R 465) 1,5 5 7,5 12 0,3 a 12
19,7-20,2	−154/−140 −164/−150 −167/−153 −174/−160 −154/−140	99 99,9 99,8 99,9 100	0,30 (Rec. UIT-R 465) 0,90 (Rec. UIT-R 465) 2 5 0,30 a 12

CUADRO 9.14

Límites de dfpe combinada
(véanse también los cuadros S22.2 y S22.4)

Banda de frecuencias GHz	dfpe combinada (dfpc)	% de tiempo durante el cual el nivel de dfpc no debe rebasarse
Bandas del SRS (enlace ascendente) (Res. 538 de la CMR-97) (véase el S5.516: Plan de enlaces de conexión del SRS)		
	dBW/m²/4 kHz	
17,3-18,1 (R1 y 3: Plan de enlaces de conexión) 17,8-18,1 (R2: Plan de enlaces de conexión)	−163 «	100 «
Bandas del SFS (enlace ascendente) (Res. 130 de la CMR 97) (véanse el S5.441 y 484A)		
12,5-12,75	−170	100
12,75-13,25 (Plan del SFS)	−186	«
13,75-14,5	−170	«
27,5-28,6	−159	100
	dBW/m²/1 000 kHz	
29,5-30 (484A)	−145	«

9.5.5.3   Utilización de las bandas del SRS OSG planificadas introduciendo sistemas de satélites no geoestacionarios del SFS

(Véanse los apéndices S30 y S30A del RR, bandas del SRS OSG planificadas.)

La Resolución 538 de la CMR-97 se refiere a la utilización de las bandas de frecuencias cubiertas por los apéndices S30 y S30A del RR (bandas planificadas):

- 17,3-18,1 GHz en las Regiones 1 y 3, y 17,8-18,1 GHz en la Región 2 (Tierra-espacio, S5.516 del RR);

- 11,7-12,5 GHz en la Región 1, 12,2-12,7 GHz en la Región 2 y 11,7-12,2 GHz en la Región 3, también atribuida al SFS a título primario, limitada a los sistemas de satélites no geoestacionarios (espacio-Tierra, S5.487A del RR).

La CMR-97 también decidió introducir en el artículo S5 del RR una nueva atribución al SFS en las bandas 11,7-12,5 GHz en la Región 1, 12,2-12,7 GHz en la Región 2 y 11,7-12,2 GHz en la Región 3, limitándolas a los enlaces descendentes del SFS no OSG. Debe asegurarse la integridad de los apéndices S30 y S30A del RR y sus futuras modificaciones.

Estos sistemas del SFS no OSG que funcionan en las bandas de frecuencias cubiertas por los apéndices S30 y S30A del RR deberán cumplir los límites provisionales especificados en el artículo S22 del Reglamento y en el anexo a la Resolución 130 (CMR-97). Estos límites serán revisados, si es necesario, por la CMR-2000.

Los sistemas del SFS no OSG también deberán aplicar los procedimientos de los artículos S9 y S11 del RR y, para la coordinación con otros sistemas del SFS no OSG, estarán sujetos a la aplicación provisional de la Resolución 46/S9.12.

En la Regiones 1 y 3, tales sistemas del SFS no OSG deberán respetar un valor umbral de dfp equivalente de $-185,3$ dBW/m^2/4 kHz durante el 99,7% del tiempo, calculado para un diagrama de referencia de una antena de estación terrena de 90 cm de diámetro.

9.5.6   Conclusión

Teniendo en cuenta lo que decida la CMR-2000, serán necesarios más estudios sobre los sistemas de satélites no geoestacionarios y geoestacionarios para favorecer una utilización eficaz del recurso espectro/órbita y un acceso equitativo a estos recursos por todos los países. Debe prestarse especial atención a los siguientes puntos:

- breve duración de las crestas de interferencia;

- interferencia a corto plazo;

- densidad de flujo de potencia (dfp y dfpe equivalente)

- compartición de frecuencias y, en particular:

  - compartición de frecuencias entre redes del SFS no OSG que utilizan órbitas circulares y redes que utilizan la OSG ligeramente inclinada y también entre redes del SFS no OSG y redes que utilizan una órbita muy similar a la OSG,

  - técnicas para la reducción de la interferencia entre redes OSG y no OSG y entre redes no OSG,

  - criterios para la compartición entre redes del SFS OSG y no OSG y sistemas del servicio fijo, del servicio de radiolocalización y de los servicios científicos espaciales que utilizan las mismas bandas de frecuencias.

En los cuadros 9.15 y 9.16 se resume la situación completa de las atribuciones de frecuencias a los sistemas y redes de satélites no OSG. En estos cuadros, la primera línea se refiere a la situación general (SFS, SMS, SRS, servicios terrenales) y las siguientes líneas hacen referencia a la situación concreta en las diversas Regiones de la UIT únicamente para los servicios de satélites.

CUADROS 9.15A/1 Y A/2

Bandas atribuidas al SFS no OSG para los enlaces descendentes
(espacio-Tierra)

Enlace descendente (Banda 10-12 GHz)	10,7-10,95	10,95-11,2	11,2-11,45	11,45-11,7	11,7-12,2	12,2-12,5	12,5-12,7	12,7-12,75
SFS, SRS o SMS	Plan del SFS (apéndice S30B)	SFS	Plan del SFS (apéndice S30B)	SFS	-Plan del SRS (R1 y R3) (apéndice S30B) -SFS (R2),	-Plan del SRS (R1 y R2) (apéndice S30B) -SFS Nacional/ Subregional (R3) (S5.492)	-Plan del SRS (R2) (apéndice S30) -SRS (R3), -SFS(R1 y R3) (S5.492)	-SFS (R1), -SRS (R3)
Servicios terrenales RR97 (Resolución 131)	Fijo (F) y Móvil (M)				-F (NOTA 2) -M (R1 y R3) -R (R1 y R3)	F, M y R	-F (R2, R3) -M (R2 ,R3) -R (R2 a 12,5-12,7)	
Satélite, Región 1 Res. RR97 Art. S5 del RR	Plan del SFS + SFS no OSG, Resolución 130 S5.44 (Plan del SFS) o S5.484A (SFS)				Plan del SRS (NOTA 1) + SFS no OSG + (NOTA 4) Resolución 538 S5.487A		SFS OSG + SFS no OSG Res. 130 S5.484A	SFS OSG + SFS no OSG Res. 130 S5.484A
Satélite, Región 2 Res. RR97 Art. S5 del RR	Plan del SFS o SFS + SFS no OSG Resolución 130 S5.441 (Plan del SFS) o S5.484A (SFS)				SFS OSG Nac/Subreg. (S5.448) + SFS no OSG Res. 130 S5.484A	-Plan del SFS (NOTA 1) + SFS no OSG Nac/Subreg. (S5.448) + SFS no OSG (NOTA 4) Res. 538 S5.487A		
Satélite Región 3 Res. RR97 Art. S5 del RR	Plan del SFS + SFS no OSG Resolución 130 S5.441 (Plan del SFS) o S5.484A (SFS)				Plan del SFS (NOTA 1) + SFS no OSG (NOTA 4) Res. 538 S5.487A	-SFS OSG Nac/Subreg. (S5.491) + SFS no OSG Res. 130 S5.484A	-SRS + SFS no OSG Resolución 130 S5.484A	SFS OSG + SFS no OSG Res. 130 S5.484A

Enlace descendente (banda de 20 GHz)	17,8-18,6 (NOTA 3)	18,8-18,9-19,3	19,7-20,2
SFS, SRS o SMS	SFS		SFS, SMS, sms (R1 y R3 a 19,7-20,1)
Servicios terrenales Resolución RR97	F y M Resolución 131		F
Satélite R1, R2 y R3 Resolución RR97 Artículo S5 del RR	SFS OSG + SFS no OSG Resolución 130 S5.484A	SFS OSG + SFS no OSG Resolución 46/S9.11A SUP97 Res. 118 Resolución 132 S5.523A	SFS PSG + SFS no OSG Resolución 130 S5.484A

NOTAS: Las minúsculas indican atribución a título secundario.

NOTA 1 – Atribución adicional: la utilización de los Planes del SRS se limita al SFS no OSG y no deberá entrar en funcionamiento antes de que finalice la CMR-2000.

NOTA 2 -Salvo en la Región 2 entre 12,1 y 12,2 GHz.

NOTA 3 – La utilización de la banda 17,8-18,1 GHz (espacio-Tierra) por el SFS no OSG también está sujeta a las disposiciones de la Resolución 538 de la CMR-97.

NOTA 4 – El sfs osg (espacio-Tierra) en estas bandas también puede utilizarse de conformidad con los Planes del SRS.

• La Resolución 131 del RR indica los límites de dfp aplicables a los sistemas del SFS no OSG en las bandas 10,7-12,75 y 17,7-19,3 GHz para la protección de los servicios terrenales.

CUADRO 9.15B

Bandas atribuidas a los enlaces de conexión del SMS no OSG en el SFS
para los enlaces descendentes (espacio-Tierra)

Enlace descendente (4, 11, 20 GHz)	5,150-5,216	6,700-7,075	15,43-15,63	19,3-19,6-19,7
SFS, SRS o SMS	SFS	SFS	SFS	SFS
Servicios terrenales	Radionavegación, aeronáutico (RN, AN)	F y M	RN, AN	F y M
Satélite R1, R2 y R3	Enlaces de conexión del SMS no OSG S5.447B	Enlaces de conexión del SMS no OSG	Enlaces de conexión del SMS no OSG	SFS OSG + Enlaces de conexión del SMS no OSG
Res. RR	Resolución 46/S9.11A	Res. 46/S9.11A	Res. 46/S9.11A Res. 116, Res. 123	Res. 46/S9.11A Resolución 121
Art, S5 del RR	S5.447B	S5.458B	S5.511A	S5.523C/D/E

CUADRO 9.16A

Bandas atribuidas al SFS no OSG para los enlaces ascendentes
(Tierra-espacio)

Enlace ascendente (bandas de 14 y 30 GHz)	12,75-13,25	13,75-14,5	17,3-17,8	17,8-18,1	27,5-28,6	28,6-28,7-29,1	29,5-30,0
SFS, SRS o SMS	Plan del SFS (apéndice S30B)	-SFS (S5.506) -Enlaces de conexión del srs a 14-14,5 fuera de Europa	-SFS, -Plan de enlaces de conexión del SRS (Apéndice S30A)	-SFS, -Enlaces de conexión del SRS -Plan de enlaces de concxión del SRS (Apéndice S30A) (R1 y R3)	-SFS, -Enlaces de conexión del srs (S5.539)	-SFS -Enlaces de conexión del srs (S5.539)	-SFS, -Enlaces de conexión del srs -SMS -sms (R1 y R3 a 25,5-29,9)
Servicios terrenales	F y M	-F y M 14,3-14,5) -RL(13,75-14) -RN(14-14,3)	-F y M (17,7-18,1) -m (R2)	F y M			
Satélite, R1	SFS OSG + SFS no OSG		Plan de enlaces de conexión del SRS + SFS no OSF		SFS OSG + SFS no OSG		
Satélite, R2			Plan de enlaces de conexión del SRS	Enlaces de conexión del SRS + SFS no OSG			
Satélite, R3			Plan de enlaces de conexión del SRS + SFS no OSG				
Res. del RR **Art. S5 del RR**	Res. 130 del RR S5.441	Res. 130 del RR S5.484A	Res. 130 y 538 S5.516		Res. 130 del RR S5.484A	Res. 46/ S9.1RS Res. 132 S5.523A	Res. 130 del RR S5.484A

CUADRO 9.16B

**Bandas atribuidas a los enlaces de conexión del SMS no OSG en el SFS
para los enlaces ascendentes (Tierra-espacio)**

Enlace ascendente (6, 14, 30 GHz)	5,091-5,150	5,150-5,250	15,430-15,630	19,3-19,6	29,1-29,4-29,5
SFS, SRS o SMS	SFS		SFS	SFS	SFS
Servicios terrenales	RN AN		RN AN	F y M	F y M
Satélite, Regiones 1 2 y 3	Enlaces de conexión del SMS no OSG	Enlaces de conexión del SMS no OSG	Enlaces de conexión del SMS no OSG	Enlaces de conexión del SMS no OSG	SFS OSG + enlaces de conexión del SMS no OSG
Resolución RR	Res. 46/S9.11A Res. 114	Res. 46/S9.11A	Res. 46/S9.11A Res. 117	Res. 46/S9.11A	Res. 46/S9.11A Res. 121
Artículo S5 del RR	S5.444A	S5.447A	S5.511A	S5.523B	S5.535A

9.6 Compartición de frecuencias entre redes del SFS y otros servicios de radiocomunicaciones en bandas también atribuidas al SFS

9.6.1 Compartición con el SRNA y el SRDS en la banda 5 000-5 250 MHz (Tierra-espacio para el SFS)

La situación en esta banda es actualmente la siguiente: toda la banda está atribuida al servicio de radionavegación aeronáutica (SRNA) a título primario, pero:

- la banda 5 000-5 250 MHz está también atribuida, a título igualmente primario, al SFS (Tierra-espacio; es decir, enlaces ascendentes) para los enlaces de conexión del SMS no OSG. Además, también hay una atribución a título primario al SFS (espacio-Tierra; es decir, enlaces descendentes) en la porción 5 150-5 216 MHz igualmente para los enlaces de conexión del SMS no OSG y esa misma porción también está atribuida al servicio de radiodeterminación por satélite (SRDS, enlaces descendentes), a título primario en la Región 2 y a título secundario en las Regiones 1 y 3 (salvo algunas atribuciones a título primario);

- la banda 5 000-5 150 MHz va a ser utilizada para el funcionamiento del sistema de aterrizaje por microondas normalizado internacional y las necesidades de este sistema tienen prioridad sobre otros usos de esta banda. A pesar de estas necesidades, la porción 5 091-5 150 MHz está atribuida a título primario (hasta enero de 2010) al SFS (enlaces ascendentes) para los enlaces de conexión del SMS no OSG.

La mayoría de estas atribuciones están sujetas a coordinación con arreglo a varios artículos del RR.

Como resultado, la Resolución 114 de la CMR-95 invitó al UIT-R a realizar estudios sobre la utilización de la banda 5 091-5 150 MHz por el SFS (enlaces ascendentes, para limitarse a los enlaces de conexión del SMS no OSG) y tras una cuestión relativa a la Compartición entre los enlaces de conexión del SMS no OSG en la banda 5 091-5 250 MHz y el SRNA en la banda 5 000-5 250 MHz", se publicó la Recomendación UIT-R S.1342 sobre un "Método para determinar las distancias de coordinación en la banda de 5 GHz entre las estaciones del sistema de aterrizaje por microondas de norma internacional que funcionan en el servicio de radionavegación aeronáutica y las estaciones del servicio móvil por satélite no geoestacionario que suministran servicios de enlace de conexión ascendente".

9.6.2   Compartición con el SRNA en la banda 15,430-15,630 GHz (Tierra-espacio y espacio-Tierra para el SFS)

El número S5.511A del RR señala que la utilización de la banda 15,43-15,63 GHz por el SFS (espacio-Tierra) y (Tierra-espacio) queda limitada a los enlaces de conexión de los sistemas no geoestacionarios del servicio móvil por satélite, a reserva de coordinación a tenor de la Resolución 46 (Rev.CMR-97)/número S9.11A del Reglamento de Radiocomunicaciones. Las estaciones terrenas (ángulo de elevación, ganancia y distancias de coordinación) deberán presentar en el sentido espacio-Tierra las características estipuladas en la Recomendación UIT-R S.1341.

En dicho sentido espacio-Tierra, no deberá ocasionarse interferencia perjudicial a las estaciones del servicio de radioastronomía. Los niveles umbral de interferencia y los límites correspondientes de la dfp figuran en la Recomendación UIT-R RA.769.

De acuerdo con la Resolución 123 de la CMR-97, la banda 15,43-15,63 GHz (espacio-Tierra) está atribuida al SFS a título primario para su utilización por los enlaces de conexión del SMS no OSG, teniendo a la vez en cuenta la protección del servicio de radioastronomía, del servicio de exploración de la Tierra por satélite (SETS) y del servicio de investigación espacial (pasivo) que están utilizando la banda adyacente próxima 15,35-15,40 GHz. La banda 15,43-15,63 GHz está compartida con el SRNA a título primario de acuerdo con el número S4.10 del RR.

Los niveles de interferencia perjudicial para el servicio de radioastronomía figuran en la Recomendación UIT-R RA.769 y puede que no sean fáciles de satisfacer por los enlaces de conexión del SMS no OSG que funcionan en sentido espacio-Tierra. Se invitó al UIT-R a que estudiase con carácter de urgencia para presentar los resultados a la CMR-2000 la posible interferencia causada por los enlaces de conexión del SMS no OSG al servicio de radioastronomía en la banda de 15 GHz y la viabilidad de introducir dichos enlaces de conexión en la banda 15,43-15,63 GHz.

Dos Recomendaciones UIT-R dan información sobre el funcionamiento del SFS:

*   Recomendación UIT-R S.1340: Compartición entre los enlaces de conexión del servicio móvil por satélite y el servicio de radionavegación aeronáutica en el sentido Tierra-espacio en la banda 15,4-15,7 GHz;

*   Recomendación UIT-R S.1341: Compartición entre los enlaces de conexión del servicio móvil por satélite y el servicio de radionavegación aeronáutica en el sentido espacio-Tierra en la banda 15,4-15,7 GHz y protección del servicio de radioastronomía en la banda 15,35-15,40 GHz.

9.6.3 Compartición con los servicios de radionavegación (RN) y de radiolocalización (RL) en la banda 13,75-14 GHz (espacio-Tierra para el SFS)

Esta banda está atribuida al SFS y también a los servicios de radionavegación y radiolocalización, a título primario.

La nota S5.502 del RR establece las limitaciones entre el SFS (espacio-Tierra) y los servicios de radiolocalización y de radionavegación (véase la Recomendación UIT-R S.1068).

Las notas S5.503 y S5.503A del RR señalan las limitaciones entre el SFS (espacio-Tierra) y los servicios de investigación espacial o de exploración de la Tierra por satélite (véase la Recomendación UIT-R S.1069).

9.6.4 Compartición en la banda 40,5-42,5 GHz (espacio-Tierra para el SFS)

La CMR-97 añadió una atribución a título primario en la banda 40,5-42,5 GHz al SFS en las Regiones 2 y 3 y en algunos países de la Región 1 y al servicio fijo. La fecha de aplicación provisional de atribución de la banda 40,5-42,5 GHz al SFS en las Regiones 1 y 3 es el 1 de enero de 2001. La CMR-97 resolvió que la CMR-2000 revisase esta atribución con arreglo a la Resolución 129 de la CMR-97 teniendo plenamente en cuenta los requisitos de los otros servicios.

Las redes de los servicios espaciales (SFS y SRS) compartirán la banda 40,5-42,5 GHz a título primario con el SF y el SR y se encuentran en la banda adyacente a la banda 42,5-43,5 GHz que es objeto de estudio con arreglo a la Resolución 128 de la CMR-97. Es urgente realizar estudios sobre los criterios y metodologías de compartición, incluidos los límites de dfp, para facilitar la coexistencia de los servicios espaciales y terrenales con las atribuciones en esta banda.

Esta banda es adyacente a la banda 42,5-43,5 GHz que está atribuida al servicio de radioastronomía. Las emisiones fuera de banda no deseadas procedentes de las estaciones espaciales del SFS (espacio-Tierra) pueden provocar interferencia perjudicial al servicio de radioastronomía. La CMR-97 resolvió solicitar a las administraciones que pongan en servicio sistemas del SFS en la banda 41,5-42,5 GHz hasta que se tomen las medidas técnicas y de explotación adecuadas y se llegue a un acuerdo sobre la protección del servicio de radioastronomía contra la interferencia perjudicial.

9.7 Servicio entre satélites

9.7.1 Consideraciones generales

Los enlaces entre satélites se utilizan para establecer conexiones entre las estaciones terrenas situadas en la zona de servicio de un satélite y las estaciones terrenas ubicadas en la zona de servicio de otro satélite, cuando ninguno de los satélites cubre ambos conjuntos de estaciones terrenas. Si existe una superposición entre los dos servicios, una alternativa a la utilización de un enlace entre satélites consiste en enlazar una estación terrena situada en la parte no superpuesta de una zona con otra estación terrena situada en la parte no superpuesta de la otra zona mediante un doble salto por satélite a través de una estación terrena intermedia situada en la región superpuesta. Si los satélites están separados por ángulos suficientemente grandes como para que partes de la superficie de la

Tierra sean visibles solamente a uno de los satélites, puede utilizarse un enlace entre satélites para ampliar la zona de servicio disponible a los usuarios de la red. Las constelaciones de satélite en órbitas terrestres bajas incorporan a veces un conjunto de enlaces entre satélites para cubrir rutas de gran longitud sobre superficie terrestre sin tener que recurrir a múltiples saltos por satélite mediante estaciones terrenas intermedias.

9.7.2   En la banda 32-33 GHz

Desde la CAMR-79, la banda 32-33 GHz está atribuida al servicio entre satélites (SES) compartida con el servicio de radionavegación. La Recomendación UIT-R S.1151 trata la compartición entre el SES en el que intervienen satélites geoestacionarios del servicio fijo por satélite y el servicio de radionavegación a 33 GHz. Una Recomendación UIT-R (elaborándose) presenta un "Método para calcular la relación portadora/interferencia procedente de una sola fuente para los sistemas de satélites geoestacionarios del servicio entre satélites".

9.7.3   En la banda 25,5-27,5 GHz

La CAMR-92 atribuyó la banda de frecuencias 25,25-27,5 GHz al SES a título primario y la banda 25,5-27 GHz al SETS (pasivo) a título secundario.

La Recomendación UIT-R SA.1278 llega a la conclusión de que la compartición entre los satélites de transmisión del SETS y los satélites de retransmisión de datos de recepción del SES cerca de 26 GHz es posible siempre que el SETS no produzca una dfp mayor que -155 dBW/m^2 en la anchura de banda de 1 MHz en cualquier emplazamiento de la OSG durante más del 1% del tiempo y de que la compartición entre los satélites de transmisión que funcionan en el SES y las estaciones terrenas de recepción del SETS también es posible siempre que la probabilidad de recibir breves periodos de interferencia causada por los satélites de retransmisión de datos que funcionan en el SES sea menor del 0,1%.

9.7.4   En la banda 50,2-71 GHz

La CMR-95 invitó al UIT-R a realizar estudios para identificar las bandas más adecuadas para el SES entre 50 GHz y 70 GHz a fin de que la CMR-97 realizase las atribuciones adecuadas a dicho servicio y se elaboraron varias nuevas Recomendaciones:

- Recomendación UIT-R S.1327 que recomienda las siguientes bandas como las más adecuadas para el SES en la gama 50,2-71 GHz: 54,25-58,2 GHz limitada a los satélites geoestacionarios, 59-64 GHz y 65-71 GHz que resume la posibilidad de compartición del SES con otros servicios en la gama de frecuencias 50,2-71 GHz.

- La Recomendación UIT-R S.1339: "Viabilidad de la compartición entre sensores pasivos a bordo de vehículos espaciales, del servicio de exploración de la Tierra por satélite y enlaces entre satélites de redes de satélites goestacionarios en la gama de 50 a 65 GHz".

- La Recomendación UIT-R SA.1279: "Compartición del espectro entre sensores pasivos a bordo de vehículos espaciales y enlaces entre satélites en la gama 50,2-59,3 GHz".

- La Recomendación UIT-R S.1326: "Viabilidad de la compartición entre el servicio entre satélites y el servicio fijo por satélite en la banda de frecuencias 50,4-51,4 GHz".

Teniendo en cuenta la necesidad de proteger el funcionamiento del SETS en la banda de frecuencias entre aproximadamente 50 GHz y aproximadamente 70 GHz (en las bandas 50,2-50,4 -ETS pasivo-, 51,4-54,25 GHz -pasivo-, 54,25-58,2 GHz -pasivo-, 58,2-59 GHz -pasivo-, 64-65 GHz -pasivo-, 65-66 GHz), los estudios del UIT-R han llegado a la conclusión de que es posible la compartición imponiendo algunas limitaciones a la dfp en la gama de 50 a 65 GHz entre el SETS y los enlaces entre satélites de los servicios de satélites geoestacionarios. Por otro lado, la compartición no es posible en la misma gama de 50-65 GHz entre el SETS y los enlaces entre satélites no geoestacionarios.

En la banda 50,4-51,4 GHz, la compartición entre el SES y el SFS OSG puede ser posible con ciertas limitaciones, pero la compartición entre el SES y el SFS no OSG probablemente sea bastante difícil.

En los estudios de compartición entre redes del SES OSG se ha llegado a la conclusión de que es posible la compartición con una separación orbital suficiente y los estudios de compartición entre sistemas de satélites no geoestacionarios y sistemas del SES OSG han demostrado que tal compartición también es posible, pero se prevé la compartición cofrecuencia entre redes del SES no OSG.

9.8 Compartición de frecuencias entre sistemas del SFS OSG y no OSG y servicios terrenales

9.8.1   Compartición de frecuencias entre sistemas del SFS OSG y servicios terrenales

9.8.1.1   Introducción

(Véanse los artículos S9 y S11 del RR para los procedimientos de coordinación, notificación e inscripción.)

La compartición de frecuencias entre sistemas del SFS y servicios terrenales supone cuatro posibles casos de interferencia, a saber:

- estación espacial transmisora y estaciones terrenales receptoras;
- estaciones terrenales transmisoras y estaciones espaciales receptoras;
- estaciones terrenales transmisoras y estaciones terrenas receptoras;
- estaciones terrenas transmisoras y estaciones terrenales receptoras.

La protección contra la interferencia del primer tipo se proporciona adoptando la máxima densidad de flujo de potencia admisible en la superficie de la Tierra debida a una estación espacial del servicio fijo por satélite indicada en el artículo S21 del RR, como se ha discutido anteriormente (véase el punto 9.1.4.1.2). La protección contra la interferencia del segundo tipo se proporciona estableciendo unas ciertas restricciones en la potencia (p.i.r.e.) y en el ángulo de apuntamiento de los sistemas de radioenlaces indicadas en el artículo S21 del RR, como se ha discutido anteriormente (véase el punto 9.1.4.2).

Los dos últimos tipos de interferencia se resuelven realizando una coordinación detallada caso por caso. A fin de identificar casos específicos que requieren este tipo de coordinación, el apéndice S7 del RR describe un procedimiento para construir un contorno de coordinación en torno a una estación terrena. Las estaciones terrenales situadas dentro de este contorno deben ser objeto de coordinación detallada.

La Recomendación UIT-R SF.1008 indica una posible utilización por las estaciones espaciales del SFS de órbitas ligeramente inclinadas con respecto a la OSG en bandas compartidas con el SF.

Los detalles sobre los procedimientos para las estaciones terrenas aparecen en una Sección Especial de la circular semanal (actualmente quincenal); el formato recomendado para presentar esta información aparece en el formulario de notificación APS4/III.

En los puntos siguientes figura un breve resumen de las diversas etapas que hay que cubrir.

9.8.1.2   Cálculo de los contornos de coordinación en torno a una estación terrena basados en el apéndice S7 del RR

(Véase la Recomendación UIT-R IS.847.)

El objeto de los procedimientos indicados en el apéndice S7 del RR es determinar la zona de coordinación en torno a una estación terrena dentro de la cual una estación terrenal puede causar interferencia excesiva o estar sujeta a la misma. Su objetivo es identificar los casos en que es necesario realizar una coordinación detallada. Por lo tanto, los cálculos se basan en las hipótesis más desfavorables por lo que respecta a la interferencia.

Por regla general, una estación terrena que tenga capacidad transmisora y receptora, necesitará dos contornos de coordinación, uno para el transmisor de la estación terrena y el otro para el receptor de dicha estación.

Las bases del método del apéndice S7 para determinar el contorno de coordinación consiste en establecer para cada dirección acimutal la distancia de coordinación (artículo S1 del RR, número 173). La determinación de la zona de coordinación se basa en el concepto de potencia de interferencia admisible en los terminales de la antena de una estación terrena o terrenal receptora. La atenuación necesaria para limitar el nivel de interferencia entre una estación terrena o terrenal transmisora y una estación terrena o terrenal receptora a la potencia de interferencia admisible durante el p% del tiempo viene dada por la mínima pérdida requerida.

La Recomendación UIT-R IS.847 describe la determinación de la zona de coordinación de una estación terrena que funciona con una estación espacial geoestacionaria y utiliza la misma banda de frecuencias que un sistema en un servicio terrenal y la Recomendación UIT-R IS.848 describe la determinación de la zona de coordinación de una estación terrena transmisora que utiliza la misma banda de frecuencias que las estaciones terrenas receptoras en bandas de frecuencias atribuidas con carácter bidireccional.

Una nueva Recomendación, actualmente en proceso de elaboración, considerará la determinación de la zona de coordinación en torno a una estación terrena transmisora receptora que comparte espectro en las bandas de frecuencias comprendidas entre 0,1 y 105 GHz con los servicios de radiocomunicaciones terrenales o con estaciones terrenas que funcionan en sentido de transmisión opuesto. Esta Recomendación debe actualizarse basándose en las modificaciones del Reglamento de Radiocomunicaciones como resultado de las decisiones de la CMR-2000 y posteriores CMR y cubrirá un amplio número de casos, incluyendo sistemas de satélites geoestacionarios, sistemas de satélites no geoestacionarios, estaciones terrenas móviles, etc., (véase el punto 9.8.2.4).

9.8.1.3   Nivel admisible de la emisión interferente

El nivel admisible de la emisión interferente en la anchura de banda de referencia que no debe rebasarse durante más del p% del tiempo a la salida de la antena receptora de una estación se calcula tanto para la estación terrena como para la estación terrenal apropiada.

La ecuación básica de la que se obtiene el nivel admisible de las emisiones interferentes es la ecuación (3) del punto 2.3.1 y los cuadros I y II del apéndice S7 del Reglamento de Radiocomunicaciones. Existen notas detalladas para explicar y cuantificar algunos de los términos en la ecuación y en los cuadros. También aparecen algunas orientaciones en el punto 2.3.2 del mismo apéndice sobre parámetros de coordinación para transmisiones en banda muy estrecha.

El valor específico del nivel admisible de la emisión interferente varía según cierto número de parámetros. En el apéndice 9.2 de este capítulo aparece un ejemplo concreto.

9.8.1.4   Mínimas pérdidas de transmisión admisibles

El volumen de atenuación requerido entre un transmisor interferente y un receptor interferido son las mínimas pérdidas de transmisión admisibles.

En la práctica, la variación en las pérdidas de transmisión unida a los efectos de propagación se reconoce especificando las mínimas pérdidas de transmisión en un determinado porcentaje de tiempo que oscila entre el 99,95% y el 99,999%.

Para que puedan utilizarse las curvas de propagación troposférica generalizadas, es conveniente trabajar en términos de una "mínima pérdida básica de transmisión admisible" que es la atenuación entre las antenas isótropas.

Por regla general, deben considerarse dos modos específicos de propagación radioeléctrica para determinar cuál de ellos da lugar a la mayor distancia de coordinación: los modos de dispersión troposférica o de dispersión debida a la lluvia.

i)   Cálculos de la propagación troposférica (modo (1))

En el modo de propagación (1) interviene la atenuación de señales sujetas a la propagación troposférica a través de trayectos de casi círculos máximos. La determinación de la distancia de coordinación para este caso aparece en el punto 3 del apéndice S7 del RR.

Puede elegirse entre dos métodos. El método numérico está destinado fundamentalmente para su utilización con ayuda de un ordenador. Se explica detalladamente en el punto 3.2.2 del citado apéndice S7. El método gráfico alternativo explicado en el punto 3.2.3 de dicho apéndice es igualmente válido y todos los gráficos necesarios aparecen en el apéndice.

En cualquiera de los dos métodos, el punto de partida es el valor de la mínima pérdida básica de transmisión admisible para un determinado porcentaje de tiempo y la distancia de coordinación se obtiene teniendo en cuenta la zona o zonas hidrometeorológicas atravesadas, la frecuencia, el porcentaje de tiempo y el ángulo del horizonte desde la estación terrena.

ii)   **Cálculos de la propagación con dispersión debida a la lluvia (modo (2))**

En el modo de propagación (2) interviene la atenuación de señales sujetas a la dispersión debida a los hidrometeoros (lluvia). La determinación de la distancia de coordinación en este caso aparece en el punto 4 del apéndice S7 del RR. También aquí puede elegirse entre un método numérico (punto 4.3.1) y un método gráfico (punto 4.3.2).

En este caso es necesario calcular una "pérdida de transmisión normalizada" que figura en la ecuación (20) del apéndice S7 y tener en cuenta las zonas hidrometeorológicas que aparecen en la figura 8 y el cuadro IV del citado apéndice S7. La mínima pérdida requerida debe ser rebasada por las pérdidas en el trayecto previstas durante todo el tiempo salvo el p% del tiempo.

9.8.1.5   Determinación de los contornos de coordinación

(Véanse también las Recomendaciones UIT-R IS.847 y 848.)

En cada dirección acimutal la distancia de coordinación es la mayor de las dos calculadas para el modo (1) y el modo (2). Si la mayor de estas distancias es inferior a 100 km, la distancia de coordinación se considera igual a 100 km. A continuación se trazan estas distancias desde la estación terrena en un mapa a escala apropiada y se dibuja el contorno. Si se desea, también pueden trazarse contornos auxiliares en el mapa utilizando el mismo método y los factores adicionales S (ecuación (32) y cuadro I del apéndice S7 del RR) y E (ecuación (33) y cuadro II). Los contornos auxiliares pueden ser útiles para eliminar ciertas estaciones terrenales existentes o previstas que caen dentro del contorno de coordinación evitando de esa forma tener que realizar cálculos más precisos, detallados y tediosos.

El apéndice 9.2 de este capítulo presenta un ejemplo de los resultados del cálculo de los contornos de coordinación.

La Recomendación UIT-R IS.850 indica las zonas de coordinación utilizando distancias de coordinación predeterminadas.

9.8.1.6   Criterios de calidad de funcionamiento y de interferencia

En el caso de las estaciones terrenales situadas dentro del contorno de coordinación es necesario realizar cálculos más detallados para establecer la compatibilidad. El primer paso consiste en establecer los criterios de calidad de funcionamiento y de interferencia.

Tanto los sistemas del servicio fijo por satélite como los de los servicios terrenales están diseñados para satisfacer ciertos requisitos de servicios globales de conformidad con unos objetivos de calidad de funcionamiento concretos (por ejemplo, circuitos ficticios de referencia y trayecto digital ficticio de referencia). Estos criterios están relacionados con el tipo de tráfico (por ejemplo, telefonía multicanal, televisión, etc.) y el tipo de modulación (por ejemplo, analógica o digital) utilizada por el sistema.

Se han elaborado al respecto varias recomendaciones UIT-R.

a)   Sobre calidad de funcionamiento y disponibilidad

Para el servicio fijo por satélite (SFS) (véase también en este Manual el capítulo 2, punto 2.2 "Calidad y disponibilidad"):

- Recomendaciones UIT-R S.352 y S.353 (telefonía MDF),
- Recomendaciones UIT-R S.522 y S.579 (MIC a 8 bit),
- Recomendaciones UIT-R S.521 y S.1062 (digital),
- Recomendaciones UIT-R S.614 y S.579 (RDSI),
- Recomendación UIT-R S.354 (vídeo analógico),

y para el servicio fijo (SF) que utiliza sistemas de radioenlace:

- Recomendación UIT-R F.393 (analógico),
- Recomendación UIT-R F.594 (digital).

b)   Sobre criterios de máxima interferencia admisible

Para el servicio fijo por satélite (SFS):

- telefonía analógica: Recomendación UIT-R SF.356 (FM),
- telefonía MIC a 8 bits: Recomendación UIT-R SF.558,

y para el servicio fijo (SF) que utiliza sistemas de radioenlaces:

- telefonía analógica: Recomendación UIT-R SF.357 (MA),
- telefonía digital: Recomendación UIT-R SF.615 (RDSI).

c)   Sobre limitaciones en las condiciones de compartición para cada servicio

Para el servicio fijo por satélite:

Recomendaciones UIT-R SF.358 y SF.674 y SF.1004, y para el servicio fijo que utiliza sistemas de radioenlaces: Recomendación UIT-R SF.406.

9.8.1.7   Criterios de compartición: cálculos de coordinación e interferencia

La documentación relativa a la evaluación detallada de la interferencia entre estaciones terrenas y estaciones terrenales aparece en las Recomendaciones UIT-R IS.847, SF.766, SF.1006 y SF.1193. Estas Recomendaciones del UIT-R describen procedimientos para determinar si cabe esperar que la interferencia rebase un nivel admisible predeterminado. Sin embargo, su objetivo es únicamente dar orientaciones a las administraciones, pues el método para determinar las posibilidades de interferencia está sujeto a acuerdo entre las propias administraciones implicadas.

Los diagramas de antena utilizados son importantes para determinar tanto la zona de coordinación como la evaluación de la interferencia. El UIT-R ha adoptado unos diagramas de referencia para los lóbulos laterales que aparecen en las Recomendaciones UIT-R S.465 y S.580.

Por lo que se refiere más concretamente a la banda 37-40 GHz, la CMR-97 (Resolución 133) atribuyó dicha banda a título primario al SFS y al SF. Cada vez más sistemas del SFS y estaciones del SF instalados o que tienen prevista su puesta en servicio. La instalación de sistemas de alta densidad en el SF o en el SFS puede provocar interferencias al SFS producidas por las estaciones del SF. La compartición podría facilitarse adoptando las subbandas de frecuencia adecuadas. La CMR-97 solicitó estudiar para antes de la CMR-2000 los límites de dfp incluidos en el artículo S21 que protejan adecuadamente a las estaciones del SF contra las redes del SFS y pidió a la CMR-2000 que considerase la identificación de espectro en la banda 37-40 GHz para aplicaciones de alta densidad en el SF.

9.8.2   Compartición de frecuencias entre sistemas del SFS no OSG y sistemas de servicios terrenales

9.8.2.1   Consideraciones generales

El examen del apéndice S7 del RR sobre la zona de coordinación para las estaciones terrenas no OSG se aplazó hasta la CMR-2000. La Recomendación UIT-R IS.849 señala la forma de determinar la zona de coordinación de una estación terrena que funcione con una estación espacial no geoestacionaria en las bandas de los servicios terrenales.

9.8.2.1.1   Límites de densidad de flujo de potencia para la protección de los servicios terrenales

La Resolución 131 de la CMR-97 resolvió que las emisiones de estaciones espaciales de redes del SFS no OSG en las bandas 10,7-12,75 GHz y 17,7-19,3 GHz deberán cumplir los límites de dfp contenidos en el cuadro 21-4 del artículo S21 del RR (véase el cuadro 9.2 en el punto 9.1.4) para la protección de los servicios terrenales y que se necesitan más estudios sobre los valores adecuados de dfp que deben aplicarse a las redes no OSG para que la CMR-2000 examine los límites provisionales.

A fin de facilitar la compartición entre las redes del SFS no OSG y los sistemas del SF, deberá considerarse la reducción de la dfp o la disminución del número de satélites del SFS no OSG, para cumplir lo dispuesto en el número S9.58.

9.8.2.1.2   Compartición entre sistemas de satélites no geoestacionarios y estaciones del SF

(Véanse también las Recomendaciones UIT-R IS.848 y 849.)

Se han llevado a cabo estudios sobre la compartición entre el servicio fijo por satélite y el servicio fijo en la banda 19,3-19,6 GHz cuando es utilizada por el SFS para los enlaces de conexión del SMS no OSG (véase (SUP97) Resolución 119 de la CMR-95).

La banda 19,3-19,6 GHz está atribuida en sentido espacio-Tierra al SFS a título primario y la CMR-95 también atribuyó esta banda a los enlaces de conexión del SMS no OSG. Además, dicha conferencia atribuyó igualmente la banda 19,3-19,6 GHz en sentido Tierra-espacio a los enlaces de conexión del SMS no OSG a título primario. La banda 19,3-19,6 GHz también está atribuida al SF a título primario. Los procedimientos de coordinación y notificación establecidos en la Resolución 46

(Rev.CMR-97) del RR se aplican a los servicios con igualdad de derechos en la citada banda de 19,3-19,6 GHz. Los límites de dfp en esta banda de 19,3-19,6 GHz (espacio-Tierra) para los sistemas de satélites no geoestacionarios fueron adoptados por la CMR-97.

La Recomendación UIT-R SR.1005 se refiere a la compartición entre el SF y el SFS con utilización bidireccional de las bandas de 10 GHz actualmente atribuidas unidireccionalmente e indica que los criterios de máxima interferencia admisible procedente de estaciones terrenas que funcionan de forma bidireccional en la banda 19,3-19,6 GHz a estaciones del SF son provisionales y exigen estudios ulteriores.

Se han llevado a cabo estudios sobre la determinación de la zona de coordinación en torno a estaciones terrenas que funcionan con el SFS OSG y estaciones terrenas que funcionan con los enlaces de conexión del SMS no OSG en sentidos de transmisión opuestos (véase la Recomendación 105 de la CMR-95).

La CMR-95 identificó algunas atribuciones de frecuencias al SFS para los enlaces de conexión del SMS no OSG que también son utilizadas por estaciones del SFS que funcionan con satélites geoestacionarios y son empleadas igualmente en sentido de transmisión opuesto al de los enlaces de conexión del SMS no OSG. Para evitar la interferencia mutua entre las estaciones terrenas OSG y no OSG que funcionan en sentidos de transmisión opuestos, es necesario determinar la zona de coordinación de tales estaciones (véanse las Recomendaciones UIT-R IS.849 y 847). La CMR-2000 examinará los procedimientos establecidos en el apéndice S7 del RR.

9.8.2.1.3 Compartición de frecuencias y coordinación para las estaciones terrenas no OSG

(Anexo 1 al apéndice S5 del RR y Recomendación UIT-R IS.849. Obsérvese que algunas bandas del SFS pueden ser utilizadas por sistemas de enlaces de conexión del SMS no OSG.)

i)   Compartición de frecuencias entre las estaciones espaciales del SMS no OSG y OSG y los servicios terrenales

a) Umbrales de coordinación para determinar la necesidad de coordinación entre el SMS (espacio-Tierra) y los servicios terrenales en las mismas bandas de frecuencias y entre los enlaces de conexión del SMS no OSG (espacio-Tierra) y los servicios terrenales en las mismas bandas de frecuencias:

- por debajo de 1 GHz: en las bandas 137-138 MHz y 400,120-401 MHz, es necesario realizar la coordinación de una estación espacial del SMS si la dfp producida por las emisiones procedentes de una estación espacial rebasa el valor de -125 dBW/m^2/4 kHz;

- entre 1 y 3 GHz: es necesario coordinar las estaciones espaciales geoestacionarias y no geoestacionarias del SMS si la dfp producida por las emisiones procedentes de una estación espacial o la degradación fraccionaria de la calidad de funcionamiento de una estación del SF rebasa los umbrales de coordinación indicados en el cuadro del anexo 2 a la Resolución 46;

- por encima de 3 GHz: en la banda 15,45-15,65 GHz, es necesario realizar la coordinación de una estación espacial no geoestacionaria del SMS si la dfp rebasa el valor de -146 dBW/m^2/MHz.

b) Límites para la compartición entre los enlaces de conexión del SMS no OSG (espacio-Tierra) y los servicios terrenales en las mismas bandas de frecuencias:

- en la banda 5 150-5 216 MHz, la dfp producida por emisiones procedentes de una estación espacial no deberá en ningún caso superar el valor de -164 dBW/m^2 en cualquier banda de 4 kHz para todos los ángulos de llegada;

- en las bandas 6 700-6 825 MHz, 6 825-7 075 MHz y 15,43-15,63 GHz las emisiones procedentes de una estación espacial no geoestacionaria no deberán rebasar los límites de dfp indicados en el cuadro del anexo 2 a la Resolución 46;

- en la banda 6 700-7 075 MHz, la máxima dfpa combinada producida en la OSG por un sistema del SFS no OSG no deberá rebasar el valor de -168 dBW/m^2 en cualquier banda de 4 kHz.

- en la banda 17,7-27,5 GHz, la dfp producida por emisiones procedentes de una estación espacial no deberá rebasar en cualquier banda de 1 MHz los siguientes valores:

  - -115 dBW/m^2 para ángulos de llegada δ comprendidos entre 0° y 5° por encima del plano horizontal,

  - $-115+0,5$ (δ–5) dBW/m^2 para δ comprendido entre 5° y 25°,

  - -105 dBW/m^2 para δ comprendido entre 25° y 90°.

c)   Límites de dfp producida por el SFS no OSG en las bandas de 20-30 GHz

La dfp producida por emisiones procedentes de una estación espacial no deberá rebasar los mismos límites indicados anteriormente para la banda 17,7-27,5 GHz.

Sin embargo, los siguientes límites de dfp en 1 MHz deberán aplicarse provisionalmente a las emisiones de las estaciones espaciales de sistemas de satélites no geoestacionarios en redes que funcionan con un gran número de satélites; es decir, sistemas con más de 100 satélites (véase la Resolución 131 de la CMR-97):

- -125 dBW/m^2 para ángulos de llegada δ comprendidos entre 0° y 5° por encima del plano horizontal;

- $-125+0,5$ (δ–5) dBW/m^2 para δ comprendido entre 5° y 25°;

- -125 dBW/m^2 para δ comprendido entre 25° y 90°.

ii)   Zonas de coordinación para estaciones terrenas no OSG

El contorno de coordinación asociado con la zona de coordinación se dibuja a escala en un mapa adecuado para representar la citada zona de coordinación en el grado en que se superpone al territorio de las administraciones que puedan resultar afectadas.

Se especifican dos tipos de distancias de coordinación (cuadros 1 a 4 del anexo 2 a la Resolución 46 (Rev.CMR-97)): 1) distancias predetermindas y 2) distancias calculadas caso por caso, teniendo en cuenta los parámetros específicos de la estación terrena para la que se determina la zona de coordinación. Ninguna de estas distancias indica las distancias de separación necesarias.

La zona de coordinación de una estación terrena móvil se determina como la zona de servicio en la que van a funcionar estaciones terrenas típicas, ampliada en todas las direcciones por la distancia de coordinación (véanse los cuadros 1 y 2 para las frecuencias por debajo de 1 GHz y la banda de 1-3 GHz, respectivamente).

En el caso de estaciones terrenas de enlaces de conexión del SMS no OSG o del SFS no OSG, el contorno de coordinación viene determinado por los puntos extremos de las distancias de coordinación medidas desde el emplazamiento de la estación terrena. Las distancias de coordinación para las estaciones terrenas de enlaces de conexión que funcionan por encima de 5 GHz se especifican en el cuadro 3 con respecto a las estaciones de servicios terrenales y, cuando sea aplicable, a las estaciones terrenas de otras redes de satélites que funcionan en sentido de transmisión opuesto. Las distancias de coordinación para las estaciones terrenas del SFS no OSG se especifican en el cuadro 4.

9.8.2.2 Utilización del sentido espacio-Tierra por los enlaces de conexión del SMS no OSG a título compartido con el SF

La CMR-95 atribuyó ciertas bandas de frecuencias (6,700-7,075 GHz y 19,3-19,6 GHz) para su utilización en sentido espacio-Tierra por los enlaces de conexión de los sistemas de satélites no geoestacionarios del servicio móvil por satélite a título compartido con el servicio fijo.

La banda 6,700-7,075 GHz (espacio-Tierra) está sujeta a coordinación con arreglo a lo dispuesto en la Resolución 46/S9.11A del RR. Para la gama 6,7-19,6 GHz compartida entre los enlaces de conexión del SMS no OSG y el SF la Recomendación UIT-R S.1257 sugiere un valor máximo de la máxima dfp producida en la superficie de la Tierra por un satélite de enlace de conexión del SMS no OSG y ofrece en el anexo 1 orientaciones sobre la interferencia causada por los satélites de enlaces de conexión del SMS no OSG a estaciones del SF.

i) Nivel más elevado de la interferencia y estadísticas de la interferencia en caso más desfavorable

El nivel más elevado de interferencia aparece cuando un satélite del SMS no OSG entra dentro del haz principal de una antena de un sistema terrenal. Para una constelación de satélites no geoestacionarios determinada, el porcentaje de interferencia, la duración de la interferencia y el tiempo medio entre sucesos de interferencia dependerá en gran medida de la latitud del SF y del acimut del enlace de SF.

La interferencia de caso más desfavorable se produce en direcciones acimutales donde la probabilidad de rebasar un cierto nivel de interferencia toma el valor máximo. Dependiendo de los parámetros orbitales (altitud, inclinación) y de los parámetros de la estación del SF (latitud, elevación) existen de 1 a 4 acimutes de caso más desfavorable: cuanto menor sea el ángulo geocéntrico entre la estación del SF y el satélite, mayor es el ángulo con respecto al eje y, por consiguiente, mejor es la discriminación contra la interferencia. La mayoría de dichos terminales no estarán apuntados hacia los acimutes de caso más desfavorable y en algunos casos hay direcciones acimutales en las que el satélite no aparecería dentro del haz principal de una estación del SF. La interferencia de caso más desfavorable también depende de consideraciones geométricas.

ii)   Metodología para determinar la degradación fraccionaria de la calidad de funcionamiento

Normalmente, los umbrales de dfp se utilizan para determinar la necesidad de coordinar entre estaciones espaciales del SMS (espacio-Tierra) y servicios terrenales. Sin embargo, para facilitar la compartición entre las estaciones del SF digital y las estaciones espaciales del SMS no OSG, se ha adoptado el concepto de degradación fraccionaria de la calidad de funcionamiento (DFC) que utiliza los métodos descritos en el anexo 2 a la Resolución 46 (Rev.CMR-95/97).

La DFC se calcula ubicando la estación del SF a una cierta latitud (con un ángulo de elevación de 0°) y determinando para cada acimut de apuntamiento entre 0° y 360° y para cada instante durante el tiempo de simulación la interferencia combinada procedente de todas las estaciones espaciales visibles recibida en la estación del SF y la DFCaz para el acimut (az) mediante la siguiente fórmula:

$$DFC = \text{máx}(DFCaz)$$

En la Recomendación UIT-R F.1108 figura un método para calcular la DFC:

Para los sistemas digitales del SF sin diversidad, la DFC para un acimut considerado viene dada como:

$$DFC = \sum f_i \, (I_i/N_T)$$

extendiéndose el sumatorio durante todo el tiempo de simulación y siendo:

- N_T ($= kTB$) el ruido térmico del SF;

- T la temperatura de ruido efectiva del sistema de recepción de la estación del SF;

- B la anchura de banda de referencia (1 MHz);

- f_i fracción del tiempo durante el cual el sistema digital del SF experimenta un nivel de interferencia I_i.

iii)   Criterios de interferencia del SF

La Recomendación UIT-R F.1094 estipula un criterio de degradación de la calidad de funcionamiento del 10% para los servicios compartidos a título igualmente primario y la Recomendación UIT-R SF.357 especifica los criterios de interferencia para los radioenlaces terrenales.

La Recomendación UIT-R SF.1005 indica que para las bandas compartidas atribuidas en ambos sentidos al SFS OSG, el criterio pertinente contra la interferencia (a largo plazo y a corto plazo) causada por estaciones terrenas que funcionan en banda inversa a estaciones del SF debe reducirse a los siguientes valores con respecto a los calculados por los métodos descritos en las Recomendaciones UIT-R IS.847 y SF.1006: 7 dB en la banda 10-15,4 GHz, 5 dB en la banda 15,4-20 GHz y 3 dB por encima de 20 GHz.

La Recomendación UIT-R SF.1005 se refiere a bandas de frecuencias por encima de 10 GHz debido al hecho de que la mayoría de las bandas por debajo de 10 GHz son muy utilizadas por el SF y en dichas bandas no es posible el modo de funcionamiento en banda inversa.

Es sabido que podrían aplicarse que conceptos similares al SFS no OSG y que sería necesario hacer algo más estricto el criterio de la DFC del 10% cuando se considera la interferencia causada por los enlaces de conexión del SMS no OSG con funcionamiento en banda inversa.

iv)   **Viabilidad de la compartición: límites de dfp de la Recomendación UIT-R SF.358**

Se realizaron simulaciones utilizando las características de varias constelaciones de satélites posibles a fin de determinar la viabilidad de la compartición cofrecuencia con los sistemas del SF.

Se llegó a la conclusión de que las constelaciones de satélites pueden compartir frecuencias con la mayoría de los sistemas del SF porque estas constelaciones producen unos niveles de dfp en la superficie de la Tierra muy inferiores a los límites especificados en la Recomendación UIT-R SF.358 para los satélites no geoestacionarios del SFS.

En el caso del SMS no OSG, la compartición con el SF podrá realizarse aplicando los límites de dfp, que de hecho generan una interferencia que rebasa notablemente el ruido térmico durante breves periodos de tiempo porque el receptor afectado no experimentará normalmente desvanecimiento al mismo tiempo que está recibiendo este elevado nivel de interferencia. En consecuencia, aunque no es posible evitar este suceso de interferencia en el eje de puntería, puede satisfacerse el criterio de la DFC del 10% o de un valor más pequeño.

La potencia de interferencia procedente de cada satélite se calcula de la forma siguiente:

$$It = dfp + 10 \log (\lambda^2/4\pi) + G_{SF} + \text{Pérdidas en el alimentador}$$

Varios factores (latitud del SF, elevación del SF, ángulo de llegada, ...) tienen diversos efectos sobre la sensibilidad con los límites de dfp obtenidos a partir de un cálculo de la DFC: generalmente cuanto mayor es la latitud más intensa es la interferencia.

La degradación fraccionaria de la calidad de funcionamiento (DFC) es función del periodo de tiempo en el que el satélite se encuentra en el interior del haz de la antena del SF, de la discriminación de la antena del SF hacia el satélite en función del tiempo y de la potencia de interferencia del satélite. En gran medida, la DFC está controlada por estos sucesos de alto nivel de interferencia a corto plazo. Se proponen unos límites de dfp aplicables a cada uno de los satélites del SMS no OSG que funcionan en banda inversa (con las siguientes hipótesis: un criterio de la DFC de cresta del 4% y una disminución de las exigencias en 4 dB).

Puede llegarse a un equilibrio que ofrece una adecuada protección a la mayoría de los sistemas del SF además de flexibilidad para las futuras redes de enlaces de conexión del SMS no OSG.

9.8.2.3   Compartición de frecuencias entre satélites de las redes del SFS no OSG y estaciones del SF en las bandas 18,8-19,3 GHz (espacio-Tierra) y 28,6-29,1 GHz (Tierra-espacio)

En respuesta a la Resolución 118 de la CMR-95 se realizaron varios estudios sobre la viabilidad de la compartición de frecuencias entre una red del SFS no OSG y las estaciones del SF que funcionan en las bandas 18,8-19,3 y 28,6-29,1 GHz.

La interferencia en ambos sentidos entre un satélite del SFS no OSG y una estación del SF puede aparecer en uno de los tres modos siguientes: lóbulo lateral a haz principal, haz principal a lóbulo lateral y lóbulo lateral a lóbulo lateral. El acoplamiento de haz principal a haz principal no se produce porque está previsto que los satélites no geoestacionarios del SFS funcionen muy por encima del horizonte mientras que las antenas de la estación del SF generalmente están orientadas horizontalmente o con ángulos de elevación pequeños.

En los estudios, la mayoría de los parámetros de la estación del SF se han extraído de la Recomendación UIT-R SF.758 y en todos estos estudios se utilizó la red LEOSAT-1 (primera red del SFS no OSG) como ejemplo de una red de satélites no geoestacionarios del SFS.

i)   Interferencia causada por los transmisores del SF a los receptores de los satélites del SFS no OSG

Los receptores de los satélites no geoestacionarios que funcionan en estas bandas experimentarán niveles de interferencia muy inferiores al nivel umbral de densidad espectral de potencia de interferencia de $-212,5$ dBW/Hz. La conclusión de estos estudios es que una densidad razonablemente elevada de estaciones del SF no causaría interferencia inaceptable a los satélites del SFS no OSG en el caso del sistema LEOSAT-1.

El Reglamento de Radiocomunicaciones (véase el artículo S21 y la Recomendación UIT-R SF.406) permite unos niveles de p.i.r.e. producidos por estaciones del SF tan elevados como 55 dBW. También es necesario revisar los límites de p.i.r.e. considerando la anchura de banda y el ángulo de elevación para los transmisores del SF que funcionan en la banda 28,6-29,1 GHz.

ii)   Interferencia causada por los transmisores de los satélites del SFS no OSG a los receptores del SF

Los niveles de dfp de $-115/-105$ dBW/m^2/MHz son los límites permitidos en el Reglamento de Radiocomunicaciones (número S21.16) para un solo haz de satélite del SFS no OSG, dependiendo del ángulo de elevación de la interferencia. Se han realizado cálculos para el caso de un solo haz de satélite del SFS no OSG (cálculo de la relación I_0/N_0 en los tres modos) y para el caso de toda una constelación de satélites del SFS no OSG (simulación de interferencia a una estación del SF con un ángulo de elevación y situada a una cierta latitud, cálculo de la DFC, de la pérdida de margen de desvanecimiento, de la interferencia a largo plazo con los valores máximo y mínimo de I_0/N_0 durante toda la simulación y de las distribuciones acumulativas de I_0/N_0 para distintos valores de la ganancia del receptor del SF).

Puede llegarse a la conclusión de que en el caso del sistema LEOSAT-1 no se causará interferencia significativa a las estaciones terrenales típicas del SF por parte de una red de satélites del SFS no OSG y que la compartición parece posible. La restricción relativa al mínimo ángulo de elevación de funcionamiento del sistema LEOSAT-1 es fundamental para promover un entorno favorable a la compartición.

En la banda 18,8-19,3 GHz se ha demostrado que un satélite no geoestacionario transmitiendo con una elevación inferior a 20º podría provocar interferencia inaceptable a los receptores del SF.

Por lo tanto, puede que sea necesario examinar los límites de dfp para los satélites no geoestacionarios que funcionan con estas elevaciones inferiores a 20º. La Recomendación

UIT-R SF.1320 presenta los "Valores máximos admisibles de densidad de flujo de potencia en la superficie de la Tierra producidos por satélites no geoestacionarios del servicio fijo por satélite utilizados en enlaces de conexión del servicio móvil por satélite y que comparten bandas de frecuencias con sistemas de radioenlaces" (refiriéndose a la banda de 19 GHz).

9.8.2.4   Determinación de la zona de coordinación para las estaciones terrenas de los satélites no geoestacionarios del SFS o en los enlaces de conexión del SMS y las estaciones terrenales del SF; revisión del apéndice 28/S7 del RR por la CMR-2000: (véanse también las Recomendaciones UIT-R IS.847/848/849)

El examen del apéndice S7 del RR fue aplazado por la CMR-97 hasta la CMR-2000.

En la Resolución 721 de la CMR-97 figura el orden del día para la CMR-2000 que indica en su punto 1.3 la necesidad de considerar los resultados de los estudios del UIT-R relativos al apéndice S7/28 sobre el método para determinar la zona de coordinación en torno a una estación terrena en las bandas de frecuencias compartidas entre los servicios espaciales y los servicios de radiocomunicaciones terrenales, y de tomar las decisiones adecuadas para revisar dicho apéndice.

Se propondrá una versión completamente nueva que deberá basarse fundamentalmente en las Recomendaciones UIT-R IS.847, S.848 y S.849 que fueron redactadas con objeto de modernizar el apéndice.

La CMR-95 atribuyó bandas de frecuencias para su utilización por los enlaces de conexión del SMS y por sistemas del SFS no OSG en bandas compartidas a título primario con el SF y también algunas de estas bandas están compartidas con el SFS OSG en el mismo sentido o en sentido opuesto. Se identificaron las bandas 18,8-19,3 GHz y 28,6-29,1 GHz para su utilización por los sistemas del SFS no OSG.

El nuevo procedimiento debe ser adecuado para determinar la zona de coordinación tanto en las bandas de frecuencias en las que los servicios espaciales tienen una atribución unidireccional (Tierra-espacio o espacio-Tierra) como en las bandas de frecuencias atribuidas a los servicios espaciales bidireccionalmente (es decir, Tierra-espacio o espacio-Tierra). Este nuevo procedimiento también debe ser aplicable al caso de las estaciones terrenas que funcionen con estaciones espaciales geoestacionarias en sentido inverso, como sucede con las estaciones terrenas que funcionan con estaciones espaciales no geoestacionarias salvo los sistemas científicos no OSG donde se aplican disposiciones especiales.

El nuevo procedimiento debe ser por lo tanto directamente aplicable a los siguientes casos tanto para las estaciones terrenas funcionando con estaciones espaciales geoestacionarias como para estaciones terrenas funcionando con una constelación de estaciones espaciales no geoestacionarias.

La interferencia de caso más desfavorable entre una estación terrena no OSG y una estación del SF aparecerá cuando las estaciones transmisora y receptora apunten una hacia la otra a lo largo de direcciones acimutales recíprocas. Los dos parámetros principales relativos al nivel de interferencia entre las dos estaciones son el alineamiento geométrico y la duración acumulativa del apuntamiento de la antena de la estación terrena no OSG hacia la antena del SF.

El UIT-R está elaborando una futura Recomendación sobre "Determinación de la zona de coordinación de estaciones terrenas del SFS que funcionan con satélites no geoestacionarios (utilizados o no por los enlaces de conexión del SMS) y estaciones del SF". Cabe esperar que sea posible la compartición cofrecuencia entre los terminales de estaciones terrenas del SFS no OSG y estaciones del SF.

Como se ha explicado anteriormente (§ 9.8.1.2), una nueva Recomendación que se está preparando presenta la forma de determinar la zona de coordinación en torno a una estación terrena transmisora o receptora en las bandas de frecuencias comprendidas entre 0,1 y 105 GHz. Para el caso de estaciones terrenas que funcionan con estaciones espaciales no geoestacionarias que utilizan una antena directiva que realiza el seguimiento de la estación espacial, la ganancia de la antena en dirección del horizonte en cualquier acimut varía con el tiempo. Para tener en cuenta este efecto existen dos métodos:

- método de la ganancia invariable en el tiempo;

- método estadístico.

El método de la ganancia invariable en el tiempo (GIT) es fácil de aplicar pero puede llevar a una sobreestimación de la necesidad de coordinación. Para reducir la carga de coordinación y basándose en acuerdos bilaterales y multilaterales, las administraciones pueden utilizar el método estadístico para obtener unos resultados menos conservadores. El método GIT utiliza valores fijos de la ganancia de antena basados en la máxima variación supuesta en la ganancia de antena hacia el horizonte para cada acimut considerado.

El método estadístico exige un conocimiento de las estadísticas de la ganancia de antena hacia el horizonte variable en el tiempo de una estación terrena que funcione con una estación espacial no geoestacionaria. Por último, el método GIT, que es independiente de los valores estadísticos de la ganancia de antena, hacia el horizonte se recomienda debido a su facilidad de aplicación pero el método estadístico, con el que se obtienen unas distancias realistas más pequeñas, también puede ser utilizado entre las administraciones de forma bilateral o multilateral.

CUADRO AP9.1-1

Atribución de frecuencias al SFS, SRS, SMS y SES

Frecuencia	Decisiones: CAMR-85 y 88	Decisiones: CAMR-92 y CMR-95 y 97	R1	R2	R3	R1	R2	R3	Notas: numeración anterior a las Actas Finales de la CMR-95 R2	R3
	Atribuciones del SFS/SRS/SMS/SES (121 MHz -275 GHz) (artículo S5 del RR)		Regiones			servicios a los que está atribuida la banda a título primario (los servicios que aparecen en minúsculas tienen atribuciones a título secundario)				
						Operaciones espaciales (identificación del satélite)				
30,005 - 30,010 MHz										
117,975 - 136 MHz	Art14/S9.21						smas (R) MA (R)		S5.198	
117,975 - 136 MHz 121,500 y 123,100 MHz	Mob83: Frecuencia de emergencia aeronáutica (principal y auxiliar) Frecuencia de socorro y seguridad para el SMS (AppS31 y S13/ArtN38 y 38)						MA (R), sms		S5.200	
121,450 - 121,550 MHz	Radiobalizas (AppS13/Nos3259 y 3267) Mob83 : Radiobalizas de localización de siniestros		u	u	u		sms		S5.199 S5.111/198/200/201	
136,000 - 137,000 MHz	Mob87: Res408		d	d	d		MA (R), f, mxa ope, meteosat, sie		S5.203	
137,000 - 138,000 MHz		Add92 y Mod95: SMS no OSG y Art S9.11A(Res46) SMS no OSG y Res46 y Res 714	d d d	d d d	d d d		SMS no OSG y sms no osg, MeteoSat, OPe, SIE m(xa)		S5.208/208A/209 S5.204/205/206/207	
137,000 - 137,025		Mod95: ArtS9.11A/Res46 SMS no OSG y Res46 y Res 714	d d d	d d d	d d d		SMS no OSG MeteoSat, OPe, SIE		S5.208A/209 y S5.204/205/206/207/208	
137,0250 - 137,175		Mod95:ArtS9.11A(Res46) sms no OSG y Res46 y Res 714	d d d	d d d	d d d		sms no osg MeteoSat, OPe, SIE		S5.208A/209 y S5.204/205/206/207/208	
137,175 - 137,825		Mod95: ArtS9.11A(Res46) SMS no OSG y Res46 y Res 714	d d d	d d d	d d d		SMS no OSG MeteoSat, OPe, SIE		S5.208A/209 y S5.204/205/206/207/208	
137,825 - 138,000		Mod95: ArtS9.11A(Res46) sms no OSG y Res46 y Res 714	d d d	d d d	d d d		sms no osg MeteoSat, OPe, SIE		S5.209 S5.218/219/221	
148,000 - 149,900 MHz		Mod95: ArtS9.11A(Res46) Mod95: ArtS9.21(Art14) SMS no OSG : Res46	u u	u u	u u	MxA, F	SMS no OSG M, F OPe		S5.209 S5.218 S5.218/219/221	
149,900 - 150,050 MHz		Mod95: ArtS9.11A(Res46) y Res715 SMTS no OSG (hasta 2015) : CMR97 Res46 SMS no OSG (después de 2015) : CMR97 Res46	u	u	u		SMTS no OSG (hasta 2015) SMS no OSG (después de 2015) SRNS (hasta 2015)		S5.209/224A S5.209 S5.224B S5.220/222/223 Add97: S5.224A y B y Mod 97: S5.209	
235,000 - 322,000 MHz		Mod95: ArtS9.21/Art14 Mod95: ArtS9.21/Art14	d	d	d		sms F, M ope (267-272 MHz) y OPe (272-273 MHz)		S5.254 S5.257 (Telemedida a título primario en el país)	
242,950 - 243,050	Radiobalizas (AppS13/Nos3259 y 3267) Mob83: Radiobalizas de localización de siniestros		u	u	u		sms, F, M		S5.199 S5.111/248/254/256	
312,000 - 315,000		Mod95: ArtS9.11A(Res46)	u	u	u		sms osg y no osg (véase 387 - 390 MHz) F, M		S5.255	

| Atribuciones del SFS/SRS/SMS/SES (121 MHz -275 GHz) (artículo S5 del RR) | | | | | | | | | | |
| Frecuencia | Decisiones: CAMR-85 y 88 | Decisiones: CAMR- 92 y CMR- 95 y 97 | Regiones | | | servicios a los que está atribuida la banda a título primario (los servicios que aparecen en minúsculas tienen atribuciones a título secundario) | | | Notas: numeración anterior a las Actas Finales de la CMR-95 | |
			R1	R2	R3	R1	R2	R3	R2	R3
		no OSG y SMS OSG: Res46							S5.255	
335,400 - 399,900 MHz		Mod95: ArtS9.21(Art14)					sms F, M		S5.254	
387,000 - 390,000		Mod95: ArtS9.11A(Res46)	d	d	d		sms osg y no osg (véase 312 - 315 MHz)		S5.255	
		no OSG y SMS OSG: Res46								
399,900 - 400,050 MHz		Mod95: ArtS9.11A(Res46) y Res715(Com5/9) SMTS no OSG (hasta 2015) : CMR97 Res46 SMS no OSG (después de 2015) : CMR97 Res46	u	u	u		SMTS no OSG (hasta 2015) SMS no OSG (después de 2015) SRNS (hasta 2015)		S5.209/224A S5.209 S5.224B S5.220/222/223 Add97: S5.224A y B and Mod 97: S5.209	
400,150 - 401,000 MHz		Mod95: ArtS9.11A(Res46) SMS no OSG : Res46	d d d	d d d	d d d		SMS no OSG, MeteoSat, SIE Met ope		S5.208A/209/264 S5.263 S5.262	
406,000 - 406,100 MHz	Radiobalizas: ApS13(exArt38) y ArtS31(exArtN38) (Radiobalizas de localización de siniestros)		ux	ux	ux		SMS		S5.266, 267	
454,000 - 455,000 MHz		Add95: ArtS9.11A(Res46)	u	u	u		(SMS no OSG) : (Atribución adicional en algunos países) F, M		Add97 S5.286E Add97 S5.286D Add97 S5.286E S5.209/271 Mod97 S5.286A/286B/286C	
455,000 - 456,000 MHz		Add95: ArtS9.11A(Res46) SMTS no OSG (hasta 2015) : CMR97 Res46 SMS no OSG (después de 2015) : CMR97 Res46	u	u	u	(SMS no OSG)	SMS no OSG F, M	(SMS no OSG)	Add97 S5.286E Mod97 S5.286A/B/C Add97 S5.286E S5.209/271 Mod97 S5.286A/286B/286C	
459,000 - 460,000 MHz		Add95: ArtS9.11A(Res46) SMTS no OSG (hasta 2015) : CMR97 Res46 SMS no OSG (después de 2015) : CMR97 Res46	u	u	u	(SMS no OSG)	SMS no OSG F, M	(SMS no OSG)	Add97 S5.286E Mod97 S5.286A/B/C Add97 S5.286E S5.209/271 Mod97 S5.286A/286B/286C	
608,000 - 614,000 MHz				u			sms (xA)			
620,000 - 790,000 MHz			d	d	d	B (470-790 MHz)	srs (fm) R (614-806 MHz	(610 -890 MHz), F, M	S5.311(Res 33 et 507)	
806,000 - 890,000 MHz		Mod95: ArtS9.21(Art14)		b	b	F, B, MxA (862-890)	SMS nacional F, R, M	SMS nacional (xA y R) F, R, M	S5.317 (nacional)	S5.320 (nacional)
806,000 - 840,000			u			sms nacional (xA y R)			S5.319	
849,000 - 851,000				d			AM			S5.318
856,000 - 890,000			d			sms nacional (xA y R)			S5.319	
894,000 - 896,000		Art14		u			AM			S5.318
942,000 - 960,000 MHz		Mod95: ArtS9.21(Art14) Art14			b			SMS (xA y R)		S5.320 (nacional)
1,390 - 1,400 GHz		CMR97 Res 127: estudios para los enlaces conexión del SMS no OSG (ascendentes) con enlaces de servicio que funcionan por debajo de 1 GHz								
1,427 - 1,429 GHz			u	u	u		OPe F, MxA		S5.341	
1,427 - 1,432 GHz		CMR97 Res 127:estudios para los enlaces conexión del SMS no OSG (ascendentes) con enlaces de servicio que funcionan por debajo de 1 GHz								
1,452 - 1,492 GHz		CAMR92 Res528 (SRS(sound))	d	d	d	F, MxA,	SRS(DAB) F, M, R(DAB)		S5.345/347 S5.343 S5.345/347 S5.341/344	
									S5.341/342	
1,492 - 1,525 GHz		Mod y Add95: S9.11A(Res46)		d		MxA	SMS, F, M	M	S5.348/348A S5.343	

| Atribuciones del SFS/SRS/SMS/SES (121 MHz -275 GHz) (artículo S5 del RR) | | | | | | | | | | | |
Frecuencia	Decisiones: CAMR-85 y 88	Decisiones: CAMR- 92 y CMR- 95 y 97	R1	R2	R3	servicios a los que está atribuida la banda a título primario (los servicios que aparecen en minúsculas tienen atribuciones a título secundario) R1	R2	R3	Notas: numeración anterior a las Actas Finales de la CMR-95	R2	R3
		Res46							S5.341/342	S5.341/344/348	S5.341/348A
1,525 - 1,559 GHz		Add92 y Mod95: S9.11A(Res46) y S9.13	d	d	d	SMS (véase 1.6265 - 1.6605 GHz: Bandas de Inmarsat)				S5.354	
										S5.341	
1,525 - 1,530		Add95: ArtS9.11A(Res46)	d	d	d	sms	SMS		S5.354 y S5.352A S5.354		
			d	d	d	F OPe F			Add97 S5.352A (después de 1/4/98) Add97 S5.352A (después de 1/4/98)		
									S5.347/350		
										S5.341/351	
1,530 - 1,559		Add95: ArtS9.11A(Res46)	d	d	d	SMS				S5.354	
1,530 - 1,544		Add97: prioridad para el SMSSM (véase CMR97 218)	d	d	d	SMS y SMS (SMSSM)				Add97 S5.353A	
1,530 - 1,533		Add97: prioridad para el SMSSM (véase CMR97 218)	d	d	d	SMS y SMS (SMSSM) Ope				S5.354 y Add97 S5.353A	
			d	d	d				S5.341/347/351	S5.341/351	
1,533 - 1,535		Add97: prioridad para el SMSSM (véase CMR97 218)	d	d	d	SMS y SMS (SMSSM) OPe				S5.354 y Add97 S5.353A	
			d	d	d				S5.341/347/351	S5.341/351	
1,535 - 1,544		Add97: prioridad para el SMSSM (véase CMR97 218)	d	d	d	SMS y SMS (SMSSM)				S5.354 y Add97 S5.353A	
										S5.341/351/355	
1,544 - 1,545		Mod95: ArtN38/S31: comunicaciones de socorro y seguridad	d	d	d	SMS (únicamente SMSSM)				S5.354	
										S5.341/355/356	
1,545 - 1,555		Add97: prioridad 1-6 en el ArtS44 para el SMA(R)S (véase CMR97 218)	d	d	d	SSM y SMMA (R)				S5.354 y Add97 S5.362A	
										S5.341/351/355/357/358/359	
1,550 - 1,555						(F) (Atribución adicional en algunos países)				S5.359	
1,555 - 1,559			d	d	d	SMM y SMA(R)S-USA				S5.354 y Add97 S5.362B	
										S5.341/351/355/359	
1,6100 - 1,6455						F (Atribución adicional en algunos países)				S5.359	
1,6100 - 1,6265 GHz		Mod95: S9.11A(Res46) Mod95: S9.21(Art14)	u	u	u	SMS SMAS(R) ANav				S5.364(ascendente) S5.367 S5.366	
		Mod92: Res46	u	u	u	srds	SRDS(véase 5.150-5.216 GHz)	srds	S5.364/368/371	S5.364/368 (véase S5.446: 5,150 -5,216 GHz)	
										S5.341/364/366/367/368/372	
1,6100 - 1,6106			u	u	u	SMS RNA					
			u	u	u	srds	SRDS	srds			
						(Bandas de radiodeterminación: véase 2483,5 - 2500 MHz)				S5.341/364/366/367/368/372	
									S5.355/359/363/369/	S5.370	S5.355/359/369
1,6106 - 1,6138		CMR97 Res 125: SMS/SRAst	u	u	u	SMS RAst, RNA					
			u	u	u	srds	SRDS	srds			
										S5.149/341/364/366/367/368/372	
									S5.355/359/363/369/	S5.370	S5.355/359/369
1,6138 - 1,6265		Mod95: ArtS9.11A(Res46)	u	u	u	SMS(ascendente)				S5.364(ascendente)	
			d	d	d	sms(descendente) RNA				S5.365(d)	
			u	u	u	srds	SRDS	srds		S5.341/364/366/367/368/372	
									S5.371		
									S5.355/359/363/369	S5.370	S5.355/359/369
1,6265 - 1,6605 GHz		Mod y Add95: Art S9.13 Art S9.11A(Res46)	u	u	u	SMS (véase 1,525 - 1,559 GHz)				S5.354	
1,6265 - 1,6315		Add97: prioridad para el SMSSM (véase CMR97 218)	u	u	u	SMS y SMS (SMSSM)				S5.354 y Add97 S5.353A	
										S5.341/351/355/359	
1,6315 - 1,6345			u	u	u	SMS y SMS (SMSSM)				S5.354 y Add97 S5.353A	
										S5.341/351/355/359 y Mod97 S5.374	
1,6345 - 1,6455			u	u	u	SMS y SMS (SMSSM)				S5.354 y Add97 S5.353A	

Atribuciones del SFS/SRS/SMS/SES (121 MHz -275 GHz) (artículo S5 del RR)

servicios a los que está atribuida la banda a título primario (los servicios que aparecen en minúsculas tienen atribuciones a título secundario)

Notas: numeración anterior a las Actas Finales de la CMR-95

Frecuencia	Decisiones: CAMR-85 y 88	Decisiones: CAMR-92 y CMR-95 y 97	R1	R2	R3	servicios R1	servicios R2	servicios R3	Notas R1	Notas R2	Notas R3
1,6455 - 1,6465			u	u	u		SMS			S5.341/351/355/359	
1,6465 - 1,6600							F (Atribución adicional para algunos países)			S5.341/354/375 S5.359	
1,6465 - 1,6565			u	u	u		SMM y SMMA (R)			S5.354 y Add97 S5.362A S5.341/351/355/359/376	
1,6565 - 1,6600			u	u	u		SMM y SMA(R)S-USA			S5.354 y Add97 S5.362B S5.341/351/355/359 y Mod S5.374	
1,6600 - 1,6605		CMR97 Res 125: SMS/SRAst	u	u	u		SMM y SMA(R)S-USA RAst			S5.354 y Add97 S5.362B y 376A S5.149/341/351	
1,675 - 1,710 GHz		Mod95: Art S9.11A(Res46) Mod 95 Res 213		u			SMS			S5.377	
1,675 - 1,690			d	u d	d		SMS, MeteoSat, F, MxA, Met		S5.341	S5.341/377	S5.341
1,690 - 1,700		Mod 95 Res 213 : SMS a 1 675-1 710 MHz	d	u d	d		SMS MeteoSat, Met		S5.289/341/382	S5.289/341/377/381	S5.289/341/381
1,700 - 1,710		Mod 95 Res 213	d	u d	d		SMS MeteoSat, F, MxA		S5.289/341	S5.289/341/377	S5.289/341/384
1,930 - 1,970 GHz		Rev 97Res212(IMT2000:1,885-2,025 GHz)		u			sms			S5.388	
1,980 - 2,010 GHz 1,980 - 1,990 1,980 - 2,010 (componente de satélite)		Add95: Art S9.11A(Res46) y Res716 CMR95 Res716 Rev 97Res212(IMT2000:1,885-2,025 GHz)	u	u u	u		SMS (después de 2000)(véase 2,170 - 2,200 GHz), SMS (después de 2005), F, MxA FPLMTS-IMT-2000			S5.389A (después de 2000) (véase 2,170 - 2,200 GHz) S5.389A (después de 2005) y S5.389B S5.388/389A/B/F S5.388 (componente de satélite)	
2,010 - 2,025 GHz		Add95: Art S9.11A(Res46) y Res716 Rev 97Res212(IMT2000:1,885-2,025 GHz) CMR95 Res716		u			SMS (después de 2005) (véase 2,160-2,170 GHz) F, M			Mod97 S5.389C (después de 2002) S5.388 (componente de satélite) Add97 S5.390(2005) y S5.389D(después de 2000) y S5.389E	
2,025 - 2,110 GHz			u u s s	u u s s	u u s s		OPe SETS, SIE, OPe SETS, SIE, F, M				
2,120 - 2,160 GHz		Rev97Res212(IMT2000:2,110-2,200 GHz)		d			sms F, M FPLMTS IMT2000			S5.388 S5.388 (componente de satélite)	
2,160 - 2,170 GHz		Add95: Art S9.11A(Res46) y Res716 CMR95 Res716 y Rev. CMR97 Res 46		d			SMS (después de 2005)(véase 2,010-2,025 GHz), F, M		S5.392A	Mod97 S5.389C (después de 2002) S5.388 ((componente de satélite) Add97 S5.390(2005) y S5.389D/E	
2,170 - 2,200 GHz 2,170 - 2,200 (componente de satélite)		Add95: Art S9.11A(Res46) y Res716 Rev97Res212(IMT2000:2,110-2,200 GHz) Res716	d	d	d		SMS (después de 2000)(véase 1,980 - 2,010 GHz), F, M			S5.389A (después de 2000) S5.388/392A S5.389A/F	
2,200 - 2,290 GHz			d d s s	d d s s	d d s s		OPe SETS, SIE, OPe SETS, SIE,				

| Atribuciones del SFS/SRS/SMS/SES (121 MHz -275 GHz) (artículo S5 del RR) | | | | | | | | | | |
Frecuencia	Decisiones: CAMR-85 y 88	Decisiones: CAMR-92 y CMR-95 y 97	R1	R2	R3	servicios a los que está atribuida la banda a título primario (los servicios que aparecen en minúsculas tienen atribuciones a título secundario) R1	R2	R3	Notas: numeración anterior a las Actas Finales de la CMR-95 R2	R3
							F, M			
2,300 - 2,450 GHz		CAMR 92 Res528 (SRS(sonora))					F, M, RL, aficionados SRS(sonora) (2,310 - 2,360 GHz)		S5.393/396	
2,4835- 2,500 GHz		Mod95: S9.11A(Res46)	d	d	d		SMS, F, M, RL,			
			d	d	d	srds	SRDS(véase 5,150 -5,216 GHz) (Bandas de radiodeterminación: véase 1610 - 1626,5 MHz)	srds y S5.371	S5.398 (véase S5.446: 5150 -5216 MHz) S5.150/402	
2,500 - 2,690 GHz				b						
2,500 - 2,535 GHz				d	d					
				u	u					
2,520 - 2,670 GHz		*Mod95: S9.21(Art14) y ArtS21*	d	d	d		*SRS*			*S5.416/413 (Sistemas nacionales y regionales excepción comunitaria)*
2,500 - 2,520 GHz		Mod95: S9.21(Art14) y ArtS21 Mod95: Art S9.11A(Res46) Mod95:S9.21(Art14) y S9.11A(Res46) Mod92: Res46, Art14	d d	d d d	d d d		SFS, SMS(después de 2005) mxass (hasta 2005), F, MxA	S5.409/410/411 S5.405/408/412	S5.415 (sistemas nacionales y regionales) S5.414 (después de 2005) y S5.403 (nacional) (S9.21) S5.409/411 S5.403/407/414 S5.404 (nacional y S9.21)	
2515 - 2535					d		smas (J a partir de 2000)			Add97 S5.403A (S9.21)
2,520 - 2,535 GHz		Mod95: S9.21(Art14) y ArtS21 Mod95: S9.21(Art14) y ArtS21 Mod95:S9.21(Art14) y S9.11A(Res46) Mod92: Res46, Art14	d d	d d d d	d d d d		SFS, SRS, F, MxA mxass	S5.409/410/411 S5.405/408/418/417/412	S5.415 (sistemas nacionales y regionales) S5.416/413 S5.409/411 S5.403(nacional y S9.21) Add97 S5.403A (S9.21)	
2,535 - 2,655 GHz		Mod95: S9.21(Art14) y ArtS21 Mod95: S9.21(Art14) y ArtS21	d	d d	d		SFS, SRS, F,	S5.409/410/411 S5.405/408/418/417/412	S5.415 (sistemas nacionales y regionales) S5.416/413 S5.409/411	
2,655 - 2,670 GHz		Mod95: S9.21(Art14) y ArtS21 Mod95: S9.21(Art14) y ArtS21 Mod95: S9.21(Art14) y S9.11A(Res46) Mod92: Res46, Art14	d u	b d u	u d u		SFS, SRS(d), MxA, F mxass sets y sie (passive), rast,	S5.409/410/411 S5.149/417/412/420	S5.415 (sistemas nacionales y regionales) S5.416/413 S5.409/411 S5.420 (nacional) S5.149/420	
2,670 - 2,690 GHz		Mod95: S9.21(Art14) y ArtS21 Mod95: S9.11A(Res46) Mod95: S9.21(Art14) y S9.11A(Res46) Mod92: Res46, Art14	u u	b u u	u u u u		SFS, SMS(después de 2005), mxass(hasta 2005), MxA, F sets y sie (passive), rast, smas (J a partir de 2000)	S5.409/410/411	S5.415 (sistemas nacionales y regionales) S5.419 (después de 2005) S5.420 (nacional) (hasta 2005) S5.409/411 Add97 S5.420A (S9.21) S5.149/419/420	
3,400 - 3,700 GHz			d	d	d		SFS			
3,400 - 3,600			d			SFS, F			S5.431/434	
3,400 - 3,500				d	d		SFS, F			S5.282/432
3,500 - 3,700				d	d		SFS, F, MxA			S5.435
3,600 - 4,200			d			SFS, F				

Frecuencia	Decisiones: CAMR-85 y 88	Decisiones: CAMR-92 y CMR-95 y 97	Regiones			servicios a los que está atribuida la banda a título primario (los servicios que aparecen en minúsculas tienen atribuciones a título secundario)			Notas: numeración anterior a las Actas Finales de la CMR-95	
			R1	R2	R3	R1	R2	R3	R2	R3
3,700 - 4,200 GHz			d	d	d	F	SFS, F, MxA			
4,500 - 4,800 GHz	APS30B (d) (A): Plan del SFS		d	d	d		Plan del SFS (véase 6,725 - 7,025 GHz), F, M		S5.441	
5,000 - 5,150 GHz		Mod95: Art S9.21(Art14)					RNA (MLS) SMAS(R)		S5.444/444A S5.367	
5,091 - 5,150 GHz		Add95: Enlaces de conexión del SMS no OSG y Art S9.11A(Res46) y Res114	ux	ux	ux		SFS (Enlaces de conexión del SMS no OSG) (primario hasta 2010) (véase 6,700 - 7,075 GHz)		S5.444/444A (hasta 2010)	
5,150 - 5,250 GHz		Add95: Enlaces de conexión del SMS no OSG y Art S9.11A(Res46)	ux	ux	ux		RNA SFS (Enlaces de conexión del SFS no OSG)		S5.447A S5.447/447A/447C (nov 95)	
5,150 - 5,216 GHz		Add95: Enlaces de conexión del SMS no OSG y Art S9.11A(Res46)	dx	dx	dx		SFS (Enlaces de conexión del SMS no OSG)		S5.447B	
			d	d	d	srds (enlaces de conexión)	SRDS (enlaces de conexión) (véase 1,610 - 1,6265 GHz o 2,835 - 2,500 GHz)	srds (enlaces de conexión) S5.446	S5.446 (véase S5.446: 1610,0 - 1626,5 ó 2483,5 - 2 500 MHz)	S5.446
5,725 - 5,850 GHz			u			SFS	RL		S5.150/451/453/455/ S5.150/453/455	
5,830-5,850			d	d	d	amatss	amatss	amatss		
5,850 - 5,925 GHz			u	u	u		SFS, F, M		S5.150	
5,925 - 6,700 GHz			u	u	u		SFS, F, M		S5.440/458/149 S5.440/458/149	
6,700 - 7,075 GHz			b	b	b		SFS, F, M		S5.441 S5.458/458A/458B/458C	
		Add95: Art S9.11A (Res46) y Art S22.5A (Res115A) (no sujeto al S22.2)	dx	dx	dx		SFS (Enlaces de conexión del SMS no OSG) (véase 5,091 - 5,250 y 15,450 - 15,650 GHz)		S5.458B	
6,725 - 7,025	APS30B(u) (A): Plan del SFS		u	u	u		Plan del SFS (véase 4,500 -4,800 GHz),		S5.441	
7,025 - 7,075		Add95	u	u	u		SFS OSG y otros sistemas no OSG		S5.458C (18 nov 95)	
7,250 - 7,750 GHz			d	d	d		SMS(d) (véase 7,500 - 8,400 GHz)			
7,250 - 7,300 GHz			d	d	d		SFS, M		S5.461	
7,250 - 7,375 GHz	Art14/SMS	Mod95: Art S9.21(Art14)	d	d	d		SMS(d) (véase 7,300 - 8,025 GHz)		S5.461	
7,300 - 7,450 GHz			d	d	d		SFS, MxA			
7,450 - 7,550 GHz		Add 97: no OSG MetSat (S5.461A y 462A / entre 7 450-7 550 MHz y 7 750-7 850 MHz)	d d	d d	d d		SFS, MetSat GEO, F, MxA		S5.461A (después de 30 nov 97)	
7,550 - 7,750 GHz			d	d	d		SFS, F, MxA			
7,750 - 7,850 GHz			d	d	d					
7,900 - 8,400 GHz			u	u	u					
7,900 - 8,025 GHz	Art14/SMS	Mod95: Art S9.21(Art14)	u	u	u		SMS(ascendente) véase 7,250 -7,375 GHz)		S5.461	
7,900 - 8,025 GHz			u	u	u		SFS(u), F, M		S5.461	

Atribuciones del SFS/SRS/SMS/SES (121 MHz -275 GHz) (artículo S5 del RR)

Atribuciones del SFS/SRS/SMS/SES (121 MHz -275 GHz) (artículo S5 del RR)

Frecuencia	Decisiones: CAMR-85 y 88	Decisiones: CAMR-92 y CMR-95 y 97	R1	R2	R3	servicios a los que está atribuida la banda a título primario (los servicios que aparecen en minúsculas tienen atribuciones a título secundario) — R1	R2	R3	Notas: numeración anterior a las Actas Finales de la CMR-95 — R2	R3
8,025 - 8,175 GHz		Add97: límites SETS: S5.462A y Res124	u d	u d	u d		SFS(u), F, M SETS(d)		Add97 S5.462A Mod S5.463	Add97 S5.462A
8,175 - 8,215 GHz			u u d	u u d	u u d		SFS(u), F, M, MetSat(u), SETS(d)		Add97 S5.462A Mod S5.463	Add97 S5.462A
8,215 - 8,400 GHz			u d	u d	u d		SFS(u), F, M SETS(d)		Add97 S5.462A Mod S5.463	Add97 S5.462A
10,700 - 10,950 GHz	AP30B(d) (A): Plan del SFS	SFS no OSG : CMR97 Res 130	b d ux	d d	d d	SFS (enlaces de conexión del SRS)	Plan del SFS (véase 12,75 - 13,25 GHz), SFS no OSG(d) MxA, F,		S5.441 Mod 97 S5.441 S5.484	
10,950 - 11,200 GHz			b d ux	d d	d d	SFS (enlaces de conexión del SRS)	SFS, SFS no OSG(d) MxA, F		Mod 97 S5.484A S5.484	
11,200 - 11,450 GHz	AP30B(d) (A): Plan del SFS	SFS no OSG : CMR97 Res 130	b d ux	d d	d d	SFS (enlaces de conexión del SRS)	Plan del SFS (véase 12,75 - 13,25 GHz), SFS no OSG(d) MxA, F		S5.441 Mod 97 S5.441 S5.484	
11,450 - 11,700 GHz		SFS no OSG : CMR97 Res 130	b d ux	d d	d d	SFS (enlaces de conexión del SRS)	SFS, SFS no OSG(d) MxA, F		Mod 97 S5.484A S5.484	
11,700 - 12,500 GHz	APS30/R1: Plan del SRS Operaciones espaciales: bandas de guarda en las bandas superior e inferior (14 MHz)	Add97:SFS no OSG:S5.487A y Res538	d d d			Plan del SRS (véase 14,5 - 14,8 fuera de Europa y 17,3 - 18,1 GHz) SFS no OSG(d) F, B sfs(d)			Add97 S5.487A S5.487 Mod97 S5.492	
11,700 - 12,200	APS30/R3: Plan del SRS Operaciones espaciales: bandas de guarda en las bandas superior e inferior (14 MHz)	SFS no OSG(d): CMR97 Res130 SFS no OSG(d): CMR97 Res538		d d	d d d		SFS(d) SFS no OSG(d)	Plan del SRS (véase 14,5-14,8GHz fuera de Europa y 17,3-18,1GHz) SFS no OSG(d) sfs(d) F,MxA, R	S5.485/488 (Sistemas del SFS y el SRS nacionales y regionales)	Add97 S5.487A Mod97 S5.492 S5.487
12,200 - 12,500					d			SFS(d) (nacional y sub-Reg) F, MxA, R		S5.491 S5.487
11,700 - 12,100					d		SFS(d), F			S5.486 S5.485/488
12,100 - 12,200					d		SFS(d)			S5.485/488/489
12,200 - 12,700 GHz	*APS30/R2: Plan del SRS* Operaciones espaciales: bandas de guarda en las bandas superior e inferior (12 MHz)	Add97:SFS no OSG:S5.487A y Res538			d d d			*Plan del SRS (véase 17,3 - 17,8 GHz)* SFS no OSG(d) sfs(d) F, MxA, R		*S5.488/490/492 (Sistemas del SFS y el SRS nacionales y regionales)* *Add97 S5.487A* Mod97 S5.492
12,200 - 12,750 GHz		SFS no OSG: CMR97 Res 130			d			SFS no OSG(d)		
12,500 - 12,750 GHz	CAMR-79 Res34	SFS no OSG: CMR97 Res 130	b d		d d	SFS SFS no OSG (d)		SFS(d), SRS F, MxA	S5.494 495/496 Add97 S5.484A	S5.493
12,500 - 12,700										

<table>
<tr><td colspan="11">Atribuciones del SFS/SRS/SMS/SES (121 MHz -275 GHz) (artículo S5 del RR)</td></tr>
<tr><td rowspan="3">Frecuencia</td><td rowspan="3">Decisiones:
CAMR-85 y 88</td><td rowspan="3">Decisiones:
CAMR- 92 y CMR- 95 y 97</td><td colspan="3">Regiones</td><td colspan="3">servicios a los que está atribuida la banda a título primario
(los servicios que aparecen en minúsculas tienen atribuciones a título secundario)</td><td colspan="2">Notas: numeración anterior a las Actas Finales de la CMR-95</td></tr>
<tr><td>R1</td><td>R2</td><td>R3</td><td>R1</td><td>R2</td><td>R3</td><td>R2</td><td>R3</td></tr>
<tr><td></td><td></td><td></td><td></td><td></td><td></td><td></td><td></td></tr>
<tr><td>12,700 - 12,750</td><td></td><td></td><td></td><td>u</td><td></td><td></td><td>SFS(u),
F, MxA</td><td></td><td></td><td></td></tr>
<tr><td>12,750 - 13,250 GHz</td><td>AP30B(u) (A): Plan del SFS

y Res 08</td><td>SFS no OSG : CMR97 Res 130</td><td>u
u</td><td>u
u</td><td>u
u</td><td></td><td>Plan del SFS (véase 10,7 - 10,950 y 11,2 - 11,450 GHz),
SFS no OSG(ascendente)
F, M</td><td></td><td>S5.441
Mod 97 S5.441</td><td></td></tr>
<tr><td>13,750 - 14,500 GHz</td><td></td><td>SFS no OSG : CMR97 Res 130</td><td>u</td><td>u</td><td>u</td><td></td><td>SFS no OSG(ascendente)</td><td></td><td></td><td></td></tr>
<tr><td>13,750 - 14,000 GHz</td><td></td><td>Mod95: RL y RN y SIE</td><td>u</td><td>u</td><td>u</td><td></td><td>SFS,
RL
sie</td><td></td><td>S5.333/499/500/501/502/503/503A</td><td></td></tr>
<tr><td>14,000 - 14,250 GHz</td><td></td><td></td><td>u
u</td><td>u
u</td><td>u
u</td><td></td><td>SFS y mxass
y sfs(srs(ec)) (fuera de Europa)
RN</td><td></td><td>S5.506 (fuera de Europa)
S5.504, S5.505</td><td></td></tr>
<tr><td>14,250 - 14,500 GHz</td><td></td><td></td><td>u
u</td><td>u
u</td><td>u
u</td><td></td><td>SFS y mxass
y sfs(srs(ec)) (fuera de Europa)</td><td></td><td>S5.506 (fuera de Europa)
S5.504/S5.505/508/509</td><td></td></tr>
<tr><td>14,250 - 14,300</td><td></td><td></td><td></td><td></td><td></td><td></td><td>RN</td><td></td><td>S5.504</td><td></td></tr>
<tr><td>14,300 - 14,400</td><td></td><td></td><td></td><td></td><td></td><td>F, MxA</td><td></td><td>F, MxA</td><td></td><td></td></tr>
<tr><td>14,400 - 14,470</td><td></td><td></td><td></td><td></td><td></td><td></td><td>F, MxA</td><td></td><td>S5.506</td><td></td></tr>
<tr><td>14,470 - 14,500</td><td></td><td></td><td></td><td></td><td></td><td></td><td>F, MxA</td><td></td><td>S5.149/506</td><td></td></tr>
<tr><td>14,500 - 14,800 GHz</td><td>AP30A/F.1 y 3: Plan SRS(EC)
Operaciones espaciales: Banda de guarda superior e inferior (11,8/11,86MHz)</td><td></td><td>u
ux</td><td>u</td><td>u
ux</td><td>Plan SFS (enlaces de conexión del SRS)
(véase 11,7 - 12,5 GHz)</td><td>SFS (enlaces de conexión del SRS) (fuera de Europa)
F, M</td><td>SFS (enlaces de conex...
(véase 11,7 - 12,2 GHz)</td><td>S5.510
S5.510 (fuera de Europa)</td><td>S5.510</td></tr>
<tr><td>15,400 - 15,430 GHz</td><td></td><td></td><td>d</td><td>d</td><td>d</td><td></td><td>RNA</td><td></td><td>Add97 S5.511D /
SFS (SMS no OSG(EC)) publicado antes del 21 Nov 97</td><td></td></tr>
<tr><td>15,430 - 15,630 GHz</td><td></td><td>Add95: SMS no OSG(EC)
 y ArtS9.11A(Res46) y Res116
Mod97:S5.511A y Res123(down/RAst))
SMS no OSG(EC) : CMR97 Res46/S9.11A</td><td>b</td><td>b</td><td>b</td><td></td><td>SFS (enlaces de conexión del SMS no OSG)
(véase 19,3 - 19,6 GHz)
RNA</td><td></td><td>Mod97 S5.511A
Mod97 S5.511C y Add97 S5.511D</td><td></td></tr>
<tr><td>15,450 - 15,650</td><td></td><td>sms no OSG(EC) : CMR95 Res46/S9.11A
ArtS9.11A/Res46 y S4.10 y Res117</td><td>ux</td><td>ux</td><td>ux</td><td></td><td>SFS (SMS no OSG(EC)) (véase 6,700 - 7,075 GHz)
RNA</td><td></td><td>511C</td><td></td></tr>
<tr><td>15,630 - 15,700 GHz
15,630-15,650
15,650-15,700</td><td></td><td></td><td>u
d</td><td>u
d</td><td>u
d</td><td></td><td>RNA</td><td></td><td>Add S5.511D /
FSS (SMS no OSG(EC)) publicado antes del 21 Nov 97</td><td></td></tr>
<tr><td>17,300 - 18,100 GHz</td><td>SFS OSG SRS(EC)
SRS(EC) Plan: véase APS30A (17,8-18,1GHz: sin planificar en R2)
Operaciones espaciales: Bandas de guarda en las bandas superior e inferior (14/11MHz)</td><td>Mod97 S5.516 y Res 538 : SFS no OSG (u)</td><td>ux</td><td>ux</td><td>ux</td><td>Plan OSG SRS(EC)
NGO SFS(u)</td><td>SFS OSG(SRS(EC))
Plan SRS(EC) (únicamente 17,3-17,8 GH...
SFS no OSG(u) (únicamente 17,8-18,1 GI</td><td>Plan OSG SRS(EC)
SFS no OSG(u)</td><td>Mod97 S5.516</td><td></td></tr>
<tr><td>17,300 - 17,800 GHz</td><td>APS30A: Plan SRS(EC) y Art S11

APS30A Anexo 4</td><td></td><td>ux</td><td>ux
d</td><td>ux</td><td>SFS no OSG</td><td>Planes SFS OSG(SRS(EC))
SRS</td><td>SFS no OSG</td><td>Mod97 S5.516
Mod97 S5.516
S5.515/517 y Mod97 S5.514</td><td>Mod97 S5.516</td></tr>
<tr><td>17,300 - 18,100 (R1y3)</td><td>APS30A: Plan SRS(EC)/R1 y 3 y Art S11(exArt15A)
CMR97 Res 538 : SFS no OSG (u)
Mod 97: S5.516 y Res 538 (u)</td><td></td><td>ux
u</td><td></td><td>ux
u</td><td>SFS Plan (SRS(EC))
(véase 11,7 - 12,5 GHz)
SFS no OSG(ascendente)</td><td></td><td>SFS Plan (SRS(EC))
(véase 11,7 - 12,2 GHz)
SFS no OSG(ascendente)</td><td>S5.516 (véase 11,7 - 12,5 GHz)
Mod97 S5.516</td><td>S5.516 (véase 11,7 - 12,2 GHz)
Mod97 S5.516</td></tr>
<tr><td>17,300 - 17,800 (R2)</td><td>APS30A: Plan SRS(EC)/R2 y Art S11(exArt15A)
Operaciones espaciales: Bandas de guarda en las bandas superior e inferior (12/12MHz)
APS30A Anexo 4</td><td>Mod92: Res 525 y 526 (TVAD)</td><td></td><td>ux
d</td><td></td><td></td><td>Plan SFS OSG (SRS(EC)) (véase 12,2 - 12,7 GHz)
SRS (después de abril de 2007)</td><td></td><td>S5.515/516 (véase 12,200 - 12,700)
S5.517 (después de abril 2007)</td><td></td></tr>
<tr><td>17,700 - 18,400 GHz</td><td></td><td></td><td>b</td><td>b</td><td>b</td><td></td><td>SFS(d) y SFS(SRS(EC)(u)),</td><td></td><td></td><td></td></tr>
<tr><td>17,800 - 18,600 GHz</td><td></td><td>SFS no OSG : CMR97 Res 130</td><td>d</td><td>d</td><td>d</td><td></td><td>SFS no OSG (d)</td><td></td><td></td><td></td></tr>
<tr><td>17,700 - 18,100 GHz</td><td>Plan SFS(SRS(EC)): APS30A</td><td></td><td>d
ux</td><td>d
ux</td><td>d
ux</td><td></td><td>SFS(d),
Plan SFS OSG (SRS(EC))</td><td></td><td>S5.516</td><td></td></tr>
</table>

Atribuciones del SFS/SRS/SMS/SES (121 MHz -275 GHz) (artículo S5 del RR)

Frecuencia	Decisiones: CAMR-85 y 88	Decisiones: CAMR-92 y CMR-95 y 97	Regiones R1	R2	R3	servicios a los que está atribuida la banda a título primario (los servicios que aparecen en minúsculas tienen atribuciones a título secundario) — R1	R2	R3	Notas: numeración anterior a las Actas Finales de la CMR-95 — R2	R3
						F,M	F, M	F, M	S5.518: M hasta abril de 2007 para 17,7-17,8 GHz	
17,700 - 17,800	APS30A: Plan SRS(EC)/R1, 2 y 3		d ux	d ux	d ux d	F,M	SFS(d), Plan SFS OSG (SRS(EC)) SRS(después de abril de 2007 y prioridad al SFS(d)) M(hasta 31/03/2007) F	F,M	S5.516 S5.517 S5.517(después de abril de 2007) S5.518 (hasta 31/03/2007) S5.515/518	
17,800 - 18,100	APS30A: Plan SRS(EC)/R1 y 3 y sin planificar R2	CMR97 Res 538 : SFS no OSG (u)	b u u	b u u	b u u	Plan SRS(EC)	SFS(d) y SFS OSG(SRS(FL)(u)), SRS(FL), SFS no OSG (u) F, M	Plan SRS(EC)	Mod97 S5.516	
18,100 - 18,400 GHz		Mod92: SFS(SRS(EC))	d ux	d ux	d ux		SFS(d) SFS(SRS(EC)) M		S5.520	
18,100 - 18,300		Art S21	d	d	d		OSG MeteoSat		S5.519/521 S5.519	
18,400 - 18,800 GHz			*d*	*d*	*d*		*SFS(d)*			
18,400 - 18,600 GHz			d	d	d		SFS, F, M			
18,600 - 18,800 GHz			d	d	d		SFS, F, MxA, SETS y SIE (pasivo)		S5.523 S5.522	
18,800 - 19,300 GHz		Add95: ex-Res 118 (ex :Teledesic) Mod97: CMR97 Res 46/S9.11A Add97: CMR97 Res 132 OSG y SFS no OSG: CMR97 Res 46	d	d	d		OSG y SFS no OSG (véase 28,6 - 29,1 GHz),		S5.523A (NSFS OSG) (véase 28.600 - 29.100) (18 Nov 97)	
18,800 - 18,900		Mod97: ArtS22.2(ex-2613) no se aplica	d	d	d		SFS no OSG (véase 28,6 - 28,7 GHz)		sin cambios desde el 17/02/96 hasta la final de la CMR 97	
18,900 - 19,300		OSG y SFS no OSG: CMR95 Res 46	d	d	d		SFS no OSG (véase 28,7 - 29,1 GHz) F, M			
19,300 - 19,700 GHz			b	b	b		SFS (véase 29,1 - 29,5 GHz) ,			
		Add95: ex-Res120 (ex: Iridium y Odyssey)	d	d	d		SFS OSG y SFS(SMS no OSG(EC))		S5.523C (SMS no OSG(EC))	
19,300 - 19,600		Add95: ArtS9.11A(Res46) (18 nov 95) Art S9 y S11 y S22.2(exRR2613) Mod97: S22.2 se aplica a las redes antes del 18 Nov 95	d	d	d		SFS OSG y SFS(GSO no SMS(EC)) (véase 29,1 - 29,4 GHz) otros SFS no OSG		S5.523D (OSG-SFS y SMS no OSG(EC)) (después de 18 Nov 97) S5.523D	
19,600 - 19,700		S22.2(exRR2613) Add97:S22.2 se aplica a las redes antes del 21 Nov 97	d	d	d		SFS (SMS no OSG(EC)) (véase 29,4 - 29,5 GHz) ,			
19,300 - 19,600		Add95: ArtS9.11A(Res46)	ux	ux	ux		SFS (SMS no GSO (FL)) F, M		S5.523B (SMS no OSG(FL))	
19,300 - 19,700										
19,7 - 20,2 - 21,2 GHz			*d*	*d*	*d*		*SFS(d) (véase 29,5 - 30,0 - 31,0 GHz)*			
19,7 - 20,2 GHz		SFS no OSG : CMR97 Res 130	*d*	*d*	*d*		*SFS no OSG (d)*			
19,700 - 20,100 GHz			d d	d d	d d	sms	SFS SMS	sms	Mod97 S5.524 S5.525/526/527/528/529	
20,100 - 20,200 GHz			d d	d d	d d		SFS, SMS		S5.524/525/526/527/528	
20,200 - 21,200 GHz			d d	d d	d d		SFS, SMS		S5.524	
21,400 - 22,000 GHz		Mod92: Res 525 y 526 (TVAD)	d		d	SRS(después de abril de 2007),	SRS(después de abril de 2007), F, M		S5.530 (después de abril de 2007)	S5.530/531

Atribuciones del SFS/SRS/SMS/SES (121 MHz -275 GHz) (artículo S5 del RR)

serv cios a los que está atribuida la banda a título primario (los servicios que aparecen en minúsculas tienen atribuciones a título secundario) — Notas: numeración anterior a las Actas Finales de la CMR-95

Frecuencia	Decisiones: CAMR-85 y 88	Decisiones: CAMR-92 y CMR-95 y 97	Regiones R1	Regiones R2	Regiones R3	R1	R2	R3	Notas R2	Notas R3
22,550 - 23,550 GHz							SES, F, M		S5.149	
24,450 - 24,750 GHz							*SES,*			
24,450 - 24,650						F	SES, RN	F, M, RN	S5.533	
24,650 - 24,750				u		F	SES, SRLS	F, M		S5.533 y 534
24,750 - 25,250 GHz		Mod92 : SRS(FL)		u	u	F	SFS(SRS(FL)(priority) y fss(u)) F, M		S5.535 (ex-882G)	S5.534
25,250 - 27,500 GHz							*SES*			
25,250 - 25,500							SES F, M,		S5.536	
25,500 - 27,000			d	d	d		SES, F, M, SETS		S5.536 / Add S5.536A y 536B	
27,000 - 27,500 GHz				u	u	SES, F, M	SFS, SES, F, M,	S5.536	S5.536/537 (para no geoestacionarios, excepto del S22.2)	
27,500 - 30,000 GHz		Add92 : srs(fl)	u	u	u	*SFS y sfs(srs(fl)),*			*S5.539*	
27,501 - 29,999		Add92 : Radiobalizas	d	d	d	sfs(d)			S5.540 (ex-882B)	
27,500 - 28,600 GHz		SFS no OSG : CMR97 Res 130	u	u	u	SFS no OSG (u)			S5.484A	
27,500 - 28,500 GHz		Add92 : srs(fl)	u	u	u	SFS y sfs(srs(fl)), F, M			S5.539	
27,500 -27,501		Add92 : Radiobalizas	d	d	d	SFS(d)			S5.538/540	
28,500 - 29,100 GHz			u	u	u	SFS y sfs(srs(fl)), F, M			S5.539/523A	
			u	u	u	sets			S5.541 / S5.540/541	
28,600 - 29,100		Add95: Res 118 / Mod97: CMR97 Res 46/S9.11A / OSG y SFS no OSG: CMR97 Res 46	u	u	u	OSG y SFS no OSG (véase 18,8 - 19,3 GHz)			S5.523A	
28,600 - 28,700		S22.2(exRR2613) hasta CMR97				SFS no OSG (véas: 18,8 - 18,9 GHz)			sin cambios desde el 17/02/96 hasta el final de la CMR97	
28,700 - 29,100		OSG y SFS no OSG: CMR95 Res 46				SFS no OSG (véas: 18,9 - 19,3 GHz)				
29,100 - 29,500 GHz		Add95: Res120	u	u	u	SFS OSG y SFS (SMS no OSG(FL)) (véase 19,3 - 19,7 GHz)			S5.539/535A/541A/523C y E	
		Add97: S9.11A(Res46) y Res 121 / OSG y SFS no OSG: CMR97 Res 46	u	u	u	SFS (SMS no OSG(FL)) (véase 19,3 - 19,7 GHz)			Mod 97 S5.535A y Mod 97 S5.541A (después de 18 Nov 95)	
29,100 - 29,400		Mod97:S22.2 se aplica a las redes antes del 18 Nov 95				SFS (SMS no OSG(FL)) (véase 19,3 - 19,6 GHz)			Mod 97 S5.523C	
29,400 - 29,500		S22.2(exRR2613) / Add97:S22.2 se aplica a las redes antes del 21 Nov 97				SFS (SMS no OSG(FL)) (véase 19,6 - 19,7 GHz)			Mod 97 S5.523E	
29,100 - 29,500		Add92 : srs(fl)	u	u	u	SFS(srs(fl)), F, M			S5.539/535A	
			u	u	u	sets			S5.541 / S5.540/541	
29,5 - 30,0 - 31,0 GHz			u	u	u	*SFS(u) (véase 19,7 - 20,2 - 21,2 GHz)*				
29,500 - 30,000 GHz		NSFS OSG : CMR97 Res 130	u	u	u	*SFS no GSO (ascendente)*			[illegible]	
29,500 - 29,900 GHz		Add92 : srs(fl)	u	u	u	SFS y SFS(srs(fl)),			S5.539	
			u	u	u	sms	SMS	sms	S5.525/526/527/529	
			u	u	u	sets			S5.541	

Atribuciones del SFS/SRS/SMS/SES (121 MHz -275 GHz) (artículo S5 del RR)										
Frecuencia	Decisiones: CAMR-85 y 88	Decisiones: CAMR-92 y CMR-95 y 97	Regiones			servicios a los que está atribuida la banda a título primario (los servicios que aparecen en minúsculas tienen atribuciones a título secundario)			Notas: numeración anterior a las Actas Finales de la CMR-95	
			R1	R2	R3	R1	R2	R3	R2	R3
									S5.540/542	
29,900 - 30,000 GHz		Add92 : srs(fl)	u	u	u		SFS y SFS(srs(fl)),		S5.539	
			u	u	u		SMS			
			u	u	u		sets		S5.541	
									S5.525/526/527/543/538/540/542	
29,999 -30,000		Add92 : Radiobalizas	d	d	d		SFS(d)		S5.538	
30,000 - 31,000 GHz			u	u	u		SFS,			
			u	u	u		SMS			
									S5.542	
32,000 - 33,000 GHz							SES			
31,800 - 33,400		Add97: Res 126 y 726					F (aplicaciones de alta densidad)			
32,000 - 32,300 GHz							SES,			
		Add97: Res 126 y 726					F,			Add97 S5.547 y 547A
							RN,			
			d	d	d		SIE (espacio lejano)			S5.548 y Add97 S5.547C
32,300 - 33,000 GHz							SES,			
		Add97: Res 126 y 726					F,			Add97 S5.547 y 547A
							RN			
										S5.548 y Add97 S5.547D
37,500 - 40,500 GHz			d	d	d		SFS,			
			d	d	d		sets			
37,500 - 38,000			d	d	d		SFS, sets,			
			d	d	d		SIE (espacio lejano),			
							F, M			
38,000 - 39,500			d	d	d		SFS, sets,			
							F, M			
39,500 - 40,000			d	d	d		SFS, sets,			
			d	d	d		SMS,			
							F, M			
40,000 - 40,500			d	d	d		SFS, sets			
			d	d	d		SMS,			
							F, M,			
			u	u	u		SETS,			
			u	u	u		SIE			
40,500 - 42,500 GHz			d	d	d	srs, B, F,	SRS, R, F,			
		Add97: Res 128 y 134		d	d		SFS,		Add S5.551D	Add S5.551B/E y C/F
						m	m		Add S5.551D	Add S5.551C	Add S5.551C y F
42,500 - 43,500 GHz			u	u	u		SFS,		S5.552	
							F, RAst, MxA			
									S5.149	
43,500 - 47,000 GHz							SMS,			
							RN,			
							SRNS,			
							M			
									S5.553	
									S5.554	
47,200 - 50,200 GHz			u	u	u		SFS,		S5.552	
							F,M			
48,940 - 49,040							Rast		S5.555	
47,200 - 49,200							reservar para ec del sie (véase SRS: 47,2-49,2GHz)		S5.149/340/555	

Atribuciones del SFS/SRS/SMS/SES (121 MHz -275 GHz) (artículo S5 del RR)

Frecuencia	Decisiones: CAMR-85 y 88	Decisiones: CAMR- 92 y CMR- 95 y 97	Regiones			servicios a los que está atribuida la banda a título primario (los servicios que aparecen en minúsculas tienen atribuciones a título secundario)			Notas: numeración anterior a las Actas Finales de la CMR-95	
			R1	R2	R3	R1	R2	R3	R2	R3
47,200 - 47,500 47,900 - 48,200		Add97: Res 122 "					F(plataforma a gran altitud) "		Add97 S5.552A "	
50,400 - 51,400 GHz			u	u	u		SFS, sms F,M			
54,250 - 58,200 GHz		Mod95: Res 643 (50 - 70 GHz)					SES, SETS y SIE (pasivo),			
54,250 - 55,780		Add97: SES: limitado a satélites geoestacionarios					SES		Add97 S5.556A Add97 S5.557A	
55,780 - 56,900		Add97: SES: limitado a satélites geoestacionarios					SES, M, F		Add97 S5.556A Mod97 S5.558 Add97 S5.547 Mod97 S5.557	
56,900 - 57,000		Add97: SES: limitado a enlaces entre OSG y a transmisiones de HEO no OSG a LEO					SES M, F		Add97 S5.556B Mod97 S5.558 Add97 S5.547 Mod97 S5.557	
57,000 - 58,200		Add97: SES: limitado a satélites geoestacionarios					SES M, F		Add97 S5.556A Mod97 S5.558 Mod97 S5.557 Mod97 S5.557	
55,780 - 59,000		Add97: Res 126 y 726					F (aplicaciones de alta densidad)		Mod97 S5.557	
59,000 - 71,000 GHz							SES			
59,000 - 64,000 GHz		Mod95: Res 643					SES, M, F RL		Mod97 S5.558 S5.559	
59,000 -59,300		Add97: SES: limitado a satélites geoestacionarios					SES, SETS y SIE (pasivo)		Add97 S5.556A	
59,300 - 64,000							SES		S5.138	
64,000 - 65,000							SES, F (aplicaciones de alta densidad), MxA,		Add97 S5.547	
65,000 - 66,000							SES, F (aplicaciones de alta densidad), MxA, SETS y SIE		Add97 S5.547 S5.138	
66,000 - 71,000							SES, SMS, M SRNS, SRNS,		S5.553 y Mod97 S5.558 S5.554	
71,000 - 74,000 GHz			u u	u u	u u		SFS, SMS, F, M		S5.149/556	
74,000 - 75,500 GHz			u d	u d	u d		SFS, F, M SIE			
81,000 - 84,000 GHz			d d d	d d d	d d d		SFS, SMS, F, M SIE			

Frecuencia	Decisiones: CAMR-85 y 88	Decisiones: CAMR- 92 y CMR- 95 y 97	Regiones			servicios a los que está atribuida la banda a título primario (los servicios que aparecen en minúsculas tienen atribuciones a título secundario)			Notas: numeración anterior a las Actas Finales de la CMR-95	
			R1	R2	R3	R1	R2	R3	R2	R3
84,000 - 86,000 GHz							SRS R, F, M			
									S5.561	
92,000 - 94,000 GHz y 94,100 - 95,000 GHz			u	u	u		SFS F, M, RL			
									S5.149/556	
95,000 - 100,000 GHz							SMS, SRNS, RN, M		S5.553	
									S5.149/554/555	
102,000 - 105,000 GHz			d	d	d		SFS, F, M			
									S5.341	
116,000 - 134, 000 GHz		*Mod95*					*SES,*			
116,000 - 119,980 GHz		Mod95					SES, SETS y SIE (pasivo), F, M		S5.558 S5.138 y 341	
119,980 - 120,020 GHz		Mod95					SES, SETS y SIE (pasivo), F, aficionados, M		S5.558 S5.138 y 341	
120,020 - 126,000 GHz		Mod95					SES, SETS y SIE (pasivo), F, M		S5.558 S5.138 y 341	
126,000 - 134,000 GHz							SES, F, M, RL		S5.558 S5.559	
134,000 - 142,000 GHz			d	d	d		SFS, F, M			
									S5.340	
149,000 - 164,000 GHz			*d*	*d*	*d*		*SFS*			
149,000 - 150,000 GHz			d	d	d		SFS, F, M			
150,000 - 151,000 GHz			d	d	d		SFS, SETS y SIE (pasivo), F, M			
									S5.149, 385	
151,000 - 156,000 GHz			d	d	d		SFS, F, M			
156,000 - 158,000 GHz			d	d	d		SFS, SETS y SIE (pasivo), F, M			
158,000 - 164,000 GHz			d	d	d		SFS, F, M			

| Frecuencia | Atribuciones del SFS/SRS/SMS/SES (121 MHz -275 GHz) (artículo S5 del RR) | | Regiones | | | servicios a los que está atribuida la banda a título primario (los servicios que aparecen en minúsculas tienen atribuciones a título secundario) | | | Notas: numeración anterior a las Actas Finales de la CMR-95 | |
	Decisiones: CAMR-85 y 88	Decisiones: CAMR- 92 y CMR- 95 y 97	R1	R2	R3	R1	R2	R3	R2	R3
170,000 - 182,000 GHz							*SES*			
170,000 - 174,500 GHz							SES, F, M		S5.558 S5.149 y 385	
174,500 - 176,500 GHz							SES, SETS y SIE (pasivo), F, M		S5.558 S5.149 y 385	
176,500 - 182,000 GHz							SES F, M		S5.558 S5.149 y 385	
185,000 - 190,000 GHz							SES, F, M		S5.558 S5.149 y 385	
190,000 - 200,000 GHz							SMS, SRNS, RN, M		S5.553 S5.341 y 554	
202,000 - 217,000 GHz			u	u	u		SFS, F, M		S5.341	
231,000 - 241,000 GHz			d	d	d		*SFS(d)*			
231,000 - 235,000 GHz			d	d	d		SFS, F, M, rl			
235,000 - 238,000 GHz			d	d	d		SFS, SETS y SIE (pasivo), F, M			
238,000 - 241,000 GHz			d	d	d		SFS, F, M, rl			
252,000 - 265,000 GHz							SMS, SRNS, RN, M		S5.149/385/554/555 y Mod97 S5.564	
265,000 - 275,000 GHz			u	u	u		SFS, F, M, RAst		S5.149	
275,000 - 400,000 GHz							no atribuida		S5.565	

NOTA - Este cuadro debe leerse línea a línea; para un mismo color (gris o blanco) se indican los servicios con atribuciones en cada región y las notas correspondientes.

Glosario

notas: resumen *(relativo a los servicios fijo por satélite o de radiodifusión por satélite)*
NOTA - Los números S se utilizan para referirse a las disposiciones simplificadas del RR.

	Cuando se indica en el RR que un servicio puede funcionar en una banda de frecuencias específica a reserva de no causar interferencia perjudicial, ello significa que este servicio no puede reclamar protección contra la interferencia causada por otros servicios a los que está atribuida la banda.
S5.138	Estas aplicaciones ICM (industriales, científicas y médicas) estarán sujetas a una autorización especial concedida por la administración correspondiente.
S5.149 (Mod95&97)	Deben tomarse todas las medidas necesarias para proteger el servicio de radioastronomía contra la interferencia perjudicial producida por otros servicios con atribuciones en estas bandas (la lista de las bandas aparece en el RR).
S5.150	Los equipos ICM que funcionan en estas bandas están sujetos a las disposiciones del número S15.13 (véase la lista de estas bandas en el RR).
	Las bandas 121,450-121,550 MHz y 242,950-243,050 MHz también están atribuidas al SMS pero limitadas a las radiobalizas de localización de siniestros (véase el apéndice S13).
	La utilización de la banda 137-138 MHz por el SMS está sujeta a la coordinación con arreglo al número S9.11A y a la Resolución 46(Rev.CMR-95). Las disposiciones de la Resolución 714/COM5 (CMR-95) se aplican a las limitaciones de dfp.
	Deben adoptarse todas las medidas posibles para proteger el servicio de radioastronomía de la interferencia perjudicial producida por las emisiones no deseadas del SMS (véase la lista de estas bandas en el RR).
	La utilización de las bandas 137-138 MHz, 148-149,900 MHz, 400,150-401 MHz, 455-456 MHz y 459-460 MHz por el SMS y las bandas 149,900-150,050 MHz y 399,900-400,050 MHz por el SMTS está limitada a los satélites no geoestacionarios.
S5.218	La banda 148-149,9 GHz está también atribuida al servicio de operaciones espaciales (Tierra-espacio)
S5.219 (Add92+Mod95&97)	La utilización de la banda 148-149,900 GHz por el SMS está sujeta a la coordinación con arreglo al número S9.11A/Resolución 46.
S5.220 (Add92+Mod95&97)	La utilización de las bandas 149,900-150,050 MHz y 399,900-400,050 MHz por el SMTS está sujeta a la coordinación con arreglo al número S9.11A y no deberá limitar la utilización de los servicios fijo, móvil y espaciales en la banda 148-149,900 MHz.
S5.221 (Add92+Mod95)	La utilización de la banda 148-149,900 MHz por el SMS no deberá causar interferencia perjudicial a los servicios fijo y móvil en la banda 148-149,900 MHz.
S5.224 (Add92+Mod95+Sup97)	La atribución de las bandas 149,900-150,050 MHz y 399,900-400,050 MHz al SMTS será a título secundario hasta el 1 de enero de 1997.
	La utilización de las bandas 149,900-150,050 MHz y 399,900-400,050 MHz por el SMS (Tierra-espacio) está limitada al servicio móvil terrestre por satélite (Tierra-espacio) hasta el 1 de enero de 2015.
	La atribución de las bandas 149,90-150,05 MHz y 399,90-400,05 MHz al SRNS será efectiva a partir del 1 de enero de 2015.
	Las bandas 235-322 MHz y 335,400-399,900 MHz pueden ser utilizadas por el SMS sujetas al acuerdo obtenido con arreglo al número S9.21 sin causar interferencia perjudicial a otros servicios.
	La banda 312-315 MHz (Tierra-espacio) y 387-390 MHz (espacio-Tierra) puede ser también utilizada por el SMS no OSG, sujeta a la coordinación a tenor del número S9.11.
	La banda 267-272 MHz puede ser utilizada por las administraciones para telemedida espacial en sus país e y a título primario sujeto al acuerdo obtenido con arreglo al artículo 14/S9.21.
S5.264 (Add92+Mod95))	La utilización de la banda 400,150-401 MHz por el SMS está sujeta a la coordinación con arreglo al número S9.11A/Resolución 46.
S5.266	La banda 406-406,100 MHz está también atribuida al SMS pero limitada a las radiobalizas de localización de siniestros (véase también el artículo S31 y el apéndice S13).
S5.267	Queda prohibida toda interferencia perjudicial en la banda 406-406,100 MHz.
S5.286A (Add95+Mod97)	La utilización de las bandas 455-456 MHz y 459-460 MHz por el SMS está sujeta a la coordinación con arreglo al número S9.11A/Resolución 46.
S5.286B (Add95+Mod97)	La utilización de las bandas 455-456 MHz y 459-460 MHz por el SMS no deberá causar interferencia perjudicial a los servicios fijo y móvil ni deberá reclamar protección contra los mismos.
S5.286C (Add95+Mod97)	La utilización de las bandas 455-456 MHz y 459-460 MHz por el SMS no deberá limitar la utilización de los servicios fijo y móvil.
S5.311	Pueden realizarse asignaciones a las estaciones de televisión con modulación de frecuencia del SRS en la banda de frecuencias 620-790 MHz, previo acuerdo entre las administraciones interesadas (véanse las Resoluciones 33 y 507 y la Recomendación 705).
	En la Región 2 (excepto Brasil y Estados Unidos) la banda 806-890 MHz está también atribuida, a título primario, al SMS dentro de las fronteras nacionales y sujeta al acuerdo obtenido con arreglo al número S9.21/artículo 14.
S5.319 (Mod95)	En la Región 1 (Bielorusia, Rusia, Ucrania) las bandas 806-890MHz (Tierra-espacio) y 942-960 MHz (espacio-Tierra) también están atribuidas al SMS (salvo el SMA(R)S) y la utilización de estas bandas no causará interferencia perjudicial a otros servicios ni reclamará protección contra ellos.
	Las bandas 806-890MHz y 942-960MHz están también atribuidas al SMS (salvo el SMA(R)S) en la Región 3, a título primario y para aplicaciones nacionales están sujetas al acuerdo obtenido con arreglo al número S9.21.
S5.340 (Mod95&97)	Todas las emisiones están prohibidas en estas bandas (véase la lista de estas bandas en el RR).
S5.345	Atribuida al SRS en la CAMR-92.
	La utilización de la banda 1 452-1 492 MHz por el SRS está limitada a la radiodifusión sonora digital y sujeta a las disposiciones de la Resolución 528 (CAMR-92).
	Atribuida al SRS por la CAMR-92.
	La utilización de la banda 1 452-1 492 MHz por el SRS está limitada a la categoría secundaria hasta el 1 de abril de 2007 en algunos países (principalmente en las Regiones 1 y 3) (CMR-92).
	La utilización de la banda 1 492-1 525 MHz por el SMS está sujeta a la coordinación con arreglo al número S9.11A.
	En la banda 1 492-1 525 MHz, la dfp en aplicación de la Resolución 46(Rev.CMR-95) deberá ser de -150 dBW/m2 en cualquier banda de 4 kHz para todos los ángulos de llegada.
	Las bandas 1 525-1 544 MHz, 1 545-1 559 MHz, 1 626,500-1 645,500 MHz y 1 646,500-1 660,500 MHz no deberán ser utilizadas para enlaces de conexión de ningún servicio.
Sup97 S5.352	La utilización de las bandas 1 525-1 544 MHz, 1 545-1 559 MHz, 1 626,500-1 645,500 MHz y 1 646,500-1 660,500 MHz por el SMTS se limita a las transmisiones de datos.
S5.352A (Add97)	En la banda 1 525-1 530 MHz, las estaciones del SMS (salvo el SMMS) no deberán causar interferencia perjudicial a las estaciones del servicio fijo en ciertos países de las Regiones 1 y 3

	ni reclamar protección contra las mismas.
Sup97 S5.353 (Mod95)	En algunos países (principalmente de la Región 2) , la banda 1 530-1 544 MHz está también atribuida al SMS (espacio-Tierra) y la banda 1 631,5-1 645,5 MHz está también atribuida al SMS (Tierra-espacio) a título primario.
S5.353A (Add97)	Prioridad para las comunicaciones de socorro y seguridad del SMSSM.
	Al aplicar los procedimientos del número S9.11 A al SMS en las bandas 1 530-1 544 MHz y 1 626,5-1 645,5 MHz se deberá dar prioridad al SMSSM (prioridad 1 a 6 del artículo S44 del RR) frente al resto de comunicaciones del SMS que no deberán causar interferencia inaceptable a las comunicaciones del SMA(R)S ni reclamar protección contra las mismas (véase la Resolución 218 de la CMR-97).
	La utilización de las bandas 1 525-1 559 MHz y 1 626,500-1 660,500 MHz por el SMS está sujeta a la coordinación con arreglo al número S9.11A /Resolución 46 salvo en lo dispuesto en el número S9.13
	La utilización de la banda 1 544-1 545 MHz por el SMS (espacio-Tierra) está limitada a las comunicaciones de socorro y seguridad (véase el artículo N38/S31)
	En la banda 1 545-1 555 MHz las transmisiones también se utilizan para aumentar o completar los enlaces satélite-aeronave.
	En las bandas 1 555-1 559 MHz y 1 656,5-1 660,5 MHz las estaciones terrenas de aeronave y de barco también pueden comunicarse con las estaciones espaciales en SMTS (Resolución 208 (Mob87))
	Atribución alternativa: en Australia, Canadá y México, la banda 1 555-1 559 MHz está atribuida al SMS (espacio-Tierra) y la banda 1 656,5-1 660,5 MHz está atribuida al SMS (Tierra-espacio) y al servicio de radioastronomía a título primario.
Sup97 S5.362	Atribución alternativa: en Argentina y Estados Unidos, la banda 1 555-1 559 MHz está atribuida al SMS (espacio-Tierra) y la banda 1 656,5-1 660,5 MHz está atribuida al SMS (Tierra-espacio) y la banda 1 660-1 660,5 MHz está atribuida al SMS (Tierra-espacio) y al servicio de radioastronomía, a título primario.
	El SMA(R)S tendrá prioridad de acceso sobre todas las comunicaciones del SMS. Teniendo en cuenta la prioridad de las comunicaciones de socorro y seguridad del SMMS .
S5.362A (Add.97)	Prioridad de las comunicaciones de socorro y seguridad del SMMS.
	En aplicación de los procedimientos del número S9.11 A al SMS en las bandas 1 545-1 555 MHz y 1 646,5-1 656,5 MHz, deberá darse prioridad al SMA(R)S (prioridad 1 a 6 del artículo S44 del RR) sobre las otras comunicaciones del SMS que no deberán causar interferencia inaceptable a las comunicaciones del SMA(R)S ni reclamar protección contra las mismas (véase la Resolución 218 de la CMR-97).
S5.362B (Add.97)	En Estados Unidos, en las bandas 1 555-1 559 MHz y 1 656,5-1 660,5 MHz, deberá darse prioridad al SMA(R)S (prioridad 1 a 6 del artículo S44 del RR) sobre las otras comunicaciones del SMS que no deberán causar interferencia inaceptables a las comunicaciones del SMA(R)S ni reclamar protección contra las mismas.
	La utilización de la banda 1 610-1 626,5 MHz por el SMA (Tierra-espacio) y por el SRDS (Tierra-espacio) está sujeta a la coordinación con arreglo al número S9.11A/Resolusión 46 y deberán hacerse todos los esfuerzos posibles para asegurar la protección de las estaciones que funcionan de acuerdo con las disposiciones del número S5.366.
	Las estaciones del SMS no deberán reclamar protección contra las estaciones del SRNA (véase el número S5.356) .
	La utilización de la banda 1 613,8-1 626,5 MHz por el SMS espacio-Tierra) está sujeta a la coordinación con arreglo al número S9.11A/Resolución 46.
S5.372	En la banda 1 610,6-1 13,8 MHz las estaciones terrenas del servicio de radiodeterminación y del SMS no deberán causar interferencia perjudicial a las estaciones del servicio de radioastronomía.
Sup97 S5.373A (Add.95)	En Argentina y Estados Unidos, la utilización de la banda 1 626,500-1 631,500 MHz por el SMS (espacio-Tierra) está sujeta a la condición indicada en Sup97número S5.353.
S5.374	En las bandas 1 631,500-1 634,500 MHz y 1 656,500-1 660 MHz, las estaciones terrenas terrestres y de barco del SMS no deberán causar interferencia perjudicial a las estaciones del SF.
S5.375	La utilización de la banda 1 645,5-1 646,5 MHz por el SMS (Tierra-espacio) y para enlaces entre satélites está limitada a las comunicaciones de socorro y seguridad.
S5.377 (Mod.95)	En la banda 1 675-1 710 MHz, las estaciones del SMS no deberán causar interferencia perjudicial al servicio de meteorología por satélite y estarán sujetas a la coordinación con arreglo al número S9.11A.
S5.388 (Mod.95 y 97)	Las bandas 1 885-2 025 y 2 110-2 200 MHz están destinadas para su utilización a escala mundial por las IMT-2000 (ex-FSPTMT) de acuerdo con la Resolución 212 revisada por las CRM-95 y 97.
	La utilización de las bandas 1 980-2 010 MHz y 2 170-2 200 MHz por el SMS está sujeta a la coordinación con arreglo a la Resolución 46 (Rev.CMR-97)/número S9.11A y a las disposiciones de la Resolución 716 (CMR-95).
	La utilización de estas bandas no comenzará antes del 1 de enero de 2000 y en el caso de la banda 1 980-1 990 MHz en la Región 2 no comenzará antes del 1 de enero de 2005.
S5.389B (Add.95)	La utilización de la banda 1 980-1 990 MHz por el SMS no deberá causar interferencia perjudicial al SF y al SM en muchos países de la Región 2.
S5.389C (Add.95 + Mod.97)	La utilización de las bandas 2 010-2 025 MHz y 2 160-2 170 MHz por el SMS no comenzará antes del 1 de enero de 2002 y está sujeta a la coordinación con arreglo a la Resolución 46 (Rev.CMR-97)/número S9.11A y a las disposiciones de la Resolución 716 (CMR-95).
	En Canadá y Estados Unidos, la utilización de las bandas 2 010-2 025 MHz y 2 160-2 170 MHz por el SMS no comenzará antes del 1 de enero de 2000 .
	La utilización de las bandas 2 010-2 025 MHz y 2 160-2 170 MHz por el SMS en la Región 2 no causará interferencia perjudicial al SF y al SM en las Regiones 1 y 3.
	En varios países meridionales de la Región 1, la utilización de las bandas 1980-2010 MHz y 2170-2200 MHz por el SMS no deberá causar interferencia perjudicial al SF y al SM antes del 1 de enero de 2005.
	La utilización de las bandas 2 025-2 110 MHz y 2 200-2 290 MHz por las transmisiones espacio-espacio entre dos o más satélites no geoestacionarios no deberá imponer ninguna limitación a las transmisiones de los servicios de investigación espacial, de operaciones espaciales o de exploración de la Tierra por satélite y entre los satélites geoestacionarios y no geoestacionarios.
S5.393 (CAMR-92 + Mod97)	Atribución adicional: en India, México y Estados Unidos, la banda 2 310-2 360 MHz también está atribuida al SRS (sonora) y al servicio de radiodifusión sonora terrenal a título primario y está limitada a la radiodifusión de audio digital y sujeta a las disposiciones de la Resolución 528 de la CMR-92.
S5.396 (CAMR-92)	Las estaciones espaciales del SRS (sonora) en la banda 2 310-2 360 MHz que funcionan de conformidad con el número S5.393 deberá notificarse y coordinarse de conformidad con la Resolución 33.
S5.402 (CAMR-92 + Mod95)	La utilización de la banda 2 483,5-2 500 MHz por el SMS y el servicio de radiodeterminación por satélite está sujeta a la coordinación con arreglo al número S9.11A .
	Deben tomarse todas las medidas posibles para proteger al servicio de radioastronomía contra la interferencia perjudicial producida por emisiones no deseadas del SMS, especialmente la interferencia provocada por radiación del segundo armónico, que caería en la banda 4 990-5 000 .
S5.403 (Mod.95)	La banda 2 520-2 535 MHz (y hasta el 1 de enero de 2005 la banda 2 500-2 535 MHz) puede ser utilizada también por el SMS (espacio-Tierra), salvo el SMAS, dentro de las fronteras nacionales, y está sujeta a las disposiciones del número S9.11A y de la Resolución 46.
	Atribución adicional: en Japón, y sujeta al acuerdo obtenido con arreglo al número S9.21, la banda 2 515-2 535 MHz también puede ser utilizada por el SMAS (espacio-Tierra) para un funcionamiento limitado dentro de las fronteras nacionales a partir del 1 de enero de 2000.
	En la banda 2 500-2 520 MHz, la dfp del SMS (espacio-Tierra) no deberá rebasar el valor de -152dBW/m2/4 kHz en Argentina, a menos que las administraciones interesadas acuerden otra cosa.
	La atribución de la banda 2 500-2 520 MHz al SMS (espacio-Tierra) será efectiva el 1 de enero de 2005.
(Rev.CMR-95 (Res.46))	y está sujeta a la coordinación con arreglo al número S9.11A.
S5.416 (CAMR-92 + Mod.95)	La utilización de la banda 2 520-2 670 MHz por el SRS está limitada a los sistemas nacionales y regionales para la recepción comunal y a reserva de obtener el

S5.417 (Mod.92 + Mod.95) **S5.419 (CAMR-92 + Mod.95)** **(Rev.CMR-95 (Res46))** **S5.420 (Mod.92 + 95)** **(Art14 y Rev.CMR-95 (Res46))**	acuerdo con arreglo al número S9.21 (véanse en el artículo S21 los valores de dfp). En Alemania y Grecia, la banda 2 520-2 670 MHz está atribuida al SF a título primario. La atribución de la banda 2 670-2 690 MHz al SMS será efectiva el 1 de enero de 2005 y está sujeta a la coordinación con arreglo al número S9.11A La banda 2 655-2 670 MHz (y hasta el 1 de enero de 2005 la banda 2 655-2 690 MHz) puede también utilizarse en el SMS (Tierra-espacio), salvo el SMAS dentro de las fronteras nacionales, y está sujeta al acuerdo obtenido con arreglo al número S9.21 y a la coordinación realizada según el número S9.11A. Atribución adicional: en Japón, sujeta al acuerdo obtenido con arreglo al número S9.21, la banda 2 670-2 690 MHz también puede ser utilizada por el SMAS (Tierra-espacio) para operaciones circunscritas a su frontera nacional a partir del 1 de enero de 2000. La utilización de las bandas del SFS 4 500-4 800 MHz (espacio-Tierra) , 6 725-7 025 MHz (Tierra-espacio), 10,7-10,95 GHz (Tierra-espacio) y 11,2-11,45 GHz (espacio-Tierra) y 12,75-13,25 GHz (Tierra-espacio) se ajustará a las disposiciones del apéndices S30B. La utilización de las bandas de los Planes del SFS de 10-11-12-13 GHz por sistemas del SFS OSG se realizará de acuerdo con las disposiciones del apéndice S30B del RR y por sistemas del SFS no OSG se realizará de acuerdo con las disposiciones de la Resolución 130 de la CRM-97.
S5.441A (Add.97)	La utilización de las bandas 10,95-11,20 y 11,45-11,70 GHz (espacio-Tierra), 11,7-12,2 GHz (espacio-Tierra) en la Región 2, 12,2-12,75 GHz en la Región 3, 12,5-12,75 GHz en la Región 1, 13,75-14,5 GHz (Tierra-espacio), 17,8-18,6 GHz y 19,7-20,2 GHz (espacio-Tierra), 27,5-28,6 GHz y 29,5-30 GHz (Tierra-espacio) por los sistemas del SFS no OSG y OSG está sujeta a las disposiciones de la Resolución 130 de la CMR-97. La utilización de la banda 17,8-18,1 GHz (espacio-Tierra) por los sistemas del SFS no OSG también está sujeta a las disposiciones de la Resolución COM5-19 de la CMR-97.
S5.444A (Add.95)	La banda 5 091-5 150 MHz está también atribuida al SFS (Tierra-espacio) a título primario. Esta atribución adicional se limita a los enlaces de conexión del SMS no OSG y está sujeta a la coordinación con arreglo a la Resolución 46 (CMR-95/S9.11A).
S5.446	La banda 5 150-5 216 MHz está también atribuida al SRDS (espacio-Tierra) a título primario y en algunos países de las Regiones 1 y 3 a título secundario. Esta atribución adicional se limita a los enlaces de conexión del SRDS que funcionan en las bandas 1 610-1 626,5 y 2 483,5-2 500 MHz La banda 5 150-5 250 MHz está atribuida al SFS (Tierra-espacio) a título primario pero limitada a los enlaces de conexión del SMS no OSG y sujeta a la coordinación con arreglo a la Resolución 46 (CMR-95/S9.11A). La banda 5 150-5 216 MHz está también atribuida al SFS (Espacio-Tierra) a título primario; esta atribución adicional se limita a los enlaces de conexión del SMS no OSG y está sujeta a las disposiciones de la Resolución 46 (CMR-95/S9.11A). En la banda 5 150-5 250 MHz las redes del SFS con arreglo al S5.447A y B deberán coordinar en igualdad de condiciones con el SRDS no OSG antes del 17 de noviembre de 1995 con arreglo a la Resolución 46 (CMR-95/S9.11A) y no deben ser interferidas por este servicio después del 17 denoviembre de 1995.
S5.458A (Add.95)	En la utilización de la banda 6 700-7 075 MHz por el SFS se deben adoptar todas las medidas posibles para proteger el servicio de radioastronomía en la banda 6 650-6 675,2 MHz contra la interferencia perjudicial producida por emisiones no deseadas del SFS.
S5.458B (Add.95) **S5.458C (Add.95)** **S5.461 (Mod.95)** **S5.461A (Add.97)**	La utilización de la banda 6 700-7 075 MHz está limitada a enlaces de conexión del SMS no OSG y sujeta a la coordinación con arreglo al S9.11A. En la banda 7 025-7 075 MHz (Tierra-espacio) será necesario realizar consultas para facilitar el funcionamiento compartido del SFS OSG y no OSG en esta banda. Las bandas 7 250-7 375 MHz (espacio-Tierra) y 7 900-8 025 MHz (Tierra-espacio) también están atribuidas al SMS a título primario y sujetas al acuerdo obtenido con arreglo al número S9.21. La utilización de la banda 7 450-7 750 MHz por el servicios de meteorología por satélite (espacio-Tierra) está limitada a los sistemas de satélites geoestacionarios. Los satélites no geoestacionarios del servicio de meteorología por satélite notificados antes de la CMR-97 en esta banda pueden continuar funcionando a título primario hasta finalizar su vida útil. La utilización de la banda 7 750-7 850 MHz por el servicio de meteorología por satélite (espacio-Tierra) está limitada a los sistemas de satélites no geoestacionarios En la banda, los límites de dfp especificados en el artículo S21, cuadro S21.4, se aplicarán en las Regiones 1 y 3 al SETS. En las Regiones 1 y 3, en la banda 8 025- 8400 MHz, el SETS que utilice sistemas de satélites geoestacionarios no deberá producir una dfp que rebase los siguientes límites provisionales para unos ángulos de llegada teta: -174 dBW/m² +0,5(θ-5) en una banda de 4 kHz. No se permite a las estaciones de aeronave transmitir en la banda 8 025-8 400 MHz.
S5.484 **S5.485**	En la Región 1, la utilización de la banda 10,7-11,7 GHz (Tierra-espacio) por los enlaces descendentes del SFS se limita a los enlaces de conexión del SRS. En la Región 2, la utilización de la banda 11,7-12,2 GHz (espacio-Tierra) del SRS por el SFS puede hacerse adicionalmente para transmisiones del SRS siempre que dichas transmisiones no provoquen más interferencia que las transmisiones del SFS coordinadas.
S5.487	En las Regiones 1 y 3, la utilización de la banda 11,7-12,5 GHz (espacio-Tierra) por el SFS se realizará de acuerdo con las disposiciones del apéndice S30 sin causar interferencia a las estaciones del SRS que funcionen de conformidad con las disposiciones del apéndice S30 del RR.
S5.487A (Add.97)	Atribución adicional: En cada Región, las bandas respectivas (espacio-Tierra) de los Planes del SRS también están atribuidas al SFS (espacio-Tierra) a título primario, limitadas al SFS no OSG y sujetas a las disposiciones de la Resolución COM5-19 de la CMR-97 (la banda 11,7-12,5 GHz en la Región 1, la banda 12,2-12,7 GHz en la Región 2 y la banda 11,7-12,2 GHz en la Región 3). La utilización de las bandas 11,7-12,2 GHz (espacio-Tierra) en la Región 2 por el SFS y 12,2-12,7 GHz por el SRS en la Región 2 se limita a los sistemas nacionales y subregionales. En la Región 3, la banda 12,2-12,5 GHz (espacio-Tierra) también está atribuida al SFS a título primario, limitada a sistemas nacionales y subregionales. En la Región 2, la banda 12,2-12,7 GHz del Plan del SRS (espacio-Tierra) también puede ser utilizada para transmisiones del SFS siempre que tales transmisiones no causen más interferencia que las transmisiones del SRS planificadas.
S5.493 (Orb-85 + Mod.97) **S5.502 (Mod.92 + 95)(ex 855A)** **S5.503 (Mod.92 + 95)(ex 855B)**	En la Región 3, la utilización de la banda 12,5-12,75 GHz (espacio-Tierra) por el SRS está limitada a una dfp que no rebase el valor de -111 dBW/m²/27MHz . En la banda 13,75-14 GHz, la p.i.r.e. de emisiones de estaciones terrenas del SFS deberá ser mayor de 68 dBW y menor de 85 dBW para un diámetro de antena mínimo de 4,5 m. En la banda 13,75-14 GHz, las estaciones espaciales geoestacionarias del servicio de investigación espacial acerca de las cuales la Oficina ha recibido la información para publicación anticipada antes del 31 de enero de 1992 funcionarán en igualdad de condiciones que las estaciones del SFS.
S5.503A (Add.95) **S5.506**	Hasta el 1 de enero de 2000, el SFS no deberá causar interferencia a las estaciones espaciales no geoestacionarias de los servicios de investigación espacial y de exploración de la Tierra por satélite. Esta banda puede utilizarse por los enlaces de conexión del SRS en países fuera de Europa (Orb88).

S5.510	La utilización de esta banda se limita a los enlaces de conexión del SRS en países fuera de Europa (Orb88).
S5.511A (Add.95 + Mod.97)	La utilización de la banda 15,43-15,63 GHz por el SFS (espacio-Tierra: véase la Resolución COM5-8 de la CMR-97 y la Resolución 116 de la CMR-95) y (Tierra-espacio: véase la Resolución 117 de la CMR-95) está limitada a los enlaces de conexión del SMS no OSG y sujeta a la coordinación con arreglo al número S9.11A/Resolución 46 (Rev.CMR-97).
	En el sentido espacio-Tierra, el mínimo ángulo de elevación de la estación terrena por encima del plano horizontal local y la ganancia hacia dicho plano, así como las distancias mínimas de coordinación para proteger a una estación contra la interferencia perjudicial, estarán en conformidad con lo dispuesto en la Recomendación UIT-R S.1341: no debe ocasionarse interferencia perjudicial a las estaciones del SRA que utilicen la banda 15,35-15,40 GHz. Los límites de dfp aparecen en la Recomendación UIT-R RA.769.
	Las estaciones que funcionan en el SRNA limitarán la p.i.r.e. efectiva, de conformidad con la Recomendación UIT-R S.1340.
	En sentido Tierra-espacio, la máxima p.i.r.e. transmitida por una estación terrena de enlace de conexión hacia el plano horizontal local y las mínimas distancias de coordinación para proteger el SRNA (se aplica el S4.10) contra la interferencia perjudicial producida por las estaciones terrenas de enlace de conexión estarán de conformidad con lo dispuesto en la Recomendación UIT-R S.1340.
	Antes de la CMR-97, la banda 15,4-15,7 GHz (espacio-Tierra) y la banda 15,45-15,65 GHz (Tierra-espacio) estaban atribuidas al SFS a título primario y esta utilización se limita a los enlaces de conexión del SMS no OSG con algunos límites y exigencias de protección (véanse las Resoluciones 116 y 117 de la CMR-95).
	En la Región 2, la compartición de la banda 17,3-17,8 GHz entre el SFS (Tierra-espacio) y el SRS (espacio-Tierra) se realizará de acuerdo con las disposiciones del apéndice S20A.
S5.516 (Add.92 + Mod.97)	La utilización de la banda 17,3-18,1 GHz (Tierra-espacio) está limitada a los enlaces de conexión del SRS (CAMR-92). Para la utilización de la banda 17,3-17,8 GHz en la Región 2 por los enlaces de conexión del SRS en la banda 12,2-12,7 GHz para el SRS, véase el artículo S11 del RR.
	La utilización de la banda 17,3-18,1GHz (Tierra-espacio) por los enlaces de conexión del SRS OSG en las Regiones 1 y 3 y la utilización de la banda 17,8-18,1 GHz (Tierra-espacio) en la Región 2 por los sistemas del SFS no OSG está sujeta a las disposiciones de la Resolución COM5-19 de la CMR-97.
S5.517 (Add.92)	La banda 17,7-17,8 GHz (Tierra-espacio) está atribuida al SMS a título primario hasta el 31 de marzo de 2007.
S5.520 (Add.92)	Atribución adicional: La banda 18,1-18,3 GHz (espacio-Tierra) está también atribuida a los satélites geoestacionarios del servicio de meteorología por satélite y se utilizará de acuerdo con las disposiciones del artículo S21 del RR cuadro S21.4).
	La utilización de la banda 18,1-18,4 GHz (Tierra-espacio) está limitada a los enlaces de conexión del SRS (CAMF-92).
	La dfp en la superficie de la Tierra en la banda 18,6-18,8 GHz (espacio-Tierra) está limitada en la medida de lo posible para disminuir el riesgo de interferencia a los servicios de exploración de la Tierra por satélite y de investigación espacial.
	La utilización de las bandas 18,8-19,3 y 28,6-29,1 GHz por el SFS OSG y no OSG está sujeta a la aplicación de las disposiciones del número S9.11A/Resolución 46 (Rev.CMR-97) y del número S22.2/número 2613 (véanse también las Resoluciones 131 y 132 de la CMR-97 y Sup97 Resolución 118 de la CMR-95).
	Los sistemas de satélites geoestacionarios en coordinación antes de la CMR-95 deberán cooperar en la coordinación con arreglo al número S9.11A/Resolución 46 con los sistemas de satélites no geoestacionarios cuya información de notificación se haya remitido antes de la CMR-95.
	Los sistemas de satélites no geoestacionarios no deberán causar interferencia inaceptable a los sistemas del SFS en coordinacion antes de la CMR-95.
S5.523B (Add.95)	La utilización de la banda 19,3-19,6 GHz (Tierra-espacio) está limitada a los enlaces de conexión del SMS no OSG y sujeta a la aplicación de las disposiciones de la Res. 46 (CMR-95) / número S9.11A.
S5.523C (Add.95+Mod.97)	La utilización de la banda 19,3-19,6 GHz (espacio-Tierra) y 29,1-29,5 GHz (Tierra-espacio) por los sistemas del SFS OSG y por los enlaces de conexión de los sistemas SMS no OSG para los cuales se ha enviado la información de coordinación antes de la CMR-95, está sujeta a la aplicación de las disposiciones del número S22.2. (Véase Sup97 Res 120 (CMR-95).)
S5.523D (Add.95+Mod.97)	La utilización de la banda 19,3-19,7 GHz (espacio-Tierra) por el SFS OSG y por los enlaces de conexión del SMS no OSG está sujeta a la aplicación de las disposiciones de la Res. 46 CMR-95 / número S9.11A pero no a las disposiciones del número S22.2.
	La utilización de esta banda por otros sistemas del SFS no OSG deberá continuar sujeta al Art S9 (salvo S9.11A) y a los procedimientos del Art S11, así como a las disposiciones del número 22.2.
	La utilización de la banda 19,6-19,7 GHz (espacio-Tierra) y 29,4-29,5 GHz (Tierra-espacio) por los sistemas del SFS OSG y por los enlaces de conexión de sistemas del SMS no OSG para los que se envió la información de coordinación antes de la CMR-95, está sujeta a la aplicación de las disposiciones del número S22.2 (véase Sup97 Res 120 (CMR-95)).
	Atribución adicional: la banda 19,7-21,2 GHz está también atribuida en algunos países a los servicios fijo y móvil a título primario. Esta utilización adicional no deberá imponer ninguna limitación a la dfp producida por las estaciones espaciales del SFS y el SMS.
S5.525 (Add.92)	Para facilitar la coordinación interregional entre redes del SMS y el SFS, las portadoras interferentes del SMS deberán estar situadas en la parte superior de las bandas 19,7-20,2 GHz y 29,5-30 GHz.
S5.526 (Add.92)	En las bandas 19,7-20,2 GHz y 29,5-30 GHz en la Región 2, y las bandas 20,1-20,2 GHz y 29,9-30 GHz en las Regiones 1 y 3, las redes que pertenecen tanto al SFS como al SMS pueden incluir enlaces entre estaciones terrenas a través de uno o más satélites para comunicaciones punto a punto y punto a multipunto.
S5.527 (Add.92)	En las bandas 19,7-20,2 GHz y 29,5-30 GHz, las disposiciones del número S4.10 no se aplican con respecto al SMS.
S5.528 (Add.92)	La utilización de la banda 17,7-20,1 GHz en la Región 2 y de la banda 20,1-20,2 GHz por SMS se dedica a redes de antenas de haz puntual estrecho y otras tecnologías avanzadas en las estaciones espaciales.
S5.529 (Add.92)	En la Región 2, la utilización de la bandas 19,7-20,1 GHz y 29,5-29,9 GHz por el SMS se limita a las redes de satélites que pertenezcan tanto al SFS como al SMS.
	Esta atribución al SRS entrará en vigor el 1 de abril de 2007 (Res. 525 de la CAMR) .
	La utilización de la banda 21,4-22 GHz por el SES se limita a las Regiones 1 y 3.
	El SES no deberá reclamar protección contra la interferencia procedente del SRNS.
	La utilización de la banda 24,65-24,75 GHz por el SES se limita a las Regiónes 1 y 3.
	En esta banda de 24,75-25,25 GHz, los enlaces y conexión del SRS tendrían prioridad sobre las utilizaciones del SRS (Tierra-espacio) (CAMR-92).
S5.535A (Add.95+Mod.97)	La utilización de la banda 29,1-29,5 GHz (Tierra-espacio) se limita al SFS y a los enlaces de conexión del SMS no OSG y está sujeta a la aplicación de las disposiciones de la Res. 46 (Rev.CMR-97 / número S9.11A pero no a las disposiciones del número S22.2.
S5.536 (Add.92)	La utilización de la banda 25,25-27,50 GHz por el SES se limita a las aplicaciones del servicio de investigación espacial y de exploración de la Tierra por satélite y a la transmisión de datos procedentes de actividades industriales y médicas en el espacio.
S5.537 (Add.92)	Los servicios espaciales que utilizan satélites no geoestacionarios y que funcionan en el SES en la banda 27-27,5 GHz están exentas del cumplimiento de las disposiciones del número S22.2.
S5.538	Las bandas 27,500-27,501 y 29,999-30,000 GHz (espacio-Tierra) también están atribuidas al SFS a título primario para las radiobalizas.
S5.539 (Add.92)	La banda 27,5-30,0 GHz (Tierra-espacio) puede ser utilizada por el SFS para los enlaces de conexión del SRS (CAMR-92).

S5.540 (Add.92) **S5.541 (Add.92)** **S5.541A (Add.95+Mod.97)**	La banda 27,501-29,999 GHz está también atribuida al SFS (espacio-Tierra) a título secundario para las transmisiones de radiobalizas a efectos de control de potencia del enlace ascendente. En la banda 28,5-30 GHz (Tierra-espacio), el SETS se limita a la transferencia de datos. En la banda 29,1-29,.5 GHz (Tierra-espacio), los enlaces de conexión del SFS OSG y las redes del SMS no OSG deberán emplear un control adaptable de la potencia para los enlaces ascendentes u otros métodos de compensación del desvanecimiento. Estos métodos se aplicararán a redes para las cuales se considera que la información de coordinación del APS4 ha sido recibida por la BR después del 17 de mayo de 1996. Estos métodos también están sujetos a revisión por parte del UIT-R (véase la Res. 121 (CMR-95, CMR-97)). La banda 29,95-30 GHz puede ser utilizada a título secundario para los enlaces espacio-espacio del SETS con fines de telemedida, seguimiento y telemando. Las bandas 31,8-33,4 GHz, 51,4-52,6 GHz, 55,78-59 GHz y 64-66 GHz están disponibles para aplicaciones de alta densidad del servicio fijo (véase la Res. 126 de la CMR-97). La utilización de la banda 31,8-33,4 GHz se realizará de acuerdo con la Res. 126 de la CMR-97. Deberán tomarse todas las medidas necesarias para evitar la interferencia entre el SES y el SRNS en la banda 32-33 GHz y el servicio de investigación espacial (espacio lejano) en la banda 31,8-32,3 GHz. La utilización de la banda 41,5-42,5 GHz por el SFS (espacio-Tierra) está sujeta a la Res. 128 de la CMR-97. Atribución adicional: La utilización de la banda 40,5-42,5 GHz por el SFS (espacio-Tierra) en ciertos países de la Región 1 se realizará de acuerdo con la Res. 134 de la CMR-97.
S5.551E (Add.97) **S5.552A (Add.97)** **S5.553** **S5.554**	La utilización de la banda 40,5-42,5 GHz por el SFS (espacio-Tierra) en la Región 3 se realizará de acuerdo con la Res. 134 de la CMR-97. Deben tomarse todas las medidas posibles para reservar la banda 47,2-49,2 GHz para los enlaces de conexión del SRS que funciona en la banda 40,5-42,5 GHz. Las bandas 47,2-47,5 GHz y 47,9-48,2 GHz están destinadas para su utilización por las estaciones en plataformas a gran altitud y sujeta a las disposiciones de la Res. 122 de la CMR-97. En las bandas 43,5-47 GHz, 66-71 GHz, 95-100 GHz, 134-142 GHz, 190-200 GHz y 252-265 GHz, pueden funcionar las estaciones del servicio móvil terrestre. pero no deberán causar interferencia a los servicios de radiocomunicaciones espaciales (véase S5.43). Los enlaces de satélites que conectan estaciones terrestres situados en puntos fijos determinados también están autorizados cuando se utilizan con el SMS o el SRNS en las bandas 43,5-47 GHz, 66-71 GHz, 95-100 GHz, 134-142 GHz, 190-200 GHz y 252 GHz. La utilización de las bandas 54,25-56,9 GHz, 57-58,2 GHz y 59-59,3 GHz por el SES está limitada a los satélites en la OSG (la dfp no deberá rebasar el valor de -147 dBW/m²/100 MHz). La utilización de la banda 56,9-57 GHz se limita a los enlaces entre satélites en la OSG y a transmisiones de sistemas no geoestacionarios en órbita terrestre alta dirigida a satélites y en órbita terrestre baja (los enlaces entre satélites en la OSG la dfp no deberá rebasar el valor de -147 dBW/m²/100 MHz). En las bandas 55,78-58,20 GHz, 59-64 GHz, 66-71 GHz, 116-134 GHz, 170-182 GHz y 185-190 GHz, pueden funcionar las estaciones del servicio móvil aeronáutico pero no deberán causar interferencia interferencia al SES (véase el S5.43).
S5.559 **S5.561** **S5.565**	En las bandas 59-64 GHz y 126-134 GHz, pueden utilizarse radares a bordo de aeronaves en el servicio de radiolocalización pero no deberán causar interferencia perjudicial al SES (véase el S5.43). En la banda 84-86 GHz, las estaciones de los servicios fijo, móvil y de radiodifusión no causará interferencia perjudicial al SRS. La banda 275-400 GHz puede ser utilizada para la experimentación con diversos servicios activos y pasivos.

---

notas: categoría de la atribución de frecuencia

Atribución adicional (país o servicio): (la banda está también atribuida a un servicio en un país concreto o a una zona más pequeña que una Región)

S5.207/218/262/263/271/318/339/341/344/343/342/350/355/357/358/359/373/381/384/385/393

S5.404/405/408/431/437/451/453/455/456/458/489/491/494/495/496/499/

S5.500/501/505/508/509/514/519/521/524/531/534/540/542/553/555/557 y 557A/564

Atribución alternativa: (la banda está atribuida a uno o más servicios en un país concreto o en una zona más pequeña que una Región)

S5.344/361/362/412/417/520/547C y D

Categoría de servicio diferente: (la banda está atribuida a otro servicio en un país concreto)

S5.204/205/206/347/349/369/370/382/397/400/432/464/518

Otros usos de la banda y limitaciones:

(la utilización de la banda por el servicio también puede o está limitada a o está autorizada o no deberá causar interferencia perjudicial o estará sujeta a la condición de que o está exenta de las disposiciones de ...)

S5.149/222/223/333/372/376/389B/E/F/398/399/413/416/417/418/434/435/440/462/463/

504/511B/525/526/528/529/533/534/535/538/543/553/554/558/559/561/565

Símbolos y abreviaturas

u	Tierra-espacio
d	espacio-Tierra
b	bidireccional
s	espacio-espacio (en el SIS)
x	enlace del SFS limitado a los enlaces de conexión para el SRS o el SMS (enlace ascendente para el SRS enlaces ascendentes o descendentes para el SMS)
R1;R2;R3	Región 1; Región 2; Región 3
IMT	Telecomunicaciones móviles internacionales
FPLMTS	Futuros sistemas públicos de telecomunicaciones móviles terrestres
(A)	Plan de adjudicación
FL	Enlace de conexión
OSG	Órbita de los satélites geoestacionarios
No OSG	Órbita de los satélites no geoestacionarios
dfp	densidad de flujo de potencia
p.i.r.e.	potencia isotrópa radiada equivalente
e/t y e/e	estación terrena y estación espacial
PNR	Proyecto de nueva Recomendación
APNR	Anteproyecto de nueva Recomendación

F	Servicio fijo
R	Servicio de radiodifusión
M	Servicio móvil
MT	Servicio móvil terrestre
MxA	Móvil salvo móvil aeronáutico
MA	Servicio móvil aeronáutico
RNA	Racionavegación aeronáutica
RN	Racionavegación
RL	Radiolocalización
RAst	Radioastronomía
SR	Investigación espacial
OPS	Operaciones espaciales (TTC)
TTC	Telemedida, seguimiento y control

SFS	Servicio fijo por satélite
SRS	Servicio de radiodifusión por satélite
SMS	Servicio móvil por satélite (MobSat)
MxASS	SMS salvo servicio móvil aeronáutico por satélite
SMAS	Servicio móvil aeronáutico por satélite
SMTS	Servicio móvil terrestre por satélite
SMMS	Servicio móvil marítimo por satélite
SES	Servicio entre satélites
SETS	Servicio de exploración de la Tierra por satélite
MeteoSat	Servicio de meteorología por satélite
SRNS	Servicio de radionavegación por satélite
SRDS	Servicio de radiodeterminación por satélite
SRLS	Servicio de radiolocalización por satélite

Sup : Supresión de la disposición	Sup97 : texto suprimido por la CMR-97
Mod. : Cambio de fondo en el texto	Mod.97 : texto modificado por la CMR-97
Add. : Adición de una nueva disposición	Add.97 : texto añadido por la CMR-97
Rev : Texto revisado	Rev97 : texto revisado por la CMR-97

HEO	Órbita terrestre alta
LEO	Órbita terrestre baja
MEO	Órbita terrestre media

MIFR	Registro Internacional de Frecuencias
LIF	Lista Internacional de Frecuencias
(&List VIIIA)	
API	Información para publicación anticipada

Artículos, Apéndices, Resoluciones o Recomendaciones del RR	
Artículo S4 del RR	ex-artículos 6 y 9 del RR: Asignación y utilización de frecuencias.
S4.4	Toda frecuencia derogada no deberá causar interferencia perjudicial a una estación que funcione de acuerdo con las disposiciones del Reglamento ni podrá reclamar protección contra la interferencia perjudicial procedente de dicha estación.
S4.10	ex-número 953 del ex-artículo 6 del RR / número S4.10 del artículo S4 del RR: Protección de los servicios de seguridad.
Artículo S5 del RR	ex-artículo 8 del RR: Atribuciones de frecuencias.
S5.33	Cuando una banda está atribuida a un servicio a título primario en un país en particular se trata de un servicio primario únicamente en dicho país.
Artículo S9 del RR	ex-artículos 11/14/14A/15 del RR: Procedimiento para efectuar la coordinación u obtener el acuerdo de otras administraciones.
S9.11A	número S9.11A del artículo S9 del RR : notas del Cuadro de atribución de bandas de frecuencias referentes a la disposición del número S9.27 (apéndice S5).
S9.13	número S9.13 del artículo S9 del RR : véase la Res. 46.
S9.21	número S9.11A del artículo S9 del RR: notas del Cuadro de atribución de bandas de frecuencias relativas a la disposición del número S9.27 (apéndice S5).
S9.27	número S9.2 del artículo S9 del RR: para la coordinación utilizando el apéndice S5.
Artículo S11 del RR	ex-artículos 12/13/14A/15/15A del RR: Notificación e inscripción de asignaciones de frecuencia.
Artículo S15 del RR	ex-artículo 18 del RR : Interferencias causadas por las estaciones de radiocomunicaciones.
S15.13	ex-número 1815 del ex-artículo 18 del RR: número S15.13 del artículo S15 del RR.
Artículo S21 del RR	ex-artículo 27 y 28 del RR: Servicio terrenales y espaciales que comparten bandas de frecuencias por encima de 1GHz.
Artículo S22 del RR	ex-artículos 28 y 29 del RR: Servicios espaciales.
S22.2	ex-número 2613 del ex-artículo 29 del RR: número S22.2 del artículo S22 del RR: Los sistemas de satélites no geoestacionarios no causarán interferencia inaceptable a los sistemas de satélites geoestacionarios del SFS y el SRS que funcionen de acuerdo con este Reglamento.
S22.5A (Add..95)	En la banda de frecuencias 6 700-7 075 MHz, la dfp producida en la OSG por un sistema de satélites no geoestacionarios del SFS no deberá rebasar el valor de -168 dBW/m2 en cualquier banda de 4 kHz.
Artículo S31 del RR	ex-artículo N38 del RR: frecuencias para el SMSSM (sistema mundial de socorro y seguridad marítimos) (véase también el apéndice S15).

Apéndice S4 del RR	Los apéndices 1, 2, 3, 4 y 5 se han sustituido por el apéndice S4 a partir de enero de 1997.
Apéndice S5 del RR	ex-artículo 29 y Resolución 46 del RR: Identificación de las administraciones con las que debe realizarse una coordinación o debe obtenerse el acuerdo con arreglo a las disposiciones del artículo S9 (véanse los cuadros S5).
Apéndice S13 del RR	ex-artículos 37/38/39/40/41/42 y artículos 55/56 del RR: Comunicaciones de socorro y seguridad (distintas al SMSSM).
Apéndice S30 del RR	ex-apéndice 30 del RR: Plan del SRS.
Apéndice S30A del RR	ex-apéndice 30A del RR: Plan de enlaces de conexión del SRS.

Resoluciones del RR	*(relativas al SFS o al SRS y a ciertos servicios espaciales o al Reglamento de Radiocomunicaciones)*
Resolución 1 (CAMR-79+Add.97)	Notificación de asignaciones de frecuencia.
Resolución 2 (CAMR-79)	Utilización equitativa por todos los países, con igualdad de derechos, de la órbita de los satélites geoestacionarios y de las bandas de frecuencias atribuidas a los servicios de radiocomunicación espacial.
Sup Orb–88 Resolución 3 (CAMR-79)	Utilización de la OSG y planificación de las estaciones espaciales que utilizan dicha órbita.
Resolución 4 (CAMR-79+Orb-88)	Duración de validez de las asignaciones de frecuencia a las estaciones espaciales que utilizan la órbita de los satélites geoestacionarios.
Resolución 5 (CAMR-79)	Cooperación técnica con los países en desarrollo para los estudios de propagación en regiones tropicales.
Resolución 7 (CAMR-79)	Puesta en marcha de una gestión nacional de frecuencias radioeléctricas.
Resolución 13 (CAMR-79+CMR-97)	Formación de los distintivos de llamada y atribución de nuevas series internacionales.
Resolución 14 (CAMR-79)	Transferencia de tecnología.
Resolución 15 (CAMR-79)	Cooperación internacional y asistencia técnica en materia de radiocomunicaciones espaciales.
Resolución 26 (CMR-95)	Notas del Cuadro de atribución de bandas de frecuencias.
Resolución 28 (CMR-95)	Referencias a Recomendaciones UIT-R del RR (Principios de incorporación por referencia).
Resolución 29 (CMR-95)	Revisión de referencias a Recomendaciones UIT-R incorporadas por referencia al RR.
Resolución 33 (Add.79+Mod.97)	Puesta en servicio de estaciones espaciales del SRS antes de que entren en vigor acuerdos sobre el servicio de radiodifusión por satélite y sus Planes asociados.

Resolución 34 (Add.79)	Introducción del servicio de radiodifusión por satélite en la Región 3 en la banda de frecuencias 12,5-12,75 GHz y compartición con los servicios espaciales y terrenales en las Regiones 1, 2 y 3.
Sup 97 Resolución 37 (CAMR-79)	Gestión de frecuencias automatizada.
Sup 97 Resolución 39 (MOB-83)	Utilización de dispositivos de comprobación técnica internacional para aplicar las decisiones de las CAMR.
Resolución 42 (Orb-85 y 88)	Utilización de sistemas provisionales en la Región 2 (SRS y enlaces de conexión del SFS) en las bandas indicadas en os apéndices S30 y S30A del RR (Orb-85 y 88).
Sup Orb-88 Resolución 43 (Orb-85)	Límites de la posición orbital para el SRS en las Regiones 1 y 3 en las bandas 12,2-12,5 GHz y para los enlaces de conexión del SFS en la Región 2 en la banda 17,3-17,8 GHz.
Sup 97 Resolución 45 (Orb-88)	Mejora de la precisión del MIFR, de la LIF y de la lista VIIIA.
Res 46 (CAMR-92+Mod.95 y 97)	Rev.CMR-95 y 97: Procedimientos provisionales de coordinación y notificación de asignaciones de frecuencia a redes de satélites de ciertos servicios espaciales
	y de otros servicios a los que están atribuidas ciertas bandas (necesidad de procedimientos para regular las asignaciones de frecuencias a las redes de satélites no geoestacionarios).
Sup 97 Resolución 47 (CMR95)	Aplicación inmediata de la Resolución 46 del RR en algunas bandas.
Sup 97 Resolución 48 (CMR-95)	Condiciones para volver a iniciar los procedimientos de la API.
Resolución 60 (CMR-79)	Información sobre propagación de ondas radioeléctricas utilizada para determinar la zona de coordinación.
Sup 97 Resolución 61 (CAMR-79)	División del mundo en zonas hidrometeorológicas para calcular los parámetros de propagación.
Sup 97 Resolución 65 (CAMR-79)	Circulación de la información actual sobre Recomendaciones UIT-R relativas al RR (referencias cruzadas entre las Recomendaciones UIT-R del RR).
Sup 92 Resolución 66 (CMR-79)	División del mundo en tres Regiones para atribución de frecuencias.
Sup 92 Resolución 67 (CMR-79)	Mejoras en el diseño y utilización de los equipos radioeléctricos.
Sup 92 Resolución 68 (CMR-79)	Redefinición de algunos términos aplicables al RR.
Sup 97 Resolución 69 (Orb-88)	Estimación de la interferencia entre redes de satélites que utilizan métodos simplificados (métodos simplificados de interferencia cruzada).
Resolución 70 (CAMR-92)	Establecimiento de normas para el funcionamiento de los sistemas de satélites en órbita baja.
Sup 92 Resolución 90 (CMR-79)	Revisión, sustitución o derogación de Resoluciones/Recomendaciones del RR.
Sup 97 Resolución 93 (CAMR-92)	Examen y tratamiento de algunas Resoluciones/Recomendaciones del RR.
Sup 97 Resolución 94 (CAMR-92)	Examen de Resoluciones/Recomendaciones del RR.
Sup Orb-88 Resolución 100 (CMP-79)	Coordinación, modificación e inscripción en el Registro de asignaciones a estaciones del SFS con respecto a estaciones del servicio de investigación espacial en la Región 2.
Sup Orb-88 Resolución 101 (CMR-79)	Acuerdos y establecimiento de planes asociados para los enlaces de conexión de estaciones espaciales en el servicio de investigación espacial que funcionan en la banda de 12 GHz de conformidad con el Plan adoptado por la CAMR-77 para las Regiones 1 y 3.
Sup Orb-88 Resolución 102 (CMR-79)	Coordinación entre administraciones relativa a las características técnicas de los enlaces de conexión de estaciones espaciales del SIE que funcionan en las bandas 11,7-12,5 GHz (Región 1) y 11,7-12,2 GHz (Región 3) durante el periodo comprendido entre la entrada en vigor de las Actas Finales de a CAMR-79 y la entrada en vigor de las Actas Finales el periodo comprendido entre la entrada en vigor de las Actas Finales de la CAMR-79 y la entrada en vigor de las Actas Finales de las CAMR Orb-85 y 88 relativas a la planificación de los enlaces de conexión de dichas estaciones espaciales.
Sup 97 Resolución 104 (Orb-88)	Aplicación de las disposiciones del RR número 1550 modificado por la CAMR Orb-88
Resolución 105 (Orb-88)	Mejora de la calidad de ciertas adjudicaciones de la Parte A del Plan del SFS
Sup 97 Resolución 106 (Orb-88)	Aplicación provisional del apéndice S30A del RR contenido en las Actas Finales de la CAMR Orb-88.
Sup 97 Resolución 107 (Orb-88)	Redes de satélites destinadas a utilizarlas según el Plan 88 del SFS (apéndice 30 del RR) antes de la CAMR Orb-88 (Redes existentes, apéndice 30B del RR).
Sup 92 Resolución 108 (Orb-88)	Utilización de las bandas 4 500-4 800 y 6 725-7 025 MHz, 10,70-10,95, 11,2-11,45 y 12,75-13,25 GHz antes de la fecha de entrada en vigor del apéndice 30B.
Sup 97 Resolución 109 (Orb-88)	Inscripción en el Registro Internacional de Frecuencias de las asignaciones para las Regiones 1 y 3 contenidas en el apéndice 30A (apéndice 30A del RR de la CAMR Orb-88 en el MIFR).
Sup 97 Resolución 110 (Orb-88)	Procedimientos mejorados para ciertas bandas del SFS (concepto reuniones multilaterales de planificación).
Resolución 114 (CMR-95)	Resolución CMR-95 del RR: Utilización de la banda 5 091-5 150 MHz por los enlaces de conexión del SMS no OSG (Tierra-espacio) (la banda 5 000-5 250 MHz está atribuida al SRNA).
Sup 97 Resolución 115 (CMR-95)	Resolución CMR-95 del RR: Cálculo de la dfp en la OSG en la banda 6 700-7 075 MHz utilizada para los enlaces de conexión de los sistemas de satélites no geoestacionarios del SMS (Espacio-Tierra).
Resolución 116 (CMR-95)	Resolución CMR-95 del RR: Atribución de frecuencias al SFS (espacio-Tierra) en la banda 15,4-15,7 GHz para enlaces de conexión de redes de satélites no geoestacionarios del SMS.
Resolución 117 (CMR-95)	Resolución CMR-95 del RR: Atribución de frecuencias al SFS (Tierra-espacio) en la banda 15,45-15,65 GHz para su utilización por los enlaces de conexión de las redes de satélites no geoestacionarios que funcionan en el SMS.
Sup 97 Resolución 118 (CMR-95)	Resolución CMR-95 del RR: Utilización de las bandas 18,8-19,3 GHz y 28,6-29,1 GHz por sistemas del SFS no OSG.
Sup 97 Resolución 119 (CMR-95)	Resolución CMR-95 del RR: Compartición entre el SFS y el SF en la banda 19,3-19,6 GHz cuando la utiliza el SFS.
Sup 97 Resolución 120 (CMR-95)	Resolución CMR-95 del RR: Utilización de enlaces de conexión en sistemas de satélites no geoestacionarios del SMS para enlaces de conexión de redes del SMS no OSG.
Resolución 121 (CMR-95)	Resolución CMR-95 del RR: Elaboración de criterios de interferencia y metodologías de coordinación entre los enlaces de conexión de las redes del servicio móvil por satélite no geoestacionario y las redes del servicio fijo por satélite con satélites geoestacionarios en las bandas 19,3-19,6 GHz y 29.1-29,4 GHz.
Resolución 212 (CAMR-92+Mod.95)	Rev.CMR-95 del RR: Introducción de futuros sistemas públicos de telecomunicaciones móviles terrestres (FSPTMT).
Resolución 213 (CAMR-92+Mod.95)	Rev.CMR-95 Res. del RR: Estudios de compartición sobre la posible utilización de la banda 1 675-1 710 MHz por el servicio móvil por satélite.
Resolución 214 (CMR-95)	Resolución CMR-95 del RR: Estudios de compartición relativos a la consideración de la atribución de bandas por debajo de 1GHz al SMS no OSG.
Resolución 215 (CMR-95)	Resolución CMR-95 del RR: Proceso de coordinación de sistemas móviles por satélites no geoestacionarios.
Sup 97 Resolución 505 (CAMR-79)	Relativa al SRS (sonora) en la banda de 1,5 GHz (en la gama de frecuencias 0,5 a 2 GHz).
Resolución 506 (Orb-88+Mod.97)	Utilización de la OSG, con exclusión de las demás órbitas, por las estaciones espaciales del SRS que funcionan en las bandas de frecuencias de 12 GHz.

Resolución 507 (CAMR-79)	Relativa al establecimiento de acuerdos y Planes asociados para el SRS (acuerdos/Planes para el SRS).
Resolución 518 (Orb-88)	Símbolos de zona/país en los apéndices 30/30A del RR.
Resolución 519 (Orb-88)	Posible ampliación a las Regiones 1 y 3 de las disposiciones para sistemas provisionales.
Sup 97 Resolución 522 (CAMR-92)	Trabajos de las Comisiones de Estudio del UIT-R sobre SRS (sonora).
Resolución 524 (CAMR-92+Mod.95)	Resolución Rev.CMR-95 del RR: Futura consideración de los Planes para el SRS en las bandas 11,7-12,5 GHz (R1) y 11,7-12,2 GHz (R3) en el apéndice 30 y Planes de enlaces de conexión asociados del apéndice 30.
Resolución 525 (CAMR-92+Mod.95)	Resolución Rev.CMR-95 del RR: Introducción de los sistemas de TVAD del SRS en la banda 21,4-22 GHz en las Regiones 1 y 3.
Resolución 526 (CAMR-92+Mod.95)	Resolución Rev.CMR-95 del RR: Futura adopción de procedimientos para asegurar la flexibilidad en la utilización de la banda de frecuencia atribuida al SRS para TVAD en banda ancha de RF y a los enlaces de conexión asociados.
Resolución 528 (CAMR-92+Mod.95)	Resolución CAMR-95 del RR: Introducción de sistemas del SRS (sonora) en la gama 1-3 GHz.
Resolución 531 (CMR-95)	Resolución CMR-95 del RR: Examen de los apéndices S30 y S30A del RR.
Sup 97 Resolución 643 (CMR-95)	Resolución CMR-95 del RR: Enlaces entre satélites entre 50 y 70 GHz.
Resolución 703 (CAMR-79+Mod.92)	Resolución CARM-79 y CMR-92 del RR: Métodos de cálculo y criterios de interferencia recomendados por el UIT-R para la compartición de bandas de frecuencias entre los servicios de radiocomunicación espacial y los de radiocomunicación terrenal o entre servicios de radiocomunicaciones espaciales.
Sup 97 Resolución 711 (CMR-92)	Posible reatribución de las asignaciones de frecuencias a ciertas misiones espaciales de la banda de 2 GHz a bandas por encima de 20 GHz.
Sup 97 Resolución 712 (CMR-92)	Consideración después de la CAMR-92 por una futura CAMR competente de temas relativos a atribuciones a servicios espaciales.
Resolución 714 (CMR-95)	Resolución CMR-95 del RR: Nivel de dfp aplicable en la banda de frecuencias 137-138 MHz compartida por el SMS y los servicios terrenales.
Resolución 715 (CMR-95+Mod.97)	Resolución Rev.CMR-95 del RR: Estudios relativos a la compartición entre el SRNS y el SMS de las bandas 149,9-150,05 MHz y 399,9-400,05 MHz.
Resolución 716 (CMR-95)	Resolución CMR-95 del RR: Utilización de las bandas de frecuencias 1 980-2 010 MHz y 2 170-2 200 MHz en las tres Regiones y de las bandas 2 010-2 025 MHz y 2 160-2170 MHz en la Región 2 por el SF y el SMS.
Resolución 717 (CMR-95)	Resolución CMR-95 del RR: Examen de las atribuciones al SMS en la gama de 2 GHz.
Sup 97 Resolución 718 (CMR-95)	Resolución CMR-95 del RR: Orden del día de la Conferencia Mundial de Radiocomunicaciones de 1997.
Sup 97 Resolución 719 (CMR-95)	Resolución CMR-95 del RR: Estudios urgentes necesarios para preparar la Conferencia Mundial de Radiocomunicaciones de 1997.
Sup 97 Resolución 720 (CMR-95)	Resolución CMR-95 del RR: Orden del día preliminar para las Conferencias Mundiales de Radiocomunicaciones de 1997 y 1999.

Nuevas Resoluciones (relativas al SFS o al SRS) adoptadas por la CMR-97 (véanse las Actas Finales de la CMR-97)

Res. 72 (CMR-97)/PLEN-2	Preparación regional de la CMR.
Res. 532 (CMR-97)/PLEN-3	Examen y posible revisión de los Planes del SRS de 1997 para las Regiones 1 y 3.
Res. 533 (CMR-97)/PLEN-4	Aplicación de las decisiones de la CMR-97 relativas a los apéndices S30 y S30A del RR.
Res. 534 (CMR-97)/PLEN-5	Aplicación del anexo 5 al apéndice S30 y del anexo 3 al apéndice S30A del RR.
Res. 95 (CMR-97)/GT PLEN-1-1	Examen general de las Resoluciones y Recomendaciones de las CAMR y las CMR.
Res. 50 (CMR-97)/GT PLEN-1-2	Intervalo entre CMR.
Res. 721 (CMR-97)/GT PLEN-1-3	Orden del día para la CMR de 1999.
Res. 722 (CMR-97)/GT PLEN-1-4	Orden del día preliminar de la CMR-2001.
Res. 49 (CMR-97)/GT PLEN-2-1	Debida diligencia administrativa aplicable a ciertos servicios de comunicaciones por satélite.
Res. 80 (CMR-97)/CLM-CTR-EQA1	Diligencia debida en la aplicación de los principios constitucionales.
Res. 73 (CMR-97)/COM4-15	Medidas destinadas a resolver la incompatibilidad entre el SRS en la Región 1 y el SFS en la Región 3 en la banda de frecuencias 12,2-12,5 GHz
Res. 30 (CMR-97)/COM4-17	Publicación de la circular semanal, incluidas las Secciones Especiales.
Res. 51 (CMR-97)/COM4-18	Publicación provisional de ciertas disposiciones del RR modificado por la CMR-97 y acuerdos transitorios.
Res. 52 (CMR-97)/COM4-19	Aplicación provisional de los números S11.24 y S11.26 del RR adoptados por la CMR-97, en relación con las estaciones en plataformas a gran altitud.
Res. 53 (CMR-97)/COM4-20	Actualización de la columna de "Observaciones" de los cuadros del artículo 9A del RR del apéndice S30A y del artículo 11 del apéndice S30 del RR.
Res. 536 (CMR-97)/COM4-23	Explotación de satélites de radiodifusión que suministran servicios a otros países.
Res. 216 (CMR-97)/COM5-2	Posible ampliación de la atribución secundaria al SMS (Tierra-espacio) en la banda 14-14,5 GHz para cubrir las aplicaciones aeronáuticas.
Res. 122 (CMR-97)/COM5-7	Utilización de las bandas 47,2-47,5 GHz y 47,9-48,2 GHz por las estaciones del servicio fijo situadas en plataformas a gran altitud y por otros servicios.
Res. 123 (CMR-97)/COM5-8	Viabilidad de la realización de enlaces de conexión del SMS no OSG en la banda 15,43-15,63 GHz (espacio-Tierra) teniendo en cuenta la protección de los servicios de radioastronomía, de exploración de la Tierra por satélite y de investigación espacial (pasivo) en la banda 15,35-15,4 GHz.
Res. 124 (CMR-97)/COM5-9	Protección del servicio fijo en la banda de frecuencias 8 025-8 400 MHz en compartición con los sistemas de satélites geoestacionarios del SETS (Tierra-espacio).
Res.126 (CMR-97)/COM5-11	Utilización de la banda de frecuencias 31,8-33,4 GHz para los sistemas de alta densidad del servicio fijo.
Res. 726 (CMR-97)/COM5-12	Bandas de frecuencias por encima de 30 GHz disponibles para aplicaciones de alta densidad en el servicio fijo.
Res. 128 (CMR-97)/COM5-16	Atribución al servicio fijo por satélite (espacio-Tierra) en la banda 41,5-42,5 GHz y protección del servicio de radioastronomía en la banda 42,5-43,5 GHz.
Res. 129 (CMR-97)/COM5-17	Criterios y métodos para la compartición entre el SFS y otros servicios con atribuciones en la banda 40,5-42,5 GHz.
Res. 130 (CMR-97)/COM5-18	Utilización del SFS no OSG en ciertas bandas de frecuencias.

Res. 538 (CMR-97)/COM5-19	Utilización por el SFS no OSG de las bandas de frecuencias cubiertas por los apéndices S30 y S30A del RR.
Res. 131 (CMR-97)/COM5-23	Límites de dfp aplicables al SFS no OSG para la protección de los servicios terrenales en las bandas 10,7-12,75 GHz y 17,7-19,3 GHz.
Res. 132 (CMR-97)/COM5-27	Utilización de las bandas 18,8-19,3 GHZ y 28,6-29,1 GHz por redes del SFS.
Res. 133 (CMR-97)/COM5-28	Compartición entre el servicio fijo y otros servicios en la banda 37-40 GHz.
Res. 134 (CMR-97)/COM5-29	Utilización de la banda de frecuencias 40,5-42,5 GHz por el SFS.
Res. 54 (CMR-97)/COM5-30	Aplicación de la Resolución 46 (Rev.CMR-97).

Recomendaciones del RR	*(relativas al SFS o al SRS y a ciertos servicios espaciales o al Reglamento de Radiocomunicaciones)*

Sup 97 Recomendación 1 (CAMR-79)	Utilización de los sistemas espaciales en casos de catástrofes ....
Sup 97 Recomendación 2 (CAMR-79)	Relativa al examen por la CMR de la situación con respecto a la ocupación del espectro de frecuencias por las radiocomunicaciones espaciales.
Sup 97 Recomendación 6 (CAMR-79)	Asistencia a los países en desarrollo.
Recomendación 8 (CAMR-79)	Relativa a la identificación automática de estaciones.
Sup 97 Recomendación 10 (CAMR-79)	Relativa a la presentación de proyectos de modificaciones del RR
Sup 97 Recomendación 11 (CAMR-79)	Relativa a la numeración en los márgenes del RR
Sup 92 Recomendación 12 (CAMR-79)	Relativa a la convocatoria de futuras CAMR para considerar servicios específicos.
Sup 97 Recomendación 13 (CAMR-79)	Relativa a una CAMR para llevar a cabo una revisión general o parcial del RR
Sup 97 Recomendación 15 (Orb-88)	Revisión del artículo 14 del RR y desarrollo de criterios técnicos para su aplicación.
Sup 97 Recomendación 30 (CAMR-79)	Relativa a la comprobación técnica internacional.
Sup 97 Recomendación 31 (CAMR-79)	Manual de técnicas informáticas para la gestión del espectro de radiofrecuencias.
Recomendación 32 (Orb-88)	Comprobación técnica internacional de las emisiones procedentes de estaciones espaciales.
Recomendación 34 (CMR-95)	Principios para la atribución de bandas de frecuencias.
Recomendación 35 (CMR-95)	Rec. CMR-95 del RR: Procedimientos para modificar un Plan de adjudicación o asignación de frecuencias.
Sup 97 Rec. 60 (CAMR-79)	Normas técnicas de la IFRB/BR.
Recomendación 61 (CAMR-79)	Relativas a las Normas Técnicas necesarias para evaluar la interferencia perjudicial en las bandas de frecuencias superiores a 28 MHz.
Sup 97 Rec. 62 (CAMR-79)	Características adicionales para la clasificación de emisiones.
Recomendación 63 (CAMR-79)	Relativa a la presentación de fórmulas y ejemplos para calcular las anchuras de banda necesarias.

Recomendación 64 (CAMR-79)	Relativa a la relación de protección y la mínima intensidad de campo requerida.
Sup 97 Rec. 65 (CAMR-79)	Relativa a la tecnología para nuevos esquemas de compartición del espectro y utilización de la banda.
Recomendación 66 (CAMR-92)	Estudios sobre los niveles máximos permitidos de las emisiones no esenciales.
Sup 92 Rec. 67 (CAMR-79)	Relativa a las definiciones de "zona de servicio" y "zona de cobertura".
Sup 97 Rec. 68 (CAMR-79)	Relativa a estudios y predicción de la propagación radioeléctrica y el ruido radioeléctrico.
Sup 97 Rec. 69 (CAMR-79)	Relativa a las tolerancias de frecuencia de los transmisores.
Sup 92 Rec. 70 (CAMR-79)	Relativa a estudios de las características técnicas de los equipos de radiocomunicaciones.
Recomendación 71 (CAMR-79)	Normalización de las características técnicas y de explotación de los equipos radioeléctricos.
Sup 97 Rec. 72 (CAMR-79)	Relativa a terminología.
Sup 97 Rec. 73 (CAMR-79)	Relativa a la utilización del término "canal" en el RR.
Sup 97 Rec. 74 (CAMR-79)	Relativa a la utilización del sistema internacional de unidades.
Rec 100 (CAMR-79+Add.95)	Relativa a las bandas de frecuencias preferibles para los sistemas que utilizan la propagación por dispersión troposférica.
Sup 92 Rec. 101 (CAMR-79)	Relativa a los enlaces de conexión del SRS.
Sup 92 Rec. 102 (CAMR-79)	Relativa a los estudios de métodos de modulación en los sistemas de radioenlaces para la compartición de frecuencias con sistemas del SFS.
Sup 97 Rec. 103 (CAMR-79)	Relativa a la dispersión de energía de portadora en sistemas del SFS.
Recomendación 104 (Add.95)	Rec. CMR-95 del RR: Establecimiento de los límites de dfp y de p.i.r.e. que deben cumplir los enlaces de conexión de las redes de satélites no geoestacionarios del SFS en bandas en las cue se aplica el número 2613/S22.2 del RR.
Recomendación 105 (Add.95)	Rec. CMR-95 del RR: Determinación de la zona de coordinación en torno a estaciones terrenas que funcionan con redes de satélites geoestacionarios del SFS. y estaciones terrenas que proporcionan enlaces de conexión a redes de satélites no geoestacionarios del SMS que funcionan en sentidos de transmisión opuestos.
Sup 97 Rec. 505 (CAMR-79)	Relativa a los estudios de propagación en la banda de 12 GHz para el SRS.

Sup 97 Rec. 506 (CAMR-79)	Relativa a los armónicos de la frecuencia fundamental de las estaciones del SRS.
Sup 97 Rec. 507 (CAMR-79)	Relativa a emisiones no esenciales en el SRS.
Sup 97 Rec. 508 (CAMR-79)	Relativa a las antenas de transmisión del SRS.
Recomendación 521 (Add.95)	Rec. CMR-95 del RR: Parámetros técnicos que han de utilizarse en la revisión de los apéndices 30/S30 y 30A/S30A en respuesta a la Resolución 524 del RR.
Recomendación 705 (CAMR-79)	Criterios que deben aplicarse para la compartición de frecuencias entre el SRS y el SR terrenal en la banda 620-790 MHz.
Recomendación 706 (CAMR-79)	Compartición de frecuencias entre el SETS (sensores pasivos) y el servicio de investigación espacial (sensores pasivos), por un lado, y el SF, el SAMx y el SFS en la banda 18,6-18,8 GHz, por otro.
Recomendación 707 (CAMR-79)	Relativa al empleo de la banda de frecuencias 32-33 GHz compartida por el SES y el servicio de radionavegación.
Recomendación 708 (CAMR-79)	Servicios espaciales y terrenales.
Recomendación 709 (CAMR-79)	Relativa a la compartición de bandas de frecuencias entre el servicio móvil aeronáutico y el servicio entre satélites.
Recomendación 710 (CAMR-79)	Relativa a la utilización de radares a bordo de aeronaves en las bandas de frecuencias compartidas por el SES y el servicio de radiolocalización.
Recomendación 711 (CAMR-79)	Relativa a la coordinación de las estaciones terrenas.
Sup 97 Rec. 712 (CAMR-79)	Relativa a la interdependencia del diseño de receptores, agrupación de canales y criterios de compartición en el SRS (características de diseño del SRS).
Recomendación 715 (Orb-88)	Redes de satélites multibanda y/o multiservicio que utilizan la OSG.
Sup 97 Rec. 717 (CAMR-92+Mod.95)	Rec. CMR-95 del RR: Compartición de frecuencias en bandas compartidas por el SMS, el SF y el SM y otros servicios terrenales por debajo de 3 GHz.
Recomendación 719 (CAMR-92)	Redes de satélites multiservicios que utilizan la OSG.
Sup 97 Rec. 721 (CMR95)	Rec. CMR-95 del RR: Compartición de frecuencia en las bandas 1610,6-1613,8 MHz y 1660-1660,5 MHz entre el SMS y el SFS y el servicio de radioastronomía.

Nuevas Recomendaciones de la CMR-97 (véanse las Actas Finales de la CMR-97)

Rec. 36 (CMR-97)/GT PLEN-2A	Funciones de la comprobación técnica internacional para reducir la congestión aparente en la utilización de los recursos de la órbita y del espectro.
Rec. 622 (CMR-97)/COM5A	Utilización de las bandas de frecuencias 2 025-2 110 MHz y 2 200-2 290 MHz por los servicios de investigación espacial, de operaciones espaciales, de exploración de la Tierra por satélite, fijo y móvil.

APÉNDICE AP9.2

Ejemplo de determinación de la distancia de coordinación en torno a una estación terrena

AP9.2-1 Introducción

El ejemplo incluido en este apéndice se basa en una estación terrena que funciona con los satélites del Océano Pacífico de INTELSAT situados en las longitudes de 174° E y 179° E. La estación terrena en concreto es la que se encuentra en Honiara, Islas Salomón. Los detalles sobre esta estación terrena aparecen en la Sección Especial SPA-AJ/234*, modificada por la Sección Especial SPA-AJ/284**.

La situación particular para la que se determinó el contorno es la recepción de señales moduladas analógicas en la banda de 4 GHz. Las características supuestas de la estación terrenal "interferente" son las que fijan los límites del RRS21.3 y RRS21.5 del artículo S21.

AP9.2-2 Parámetros básicos

De SPA-AJ/234* y 284**, se obtienen los siguientes datos:

coordenadas de la estación terrena:	159° 57' E, 9° 26' S
emplazamiento de la estación espacial:	en la órbita de los satélites geoestacionarios a 174° E, 179° E
diagrama de radiación de la antena:	de acuerdo con la Recomendación UIT-R S.465
temperatura del ruido del sistema de recepción:	80° K

el ángulo de elevación del horizonte se obtiene a partir de la figura 6.4.

Para la estación terrenal:

p.i.r.e.:	55 dBW
potencia del transmisor:	13 dBW

---

* Sección Especial SPA-AJ (actualmente AR11A)/234/1430, anexa a la circular número 1430 de la ex-IFRB de 5 de agosto de 1980.

** Sección Especial SPA-AJ (actualmente AR11A)/284/1446, anexa a la circular número 1446 de la ex-IFRB de 25 de noviembre de 1980.

En el cuadro II del apéndice S7 del RR aparecen los otros parámetros necesarios. En este caso:

p_0	0,03%
n	3
p	3,01%
J	-8 dB
$M_0(p_0)$	17 dB
W	4 dB
E	55 dBW
P_t	13 dBW como se ha indicado anteriormente
ΔG	0 dB
B	10^6 Hz

Para este cálculo se determinan los valores de las pérdidas de transmisión basándose en un valor de $p = 0,01\%$; es decir, el contorno calculado permite obtener la calidad de funcionamiento requerida durante el 99,99% del tiempo.

AP9.2-3 Ganancia de antena de la estación terrena

La ganancia de antena de la estación terrena hacia el horizonte físico (para todos los valores de acimut) puede calcularse determinando en primer lugar el ángulo del haz con el horizonte y a continuación aplicando las ecuaciones de la Recomendación UIT-R S.465 para determinar la ganancia de antena propiamente dicha. La figura II-1 del anexo II al apéndice S7 puede utilizarse para obtener los diversos valores del ángulo con respecto al haz.

La figura AP9.2-1 del presente apéndice muestra la construcción gráfica necesaria. En este caso, los dos satélites están situados a 14° 3' y 19° 3' al Este de la longitud de la estación terrena. Por consiguiente, el arco que aparece arriba y a la izquierda de la figura AP9.2-1 puede representar el arco de órbita entre 174° E y 179° E. El ángulo de elevación del horizonte para acimuts de 0° a 90° y de 270° a 360° también puede trazarse en la base del diagrama.

Se determina, por tanto, que la distancia desde la línea del ángulo de elevación del horizonte al arco es siempre mayor de 48°; en consecuencia, la ganancia de antena de la estación terrena en dirección del horizonte para todos los ángulos de acimut es -10 dB.

AP9.2-4 Nivel admisible de la emisión interferente

La ecuación (3) del apéndice S7 proporciona la fórmula para $P_r(p)$ de manera que usando los valores indicados en el § 2 de este apéndice:

$$P_r(0,01) = -228,6 + 60 + 19 - 8 + 17 - 4 = -144,6 \quad \text{dB}$$

AP9.2-5 Mínimas pérdidas de transmisión básicas admisibles (modelo de propagación (1))

Las mínimas pérdidas de transmisión básicas admisibles para el modo de propagación (1) pueden determinarse a partir de la ecuación (2) del apéndice S7 del RR de la forma siguiente:

$$L_b (0{,}01) = 55 - 10 - (-144{,}6) = 189{,}6 \quad \text{dB}$$

AP9.2-6 Pérdidas de transmisión normalizadas (modelo de propagación (2))

Las pérdidas de transmisión normalizadas para el modo de propagación (2) (dispersión debida a la lluvia) pueden determinarse a partir de la ecuación (20) del apéndice S7 de la forma siguiente, teniendo en cuenta que ΔG y $F(p,f)$ toman el valor cero:

$$L_2 (0{,}01) = 13 - (-144{,}6) = 157{,}6 \quad \text{dB}$$

AP9.2-7 Distancia de coordinación para el modo de propagación (1)

Las pérdidas de coordinación L_1 pueden determinarse a partir de la ecuación (14) del apéndice S7. En primer lugar es necesario determinar el término de corrección debido al ángulo del horizonte, A_h. Teniendo en cuenta la figura 1 de SPA-AJ/234 y la figura 1 del apéndice S7, así como la ecuación (7a) del apéndice S7, se obtienen los siguientes datos:

Acimut (grados desde el Norte verdadero)	Ángulo de elevación del horizonte (grados)	Corrección debida al ángulo del horizonte A_h (dB)
0 - 26	15	66
26 - 32	10	55
32 - 80	15	66
80 - 112	10	55
112 - 180	15	66
180 - 342	5	42
350	9	53
360	15	66

NOTA - Para $\varepsilon = 15°$, $f = 4$ GHz, la ecuación (7a) del apéndice S7 da un valor de $A_h = 66$ dB.

APÉNDICE AP9.2 Ejemplo de determinación de la distancia de coordinación

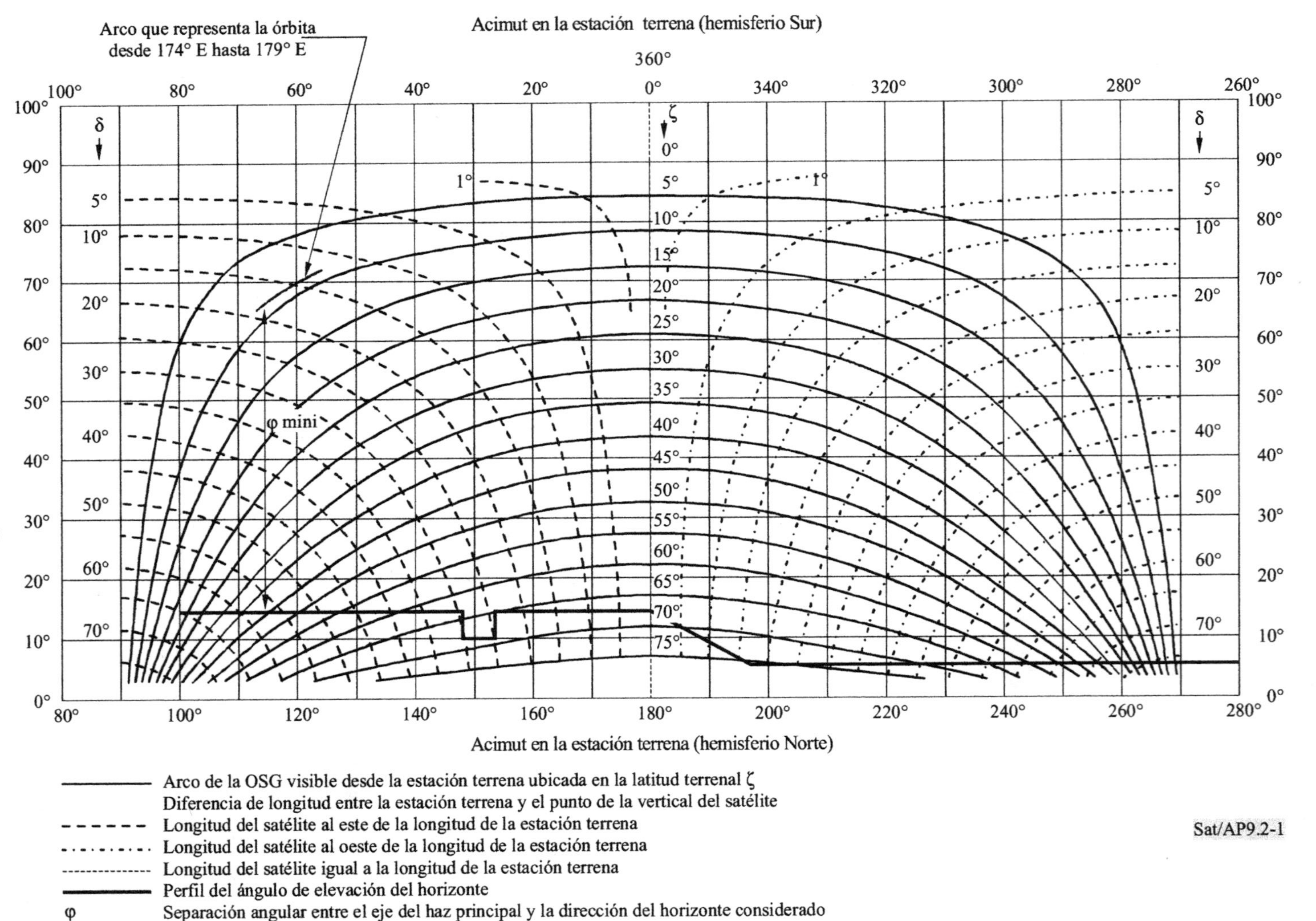

Arco de la OSG visible desde la estación terrena ubicada en la latitud terrenal ζ

Diferencia de longitud entre la estación terrena y el punto de la vertical del satélite

- - - - - Longitud del satélite al este de la longitud de la estación terrena

· - · - · - · Longitud del satélite al oeste de la longitud de la estación terrena

- - - - - - - Longitud del satélite igual a la longitud de la estación terrena

————— Perfil del ángulo de elevación del horizonte

φ   Separación angular entre el eje del haz principal y la dirección del horizonte considerado

FIGURA AP9.2-1

Determinación del ángulo entre el eje del haz principal de la antena de la estación terrena y el horizonte

Por tanto, las pérdidas de coordinación L_1, son:

Acimut (grados)	A_h (dB)	L_1 (dB)
0 - 26	66	123,6
26 - 32	55	134,6
32 - 80	66	123,6
80 - 112	55	134,6
112 - 180	66	123,6
180 - 342	42	147,6
350	53	136,6
360	66	123,6

La zona que rodea la estación terrena (véase el mapa en la figura AP9.2-2) está compuesta de ambas zonas hidrometeorológicas A y C. Considerando las figuras 2 (Zona A) y 5 (Zona C) del apéndice S7, se determina que para todos los valores del L_1 distintos a 147,6 dB la distancia de coordinación, d(0,01), es inferior a 100 km. Por lo tanto, teniendo en cuenta el § 5 del apéndice S7, d_1 se considera en estos casos como 100 km.

Para ángulos acimutales de 180° a 342° este resultado no se aplica. Para la Zona A, y $L_1 = 146,6$ dB, $d_A = 100$ km. Para la Zona C, $L_1 = 147,6$ dB, $d_c = 400$ km.

En estos casos, debe emplearse el método del anexo III del apéndice S7 para determinar la distancia de coordinación. En la situación geográfica en torno a Honiara este método da las siguientes distancias:

Acimut (grados)	Distancia en la Zona A (km)	Distancia en la Zona C (km)	Distancia en la Zona A (km)
180	40	>400	
190	38	>400	
200	42	>400	
210	39	>400	
220	40	>400	
230	37	>400	
240	36	>400	
250	39	>400	
260	40	>400	
270	38	>400	

280	39	>400	
290	41	165	30
300	38	242	18
310	29	>400	
320	1	>400	
330	1	154	39
340	1	105	56

La figura AP9.2-3 se ha trazado utilizando el método que aparece en el anexo III al apéndice S7, puede utilizarse para determinar los valores globales de la distancia de coordinación. Para la mayoría de los ángulos acimutales existe un solo trayecto de propagación mixto que pasa primero a través de la Zona A y a continuación a través de la Zona C. En estos casos, el procedimiento para calcular la distancia de coordinación necesaria es sencillo. Por ejemplo, para un acimut de 180°, se observa que en el eje de la Zona A a una distancia de 40 km le corresponde otra distancia de 240 km en el eje de la Zona C, obteniéndose una distancia total de 280 km.

Para trayectos más complejos, como por ejemplo 290°, 300°, 330° y 340°, es necesario utilizar una construcción distinta. Por ejemplo, para 290°, se trazan OA_1, A_1C_1 y C_1X_1 obteniéndose una distancia total de $41 + 165 + 18 = 224$ km. Para 340°, se trazan OA_2, A_2C_2, C_2A_3 y A_3X_3, obteniéndose una distancia total de $1 + 105 + 56 + 67 = 229$ km.

Utilizando estos métodos, se obtienen las siguientes distancias:

Acimut (grados)	Distancia d_1 (km)	Acimut (grados)	Distancia d_1 (km)
180	280	270	286
190	286	280	283
200	274	290	224
210	283	300	282
220	280	310	313
230	289	320	397
240	292	330	280
250	283	340	229
260	280		

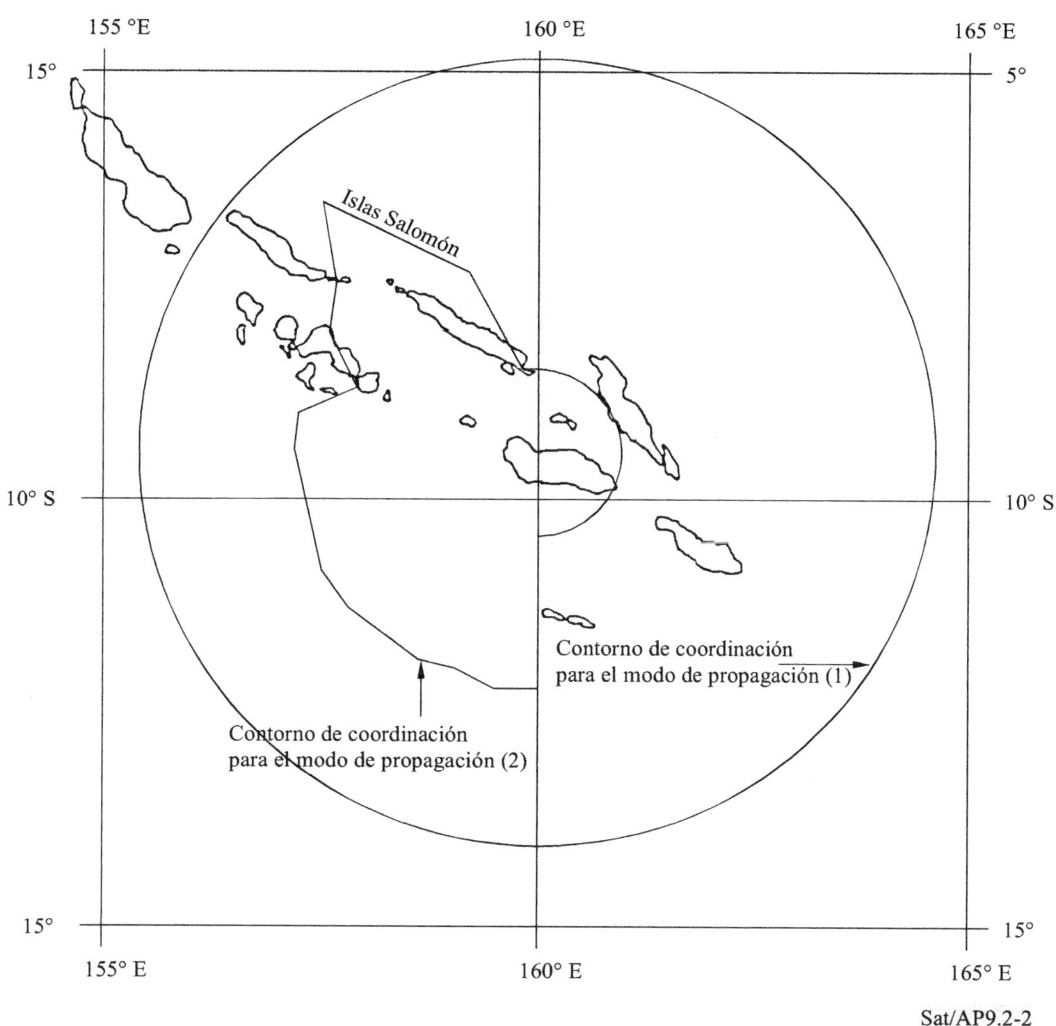

FIGURA AP9.2-2

Contornos de coordinación para los modos de propagación (1) y (2)

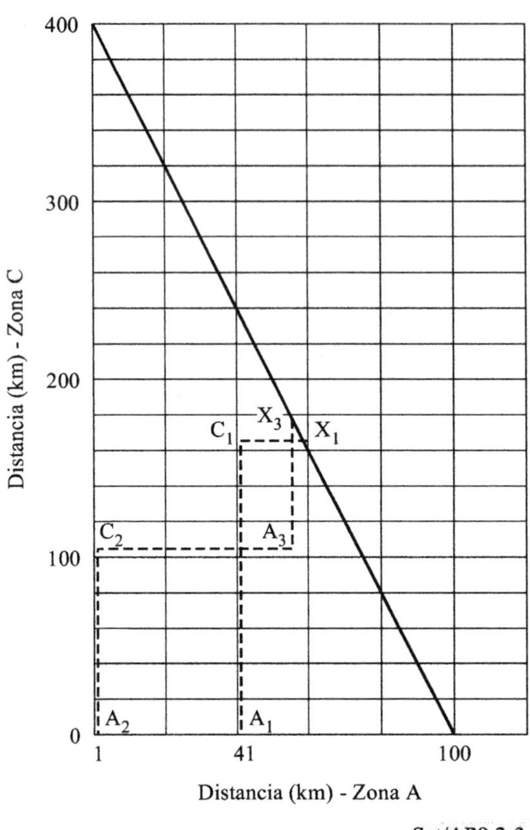

FIGURA 9.2-3

**Determinación de la distancia de coordinación para trayectos mixtos
en los que intervienen las Zonas A y C**

APÉNDICE AP9.3

Cálculo de C/I para portadoras digitales

El cálculo de la interferencia entre dos sistemas de satélites que funcionan en las mismas bandas de frecuencias utilizando señales digitales se basa en la Recomendación UIT-R S.523 que señala que el máximo nivel de interferencia procedente de una sola fuente no debe rebasar el 6% del nivel de potencia de ruido total. Ello puede expresarse mediante la siguiente relación para el criterio de una sola fuente:

$$(C/I) = (C/N) + 12,2 \text{ dB}$$

siendo C/N la relación portadora/ruido de funcionamiento total correspondiente a una proporción de bits erróneos de 10^6 e I la potencia de interferencia en la anchura de banda ocupada de la portadora descada.

La ecuación para la relación numérica de C/I total se expresa de la forma siguiente:

$$C/I = \left[(C/I)_u^{-1} + (C/I)_d^{-1} \right]^{-1}$$

siendo $[C/I]_u$ y $[C/I]_d$ relaciones numéricas.

Los valores de la relación C/I para el enlace ascendente y el enlace descendente pueden determinarse mediante las siguientes ecuaciones:

$$C/I_u = P_{ei} + G_{eti} + G_{sri} - L_{ui} - (P_{ej} + G_{etj}(\theta_{ji}) + G_{sri}(\theta_{ji}) - L_{uj}) \quad \text{dB} \tag{1}$$

$$C/I_d = P_{si} + G_{sti} + G_{eri} - L_{di} - (P_{sj} + G_{stj}(\theta_{ji}) + G_{eri}(\theta_{ji}) - L_{dj}) \quad \text{dB} \tag{2}$$

siendo I_u e I_d la potencia de interferencia del enlace ascendente y del enlace descendente en la anchura de banda de la portadora deseada, y

e   :   subíndice relativo a estación terrena,

s   :   subíndice relativo a estación espacial,

u   :   subíndice relativo a enlace ascendente,

d   :   subíndice relativo a enlace descendente,

r   :   subíndice relativo a recepción,

t   :   subíndice relativo a transmisión,

i   :   subíndice relativo a sistema deseado,

j   :   subíndice relativo a sistema interferente,

P   :   potencia de transmisión,

G   :   máxima ganancia de la antena,

$G(\theta_{ji})$:   ganancia de la antena en la dirección interferente/interferida,

L   :   pérdidas en el espacio libre.

El valor total de C/N viene dado por la expresión:

$$C/N = E_b/N_0 + m + 10 \log R - 10 \log B \quad dB$$

siendo

E_b/N_0 : la relación energía por bit/ruido relativa a la BER (dB) requerida,

m : margen de realización (dB),

R : velocidad binaria (bit/s),

B : anchura de banda de ruido (Hz).

Como ejemplo pueden citarse dos sistemas de satélite A y B que trabajan en las bandas de frecuencias de 11/14 GHz con los parámetros de enlace indicados en el cuadro AP9.3-1. Este ejemplo considera el sistema A como el deseado y el sistema B como el interferente. El primer paso consiste en calcular el valor total de la relación C/I. Para ello se sustituyen los valores de los parámetros en las ecuaciones (1) y (2). Suponiendo:

- zonas de servicio superpuestas,

- pérdidas en el espacio libre de:

  206 dB a 14 GHz,

  204 dB a 11 GHz,

- ángulo de separación entre satélites de 6° = 7° − 1°,

- diagrama de lóbulo lateral de la estación terrena que responde a la expresión 32 − 25 log 6° = 125,5 dB,

- unas pérdidas de ganancia en el borde del haz del satélite de 3 dB para la señal deseada,

entonces:

$$(C/I_u) = 17 + 59,5 + 33,5 - 206 - (24 + 12,5 + 36,5 - 206) + 4,9 = 41,9 \quad dB$$

$$(C/I_d) = 15,5 + 34,5 + 46,7 - 204 - (12,0 + 34,0 + 12,5 - 204) + 4,9 = 43,1 \quad dB$$

El último término de 4,9 dB en las ecuaciones anteriores es la relación de las anchuras de banda ocupadas de las portadoras interferente y deseada (10 log 80/26 = 4,9 dB).

$$(C/I)_{tot} = -10 \log \left(10^{-\frac{41,9}{10}} + 10^{-\frac{43,1}{10}} \right) = 39,4 \quad dB$$

Para el cálculo del valor total de la relación C/N, suponiendo:

- E_b/N_0 = 10,8 dB para una BER de 10^{-6},

- m = 2 dB,

se obtiene:

$$C/N = 10,8 + 2 + 10 \log 40 \times 10^6 - 10 \log 26 \times 10^6 = 14,7 \quad dB$$

En ese caso el margen resultante viene dado por la expresión:

$$M = (C/I)_{tot} - C/N - 12,2 = 39,4 - 14,7 - 12,2 = 12,5 \quad dB$$

CUADRO AP9.3-1

Parámetros del sistema de satélites	A	B
Ganancia de la antena de transmisión del satélite (G_{st})	37,5 dB	34,0 dB
Potencia de transmisión del satélite (P_s)	15,5 dBW	12,0 dBW
Ganancia de la antena receptora del satélite (G_{sr})	36,5 dB	28 dB
Ganancia de la antena transmisora de la estación terrena (G_{et})	59,5 dB	65,6 dB
Potencia de transmisión de la estación terrena (P_{et})	17,0 dBW	24 dBW
Ganancia de la antena receptora de la estación terrena (G_{er})	46,7 dB	63,5 dB
Longitud del satélite	1° E	7° E
Anchura de banda del ruido (B)	26 MHz	80 MHz
Modulación	MDP-4	MDP-4
Velocidad binaria (R)	40 Mbit/s	130 Mbit/s

ANEXO 1

Propagación

AN1 Introducción

En este anexo se resumen los diversos efectos que contribuyen a la pérdida de propagación a lo largo de trayectos Tierra-espacio. El objetivo del mismo es destacar aquellos factores significativos que degradan la transmisión en frecuencias inferiores a 30 GHz. La información que se presenta es un resumen del material incluido o referenciado en el Manual del UIT R "Información sobre la propagación de las ondas radioeléctricas para la predicción de los trayectos de comunicación Tierra-espacio". Para determinar las pérdidas de propagación, deben consultarse las últimas versiones de las recomendaciones de la Comisión de Estudios 3 del UIT-R así como el Manual sobre propagación Tierra-espacio.

Los procedimientos que se presentan en este anexo se utilizan para la predicción de las degradaciones a lo largo de un trayecto Tierra-espacio (es decir, en un enlace de un satélite en órbita geoestacionaria). Cuando los usuarios planifiquen la instalación de sistemas que funcionen con constelaciones de satélites en órbita no geoestacionaria (no OSG), deben tener en cuenta que los ángulos de elevación serán variables con el tiempo, a veces de forma muy rápida.

AN1.1 Visión general de los efectos atmosféricos

Las transmisiones Tierra-espacio se propagan a través de dos importantes regiones: la troposfera y la ionosfera. La troposfera es una parte no ionizada de la atmósfera que se extiende desde el suelo a una altura aproximada de 25 km y que contiene la mayor parte de los efectos climatológicos tales como nubes, lluvia y nieve. La ionosfera es una región ionizada de la atmósfera que se extiende desde una altura de unos 30 km hasta aproximadamente 1000 km.

El doble efecto de la troposfera y la ionosfera puede dar lugar a las degradaciones siguientes:

a)   atenuación de la señal producida por gases atmosféricos, nubes, precipitaciones, tierra y polvo;

b)   ruido de emisión (aumenta el ruido celeste) por los medios absorbentes;

c)   despolarización de la señal por las gotas de lluvia, cristales de hielo y rotación de Faraday;

d)   centelleo de la señal debido a las variaciones del índice de refracción y al bajo ángulo de elevación;

e)   la refracción y los trayectos múltiples en la atmósfera producidos por los gases atmosféricos y por la distribución de los electrones ionosféricos.

Cada una de estas contribuciones tiene sus propias características en función de la frecuencia, ubicación geográfica y ángulo de elevación. Las degradaciones de la señal debida a efectos ionosféricos están causada por la refracción, la rotación de Faraday, el centelleo y el excesivo retardo de la señal, mientras que las degradaciones debida a los efectos troposféricos están causadas por la absorción gaseosa, precipitaciones, despolarización, refracción y centelleo.

En general, los efectos troposféricos en los trayectos Tierra-espacio sólo empiezan a ser significativos a frecuencias por encima de 1 GHz. Las transmisiones con ángulos de elevación superiores a 10° y por debajo de 6 GHz se ven relativamente poco afectadas, mientras que las transmisiones con ángulos de elevación bajos (<3°), o para frecuencias por encima de 10 GHz, sufren efectos significativos. Las degradaciones ionosféricas sobre la propagación sólo son dominantes a frecuencias inferiores (normalmente <1 GHz), aunque a frecuencias de hasta 6 GHz y para latitudes elevadas o comprendidas entre ± 20 ° del ecuador geomagnético, los efectos debidos al centelleo son importantes.

Como regla general, puede decirse que en transmisiones Tierra- espacio con ángulos de elevación por encima de los 10° y atenuación superior a unas pocas decenas de decibelios sólo se produce atenuación por la lluvia, atenuación gaseosa y posiblemente centelleo, en función de las condiciones de propagación.

AN2 Atenuación de la señal

AN2.1 Método para la predicción de las estadísticas de atenuación a largo plazo debidas a la lluvia, a partir de la intensidad de lluvia caída en un punto

En los sistemas por satélite que funcionan por encima de 10 GHz, la atenuación debida a la lluvia es la principal causa de pérdida de la señal. La atenuación aumenta con la intensidad de la lluvia, la frecuencia de la señal y la disminución del ángulo de elevación. La atenuación debida a la lluvia puede normalmente despreciarse para frecuencia inferiores a 6 GHz.

A continuación se presenta el procedimiento para el cálculo de las estadísticas de atenuación medias a largo plazo debidas a las precipitaciones a lo largo del trayecto Tierra – espacio en una ubicación dada, a frecuencias de hasta 30 GHz. Se ha sido extraído de la Recomendación UIT-R P.618-4 y consiste en estimar la atenuación que se supera durante el 0,01% del tiempo ($A_{0,01}$) a partir de la intensidad de la lluvia que se supera durante el mismo porcentaje de tiempo ($R_{0,01}$). El método consta de los pasos 1 a 7 siguientes para predecir la atenuación que se excede durante el 0,01% del tiempo, y el paso 8 para convertir este valor a otros porcentajes de tiempo. Nótese que si hay disponibles datos estadísticos fiables de la atenuación medida a largo plazo a una frecuencia dada para el lugar de que se trate, se recomienda que la atenuación se obtenga utilizando el método de ajuste de escala de frecuencia que se analiza en el punto 2.2.1.2 de la Recomendación UIT-R P.618, en lugar del método de predicción siguiente que utiliza datos de la intensidad de lluvia.

El procedimiento para el cálculo de la atenuación que se supera durante el 0,01% del tiempo ($A_{0,01}$) precisa conocer los parámetros siguientes:

$R_{0,01}$: intensidad de la lluvia en el punto de que se trate, para el 0,01% de un año medio (mm/h)

h_s : altura de la estación terrena sobre el nivel medio del mar (km)

θ : ángulo de elevación (grados)

φ : latitud de la estación terrena (grados)

f :   frecuencia (GHz).

En la figura 1 de este anexo se ilustra la geometría del trayecto. La atenuación que se excede durante el 0,01% del tiempo, $A_{0,01}$, se calcula como el producto del factor de reducción de trayecto $(r_{0,01})$, la longitud del trayecto oblicuo (Ls) y el valor de la atenuación específica (γ_R) correspondiente a un valor dado de la intensidad de lluvia $R_{0,01}$.

Paso 1 – Se calcula la altura de lluvia efectiva[1], h_R, para la latitud de la estación φ:

$$h_R \ (km) = \begin{cases} 5\text{-}0,075(\varphi\text{-}23,0) & \varphi > 23° & \text{Hemisferio Norte} \\ 5 & 0 \le \varphi \le 23° & \text{Hemisferio Norte} \\ 5 & 0 \ge \varphi \ge \text{-}21° & \text{Hemisferio Sur} \\ 5,0\text{+}0,1(\varphi\text{+}21) & \text{-}71 \le \varphi < \text{-}21° & \text{Hemisferio Sur} \\ 0 & \varphi < \text{-}71° & \text{Hemisferio Sur} \end{cases} \tag{1}$$

Paso 2 – Se calcula la longitud del trayecto oblicuo, L_s, por debajo de la altura de lluvia. Para $\theta \ge 5°$, utilícese la fórmula siguiente:

$$L_s = \frac{(h_R - h_s)}{sen\theta} \quad km \tag{2}$$

Para $\theta < 5°$, utilícese:

$$L_s = \frac{2(h_R - h_s)}{\left(sen^2\theta + \dfrac{2(h_R - h_s)}{R_e} \right)^{1/2} + sen\theta} \quad km$$

Donde R_e es el radio efectivo de la Tierra después de tener en cuenta la refracción. Típicamente, un valor de $R_e = 8500$ km es adecuado para $h_s \le 1$ km. Para $h_s > 1$ km, debe consultarse la Recomendación UIT-R P.676.

Paso 3 – Se calcula la proyección horizontal, L_G, de la longitud del trayecto oblicuo utilizando la fórmula siguiente (véase la figura 1 de este anexo):

$$L_G = L_s \cos\theta \quad km \tag{4}$$

Paso 4 – Se obtiene la intensidad de lluvia, $R_{0,01}$, rebasada durante el 0,01% de un año medio (con un tiempo de integración de 1 min.). Si esta información no pueden obtenerse a partir de fuentes locales de información, puede hacerse una estimación utilizando los mapas de zonas climáticas de lluvia que aparecen en la figura 3 y el cuadro 1 de este anexo (reproducidos de la Recomendación UIT-R P.837-1).

---

[1] Las ecuaciones para calcular la altura de lluvia efectiva, h_R, se han actualizado de conformidad con la propuesta de revisión de la Recomendación UIT-R P.618-4.

Paso 5 – Se calcula el factor de reducción, $r_{0,01}$, para el 0,01% del tiempo.

$$r_{0,01} = \frac{1}{1 + L_G / L_0} \tag{5}$$

donde $L_0 = 35e^{-0,015R_{0,01}}$ (para $R_{0,01} \leq 100$ mm/hora).

Para $R_{0,01} > 100$ mm/hora, en el cálculo de L_0 se utiliza el valor de 100 mm/hora en lugar de $R_{0,01}$.

Paso 6 – Se obtiene la atenuación específica, γ_R, utilizando los coeficientes dependientes de la frecuencia k y α y la intensidad de lluvia, $R_{0,01}$, determinada en el Paso 4, mediante la ecuación:

$$\gamma_R = k\left(R_{0,01}\right)^\alpha \quad \text{dB/km} \tag{6}$$

Los coeficientes dependientes de la frecuencia, k y α, se muestran en el Cuadro 2 de este anexo para frecuencias ≤ 35 GHz y en función de la polarización horizontal (H) y vertical (V). Los valores han sido reproducidos a partir del cuadro 1 de la Recomendación UIT-R P.838 que contiene valores para frecuencias ≤ 400 GHz. Los valores de k y α para frecuencias comprendidas entre las tabuladas en el cuadro 2 de este anexo pueden obtenerse por interpolación utilizando una escala logarítmica para la frecuencia, una escala logarítmica para k y una escala lineal para α.

La atenuación específica debida a la lluvia puede también determinarse utilizando el nomograma específico de la figura 4 de este anexo.

Para determinar la atenuación específica para polarización circular, puede obtenerse una buena aproximación tomando la media aritmética de la atenuación para polarización horizontal y vertical. Para realizar un cálculo más preciso para polarización circular, o para el cálculo de la polarización lineal con un ángulo dado de inclinación de la polarización, debe hacerse referencia a las ecuaciones 2 y 3 de la Recomendación UIT-T P.838.

Paso 7 – La atenuación que se estima que se excederá durante el 0,01% de un año medio se obtiene a partir de:

$$A_{0,01} = \gamma_R \cdot L_S \cdot r_{0,01} \quad \text{dB} \tag{7}$$

Paso 8 – La atenuación que se estima que se excederá para otros porcentajes de un año medio (A_P), en el intervalo de valores comprendido entre el 0.001% y el 1%, se determina a partir de la atenuación que se excede durante el 0,01% para un año medio, utilizando la fórmula siguiente:

$$A_p = 0,12 \cdot A_{0,01} \cdot P^{-(0,546+0,043\log(P))} \tag{8}$$

Esta fórmula de interpolación da factores de 0,12, 0,38, 1,0 y 2,14 para el 1%, 0,1%, 0,01% y 0,001% del tiempo respectivamente.

Variaciones estacionales – El mes más desfavorable

Para la planificación del sistema suele ser necesario conocer la atenuación superada durante un porcentaje de tiempo P_w del "mes más desfavorable". La conversión de las estadísticas anuales a las estadísticas del "mes más desfavorable"   se analiza en el Manual del UIT-R sobre

Radiometeorología. La relación entre P_w y el porcentaje de tiempo anual, P, puede expresarse como:

$$P = Q_1^{\frac{-1}{1-\beta}} \cdot P_w^{\frac{1}{1-\beta}} \tag{9}$$

La expresión anterior se aplica a una gama de porcentajes de tiempo (0.001%< P < 3%). Los valores de Q_1 y β medidos en varios lugares y para diversos efectos de propagación se presentan en el Manual sobre Radiometereología y en el cuadro 1 de la Recomendación UIT-R P.841. Con fines de planificación global, y en ausencia de información precisa, puede utilizarse una relación "media" sencilla entre la atenuación anual y la atenuación del peor mes. En el caso de climas con variaciones estacionales relativamente pequeñas de la intensidad de lluvia, es adecuado un valor de Q_1 = 2,85 y β = 0,13 obteniéndose:

$$P = 0,3 P_w^{1,15} \tag{10}$$

para $1,9 \cdot 10^{-4} < P_w \% < 7,8$

AN2.2 Atenuación debida a los gases atmosféricos, las nubes y otras precipitaciones

La atenuación en los trayectos Tierra – espacio debida a las nubes de lluvia y a la niebla no constituye normalmente un factor significativo para servicios de elevada disponibilidad (tiempo efectivo de disponibilidad del 99,96% en un año medio, 0,2% de indisponibilidad en el mes más desfavorable medio para una conexión unidireccional) en los que el margen necesario para tener en cuenta el efecto de las nubes adicional respecto al necesario para contrarrestar la atenuación por la lluvia, es relativamente pequeño. Sin embargo, las nubes con un alto contenido de vapor de agua pueden producir una atenuación adicional. Aunque ello no sea habitual, el margen adicional para tener en cuenta la atenuación debida a las nubes en sistemas con un estrecho margen contra el desvanecimiento puede ser significativo a frecuencias por encima de 10 GHz y para ángulos de elevación bajos – para los que se puede producir una atenuación superior a 2 dB. En esos casos, el valor de la atenuación puede determinarse haciendo referencia a la Recomendación UIT-R P.840. Para ángulos de elevación muy bajos, es más probable que el centelleo troposférico sea más significativo que las pérdidas producida por las nubes.

Puede considerarse que, en general, los efectos de las nubes con hielo, el granizo seco y la nieve seca no afectan a frecuencias por debajo de 30 GHz.

La atenuación debida a los gases atmosféricos depende principalmente de la frecuencia, el ángulo de elevación, la altitud por encima del nivel del mar y la concentración de vapor de agua (índice de humedad absoluto). En general, ésta puede despreciarse para frecuencias inferiores a 10 GHz. Para frecuencias por encima de 10 GHz, su importancia aumenta especialmente para ángulos de elevación bajos. A unos 22 GHz (banda de frecuencia de absorción del vapor de agua), la absorción no excede de 2 dB para una densidad de vapor de agua media y ángulos de elevación superiores a 10°.

En la Recomendación UIT-R P.676, se analiza el efecto de la atenuación debida a los gases atmosféricos.

AN2.3 Centelleo de la señal y trayectos múltiples

El centelleo es una fluctuación rápida del nivel de la amplitud, fase y ángulo de llegada aparente de la señal recibida. Se produce debido a irregularidades a pequeña escala en el índice de refracción de la atmósfera y afecta a sistemas por satélite que tienen un margen reducido y a los sistemas de seguimiento de las antenas.

Existen dos tipos de mecanismos de centelleo, el que es debido a efectos troposféricos y el que es debido a efectos ionosféricos. El centelleo troposférico puede ser, en ocasiones, severo para ángulos de elevación bajos ($\leq 10°$) y para frecuencias superiores a 10 GHz. Puede ser muy severo (atenuación >10 dB) durante porcentajes de tiempo muy reducidos y para ángulos de elevación muy bajos ($\leq 4°$) en trayectos terrestres o de interior y ángulos $\leq 5°$ en trayectos costeros, para los que pueden producirse trayectos múltiples debidos a la estratificación troposférica a gran escala. En algunos lugares el centelleo ionosférico puede ser severo a frecuencias inferiores a 6 GHz.

AN2.3.1 Efectos troposféricos

La intensidad del centelleo troposférico depende de la magnitud y estructura de las variaciones del índice de refracción. La magnitud del centelleo aumenta con la frecuencia y con la longitud del trayecto a través del medio, disminuyendo conforme se reduce la anchura del haz de la antena debido a la promediación de la apertura.

En los países templados, para un ángulo de elevación superior a $10°$ y una frecuencia de 20 GHz, la amplitud de cresta de las fluctuaciones es generalmente inferior a 1 dB. El centelleo troposférico puede producir, de forma excepcional, un desvanecimiento superior a 2 dB durante porcentajes de tiempo pequeños y durante periodos que van desde unos pocos segundos hasta decenas de segundos. La técnica para la predicción de la magnitud del centelleo troposférico se analiza en detalle en el punto 2.4 de la Recomendación UIT-R P.618-4.

AN2.3.2 Efectos ionosféricos

El centelleo ionosférico está causado por fluctuaciones de la densidad a pequeña escala de electrones que se producen debido a determinadas perturbaciones ionosféricas, como las originadas por efectos solares y geomagnéticos. Geográficamente existen dos zonas de intenso centelleo, una en latitudes elevadas y la otra en la zona de $\pm 20°$ alrededor del ecuador magnético. En estas zonas se produce un máximo pronunciado de dicha actividad durante la noche.

Diversos estudios señalan que el centelleo ionosférico a 4 GHz puede producir desvanecimientos de varios dB y periodos de desvanecimiento comprendidos entre 1 y 10 segundos. Los sucesos ionosféricos pueden producirse durante periodos que van de 30 minutos a muchas horas. En una estación ecuatorial y en años de máxima actividad solar, el centelleo ionosférico se produce casi cada noche inmediatamente después de la puesta de sol. En la Recomendación UIT-R P.531-3 se incluye información adicional sobre los efectos del centelleo ionosférico.

En algunos sistemas de comunicaciones por satélite se transmiten señales con polarizaciones ortogonales (lineal o circular) para aumentar la utilización de canales sin aumentar la anchura de banda. No obstante, esta técnica está limitada por los efectos de la despolarización (polarización cruzada) que tienen lugar en la atmósfera. El efecto de ésta es alterar las propiedades de polarización de una onda transmitida, causando que parte de la energía que se transmite en una polarización se transfiera a la polarización ortogonal, produciéndose así una interferencia entre los dos canales.

El efecto de la despolarización en un sistema de telecomunicaciones depende de varios factores:

- la frecuencia de funcionamiento;

- la geometría del trayecto (por ejemplo, el ángulo de elevación y el ángulo de inclinación de la polarización recibida);

- los factores climáticos locales (por ejemplo, la severidad del régimen de lluvias);

- la sensibilidad a la interferencia por la polarización cruzada (por ejemplo, si el sistema emplea la reutilización de frecuencia).

En sistemas con polarización dual ortogonal, la despolarización es a menudo la degradación más significativa debida al trayecto en sistemas por satélite en la banda de 6/4 GHz, y constituye el factor que limita la calidad de funcionamiento en algunos trayectos de propagación satelitales en 14/11 GHz, especialmente en trayectos con bajos ángulos de elevación y en climas templados. Para frecuencias de 18 GHz y superiores, la calidad de funcionamiento se ve en general limitada por el desvanecimiento y no por la despolarización sufrida en el trayecto, al menos para márgenes de desvanecimiento de hasta 10-15 dB.

La polarización cruzada puede ser también causada por las características de los sistemas de antena de los terminales. Este tipo de componente de polarización cruzada da lugar a un nivel básico de interferencia previo a cualquier efecto de despolarización producido en la propagación.

AN3 Efectos de la atmósfera sobre la polarización

AN3.1 Rotación del plano de polarización provocada por la ionosfera

Debido al efecto de campo magnético de la Tierra sobre la ionosfera, una onda de polarización lineal que se propaga a lo largo de la ionosfera se divide en dos ondas circularmente polarizadas. Dichas ondas no efectúan el recorrido a la misma velocidad y cuando abandonan la ionosfera se recombinan para formar una onda de polarización lineal que tiene el plano de polarización rotado con respecto a la onda incidente (rotación de Faraday). Dicha rotación presenta variaciones temporales que son bastante predecibles que pueden ser compensadas mediante el ajuste del ángulo de inclinación de la polarización de la antena de la estación terrena. Sin embargo, son pocos los sistemas del SFS en los que se intentan compensar los efectos de la rotación de Faraday debido a lo siguiente:

- la mayoría de los efectos de la rotación de Faraday no hacen que el aislamiento por polarización caiga por debajo de 20 dB a 6/4 GHz (el aislamiento es mayor para frecuencias más altas) y la mayoría de los sistemas analógicos pueden trabajar con una discriminación de polarización cruzada tan baja como 12 dB;

- se pueden producir grandes variaciones en relación con el comportamiento regular para pequeños porcentajes de tiempo que no pueden predecirse;

- tal como se aprecia desde la estación terrena, los planos de polarización lineal de la onda rotan en el mismo sentido (por ejemplo, en el de las agujas del reloj) en el enlace ascendente y en el descendente. Para compensar, la polarización de la antena en la estación terrena deben girarse en sentidos opuestos para transmisión y recepción. Por lo tanto, no es posible compensar la rotación de Faraday girando el sistema de alimentación de la antena, si la misma antena se utiliza para la transmisión y la recepción.

La magnitud de la rotación de Faraday es proporcional a la intensidad del campo geomagnético y a la densidad de electrones de la ionosfera, e inversamente proporcional al cuadrado de la frecuencia. Es máxima a las frecuencias más bajas, cuando la dirección de la propagación es paralela al campo magnético de la Tierra, y durante el día cuando se produce la máxima ionización. En la figura 2 de este anexo se muestran valores típicos del ángulo de rotación en función de la frecuencia para valores representativos de contenido total de electrones (TEC, *total electron content*). El valor preciso de TEC en un trayecto Tierra – espacio concreto es difícil de predecir debido a que la densidad de electrones del plasma a lo largo del trayecto es muy variable. Normalmente, los valores de TEC se encuentran entre 10^{16} (electrones/m^2) para una actividad solar baja y de 10^{18} (electrones/m^2) para una actividad solar elevada.

Durante porcentajes de tiempo reducidos y para frecuencias alrededor de 1 GHz o inferiores, se pueden producir valores elevados de rotación. Eso ha hecho que a dichas frecuencias se utilicen antenas con polarización circular. A frecuencias de 6/4 GHz la rotación de Faraday es mucho menor, produciéndose ángulos de varios grados incluso en regiones en las que las degradaciones ionosféricas son importantes (ecuador y regiones boreales). Conforme el ángulo de rotación es más pequeño, significa que los sistemas de alimentación de una antena circularmente polarizada pueden utilizarse mejor a dichas frecuencias. Por encima de 10 GHz, la rotación de Faraday raramente excederá 1° y se puede despreciar.

AN3.2 Despolarización de las ondas debido a la troposfera

En la troposfera se producen varios mecanismos de despolarización de ondas (polarización cruzada). Por encima de 6 GHz, los principales efectos de la polarización cruzada en los trayectos Tierra-espacio son causados por los hidrometeoros. A continuación se describe el método de predicción de las estadísticas de polarización cruzada a largo plazo, tomado del punto 4.1 de la Recomendación UIT-R P.618-4 y del Manual "Información sobre la propagación de las ondas radioeléctricas para la predicción de los trayectos de comunicación Tierra-espacio".

AN3.2.1 Predicción de estadísticas de polarización cruzada inducida por los hidrometeoros

Las estadísticas de despolarización se calculan a partir de las estadísticas de la atenuación debida a la lluvia utilizando los parámetros siguientes:

A_P: atenuación debida a la lluvia (dB) que se supera durante el porcentaje de tiempo requerido, p, para el trayecto en cuestión. se denomina atenuación copolar (CPA, *co-polar attenuation*). El procedimiento para el cálculo de A_P se detalla en el punto 2.1 de este anexo.

τ: ángulo de inclinación del vector de campo eléctrico linealmente polarizado con respecto a la horizontal (para polarización circular puede utilizarse $\tau = 45°$);

f: frecuencia (GHz);

θ: ángulo de elevación del trayecto (grados)

El método calcula las estadísticas de despolarización en términos de discriminación a la polarización cruzada (XPD, *cross-polarisation discrimination*). Esto se expresa como la relación entre la señal recibida copolarizada y la señal recibida con polarización cruzada cuando sólo se transmite una polarización. La validez del método se extiende a frecuencias comprendidas entre 8 GHz y 35 GHz y para ángulos de elevación $\leq 60°$. Las estadísticas para frecuencias inferiores a 8 GHz y hasta 4 GHz requiere ajustar el valor de las estadísticas obtenidas para frecuencias ≥ 8 GHz tal como se indica en el Paso 9.

Paso 1 – Se calcula el término dependiente de la frecuencia:

$$C_f = 30 \log f \quad \text{para } 8 \leq f \leq 35 \text{ GHz} \tag{11}$$

Paso 2 – Se calcula el término dependiente de la atenuación debida a la lluvia:

$$C_A = V(f) \log A_P \tag{12}$$

donde:

$$V(f) = 12.8 \, f^{0.19} \qquad \text{para } 8 \leq f \leq 20 \text{ GHz} \tag{13}$$

$$V(f) = 22.6 \qquad \text{para } 20 < f \leq 35 \text{ GHz}$$

Paso 3 – Se calcula el factor de mejora de la polarización:

$$C_\tau = -10\log\left[1 - 0{,}484(1 + \cos 4\tau)\right] \quad \text{dB} \tag{14}$$

El factor de mejora es $C_\tau = 0$ para $\tau = 45°$ y alcanza el valor máximo de 15 dB para $\tau = 0°$ o $90°$.

Paso 4 – Se calcula el término dependiente del ángulo de elevación:

$$C_\theta = -40\log(\cos\theta) \quad \text{dB} \quad \text{para} \, \theta \leq 60° \tag{15}$$

Paso 5 – Se calcula el término dependiente del ángulo de inclinación de la lluvia:

$$C_\sigma = 0{,}0052\sigma^2 \tag{16}$$

σ es la desviación típica efectiva de la distribución del ángulo de inclinación de las gotas de lluvia, expresado en grados; σ toma el valor de $0°$, $5°$, $10°$ y $15°$ para el 1%, 0,1%, 0,01%, 0,001% del tiempo, respectivamente.

Paso 6 – Se calcula la XPD de la lluvia que no se excede el p% del tiempo:

$$(XPD)_{lluvia} = C_f - C_A + C_\tau + C_\theta + C_\sigma \quad \text{dB} \tag{17}$$

Paso 7 – Se calcula el término dependiente de los cristales de hielo:

$$C_{ice} = (XPD)_{lluvia} \times (0{,}3 + 0{,}1 \log p)/2 \quad \text{dB} \tag{18}$$

Paso 8 – Se calcula la XPD que no se supera durante el p% del tiempo, incluyendo los efectos del hielo:

$$XPD_p = XPD_{lluvia} - C_{hielo} \quad \text{dB} \tag{19}$$

Paso 9 – Si es necesario, las estadísticas de XPD obtenidas para frecuencias superiores a 8 GHz se ajustan a fin de obtener las estadísticas aplicables a frecuencias entre 4 GHz y 8 GHz.

Las estadísticas a largo plazo de XPD obtenidas para una frecuencia y ángulo de inclinación de la polarización, pueden ajustarse a otra frecuencia y ángulo de inclinación utilizando la fórmula siguiente:

$$\text{XPD}_2 = \text{XPD}_1 - 20\log\left[\frac{f_2\sqrt{1-0{,}484(1+\cos4\tau_2)}}{f_1\sqrt{1-0{,}484(1+\cos4\tau_1)}}\right] \quad \text{para } 4\text{GHz}{\leq}f_1,f_2{\leq}30\text{GHz} \tag{20}$$

donde XPD_1 y XPD_2 son los valores de XPD que no se han excedido durante el mismo porcentaje de tiempo a las frecuencias f_1 y f_2 y ángulos de inclinación de la polarización, τ_1 y τ_2, respectivamente.

AN4 Aumento de la temperatura de ruido de la antena

AN4.1 Fuentes de ruido radioeléctrico

El ruido radioeléctrico es importante en el diseño de sistemas porque establece un límite en la calidad de funcionamiento de los sistemas radioeléctricos. En los sistemas por satélite, existen numerosas fuentes de ruido radioeléctrico que deben considerarse y que son tanto internas como externas al sistema de recepción radioeléctrico. Las fuentes de ruido externas que llegan a una antena receptora se pueden ser debidas a:

- la absorción de la señal debida a los gases atmosféricos y los hidrometeoros;
- la radiación de fuentes radioeléctricas celestiales tales como la galaxia o el sol;
- el suelo u otras obstrucciones del haz de la antena;
- el ruido atmosférico debido a descargas de rayos;
- el ruido producido por el hombre debido a maquinaria eléctrica, líneas de transporte de energía, equipos electrónicos, sistemas de encendido de motores, etc.

El ruido se puede también recibir como interferencia procedente de emisiones indeseadas. En general, sólo predomina un tipo de ruido externo.

AN4.2 Efecto de la temperatura de ruido atmosférica en los trayectos Tierra – espacio.

La temperatura de ruido de las antenas de los satélites está dominada por la elevada temperatura que emite le Tierra, de forma que el ruido adicional procedente de las precipitaciones o de otras fuentes es despreciable. La temperatura de ruido es esencialmente constante, excepto en el caso de un haz global en el que la temperatura de ruido depende de la frecuencia y la posición del satélite en relación con las principales masas terrestres de la Tierra. En la figura 9 de la Recomendación UIT-R P.372 se muestra esta dependencia.

Por el contrario, las antenas situadas en tierra observan un cielo relativamente frío y, por lo tanto, las contribuciones de fuentes de ruido galáctico y cósmico, la lluvia y el propio suelo (en caso de ángulos de elevación reducidos) pueden elevar significativamente la temperatura de ruido de la antena. Además, en el caso de estaciones terrenas con equipos receptores cuyas etapas iniciales tienen un nivel de ruido bajo, un aumento en la temperatura de ruido de la antena debida a la absorción de la señal debida a la lluvia puede tener un efecto superior sobre la disminución resultante de la relación señal a ruido que el efecto de la propia atenuación.

En los puntos 2.1.4.3 y 7.2.1.2 de este Manual puede encontrarse información adicional sobre el efecto del ruido radioeléctrico sobre la temperatura de ruido de la antena.

AN5 Otros efectos de la propagación

En los puntos 2 y 4 de este anexo, se han descrito los factores más comunes debidos a la propagación. A continuación se presenta de forma resumida un conjunto adicional de degradación:

- atenuación debida al desenfoque (o esparcimiento del haz). Se trata de la dispersión de la señal causada por las variaciones del índice de refracción atmosférico con la altura que tiene un efecto de curvatura de haz de la señal. La magnitud de la pérdida por desenfoque es la que se presenta en la Recomendación UIT-R P.834. Este efecto puede ignorarse para ángulos de elevación superiores a, aproximadamente, 3° en latitudes inferiores a 53° , y para ángulos de elevación superiores a, aproximadamente, 6° en latitudes más elevadas;

- atenuación debida a la incoherencia del frente de onda. Este efecto está causado por irregularidades a pequeña escala en la estructura del índice de refracción de la atmósfera que produce una aparente disminución de la ganancia de la antena. Es improbable que el efecto sea de importancia en el diseño de sistemas comparado con la atenuación debida a otras causas;

- atenuación debida a las tormentas de arena y polvo. La atenuación debida a la arena o al polvo es despreciable salvo a frecuencias muy superiores a los 10 GHz y sólo si van acompañadas de un contenido de agua significativo. También puede producirse despolarización debida a la arena o el polvo, incluso en situaciones de sequedad, a frecuencias superiores a los 10 GHz especialmente con ángulos de elevación inferiores a los 10° cuando la visibilidad óptica es muy baja. El efecto de despolarización se hace más severo en situaciones de humedad (véase el punto 3.5.4 del Manual de propagación Tierra – espacio). El polvo seco y la arena pueden constituir un problema importante si interfieren físicamente el funcionamiento del sistema de antena. En muchos casos, los fuertes vientos que generan las tormentas de polvo pueden provocar la pérdida de apuntamiento de la antena, lo cual produce una pérdida de la intensidad de la señal que resulta difícil de distinguir de los efectos de atenuación debidos las partículas de polvo;

- atenuación debida a la acumulación de nieve y de hielo seco en la superficie de los reflectores y alimentador de la antena. No se trata normalmente de un problema serio salvo que el peso de la nieve y del hielo haga que la forma parabólica de la antena se distorsione. Las acumulaciones de hielo y nievo sólo son un problema cuando comienzan a fundirse. Se ha aconsejado la instalación de equipos de deshielo para mitigar este efecto, que sólo se utiliza cuando la temperatura se encuentra entre +4°C y –4°C aproximadamente;

- atenuación debida al entorno local del terminal terreno (edificios, árboles, etc.). No es normalmente un factor relevante en los sistemas del servicio fijo por satélite.

AN6 Diversidad de ubicaciones

La diversidad del trayecto es un método utilizado para superar la elevada atenuación y la despolarización producidos por la lluvia que se producen a frecuencias superiores a 10 GHz. El método requiere la provisión de trayectos de propagación alternativos para la transmisión de señales, así como la capacidad de seleccionar los trayectos menos degradados cuando las condiciones lo permiten. En los sistemas de comunicaciones por satélite, la implementación de la diversidad de ubicaciones significa la instalación de dos o más estaciones terrenas en ubicaciones distintas e interconectadas. (Debe señalarse que estudios realizados han mostrado que la disponibilidad adicional que se consigue mediante más de dos ubicaciones es pequeña. Además, para el despliegue de más de dos estaciones terrenas interconectadas son necesarios costes y una complejidad adicionales que son significativos. Por lo tanto, es habitual asumir que los esquemas de diversidad de ubicaciones se componen de dos estaciones terrenas espacialmente separadas, habiéndose centrado en ese caso los estudios relativos a la diversidad de ubicaciones).

La separación entre ubicaciones debe de ser la suficiente para asegurar que no existe correlación entre las degradaciones de propagación en los distintos trayectos. La distancia dependerá de ciertos factores que incluyen la geometría del trayecto (ángulo de elevación y acimut), las características meteorológicas locales (estadísticas de pluviosidad, dimensiones de células de lluvia, etc.), la frecuencia de transmisión, la orientación de la línea de unión entre ambas ubicaciones y las características topográficas locales. La calidad de funcionamiento de un sistema con diversidad también depende de los procedimientos empleados para la selección del trayecto menos degradado y para la conmutación al mismo. En el punto 3.3.1.7 del Manual del UIT-R "Información sobre la propagación de las ondas radioeléctricas para la predicción de los trayectos de comunicación Tierra-espacio" se presenta un análisis detallado de cómo dichos factores afectan a la calidad que puede conseguirse mediante diversidad de ubicaciones.

Existen dos conceptos para la caracterización de la calidad de funcionamiento obtenida con la diversidad: el "factor de mejora por diversidad", que se define como la relación entre el porcentaje de tiempo de disponibilidad en caso de trayecto único y el porcentaje de tiempo de disponibilidad con diversidad, para un nivel de atenuación dado; y la "ganancia por diversidad", que se define como la diferencia (en dB) entre la atenuación debida a la lluvia en el caso de un único trayecto y la atenuación con diversidad de ubicaciones, para un porcentaje de tiempo dado. Ambos parámetros son importantes, dependiendo del enfoque elegido para el diseño del sistema, aunque normalmente se utiliza la ganancia por diversidad como el parámetro para valorar la calidad de funcionamiento obtenido mediante la diversidad.

En el punto siguiente se presenta un procedimiento para la predicción del factor de mejora por diversidad y de la ganancia por diversidad, aplicable a frecuencias entre 10 GHz y 30 GHz. En términos generales, la mayor parte de la mejora en la calidad de funcionamiento que se obtiene mediante la diversidad se consigue cuando la separación entre ubicaciones es de al menos 15 a 30 km. Para porcentajes de tiempo superiores al 0,1 %, la intensidad de la lluvia es generalmente pequeña y la correspondiente mejora debida a la diversidad de ubicación no es significativa.

AN6.1 Factor de mejora por diversidad

Para dos ubicaciones de estaciones terrenas interconectadas, el factor de mejora por diversidad de la estación terrena, I, se calcula mediante la expresión (véase 2.2.4.1 de la Recomendación UIT-R P.618-4):

$$I = \frac{p_1}{p_2} = \frac{1}{\left(1+\beta^2\right)}\left(1 + \frac{100\,\beta^2}{p_1}\right) \approx 1 + \frac{100\,\beta^2}{p_1} \tag{21}$$

donde p_1 y p_2 son los porcentajes de tiempo correspondientes a una ubicación única y a la situación de diversidad, y β es un parámetro que depende de las características del enlace. La aproximación del lado derecho de la ecuación 21 es aceptable pues β^2 es en general pequeño.

A partir de un gran número de medidas realizadas, se ha comprobado que β^2 puede expresarse mediante la siguiente relación empírica:

$$\beta^2 = 10^{-4}\, d^{1.33} \tag{22}$$

donde d es la distancia entre las estaciones terrenas en km.

En la figura 5 de este anexo se representa p_2 en función de p_1 en base a las ecuaciones 21 y 22.

AN6.2 Ganancia por diversidad

Para dos ubicaciones de estaciones terrenas interconectadas, la ganancia por diversidad, G, viene dada por la expresión 2.2.4.2 de la Recomendación UIT-R P.618-4. El procedimiento es el que se describe a continuación y necesita los parámetros siguientes:

       d: distancia entre las dos ubicaciones (km);

       A: atenuación del trayecto para el caso de una única ubicación (dB);

       f: frecuencia (GHz);

       θ: ángulo de elevación del trayecto (grados);

       ψ: ángulo que forma el acimut del trayecto de propagación en relación con la línea que une las ubicaciones, elegido de tal forma que $\psi \leq 90°$ (grados).

Paso 1 – Se calcula la ganancia que aporta la separación espacial entre las ubicaciones de las estaciones terrenas para una separación d (km) a partir de:

$$G_d = a\left(1 - e^{-bd}\right) \tag{23}$$

donde:

$$a = 0{,}78A - 1.94\left(1-e^{-0.11A}\right)$$
$$b = 0{,}59\left(1-e^{-0.1A}\right) \tag{24}$$

Paso 2 – Se calcula la ganancia que aporta el término dependiente de la frecuencia a partir de:

$$G_f = e^{-0{,}025\,f} \tag{25}$$

Paso 3 – Se calcula la ganancia que aporta el elemento del ángulo de elevación a partir de:

$$G_\theta = 1{+}0{,}006\theta \tag{26}$$

Paso 4 – Se calcula la ganancia que aporta el elemento que depende de la orientación de la línea entre las estaciones terrenas:

$$G_\psi = 1{+}0{,}002\psi \tag{27}$$

Paso 5 – Se calcula la ganancia neta por diversidad como el producto de los cuatro elementos de ganancia por diversidad:

$$G = G_d\, G_f\, G_\theta\, G_\psi \tag{28}$$

BIBLIOGRAFÍA

1) Manual del UIT-R "Información sobre la propagación de las ondas radioeléctricas para la predicción de los trayectos de comunicación Tierra – espacio". Unión Internacional de Telecomunicaciones (1996).

2) Recomendaciones UIT-R P. 372, 531, 618, 376, 837, 838, 840 y 841.

3) Satellite-to-ground radiowave propagation, 1989, A E Allnutt, Institution of Electrical Engineers / Peter Peregrinus Ltd.

4) Propagation of radiowaves, 1996, M Hall, L Barclay and M Hewitt, Institution of Electrical Engineers / Peter Peregrinus Ltd, páginas 173 - 195.

5) Satellite Communications Systems (2nd Edition), 1991, B. G. Evans, Institution of Electrical Engineers / Peter Peregrinus Ltd, páginas 113 - 127.

6) Satellite Communications Systems (2nd Edition), 1993, G Maral and M Bousquet, John Wiley & Sons, páginas 45-54.

7) Radiowave Propagation in Satellite Communications, 1986, L Ippolito, Van Nostrand Reinhold.

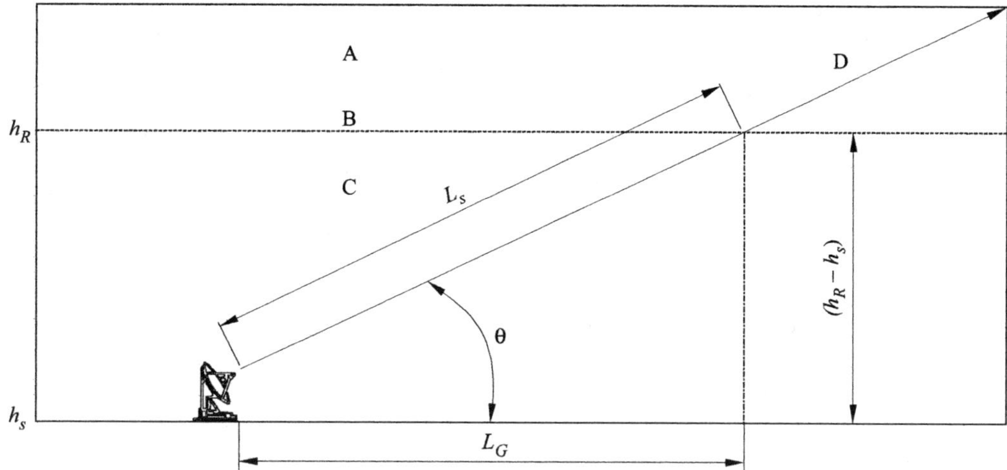

Λ: zona de precipitación helada
B: altura de la lluvia
C: zona de precipitación liquida
D: trayecto Tierra - espacio

Sat/C7-A1

FIGURA AN1-1

**Presentación esquemática de un trayecto Tierra-espacio que presenta los parámetros
que han de introducirse en el proceso de predicción de la atenuación**

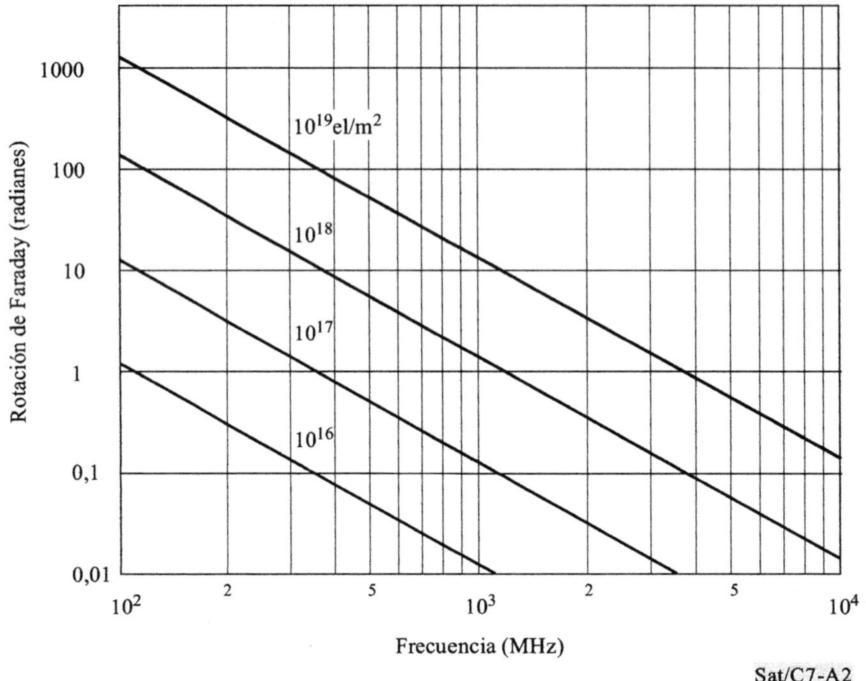

FIGURA AN1-2

**Rotación de Faraday en función del contenido de electrones total (TEC)
y de la frecuencia**

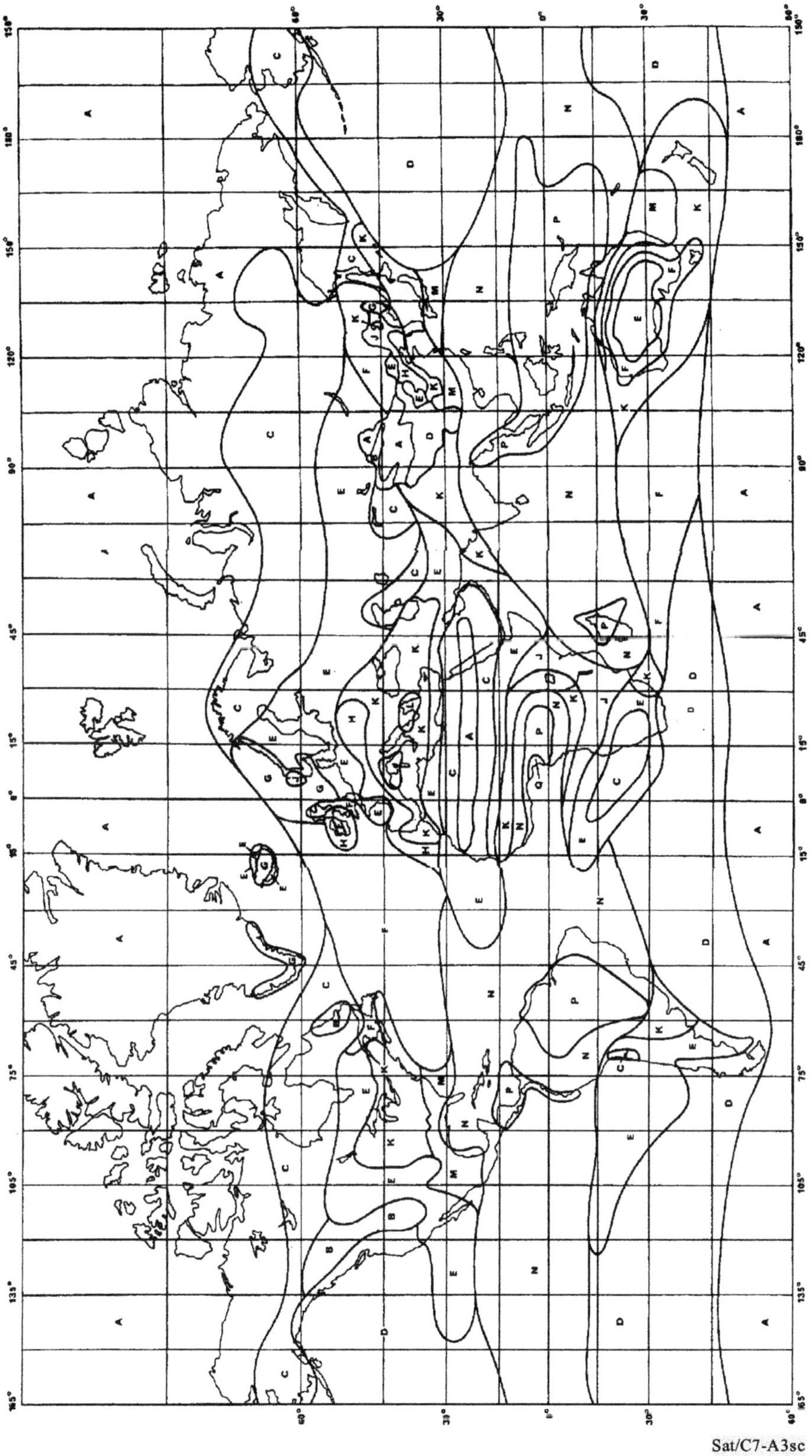

FIGURA AN1-3

Zonas hidrometeorológicas (véase el cuadro 1 del anexo de propagación)

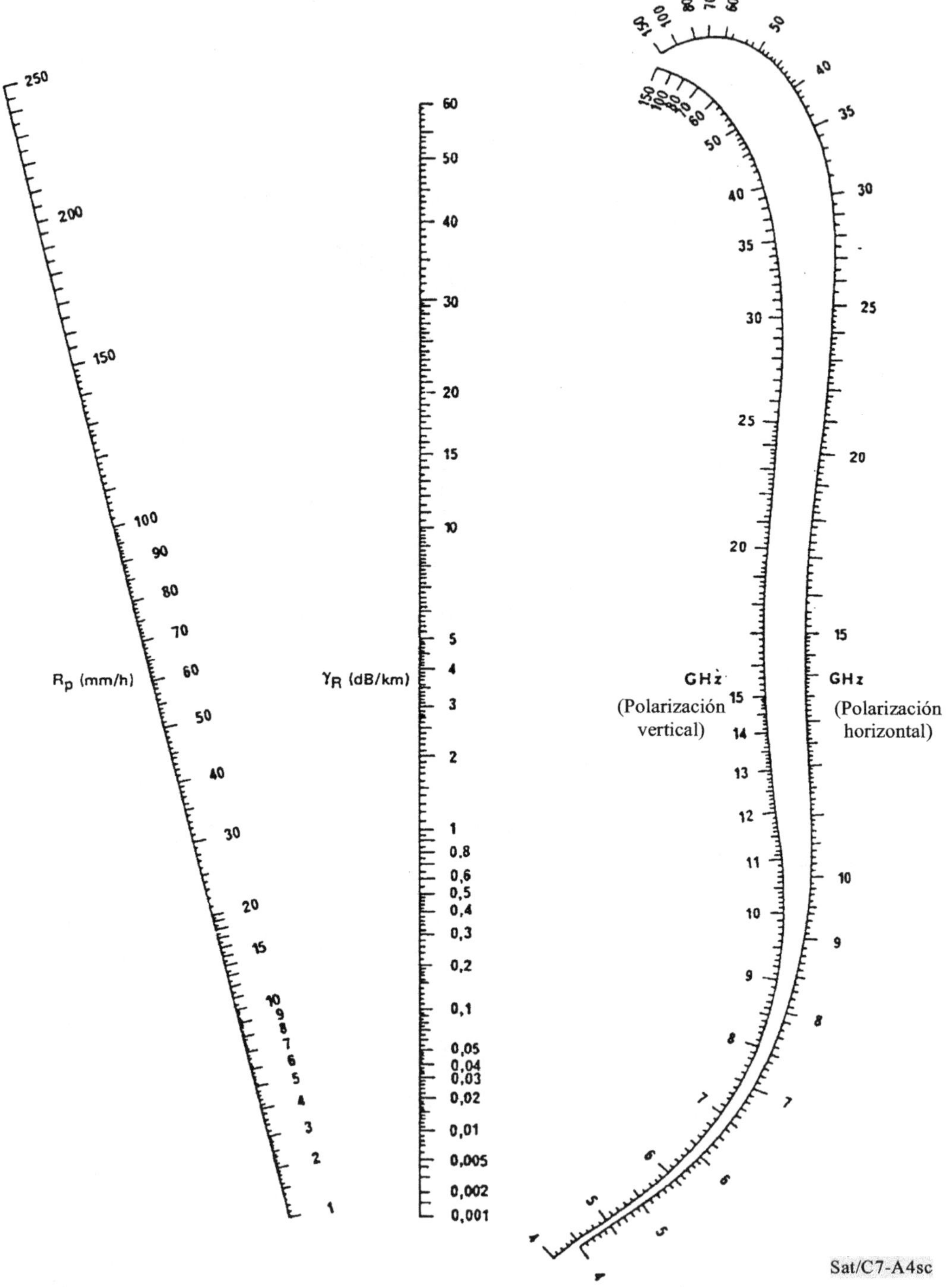

FIGURA AN1-4

**Nomograma para determinar el coeficiente de atenuación debida a la lluvia, γR,
en función de la frecuencia (GHz) y de la intensidad de la precipitación (mm/h)**

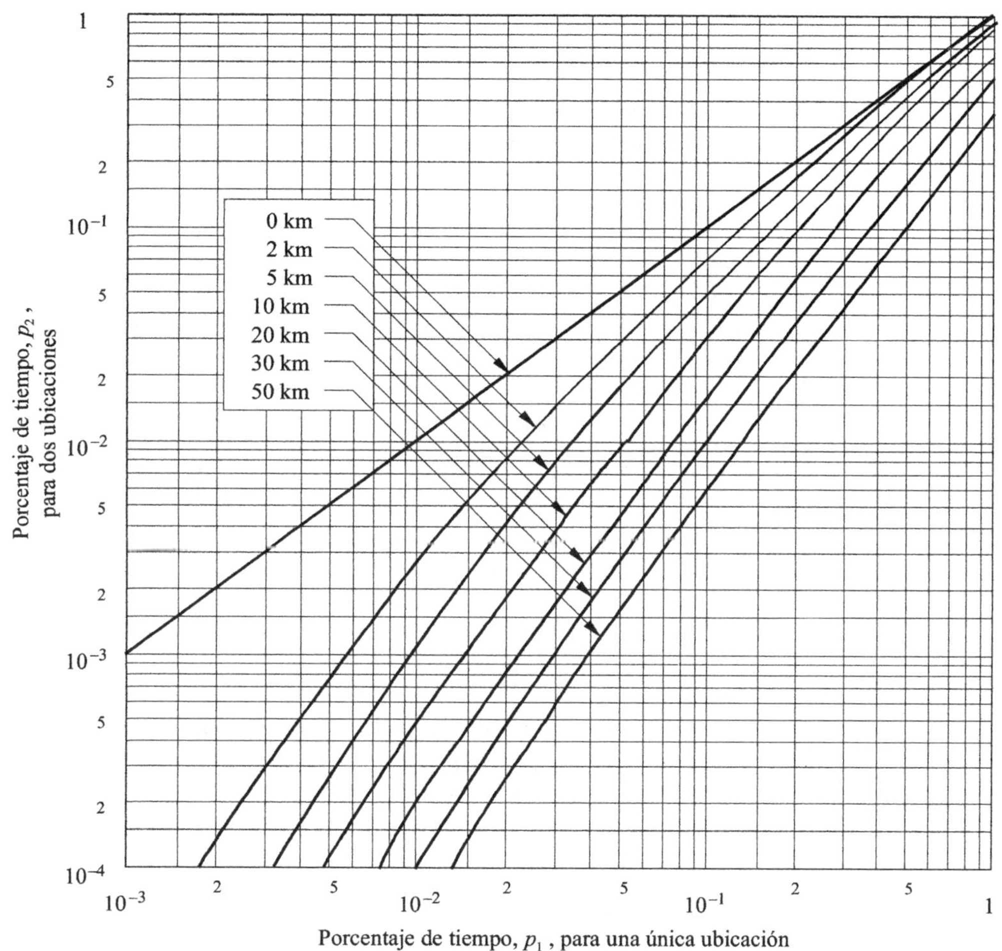

FIGURA AN1-5

**Relación entre los porcentajes de tiempo con diversidad y sin ella
para la misma atenuación (trayectos Tierra - satélite)**

CUADRO 1

Intensidad de precipitación excedida (mm/hora)
(véase la figura 3 de este anexo)

Porcentaje del tiempo (%)	A	B	C	D	E	F	G	H	J	K	L	M	N	P	Q
1,0	<0,1	0,5	0,7	2,1	0,6	1,7	3	2	8	1,5	2	4	5	12	24
0,3	0,8	2	2,8	4,5	2,4	4,5	7	4	13	4,2	7	11	15	34	49
0,1	2	3	5	8	6	8	12	10	20	12	15	22	35	65	72
0,03	5	6	9	13	12	15	20	18	28	23	33	40	65	105	96
0,01	8	12	15	19	22	28	30	32	35	42	60	63	95	145	115
0,003	14	21	26	29	41	54	45	55	45	70	105	95	140	200	142
0,001	22	32	42	42	70	78	65	83	55	100	150	120	180	250	170

CUADRO 2

Coeficientes de regresión para la estimación de la atenuación específica
de acuerdo con la ecuación (6) de este anexo

Frecuencia (GHz)	k_H	k_V	α_H	α_V
1	0,000 0387	0,000 0352	0,912	0,880
2	0,000 154	0,000 138	0,963	0,923
4	0,000 650	0,000 591	1,121	1,075
6	0,001 75	0,001 55	1,308	1,265
7	0,003 01	0,002 65	1,332	1,312
8	0,004 54	0,003 95	1,327	1,310
10	0,010 1	0,008 87	1,276	1,264
12	0,018 8	0,016 8	1,217	1,200
15	0,036 7	0,033 5	1,154	1,128
20	0,075 1	0,069 1	1,099	1,065
25	0,124	0,113	1,061	1,030
30	0,187	0,167	1,021	1,000
35	0,263	0,233	0,979	0,963

ANEXO 2

Ejemplos típicos de cálculos de balances de enlaces

A fin de ilustrar el método de cálculo del balance de un enlace descrito en el punto 2.3 del Capítulo 2, en este anexo se presentan algunos ejemplos típicos. Estos ejemplos corresponden a casos reales, cada uno de los cuales tiene su propia presentación y su procedimiento y cálculos precisos.

AN2.1 Telefonía analógica multiplexada (MDF-MF-AMDF)

Aunque la transmisión analógica está quedando progresivamente obsoleta, los cálculos siguientes hacen referencia a la transmisión de canales telefónicos multiplexados en frecuencia con modulación de frecuencia y acceso AMDF. Los parámetros son los de referencia de un transpondedor del satélite INTELSAT VI (6/4 GHz, 72 MHz, haz hemisférico). Se supone que la estación terrena es una estación terrena "antigua" de gran capacidad y antena de 32 m de diámetro que es conforme con la anterior "Norma A" de INTELSAT.

a)　　　**Parámetros del transpondedor del satélite y de la estación terrena**

Satélite

Bandas de frecuencias:	transmisión	3 625 - 4 095	MHz
	recepción	5 850 - 6 320	MHz

G/T mínima del satélite　　　　　　　　　　　　　　　　$-9{,}2\ \mathrm{dB(K^{-1})}$

Densidad de flujo de potencia (saturación)　　　　$-67{,}1\ \mathrm{dB(W/m^2)}$
(en modo de baja ganancia)

Nivel de entrada para saturar el TOP　　　　　　　　$-104{,}5\ \mathrm{dBW}$

Estaciones terrenas

Ganancia de antena:	transmisión	64,5 dBi
	recepción	61,0 dBi

G/T mínima (con cielo despejado)　　　　　　　　　　$40{,}7\ \mathrm{dB(K^{-1})}$

En el cuadro AN2.1 se presentan los parámetros de transmisión de portadoras MDF-MF regulares del sistema INTELSAT, correspondientes a un objetivo de calidad de ruido de canal de 8 200 pW0p.

b)　　　**Balance de enlace de referencia**

Enlace ascendente

Frecuencia del enlace ascendente　　　　　　　　　　　6,0 GHz

p.i.r.e. de la estación terrena a la entrada del satélite con reducción   85,5 dBW
de potencia respecto a saturación

Densidad de flujo de potencia de entrada para saturar el   -67,1 dB(W/m^2)
transpondedor

Reducción de potencia a la entrada del transpondedor respecto al   -11,0 dB
nivel de saturación

$10 \log_{10}(\lambda^2/4\pi)$ (superficie efectiva de una antena isótropa)   -37,0 dB(m^2)

G/T del satélite   -9,2 dB(K^{-1})

C/T del enlace ascendente (ruido térmico)   -124,3 dB(W/K)

$10 \log_{10} b$ (b = 90% de 72 MHz)   78,1 dB(Hz)

$10 \log_{10} k$ -228,6 dB(W/kHz)

C/N del enlace ascendente (ruido térmico)   26,2 dB

C/I del enlace ascendente (reutilización de frecuencias en el   21,6 dB
vehículo espacial)

Intermodulación

$(C/I)_I$ 21,2 dB

Este valor se ha calculado mediante un programa informático destinado a optimizar la calidad del
transpondedor basándose en los principios expuestos en la figura 2.11 del Capítulo 2.

Enlace descendente

Frecuencia del enlace descendente   4,0 GHz

p.i.r.e. de saturación del satélite (borde del haz)   31,0 dBW

Reducción de potencia a la salida respecto a saturación   -6,6 dB

Ventaja geográfica   0,6 dB

Atenuación del enlace descendente   196,7 dB

G/T de la estación terrena   40,7 dB(K^{-1})

C/T del enlace descendente   -131,0 dB(W/K)

$10 \log_{10} b$ (b = 90% de 72 MHz)   78,1 dB(Hz)

$10 \log_{10} k$ -228,6 dB(W/kHz)

C/N del enlace descendente (ruido térmico)   19,5 dB

C/I del enlace descendente (reutilización de frecuencias en el   21,6 dB
vehículo espacial)

La relación C/N para cielo despejado se obtiene de la forma siguiente:

$$(C/N)_{\text{cielo despejado}} = \cfrac{1}{\cfrac{1}{(C/N)_u} + \cfrac{1}{(C/I)_u} + \cfrac{1}{(C/I)_i} + \cfrac{1}{(C/N)_d} + \cfrac{1}{(C/I)_d}} \qquad (2)$$

$$(C/N)_{\text{cielo despejado}} = 14{,}5 \text{ dB}$$

Este resultado muestra que un transpondedor de zona hemisférica de 72 MHz del satélite INTELSAT-VI puede acomodar, por ejemplo, hasta unos 1 000 canales con las siguientes combinaciones:

$$4 \text{ portadoras (252 canales/15 MHz), u}$$

$$8 \text{ portadoras (132 canales/7,5 MHz), o}$$

$$14 \text{ portadoras (72 canales/5,0 MHz),}$$

manteniendo un margen del sistema apropiado y satisfaciendo el objetivo de calidad indicado en el cuadro 2-I del Capítulo 2.

AN2.2 Transmisión digital; redes de comunicaciones rurales (AMDF/SCPC/MDP)

AN2.2.1 Red en estrella

En este punto se presenta un ejemplo típico de cálculo de balance de enlace para una red de comunicación rural, por ejemplo, una zona aislada en África en la que se utiliza un sistema por satélite con configuración en estrella, es decir, estaciones terrenas distantes pequeñas que se comunican a través de una estación terrena central (principal). En este sistema las comunicaciones digitales se realizan con una velocidad binaria de 8 kbit/s. Dicha velocidad binaria puede implementarse utilizando códecs de codificación binaria de baja velocidad (LRE, *low bit rate encoding*) actualmente disponibles, que se considera una solución bastante efectiva y atractiva para sistemas de telefonía rurales, aunque actualmente comienzan a estar disponibles códecs de velocidad aún inferior (por ejemplo, 4.8 kbit/s o incluso menos).

Las principales características de la arquitectura de red en estrella se describen en el capítulo 5 (véase 5.6) de este Manual. Nótese que en el caso de la telefonía rural, dichos sistemas están optimizados para el caso en el que la mayoría del tráfico se establece entre las estaciones locales (distantes) y la principal. Si, por el contrario, existe una parte importante del tráfico que se intercambia entre las propias estaciones locales, es preferible una arquitectura en malla, que evita el doble salto en las comunicaciones (véase AN2.2.2).

CUADRO AN2-1a

Parámetros de transmisión de INTELSAT para portadoras MDF-MF regulares

Capacidad de la portadora (número canales)	Frecuencia más alta de la banda de base (kHz)	Anchura de banda asignada en el satélite (MHz)	Anchura de banda ocupada (MHz)	Desviación (r.m.s.) para un tono de prueba de 0 dBm0 (kHz)	Desviación (r.m.s.) multicanal (kHz)	Relación entre portadora y temperatura de ruido total en el punto de funcionamiento a 8 000 + 200 pW0p de fuentes de RF (dB(W/K))	Relación entre portadora y ruido en la anchura de banda ocupada(dB)	Relación entre potencia de portadora sin modular y densidad de potencia de portadora máxima en condiciones de plena carga
n	f_m	B_a	B_o	f_r	f_{mc}	C/T	C/N	(dB/4 kHz)
12	60	1,25	1,125	109	159	- 154,7	13,4	20,0
24	108	2,5	2,00	164	275	- 153,0	12,7	22,3
36	156	2,5	2,25	168	307	- 150,0	15,1	22,8
48	204	2,5	2,25	151	292	- 146,7	18,4	22,6
60	252	2,5	2,25	136	296	- 144,0	21,1	22,4
60	252	5,0	4,0	270	546	- 149,0	12,7	25,3
72	300	5,0	4,5	294	616	- 149,1	13,0	25,8
96	408	5,0	4,5	263	584	- 145,5	16,6	25,6
132	552	5,0	4,4	223	529	- 141,4	20,7	$24{,}2^{*}(X = 1)$
96	408	7,5	5,9	360	799	- 148,2	12,7	27,0
132	552	7,5	6,75	376	891	- 145,9	14,4	27,5
192	804	7,5	6,4	297	758	- 140,6	19,9	$25{,}8^{*}(X = 1)$
132	552	10,0	7,5	430	1020	- 147,1	12,7	28,0
192	804	10,0	9,0	457	1167	- 144,4	14,7	28,6
252	1052	10,0	8,5	358	1009	- 139,9	19,4	$27{,}0^{*}(X = 1)$
252	1052	15,0	12,4	577	1627	- 144,1	13,6	30,0
312	1300	15,0	13,5	546	1716	- 141,7	15,6	30,2
372	1548	15,0	13,5	480	1646	- 138,9	18,4	30,1
432	1796	15,0	13,0	401	1479	- 136,2	21,2	$27{,}6^{*}(X = 1)$
312	1300	17,5	15,75	663	2081	- 143,3	13,2	31,2
372	1548	17,5	15,75	583	1999	- 140,8	15,9	31,0
432	1796	17,5	15,75	517	1919	- 138,5	18,2	30,8
432	1796	20,0	18,0	616	2276	- 139,9	16,1	31,5
492	2044	20,0	18,0	558	2200	- 137,8	18,2	31,4
552	2292	20,0	18,0	508	2121	- 136,0	20,0	$30{,}2^{*}(X = 1)$
432	1796	25,0	20,7	729	2688	- 141,4	14,1	32,2
492	2044	25,0	22,5	738	2911	- 140,3	14,8	32,6
552	2292	25,0	22,5	678	2833	-138,5	16,6	32,5
612	2540	25,0	22,5	626	2755	- 136,9	18,1	32,4
612	2540	36,0	32,4	983	4325	- 141,0	12,5	34,3
792	3284	36,0	32,4	816	4085	- 137,0	16,5	34,1
972	4028	36,0	32,4	694	3849	- 133,8	19,7	$32{,}8^{*}(X = 1)$
792	3284	36,0	36,0	930	4653	- 138,3	14,8	34,7
972	4028	36,0	36,0	802	4417	- 135,2	17,8	34,5

Este valor es X dB inferior al valor calculado de acuerdo con la fórmula normal empleada para deducir esta relación:

$$10 \log_{10} (f_{mc}\sqrt{2\pi / 4})$$

en donde: X es el valor incluido entre paréntesis en la última columna y f_{mc} es la desviación r.m.s. multicanal en kHz. El factor es necesario para compensar las portadoras de índice de modulación bajo cuya densidad de potencia que no se considera que tenga una distribución gaussiana.

Mediante un programa informático se realizan los cálculos necesarios para determinar las condiciones óptimas, es decir, la $(E_b/N_0)_{Total}$ (incluyendo todas las posibles situaciones de interferencia por ruido y lluvia) correspondiente al servicio telefónico sin errores en los enlaces de salida (de principal a distante) y de entrada (de distante a principal) (BER inferior a 10^{-7}).

En los cuadros AN2-2 a) a d) se resumen los diversos parámetros que deben tenerse en cuenta. En el cuadro AN2-2 e) se presentan los resultados generales del balance del enlace. Debe destacarse la importancia que tiene en los balances de enlaces el ruido interferente. De hecho, se trata de una característica muy común de las comunicaciones utilizando satélites geoestacionarios y con pequeñas estaciones terrenas.

Capacidad de tráfico: la capacidad de cursar tráfico a través del transpondedor puede calcularse fácilmente haciendo referencia al cuadro AN2-2a (p.i.r.e. del satélite = 28 dBW, en el borde de la cobertura y cielo despejado, teniendo en cuenta la reducción de potencia) y al cuadro AN2-2e (p.i.r.e. por portadora = -10.6 dBW, de distante a principal y -2.8 dBW, de principal a distante, en el borde de la cobertura y cielo despejado). El número de portadoras continuas que se pueden transmitir a través del transpondedor es el que se identifica a continuación. Es muy importante señalar que el número real de circuitos se puede multiplicar por 2,5 utilizando la transmisión activada por la voz[1].

- Transpondedor completamente utilizado para transmisiones de distantes a principal $\cong$ 7.230 portadoras

- Transpondedor completamente utilizado para transmisiones de principal a distantes $\cong$ 1.200 portadoras

- Transpondedor completamente utilizado para transmisiones de telefonía bidireccional $\cong$ 2.048 portadoras (o medios circuitos) es decir, $\cong$ 1.024 circuitos (o hasta $\cong$ 2.560 circuitos con activación por la voz)

---

[1] Nótese que la capacidad de tráfico, aunque limitada en general por la potencia disponible en el transpondedor (limitación de potencia), puede, en determinadas circunstancias en las que se utiliza la activación por la voz, estar limitada por la anchura de banda disponible del transpondedor (limitación de anchura de banda). De hecho, en el ejemplo de este punto, la capacidad del transpondedor está limitada a aproximadamente 4 800 intervalos de frecuencia.

CUADRO AN2-2a

Características más importantes de una red en estrella para comunicaciones rurales (AMDF/SCPC/MDP)

General

- Satélite: INTELSAT VII (a 359° E)
- Bandas de frecuencia: 6/4 GHz
- Estación terrena principal: antena de 7.3 m
- Estaciones terrenas distantes: antena de 1.8 m
- Acceso múltiple: AMDF/SCPC

Características de transmisión de la portadora

- Digital, 8 kbit/s
- Posible activación por la voz para telefonía (actividad media de la portadora: 40%)
- Velocidad binaria de información compuesta: 8 kbit/s
- Corrección de errores: FEC (índice 1/2)
- Modulación MDPQ
- Anchura de banda (Nyquist): 8 kHz

Parámetros del transpondedor del satélite

- Anchura de banda del transpondedor: 72 MHz
- p.i.r.e. (borde de cobertura): 33,0 dBW
- G/T (borde de cobertura): -7,5 dB/K
- densidad de flujo de saturación (borde de cobertura): -80 dBW/m^2
- Ventaja geográfica en enlaces ascendentes y descendentes: +2 dB

  (NOTA – la ventaja geográfica es el aumento de los parámetros del transpondedor debido a la ubicación real de las estaciones terrenas en la zona de cobertura en comparación con la situación en el borde de cobertura.)

- Reducción de potencia con respecto a la saturación del transpondedor (BO, *back-off*):

  - Entrada (BO)i : 6,8 dB (mínimo) hasta 7,2 dB (con lluvia en el enlace ascendente)

  - Salida (BO)o: 5 dB (mínimo) hasta 5,4 dB (con lluvia en el enlace ascendente)

CUADRO AN2-2b

Características de la estación terrena de una red en estrella para comunicaciones rurales (AMDF/SCPC/MDP)

Características de la estación terrena	ET distante	ET principal	Unidades
Diámetro de la antena	1,8	7,3	m
Características de transmisión (TX)			
• Ganancia de la antena	38,9 (eficiencia 0,6)	51,0 (eficiencia 0,6)	dBi
• pérdida de apuntamiento de la antena	0,1	0,2	dB
• elevación	54,3	70,2	grados
• Lóbulos laterales de la antena	29 - 25 log θ	29 - 25 log θ	dBi
• Potencia por portadora	0,45	0,25	W
• pérdida del alimentador	0,5	2,5	dB
• p.i.r.e. por portadora (cielo despejado)	34,9	42,6	dBW
• densidad de p.i.r.e. (borde de cobertura, cielo despejado)	33,9	41,6	dBW/4 kHz
• Emisiones fuera del eje	10,1	5,6	dBW/4 kHz
Características de recepción (RX)			
Ganancia de la antena	35,7 (eficiencia 0,65)	35,7 (eficiencia 0,65)	dBi
• pérdida de apuntamiento de la antena	0,1	0,1	dB
• Lóbulos laterales de la antena	29 - 25 log θ	29 - 25 log θ	dBi
• Ruido			
• ruido de la antena	40	30	K
• ruido del receptor	50	60	K
• G/T			
Cielo despejado	16,1	28,3	dBK^{-1}
• condiciones degradadas	15,8	27,6	dBK^{-1}
• condiciones degradadas, incluyendo atenuación por la lluvia	15,7	27,3	dBK^{-1}

CUADRO AN2-2c

**Condiciones de propagación: atenuación en espacio libre,
condiciones con lluvia y disponibilidad**
(supuestos de los cálculos)

NOTA – El cálculo del enlace se realiza para una disponibilidad del 95% durante el mes más desfavorable. Teniendo en cuenta condiciones realistas de lluvia en los enlaces ascendente y descendente, un cálculo detallado del balance muestra que ello equivale a considerar que la atenuación debida a la lluvia es la siguiente:

Atenuaciones	Distante a principal	Principal a distante	Unidades
Atenuación en espacio libre			
• Enlace ascendente	199,3	199,2	dB
• Enlace descendente	195,6	195,8	dB
Atenuación debida a la lluvia			
• Enlace ascendente	0,3	0,3	dB
• Enlace descendente	0,3	0,1	dB

CUADRO AN2-2d

Parámetros básicos para los cálculos de ruido de interferencia y de intermodulación

Parámetros básicos	Distante a principal	Principal a distante	Unidades
Interferencia en el enlace ascendente (a la salida de la estación terrena)			
• Densidad de p.i.r.e. fuera del eje (borde de cobertura) (NOTA 1)	10		dBW/4 kHz
• Polarización cruzada (borde de cobertura) (NOTA 2)	15,2		dBW/4 kHz
• Co-polarización (borde de cobertura) (NOTA 3)	17,0		dBW/4 kHz
• Ruido de interferencia total en el enlace ascendente (borde de cobertura)	19,7		dBW/4 kHz
(p.i.r.e. equivalente en la anchura de banda de Nyquist)	22,7		dBW
Interferencia en el enlace descendente (a la salida del satélite)			
• Interferencia del satélite adyacente (ISA):			
• Densidad de la p.i.r.e. en el eje de la ISA (borde de cobertura) (NOTA 4)	-35,8	-23.6	dBW/4 kHz
• Polarización cruzada (borde de cobertura, en el eje) (NOTA 2)	-30	-30	dBW/4 kHz

	Distante a principal	Principal a distante	Unidades
• Co-polarización (borde de cobertura) (NOTA 5)	-31	-31	dBW/4 kHz
• Ruido interferente total en el enlace descendente (borde de cobertura)	-26,9	-22.1	dBW/4 kHz
(p.i.r.e. equivalente en la anchura de banda de Nyquist)	-23,9	-19.1	dBW
Intermodulación en el transpondedor del satélite (referida a la salida del satélite)	-30		dBW/4 kHz

NOTA 1 – Valor estimado del nivel de emisión fuera del eje desde una estación terrena que transmite a otro satélite próximo (puede compararse con la emisión fuera del eje identificada en el cuadro AN2-2b).

NOTA 2 – Basado en un aislamiento de 25 dB de la polarización cruzada (X-Polar).

NOTA 3 – Valor estimado de la contribución en el caso más desfavorable de la intermodulación del amplificador de potencia de la estación terrena.

NOTA 4 – Se supone que el satélite adyacente es similar al satélite operativo y que está separado 3°. La p.i.r.e. de la interferencia del satélite adyacente se corrige según indica la atenuación del diagrama de radiación de la antena del satélite adyacente en la dirección de la zona de funcionamiento.

NOTA 5 – Valor estimado de la interferencia procedente de portadoras de un satélite próximo.

CUADRO AN2-2e

Principales resultados de una red en estrella para comunicaciones rurales (AMDF/SCPC/MDP)

		Distante a principal	Principal a distante	Unidades
Niveles de potencia de la portadora del satélite				
• valor máximo de p.i.r.e. por portadora (borde de cobertura, cielo despejado)		-10,6	-2,8	dBW
• p.i.r.e. por portadora (borde de cobertura, lluvia en el enlace ascendente)		-11	-3,2	dBW
Resumen del balance del enlace				
• $(E_b/N_o)_U$	Enlace ascendente, cielo despejado	19,6	27,3	dB
• $(E_b/I_o)_U$	Enlace ascendente, cielo despejado (véase el cuadro AN2-2d)	14,1	21,7	dB
• $(E_b/N_o)_D$	Enlace descendente, cielo despejado	13,5	8,9	dB
• $(E_b/I_o)_D$	Enlace descendente, cielo despejado (véase el cuadro AN2-2d)	13,2	16,2	dB
• $(E_b/I_o)_{IM}$	Ruido de interferencia de la intermodulación del satélite (véase el cuadro AN2-2d)	16,3	24,1	dB
• $(E_b/N_o)_{Total}$	Cielo despejado, sin interferencia	11,0	8,7	dB
• $(E_b/N_o)_{Total}$	Cielo despejado, con interferencia	7,8	7,8	dB
• $(E_b/N_o)_{Total}$	Lluvia (caso más desfavorable, enlace descendente o ascendente) con interferencia	7,5	7,5	dB

AN2.2.2 Red en malla

Tal como se ha señalado anteriormente, si una parte importante del tráfico se intercambia entre las estaciones locales, una estructura en malla constituye la elección correcta. La asignación por demanda (AMAD, véase el punto 5.5 del Capítulo 5) es, en general, necesaria para implementar las conexiones de dicha red. El sistema AMAD funciona normalmente utilizando una estación de control, es decir, en modo centralizado, durante las fases de establecimiento y de desconexión de la llamada.

En el caso de una red en malla, sólo existe un tipo de enlaces, a saber, los enlaces entre estaciones distantes. Consiguientemente, el precio que se debe pagar en dichos sistemas a cambio de que todas las comunicaciones se realicen desde (enlace ascendente) y hacia (enlace descendente) estaciones terrenas con pequeñas antenas, es una reducción de la capacidad de tráfico o un aumento de la potencia transmitida y tamaño de antena de las estaciones distantes, o ambas cosas.

Los cuadros AN2-2f y AN2-2g presentan un breve resumen de las características de las estaciones terrenas y un cálculo de balance de un enlace (similar al anterior y con el mismo satélite, característica de la portadora y condiciones de propagación) para una típica red en malla de comunicaciones rurales. Nótese que los parámetros de interferencia del enlace descendente, aunque no se han solicitado en este caso, son ligeramente distintos de los del cuadro AN2-2d.

Capacidad de tráfico: en estas condiciones, la capacidad de tráfico a través del transpondedor puede calcularse fácilmente haciendo referencia al cuadro AN2-2a (p.i.r.e. del satélite = 28 dBW, en el borde de la cobertura, con cielo despejado y teniendo en cuenta la reducción de potencia) y al cuadro AN2-2g (p.i.r.e. por portadora = -5 dBW, en el borde de la cobertura y con cielo despejado). El número de portadoras que se pueden transmitir a través del transpondedor (que se supone se utiliza completamente para transmisiones telefónicas bidireccionales) es de aproximadamente 2 000 portadoras (o la mitad de circuitos), es decir, $\cong$ 1 000 circuitos (o hasta $\cong$ 2 500 circuitos si se utiliza la activación por la voz).

CUADRO AN2-2f

Características de las estaciones terrenas de una red en malla para comunicaciones rurales (AMDF/SCPC/MDP)

(las características no mencionadas son idénticas a las incluidas en el cuadro AN2-2b)

Características de la estación terrena (ET)	ET distante	Unidades
Diámetro de la antena	**2,4**	**m.**
Características de transmisión (TX)		
•　　Ganancia de la antena	41,3 (eficiencia de 0,6)	dBi
•　　Potencia por portadora	0,9	W
•　　　pérdida del alimentador	0,5	dB
•　p.i.r.e. por portadora (cielo despejado)	40,3	dBW
•　Densidad de la p.i.r.e. (borde de la cobertura, cielo despejado)	39,3	dBW/4 kHz
•　Emisiones fuera del eje	13,1	dBW/4 kHz
Características de recepción (RX)		
•　　Ganancia de la antena	38,2 (eficiencia de 0,65)	dBi
•　　G/T		
Cielo despejado	18,6	dBK^{-1}
•　condiciones degradadas	18,3	dBK^{-1}
•　condiciones degradadas incluyendo atenuación por lluvia	18,2	dBK^{-1}

CUADRO AN2-2g

**Resultados más importantes de una red en malla para comunicaciones rurales
(AMDF/SCPC/MDP)**

	Distante a distante	Unidades
Niveles de potencia del satélite		
• valor máximo de p.i.r.e. por portadora (borde de cobertura, cielo despejado)	-5	dBW
• p.i.r.e. por portadora (borde de cobertura, lluvia en el enlace ascendente)	-5,3	dBW
Resumen del balance del enlace		
• $(Eb/No)_U$ enlace ascendente, cielo despejado	25,2	dB
• $(Eb/Io)_U$ enlace ascendente, cielo despejado (véase el cuadro AN2-2d)	19,6	dB
• $(Eb/No)_D$ enlace descendente, cielo despejado	9,3	dB
• $(Eb/Io)_D$ enlace descendente, cielo despejado (véase el cuadro AN2-2d)	15,7	dB
• $(Eb/Io)_{IM}$ ruido de interferencia por intermodulación en el satélite (véase el cuadro AN2-2d)	22	dB
• $(Eb/No)_{Total}$ cielo despejado, sin interferencia	8,9	dB
• $(Eb/No)_{Total}$ cielo despejado, con interferencia	7,8	dB
• $(Eb/No)_{Total}$ Lluvia (caso más desfavorable, enlace descendente o ascendente), con interferencia	7,5	dB

AN2.3 Transmisión digital multiplexada (AMDF-TDM-MDP)

En este punto se presenta un ejemplo típico de cálculo del balance de un enlace para la transmisión multiplexada de portadoras digitales de velocidad intermedia, tales como los enlaces IDR e IBS (normalizados por INTELSAT) o SMS (de EUTELSAT) entre estaciones terrenas de tamaño medio. Además, para que los ejemplos sean más completos, este cálculo se refiere a una disposición específica de los transpondedores de INTELSAT, en concreto, la conexión cruzada entre los transpondedores de 6/4 GHz y 14/12 GHz.

Los cálculos se presentan de forma semejante y con el mismo formato que en el ejemplo previo del apartado AN2.2.1.

Capacidades de tráfico: la capacidad de tráfico que resulta de este cálculo es de aproximadamente seis portadoras (canales de 8 544 kbit/s o de 120 64 kbit/s), es decir, aproximadamente 720 canales en los enlaces entre una estación terrena en 14/12 GHz y una estación terrena en 6/4 GHz. Teóricamente, la capacidad podría ser mucho mayor para los enlaces inversos (entre una estación terrena a 6/4 GHz y otra a 14/12 GHz). Ello se debe a la p.i.r.e. mucho más elevada del transpondedor en 14 GHz.

CUADRO AN2-3a

Principales características de la transmisión digital multiplexada (AMDF/TDM/MDP)

General

- Satélite: INTELSAT VII (a 307° E)

- Bandas de frecuencia: transpondedores de conexión cruzada entre 6/4 GHz y 14/12 GHz

- Estación terrena a 6/4 GHz: antena de 6,1 m

- Estación terrena a 14/12 GHz: antena de 4,5 m

- Acceso múltiple/Multiplexación: AMDF/ MDT

Características de transmisión de la portadora

- Velocidad binaria de la información compuesta: 8 544 kbit/s

- Corrección de errores: FEC (índice 3/4)

- Modulación MDPQ

- Anchura de banda (Nyquist): 5 696 kHz

Parámetros del transpondedor del satélite

	ET 14/12 GHz $\rightarrow$ ET 6/4 GHz	ET 6/4 GHz $\rightarrow$ ET 14/12 GHz	Unidades
• p.i.r.e. (borde de cobertura)	32,6	47	dBW
• G/T (borde de cobertura)	0,9	-8,0	dB/K
• Densidad de flujo de saturación (borde de cobertura)	-80	-80	dBW/m^2
• Ventaja geográfica, enlace ascendente	0	0	dB
• Ventaja geográfica del enlace descendente	2	2	dB
• Reducción de potencia del transpondedor:			
• Entrada (mínimo/ con lluvia en el enlace ascendente)	5,5/7,5	3,7/4,6	dB
• Salida (mínimo / con lluvia en el enlace ascendente)	4,0/6,0	3,0/3,9	dB

CUADRO AN2-3b

Características de la estación terrena de una transmisión digital multiplexada (AMDF/TDM/MDP)

Características de la estación terrena (ET)	ET 14/12 GHz	ET 6/4 GHz	Unidades
• Diámetro de la antena	4,5	6,1	m
• elevación	8	43,5	grados
Características de transmisión (TX)			
• Ganancia de la antena	54,5 (eficiencia de 0,65)	50,4 (eficiencia de 0,65)	dBi
• pérdida de apuntamiento de la antena	1	0,5	dB
• Lóbulos laterales de la antena	29 - 25 log θ	29 - 25 log θ	dBi
• Potencia por portadora	68,7	68,6	W
• pérdida del alimentador	3	3	dB
• p.i.r.e. por portadora (cielo despejado)	69,9	65,7	dBW
• densidad de la p.i.r.e. (borde de cobertura, cielo despejado)	38,4	34,2	dBW/4 kHz
• Emisiones fuera del eje	0,9	0,9	dBW/4 kHz
Características de recepción (RX)			
• Ganancia de la antena	53,2 (eficiencia de 0,65)	46,3 (eficiencia de 0,65)	dBi
• pérdida de apuntamiento de la antena	0,8	0,2	dB
• Lóbulos laterales de la antena	29 - 25 log θ	29 - 25 log θ	
• Ruido			
• ruido de la antena	30	30	dBi
• ruido de recepción	110	50	K
• G/T			
Cielo despejado	31,7	27,2	dBK-1
• condiciones degradadas	30,6	26,1	dBK-1
• condiciones degradadas incluyendo atenuación por lluvia	29,9	25,6	dBK-1

CUADRO AN2-3c

Condiciones de propagación: atenuaciones en espacio libre, condiciones de lluvia y disponibilidad (supuestos de los cálculos)

NOTA – El cálculo del enlace se realiza para una disponibilidad del 90% durante el mes más desfavorable. Teniendo en cuenta condiciones realistas de lluvia en los enlaces ascendente y descendente, un cálculo detallado del balance muestra que ello equivale a considerar que la atenuación debida a la lluvia es la siguiente.

Atenuaciones	ET 14/12 GHz → ET 6/4 GHz	ET 6/4 GHz → ET 14/12 GHz	Unidades
Atenuación en espacio libre			
• Enlace ascendente	207,2	200,1	dB
• Enlace descendente	196,0	206,2	dB
Atenuación debida a la lluvia			
• Enlace ascendente	14,3	0,4	dB
• Enlace descendente	0,1	10,4	dB

CUADRO AN2-3d

Parámetros básicos para los cálculos de interferencia y de ruido de intermodulación

Parámetros básicos	14/12 GHz ES → 6/4 GHz ES R	6/4 GHz ES → 14/12 GHz ES	Unidades
Interferencia en el enlace ascendente (a la salida de la estación terrena)			
• Densidad de p.i.r.e. fuera del eje (borde de cobertura) (NOTA 1)	1,0	1,0	dBW/4 kHz
• Polarización cruzada (borde de cobertura) (NOTA 2)	-100	9,0	dBW/4 kHz
• Co-polarización (borde de cobertura) (NOTA 3)	16,0	15	dBW/kHz
• Ruido de interferencia total en el enlace ascendente (borde de cobertura)	16,1	16,1	dBW/4 kHz
(p.i.r.e. equivalente en la anchura de banda de Nyquist)	47,7	47,6	dBW
Interferencia en el enlace descendente (a la salida del satélite)			
• Interferencia del satélite adyacente (ISA):			
• Densidad de la p.i.r.e. en el eje de la ISA (borde de cobertura) (NOTA 4)	-39,2	-37,1	dBW/4 kHz
• Polarización cruzada (borde de cobertura, en el eje) (NOTA 2)	-35	-100	dBW/4 kHz
• Co-polarización (borde de cobertura) (NOTA 5)	-36	-27	dBW/4 kHz
• Ruido interferente total en el enlace descendente (borde de cobertura)	-31,6	-26,6	dBW/kHz
(p.i.r.e. equivalente en la anchura de banda de Nyquist)	0,1	4,9	dBW
Intermodulación en el transpondedor del satélite (referida a la salida del satélite)	-33,0	-16,0	dBW/4 kHz

NOTA 1 – Valor estimado del nivel de emisión fuera del eje desde una estación terrena que transmite a otro satélite próximo (puede compararse con la emisión fuera del eje identificada en el cuadro AN2-3b).

NOTA 2 – Tradicionalmente las antenas y el satélite a 6/4 GHz funcionan con polarización circular y las cifras de polarización cruzada (X-Polar) se basan en un aislamiento de 25 dB. Por el contrario, las antenas y satélites a 14/12 GHz utilizan polarización lineal que permite conseguir valores muy elevados de aislamiento contra la polarización cruzada.

NOTA 3 – Valor estimado de la contribución en el caso más desfavorable de intermodulación del amplificador de potencia de la estación terrena.

NOTA 4 – Se supone que el satélite adyacente es similar al satélite operativo y que está separado 3°. La p.i.r.e. de la interferencia del satélite adyacente se corrige según indica la atenuación del diagrama de radiación de la antena del satélite adyacente en la dirección de la zona de funcionamiento.

NOTA 5 – Valor estimado de la interferencia procedente de portadoras de un satélite próximo.

CUADRO AN2-3e

Resultados más importantes de una transmisión digital multiplexada (AMDF/MDT/MDP)

	ET 14/12 GHz $\rightarrow$ ET 6/4 GHz	ET 6/4 GHz $\rightarrow$ ET 14/12 GHz	Unidades
Niveles de potencia de la portadora del satélite			
• valor máximo de p.i.r.e. por portadora (borde de cobertura, cielo despejado)	20,8	30,9	dBW
• p.i.r.e. por portadora (borde de cobertura, lluvia en el enlace ascendente)	18,8	30,1	dBW
Resumen del balance del enlace			
– $(E_b/N_o)_U$ Enlace ascendente, cielo despejado	21,5	16,5	dB
– $(E_b/I_o)_U$ Enlace ascendente, cielo despejado (véase el cuadro AN2-2d)	19,2	15,9	dB
– $(E_b/N_o)_D$ Enlace descendente, cielo despejado	12,1	16,5	dB
– $(E_b/I_o)_D$ Enlace descendente, cielo despejado (véase el cuadro AN2-2d)	18,1	23,8	dB
– $(E_b/I_o)_{IM}$ Ruido de interferencia de la intermodulación del satélite (véase el cuadro AN2-2d)	19,5	13,2	dB
– $(E_b/N_o)_{Total}$ Cielo despejado, sin interferencia	11,0	10,3	dB
– $(E_b/N_o)_{Total}$ Cielo despejado, con interferencia	9,7	9,1	dB
– $(E_b/N_o)_{Total}$ Lluvia (caso más desfavorable, enlace descendente o ascendente) con interferencia	8,7	8,7	dB

AN2.4 Transmisión digital a alta velocidad (AMDT a 120 Mbit/s)

Los cálculos siguientes se refieren a la transmisión mediante acceso múltiple por distribución en el tiempo de canales telefónicos con modulación por impulsos codificados a través de los satélites EUTELSAT II.

AN2.4.1 Características del sistema AMDT

Codificación del canal de voz   MIC-DSI a 64 kbit/s

Codificación del canal de datos   64 kbit/s sin interpolación

Acceso múltiple   AMDT

Velocidad binaria   120,832 Mbit/s

Modulación   MDPQ

Demodulación	Coherente
Resolución de la ambigüedad de fase	Detección mediante palabra única

AN2.4.2 Características de la capacidad de EUTELSAT II utilizada en el sistema AMDT

Satélite

Banda de frecuencias	… enlace ascendente	14 166 a 14 500 MHz
	… enlace descendente	10 950 a 11 200 MHz
		11 616 a 11 700 MHz
Anchura de banda útil del transpondedor		72 MHz
G/T mínima (borde de cobertura)		-0,5 dB(K^{-1})
p.i.r.e. mínima (borde de cobertura)		42,5 dBW

Estaciones terrenas

G/T mínima en la dirección del satélite	37 dB(K^{-1})
p.i.r.e. nominal fuera del eje	83 dBW
Pérdida debida a la inestabilidad de la p.i.r.e.	0,5 dB
Temperatura de ruido a la entrada del receptor	200 K

AN2.4.3 Objetivos de calidad de funcionamiento

Los satélites EUTELSAT II proporcionan el servicio AMDT de EUTELSAT con una calidad de funcionamiento en términos de BER que es conforme con la Recomendación UIT-R 522, que trata de los objetivos de la calidad de funcionamiento para aplicaciones de telefonía MIC, y con la recomendación UIT-R 614, que trata de los objetivos de calidad de funcionamiento para conseguir la compatibilidad con la RDSI.

En el cuadro AN2-4a se muestran los objetivos de calidad de funcionamiento de las Recomendaciones 522 y 614, expresadas en términos de porcentaje de tiempo de disponibilidad durante el cual los valores de BER pueden ser superados. Además, la tercera columna del cuadro proporciona un conjunto de objetivos de calidad de funcionamiento expresados en términos del tiempo total durante el cual se cumplen ambas recomendaciones. En el caso de los objetivos correspondientes a una BER de 10^{-3} y 10^{-6}, se mantienen los objetivos de la Recomendación más exigente, es decir, la Recomendación 614. Para 10^{-3}, el porcentaje de tiempo requerido con respecto al tiempo total (0,2%) tiene el valor que establece la Recomendación 614 como objetivo de diseño. Para 10^{-4}, 10^{-6} y 10^{-7}, los porcentajes del tiempo total tienen los mismos valores que los fijados en las recomendaciones relativas al tiempo disponible; ello significar asumir una hipótesis conservadora.

El cuadro AN2-4b presenta las contribuciones que conforman las relaciones E_b/N_o y C/T necesarias para obtener los valores de BER especificados en los objetivos de calidad. Debe señalarse que el valor de E_b/N_o necesario es la suma de los márgenes más la relación E_b/N_o teórica.

CUADRO AN2-4a

**Objetivos de calidad de funcionamiento para cumplir
las Recomendaciones UIT-R S.522 y 614**

Recomendación 522		Recomendación 614		Recomendaciones 522 y 614	
BER	**% del tiempo disponible de cualquier mes**	**BER**	**% del tiempo disponible de cualquier mes**	**BER**	**% del tiempo total de cualquier mes**
10^{-3}	0,05	10^{-3}	0,03	10^{-3}	$\approx 0,03$
10^{-4}	0,3			10^{-4}	$\approx 0,3$
10^{-6}	20,0	10^{-6}	2,0	10^{-6}	$\approx 2,0$
		10^{-7}	10,0	10^{-7}	$\approx 10,0$

CUADRO AN2-4b

**Cálculo de las relaciones portadora/temperatura de ruido (C/T) necesarias para obtener
una BER dada en un enlace AMDT a través de los satélites EUTELSAT II**

BER	10^{-3}	10^{-4}	10^{-6}	10^{-7}
Valor teórico de E_b/N_o necesario (dB)	6,8	8,4	10,5	11,3
Márgenes (dB):				
• implementación del módem	0,5	0,8	1,1	1,2
• distorsión del canal (lineal y no lineal)	1,3	1,5	2,1	2,4
• interferencia de los canales cofrecuencia y de frecuencia adyacente	2,2	2,2	1,9	1,9
• interferencia de otras redes	1,5	1,5	1,5	1,5
E_b/N_o necesaria (dB)	12,3	14,4	17,1	18,3
10 log R (R : velocidad binaria) (dB)	80,8	80,8	80,8	80,8
10 log K (dB(W/kHz))	-228,6	-228,6	-228,6	-228,6
C/T necesaria (dB(W/K))	-135,5	-133,4	-130,7	-129,5

También debe señalarse que si el sistema debe utilizarse para aplicaciones distintas a la telefonía, por ejemplo, la difusión, la RDSI o la contribución de vídeo, los objetivos de calidad de funcionamiento deben ser conformes con la Recomendación UIT-R S.1062 (es decir, 10^{-6} durante el 0,2% del mes) o con la Recomendación sobre DVB del ETSI, es decir, ETSI ETS 300421.

AN2.4.4 Cálculo del balance del enlace

Para cada objetivo de calidad consistente en un nivel de la BER que no debe superarse durante un cierto porcentaje de tiempo, p%, los balances del enlace sirven para evaluar la relación global portadora/ temperatura de ruido, $(C/T)_{total}$, disponible en el receptor de la estación terrena, así como para verificar que puede darse la C/T necesaria correspondiente al objetivo de calidad.

Las relaciones portadora / temperatura de ruido en el enlace ascendente, $(C/T)_u$, y en el enlace descendente, $(C/T)_d$, se evalúan de forma separada. La relación total disponible C/T viene dada por la ecuación:

$$(C/T)_{total}^{-1} = (C/T)_u^{-1} + (C/T)_d^{-1} \tag{2}$$

En esta ecuación las relaciones C/T son valores numéricos.

Se supone que la atenuación atmosférica no se produce simultáneamente en el enlace ascendente y en el enlace descendente; en consecuencia, es necesario hacer un cálculo por separado de los dos balances del enlace para las hipótesis siguientes:

i)   atenuación atmosférica en el enlace ascendente, para a un porcentaje p_{up}% del tiempo total, con tiempo despejado en el enlace descendente;

ii) tiempo despejado en el enlace ascendente y atenuación atmosférica en el enlace descendente, para un porcentaje p_{dw}% del tiempo total.

Los porcentajes p_{up} y p_{dw} son tales que su suma es igual al porcentaje de tiempo fijado por el objetivo de calidad:

$$p_{up}\% + p_{dw}\% = p\%$$

El desglose correcto entre p_{up} y p_{dw} implica que el valor de $(C/T)_{total}$ calculado de acuerdo con la hipótesis i) (atenuación en el enlace ascendente) sea igual al valor de $(C/T)_{total}$ calculado según la hipótesis ii) (atenuación en el enlace descendente). La evaluación de ese desglose se efectúa normalmente mediante aproximaciones sucesivas empleando un computador y haciendo que p_{up} varíe de cero a p, al tiempo que p_{dw} viene dado por p-p_{up}, hasta que los valores de $(C/T)_{total}$ sean iguales para las dos hipótesis.

Con fines pesimistas, los balances de enlace AMDT para EUTELSAT II que figuran a continuación se han calculado para el caso de las condiciones climáticas más desfavorables experimentadas en Europa.

En el cuadro AN2-4c figuran los valores de p_{up} y p_{dw} y la atenuación atmosférica correspondiente a dichos porcentajes de tiempo.

CUADRO AN2-4c

**Porcentajes de tiempo y atenuaciones utilizadas en el cálculo de balances
de enlace en AMDT a través de EUTELSAT II***

Objetivo de calidad

BER	10^{-3}	10^{-4}	10^{-6}	10^{-7}
p(%)	0,2	0,3 ·	2	10

Desvanecimiento en el enlace ascendente

p_{up}(%)	0,12	0,17	1	5
Atenuación correspondiente al p_{up}% del mes (dB)	7,2	5,70	1,8	0,8

Desvanecimiento en el enlace descendente

p_{up}(%)	0,08	0,13	1	5
Atenuación correspondiente al p_{dw}% del mes (dB)	5,6	4,2	1,3	0,4
Degradación de la relación G/T en la estación terrena receptora (dB)	2,2	2,0	0,9	0,3

AN2.4.4.1 Desvanecimiento en el enlace ascendente

Objetivo de la BER	10^{-3}	10^{-4}	10^{-6}	10^{-7}
Porcentaje del mes (%)	0,2	0,3	2	10

a)   Cálculo de la relación portadora/ temperatura de ruido en el enlace ascendente

Estación terrena

p.i.r.e. (dBW)	83	83	83	83
Pérdida debida a la inestabilidad de la p.i.r.e. (dB)	-0,5	-0,5	-0,5	-0,5

Trayecto

Atenuación en el espacio libre (dB)	-207,6	-207,6	-207,6	-207,6
Absorción atmosférica (dB)	-0,3	-0,3	-0,3	-0,3
Atenuación debida a la lluvia (dB)	-7,2	-5,7	-1,8	-0,8

---

*   Los valores han sido calculados mediante un cálculo iterativo por aproximaciones sucesivas.

Satélite

G/T mínima (dB(K^{-1}))	-0,5	-0,5	-0,5	-0,5
(C/T)$_u$ disponible (dB(W/K))	-133,1	-131,6	-127,7	-126,7

b)   Cálculo de la relación portadora/ temperatura de ruido en el enlace descendente

Satélite

p.i.r.e. mínima (dBW)	42,5	42,5	42,5	42,5
Reducción de la potencia respecto a saturación en la salida debido a la atenuación en el enlace ascendente (dB)	-2,7	-1,9	-0,6	0

Trayecto

Atenuación en el espacio libre (dB)	-205,3	-205,3	-205,3	-205,3
Absorción atmosférica (dB)	-0,2	-0,2	-0,2	-0,2

Estación terrena

G/T con cielo despejado (dB(K^{-1}))	37	37	37	37
(C/T)$_d$ disponible (dB(W/K))	-128,7	-127,9	-126,6	-126,0

c)   Cálculo de la relación portadora/ temperatura de ruido total

(C/T)$_{total}$ disponible (dB(W/K))	-134,4	-133,1	-130,2	-129,3

AN2.4.4.2   Desvanecimiento en el enlace descendente

Objetivo de la BER	10^{-3}	10^{-4}	10^{-6}	10^{-7}
Porcentaje del mes	0,2	0,3	2	10

a)   Cálculo de la relación portadora / temperatura de ruido en el enlace ascendente

Estación terrena

p.i.r.e. (dBW)	83	83	83	83
Pérdida debida a la inestabilidad de la p.i.r.e. (dB)	-0,5	-0,5	-0,5	-0,5

Trayecto

Atenuación en el espacio libre (dB)	-207,6	-207,6	-207,6	-207,6
Absorción atmosférica (dB)	-0,3	-0,3	-0,3	-0,3

Satélite

G/T mínima (dB(K^{1})	-0,5	-0,5	-0,5	-0,5
(C/T)$_u$ disponible (dB(W/K))	-125,9	-125,9	-125,9	-125,9

b)   Cálculo de la relación portadora / temperatura de ruido en el enlace descendente

Satélite

p.i.r.e. mínima (dBW)	42,5	42,5	42,5	42,5

Trayecto

Atenuación en el espacio libre (dB)	-205,3	-205,3	-205,3	-205,3
Absorción atmosférica (dB)	-0,2	-0,2	-0,2	-0,2
Atenuación debida a la lluvia (dB)	-5,6	-4,2	-1,3	-0,4

Estación terrena

G/T con cielo despejado (dB(K^1))	37	37	37	37
Degradación de la G/T (dB)	-2,2	-2,0	-0,9	-0,3
$(C/T)_d$ disponible (dB(W/K))	-133,8	-132,2	-128,2	-126,7

c)   Cálculo de la relación portadora/ temperatura de ruido total

$(C/T)_{total}$ disponible (dB(W/K))	-134,4	-133,1	-130,2	-129,3

AN2.4.4.3 Comparación entre los valores de la C/T disponible y necesaria

El modelo de enlace utilizado en este ejemplo es bastante pesimista (estaciones terrenas receptora y transmisora situadas en el borde de la zona de cobertura, modelos estadísticos de atenuación debida a la lluvia más desfavorables y situación de interferencia más desfavorable) y, en consecuencia, los balances del enlace proporcionan niveles de calidad inferiores a los que cabe esperar en los enlaces reales con AMDT de EUTELSAT II.

No obstante, aún con tales supuestos, la C/T disponible suministra los siguientes márgenes positivos respecto a la C/T necesaria:

Objetivo de la BER	10^{-3}	10^{-4}	10^{-6}	10^{-7}
Porcentaje del mes	0,2	0,3	2	10
$(C/T)_{total}$ disponible (dB(W/K))	-134,4	-133,1	-130,2	-129,3
C/T necesaria (dB(W/K))	-135,5	-133,4	-130,7	-129,5
Margen* (dB)	+1,1	+0,3	+0,5	+0,2

* (C/T) disponible menos la (C/T) necesaria.

---

*   (C/T) disponible menos (C/T) necesaria.

AN2.5 Difusión de TV digital (varios programas por transpondedor)

En un transpondedor se pueden transportar varios programas, que se multiplexan por distribución en el tiempo (MDT) conforme al formato MPEG 2 especificado en la norma ISO 13818-1. La transmisión a través del satélite de dicho tren digital de múltiples canales por portadora (MCPC, *multiple channel per carrier*) sigue una Recomendación del Foro DVB que también es una norma europea (ETSI), a saber, ETS 300 421.

El cuadro AN2-5a siguiente presenta dos ejemplos de balances de enlace del satélite Hot Bird 2 de EUTELSAT, uno para la recepción con antenas de 45 cm de diámetro situadas en un contorno descendente de p.i.r.e. 53 dBW (Caso 1) y el otro para una antena de recepción de 70 cm situada en un contorno descendente de p.i.r.e. de 49 dBW (Caso 2).

En ambos casos, el objetivo de calidad de funcionamiento es el definido en ETS 300 421, es decir, casi libre de errores (menos de un evento de error durante un periodo de transmisión de una hora).

Los márgenes que se muestran al final del cuadro reflejan la atenuación debida a la lluvia en el enlace descendente que puede aceptarse con el esquema de FEC seleccionado especificado en ETS 300 421, e incluye un aumento de la temperatura de ruido del sistema receptor.

CUADRO AN2-5a

Balance del enlace de referencia para portadoras de TV digital

General						Unidades
Satélite	Hot Bird 2 de EUTELSAT					
Tipo de servicio	Difusión de TV digital					
Modulación de la portadora	MDPQ					
Velocidad de símbolos	27,5					
Código externo	Reed Solomon acortado (RS 204,188)					MBaud
FEC	1/2	2/3	3/4	5/6	7/8	
Velocidad binaria útil	25,343	33,791	38,015	42,239	44,350	Mbit/s
Enlace ascendente						
Frecuencia	17,5					GHz
p.i.r.e. transmitida	80,0					dBW
Inestabilidad de la p.i.r.e.	0,5					dB
Pérdida por intermodulación en el HPA	0,10					dB
C/T equivalente por intermodulación en el HPA	-122,3					dBW/K
Ángulo de elevación de la estación terrena	33					grados
Absorción gaseosa	0,47					dB
Atenuación debida a la lluvia	0,00					dB
Pérdida por esparcimiento (es decir, 10 log (4 π D2) siendo D ≈ 38 500 km)	162,7					dB 1/m2
Área efectiva de una antena isótropa	-46,3					dB m2
Pérdida en espacio libre	209,0					dB
G/T del satélite	0,0					dB/K
C/T del enlace ascendente(ruido térmico)	-129,9					dBW/K
C/T del enlace ascendente (cocanal)	-127,2					dBW/K
C/T del enlace ascendente (canales adyacentes)	-125,7					dBW/K
C/T del enlace ascendente (satélites adyacentes)	-116,6					dBW/K
C/T del enlace ascendente (total)	**-133,3**					dBW/K
Satélite						
Nivel de densidad de flujo en la OSG	-83,64					dBW/m2
Densidad de flujo de potencia para la saturación del transpondedor	-83,00					dBW/m2
Reducción de potencia de entrada en el punto de funcionamiento del transpondedor	0,64					dB
Reducción de potencia de salida en el punto de funcionamiento del transpondedor	0,02					dB
Pérdida equivalente por intermodulación en el ATOP	0,50					dB
C/T equivalente por intermodulación en el ATOP	**-133,1**					dBW/K

Enlace descendente	Caso 1	Caso 2	Unidades
Frecuencia	11,9	11,9	GHz
p.i.r.e. del transpondedor en saturación (borde de cobertura)	**53,0**	**49,0**	**dBW**
Reducción de potencia de salida en el punto de funcionamiento del transpondedor	0,02	0,02	dB
Ángulo de elevación de la estación terrena	30,0	30,0	grados
Absorción gaseosa	0,17	0,17	dB
Atenuación debida a la lluvia	0,00	0,00	dB
Pérdida por esparcimiento	162,7	162,7	dB 1/m^2
Área efectiva de una antena isótropa	-43,0	-43,0	dB m^2
Pérdida en espacio libre	205,7	205,7	dB
Diámetro de la antena receptora	**0,45**	**0,70**	**m**
Temperatura de ruido equivalente en recepción (cielo despejado)	127,0	127,0	K
G/T de la estación terrena receptora (cielo despejado)	12,4	16,2	dB/K
Pérdida por apuntamiento	0,5	0,5	dB

G/T de la estación terrena receptora hacia el satélite (cielo despejado)	11,9					15,7					dB/K
C/T del enlace descendente(ruido térmico)	-141,0					-141,2					dBW/K
C/T del enlace descendente (cocanal)	-133,9					-134,9					dBW/K
C/T del enlace descendente (canales adyacentes)	-114,2					-115,2					dBW/K
C/T del enlace descendente (satélites adyacentes)	-126,4					-126,6					dBW/K
C/T del enlace descendente (total)	**-141,9**					**-142,2**					**dBW/K**
Total											
C/T	**-143,0**					**-143,2**					dBW/K
C/N_0	85,6					85,4					dB/Hz
C/N (en la anchura de banda de Nyquist)	11,2					11,0					dB
FEC	1/2	2/3	3/4	5/6	7/8	1/2	2/3	3/4	5/6	7/8	
E_b/N_o	11,6	10,3	9,8	9,4	9,2	11,44	10,1	9,6	9,1	8,9	dB
E_b/N_o **para BER = 2.10^{-4}**	4,5	5,0	5,5	6,0	6,4	,5	5,0	5,5	6,0	6,4	dB
Margen de la atenuación debida a la lluvia en el enlace descendente (incluyendo el aumento de ruido en recepción)	4,7	3,4	2,6	1,9	1,6	4,6	3,2	2,5	1,8	1,4	dB

AN2.6 Periodismo electrónico por satélite

En este apartado se presentan dos ejemplos típicos de cálculos de balances de enlace para el sistema de periodismo electrónico por satélite (SNG, *satellite news gathering*) en funcionamiento en el marco del programa de arrendamiento y venta de capacidad de transmisión de INTELSAT (LST, *Lease and Sales Transmission*). Se supone que el transpondedor funciona con múltiples portadoras.

El primer ejemplo (cuadro AN2-6a) está basado en los supuestos siguientes:

- Banda de frecuencia: 6/4 GHz

- Haz hemisférico de un satélite INTELSAT VI con una ventaja del diagrama de radiación de la antena de 1 dB; el transpondedor funciona en modo de ganancia extra.

- Antena SNG (transmisión): 4,5 m de diámetro.

- G/T de la estación terrena receptora = 35 dB/K (diámetro de la antena ≈ 15 m).

- Transmisión analógica con una portadora en MF; anchura de banda ocupada ≈ 30 MHz.

- Zona hidrometeorológica media típica de los Estados Unidos de América.

El segundo ejemplo (cuadro AN2-6b) está basado en los supuestos siguientes:

- Banda de frecuencia: 14/11-12 GHz.

- Haz puntual de un satélite INTELSAT VI en el borde de la cobertura; el transpondedor funciona en modo de ganancia extra.

- Antena SNG (transmisión): 1,2 m de diámetro.

- G/T de la estación terrena receptora = 34 dB/K (diámetro de la antena ≈ 9 m).

- Transmisión digital mediante una portadora con modulación MDPQ a 8 448 kbit/s con FEC 3/4; anchura de banda ocupada ≈ 6,8 MHz.

- Zona hidrometeorológica media típica de los Estados Unidos de América.

CUADRO AN2-6a

Balance del enlace típico para SNG (portadoras de TV analógica, 6/4 GHz)

Ele-mento			Unidades
1	**Enlace ascendente**		
a	p.i.r.e. de la portadora de TV	74,1	dBW
b	Pérdida del trayecto	199,9	dB
c	G/T del satélite (borde de cobertura)	-9,2	dB/K
d	Ventaja del diagrama de radiación de la antena (ventaja geográfica)	1,0	dB
d	Margen para error de seguimiento, lluvia, etc.	0,5	dB
e	$(C/T)_{up}$ = a-b+c+d-e	**-134,5**	dBW/K
2	**Intermodulación en el HPA de la estación terrena (ET)**		
a	Límites de la intermodulación en el HPA hacia la ET	19,8	dBW/4 kHz
b	$(C/T)_{HPA\ IM}$ (límite por portadora)	**-138,3**	dBW/K
3	**Intermodulación en el TOP del satélite**		
a	Límite de la p.i.r.e. por intermodulación en el TOP (borde de cobertura)	-37,0	dBW/4 kHz
b	$(C/T)_{TWT\ IM}$ (por portadora)	**-130,8**	dBW/K
4	**Enlace descendente**		
a	Ángulo de elevación de la estación terrena (ET)	23,3	grados
b	p.i.r.e. descendente hacia la ET más pequeña	26,2	dBW
c	Pérdida del trayecto	196,4	dB
d	G/T de la ET más pequeña	35,0	dB/K
e	Margen para error de seguimiento, lluvia, etc.	0,5	dB
f	$(C/T)_{down}$ = b-c+d-e	**-135,7**	dBW/K
5	**Interferencia cocanal**		
a	C/I total de la interferencia cocanal	17,0	dB
b	$(C/T)_{co\text{-}ch\ INT}$ (total)	**-136,8**	dBW/K
6	**Total**		
a	$(C/T)_{Total}$	**-142,9**	dBW/K
b	Constante de Boltzmann	-228,6	dBW/K-Hz
c	Anchura de banda de ruido del receptor	74,8	dB-Hz
d	$(C/N)_{Total}$ = a-b-c	**11,0**	dB
7	**Relación señal de vídeo / ruido**		
a	Desviación máxima de frecuencia a la frecuencia de transición de la red de preénfasis	10,75	MHz
b	Factor de ponderación + de énfasis	14,8	dB
c	**(S/N) para el valor de C/N de funcionamiento**	**48**	dB
	(S/N) en el umbral	**46**	dB
	Disponibilidad	**99,6**	%

CUADRO AN2-6b

Balance del enlace típico para SNG (portadoras de TV digitales, 14/11-12 GHz))

Ele-mento			Unidades
1	**Enlace ascendente**		
a	p.i.r.e. de la portadora de TV	62,0	dBW
b	Pérdida del trayecto	207,3	dB
c	G/T del satélite (borde de cobertura)	1,0	dB/K
d	Ventaja del diagrama de radiación de la antena (ventaja geográfica)	0,0	dB
d	Margen para error de seguimiento, lluvia, etc.	0,5	dB
e	$(C/T)_{up}$ = a-b+c+d-e	**-144,8**	dBW/K
2	**Intermodulación en el HPA de la estación terrena (ET)**		
a	Límites de la intermodulación en el HPA hacia la ET	9,8	dBW/4 kHz
b	$(C/T)_{IM\ HPA}$ (límite por portadora)	**-140,4**	dBW/K
3	**Intermodulación en el TOP del satélite**		
a	Límite de la p.i.r.e. por intermodulación en el TOP (borde de cobertura)	-22,0	dBW/4 kHz
b	$(C/T)_{IM\ TOP}$ (por portadora)	**-143,3**	dBW/K
4	**Enlace descendente**	b	
a	Ángulo de elevación de la estación terrena (ET)	23,3	grados
b	p.i.r.e. descendente hacia la ET más pequeña	27,3	dBW
c	Pérdida del trayecto	205,1	dB
d	G/T de la ET más pequeña	34,0	dB/K
e	Margen para error de seguimiento, lluvia, etc.	0,5	dB
f	$(C/T)_{down}$ = b-c+d-e	**-144,4**	dBW/K
5	**Interferencia cocanal**		
a	C/I total de la interferencia cocanal	30,0	dB
b	$(C/T)_{co\text{-}ch\ INT}$ (total)	**-130,3**	dBW/K
6	**Total**		
a	$(C/T)_{Total}$ (por portadora)	**-149,6**	dBW/K
b	Constante de Boltzmann	-228,6	dBW/K-Hz
c	Anchura de banda de ruido del receptor	68,,3	dB-Hz
d	$(C/N)_{Total}$ = a-b-c	**10,7**	dB
e	(E_b/N_0) (señal de información + tara)	**9,7**	dB
	(E_b/N_0) **en el umbral**	**5,7**	dB
	Disponibilidad	**99,6**	%

AN2.7 Sistema en 30/20 GHz con procesamiento a bordo

Como ejemplo típico de un sistema avanzado que utiliza la regeneración y el procesamiento a bordo y frecuencia muy elevadas (30/20 GHz), en este apartado se incluye una plantilla genérica para el cálculo del balance del enlace de una red compuesta por un satélite geoestacionario que utilice enlaces ascendentes AMDF y un enlace descendente AMDT y con estaciones terrenas VSAT muy pequeñas.

CUADRO AN2-7a

Balance de enlace genérico para un sistema AMDF /AMDT
con regeneración y procesamiento a bordo

Parámetros	VSAT "T5" de EE.UU.	VSAT "T1" de EE.UU.	Unidades
Enlace ascendente			
Tipo de acceso	AMDF	AMDF	
Tipo de modulación	MDPQ	MDPQ	
Velocidad de codificación variable	No	No	
Anchura de banda de ruido por portadora	0,68	0,68	MHz
C/(N+I) umbral	8	8	dB
% del año durante el que debe excederse	99,3	99,8	%
Enlace descendente			
Tipo de acceso	AMDT	AMDT	
Tipo de modulación	MDPQ	MDPQ	
Velocidad de codificación variable	No	No	
Anchura de banda de ruido por portadora	100	100	MHz
C/(N+I) umbral	6	6	dB
% del año durante el que debe excederse	99,3	99,8	%
Características de transmisión de la estación terrena (ET)			
Ángulo de elevación	20	20	grados
Modelo/ zona pluviométrica	UIT-R/K	UIT-R/K	
p.i.r.e. en el eje	45,2	49,1	K
Pérdida de la antena por apuntamiento	0,5	0,5	m
C/I de la ET por intermodulación (N/A si no es aplicable)	N/A	N/A	dBi
Margen de control de potencia	3	3	dB
Aislamiento a la polarización (C/I: relación de polarización deseada/ indeseada)	12	12	dB
Características de recepción de la estación terrena (ET)			
Ángulo de elevación	20	20	grados
Modelo/ zona pluviométrica	UIT-R/K	UIT-R/K	
Temperatura de ruido de la ET de recepción	275	275	K
Diámetro de la antena	0,7	1,1	m
Ganancia de la antena en el eje	41,8	45,7	dBi
Pérdida por apuntamiento de la antena	0,5	0,5	dB
Aislamiento por la polarización (C/I: relación de polarización deseada / indeseada)	12	12	dB
Características de recepción de la estación espacial			
Frecuencia de recepción	29,7	29,7	GHz
Polarización de recepción	Circular	Circular	
Ganancia máxima de la antena receptora	45	45	dBi
Ganancia de la antena receptora en la dirección de la ET transmisora	41	41	dBi
Temperatura de ruido en el satélite	600	600	K
Aislamiento frente a la polarización cruzada en recepción	8	8	dB
Aislamiento frente a la reutilización de frecuencia en recepción	14	14	dB

Características de transmisión de la estación espacial			
Frecuencia de transmisión	19,95	19,95	GHz
Polarización en transmisión	Circular	Circular	
Reducción de potencia de salida total en transmisión	N/A	N/A	dB
p.i.r.e. del satélite en la dirección de la ET receptora	59	59	dBW
Aislamiento frente a la polarización cruzada en transmisión	N/A	N/A	dB
Aislamiento frente a la reutilización de frecuencia en transmisión	14	14	dB
Aislamiento del transpondedor adyacente del satélite	N/A	N/A	dB
C/I de intermodulación del transpondedor	N/A	N/A	dB
Interferencia de otras redes OSG y servicios terrenales		19,4	dB
C/I del enlace ascendente con cielo despejado debido a otras redes OSG	15,5		
C/I del enlace ascendente con cielo despejado debido a la compartición con el servicio fijo	N/A	N/A	dB
C/I del enlace descendente con cielo despejado debido a otras redes OSG	13,3	17,2	dB
C/I del enlace descendente con cielo despejado debido a la compartición con el servicio fijo	N/A	N/A	dB

ANEXO 3

Panorámica general de los sistemas existentes

En este anexo se presenta información acerca de las principales características técnicas de numerosos sistemas de satélite existentes. Debe señalarse que esta información ha sido suministrada por las administraciones y organizaciones relevantes y que se limita a aquellas administraciones y organizaciones que han respondido al cuestionario enviado por la UIT y que han facilitado información actualizada. Por tanto, si bien este anexo proporciona ejemplos importantes, no pretende ser una presentación exhaustiva de los sistemas de satélites actuales.

AN3.1. Sistemas internacionales de satélite

AN3.1.1 INTELSAT

AN3.1.1.1 Generalidades

INTELSAT, el proveedor de servicios de comunicaciones por satélite más grande del mundo, opera un sistema global de comunicaciones por satélite que incluye servicios de televisión, telefonía y de distribución de datos a usuarios en más de 200 países, territorios y dependencias en todo el mundo.

Creada en 1964, INTELSAT fue la primera organización que proporcionó cobertura y conectividad global por satélite, y continua siendo el proveedor de comunicaciones de más alcance y con la gama más completa de servicios.

INTELSAT es propietaria y explota un sistema de comunicaciones global por satélite con 20 satélites técnicamente avanzados y de elevada potencia en órbita geoestacionaria: la serie INTELSAT V/VA, la serie INTELSAT VI y la serie INTELSAT VII/VIIA. También hay en servicio cuatro satélites de la nueva serie INTELSAT VIII/VIIIA. La última generación de satélites, la serie INTELSAT IX, está en fabricación.

INTELSAT establece las normas técnicas y de explotación de las estaciones terrenas que debe cumplir cualquier usuario de INTELSAT. Actualmente miles de estaciones terrenas, cuyo tamaño oscila desde 30 m hasta 0,5 m, o menos, acceden al sistema. En el Capítulo 7 (Apéndice 7.1) pueden encontrarse las características principales de las estaciones terrenas normalizadas de INTELSAT.

INTELSAT es una cooperativa internacional sin ánimo de lucro de más de 140 naciones. Los propietarios de INTELSAT realizan aportaciones de capital proporcionales a su utilización relativa del sistema y reciben un retorno por su inversión. Los usuarios pagan un precio por los servicios de INTELSAT, en función del tipo, cantidad y duración del servicio. Cualquier nación puede utilizar el sistema INTELSAT, sea o no miembro de la Organización. Algunos países miembros autorizan que varias organizaciones de sus países proporcionen los servicios de INTELSAT; actualmente existen más de 300 clientes autorizados.

Los clientes de INTELSAT incluyen los principales operadores de telecomunicación del mundo, tales como:

- los principales radiodifusores a nivel mundial (DBS, BBC, CNN, la Unión Europea de Radiodifusión, la Unión Asiática de Radiodifusión, etc.) para la transmisión de noticias, deportes y programas de entretenimiento;

- proveedores de servicio telefónico de larga distancia (BT, Cable and Wireless, France Telecom, Deutsche Telecom, etc.);

- líneas aéreas, para la reserva de billetes a nivel intercontinental;

- bancos internacionales para verificaciones de créditos y autorizaciones;

- fabricantes multinacionales, compañías de petróleo, agencias de noticias y de información financiera (Reuters, Agencia France Presse, ITAR Tass de Rusia, etc.), para sus operaciones globales;

- distribuidores de periódicos internacionales (International Herald Tribune, Financial Times, Wall Street Journal, etc.) para la impresión distante simultánea de sus ediciones diarias;

- agencias y organizaciones para el socorro y la salud, organizaciones económicas regionales, gobiernos nacionales y las Naciones Unidas, con el objetivo de fomentar el desarrollo y la interacción global.

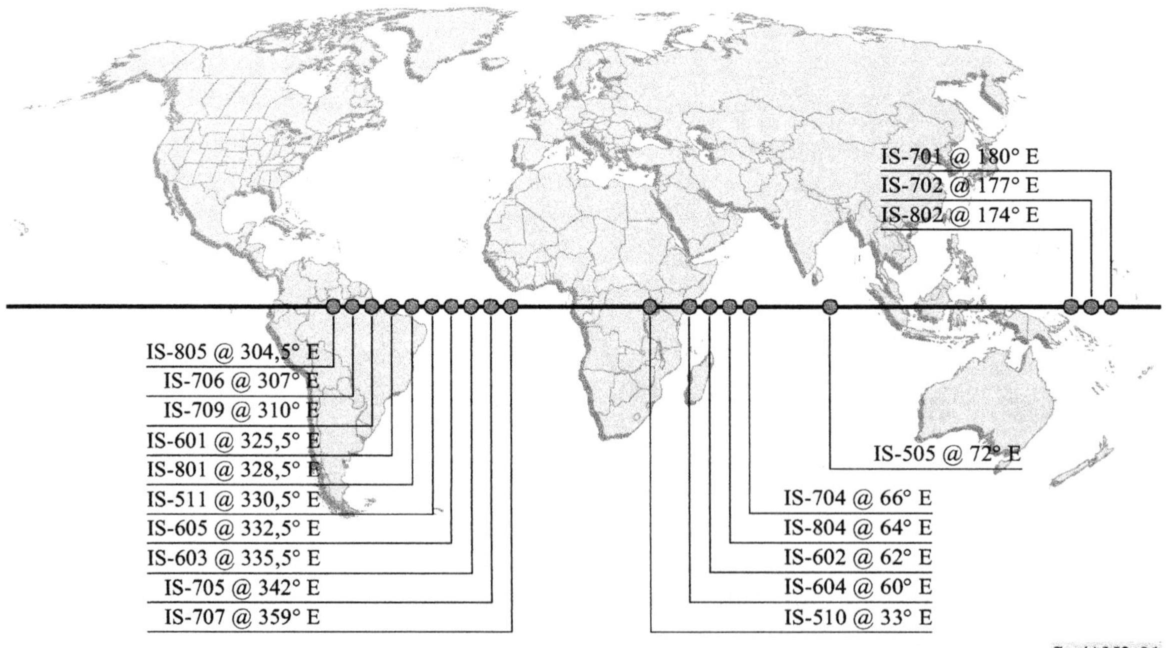

FIGURA AN3-1

El sistema de satélites de INTELSAT

AN3.1.1.2   El sistema por satélite de INTELSAT

En el cuadro AN3-1 se resumen las principales características técnicas de los satélites de INTELSAT. Los satélites que actualmente se encuentran en órbita, que se representan en la figura AN3-1, así como los satélites planificados y sus posiciones orbitales se distribuyen en las regiones operacionales de INTELSAT tal como se indica a continuación:

- Región Oceánica del Atlántico (AOR, *Atlantic Ocean Region*) que cubre las Américas, el Caribe, Europa, Oriente Medio, India y África, con satélites situados en posiciones orbitales que van desde 304,5° E a 359° E.

- Región Oceánica del Índico (IOR, *Indian Ocean Region*) que cubre Europa, África, Asia, Oriente Medio, India y Australia con satélites en posiciones orbitales que van desde 33°E a 66 ° E.

- Región de Asia-Pacífico (APR, *Asia Pacific Region*) que cubre Europa, África, Asia, Oriente Medio, India y Australia con dos satélites en las posiciones orbitales 72° E y 83 ° E.

- Región Oceánica del Pacífico (POR, *Pacific Ocean Region*) que cubre Asia, Australia, el Pacífico y la parte más occidental de Norteamérica, con satélites en posiciones orbitales que van desde 174° E a 180° E.

CUADRO AN3-1

Evolución de los satélites INTELSAT (1/2)

Serie de satélites INTELSAT	Año de lanzamiento	Capacidad (circuitos /canales de TV)	Anchura de banda total (MHz)	Banda (C: 6/4 GHz Ku: 14/10-12 GHz)	Potencia de paneles solares (Watios)	Peso (kg)	Vida útil (años)	Características/ nuevas tecnologías introducidas
I	1965	240 o 1 canal de TV	50	C	45	45	1.5	• Primer satélite de comunicaciones comerciales para telefonía internacional .
II	1966	240 o 1 canal de TV	125	C	75	45	3	• Capacidad de comunicaciones multipunto entre estaciones terrenas.
III	1968	1 500 y 4 canales de TV	450	C	120	300	5	• Equipado con antenas estabilizadas por contrarrotación mecánica. • Comunicaciones multipunto ampliadas simultáneas de: telefonía, telegrafía, televisión, datos a alta velocidad y facsímil. • Se proporciona el servicio de TV sin interrumpir el servicio telefónico.
IV	1971	4 000 y 2 canales de TV	480	C	460	720	7	• Se introduce el servicio SCPC. • Dos antenas transmisoras direccionales de haz estrecho.
IV-A	1975	6 000 y 2 canales de TV	800	C	595	795	7	• Reutilización de frecuencias mediante aislamiento espacial, equivalente a un número doble de transpondedores.
V	1980	12 000 y 2 canales de TV	2 144	C y Ku	1 175	970	7	• Introducción de la reutilización de frecuencia mediante aislamiento de polarización. • Paquete en banda Ku y funcionamiento con conexión cruzada. • Las frecuencias en 6/4 GHz se utilizan cuatro veces mediante haces de zona y hemisféricos este y oeste ortogonalmente polarizados. • Incluye un subsistema de comunicaciones marítimas en banda L.
V-A	1985	15 000 y 2 canales de TV	2 250	C y Ku	1 475	970	7	• Reutilización de frecuencias mediante haces globales y haces estrechos direccionables. • Tres haces estrechos con polarización cruzada en 6/4 GHz para alquileres domésticos. • Baterías de Níquel-Hidrógeno.
VI	1989	24 000 y 3 canales de TV (hasta 120 000 con DCME)	3 300	C y Ku	2 100	1 800	10	• Introducción del AMDT/CS. • Las frecuencias de 6/4 GHz se reutilizan seis veces. Las frecuencias 14/11 GHz se reutilizan dos veces. • La mayor potencia en 14/11 GHz, permite el acceso mediante estaciones más pequeñas.
K	1992	16 transpondedores de 54 MHz en banda Ku pueden configurarse para proporcionar hasta 32 canales de TV de alta calidad	860	Ku	3 690	1 200	10	• Primer satélite sólo en banda Ku y primer servicio de enlace descendente a Latinoamérica en banda Ku. • Compatible con todos los formatos de TV internacionales (NTSC, PAL, SECAM, B-MAC, D-MAC y D2-MAC) y con las tecnologías de cifrado. • Acceso desde estaciones terrenas de 1,2 m de diámetro y menores. • Hizo posible el primer servicio trasatlántico de radiodifusión directa al hogar.
VII	1993	18 000 y 3 canales de TV (hasta 90 000 con DCME)	2 432	C y Ku	4 000	1 437	10.9	• Haces estrechos en banda Ku y C direccionables de forma independiente. • Cuádruple reutilización de frecuencias en banda C y doble en banda Ku. • Amplificadores de potencia de estado sólido en banda C y amplificador de tubo de ondas progresivas linealizado. • Capacidad para reconfigurar en tiempo real y en órbita las capacidades de cobertura de un satélite.
VII-A	1995	22 500 y 3 canales de TV (hasta 112 500 con DCME)	3 160	C y Ku	5 000	1 823	10.9	• Igual que el VII. ATOP linealizados y ATOPL paralelizados en banda Ku en modo de alta potencia.

CUADRO AN3-1

Evolución de los satélites de INTELSAT (2/2)

Serie de satélites INTELSAT	Año de lanzamiento	Capacidad (circuitos /canales de TV)	Anchura de banda total (MHz)	Banda (C: 6/4 GHz Ku: 14/10-12 GHz)	Potencia de paneles solares (Watios)	Peso (kg)	Vida útil (años)	Características/ nuevas tecnologías introducidas
VIII	1997	22 500 y 3 canales de TV (hasta 112 500 con DCME)	2 550	C y Ku	5 100	1 587	10	• Satélite predominantemente en banda C. • La más alta potencia en banda C jamás alcanzada. • Optimización de la capacidad del transpondedor mediante el ajuste desde tierra de la ganancia del transpondedor. • Flexibilidad para optimizar la cobertura para una demanda concreta gracias a la posibilidad de funcionamiento con actitud normal o invertida del satélite. • Servicio SNG ampliado mediante la conexión de los haces estrechos a los haces globales. • Nuevo modo de difusión conmutable entre haces de zona. • Pensado para difusión de TV unidireccional conmutable canal a canal. • Compatibilidad con los satélites INTELSAT VII/VII-A para facilitar la transición. • Séxtuple reutilización de frecuencias en cobertura hemisférica /de zona con seis/cinco bancos de canales en banda C. • Doble reutilización de frecuencia en cobertura global de la capacidad ampliada en banda C en tres bancos de canales. • Banco de canales (S) conmutable entre haces hemisféricos y global. • Activación en órbita de hasta una máximo de 6 de un total de 10 transpondedores en banda Ku.
VIII-A	1998	325 canales de TV digital de 5 Mbit/s	1 512	C y Ku	5 410	1 530	10	• Satélite predominantemente en banda C. • La p.i.r.e. más elevada de todos los satélites INTELSAT previos. • Linearizadores en banda C y banda Ku. • Potencia aumentada de los ATOP y del bus del satélite. • Coberturas complejas mediante tecnología de antena con reflector. • Doble reutilización de frecuencia en banda C con una elevado aislamiento de antena. • Cobertura en banda C disponible para polarización dual lineal o dual circular.
KTV	1999 (Planificado)	210 canales SCPC de TV digital de 5 Mbit/s	1 080	Ku	7 502	1 441	12	• Satélite en banda K de elevada potencia específicamente para el servicio de TV directa al hogar y para redes VSAT, incluido Internet/intranet. • Configuración de repetidor común con coberturas de haces "específicos de órbita" y un plan de frecuencias de transpondedores con complejidad reducida y una mayor flexibilidad de utilización. • " Control automático de nivel " (ALC) para mantener la potencia de salida del transpondedor en un margen de 0,3 dB para un desvanecimiento por lluvia en el enlace ascendente de hasta 12 dB. • Capacidad para operar en coubicación con hasta tres satélites, estando los tres satélites dentro de los límites de estabilización nominales N-S y E-W.
IX	2000 (Planificado)	32 000 circuitos, asumiendo un 50% de implementación de IDR-TEM y 8 portadoras digitales de TV (hasta 160 000 circuitos con DCME)	3 456	C y Ku	8 085	1 900	13	• Diseñado para sustituir a los satélites INTELSAT VI en las regiones IOR y AOR, con cobertura mediante antena específica "oceánica" y una configuración de repetidor común de complejidad reducida. • Satélite INTELSAT de mayor capacidad, con una mejor calidad de funcionamiento en RF. • Capacidad de corrección de desviaciones del haz en órbita inclinada de hasta 3°. • Al igual que los satélites INTELSAT VII/VIIA, capacidad de adaptarse a desequilibrios de tráfico este-oeste mediante una configuración de transpondedor con séxtuple reutilización de frecuencia y un diseño de antena hemisférica/zonal con séptuple reutilización.

AN3.1.1.3 Estaciones terrenas de INTELSAT

Las principales características de las estaciones terrenas normalizadas se resumen en el Capítulo 7 (Apéndice 7.1).

AN3.1.1.4 Servicios de INTELSAT

- Voz/datos: los servicios de comunicaciones internacionales y domésticas de voz y datos de INTELSAT – para redes privadas, de empresas o especializadas – se ofrecen de diversas formas para que los clientes dispongan de la máxima flexibilidad: ello incluye aplicaciones bajo demanda que proporcionan servicios por minuto de utilización y opciones de capacidad a largo plazo. En particular:

  - para satisfacer las necesidades de rutas muy reducidas de la red pública conmutada, INTELSAT ha desarrollado un servicio digital bajo demanda por satélite que puede ser utilizado en redes rurales domésticas e internacionales, que proporciona a los operadores de pequeñas rutas conectividad global e instantánea con acceso conmutado a un coste mínimo;

  - el servicio AMDT de INTELSAT ofrece la máxima conectividad y flexibilidad digital para clientes con necesidades elevadas de tráfico;

  - los servicios de velocidad intermedia o IDR (*intermediate data rate*) constituyen la base del sistema de transporte de INTELSAT para la red pública de conmutada. Proporciona servicios conmutados nacionales e internacionales para la red pública con conmutación y calidad RDSI, constituyendo la solución ideal para operadores de la red pública con conmutación con requisitos de conectividad punto a punto o de baja conectividad. Las portadoras IDR pueden configurarse para diversas velocidades binarias, desde 64 kbit/s a 155 Mbit/s, siendo las velocidades más utilizadas las de 2,048 y 1,544 Mbit/s. Puede utilizarse para toda la gama de aplicaciones de red pública con conmutación, incluyendo voz, datos, videoconferencia, televisión digital, audio, distribución de material impreso y, más en general, para todas las aplicaciones RDSI o de redes digitales privadas dedicadas (redes privadas virtuales);

  - INTELSAT también permite que las redes privadas de negocios dispongan de un número creciente de clientes en todo el mundo. Por ejemplo, Venezuela y Colombia han implementado recientemente un nuevo servicio empresarial privado en 14/11 GHz sobre el satélite INTELSAT VII a 310° E, incorporando aplicaciones digitales avanzadas de voz, datos y de televisión mediante pequeñas estaciones terrenas con antenas de 1,8 m;

  - en un análisis prospectivo, INTELSAT se ha posicionado con el propósito de ofrecer una amplia gama de aplicaciones para Internet y servicios multimedia. Los satélites ofrecen actualmente oportunidades muy prometedoras para dar servicio a estos mercados caracterizados por una constante evolución.

- Servicios de vídeo: con la red de distribución más amplia del mundo, INTELSAT puede dar acceso tanto a la máxima audiencia como al programa con el ámbito de difusión más reducido posible, desde los Juegos Olímpicos y la Copa Mundial de Fútbol hasta eventos de ámbito puramente local. Los servicios de vídeo de INTELSAT proporcionan características tecnológicamente avanzadas, incluyendo tecnología de compresión digital de vídeo, al tiempo que se ofrece la más completa experiencia en relación con los sistemas por satélite, de vídeo y de atención al cliente.

AN3.1.2 INTERSPUTNIK

AN3.1.2.1 Generalidades

Intersputnik es una organización intergubernamental internacional cuya actividad principal es la explotación de sistemas de comunicaciones por satélite globales. La organización se creó en 1971 con la firma el 15 de noviembre de ese año del Acuerdo intergubernamental para el Establecimiento del Sistema y la Organización Internacional de Comunicaciones Espaciales Intersputnik.

La situación legal de Intersputnik se definió igualmente en el Acuerdo sobre Capacidad Legal, Privilegios e Inmunidades de la Organización Internacional de Comunicaciones Espaciales Intersputnik del 20 de septiembre de 1976; en la Carta de la Organización aprobada en la XVII sesión de la Junta de Intersputnik el 16 de diciembre de 1977 y en otros documentos legales de carácter internacional. Debido al inicio de la explotación comercial del sistema por satélite, se elaboraron nuevos documentos reglamentarios, tales como el Protocolo de Enmiendas al Acuerdo para el Establecimiento del Sistema y Organización Internacional de Comunicaciones Espaciales Intersputnik de 15 de noviembre de 1971 y el Acuerdo de Explotación de Intersputnik. Estos documentos entrarán en vigor cuando el Depositario del Acuerdo, el Gobierno de la Federación Rusa, reciba la aprobación de dichos documentos por los dos tercios de los gobiernos miembros de la Organización.

Actualmente Intersputnik tiene 23 países miembros: el Estado islámico de Afganistán, la República de Bulgaria, la República de Bielorrusia, la República de Hungría, la República Socialista de Viet Nam, la República Federal de Alemania, Georgia, la República del Yemen, la República Democrática de Corea, la República de Kazakstán, la República Kyrgyz, Cuba, la República Democrática Popular de Laos, Mongolia, Nicaragua, la República de Polonia, Rumania, la Federación Rusa, la República Árabe Siria, la República de Tayikistán, Turkmenistán, Ucrania y la República Checa.

Intersputnik disfruta del estatus de observador en el Comité de las Naciones Unidas para la Utilización Pacífica del Espacio Exterior; la Unión Internacional de Telecomunicaciones y la UNESCO, participando activamente en ellas. Intersputnik es miembro del Consejo de Comunicaciones por Satélite de Asia-Pacífico (con sede en Seúl) y del Foro de Telecomunicaciones (Moscú). Intersputnik mantiene relaciones y coopera con otras organizaciones globales, regionales y privadas de comunicaciones por satélite.

Entre los clientes de Intersputnik se encuentran más de 100 compañías estatales y privadas de todo el mundo.

AN3.1.2.2   El sistema por satélite Intersputnik

El segmento espacial de Intersputnik incluye los sistemas de satélites de comunicaciones propiedad de la Federación Rusa (del tipo Gorizont, Express y Gals) y los satélites de las series LMI diseñados en el marco de un acuerdo entre Intersputnik y Lockheed Martin. El proyecto prevé el lanzamiento de hasta cuatro satélites de comunicaciones con la más avanzada tecnología y sobre la plataforma A2100 (desarrollada por Lockheed Martin) para el año 2000. El primer satélite LMI será lanzado mediante el vehículo de lanzamiento Proton durante la segunda mitad de 1999.

Actualmente Intersputnik utiliza satélites situados en siete posiciones orbitales. Intersputnik solicitó 15 posiciones en la órbita de los satélites geoestacionarios para sus redes. Las 15 posiciones orbitales se encuentran actualmente en fase de coordinación.

Los satélites Intersputnik se explotan y controlan desde los ASOC de Sunnyvale (Estados Unidos) y Dubna (Rusia), estando las características técnicas de los satélites supervisada por las estaciones de telemetría, seguimiento y control (TT&C) de Duban (Rusia), Shipka (Bulgaria) y Subic Bay (Filipinas).

En el cuadro AN3-2 se resumen las principales características técnicas de los satélites Intersputnik existentes a mediados de 1999.

CUADRO AN3-2

Principales características técnicas de los satélites Intersputnik (mediados de 1999)

Satélite	Gorizont	Gals	Gals-R16	Express	Express-A	LMI-1	LMI-2	Yamal-90E
Primer lanzamiento	1981	1994	1999	1994	1999	1999	2001	1999
Contratista principal	NPO PM* Rusia	Inform-Cosmos Rusia	NPO PM* Rusia	Inform-cosmos Rusia	NPO PM* Rusia	Lockheed Martin	Lockheed Martin	RKK (Energia/Space Systems/Loral)
Vida útil, años	5	5-7	10	5-7	10	15	15	10-15
Lanzador	Proton	Proton	Proton	Proton	Proton	Proton	Proton	Proton
Número de transpondedores (anchura de banda, MHz)	– 6/4 GHz : 5 (36) + 1 (40) – 14/10-12 GHz	– 14/10-12 GHz: 3 (27)	– 14/10-12 GHz: 16 (33)	– 6/4 GHz : 8 (36) + 1 (40) – 14/10-12 GHz: 2 (36)	– 6/4 GHz : 11 (36) + 1 (40) – 14/10-12 GHz: 5 (36)	– 6/4 GHz : 28 (36) – 14/10-12 GHz: 16 (27)	– 6/4 GHz : 24 (36) – 14/10-12 GHz: 24 (36,	– 6/4 GHz: 10 (36)
p.i.r.e. (máxima) (dBW)***	– 6/4 GHz : 31–49.3 – 14/12 GHz : 42,3	– 14/10-12 GHz: 55	– 14/10-12 GHz: 50-54	– 6/4 GHz : 31-48 – 14/10-12 GHz:	– 6/4 GHz : 36,5-48 – 14/10-12 GHz: 43,5	– 6/4 GHz : 35-37 – 14/10-12 GHz: 47	– 6/4 GHz: 42-45 – 14/10-12 GHz: 50-54	– 6/4 GHz : 39-40
Masa en órbita (kg)	2 120	2 500	2 570*	2 500	2 600	1 730**		1 300
Precisión del mantenimiento en posición (grados)	±2.0 N y S ±0.2 E y W	±0.2 E y W; N y S	±0.1 E y W; N y S	±0.2 E y W; N y S	±0.2 E y W; N y S	±0.05 E y W; N y S	±0.05 E y W; N y S	±0.1 E y W; N y S
Potencia (W)	1 300	2 400	5 000	2 400	2 540	7 560		2 500

*   NPO PM – "Applied Mechanics Research and Production Association".
**   Peso del satélite (en vacío), kg.
***   Dependiendo de las antenas y las zonas de servicio.

AN3.1.2.3 Estaciones terrenas Intersputnik

El ISSC de Intersputnik incluye también el segmento terreno, es decir, estaciones terrenas que son propiedad de las organizaciones de explotación debidamente autorizadas por los estados miembros. Dichas estaciones están autorizadas para acceder al sistema siempre que cumplan los requisitos técnicos definidos por la Reglamentación de sistema Intersputnik aprobada por la Junta. Actualmente existen más de 80 estaciones en el sistema Intersputnik en todo el mundo.

Las principales características técnicas de las estaciones terrenas normalizadas Intersputnik (ET) se resumen en el cuadro AN3-3: las normas de ET en 6/4 GHz (banda C) se designan mediante una letra mayúscula "C" seguida por un número y las normas de ET en 14/11 GHz y 13/12 GHz (o banda Ku) se designan con una letra mayúscula "K", seguida asimismo de un número.

CUADRO AN3-3

Características de las estaciones terrenas normalizadas Intersputnik

Norma de estación terrena	G/T* (dB K^{-1})	Diámetro típico de la antena** (m)	Servicios y funciones básicas
C1 K1	≥31,0 ≥38,0	9-12 9-10	Intercambio de cualquier tipo de tráfico, incluyendo programas de vídeo y audio, voz, mensajes fax y télex, servicios de datos, videoconferencia, etc.
C2 K2	≥28,0 ≥35,0	6,5-7,5 6,5-7,5	
C3 K3	≥23,5 ≥30,0	3,5-5 3,5-5	Voz, mensajes fax y télex, servicios de datos, servicios de datos, videoconferencia. Recepción de programas de televisión y de audio.
C4 K4	≥19,3 ≥25,3	2-3 2-3	Voz, mensajes fax y télex, servicios de datos. Recepción de programas de televisión y de audio.

NOTAS:

*   G/T en condiciones de cielo despejado, para un ángulo de elevación de la antena de β = 5° (Normas C) o β = 10° (Normas K) y la frecuencia central de la banda utilizada en recepción.

**   Un diámetro de antena pequeña corresponde a un LNA con baja temperatura de ruido ≤40° K (Normas C) o ≤50° K (Normas K).

AN3.1.2.4 Servicios proporcionados por el sistema Intersputnik

Los transpondedores arrendados a Intersputnik pueden utilizarse para el establecimiento de todo tipo de servicios:

- Redes de operadores:

  - conexión administrativa;

  - operadores de segundo tipo;

  - sindicatos internacionales;

  - centrales telefónicas locales y regionales.

- Redes de televisión:
    - compañías de radiodifusión;
    - difusión por cable;
    - programas ocasionales;
    - videoconferencia;
    - tele-educación;
    - telemedicina;
    - programas educativos;
    - radiodifusión.
- Redes Internet:
    - proveedores nacionales;
    - proveedores de Internet;
    - servicios multimedia interactivos.
- Redes corporativas;
    - establecimiento financieros y bancarios;
    - compañías petrolíferas y de gas;
    - compañías automovilísticas;
    - redes minoristas;
    - servicios de información directa a los PC;
    - redes de tele-educación;
    - establecimientos médicos y farmacéuticos;
    - redes de emergencia.
- Servicios facturados por tiempo:
    - transmisión de datos;
    - red telefónica pública con conmutación;
    - líneas abiertas.

AN3.1.3 INMARSAT

AN3.1.3.1 Constitución y organización de Inmarsat

La Organización Internacional de Comunicaciones Móviles por Satélite o Inmarsat (anteriormente denominada Organización Internacional de Comunicaciones Marítimas por Satélite) es una cooperativa de carácter internacional que proporciona comunicaciones móviles por satélite a nivel mundial. Fundada en 1979 para servir a la comunidad marítima, Inmarsat se ha convertido desde entonces en el único proveedor de comunicaciones móviles por satélite globales para aplicaciones comerciales y de salvamento y seguridad en el mar, en aire o en tierra. La sede se encuentra en Londres y actualmente tiene 86 países miembros.

El 24 de septiembre de 1998 la Asamblea de los gobiernos miembros de Inmarsat acordó por consenso la transformación de Inmarsat en una compañía privada a partir de abril de 1999. La nueva estructura estará formada por dos entidades:

- una compañía por acciones que realizaría una oferta pública inicial de acciones aproximadamente a los dos años de su creación; y

- una entidad gubernamental para asegurar que Inmarsat cumple sus obligaciones de servicio público, incluyendo el sistema mundial de socorro y seguridad marítimos (SMSSM).

La nueva compañía estará dirigida por una Junta de Directores fiduciaria compuesta por un Director Ejecutivo y 14 directores no ejecutivos, tres de los cuales deberán representar a países en desarrollo.

AN3.1.3.2 Servicios actuales de Inmarsat

Los servicios que ofrecen las redes por satélite de Inmarsat incluyen la telefonía automática, télex, facsímil, correo electrónico y enlaces de datos para aplicaciones marítimas; aplicaciones de voz y datos de servicio para las tripulaciones de aeronaves, sistemas de envío automático de posición y estado, así como telefonía automática, facsímil y datos para los pasajeros; en el ámbito del transporte terrestre, las redes de comunicaciones por satélite de Inmarsat pueden utilizarse para telefonía en modalidad portátil o integrada en el vehículo, facsímil, comunicaciones de datos bidireccionales, información de posición, correo electrónico y gestión de flotas. Inmarsat se utiliza también para comunicaciones de socorro y emergencia, así como para el periodismo desde áreas en las que, de otra forma, las comunicaciones serían difíciles o imposibles. Los sistemas están igualmente disponibles para comunicaciones temporales o permanentes con zonas que están fuera del alcance de los medios convencionales de comunicación.

Inmarsat ofrece diversos sistemas de comunicaciones móviles diseñados para proporcionar a los usuarios una amplia variedad de servicios y terminales móviles:

- Inmarsat – Telefonía es un sistema de telefonía digital, facsímil y datos que utiliza terminales muy compactos. El tamaño de los terminales portátiles de Inmarsat -Telefonía tienen un tamaño que puede ser tan reducido como una computadora portátil y pueden proporciona telefonía automática, facsímil, y enlaces de datos a 2,4 kbit/s. Además de los modelos marítimos, también existen versiones para su instalación en vehículos. El precio de la llamada es de aproximadamente de 3 dólares de los Estados Unidos de América por minuto.

- Inmarsat-B es el sucesor digital de Inmarsat-A. La versión marítima de estos terminales se compone de una antena parabólica de orientación dinámica de menos de un metro de diámetro, alojada generalmente en un radomo e instalada en la parte alta de la superestructura del barco. Inmarsat-B permite telefonía automática de alta calidad, télex, facsímil y datos hasta de 64 kbit/s. Los terminales Inmarsat-B también se fabrican transportables; el sistema y su antena plegada caben en uno o dos contenedores del tamaño de una maleta.

- Inmarsat-A es el predecesor del sistema Inmarsat-B. Soporta una gama similar de servicios, pero su utilización resulta más cara pues está basado en tecnología analógica y utiliza los recursos del satélite de forma menos eficiente.

- El sistema Inmarsat-C proporciona comunicaciones de datos mediante terminales pequeños y ligeros que se ofrecen para aplicaciones fijas, móviles, transportables, marítimas y aeronáuticas, todos ellos con antenas omnidireccionales. Inmarsat-C soporta sistemas bidireccionales de almacenamiento y retransmisión, comunicaciones de texto y de envío de datos a una velocidad binaria de 600 bit/s.

- Existen cuatro sistemas para servicios aeronáuticos:

  - Aero-C, que puede utilizarse para la recepción y envío desde una aeronave operativa en cualquier lugar del mundo de mensajes de datos y texto con almacenamiento y retransmisión – excluidas las comunicaciones de seguridad de vuelo;

  - Aero-L (terminal con antena de baja ganancia) para comunicaciones de datos de baja velocidad (600 bit/s) en tiempo real, principalmente para fines administrativos y operacionales de las compañías aéreas;

  - Aero-I (terminal con antena de ganancia intermedia) para servicios de varios canales para los pasajeros y servicios de voz y datos operacionales para aeronaves de ámbito nacional y regional;

  - Aero-H (terminal con antena de alta ganancia), servicio de alta velocidad (hasta 10,5 kbit/s) que soporta varios canales de voz, facsímil y datos para los pasajeros, así como aplicaciones administrativas y operacionales de la aeronave en viajes intercontinentales más largos.

AN3.1.3.3   El segmento espacial de Inmarsat

La red por satélite de Inmarsat proporciona servicios de comunicaciones por satélite móviles globales a través de sus propios satélites INMARSAT-2 (satélites de 2ª generación) e INMARSAT-3 (3ª generación).

Inmarsat explota un total de cuatro satélites INMARSAT-2. Lanzados en el periodo 1990-92, cada uno tiene una capacidad equivalente de aproximadamente 250 circuitos de voz INMARSAT-A.

En 1996 Inmarsat puso en órbita el primero de cinco satélites INMARSAT-3. Dichos satélites utilizan la más moderna tecnología de haces estrechos y una elevada potencia para suministrar servicios de voz y datos en todo el mundo a terminales móviles de un tamaño de terminales de bolsillo. La capacidad de transmisión de canales de voz simultáneos de los satélites INMARSAT-3 es de hasta ocho veces la de los satélites INMARSAT-2. Además, los satélites INMARSAT-3 también transportan una carga útil para aplicaciones de navegación diseñada para mejorar la precisión, disponibilidad e integridad de los sistemas de navegación por satélite GPS y Glonass.

En el cuadro AN3-4 se resumen las principales características de los satélites Inmarsat.

Está previsto que en breve se tome una decisión sobre el sistema de satélites que sucederá a los de tercera generación.

AN3.1.3.4   Segmento terreno de Inmarsat

El segmento terreno de Inmarsat incluye las estaciones terrenas móviles (ETM), las estaciones de control de red (ECR) y las estaciones terrenas terrestres (ETT).

Las ETM son los terminales portátiles y transportables que proporcionan los diversos tipos de servicios al usuario. En abril de 1999 habían sido dados de alta más de 140 000 terminales de distintos tipos (Inmarsat-A, -B, -C, -D, -Telefonía (M y mini-M) y terminales aeronáuticos) para ser utilizados en el sistema Inmarsat.

CUADRO AN3-4

Principales características de los satélites Inmarsat

	INMARSAT-3	INMARSAT-2
Periodo de lanzamiento	1996-1998	1990-1992
Masa en el lanzamiento	2 066 kg	1 300 kg
Potencia	2,8 kW (final de vida útil)	1,2 kW (inicial)
p.i.r.e. de los enlaces de servicio en la banda de 1,5 GHz (borde de cobertura)	49 dBW (estrecho) o 44 dBW (global)	39,0 dBW
p.i.r.e. de los enlaces de conexión en 4 GHz (borde de cobertura)	30 dBW	24 dBW
G/T del enlace de conexión en 6 GHz (borde de cobertura)	-13 dB K^{-1}	-14 dB K^{-1}
Lanzadores	Atlas IIA, Proton, Ariane 4	Delta, Ariane 4
Constelación (INMARSAT-2/3 ubicados en:)	142° W, 98° W, 55° W, 54° W, 17° W, 15,5° W, 25° W, 64° E, 65° E, 109° E, 178° E, 179° E,	

Las estaciones terrenas terrestres (ETT) también llamadas estaciones terrenas costeras (ETC) en el contexto marítimo y estaciones terrenas de tierra en el entorno aeronáutico, enlazan los satélites Inmarsat con las redes de telecomunicación nacionales e internacionales. Las ETT son propiedad de los operadores de telecomunicación. A menudo, aunque no siempre, se trata del signatario nacional (la organización designada por el gobierno para invertir y operar en el sistema Inmarsat) del país en el que la ETT se encuentre situada. Una ETT puede soportar varios proveedores de servicio. Existen más de 30 ETT distribuidas en todo el mundo, existiendo al menos una en cada continente.

Las estaciones de control de la red (ECR) controlan el flujo de tráfico a través de cada satélite operacional utilizando técnicas de acceso múltiple con asignación por demanda.

AN3.1.3.5 Bandas de frecuencia de los satélites INMARSAT-3

La red de satélites Inmarsat trabajan en dos bandas de frecuencia separadas, la banda de 1,6/1,5 GHz para los servicios móviles (SMS) y la banda de 6/4 GHz para los enlaces de conexión y enlaces de telemetría, seguimiento y control (SFS).

En el cuadro AN3-5 se muestran las bandas de frecuencia utilizadas en los satélites INMARSAT-3.

CUADRO AN3-5

Bandas de frecuencia de Inmarsat

	Frecuencias del enlace descendente (MHz)	Frecuencias del enlace ascendente (MHz)
Enlaces de servicio (utilizados por las ETM)	1 525,0 - 1 544,0 y 1 545,0 - 1 559,0	1 626,5 - 1 645,5 y 1 646,5 - 1 660,5
Enlaces de conexión (utilizados por las ETT)	3 599,0 – 3 614,0 y 3 615,0 - 3 629,0	6 424,0 - 6 439,0 y 6 440,0 - 6 454,0
Telemando, telemetría y medida de distancia: • **telemetría** • **telemando y medida de distancia (funcionamiento normal INMARSAT-3)** • **telemando y medida de distancia (emergencia en INMARSAT-3)** • **telemando y medida de distancia (INMARSAT-2)**	3 945,0 - 3 955,0	6 338,0 - 6 342,0 6 420,0 - 6 425,0 6 170,0 - 6 180,0
Carga útil de navegación (INMARSAT-3)	1 574,4 - 1 576,6 y 3 629,4 - 3 631,6	6 454,4 - 6 456,6

AN3.2 Sistemas de satélites regionales

AN3.2.1 Sistema de satélites APSTAR (APT)

AN3.2.1.1 Generalidades

APT Satellite Holdings Limited ("APT") es una compañía privada que cotiza en las bolsas de Hong Kong y Nueva York. Su empresa filial al cien por cien, APT Satellite Company Limited, fue creada en 1992. Su objetivo principal es la provisión de servicios por satélite de alta calidad para telecomunicaciones internacionales y el sector de la radiodifusión de la región de Asia-Pacífico, habiendo alcanzado un nivel de calidad destacable.

AN3.2.1.2 Segmento espacial APSTAR

Actualmente APT dispone en propiedad y opera tres satélites en órbita, APSTAR-I, APSTAR-IA y APSTAR-IIR, a través de su propio centro de control de comunicaciones por satélite situado en Hong Kong.

El satélite APSTAR-I explota 24 transpondedores en la banda de 6/4 GHz. Se lanzó en julio de 1994 con un lanzador Long March 3 desde Xichang, en la República Popular China, y tiene una vida útil de diseño de al menos diez años. Se situó en la posición orbital 138° E y su zona de cobertura abarca la República Popular China (RPC), Japón y el Sudeste de Asia.El satélite APSTAR-IA es similar al APSTAR-I. Se lanzó en julio de 1996, también mediante un lanzador Long March 3 desde Xichang y su vida útil de diseño es asimismo de al menos diez años. Fue situado en la posición orbital 134° E y su zona de cobertura es similar a la del satélite APSTAR-I y cubre la República Popular China, Japón y el Sudeste de Asia, pero dispone de una cobertura mejorada del Sur de Asia.

El satélite APSTAR-IIR, tercer satélite de APT, explota 28 transpondedores en la banda de 6/4 GHz y 16 transpondedores Ku de alta potencia en la banda de 14/12 GHz. Fue lanzado en noviembre de 1997 mediante un vehículo lanzador Long March 3B desde Xichang y se situó en la posición orbital 76,5° E. Dispone de una cobertura muy amplia en la banda de 6/4 GHz que cubre al menos 100 países en Asia, Europa, África y Australia, es decir, aproximadamente el 75% de la población mundial.

Los transpondedores en la banda de 14/12 GHz cubren principalmente la República Popular China, Hong Kong, Macao y Taiwán, con dos que pueden conmutarse de una antena a otra. El Haz 1 es principalmente para redes de telecomunicación VSAT, mientras que el haz 2 es principalmente para difusión directa de televisión por satélite que puede recibirse con antenas de 0,5 m de diámetro.

En el cuadro AN3-6 se resumen las principales características técnicas de los subsistemas de comunicación de los satélites APSTAR.

AN3.2.1.3 Servicios por satélite de APSTAR

APT proporciona servicios de alquiler de transpondedores a clientes que son líderes internacionales y en la República Popular China de servicios de radiodifusión, así como a operadores de telecomunicaciones. APT ha desarrollado rápidamente una base sólida y diversificada de clientes internacionales y de la República Popular China, tales como China Central Television, ChinaSat, Walt Disney, ESPN, HBO, Sony Pictures Entertainment, WTCI, Turner, Reuters y Viacom.

Todos los satélites son supervisados y controlados desde el centro de control de satélites de APT, que está equipado con una antena de 11 m. (con capacidad de movimiento completo y seguimiento mediante monopulso) y operada por un equipo de unos 40 especialistas e ingenieros. El segmento terreno incluye actualmente siete antenas (de hasta 13 m para la banda C y de hasta 3 m en la banda Ku) así como nueve facilidades de transmisión y el equipo asociado.

AN3.2.2 AsiaSat

AN3.2.2.1 Generalidades

Asia Satellite Telecommunications Co. Ltd. (AsiaSat) fue fundada en 1988, siendo el primer operador de un sistema regional de satélites de propiedad privada de Asia. AsiaSat se ha dedicado a proveer telecomunicaciones por satélite y servicios de radiodifusión en la región de Asia Pacífico. La corporación de la que forma parte, Asia Satellite Telecommunications Holdings Limited, cotiza en las Bolsas de Hong Kong y Nueva York desde junio de 1996.

CUADRO AN3-6

Subsistemas de comunicaciones de los satélites APSTAR

Satélite	Bandas de frecuencia (GHz): ascendente/ descendente (polarización)	Número de transpondedores operacionales (anchura de banda, B, MHz) (potencia transmitida P, W)	Cobertura	p.i.r.e (borde de cobertura) (dBW)	G/T (borde de cobertura) (dBK^{-1})	Densidad de flujo de potencia de saturación dB(W/m^{-2})
APSTAR- 1	6/4 (lineal)	20 (B = 36) (ATOP, P = 15)	RPC, Japón, Sudeste Asiático	34	−4	−90 a −76
		4 (B = 72) (ATOP, P = 15)				
APSTAR- 1A	6/4 (lineal)	20 (B = 36) (ATOP, P = 16)	RPC, Japón, Sudeste Asiático Sur de Asia (mejorado)	34	−4	−88 a −74
		4 (B = 72) (ATOP, P = 16)				
APSTAR- 2R	6/4 (lineal)	1 (B = 30) (ATOP, P = 15)	100 países en: Asia, Europa, África, Australia	33	−10.4	−98 a −77
		27 (B = 36) (ATOP, P = 60)				
	14/12 (lineal)	1 (B = 36) (ATOP, P = 110)	RPC, incluyendo. Hong Kong, Macao y Taiwan	Haz 1 (VSAT): 46 Haz 2 (TVRO): 45	+0.6	
		15 (B = 54) (ATOP, P = 110)				
		NOTA – El transpondedor de 36 MHz y los tres transpondedores de 54 MHz pueden conmutarse entre el Haz 1 y el Haz 2.				

La cobertura de los satélites de AsiaSat abarca más de 50 países, que incluyen más del 60% de la población mundial.

AsiaSat proporciona servicios de telecomunicaciones y de difusión a gobiernos, operadores de servicios de telecomunicación, agencias de prensa mayoristas, instituciones financieras, bolsas de valores, difusores de radio y televisión, proveedores de servicio Internet e industrias tales como la aviación, la impresión de medios de comunicación y el petróleo.

AN3.2.2.2 El segmento espacial AsiaSat

AsiaSat opera en propiedad actualmente dos satélites, ASIASAT 2 y ASIASAT 3S. Ambos son satélites con estabilización triaxial. El satélite ASIASAT 2, situado en 100,5° E, se lanzó en noviembre de 1995 con una vida útil de diseño de 13 años. El satélite ASIASAT 3S se lanzó el 21 de marzo de 1999 e inició su servicio comercial el 8 de mayo. Sustituye a ASIASAT 1 en 105,5° E y tiene una vida útil de diseño 15 años. ASIASAT 1 se desplazó desde la posición 105,5° E a la posición orbital 122° E en agosto de ese mismo año.

En el cuadro AN3-7 (A) se resumen las principales características del subsistema de comunicación de los satélites ASIASAT.

CUADRO AN3-7 (A)

Subsistema de comunicaciones de los satélites AsiaSat

Satélite	Bandas de frecuencia (GHz): ascendente/ descendente (polarización)	Número de transpondedores operativos (anchura de banda, B, MHz) (potencia transmitida P, W)	Cobertura	p.i.r.e. (dBW)	G/T (dBK^{-1}) (max.)	Densidad de flujo de potencia de saturación $dB(W/m^{-2})$
ASIASAT 2	6/4 (lineal)	20 (B = 36) (ATOP, P = 55)	Asia, Oriente medio, CIS, Australasia	40	0	−97 ±1
		4 (B = 72) (ATOP, P = 55)				
	14/12 (lineal)	9 (B = 54) (ATOP, P = 115)	Región de la Gran China, Corea, Japón	53	6	
ASIASAT 3S	6/4 (lineal)	28 (B = 36) (ATOP, P = 55)	Asia, Oriente Medio, CIS, Australasia	41	−1	−98 para G/T = −1 dB/K^{-1}
	14/12 (lineal)	16 (B = 54) (ATOP, P = 140)	3 haces: Asia Oriental, Sur de Asia + 1 haz orientable	54	7	−100 para G/T = 7 dBK^{-1}

AN3.2.2.3 Segmento espacial AsiaSat

En el cuadro AN3-7 (B) se resumen las principales características de las estaciones terrenas en servicio del sistema AsiaSat.

CUADRO AN3-7 (B)

Estaciones terrenas AsiaSat

Satélite	Bandas de frecuencia (GHz): ascendente/ descendente	Diámetro de antena (m)	Tipo de antena
ASIASAT 1	6/4	11	Seguimiento paso a paso
ASIASAT 2	6/4	9	Movimiento total
	14/12	6	Seguimiento paso a paso
ASIASAT 3S	6/4	11	Movimiento total
		5	Seguimiento paso a paso
	14/12	2 x 6 m	Seguimiento paso a paso

AN3.2.3 EUTELSAT

EUTELSAT, la Organización Europea de Telecomunicaciones por Satélite, explota el segmento espacial EUTELSAT. EUTELSAT es una organización internacional creada en 1985 que actualmente consta de 47 países miembros. Los inversores son las entidades signatarias, operadores públicos o privados de dichos países que designan los gobiernos que forman parte de del Convenio de EUTELSAT.

AN3.2.3.1 Segmento espacial

Todos los satélites EUTELSAT funcionan en las bandas de 14/11-12 GHz.

Actualmente permanecen en servicio dos satélites de la primera generación (EUTELSAT I-F4 y -F5). A junio de 1999 dichos satélites disponían de un total de siete transpondedores de 83 MHz de anchura de banda y polarización dual ortogonal (cuatro transpondedores en EUTELSAT I-F4 y tres en EUTELSAT I-F5). Los satélites EUTELSAT II, puestos en servicio entre 1990 y 1995, ofrecen más capacidad (16 transpondedores de 72 MHz y 36 MHz de anchura de banda) y una cobertura europea mejorada, incluyendo un haz de alta ganancia para distribución de TV directa al hogar (DTH, *direct-to-home*).

En 1996, EUTELSAT inició la operación de su tercera generación de satélites, que constan de dos series: la familia "HOT BIRD™" (EUTELSAT II-F6, rebautizado HOT BIRD™ 1 en 1995), dedicado a servicios de televisión en la posición 13° E y la serie "W" para servicios de telecomunicación en el arco orbital comprendido entre 7° E y 48° E.

Los satélites HOT BIRD™2, 3 y 4 (1996/97/98) proporcionan cada uno 20 transpondedor de alta potencia (33, 36, 47 o 50 MHz de anchura de banda) con una vida útil de diseño de 12 años. Existen dos coberturas en transmisión, la cobertura de "superhaz" ("Superbeam") y la de "haz amplio" ("Widebeam"). Cada canal puede conectarse independientemente a cualquiera de las dos coberturas. Los satélites HOT BIRD™ 4 y 5 (1998) disponen de la funcionalidad "Skyplex" o paquete de multiplexación digital a bordo que permite el establecimiento de enlaces ascendentes de distintos programas de manera independiente desde distintas ubicaciones mediante estaciones terrenas transmisores de bajo coste, al tiempo que se mantiene una única señal multiplexada en el enlace descendente (véase 7.10.1.1 del Capítulo 7). A comienzos de 2000 está previsto que se entregue un satélite adicional con el diseño HOT BIRD™ , denominado provisionalmente "RESSAT" o satélite de reserva ("*RESserve SATellite*") a fin de proporcionar capacidad de reserva en tierra de los satélites de la serie W.

Los satélites W1R, W2 y W3 proporcionan 24 transpondedores de alta potencia (anchura de banda de 72 MHz en el W1R, 36 y 72 MHz en los W2 y W3) con una vida útil de diseño de 14 años. El satélite W4 dispondrá de 31 transpondedores de 33 MHz cada uno.

Doce de dichos transpondedores (enlace ascendente en la banda 13,75-14,25 GHz) pueden retransmitirse en el enlace descendente mediante conmutación a bordo, canal a canal, en la banda de 11,45-11,70 GHz o en la banda de 12,50-12,75 GHz, en función del servicio proporcionado. Además del haz fijo, todos los satélites W disponen de haces elípticos orientables (con la posibilidad de girar la elipse 90°).

Finalmente, está en construcción un satélite denominado SESAT que será lanzado en el verano de 1999 mediante el lanzador ruso PROTON y se situará en la posición 36° E. Proporcionará cobertura hasta Siberia, oriente Medio y la India con antenas fijas y orientables.

Está previsto que la capacidad de los satélites EUTELSAT de primera y segunda generación se sitúe en la posición 12.5° W para proporcionar servicios entre Europa y Norteamérica, existiendo planes para añadir un nuevo satélite en dicha posición orbital en los próximos dos años.

En el cuadro AN3-8 se resumen las principales características técnicas de la mayoría de los subsistemas de comunicación de los satélites EUTELSAT.

En el Capítulo 2 se presentan ejemplos de coberturas de satélites de EUTELSAT (figura 2.20 en el caso de EUTELSAT II), y en la figura AN3-2 para el satélite HOT BIRD™.

AN.3.2.3.2   AN3.2.3.2.1   Servicios de telefonía pública

a)   Enlaces troncales para telefonía

Las señales de voz y de datos codificadas digitalmente se transmiten en AMDT a 120 Mbit/s. Con el fin de mejorar la capacidad del transpondedor, se aplica DSI a las señales de voz. El sistema AMDT/DSI de EUTELSAT es similar al sistema de INTELSAT (véase 5.3.3 del Capítulo 3 y 7.6.3.2 del Capítulo 7). Las estaciones terrenas son similares a las correspondientes a las estaciones Norma C de INTELSAT (véase el Capítulo 7, cuadro AP7.1-2 del apéndice 7.1). Actualmente existen 11 estaciones en funcionamiento que dan servicio a 12 países.

b)   AMAD-STS

El sistema compacto de telefonía de acceso múltiple con asignación por demanda de EUTELSAT (AMAD-STS) es una red VSAT de espectro ensanchado en 14/11 GHz que utiliza la tecnología más moderna disponible y que está diseñada para proporcionar al usuario final comunicaciones bidireccionales de datos, facsímil y telefonía utilizando terminales fijos o portables (compactos o de maleta).

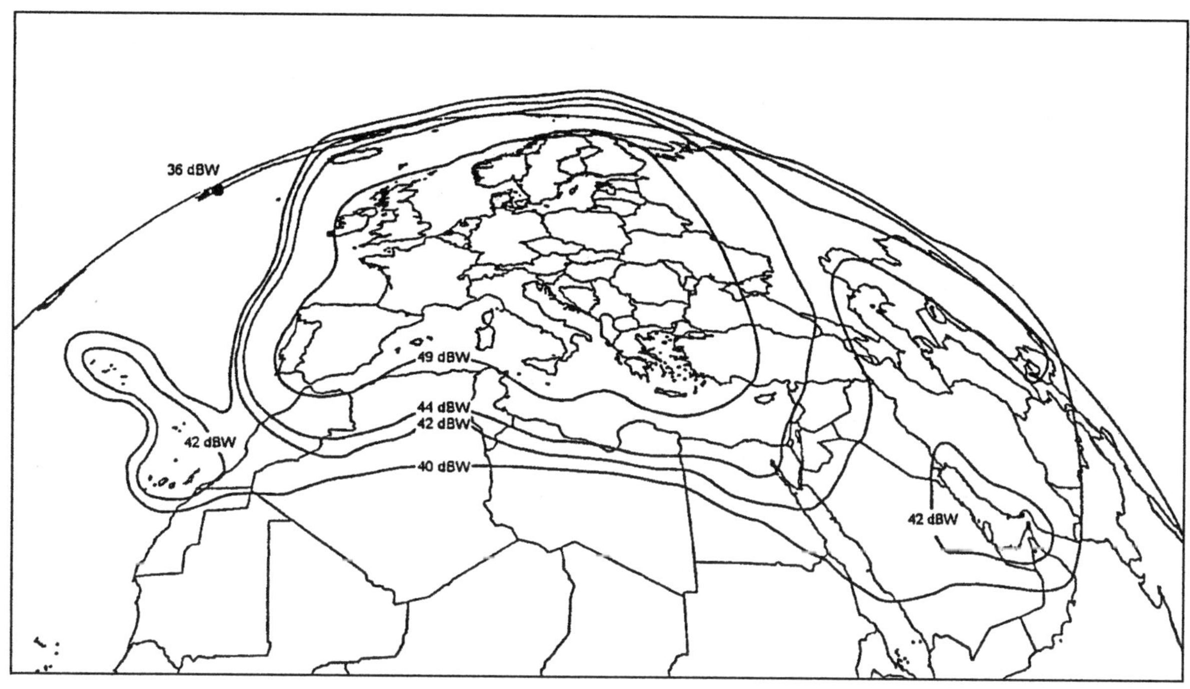

FIGURA AN3-2

Cobertura de haz amplio del satélite HOT BIRD™

La red AMAD-STS puede conectarse a redes externas al sistema (por ejemplo, la RTPC o PABX) a través de la estación terrena principal, permitiendo así que un usuario de un terminal remoto de la red pueda comunicarse con cualquier otro usuario final externo a la red AMAD-STS.

AN3.2.3.2.2 Servicios audiovisuales

a)   Contribución

Los satélites EUTELSAT proporcionan capacidad de transmisión para los sistemas de Eurovision y Euroradio, es decir, para el intercambio de programas entre entidades de radiodifusión miembros de la Unión Europea de Radiodifusión (UER). Estos enlaces de contribución utilizan normalmente la transmisión en MF (con desviación de frecuencia de 19 MHz/V o 25 MHz/V). Las estaciones terrenas son las mismas que las establecidas para el tráfico de telefonía pública (estaciones terrenas AMDT/TV). Es posible utilizar estaciones terrenas de menor diámetro exclusivamente para televisión en otras zonas cubiertas por EUTELSAT, tales como el norte de África u Oriente Medio.

b)   Difusión y distribución

La mayor demanda que existe hoy en día es la relativa a la distribución y la radiodifusión directa por satélite analógica y digital. En estos casos se utilizan en general transpondedores con una p.i.r.e.

elevada, tales como los empleados en los satélites "HOT BIRD™", a fin de permitir la recepción con terminales pequeños y de bajo coste. En función de la ubicación en la zona de cobertura y el tipo de modulación, puede conseguirse una buena calidad con antenas de un diámetro comprendido entre 0,8 y 0,5 m para recepción individual directa en el hogar (DTH). En el caso de aplicaciones comunitarias (cabecera de red de cable, SMATV), para las que los requisitos suelen ser más exigentes, se utilizan antenas de 1,5 m a 3 m. Los satélites de EUTELSAT proporcionan también programas multiplexados digitales o "bouquets", algunos de los cuales están cifrados, para su recepción DTH a través de operadores de redes de televisión especializados (véase 7.10 del Capítulo 7).

AN3.2.3.2.3   Servicios de empresas (SMS e IDC)

El sistema de servicios múltiples por satélite (SMS, *satellite multiservices system*) de EUTELSAT soporta una amplia variedad de servicios de telecomunicación digitales, incluyendo enlaces punto a punto, punto a multipunto (unidireccionales y bidireccionales) y redes VSAT en toda Europa. El sistema permite que su utilización y las posibles configuraciones de red sean muy flexibles. Las aplicaciones pueden satisfacer las necesidades de una amplia gama de sectores empresariales, incluyendo (no es una enumeración exhaustiva) telefonía, videoconferencia, distribución de datos, impresión distante, comunicaciones entre computadoras y distribución de audio y vídeo, con velocidades binarias comprendidas entre 1,2 kbit/s y 8 Mbit/s. Las estaciones terrenas pueden ser desde las pequeñas VSAT con antenas de 0,6 m, hasta antenas grandes de 9 m de diámetro o mayores. En el servicio SMS, EUTELSAT comercializa un servicio de "minorista" (a tiempo completo o para uso ocasional), ofreciendo portadoras o grupos de portadoras (potencia y anchura de banda) en los transpondedores SMS, así como servicios de "mayorista" (a tiempo completo), ofreciendo transpondedores completos o por partes (hasta un mínimo de 1,125 MHz) (servicio *DigiLease*).

En la red abierta SMS, los terminales deben funcionar de conformidad con las especificaciones de EUTELSAT, garantizando así la interoperabilidad entre sistemas. En una red cerrada SMS pueden utilizarse distintos tipos de portadoras y de estaciones terrenas para adaptarse a las necesidades del cliente. Dichas transmisiones están sujetas a especificaciones menos exigentes que las de una red abierta SMS.

El servicio de portadoras de velocidad intermedia de EUTELSAT (IDC, *intermediate rate data carrier*) soporta circuitos de telefonía de alta calidad a 2 Mbit/s y 8 Mbit/s.

AN3.2.3.2.4   Comunicaciones móviles (EUTELTRACS)

EUTELTRACS es un sistema bidireccional de intercambio de mensajes y de información de posición para móviles terrestres y marítimos en Europa, Norte de África y Oriente Medio. En la capacidad atribuida a este servicio en dos satélites EUTELSAT es posible acomodar hasta 45 000 móviles. EUTELSAT gestiona este tráfico a través de una estación terrena principal situada en las cercanías de París.

EUTELSAT está actualmente introduciendo el servicio móvil EMSAT, que utiliza la carga útil EMS en banda L a bordo del satélite ITALSAT F2. Este servicio proporciona comunicaciones de voz, facsímil, datos y servicios SMS en conexión con la RTPC. Al igual que EUTELTRACS, EMSAT proporciona también servicios de posicionamiento.

AN3.2.3.2.5   Alquiler de transpondedores

En los transpondedores disponibles de EUTELSAT se ofrecen una serie de posibilidades de alquiler de transpondedores: transpondedor completo o parcial, a tiempo completo, a tiempo parcial o de uso ocasional (por ejemplo, para SNG), interrumpible o no interrumpible.

AN3.2.3.2.6   Otros servicios

Existen otros servicios, tales como aplicaciones de Internet o multimedia, provisión de redes o de enlaces ATM, etc. que actualmente se están introduciendo en el sistema EUTELSAT.

CUADRO AN3-8

Subsistemas de comunicación de los satélites de EUTELSAT

Satélite	Bandas de frecuencia (GHz): ascendente Rx/ descendente Tx	Número de transpondedores operacionales (anchura de banda, B, MHz)	Cobertura	p.i.r.e.. (dBW)	G/T (dBK^{-1})	Densidad de flujo de potencia de saturación dB(W/m^{-2})
EUTELSAT II F1 a F4	14/11-12	16 (B = 36 y 72)	Haz amplio Rx	N/A	−3,5 a +6	−92 a −77 (desde −0,5 dB.K^{-1})
			Haz amplio Tx (toda Europa, conformado)	39 a 47	N/A	N/A
			Super haz Tx (conformado)	40 a 52	N/A	N/A
HOT BIRD^{TM} (HB) 1 a 5	– **HB 1:** 13/11 – **HB 2, 3, 4:** 13-14-18/11-12 – **HB 5:** 14/11-12	– **HB 1:** 16 (B = 36) – **HB 2, 3, 4:** 20 (B = 33, 36, 72) – **HB 5:** 22 (B = 33, 36, 72)	Haz amplio Rx (toda Europa, conformado)	N/A	– **HB 1:** −7 a +2 – **HB 2, 3, 4:** −4,5 a +2 – **HB 5:** −4 a +4	– **HB 1:** −92 a −77 (desde −0,5 dB.K^{-1} – **HB 2, 3, 4, 5:** −90 a −70 (desde 0 dB.K^{-1})
			Haz amplio Tx (toda Europa, conformado)	– **HB 1:** 40 a 49 – **HB 2, 3, 4, 5:** 40 a 50	N/A	N/A
			Super haz Tx (conformado) **(HB 2, 3, 4, 5)**	42 a 53	N/A	N/A
			Haz estrecho orientable (circular) Tx **(HB 2, 3, 4)**	42 a 50	N/A	N/A
W1, W2, W3	13-14/11-12	– **W1:** 24 (B = 72) – **W2, W3:** 24 (B = 36 and 72) – **W4:** 31 (B = 33)	Haz amplio en Rx (toda Europa, conformado)	N/A	−3 a +4	−92 a −77 (desde 0 dB.K^{-1})
			Haz amplio en Tx (toda Europa, conformado)	– **W1, W3:** 40 a 47 – **W2:** 40 a 49	N/A	N/A
			Haz puntual orientable en Tx y Rx (elíptico)	42 a 52	−2 a +8	−92 a −77 (desde 0 dB.K^{-1})
SESAT	13-14/11-12	18 (B = 72)	Haz amplio en Rx (toda Europa y Asia, conformado)	N/A	−3 a +4	−92 a −77 (desde 0 dB.K^{-1})
			Haz amplio n Tx (toda Europa, conformado)	40 a 47	N/A	N/A
			Haz estrecho orientable en Tx y Rx (circular)	40 a 45	−4 a +6	−92 a −77 (desde 0 dB.K^{-1})

AN3.3 Sistemas de satélites nacionales

AN3.3.1 Argentina (NAHUELSAT)

El sistema de telecomunicaciones Nahuel C proporciona un sistema por satélite operacional desde el sur de los Estados Unidos de América hasta el sur de Argentina. Dispone de tres haces: Haz A sobre Argentina, Haz B sobre Brasil y Haz C sobre Latinoamérica y el sur de los Estados Unidos. El satélite NAHUELSAT C, lanzado en 1997 y con una vida útil de diseño de 12 años, se encuentra situado a 72° W. Es un satélite con estabilización triaxial con una masa de 830 kg en órbita y una potencia (al final de su vida útil) de 3 000 W.

En el cuadro AN3-9 se resumen las principales características del subsistema de comunicaciones del satélite NAHUELSAT C.

Existen varios tipos de estaciones terrenas con antenas de 9,3 m de diámetro (G/T = 35.3 dBK^{-1}, p.i.r.e. = 88 dBW) y 4,8 m de diámetro (G/T = 30 dBK^{-1}, p.i.r.e. = 82 dBW).

Las tecnologías de acceso utilizadas con AMDF y AMDT.

CUADRO AN3-9

Subsistema de comunicaciones por satélite NAHUELSAT

Satélite	Número de transpondedores (anchura de banda, B, MHz)	Cobertura (banda 14/12 GHz, polarización lineal)	p.i.r.e. (borde de cobertura) (dBW)	G/T (borde de cobertura) (dB.K^{-1})	Densidad de flujo de potencia de saturación dB(W/m^{-2})
NAHUEL C	20 (18 simultáneos) + 4 de reserva (B = 54)	A: Argentina	A1: 50 A2: 48	A1: 5 A2: 3,5	A1: − 94 A2: − 92
		B: Brasil	B1: 51 B2: 48 B3: 38	B1: 5 B2: 2 B3: − 5	B1: − 94 B2: − 91 B3: − 84
		C: Latinoamérica y sur de los Estados Unidos de América	41	− 3	− 86

AN3.3.2 Australia

AN3.3.2.1 Generalidades

La situación regulatoria en Australia ha sufrido numerosos cambios en los últimos años. El 1 de julio de 1997 el mercado de telecomunicaciones de Australia fue desregulado y, desde entonces, cualquier operador que cumpla los criterios gubernamentales puede ofrecer servicios de telecomunicación en el mercado australiano.

Actualmente, dos operadores actúan en este mercado:

- La corporación Telstra (anteriormente Australian and Overseas Telecommunications Corp., que se formó tras la fusión en 1992 de Telecom Australia y de OTC) que domina el negocio de las comunicaciones internacionales por satélite a través de su participación en INTELSAT.

- Cable and Wireless Optus (que adquirió AUSSAT, el anterior operador de comunicaciones por satélite gubernamental) que es el principal operador del mercado nacional de comunicaciones por satélite.

AN3.3.2.1.1   Telstra

Telstra ofrece servicios de telecomunicación de empresa (VSAT) en Australia e internacionalmente.

En Australia, Telstra explota la red "Iterra" ("se rápido" en lengua aborigen), soportada sobre un satélite Panamsat y destinada al sector de la exploración minera y de recursos naturales en lugares distantes y en pozos de extracción en el mar.

En el ámbito internacional, Telstra ha proporcionado desde 1990 los servicios de Telecomunicaciones Cooperativas de la Zona del Pacífico (PACT, *Pacific Area Cooperative Telecommunications*) (con sistema de acceso AMAD) que sirve a 11 naciones en las islas del Pacífico. Estos servicios se explotan actualmente sobre los satélites de INTELSAT a 174° E (POR) y 66° E (IOR). Los servicios, de carácter nacional e internacional, se han visto ampliados recientemente mediante un nuevo sistema digital que presenta una configuración en malla completa, con salto único para telefonía (16 kbit/s), facsímil y datos (14,4 kbit/s) con conectividad plena a la RTPC. Dichos servicios están actualmente en explotación en Fiji y Tokelau en el Pacifico. En la región del Océano Índico, se proporcionan en Rusia, Kazakstan y Somalia.

AN3.3.2.1.2   Cable and Wireless Optus

Cable and Wireless Optus ha explotado un servicio VSAT interactivo entre 1987 y 1996. Los principales usuarios han sido bancos que conectaron su red de oficinas dispersas con sus centros de servicios informáticos principales. En el momento de máxima utilización, había unos 1000 terminales en servicio con una configuración de red en estrella ("Optus STARNET"). El servicio se dio de baja pues al ser exclusivamente para servicios de baja capacidad, las necesidades de los clientes podían proveerse más fácilmente mediante sistemas terrenales.

Existe un número creciente de redes VSAT privadas que utilizan el sistema por satélite de Optus, pero su expansión se ha visto limitada por las condiciones regulatorias que restringen la interconexión con las redes públicas.

Una de las redes privadas más importantes es la de AAP Communications que explota una red VSAT bidireccional situados en más de 200 ubicaciones para noticias, servicios de radiobúsqueda, etc.

Otra red VSAT significativa es la operada por Airservices Australia que proporciona un sistema por satélite para la transmisión desde puntos muy distantes de las señales aire – tierra en ondas métricas de la navegación aérea.

Por motivos de seguridad, el sistema de Airservices está duplicado por completo gracias a la utilización de dos satélites distintos. La red tiene unos 120 terminales que no se utilizan para tráfico de carácter público.

AN3.3.2.2 El sistema doméstico por satélite australiano

El sistema doméstico por satélite australiano (anteriormente conocido como AUSSAT), es actualmente propiedad de Cable and Wireless Optus, y consta de dos satélites de primera generación (serie A) y dos de segunda generación (serie B) situados a 152° E, 156° E, 160° E y 164° E.

Estos satélites proporcionan:

- servicios de telecomunicaciones fijas nacionales (bandas 14,0-14,5/12,25-12,75 GHz);

- servicios de radiodifusión comunitarios (en las mismas bandas de frecuencia);

- servicios móviles por satélite (en los satélites B, que utilizan la banda 1,5/1,6 GHz y cuyos enlaces de conexión están en las bandas anteriores).

El servicio cubre Australia, Papua Nueva Guinea (haz separado en la serie A), el Sudoeste del Pacífico (sólo en el satélite A3) y Nueva Zelanda (haz separado en los satélites de la serie B). Los enlaces descendentes disponen de un sólo haz nacional o cinco haces estrechos separados para servicios de difusión.

Los satélites de la serie A son satélites estabilizados por rotación con una masa de 550 kg en órbita y una potencia (al final de su vida útil) de 860 W. El primer satélite, A1, se lanzó en 1985 con una vida útil prevista de 7 años. Se retiró del servicio en 1992. Los satélites A2 y A3 continuarán su funcionamiento en órbita inclinada hasta los años 2000 (A2) y 2005 (A3) respectivamente.

Los satélites de la serie B son satélites de estabilización triaxial con una masa de 1 300 kg en órbita y una potencia (al final de su vida útil) de 3 500 W. El primero, B1, se lanzó en 1992 con una vida útil prevista de 13,5 años. El satélite B2 fue sustituido por el B3 por sufrir un fallo de lanzamiento.

En el cuadro AN3-10 se resumen las principales características de los subsistemas de comunicaciones de estos satélites.

Existen varios tipos de estaciones terrenas, desde las estaciones mayores con antenas de 13 m de diámetro hasta las estaciones más pequeñas con antenas de 1,8 m y antenas de sólo recepción de televisión (TVRO) de 1,5 m a 0,5 m de diámetro.

Los tipos de acceso son AMDF (con asignación previa o con asignación por demanda), AMDT o AMDC.

CUADRO AN3-10

Subsistemas de comunicaciones de los satélites de Cable and Wireless OPTUS

Satélite	Número de transpondedores operacionales (anchura de banda, B, MHz)	Cobertura (banda 14/12 GHz, polarización lineal)	p.i.r.e. (borde de cobertura) (dBW)	G/T (borde de cobertura) (dB.K^{-1})	Densidad de flujo de potencia de saturación dB(W/m^{-2})
A3	15 (45)	Nacional australiana en Tx y Rx	36	−3	−90 a −80
		Haz estrecho en Tx	47	N/A	N/A
	3 compartidos (45)	Sudoeste del Pacífico en Tx y Rx	34	−7	−90 a −80
B1, B3	15 (54)	Nacional australiana en Tx y Rx	40	−2	−95,5 a −74,5
		Haz estrecho en Tx	50	N/A	N/A
Servicio móvil: Transpondedor del enlace móvil (polarización circular): 1.5/1.6 GHz, 150 W Transpondedor del enlace de conexión (polarización lineal): 12/14 GHz, 50 W					

AN3.3.3 China

AN3.3.3.1 Generalidades

La planificación de una red pública de comunicaciones por satélite se inició en China a mediados de los años 70. Dicha red se inició con transpondedores alquilados de INTELSAT a principios de los años 80 y se completó principalmente mediante satélites propios (serie CHINASAT) a finales de los años 80. Hoy en día la red de comunicaciones por satélite china también utiliza transpondedores de los satélites ASIASAT y APSTAR.

Actualmente hay tres operadores de satélites en China. Son los siguientes: China Telecommunications Broadcast Satellite Corporation (ChinaSat), China Orient Telecomm Satellite Company, Ltd. ("China Orient") y SINO Satellite Communication Company Ltd. (SINOSATCOM). Actualmente las estaciones terrenas que proporcionan los servicios públicos son operadas por China Telecom. Existen muchas redes de comunicaciones por satélite privadas que proporcionan servicios tales como telefonía, datos, distribución de televisión, etc.

Los sistemas VSAT están ampliamente establecidos en China, con varios miles de estaciones terrenas en funcionamiento. También se utilizan decenas de miles de estaciones terrenas de sólo recepción de televisión (TVRO).

AN3.3.3.2 ChinaSat

El primer satélite ChinaSat se lanzó en 1988. Actualmente, ChinaSat posee tres satélites, CHINASAT-5 (situado en 115.5° E), CHINASAT-6 (en 125° E) y CHINASAT-8 (en 115.5° E). El lanzamiento de CHINASAT-8 está previsto para el segundo trimestre de 1999.

En el cuadro AN3-11 se resumen las principales características del subsistema de comunicaciones de estos satélites.

Además del tráfico de los servicios públicos, ChinaSat explota un sistema VSAT con 2 000 estaciones terrenas que proporcionan servicios unidireccionales y bidireccionales para la reserva de billetes aéreos, previsión meteorológica oceánica, observación sísmica, información financiera, bolsas de valores y datos a alta velocidad.

CUADRO AN3-11

Subsistema de comunicaciones de los satélites ChinaSat

Satélite	Banda de frecuencias (GHz)	Número de transpondedores operacionales (anchura de banda, B, MHz)	Cobertura	p.i.r.e. (borde de cobertura) (dBW)	G/T (dB.K^{-1})	Densidad de flujo de potencia de saturación dB(Wm^{-2})
CHINASAT-5	6/4	10 (B = 36)	China y zonas adyacentes	32	−1	−87 a −81
		6 (B = 72)		33	−6	
CHINASAT-6	6/4	24 (B = 36)		38 o 37	−1	−88 a −76 −86 a −78
CHINASAT-8	6/4	34 (B = 36)		33	−6	−96 a −74
		2 (B = 72)				
	14/11	10 (B = 36)		46	−2	
		6 (B = 72)				

AN3.3.3.3 China Orient

China Orient se creó en 1995. Opera el satélite CHINASTAR-1, lanzado en mayo de 1998 y situado a 87,5° E. En el cuadro AN3-12 se resumen las principales características del subsistema de comunicaciones del satélite CHINASTAR-1.

Actualmente, China Orient proporciona fundamentalmente circuitos nacionales de telefonía de larga distancia bidireccionales y de datos. La mayor parte de ellos forman parte de las redes públicas de telecomunicaciones. Los restantes son diversos tipos de redes de servicios de comunicaciones privadas por satélite que proporcionan servicios de radiobúsqueda, distribución de televisión ocasional, datos bidireccionales, etc.

CUADRO AN3-12

Subsistema de comunicación del satélite CHINASTAR-1

Satélite	Banda de frecuencia (GHz	Número de transpondedores operacionales (anchura de banda, B, MHz)	Cobertura	p.i.r.e. (borde de cobertura) (dBW)	G/T (dB.K^{-1})	Densidad de flujo de potencia de saturación dB(W/m^{-2})
CHINASTAR-1	6/4	12 (B = 36) 6 (B = 72)	China y zonas adyacentes	41	1	−97 a −75
	14/11	16 (B = 36)		52	5	−92 a −70
		4 (B = 72)		54		

AN3.3.3.4 SINOSATCOM

SINOSATCOM opera actualmente un satélite. Éste se lanzó en julio de 1998 y se situó en la posición orbital 110,5° E. En el cuadro AN3-13 se resumen las principales características de sus subsistemas de comunicaciones.

CUADRO AN3-13

Subsistema de comunicaciones del satélite SINOSATCOM

Satélite	Banda de frecuencia (GHz)	Número de transpondedores operacionales (anchura de banda, B, MHz)	Cobertura	p.i.r.e. (borde de cobertura) (dBW)	G/T (dB.K^{-1})	Densidad de flujo de potencia de saturación dB(W/m^{-2})
SINOSATCOM	6/4	23 (B = 36) 1 (B = 54)	China y zonas adyacentes	36	−3	−98 a −80
	14/11	14 (B = 54)	China y zonas vecinas	46	0	−90 a −70 o −90 a −78

AN3.3.4 Francia

AN3.3.4.1 Generalidades

Desde los primeros tiempos de las comunicaciones por satélite, Francia siempre ha jugado un papel importante en su desarrollo, actuando como impulsor de los principales programas y organizaciones internacionales por satélite (INTELSAT, EUTELSAT, ESRO, etc.) y siendo activa en el desarrollo de nuevos sistemas por satélite, aplicaciones y técnicas. Por ejemplo, Francia lanzó en 1974, en cooperación con Alemania, el satélite Symphony-1, el primer satélite de comunicaciones geoestacionario con estabilización triaxial.

En 1979, Francia decidió establecer su propia red de comunicaciones por satélite. Desde 1984, France Telecom ha explotado una primera generación compuesta de tres satélites: TELECOM 1A, 1B y 1C. La segunda generación se lanzó entre 1991 y 1996, y se compone de cuatro satélites TELECOM 2A (situado a 8° W), 2B (5° W), 2C (3° W) y 2D (5° W).

El sistema TELECOM 2 incluye dos cargas del SFS que funcionan simultáneamente en cada satélite para las misiones siguientes:

- Telefonía, transmisión de datos y servicios audiovisuales entre el territorio continental de Francia y sus departamentos de ultramar y entre dichos departamentos.(banda C - 6/4 GHz).

- Una amplia gama de servicios nacionales (banda Ku de 14/12 y 14/11 GHz), incluyendo:

  - difusión de radio y televisión;

  - servicios de empresas de diseño específico a velocidades de datos elevadas y variables;

  - enlaces permanentes u ocasionales para televisión comercial, información de TV en directo, o transmisiones de vídeo en circuito cerrado.

AN3.3.4.2 El segmento espacial de TELECOM 2

En el cuadro AN3-14 se resumen las principales características del subsistema de comunicaciones de los satélites TELECOM 2 y en el cuadro AN3-15 las características principales de las estaciones terrenas.

CUADRO AN3-14

Subsistema de comunicaciones del satélite TELECOM 2

Banda de frecuencia (GHz)/ (polarización)	Número de transpondedores (anchura de banda, B, MHz) (tipo de transmisor y potencia P, W)	Cobertura	p.i.r.e (borde de cobertura) (dBW)	G/T dB.K^{-1}	Densidad de flujo de potencia de saturación dB(W/m^2)
6/4 (Circular)	6 (2, B = 50 y 4, B = 92) (AES, P = 11)	Haces estrechos: • Antillas Francesas • Guyana Francesa • Saint-Pierre et Miquelon • Francia continental	39 36	−11,3	−70
	4 (B = 50) (AES, P = 11)	Haz hemisférico: • Mismas zonas + Isla de la Reunión	32,5		
Telecom 2A: 2B, 2C: 14/12 Telecom 2D: 14/11 (Lineal)	11 (B = 36) (ATOP, P = 55)	Francia continental	52	7,5	−91

CUADRO AN3-15

Estaciones terrenas TELECOM 2

Tipo de estación	Banda de frecuencia (GHz)/ (polarización)	Ganancia de la antena transmisora (dBi)	p.i.r.e. (dBW)	Ganancia de la antena (dBi)	G/T (dB(K^{-1}))
Redes de datos VSAT	14/12 ó 14/11 (lineal)	41 a 53,1	36,8 a 67	39,2 a 52	14,9 a 28,7
Difusión y transmisión de radio y televisión	14/12 ó 14/11 (lineal)	52	71 a 73	36,4	13,5
Otros (banda Ku)	14/12 ó 14/11 (lineal)	52	80	40 a 51	15,7 a 27,2
Enlaces con los Departamentos de Ultramar	6/4 (circular)	47 a 64,5	86,2 a 90,2	45 a 61	21,7 a 40,4

AN3.3.5 India

AN3.3.5.1 Generalidades

El sistema de satélite nacional de la India (INSAT, *Indian National Satellite System*) es un sistema de satélite de múltiples propósitos que proporciona los servicios siguientes:

- telecomunicaciones fijas y móviles;

- difusión directa de televisión;

- establecimiento de redes de transmisores del servicio de difusión sonora;

- servicios móviles;

- observaciones de la tierra y retransmisión de datos meteorológicos, hidrológicos y oceanográficos para la previsión meteorológica y alerta de desastres;

- funciones de búsqueda y salvamento.

AN3.3.5.2 Los satélites INSAT

La plataforma espacial multipropósito combina la capacidad para la provisión del servicio fijo por satélite (SFS), el servicio de radiodifusión por satélite (SRS) y el servicio meteorológico por satélite. En gran medida, el segmento terreno está también preparado para alcanzar economías de escala significativas.

La primera generación de satélites INSAT-1 se lanzó en la década de los ochenta. La serie INSAT-2 lanzada en la década de los noventa utiliza bandas de frecuencia adicionales más elevadas y proporciona servicios de comunicaciones fijas y móviles mejoradas.

Actualmente, el segmento espacial consta de los satélites siguientes:

*   INSAT-1D en 83° E;

*   INSAT-2A en 74° E;

*   INSAT-2B e INSAT-2C, ambos en 93.5° E;

*   INSAT-2DT en 55°.

Este segmento espacial se controla y supervisa desde una estación de control maestra.

Los satélites de la serie INSAT-1 tienen estabilización triaxial, una masa de 650 kg en órbita y una potencia (final de la vida útil) de 900 W. El primero se lanzó en 1982 con una vida útil de diseño de siete años.

La serie INSAT-2, fabricada por ISRO (India), se compone igualmente de satélites con estabilización triaxial, una masa en órbita de 1 040 kg y una potencia (al final de la vida útil) de 1 150 W. El primero se lanzó en 1992 con una vida útil de diseño de siete años. El satélite INSAT-2DT se ha comprado a la organización ARABSAT y se ha reubicado a 55° E.

En el cuadro AN3-16 se describen someramente los satélites de la serie INSAT-2 actualmente en operación. En el cuadro AN3-17 se resumen las características del subsistema de comunicaciones del satélite INSAT-2C.

CUADRO AN3-16

Satélites INSAT operacionales

Tipo de satélite	Ubicación y fecha de lanzamiento	Transpondedores (número en cada banda)						Otras funciones
		Banda 6/4 GHz	Banda 6/4 GHz ampliada	Banda 2,5-3 GHz	Búsqueda y salvamento	TV directa	Banda 14/11 GHz	SMS/ VHRR/ CCD
INSAT-1D	83° E Junio 1990	12		2		1		VHRR
INSAT-2A	74° Julio 1992	12	6	2	1	1		VHRR
INSAT-2B	93,5° E Julio 1993	12	6	2	1	1		VHRR
INSAT-2C	93,5° Dic. 1995	12	6	1			3	SMS
INSAT-2E	83° E Abril 1999	12	5					CCD
INSAT-2DT	55° E	25 (polarización circular)		1				

VHRR: radiómetro de muy alta resolución

CUADRO AN3-17

Subsistema de comunicaciones del satélite INSAT-2C

Servicio y transpondedor	Banda de frecuencia: ascendente/descendente (GHz)	Anchura de banda (MHz)	Tipo de transmisor y p.i.r.e.(borde de cobertura) (dBW)	G/T (borde de cobertura) (dB.K^{-1})	Densidad de flujo de potencia de saturación dB(W/m^{-2})
SFS banda 6/4	5,9-6,4/ 3,7-4,2	36	AES/AAP 32-36	−5	−92 a −70
SFS banda 6/4 ampliada	6,735-6,975/ 4,53-4,73	36	AES 32-35	−5	−92 a −70
SFS banda 14/11	14,2-14,5/ 10,7-11,7	72-77	AAP 41	−2	−90
SMS banda 6/2.5	6,45-6,47/ 2,50-2,52	20	AAP 35	−5	−92 ± 2
SMS banda 2,6/3,7	2,67-2,69/ 3,68-3,70	9	AES 30	−9	−109 ± 2
Búsqueda y salvamento	0,406				
SRS banda 5,9/2,6	5,890-5,930 2,590-2,630	36	AAP 42	−5	−95 ± 2

AN3.3.5.3 El segmento terreno INSAT

El segmento terreno del sistema INSAT se caracteriza por disponer de varios tipos de antenas, tal como se muestra en el cuadro AN3-1 (los valores de la p.i.r.e. son valores típicos y varían según el tipo de portadora.)

CUADRO AN3-18

Características de las estaciones terrenas típicas de INSAT

Número y tipo de estaciones		Diámetro de la antena (m)	G/T (dB.K^{-1})	p.i.r.e. (valores típicos) (dBW)
13 estaciones principales		11	31,7	75-83
44 estaciones primarias		7	25,7	64-71
33 estaciones distantes		4,5	19,7	38
20 transportables		6,1	22	76
5 700 estaciones VSAT	Tipo malla	3,8	22,8	42
	Tipo estrella	1,8	15	40

AN3.3.5.4 Servicios

La red de telecomunicaciones está digitalizada y utiliza portadoras digitales del tipo IDR de hasta 8 Mbit/s de capacidad en la banda de 6/4 GHz y en la banda ampliada de 6/4 GHz para la conexión entre estaciones principales y entre estaciones principales y primarias. Actualmente están en funcionamiento treinta y cinco enlaces IDR. También está en funcionamiento una portadora del tipo IDR de 34 Mbit/s en la banda de 14/11 GHz en el satélite INSAT-2C. El tráfico de las rutas pequeñas entre estaciones terrenas principales y primarias se realiza en MDF /MF siendo probable que se reemplacen por otra tecnología.

La Red del Centro Nacional de Informática (NICNET, *National Informatics Centre Network*) constituyó la primera red VSAT de la India. La red NICNET entró en servicio en 1989 y proporciona servicios a los departamentos Ministeriales para la conexión de las computadoras de las distintas sedes territoriales.

La red para negocios en áreas distantes (RABM, *remote area business message network*) del Departamento de Telecomunicaciones (DOT, *Department of Telecommunications*), y que proporciona comunicaciones a usuarios privados a través de estaciones VSAT alquiladas, entró en servicio en julio de 1991. La red utiliza, al igual que la red NICNET, la técnica de acceso múltiple por diferenciación de código (AMDC) y cada una tiene actualmente más de 500 terminales.

La red (I-NET) dispone de conectividad con la red télex, con la red pública de datos con conmutación de paquetes X.25 (RDCP) y con la central internacional de conmutación de paquetes. Los clientes pertenecen básicamente a la industria (acero, automóvil, cemento, petroquímica), la minería, contratistas civiles, generación de energía, bancos y el Departamento de Correos.

Tal como se ha mencionado, las redes NICNET y RABM se basan en la técnica de espectro ensanchado (AMCD). Pueden soportar terminales que transmitan datos a velocidades de 1 200 baudios y 9 600 baudios desde los locales de los clientes, con interfaces asíncronas o X.25. El NICNET también explota una red superpuesta en 14/11 GHz.

También está operacional la red VSAT de datos de alta velocidad (HVNET, *high-speed VSAT data network*), que utiliza MDT/AMDT y proporciona comunicaciones de datos con velocidades binarias de hasta 64 kbit/s. Proporciona servicios de datos de alta velocidad entre computadoras y terminales de datos con conectividad en estrella. HVNET ofrece acceso a la RTPC para comunicaciones de voz, a la red pública de datos con conmutación, RPDC, (I-NET/RABM) y a redes de datos internacionales.

Las redes VSAT de múltiples canales por portadora (MCPC) del DOT con portadoras digitales MDP-AMDF a 128 kbit/s, se utilizan para el establecimiento de enlaces con ubicaciones de otra forma inaccesibles en varios estados. Estas redes MCPC VSAT conectan rutas de terminales de 8 a 10 canales con centrales pequeñas en zonas rurales. Existen 191 estaciones en funcionamiento. Para aumentar la capacidad de la red han comenzado a instalarse equipos de multiplicación de circuitos digitales.

El acceso a pequeñas aldeas aisladas se realiza mediante telefonía de larga distancia por satélite. Las localidades distantes e inaccesibles, así como las islas, se conectan mediante redes VSAT con tecnología SCPC y MCPC. Se ha previsto la posibilidad de instalar locutorios públicos telefónicos en aldeas con acceso vía satélite.

Inicialmente, los servicios de comunicaciones de datos a baja velocidad a través de redes VSAT se proporcionaban mediante AMCD con terminales pequeños equipados con reflectores de antena de 1,8 x 1,2 m en la banda de 6/4 GHz. Las comunicaciones privadas de empresa para grupos cerrados de usuario se proporcionan mediante AMDT o SCPC/AMAD, utilizando dos tipos de estaciones terrenas y las bandas " superiores " de 6/4 GHz.

El servicio de radiodifusión de televisión dispone de más de 700 transmisores de radiodifusión de TV y unos 200 transmisores de programas de audio a los que se accede a través de los satélites INSAT. El servicio de televisión directa se proporciona mediante enlaces ascendentes transmitidos desde algunas de las estaciones terrenas de tamaño medio y grande, y se recibe mediante estaciones de sólo recepción (TVRO) en todo el país.

Los servicios meteorológicos se proporcionan mediante más de 100 plataformas de recogida de datos (DCP, *data collection platform*) situadas en tierra firme y diez situadas en el océano, que recogen información meteorológica que transmiten a través del transpondedor DCP del INSAT hacia la estación terrena principal y desde ésta se envía a un centro de tratamiento de datos meteorológicos en Nueva Delhi.

Junto a la estación terrena de Delhi se ha instalado un centro de control y gestión de la red (CCGR) que supervisa y controla las transmisiones por satélite.

AN3.3.5.5 Red VSAT y telefonía para aldeas distantes

Como consecuencia de la liberalización de los servicios de telecomunicaciones en la India, los operadores privados pueden proporcionar servicios de grupo cerrado de usuarios del tipo VSAT en las bandas superiores de 6/4 GHz (6,7-7/4,5-4,8) con conectividad en estrella y en malla.

Algunas compañías privadas están estableciendo dichas redes VSAT. Recientemente se ha puesto en servicio una red VSAT con más de 5 000 terminales VSAT. La Bolsa Nacional de Valores, varios bancos y compañías nacionales e internacionales han establecido conexiones entre sus sedes centrales y centros regionales y locales o factorías utilizando terminales VSAT para comunicaciones de voz, datos y facsímil. En general, las comunicaciones de datos se realizan mediante redes en estrella que funcionan con AMDT, mientras que las comunicaciones de voz utilizan conectividad en malla con codificación a baja velocidad (LRE) y un sistema SCPC/AMAD de baja velocidad.

El acceso de las aldeas distantes se realiza mediante telefonía de larga distancia por satélite. Lugares distantes e inaccesibles, así como las islas, se conectan mediante redes VSAT con tecnología SCPC y MCPC. Se ha previsto la posibilidad de instalar locutorios públicos telefónicos en aldeas con acceso vía satélite.

AN3.3.6 Italia

AN3.3.6.1 Introducción

Con independencia de su participación en las principales organizaciones de comunicaciones por satélite (INTELSAT, EUTELSAT, ESRO, etc.), Italia ha sido siempre muy activa en el desarrollo de nuevos sistemas, aplicaciones y tecnologías de satélites.

En el campo de los nuevos servicios y aplicaciones, merece la pena señalar que Italia fue el primer país de Europa que puso en servicio una red VSAT MDT/AMDT bidireccional de grupo cerrado de usuarios, el sistema ARGO, instalado en 1990 y con 122 estaciones terrenas distantes fijas o transportables.

Italia sigue siendo uno de los principales países europeos en este campo, existiendo varias redes que agrupan a casi 10.000 terminales VSAT. Están incluidas, entre otras, la red del Banco Central de Italia (en 100 ubicaciones), la red de aviación civil (con ubicaciones en 43 aeropuertos), una red para la industria automovilística, etc.

En el campo de las nuevas técnicas de comunicaciones por satélite, Italia comenzó en 1977 su programa de satélite nacional con un satélite experimental avanzado en ondas decimétricas, el SIRIO-1. Como consecuencia del éxito de los resultados de este satélite, en enero de 1991 se lanzó el satélite ITALSAT-1, primer satélite europeo en las bandas de 30/20 GHz, seguido en agosto de 1996 por el satélite ITALSAT-2.

AN3.3.6.2 El sistema ITALSAT

El sistema ITALSAT se concibió como un programa preoperacional para la implementación de una red por satélite con conmutación y de gran capacidad de tráfico, al objeto de proporcionar circuitos digitales para telefonía y para servicios de empresas de gran flexibilidad y con una elevada conectividad con la red terrenal. El sistema por satélite incluye:

- asignación por demanda en tiempo real; y

- reconfiguración del tráfico no en tiempo real para la reasignación de capacidad del satélite entre las estaciones terrenas a fin de adaptar ésta a variaciones diarias, semanales, estacionales e imprevistas de la demanda de tráfico.

AN3.3.6.3 El segmento espacial ITALSAT

Los satélites ITALSAT son satélites con estabilización triaxial. El satélite ITALSAT-1, tiene una vida útil de diseño de cinco años (mínimo), una masa en órbita de 1 120 kg y una potencia (al final de su vida útil) de 1 760 W, mientras que ITALSAT-2 (vida útil de diseño de ocho años) tiene una masa en órbita de 1 200 kg y una potencia (al final de su vida útil) de 2 200 W.

La carga útil de telecomunicaciones de los satélites ITALSAT, cuyas características se resumen en el cuadro AN3-19, se componen de lo siguiente:

- Un subsistema multihaz en la banda de 30/20 GHz con cobertura italiana. Este subsistema dispone de procesamiento a bordo con seis transpondedores conectables al mismo a través de una matriz de conmutación de 6 x 6, conectada a dos antenas desplegables con reflectores circulares de 2 m.

- Cada antena genera tres haces estrechos circulares con una apertura de 0,435°. Estos seis haces estrechos cubren la mayor parte de Italia y trabajan en AMDT con conmutación en el satélite (AMDT-CS) a 147,456 Mbit/s.

- Un subsistema con cobertura global para toda Italia en 30/20 GHz. Este subsistema se compone de tres transpondedores transparentes conectados a una antena de reflector elíptico que cubre toda Italia. Estos transpondedores pueden funcionar en AMDT, a una velocidad binaria máxima de 24,576 Mbit/s, o en AMDF (SCPC digital, IDR, etc.) y no están interconectados a bordo con el subsistema multihaz.

- Un subsistema móvil europeo (EMS, *European Mobile System*), que sólo existe en el satélite ITALSAT-2. Este subsistema, que proporciona cobertura para móviles en Europa, Norte de África y Turquía, se compone de:

  - un transpondedor canalizado bidireccional de 12 MHz (3 x 4 MHz en transmisión y 12 x 1 MHz para los canales de retorno) que trabaja en la banda de 1,6/1,5 GHz. Este transpondedor está conectado a una antena compuesta por un elemento radiante que ilumina los dos reflectores del subsistema multihaz;

  - un transpondedor bidireccional en la banda de 14/12 GHz para el enlace de conexión (del satélite a la estación terrena pasarela). Este transpondedor está conectado a una antena doble descentrada dedicada.

- Un subsistema para un experimento de propagación (sólo en ITALSAT-1) que consiste en dos balizas (redundantes) de 1 W en 50-40 GHz que cubren gran parte de Europa occidental mediante dos pequeñas antenas dedicadas.

CUADRO AN3-19

Subsistema de comunicaciones por satélite ITALSAT

Banda de frecuencia (GHz) (polarización)	Cobertura	Número de transpondedores (tipo) (anchura de banda, B, MHz) (tipo de transmisor y potencia P, W)	p.i.r.e. (borde de cobertura) (dBW)	G/T (borde de cobertura) (dB.K^{-1})	Densidad de flujo de potencia de saturación dB(W/m^{-2})
30/20 (lineal)	Italia (puntual)	6 (regenerativo) (B = 110) (ATOP, P = 20)	55,5	18,8	−84,7
30/20 (lineal)	Italia (global)	3 (transparente) (B = 36) (ATOP, P = 20)	47	6,8	−77,2
1,6/1,5 (circular) (carga útil no transportada en ITALSAT-1)	Europa (Sistema Móvil Europeo, EMS)	1 (transparente) (B = 12, es decir, 3 x 4 MHz, canalizado) (AES, P = 22)	42,5	−20	−123
14/12 (linear) (carga útil no transportada en ITALSAT-1)	Europa	1 (transparente) (B = 12) (AES, P = 4,5)	32	−1,4	−97,0
50-40 (circular) (carga útil no transportada en ITALSAT-2)	Europa	2 (balizas) (P = 1)	28,5	N/A	N/A

AN3.3.6.4 Las estaciones terrenas ITALSAT

Las estaciones terrenas del SFS del sistema ITALSAT utilizan antenas circulares de 3,5 m o antenas elípticas de 3,5 x 7 m, en función de las zonas climáticas. La configuración de antena es la de un reflector múltiple descentrado con subreflectores conformados.

AN3.3.7 Japón

AN3.3.7.1 Sistemas CS-2, CS-3 y N-STAR y segmento espacial

El programa de satélite CS-2 estableció el primer sistema operacional de comunicaciones nacionales por satélite en Japón, con los objetivos siguientes:

- asegurar los servicios de comunicaciones fundamentales en caso de desastres naturales con fines de emergencia;

- establecer una red de comunicaciones públicas entre centros regionales;

- establecer una red de comunicaciones públicas que enlaza el territorio continental con las islas distantes;

- facilitar enlaces de comunicación ocasionales;

- facilitar servicios de comunicaciones digitales por satélite;

- ofrecer servicios de transmisión de vídeo por satélite;

- facilitar comunicaciones por satélite de pequeña capacidad en zonas distantes o en situaciones en las que no existen otros medios de telecomunicaciones.

El sistema CS-2 (CS-2a y CS-2b) es utilizado por la empresa "Nippon Telegraph and Telephone"(NTT) y por otros usuarios, por ejemplo, la Agencia Nacional de Policía, el Ministerio de Obras Públicas, los Ferrocarriles Nacionales Japoneses, etc., para lograr los objetivos mencionados.

La serie CS se compone de satélites con estabilización por rotación, desarrollados y fabricados en Japón, con una masa en órbita de 350/550 kg (CS-2/CS-3) y una potencia (al final de su vida útil) de 480/840 W (CS-2/CS-3). El primero (CS-2a) fue lanzado a principios de 1983 y el segundo (CS-2b) seis meses más tarde por la Agencia Nacional para el Desarrollo del Espacio (NASDA, *National Space Development Agency*), que los transfirió a Telecommunication Satellite Corporation of Japan (TSCJ) para su explotación.

Los sucesores de los satélites CS-2a y CS-2b son los satélites CS-3a, lanzados en febrero y septiembre de 1988 con una vida útil de diseño de siete años.

El sistema de comunicaciones por satélite CS-3 utilizó las bandas de 6/4 GHz y 30/20 GHz para la transmisión de telefonía, facsímil, datos y señales de televisión. Los satélites CS-3 terminaron sus operaciones en 1996.

El sistema de satélites N-STAR (N-STAR a y N-STAR b) se desarrolló para asumir los servicios proporcionados por el sistema CS-3 y permitir nuevos servicios multimedia.

La serie N-STAR son satélites con estabilización triaxial, con una masa en órbita de 2 000 kg y una potencia (al final de su vida útil) de 5 000 W. Su vida útil de diseño es de más de diez años. El primero (N-STAR a) se lanzó en agosto de 1995 y se situó a 132° E y el segundo (N-STAR b) se lanzó en febrero de 1996 y se situó a 136° E.

Cada satélite N-STAR transporta cinco cargas útiles de telecomunicaciones en cuatro bandas de frecuencia: la banda de 3 GHz (multihaz), la banda 6/4 GHz (haz conformado), la banda 14/11-12 GHz (haz conformado), la banda 30/20 GHz (haz conformado) y la banda 30/20 GHz (multihaz).

AN3.3.7.2   Sistemas de satélites JCSAT y Superbird y segmentos espaciales

Además del sistema N-STAR, dos sistemas por satélite comerciales distintos proporcionan servicios de comunicación para el SFS en Japón.

Además de los enlaces telefónicos troncales convencionales, ambos sistemas se utilizan para aplicaciones tales como redes de datos de empresas, teleconferencia, transmisiones de programas de televisión para las entidades de radiodifusión y para antenas de televisión colectiva, periodismo electrónico por satélite (SNG), etc.

El sistema de satélite JCSAT, propiedad de la "*Japan Satellite Systems Inc*", consta de cuatro satélites (JCSAT-2, JCSAT-3 , JCSAT-4, JCSAT-1B) situados a 154° E, 128° E, 150° E y 150° E respectivamente.

El satélite JCSAT-2 está estabilizado por rotación, tiene una masa en órbita de 1370 kg y una potencia (al final de su vida útil) de 2200 W (vida útil de diseño de más de 10 años). El satélite JCSAT-2 fue lanzado en 1990 y transporta 32 transpondedores en 14/12 GHz.

Los satélites JCSAT-3 , JCSAT-4 y JCSAT-1B tienen estabilización triaxial, con una masa en órbita de 1800 kg y una potencia (al final de su vida útil) de 5200 W (vida útil de diseño de 12 años (3 y 4) y 13 años (1B)). El satélite JCSAT-3 fue lanzado en 1995 y los satélites JCSAT-4 y JCSAT-1B en 1997. JCSAT-3 y JCSAT-4 transportan cada uno 28 transpondedores en 14/12 GHz y 12 transpondedores en 6/4 GHz. JCSAT-1B transporta 32 transpondedores en 14/12 GHz.

El sistema de satélites Superbird, propiedad de "*Space Communications Corporation*", se compone de tres satélites (SUPERBIRD-A, SUPERBIRD-B y SUPERBIRD-C) situados a 158° E, 162° E y 144° E.

Los satélites SUPERBIRD-A y SUPERBIRD-B tienen estabilización triaxial con una masa en órbita de 2 550 kg y una potencia (final de su vida útil) de 3 800 W (vida útil de diseño de más de 10 años). El satélite SUPERBIRD-C también es de estabilización triaxial, una masa en órbita de 3 100 kg y una potencia (final de su vida útil) de 4 300 W (vida útil de diseño de más de 13 años).

Los satélites SUPERBIRD-A y SUPERBIRD-B fueron lanzados en 1992 y cada uno dispone de 23 transpondedores en 14/12 GHz y 3 transpondedores en 30/20 GHz. El satélite SUPERBIRD-C se lanzó en 1997 e incluye 24 transpondedores en 14/12 GHz.

AN3.3.7.3 Redes VSAT en Japón

En Japón existen varios operadores de redes VSAT que explotan estaciones principales y que proporcionan servicios a clientes que alquilan terminales VSAT . Dichos servicios incluyen:

* servicios de comunicación de datos con conmutación de paquetes;

* servicios de comunicación de datos con conmutación de circuitos;

* servicios de circuitos de datos dedicados;

* servicios de radiodifusión de datos;

* servicios de difusión de vídeo.

También existen corporaciones que alquilan capacidad del satélite directamente del operador del satélite y que explotan sus propias redes VSAT privadas.

Una de las redes VSAT está operada por las autoridades de las prefecturas, ciudades y pueblos, y su objetivo es mejorar el intercambio de información entre las autoridades locales y, especialmente, asegurar la existencia de medios de comunicación en caso de desastres.

AN3.3.8 Corea

AN3.3.8.1 Generalidades

Con el lanzamiento en 1995 del satélite KOREASAT-1, situado a 116° E, Korea Telecom puso en explotación un sistema de satélite multipropósito que proporciona los servicios siguientes:

* radiodifusión directa de televisión digital y televisión de alta definición;

* distribución de vídeo y de televisión por redes de cable (CATV);

* transmisión de datos de alta y baja velocidad;

* circuitos troncales entre ciudades;

* servicios de datos digitales de banda estrecha (VSAT);

* servicios de datos digitales de banda ancha;

* servicios de comunicaciones para zonas rurales (SCPC/ AMAP o AMAD).

Actualmente Korea Telecom explota dos satélites, KOREASAT-1 y KOREASAT-2 y está previsto el lanzamiento del satélite KOREASAT-3 a mediados de 1999. Este avanzado tipo de satélite, que remplazará la misión del satélite KOREASAT-1, se caracteriza por su mayor capacidad de transporte de tráfico y para el servicio de radiodifusión. También proporciona una carga útil en 30/20 GHz con transpondedores de gran anchura de banda.

AN3.3.8.2 El segmento espacial KOREASAT

Los dos satélites operativos KOREASAT tienen estabilización triaxial, una masa en órbita de 711 kg (KOREASAT-2: 834 kg) y una potencia (final de su vida útil) de 1 600 W (vida útil de diseño de 10 años).

El satélite KOREASAT-3 tendrá una masa en órbita de 1 690 kg y una potencia (final de su vida útil) de 5 200 W (vida útil de diseño de 15 años).

En el cuadro AN3-20 se resumen las principales características del subsistema de comunicaciones de los satélites KOREASAT.

Dos estaciones de telemedida, seguimiento y control primaria y de reserva, situadas en Yongin y Teajon respectivamente, controlan el satélite y el funcionamiento de los sistemas del mismo.

En el cuadro AN3-21 se resumen las principales características de las estaciones terrenas más típicas que se han desarrollado en el marco del sistema de satélite KOREASAT.

CUADRO AN3-20

Subsistemas de comunicaciones de los satélites KOREASAT

Tipo de satélite	Banda de frecuencias (GHz) (polarización)	Cobertura	Número de transpondedores (anchura de banda, B, MHz) (tipo de transmisor y potencia P, W)	p.i.r.e. (borde de cobertura) (dBW)	G/T (borde de cobertura) (dB.K^{-1})	Densidad de flujo de potencia de saturación dB(W/m^{-2})
KOREASAT-1 y -2	14,0-14,5/ 12,25-12,75 (lineal)	República de Corea	12 (SFS) (B = 36) (ATOP, P = 14)	50,2	13,5	−90 (nominal)
	14,5-14,8/ 11,7-12,0 (circular)		3 (SRD) (B = 27) (ATOP, P = 120)	59,4	13,0	−82 (nominal)
KOREASAT-3	14,0-14,5/ 12,25-12,75 (lineal)	República de Corea y orientable	24 (SFS) (B = 36) (ATOP, P = 45)	54,7 (nacional) 49,5 (orientable)	13,5 (nacional) 7,0 (orientable)	−90 (nacional) −84 (orientable)
	14,5-14,8/ 11,7-12,0 (circular)	República de Corea	6 (SRD) (B = 27) (ATOP, P = 120)	59,4	13,0	−82
	30,085-30,885/ 20,355-21,155 (circular)	Península de Corea	3 (SFS) (B = 200) (ATOP, P = 85)	55,0	9,3	−86

CUADRO AN3-21

**Principales características de las estaciones terrenas del sistema
de comunicaciones por satélite KOREASAT-1**

Tipo de estación	Diámetro de la antena (m)	p.i.r.e. (dBW)	G/T (dB K^{-1})	Acceso múltiple/ modulación
CATV	9 (Tx)/3,7 (Rx)	56	30	MCPC/MDPQ
Telefonía troncal	6,0	50	35	MDT/MDPQ
TVRO	9 (Tx)/1,8 (Rx)	58,5	20	MCPC/MDPQ
SNG	1,8 (Rx)/9 (Tx)	51	37	SCPC/MDPQ
VSAT	1,8	34	20	AMDT/MDT
Multimedia	9 (Tx)/0,75 (Rx)	64	13	MCPC/MDPQ
Servicio de Radiodifusión Directa	9 (Tx)/0,45 (Rx)	74	11	MCPC/MDPQ

AN3.3.9 España

AN3.3.9.1 Generalidades

HISPASAT es el sistema de comunicaciones por satélite español. Es un sistema multimisión que proporciona servicios nacionales e internacionales en Europa Occidental y el continente americano mediante dos satélites de alta potencia (HISPASAT-1A y HISPASAT-1B).

AN3.3.9.2 Sistema de satélite y segmento espacial HISPASAT-1

El sistema HISPASAT dispone de las misiones siguientes:

- Misión del servicio de radiodifusión por satélite: cinco transpondedores de alta potencia permiten ofrecer el SRS en todo el territorio español conforme al Plan del SRS de la UIT.

- Misión del servicio fijo por satélite: 16 transpondedores de diversas anchuras de banda (36 a 72 MHz) y con reutilización de frecuencia pueden cursar todo tipo de tráfico sobre una amplia área de Europa.

- Misión América: el servicio se ofrece entre España (o cualquier punto de la zona de cobertura del SFS) y cualquier punto de América, desde Canadá a la Tierra de Fuego (Argentina), especialmente hacia y desde países de habla hispana. Esta misión incluye dos submisiones:

  - TV América (TVA): dos transpondedores de alta ganancia (uno en cada satélite) permiten la transmisión de programas de televisión (y/o de radio) hacia América. La recepción se realiza con una elevada calidad y disponibilidad en todas las zonas climáticas utilizando terminales pequeños de solo recepción de televisión (TVRO). .

  - Retorno América (TVR): el satélite HISPASAT-1B también está equipado con dos canales del SFS (con anchuras de banda de 54 y 72 MHz) que permiten establecer enlaces ascendentes desde cualquier lugar de la cobertura de América. Ello permite implementar el servicio de contribución o enlaces de distribución de televisión hacia España. También permite la implementación de redes de distribución de datos.

- Misión gubernamental: dos transpondedores en la banda de 8/7 GHz permiten el desarrollo de redes de telecomunicaciones de diversos tipos para el Gobierno.

Los dos satélites operacionales HISPASAT-1 (HISPASAT-1A y HISPASAT-1B) tienen estabilización triaxial, una masa en órbita de 2 150 kg y una potencia (al final de la vida útil) de 3 500 W (vida útil de diseño de 10 años).

En el cuadro AN3-22 se resumen las principales características del subsistema de comunicaciones de los satélites HISPASAT-1.

El control del satélite y el funcionamiento del sistema se realizan desde un centro de control situado en Arganda, cerca de Madrid, y dos centros de supervisión de la carga útil.

AN3.3.9.3 Estaciones terrenas y soporte operacional de HISPASAT

Existen varios tipos de estaciones terrenas. HISPASAT ha elaborado una serie de documentos denominados recomendaciones para las características técnicas de las estaciones terrenas de HISPASAT (CTETH) que proporcionan las características técnicas que deben cumplir las estaciones terrenas que operen en el sistema, proporcionando asimismo una descripción de los diversos servicios que ofrece el sistema: TV/MF (contribución, distribución, SNG, etc.), portadoras digitales para aplicaciones de empresas (velocidades binarias desde 64 kbit/s a 34 Mbit/s, VSAT, etc.), etc.

Además, y para proporcionar apoyo operacional a los usuarios del sistema, se han elaborado unos documentos denominados manuales de utilización del sistema de satélites HISPASAT (MUSSH). Dichos documentos constituyen una guía operacional para el usuario de HISPASAT y proporcionan un conjunto de información en formato amigable sobre los procedimientos que deben seguirse para el acceso al segmento espacial HISPASAT.

AN3.3.10 Estados Unidos de América

AN3.3.10.1 Antecedentes

Los sistemas de satélites domésticos de los Estados Unidos de América proporcionan una amplia gama de servicios de comunicación, tales como telefonía, distribución de programas y servicios especializados. Se utilizan para complementar la red terrenal ofreciendo facilidades troncales de larga distancia, teniendo una elevada utilización. Una parte significativa del tráfico con Alaska, Hawai, Puerto Rico y las Islas Vírgenes Americanas se cursa a través de satélites domésticos.

Los servicios ofrecidos van desde canales de voz a 4 kHz, señales digitales de varias velocidades binarias para usos comerciales (de 64 kbit/s a 1,5 Mbit/s), velocidades binarias especiales (3-15 Mbit/s) para aplicaciones especiales del Gobierno o la industria (retransmisión de datos meteorológicos, transmisión de facsímil para publicaciones automatizadas, registro y distribución de datos financieros, etc.), sistemas AMDT de alta velocidad (40-60 Mbit/s) para transmisión de aplicaciones diversas y aplicaciones de banda ancha de larga distancia y/o, en general, distancias variables.

CUADRO AN3-22

Subsistema de comunicaciones del satélite HISPASAT-1

Servicio	Banda de frecuencia (GHz) (polarización)	Cobertura	Número de transpondedores (tipo) (anchura de banda, B, MHz) (tipo de transmisor y potencia P, W)	p.i.r.e. (borde de cobertura) (dBW)
Radiodifusión directa de TV (SRS)	17,0-17,7/ 12,0-12,25 (circular)	Nacional: España	5 (ATOP, P = 110)	56
SFS	14,0-14,5/ 11,45-11,7 y 12,5-12,75 (lineal, V y H, reutilización de frecuencia)	España y Europa Occidental	16 (8 x B = 36, 2 x B = 46, 2 x B = 54, 4 x B = 72) (ATOP, P = 55)	50
TV América (TVA)	14/10-12 (lineal)	Ascendente: desde España Descendente: a América (haz conformado)	1 en cada satélite (ATOP, P = 110)	49,5 a 41
Retorno América (TVR)	14/10-12 (lineal)	Ascendente: desde la América de habla hispana hasta Canadá Descendente: España	En HISPASAT-1B: 2 (dos de los transpondedores del SFS) (B = 54 y 72) (ATOP, P = 55)	
Gobierno	8/7	España		

En muchas de estas aplicaciones se utilizan estaciones terrenas en domicilio del cliente para redes privadas y del Gobierno.

En las fases iniciales de implementación de los servicios por satélite, se estimó que el tráfico de voz de larga distancia constituiría una de las fuentes principales de ingresos de este negocio. Sin embargo, el retardo asociado a la transmisión de señales radioeléctricas desde los satélites geoestacionarios ha constituido un obstáculo especialmente significativo, particularmente tras la introducción de cables de fibra óptica. Durante la última década otras aplicaciones, tales como la distribución de vídeo y los servicios VSAT, han compensado con creces la escasa demanda de servicios de voz por satélite. De esta forma, los satélites de comunicaciones se han convertido en una industria muy importante.

AN3.3.10.2 Aplicaciones de las comunicaciones por satélite y crecimiento de las mismas

Durante la década de los 70, cuando se establecieron las comunicaciones domésticas por satélite en los Estados Unidos, la banda de 6/4 GHz se convirtió en la banda de frecuencias básica para las comunicaciones por satélite. Las estaciones terrenas estaban caracterizadas por antenas de diámetros comprendidos entre 10 m y 30 m que se utilizaban para circuitos troncales de larga distancia. Además, se utilizaban antenas más pequeñas para la distribución de programas de televisión y de radio a los sistemas de televisión por cable, estaciones de radiodifusión, hoteles y otros puntos de retransmisión y recepción de señales. Estas aplicaciones dieron lugar a un negocio floreciente para los suministradores de equipos de comunicaciones por satélite. En pocos años se instalaron miles de estaciones terrenas con antenas de diámetros comprendidos entre 4,5 m y 6 m. Todas las estaciones de difusión de radio y televisión públicas, no comerciales, se interconectaron por satélite para la distribución e intercambio de programas. Muchos otros establecimientos de carácter comercial siguieron dicho ejemplo, reforzado aun más por el desarrollo y crecimiento del periodismo electrónico (SNG) para la distribución instantánea de noticias, deportes y otros eventos de interés para el público.

A comienzos de los años 80, los satélites comenzaron a utilizar la banda de 14/12 GHz. A diferencia de la banda de 6/4 GHz, que se comparte con los sistemas terrenales, la Comisión Federal de Comunicaciones (FCC, *Federal Communication Commission)* de los Estados Unidos atribuyó la banda de 14/12 GHz a nivel nacional al SFS sobre una base de utilización relativamente exclusiva.

El objetivo era fomentar el crecimiento de las aplicaciones de las comunicaciones por satélite. Otra característica de interés era que en la banda de 14/12 GHz las estaciones terrenas podían ser de la mitad de tamaño que en la banda de 6/4 GHz. Estas condiciones fueron transcendentales para el enorme crecimiento que se ha producido en las comunicaciones por satélite durante la última década. Las aplicaciones digitales de banda estrecha (SCPC) tuvieron una gran expansión cuando se demostró la viabilidad de utilizar estaciones terrenas en el domicilio del cliente de 1,2 m a 2,4 m de diámetro.

AN3.3.10.3 Aplicaciones VSAT

Las primeras aplicaciones de antenas de pequeña apertura en los Estados Unidos tuvieron su origen en la necesidad de la transmisión de datos desde ubicaciones distantes (pozos de petróleo, plataformas de bombeo, etc.) a una facilidad central. Los primeros sistemas de comunicaciones por satélite disponibles en los años 70 utilizaban la banda de 6/4 GHz. Para poder utilizar estaciones terrenas transportables con antenas pequeñas (de 2 m a 4 m de diámetro) y evitar al máximo la interferencia entre redes de satélite en la OSG, se utilizó la técnica de espectro ensanchado o modulación AMDC. Debido a que la banda de 6/4 GHz está compartida con el servicio fijo (SF), era necesaria la coordinación de todas las estaciones terrenas con las redes del servicio fijo. Asimismo, se evidenció que la utilización de muchas de tales estaciones terrenas de tamaño reducido producía interferencia en los propios sistemas y elevaba el umbral de interferencia sobre otras redes por satélite.

La solución adoptada a principios de los años 80 fue la introducción de satélites en la banda de 14/12 GHz. La creciente demanda de terminales de muy pequeña apertura (VSAT) por parte de empresas, bancos, intermediarios financieros y bolsas de valores, instituciones educativas, distribuidores de vídeo y muchas otras, generó el desarrollo de las ya clásicas redes VSAT. Dichas redes se han descrito, en general, como un conjunto muy numerosos de terminales de usuario muy dispersos que utilizan antenas de 1,2 a 2,4 m de diámetro conectadas con una estación (principal) que utiliza una estación terrena más convencional con una antena de entre 5 m y 7 m de diámetro.

En 1986, y ante la necesidad de tener que otorgar licencias a miles de redes VSAT, la FCC decidió establecer un conjunto de normas técnicas cuyo cumplimiento por parte de los solicitantes les garantizaba la obtención de autorizaciones generales para sus redes, eliminado así la necesidad de tener que otorgar una licencia para cada estación terrena. Como consecuencia de ello, actualmente existen en los Estados Unidos muchos miles de VSAT distribuidas en todo el país.

AN3.3.10.4 Segmento espacial

Los satélites domésticos de los Estados Unidos (DOMSAT) se sitúan en las longitudes del arco orbital comprendidas aproximadamente entre 60° W y 135° W. El primer satélite en órbita geoestacionaria fue el Westar (1974), que utilizaba la banda de 6/4 GHz (500 MHz) y cubría el territorio continental de los Estados Unidos, Hawai y Puerto Rico con 12 transpondedores de 36 MHz cada uno. Posteriormente, todos los satélites en la banda de 6/4 GHz utilizaron polarización cruzada para duplicar el número de transpondedores (reutilización de frecuencia) a 24, cada uno con 36 MHz de anchura de banda. La primera red de satélite comercial en la banda de 14/12 GHz (500 MHz) se utilizó para el SRS (1980) y utilizaba diez transpondedores de 43 MHz cada uno. La generación siguiente de satélites en 14/12 GHz utilizó polarización cruzada, duplicando así el número de transpondedores. A mediados de los años 80 se desarrollaron satélites que podían utilizar las bandas de 6/4 GHz y de 14/12 GHz simultáneamente, ampliando así la capacidad de un satélite hasta los 2.000 MHz de anchura de banda. Otra regulación de la FCC destinada a mantener una alta capacidad de utilización del arco de la OSG, es el establecimiento de una separación orbital mínima de 2° entre satélites domésticos.

Actualmente, la industria de satélites domésticos se encuentra en su tercera generación, caracterizada por satélites de gran capacidad que utilizan transpondedores de alta potencia y estaciones terrenas con antenas más pequeñas. Esta situación se ha visto muy potenciada por el desarrollo de la industria asociada al servicio de radiodifusión por satélite (SRS). Además, existen planes para la utilización de aproximadamente 1.000 MHz en las bandas de 30/20 GHz para servicios con estaciones terrenas de 0,7 m de diámetro. Los satélites utilizarán antenas de haces estrechos para garantizar los niveles necesarios de densidad de flujo de potencia (dfp) sobre la superficie de la Tierra para conseguir una buena calidad. Las antenas de estaciones terrenas de 0,7 m son equivalentes a las aplicaciones con antenas VSAT en 14/12 GHz antes descritas.

En el cuadro AN3-23 se resumen las principales características de los satélites de los Estados Unidos de América.

AN3.3.10.5   Segmento terreno

Los sistemas de satélites domésticos de los Estados Unidos interconectan varios miles de terminales en todo el país y en los países vecinos. Las redes de satélite en 6/4 GHz utilizan estaciones terrenas con antenas comprendidas aproximadamente entre 4 m y 30 m. En los puntos anteriores se han analizado sus principales aplicaciones. Las redes de satélite en 14/12 GHz utilizan estaciones terrenas con antenas que oscilan entre 1 m y 7 m de diámetro, estando las primeras asociadas a las aplicaciones VSAT antes descritas.

CUADRO AN3-23

Características principales de los satélites de los Estados Unidos de América

Nombre de la serie de satélites	Denominación	Banda de frecuencias (GHz) (H: híbrida: 6/4 +14/12)	Lanzamiento (año)	Tipo de estabilización (S: rotación, F: triaxial)	Vida útil de diseño (años)	Masa en órbita (kg)	Potencia (al final de la vida útil) (W)
Aurora	II	6/4	1991	F	10.5	736	1 100
Galaxy	I-R	6/4	1994	S	10	788	1 050
	V-W	6/4	1992	S	10	788	950
	VI	6/4	1990	S	10	584	950
	III/H	H	1995	F	12	1 700	4 300
	IV/H	H	1993	F	12	1 700	4 300
	VII/H	H	1992	F	12	1 700	4 300
	IX	6/4	1996				
General Electric	GE-1	H	1996				
GSTAR	I	14/12	1985	F	10	715	1 900
	II	14/12	1986	F	10	715	1 900
	III	14/12	1988	F	10	715	1 900
	IV	14/12	1990	F	10	715	1 900
SATCOM	C-1	6/4	1991	F	10	510	1 040
	C-3	6/4	1992	F	12	620	1 400
	C-4	6/4	1992	F	12	620	1 400
	C-5	6/4	1991	F	10	736	1 100
	SN2	H	1984	F	10	692	1 300
	SN3	H	1988	F	10	692	1 300
	SN4	H	1991	F	10	692	1 300
	IIR	6/4	1983	F	10	610	1 035
	VIR	6/4	1991	F	12	620	1 400
	Ku-1	14/12	1986	F	10	780	2 490
	Ku-2	14/12	1985	F	10	780	2 490
SBS	3 (Inc)	14/12	1983	S	10	560	900
	4 (Inc)	14/12	1984	S	10	590	1 000
	5	14/12	1988	S	10	600	1 200
	6	14/12	1990	S	10	1 160	2 000
Telstar	302	6/4	1984	S	10	650	670
	303	6/4	1985	S	10	650	670
	401	H	1993	F	12	1 912	6 000
	402R	H	1995	F	12	1 912	6 000
Servicios Internacionales							
Panamsat	PAS-1	H	1988	F	13	1 560	
	PAS-2/4	H	1994	F	15		
	PAS-3/2R	H	1996	F	15		
	PAS-4/6	H	1995	F	15		
TDRS	TDRS-AOR	H	1989	F	10	2 400	1 700
	TDRS-POR		1991	F	10	2 400	1 700
		H					

ANEXO 4

Bibliografía de la UIT

AN 4.1 Introducción

Los satélites de comunicaciones han proporcionado una importante dimensión a las telecomunicaciones nacionales, regionales e internacionales. Como forman parte de las redes de telecomunicaciones, deben satisfacer las especificaciones de calidad de funcionamiento de las redes establecidas o en desarrollo, que se basan en características de transmisión de extremo a extremo acordadas de forma general para todos los tipos de modos de radiocomunicaciones.

En este anexo aparece una lista de las principales publicaciones de la UIT relativas al tema.

AN 4.2 Constitución de la Unión Internacional de Telecomunicaciones, Ginebra, 1992

Capítulo II	El Sector de Radiocomunicaciones
Capítulo VI	Disposiciones generales relativas a las telecomunicaciones
Capítulo VII	Disposiciones especiales relativas a las radiocomunicaciones

AN 4.3 Reglamento de Radiocomunicaciones, Ginebra, edición de 1998

Artículo S1	Términos y definiciones
Artículo S2	Nomenclatura
Artículo S5	Atribuciones de frecuencia
Artículo S9	Procedimiento para efectuar la coordinación u obtener el acuerdo de otras administraciones
Artículo S11	Notificación e inscripción de asignaciones de frecuencia
Artículo S15	Interferencia
Artículo S21	Servicios terrenales y espaciales que comparten bandas de frecuencias por encima de 1 GHz
Artículo S22	Servicios espaciales
Apéndice S1	Clasificación de emisiones y anchuras de banda necesarias
Apéndice S2	Cuadro de tolerancias de frecuencia de los transmisores
Apéndice S3	Cuadro de niveles máximos permitidos de potencia de las emisiones no esenciales
Apéndice S4	Lista refundida y cuadros de las características que han de utilizarse en la aplicación de los procedimientos del capítulo SIII

Apéndice S5	Identificación de las administraciones con las que ha de efectuarse una coordinación o cuyo acuerdo se ha de obtener a tenor de las disposiciones del artículo S9
Apéndice S7	Método para determinar la zona de coordinación de una estación terrena en bandas de frecuencias comprendidas entre 1 GHz y 40 GHz, compartidas entre servicios de radiocomunicación espacial y terrenal
Apéndice S8	Método de cálculo para determinar si se requiere la coordinación entre redes de satélite geoestacionario que comparten las mismas bandas de frecuencias
Apéndice S9	Informe sobre una irregularidad o sobre una infracción
Apéndice S30	Disposiciones aplicables a todos los servicios y Planes asociados para el servicio de radiodifusión por satélite en las bandas de frecuencias 11,7-12,2 GHz (en la Región 3), 11,7-12,5 GHz (en la Región 1) y 12,2-12,7 GHz (en la Región 2)
Apéndice S30A	Disposiciones y Planes asociados para los enlaces de conexión del servicio de radiodifusión por satélite (11,7-12,5 GHz en la Región 1, 12,2-12,7 GHz en la Región 2 y 11,7-12,2 GHz en la Región 3) en las bandas de frecuencias 14,5-14,8 GHz y 17,3-18,1 GHz en las Regiones 1 y 3, y 17,3-17,8 GHz en la Región 2
Apéndice S30B	Disposiciones y Plan asociado para el servicio fijo por satélite en las bandas de frecuencias 4 500-4 800 MHz, 6 725-7 025 MHz, 10,70-10,95 GHz, 11,20-11,45 GHz y 12,75-13,25 GHz

AN 4.4 Recomendaciones UIT-R de la serie S (servicio fijo por satélite)

Sección 4A – Definiciones

Rec. UIT-R S.673	Términos y definiciones relativos a radiocomunicaciones espaciales

Sección 4B – Configuración de los sistemas – Calidad de funcionamiento y disponibilidad

Sección 4B1 – Configuración de los sistemas

Rec. UIT-R S.725	Características técnicas de los terminales de muy pequeña apertura (VSAT)
Rec. UIT-R S.726-1	Nivel máximo admisible de las emisiones no esenciales procedentes de estaciones terminales de apertura muy pequeña (VSAT)
Rec. UIT-R S.727	Discriminación por polarización cruzada en los terminales de muy pequeña apertura (VSAT)
Rec. UIT-R S.728-1	Máximo nivel admisible de densidad de p.i.r.e. fuera del eje procedente de terminales de muy pequeña apertura (VSAT)
Rec. UIT S.729	Funciones de control y supervisión de terminales de muy pequeña apertura (VSAT)
Rec. UIT-R S.1001	Utilización de sistemas en el servicio fijo por satélite en los casos de desastres naturales y otras emergencias similares para avisos y operaciones de socorro

Rec. UIT-R S.1061   Utilización de estrategias y técnicas contra el desvanecimiento en el servicio fijo por satélite

Rec. UIT-R S.1149-1   Arquitectura de red y aspectos funcionales del equipo de los sistemas digitales de satélite del servicio fijo por satélite que forman parte de las redes de transporte de jerarquía digital síncrona

Rec. UIT-R S.1250   Arquitectura de la gestión de red para los sistemas digitales de satélite del servicio fijo por satélite que forman parte de las redes de transporte de jerarquía digital síncrona

Rec. UIT-R S.1251   Gestión de la red – Definiciones de las clases de objeto de gestión de la calidad de funcionamiento para elementos de red de sistemas de satélite que forman parte de las redes de transporte de jerarquía digital síncrona en el servicio fijo por satélite

Rec. UIT-R S.1252   Gestión de la red – Definiciones de clases de objeto de configuración de la carga útil para elementos de red de sistemas de satélite que forman parte de las redes de transporte de jerarquía digital síncrona en el servicio fijo por satélite

Sección 4B2 – Calidad de funcionamiento y disponibilidad

Rec. UIT-R S.352-4   Circuito ficticio de referencia para los sistemas que utilizan la transmisión analógica en el servicio fijo por satélite

Rec. UIT-R S.353-8   Potencia de ruido admisible en el circuito ficticio de referencia para la telefonía con multiplaje por distribución de frecuencia en el servicio fijo por satélite

Rec. UIT-R S.354-2   Anchura de banda de vídeo y nivel de ruido admisible en el circuito ficticio de referencia para el servicio fijo por satélite

Rec. UIT-R S.521-3   Trayectos digitales ficticios de referencia para los sistemas del servicio fijo por satélite que utilizan la transmisión digital

Rec. UIT-R S.522-5   Valores admisibles de la proporción de bits erróneos a la salida del trayecto digital ficticio de referencia en los sistemas del servicio fijo por satélite que utilizan la modulación por impulsos codificados para telefonía

Rec. UIT-R S.614-3   Objetivos de características de error para un trayecto digital ficticio de referencia del servicio fijo por satélite que funciona por debajo de 15 GHz, cuando forma Parte de una conexión internacional en una red digital de servicios integrados

Rec. UIT-R S.1062-1   Característica de error admisible para el trayecto digital ficticio de referencia a la velocidad primaria o a velocidades superiores

Rec. UIT-R S.579-4   Objetivos de disponibilidad para un circuito ficticio de referencia y un trayecto digital ficticio de referencia para telefonía con modulación por impulsos codificados, o como Parte de una conexión ficticia de referencia de una red digital de servicios integrados, en el servicio fijo por satélite

Rec. UIT-R S.730   Compensación de los efectos causados por discontinuidades debidas a la conmutación en la transmisión de datos en banda vocal y los desplazamientos de frecuencia por efecto Doppler en el servicio fijo por satélite

Sección 4C – Características de banda base y estaciones terrenas – Antenas de las estaciones terrenas – Mantenimiento de las estaciones terrenas

Rec. UIT-R S.465-5   Diagrama de radiación de referencia de estación terrena para utilizar en la coordinación y evaluación de las interferencias, en la gama de frecuencias comprendidas entre 2 y unos 30 GHz

Rec. UIT-R S.731   Diagrama de radiación contrapolar de referencia de estación terrena para utilizar en la coordinación de frecuencias y la evaluación de la interferencia en la gama de frecuencias comprendida entre 2 y unos 30 GHz

Rec. UIT-R S.580-5   Diagramas de radiación que han de utilizarse como objetivos de diseño para las antenas de las estaciones terrenas que funcionan con satélites geoestacionarios

Rec. UIT-R S.732   Método para el tratamiento estadístico de las crestas de los lóbulos laterales de las antenas de estación terrena

Rec. UIT-R S.733-1   Determinación de la relación ganancia/temperatura de ruido de las estaciones terrenas que funcionan en el servicio fijo por satélite

Rec. UIT-R S.734   Utilización de canceladores de interferencia en el servicio fijo por satélite

Rec. UIT-R S.464-2   Características de preacentuación para los sistemas con modulación de frecuencia para telefonía con multiplaje por distribución de frecuencia en el servicio fijo por satélite

Rec. UIT-R S.446-4   Dispersión de la energía de la portadora para los sistemas que emplean modulación angular y señales analógicas o modulación digital en el servicio fijo por satélite

Rec. UIT-R S.481-2   Mediciones de ruido en tráfico real para sistemas del servicio fijo por satélite para telefonía con multiplaje por distribución de frecuencia

Rec. UIT-R S.482-2   Medición de la calidad de funcionamiento mediante una señal de espectro continuo uniforme en sistemas para telefonía con multiplaje por distribución de frecuencia en el servicio fijo por satélite

Sección D – Compartición de frecuencias entre las redes del servicio fijo por satélite y utilización eficaz del espectro y de la órbita de los satélites geoestacionarios

Sección 4D1 – Niveles admisibles de interferencia

Rec. UIT-R S.466-6   Nivel máximo admisible de la interferencia, en un canal telefónico de una red de satélites geoestacionarios del servicio fijo por satélite que utilice la modulación de frecuencia con multiplaje por distribución de frecuencia, producida por otras redes de este servicio

Rec. UIT-R S.483-3   Nivel máximo admisible de la interferencia causada en un canal de televisión de una red de satélites geoestacionarios del servicio fijo por satélite con modulación de frecuencia, por otras redes de este servicio

Rec. UIT-R S.523-4	Niveles máximos admisibles de la interferencia producida en una red de satélites geoestacionarios del servicio fijo por satélite, utilizada para telefonía con codificación MIC de 8 bits, por otras redes de este servicio
Rec. UIT-R S.735-1	Niveles máximos admisibles de la interferencia causada en una red de satélite geoestacionario, para un trayecto digital ficticio de referencia (TDFR) del servicio fijo por satélite que forme parte de la RDSI, por otras redes de este servicio a frecuencias inferiores a 15 GHz
Rec. UIT-R S.1323	Máximos niveles de interferencia admisible en una red de satélites (enlaces de conexión del SFS/OSG, SFS/no OSG y SMS/no OSG) para un trayecto digital ficticio de referencia del servicio fijo por satélite provocada por otras redes codireccionales por debajo de 30 GHz
Rec. UIT-R S.1325	Metodología de simulación para evaluar la interferencia a corto plazo entre redes del SFS no OSG codireccionales de la misma frecuencia y otras redes del SFS no OSG u OSG
Rec. UIT-R S.1324	Método analítico para calcular la interferencia entre los enlaces de conexión de los satélites no geoestacionarios del servicio móvil por satélite y las redes de satélites geoestacionarios del servicio fijo por satélite que funcionan con la misma frecuencia y en la misma dirección
Rec. UIT-R S.671-3	Relaciones de protección necesarias para transmisiones de banda estrecha con un solo canal por portadora interferidas por portadoras de televisión analógicas
Rec. UIT-R S.524-5	Niveles máximos admisibles de la densidad de la p.i.r.e. fuera del eje, de las estaciones terrenas del servicio fijo por satélite que funcionan en las bandas de frecuencias de 6 GHz y de 14 GHz
Rec. UIT-R S.736-3	Estimación de la discriminación por polarización en los cálculos de interferencia entre redes de satélites geoestacionarios en el servicio fijo por satélite
Rec. UIT-R S.1063	Criterios para la compartición de frecuencias entre los enlaces de conexión del SRS y otros enlaces Tierra-espacio o espacio-Tierra del SFS
Rec. UIT-R S.1150	Criterios técnicos que deben utilizarse en las consideraciones relativas a la probabilidad de interferencia perjudicial entre las asignaciones de frecuencias del servicio fijo por satélite como estipula el número 1506 del Reglamento de Radiocomunicaciones
Rec. UIT-R S.1328	Características de los sistemas de satélite que se han de tener en cuenta en los análisis de compartición de frecuencias entre sistemas de satélites geoestacionarios y no geoestacionarios del servicio fijo por satélite incluidos los enlaces de conexión para el servicio móvil por satélite

Sección 4D2 – Métodos de coordinación

Rec. UIT-R S.737	Relación entre los métodos de coordinación técnica en el servicio fijo por satélite
Rec. UIT-R S.738	Procedimiento para determinar si es necesaria la coordinación entre las redes de satélites geoestacionarios que comparten las mismas bandas de frecuencia

Rec. UIT-R S.739	Métodos adicionales para determinar si es necesaria la coordinación detallada entre las redes de satélites geoestacionarios del servicio fijo por satélite que comparten las mismas bandas de frecuencia
Rec. UIT-R S.740	Métodos de coordinación técnica para redes del servicio fijo por satélite
Rec. UIT-R S.741-2	Cálculo de la relación portadora/interferencia entre redes del servicio fijo por satélite
Rec. UIT-R S.742-1	Metodologías de utilización del espectro
Rec. UIT-R S.743-1	Coordinación de las redes por satélite que utilizan órbitas geoestacionarias ligeramente inclinadas y entre dichas redes y las redes por satélite que utilizan la órbita de los satélites geoestacionarios no inclinada
Rec. UIT-R S.744	Medidas para mejorar el recurso órbita/espectro en las redes por satélite que tienen más de un servicio en una o más bandas de frecuencias
Rec. UIT-R S.1002	Técnicas de gestión de la órbita en el servicio fijo por satélite
Rec. UIT-R S.1253	Opciones técnicas para facilitar la coordinación de las redes del servicio fijo por satélite en determinados segmentos del arco orbital y bandas de frecuencia
Rec. UIT-R S.1254	Métodos óptimos para facilitar el proceso de coordinación de las redes de satélite del servicio fijo por satélite
Rec. UIT-R S.1003	Protección medioambiental de la órbita de los satélites geoestacionarios
Rec. UIT-R S.1255	Utilización del control adaptativo de potencia en el enlace ascendente para atenuar la interferencia codireccional entre las redes de satélites geoestacionarios (OSG) del servicio fijo por satélite (SFS) y los enlaces de conexión de las redes de satélites no geoestacionarios (no OSG) del servicio móvil por satélite (SMS) y entre las redes OSG del SFS y las redes no OSG del SFS
Rec. UIT-R S.1256	Metodología para determinar la densidad de flujo de potencia total máxima en la órbita de los satélites geoestacionarios en la banda 6 700-7 075 MHz producida por enlaces de conexión de sistemas de satélites no geoestacionarios del servicio móvil por satélite en el sentido de transmisión espacio-Tierra
Rec. UIT-R S.1257	Método analítico para calcular las estadísticas de visibilidad de los satélites no geoestacionarios vistos desde un punto situado en la superficie de la Tierra

Sección 4D3 – Mantenimiento en posición de los vehículos espaciales – Diagrama de radiación de antenas de satélite – Precisión de puntería

Rec. UIT-R S.484-3	Mantenimiento de la posición en longitud de los satélites geoestacionarios del servicio fijo por satélite
Rec. UIT-R S.670-1	Flexibilidad en la ubicación de los satélites como objetivo de diseño
Rec. UIT-R S.672-4	Diagramas de radiación de antenas de satélite para utilizar como objetivo de diseño en el servicio fijo por satélite que emplea satélites geoestacionarios

Rec. UIT-R S.1064-1   La precisión de puntería como objetivo de diseño para las antenas dirigidas a la Tierra a bordo de satélites geoestacionarios del SFS

Sección 4E – Compartición de frecuencias entre las redes del servicio fijo por satélite y otros sistemas de radiocomunicaciones espaciales

Rec. UIT-R S.1065   Valores de densidad de flujo de potencia que facilitan la aplicación del artículo 14 del RR al SFS en la Región 2 con relación al SRS en la banda 11,7-12,2 GHz

Rec. UIT-R S.1066   Método para reducir la interferencia causada por el servicio de radiodifusión por satélite de una Región al servicio fijo por satélite de otra Región en torno a 12 GHz

Rec. UIT-R S.1067   Métodos para reducir la interferencia causada por el servicio de radiodifusión por satélite al servicio fijo por satélite en bandas de frecuencias adyacentes en torno a 12 GHz

Rec. UIT-R S.1068   Compartición entre el servicio fijo por satélite y los servicios de radiolocalización y radionavegación en la banda de 13,75-14 GHz

Rec. UIT-R S.1069   Compatibilidad entre el servicio fijo por satélite y los servicios científicos espaciales en la banda 13,75-14 GHz

Rec. UIT-R S.1151   Compartición entre el servicio entre satélites en el que intervienen satélites geoestacionarios del servicio fijo por satélite y el servicio de radionavegación a 33 GHz

Rec. UIT-R S.1340   Compartición entre los enlaces de conexión del servicio móvil por satélite y el servicio de radionavegación aeronáutica en el sentido Tierra-espacio en la banda 15,4-15,7 GHz

Rec. UIT-R S.1341   Compartición entre los enlaces de conexión del servicio móvil por satélite y el servicio de radionavegación aeronáutica en el sentido espacio-Tierra en la banda 15,4-15,7 GHz y protección del servicio de radioastronomía en la banda 15,35-15,4 GHz

Rec. UIT-R S.1339   Compartición entre sensores pasivos a bordo de vehículos espaciales, del servicio de exploración de la Tierra por satélite y enlaces entre satélites de redes de satélites geoestacionarios en la gama de 54,25 a 59,3 GHz

Rec. UIT-R S.1326   Viabilidad de la compartición entre el servicio entre satélites y el servicio fijo por satélite en la banda de frecuencias 50,4-51,4 GHz

Rec. UIT-R S.1327   Requisitos y bandas idóneas para el funcionamiento del servicio entre satélites en la gama 50,2-71 GHz

Rec. UIT-R S.1342   Método para determinar las distancias de coordinación en la banda de 5 GHz entre las estaciones del sistema de aterrizaje por microondas de norma internacional que funcionan en el servicio de radionavegación aeronáutica y las estaciones del servicio móvil por satélite no geoestacionario que suministran servicios de enlace de conexión ascendente

Rec. UIT-R S.1329   Compartición de frecuencias de las bandas 19,7-20,2 GHz y 29,5-30,0 GHz entre los sistemas del servicio móvil por satélite y del servicio fijo por satélite

AN 4.5 Recomendaciones UIT-R de la serie SNG (Periodismo electrónico por satélite)

Rec. UIT-R SNG.722-1   Normas técnicas (analógicas) uniformes para el periodismo electrónico por satélite (SNG)

Rec. UIT-R SNG.770-1   Procedimientos operativos uniformes para el periodismo electrónico por satélite (SNG)

Rec. UIT-R SNG.1007-1   Normas técnicas (digitales) uniformes para el periodismo electrónico por satélite (SNG)

AN 4.6 Recomendaciones UIT-R de la serie SF

Sección 4/9A – Condiciones de compartición

Rec. UIT-R SF.355-4   Compartición de frecuencias entre sistemas del servicio fijo por satélite y sistemas de relevadores radioeléctricos que funcionan en la misma banda de frecuencias

Rec. UIT-R SF.356-4   Valores máximos admisibles de interferencia debidos a los sistemas de relevadores radioeléctricos con visibilidad directa en un canal telefónico de un sistema del servicio fijo por satélite que utiliza la modulación de frecuencia, cuando ambos sistemas comparten las mismas bandas de frecuencias

Rec. UIT-R SF.357-4   Valores máximos admisibles de interferencia en un canal telefónico de un sistema de relevadores radioeléctricos analógico con modulación angular que comparte las mismas bandas de frecuencias que los sistemas del servicio fijo por satélite

Rec. UIT-R SF.558-2   Valores máximos permisibles de interferencia producida por radioenlaces terrenales a sistemas del servicio fijo por satélite, utilizados para la transmisión de telefonía codificada por MIC de 8 bits y que comparten las mismas bandas de frecuencias

Rec. UIT-R SF.615-1   Valores máximos admisibles de la interferencia producida por sistemas del servicio fijo por satélite a los sistemas terrenales de relevadores radioeléctricos que pueden formar parte de una RDSI y que comparten las mismas bandas de frecuencias por debajo de 15 GHz

Rec. UIT-R SF.358-5   Valores máximos admisibles de la densidad de flujo de potencia producida en la superficie de la Tierra por satélites del servicio fijo que comparten las mismas bandas de frecuencias superiores a 1 GHz, con los sistemas de radioenlaces con visibilidad directa

Rec. UIT-R SF.674-1   Valores de densidad de flujo de potencia para facilitar la aplicación del Artículo 14 del Reglamento de Radiocomunicaciones en el caso en que el servicio fijo por satélite afecte al servicio fijo en la banda de 11,7-12,2 GHz en la Región 2

Rec. UIT-R SF.1320	Valores máximos admisibles de densidad de flujo de potencia en la superficie de la Tierra producidos por satélites no geoestacionarios del servicio fijo por satélite utilizados en enlaces de conexión del servicio móvil por satélite y que comparten bandas de frecuencias con sistemas de radioenlaces
Rec. UIT-R SF.1004	Valor máximo de la potencia isótropa radiada equivalente transmitida hacia el horizonte por las estaciones terrenas del servicio fijo por satélite que comparten bandas de frecuencias con el servicio fijo
Rec. UIT-R SF.1005	Compartición de frecuencias entre el servicio fijo y el servicio fijo por satélite con utilización bidireccional en bandas por encima de 10 GHz actualmente atribuidas para funcionamiento unidireccional
Rec. UIT-R SF.1008-1	Posible utilización por las estaciones espaciales del servicio fijo por satélite de órbitas ligeramente inclinadas con respecto a la órbita de los satélites geoestacionarios en bandas compartidas con el servicio fijo

Sección 4/9B – Coordinación y cálculos de interferencia

Rec. UIT-R SF.1006	Determinación de la interferencia potencial entre estaciones terrenas del servicio fijo por satélite y estaciones del servicio fijo
Rec. UIT-R SF.766	Métodos para determinar los efectos de la interferencia en la calidad de funcionamiento y la disponibilidad de los sistemas de relevadores radioeléctricos terrenales y en los sistemas del servicio fijo por satélite
Rec. UIT-R SF.1193	Cálculo de la relación portadora/interferencia entre estaciones terrenas del servicio fijo por satélite y sistemas de radioenlaces

AN 4.7 Recomendaciones UIT-R de la serie IS (Compartición y compatibilidad entre servicios)

Rec. UIT-R IS.847-1	Determinación de la zona de coordinación de una estación terrena que funciona con una estación espacial geoestacionaria y utiliza la misma banda de frecuencias que un sistema de un servicio terrenal
Rec. UIT-R IS.848-1	Determinación de la zona de coordinación de una estación terrena transmisora que utiliza la misma banda de frecuencias que estaciones terrenas receptoras en bandas de frecuencia atribuidas con carácter bidireccional
Rec. UIT-R IS.849-1	Determinación de la zona de coordinación para estaciones terrenas que funcionan con vehículos espaciales no geoestacionarios en bandas compartidas con los servicios terrenales
Rec. UIT-R IS.850-1	Zonas de coordinación con distancias de coordinación predeterminadas

AN 4.8 Recomendaciones UIT-R de la serie SA (Aplicaciones espaciales y meteorología)

Rec. UIT-R SA.1071	Utilización de la banda 13,75-14 Hz por los servicios científicos espaciales y el servicio fijo por satélite

Rec. UIT-R SA.1277	Compartición de la banda de frecuencias 8 025-8 400 MHz entre el servicio de exploración de la Tierra por satélite y los servicios fijo, fijo por satélite, de meteorología por satélite y móvil en las Regiones , y 3
Rec. UIT-R SA.1278	Viabilidad de la compartición entre el servicio de exploración de la Tierra por satélite (espacio-Tierra) y los servicios fijo, entre satélites móvil y en la banda 25,5-27,0 GHz
Rec. UIT-R SA.1156	Métodos de cálculo de las estadísticas de visibilidad de un satélite en órbita baja

AN 4.9 Recomendaciones UIT-R de la serie P (Propagación de las ondas radioeléctricas)

Rec. UIT-R P.1144	Guía para la aplicación de los métodos de propagación de la Comisión de Estudio 3 de Radiocomunicaciones
Rec. UIT-R P.341-4	Noción de pérdidas de transmisión en los enlaces radioeléctricos
Rec. UIT-R P.581-2	Noción de «mes más desfavorable»
Rec. UIT-R P.841	Conversión de las estadísticas anuales en estadísticas del mes más desfavorable
Rec. UIT-R P.1058-1	Bases de datos topográficos digitales para estudios de propagación
Rec. UIT-R P.453-6	Índice de refracción radioeléctrica: su fórmula y datos sobre la refractividad
Rec. UIT-R P.676-3	Atenuación debida a los gases atmosféricos
Rec. UIT-R P.838	Modelo de la atenuación específica debida a la lluvia para los métodos de predicción
Rec. UIT-R P.840-2	Atenuación debida a las nubes y a la niebla
Rec. UIT-R P.618-5	Datos de propagación y métodos de predicción necesarios para el diseño de sistemas de telecomunicación Tierra-espacio
Rec. UIT-R P.531-4	Datos de propagación ionosférica y métodos de predicción requeridos para el diseño de servicios y sistemas de satélites

AN 4.10 Recomendaciones UIT-R de la serie BO (Servicio de radiodifusión por satélite)

Sección 10/11S-A – Terminología

Rec. UIT-R BO.566-3	Normas relativas a los sistemas de televisión convencional para la radiodifusión por satélite en los canales definidos por el Apéndice 30 del Reglamento de Radiocomunicaciones

Sección 10/11S-B – Sistemas

Rec. UIT-R BO.650-2	Normas relativas a los sistemas de televisión convencional para la radiodifusión por satélite en los canales definidos por el Apéndice 30 del Reglamento de Radiocomunicaciones
Rec. UIT-R BO.651	Codificación digital MIC para la transmisión de señales de sonido de alta calidad en la radiodifusión por satélite (anchura de banda nominal de 15 kHz)

Rec. UIT-R BO.712-1   Normas de transmisión de sonido de alta calidad y de datos para el servicio de radiodifusión por satélite en la banda de 12 GHz

Rec. UIT-R BO.786   Sistema MUSE para servicios de radiodifusión de televisión de alta definición por satélite

Rec. UIT-R BO.787   Sistema basado en MAC/paquetes para servicios de radiodifusión por satélite TVAD

Rec. UIT-R BO.788-1   Velocidad de codificación de las emisiones de televisión de alta definición con calidad de estudio virtualmente transparentes del servicio de radiodifusión por satélite

Rec. UIT-R BO.789-2   Necesidades del servicio de radiodifusión sonora digital para los receptores de vehículos, portátiles y fijos del servicio de radiodifusión (sonora) por satélite en la gama de frecuencias 1 400-2 700 MHz

Rec. UIT-R BO.1130-1   Selección de un sistema de radiodifusión sonora digital para los receptores instalados en vehículos, portátiles y fijos del servicio de radiodifusión (sonora) por satélite en la gama de frecuencias 1 400-2 700 MHz

Rec. UIT-R BO.1211   Sistemas de transmisión digital multiprograma en servicios de televisión, sonido y datos mediante satélites que funcionan en la gama de frecuencias 11/12 GHz

Rec. UIT-R BO.1294   Requisitos funcionales comunes para la recepción de emisiones de televisión digital multiprograma por satélites que funcionan en la gama de frecuencias 11/12 GHz

Sección 10/11S-C – Tecnología

Rec. UIT-R BO.652-1   Diagramas de radiación de referencia de las antenas de estación terrena y de satélite para el servicio de radiodifusión por satélite en la banda de 12 GHz y para los enlaces de conexión asociados en las bandas de 14 GHz y 17 GHz

Rec. UIT-R BO.790   Características del equipo receptor y cálculo del factor de calidad (G/T) de los receptores del servicio de radiodifusión por satélite

Sección 10/11S-D – Planificación y compartición

Rec. UIT-R BO.600-1   Serie normalizada de condiciones de prueba y procedimientos de medida para la determinación subjetiva y objetiva de las relaciones de protección para televisión en los servicios de radiodifusión terrenal y de radiodifusión por satélite

Rec. UIT-R BO.791   Elección de la polarización en el servicio de radiodifusión por satélite

Rec. UIT-R BO.792   Relaciones de protección contra la interferencia en el servicio de radiodifusión (televisión) por satélite en la banda de 12 GHz

Rec. UIT-R BO.793   Distribución del ruido entre los enlaces de conexión del servicio de radiodifusión por satélite (SRS) y los enlaces descendentes

Rec. UIT-R BO.794	Técnicas para reducir al mínimo el efecto de la influencia de la lluvia sobre el enlace de conexión respecto a las características generales de los sistemas del servicio de radiodifusión por satélite
Rec. UIT-R BO.795	Técnicas para reducir la interferencia mutua entre los enlaces de conexión del servicio de radiodifusión por satélite (SRS)
Rec. UIT-R BO.1212	Cálculo de la interferencia total entre las redes de satélites geoestacionarios del servicio de radiodifusión por satélite
Rec. UIT-R BO.1213	Diagramas de antena de estación terrena receptora de referencia que deben de utilizarse en la revisión de los planes para el servicio de radiodifusión por satélite en las Regiones 1 y 3 establecidos por la CAMR RS-77
Rec. UIT-R BO.1295	Diagramas de la p.i.r.e. fuera del eje de la antena transmisora de la estación terrena transmisora de referencia para ser utilizados con fines de planificación en la revisión de los Planes del Apéndice 30A (Orb-88) del Reglamento de Radiocomunicaciones en 14 GHz y 17 GHz en las Regiones 1 y 3
Rec. UIT-R BO.1296	Diagrama de referencia de la antena de estación espacial receptora para ser utilizados con fines de planificación para haces elípticos en la revisión de los Planes del Apéndice 30A (Orb-88) del Reglamento de Radiocomunicaciones a 14 GHz y 17 GHz en las Regiones 1 y 3
Rec. UIT-R BO.1297	Relaciones de protección que se han de utilizar con fines de planificación al revisar los Planes de los Apéndices 30 (Orb-85) y 30A (Orb-88) del Reglamento de Radiocomunicaciones en las Regiones 1 y 3
Rec. UIT-R BO.1293	Límites de protección y métodos de cálculo correspondientes para la interferencia causada a los sistemas de radiodifusión por satélite en los que intervienen emisiones digitales

AN 4.11 Recomendaciones UIT-R de la serie BT (Servicio de radiodifusión de televisión)

Rec. UIT-R BT.470-6	Sistemas de televisión convencional
Rec. UIT-R BT.1117-2	Parámetros del formato de estudio para los sistemas de televisión mejorada 16:9 de 625 líneas (D-MAC y D2-MAC, PALplus, SECAM mejorado)
Rec. UIT-R BT.1299	Elementos básicos de una familia mundial común de sistemas de radiodifusión de televisión terrenal digital
Rec. UIT-R BT.601-5	Parámetros de codificación de televisión digital para estudios con formatos de imagen normal 4:3 de pantalla ancha 16:9
Rec. UIT-R BT.1127	Requisitos en materia de calidad relativa de los sistemas de televisión
Rec. UIT-R BT.500-9	Metodología para la evaluación subjetiva de la calidad de las imágenes de televisión
Rec. UIT-R BT.654	Calidad subjetiva de las imágenes de televisión en relación con las principales degradaciones de la señal de televisión compuesta analógica
Rec. UIT-R BT.1128-2	Evaluación subjetiva de los sistemas de televisión convencional

Rec. UIT-R BT.813   Métodos de evaluación de la calidad de la imagen en relación con las degradaciones debidas a la codificación digital de las señales de televisión

Rec. UIT-R BT.1210-1   Materiales de prueba a utilizar en las evaluaciones subjetivas

AN 4.12 Recomendaciones UIT-R de la serie V (Vocabulario y cuestiones afines)

Rec. UIT-R V.573-3   Vocabulario de radiocomunicaciones

Rec. UIT-R V.431-6   Nomenclatura de las bandas de frecuencias y de las longitudes de onda empleadas en telecomunicaciones

Rec. UIT-R V.666-2   Abreviaturas y siglas utilizadas en telecomunicaciones

Rec. UIT-R V.574-3   Uso del decibelio y del neperio en telecomunicaciones

Rec. UIT-R V.662-2   Términos y definiciones

AN 4.13 Recomendaciones UIT-T

D.186 (10/96)   Principios generales de tarificación y contabilidad para el servicio internacional de telecomunicación bidireccional multipunto por satélite

E.170 (10/92)   Encaminamiento del tráfico

E.430 (6/92)   Marco de evaluación de la calidad de servicio

E.800 (8/94)   Términos y definiciones relativos a la calidad de servicio y a la calidad de funcionamiento de la red, incluida la seguridad de funcionamiento

E.862 (6/92)   Planificación de la seguridad de funcionamiento de las redes de telecomunicación

F.140 (3/93)   Servicio de telecomunicación punto a multipunto por satélite

F.141 (6/94)   Servicio de telecomunicación multipunto bidireccional internacional por satélite

G.101 (8/96)   Plan de transmisión

G.102 (11/88)   Objetivos de calidad de transmisión y Recomendaciones

G.103 (12/98)   Conexiones ficticias de referencia

G.111 (3/93)   Índices de sonoridad en una conexión internacional

G.113 (2/96)   Degradaciones de transmisión

G.114 (2/96)   Tiempo de transmisión en un sentido

G.131 (8/96)   Control del eco para el hablante

G.164 (11/88)   Supresores de eco

G.165 (3/93)   Compensadores de eco

G.180 (3/93)   Características de los sistemas de restauración de transmisión directa de tipo N + M para secciones, enlaces o equipos digitales y analógicos

G.181 (3/93)   Características de los sistemas de restauración de tipo 1 + 1 para enlaces de transmisión digitales

G.211 (11/88)	Constitución de un enlace de portadoras
G.212 (11/88)	Circuitos ficticios de referencia para sistemas analógicos
G.223 (11/88)	Hipótesis para el cálculo del ruido en los circuitos ficticios de referencia para telefonía
G.233 (11/88)	Recomendaciones relativas a los equipos de modulación
G.241 (11/88)	Señales piloto de grupo primario, secundario, etc.
G.322 (11/88)	Características generales recomendadas para los sistemas en cable de pares simétricos
G.423 (11/88)	Interconexión en la banda de base de radioenlaces múltiplex por distribución de frecuencia
G.701 (3/93)	Vocabulario de términos relativos a la transmisión y multiplexación digitales y a la modulación por impulsos codificados
G.702 (11/88)	Velocidades binarias de la jerarquía digital
G.703 (10/98)	Características físicas y eléctricas de las interfaces digitales jerárquicas
G.707 (3/96)	Interfaz de nodo de red para la jerarquía digital síncrona
G.711 (11/88)	Modulación por impulsos codificados (MIC) de frecuencias vocales
G.712 (11/96)	Características de la calidad de transmisión de los canales de modulación por impulsos codificados
G.722 (11/88)	Codificación de audio de 7 kHz dentro de 64 kbit/s
G.723 (3/96)	Codificadores vocales
G.726 (12/90)	Modulación por impulsos codificados diferencial adaptativa (MICDA) a 40, 32, 24, 16 kbit/s
G.728 (9/92)	Codificación de señales vocales a 16 kbit/s utilizando predicción lineal con excitación por código de bajo retardo
G.729 (3/96)	Codificación de la voz a 8 kbit/s mediante predicción lineal con excitación por código algebraico de estructura conjugada
G.732 (11/88)	Características del equipo múltiplex MIC primario que funciona a 2 048 kbit/s
G.733 (11/88)	Características del equipo múltiplex MIC primario que funciona a 1 544 kbit/s
G.763	Equipo de multiplicación de circuitos digitales que emplea modulación por impulsos codificados diferencial adaptativa (Recomendación G.726) e interpolación digital de la palabra
G.764 (12/90)	Paquetización de voz – Protocolo de voz paquetizada
G.765 (9/92)	Equipo de multiplicación de circuitos de paquetes
G.783 (4/97)	Características de los bloques funcionales del equipo de la jerarquía digital síncrona
G.792 (11/88)	Características comunes a todos los transmultiplexores

G.801 (11/88)	Modelos de transmisión digital
G.803 (6/97)	Arquitecturas de redes de transporte basadas en la jerarquía digital síncrona
G.811 (9/97)	Características de temporización de los relojes de referencia primarios
G.821 (8/96)	Característica de error de una conexión digital internacional que funciona a una velocidad binaria por debajo de la velocidad primaria y forma parte de una red digital de servicios integrados
G.823 (3/93)	Control de la fluctuación de fase y de la fluctuación lenta de fase en las redes digitales basadas en la jerarquía de 2 048 kbit/s
G.824 (3/93)	Control de la fluctuación de fase y de la fluctuación lenta de fase en las redes digitales basadas en la jerarquía de 1 544 kbit/s
G.826 (2/99)	Parámetros y objetivos de característica de error para trayectos digitales internacionales de velocidad binaria constante que funcionan a la velocidad primaria o a velocidades superiores
G.827 (8/96)	Parámetros y objetivos de disponibilidad para elementos de trayectos digitales internacionales de velocidad binaria constante que funcionan a la velocidad primaria o a velocidades superiores
G.831 (8/96)	Capacidades de gestión de las redes de transporte basadas en la jerarquía digital síncrona
G.921 (11/88)	Secciones digitales basadas en la jerarquía de 2 048 kbit/s
G.957 (7/95)	Interfaces ópticas para equipos y sistemas basados en la jerarquía digital síncrona
G.958 (11/94)	Sistemas de línea digitales basados en la jerarquía digital síncrona para utilización en cables de fibra óptica
H.100 (11/88)	Sistemas videotelefónicos
H.120 (3/93)	Códecs para videoconferencia con transmisión de grupo digital primario
I.112 (3/93)	Vocabulario de términos relativos a las redes digitales de servicios integrados
I.120 (3/93)	Códecs para videoconferencia con transmisión de grupo digital primario
I.121 (4/91)	Aspectos de banda ancha de la RDSI
I.210 (3/93)	Principios de los servicios de telecomunicación soportados por una red digital de servicios integrados y medios para describirlos
I.310 (3/93)	Principios funcionales de la red en una red digital de servicios integrados
I.311 (8/96)	Aspectos generales de red de la red digital de servicios integrados de banda ancha (RDSI-BA)
I.340 (11/88)	Tipos de conexión RDSI
I.356 (10/96)	Calidad de funcionamiento en la transferencia de células en la capa de modo de transferencia asíncrono de la red digital de servicios integrados de banda ancha

I.357 (8/96)	Disponibilidad de conexiones semipermanentes de la red digital de servicios integrados de banda ancha (RDSI-BA)
I.363 (3/93)	Especificación de la capa de adaptación del modo de transferencia asíncrono tipo 2 de la RDSI-BA
I.375 (6/98)	Capacidades de red para servicios multimedios
I.411 (3/93)	Configuraciones de referencia de las interfaces usuario-red de la red digital de servicios integrados
I.413 (3/93)	Interfaz usuario-red de la red digital de servicios integrados de banda ancha
I.414 (9/97)	Visión de conjunto de las Recomendaciones relativas a la capa 1 para accesos de cliente a la RDSI y a la RDSI-BA
I.430 (11/95)	Especificación de la capa 1 de la interfaz usuario-red básica
I.500 (3/93)	Estructura general de las Recomendaciones relativas al interfuncionamiento de la red digital de servicios integrados
I.501 (3/93)	Interfuncionamiento de servicios
I.525 (8/96)	Interfuncionamiento de redes que funcionan a velocidades binarias inferiores a 64 kbit/s con redes digitales de servicios integrados basadas en 64 kbit/s y redes digitales de servicios integrados de banda ancha
I.530 (3/93)	Interfuncionamiento entre una red digital de servicios integrados y una red telefónica pública conmutada
I.580 (11/95)	Disposiciones generales para el interfuncionamiento entre la red digital de servicios integrados de banda ancha y la red digital de servicios integrados basada en la velocidad de 64 kbit/s
J.11 (11/88)	Circuitos ficticios de referencia para transmisiones radiofónicas
J.12 (11/88)	Tipos de circuitos radiofónicos establecidos por la red telefónica internacional
J.51 (8/94)	Principios generales y requisitos de usuario para la transmisión digital de programas radiofónicos de alta calidad
J.61 (6/90)	Calidad de transmisión de los circuitos de televisión diseñados para ser utilizados en conexiones internacionales
J.62 (2/78)	Valor único de relación señal/ruido para todos los sistemas de televisión
J.85 (6/90)	Valor único de relación señal/ruido para todos los sistemas de televisión
M.20 (10/92)	Filosofía de mantenimiento de las redes de telecomunicaciones
M.21 (10/92)	Filosofía de mantenimiento de los servicios de telecomunicación
M.460 (11/88)	Puesta en servicio de enlaces internacionales en grupo primario, secundario, etc.
M.580 (11/88)	Establecimiento y ajuste de un circuito telefónico internacional del servicio público

M.2100 (7/95)	Límites de calidad de funcionamiento para la puesta en servicio y el mantenimiento de trayectos, secciones y sistemas de transmisión de jerarquía digital plesiócrona internacionales
M.2110 (4/97)	Puesta en servicio de trayectos, secciones y sistemas de transmisión internacionales de la jerarquía digital plesiócrona y de trayectos y secciones múltiplex internacionales de la jerarquía digital síncrona
M.3010 (5/96)	Principios para una red de gestión de las telecomunicaciones
N.1 (3/93)	Definiciones relativas a las transmisiones radiofónicas y del sonido de televisión internacionales
N.51 (11/88)	Definiciones relativas a las transmisiones internacionales de televisión
N.64 (11/88)	Evaluación de la calidad y la degradación
Q.7 (11/88)	Sistemas de señalización que deben emplearse en la explotación telefónica automática y semiautomática internacional
Q.48 (11/88)	Sistemas de señalización con asignación en función de la demanda
Q.50 (6/97)	Señalización entre equipos de multiplicación de circuitos y centros de conmutación internacional
Q.115 (6/97)	Lógica del control de los dispositivos de control de eco
Q.601 (3/93)	Interfuncionamiento de los sistemas de señalización – Consideraciones generales
V.24 (10/96)	Lista de definiciones para los circuitos de enlace entre el equipo terminal de datos y el equipo de terminación del circuito de datos
V.32 (3/93)	Familia de módems dúplex a dos hilos que funcionan a velocidades binarias de hasta 9 600 bit/s para uso en la red telefónica general conmutada y en circuitos arrendados de tipo telefónico
V.230 (11/88)	Interfaz general de comunicación de datos – Especificación de la capa 1
X.1 (10/96)	Clases de servicio internacional de usuario en redes públicas de datos y en redes digitales de servicios integrados y categorías de acceso a estas redes
X.3 (3/93)	Facilidad de ensamblado/desensamblado de datos en una red pública de datos
X.21 (9/92)	Interfaz entre el equipo terminal de datos y el equipo de terminación del circuito de datos para funcionamiento síncrono en redes públicas de datos
X.24 (11/88)	Lista de definiciones de circuitos de enlace entre el equipo terminal de datos (ETD) y el equipo de terminación del circuito de datos (ETCD) en redes públicas de datos
X.25 (10/96)	Interfaz entre el equipo terminal de datos y el equipo de terminación del circuito de datos para equipos terminales que funcionan en el modo paquete y están conectados a redes públicas de datos por circuitos especializados
X.28 (12/97)	Interfaz equipo terminal de datos/equipo de terminación del circuito de datos para los equipos terminales de datos arrítmicos con acceso a la

                                                  facilidad de ensamblado/desensamblado de paquetes en una red pública de datos situada en el mismo país

X.29 (12/97) — Procedimientos para el intercambio de información de control y datos de usuario entre una facilidad de ensamblado/desensamblado de paquetes y un equipo terminal de datos de paquetes u otro ensamblado/desensamblado de paquetes

X.50 (11/88) — Parámetros fundamentales de un esquema de multiplexación para el interfaz internacional entre redes de datos síncronas

X.55 (11/88) — Interfaz entre redes de datos síncronas que utilizan una estructura de envolvente $6 + 2$ y sistemas de un solo canal por portadora (SCPC) por satélite

X.56 (11/88) — Interfaz entre redes de datos síncronas que utilizan una estructura de envolvente $8 + 2$ y sistemas de un solo canal por portadora (SCPC) por satélite

X.200 (7/94) — Tecnología de la información – Interconexión de sistemas abiertos – Modelo de referencia básico: El modelo básico

X.300 (10/96) — Principios generales de interfuncionamiento entre redes públicas y entre redes públicas y otras redes para la prestación de servicios de transmisión de datos

X.361 (10/96) — Conexión de sistemas de terminales de apertura muy pequeña a las redes públicas de datos con conmutación de paquetes basadas en los procedimientos de la Recomendación X.25

X.637 (10/96) — Requisitos básicos comunes de capa superior en modo con conexión

X.638 (10/96) — Facilidades mínimas de la interconexión de sistemas abiertos para soportar aplicaciones de comunicaciones básicas

X.641 (12/97) — Tecnología de la información – Calidad de servicio: Marco

AN 4.14 Manuales de los Grupos Autónomos Especiales (GAS) de la UIT

GAS-7 — Manual sobre los aspectos económicos y financieros de los proyectos de telecomunicación en países en desarrollo.

GAS-7 — Telecomunicaciones rurales, Ginebra 1994.

Consideraciones finales

Las comunicaciones por satélite se encuentran hoy en día enfrentadas con unas perspectivas que cambian con rapidez. En términos de mercado (en un mundo cada vez más desregulado), algunas palabras clave indicativas de estos cambios son: infraestructura mundial de la de información (GII), necesidades de telecomunicación en países en desarrollo, movilidad y comunicaciones personales, multimedios, Internet y multimedios, teledifusión de información (incluidos programas de televisión), competencia con cables de fibra óptica.

En lo que respecta al estado actual de la técnica y del desarrollo de equipos de los segmentos espacial y terreno, algunas palabras clave (enumeradas aquí de forma muy libre) son: digitalización, sistemas y redes de satélites en órbitas no geoestacionarias (no OSG), adjudicaciones órbita/espectro radioeléctrico y utilización de bandas de frecuencias más altas, transpondedores transparentes frente a regenerativos, RDSI-BA y operación ATM, estaciones terrenas muy pequeñas para redes empresariales y comunicaciones rurales, teledifusión de televisión digital comprimida. Los autores esperan de esta nueva edición del Manual que el lector sea capaz de discernir entre la variedad de temas que se revisan brevemente a continuación.

Digitalización: Resultará evidente para el lector que una diferencia fundamental entre esta edición y la anterior consiste en la importancia acordada a la transmisión de señales digitales y a las técnicas correspondientes de procesamiento de la señal. De hecho, no se ha omitido totalmente la referencia a señales analógicas, puesto que siguen en explotación actualmente algunos enlaces y equipos de satélites analógicos. Sin embargo, debido a su progresiva obsolescencia, se ha acortado considerablemente su contribución en el texto.

Son bien conocidas las razones para el rapidísimo desarrollo de las transmisiones digitales en todos los ámbitos de las comunicaciones. Resultan particularmente válidos en el caso de las comunicaciones por satélite: transmisiones de muy alta calidad mediante la utilización de esquemas de corrección de errores potentes, baja sensibilidad a no linealidades, mejor utilización de la anchura de banda mediante procesamiento de las señales (fundamentalmente mediante técnicas de reducción de la velocidad binaria), control de operación mediante soporte lógico. Para todos los tipos de circuitos integrados (incluidas las unidades analógicas de microondas), el progreso en las prestaciones y en la tecnología (densidad y nivel de integración) es tal que actualmente se pueden producir en serie y a bajo coste funciones y conjuntos de equipos completos, lo que permite considerar nuevos tipos de aplicaciones impensables anteriormente[1].

Sistemas y redes de satélites no geoestacionarios (no OSG)

Los proyectos actuales en el ámbito de las telecomunicaciones móviles por satélite, es decir, del servicio móvil por satélite (SMS), tales como Iridium, ICO, Globalstar, etc., deben mencionarse aquí

---

[1] Se ha obtenido mucha experiencia del desarrollo de los sistemas telefónicos celulares terrenales que funcionan actualmente (GSM y otros) y, en particular, de la realización de códecs de voz de buena calidad y muy baja velocidad binaria (LRE).

aunque se encuentren fuera del ámbito de este Manual (que está dedicado al SFS)[2]. Esto se debe a que el desarrollo actual de sistemas, redes y terminales móviles por satélite tiene relación con los sistemas del SFS. Éste es el caso en particular para los nuevos proyectos SFS basados en satélites con órbitas bajas y medias (LEO/MEO).

De hecho, se encuentran actualmente en desarrollo o en construcción sistemas de comunicaciones por satélite, basados generalmente en constelaciones de satélites LEO/MEO, (denominados sistemas SFS no OSG), que permiten acceso directo por los usuarios. Sus características principales son:

- Utilizarán las bandas de frecuencias del SFS de 14/10-12 GHz y 30/20 GHz (véase el Capítulo 9, en particular el § 9.5).

- Tendrán, una vez implantados, carácter mundial.

- Proporcionarán adjudicaciones bajo demanda, dinámicas y de gran anchura de banda, en particular para aplicaciones multimedios y, por consiguiente, proporcionarán conexiones de banda ancha del tipo Internet.

En el Capítulo 6 del apéndice 6-1 se ofrece información detallada sobre dos sistemas diferentes de este tipo (SkyBridge y Teledesic). Otros proyectos están en curso.

Adjudicaciones orbitales y de frecuencias y utilización de bandas de frecuencias más altas

La demanda siempre creciente de posiciones orbitales y de asignación de bandas de frecuencias ha obligado a las diversas autoridades encargadas de estos temas a considerar una revisión completa de las normas y reglamentos anteriores. Esto se debe en particular al advenimiento de los sistemas y redes no OSG mencionados anteriormente, lo que hace mucho más compleja la resolución de los problemas de interferencias y de coordinación de frecuencias e implica aumentar los recursos de frecuencias recurriendo a la utilización de bandas de frecuencias más elevadas (30/20 GHz y superiores en el futuro). El sistema Teledesic utiliza actualmente la banda de 30/20 GHz[3].

La UIT se encuentra en primer lugar en este contexto gracias a sus Conferencias Mundiales de Radiocomunicaciones (CMR). Las Comisiones de Estudio del UIT-R (y principalmente la Comisión de Estudio 4) preparan técnicamente el importante trabajo de estas conferencias. La CMR-97 ha realizado un trabajo considerable iniciando la revisión completa de las partes correspondientes (artículo y anexos) del Reglamento de Radiocomunicaciones (RR). Este trabajo se completará durante la próxima CMR-2000.

Estos aspectos se tratan en detalle en el Capítulo 9.

---

[2] Hay que destacar que la Comisión de Estudio 8 del UIT-R está finalizando el Manual sobre el servicio móvil por satélite.

[3] El principal problema de las frecuencias más elevadas es la influencia cada vez más acusada de los efectos de la propagación atmosférica (pérdida de trayecto, despolarización por la lluvia, etc.). Estos efectos se reducen, por supuesto, en el caso de ángulos de elevación de funcionamiento más elevados (por ejemplo, en el caso de los satélites LEO).

Transpondedores transparentes frente a regenerativos

Se ha realizado mucho trabajo de investigación y desarrollo (véase el Capítulo 6, § 6.3.4[4]) sobre transpondedores con procesamiento a bordo (OBP), es decir, capaces de realizar una o más de las funciones siguientes: conmutación (en frecuencia, espacio y/o tiempo), regeneración y procesamiento en banda base. Aunque sólo están actualmente en operación algunas realizaciones, se espera que se basen en satélites OBP proyectos futuros, en particular aquellos que funcionan en las bandas de frecuencias más altas. Éste es el caso actualmente con el sistema Teledesic, que asocia OBP con enlaces entre satélites (ISL) entre los satélites de la constelación. Por supuesto, seguirán activos junto a los sistemas de satélites OBP los sistemas basados en satélites transparentes, debido a su alta fiabilidad y a la sencillez de realización y de operación del sistema.

RDSI-BA y operación ATM

A primera vista, la implementación de enlaces por satélite troncales de alta capacidad parece que ha disminuido debido a la instalación creciente en todo el mundo de cables de fibra óptica. Siempre que sea aconsejable en términos de coste y de rentabilidad de las inversiones, los cables de fibra óptica pueden ofrecer ventajas en comparación con los enlaces por satélite, en lo que respecta a la anchura de banda intrínseca y al reducido retardo de transmisión.

Sin embargo, incluso en este segmento del mercado, los satélites continuarán utilizándose ampliamente, siempre que las condiciones geográficas y ambientales impliquen que la instalación de cables no sea ni práctica ni económica en relación con las necesidades esperadas de tráfico.

Por consiguiente, las comunicaciones por satélite son y seguirán siendo parte integrante del sistema mundial de telecomunicaciones, o, utilizando una terminología nueva, de la infraestructura mundial de la información (GII). Ésta es la razón por la cual la UIT dedica tanto esfuerzo para asegurar una compatibilidad total de los enlaces por satélite con las normas y Recomendaciones de telecomunicaciones más recientes, sobre todo en el marco de la red digital de servicios integrados de banda ancha (RDSI-BA, véase el Capítulo 3, § 3.5.5) y también para la operación con el modo de transferencia asíncrono (ATM).

Concretamente, se está prestando actualmente una atención especial a redes ATM espaciales, es decir, enlaces por satélite con redes ATM o incluso enlaces por satélite que incorporan(probablemente a bordo) centrales ATM, (véase el Capítulo 3, § 3.5.4 y el apéndice 3.4 así como el Capítulo 8, § 8.6). Esto se debe a que los enlaces por satélite pueden proporcionar las ventajas del ATM y de los servicios ATM, no sólo mediante enlaces troncales punto a punto sino también mediante enlaces punto a multipunto, especialmente para dar servicio a zonas remotas. La tecnología ATM por sí misma ofrece un medio común para servicios de voz, vídeo y datos (una particularidad de la RDSI) y también la flexibilidad de proporcionar anchura de banda bajo demanda. Esto último concuerda idealmente con las ventajas específicas de las comunicaciones por satélite (redes multipunto que incluyen capacidades de reconfiguración de red, etc.).

---

[4] En el Suplemento 3 de la segunda edición del Manual ("Sistemas y estaciones terrenas VSAT", UIT, Ginebra, 1995, Capítulo 6, § 6.3), se trata también la implementación de satélites con múltiples haces puntuales y procesamiento a bordo.

Redes de comunicaciones empresariales: Estos sistemas privados se conocen normalmente como "redes VSAT", donde el acrónimo "VSAT" designa estaciones terrenas muy pequeñas (también denominadas sencillamente terminales de usuario) situadas directamente en las instalaciones del usuario. El UIT-R ya ha dedicado un Manual completo a este tema[5]. Es probable que surjan nuevas aplicaciones en este campo, por ejemplo, para proporcionar interconexiones de banda ancha (por ejemplo, de hasta 155,52 Mbit/s con acceso directo de profesionales o incluso de usuarios individuales a Internet y a otras redes de datos). Uno de los principales objetivos de los nuevos proyectos de constelaciones LEO consiste en proporcionar este tipo de conexiones directas de banda ancha de Internet en todo el mundo.

Sistemas de comunicaciones rurales: Al iniciarse el siglo XXI, todavía existen en nuestro planeta millones de pueblos y otras zonas aisladas y, por lo tanto, miles de millones de seres humanos sin ningún tipo de comunicación radioeléctrica. Actualmente hay buenas expectativas de que los sistemas espaciales puedan permitir soluciones realistas desde el punto de vista económico para romper esta barrera insuperable al desarrollo de dichas partes del mundo. Como se ha explicado anteriormente, esto se debe a que actualmente el progreso técnico y tecnológico debería permitir ofrecer estaciones terrenas distantes de bajo costo y también reducir los costes recurrentes del segmento espacial de explotación (reducción de la anchura de banda necesaria mediante codificación de velocidad binaria baja y asignación bajo demanda).

Sistemas de teledifusión: Una particularidad insuperable de los satélites es su capacidad de distribuir información directamente a una parte o a la totalidad de los usuarios finales situados en la cobertura del enlace descendente del satélite. En todo el mundo, millones de hogares están recibiendo hoy en día directamente programas de televisión a través de satélites del SFS o del SRS (véase el Capítulo 7, § 7.10). Las nuevas y muy perfeccionadas posibilidades que ofrecen las transmisiones de televisión digital, asociadas con la compresión de la velocidad binaria (en particular protocolos MPEG, véase el Capítulo 3, apéndice 3.3) están aumentando de forma drástica esta audiencia. Muchos satélites están o estarán dedicados en su totalidad a la teledifusión de "paquetes" de programas de televisión. También se están considerando sistemas para la teledifusión de audio digital (DAB), con el objeto de distribuir programas de audio hacia receptores de muy bajo coste, en particular en países en desarrollo.

Algunas consideraciones finales

Comunicaciones móviles y redes de comunicaciones personales: Aunque las comunicaciones móviles están, en principio, fuera del ámbito de este Manual de SFS, es preciso hacer mención de los estudios, de los esfuerzos de I + D y de los procesos de normalización que se están llevando a cabo actualmente, en todo el mundo, en el ámbito de las nuevas generaciones de comunicaciones móviles. En el UIT-R en particular, el Grupo de Tareas Especiales 8/1 sobre las IMT-2000 (de la Comisión de Estudio 8) está trabajando en la tercera generación de telecomunicaciones móviles, es decir, en las IMT-2000 (telecomunicaciones móviles internacionales). Las razones de este interés por las comunicaciones móviles son, por una parte y según se ha explicado anteriormente, sus efectos cruzados con sistemas del SFS (por ejemplo, sistemas LEO/MEO) y, por otra parte, las perspectivas que ofrece el concepto de comunicaciones personales universales (UPC) en el que se

---

[5] "Sistemas y estaciones terrenas VSAT", véase la nota a pie de página 3.

presta servicio a un usuario -fijo o móvil- identificado mediante un número de identidad personal único, independientemente de su ubicación geográfica.

Por supuesto, para estar disponibles en todo el mundo, estos servicios necesitarán obligatoriamente un componente espacial.

Sistemas de acceso por satélite: Muchos de los nuevos sistemas de satélites (en particular los sistemas empresariales y rurales) están caracterizados por su conexión directa a los usuarios finales y pueden por tanto ser clasificados como sistemas de acceso, en contraposición con los enlaces de satélite tradicionales que en su mayoría son partes troncales de redes públicas y necesitan conexiones locales a través de centrales. Por supuesto, esto no significa que los sistemas por satélite no se puedan también conectar a redes públicas (éste es el caso, en particular, para sistemas móviles).

Como conclusión, en el futuro los satélites, aunque sigan utilizando la órbita de los satélites geoestacionarios, deberán aprovechar las oportunidades que ofrecen los sistemas de constelaciones de satélites no OSG y deberán consolidar sus ventajas específicas en las nuevas aplicaciones que se están desarrollando actualmente o que se están vislumbrando, tales como sistemas de comunicaciones empresariales de banda ancha, redes rurales y teledifusión de múltiples programas de televisión.

Índice general

NOTAS

- Este índice enumera las principales palabras clave utilizadas en este Manual.
- **Abreviaturas**: Cuando las abreviaturas no figuran en este índice, véase "Nomenclatura de las principales abreviaturas".
- **Numeración**: Las referencias con numeración detallada (por ejemplo, § 7.5.2.1 i)) indican el párrafo exacto del texto al que se refieren. Cuando la numeración es menos precisa (por ejemplo, capítulo o sección), la palabra indicada puede aparecer en parte del texto referido.
- **Palabras frecuentes**: Las palabras marcadas con un asterisco (*) pueden aparecer de forma frecuente en el Manual. Sólo se indica donde aparecen en primer lugar o/y en los lugares más significativos.
- **AN**: Anexo, **AP**: Apéndice

A

Acceso múltiple asignado por demanda (DAMA)*: § 1.4.4.2, § 5.3.4, § 5.5, AP5.1-2, § 7.5.4, § 7.6.2.1 g).

Acceso múltiple por división de código (AMDC)*: § 1.4.4.2, § 5.4, AP5.1-2, AP6.1-2.5.

Acceso múltiple por división de código asíncrono (AMDC-A): § 5.4.5.

Acceso múltiple por división de frecuencia (AMDF)*: § 1.4.4.2, § 5.2, AP5.1-2, AP6.1-1.5, AP6.1-2-5, § 8.1.3.1, AN2-1, AN2-2, AN2-3.

Acceso múltiple por división de frecuencia y en el tiempo (AMDF-AMDT): § 1.4.4.2, § 5.2, § 5.3.4, AP5.1-2.

Acceso múltiple por división en el código síncrono (AMDC-S): § 5.4.5.

Acceso múltiple por división en el tiempo (AMDT)*: § 1.4.4.2, § 4.2.5.4, § 5.3, AP5.1-2.§, 5.5.5, § 6.3.4, § 6.8.1.7, AP6.1-1.5, AP6.1-2-5, § 7.1.1.5, § 7.6.3, § 8.1.2, § 8.1.3.2, AN2-4, AN2-3.

Acceso múltiple por división en el tiempo con acceso aleatorio (AMDT-AA): § 5.3.6, AP5.1-2, § 8.2.2.4.

Acceso múltiple por ensanchamiento del espectro (AMEE): § 1.4.4.2, § 5.4.

Acceso múltiple*: § 1.4.4.2, capítulo 5, AP5.1.

Aceso múltiple asignado (PAMA): § 1.4.4.2, § 5.5.1, § 5.5.7.

Acoplador de modo de seguimiento (TMC, antena, estación terrena): § 7.1.1.1, § 7.2.4.2.

Acoplador híbrido: § 7.4.6.1.

Activación de voz: § 3.2.1.2, § 7.5.4, § 5.4.7.3.

Agencia Espacial Europea (ESA): § 1.2, § 6.3.2.4.

Agencia Nacional de la Aeronáutica y del Espacio (EE.UU.) (NASA): § 1.2, § 6.3.2.4.

Agilidad de frecuencia: § 7.5.2.

Agrupación (de antenas): § 6.3.2.4, § 7.2.2.1,§ 7.2.5.

Agrupamiento controlado en fase (antena): véase agrupamiento.

Aislamiento de polarización cruzada (XPI): véase polarización, despolarización.

Aleatorización: § 3.3.7.3, § 7.6.1.

Alimentación de energía sin interrupciones (UPS): § 7.1.1.8. 7.8.1.1.2, 7.8.2.

Alimentación de potencia (estación terrena): § 7.1.1.7, § 7.8.1.1.2, § 7.8.2.

Alimentación de potencia (satélite): § 6.2.5.

Alimentación de potencia (tubo de microondas): § 7.4.3.

Alimentador de antena: § 6.3.2.3, § 7.2.2.2.

Alimentador en guía de onda (BWG, antena): § 7.2.2.1.3.

Alimentador primario (antena): § 7.1.1.1, § 7.2.2.2.2.

Aloha: véase acceso múltiple por división en el tiempo con acceso aleatorio (AMDT-AA).

Ambiguedad de fase: AP3.2-5, § 4.2.5.1, § 7.6.4.

AMDT con conmutación a bordo del satélite (AMDT/CS)*: § 5.3.2, § 6.3.3.4, § 6.3.4, § 7.6.3.2.

Amplificador de alta potencia (HPA): véase amplificador de potencia.

Amplificador de bajo ruido (LNA)*: § 2.3, AP5.1-2, § 7.1.1.2, § 7.3.

Amplificador de potencia (AP): § 2.3, AP5.1-2, § 6.3.3.1, § 6.3.3.4, § 7.1.1.3, § 7.4, § 7.9.5.

Amplificador de potencia de estado sólido (SSPA)*: § 6.3.3.1, § 6.3.3.3, § 6.3.3.5, § 7.1.1.3, § 7.4.4.

Amplificador de tubo de microondas: § 7.4.3.

Amplificador de tubo de ondas progresivas: (ATOP): AP5.2, § 6.3.3.1, § 6.3.3..3, § 6.3.3.5, § 7.1.1.3 a), § 7.4.2.3.

Amplificador Klystron: § 7.4.1.1.3 b).

Amplificador paramétrico: § 7.1.1.3, § 7.3.1.

Analógico (comunicación, equipo, modulación, multiplexación, transmisión, etc.)*: § 2.1.1, § 3.2, § 3.4, § 4.1, § 7.5, § 4.1, § 7.9.4.1, AN2-1.

Anchura de banda de Nyquist: § 3.3.5.1, § 4.2.1, § 7.6.4.3.

Anchura de haz (antena): AP2-1.1.

Anchura de haz de potencia mitad: véase anchura de haz.

Ángulo de elevación: § 2.4.1.1.

Antena (de satélite): § 6.3.2, § 9.3.1.6.6.

Antena toroidal: § 7.2.2.1.

Apertura de antena: § 2.1.2.2.

Arabsat: § 2.4.1.2, § 6.3.2.3, § 7.1.2.2.

Árbol (código): AP3.2-2.

Área de coordinación, contorno de coordinación: véase contorno.

Área efectiva (de antena): § 2.1.2.2.

Ariane (lanzador europeo): § 6.1, § 6.7, § 6.9.3.1, § 6.9.5.

Arquitectura de red: § 5.6.

Arquitectura o estructura (de red): AP6.1-4.

Asignación por demanda*: véase acceso múltiple asignado por demanda (DAMA).

Atenuación (espacio libre): véase atenuación en el espacio libre.

Atenuación debida a la lluvia: AN1-2.1.

Atenuación por el espacio libre: § 2.1.3.1.

Atenuación: véanse atenuación en el espacio libre y efectos atmosféricos.

Atlas/Centauro (lanzador de los EE.UU.): § 6.7, § 6.9.3.1, § 6.9.5.

Atracción lunisolar: véase Sol, Luna.

Diseño orbital: § 6.1.4.

Dispersión de energía: § 3.2.3, § 3.3.7.3, § 7.5.1, § 7.5.3.5.

Disponibilidad: § 2.2, § 6.7, § 8.6.5.3.

Distancia (de codificación FEC): véase distancia libre, distancia de Hamming.

Distancia (de coordinación): véase contorno.

Distancia de Hamming: § 3.3.5.6, § 4.2.3.2, AP3.2.

Distancia libre, distancia libre Euclidiana: § 4.2.3.2.

Distribución de televisión a los hogares (DTH): § 1.3.2, § 1.4.5.2, § 5.6 i), § 7.10, AN3-2.3.2.2, véase también televisión sólo de recepción.

Diversidad: § 5.7.4.2, AN1-6.

Doble conversión de frecuencia (o conversión dual): § 7.5.2.2.

Doble reflector (antena): § 7.2.2.1.

Doppler (efecto, tampón): § 5.2.1, § 8.1.2.1.1.

E

Eclipse: § 6.2.3, § 6.2.5 c).

Ecualización: véase ecualizador de retardo de grupo.

Ecualizador con retardo de tiempo (TED): § 7.4.5.1 iv).

Ecualizador de retardo de grupo (GDE): § 7.5.2.1, § 7.5.3.2.

Efectos atmosféricos, pérdidas debidas a la atmósfera: § 2.3.4.4, AN1.

Efectos de trayectos múltiples: AN3-1, AN1-2.3.

Efectos MA-MA, MA-PM: § 2.1.5.3, § 7.4.5.2.

Efectos no lineales (e intermodulación)*: § 2.1.5, § 2.3.4.2, § 5.2.1, AP5.2, § 5.4.7.1, § 6.3.3.2, § 7.1.1.3 a),§ 7.4.5.2, § 7.4.4, § 7.4.5.

Eficacia de anchura de banda: § 4.2.1.

Eficacia de la antena: § 2.1.2.2.

Énfasis: § 4.1.1, § 7.5.1, § 7.5.3.5, § 7.5.4.

Enlace ascendente (U/L)*: § 1.4.2, capítulo 2, capítulo 9.

Enlace de conexión (para el SRS o SMS): § 7.1.2.4, § 9.3.3, § 9.4, § 9.5, § 9.8.2.

Enlace de satélite*: § 2.1.

Enlace descendente (D/L): § 1.4.2, § 2.1, § 2.3, § 2.4, capítulo 9.

Enlace entre satélites (EES): § 1.3, § 6.3.2.4, § 6.4, AP6.1-1, véase también servicio entre satélites (SES).

Enlace punto a multipunto: AP5.1-2.

Enlace punto a punto: AP5.1-2.

Enlace terrenal: § 7.1.1.6, § 7.8.1.1.5.

Ensamblado/desensamblado de paquetes (PAD): § 8.4.1.

Entrelazado: AP3.2-3.3, § 8.6.3.

Equipo auxiliar (estación terrena): § 7.1.1.7.

Equipo de comunicación (estación terrena): § 7.1.1.4, § 7.5, § 7.6.

Equipo de comunicación en tierra (estación terrena): véase equipo de telecomunicaciones.

Equipo de multiplicación de circuitos digitales (DCME)*: véase multiplicación de circuitos digitales.

Equipo de televisión*: § 7.5.5, 7.6.5, § 7.10.

Equipo de terminación de circuito de datos (DCE): § 8.1.2.1.2, § 8.3.2.

Equipo de terminación de línea (LTE): § 8.1.1.

Equipo de terminación de red (NT): § 8.5.3.

Equipo terminal de datos (DTE): § 8.1.2.1.2, § 8.4.1.

Erlang: § 5.5.7, AP5.3.

H

Haz conformado: véase haz de antena.

Haz de antena: § 2.4.1.2, § 6.3.2, AP6.1-2.1.

Haz global: véase haz de antena.

Haz puntual: véase haz de antena.

Huella: véase cobertura.

I

Imán periódico permanente (PPM, tubos de microondas): § 7.4.2.1.

Infraestructura (estación terrena): véase construcción.

Inmarsat: § 6.1.4.4, § 7.1.2.4.2, § 7.1.4.2, § 9.2.2, AN3-1.3.1.

Instalación (estación terrena): § 7.2.6.

Instituto Europeo de Normalización de las Telecomunicaciones (ETSI): AN2-5.

Intelsat*: § 1.1, § 2.4.1.2, § 5.3.3, capítulo 6, § 7.5.2.1, § 7.5.3, § 7.5.5, § 7.6.2.1 e), § 7.6.3.2, § 8.1.2.1.1, § 8.1.3, § 9.2.1, AN2-1, AN3-1.1.

Interconexión de sistemas abiertos (OSI)*: § 8.2.1, § 8.2.2, AP8.2.

Interconexión*: capítulo 8.

Interfaz de nodo de red (NNI): § 3.5.4, AP3.4.

Interfaz de red de usuario (UNI): § 3.5.4, AP3.4

Interfaz terrenal: véase interfaz.

Interfaz: § 5.3.1, § 7.5.4. § 7.6.2.1 d), § 7.6.3, capítulo 8.

Interferencia combinada: § 9.3.1.6.7.

Interferencia entre símbolos (ISI): § 4.2.6.1.

Interferencia por acceso múltiple (MAI): véase también ruido propio.

Interferencia solar (interrupciones): § 7.2.1.2.

Interferencia*: § 2.5.3, capítulo 9.

Intermodulación*: AP5.2, AN2, véase también: efectos no lineales.

Internet, protocolo Internet (TCP/IP): AP6.1-2.1, § 8.6.6.1.

Interpolación de la palabra: véase interpolación digital de la palabra.

Interpolación digital de voz (DSI)*: § 3.3.7.1, § 5.2.1, AP5.1-1, § 7.6.3, § 8.1.2.1.1, § 8.1.3.2.

Intersputnik: § 1.2, § 6.1.4.4, AN3-1.2.

Ionosfera, propagación ionosférica: AN1-1, AN1-2.3.2.

Iridium: § 6.1.4.4, § 6.5.

J

Jerarquía digital plesiócrona (PDH)*: § 3.5.2.

Jerarquía digital síncrona (SDH)*: § 1.4.5.4, § 3.5.3, AP3.5.

Junta Internacional del Registro de Frecuencias (IFRB), actualmente en el UIT-R: capítulo 9.

K

Klystron: § 7.4.2.2.

L

Lanzadera espacial (lanzador): § 6.7, § 6.9.3.1.

Lanzador, lanzamiento (de satélites): § 6.6.1, § 6.9.

Larga Marcha (lanzador chino): § 6.9.3, § 6.9.5.

Leyes de Kepler: § 6.1.

Leyes de la gravitación: § 6.1.

Limitaciones de radiación: § 9.1.4.

Límites de densidad de flujo de potencia (dfp): § 9.1.4.1.2, § 9.8.2.

Publicación anticipada (API): § 9.1.5.3.

Q

R

Radiador primario (antena): véase alimentador primario.

Radiodifusión de audio digital (DAB): § 7.10.4.

Radiodifusión de vídeo (DVB): AP3.3-2.3, § 7.10.

Radiodifusión de vídeo digital (DVB): § 3.3.4, P3.3-2.4, § 8.7.3.3, AN2-5.

Radiodifusión exterior (OB): § 7.9.

Radioenlace: véase enlace terrenal.

Radioestrella: § 7.2.1.3.

Ráfaga de referencia: § 5.3.1, § 7.6.3.1.

Ráfaga: § 4.2.5, § 5.3.1, § 7.6.3.1.

Receptor de banda ancha (satélite): § 6.3.3.2.

Receptor de seguimiento: véase sistema de seguimiento.

Receptor RAKE: § 5.7.4.2.

Recomendaciones (UIT-R, UIT-T)*: § 2.2.3, § 8.5, capítulo 9, AN4.

Recuperación de frecuencia: véase recuperación de portadora.

Recuperación de la temporización de bit: véase recuperación de reloj.

Recuperación de portadora: § 4.2.1, § 4.2.4, § 4.2.5, § 5.3.

Recuperación de reloj: § 4.2.1, § 4.2.4.2, § 4.2.5, § 5.1.

Red bidireccional: § 5.6.2.

Red colectora: § 5.6.1 ii).

Red de datos con conmutación de paquetes (RDCP): § 8.2.

Red de distribución: § 5.6.1 i).

Red digital de servicios integrados (RDSI)*: § 1.4.5.4, § 3.5.5, § 6.3.4.5, § 8.5, AN2-3.

Red digital de servicios integrados de banda ancha (RDSI-BA): § 1.4.5.4, § 3.5.5, § 6.3.4.5.

Red digital de servicios integrados de banda estrecha (RDSI-BE): § 1.4.5.4.

Red en estrella*: § 5.5.7, § 5.6.2, AP5.1-2, § 8.2.2.4, AN2-2.1.

Red formadora de haz (BFN): § 2.4.1.2, § 6.3.2.4, § 6.3.4.6.

Red Mesh: § 5.5.7, § 5.6.2, AP5.1-2, AN2-2.2.

Red mixta: § 5.6.2.

Red privada de datos (PvtDN): § 8.2.

Red pública de datos con conmutación de paquetes (RPDCP): § 8.4.1.

Red telefónica pública conmutada (RTPC)*: § 8.1.

Redes terrenales*: véase interconexión e interfaz.

Reducción de la velocidad binaria. Véase procesamiento de la señal (televisión)

Reducción de potencia (BO)*: véase efectos no lineales.

Redundancia: § 6.3.3.3, § 7.1.1.4.

Reflector conformado (antena): § 7.2.2.1.1.

Reflector de doble rejilla: § 6.3.2.3.

Reflector* (antena): § 6.3.2, § 7.1.1.1, § 7.2.2.1.

Refrigeración termoeléctrica: § 7.3.1.

Regeneración a bordo: véase procesamiento a bordo.

Regiones (UIT): capítulo 9.

Registro (asignaciones de frecuencia)*: § 9.1.5, § 9.1.6, véase también: Registro Internacional de Frecuencias (MIFR).

Registro Internacional de Frecuencias (MIFR): § 1.5.2.2, capítulo 9.

U

Nomenclatura de las principales abreviaturas

A

AAL: Capa de adaptación de ATM.

AM-AM: Conversión de modulación de amplitud en modulación de amplitud. Efecto de circuitos no lineales.

AMAP: Acceso múltiple con asignación previa.

AMDC: Acceso múltiple por división en el código. El tipo más utilizado de acceso múltiple por ensanchamiento de espectro (AMEE).

AMDC-CO: Códigos cuasi ortogonales. Los códigos más comunes para AMDC.

AMDC-S: AMDC síncrono.

AMDF: Acceso múltiple por división de frecuencia.

AMDF-AMDT: Acceso múltiple por división de frecuencia y por división en el tiempo.

AMDT: Acceso múltiple por división en el tiempo.

AMDT-AA: Acceso múltiple por división en el tiempo con acceso aleatorio.

AMDT-CS: AMDT conmutado por satélite.

AMEE: Acceso múltiple por ensanchamiento de espectro.

AM-PM: Conversión de modulación de amplitud en modulación de fase. Efecto de circuitos no lineales

AOR: Región del Océano Atlántico (Intelsat).

AP: Amplificador de potencia.

AP: Amplificador de potencia.

API: Publicación anticipada

ARM: Motor cohete de apogeo.

ARQ: Petición automática de repetición; Tipo de corrección de errores en el que se repiten automáticamente los datos con errores.

ATOP: Amplificador de tubo de ondas progresivas.

AVD: Transmisión alternada de voz y datos.

AWGN: Ruido gaussiano blanco aditivo.

Az-El: Acimut-Elevación. Tipo de montaje de antena (estación terrena).

B

BCH: Bose-Chauduri-Hocqeghem. Clase de códigos de bloque para corrección de errores.

BEP: Probabilidad de bits erróneos.

BER: Proporción de bits erróneos.

BFN: Red de conformación del haz. Circuito de microondas complejo utilizado en antenas con haces conformados.

BO: Reducción de potencia. Nivel por debajo del nivel de saturación para el funcionamiento no lineal de amplificadores.

BWG: Guía de onda de haz (antena).

C

C/N: Relación portadora/ruido.

C/T: Relación portadora/temperatura de ruido.

CAD (o A/D): Conversión analógico/digital.

CAF: Control automático de frecuencia.

CAG: Control automático de ganancia.

CAMR: Conferencia Administrativa Mundial de Radiocomunicaciones.

CAP: Centralita automática privada. Centralita privada.

CATV: Televisión por cable.

CBV: Codificación a baja velocidad binaria § 3.3.2. Proceso de codificación de compresión de voz.

CCI: Centro de conmutación internacional.

CCIR: Comité Consultivo Internacional de Radiocomunicaciones: actualmente UIT-R.

CCITT: Comité Consultivo Internacional Telegráfico y Telefónico: actualmente UIT-T.

CCR: Centro de control de red.

CDMA-A: AMDC asíncrono.

CDV: Variación de retardo de célula.

CELP: Predicción lineal con excitación por código. Proceso de codificación de voz a velocidad binaria baja.

CER: Tasa de errores en las células.

CFR: Circuito ficticio de referencia.

CFR (RDSI): Conexión ficticia de referencia, RDSI.

CIMT: Centro internacional de mantenimiento de las transmisiones.

CLR: Tasa de pérdida de células.

CMF: Compansión y modulación de frecuencia.

SMMS: Servicio móvil marítimo por satélite.

CMR: Conferencia Mundial de Radiocomunicaciones.

CPL: Codificación de predicción lineal. Proceso de codificación de voz de baja velocidad binaria.

CSC: Canal de señalización común.

CSM: Comprobación del sistema de comunicaciones.

CTD: Retardo de transferencia de células.

CU: Unidad de canal (SCPC).

CUG: Grupo de usuarios cerrado.

D

DAB: Radiodifusión de audio digital.

DAMA: Acceso múltiple con asignación por demanda.

DC (o D/C): Convertidor reductor.

DCME: Equipo de multiplicación de circuitos digitales. Equipo que realiza técnicas de concentración de circuitos.

DCT: Transformada discreta de coseno.

DEP: Densidad espectral de potencia.

DFC: Degradación fraccionaria de la calidad de funcionamiento.

DFP (o dfp): Densidad de flujo de potencia.

DFPC: Densidad de flujo de potencia combinada.

DFPE: Densidad de flujo de potencia equivalente.

DSI: Interpolación digital de la palabra. Técnica de concentración de circuitos basada en intervalos de silencio en una conversación telefónica bidireccional.

DSP: Procesamiento digital de la señal.

DTH: Distribución de televisión directa a los hogares.

DVB: Radiodifusión digital de señales de vídeo.

E

EES: Enlaces entre satélites.

EMC: Compatibilidad electromagnética.

ERG: Ecualizador de retardo de grupo.

ESA: Agencia Espacial Europea.

ESC: Circuitos de servicio de ingeniería.

ETCD: Equipo de terminación del circuito de datos.

ETD: Equipo terminal de datos.

ETL: Equipo de terminación de línea.

ETSI: Instituto Europeo de Normalización de las Telecomunicaciones.

F

FBW: Explotación en banda directa (compartición codireccional y cofrecuencia).

FEC: Corrección directa de errores. Proceso de codificación de datos en el que se incluyen bits suplementarios para permitir la corrección de errores en recepción.

FET: Transistor de efecto de campo (generalmente GaAS: Arseniuro de galio).

FFT: Transformada rápida de Fourier.

FI: Frecuencia intermedia.

FIR: Respuesta impulsiva finita (filtros).

G

G/T: Relación ganancia/temperatura de ruido. También denominada factor de mérito (en una estación receptora).

GCE: Equipo de comunicaciones en tierra: denominación (obsoleta) para el equipo de comunicaciones de una estación terrena.

GPS: Sistema de posicionamiento global.

H

HDLC: Control de alto nivel del enlace de datos.

HEMT: Transistor de alta movilidad electrónica.

I

IBS: Servicios empresariales de Intelsat. Norma de Intelsat para comunicaciones empresariales.

IDR: Velocidad de transmisión de datos intermedia. Norma de Intelsat para las transmisiones digitales de velocidad de datos intermedia.

IDU: Unidad interior (VSAT).

IFRB: Junta internacional de registro de frecuencias, actualmente en el UIT-R.

IOR: Región del Océano Índico (Intelsat).

IRD: Decodificador de receptor integrado.

ISI: Interferencia entre símbolos.

ISO: Organización internacional de normalización.

J

JPEG: Grupo mixto de expertos en fotografía. Término utilizado para una norma de compresión de datos de imagen fija.

L

LEO: Órbita terrestre baja.

LHCP: Polarización circular levógira.

LNA: Amplificador de bajo nivel de ruido.

LNC: Convertidor de bajo nivel de ruido. Unidad que incluye LNA + D/C.

LSI: Circuito integrado a gran escala.

M

MAC: Comprobación, alerta y control.

MAI: Interferencia de acceso múltiple. También denominada de autoruido o de autointerferencia en AMDC.

MCPC: Multicanal por portadora.

MD: Modulación delta.

MDA: Modulación por desplazamiento de amplitud.

MDF: Modulación por desplazamiento de frecuencia.

MDF: Múltiplex por división de frecuencia.

MDFR: Modulación por desplazamiento rápido de frecuencia: similar a MDM.

MDP: Manipulación por desplazamiento de fase. El método de modulación digital más utilizado. Normalmente se implementa en 2 ó 4 fases (MDF-B, MDF-Q).

MDPB: Modulación por desplazamiento de fase bivalente.

MDPC: Modulación por desplazamiento de fase coherente.

MDP-M: Manipulación por desplazamiento de fase M-valente. Por ejemplo M = 2; MDP-B, M = 4, MDP-Q.

MDPO: Manipulación por desplazamiento de fase octal (o MDP-8), manipulación por desplazamiento de fase de ocho estados.

MDP-Q: Manipulación por desplazamiento de fase en cuadratura (4 fases).

MDPQ-D: Modulación por desplazamiento de fase en cuadratura descentrada.

MDT: Multiplexación por división en el tiempo.

MEO: Órbita terrestre media.

MF: Modulación de frecuencia.

MIC: Circuitos integrados de microondas. Véase también MMIC.

MIC: Modulación por impulsos codificados.

MICD: Modulación por impulsos codificados diferencial. Proceso de codificación de voz.

MICDA: Modulación por impulsos codificados diferencial adaptativa. Proceso de adaptación de voz.

MIFR: Registro internacional de frecuencias. Registro del UIT-R que incluye las asignaciones de frecuencias.

MMIC: Circuitos integrados monolíticos de microondas.

MPC: Modulación de fase continua.

MPEG: Grupo de expertos en imágenes en movimiento. Norma de compresión de datos de imágenes en movimiento.

MS: Modulación de seudoruido. Véase SD.

MUX: Múltiplexor/demultiplexor.

N

NASA: Administración Nacional de la Aeronáutica y del Espacio (EE.UU.).

NIC: Compansión casi instantánea.

NNI: Interfaz de nodo de red.

No OSG: Órbita de satélites no geoestacionarios.

NOCC: Centro de control de explotación de la red.

NT: Terminación de red (equipos) en el punto de referencia T (NT1) o S (NT2).

O

OB: Reportaje en exteriores.

OBP: Procesamiento a bordo. Procesamiento de datos a bordo de un satélite.

ODU: Unidad exterior (VSAT).

OL: Oscilador local.

OMJ: Unión de modo ortogonal: véase OMT.

OMT: Transición de modo ortogonal: dispositivo de microondas para separar polarizaciones ortogonales.

OSG: Órbita de los satélites geoestacionarios.

OSI: Interconexión de sistemas abiertos.

P

p.i.r.e.: Potencia radiada isotrópica equivalente. Producto de la potencia a la entrada de una antena transmisora por la ganancia de la antena (expresada normalmente en dBW).

PAD: Desensamblado/ensamblado de paquetes.

PC: Polarización circular.

PDH: Jerarquía digital plesiócrona.

PL: Polarización lineal.

PLL: Bucle enganchado en fase.

POR: Región del Océano Pacífico (Intelsat).

PPM: Imán periódico permanente. Técnica de enfoque magnético utilizada en tubos de microondas.

PTCM: Modulación pragmática con código reticular.

Q

R

RA: Relación axial (polarización).

RBW: Explotación en banda inversa.

RDCP: Red de datos con conmutación de paquetes.

RDSI: Red digital de servicios integrados.

RDSI-BA: Red digital de servicios integrados de banda ancha. Una RDSI con capacidad de transmisión de hasta gigabits, normalizada por la UIT desde 1985.

RDSI-BE: Red digital de servicios integrados de banda estrecha (denominada normalmente RDSI en contraposición con la RDSI-BA).

RF: Radiofrecuencia.

RPD: Red privada de datos.

RPDCP: Red pública de datos con conmutación de paquetes.

RR: Reglamento de Radiocomunicaciones (de la UIT).

RS: Códigos Reed-Salomon. Importante técnica de corrección de errores en codificación de bloques.

RTPC: Red telefónica pública conmutada.

RX: Abreviatura para recepción.

S

S/N (o SNR): Relación señal/ruido.

SCC: Centro de control del vehículo espacial.

SCC: Señalización por canal común.

SCPC: Un solo canal por portadora. Una forma particular, no multiplexada de AMDF.

SD: Modulación de secuencia directa. Técnica de modulación AMDC.

SDH: Jerarquía digital síncrona.

SDLC: Control de enlace de datos síncrono. Protocolo de IBM que permite múltiples tramas de datos reconocidas.

SES: Servicio entre satélites.

SETS: Servicio de exploración de la Tierra por satélite.

SF: Modulación por salto de frecuencias. Técnica de modulación AMDC.

SF: Servicio fijo.

SFS: Servicio fijo por satélite.

SIS: Sonido en sincronización. Método de transmisión de programas de audio.

SMS: Multiservicio por satélite: en Eutelsat, similar a IBS.

SMS: Servicio móvil por satélite.

SNG: Captación de noticias por satélite.

SNR: Véase S/N.

SPADE: Equipo de asignación por demanda de acceso múltiple MIC SCPC. Sistema DAMA de Intelsat actualmente obsoleto.

SRDS: Servicio de radiodeterminación por satélite.

SRNA: Servicio de radionavegación aeronáutica.

SRS: Servicio de radiodifusión por satélite.

SSOG: Guía de operaciones del sistema de satélites (Intelsat).

SSPA: Amplificador de potencia de estado sólido.

STM: Módulo de transporte síncrono. Estructura de tramas de bloques en SDH.

STS: Sistema de transporte espacial: Lanzadera espacial de los EE.UU.

T

TCM: Modulación con código reticular. Técnica que combina la codificación de corrección de errores con modulación de portadora.

TCP/IP: Protocolo de control de transmisión en protocolos de Internet.

TCR: Telemedida, telemando y medición de distancia.

TDE: Ecualizador de retardo de tiempo.

TDFR: Trayecto digital ficticio de referencia.

TDRSS: Sistema de satélites retransmisores de seguimiento y de datos. Sistemas de satélites avanzados de la NASA.

TED: Demodulador de extensión de umbral.

TIM: Módulo de interfaz terrenal.

TMC: Acoplador de modo de seguimiento (antena, estación terrena).

TOCC: Centro de control técnico y de explotación.

TOP: Tubo de ondas progresivas.

TST: Conmutación tiempo-espacio-tiempo.

TT&C: Seguimiento, telemedida y telemando.

TV: Televisión.

TVAD: Televisión de alta definición.

TVRO: Televisión sólo de recepción (estaciones terrenas).

TX: Abreviatura para transmisión.

U

UC (o U/C): Convertidor elevador.

UIT: Unión Internacional de Telecomunicaciones.

UNI: Interfaz usuario-red.

UPC: Control de potencia del enlace ascendente.

UPS: Suministro de potencia sin interrupción.

V

VC: Contenedor virtual (SDH); canal virtual (ATM).

VCO: Oscilador controlado por tensión.

VCXO: Oscilador de cristal controlado por tensión. Véase también VCO.

VLSI: Circuito integrado a muy gran escala.

VP: Trayecto virtual.

VSAT: Terminal de muy pequeña apertura. Este término designa estaciones terrenas pequeñas, generalmente situadas directamente en las instalaciones del usuario. También designa sistemas por satélite y redes que utilizan estaciones terrenas VSAT.

W

X

X.25: Recomendación del UIT-T que especifica las interfaces para terminales que funcionan en el modo de paquetes.

XPD: Discriminación de polarización cruzada.

XPI: Aislamiento de polarización cruzada.

X-Y: Tipo de montaje de antena (estación terrena).